Kesselbetriebstechnik

Handbuch der Kesselbetriebstechnik

Kraft- und Wärmeerzeugung
in Praxis und Theorie

11., vollständig überarbeitete und aktualisierte Auflage

herausgegeben von Dipl.-Ing. (Univ.) Wolfgang Linke

ehem. Hrsg. Dipl.-Ing. Fritz Mayr †
vorm. Vorstand in der Unternehmensgruppe TÜV SÜD

Autoren

Dr. rer. nat. Thomas Gritsch, 82223 Eichenau
Dipl.-Ing. (FH) Ludwig Höhenberger, 80803 München
Dipl.-Ing. (Univ.) Tuisko Kampffmeyer, 69151 Neckargemünd
Dipl.-Ing. (Univ.) Jörg Kiesel, 80999 München
Dipl.-Ing. (Univ.) Wolfgang Linke, 81377 München
Dipl.-Ing. (Univ.) Wolfgang Roßmaier, 83026 Rosenheim
Dipl.-Ing. (FH) Wolfgang Schlegel, 82194 Gröbenzell
Dipl.-Ing. (Univ.) Herbert Stumpf, 86316 Friedberg-Rinnenthal
Dr. rer. nat. Michael Waeber, 81477 München
Dipl.-Ing. (FH) Helmut Walther, 85551 Kirchheim

Mit 453 Bildern und 107 Tafeln

Verlag Dr. Ingo Resch

Bibliographische Information der Deutschen Bibliothek:
Die Deutsche Bibliothek verzeichnet diese Publikation in der
Deutschen Nationalbibliografie; detaillierte bibliografische Daten
sind im Internet über http://dnb.ddb.de abrufbar.

11. Auflage 2005
© 1980 Verlag Dr. Ingo Resch GmbH
Maria-Eich-Straße 77, D-82166 Gräfelfing
Satz: Fischer's DTP-Studio, München
Druck und Bindung: RMO-Druck, München
Alle Rechte vorbehalten
Printed in Germany
ISBN 3-930039-13-3

Autoren

Fritz Mayr
war bis zu seinem Tode als Herausgeber für die Gesamtgestaltung des Buches zuständig. Darüber hinaus war er Autor der Kapitel 2 »Kesselbauarten und Kesselanlagen im Nieder-, Mittel- und Hochtemperaturbereich« und 11 »Grafische Symbole«.
Er leitete beim TÜV SÜD in München den damaligen Fachbereich Dampf- und Drucktechnik und wurde dann in den Vorstand des Unternehmens berufen, wo er unter anderem für die Bereiche Qualitätssicherung, Umwelttechnik, Werkstoff- und Schweißtechnik zuständig war. Als Mitglied des Deutschen Dampfkesselausschusses (DDA) war er Obmann des NDA und im DIN beim NHRS Obmann der sicherheitstechnischen Heizungsnormen für Dampf-, Heißwasser-, Warmwasser-, Solar-, Thermalöl- und Brauchwasseranlagen.

Dr. Thomas Gritsch
ist Diplom-Physiker, öffentlich bestellt und beeidigter Sachverständiger für Elektomagnetische Umweltverträglichkeit (EMVU) und bearbeitet das Kapitel »Vorschriften und Maßnahmen zum Schutze der Umwelt«.
Er leitet bei der TÜV Industrie Service GmbH TÜV SÜD Gruppe in der Abteilung Umwelt Service eine Arbeitsgruppe, die sich mit der Messungen von Immissionen und Emissionen von Luftschadstoffen, lufthygienischen Gutachten und Elektromagnetischen Feldern befasst.

Ludwig Höhenberger
zeichnet für das Kapitel 5 »Wasser und Dampf« verantwortlich.
Er ist bei der TÜV Industie Service GmbH TÜV SÜD Gruppe, Geschäftsbereich Festigkeit und Zuverlässigkeit tätig. Als Referent für Sonderfragen in der Kraftwerkschemie befasst er sich vorrangig mit Wasser- und Korrosionsfragen sowie Schadensanalysen.

Tuisko Kampffmeyer
übernahm die Bearbeitung des Kapitel 1 »Allgemeine Grundlagen«.
Er arbeitet bei der TÜV Industrie Service GmbH TÜV SÜD Gruppe als Sachverständiger im Geschäftsbereich Dampf- und Drucktechnik in der Abteilung Tankanlagen in Mannheim. Der TÜV-Tätigkeit ging eine mehrjährige Industriepraxis in der industriellen Energiewirtschaft voraus.

Jörg Kiesel
hat die Bearbeitung des Kapitel 7 »Elektrische und elektronische Steuerungen« übernommen.
Er ist seit 1993 als Sachverständiger bei der TÜV Industrie Service GmbH TÜV SÜD Gruppe tätig. Er ist dabei vorwiegend auf dem Fachgebiet der Dampfkesselanlagen in Kraftwerken mit der Prüfung von Großkesselanlagen betraut.

Wolfgang Linke
bearbeitet das Kapitel 3 »Ausrüstung der Kesselanlagen«.
Er ist bei der TÜV Industrie Service GmbH TÜV SÜD Gruppe seit 1972 als Sachverständiger im Geschäftsbereich Dampf- und Drucktechnik tätig.

Wolfgang Roßmaier
bearbeitet das Kapitel 6 »Beaufsichtigung von Dampfkesselanlagen« und Kapitel 10 »Vorschriften und Bestimmungen«.
Er ist bei der TÜV Industrie Service GmbH TÜV SÜD Gruppe als Sachverständiger und Schweißfachingenieur im Geschäftsbereich Dampf und Drucktechnik tätig und leitet dort als Oberingenieur die Abteilung Dampfkesselanlagen. Der Tätigkeit beim TÜV ging eine mehrjährige Industriepraxis voraus. Er ist stv. Obmann im VdTÜV Erfahrungs-Austausch-Kreis Dampfkesselanlagen.

Wolfgang Schlegel
Bearbeitet das Kapitel 9 »Instandhaltung, Störungen, Schäden«. Er ist bei der TÜV Industrie Service GmbH TÜV SÜD Gruppe seit 1974 als Sachverständiger im Geschäftsbereich Dampf- und Drucktechnik tätig.

Herbert Stumpf
bearbeitet das Kapitel 4 »Beheizung von Dampfkesseln«.
Er ist bei der TÜV Industrie Service GmbH TÜV SÜD Gruppe seit 1981 als Sachverständiger in dem Geschäftsbereich Dampf- und Drucktechnik tätig und leitet dort die Abteilung Dampf und Druck in Augsburg und befasst sich insbesondere mit dem Fachgebiet Dampfkesselanlagen.

Dr. Michael Waeber
Studium der Chemie an der Universität Erlangen-Nürnberg.
Seit 1986 bei der TÜV Industrie Service GmbH TÜV SÜD Gruppe im Bereich Umwelttechnik mit Schwerpunkt Emissionsmesstechnik an Industrieanlagen (Emissionsmessungen, Kalibrierung kontinuierlicher Messanlagen und Eignungsprüfung von Emissionsmessanlagen) tätig. Seit 1993 benannt als Fachlich Verantwortlicher für die Messstelle nach §26, 28 BImSchG in Bayern. Mitglied in Arbeitskreisen beim VDI und CEN im Rahmen der Normierung von Messmethoden.

Helmut Walther
hat die Bearbeitung des Kapitel 2 »Kesselbauarten und Kesselanlagen im Nieder-, Mittel- und Hochtemperaturbereich« übernommen. Er ist bei der TÜV Industrie Service GmbH TÜV SÜD Gruppe tätig und befasst sich dort insbesondere mit Hochleistungsdampfkesseln und der Zertifizierung von Heizkesseln, Warmwasserbereitern, Druckausdehnungsgefäßen, Sicherheitsventilen und Sonnenkollektoren. Er ist Mitglied im DIN Ausschuß für Heiz- und Raumlufttechnik.

Autoren und **Herausgeber** früherer Auflagen:

Bach, Günter, 24119 Kronshagen
Conrads, Joachim, 24229 Dänischenhagen
Epperlein, Heinz, 82110 Germering
Glogger, Johann, 86836 Klosterlechfeld
Hayd, Eduard, 82024 Taufkirchen
Hermann, Dr. Jörg, 82131 Gauting
Keßler, Wilfried, 80805 München

Kindler, Wolfgang, 81476 München
Knörnschild, Erich, 93192 Wald
Koch, Georg, 85604 Pöring
Kriener, Albert, 82223 Eichenau
Maier, Dr. Peter, 76199 Karlsruhe
Mayr, Fritz, 82061 Neuried
Rödel, Herbert, 95032 Hof/Saale

Vorwort zur 1. Auflage

Obwohl der Dampfkessel schon bei dem Entstehen des Industriezeitalters Pate gestanden hat, gehört er noch immer zu den wichtigsten industriell genutzten Erfindungen.

Die Technik des Kesselbaus wurde verfeinert. Die Verbesserungen schlugen sich in höherer Wirtschaftlichkeit, besserer Verfügbarkeit, und größerer Sicherheit nieder. Neue Medien, wie Thermalöle, haben die Einsatzbereiche verbreitert.

Aufgabe dieses Buches ist es, die Vielzahl der Neuentwicklungen und Erfahrungen, den heutigen Stand der Technik, wiederzugeben. Es soll dem Praktiker, ob in Planung oder Betrieb, das notwendige Grundwissen vermitteln.

Es ist als echtes Handbuch gedacht, das sich – ohne die zum Verstehen notwendige Entwicklungsgeschichte aus den Augen zu verlieren – auf die neuesten Erkenntnisse gründet. Das neue Einheitssystem ist ebenso berücksichtigt wie die neuesten Sicherheitsvorschriften. Betriebs- und wärmewirtschaftliche Überlegungen, die von der Wasserchemie bis zum Betrieb ohne ständige Beaufsichtigung, von Überlegungen zur Auslegung der Anlage bis zur Schadensverhütung reichen, werden dem Leser praxisnah und anschaulich vermittelt.

Der Betriebsingenieur wird dieses Buch als Nachschlagewerk nutzen können. – Dem Kesselbedienungs- und -wartungspersonal wird hier eine umfassende Möglichkeit angeboten, seine Kenntnisse zu vervollständigen und zu vertiefen. Damit schließt sich dieses Buch auch dem längst vergriffenen, aber so viel geschätzten Lehrbuch »Der Kesselwärter« von Huppmann/Zeller an, das vor rund vierzig Jahren erschienen ist.

Um auch jedes einzelne Kapitel und jedes Detailproblem mit der notwendigen technischen Tiefe zu behandeln, hat der Herausgeber es vorgezogen, eine Autorengemeinschaft zu bilden. Sachverständige der Technischen Überwachung, die über einschlägige Erfahrung verfügen, wurden als Autoren der einzelnen Kapitel gewonnen.

Besonderer Dank gebührt Herrn Dr. med. Walter Dorsch, der es übernommen hat, die entsprechenden Tafeln in Kapitel 9 auf den neuesten Stand der Arbeitsmedizin zu bringen, sowie zwei Altmeistern der Kesseltechnik, die sich in vorbildlicher Weise sowohl als Berater als auch als Lektoren an der Gestaltung des Buches beteiligt haben: Herrn Professor Dr.-Ing. habil. Heinrich Netz und dem Verleger Heinz Resch.

München, April 1980　　　　　　　　　　　　　　　　　　　　　　　　　　Fritz Mayr

Vorwort zur 11. Auflage

In der 9. Auflage (Juni 2001) und der 10. Auflage (September 2003) wurden die Veränderungen aufgrund der Entwicklungen im europäischen Raum und der nationalen Gesetzgebung eingearbeitet, soweit dies zu dem damaligen Zeitpunkt möglich war.

Im Hinblick auf die Druckgeräterichtlinie 97/23/EG, sowie die seit 01.01.2003 verbindliche Betriebssicherheitsverordnung (BetrSichV) und das seit 06.01.2004 geltende Geräte- und Produktsicherheitsgesetz (GPSG) wurden nun alle Kapitel einer gründlichen Überarbeitung unterzogen.

Nachdem jedoch zahlreiche Regelwerke, Normen usw. z. Z. noch nicht den neuen Vorschriften und Bestimmungen angepasst wurden, aber trotzdem noch weiter gültig sind, können in allen Kapiteln Regelwerke usw. noch mit ihren alten oder schon mit ihren neuen Bezeichnungen aufgeführt sein.

Gräfelfing, April 2005   Wolfgang Linke

1	Allgemeine Grundlagen	1
2	Kesselbauarten und Kesselanlagen	65
3	Ausrüstung der Kesselanlagen	173
4	Beheizung von Dampfkesseln	239
5	Wasser und Dampf	353
6	Beaufsichtigung von Dampfkesselanlagen	459
7	Elektrische und elektronische Steuerungen	491
8	Umweltschutz	525
9	Instandhaltung, Störungen, Schäden	623
10	Vorschriften und Bestimmungen	675
11	Grafische Symbole	725
12	Schrifttum	729
13	Sachwortverzeichnis	805
14	Bezugsquellen	833

Inhaltsverzeichnis

1. Allgemeine Grundlagen (Tuisko Kampffmeyer)   1

1.1 Wärmetechnische Begriffe und Bezeichnungen   1
    1.1.1 Druck   1
    1.1.2 Temperatur   2
    1.1.3 Normzustand bei Gasen; Zustandsänderungen der idealen Gase   4
    1.1.4 Spezifische Wärmekapazität   5
    1.1.5 Wärmemenge, Energie, Arbeit   6
    1.1.6 Leistung, Energiestrom, Wärmestrom   7
    1.1.7 Ausdehnung durch Wärme   7
    1.1.8 Masse, Dichte, spezifisches Volumen, Schüttgewicht und Wobbe-Index   7
    1.1.9 Viskosität   9
1.2 Arten der Wärmeübertragung   10
    1.2.1 Wärmeleitung   11
    1.2.2 Konvektion   12
    1.2.3 Strahlung   13
    1.2.4 Wärmedurchgang   14
1.3 Wasserdampf   19
    1.3.1 Physikalische Gesetzmäßigkeiten   19
    1.3.2 Speichervermögen, Entspannungsdampf   23
    1.3.3 Verdampfungszahl   25
1.4 Brennstoffkunde   26
    1.4.1 Vorkommen und Eigenschaften der Brennstoffe   27
    1.4.1.1 Stein- und Braunkohle   27
    1.4.1.2 Erdöl   29
    1.4.1.3 Erdgas   30
    1.4.2 Lagerung der Brennstoffe   32
    1.4.2.1 Stein- und Braunkohle   32
    1.4.2.2 Heizöl   33
    1.4.2.3 Flüssiggas   35
    1.4.3 Brennwert und Heizwert   35
    1.4.4 Verbrennung   36
    1.4.4.1 Verbrennungsluftmenge   37
    1.4.4.2 Rauchgasmenge   43
    1.4.4.3 Enthalpie der Rauchgase   46
    1.4.4.4 Feuerraumtemperatur   46
    1.4.4.5 Förderdruck   47
    1.4.4.6 Aufgaben des Schornsteins   51
    1.4.4.7 Taupunkt der Rauchgase   52
1.5 Energiewirtschaft   54
    1.5.1 Allgemeines   54
    1.5.2 Energieumwandlung   55
    1.5.2.1 Erscheinungsformen der Energie   55
    1.5.2.2 Vergleich zwischen verschiedenen Energieformen   55
    1.5.2.3 Energieumwandlungsketten   58
    1.5.3 Begriffe   59
    1.5.4 Verluste einer Kesselanlage   59

1.5.5	Kraft-Wärme-Kopplung	63
1.5.6	Brennwerttechnik	63

2. Kesselbauarten und Kesselanlagen im Nieder-, Mittel und Hochtemperaturbereich (Helmut Walther) 65

2.1	Allgemeines	65
	2.1.1 Entwicklungsgeschichte der Dampfkessel	66
	2.1.2 Einteilung der Dampfkessel	72
2.2	Bauarten der Dampfkessel	75
	2.2.1 Allgemeine konstruktive Grundsätze	75
	2.2.2 Großwasserraumkessel	77
	2.2.2.1 Allgemeines	77
	2.2.2.2 Der Walzenkessel	78
	2.2.2.3 Der Flammrohrkessel	79
	2.2.2.4 Der liegende Rauchröhrenkessel	84
	2.2.2.5 Die Flammrohr- und Feuerbüchs-Rauchrohr-Kessel	85
	2.2.2.5.1 Der Lokomobilkessel (liegender Flammrohr-Rauchrohr-Kessel mit vorgehenden Rauchrohren)	86
	2.2.2.5.2 Der Lokomotivkessel (Feuerbüchskessel mit vorgehenden Rauchrohren)	88
	2.2.2.5.3 Die sonstigen Flammrohr-Rauchrohr-Kessel in Mehrzugbauweise	89
	2.2.2.6 Die stehenden Feuerbüchskessel	96
	2.2.2.7 Die Stahlheizkessel	96
	2.2.2.8 Der Guss-Gliederkessel	98
	2.2.3 Kleinwasserraumkessel (Wasserrohrkessel)	102
	2.2.3.1 Allgemeines	102
	2.2.3.2 Wasserrohrkessel mit natürlichem Wasserumlauf (Naturumlauf)	105
	2.2.3.2.1 Steilrohrkessel mit Schmelzfeuerungen	111
	2.2.3.2.2 Wasserrohr-Schiffskessel	117
	2.2.3.2.3 Der Eckrohrkessel	118
	2.2.3.2.4 Der Naturumlauf-Schnelldampferzeuger	119
	2.2.3.2.5 Der Zweidruck- oder Schmidt-Hartmann-Kessel	120
	2.2.3.3 Der Zwangumlauf-Wasserrohrkessel (La-Mont-Kessel)	121
	2.2.3.4 Der Zwangdurchlauf-Wasserrohrkessel	123
	2.2.3.5 Zwangdurchlauf-Wasserrohrkessel mit überlagertem Umlauf	130
	2.2.4 Sonderbauarten	131
	2.2.4.1 Druckgefeuerte Dampferzeuger	131
	2.2.4.2 Die Kernenergie-Dampferzeuger	132
	2.2.4.3 Sonnenheizungs-(Solar-)Anlagen	136
2.3	Vor- und Nachschaltheizflächen	139
	2.3.1 Überhitzer	139
	2.3.2 Speisewasservorwärmer	141
	2.3.3 Vorverdampfer	144
	2.3.4 Luftvorwärmer	145
2.4	Anlagen zur Dampf-, Heißwasser- und Warmwassererzeugung	146
	2.4.1 Allgemeines	146
	2.4.2 Dampferzeugungsanlagen	152
	2.4.3 Heißwassererzeugungsanlagen	154
	2.4.3.1 Technische Entwicklung	154
	2.4.3.2 Gebräuchliche Begriffe	156

	2.4.3.3 Einflüsse auf die Heißwassererzeugungsanlage	158
	2.4.3.4 Sicherheitstechnische Wertung der gebräuchlichsten Systeme aufgrund der Schaltung und der verwendeten Kesselbauart	160
	2.4.4 Warmwassererzeugungsanlagen	162
2.5	Anlagen zur Brauchwassererwärmung	163
	2.5.1 Systeme zur Brauchwassererwärmung	165
	2.5.2 Ausführungsbeispiele	165
2.6	Anlagen für andere Wärmeträgermedien als Wasser	167
	2.6.1 Allgemeines	167
	2.6.2 WT-Wärmeerzeuger (Erhitzer)	169
	2.6.3 Ausführung von WT-Anlagen	170
2.7	Kesselmauerwerk	170

3. Ausrüstung der Kesselanlagen (Wolfgang Linke) 173

3.1	Sicherheitstechnische Grundausrüstung	173
	3.1.1 Herstellerschild	173
	3.1.2 Wasserstandsmarke	173
	3.1.3 Wasserstands-Anzeigeeinrichtungen	174
	3.1.3.1 Wasserstandsgläser	174
	3.1.3.2 Fernwasserstands-Anzeigevorrichtungen	177
	3.1.4 Speise- und Umwälzeinrichtungen	180
	3.1.4.1 Verdrängerpumpen	182
	3.1.4.2 Kreiselpumpen	183
	3.1.5 Absperr- und Entleerungseinrichtungen, Rückströmsicherungen	190
	3.1.5.1 Absperrvorrichtungen	191
	3.1.5.2 Entleerungs- und Abschlammeinrichtungen, Entsalzungsventile	194
	3.1.5.3 Rückströmsicherungen	197
	3.1.6 Druckmessgeräte – Manometer	197
	3.1.7 Temperaturmessgeräte	199
	3.1.8 Sicherheitseinrichtungen gegen Drucküberschreitung	201
	3.1.9 Sicherheitseinrichtungen gegen Drucküberschreitung am Wasserraum von Heißwassererzeugern der Kategorie IV	212
	3.1.10 Reinigungs- und Besichtigungsöffnungen, Verschlüsse	214
3.2	Ausrüstung bei besonderen Bauarten, Feuerungen und Betriebsweisen	214
	3.2.1 Wasserstandshöhenanzeiger (Hydrometer)	214
	3.2.2 Wasserstandsregler	215
	3.2.3 Wasserstandsbegrenzer	217
	3.2.4 Druckregler und -begrenzer	219
	3.2.5 Temperaturregler, -wächter, -begrenzer, Sicherheitstemperaturwächter, Sicherheitstemperaturbegrenzer	220
	3.2.6 Strömungssicherungen und -begrenzer	222
3.3	Betriebstechnische Ausrüstung	223
	3.3.1 Druckminder- und Regelventile, Überströmregler und Dampfumformventile	223
	3.3.2 Temperaturregelventile	227
	3.3.3 Mengenmessgeräte	227
	3.3.4 Dampftrockner und Wasserabscheider	230
	3.3.5 Ölabscheider	231
	3.3.6 Kondensatableiter und -kontrollgeräte	231

	3.3.7 Rauchgasprüf- und -messgeräte, Messung der Rauchgasanteile	234

4. Beheizung von Dampfkesseln (Herbert Stumpf)
Feuerungen und Sonderbeheizungen — 239

4.1	Allgemeiner Aufbau von Feuerungen	241
	4.1.1 Verbrennungsluft	243
	4.1.2 Feuerraum	248
	4.1.2.1 Gestaltung von Feuerräumen	249
	4.1.2.2 Reinhaltung des Feuerraums	250
	4.1.2.3 Feuerraumbelastung	252
	4.1.3 Rauchgaszüge	254
	4.1.4 Rauchgasabführung	256
	4.1.4.1 Unterdruck – natürlicher Zug	256
	4.1.4.2 Unterdruck – künstlicher Zug	256
	4.1.4.3 Überdruckfeuerungen	258
	4.1.4.4 Überwachung der Rauchgasabführung	259
	4.1.4.5 Schornsteingestaltung	260
4.2	Feuerungen für feste Brennstoffe	261
	4.2.1 Rostfeuerungen	261
	4.2.1.1 Wanderroste	264
	4.2.1.2 Schüttelroste	271
	4.2.2 Holzfeuerungen	272
	4.2.3 Müllverbrennung und müllgeeignete Roste	276
	4.2.3.1 Walzenroste	280
	4.2.3.2 Schürroste	281
	4.2.4 Wirbelschichtfeuerung	283
	4.2.5 Kohlenstaubfeuerungen	287
4.3	Feuerungen für flüssige Brennstoffe	302
	4.3.1 Brennstoffaufbereitung und -fortleitung; Ausrüstung	302
	4.3.2 Brennstoffzerstäubung und Luftzumischung	312
	4.3.3 Brennerbauarten und -zubehör	319
	4.3.3.1 Öldruckzerstäuber	319
	4.3.3.2 Dampfdruckzerstäuber	322
	4.3.3.3 Luftdruckzerstäuber	323
	4.3.3.4 Drehzerstäuber	323
	4.3.3.5 Zündung der Ölbrenner	325
	4.3.3.6 Selbsttätige Schnellschlussvorrichtungen	325
4.4	Feuerungen für gasförmige Brennstoffe	327
	4.4.1 Allgemeines	327
	4.4.2 Brennstoffeinbringung und Luftzumischung	330
	4.4.3 Brennerbauarten und -zubehör	331
	4.4.3.1 Zündung der Gasbrenner	333
	4.4.3.2 Selbsttätige Schnellschlussvorrichtungen	334
	4.4.3.3 Überwachung der Dichtheit von Schnellschlussvorrichtungen	335
	4.4.3.4 Entlüftung und Entwässerung von Gasleitungen	337
4.5	Flammenüberwachung	337
	4.5.1 Fotoelemente und Fotozellen	341

4.5.2 UV-Dioden	342
4.5.3 Fotowiderstand	342
4.5.4 Fototransistoren	342
4.5.5 Ionisation in der Flamme	345
4.5.6 Fremdlicht und Eigensicherheit	345
4.5.7 Sicherheitszeiten	346
4.5.8 Zündtemperaturüberwachung	348
4.6 Sonderbeheizungen	348
4.6.1 Elektrische Widerstandsheizungen	348
4.6.2 Beheizung durch Tauchelektroden	349
4.6.3 Beheizung durch Abhitze	349
4.6.4 Beheizung durch Nachverbrennungsanlagen	350
4.6.5 Beheizung durch Sonnenenergie	351

5. Wasser und Dampf (Ludwig Höhenberger) — 353

TEIL I: WASSERAUFBEREITUNG UND -KONDITIONIERUNG

5.1 Eigenschaften und Vorkommen des Wassers	354
5.1.1 Allgemeines	354
5.1.2 Physikalische Eigenschaften	354
5.1.3 Chemische Eigenschaften und Begriffe	355
5.2 Inhaltsstoffe des Wassers	357
5.2.1 Herkunft der Inhaltsstoffe – Kreislauf des Wassers in der Natur	357
5.2.2 Ungelöste Inhaltsstoffe	358
5.2.2.1 Feste, ungelöste Inhaltsstoffe	358
5.2.2.2 Flüssige, ungelöste Inhaltsstoffe	358
5.2.3 Gelöste anorganische und organische Inhaltsstoffe	359
5.2.3.1 Salze	361
5.2.3.1.1 Salze der Erdalkalien	362
5.2.3.1.2 Salze der Alkalien	365
5.2.3.1.3 Salze der Schwermetalle	367
5.2.3.2 Kieselsäure	368
5.2.3.3 Gase	369
5.2.3.4 Organische Verbindungen	370
5.3 Wasseraufbereitung	370
5.3.1 Allgemeines	370
5.3.2 Vorbehandlung von Wässern (mechanisch und chemisch)	371
5.3.2.1 Entfernung grober Bestandteile (Grobreinigung)	371
5.3.2.2 Entfernung feiner Bestandteile (Filtration und Flockung)	372
5.3.2.3 Entsäuerung	373
5.3.2.4 Enteisenung und Entmanganung	374
5.3.3 Aufbereitung des Wassers bzw. Kessel-Speisewassers	374
5.3.3.1 Wasseraufbereitung durch Ionenaustauscher	375
5.3.3.2 Enthärtung	377
5.3.3.2.1 Thermische Enthärtung	377
5.3.3.2.2 Enthärtung durch Fällverfahren	377
5.3.3.2.3 Enthärtung durch Ionenaustauscher	377
5.3.3.3 Entkarbonisierung	379
5.3.3.3.1 Kalkentkarbonisierung	379
5.3.3.3.1.1 Kalk-Langsam-Entkarbonisierung	380

	5.3.3.3.1.2 Kalk-Schnell-Entkarbonisierung	380
	5.3.3.3.2 Entkarbonisierung durch Ionenaustauscher	381
	5.3.3.4 Entsalzung	384
	5.3.3.4.1 Entsalzung durch Destillation	384
	5.3.3.4.2 Entsalzung durch Membranverfahren	384
	5.3.3.4.2.1 Entsalzung durch umgekehrte Osmose, Bilder 5.20 und 5.21	384
	5.3.3.4.2.2 Entsalzung durch Elektrodialyse	386
	5.3.3.4.3 Entsalzung durch elektro-chemische Verfahren (EDI)	386
	5.3.3.4.4 Entsalzung durch Ionenaustausch	387
	5.3.4 Aufbereitung des Kondensates	392
	5.3.4.1 Kondensatenthärtung	392
	5.3.4.2 Kondensatentölung	393
	5.3.4.3 Kondensatentsalzung	393
	5.3.5 Entgasung	394
	5.3.5.1 Thermische Druckentgasung	394
	5.3.5.2 Unterdruckentgasung	396
	5.3.5.3 Chemische Entgasung	396
	5.3.6 Nachbehandlung des Kesselspeisewassers – Konditionierung	399
	5.3.6.1 Nachenthärtung	399
	5.3.6.2 Nachentgasung	400
	5.3.6.3 Alkalisierung	400
	5.3.6.4 Antischaummittel	402
	5.3.6.5 Filmbildner	402
5.4	Richtlinien und Anforderungen an die Wasserbeschaffenheit von Dampfkesseln	403
	5.4.1 TRD 611: Speisewasser und Kesselwasser von Dampferzeugern der Kategorie IV Stand 08.2001 – Auszug	404
	5.4.2 TRD 612: Wasser für Heißwassererzeuger der Kategorien II bis IV, Stand 08.2001 – Auszug	406
	5.4.3 DIN EN 12952-12: Wasserrohrkessel und Anlagenkomponenten – Teil 12: Anforderungen an die Speise- und Kesselwasserqualität (Auszug), Stand 12.2003	407
	5.4.4 DIN EN 12953-10: Großwasserraumkessel – Teil 10: Anforderungen an die Speise- und Kesselwasserqualität (Auszug), Stand 12.2003	411
	5.4.5 VdTÜV-Richtlinien für Speisewasser, Kesselwasser und Dampf von Dampferzeugern bis 68 bar zulässigem Betriebsüberdruck Ausgabe April 1983 – Auszug	413
	5.4.6 GB-Richtlinien für Kesselspeisewasser, Kesselwasser und Dampf von Dampferzeugern über 68 bar zulässigem Betriebsüberdruck Ausgabe 1988 – Auszug	416
	5.4.7 VdTÜV-Richtlinien für die Speise- und Kesselwasserbeschaffenheit bei Schnell-dampferzeugern, Ausgabe März 1973 – Auszug	418
	5.4.8 VdTÜV-Richtlinien für das Kreislaufwasser in Heißwasser- und Warmwasser-Heizungsanlagen (Industrie- und Fernwärmenetze) Ausgabe Februar 1989 mit Revisionen 2003 und 2004 (VdTÜV-1466/AGFW-Merkblatt 510) Auszug	418
	5.4.9 VGB Richtlinien »Qualitätsanforderungen an Fernheizwasser« VGB-M 410 N (1994)	420
	5.4.10 Richtwerte für Dampferzeuger mit Kesselmantel aus C-Stahl oder nichtrostendem Stahl bis 5 bar Betriebsüberdruck mit Heizbündeln aus Kupfer oder Nickelbronze	420

5.4.11	Richtwerte für Dampferzeuger mit Kesselmantel aus C-Stahl oder nichtrostendem Stahl bis 5 bar Betriebsüberdruck mit Heizbündel aus nichtrostendem austenitischem Stahl)	421
5.4.12	Richtwerte für das Füll-, Ergänzungs- und Umwälzwasser von Warmwasser-Heizungsanlagen	422
5.5	Kesselkonservierung	423
5.5.1	Nasskonservierung	424
5.5.2	Trockenkonservierung	424
5.6	Belagbildung und Korrosion	425
5.6.1	Schutzschicht- und Belagbildung	425
5.6.2	Korrosion	426
5.6.2.1	Sauerstoff- und Stillstandkorrosion	426
5.6.2.2	Säurekorrosion	427
5.6.2.3	On-load-Korrosion	428
5.6.2.4	Spannungsrisskorrosion	428
5.6.2.5	Heißwasser- bzw. Heißdampfoxidation	428
5.6.2.6	Erosionskorrosion	429
5.7	Chemische Reinigung von Kesselanlagen	429
5.8	Hinweise zur Unfallverhütung	431
5.9	Betrieb von Dampf- und Heißwassererzeugern der Kategorie IV nach TRD 604, Blatt 1 und 2 (Betrieb ohne ständige Beaufsichtigung – BoB)	432
5.9.1	Wasserchemische Anforderungen bei 24 Stunden BoB	432
5.9.1.1	Dampferzeuger	432
5.9.1.2	Heißwassererzeuger	432
5.9.2	Zusätzliche bzw. veränderte wasserchemische Anforderungen bei 72 Stunden BoB	435
5.9.2.1	Dampferzeuger	435
5.9.2.2	Heißwassererzeuger	436

TEIL II: WASSERUNTERSUCHUNG

5.10	Betriebswässer in Dampf- bzw. Heißwasser-Anlagen	439
5.10.1	Probenahme der Betriebswässer	440
5.10.2	Untersuchungsverfahren für Betriebswässer	442
5.10.2.1	Bestimmung der Summe Erdalkalien (Härte) – DIN 38406-3	442
5.10.2.2	Bestimmung der Säurekapazität bis pH-Wert 8,2 bzw. 4,3 ($K_{S8,2}$ bzw. $K_{S4,3}$) – DIN 38409-7 (entsprechend p-Wert und m-Wert, siehe auch Alkalinität – DIN EN ISO 9963-1)	443
5.10.2.3	Basekapazität bis pH-Wert 8,2 bzw. 4,3 ($K_{B8,2}$ bzw. $K_{B4,3}$) – DIN 38409 -7: (Negativer p-Wert und m-Wert)	444
5.10.2.4	Bestimmung der Kalkwassersättigung	445
5.10.2.5	Bestimmung des Phosphat-Gehaltes	446
5.10.2.5.1	Bestimmung des Orthophosphat-Gehaltes mit Ammoniummolybdat – DIN EN 1189	446
5.10.2.5.2	Orthophosphat-Bestimmung nach der VM-Methode	447
5.10.2.5.3	Bestimmung des Gesamtphosphat-Gehaltes und des Gehaltes an polymeren Phosphaten	448
5.10.2.6	Bestimmung des Salzgehaltes von Wässern	449
5.10.2.6.1	Bestimmung der Dichte mit einer Dichtespindel	449
5.10.2.6.2	Bestimmung des Salzgehaltes durch Leitfähigkeitsmessung – DIN EN 27888	449

5.10.2.7 Bestimmung des pH-Wertes – DIN 38404-5 450
 5.10.2.8 Bestimmung des Hydrazingehaltes – DIN 38413-1 452
 5.10.2.9 Bestimmung des Natriumsulfit-Gehaltes – DIN EN ISO 10304-3 453
 5.10.2.10 Bestimmung des Kieselsäuregehaltes – DIN 38405 454
 5.10.2.11 Bestimmung des Kaliumpermanganat ($KMnO_4$)-Verbrauches 455
 in saurer Lösung (Oxidierbarkeit Mn^{7+} → Mn^{2+}) Permanganat-
 Index DIN EN ISO 8467 456
 5.10.2.12 Bestimmung des Chloridgehaltes nach Mohr – DIN 38405 D 1-1
 5.10.2.13 Bestimmung sonstiger Inhaltsstoffe 456
5.11 Die wichtigsten EN- und DIN-Normen für das Arbeitsgebiet Wasser 457

6. Beaufsichtigung von Dampfkesselanlagen
(Wolfgang Roßmaier) 459
6.1 Geschichtliche Entwicklung 459
6.2 Vorschriften 460
 6.2.1 Vorschriften für die Beaufsichtigung von Dampfkesselanlagen 460
 6.2.2 Betrieb von Dampfkesselanlagen 464
 6.2.3 Betrieb von Dampfkesselanlagen mit eingeschränkter
 Beaufsichtigung 466
 6.2.4 Zeitweiliger Betrieb ohne Beaufsichtigung mit herabgesetztem Druck bzw. herabgesetzter Vorlauftemperatur 467
 6.2.5 Betrieb ohne ständige Beaufsichtigung 468
 24-Stunden-Betrieb 469
 72-Stunden-Betrieb 470
 Europäische Kesselnormen 471
6.3 Anforderungen an die Ausrüstung von Dampfkesselanlagen bei Betrieb mit
 ständiger Beaufsichtigung 472
 Beaufsichtigung nach TRD, Ausrüstung bei Überwachung von Warten aus 472
6.4 Anforderung an die Ausrüstung von Dampfkesselanlagen bei Betrieb ohne
 ständige Beaufsichtigung 481
 Ohne ständige Beaufsichtigung nach TRD 481
 Ohne ständige Beaufsichtigung nach den europäischen Kesselnormen 482
6.5 Zusätzliche Anforderungen an den Betrieb ohne Beaufsichtigung von
 Dampfkesselanlagen mit Rostfeuerungen für Kohle 483
6.6 Probleme beim Betrieb von Heißwasseranlagen ohne ständige Beaufsichtigung 485
6.7 Erfahrungen aus dem Betrieb ohne ständige Beaufsichtigung 488
 6.7.1 Dampfanlagen 489
 6.7.2 Heißwasseranlagen 489

7. Elektrische und elektronische Steuerungen im sicherheitsrelevanten Einsatz an Kesselanlagen
(Jörg Kiesel) 491
7.1 Entwicklung 491
 7.1.1 Begriffe 491
7.2 Anforderungen 495
 7.2.1 Sicherheitsstromkreise 495
 7.2.2 Sicherheitsphilosophie 496

7.2.3 Fehlerphilosophie ... 496
7.2.3.1 Hardwarefehler (-ausfälle) ... 497
7.2.3.2 Softwarefehler ... 497
7.2.4 Bestimmungen, Richtlinien ... 499
7.2.5 Sicherheitstechnische Anforderungen an elektrische Betriebsmittel ... 500
7.2.6 Ausführung von MSR-Schutzeinrichtungen ... 502
7.2.7 Prüfung von MSR-Schutzeinrichtungen ... 502
7.3 Fehlersicherheit ... 503
7.3.1 Elektrische Betriebsmittel ... 503
7.3.2 Systeme nach dem Fail-Safe-Prinzip ... 504
7.3.3 Redundanz mit Fail-Safe-Vergleicher ... 506
7.3.4 Diversitäre Redundanz mit Fail-Safe-Vergleicher ... 506
7.3.5 Sicherheitstechnische Lösungen (gesonderte Sicherheitsmaßnahmen) beim Einsatz von Mikrocomputersystemen ... 507
7.4 Störbeeinflussbarkeit, Umweltbedingungen ... 508
7.5 Sicherheitsnachweis ... 508
7.5.1 Ausfalleffektanalyse (theoretisch) und Ausfallkombinationen ... 509
7.5.2 Checklisten für die Fehlersimulation ... 510
7.5.3 Festlegung der Umweltbedingungen und Störbeeinflussbarkeitsgrenzen ... 510
7.5.4 Durchführung des praktischen Sicherheitsnachweises ... 511
7.5.4.1 Fehlersimulationen ... 511
7.5.4.2 Prüfung der Funktionssicherheit bei verschiedenen äußeren Beeinflussungen ... 518
7.5.4.3 Ausführung ... 520
7.5.4.4 Gutachten, Prüfbescheinigung ... 520
7.6 Prinzipielle Beispiele von elektronischen Steuerungen ... 520
7.6.1 Speicherprogrammierbare Steuerungen (SPS) ... 522
7.6.1.1 Konzeptphase ... 522
7.6.1.2 Vorprüfung ... 523
7.6.1.3 Vor-Ort-Prüfung ... 524
7.6.1.4 Änderungsverfahren ... 524

8. Vorschriften und Maßnahmen zum Schutze der Umwelt (Thomas Gritsch, Michael Waeber) ... 525

8.1 Einleitung ... 525
8.2 Europäisches Umweltrecht ... 526
8.3 Das Bundes-Immissionsschutzgesetz (BImSchG) ... 528
8.3.1 Übersicht ... 528
8.3.2 Begriffe ... 529
8.3.3 Vorschriften für Dampfkessel und Feuerungen ... 529
8.4 Die Genehmigung von Anlagen ... 530
8.4.1 Genehmigungsbedürftige Anlagen (4. BImSchV) ... 530
8.4.2 Grundsätze des Genehmigungsverfahrens (9. BImSchV) ... 532
8.4.2.1 Förmliches Genehmigungsverfahren (§ 10 BImSchG) ... 532
8.4.2.2 Vereinfachtes Genehmigungsverfahren (§ 19 BImSchG) ... 533
8.4.3 Umweltverträglichkeitsprüfung (UVP) ... 534

	8.4.4	Die Verhinderung und Begrenzung von Störfällen (12. BImSchV)	535
	8.4.5	Immissionsprognose für Luftschadstoffe	538
	8.4.6	Beurteilung von Geräuschimmissionen	540
8.5	Die Begrenzung von Emissionen im Abgas		543
	8.5.1	Kleinfeuerungsanlagen (1. BImSchV)	543
	8.5.2	Großfeuerungsanlagen (13. BImSchV)	545
	8.5.3	Sonstige Feuerungsanlagen (TA Luft)	546
	8.5.4	Abfallverbrennungsanlagen (17. BImSchV)	548
	8.5.5	Feuerbestattungsanlagen (27. BImSchV)	550
8.6	Die Begrenzung von Schadstofffrachten im Abwasser (WHG)		550
8.7	Das Umwelthaftungsgesetz (UmweltHG)		553
8.8	Das EG-Öko-Audit-System (EMAS II)		554
8.9	Die Kontrolle der Emissionen		556
	8.9.1	Aufgaben und Anforderungen	556
	8.9.2	Kleinfeuerungsanlagen (1.BImSchV)	558
	8.9.3	Größere Feuerungsanlagen (TA Luft)	558
	8.9.4	Großfeuerungsanlagen (13. BImSchV)	560
	8.9.5	Abfallverbrennungsanlagen / Mitverbrennung von Abfällen (17. BImSchV)	561
	8.9.6	Einbau von Messanlagen, Funktionsprüfung, Kalibirierung	563
	8.9.7	Eignungsgeprüfte Messgeräte	564
	8.9.8	Emissions – Messverfahren	564
8.10	Sonstige Pflichten des Anlagenbetreibers		569
	8.10.1	Ableitbedingungen für Abgase (TA Luft)	569
	8.10.2	Der Betriebsbeauftragte	569
	8.10.3	Die Emissionserklärung (11. BImSchV)	572
	8.10.4	Arbeitsplatzbedingungen	573
	8.10.5	Der Schutz des Bodens	577
8.11	Technische Maßnahmen zur Emissionsminderung		577
	8.11.1	Primärmaßnahmen für Staub und Gase	578
		8.11.1.1 Staub	578
		8.11.1.2 Schwefeloxide (3. BImSchV)	579
		8.11.1.3 Stickstoffoxide	580
		8.11.1.4 Kohlenmonoxid und organische Stoffe	584
		8.11.1.5 Kohlendioxid und andere klimarelevante Gase	585
		8.11.1.6 Halogenverbindungen	588
	8.11.2	Sekundärmaßnahmen für Staub und Gase	589
		8.11.2.1 Abgasentstaubung	589
		8.11.2.2 Abgasentschwefelung	601
		8.11.2.3 Abgasentstickung	607
		8.11.2.4 Abscheidung von HCl, HF, Hg und organischen Verbindungen	614
	8.11.3	Lärmminderungsmaßnahmen	615
8.12	Entsorgung von Abfallstoffen		617

9. Instandhaltung, Störungen, Schäden (Wolfgang Schlegel)   623

9.1	Wartung	623
	9.1.1 Wartung bei Dampfkesseln der Kategorie IV (Hochdruckdampfkessel)	623
	9.1.2 Wartungsverträge	626

9.1.3	Ausrüstung	627
9.1.3.1	Anzeigeeinrichtungen	627
9.1.3.2	Absperr- und Entleerungseinrichtungen	629
9.1.3.3	Speise- und Umwälzeinrichtungen	632
9.1.3.4	Wartung von Regel- und Sicherheitseinrichtungen	634
9.1.3.5	Messeinrichtungen	636
9.1.3.6	Elektrische Einrichtungen	638
9.1.3.7	Sonstige Einrichtungen	638
9.1.4	Feuerung und elektrische Beheizung	639
9.1.4.1	Feste Brennstoffe	639
9.1.4.2	Flüssige Brennstoffe	640
9.1.4.3	Gasförmige Brennstoffe	640
9.1.4.4	Elektrische Beheizung	640
9.1.5	Sonstige Teile der Feuerung	641
9.1.5.1	Heizöllagerung und Heizölvorwärmung	641
9.1.5.2	Kohle-, Späne- und Staublagerung	641
9.1.5.3	Saugzuggebläse	642
9.1.5.4	Entaschung und Staubabscheider	642
9.1.5.5	Schornstein	642
9.1.6	Wasseraufbereitung (siehe Abschn. 5.3)	642
9.1.6.1	Allgemeines	642
9.1.6.2	Enthärtungs- und Entgasungsanlagen	645
9.1.6.3	Anlagen zur Entkieselung und Entölung	645
9.1.6.4	Dosier- und Untersuchungsgeräte	645
9.1.6.5	Speise- und Kesselwasser	646
9.1.6.6	Einrichtungen zum Absalzen und zum Abschlammen	646
9.1.6.7	Konservierung	646
9.1.7	Anfahren der Kesselanlage nach Stillständen	647
9.1.7.1	Warmstart	647
9.1.7.2	Kaltstart	648
9.1.7.3	Abstellen	648
9.2	Inspektion	648
9.2.1	Allgemeines	648
9.2.2	Befahren von Kesselanlagen	648
9.2.3	Rauchgasseitige Reinigung	649
9.2.4	Wasserseitige Reinigung	649
9.3	Instandsetzungen	650
9.3.1	Vom Kesselwärter auszuführende Überholungen und Reparaturen	650
9.3.1.1	Armaturen	650
9.3.1.2	Schrauben, Mannlochverschlüsse	651
9.3.1.3	Wasserstände, Schaltwippen, Regelgeräte	651
9.3.2	Reparaturen durch den Fachmann	651
9.3.2.1	Wasserstandsregler und -begrenzer (Neueinbau)	651
9.3.2.2	Schweißarbeiten	652
9.3.2.3	Elektrische Einrichtungen	652
9.3.3	Reparaturen durch den Hersteller bzw. durch einschlägige Fachfirmen	652
9.3.3.1	Schweißer- und Verfahrensprüfung	652
9.3.3.2	Reparaturen von Konstruktionsteilen	652

9.4	Störungen		653
9.5	Schäden		663
	9.5.1	Allgemeines	663
	9.5.2	Schäden trotz geprüfter Ausrüstung	665
	9.5.3	Wassermangel	666
	9.5.4	Flammrohrschäden trotz ausreichendem Wasserstand	666
	9.5.5	Verpuffungen	670
	9.5.6	Konstruktionsfehler	671
	9.5.7	Fertigungsfehler	671
	9.5.8	Armaturen und Ausrüstung	672
	9.5.9	Sonstige Kesselteile	672
	9.5.10	Sonstige Teile der Kesselanlage	673
9.6	Ausblick		674

10. Vorschriften und Bestimmungen (Wolfgang Roßmaier) 675

10.1	Allgemeines	675
10.2	Europäische Normung für Dampfkessel	675
10.3	Druckgeräterichtlinie	677
10.4	Änderung des Gesetzes über technische Arbeitsmittel (Gerätesicherheitsgesetz GSG) und Ablösung durch das Gesetz über technische Arbeitsmittel und Verbraucherprodukte (Geräte- und Produktsicherheitsgesetz – GPSG)	692
10.5	Dampfkesselbestimmungen	695
10.6	Europäische Normen für Dampfkessel	706
10.7	Bundes-Immissionsschutzgesetz	707
10.8	Regeln für Warmwasserheizungsanlagen	707
10.9	Druckbehälterbestimmungen	709
10.10	Europäische Normen für Druckgeräte (Druckbehälter), unbefeuerte Druckbehälter, Rohrleitungen, Sicherheitseinrichtungen	711
10.11	Wichtige Vorschriften und Normen für Heizungsanlagen und für Wassererwärmer	712
10.12	Verdingungsordnung für Bauleistungen	716
10.13	Richtlinien über Ausbildungslehrgänge für Kesselwärter	717
10.14	Sonstige Vorschriften, Bestimmungen und Regeln	723

11. Grafische Symbole (Wolfgang Linke) 725

12. Schrifttum 729

13. Sachwortverzeichnis 805

14. Bezugsquellen 833

1. Allgemeine Grundlagen

1.1 Wärmetechnische Begriffe und Bezeichnungen

Nach Erlass der Gesetze über »Einheiten im Messwesen« vom 2.7.1969/22.2.1985 (Fassung v. 25.11.2003) und den Ausführungsverordnungen sind eine Reihe früher üblicher Einheitenbezeichnungen durch neue Begriffe ersetzt worden. In einer Übergangszeit konnten einige alte Bezeichnungen noch benutzt werden, doch sind alle Ausnahmebestimmungen mit dem 31.12.1977 aufgehoben; seitdem sind nur die neuen gesetzlichen Einheiten zulässig. Im Bereich der Kesselanlagen betrifft dies vor allem die Angaben für Druck, Temperatur und Wärme sowie die davon abhängigen Einheiten Energie, Arbeit, Wärmestrom bzw. Energiestrom und Leistung. Das Kurzzeichen dieser Einheiten ist SI = Système International d'Unités.

1.1.1 Druck

Die SI-Einheit für den Druck ist Pa (Pascal).
1 Pa ist gleich dem Druck, den die Kraft 1 N auf die Fläche 1 m^2 ausübt.

$$1 \text{ Pa} = 1 \text{ N/m}^2$$

Die Krafteinheit N, Newton (sprich Njutn), ist gleich der Kraft, die einem Körper der Masse 1 kg die Beschleunigung von 1 m/s^2 erteilt.

$$1 \text{ N} = 1 \text{ kg} \cdot 1 \text{ m/s}^2$$

In der Kesseltechnik gebräuchlich ist die Druckeinheit Bar (bar) mit der Umrechnung:

$$1 \text{ bar} = 10^5 \text{ Pa} = 100\,000 \text{ Pa}$$

Die früher gebräuchliche Angabe »Atmosphäre« ist nicht mehr zulässig.

$$\text{Es war } 1 \text{ at} = 0{,}981 \text{ bar.}$$

Dezimale Vielfache oder dezimale Teile nimmt man, um einfachere Zahlenwerte zu erhalten. Tafel 1.1 enthält diese »Vorsatzzeichen«.

Tafel 1.1: Vorsatzzeichen für Einheiten

Vielfache		Vorsatz	Vorsatz-zeichen	Teile		Vorsatz	Vorsatz-zeichen
Zehnfache	10^1	Deka	da	Zehntel	10^{-1}	Dezi	d
Hundertfache	10^2	Hekto	h	Hundertstel	10^{-2}	Zenti	c
Tausendfache	10^3	Kilo	k	Tausendstel	10^{-3}	Milli	m
Millionenfache	10^6	Mega	M	Millionstel	10^{-6}	Mikro	µ
Milliardenfache	10^9	Giga	G	Milliardstel	10^{-9}	Nano	n
Billionenfache	10^{12}	Tera	T	Billionstel	10^{-12}	Piko	p
Billiardenfache	10^{15}	Peta	P	Billiardstel	10^{-15}	Femto	f
Trillionenfache	10^{18}	Exa	E	Trillionstel	10^{-18}	Atto	a

Beispiel:
$$10\,000 \text{ N} = 10^4 \text{ N oder } 10 \text{ kN}$$
$$10 \text{ N} = 1 \text{ daN}$$
$$10^{-2} \text{ m} = 0,01 \text{ m} = 1 \text{ cm}$$

Die Druckeinheiten gelten auch für Unterdruckmessungen, z. B. am Schornstein. Die früher übliche Angabe mm WS als »Druckhöhe« bzw. »Zugstärke« ist in bar oder mbar anzugeben.

$$1 \text{ mm WS} \approx 0,1 \text{ mbar (Millibar)}$$

Ähnliches gilt für den Barometerstand, für den früher mm Hg (Quecksilber) bzw. Torr maßgebend war:

$$1 \text{ mm Hg} = 1 \text{ Torr} = 1,33 \text{ mbar}$$

Man wird auch in Zukunft derartige Drücke in mm ablesen, muss aber bei Berechnungen die Einheit bar bzw. mbar verwenden.

Umrechnungstabellen für Druck und Kraft sind in Tafel 1.2 enthalten.

1.1.2 Temperatur

Die Einheit der Temperatur und auch der Temperaturdifferenz ist das Kelvin (Einheitszeichen K); Grad Celsius (°C) ist aber als »besondere Einheit« weiter zugelassen. Es entspricht also

$$1 \,°\text{C} = 1 \text{ K}$$

In Großbritannien und den USA ist noch die Fahrenheitskala (°F) gebräuchlich. Es bestehen folgende Beziehungen:

$$T \text{ in K} = t\,°\text{C} + 273,15 = \text{absolute Temperatur}$$
$$t\,°\text{C} = {}^5/_9\,(t\,°\text{F} - 32)$$
$$t\,°\text{F} = {}^9/_5\,t\,°\text{C} + 32$$

Die niedrigste Temperatur beträgt −273,15 °C und wird als absoluter Nullpunkt bezeichnet: Bei dieser Temperatur hört die Brown'sche Molekularbewegung auf. Weitere Festpunkte der Temperaturskala sind der Gefrierpunkt des Wassers 0 °C und der Siedepunkt des Wassers 100 °C bei einem Atmosphärendruck von 1,01325 bar, wobei die Siedetemperatur nur ungenau reproduziert werden kann.

Allgemeine Grundlagen

Tafel 1.2: Umrechnungstabellen für Druck und Kraft

Behälterdruck (Gas, Dampf, Flüssigkeit)

Einheit	at	atm	Torr	bar	Pa
1 at	1	0,96784	735,56	0,981	98 100
1 atm = 760 Torr	1,03323	1	760	1,01325	101 325
1 Torr = 1 mm Hg	0,00136	0,0013158	1	0,001333	133,322
1 bar	1,0197	0,98692	750,06	1	100 000
1 Pa	$0,102 \cdot 10^{-4}$	$0,987 \cdot 10^{-5}$	0,0075	10^{-5}	1

1 bar = 0,1 MPa = 0,1 MN/m² = 10^5 N/m² = 1 daN/cm² / 1 mbar = 1 NPa

Druckhöhen (Flüssigkeitssäulen)

Einheit	µbar	mbar	bar	Pa
1 mm WS	≈ 100	≈ 0,1	≈ 0,0001	≈ 10
1 m WS	≈ 100 000	≈ 100	≈ 0,1	≈ 10 000
1 mm QS	1 333	1,333	0,001333	133,322

Kraft

Einheit	dyn	N
dyn	1	10^{-5}
N	10^5	1

1 t = 1000 kg = 1 Mg

Eine Flüssigkeitssäule von der Höhe h übt einen Druck p aus. Es gilt die Gleichung $p = h \cdot \varrho \cdot g$ mit ϱ als Maß der Dichte und g als Maß der Fallbeschleunigung (g = 9,81 m/s²). Die »Förderhöhe« h wird als »statische Höhe« in Meter gemessen.

Da durch die jetzigen Einheiten eine Temperaturhöhe sowohl in Kelvin (K) als auch in Grad Celsius (°C) angegeben werden kann, ist eine auf den absoluten Nullpunkt bezogene Temperatur deutlich zu kennzeichnen, z. B. durch T = absolute Temperatur in K, t = Celsiustemperatur in °C (Tafel 1.3).

Tafel 1.3: Beziehungen zwischen den Temperaturskalen

	Kelvin K	Celsius °C	Fahrenheit °F
Absoluter Nullpunkt	0	−273,15	−460
Tripelpunkt des Wassers	+273,16	0,01	+ 32
Siedepunkt des Wassers	+373	+100	+212

Der Tripelpunkt des Wassers liegt bei 0,01 °C, der Erstarrungspunkt bei 0,0 °C.

Beispiel: Gegeben ist Warmwasser mit einer Temperatur von

$$t = 70\,°C.$$

Wie hoch ist die absolute Temperatur T und die Temperatur in der Fahrenheitskala?

Lösung: Absoluttemperatur: $T = t\,°C + 273,15 = (70 + 273,15)\,K = 343,15\,K$.
In der Fahrenheitskala ergibt sich

$$t\,°F = {}^9/_5\, t\,°C + 32 = ({}^9/_5 \cdot 70 + 32)\,°F = 158\,°F$$

Merke:

> Die kritische Temperatur ist die Temperatur eines Gases oder Dampfes, oberhalb welcher es unmöglich ist, durch Anwendung eines noch so hohen Druckes das Gas oder den Dampf zu verflüssigen. Der Druck, der die Verflüssigung bei der kritischen Temperatur gerade noch ermöglicht, heißt kritischer Druck. Im »kritischen Punkt« und oberhalb besteht keine Unterscheidungsmöglichkeit zwischen Dampf oder Flüssigkeit (siehe Abschn. 1.3.1). Die Siedetemperatur ist jene Temperatur, bei der eine Flüssigkeit verdampft. Diese Siedetemperatur ist druckabhängig (Bild 1.6, Abschn. 1.3.1).

Weiterhin relevant ist auch der sog. Taupunkt, jene Temperatur, bei der sich Dampf – z. B. in der Luft enthaltener Wasserdampf – an kälteren Flächen oder am Erdboden niederschlägt (kondensiert). Im Dampfkesselbetrieb hat er eine große Bedeutung für die Rauchgasführung. Tritt im letzten Kesselzug z. B. durch zu starke Abkühlung der Rauchgase an Eko- oder Luvo-Heizflächen eine Verflüssigung des in den Rauchgasen enthaltenen Wasserdampfes ein, so bildet dieser in Verbindung mit den im Rauchgas enthaltenen Schwefelbestandteilen eine Säure, welche Korrosionen an den metallischen Heizflächen hervorruft. Dies ist der Grund, warum die Abgase noch eine bestimmte Temperaturhöhe haben müssen (rund 150 °C), um diese Taupunktunterschreitung zu verhüten. Der Taupunkt ist abhängig von der Brennstoffart und dem Luftüberschuss und steigt mit dem Schwefelgehalt des Brennstoffes, siehe auch Abschn. 1.4.4.7.

1.1.3 Normzustand bei Gasen; Zustandsänderungen der idealen Gase

Im Gegensatz zu festen und flüssigen Stoffen lassen sich Gase verhältnismäßig leicht zusammendrücken (komprimieren). Hierbei verringert sich das Volumen einer bestimmten Gasmenge, während die Masse der betrachteten Gasmenge unverändert bleibt; es ändert sich bei diesem Vorgang die Dichte (siehe Abschn. 1.1.8). Lässt man sich das Gasvolumen ausdehnen (expandieren), verlaufen die Vorgänge umgekehrt. Auch Temperaturänderungen führen – je nach Randbedingungen – zu Druck- oder Volumenänderungen und damit zu Dichteänderungen.

Aus diesem Grunde ist es wichtig, bei Volumen-, Masse- oder Dichteangaben von Gasen immer auch gleichzeitig anzugeben, bei welchem Druck und bei welcher Temperatur sich das Gas befindet. Am häufigsten bezieht man die Werte auf einen

Druck von $p_n = 1013{,}25$ mbar (= atmosphärischer Normdruck) und eine

Temperatur von $t_n = 0\,°C \,\widehat{=}\, T_n = 273{,}15$ K (Normtemperatur).

Man sagt dann, das Gas befindet sich im Normzustand, abgekürzt: i.N. (früher NZ).

Bei idealen Gasen besteht zwischen Druck, Temperatur und Volumen folgender Zusammenhang (bei den real vorkommenden Gasen gilt die Beziehung mit einer ausreichenden Genauigkeit ebenfalls.):

$$\frac{p \cdot V}{T} = \text{const.}$$

Allgemeine Grundlagen 5

mit
p: Druck des Gases als Absolutdruck in bar$_{abs}$
V: Volumen des Gases
T: Temperatur des Gases als Absoluttemperatur in K

Um Volumina von Gasen verschiedener Zustände miteinander vergleichen zu können, kann man sie entsprechend nach folgender Formel umrechnen:

$$\frac{p_1 \cdot V_1}{T_1} = \frac{p_2 \cdot V_2}{T_2}$$

Die Indizes 1 und 2 bedeuten den Gaszustand 1 und 2.

1.1.4 Spezifische Wärmekapazität; Wärmeinhalt (Entalpie)

Man versteht darunter jene Wärmemenge, die notwendig ist, um 1 kg oder 1 m³ eines Stoffes um 1 K = 1 °C zu erwärmen. Sie hat die Einheit J/(kg K) oder – sofern sie bei Gasen auf das Normvolumen V_n bezogen ist – die Einheit J/(m³ K). Umrechnungen siehe Tafel 1.4.

Tafel 1.4: Umrechnungen für spezifische Wärmekapazitäten

Einheit	J/(kg K) J/(m³ K)	kcal/(kg grd) kcal/m³ grd)	kWh/(kg K) kWh/(m³ K)
1 J/(kg K) 1 J/(m³ K)	1	$2{,}38844 \cdot 10^{-4}$	$2{,}77778 \cdot 10^{-7}$
1 kcal/(kg grd) 1 kcal/(m³ grd)	4186,8	1	$1{,}163 \cdot 10^{-3}$
1 kWh/(kg K) 1 kWh/(m³ K)	$3{,}6 \cdot 10^6$	859,845	1

Die spezifische Wärmekapazität wächst mit steigender Temperatur. Die »wahre« spezifische Wärmekapazität bezieht sich dabei auf eine bestimmte Temperatur, z. B. 20 °C, während sich die »mittlere« spezifische Wärmekapazität – die bei Berechnung einzusetzen ist – auf die beiden Temperaturen bezieht, zwischen denen der Erwärmungs- oder auch Abkühlungsvorgang abläuft. Von großem Einfluss ist der Feuchtegehalt der Stoffe. Die spezifischen Wärmekapazitäten entnimmt man Tabellen.

Merke:

> Der Wärmeeinhalt, die »Enthalpie«, wird in Joule angegeben. Unter spezifischer Enthalpie versteht man dabei die auf 1 kg oder 1 m³ i.N. (Normalzustand) eines Stoffes bezogene Enthalpie J/kg bzw. J/m³ i.N. bzw. deren Vielfache oder Teile.
> Die Wärmeleitfähigkeit ist abhängig vom Material und der Dicke der Wandung, welche von der Wärme durchdrungen wird, sowie von der »Wärmeleitzahl λ«; diese ist von der Stoffart abhängig und wird Tabellen entnommen. Es gilt λ = W/ m · K.

1.1.5 Wärmemenge, Energie, Arbeit

Nach heutiger Auffassung ist Wärme die Bewegungsenergie der kleinsten Teilchen (Moleküle) eines Körpers. Einen Körper erwärmen heißt daher, die Bewegungsenergie seiner Moleküle zu vergrößern, oder anders ausgedrückt: Temperaturerhöhung bedeutet Steigerung der Teilchengeschwindigkeit. Diese Theorie, die sich auf Forschungen von Robert Mayer, Joule und Helmholtz stützt, bezeichnet man als kinetische oder mechanische Wärmetheorie. Maß dieser Wärmemenge ist die Einheit Joule (J) (sprich Dschul). Die frühere Einheit war die Kilokalorie (kcal).

Wärmemenge, Energie und Arbeit sind Größen gleicher Art und haben dieselbe SI-Einheit, nämlich das Joule (J). Umrechnungen siehe Tafel 1.5.

Tafel 1.5: Umrechnungen für Wärmemengen, Energie und Arbeit

Einheit	kcal	J	kJ	kWh
1 kcal	1	4186,8	4,1868	0,001163
1 J = 1 Nm = 1 Ws	$2{,}39 \cdot 10^{-4}$	1	0,001	$2{,}78 \cdot 10^{-7}$
1 kJ	0,239	1000	1	$2{,}78 \cdot 10^{-4}$
1 kWh	860	$3600 \cdot 10^3$	3600	1

Man kann auch die Einheit J/s anstelle von W verwenden bzw. deren Vielfache oder Teile (Tafel 1.6).

Tafel 1.6: Umrechnungen für Wärmeleitzahlen

	$\dfrac{kJ}{h\,m\,K}$	$\dfrac{J}{s\,m\,K} = \dfrac{W}{m\,K}$	$\dfrac{J}{s\,cm\,K} = \dfrac{W}{cm\,K}$
$1\,\dfrac{kJ}{h\,m\,K}$	1	0,27778	0,002778
$1\,\dfrac{J}{s\,m\,K} = 1\,\dfrac{W}{m\,K}$	3,6	1	0,01
$1\,\dfrac{J}{s\,cm\,K} = \dfrac{W}{cm\,K}$	360	100	1

Weitere mit der Wärme zusammenhängende Begriffe sind unter anderem:

Schmelzwärme: Wärmemenge zum Überführen des Aggregatzustandes fest in flüssig, z. B. Schmelzwärme von Eis = 334 kJ/kg vom festen in den flüssigen Aggregatzustand.

Flüssigkeitswärme: Wärmemenge zum Erwärmen einer Flüssigkeit bis zur Siedetemperatur, z. B. bei Wasser ≈ 419 kJ/kg.

Verdampfungswärme: Wärmemenge zum Verdampfen der Flüssigkeit, nachdem die Siedetemperatur erreicht ist, z. B. bei Wasser ≈ 2257 kJ/kg (bei Atmosphärendruck und 100 °C).

Überhitzungswärme: Wärmemenge zum Überhitzen des Dampfes, nachdem die »Sättigungsgrenze« erreicht ist, die Verdampfung also beendet ist.

1.1.6 Leistung, Energiestrom, Wärmestrom

Diese Größen folgen als Quotienten aus Energie, Arbeit oder Wärmemenge und Zeit bzw. Zeitspanne; SI-Einheit ist Watt (W).

$$1 \text{ W} = 1 \text{ J/s} = 1 \text{ N m/s}$$
$$1 \text{ kW} = 1 \text{ kJ/s} = 1 \text{ kN m/s}$$
$$1 \text{ kWh} = 3600 \text{ kJ} \qquad \text{(siehe auch Tafel 1.7).}$$

Die früher übliche PS-Angabe ist jetzt durch kW zu ersetzen.

$$1 \text{ PS} = 0{,}736 \text{ kW}$$

Tafel 1.7: Umrechnungen für Leistung, Energiestrom und Wärmestrom

Einheit	kcal/h	W	kW
1 kcal/h	1	1,163	0,001163
1 W = 1 Nm/s = 1 J/s	0,860	1	0,001
1 kW	860	1000	1

1 kcal/(h m grd) = 4,1868 kJ/(h m K)
1 kcal/(h m² grd) = 1,163 W/(m² K) = 4,1868 kJ/(h m² K)

1.1.7 Ausdehnung durch Wärme

Wärmezufuhr bedeutet Steigerung der Temperatur eines Körpers; dies gilt für feste, flüssige und gasförmige Körper. Erwärmung – oder auch Abkühlung – bedeutet ferner Volumenänderung, sofern diese Änderung nicht durch einen geschlossenen Raum verhindert wird. Bei Erwärmung erhöht sich z. B. bei einem Gas der Druck sehr schnell (Explosionsgefahr). Im Allgemeinen führt Temperaturerhöhung zur Ausdehnung, Temperaturerniedrigung zu einer Zusammenziehung des Stoffes. Wasser hat – im Gegensatz dazu – bei 4 °C sein geringstes Volumen.

Bei bestimmten Temperaturen ändert sich außerdem der Aggregatzustand, z. B. fest in flüssig (Eis in Wasser) oder flüssig in gasförmig (Wasser in Dampf).

1.1.8 Masse, Gewicht, Dichte, spezifisches Volumen, Schüttgewicht und Wobbe-Index

Diese Größen sind Stoffwerte, die neben den drei Grundgrößen Temperatur, Druck und Volumen in der Wärmetechnik am häufigsten gebraucht werden.

Bei dem Begriff »*Masse*« hat man zu unterscheiden zwischen der trägen und der schweren Masse. Jeder Körper setzt einer Veränderung seines Bewegungszustandes einen Widerstand (Trägheit) entgegen. Die Trägheitskraft ist dann das Produkt Masse mal Beschleunigung und ist der Beschleunigung entgegengerichtet.

Jeder Körper besitzt ferner die Eigenschaft der Schwere (Gewicht), d. h., er wird von der Erde mit einer bestimmten Kraft angezogen (ist mit dem Ort auf der Erde veränderlich). Diese Erdschwere ist aber nur ein besonderer Fall der allgemeinen Schwere oder Massenanziehung. Hier ergibt sich die Schwerkraft oder Gewichtskraft analog dem Vorstehenden aus Masse mal Erdbeschleunigung (g = 9,81 m/s²). Wie durch Messungen festgestellt wurde, sind unabhängig von der Art des Körpers träge und schwere Massen einander gleich. Man kann damit die Kraft, mit der die Erde eine Masse anzieht (Gewichtskraft), entweder durch Vergleich mit bekannten Massen auf einer Balkenwaage messen oder indem man die Wirkung dieser Kraft direkt messbar macht, z. B. mit der Federwaage.

Das Maß für die Masse ist kg. Der Kilogrammprototyp der Masse entspricht 1,000028 dm³ Wasser bei einer Temperatur von 4 °C. Es gilt auch das Kilogramm als die Masse des internationalen Kilogrammprototyps (ein Zylinder aus Platin-Iridium), das in Paris aufbewahrt wird.

Weitere Maßeinheiten sind 1 Tonne (t) = 10^3 kg
1 Gramm (g) = 10^{-3} kg
1 Milligramm (mg) = 10^{-3} g = 10^{-6} kg.

Die *Dichte* mit dem Formelzeichen ϱ ist die Masse *(m)* eines Stoffes je Volumeneinheit *(V)*, wobei die Masse wiederum die Gewichtskraft eines Stoffes durch die Erdbeschleunigung darstellt.

$$\text{Es ist } \varrho = m/V \text{ (SI-Einheit kg/m}^3\text{)}$$

In Tafel 1.13 sind z.B. auch Werte für die Dichte flüssiger Brennstoffe angegeben. Diese schwanken bei den mineralischen Heizölen zwischen 0,84 und 0,96 kg/dm³. Sie dienen vor allem zur Umrechnung von Volumen auf Masse, wie dies z. B. beim Vergleich von Wärmepreisen und bei der Einstellung des Öldurchsatzes am Brenner erforderlich ist.

Bei gasförmigen Brennstoffen ist die Dichte nur im Zusammenhang mit dem Dichteverhältnis von Bedeutung. Das Dichteverhältnis d_V ist das Verhältnis der Dichte eines Brenngases zur Dichte der trockenen Luft bei gleicher Temperatur und gleichem Druck.

$$\text{Es ist also } d_V = \frac{\varrho_{Gas}}{\varrho_{Luft}}$$

Da 1 m³ i.N. (im Normzustand, Erläuterung siehe Abschn. 1.1.3) Luft eine Masse von 1,293 kg besitzt, bestehen zwischen dem Dichteverhältnis eines Gases und der tatsächlichen Normdichte ϱ_n folgende Beziehungen:

$$\varrho_n = 1{,}293 \cdot d_V \text{ kg/m}^3$$

$$d_V = \frac{\varrho_n}{1{,}293}$$

Das Dichteverhältnis wird auch im Zusammenhang mit dem *Wobbe-Index* verwendet.

Der Wobbe-Index *W* (früher Wobbezahl genannt) ist ein Kennwert zur Beurteilung der Austauschbarkeit von Brenngasen hinsichtlich der Wärmebelastung von Gasverbrauchsanlagen und ist als Quotient von Heizwert und Wurzelwert des Dichteverhältnisses eines Brenngases festgelegt:

$$W = \frac{H_u}{\sqrt{d_V}}$$

Das bedeutet, dass zwei Gase mit gleichem Wobbe-Index dem Brenner bei konstantem Druck die gleiche Wärmemenge zuführen, weil diese Wärmemenge dem

Allgemeine Grundlagen

Heizwert proportional und dem Wurzelwert des Dichteverhältnisses umgekehrt proportional ist. Falls die Möglichkeit besteht, den Druck zu verändern, kann damit zusätzlich die Wärmeleistung korrigiert werden. Man erhält dann den erweiterten Wobbe-Index.

$$W' = H_u \sqrt{\frac{p}{d_v}}$$

Das *spezifische Volumen* – das Volumen, das ein Stoff je Masseneinheit einnimmt – ist

$$V = 1/\varrho \text{ in m}^3/\text{kg}$$

und stellt damit den reziproken Wert der Dichte dar.

Die Schüttdichte – *Schüttgewicht* – ist der Quotient aus der Masse eines Stoffes und jenem Volumen, das Zwischenräume, die beim Stapeln bzw. Schütten entstehen, mit einschließt und wird in kg/m^3 angegeben.

1.1.9 Viskosität

In strömenden Flüssigkeiten entstehen innere Reibungen, durch die eine Umwandlung von mechanischer Energie in Wärme, manchmal auch in Schall, stattfindet. Das Maß für diese innere Reibung ist die Viskosität oder die Zähflüssigkeit eines strömenden Mediums. Sie entspricht damit der Eigenschaft, der gegenseitigen Verschiebung von benachbarten, aneinander gleitenden Schichten einer Strömung einen Widerstand entgegenzusetzen. Man kann sich dies besonders gut bei Flüssigkeiten vorstellen, in denen die Beschleunigungskräfte gegenüber den Reibungskräften klein sind (schleichende Bewegung).

Die Viskosität beeinflusst einmal den notwendigen Energieaufwand für den Transport der Flüssigkeit und bei Zerstäubungsvorgängen den Aufwand für die Aufteilung in kleinste Teilchen. Bei Heizölen wird durch Erwärmen die zu hohe Viskosität auf einen betrieblich tragbaren Wert erniedrigt.

Zur Definition der Viskosität dient folgende Betrachtung:

Zwischen den Schichten einer Parallelströmung entsteht eine Schubspannung τ (Tau), die der senkrecht zur Strömungsrichtung gemessenen Geschwindigkeitsänderung $\frac{dw}{dx}$, auch Geschwindigkeitsgefälle genannt, proportional ist (mit x als der zur Strömungsrichtung senkrechten Koordinate). Die durch die Beziehung

$$\tau = \eta \cdot \frac{dw}{dx}$$

definierte Proportionalitätskonstante η (Eta) ist ein der strömenden Flüssigkeit eigener Stoffwert und wird als »dynamische Viskosität« bezeichnet. η ist also eine für die betrachtete Flüssigkeit charakteristische Größe, welche vor allem von der Temperatur der Flüssigkeit abhängt, d. h., sie steigt bei Abkühlung und sinkt bei Erwärmung.

Die SI-Einheit für die dynamische Viskosität ist die Pascalsekunde (Pa · s).

$$1 \text{ Pa} \cdot \text{s} = 1 \frac{N \cdot s}{m^2}$$

Dies ergibt sich aus $\tau = \eta \cdot \dfrac{dw}{dx} \left[\dfrac{N}{m^2} = \eta \cdot \dfrac{m}{s \cdot m} \right]$ mit η in $\dfrac{N \cdot s}{m^2}$

In der Praxis werden überwiegend folgende dezimale Teile angewandt:

$$1 \text{ dPa} \cdot \text{s} = 0{,}1 \frac{N \cdot s}{m^2} \text{ (Dezipascalsekunde)}$$

$$1 \text{ mPa} \cdot \text{s} = 000{,}1 \frac{N \cdot s}{m^2} \text{ (Millipascalsekunde)}$$

Als »kinematische Viskosität« v (Ny), die in der Praxis verwendet wird, bezeichnet man den Quotient aus dynamischer Viskosität und der Dichte ϱ (kg/m³)

$$v = \frac{\eta}{\varrho} \left[\frac{N \cdot s \cdot m^3}{m^2 \cdot kg} \right]$$

Setzt man für $N = \dfrac{kg \cdot m}{s^2}$, dann ergibt sich die SI-Einheit der kinematischen Viskosität mit

$$m^2/s = 10^4 \text{ cm}^2/\text{s}.$$

In der Praxis verwendet man
1 cm²/s = 10^{-4} m²/s
1 mm²/s = 10^{-6} m²/s

Die Viskosität von Flüssigkeiten wird nach DIN 51550 bestimmt und an die Viskosität von reinem Wasser angeschlossen. Reines, luftfreies Wasser hat bei 20 °C die dynamische Viskosität

$$\eta = 1{,}002 \text{ mPa} \cdot \text{s}$$

und die kinematische Viskosität

$$v = 1{,}0038 \text{ mm}^2/\text{s}$$

Werte für die kinematische Viskosität von Heizölen sind in der Heizöl-Norm DIN 51603 festgelegt (s. auch Tafel 1.16).

Die kinematische Viskosität von Heizöl EL darf hiernach bei 20 °C etwa einen Höchstwert von v = 6 mm²/s, die von Heizöl S bei 50 °C v = 450 mm²/s und bei 100 °C v = 40 mm²/s aufweisen.

1.2 Arten der Wärmeübertragung

Es gibt verschiedene Arten der Wärmeübertragung: Wärmeleitung (im Stoff selbst), Konvektion (Mitführen/Wärmeübergang), z. B. durch Berührung, wenn Heizgase ihre Wärme an Wasserrohre abgeben, und schließlich durch Strahlung (elektromagnetische Wellen). Bei letzterer Wärmeübertragung muss immer einer strahlenden eine bestrahlte Fläche gegenübergestellt sein. So wird z. B. im Feuerraum eines Dampfkessels die Strahlungswärme an die Heizflächen durch die leuchtenden Feuergase übertragen, wogegen die Wärme der dunklen Heizgase im Vorwärmer durch Berührung mit den Wasserrohren übertragen wird. In der Praxis treten meistens alle drei Arten des Wärmeaustausches gleichzeitig auf.

1.2.1 Wärmeleitung

Diese liegt vor, wenn sich in einem Körper die Wärme von einer Stelle zur anderen fortpflanzt. Dabei geht die größere Bewegungsenergie der Teilchen höherer Temperatur auf die niedrigerer Temperatur über, bis sich ein Gleichgewichtszustand einstellt, d. h. alle Teilchen die gleiche Molekularschwingung aufweisen. Jeder Stoff setzt der Wärmeleitung einen gewissen Widerstand entgegen, der von seiner Wärmeleitzahl, von seiner Dicke, von der Dauer des Durchgangs und vom Temperaturgefälle abhängt. Die durchlaufende Wärmemenge ergibt sich rechnerisch aus

$$Q = A \frac{\lambda}{s} (t_1 - t_2)$$

Für $A = 1$ m², $s = 1$ m, $t_1 - t_2 = 1$ K wird $Q = \lambda$.

Bei Rohrwandungen beträgt die über die gesamte Oberfläche von innen nach außen durchtretende Wärmemenge

$$Q = \frac{2 \pi \lambda l}{\ln (d_a/d_i)} (t_1 - t_2)$$

Man erhält in obigen Formeln Q in W wenn eingesetzt wird

A	Fläche, durch die die Wärmeleitung erfolgt in m²
s	Wanddicke in m
t_1	Temperatur der wärmeren Fläche in °C oder K
t_2	Temperatur der kälteren Fläche in °C oder K
λ	Wärmeleitzahl in W/mK
l	Rohrlänge in m
d_a, d_i	Außen- und Innenrohrdurchmesser in mm
ln	Natürlicher Logarithmus
π	= 3,14159

Umrechnung in kJ/h mit der Beziehung 1 W = 3,6 kJ/h bzw. 1 kJ/h = $\frac{1}{3,6}$ W:

$$1 \text{ W/(m K)} = 3,6 \text{ kJ/(h m K)}$$

Der Temperaturabfall in der Rohrwand verläuft aufgrund des mit steigender Entfernung von der Rohrachse größer werdenden Durchgangsquerschnittes nach einer logarithmischen Kurve.

Merke:

> Der Wärmedurchgang bei einem Rohr hängt nicht von der absoluten Größe des Rohrdurchmessers bzw. von der Größe der Rohroberfläche, sondern nur von dem Verhältnis des äußeren zum inneren Durchmesser ab.

Bei einer Rohrwand aus mehreren Schichten, z. B. wärmegedämmte Rohrleitung, addieren sich die Wärmeleitwiderstände (siehe Beispiel im Abschn. 1.2.4).

1.2.2 Konvektion

Hierunter versteht man den Wärmeübergang an der Berührungsfläche, z. B. zwischen einem festen Körper einerseits und einem flüssigen oder gasförmigen Körper andererseits, wenn zwischen beiden ein Temperaturgefälle vorhanden ist. Infolge der Wärmezufuhr von der Wand an die in Wandnähe befindlichen Flüssigkeits- oder Gasmoleküle wird deren Brown'scher Bewegungszustand erhöht. Strömt die Flüssigkeit oder das Gas an der Wand entlang, werden die erwärmten Moleküle wegtransportiert und noch kalte Moleküle an ihre Stelle transportiert.

Die an das strömende Medium von dem festen Körper übertragene Wärmemenge ist

$$Q = A \cdot \alpha \cdot (t_1 - t_2)$$

Man erhält Q in W, wenn eingesetzt wird

A   Wärmeübergangsfläche in m^2
t_1 Temperatur der Flüssigkeit oder des Gases in °C oder K
t_2 Temperatur des festen Körpers in °C oder K und
α Wärmeübergangskoeffizient, welcher in $W/m^2\,K$ gemessen wird

Setzt man für $A = 1\,m^2$ und für die Temperaturdifferenz $t_1 - t_2 = 1\,K$, so wird $Q = \alpha$, d. h., die Größe α ist die Wärmemenge, die in 1 Stunde bei 1 K Temperaturdifferenz an eine Fläche von 1 m² übergeht. Der Wert α ist von verschiedenen Faktoren des Mediums (z. B. der Flüssigkeit), von dessen Temperatur und Bewegungszustand abhängig. Außerdem ist die Form und Oberflächenbeschaffenheit des angeströmten Körpers, jedoch nicht dessen Materie, maßgebend. Umrechnung in kJ/h aus der Beziehung 1 W = 3,6 kJ/h.

Beispiel: Welche Wärmemenge in W und kJ/h gibt ein Rauchgas an eine Luftvorwärmerwandung von $A = 10\,m^2$ Fläche ab, wenn die Rauchgastemperatur $t_1 = 300\,°C$ und die Temperatur der beaufschlagten Fläche $t_2 = 120\,°C$ beträgt? Der Wärmeübergangskoeffizient sei $\alpha = 50\,W/(m^2\,K)$.

Lösung: $Q = A \cdot \alpha \cdot (t_1 - t_2)$
    $Q = 10\,m^2 \cdot (50\,W/(m^2\,K)) \cdot (300 - 120)\,K$
    $Q = 90\,000\,W = 3{,}6 \cdot 90\,000\,kJ/h = 324\,000\,kJ/h$
    Ein Umrechnen von °C auf K ist nicht erforderlich, da sich bei Temperaturdifferenzen der gleiche Wert ergibt.

Der Wärmeübergangskoeffizient α liegt bei Siede- oder Kondensationsvorgängen (z. B. von Wasser an Rohrwandungen) um eine Größenordnung höher!

Allgemeine Grundlagen

1.2.3 Strahlung

Jeder warme Körper strahlt dauernd elektromagnetische Wellen, ähnlich wie die Lichtstrahlen, aus. Treffen diese Strahlen auf einen anderen strahlungsundurchlässigen Körper, so werden sie wieder in Wärme zurückverwandelt. Eine dazwischen liegende trockene Luftschicht wird nicht erwärmt; sie ist durchlässig für Wärmestrahlung. Außer Luft gibt es auch noch andere Gase, die für Wärmestrahlen vollkommen durchlässig sind. Feuchte Luft ist aber z. B. durch den Wasserdampfgehalt nicht mehr vollkommen durchlässig. Ebenso hält Kohlendioxid einen Teil der Wärmestrahlen zurück. Strahlungswärme wird auch im Feuerraum eines Kessels auf die Wasserrohre übertragen.

Abhängig von der Oberflächenbeschaffenheit und der Stoffart der Körper wird die auftretende Strahlung geschluckt (absorbiert) oder reflektiert. Der sog. schwarze Körper absorbiert praktisch die ganze Strahlung im Gegensatz zu dem absolut weißen Körper, der sie voll reflektiert. Diese Erscheinung gilt nicht nur für die einfallende Strahlung, sondern in gleicher Weise für die ausgesandte Strahlung.

Die von einem schwarzen Körper ausgehende Wärmestrahlung ist proportional der 4. Potenz der absoluten Temperatur:

$$Q = A \cdot C_S \left(\frac{T}{100}\right)^4$$

Man erhält Q in W, wenn eingesetzt wird:

A strahlende Oberfläche in m²
C_S Strahlungszahl des absolut schwarzen Körpers
　C_S = 5,77 W/(m² K⁴). Nach DIN 5496: C_S = 5,67 W/(m² K⁴)
T absolute Temperatur in K

Umrechnung in kJ/h mit der Beziehung 1 W = 3,6 kJ/h:

$$1 \text{ W/(m}^2 \text{ K}^4) = 3{,}6 \text{ kJ/(h m}^2 \text{ K}^4)$$

Zwischen zwei parallel zueinander stehenden, gleich großen Flächen beträgt die durch Strahlung übertragene Wärmemenge:

$$Q = A \cdot C' \left[\left(\frac{T_1}{100}\right)^4 - \left(\frac{T_2}{100}\right)^4\right]$$

Man erhält wieder Q in W, wenn eingesetzt wird:

A im Strahlungsaustausch stehende Fläche in m²
T_1 Oberflächentemperatur der Fläche 1 und
T_2 Oberflächentemperatur der Fläche 2 in K
C' äquivalente Strahlungszahl in W/(m² K⁴)

Umrechnung in kJ/h mit der Beziehung 1 W = 3,6 kJ/h:

$$1 \text{ W/(m}^2 \text{ K}^4) = 3{,}6 \text{ kJ/(h m}^2 \text{ K}^4)$$

Die äquivalente Strahlungszahl C' errechnet sich aus

$$\frac{1}{C'} = \frac{1}{C_1} + \frac{1}{C_2} - \frac{1}{C_S}$$

mit C_1 und C_2 als Strahlungszahlen der zugehörigen Oberflächen und C_S als Strahlungszahl des absolut schwarzen Körpers.
Bei nicht parallelen Flächen ist der Strahlungswinkel zu berücksichtigen.

Beispiel: Strahlende Flächen A = 10 m²
Oberflächentemperaturen t_1 = 1000 °C, t_2 = 200 °C
Strahlungszahl C' = 4 W/(m² K⁴)
Gesucht ist die aufgenommene Strahlungswärme in W und in kJ/h.

Lösung: $Q = A \cdot C' \left[\left(\dfrac{T_1}{100}\right)^4 - \left(\dfrac{T_2}{100}\right)^4\right]$

absolute Oberflächentemperaturen:
T_1 = (1000 + 273) K = 1273 K; T_2 = 473 K

$Q = 10 \text{ m}^2 \cdot 4 \text{ W/(m}^2 \text{ K}^4) \left[\left(\dfrac{1273 \text{ K}}{100}\right)^4 - \left(\dfrac{473 \text{ K}}{100}\right)^4\right]$

Q = 1 030 460 W = 3,6 · 1 030 460 kJ/h
Q = 3 709 656 kJ/h

Eine besondere Art der Wärmestrahlung ist die Gasstrahlung. Zweiatomige Gase wie Sauerstoff, Wasserstoff und Stickstoff, aber auch trockene Luft haben die Eigenschaft, Wärmestrahlen ungehindert durchzulassen. Anders ist es aber bei mehratomigen Gasen und Dämpfen wie Kohlenmonoxid, Kohlendioxid, Schwefeldioxid, Wasserdampf usw., die Strahlung gewisser Wellenlänge aufzunehmen bzw. auszusenden vermögen. Von kesseltechnischer Bedeutung ist die Gasstrahlung von Kohlendioxid und Wasserdampf. Sie ist abhängig von der Dicke der Gasschicht und hauptsächlich von der Temperatur.

1.2.4 Wärmedurchgang

Von Wärmedurchgang spricht man, wenn von einem flüssigen oder gasförmigen Medium Wärme durch eine Trennwand zu einem anderen flüssigen oder gasförmigen Medium übergeführt wird, wie dies z. B. bei einem Dampfkessel zutrifft (heiße Gase geben die Wärme durch die Rohrwand an das Kesselwasser ab). Voraussetzung für den Wärmefluss ist, dass zwischen beiden Medien ein Temperaturunterschied besteht.

Ein derartiger Wärmedurchgang kann in drei Abschnitte zerlegt werden (s. Bild 1.1). Zunächst erfolgt der Wärmeübergang (Konvektion) z. B. des Heizgases an die Stahlwand mit

$$Q = A \cdot \alpha_1 (t_1 - t_{w1})$$

In der Wand findet eine Wärmeleitung statt nach Gleichung

$$Q = A \dfrac{\lambda}{s} (t_{w1} - t_{w2})$$

Von der Wand wird nun die Wärme an das im Rohr befindliche Wasser abgegeben:

$$Q = A \cdot \alpha_2 (t_{w2} - t_2)$$

Allgemeine Grundlagen 15

Man erhält Q in W, wenn eingesetzt wird:

A	Wärmeübergangsfläche in m²
α_1	Wärmeübergangskoeffizient Gas–Wand in W/(m² K)
α_1	Wärmeübergangskoeffizient Wand–Wasser in W/(m² K)
λ	Wärmeleitzahl in W/(m K)
s	Wanddicke in m
t_{w1}, t_{w1}	Temperatur der Wand auf der Eintritts- bzw. Austrittseite in K oder °C
t_1	Gastemperatur in K oder °C
t_2	Wassertemperatur in K oder °C

Die Wärmeübergangskoeffizienten α sind nach Sonderformeln zu berechnen, über die umfangreiches Schrifttum vorliegt. Diese Berechnungen müssen sehr sorgfältig durchgeführt werden, besonders wenn auch noch eine merkliche »Strahlung« vorhanden ist.

Umrechnung in kJ/h mit der Beziehung 1 W = 3,6 kJ/h:

$$1\ W/(m\ K) = 3{,}6\ kJ/(h\ m\ K)$$

Die linken Seiten obiger drei Formeln sind gleich (Q). Infolgedessen sind auch die rechten Seiten gleich. Hierdurch lassen sich die unbekannten Wandtemperaturen t_{w1} und t_{w2} eliminieren, d. h., sie fallen bei der Gleichsetzung heraus und man erhält für den Wärmestrom Q die Formel

$$Q = A \frac{1}{\frac{1}{\alpha_1} + \frac{1}{\alpha_2} + \frac{s}{\lambda}}(t_1 - t_2)$$

Als Wärmeübergangskoeffizient k bezeichnet man den Ausdruck

$$k = \frac{1}{\frac{1}{\alpha_1} + \frac{1}{\alpha_2} + \frac{s}{\lambda}}$$

Die beiden Oberflächentemperaturen der Wand, durch die der Wärmefluss stattfindet, kann man jetzt berechnen aus

$$\alpha_1 (t_1 - t_{w1}) = k (t_1 - t_2)\ \text{und daraus}\ t_{w1} = t_1 - \frac{k}{\alpha_1}(t_1 - t_2)$$

und

$$\alpha_2 (t_{w2} - t_2) = k (t_1 - t_2)\ \text{und daraus}\ t_{w2} = t_2 + \frac{k}{\alpha_2}(t_1 - t_2)$$

Für eine ebene Wand aus mehreren Schichten mit den Dicken s_1, s_2 ... und den Wärmeleitzahlen λ_1, λ_2 ... folgt entsprechend Bild 1.2.

$$k = \frac{1}{\frac{1}{\alpha_1} + \frac{s_1}{\lambda_1} + \frac{s_2}{\lambda_2} + \ldots + \frac{1}{\alpha_2}}\quad \text{und}\ Q = A \cdot K (t_1 - t_2)$$

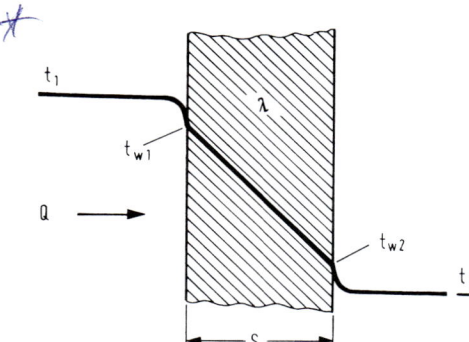
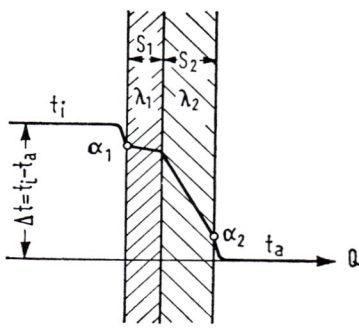

Bild 1.1: Wärmedurchgang durch eine ebene Wand

Bild 1.2: Wärmedurchgang durch eine ebene Wand aus mehreren Schichten

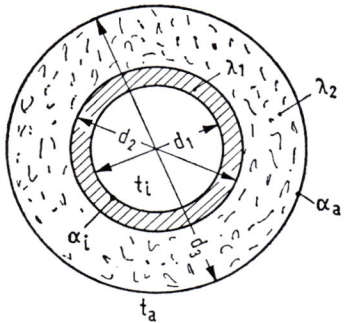

Bild 1.3: Wärmedurchgang durch eine Rohrwand aus zwei Schichten (z. B. Rohr mit Wärmedämmung)

Für eine Rohrwand aus mehreren Schichten ergibt sich der Wärmestrom (Bild 1.3) zu

$$Q = \frac{L \pi (t_1 - t_2)}{\dfrac{1}{\alpha_i d_1} + \dfrac{1}{2\lambda_1}\ln\dfrac{d_2}{d_1} + \dfrac{1}{2\lambda_2}\ln\dfrac{d_3}{d_2} + \ldots + \dfrac{1}{\alpha_a d_a}}$$

wobei *l* die Rohrlänge darstellt.

Einige Anhaltswerte der Wärmedurchgangskoeffizienten *k* für angenäherte Rechnungen enthält Tafel 1.8.

Tafel 1.8: Anhaltswerte für den Wärmedurchgangskoeffizienten *k*

Wärmeübergang[1] ⇔			Wärmedurchgangs-koeffizient[2] k (W/m² K)
Wasser	Grauguss	Luft (Rauchgas)	9 … 12
Wasser	Stahl	Luft (Rauchgas)	12 … 25
Wasser	Kupfer (Messing)	Luft (Rauchgas)	15 … 30
Wasser	Grauguss	Wasser	280 … 300
Wasser	Stahl	Wasser	300 … 350
Wasser	Kupfer (Messing)	Wasser	350 … 400

Allgemeine Grundlagen 17

Luft (Rauchgas)	Grauguss	Luft (Rauchgas)	5 ... 10
Luft (Rauchgas)	Stahl	Luft (Rauchgas)	12 ... 18
Luft (Rauchgas)	Kupfer (Messing)	Luft (Rauchgas)	9 ... 18
Dampf	Grauguss	Luft (Rauchgas)	8 ... 12
Dampf	Stahl	Luft (Rauchgas)	12 ... 30
Dampf	Kupfer (Messing)	Luft (Rauchgas)	15 ... 20
Dampf	Grauguss	Wasser	800 ... 1050
Dampf	Stahl	Wasser	1000 ... 1400
Dampf	Kupfer (Messing)	Wasser	1200 ... 3000
Luft (Rauchgas)	Schamottestein	Luft (Rauchgas)	6

[1] Die Werte gelten auch für den umgekehrten Wärmefluss.
[2] Die höheren Zahlen gelten für höhere Belastungen (größere Geschwindigkeit).
Umrechnung in kJ/(h m² K) aus der Beziehung 1 W/(m² K) = 3,6 kJ/(h m² K)

Beispiel: Welche Wärmemenge in W und in kJ je Stunde wird an einen beheizten Wasserbottich aus Stahl abgegeben, wenn folgendes gegeben ist:

$$47,39 \text{ W/(m}^2 \text{ K)}$$

Feuerraumtemperatur	$t_1 = 1500 \,°C$	
Wassertemperatur	$t_2 = 100 \,°C$	
Wärmeübergangskoeffizienten:	Feuer – Bottichwand	$\alpha_1 = 50$ W/(m² K)
	Bottichwand – Wasser	$\alpha_2 = 1000$ W/(m² K)
Wärmeleitzahl	Bottichwand	$\lambda = 60$ W/(m K)
Wanddicke		$s = 6$ mm $= 0,006$ m
Heizfläche		$A = 2$ m²

Lösung: $\qquad Q = A \cdot k \, (t_1 - t_2)$

Zuerst ist der Wärmedurchgangskoeffizient k zu berechnen. Es folgt aus der Gleichung

$$k = \frac{1}{\frac{1}{\alpha_1} + \frac{1}{\alpha_2} + \frac{s}{\lambda}} = \frac{1}{\frac{1}{50} + \frac{1}{1000} + \frac{0,006}{60}} = 47,39 \text{ W / (m}^2 \text{ K)}$$

bzw. $k = 3,6 \cdot 47,39$ kJ/(h m² K) $= 170,6$ kJ/(h m² K)

Damit ist dann die Wärmeleistung

$Q = 2$ m² $\cdot 47,39$ W/(m² K) $\cdot (1500 - 100)$ K
$Q = 132\,692$ W

bzw.

$Q = 3,6 \cdot 132\,692$ kJ/h $= 477\,691$ kJ/h $\hat{=} 477,69$ MJ/h

Temperaturverlauf: Beim Wärmedurchgang ist es wichtig, in welcher Form die beiden Medien strömen: Gegenstrom, Gleichstrom oder Kreuz- bzw. Querstrom. Wie aus Bild 1.4 erkennbar ist, ändert sich der Temperaturverlauf längs der Heizfläche. Dies ist in obigen Gleichungen zu berücksichtigen, was durch die Berechnung einer mittleren Temperaturdifferenz Δt möglich ist.

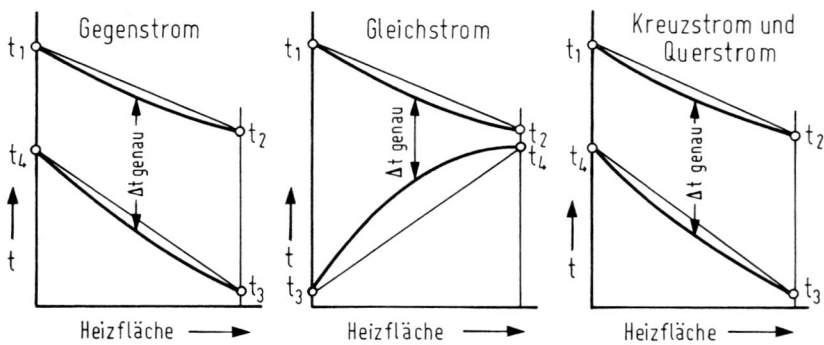

Bild 1.4: Temperaturverlauf längs der Heizfläche

Unter Bezugnahme auf die Bezeichnungen in Bild 1.4 gilt für den Fall des Gegenstroms ungefähr

$$\Delta t \approx \frac{t_1 + t_2}{2} - \frac{t_3 + t_4}{2}$$

Genauere Werte erhält man bei Gegenstrom mit

$$\Delta t = \frac{(t_1 - t_4) - (t_2 - t_3)}{2{,}303 \lg \dfrac{t_1 - t_4}{t_2 - t_3}}$$

bei Gleichstrom

$$\Delta t = \frac{(t_1 - t_3) - (t_2 - t_4)}{2{,}303 \lg \dfrac{t_1 - t_3}{t_2 - t_4}}$$

bei Kreuzstrom und Querstrom

$$\Delta t \approx \frac{(t_1 - t_3) - (t_2 - t_4)}{2}$$

Hierin sind t_1 und t_3 die Eintrittstemperaturen und t_1 und t_3 die Austrittstemperaturen von Rauchgas und Dampf in °C oder in K.

Erschwert wird die Rechnung, wenn z. B. durch die Eigenschaften bei der Verdampfung von Wasser oder Kältemittel während des Verdampfungsprozesses die Temperatur konstant bleibt (siehe auch Abschn. 1.3). Dann stellt sich der Temperaturverlauf in einem Dampfkessel bzw. im Verflüssiger einer Kälteanlage wie in Bild 1.5 wiedergegeben dar. Der mittlere Temperaturunterschied muss dann jeweils für die einzelnen Heiz- bzw. Kühlflächen ermittelt werden.

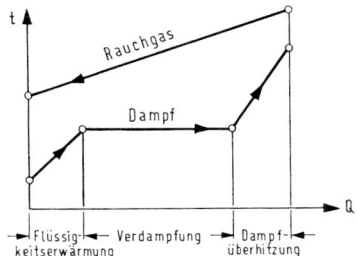 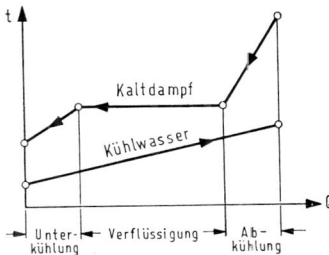

Bild 1.5: Links: Temperaturverlauf in einem Dampfkessel, bzw. rechts: im Verflüssiger einer Kälteanlage bei Gegenstrom. Die Temperaturdifferenz ist jeweils für die einzelnen Heiz- bzw. Kühlflächen zu ermitteln.

1.3 Wasserdampf

1.3.1 Physikalische Gesetzmäßigkeiten

Der Vorgang, dass Wasser in einem offenen Gefäß bei Erwärmung auf 100 °C unter Sprudeln und Blasenbildung zum Kochen kommt, wobei Dampfblasen aus dem Wasser in die Luft entweichen, ist bekannt. In der Technik nennt man diesen Vorgang Sieden. Auch in der Natur finden wir eine ähnliche Erscheinung, z. B. an der Oberfläche eines Sees, was man Verdunsten nennt. Beim Verdunsten treten kleinste Wasserteilchen (Moleküle) aus dem Wasser in das darüber befindliche Medium (z. B. Luft). Dieses Austreten findet aber nicht erst bei 100 °C statt, sondern schon bei tieferen Temperaturen.

Die physikalischen Vorgänge erklärt man sich wie folgt: Die Temperatur einer Flüssigkeit ist durch die mittlere Geschwindigkeit der Moleküle bestimmt. Beim Verdunsten durchstoßen nun die schnelleren Teilchen die Flüssigkeitsoberfläche und gelangen in den Luftraum oberhalb der Flüssigkeit bzw. des Wassers.

Sie müssen dabei so viel Bewegungsenergie besitzen, dass sie einmal die Kohäsionskräfte des Wassers, aber auch die vom Luftdruck herrührende Gegenkraft überwinden. Dieser Vorgang bedeutet einen Verlust an schnellen Molekülen, was zur Folge hat, dass die mittlere Geschwindigkeit der übrigen Wassermoleküle abfällt und damit die Wassertemperatur absinkt. Dieser Wärmeverlust wird als Verdunstungskälte bezeichnet. Die zunächst unsichtbaren Wassermoleküle kommen mit kälteren Luftteilchen in Berührung, verdichten sich und werden wieder zu Wassertröpfchen, zu Nebel. Der Vorgang wird Kondensieren genannt. Der Dampf, der in Gasform unsichtbar ist, wird also bei Abkühlung wieder zu Wasser in feinster Tropfenform und damit sichtbar.

Während in einem offenen Gefäß Wasser bei der Temperatur von etwa 100 °C siedet (Siedetemperatur), beginnt die Umwandlung von Wasser in Dampf in einem geschlossenen Gefäß, z. B. in einem Dampfkessel, bei einer höheren Temperatur. Die Wärmezufuhr verursacht, wie im offenen Gefäß, zunächst ein Verdampfen von Wasserteilchen. Dieser Dampf füllt nun den über der Wasserlinie befindlichen Raum voll aus. Mit weiterer Wärmezufuhr steigt der Druck im Wasser und im Dampfraum. Der Dampfdruck steigt aber nur so lange, bis ein Gleichgewichtszustand eintritt. Dieser liegt vor, wenn die Zahl der aus dem Wasser heraustretenden

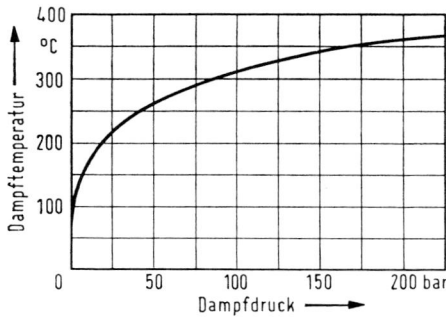

Bild 1.6: Siedelinie für Wasser

Moleküle ebenso groß ist wie die Zahl derjenigen, die wieder in das Wasser eindringen.

Mit steigendem Dampfdruck erhöht sich die Siedetemperatur, wobei zu einem bestimmten Druck eine ganz bestimmte Siedetemperatur gehört (Bild 1.6).

Die Wärmemenge, die erforderlich ist, um das Wasser auf die Siedetemperatur zu bringen, nennt man Flüssigkeitswärme, die nach Erreichen der Siedetemperatur weiter zugeführte Wärme heißt Verdampfungswärme. Ist diese – ebenfalls vom Druck abhängige – Wärme restlos zugeführt, dann ist der Zustand des trocken gesättigten Dampfes (Sattdampf) erreicht. Zwischen der »Flüssigkeitsgrenze« und der »Dampfgrenze« liegt das Gebiet des Nassdampfes. Die Dampftemperatur bleibt während dieses Verdampfungsvorganges konstant. Dampf und Wasser haben dabei dieselbe Temperatur.

Nassdampf ist ein Gemisch aus trocken gesättigtem Dampf und Wasser. Der Dampfgehalt wird dabei mit den Buchstaben x bezeichnet. Es bedeutet z. B. $x = 0,8$, dass es sich um Nassdampf mit 80 % trocken gesättigtem Dampf und 20 % Wasser handelt. Bei $x = 0$ ist nur Flüssigkeit vorhanden, bei $x = 1$ nur trocken gesättigter Dampf (Sattdampf).

Durch Zuführung der Überhitzungswärme wird der trocken gesättigte Dampf »überhitzt«, also auf eine Temperatur gebracht, die über der Sattdampftemperatur liegt. Diese Wärme wird dem Dampf nach Verlassen des eigentlichen Verdampfers im Überhitzer zugeführt. Der Druck im Überhitzer entspricht dem Kesseldruck. Wie hoch man die Überhitzung treiben kann, hängt vom Werkstoff des Überhitzers bzw. von der höchstzulässigen Betriebstemperatur der Dampfturbine ab.

Die Überhitzung des Dampfes hat verschiedene Vorteile: Zunächst verhindert man die Bildung von Kondensat in Leitungen und Turbinen. Der Heißdampf kann also wieder bis auf Sattdampftemperatur abgekühlt werden, ohne dass es vorher zur Kondensation (Wasserausscheidung) kommt. Außerdem vervielfacht die Überhitzung (je nach Temperatur) das Dampfvolumen bei gleichem Kesseldruck und steigert damit die Leistungsfähigkeit der Dampfkraftanlage.

Durch die Arbeiten von Mollier und anderen Forschern sind die Zustandsgrößen des Wasserdampfes bis zum »kritischen Druck« (221,2 bar) bestimmt worden (Tafel 1.9). Aus dem Enthalpie-(Wärmeinhalt-)Dampfdruckdiagramm (h,p-Diagramm)

Allgemeine Grundlagen

Tafel 1.9: Zustandsgrößen von siedendem Wasser und gesättigtem Wasserdampf (' Wasser, " Dampf)

Druck	Temperatur	spezifisches Volumen		Dichte	spezifische Enthalpie		Verdampfungswärme	spezifische Entropie	
p	t	v'	v"	ϱ"	h'	h"	r	s'	s"
bar	°C	m³/kg	m³/kg	kg/m³	kJ/kg	kJ/kg	kJ/kg	kJ/kg	kJ/kg K
0,050	32,898	0,0010052	28,19	0,03547	137,77	2561,6	2423,8	0,4763	8,3965
0,10	45,833	0,0010102	14,67	0,06814	191,83	2584,8	2392,9	0,6493	8,1511
0,50	81,345	0,0010301	3,240	0,3086	340,56	2646,0	2305,4	1,0912	7,5947
1,0	99,632	0,0010434	1,694	0,5904	417,51	2675,4	2257,9	1,3027	7,3598
1,5	111,37	0,0010530	1,159	0,8628	467,13	2693,4	2226,2	1,4336	7,2234
2,0	120,23	0,0010608	0,8854	1,129	504,70	2706,3	2201,6	1,5301	7,1268
3,0	133,54	0,0010735	0,6056	1,651	561,43	2724,7	2163,2	1,6716	6,9909
4,0	143,62	0,0010839	0,4622	2,163	604,67	2737,6	2133,0	1,7764	6,8943
5,0	151,84	0,0010928	0,3747	2,669	640,12	2747,5	2107,4	1,8604	6,8192
6,0	158,84	0,0011009	0,3155	3,170	670,42	2755,5	2085,0	1,9308	6,7575
7,0	164,96	0,0011082	0,2727	3,667	697,06	2762,0	2064,9	1,9918	6,7052
8,0	170,41	0,0011150	0,2403	4,162	720,94	2767,5	2046,5	2,0457	6,6596
9,0	175,36	0,0011213	0,2148	4,655	742,64	2772,1	2029,5	2,0941	6,6192
10,0	179,88	0,0011274	0,1943	5,147	762,61	2776,2	2013,6	2,1382	6,5828
20	212,37	0,0011766	0,09954	10,05	908,59	2797,2	1888,6	2,4469	6,3367
30	233,84	0,0012163	0,06663	15,01	1008,4	2802,3	1793,9	2,6455	6,1837
40	250,33	0,0012521	0,04975	20,10	1087,4	2800,3	1712,9	2,7965	6,0685
50	263,91	0,0012858	0,03943	25,36	1154,5	2794,2	1639,7	2,9206	5,9735
60	275,55	0,0013187	0,03244	30,83	1213,7	2785,0	1571,3	3,0273	5,8908
70	285,79	0,0013513	0,02737	36,53	1267,4	2773,5	1506,0	3,1219	5,8162
80	294,97	0,0013842	0,02353	42,51	1317,1	2759,9	1442,8	3,2076	5,7471
90	303,31	0,0014179	0,02050	48,79	1363,7	2744,6	1380,9	3,2867	5,6820
100	310,96	0,0014526	0,01804	55,43	1408,0	2727,7	1319,7	3,3605	5,6198
150	342,13	0,0016579	0,01034	96,71	1611,0	2615,0	1004,0	3,6859	5,3178
200	365,70	0,0020370	0,005877	170,2	1826,5	2418,4	591,9	4,0149	4,9412
220	373,69	0,0026714	0,003728	268,3	2011,1	2195,6	184,5	4,2947	4,5799
221,20	374,15	0,00317		315,5	2107,4		0,0	4,4429	

(Bild 1.7) kann für jeden Dampfdruck und jede Überhitzungstemperatur die Wärmemenge des Dampfes entnommen werden. Aus dem Diagramm erkennt man, dass die Flüssigkeitswärme mit steigendem Druck bis zum kritischen Druck zunimmt, der Gesamtwärmeinhalt des Dampfes nimmt bis etwa 30 bar zu und sinkt dann mit weiter steigendem Druck ab.

Merke:

> Bei höheren Drücken ist also die gesamt aufzuwendende Wärmemenge geringer als bei niedrigen Drücken, was sich in einem wirtschaftlicheren Brennstoffverbrauch auswirkt. Beim kritischen Dampfdruck (221,2 bar und 374,15 °C) geht das Wasser unmittelbar in trocken gesättigten Dampf über, die Verdampfungswärme ist also gleich null. Die benötigte Flüssigkeitswärme beträgt 2107,4 kJ je kg Wasser.

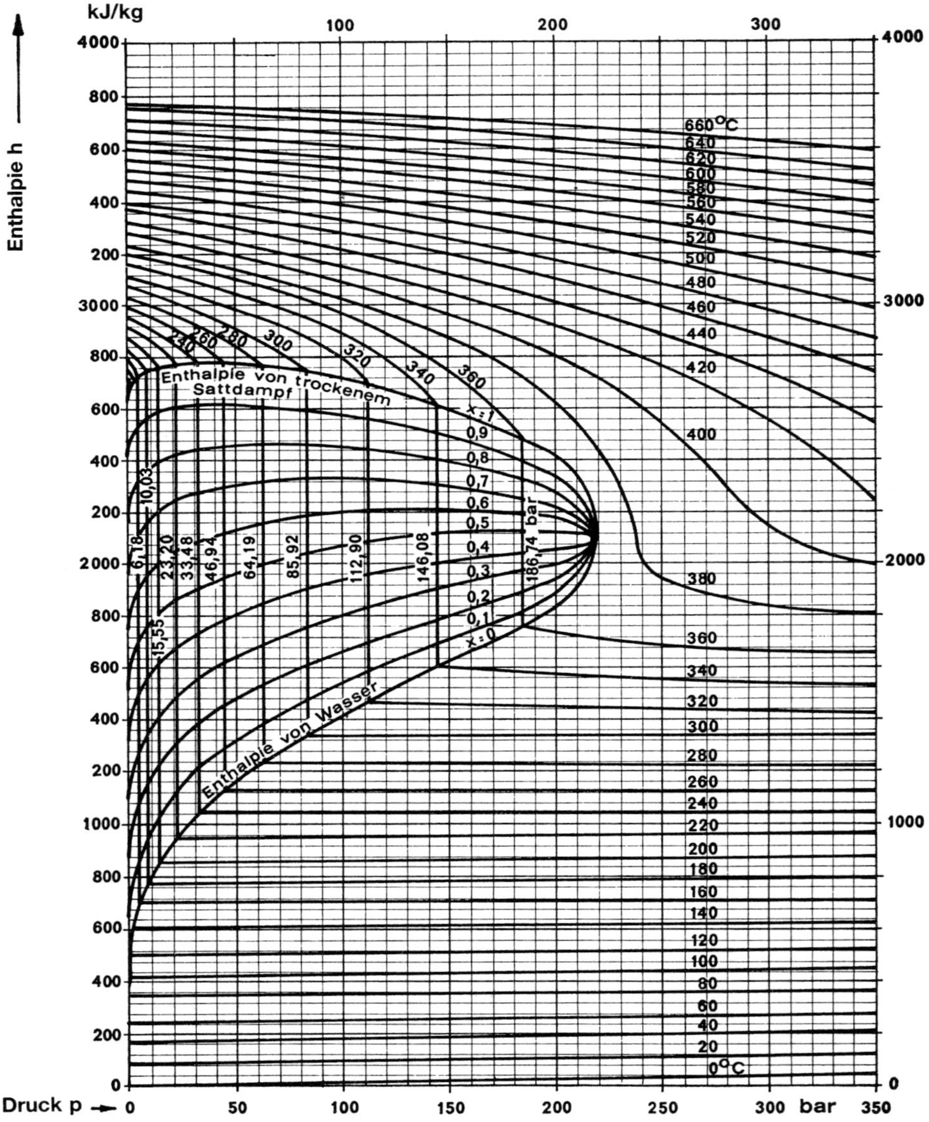

Bild 1.7: Enthalpiediagramm für Wasserdampf

Aus dem Enthalpie-Diagramm können auch die Wärmeinhalte für überhitzten Dampf anhand der Heißdampftemperaturkurven entnommen werden. So benötigt man z. B. zur Überhitzung von trocken gesättigtem Dampf von 100 bar und 310,96 °C auf 510 °C eine Überhitzungswärme von 672 kJ/kg Dampf. Hier ist für die Überhitzung um 1 K je kg Sattdampf eine Wärmmenge von $\frac{672}{200}$ kJ/kg K = 3,36 kJ/kg K aufzuwenden. Bei einem Dampfdruck von 220 bar (373,69 °C Sättigungstemperatur) ergibt sich bei 510 °C Überhitzungstemperatur eine erforderliche Gesamtwärme von 3245,3 kJ/kg und damit eine Überhitzungswärme je 1 K von

$$\frac{3245,3 - 2195,6}{136,1} \text{ kJ/kg K} = 7,71 \text{ kJ/kg K Dampf.}$$

1.3.2 Speichervermögen, Entspannungsdampf

Bei Kesselanlagen, die mit stark veränderlicher Dampfentnahme betrieben werden, können vor allem bei solchen mit geringem Wasserinhalt erhebliche Druckschwankungen auftreten. Da bei Druckabfall die Sättigungstemperatur ebenfalls abfällt, wird ein Teil der vorher eingebrachten Flüssigkeitswärme frei, die zur Verdampfung eines Teils des Kesselwassers verwendet wird. Dieses sog. Nachverdampfen kommt dem gesteigerten Dampfbedarf entgegen. Man nennt diesen Dampf auch Speicherdampf. Der gleiche Vorgang verläuft auch in einem Gefällespeicher, der mit steigendem Dampfdruck aufgeladen wird und bei Druckabsenkung wieder Dampf durch Nachverdampfen abgibt. Zur Ermittlung der Leistung eines derartigen Gefällespeichers dient Tafel 1.10.

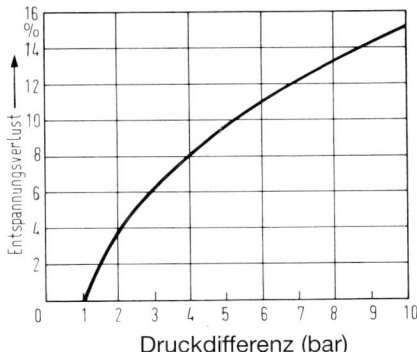

Bild 1.8: Entspannungsverlust bei der Kondensatableitung

Druckdifferenz (bar)

Beispiel: Es sei angenommen, dass der Dampfdruck in einer Kesseltrommel 25 bar betrage. Fällt der Dampfdruck nun durch eine große Dampfentnahme auf 20 bar ab, so werden je m³ Kesselwasser 22,5 kg Dampf aus dem Wasser nachverdampfen. Bei diesen Zahlenwerten setzt man voraus, dass sich der Wasserinhalt der Trommel im Siedezustand befindet. Durch Vergrößerung des Kesselwasserinhaltes (Großwasserraumkessel) und durch den Betrieb einer schnell regelbaren Feuerungsanlage können die Druckschwankungen in brauchbaren Grenzen gehalten werden.

Tafel 1.10: Dampfspeicherung – Erzeugte Dampfmenge in kg je m³ Heißwasser bei beliebigem Spannungsabfall

End-dampf-druck bar	Anfangsdruck bar																							
	25	24	23	22	21	20	19	18	17	16	15	14	13	12	11	10	9	8	7	6	5	4	3
2	166	163	160	156	153	150	146	142	138	134	130	125,2	120,4	115	109	102	95	87	78	88	56,5	43	25
3	148	145	141,5	138,5	135	131	127,5	123,5	119	115	110,6	105,8	100,2	94,2	87,7	81	74	65,2	55,6	45	33,5	19	
4	134	131	128	124,5	121	116,5	112,5	108,5	103,5	98	94,3	89,2	83,9	77,5	71	64	56,6	48	38	27,5	15		
5	123	119,5	116	112,5	109	104,5	100,5	96,5	91	86,7	80,7	77	71	64,2	57,8	50,5	42,5	33,5	24	12,5			
6	112	109	105,5	102	98	94	89,5	85	80	75,5	70,5	65	59	52,5	45,6	38,5	30,6	21,5	11				
7	102,5	99,5	96	92	88	84	80	75,5	69,5	65	59,6	54,2	48,2	41,7	34,9	27,5	19,5	10,5					
8	94	91	87	83	79	75	71	66	61	56	50,8	45,3	39,5	33,2	26,5	18,5	10						
9	86	83	79	75	71	66,5	62	57,5	52	47	41,6	36	30	23,8	16,8	8,5							
10	79	76	72	67,5	63	59	54,5	50	44	39,3	34	28	22	15	8								
11	72	69	65	60,5	56	52	47,5	43	36	32	27	21	14,5	7									
12	66	62	58	54,5	50	45,5	41	36	30,5	25,4	19,8	14	7										
13	60	56	52	48,5	44	39,5	35	29,5	23,5	18,5	13												
14	54	50	46	42,5	38	33,5	29	23,5	17,5	12	6,4												
15	48	44,5	40	36,5	32	27,5	23	17,5	12	5,5													
16	42,5	39	35	30,5	26	21	16,5	11	5,5														
17	37,5	33,5	29	25	20,5	15,5	11	5,5															
18	32	28	24	20	15,5	10	5,5																
19	27,5	23,5	19	15	10,5	5																	
20	22,5	19	14,5	10	5,5																		
21	18	14	9,5	5																			
22	13	9	5																				
23	9	5																					
24	4,5																						

Allgemeine Grundlagen

Ein ganz ähnlicher Vorgang spielt sich im Kondensatableiter ab. Da mit dieser Kondensatableitung ein Druckabfall verbunden ist, entsteht ebenfalls eine Nachverdampfung, die hier als »Entspannungsverlust« bezeichnet wird (Bild 1.8). Man kann diesen von dem heißen Kondensat abgegebenen Dampf durch geeignete Anlagen wieder nutzbar machen, doch ist dieses Verfahren nur bei größeren Kondensatmengen wirtschaftlich. Über die Höhe des Verlustes gibt nachfolgendes Beispiel Aufschluss.

Beispiel: Druck vor dem Ableiter   5 bar
Druck hinter dem Ableiter   1 bar
Es sei angenommen, dass das Kondensat mit Sättigungstemperatur – also nicht »unterkühlt« – abläuft.

Lösung: Aus der »Wasserdampftafel« (Tafel 1.9) entnimmt man folgende Werte für die Flüssigkeitswärme h'

$$h'_{5\,bar} = 640{,}12 \text{ kJ/kg}$$
$$h'_{1\,bar} = 417{,}51 \text{ kJ/kg}$$

Bei 1 bar Ablaufdruck ist die Verdampfungswärme

$$r_{1\,bar} = 2257{,}9 \text{ kJ/kg}$$

Es folgt nun

$$h'_{5\,bar} - h'_{1\,bar} = (640{,}12 - 417{,}51) \text{ kJ/kg} = 222{,}61 \text{ kJ/kg}$$

Damit werden

$$x = \frac{h'_{5\,bar} - h'_{1\,bar}}{r_{1bar}} \cdot 100\,\% = \frac{221{,}61 \text{ kJ/kg}}{2257{,}9 \text{ kJ/kg}} \cdot 100\,\% = 9{,}86\,\%$$

des Kondensates in Dampf verwandelt und nur 90,14 % fließen als Heißwasser mit einer Temperatur von 100 °C ab. Von 1 kg Dampf bzw. Kondensat gehen also rund 100 g wieder verloren und entweichen ins Freie, sofern nicht hinter dem Ableiter eine Rückgewinnung erfolgt, z. B. in einem Wärmeübertrager.

1.3.3 Verdampfungszahl

Diese ist das Verhältnis von stündlicher Dampfmenge G_D (kg/h) zur stündlichen Brennstoffmenge G_B (kg/h bzw. m³/h). Es gilt also $d = \dfrac{G_D}{G_B}$

Im Mittel hat *d* folgende Werte

Braunkohlenfeuerungen	2 …	5 kg/kg
Steinkohlenfeuerungen	5 …	8 kg/kg
Ölfeuerungen	9 …	12 kg/kg
Erdgasfeuerungen	8 …	10 kg/m³
Koksofengasfeuerung	4 …	5 kg/m³
Gichtgasfeuerungen	0,7 …	1,2 kg/m³

Diese Zahlenwerte sind vom Dampfzustand und von der Kesselbauart abhängig. Will man verschiedene Kessel miteinander vergleichen, müssen sie auf den gleichen Dampfzustand umgerechnet werden (Netto-Verdampfungszahl). Die Güte einer Kesselanlage anhand der Verdampfungszahl zu ermitteln, wird heute kaum mehr durchgeführt, besser ist die Bewertung durch den Kesselwirkungsgrad (s. Abschnitt 1.5.3).

1.4 Brennstoffkunde

Man unterscheidet feste, flüssige und gasförmige Brennstoffe (fossile Brennstoffe). Die natürlichen Brennstoffe, vor allem Kohle, sind aus tropischen Sumpfmoorwäldern entstanden, die sich nach Verwitterung und Vermoderung und unter Einfluss hoher Erddrücke in 40 bis 280 Millionen Jahren gebildet haben. Die älteste Kohlenart, die Steinkohle, hat diesen Umwandlungsprozess am längsten mitgemacht. Braunkohle, die jüngste Kohlensorte, ist im Tertiär-Zeitalter entstanden. Die Lager ziehen sich entlang dem damals feuchtwarmen Klimagürtel von Sibirien über Mitteleuropa nach Nordamerika, aber auch durch Südafrika.

Die flüssigen und gasförmigen Brennstoffe Erdöl und Erdgas haben sich aus Kleinlebewesen, kleineren Pflanzen und Algen, gebildet. Wo heute Ozeane liegen, war früher Land, und wo sich Kontinente erstrecken, lagen Meeresbecken. Im Wechsel zwischen Entstehen und Sterben einer reichen Lebenswelt der Meere lagerten sich absterbende Organismen auf dem Boden der Tiefsee zusammen mit Feststoffen aus dem Festland ab und bildeten Faulschlamm. Auch hier wirkten Erddruck und Erdwärme, wobei sich durch chemische Prozesse die Umwandlung hauptsächlich von Eiweiß und Fettsubstanzen in Brennstoffe unter Anwesenheit von Katalysatoren (Stoffe, die die Umwandlung beeinflussen, ohne sich dabei selbst zu verändern) vollzog.

Man nimmt an, dass Bakterien (die ohne Sauerstoff leben konnten) den Faulschlamm zu Fettsäuren abgebaut haben, die dann gärten und durch Katalyse in Primärbitumen übergeführt wurden. Nach dieser These verflüssigte sich dieses Bitumen durch Bakterien zu Kohlenwasserstoffen und sammelte sich, dem auflagernden Druck der Erdkruste ausweichend, im porösen Gestein. Vorwiegend in Konglomeraten, Kalkstein und Schieferstein, in Tiefen von 1000 bis 3000 m ist das Erdöl eingeschlossen und steigt je nach Art des Vorkommens selbsttätig aufgrund des leichten spezifischen Gewichtes durch Gas- oder Eigendruck zur Erdoberfläche oder es muss mithilfe von Pumpen in Bohrlöchern nach oben gefördert werden.

Für die Erdgasbildung kommt auch die Kohle in Betracht, die aus Torfmooren entstand. Unter Druck und Temperatur bildete sich dabei gasförmiges Methan, als 90–99%igen Bestandteil des Erdgases. Während Restmengen heute noch kapillar in der Steinkohle eingeschlossen sind (sie führen zur Bildung von »schlagendem Wetter«), sind die Hauptmengen des Gases infolge starker Auftriebskräfte aus den Kohlenflözen ausgetreten und in höher liegende poröse Speicher-Gesteinszonen eindiffundiert.

Der jüngste Brennstoff ist Torf, der eine ähnliche Entwicklung wie die Kohle durchmachte. Er entsteht im Moor in stehenden Wasserbecken aus absterbenden Sumpf- und Heidepflanzen, die sich in tieferen Schichten unter Luftabschluss und Erddruck umwandeln.

Holz wird meist in Form von Sägespänen und Abfällen verfeuert, in neuerer Zeit häufig auch als Hackschnitzel oder Pellets. Als CO_2-neutraler Brennstoff nimmt die Bedeutung von Holz allmählich wieder zu.

1.4.1 Vorkommen und Eigenschaften der Brennstoffe

1.4.1.1 Stein- und Braunkohle

In Deutschland gibt es große Lager fester Brennstoffe, sowohl in Form von Stein- als auch von Braunkohle. Die Steinkohle, der hochwertigste feste Brennstoff, hat den größten Anteil an festem Kohlenstoff. Der Gehalt an flüchtigen Bestandteilen und der Wassergehalt variieren in weiten Grenzen. (Tafel 1.11).

Tafel 1.11: Steinkohle-Arten und ihre Bestandteile

Bezeichnung	Flüchtige Bestandteile in %	Kohlenstoffgehalt in %
Anthrazit	6–10	91,5–96
Magerkohle	10–14	90,5–91,5
Esskohle	14–19	89,5–90,5
Fettkohle	19–28	87,5–89,5
Gaskohle	28–35	85 –87,5
Gasflammkohle	35–40	82 –85
Sinterkohle	40–45	75 –82

Die Prozente an flüchtigen Bestandteilen und an Kohlenstoff beziehen sich auf die Reinkohle, d. h. auf die wasser- und aschefreie Kohle. Bezieht man die Bestandteile auf die Rohkohle, dann werden diese in Prozenten geringer, dagegen bleiben die absoluten Mengen – in kg ausgedrückt – unverändert.

Der Wassergehalt bezogen auf die Rohkohle beträgt bei den hochwertigen Steinkohlen etwa 3 bis 5 % und steigt bei Mittelprodukten bis auf 15 % an. Ähnlich verhält es sich mit dem Aschegehalt, der sich zwischen 3 % (bei guter Kohlenqualität) und maximal 40 % (bei Mittelprodukten) bewegt.

Die Asche ist ein weiterer Bestandteil der Kohle. Sie besteht aus unverbrennbaren Bestandteilen, wie z. B. Mineralien, und hat durch das Ascheschmelzverhalten bei hoher Temperatur einen großen Einfluss auf die Verbrennungsführung. So muss bei Schmelzfeuerungen die Asche weitgehend flüssig sein, sodass sie am Kesselboden gesammelt und flüssig abgezogen werden kann.

Bei Rostfeuerungen und bei Staubfeuerungen mit trockenem Ascheabzug ist das Schmelzen der Asche weitgehend zu vermeiden, um Verklebungen des Rostes sowie Anbackungen an den Heizflächen zu verhindern. Das Schmelzverhalten der Asche wird geprüft, indem ein Probekörper der Asche erhitzt und sein Erweichen, Schmelzen und Fließen registriert wird. Das Prüfverfahren ist in der DIN 51730 festgelegt.

Die Steinkohlenlagerstätten in Deutschland befinden sich in Nordrhein-Westfalen (Gasflammkohle, Gaskohle, Fettkohle und Magerkohle), im Saargebiet (Fett- und Gaskohle) und im Aachener Raum (Magerkohle, Esskohle und Fettkohle).

Die Steinkohle wird im Untertagebau aus Tiefen bis zu 2000 m gefördert. Je nach Aufbereitungsgrad unterscheidet man stückige Kohle (von Lesebergen und Lesezwischengut gereinigt), Nusskohle (Grob- und Mittelkorn), Grießkohle (gewasche-

Tafel 1.12: Mittlere Zusammensetzung und Heizwert von Steinkohlen und Braunkohlen (Deutschland)

Brennstoff	Kohlenstoff C	Wasserstoff H_2	Sauerstoff Stickstoff $O_2 + N_2$ ($N_2 = 1\%$ angenommen)	Schwefel S	Wasser H_2O	Asche	Heizwert H_u
	Gew.-%	Gew.-%	Gew.-%	Gew.-%	Gew.-%	Gew.-%	kJ/kg
Westfälische Steinkohle	79	4,5	7	1	2,5	6	31 400
Saar-Steinkohle	74	4,5	10	1	3,5	7	29 300
Schlesische Steinkohle	71	4,5	12,5	0,5	5	6,5	27 630
Sächsische Steinkohle	70	4	9,5	1	8	7,5	27 215
Bayerische Steinkohle	53	4	12	5	9	17	21 770
Englische Steinkohle	75	4,5	8	1	5,5	6	29 725
Westfälischer Anthrazit	85,42	3,82	4,68	1,23	0,95	3,9	33 390
Westfälische Steinkohlenbriketts	82	4,2	3,7	1,2	1,7	7,2	32 450
Koks	84	0,8	3,4	1	1,8	9	29 310
Rohbraunkohle:							
Niederrhein	23,06	1,87	12,07	1	59,28	2,72	8 120
Mitteldeutschland	29,78	2,28	9,42	1	51,41	6,1	10 260
Oberpfalz	25,4	1,96	11,96	1	52,7	6,98	8 540
Böhmen (Klarkohle)	37.05	2,88	9,86	1	42,31	6,9	13 710
Unterfranken	23,63	2,12	8,46	1	61,68	3,11	7 680
Böhmische Braunkohle	52	4,2	13	1	24	6	20 100
Sächsische Braunkohle	40	3	11	2	37	7	15 070
Rheinische Braunkohle Braunkohlenbriketts	54,5	4,2	20,4	0,4	15	5	20 100
Mitteldeutsche Braunkohlenbriketts	52	4,3	16	2	17	9	20 100

ne Feinkohle) und Staubkohle (gemahlene Kohle). Für die Verbrennung auf dem Rost ist eine gleichmäßige und kleine Stückgröße, auch Körnung genannt, wegen des günstigen Verhältnisses der Oberfläche zum Stückgewicht vorteilhaft. Zu kleine Korngrößen (Feinkohle), aber auch zu große Kohlenstücke ergeben auf Rostfeuerungen eine schlechtere Verbrennung, da sie leicht zusammenbacken und damit die Luftzufuhr behindern oder auch Krater bilden und dann zu viel Luft durchlassen. Bei Hochleistungsfeuerungen wird Staubkohle, vor allem wenn sie gasreich ist, am wirtschaftlichsten verfeuert. Hier interessieren die Mahlbarkeit und das Schmelzverhalten der Kohlensorte.

Die Förderung der Steinkohle ist seit 1958 stark gedrosselt worden. Der Grund liegt an preiswerter angebotener Importkohle, die u.a. aus Südafrika, Süd- und Nordamerika und Kanada kommt.

Nach der Steinkohle ist der wichtigste feste Brennstoff die Braunkohle. Sie wird meist im Tagebau gewonnen und kann dadurch, trotz geringerem Anteil an Verbrennlichem, in reviernahen Kraftwerken wirtschaftlich verfeuert werden. Nach der äußeren Beschaffenheit unterscheidet man Stückkohle (ähnlich der Steinkohle), Pechkohle und erdige Braunkohle. Die jüngste Braunkohle wird auch als Lignit (Kohle mit faserigen Holzteilen) bezeichnet.

Im Gegensatz zur Steinkohle liegt der Wassergehalt der Braunkohle bedeutend höher. Größere Braunkohlenvorkommen (Flözmächtigkeit 18 bis 100 m) gibt es am

Niederrhein in der Kölner Bucht mit 60 % Wassergehalt, geringem Bitumengehalt und guter Brikettiermöglichkeit und in Mitteldeutschland bei Helmstedt, jedoch mit geringer Flözdichte (10 bis 30 m) und einem Wassergehalt von 45 %, sowie in Sachsen bei Leipzig und Dresden (Lausitzn Revier).

1.4.1.2 Erdöl

Die Bundesrepublik war bis zur Erschließung umfangreicher Erdölreserven in der Nordsee eines der bedeutenden Ölförderländer Westeuropas. Je nach Größe, Bedeutung und geologischer Beschaffenheit unterscheidet man drei Hauptgebiete, nämlich Norddeutschland, das obere Rheintal und das Alpenvorland. Zwischen Elbe und Weser stieß man bereits 1887 nahe dem Heidedorf Wietze auf Erdöl. Die Förderung in den nordwestdeutschen Ölfeldern, die etwa 91 % der deutschen Erdölförderung ausmacht, stammt hauptsächlich aus Jura- und Kreideformationen. Im Oberrheintal werden nur rund 4 % der Ölförderung erzielt. Die bereits in Betrieb befindlichen Erdölförderstätten in der Molassezone des Alpenvorlandes (5 %) haben die Erwartungen in Bezug auf ihre Ergiebigkeit nicht erfüllt. Es besteht jedoch die Vermutung, in größeren Tiefen auf bedeutendere Ölmengen zu stoßen.

Der größte Teil der Rohölimporte fließt neuerdings nach der Erschließung der Nordseefelder (Ekofisk, Eldfisk und Staffjord) aus britischen und norwegischen Quellen. Ein bedeutendes Förderland ist Libyen, dessen Rohöl sich durch besondere Reinheit auszeichnet. Weitere Lieferanten mit größeren Fördermengen sind Anfang des 21. Jahrhunderts Nigeria, russische Förderation, Algerien, Venezuela und einige Staaten des Nahen Ostens (Saudi-Arabien, Iran, Irak, Ägypten, V. A. Emirate, Syrien und Kuwait).

Nach den letzten Schätzungen belaufen sich die gesamten Weltvorräte auf fast 120 Milliarden Tonnen, wobei der Nahe Osten über mehr als die Hälfte der Weltreserven verfügt. Die Ölreserven Westeuropas werden nach einer Aufstellung der Erdölnachrichten der deutschen Shell AG 1990 mit 3 Milliarden Tonnen angegeben (ca. 3 % der Weitvorräte). Sie entfallen jedoch überwiegend auf die beiden Nordsee-Förderländer Großbritannien und Norwegen.

Schwerpunkte der deutschen Mineralölverarbeitung sind die Küstenraffinerien und die Verarbeitungsstellen auf den Ölfeldern. Der Hauptanteil der Raffineriekapazität – etwa 30 % – ist im Industriegebiet an Rhein und Ruhr konzentriert. Der Rohölversorgung dient die von Wilhelmshaven ausgehende Nord-West-Ölleitung (NWO) und die von den Niederlanden kommende Rotterdam-Rhein-Pipeline (RRP). Letztere wurde 1963 in das zweite rheinische Raffineriezentrum verlängert, das sich zwischen Frankfurt und Karlsruhe erstreckt und etwa 24 % der deutschen Raffineriekapazität vereinigt. Hier wird Rohöl außerdem durch die aus dem Raum Marseille (Lavéra) kommende südeuropäische Pipeline (SEPL) angeliefert.

Das jüngste deutsche Raffineriezentrum hat sich im Raum um Ingolstadt gebildet, das durch die Central-European-Pipeline (CEL) von Genua aus versorgt werden kann. Die größeren Mengen liefert die von Triest ausgehende Transalpine Ölleitung (TAL). Durch die RDO (Rhein-Donau-Ölleitung) wurde bis zur Stilllegung Rohöl von Ingolstadt nach Karlsruhe gefördert.

Rohöl, ein Gemisch von Kohlenstoff-Wasserstoff-Verbindungen, enthält über 80 Gewichtsprozente Kohlenstoff, 10 bis 15 Gewichtsprozente Wasserstoff und bis 5 Gewichtsprozente Schwefel. Letzterer ist ein unerwünschter Bestandteil.

Tafel 1.13: Mittlere Zusammensetzung und Heizwert flüssiger Brennstoffe

Brennstoff	Dichte ϱ bei 15 °C g/cm³	C	Zusammensetzung in Gew.-% H₂	O₂ + N₂	S	Heizwert H_u kJ/kg	$CO_{2\,max}$ %
Benzin	0,725	85,6	14,35		0,05	43 500	
Flugbenzin	0,720	85,1	14,9		0,01	43 500	
Benzin-Benzol-Gemisch	0,786	89,05	10,9		0,05	45 000	
Dieselöl	0,835	85,9	13,3		0,50	42 500	
Heizöl EL	0,84	86	13	0,4	0,2	42 500	15,2
Heizöl L	0,88	85,5	12,5	0,8	1,2	42 000	15,2
Heizöl M	0,92	85,3	11,6	0,6	2,5	41 000	15,6
Heizöl S	0,97	84	11,0	1,5	1,0	40 500	15,7
Bunker C-Öl	0,98	84,5	10,8	1,5	3,2	40 000	16,0
Masut	0,92	85	11,0	1,0	3,5	40 500	15,95
Mexikanisches Rohöl	0,96	83,3	10,9	2,2	3,6	40 250	15,9
Pennsylvanisches Heizöl	0,89	84,9	13,7	1,4		41 700	15,5
Kalifornisches Heizöl	0,95	86,8	11,5	1,1	0,6	41 000	16,2
Braunkohlenteeröl	0,93	84,0	11,0	4,3	0,7	40 300	18,1
Steinkohlenteeröl	1,08	89,5	6,5	3,4	0,6	37 500	18,3
Heizteer	1,12	90,4	6,0	3,2	0,4	37 000	15,1
Petroleum	0,81	85,3	14,1	0,6	0,2	43 000	
Benzol	0,88	92	8			40 500	

In den Raffinerien werden Raffineriegas, Flüssiggas wie Propan und Butan, weitere gasförmige Kohlenwasserstoffe für die Petrochemie, Benzine, Dieselkraftstoff, leichtes und schweres Heizöl sowie Schmierstoffe und als Endprodukt Bitumen erzeugt. (Tafel 1.13 enthält Angaben über Zusammensetzung und Heizwert flüssiger Brennstoffe.)

Leichte Heizöle fallen in der sog. Gasöl-Fraktion an. Viskosität (Zähigkeit) und Kälteverhalten sollen so sein, dass sie zur Lagerung und Verbrennung nicht mehr vorgewärmt werden müssen.

Aus den Rückständen der Rohöldestillation und der Krackverfahren sowie aus den bei der Schmierölherstellung anfallenden Schwerölen werden die schweren Heizöle hergestellt. Die Anforderungen an solche Schweröle hinsichtlich Viskosität, Stockpunkt, Schwefelgehalt usw. sind unterschiedlich, jedoch geringer als die für leichtes Heizöl. So ist bei Heizöl S der Schwefelgehalt höher als bei Leichtöl, was die Verbrennung hinsichtlich der Reinhaltung der Luft erschwert. Außerdem besitzt es einen hohen Stockpunkt, der ein Aufwärmen vor dem Verbrennen erforderlich macht.

Leichtes Heizöl wird in Heizungsanlagen und kleineren bzw. mittleren Industriekesseln verfeuert, während schweres Heizöl zum Betrieb von Dampfkesselanlagen in der Großindustrie, in Dampfkraftwerken und bei der Stahlindustrie für den Einsatz in Siemens-Martin-Öfen verwendet wird.

Der Einsatz von Heizöl S (schweres Heizöl) in Industriefeuerungen wurde inzwischen aufgrund der Luftreinhaltevorschriften (siehe Abschn. 8) weitgehend durch Heizöl EL abgelöst.

1.4.1.3 Erdgas

In Norddeutschland liegen die größten bisher bekannten deutschen Erdgasvorkommen hauptsächlich im Raum zwischen Ems und Weser in den Formationen des

Allgemeine Grundlagen

Tafel 1.14: Zusammensetzung, Dichte und Heizwert $H_{u,n}$ gasförmiger Brennstoffe (Mittelwerte)

Gasart		Zusammensetzung in Vol.-%						Dichte-verhältnis Luft = 1	Heizwert $H_{u,n}$ in kJ/m³ [1)]
		H_2	CO	CH_4	C_nH_m	CO_2	N_2		
Erdgas, trocken	(1)			93	2	1	4	0,60	35 170
Ferngas, Koksofengas	(2)	55	6	25	2	2	10	0,39	17 375
Generatorgas, Koks	(3)	12	28	< 0,5		5	54,5	0,88	5 024
Generatorgas, Braunkohle	(4)	15	27	2		7	49	0,86	5 755
Gichtgas, Hochofen	(5)	2	30	0,3		8	59,7	0,99	3 975
Mischgas (2 + 5)	(6)	19,3	22,2	8,4	0,6	6	43,7	0,80	8 375
n-Butan C_4H_{10}	(7)				100			2,091	123 675
Ölgas	(8)	20	5	40	30	1	4	0,74	41 240
Propan C_3H_8	(9)				100			1,562	92 905
Propan + Luft	(10)				18		65	1,10	1 675
Stadtgas I (2 + 14)	(11)	51	18	19	2	4	6	0,46	16 120
Stadtgas II (2 + 3)	(12)	44	12	22	2	4	16	0,51	16 120
Wassergas, Kohlen	(13)	50	35	5		5	5	0,53	11 618
Wassergas, Koks	(14)	50	40	< 0,5		5	4,5	0,55	10 465
Wassergas, Ölkarb.	(15)	45	35	1	10	4	5	0,63	18 420

[1)] Bezogen auf den Normzustand 0 °C und 1,0132 bar.

Tafel 1.15: Brennwerte H_o und Heizwerte H_u bzw. $H_{u,n}$ der Reinsubstanz bzw. Gasart

Reinsubstanz, Gasart	Symbol	H_o kJ/kg	H_u kJ/kg	$H_{o,n}$ kJ/m³ [1)]	$H_{u,n}$ kJ/m³ [1)]
Kohlenstoff	C	33 830	33 830		
Schwefel	S	9 250	9 250		
Kohlenoxid	CO	10 130	10 130	12 640	12 640
Wasserstoff	H_2	141 970	119 615	12 770	10 760
Methan	CH_4	55 600	49 950	39 855	35 795
Ethen	C_2H_4	50 785	47 560	64 015	59 955
Ethan	C_2H_6	51 991	47 419	70 500	64 300
Propan	C_3H_8	50 421	46 310	101 800	93 500
Butan	C_4H_{10}	49 575	45 690	134 000	123 500
C_nH_m-Verbrennung (Näherungswert)	C_nH_m	43 960	41 450	75 570	71 175

[1)] Bezogen auf den Normzustand 0 °C und 1,0132 bar.

Bunt- und Rotsandsteins. Deutschland hat auch Anteil an dem niederländischen Erdgas, das sich bis zur Emsmündung hin erstreckt. Günstige Verhältnisse sind auch im Alpenvorland gegeben, wo hochwertiges Erdgas gewonnen wird. Ausgiebige Mengen werden in Tiefen bis zu 8000 m erwartet. Nur ein kleiner Teil des deutschen Erdgasverbrauchs (1993 belief sich der Gesamtverbrauch auf über 75,3 Mio. SKE nach Abschn. 1.4.3) wird aus der heimischen Förderung gedeckt. Der Anteil des Energieträgers Erdgas an der Deckung des gesamten Verbrauchs in der Bundesrepublik stieg 1993 auf fast 18 %. Damit stand Erdgas nach dem Mineralöl an der zweiten Stelle der deutschen Energieversorgungsträger.

Da der Transport von Erdgas wirtschaftlich nur über Fernleitungen sinnvoll ist, war es erforderlich, ein dichtes Leitungssystem im Inland sowie ein weiträumiges europäisches Verbundnetz zur Verfügung zu stellen. Über dieses Netz sind bereits heute die Länder des Kontinents per Pipeline mit den einheimischen bzw. außereuropäischen Erdgaslagerstätten verbunden.

So wird seit 1973 sowjetisches Erdgas aus dem nördlichen Sibirien mithilfe von 6000 km langen Fernleitungen in die Bundesrepublik und auch nach Frankreich geliefert.

Eine langfristige Erdgasversorgung konnte aus den norwegischen Ekofiskfeldern der Nordsee gesichert werden. Hier wird Nordseegas über Bohrinseln und eine 430 km lange Unterwasserpipeline (Durchmesser 91 cm) zur norddeutschen Küste in das einheimische Leitungsnetz gepumpt. Beide großen Fernleitungen sind unmittelbar durch die Rhein-Main-Schiene miteinander verbunden.

Deutschland verfügt hauptsächlich im südbayerischen Raum über natürliche Erdgas-Untertagespeicher (ausgeförderte ehemalige Erdgaslagerstätten). Der größte Gasspeicher bei Bierwang soll langfristig auf ein Arbeitsvolumen von 2 Mrd. m^3 ausgebaut werden. Der älteste Naturspeicher liegt in der Nähe von München (Wolfersberg) in einer Tiefe von 2900 m. Hier wird russisches Gas bei Überproduktion mit einem Druck von 120–200 bar eingelagert.

Raffineriegase sind gasförmige Kohlenwasserstoffe, die aus dem Rohöl ausgetrieben werden oder als Nebenprodukte der Prozesse anfallen. Das Gas mit hohem Heizwert wird als Brennstoff in der Raffinerie oder in nahe gelegenen Dampfkraftwerken verwendet. Seine Zusammensetzung und damit auch der Heizwert (Tafel 1.14) schwanken, was eine automatische Feuerungsregelung erfordert.

Die Gase Propan und Butan werden flüssig unter verhältnismäßig niedrigem Druck in Druckgasflaschen auf den Markt gebracht. Sie sind ein hochwertiger Brennstoff mit einem Heizwert von 45 600 bis 46 000 kJ/kg zur Erzeugung von Wärme und Licht in Haushalt, Gewerbe und Industrie.

Die Verbrennung dieser Gase in Dampfkesselanlagen ist aufwendig und daher selten anzutreffen. Sie werden im gasförmigen Zustand verbrannt, wozu je nach Außentemperatur Verdampferanlagen erforderlich sind. Die Heizwerte betragen bei Propan etwa 93 300 kJ/m^3 i.N. und bei Butan etwa 123 500 kJ/m^3 i.N. Weitere Angaben enthält die Tafel 1.15. Da die Gase schwerer als Luft sind, muss zur Vermeidung von Explosionen und Bränden darauf geachtet werden, dass Flüssiggas nicht in unter der Erdgleiche liegende Schächte und Keller gelangt. Auch bei den Rauchgaswegen einer mit Flüssiggas betriebenen Kesselanlage sind tote Ecken und Räume, in denen sich Gas ansammeln kann, zu vermeiden.

1.4.2 Lagerung der Brennstoffe

1.4.2.1 Stein- und Braunkohle

Um einen Vorrat für Krisenzeiten und aus betrieblichen Gründen halten zu können, lagert man größere Mengen von Brennstoffen. Kohlesorten, die nicht vor den Einflüssen wie Sonne, Regen, Schnee und Eis geschützt werden müssen, lagert man im Freien. Die Art der Lagerung beeinflusst die Selbstentzündbarkeit. Durch möglichst dichte Schüttung ist der Sauerstoffzutritt zu verhindern. Dies erreicht man bei feinkörniger Kohle durch Einwalzen der Kohlenschichten mit Raupenfahrzeugen.

Bei grobkörniger Kohle müssen die Stapelhöhen begrenzt werden, und zwar auf 8 bis 10 m bei Steinkohlen mit geringem Gehalt und 8 m bei Steinkohlen mit hohem Gehalt an flüchtigen Bestandteilen. Die Schütthöhe von Rohbraunkohlestapeln beträgt maximal 5 m.

Das Kohlenlager ist regelmäßig auf Geruch und Schwadenbildung zu überprüfen. Wenn durch Einsteckthermometer im Stapel Temperaturen über 60 °C festgestellt werden, ist zur Vermeidung von Selbstentzündung eine Umlagerung vorzunehmen. In Kohlebunkern können größere Schichthöhen zugelassen werden, jedoch sollte man möglichst für dichten Abschluss gegen die Außenluft und bei extrem hohen Lagerschichten Vorkehrungen zur Druckentlastung (durch Einbau von Zwischenrosten) sorgen.

Für Kohlenstaublagerung in Bunkern sind die Unfallverhütungsvorschriften – Kohlenstaubanlagen – zu beachten.

1.4.2.2 Heizöl

Bei Heizölen unterscheidet man gemäß DIN 51603 (siehe auch: Tafel 1.16)

Heizöl EL, extraleicht   Heizöl M, mittelflüssig
Heizöl L und T, leicht flüssig   Heizöl ZT und C, schwer flüssig

Mengenmäßig die größte Rolle spielt beim Einsatz in Landdampfkesseln Heizöl EL.

Heizöl EL als wassergefährdende Flüssigkeit der Wassergefährdungsklasse (WGK) 2 unterliegt den Anlagenverordnungen (VAwS) der Länder. Seit Inkrafttreten der Betriebssicherheitsverordnung ist die VbF nur noch für bestehende Anlagen (»Altanlagen«, vor 2003 errichtet) verbindlich. Die Anforderungen an Behälter werden in baurechtlich eingeführten Normen gestellt. Die Behälter für die ortsfeste Lagerhaltung sind aus Stahl und Kunststoff. Zur unter- und oberirdischen Lagerung verwendet man die ortsfesten Lagerbehälter aus Stahl der Normen DIN 6608 bis 6625. Die Behälter müssen eine allgemeine bauaufsichtliche Zulassung (früher: Bauartzulassung nach § 12 der VbF) tragen.

Die Anlagen zur Lagerung von Heizöl müssen hinsichtlich Bau und Ausführung der VAwS, der DIN 4755 »Ölfeuerungen und Heizungsanlagen« bzw. den TRD 411 »Ölfeuerungen an Dampfkesseln« entsprechen. Der Betreiber der Anlage ist nach § 19 i des Wasserhaushaltsgesetzes (WHG) verpflichtet, die Anlagen durch anerkannte Sachverständigen-Organisationen bestimmten Prüfungen zu unterziehen, und zwar:
1. vor Inbetriebnahme oder nach wesentlicher Änderung,
2. alle fünf Jahre, bei unterirdischer Lagerung in Wasser- und Quellenschutzgebieten alle zweieinhalb Jahre,
3. vor Inbetriebnahme einer länger als ein Jahr stillgelegten Anlage,
4. wenn die Prüfung wegen der Besorgnis einer Wassergefährdung angeordnet wird,
5. wenn die Anlage stillgelegt wird.

Die Lagerung in Gebäuden erfordert ab einer bestimmten Menge einen Lagerraum. Dieser muss allseitig feuerbeständig und von anderen Räumen getrennt sein. Er ist so auszubilden – z. B. mit Schwelle, Wanne oder Vertiefung –, dass ausfließendes Öl nicht ins Freie, in andere Räume, in Abwasserleitungen oder in das Grundwasser gelangen kann. Die Türen sind mindestens feuerhemmend auszuführen. Bei

Tafel 1.16: Heizöl-Mindestanforderungen nach DIN 51603 und VDI-Richtl. 2297, Stand September 1995

		Prüfung nach Normen	DIN 51603 1 Heizöl EL	2 L	2 T	2 M	4 ZT	4 C
Dichte max. g/m³	bei 15 °C	DIN 51757	0,860	1,10	–	–	–	–
	bei 20 °C		–	–	1,10	1,10	–	–
Flammpunkt nach Abel-Pensky °C		DIN EN 22719	55	–	–	–	–	–
		DIN 51758	–	85	85	75	85	–
		DIN 51755	–	–	–	–	55	–
Kinematische Viskosität max. mm²/s (c St)	bei 20 °C	DIN 51562-1	6,0	6,0	12	–	–	–
	bei 50 °C	DIN 51550	–	–	–	40	–	–
	bei 75 °C		–	–	–	12	–	50
	bei 70 °C		–	–	–	–	30	–
	bei 90 °C		–	–	–	–	15	–
	bei 100 °C		–	–	–	–	–	75
Destillationsverlauf max. Vol.-% bis 250 °C min. Vol.-% bis 350 °C		DIN 51751 ASTM D 86	< 65 ≥ 85	– –	– –	– –	– –	– –
Pourpoint max. °C		DIN ISO 3046	9	–	–	–	–	–
Koksrückstand, Massenanteil in % max.		DIN 51551	0,5	0,5	1,0	16	15	1
Schwefelgehalt Mineralöl max. Masse-%		DIN EN 24260 DIN 51400-1/2/6	0,2	0,2	0,8	0,5	1,0	0,9
Wasser, nicht absetzbar max. Masse mg/kg %		DIN 51777-1 DIN ISO 3733	200 –	– 0,3	– 0,3	– 0,3	– 3	– 0,5
Gehalt an Sediment max. Masse mg/kg		DIN 51419	30	–	–	–	–	–
Asche (Oxid) max. Masse-%		DIN EN 7 ISO 6245	0,01	0,01	0,01	0,02	0,05	0,9
Heizwert min. MJ/kg		DIN 51900-1,-2,-3 Berechnung	42,6 –	38,7	37,8	38,5	35	35

Landdampfkesseln dürfen die Behälter im Kesselraum nur den Tagesbedarf an Heizöl enthalten.

Bei unterirdischer Lagerung dürfen nur doppelwandige Behälter und Behälter mit einer Innenhülle aus Kunststoff verwendet werden. Ein Leckanzeigegerät überwacht die Dichtheit der Behälterwandungen. Für jeden Heizölbehälter ist eine vom höchsten Punkt abgehende, nicht absperrbare Entlüftung mit einem dem Inhalt entsprechenden Mindest-Innendurchmesser vorgeschrieben (siehe DIN 4755 und TRD 411). Das Entlüftungsrohr muss ins Freie geführt werden, bzw. über Erdgleiche. Der Anschluss der Füllleitung soll möglichst außerhalb des Gebäudes liegen und verschließbar sein. Auf einer Anzeigevorrichtung muss jederzeit der Ölstand abzulesen sein. Weiterhin muss eine Sicherung gegen Überfüllung vorhanden sein, in der Regel ein Grenzwertgeber mit Ü-Zeichen.

Allgemeine Grundlagen

1.4.2.3 Flüssiggas

Für diesen Brennstoff gelten neben der »Verordnung über brennbare Flüssigkeiten (VbF)« noch die vom »Deutschen Verein des Gas- und Wasserfaches e.V. (DVGW)« und die vom »Verband für Flüssiggas« herausgegebenen »Technischen Regeln Flüssiggas (TRF)«. Die bauaufsichtlichen Bestimmungen der Länder werden von diesen Regeln nicht eingeschränkt und sind vorrangig zu beachten.

Flüssiggasbehälter müssen hinsichtlich Werkstoff, Berechnung, Herstellung und Ausrüstung den anerkannten Regeln der Technik entsprechen, und zwar der »Druckgeräte-Richtlinie« (früher »Druckbehälter-Verordnung«), der zugehörigen »Allgemeinen Verwaltungsvorschrift«, den »Technischen Regeln für Druckbehälter (TRB)« und den »AD-Merkblättern« (siehe Kapitel 10).

Man unterscheidet zwischen der Aufstellung
a) außerhalb von Gebäuden ober- oder unterirdisch und
b) innerhalb von Gebäuden in Räumen, jedoch nicht in solchen, die unter Erdgleiche liegen.

1.4.3 Brennwert und Heizwert

Experimentell ermittelt man den Heizwert eines Brennstoffes in einem Kalorimeter, und zwar für feste und flüssige Brennstoffe in einer Bertholdt-Mahler-Kröker-»Bombe«, für gasförmige Brennstoffe im Junkers-Kalorimeter. Man kann die Heizwerte der Brennstoffe angenähert auch rechnerisch ermitteln, sofern eine Elementaranalyse des Brennstoffs – d. i. die Zusammensetzung des Brennstoffs – vorliegt.

Merke:

> Der Brennwert entspricht dem früheren Begriff des »oberen Heizwertes«, der Heizwert dem früheren Begriff des »unteren Heizwertes«. Brennwert H_o und Heizwert H_u unterscheiden sich zahlenmäßig durch die Verdampfungswärme des Wassers bei 25 °C. Beim Heizwert H_u ist also vorausgesetzt, daß das gesamte bei der Verbrennung entstehende Wasser, siehe Abschn. 1.4.4, dampfförmig verbleibt, also die aufgewendete Verdampfungswärme nicht mehr zurückgewonnen wird.
> Dies entspricht auch den Verhältnissen bei Dampfkesselfeuerungen, wo die Verbrennungsgase in der Regel mit so hoher Temperatur austreten, daß das Verbrennungswasser dampfförmig mit den Rauchgasen aus dem Kessel austritt.

Vielfach bezieht man bei Kohle die Heizwerte statt auf den lufttrockenen Zustand auf den Gehalt an brennbarer Masse, der sog. Reinkohle (die Gewichtseinheit vermindert um Asche und adsorbiertes Wasser). Bei gasförmigen Brennstoffen wird der Heizwert auf den Kubikmeter trockenen Gases bei Normzustand (siehe Abschn. 1.1.3) bezogen.

Im Zusammenhang mit dem Heizwert wurde früher oft auch der Begriff der »Steinkohleneinheit (SKE)« gebraucht. Man versteht darunter den mittleren Energieinhalt von 1 kg Steinkohle, der international festgelegt wurde mit 1 SKE = 29 400 kJ/kg. Damit lassen sich alle übrigen Energieträger mengenmäßig miteinander vergleichen.

1 t Steinkohle	1,00 t SKE
1 t Braunkohle (Niederrhein)	0,28 t SKE
1 t Heizöl S	1,38 t SKE
10^3 m^3 i.N. Erdgas	1,20 t SKE

Die Brennstoffheizwerte und andere Eigenschaften sind in den Tafeln 1.12 bis 1.14 enthalten. Die Brennwerte und Heizwerte der »Reinsubstanzen« enthält Tafel 1.15.

Bei den Heizwerten von flüssigen Brennstoffen ist bei der praktischen Anwendung der entsprechenden Zahlenwerte darauf zu achten, ob sie sich auf das Gewicht eines Heizöles, also kJ/kg, oder auf das Volumen kJ/m^3 bzw. kJ/dm^3 beziehen. Gegebenenfalls ist mit der Dichte nach Abschnitt 1.1.8 zu korrigieren.

Bei gasförmigen Brennstoffen wird der Heizwert entweder auf den Kubikmeter eines Brenngases im Normzustand oder auf den Betriebszustand des Gases bei Raumtemperatur und Außendruck bezogen. Diese Unterscheidung ist erforderlich, um die Gasverbrauchsanlage mit der vom Hersteller angegebenen Leistung betreiben zu können, ferner für Abrechnungszwecke.

1.4.4 Verbrennung

Die brennbaren Bestandteile eines Brennstoffes sind: Kohlenstoff (C), Wasserstoff (H), Schwefel (S), Verbindungen des Kohlenstoffes mit Wasserstoff (CH-Verbindungen) sowie Verbindungen des Kohlenstoffes mit Sauerstoff (CO), mit Ausnahme von Kohlendioxid (CO_2).

Ein Verbrennungsvorgang ist erst möglich, wenn der Brennstoff seine Zündtemperatur erreicht hat. Zunächst muss der Brennstoff erwärmt werden. Hierbei verdampft z. B. bei festen Brennstoffen das enthaltene Wasser. Anschließend werden die flüchtigen Bestandteile entgast bzw. flüssiger Brennstoff wird verdampft. Die Zündung erfolgt bei unterschiedlichen Temperaturen zwischen 200 °C (Holz) und 600 °C (flüssige Brennstoffe, Ruß, Kohlenmonoxid). Bei Kohle und Holz bleibt Koks oder Holzkohle (fester Brennstoff) übrig, die bei rund 200 °C zünden.

Die für die Zündung erforderliche Wärme kann aus dem Brennstoffbett bzw. aus dem Feuerraum eines Kessels genommen werden. Unter dem Einfluss dieser Wärme verbrennen bei genügender Sauerstoff-(Luft-)Zufuhr die brennbaren Bestandteile zu Kohlendioxid CO_2, Wasserdampf H_2O und Schwefeldioxid SO_2 (teilweise auch zu Schwefeltrioxid SO_3). Bei Sauerstoffmangel oder bei unzureichender Durchmischung mit Luft bleiben noch brennbare Bestandteile übrig und die Verbrennungsgase enthalten dann Kohlenmonoxid CO und Kohlenstoff C in Form von Ruß. Die Zündtemperaturen der Brennstoffe sind vor allem vom Anteil des Brennbaren in den flüchtigen Bestandteilen abhängig. Sie sind niedrig bei hohem Anteil an flüchtigen Bestandteilen, z. B. gasreichen Kohlen, und liegen hoch bei niedrigem Anteil wie mageren Kohlen und Koks. Tafel 1.17 enthält die Zündtemperaturbereiche für einige Brennstoffarten.

Allgemeine Grundlagen 37

Merke:

> Feste und flüssige Brennstoffe, die schwer vergasen, brennen nicht ohne weiteres. Zur Zündung gehört auch eine bestimmte Wärmemenge, die zunächst die Entgasung, d. h. das Austreiben der leicht flüchtigen Bestandteile, bewirkt. Bei deren Verbrennung kann je nach Größe ihres Anteils so viel Wärme erzeugt werden, dass auch der Kohlenstoff C mit Sauerstoff O_2 reagiert. Das ist zunächst eine unvollkommene Verbrennung oder die erste Vergasungsstufe, wobei mit der Freisetzung von etwa 30 % der Verbrennungswärme das Produkt CO entsteht. Dieses, Kohlenmonoxid genannt, reagiert dann mit weiterem Sauerstoff zu CO_2. Aus dieser Überlegung und Verbrennungsversuchen mit Papier, Holz, Leuchtöl, Kerzen, Kohlen und Koks ergibt sich die praktische Folgerung, die für das rationelle Verfeuern fester Brennstoffe vor allem gilt:
> *Ohne weiteres brennbar sind nur Gase.*

Tafel 1.17: Zündtemperaturbereiche einiger Brennstoffe

Brennstoff	Zündtemperatur °C
Braunkohle	230–450
Steinkohle	300–600
Torf	230–280
Heizöl	330–370
Erdgas	600–640
flüssige Gase	475–510

1.4.4.1 Verbrennungsluftmenge

Bei der Verbrennung verbinden sich die brennbaren Bestandteile C, H und S mit dem Sauerstoff der Luft. Mit den Atomgewichten Kohlenstoff 12, Wasserstoff 1, Schwefel 32 und Sauerstoff 16 ergeben sich bei vollständiger Verbrennung folgende chemische Gleichungen:

$$C + O_2 = CO_2$$
$$12 \text{ kg C} + 2 \cdot 16 \text{ kg } O_2 = 44 \text{ kg } CO_2$$

oder, bezogen auf 1 kg Kohlenstoff:

$$1 \text{ kg C} + 2{,}667 \text{ kg } O_2 = 3{,}667 \text{ kg } CO_2$$

Das heißt, dass für die Verbrennung von 1 kg C 2,667 kg O_2 gebraucht werden, wobei 3,667 kg CO_2 entstehen und rund 33 830 kJ/kg (Tafel 1.15) Verbrennungswärme frei werden. Reicht die zugeführte Luftmenge nicht aus, um sämtlichen Kohlenstoff zu Kohlendioxid zu verbrennen, dann entsteht CO nach folgender Gleichung:

$$2\,C + O_2 = 2\,CO$$
$$2 \cdot 12 \text{ kg C} + 2 \cdot 16 \text{ kg } O_2 = 2 \cdot 28 \text{ kg CO}$$

oder 1 kg Kohlenstoff verbrennt mit 1,33 kg Sauerstoff zu 2,33 kg Kohlenoxid, wobei nur rund 10 200 kJ/kg Wärme frei werden.

Bei genügend hoher Temperatur und Sauerstoffzutritt ist auch CO brennbar; es verbrennt zu CO_2, wobei die Differenz der Wärmemenge freigesetzt wird, die zwischen der Verbrennung zu CO_2 und der zu CO liegt.

Für die Verbrennung von 1 kg Wasserstoff gilt folgende Verbrennungsgleichung:

$$2 H_2 + O_2 = 2 H_2O$$

$$2 \cdot 2 \cdot 1 \text{ kg } H_2 + 2 \cdot 16 \text{ kg } O_2 = 2 \cdot 18 \text{ kg } H_2O$$

$$1 \text{ kg } H_2 + 8 \text{ kg } O_2 = 9 \text{ kg } H_2O$$

Hierbei werden rund 119 750 kJ/kg frei (ohne Verdampfungswärme des Wasserdampfes).
Analog gilt für die Verbrennung von Schwefel:

$$S + O_2 = SO_2$$

$$32 \text{ kg S} + 2 \cdot 16 \text{ kg } O_2 = 64 \text{ kg } SO_2$$

$$1 \text{ kg S} + 1 \text{ kg } O_2 = 2 \text{ kg } SO_2$$

wobei hier eine Wärmemenge von rund 9250 kJ/kg entsteht.

Aus obigen Gesetzmäßigkeiten lässt sich dann der zur Verbrennung von festen Brennstoffen oder Heizölen erforderliche Sauerstoff angenähert aus folgender Gleichung berechnen:

$$O_2 = 2{,}67\,C + 8\,H - O^* + S \text{ in kg/kg}$$

bzw., bezogen auf den Normalzustand:

$$O_{2,n} = 1{,}867\,C + 5{,}6\,H - 0{,}7\,O^* + 0{,}7\,S \text{ in m}^3 \text{ i.N./kg}$$

Der Sauerstoffbedarf ist die Sauerstoffmenge, die bei vollkommener Verbrennung ohne Luftüberschuss (stöchiometrische Verbrennung) benötigt wird. Die Luft besteht aus rund 21 Vol.-% Sauerstoff und 78 Vol.-% Stickstoff, oder in 1 kg Luft sind 0,232 kg Sauerstoff enthalten. Das restliche Prozent der Luftzusammensetzung bilden Edel- und andere Spurengase.

Dies bedeutet, dass die benötigte Luftmenge etwa fünfmal so groß ist wie die erforderliche Sauerstoffmenge:

$$L_{min} = {}^{100}/_{21}\,O_{min} \text{ in m}^3 \text{ i.N./kg}$$

Die benötigten theoretischen Luftmengen ergeben sich dann für feste Brennstoffe und Heizöle aus

$$L_o = \frac{O_2}{0{,}232} = \frac{2{,}67\,C + 8\,H - O + S}{0{,}232} \text{ in kg Luft/kg Brennstoff}$$

---

* In diesem Wert ist der im Brennstoff gebundene Sauerstoff berücksichtigt.

Allgemeine Grundlagen

bzw.

$$L_{o,n} = \frac{1{,}867\,C + 5{,}6\,H - 0{,}7\,O + 0{,}7\,S}{0{,}21} \text{ in m}^3 \text{ i.N. Luft/kg Brennstoff}$$

Bei gasförmigen Brennstoffen gilt folgende Gleichung

$$L_{o,n} = {}^1/_{0{,}21}\,(0{,}5\,H_2 + 0{,}5\,CO + 2\,CH_4 + 3\,C_2H_4 + 2{,}5\,C_2H_2$$
$$+ 7{,}5\,C_6H_6 - O_2) \text{ in m}^3/\text{m}^3$$

Die einzelnen Bestandteile sind in m³/m³ bezogen auf Normzustand einzusetzen.
Tafel 1.18 enthält für die Reinsubstanzen den theoretischen Sauerstoff- und Luftbedarf.

Tafel 1.18: Theoretischer Sauerstoffbedarf O_2 und theoretischer Luftbedarf L_O

Reinsubstanz, bzw. Gasart	Symbol	O_2 kg/kg	$O_{2,n}$ m³/m³	L_o kg/kg	$L_{o,n}$ m³/m³
Kohlenstoff (Verbr. zu CO_2)	C	2,67		11,54	
Kohlenstoff (Verbr. zu CO)	C	1,33		5,77	
Schwefel	S	1		4,33	
Kohlenoxid	CO	0,57	0,5	2,47	2,39
Wasserstoff	H_2	8	0,5	34,6	2,39
Methan	CH_4	4	2	17,35	9,52
Ethen	C_2H_4	3,43	3		14,28
Ethan	C_2H_6	3,73	3,5		16,66
Propan	C_3H_8				23,80
Butan	C_4H_{10}				30,94

Die Kubikmeterangaben beziehen sich auf den Normzustand 0 °C und 1,0132 bar.
Zur Umrechnung von O_2 bzw. L_O sind die Werte durch die Dichte von Sauerstoff und Luft zu teilen.
Sauerstoff: $\varrho_n = 1{,}429$ kg/m³; Luft: $\varrho_n = 1{,}293$ kg/m³.

Der wirkliche Luftbedarf liegt je nach Brennstoffart und Feuerung höher, und zwar umso höher, je schwieriger es ist, jedem Brennstoffteilchen die notwendige Luftmenge zuzuführen, z. B. bei handbeschickter Kohlefeuerung. Bei Gasfeuerung benötigt man den geringsten Luftüberschuss. Das Verhältnis von wirklicher Luftmenge zur theoretisch erforderlichen Luftmenge bezeichnet man als Luftverhältnis oder Luftzahl λ.

$$\text{Es ist also } \lambda = \frac{\text{zugeführte Luftmenge}}{\text{theor. Mindestluftmenge}} = \frac{L}{L_o}$$

Tafel 1.19 enthält Anhaltszahlen für das Luftverhältnis λ.

Allgemeine Grundlagen

Tafel 1.19: Anhaltszahlen für das Luftverhältnis λ

Planrost, Handbeschickung	1,6 ... 1,8	Kohlenstaub, Trockenkammern	1,3 ... 1,4
Planrost, Wurfbeschickung	1,5 ... 1,7	Kohlenstaub, Schmelzkammern	1,15 ... 1,2
Wanderrost ohne Unterwind	1,5 ... 1,8	Zyklonfeuerung	1,1 ... 1,2
Wanderrost mit Zonenwind	1,3 ... 1,6	Gasfeuerungen	1,05 ... 1,1
Treppenrost, Schürrost, Muldenrost	1,3 ... 1,5	Ölfeuerungen	1,05 ... 1,15

Der »Luftüberschuss« ergibt sich aus der Luftzahl, vermindert um 1, und wird dann meist in Prozent (» · 100 %«) ausgedrückt.

Die Höhe des Luftüberschusses wird durch die Art der Feuerung und vom Brennstoff bestimmt. Je mehr Kohlenstoff zu Kohlendioxid verbrennt, umso besser ist die Verbrennung, d. h., der Kohlendioxidgehalt der Rauchgase gibt Aufschluss über die Güte der Verbrennung. Es kann deshalb auch mithilfe des gemessenen CO_2-Gehaltes und des maximal erreichbaren CO_2-Gehaltes ($CO_{2\,max}$) – vom Brennstoff abhängig – der Luftüberschuss einer Feuerung wie folgt ermittelt werden:

$$\lambda = \frac{CO_{2\,max}}{CO_2 \text{ gemessen}}$$

Würde ein Brennstoff nur aus Kohlenstoff bestehen, dann wäre der maximale CO_2-Gehalt 21 Vol.-%. Da aber in den Brennstoffen neben Kohlenstoff auch Wasserstoff und andere Bestandteile vorhanden sind, die zum Verbrennen ebenfalls Sauerstoff benötigen, kann der maximal erreichbare CO_2-Gehalt immer nur kleiner als 21 % sein. So enthält schweres Heizöl mit etwa 85 % Kohlenstoff 11 bis 12 % Wasserstoff und etwa 2 % Schwefel, wodurch der maximale CO_2-Gehalt etwa 16 % beträgt.

Bei Erdgas ist der Schwefel- und der Kohlenmonoxidgehalt sehr gering und kann bei dieser Betrachtungsweise vernachlässigt werden.

Bei Messung des Sauerstoffgehaltes der Abgase kann man das Luftverhältnis auch berechnen aus

$$\lambda = \frac{21}{21 - 79 \frac{O_2}{N_2}} \approx \frac{21}{21 - O_2}$$

Hierin ist $N_2 = 100 - CO_2 - O_2$ – übrige Luftkomponenten.

Bei gasförmigen Brennstoffen mit eigenem CO_2- und N_2-Gehalt sind obige Gleichungen nicht brauchbar. Hier gilt

$$\lambda = \frac{L}{L_o}$$

Der maximale CO_2-Gehalt folgt aus

$$CO_{2\,max} = \frac{1{,}87\,C}{V_o}$$

Allgemeine Grundlagen 41

Tafel 1.20: Theoretische Luft- und Rauchgasmengen fester Brennstoffe

Brennstoff	Theoret. Luftbedarf $L_{o,n}$ m³/kg	Theoret. trockene Rauchgasmenge $V_{o,tr,n}$ m³/kg	Wasserdampf V_{H_2O} m³/kg	Theoret. Rauchgasmenge $V_o = V_{o,tr,n} + V_{H_2O}$ m³/kg	Theoret. Kohlendioxidgehalt der Abgase $CO_{2\,max}$ %
Westfälische Steinkohle	8,13	7,93	0,54	8,47	18,60
Saar-Steinkohle	7,58	7,40	0,55	7,95	18,65
Schlesische Steinkohle	7,22	7.06	0,57	7,63	18,75
Sächsische Steinkohle	7,10	6,95	0,55	7,50	18,80
Bayerische Steinkohle	5,48	5,35	0,56	5,91	18,50
Englische Steinkohle	7,73	7,54	0,57	8,11	18,50
Westfälischer Anthrazit	8,62	8,43	0,44	8,87	18,90
Westfälische Steinkohlenbriketts	8,44	8,23	0,49	8,72	18,60
Koks	7,72	7,70	0,11	7,81	20,35
Rohbraunkohle:					
Niederrhein	2,24	2,16	0,95	3,11	20,00
Mitteldeutschland	3,05	2,99	0,90	3,89	18,65
Oberpfalz	2,5	2,47	0,88	3,35	19,20
Böhmen (Klarkohle)	3,83	3,74	0,85	4,59	18,50
Unterfranken	2,51	2,45	1,01	3,46	18,00
Böhmische Braunkohle	5,43	5,29	0,77	6,06	18,35
Sächsische Braunkohle	4,12	4,03	0,80	4,83	18,50
Rheinische Braunkohle Braunkohlenbriketts	5,39	5,29	0,66	5,94	19,20
Mitteldeutsche Braunkohlenbriketts	5,36	5,24	0,69	5,93	18,50
Torf, gepresst	4,38	4,30	0,75	5,05	19,10
Lohe, gepresst	1,82	1,80	1,02	2,82	19,70
Holz, trocken	3,60	3,61	0,70	4,31	20,70

Tafel 1.21: Theoretische Luft- und Rauchgasmenge flüssiger Brennstoffe

Brennstoff	Theoretischer Luftbedarf $L_{o,n}$ m³/kg	Theoretische Rauchgasmenge $V_{o,tr}$ m³/kg	$V_{o,f}$ m³/kg	Theoretischer Kohlendioxidgehalt der Abgase $CO_{2\,max}$ %
Benzin	11,5	10,7	12,3	15,0
Gasöl	11,2	10,4	11,9	15,5
Heizöl EL	11,2	10,2	11,8	15,5
Heizöl M	10,8	10,1	11,7	15,7
Heizöl C	10,6	10,0	11,4	15,9

Tafel 1.22: Theoretische Sauerstoffmenge (O_2), Luftmenge ($L_{o,n}$), Rauchgasmenge trocken ($V_{o,tr}$) und feucht ($V_{o,f}$) sowie theoretische Verbrennungstemperatur t_o technischer Brenngase

	Brenngas	O_2 m³/m³	$L_{o,n}$ m³/m³	$V_{o,tr}$ m³/m³	$V_{o,f}$ m³/m³	t_o °C
(1)	Butan (n-) (C_4H_{10})	6,50	30,94	28,44	33,44	2275
(2)	Erdgas	1,87	8,90	8,05	9,91	2015
(3)	Generatorgas, Braunkohle	0,25	1,19	1,79	16,1	1725
(4)	Generatorgas, Koks	0,21	1,00	1,67	1,8	1670
(5)	Gichtgas, Hochofen	0,16	0,76	1,58	1,6	1495
(6)	Koksofengas (Ferngas)	0,895	4,26	3,86	4,97	2090
(7)	Mischgas (6 + 5)	0,40	1,90	2,32	2,69	1850
(8)	Ölgas	2,175	10,35	9,48	11,38	2145
(9)	Propan C_3H_8	5,00	23,80	21,80	25,80	2230
(10)	Propan + Luft	0,73	3,47	3,93	4,65	2145
(11)	Propan (+ 4)	0,835	3,97	4,30	4,93	2005
(12)	Propan (+ 16)	0,78	3,70	3,60	4,35	2185
(13)	Stadtgas I (6 + 16)	0,815	3,88	3,59	4,54	2115
(14)	Stadtgas II (6 + 4)	0,81	3,86	3,65	4,59	2060
(15)	Wassergas, Kohle	0,525	2,50	2,47	3,07	2175
(16)	Wassergas, Koks	0,46	2,19	2,23	2,74	2210
(17)	Wassergas, ölkarburiert	0,87	4,14	4,02	4,79	2230

Tafel 1.23: $CO_{2\,max}$-Werte für verschiedene Brennstoffe in %

Steinkohlen	
Anthrazit	19,2
Magerkohle	19 ... 19,2
Esskohle	18,8 ... 19,0
Fettkohle	18,65 ... 18,8
Gaskohle	18,6 ... 18,65
Gasflammkohle	18,6
Braunkohlen	
Niederrhein	19,8
Helmstedt	18,6
Schwandorf	19,0
Braunkohlenteeröl, Masut	15,9
Torf	19,2
Holz	19,9
Holzkohle	20,5
Koks	20,6
Schwelkoks, Steinkohlen-	≈ 19
Schwelkoks, Braunkohlen-	19,6
Heizöl	15,5 ... 16,0
Gase	
Ruhrgas (Koksofen)	10,0
Stadtgas	13,8
Gichtgas	24,8
Erdgas	12,5

wobei V_o die theoretische Rauchgasmenge ist (siehe Abschn. 1.4.4.2).

Bei bekanntem $CO_{2\,max}$- und CO_2-Gehalt lässt sich der Sauerstoffgehalt in Volumenprozenten berechnen aus der Gleichung

$$O_2 = 21 \frac{CO_{2\,max} - CO_2}{CO_{2\,max}}$$

Beispiel: $CO_{2\,max} = 19\,\%$, $CO_2 = 14\,\%$

dann ist $O_2 = 21 \dfrac{19-14}{19}\,\% = 5{,}5\,\%$.

In den Tafeln 1.20 bis 1.22 sind für die gebräuchlichsten Brennstoffe die Werte der spezifischen Luft- und der Rauchgasmengen angegeben. Tafel 1.23 enthält eine Übersicht der $CO_{2\,max}$-Werte.

Beispiel: Ein Frischgas hat die Zusammensetzung 10 % H_2, 2 % CH_4, 25 % CO, 6 % CO_2 und 57 % N_2. Wie hoch sind die theoretische und die wirkliche Luftmenge, wenn $\lambda = 1{,}2$ ist?

Lösung: Mit Benutzung der Tafel 1.18 folgt:

$$L_{o,n} = 0{,}1 \cdot 2{,}39\ \text{m}^3/\text{m}^3 + 0{,}02 \cdot 9{,}52\ \text{m}^3/\text{m}^3 + 0{,}25 \cdot 2{,}39\ \text{m}^3/\text{m}^3 = 1{,}027\ \text{m}^3/\text{m}^3$$
(Normzustand)

CO_2 und N_2 sind nicht berücksichtigt, da beide Bestandteile nicht brennbar sind.

$$L_n = \lambda \cdot L_{o,n} = 1{,}2 \cdot 1{,}027\ \text{m}^3/\text{m}^3 = 1{,}232\ \text{m}^3/\text{m}^3\ \text{(Normzustand)}$$

1.4.4.2 Rauchgasmenge

Ähnlich wie bei der Berechnung der Verbrennungsluftmenge kann man auch bei der Ermittlung der Rauchgasmenge verfahren. Es ergeben sich dann folgende Gleichungen bei vollkommener Verbrennung fester Brennstoffe und Heizöle. Vollkommene Verbrennung heißt in diesem Falle, dass die Brennstoffe mit theoretischer Luftmenge und ohne Bildung von CO verbrannt wurden.

$$V_{o,tr,n} = 8{,}889\,C + 21{,}07\left(H - \frac{O}{8}\right) + 3{,}333\,S + 0{,}8\,N\ \text{in m}^3/\text{kg}$$

$$V_{o,f,n} = 8{,}889\,C + 32{,}267\,H - 2{,}633\,O + 3{,}333\,S + 0{,}8\,N + 1{,}244\,W_{H_2O}\ \text{in m}^3/\text{kg}$$

Der Index tr bedeutet »trocken«, der Index f »feucht«, W_{H_2O} ist der im Rauchgas noch mitgetragene Wasserdampf. Die Brennstoffbestandteile sind in kg/kg einzusetzen.

Bei Verbrennung mit wirklicher Luftmenge ($L = \lambda\,L_o$) sind folgende Gleichungen zweckmäßig:

$$V_{r,n} = V_o + (\lambda - 1) L_o \text{ in } m^3/kg$$

$$V_{tr,n} = 1{,}867 \frac{100\,C}{CO_2 + CO + CH_4} \text{ in } m^3/kg \quad \text{in } m^3/kg$$

$$V_{f,n} = V_{tr} + \frac{9\,H + H_2O}{0{,}804} \text{ in } m^3/kg$$

Bei geringer Rauchgasfeuchte genügt meist die einfachere Formel

$$V_{r,n} = 1{,}867 \frac{100\,C}{CO_2 + CO} \text{ in } m^3/kg$$

Die Brennstoffbestandteile C, H und H_2O im Zähler sind in kg/kg, die Rauchgasbestandteile CO_2, CO und CH im Nenner in % einzusetzen. Die Kubikmeterangaben beziehen sich auf den Normzustand.

Bei gasförmigen Brennstoffen verwende man folgende Gleichungen zur Berechnung der wirklichen Rauchgasmenge

$$V_{tr,n} = \frac{100\,(CO + CO_2 + CH_4 + 2\,C_nH_m)}{CO_2 + CO + CH_4} \text{ in } m^3/m^3$$

Die Brenngasanteile CO, CO_2, CH_4 und C_nH_m im Zähler sind in m^3/m^3, die Rauchgasbestandteile CO_2, CO und CH_4 im Nenner in Volumenprozenten einzusetzen.

$$V_{f,n} = V_{tr,n} + H_2 + 2\,CH_4 + 2\,C_nH_m \text{ in } m^3/m^3$$

H_2, CH_4 und C_nH_m sind Brennstoffbestandteile und in m^3/m^3 (Normzustand) einzusetzen.

Man hat auch Anhaltsformeln entwickelt, die eine schnelle Berechnung ermöglichen, sofern der Brennstoffheizwert bekannt ist.

Beispiel: Steinkohle mit 0,79 kg/kg C, 0,045 kg/kg H_2, 0,06 kg/kg O_2, 0,01 kg/kg N_2, 0,01 kg/kg S und 0,025 kg/kg H_2O wird verbrannt. Der maximale CO_2-Gehalt beträgt 18,6 %, der gemessene CO_2-Gehalt 14,3 %. Gesucht ist der Rauchgasvolumenstrom.

Lösung: $V_{o,f,n} = 8{,}889\,C + 32{,}267\,H - 2{,}633\,O + 3{,}333\,S + 0{,}8\,N + 1{,}244\,W_{H_2O}$ in m^3/kg

$V_{o,f,n} = 8{,}889 \cdot 0{,}79 + 32{,}267 \cdot 0{,}045 - 2{,}633 \cdot 0{,}06 + 3{,}333 \cdot 0{,}01 + 0{,}8 \cdot 0{,}01 + 1{,}244 \cdot 0{,}025$ in m^3/kg

$V_{o,f,n} = 8{,}4 \, m^3/kg$

$\lambda = CO_{2\,max}/CO_2 = 18{,}6/14{,}3 = 1{,}3$

$V_{f,n} = 1{,}3 \cdot 8{,}4 \, m^3/kg = 10{,}9 \, m^3/kg$

Die Überwachung des CO_2-Gehaltes und gegebenenfalls auch der CO- und O_2-Gehalte ist ein wichtiges Hilfsmittel der Feuerungskontrolle. Bei vollkommener Verbrennung muss die Summe von CO_2 und O_2 dabei eine bestimmte Größe haben, die außer vom Luftüberschuss vom maximal erreichbaren CO_2-Gehalt des jeweiligen Brennstoffes abhängt. Zur Kontrolle, ob der gemessene Sauerstoffgehalt einer vollkommenen Verbrennung entspricht, kann man als einfaches Hilfsmittel das Verfahren nach Bunte (Bunte-Dreieck) benutzen, das den Zusammenhang zwischen Kohlendioxid und Sauerstoff eines Rauchgases veranschaulicht (Bild 1.9). In dieser Abbildung ist die Linie des höchsterreichbaren Kohlendioxidgehaltes unter 45° geneigt. Der bei vollkommener Verbrennung erreichbare Höchstwert des Kohlendioxidgehaltes eines Brennstoffes (z. B. bei Steinkohle 19 %) liegt auf dieser Diagonalen. Diesen Punkt verbindet man mit dem Endpunkt der Abzisse (21 %) und erhält damit ein Dreieck.

Ergibt die Messung von $CO_2 + O_2$ einen Wert, der innerhalb dieses Dreieckes liegt, dann ist die Verbrennung unvollkommen, z. B. $CO_2 = 11$ % und $O_2 = 7$ % bzw. $CO_2 + O_2 = 18$ %, d. h., es sind noch unverbrannte Gase vorhanden. Die Verbrennung wäre vollkommen, wenn für die Summe von $CO_2 + O_2$ ein Wert von 19,7 %, also 11 % CO_2 und 8,7 % O_2 ermittelt worden wäre. Bei Heizöl ist der maximal erreichbare Kohlendioxidgehalt etwa 16 %. Ergibt der Summenwert von $CO_2 + O_2$ auch 16 % ($CO_2 = 13$ % und $O_2 = 3$ %), so liegt ebenfalls eine unvollkommene Verbrennung vor. Diese wäre vollkommen, wenn sich bei einem CO_2-Gehalt von 13 % ein O_2-Gehalt von ca. 3,8 % ergeben würde.

Merke:

> Das Verbrennungsdreieck nach Bunte ist nicht verwendbar, wenn verschiedene Brennstoffe in einer Feuerung verbrannt werden und wenn in einem Brennstoff CO_2 als Bestandteil bereits vorhanden ist.

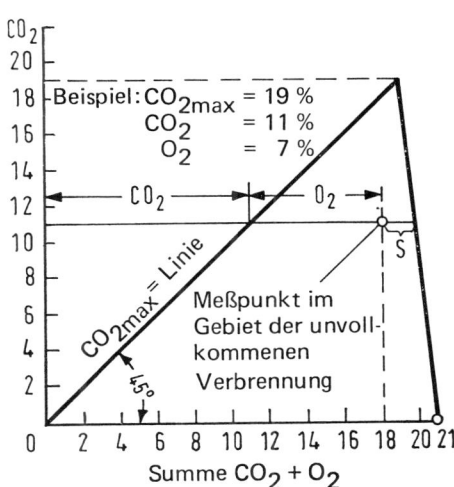

Bild 1.9: Bunte-Dreieck

1.4.4.3 Enthalpie der Rauchgase

Die Enthalpie h – der Wärmeinhalt – der Verbrennungsgase folgt aus

$$h = V \cdot C_{pm} \cdot t$$

Man erhält h in kJ/m³, wenn man einsetzt: Verbrennungsgasmenge V in m³, mittlere spezifische Wärmekapazität C_{pm} in kJ/(m³ K) und die Temperatur t in K bzw. °C. Das Volumen ist in m³ i.N. einzusetzen.

Eine von den Verbrennungsgasen abgegebene Wärmemenge Q folgt dann aus

$$Q = V(C_{pm1} \cdot t_1 - C_{pm2} \cdot t_2)$$

Die Indizes 1 und 2 bezeichnen die Anfangs- und Endzustände der Gase.

Beispiel: Steinkohle mit C = 75 %, H_2 = 6 %, H_2O = 4 % wird verbrannt. Wie groß ist die Enthalpie des aus 1 kg dieser Kohle entstandenen Verbrennungsgases bei t = 350 °C, wenn hier die Zusammensetzung des trockenen Gases gemessen wurde zu CO_2 = 12 %, CO = 1 %, O_2 = 8 %? Der Wasserdampfgehalt bezogen auf 1 m³ i.N. des trockenen Verbrennungsgases ist 7 %. Die mittlere spezifische Wärmekapazität des Rauchgases sei C_{pm} = 1,416 kJ/(m³ K).

Lösung: spezifische Abgasmenge trocken:

$$V_{tr,n} = 1{,}867 \, \frac{100 \, C}{CO_2 + CO} \text{ in m}^3\text{/kg}$$

$$V_{tr,n} = 1{,}867 \, \frac{100 \cdot 0{,}75}{12 + 1} \text{ m}^3\text{/kg} = 10{,}77 \text{ m}^3\text{/kg}$$

spezifische Abgasmenge feucht:

$$V_{f,n} = V_{tr,n} + \frac{9 \, H + H_2O}{0{,}804} = 10{,}77 \text{ m}^3\text{/kg} + \frac{(9 \cdot 0{,}06 + 0{,}04) \text{ kg/kg}}{0{,}804 \text{ kg/m}^3}$$

$$V_{f,n} = 11{,}49 \text{ m}^3 \text{ i.N./kg}$$

spezifische Enthalpie:

$$h_{rf} = 11{,}49 \text{ m}^3\text{/kg} \cdot 1{,}416 \text{ kJ/(m}^3\text{K)} \cdot 350 \text{ K} = 5694 \text{ kJ/kg}.$$

1.4.4.4 Feuerraumtemperatur

Diese ist abhängig vom Heizwert des Brennstoffes, vom Luftverhältnis, von der Vorwärmung des Brennstoffes und der Verbrennungsluft sowie von der Wärmeabstrahlung im Feuerraum. Diese Feuerraumtemperatur ist immer geringer als die theoretisch mögliche Verbrennungstemperatur, die nur bei vollkommener Verbrennung (ohne Luftüberschuss) und vollkommener Wärmeisolierung des Feuerraumes erreichbar wäre. Tafel 1.24 enthält Anhaltswerte für die theoretische und die wirkliche Verbrennungstemperatur.

Tafel 1.24: Theoretische und wirkliche Verbrennungstemperatur

Theoretische Verbrennungstemperatur (λ = 1) in °C		Wirkliche mittlere Verbrennungstemperatur in °C	
Fettkohle	2200 ... 2300	Wanderrostfeuerung	1200 ... 1400
Braunkohle (Rheinland)	1400 ... 1500	Kohlenstaubfeuerung	
Torf, lufttrocken	≈ 1900	Trockenfeuerung	1200 ... 1500
Armgase	1000 ... 2100	dgl. für Braunkohle	1000 ... 1150

Reichgase	1950 ... 2050	Schmelzfeuerung	1400 ... 1700
Generatorgas (Koks)	≈ 1690	Waagerechtzyklon	1600 ... 1800
Heizöle	≈ 2000	Ölfeuerung	1200 ... 1600
		Erdgasfeuerung	1200 ... 1600
		Müllfeuerung	900 ... 1000

1.4.4.5 Förderdruck

Jeder Wärmeerzeuger benötigt zur Überwindung des heizgasseitigen Widerstandes in den Heizflächen einen Förderdruck, d. h., die Rauchgase müssen durch den Kessel zum Schornstein gefördert werden. Dieser Förderdruck ist auch notwendig, um den Brennstoff bei Feuerungen ohne Frischluftgebläse bzw. ohne mechanische Luftzuführung mit Verbrennungsluft zu versorgen. Bei derartigen Anlagen wird der notwendige Förderdruck durch den vom Schornstein erzeugten Unterdruck gedeckt, der durch den Auftrieb der heißen Rauchgase gegenüber der in den Feuerraum nachströmenden kälteren Verbrennungsluft entsteht. Der Schornstein ist gewissermaßen mit einem kommunizierenden Rohr zu vergleichen, in dessen einem Schenkel sich das leichtere Rauchgas und in dessen anderem Schenkel sich die kältere schwerere Frischluft befindet. Diese Luft »schiebt« also ständig das Rauchgas aus dem Schornstein heraus.

Den Unterschied Δm der beiden Massen m_l für die Luft und m_r für das Rauchgas kann man berechnen aus der Gleichung

$$\Delta m = m_l - m_r$$

Anstelle der Massen kann man auf der rechten Seite der Gleichung auch die Volumina V in Verbindung mit der Dichte ϱ einsetzen. Es gilt mit

$$m = V \cdot \varrho$$

dann – da das Volumen V des Schornsteins konstant bleibt –

$$\Delta m = V (\varrho_\lambda - \varrho_r)$$

Die Zahlenwerte der Dichte ϱ sind in Tabellen auf den Normzustand bezogen (Normdichte ϱ_0). Sie müssen zur Berechnung der tatsächlichen Massenunterschiede auf den tatsächlichen Zustand bezogen werden, wobei zu beachten ist, dass sich das Abgas im Schornstein aus mehreren Einzelgasen zusammensetzt (CO_2, O_2, N_2 u. a.), deren Dichten verschieden sind, z. B. $CO_2 = 1{,}977$ kg/m³ i.N., $O_2 = 1{,}429$ kg/m³ i.N., $N_2 = 1{,}251$ kg/m³ i.N. usw. Die Dichte dieser Gase ist dann aus den anteiligen Bestandteilen zu berechnen. Für Luft ist

$$\varrho_0 = 1{,}293 \text{ kg/m}^3 \text{ i.N.}$$

Beispiel: Bei einem Schornstein liegen folgende Betriebsverhältnisse vor:

Luftdruck $p_l = 950$ mbar
Abgasdruck $p_r = 945$ mbar
Lufttemperatur $t_l = 20\,°C$; $T_l = (273{,}15 + 20)$ K $= 293{,}15$ K
Mittlere Abgastemperatur $t_r = 300\,°C$; $T_r = (273{,}15 + 300)$ K $= 573{,}15$ K

Abgaszusammensetzung: 11 % CO_2, 8 % O_2, 81 % N_2
Gesucht sind die Dichten von Abgas und Luft im Betriebszustand.

Lösung: Die Normdichte des Abgases folgt aus den anteiligen Bestandteilen zu

$$\varrho_{0r} = CO_2 \cdot \varrho_{0\,CO_2} + O_2 \cdot \varrho_{0\,O_2} + N_2 \cdot \varrho_{0\,N_2}$$

Nach Einsetzen der Zahlenwerte folgt

$$\varrho_{0r} = (0,11 \cdot 1,977 + 0,08 \cdot 1,429 + 0,81 \cdot 1,251)\ kg/m^3\ i.\ N.$$
$$\varrho_{0r} = 1,345\ kg/m^3\ i.\ N.$$

Um Rechenarbeit zu ersparen, kann man folgende Näherungswerte für die Rauchgasdichte ϱ_{0r} in kg/m^3 i. N. einsetzen:

Steinkohle	1,330
Braunkohlenbrikett	1,315
Mitteldeutsche Rohbraunkohle	1,245
Heizöl	1,288 ... 1,320
Erdgas	1,250

Den Betriebszustand berücksichtigt man durch die aus der »Allgemeinen Zustandsgleichung der Gase« abgeleitete Gleichung (vgl. Abschn. 1.1.3)

$$\varrho_r = \varrho_{0r} \cdot \frac{p_r}{p_0} \cdot \frac{T_0}{T_r}$$

$$\varrho_r = 1,345\ \frac{945}{1013,2} \cdot \frac{273,15}{573,15}\ kg/m^3 = 0,60\ kg/m^3$$

Aus dem Ergebnis erkennt man, dass mit steigender Rauchgastemperatur der Wert ϱ_r geringer wird.

Für Luft folgt analog

$$\varrho_l = \varrho_{0l} \cdot \frac{p_l}{p_0} \cdot \frac{T_0}{T_l} = 1,293\ \frac{950}{1013,2} \cdot \frac{273,15}{293,15}\ kg/m^3 = 1,13\ kg/m^3$$

Beispiel: Wie groß ist in obigem Beispiel der Massenunterschied Δm der Luft- bzw. der Abgas-»Säule« bei einem Schornsteinvolumen von $V = 100\ m^3$?

Lösung: Es ist

$$\Delta m = V\ (\varrho_l - \varrho_r) = 100\ m^3\ (1,13 - 0,60)\ kg/m^3 = 53\ kg$$

Dieser Massenunterschied bewirkt den Unterdruck. Je geringer die Masse der Rauchgassäule, d. h., je größer die Temperatur des Rauchgases ist, desto größer wird der Unterschied. Eine Änderung ist auch z. B. durch Erhöhung des Schornsteines möglich. Eine Verdoppelung des Volumens würde – bei sonst gleichen Verhältnissen – in obigem Beispiel auch Δm verdoppeln.

Man kann die Dichte ϱ_r auch berechnen aus der Gleichung $\varrho_r = \dfrac{p}{RT}$

Man erhält ϱ_r in kg/m^3, wenn man einsetzt

Allgemeine Grundlagen 49

p Gasdruck in Pa (= mbar · 100)
T Gastemperatur in K; $T = (273{,}15 + t)$ K
R spezifische Gaskonstante in J/kg K

Mit ausreichender Genauigkeit kann man R wie folgt wählen:

Steinkohlenfeuerung	280 J/kg K
Heizöl-S-Feuerung	290 J/kg K
Erdgasfeuerung	300 J/kg K

Beispiel: Gegeben ist eine Steinkohlenfeuerung.
Abgastemperatur im Schornstein $t_r = 300\ °C$
Abgasdruck $p_r = 96\,000$ Pa $\triangleq 96\,000$ N/m² $\triangleq 960$ mbar
Gaskonstante R = 280 J/kg K = 280 Nm/kg K
Gesucht ist die Rauchgasdichte

Lösung:

$$\varrho_r = \frac{p}{RT} = \frac{960 \text{ mbar}}{280 \text{ Nm/kg K} \cdot 573 \text{ K}}$$

Da 1 mbar = 100 N/m² ist, folgt

$$\varrho_r = \frac{96\,000 \text{ N/m}^2}{280 \text{ Nm/kg K} \cdot 573 \text{ K}} = 0{,}60 \text{ kg/m}^3$$

Gegen hohe Abgastemperaturen sprechen jedoch wärmewirtschaftliche Gesichtspunkte (vgl. Abschn. 1.5.4), da die aus dem Schornstein abziehende Wärme nicht der Dampferzeugung zugute kommt. Man wird deshalb einen Kompromiss eingehen und die Abgastemperatur unter Verzicht auf einen größeren Unterdruck an der Abgaseinführung in den Schornstein niedrig halten. Sie darf allerdings auch wieder nicht zu niedrig sein, weil sonst bei Unterschreitung des Säure- bzw. Wassertaupunktes der Rauchgase Kessel- und Schornsteinschäden entstehen können (siehe Abschn. 1.4.4.7.).

Die Ausnutzung der Rauchgaswärme nach Verlassen der Kesselheizflächen erfolgt in der Regel in einem Speisewasservorwärmer. Hier wird das Wasser vor Eintritt in die Kesselheizflächen erwärmt, was zu deren Schonung beiträgt. Gleichzeitig wird die spezifische Belastung der Kesselheizfläche und damit die Kesselleistung erhöht. Bei größeren Anlagen wird dem Speisewasservorwärmer noch ein Lufterhitzer nachgeschaltet. Die erzeugte Heißluft dient als Verbrennungsluft, womit der Verbrennungsvorgang günstig beeinflusst wird. Neben der günstigen Beeinflussung der Prozesse bedeutet der Einsatz eine Wärmerückgewinnung und damit einen höheren Wirkungsgrad und eine wirtschaftlichere Fahrweise.

Allgemein unterscheidet man:

Ruhedruck p_H	Der Ruhedruck p_H ist der aus den unterschiedlichen Dichten sich ergebende Druckunterschied zwischen der Luft im Freien und dem Abgas in derselben Höhe bei ruhender Strömung. Der Begriff »Ruhedruck« entspricht dem bisherigen Begriff »statische Zugstärke« bzw. »thermischer Auftrieb«.

Widerstandsdruck im Schornstein p_E	Der Widerstandsdruck im Schornstein p_E ist die zur Deckung der Strömungswiderstände beim Transport des Abgases über eine Strecke erforderliche Druckdifferenz.
Unterdruck an der Abgaseinführung in den Schornstein p_Z	Der Unterdruck an der Abgaseinführung in den Schornstein p_Z ist der statische Unterdruck im Abgas unmittelbar über der Abgaseinführung in den Schornstein gegenüber dem statischen Druck der Luft im Freien in gleicher Höhe. Er ergibt sich aus dem Ruhedruck an dieser Stelle vermindert um den Widerstandsdruck für den Schornstein.

Der Unterdruck an der Abgaseinführung in den Schornstein p_Z darf nicht unter dem notwendigen Unterdruck p_{Ze} an dieser Stelle liegen. Der notwendige Unterdruck an der Abgaseinführung in den Schornstein p_{Ze} ergibt sich aus der Summe des notwendigen Förderdruckes für den Wärmeerzeuger p_W, dem notwendigen Förderdruck für den Abgaskanal p_{FV} und dem notwendigen Förderdruck für die Zuluft. Nach DIN 4705 gilt: $\quad p_Z \leq p_W + p_{FV} + p_L$

Der Ruhedruck p_H ist $\quad p_H = H \cdot g \, (\varrho_l - \varrho_r)$

Man erhält p_H in Pa (Pascal), wenn man einsetzt
H wirksame Schornsteinhöhe in m
g Fallbeschleunigung in m/s²; g = 9,81 m/s²
ϱ_l, ϱ_r Dichte von Luft und Rauchgas im Betriebszustand in kg/m³

Umrechnungen:

$$1 \text{ Pa} = 1 \text{ N/m}^2 = 1 \text{ kg/(m s}^2) = 0,01 \text{ mbar} \approx 0,1 \text{ mm WS}$$

Man erhält p_H unmittelbar in mm WS auch angenähert (Fehler ca. 2 %) aus der Gleichung

$$p_H = H \, (\varrho_l - \varrho_r)$$

Beispiel: Schornsteinhöhe H = 100 m
ϱ_l = 1,13 kg/m³
ϱ_r = 0,60 kg/m³
Gesucht ist der Ruhedruck p_H

Lösung:

$$p_H = H \cdot g \, (\varrho_l - \varrho_r) = 100 \cdot 9,81 \, (1,13 - 0,60) = 519,9 \text{ Pa}$$

Die vorgenannte Näherungsgleichung ergibt

$$p_H = 100 \, (\varrho_l - \varrho_r) = 100 \, (1,13 - 0,60) \text{ mm WS} = 53 \text{ mm WS}$$

Der Widerstandsdruck im Schornstein, d. i. der Zugverlust p_E, folgt aus der Gleichung

$$p_E = S_E \left(\varphi \frac{H}{d_H} + \Sigma \, \xi \right) \varrho_r \frac{W_m}{2}$$

Man erhält p_E, wenn man einsetzt
S_E Sicherheitsfaktor für Abgasmehrbelastung, der z. B. bei einer Mehrbelastung von 20 % rund 1,5 beträgt.

Allgemeine Grundlagen

φ   Reibungsbeiwert, der von der Rauigkeit des Schornsteins abhängt.
φ   = 0,03 … 0,08
H Schornsteinhöhe in m
d_H hydraulischer Durchmesser des Schornsteins in m.

$$d_H = \frac{4A}{U}$$

A innere Querschnittsfläche des Schornsteins in m²
U innerer Querschnittsumfang des Schornsteins in m
$\Sigma\xi$ Summe der Einzelwiderstandsbeiwerte
ϱ_r mittlere Dichte der Abgassäule in kg/m²
W_m mittlere Abgasgeschwindigkeit im Schornstein in m/s

Der Widerstandsdruck im Schornstein bewegt sich etwa in der Größenordnung von 0,1 … 0,4 mbar, entsprechend 1 … 4 mm WS, sodass der Unterdruck an der Abgaseinführung um diesen Betrag geringer ist, als er sich aus der Berechnung des Ruhedruckes p_H ergibt.

1.4.4.6 Aufgaben des Schornsteins

Die eigentliche Aufgabe des Schornsteins ist es, die bei der Verbrennung im Feuerraum des Kessels entstehenden Rauchgase möglichst schadlos an die Atmosphäre abzuführen. Um diese Aufgabe zu erfüllen, sind besondere Anforderungen an die Gestaltung des Schornsteins erforderlich. Zunächst muss der Schornstein einen Querschnitt besitzen, der noch ausreicht, um die größtmögliche Menge an Verbrennungsgasen ableiten zu können. Der Querschnitt darf jedoch auch nicht zu groß sein, damit eine zu starke Abkühlung der Abgase vermieden wird.

Der Schornstein muss bei Anlagen mit einem erheblichen notwendigen Förderdruck eine ausreichende Höhe aufweisen, um die Strömungswiderstände im Feuerraum, im Wärmeerzeuger, in den Nachschaltheizflächen, im Abgaskanal und im Schornstein selbst zu überwinden. Bei Feuerungen ohne Frischluftgebläse bzw. ohne Unterwind muss zusätzlich noch die Verbrennungsluft angesaugt werden. Da in diesen Fällen der Unterdruck im Wärmeerzeuger die Leistung der Feuerung bestimmt, ist eine Druckregelungseinrichtung vorzusehen.

Schornsteine werden in der Regel aus Steinen oder Formstücken gemauert. Bei größeren Anlagen erfolgt die Herstellung aus Stahlbeton. Zum Schutze des Mauerwerks bzw. des Stahlbetons wird gegen zu hohe Temperaturen ein Futterrohr eingesetzt.

Im oberen Teil, vor allem dort, wo niedrige Rauchgastemperaturen auftreten, sind säurefeste Futtereinbauten vorzusehen, um einen Schutz gegen Säureangriffe zu gewährleisten.

Bei Blechschornsteinen wird man mit säurefestem Stahl oder mit entsprechenden Schutzanstrichen Abhilfe schaffen können; in manchen Fällen genügt eine gute Wärmedämmung, um Taupunktkorrosionen zu vermeiden. Eine wirksame Wärmedämmung empfiehlt sich auch bei gemauerter Ausführung. Die Dämmschicht wird zweckmäßigerweise an das Futterrohr angelehnt.

Für Berechnung und Ausführung von freistehenden Schornsteinen wird auf die DIN-Blätter 1056 »Freistehende Schornsteine; Grundlagen für Berechnung und Ausführung« und 1057 »Freistehende Schornsteine; Mauersteine und Mauerziegel« hingewiesen.

Die Mindesthöhe eines Schornsteines richtet sich außerdem nach den gesetzlichen Vorgaben der Luftreinhaltung; in der »TA-Luft« findet sich für einfache Situationen hierzu eine Rechenvorschrift (siehe auch Abschn. 8.10.1).

Die Erzeugung des notwendigen Unterdruckes durch den Schornstein ist am einfachsten, aber nicht immer anwendbar. Man muss dann zu Saugzugventilatoren oder zu Unterwind (Ventilatorgebläse) oder auch zu beiden übergehen. Saugzug ist bei hohen Kesselbelastungen, niedrigen Abgastemperaturen, beschränkten Platzverhältnissen und schlechtem Baugrund (niedriger Schornstein) zweckmäßig. Ein Nachteil des Saugzuges ist, dass bei undichtem Mauerwerk Nebenluft angesaugt werden kann.

Unterwind ist bei stark backenden, feinkörnigen und minderwertigen Brennstoffen, die auf Rosten verbrannt werden, erforderlich. Nachteilig ist bei hohen Luftpressungen der vergrößerte Flugkoksverlust. Unterwindgebläse erfordern jedoch weniger Leistung als Saugzuganlagen mit Ventilatoren.

1.4.4.7 Taupunkt der Rauchgase

Wasserdampf findet man in den Abgasen fossiler Brennstoffe in verhältnismäßig großer Menge. Er stammt aus dem im Brennstoff gebundenen Wasserstoff, aus der Brennstoff- und der Luftfeuchte. Kühlt man dieses ungesättigte Gas-Dampf-Gemisch (feuchtes Rauchgas) ab, so bleibt die Konzentration des Wasserdampfes bis zu einer bestimmten Temperatur konstant. Unterhalb dieser Temperatur wird ein Teil des Wasserdampfes als Wasser (Kondensat) ausgeschieden. Diese Temperatur wird als Taupunkttemperatur bezeichnet. Der beschriebene Vorgang kann am p,v-Diagramm für Wasserdampf dargestellt werden (Bild 1.10).

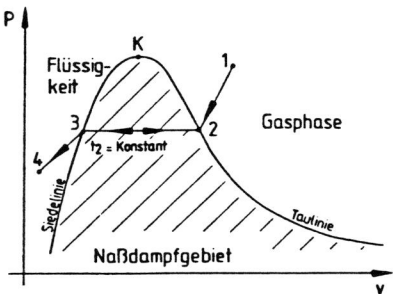

Bild 1.10: p,v-Diagramm für die Kondensation/Verdampfung eines reinen Stoffes.
v = spezifisches Volumen, p = Absolutdruck,
K = kritischer Punkt (Wasser p_K = 221,2 bar,
T_K = 647,3 K).
Wärmezufuhr oder Wärmeentzug verändern im Nassdampfgebiet nur die Dampfkonzentration, nicht aber die chemische Zusammensetzung des Kondensats (2 → 3).

Die Wasserdampftaupunkttemperatur ist demnach abhängig von der Konzentration an Wasserdampf im Abgas, also von der Wasserdampfmenge und der Luftzahl. Für einige Brennstoffe ist die Taupunkttemperatur über die Luftzahl im Bild 1.11 aufgetragen.

Im Bild 1.11 ergibt sich z. B. für eine Luftzahl von λ = 1,5 bei schwefelfreiem leichtem Heizöl eine Taupunkttemperatur von t_p = 43,5 °C.

Im Abgas sind auch andere Stoffe enthalten, die sich in Wasser lösen können. Besonders gefährlich sind die Säurebildner, die zu Korrosionen der Nachschaltheizflächen und der kalten Abgaswege führen können. Hier ist besonders das aus

Allgemeine Grundlagen

Bild 1.11: Wasserdampftaupunkttemperatur von Abgasen verschiedener Brennstoffe

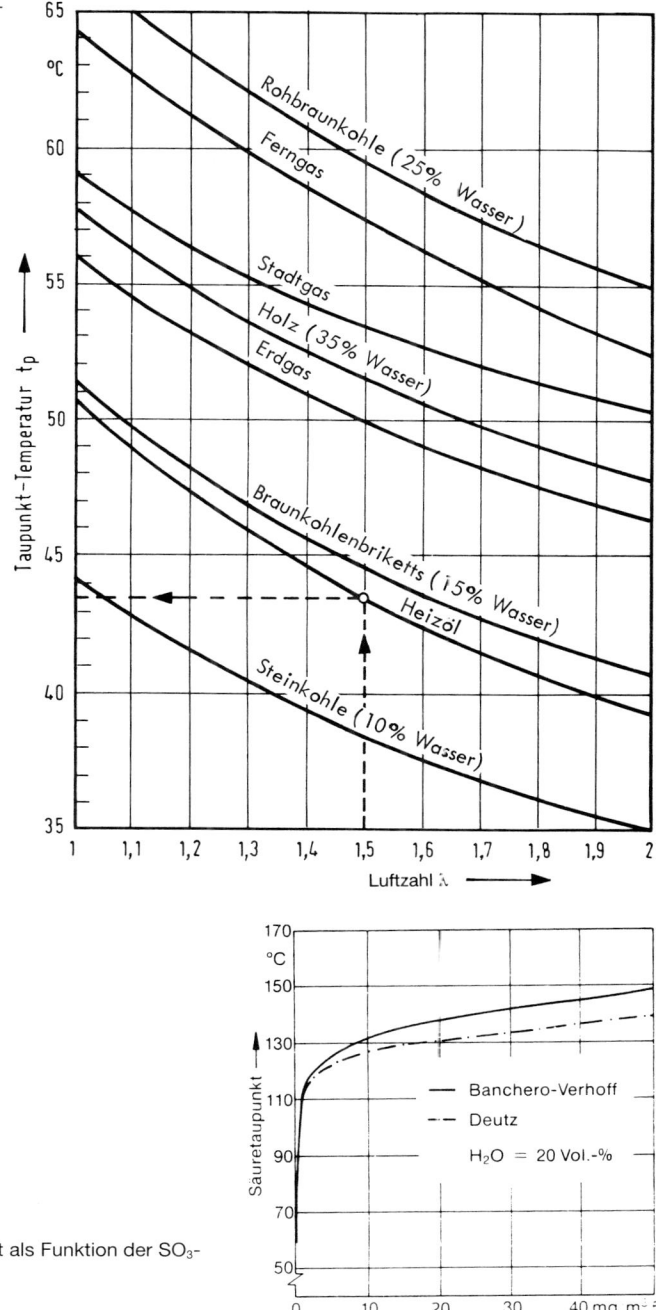

Bild 1.12: Säuretaupunkt als Funktion der SO_3-Konzentration

Tafel 1.25: Taupunkt und SO_3-Konzentration im Rauchgas unterschiedlicher Feuerungen und Brennstoffe

Feuerungsart	Brennstoff	SO_3-Konzentration in mg/m³			Taupunkt in °C		
		vor E-Filter*	hinter E-Filter*	hinter REA**	vor E-Filter*	hinter E-Filter*	hinter REA**
Ölfeuerung	schweres Heizöl	–			70–160		
Gasfeuerung	Erdgas	–			40– 60		
Staubfeuerung	Braunkohle	–	2,5–5,0	1,5–2,5	100–112	100–112	90–95
Wirbelschicht	Braunkohle	3,0–3,5	2,5–3,0	–	92– 95	71– 83	–
Staubfeuerung	Braunkohle, S-reich	–	40–55	–	–	153–167	–
Staubfeuerung	Steinkohle	–	6,5–7,5	–	–	79– 91	–
Wirbelschicht	Steinkohleschlamm	–	–	–	112–147	102–112	–

* E-Filter = Elektrofilter
** REA = Rauchgasentschwefelungsanlage
Siehe auch Abschn. 8.

dem Brennstoffschwefel stammende SO_3 (Schwefeltrioxid) zu nennen, das mit Wasserdampf zusammen Schwefelsäure (H_2SO_4) bildet. Aus Bild 1.12 ist zu entnehmen, dass schon bei geringem SO_3-Gehalt im Abgas die Taupunkttemperatur stark ansteigt.

Das SO_3 ist also maßgebend für die Höhe der Säuretaupunkttemperatur, obwohl auch SO_2 (Schwefeldioxid) und CO_2 (Kohlendioxid) oder HCl (Hydrogenchlorid/Salzsäure) und HF (Fluorwasserstoff) mit Wasser zusammen Säuren bilden und den Taupunkt beeinflussen können. Untersuchungen haben ergeben, dass der SO_3-Gehalt in erster Linie durch den Schwefelgehalt des Brennstoffs und die Art der Verbrennungs- und Rauchgasführung beeinflusst wird. Ferner spielen das Sauerstoffangebot über die Luftzahl sowie das Adsorptionsvermögen von Flugstäuben und Ablagerungen eine Rolle. Neuerdings treten Probleme bei Feuerungsanlagen mit katalytischer Entstickung der Rauchgase auf. Die Entstickungskatalysatoren erhöhen die Konversionsrate bei der Bildung von SO_3 aus SO_2. In Tafel 1.25 sind für verschiedene Brennstoffe und Feuerungsarten SO_3-Gehalte und Taupunkttemperaturen angegeben.

1.5 Energiewirtschaft

1.5.1 Allgemeines

Der Betrieb einer Kesselanlage stellt keinen Selbstzweck dar, sondern soll einem Unternehmen die benötigte Energie in geeigneter Form zur Verfügung stellen. Ein wesentlicher Beitrag dabei ist im Winter die Erwärmung der Gebäude, damit die darin arbeitenden Menschen eine verträgliche Umgebung vorfinden. In manchen Industriebranchen ist dies – neben der Bereitstellung von Warmwasser für Sanitärzwecke – sogar der einzige Zweck einer Kesselanlage. Andere Branchen benötigen

Allgemeine Grundlagen 55

Wärme für Trocknungszwecke (z. B. in der Papier- oder Textilindustrie), für Eindampfprozesse (Brauerei), für chemische Reaktionen oder zur Haltbarmachung von Lebensmitteln (z. B. in der Milchindustrie). Immer wenn die Wärme in einem Temperaturniveau von nicht mehr als etwa 250 bis 350 °C benötigt wird, bietet sich eine zentrale Versorgung aus einer Dampf- oder Heißwasserkesselanlage an.

1.5.2 Energieumwandlung

1.5.2.1 Erscheinungsformen der Energie

Wie bereits im Abschnitt 1.1 erwähnt, haben die physikalischen Begriffe Arbeit und Energie die gleiche Einheit; Energie ist die Fähigkeit, Arbeit zu leisten. Sie kann in sehr unterschiedlichen Erscheinungsformen vorkommen:
– Mechanische Arbeit kann einen Gegenstand hochheben, dadurch entsteht Lageenergie,
– sie kann einen Gegenstand beschleunigen, dadurch entsteht Bewegungsenergie,
– sie kann Reibungskräfte überwinden, dabei entsteht Wärmeenergie,
– bei Bewegung eines elektrischen Leiters in einem elektromagnetischen Feld entsteht elektrische Energie.

Weiterhin kann Energie als Strahlungsenergie vorkommen (Wärmetransport, Licht), gebunden an die Größe und Zustand von Atomen (Kernenergie) oder an den Verband von Atomen zu Molekülen (chemisch gebundene Energie).

Eine in der betrieblichen Praxis ebenfalls wichtige Erscheinungsform ist die in komprimierten Gasen gespeicherte Energie (Druckluftkompressor – Druckluftspeicher – Druckluftwerkzeuge).

1.5.2.2 Vergleich zwischen verschiedenen Energieformen

In den folgenden Beispielen soll – ausgehend von der in einem Druckluftbehälter gespeicherten Energie – veranschaulicht werden, welche anderen Anwendungsbeispiele der täglichen Praxis den gleichen Energiegehalt besitzen.

Beispiel Druckenergie (Druckluft)

allgemeine Formel: $dW = p \cdot dV$

Energiegehalt: $W = p_1 \cdot V_1 \cdot \ln \dfrac{p_1}{p_2}$

Annahme: Druckbehälter mit 6 m³ Inhalt
$p_1 = 6$ bar ü; $p_2 = 0$ bar ü
(entspricht 7 bzw. 1 bar abs)
Entspannung bei konstanter Temperatur

Zahlenwert: $W = 7 \cdot 100\,000 \, \dfrac{N}{m^2} \cdot 6 \, m^3 \cdot \ln \dfrac{7}{1} =$

4 200 000 Nm · 1,946 = 8 172 823 J

Ergebnis: $\underline{\underline{W = 8172{,}8 \text{ kWs} \triangleq 2{,}270 \text{ kWh}}}$

Beispiel Geschwindigkeitsenergie: Welcher Geschwindigkeit entspricht dieser Energieinhalt?

allgemeine Formel:	$W_{kin} = \frac{1}{2} m v^2$
Annahme:	LKW mit einer Masse von 40 t
gesucht:	zugehörige Fahrgeschwindigkeit
Geschwindigkeit:	$v^2 = 2 \frac{W_{kin}}{m}; \quad v = \sqrt{2 \frac{W_{kin}}{m}}$
Zahlenwert:	$v = \sqrt{2 \frac{8\,172\,823 \text{ kg m}^2/\text{s}^2}{40\,000 \text{ kg}}}$
Ergebnis:	$\underline{\underline{v = 20{,}2 \text{ m/s} \,\hat{=}\, 72{,}8 \text{ km/h}}}$

Beispiel Lageenergie

allgemeine Formel:	$W_{pot} = m \cdot g \cdot h$
Annahme:	LKW mit einer Masse von 40 t
gesucht:	zugehörige Fallhöhe
Höhe:	$h = \frac{W_{pot}}{m \cdot g}, \quad g = 9{,}81 \text{ m/s}^2$
Zahlenwert:	$h = \frac{8\,172\,823 \text{ kg m}^2/\text{s}^2}{40\,000 \text{ kg} \cdot 9{,}81 \text{ m/s}^2}$
Ergebnis:	$\underline{\underline{h = 20{,}83 \text{ m}}}$

Beispiel Rotationsenergie

allgemeine Formel:	$W_{rot} = \frac{1}{2} J \cdot \omega^2$
	mit ω in 1/sec Drehgeschwindigkeit und J in kg m² Trägheitsmoment
Annahmen:	Zylinder mit einer Masse von 10 t (z. B. Turbinenläufer) $\varrho = 7500 \text{ kg/m}^3$, daraus: $V = 1{,}33 \text{ m}^3$; $\varnothing = 0{,}8 \text{ m}$
geometrische Daten:	$r = 0{,}4 \text{ m} \qquad h = V/r^2 \pi = 2{,}65 \text{ m}$
gesucht:	zugehörige Drehzahl
Trägheitsmoment Zylinder:	$J = \frac{1}{2} m r^2$
Drehzahl:	$\omega^2 = 2 \cdot \frac{W_{rot}}{J}$

Allgemeine Grundlagen

Zahlenwert:
$$\omega^2 = 2 \cdot \frac{8\,172\,823 \text{ kg m}^2/\text{s}^2}{1/2 \cdot 10\,000 \text{ kg} \cdot 0{,}16 \text{ m}^2}$$

$$\omega = \sqrt{\frac{2 \cdot 8\,172\,823 \text{ kg m}^2/\text{s}^2}{1/2 \cdot 10\,000 \text{ kg} \cdot 0{,}16 \text{ m}^2}} = 142{,}9 \text{ 1/s}$$

Ergebnis: $\underline{\omega = 142{,}9 \text{ 1/s} \,\hat{=}\, 8576 \text{ U/min}}$

(das ist fast das Dreifache eines üblichen Generatorläufers!)

Beispiel Dampfenergie

allgemeine Formel: $W = m \cdot \Delta h$

spezif. Enthalpie Dampf: Sattdampf mit 5 bar Druck (6 bar abs); Temp.: 159 °C
$h'' = 2755{,}5$ kJ/kg

spezif. Enthalpie Wasser: Speisewasser mit 100 °C, 1 bar abs. (Umgebungsdruck)
$h' = 417{,}5$ kJ/kg

Dampfmasse: $m = \dfrac{W}{\Delta h}$

Zahlenwert: $m = \dfrac{8172{,}823 \text{ kJ}}{(2755{,}5 - 417{,}5) \text{ kJ/kg}}$

Ergebnis: $\underline{m = 3{,}50 \text{ kg}} $ Dampf

Beispiel Brennstoffenergie (= chemisch gebundene Energie, ausgedrückt durch den Heizwert)

spezif. Energiegehalt: $H_u = 10$ kWh/l (z. B. Dieselöl)

Ergebnis: $V = 2{,}270$ kWh / 10 kWh/l

$\underline{V = 0{,}227 \text{ l}}$

Bei diesen Angaben sind die Umwandlungswirkungsgrade (siehe folgendes Beispiel) jedoch noch nicht berücksichtigt. Um z. B. aus Brennstoff diesen Wert als mechanische Arbeit zu gewinnen, muss man erheblich mehr einsetzen. Unter Berücksichtigung eines Wirkungsgrades von $\eta = 0{,}35$ (z. B. Dieselmotor) würde man benötigen:

Ergebnis: $V = \dfrac{2{,}270 \text{ kWh}}{10 \text{ kWh/l} \cdot 0{,}35}$

$\underline{V = 0{,}65 \text{ l}}$

1.5.2.3 Energieumwandlungsketten

In der Energiewirtschaft geht es darum, eine Energieform in eine andere umzuwandeln, um die gewünschten Prozesse durchführen zu können. In der Zeit der industriellen Revolution wurde mechanische Energie z. B. durch eine Dampfmaschine oder ein Wasserrad gewonnen und dann über Treibräder und -riemen, Transmissionswellen und Kupplungen auf die einzelnen Arbeitsmaschinen, beispielsweise Drehbänke, Mahlwerke usw., verteilt. Heute wandelt man sie in einem Turbinen-Generator-Satz in elektrische Energie um und kann sie leicht, billig und effizient an den Bedarfsort, z. B. Elektromotor beliebiger Größe, bringen.

Merke:

> Immer handelt es sich um eine Umwandlung einer Energieform in einer andere, nie kann Energie erzeugt, verbraucht oder gar vernichtet werden (Gesetz der Erhaltung der Energie)!

Ein anschauliches Beispiel für eine periodische Energieumwandlung ist das Schwingen eines Pendels: An seinem höchsten Punkt ist die Lageenergie des Pendelschwerpunktes maximal und die Bewegungsenergie gleich null. Von dort aus beginnt das Pendel sich zu bewegen, die Lageenergie sinkt und die Bewegungsenergie nimmt zu, bis sie am tiefsten Punkt maximal (die Geschwindigkeit ist am größten) und die Lageenergie am geringsten ist. Anschließend kehren sich die Verhältnisse wieder um.

In der Regel lässt sich Energie einer Erscheinungsform nicht vollständig in eine andere Form überführen, d. h., es entstehen Verluste, meist in Form von Wärme. Beim Beispiel des Pendels sind dies die Reibungsverluste des Pendels in der Luft (Zähigkeit der Luft!), die die Schwingungsweite des Pendels immer geringer werden lässt, bis die ganze Schwingungsenergie »aufgebraucht«, d. h. in Wärme umgewandelt ist.

In der Praxis wird Energie sehr oft in einer ganzen Umwandlungskette von einer Form in die andere überführt. Am Beispiel der Raumbeleuchtung soll dies nachvollzogen werden: Chemisch gebundene Energie (Brennstoff) wird in einer Kesselfeuerung in Wärmeenergie umgesetzt, diese wird durch Strahlung und Berührung zur Verdampfung von Wasser benützt; der Dampf treibt in der Turbine über seine Bewegungs- und Druckenergie die Turbinenschaufeln an, die die Kraft in mechanische Bewegungsenergie (Drehbewegung der Welle) umsetzen. Im Generator entsteht daraus elektrische Energie, die über Wärme in einer Glühlampe in Lichtenergie umgesetzt werden. Bei allen Schritten entsteht auch Wärme, die für den Umwandlungsprozess nicht weiter genutzt werden kann. Daraus erkennt man auch, dass diese Energieumwandlungsschritte nie vollständig wieder rückgängig gemacht werden können.

1.5.3 Begriffe

Unter **Primärenergie** versteht man Energieträger, die (meist aus der Erdkruste) gewonnen werden, wie z. B. Rohkohle, Erdöl, Holz usw.

Sekundärenergie ist eine umgewandelte, meist »veredelte« Energieform, z. B. elektrische Energie; auch Koks aus dem Kokswerk oder Raffinerieprodukte wie Heizöl EL, Benzin oder Flüssiggas fallen hierunter.

Nutzenergie ist diejenige Energieart, die für den gewünschten Zweck genutzt wird; **Verlustenergie** fällt als nicht gewollte Energieform praktisch immer bei Energieumwandlungsprozessen an.

Der **Wirkungsgrad** ist generell als das Verhältnis von Nutzen zu Aufwand definiert. Da der energetische Nutzen nie höher als der Aufwand sein kann, hat der Wirkungsgrad grundsätzlich einen Wert zwischen 0 (= kein Nutzen bei beliebigem Aufwand) und 1 (= idealer Wert der Umwandlung). Er wird mit dem griechischen Buchstaben η bezeichnet und häufig auch in Prozent ausgedrückt.

$$\eta = \frac{\text{Nutzenergie}}{\text{zugeführte Energie}} \cdot 100\ \%$$

Die **Verluste** sind einerseits als absolute Größe die Differenz zwischen zugeführter Energie und Nutzenergie zu berechnen, andererseits aber auch als Verhältnis prozentual auszudrücken:

$$Q_V = \frac{\text{zugeführte Energie} - \text{Nutzenergie}}{\text{zugeführte Energie}} \cdot 100\ \%$$

1.5.4 Verluste einer Kesselanlage

Ausgehend von dieser allgemein gültigen Definition der Wirkungsgrade und Verluste können diese Größen bei einem Dampfkessel wie folgt bestimmt und bezeichnet werden. Es entstehen im Betrieb hauptsächlich Wärmeverluste, die den Wirkungsgrad der Anlage beeinflussen. Im Einzelnen handelt es sich um folgende Verluste:

- Rostdurchfall
- Brennbares in der Schlacke
- Flugkoks und Ruß
- Unverbrannte Gase
- Fühlbare Wärme der Abgase (Abgasverlust)
- Strahlung und Leitung
- Fühlbare Wärme in den festen Rückständen
- Anheiz- und Stillstandsverluste
- Abschlämm- und Absalzverluste

Nachstehende Zusammenstellung zeigt die ungefähre Größenordnung einiger Verluste:

Verlust durch Abgase (Schornsteinverlust)	5 … 15 %
Verlust durch unverbrannte Gase	0,5 … 3 %
Verlust durch Rückstände (Verbrennliches in Asche und Flugkoks)	0,5 … 3 %
Verlust durch Abstrahlung (Oberflächenverluste)	0,5 … 5 %
Summe	6,5 … 26 %

Der größte Verlust ist, wie man sieht, der Abgasverlust, wobei es sich um die Wärmemengen handelt, die in den aus dem Kessel austretenden Rauchgasen enthalten sind. Dieser Verlust ist abhängig von der Rauchgasmenge und der Temperatur, mit der die Rauchgase den Kessel verlassen. Eine erhöhte Abgastemperatur tritt auf, wenn im Kessel die Verschmutzung der Heizflächen zunimmt. Die Größe der Rauchgasmenge ist vor allem vom Luftüberschuss abhängig. Je niedriger der CO_2-Gehalt, desto größer ist die Rauchgasmenge und damit auch der Rauchgasverlust. Mithilfe einer Formel von Siegert kann mit ausreichender Genauigkeit der Abgasverlust Q_A errechnet werden aus der Gleichung:

$$\text{Abgasverlust } Q_A = \sigma \frac{t_r - t_l}{CO_2} \text{ in \%}$$

t_r Temperatur der Abgase, gemessen am Kesselaustritt
t_l Lufttemperatur im Kesselhaus und
σ Beiwert

Man ersieht aus der Gleichung, dass der Kessel zur Erzielung eines geringen Abgasverlustes mit niedriger Abgastemperatur und hohem CO_2-Gehalt zu fahren ist. Diese Gleichung ist nur bei vollständiger Verbrennung (kein CO im Rauchgas) anwendbar.

Der Siegert'sche Beiwert σ ist hauptsächlich vom maximalen CO_2-Gehalt $CO_{2,\,max}$ der Rauchgase und dem Wassergehalt im Brennstoff abhängig und kann für feste Brennstoffe aus Bild 1.13 entnommen werden.

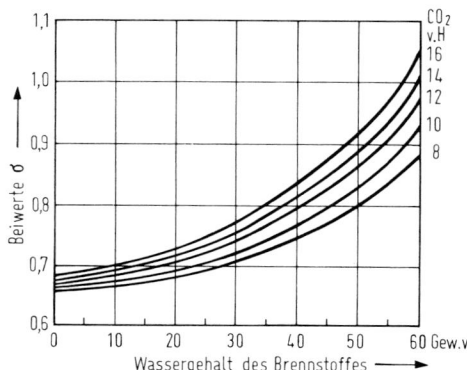

Bild 1.13: Beiwert σ der Siegert'schen Formel bei festen Brennstoffen

Der Abgasverlust (Schornsteinverlust) liegt bei Kohlefeuerungen im Mittel zwischen 10 und 15 %, bei Öl- und Gasfeuerungen sowie bei Großkesselanlagen zwischen 5 und 10 %.

Alle übrigen Verluste sind kleiner. Zum Verlust durch Rostdurchfall wäre zu sagen, dass bei vollständiger oder vollkommener Verbrennung, die bei jeder Feuerung anzustreben ist, in den Verbrennungsrückständen keine brennbaren Bestandteile, also auch kein Kohlenstoff, enthalten sind. Bei verschiedenen Feuerungen, z. B. Rost-

Allgemeine Grundlagen

feuerungen, lässt es sich aber nicht verhindern, dass auch brennbare Bestandteile durch die Rostspalten fallen und dadurch der Verbrennung verlustig gehen. Selbst bei Staubfeuerungen kann unverbrannter Kohlenstaub aus dem Verbrennungsraum durch Ritzen und Fugen austreten; auch in der Schlacke können noch brennbare Kohleteilchen vorhanden sein.

Der Verlust durch Rostdurchfall, Brennbares in der Schlacke, Flugkoks, Ruß und unverbrannte Gase sowie der auf die Feuerung entfallende Anteil der Strahlungsverluste sind die sog. Feuerungsverluste. Daraus errechnet sich der Feuerungswirkungsgrad η_F (meist 90 bis 95 %). Er ist abhängig von der Bauform der Feuerung und der Bedienung der Anlage.

Auch bei Ölfeuerungen können durch zu kleine oder zu kalte Feuerräume, durch zu großes Brennstoffangebot, durch zu geringen Überschuss an Verbrennungsluft bzw. durch zu viel kalte Verbrennungsluft, durch ungenügende Mischungsenergie am Brennermund unverbrannte Teilchen, das heißt Ruß und Ölkoks, entstehen. Über die Maßnahmen zu ihrer Verhinderung berichtet Kapitel 4.

Zur Berechnung der Abgasverluste von Heizöl- und Gasfeuerungen lässt sich die Siegert'sche Formel in der oben angegebenen einfachen Form ebenfalls, mit den Beiwerten für Heizöle σ = 0,6 und für Erdgas σ = 0,5, verwenden.

In der ersten BImSchVO (Kleinfeuerungsanlagen-Verordnung, siehe Abschn. 8) ist die Siegert'sche Formel jedoch in einer genaueren Form angegeben, die außerdem wahlweise die Messung des Restsauerstoffs oder des Kohlendioxids ermöglicht.

Wenn O_2 gemessen wird, ist die rechte Formel zu verwenden, wenn CO_2 gemessen wird, die linke:

$$Q_A = (t_A - t_L) \cdot \left(\frac{A_1}{CO_2} + B \right) \quad \text{oder} \quad Q_A = (t_A - t_L) \cdot \left(\frac{A_2}{21 - O_2} + B \right)$$

mit:
Q_A Abgasverlust in %
t_A Abgastemperatur in °C
t_L Verbrennungslufttemperatur in °C
CO_2 Volumengehalt an Kohlendioxid im trockenen Abgas in %
O_2 Volumengehalt an Sauerstoff im trockenen Abgas in %

und den Siegert'schen Faktoren nach Tafel 1.26:

Tafel 1.26: Siegert'sche Faktoren gemäß 1. BImSchVO

	Heizöl	Erdgas	Flüssiggas
A1	0,50	0,37	0,42
A2	0,68	0,66	0,63
B	0,007	0,009	0,008

Die allgemeine Formel für den Wirkungsgrad auf eine Kesselanlage angewandt ergibt das Verhältnis von der in einer Zeiteinheit erzeugter Dampfwärme zur zugeführten Brennstoffwärme:

$$\eta = \frac{\text{erzeugte Dampfwärme je Std.}}{\text{zugeführte Brennstoffwärme je Std.}} \cdot 100 \text{ in \%}$$

Zur Ermittlung der Dampfwärme benötigt man die je Stunde erzeugte Dampfmasse in kg, den Dampfzustand beim Verlassen der Kesselanlage und die Temperatur des eingeführten Speisewassers. Die zugeführte Brennstoffwärme ergibt sich aus dem Brennstoffgewicht und dem zugehörigen Heizwert H_u. Es folgt dann aus obiger Formel

$$\eta = \frac{D\,(h'' - h_{sp})}{B \cdot H_u} \cdot 100\,\%$$

wobei
D Dampf- oder Speisewasser-Massenstrom in kg/h
h'' Enthalpie (Wärmeinhalt) des Dampfes in kJ/kg
h_{sp} Enthalpie (Wärmeinhalt) des eingespeisten Wassers in kJ/kg
B Brennstoff-Massenstrom in kg/h und
H_u unterer Heizwert des Brennstoffes in kJ/kg

Die Enthalpiewerte entnimmt man den Wasserdampftafeln, wobei Druck, Speisewassertemperatur und – bei Überhitzung – auch die Heißdampftemperatur bekannt sein müssen. Auch Bild 1.7 kann benutzt werden.

Beispiel: Gegeben ist ein Dreizugkessel ohne Überhitzer (Sattdampferzeugung) mit folgenden Daten:
Dampfleistung D = 5000 kg/h
Dampfüberdruck p = 9 bar (p_{abs} = 10 bar)
Speisewassereintritt t_{sp} = 100 °C
Als Brennstoff diene Heizöl EL mit einem Heizwert H_u = 42 910 kJ/kg. Der Brennstoffverbrauch sei B = 330 kg/h.

Gesucht ist der Kesselwirkungsgrad η sowie der Abgasverlust Q_A bei einer Abgastemperatur t_r = 200 °C. Die Lufttemperatur betrage t_l = 20 °C und der Kohlendioxidgehalt der Abgase CO_2 = 13 %.

Lösung: Aus den Wasserdampftafeln entnimmt man folgende Enthalpiewerte:
Sattdampf h'' = 2776,2 kJ/kg
Speisewasser h_{sp} = 420 kJ/kg.

Dann folgt aus der Gleichung

$$\eta = \frac{D\,(h'' - h_{sp})}{B \cdot H_u} \cdot 100$$

der Wirkungsgrad

$$\eta = \frac{5000\text{ kg/h}\,(2776{,}2 - 420)\text{ kJ/kg}}{330\text{ kg/h} \cdot 42\,910\text{ kJ/kg}} \cdot 100 = 83{,}2\,\%.$$

Der Abgasverlust beträgt

$$Q_A = \sigma \frac{t_r - t_l}{CO_2} = 0{,}6\,\frac{200 - 20}{13} = 8{,}3\,\%.$$

Für die weiteren Verluste (Unverbranntes in den Abgasen, Abstrahlung usw.) verbliebe ein Rest von 8,5 %.

1.5.5 Kraft-Wärme-Kopplung

In den großen Kraftwerken wird im Allgemeinen der Strom durch sog. Kondensationsturbinen erzeugt. Der Dampf, der, so weit es geht, entspannt die Turbine verlässt, wird in einem Kondensator niedergeschlagen und wieder dem Speisewasser zugeführt. Der Kondensator führt die Wärme an (Fluss-)Wasser oder über einen Kühlturm an die Umgebungsluft ab. Bei den heutigen Auslegungsdaten von Kessel und Turbine wird ein Betrag von rund 40 % (bis maximal 50%) der eingesetzten Brennstoffenergie in Strom verwandelt, 60 % werden als Abwärme (Verluste) abgeführt.

Wenn Abnehmer von Wärme bei einem verhältnismäßig niedrigem Temperaturniveau (60 bis 120 °C) in der Nähe vorhanden sind, kann man die im Dampf enthaltene Wärme über Wärmetauscher auskoppeln und z. B. in einem Heißwassernetz als Fernwärme vermarkten. Rechnet man die in Form von elektrischer Energie und in Form von Wärme bei diesem Kombinationsprozess genutzte Energie gegen den Brennstoffaufwand, ergeben sich Gesamtwirkungsgrade von weit mehr als 80 %. Gegenüber einer reinen Stromerzeugung in einem Kondensationskraftwerk ist die Stromausbeute allerdings niedriger.

Weitere Verbesserung lassen sich durch einen sog. kombinierten GuD-Prozess (Gas- und Dampfprozess, siehe Kapitel 2) erzielen. Hierbei ist dem Kessel eine Gasturbine vorgeschaltet, die einerseits über einen angekoppelten Generator Strom erzeugt, andererseits mit ihren heißen Abgasen (450 bis 550 °C) in einem Abhitzekessel Dampf erzeugen kann, gegebenenfalls mithilfe einer Zusatzfeuerung. Aufgrund des guten Verhältnisses von Gesamtwirkungsgrad und Kosten findet man diesen Kombiprozess immer häufiger. Als Brennstoff für die Gasturbine dient Erdgas oder Heizöl EL.

1.5.6 Brennwerttechnik

Für die Heizungstechnik besonders interessant sind die sog. Brennwertkessel, die eine teilweise Nutzung der Verdampfungswärme des in den Abgasen enthaltenen Wasserdampfes erlauben (siehe auch Abschn. 1.4.3). Diese Technik wird derzeit vorzugsweise bei gasbefeuerten Heizkesseln angewandt, da hierbei einerseits der Kondensationsgewinn am höchsten ist (Erdgas hat von allen üblichen Brennstoffen den höchsten Wasserstoffanteil) und andererseits aufgrund der Schwefelfreiheit des Brennstoffes keine Korrosionsprobleme auftreten.

Durch die Abkühlung der Abgase auf Temperaturen von etwa 40 °C, also bis unter den Wasserdampftaupunkt, der bei Gas als Brennstoff etwa 50 °C bis 55 °C beträgt, schlägt sich Wasserdampf an den Heizflächen nieder. Durch die dabei frei werdende Kondensationswärme und die weitgehende Ausnutzung der fühlbaren Wärme im Abgas kann ein hoher Anteil der eingebrachten Wärme zur Aufheizung von Kesselwasser genutzt werden.

Der Wirkungsgrad des Heizkessels erhöht sich dabei erheblich und kann Werte über 100 %, bezogen auf den Heizwert, erreichen und lässt eine Einsparung von bis zu 10 % gegenüber vergleichbaren Kesseln ohne die Nutzung der Wasserdampfkondensationswärme zu.

Dass der Wirkungsgrad höher als 100 % sein kann, liegt daran, dass die Nutzwärme auf den Heizwert des Brennstoffes bezogen wird, der gerade nicht die Kondensationswärme berücksichtigt. Physikalisch richtiger wäre die Angabe des Wirkungsgrades bezogen auf den Brennwert des Brennstoffes, der dann wieder in dem physikalisch »erlaubten« Bereich unter 100 % läge. Unabhängig davon ist es richtig, dass die Ausnutzung des Brennstoffes – und damit der Wirkungsgrad – höher liegt als bei einem normalen Kessel.

Schwierigkeiten können jedoch der Werkstoff (Korrosion), der Schornstein (Durchfeuchtung, Versottung) und das Kondensat (Entsorgung von saurem Kondensat) bereiten. Daher muss die Schornsteinkonstruktion auf die Brennwerttechnik abgestimmt sein und das Kondensat ggf. vor Einleitung in das Abwassernetz neutralisiert werden.

2. Kesselbauarten und Kesselanlagen im Nieder-, Mittel- und Hochtemperaturbereich

2.1 Allgemeines

Dampfkesselanlagen nach Betriebssicherheitsverordnung (BetrSichV s. Kapitel 10) sind befeuerte oder anderweitig beheizte, überhitzungsgefährdete Druckgeräte zur Erzeugung von Dampf oder Heißwasser mit einer Temperatur von mehr als 110 °C. Diese fallen in den Bereich der Druckgeräterichtlinie 97/23/EG. Obwohl vor allem moderne Wasserrohrkessel von der Bauform her dem engeren Sinn des Wortes »Kessel« nicht mehr entsprechen (s. z. B. Bild 2.56), ist diese aus den Anfängen des Kesselbaus stammende Wortschöpfung bis auf den heutigen Tag erhalten geblieben. Der vorwiegend für größere Leistungen bestimmte Wasserrohr-Dampferzeuger besteht im Normalfall aus einem Verdampfer, in dem trocken gesättigter Dampf erzeugt wird, dem Überhitzer, in dem der erzeugte Dampf auf eine nach der Anlagenart gewählte Temperatur erhitzt wird, und dem Speisewasservorwärmer, in dem das zugeführte Speisewasser vorgewärmt und manchmal auch schon teilverdampft wird (»Vorverdampfer«), ehe es in den Verdampfer gelangt. Ferner besteht er aus der Feuerung sowie in manchen Anlagen aus einem Luftvorwärmer für die Verbrennungsluft.

Die Bauformen der Dampferzeuger sind verschiedenartig, wobei das zu erhitzende Medium (der »Wärmeträger«), der gewünschte Druck oder auch die für Heizzwecke benötigte Temperatur, die gewählte Leistung und die Art des Brennstoffes die Konstruktion wesentlich beeinflussen.

Die Benennung und die Einteilung der Kessel kann nach verschiedenen Gesichtspunkten erfolgen, nämlich ob es sich beispielsweise um Landdampfkessel (feststehend oder beweglich), Binnenschiffskessel, Seeschiffskessel oder auch Niederdruck-Dampfkessel, Hochdruck-Dampfkessel, Großwasserraumkessel, Kleinwasserraumkessel, Kleinkessel handelt. Schließlich kann man auch die Art des Wasserumlaufes als Kriterium wählen: Naturumlauf, Zwangumlauf oder Zwangdurchlauf. Weiterhin kann man auch den Flüssigkeitsinhalt als Beurteilungsmaßstab heranziehen, z. B. ob Wasser oder brennbare Wärmeträgeröle erhitzt werden sollen. Die Art der Beheizung (Kohle, Öl, Gas, Elektrizität, Kernbrennstoffe, Sonnenstrahlung) oder der Durchströmung der Rauchgase bzw. des Kesselwassers (Rauchrohrkessel, Wasserrohrkessel) sowie der Verwendungszweck (Industriekessel, Kraftwerkskessel, Müllverbrennungskessel, Biomasse-Anlagen, Heizungskessel) müssen ebenso für eine Klassifizierung herangezogen werden wie die Einflüsse gewisser Bauformen (Schmelzkammerkessel, Strahlungskessel, Eckrohrkessel). In der Praxis wird man sich für eine Benennung entscheiden, welche im Begriff schon möglichst umfassend die Bauart verkörpert, wie Flammrohr-Rauchrohrkessel (in Dreizugbauweise = Dreizugkessel, Lokomotivkessel, Lokomobilkessel), Naturumlauf-Wasserrohrkessel (Trommelkessel, Strahlungskessel u. a.), Zwanglauf-Wasserrohrkessel (Bensonkessel, Sulzerkessel usw.), Schnelldampferzeuger (Dampfautomaten), Heißwasserkessel usw.

Die eingebürgerten Bezeichnungen sind manchmal wissenschaftlich nicht exakt und doch weiß der Fachmann, was gemeint ist. Beispielsweise gibt es viele Wasserrohrkessel-Bauarten mit drei Rauchgaszügen, also »Dreizugkessel«, und doch versteht man darunter einen Flammrohr-Rauchrohrkessel in Dreizugbauweise.

Wichtigste Kenngrößen einer Kesselanlage sind:
1. Stündliche Leistung in kg/h oder t/h oder kJ/h
2. Betriebsüberdruck in bar
3. Temperatur des Dampfes, des Wassers (Heißwassers) oder des sonstigen Wärmeträgers am Austritt des Kessels bzw. des Überhitzers (Heißdampftemperatur in °C)
4. Temperatur des Speisewassers bzw. des sonstigen Wärmeträgers am Eintritt des Kessels in °C
5. Brennstoff: Art und Heizwert in kJ/kg bzw. kJ/m^3

Bei den zur Dampf- oder Heißwassererzeugung dienenden Kesseln kommt der Aufbereitung des Speisewassers eine besondere Bedeutung zu.

Die Entscheidung zur Wahl der Anlage und der einzelnen Bauteile wird von folgenden Gegebenheiten beeinflusst:

a) von der Zielsetzung
Bei Kraft- bzw. Stromerzeugung ergibt sich ein anderer Aufbau als bei einem Heizkraftwerk, das zusätzlich Heißwasser liefern muss. Ein Holzverarbeitungsbetrieb z. B. stellt andere Forderungen an die Dampferzeuger als beispielsweise ein Krankenhaus. Besondere Gesichtspunkte gelten auch für die Müllverbrennung oder die Kraft-Wärme-Koppelung.

b) vom Standort
Hier haben Fragen des Umweltschutzes, z. B. die Schornsteinhöhe, das Kühlwasser bei Kraftwerkkesseln, der günstigen Brennstoffbeschaffung, der Lage zu den anzuschließenden Verbrauchern und schließlich der Arbeitsmarktlage Einfluss.

c) von Gesetzen, Regeln und Vorschriften
Dieser Gesichtspunkt darf nicht unterschätzt werden, denn oft fordern Vorschriften auf einem Gebiet ein Ausweichen auf einen anderen Anlagentyp heraus.

2.1.1 Entwicklungsgeschichte der Dampfkessel

Zur Entwicklungsgeschichte sei vermerkt, dass der Gedanke, Wasser in flüssiger oder in dampfförmiger Phase als Wärmeenergieträger technisch zu verwerten, relativ spät aufkam. Die technische Verwertung des Wasserdampfes trat erst nach Entdeckung des Vakuums durch den Magdeburger Bürgermeister Otto von Gue-

Kesselbauarten und Kesselanlagen

Bild 2.1: Kofferkessel James Watt (1776) aus zusammengenieteten Blechplatten (Deutsches Museum, München)

ricke im Jahre 1650 in Erscheinung. Zur Anwendung des Heißwassers sind Ausführungen im Abschnitt 2.5 zu finden.

Der Engländer *Savery* entwickelte 1699 die erste atmosphärische Dampfmaschine, die durch die etwas später von *Newcomen* gebaute Zylindermaschine berühmt wurde. Diese Maschinen benützten das durch Kondensation entstehende Vakuum zum Hochfördern von Wasser meist aus Bergwerken. Die mögliche Förderhöhe war gering.

Eine der folgenreichsten Weiterentwicklungen leitete jedoch der Schotte *James Watt* 1784 mit seiner Überlegung ein, dass der Dampfmaschinenkolben nicht des Luftdrucks bedarf, um bewegt zu werden, sondern dass dies durch Dampf mit höherem Druck unmittelbar geschehen kann. Der Schritt zur doppelt wirkenden Dampfmaschine war dann nicht mehr weit. Hiermit war erstmals der Grundstein gelegt, die im Brennstoff gespeicherte Energie sinnvoll in Arbeit umzuwandeln. Seine Maschinen arbeiteten bereits mit Überdrücken zwischen 0,5 und 1 bar. Sein Landsmann *Trevithick*, von dem James Watt sagte, er gehöre dafür gehenkt, wendete in der Folgezeit, also etwa Ende des 18. Jahrhunderts, einen Frischdampfdruck von 6 bis 8 bar an. Watt baute damals den so genannten »Kofferkessel« (Bild 2.1), einen der ersten Kessel aus Flussstahl, der im Deutschen Museum in München zu sehen ist. Einer dieser Kessel bestand z. B. aus 250 miteinander vernieteten Platten (»Patchwork«-Bauweise), da man seinerzeit Kesselbleche noch nicht aus Flussstahl gewinnen konnte und das Schweißen noch nicht beherrschte.

Bereits im 17. Jahrhundert waren gemauerte Kessel, z. B. der als »Teekessel« bezeichnete Papinsche Topf und später hölzerne (um 1800) und Gusskessel in Gebrauch.

1804 kam der erste Wasserrohrkessel und 1811 der erste Flammrohrkessel. Der Flammrohrkessel ließ schon einen Betriebsüberdruck von 7 bar zu, zahlreiche Undichtheiten erschwerten den Betrieb.

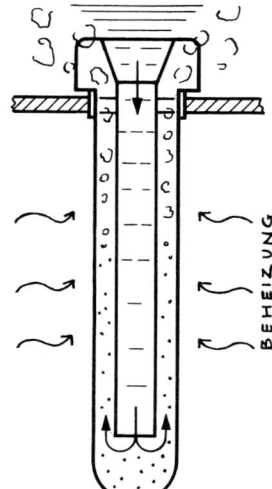

Bild 2.2: Field-Rohr (Haeder)

Ein weiterer Meilenstein in der Dampferzeugungstechnik ist die Entwicklung einer wirklich brauchbaren Lokomotive durch den Engländer *Georges Stephenson* im Jahre 1814. Stephenson hatte es verstanden, aus den vielen Ideen die besten Schlüsse zu ziehen, und schlug 1829 mit seiner »Rocket« bei einer Ausschreibung der Liverpool-Manchester-Bahn seine Konkurrenten aus dem Felde. Stephenson benutzte für seine Dampfloks Rauchrohrkessel, die sein Landsmann *Booth* erfunden hatte. In Deutschland wird im Jahre 1835 die erste Eisenbahnstrecke zwischen Nürnberg und Fürth eingeweiht.

Bild 2.3: Teilkammer-Kessel (um 1900) (Haeder)

1840 erschien dann in Deutschland der erste Walzenkessel von *Ernst Alban* mit 8 bis 10 bar Überdruck – auch »einfacher Zylinderkessel« genannt – und gleichzeitig der erste Einkammer-Schrägrohrkessel mit Field-Rohren (Bild 2.2), den später ab 1833 die *Dürr-Werke* bauten. 1847 baute Alban dann den ersten Zweikammer-Schrägrohrkessel. 1867 wurde *Wilcox* der erste Sektionalkessel patentiert. Nach weiteren 20 Jahren erlangte der erste Babcock-Wilcox-Teilkammer-(Sektional-)Kessel Weltberühmtheit (Bild 2.3). 1874 baute *Steinmüller* seinen ersten Wasserrohrkessel und im Jahre 1876 wurde auf der Weltausstellung in Philadelphia ein Wasserrohrkessel mit einer Dampfleistung von 2,4 t/h bei einer Heizfläche von 150 m^2, der eine Dampfmaschine antrieb, gezeigt. Aus heutiger Sicht sind diese Erfindungen als hervorragende Leistungen zu sehen, wenn man bedenkt, dass die Gebrüder Mannesmann das nahtlose Rohr erst 1886 entwickelten. Bis zu diesem Zeitpunkt hatte man sich z. B. im Lokomotivbau vornehmlich mit teuren Messingrohren beholfen, die aber trotz Stahldrahtumwicklung bei den für Lokomotivrauchrohren üblichen Durchmessern nicht viel mehr als 7 bar Überdruck aushielten.

Die 1883 von dem schwedischen Ingenieur *de Laval* und unabhängig davon 1884 von dem Engländer *Parsons* entwickelten Dampfturbinen stellten den Dampfkesselbau vor neue Probleme. 1912 wurde im Elektrizitätswerk Chemnitz der größte Flammrohrkessel mit Planrost und Wurfbeschicker mit 720 m^2 Heizfläche, 13 bar Betriebsüberdruck und 12 t/h maximaler Dampfleistung in Betrieb genommen. 1918 gelang die Verbrennung von Kohlenstaub in Wasserrohrkesseln im Dauerbetrieb, was wiederum den Dampfkesselbau auf lange Zeit entscheidend beeinflusste. Die ersten Dampfkesselanlagen mit Betriebsüberdrücken von 100 bar kamen in den Jahren 1927/28 in Betrieb. Um 1965 entwickelte sich dann allmählich die Technik der Kernenergie, trotz verschiedener Krisen zunächst stetig steigend. Anfang der 80er-Jahre entstand dann in Deutschland der erste 800-MW-Kohleblock, während man in den USA schon Ende der 60er-Jahre auf Einheiten über 1200 MW gegangen war.

Praktische und theoretische Überlegungen, große Fortschritte im Werkstoffwesen und der Festigkeitslehre beeinflussten die Weiterentwicklung der Dampfkesseltechnik. Männer wie *Hook*, *Bauschinger*, *Mohr*, *Münzinger*, *Föppl*, *Bach* und *Wellinger* schufen die Voraussetzungen für unser heutiges Wissen.

Darüber hinaus hatten sich 1855 die englischen Kesselbesitzer entschlossen, den Sicherheitsproblemen mit der Gründung einer »Association for the prevention of steam boiler explosions« in Manchester zu Leibe zu rücken. Ab 1866 folgten die deutschen Länder, wobei das Großherzogtum Baden mit der Gründung einer »Gesellschaft zur Überwachung und Versicherung von Dampfkesseln« in Mannheim den Anfang machte.

1873 wurde ein aus neun deutschen »Revisionsvereinen«, dem französischen, dem österreichischen, dem russischen und dem schweizerischen Verein zusammengeschlossener »Internationaler Verband der Dampfkessel-Überwachungsvereine« gegründet, der bereits im Jahre1881 mit den so genannten Würzburger Normen »Grundsätze für die Prüfung der Materialien zum Bau von Dampfkesseln« und 1884 mit den so genannten Hamburger Normen »Grundsätze für die Berechnung der Materialstärken neuer Dampfkessel« brauchbare Regeln der Technik schuf. Dies waren freie Vereinbarungen von Sachverständigen, die aus heutiger Sicht im Hinblick auf die europäische Integration einen erstaunlichen Weitblick zeigen.

Bild 2.4: Titelblatt der 1. Bayer. Dampfkessel-Verordnung von 1852[1]

Weitere Fortschritte zur Erreichung hoher Dampfzustände und großer Leistungen ermöglichten modernere Fertigungstechniken. Das Vernieten und Verstemmen der Bleche sowie das Einwalzen der Rohre wurde durch ständig verbesserte Schweißverfahren ersetzt. Heute wird der in Lehrgängen ausgebildete Schweißer von dem Prüfer der »Benannten Stelle« oder einer von einem EU-Mitgliedstaat anerkannten Prüfstelle wiederholt geprüft und stellt somit seine Handfertigkeit ständig unter Beweis.

---

[1] Die erste Dampfkesselvorschrift im deutschsprachigen Raum war 1831 in Preußen entstanden.

Mit dem raschen Fortschreiten der Dampftechnik vor allem seit den Gründerjahren (um 1870) hatten die sicherheitstechnischen Erfordernisse nicht Schritt gehalten. Die Herstellungs-, die Prüf- und die Betriebstechnik waren damals noch unterentwickelt, sodass sich Schäden und Unfälle häuften. Durch Erlass einschlägiger Gesetze (Bild 2.4), durch die Gründung so genannter Dampfkessel-Revisions-Vereine – heute Technische Überwachungs-Vereine, die gleichzeitig »Benannte Stelle« nach Druckgeräterichtlinie sind – versuchten Staat und Betreiber die Schwierigkeiten in den Griff zu bekommen. Für die damalige Zeit bedeuteten einige hundert Tote jährlich durch Kesselzerknalle erschreckende Geschehnisse, denn man war noch nicht durch die Zahlen der Verkehrstoten von heute abgestumpft. Die deutsche Statistik wies für die fünf Jahre 1894 bis 1898 im Durchschnitt rund 23 Kesselexplosionen jährlich aus, bei denen erheblicher Personen- und Sachschaden zu beklagen war. In den USA sind bei den Versicherungen für die 24 Jahre von 1879 bis 1902 sogar 6386 Zerknalle mit 7002 Getöteten und 10 346 Verletzten registriert (Bild 2.5). Im Jahre 1920 führte übrigens der Zerknall eines genieteten Garbekessels im Kraftwerk Reisholz des RWE, bei dem 27 Menschenleben zu beklagen waren, zur Bildung der heutigen »Technischen Vereinigung der Großkraftwerksbetreiber (VGB)«.

Die gewerbetreibende Wirtschaft musste bei der Errichtung und dem Betrieb von Dampfkesselanlagen schon immer Sicherheits- und Umweltregeln einhalten, die dem jeweiligen Stand der Wissenschaft und der Technik entsprachen. Der Vollzug war am Anfang der Kesseltechnik von den Bauaufsichtsbehörden – was sich nicht

Bild 2.5: Eine zeitgenössische Skizze aus dem Jahre 1845 zeigt die Auswirkungen eines Kesselzerknalls in Bolton, England.

bewährte – geprüft worden. Ab 1869 galt dann die im Laufe der Zeit immer wieder den neuen Bedürfnissen angepasste Gewerbeordnung (GewO), deren § 24 die »überwachungsbedürftigen Anlagen« behandelte, für die die Bundesregierung nach einem Katalog, in dem u. a. auch Dampfkessel- und Druckbehälteranlagen enthalten sind, Einzelverordnungen erlassen konnte. Die Bestimmungen für die Errichtung und den Betrieb von Dampfkesselanlagen waren bisher in einer Dampfkesselverordnung (DampfkV) vom 27. Februar 1980 geregelt. Vorher waren vor allem die »Allgemeinen polizeilichen Bestimmungen über die Anlegung von Landdampfkesseln« vom 17.12.1908 und die Dampfkesselverordnung vom 08.09.1965 von Bedeutung. Nach dieser letztgenannten Verordnung wurden die bis dahin noch bestehenden einzelnen Länderverordnungen zurückgezogen.

Durch eine Änderung des Gerätesicherheitsgesetzes (GSG) vom 26. August 1992 wurde der § 24 der GewO in das GSG übergeleitet, womit ein über 100-jähriger Rechtsstandpunkt aufgegeben wurde. Der Hauptgrund für die Änderung ist in der Forderung der Europäischen Gemeinschaft zu suchen, das nationale Recht an die EG-Binnenmarkt-Richtlinien anzupassen, wozu sich die Bundesregierung verpflichtet hat.

Durch die Überleitung hat sich für Dampfkessel zunächst wenig geändert, denn die diesbezüglichen Festlegungen der GewO sind wörtlich in das GSG übernommen worden. Bei der DampfkV änderte sich im Wesentlichen nur der Rechtsbezug; die Technischen Regeln, Normen usw. blieben unverändert erhalten.

Diese ist durch die am 29. Mai 2002 in Kraft getretene Druckgeräterichtlinie 97/23/EG ersetzt worden.

Nähere Erläuterungen, auch zu der Frage, welchen Einfluss das EU-Recht auf die Behandlung von Dampfkesseln ausübt, sind im Kapitel 10 zu finden.

2.1.2 Einteilung der Dampfkessel

Die allgemeine Verwaltungsvorschrift zur DampfkV legte fest, dass die Regeln der Technik dann als erfüllt angesehen werden können, wenn die vom Deutschen Dampfkesselausschuss (DDA) aufgestellten Technischen Regeln für Dampfkessel – TRD genannt – eingehalten sind. Nach dem Regelwerk gibt es verschiedene Unterscheidungsmerkmale, z. B. nach der Betriebsweise. Als beweglich gelten Kessel, die an wechselnden Orten betrieben werden können oder die ohne Bezug auf einen Aufstellungsort erlaubt worden sind; feststehende dürfen nur an einem bestimmten, in einem Bauplan festgelegten Ort aufgestellt und betrieben werden.

Der Aggregatzustand des Wassers beim Verlassen des Kessels führte zur Unterscheidung in Dampf- und Heißwassererzeuger. Die Gruppe der Kleindampfkessel, für die weitgehende Erleichterungen gelten, wurde zusätzlich geschaffen (nach § 4 der bisherigen Dampfkesselverordnung die Gruppen I und III. Die dort angegebenen Grenzen dürfen nicht überschritten sein).

Um weitere Erleichterungen für weniger gefährliche Dampfkessel zu ermöglichen, wird zwischen Niederdruck- und Hochdruckdampfkesseln unterschieden. Niederdruckdampfkessel der Kategorie III (PS x V > 1000 bar x l) und IV nach Druckgeräterichtlinie bis 1 bar Sattdampfdruck bzw. 120 °C Vorlauftemperatur.

Bei Wassertemperaturen von höchstens 100 °C sprach man von Warmwasseranlagen. Die hier eingesetzten Heizungskessel wurden bis vor kurzem nach konstruktiven und ausrüstungstechnischen Regeln gebaut, die in fast allen deutschen Bundesländern durch baurechtliche Bestimmungen in Kraft gesetzt worden waren. Stahlheizkessel bis zu Vorlauftemperaturen von 100 °C (die also der DampfkV nicht unterliegen) mussten demnach den Gütebestimmungen für Stahlheizkessel der RAL-RG 610 und der DIN 4702 genügen. Im Übrigen unterlagen diese Kessel der Druckbehälterverordnung. Die RAL-RG 610 war auf freiwilliger Basis innerhalb des Stahlheizkesselverbandes geschaffen worden und stellte Anforderungen an die Qualität und die Wirtschaftlichkeit, die über das nationale und internationale Regelwerk hinausgingen. Dieser Standard konnte aufgrund der Entwicklung im EU-Raum nicht mehr gehalten werden.

Das Technische Komitee CEN/TC 57 »Zentralheizungskessel« (CEN = Comité Européen de Normalisation) erarbeitete in der Zwischenzeit die Heizkesselnormen EN 303, und zwar

DIN EN 303 Teil 1: Heizkessel mit Gebläsebrenner – Begriffe, allgemeine Anforderungen, Prüfung und Kennzeichnung. Deutsche Fassung: 1999

Teil 2: Heizkessel mit Gebläsebrenner – Spezielle Anforderungen an Heizkessel mit Ölzerstäubungsbrenner. Deutsche Fassung: 1998

Teil 3: Zentralheizkessel für gasförmige Brennstoffe, Zusammenbau aus Kessel und Gebläsebrenner. Deutsche Fassung: 1998

Teil 3/A1: Zentralheizungskessel für gasförmige Brennstoffe, Zusammenbau aus Kessel und Gebläsebrenner. Deutsche Fassung: 1998

Teil 4: Heizkessel mit Gebläsebrenner – Spezielle Anforderungen an Heizkessel mit Ölgebläsebrenner mit einer Leistung bis 70 kW und einem maximalen Betriebsdruck von 3 bar – Begriffe, besondere Anforderungen, Prüfung und Kennzeichnung. Deutsche Fassung: 1999

Teil 5: Heizkessel für feste Brennstoffe, hand- und automatisch beschickte Feuerungen, Nenn-Wärmeleistung bis 300 kW. Begriffe, Anforderungen, Prüfungen und Kennzeichnung. Deutsche Fassung: 1999

Teil 6: Heizkessel mit Gebläsebrenner – Spezielle Anforderungen an die trinkwasserseitige Funktion von Kombi-Kesseln mit Ölzerstäubungsbrennern mit einer Nennwärmeleistung kleiner als oder gleich 70 kW. Deutsche Fassung: 2000

Mit diesen EN-Normen ist innerhalb der EU ein kleinster gemeinsamer Nenner gefunden worden. Die allgemeinen Grenzwerte des Anwendungsbereiches sind auf eine Nennwärmeleistung von 1000 kW, eine maximale Betriebstemperatur von 100 °C und einen maximalen Betriebsüberdruck von 8 bar festgelegt. Hier wird zwischen Stahl und Guss kein Unterschied gemacht.

Die an sich bewährte Zwischengruppe der Niederdruckanlagen wird durch die EU-Druckgeräterichtlinie abgeschafft. In den entsprechenden Erwägungsgründen heißt es kurz:

»Geräte, die einem Druck von höchstens 0,5 bar ausgesetzt sind, weisen kein bedeutendes Druckrisiko auf. Ihr freier Verkehr in der Gemeinschaft sollte daher nicht behindert werden. Folglich gilt diese Richtlinie für Geräte mit einem maximal zulässigen Druck (PS) von mehr als 0,5 bar.«

Die Behandlung von Dampfkesselanlagen nach der Druckgeräterichtlinie Artikel 3, Nummer 1.2 ist durch die Forderung, dass »befeuerte oder anderweitig beheizte überhitzungsgefährdete Druckgeräte zur Erzeugung von Dampf und Heißwasser mit einer Temperatur von mehr als 110 °C und einem Volumen von mehr als 2 Litern sowie alle Schnellkochtöpfe« bestimmten Anforderungen unterliegen, geregelt (siehe Kapitel 10).

Neben der auf Vorschriften beruhenden Einteilung verwendet man seit vielen Jahrzehnten eine auf praktischen Erwägungen begründete, wonach in Großwasserraum-, Kleinwasserraum-(Wasserrohr-) und in Sonderkessel unterteilt wird. Diese Unterteilung soll annähernd gleiche Techniken von anderen abgrenzen. Der Aufbau der Statistiken beispielsweise der Arbeitsschutzbehörden oder des Verbandes der Technischen Überwachungs-Vereine (VdTÜV) hat diesem Umstand Rechnung getragen, sodass derzeit keine Veranlassung besteht, neue Begriffe einzuführen, auch wenn in Grenzgebieten vielleicht ein anderer Aufbau manchmal wünschenswert wäre.

Man darf sich durch die Bezeichnung »Großwasserraumkessel« nicht davon täuschen lassen, dass die meisten so genannten »Kleinwasserraumkessel«, die Wasserrohrkessel sind, absolut gesehen einen größeren Wasserinhalt haben als die Großwasserraumkessel. Die Bezeichnung »Großwasserraumkessel« soll besagen, dass diese Kessel im Verhältnis zu ihrer Dampfleistung einen großen Wasserraum aufweisen und dass die beheizten Bauteile relativ großflächig sind (z. B. Flammrohre). Die unbeheizte Obertrommel eines Wasserrohrkessels demgegen-

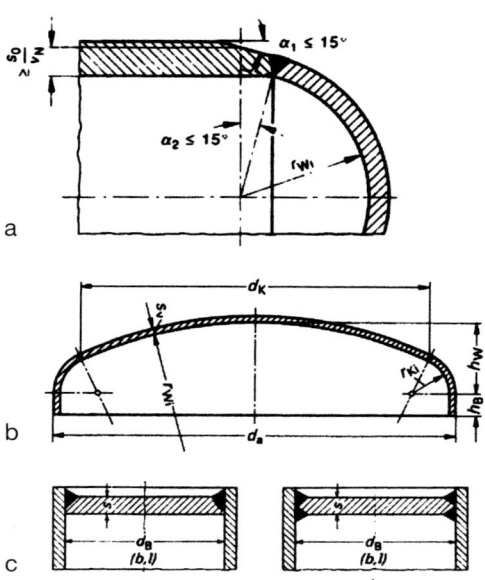

Bild 2.6: Formen von Kesselböden Oben: Halbkugelboden, Mitte: Gewölbter Vollboden, unten: eingeschweißte Kreisplatten, a einseitig, b beidseitig geschweißt.

s Wanddicke, s_0 Wanddicke ohne Zuschläge, s_V Wanddicke des Grundkörpers mit Verschwächung ohne Zuschläge, v_n Schweißnahtfaktor, $\alpha_{1,2}$ Winkel in °, r_{Wi} innerer Radius des Kugelteils, r_{Ki} innerer Krempenradius, d_K Kalottendurchmesser, d_a Außendurchmesser des Bodens, d_B innerer und Berechnungs-Durchmesser ebener Platten, h_B Höhe des zylindrischen Bords, h_W Höhe der Wölbung

über kann einen wesentlich größeren Inhalt aufweisen als der als Großwasserraumkessel bezeichnete Flammrohrkessel. Beim etwaigen Aufreißen des Flammrohres eines Flammrohrkessels wird jedoch schlagartig eine wesentlich höhere Energie frei als beim Aufreißen des Steigrohres eines Wasserrohrkessels mit relativ bescheidenem Durchmesser.

In den nachfolgenden Ausführungen werden nur noch solche Konstruktionen behandelt, die heute noch eingesetzt sind oder die als Basis für derzeit übliche Konstruktionen zur Beurteilung dienen können. Im Übrigen ist vorauszusetzen, dass die dargestellten Konstruktionen dem jeweiligen Stand der Wissenschaft und Technik entsprechen. Derzeit sind dies noch die Dampfkesselverordnung, mit Anhang, die Verwaltungsvorschrift zur Dampfkesselverordnung und die als allgemein anerkannten Regeln der Technik geltenden Technischen Regeln für Dampfkessel (TRD), die sich wiederum auf Normen und andere Gesetze, Vorschriften und Regeln stützen. Die Anforderungen, welche sich aus der Druckgeräterichtlinie ergeben werden berücksichtigt.

Rohrleitungen fallen ebenfalls in den Geltungsbereich der Druckgeräterichtlinie. Die entsprechenden Ausführungsbestimmungen finden sich in den DIN EN 12952 und DIN EN 12953.

2.2 Bauarten der Dampfkessel

2.2.1 Allgemeine konstruktive Grundsätze

Für den Kesselbetreiber gibt es viele Gründe, eine bestimmte Kesselkonstruktion zu bestellen. Oft sind auch persönliche Gegebenheiten wie das Vertauen zu einem bestimmten Hersteller das Zünglein an der Waage. Die Wahl der Kesselkonstruktion wird aber im Wesentlichen von der erforderlichen Kesselleistung und der erwarteten Leistungsbereitschaft geprägt. Gelegentlich spielen auch Begrenzungen des Raumangebots, z. B. bei Schiffen, und vor allem bei erwünschten hohen Leistungen die Grenzen der möglichen Werkstoffbelastung eine entscheidende Rolle. Früher hatten auch herstellungsbedingte Fragen mehr Bedeutung, denn die kalte und die warme Formgebung sowie das einwandfreie Schweißen z. B. hochwarmfester Stähle war nicht immer eine Selbstverständlichkeit. Nicht zuletzt brachte auch die Verfeinerung der Berechnungsregeln das Ziel näher, druckführende und durch äußere Kräfte beanspruchte Bauteile wirtschaftlich herzustellen. Dabei müssen selbstverständlich die allgemein anerkannten Regeln der Technik Beachtung finden.

Der Kesselkonstrukteur kann damit das Seine dazu beitragen, Beanspruchungen zu minimieren und ganz allgemein die Herstellungskosten im Rahmen zu halten. Hier spielt die Formgebung eine bedeutende Rolle, denn die Berechnungswanddicken hängen von ihr ab. Beim Vergleich der Berechnungsregeln für die klassischen Grundformen Kugel, Zylinder und ebene Wandung zeigt sich dies sehr deutlich.

Beispielsweise ergibt sich bei einem Druck von 10 bar (184 °C), einem Durchmesser von 1000 mm und einem normalen Kesselblech, dass gegenüber dem Halbkugelboden ein Klöpperboden die 2,8fache, der beidseitig verschweißte, eingesetzte Scheibenboden die 13,4fache und der einseitig verschweißte, eingesetzte Scheibenboden sogar die 17,2fache Wanddicke haben muss (siehe Bild 2.6).

Bild 2.7: Kugeltank-Lager für Propan/Butan der Erdölraffinerie Neustadt. Die Behälter aus dem Werkstoffen HSB 50 und StE 355 bis zu Wanddicken von 28,5 mm und mit Inhalten von 1 100 000 l sind für 18 bar und + 40 °C zugelassen (Prochnow, TÜV SÜD Gruppe Regensburg).

Aus fertigungs- und verfahrenstechnischen Gründen ist im Behälterbau der Zylinder Standard, obwohl die Festigkeitsberechnung bei dünnwandigen Behältern wegen der Tatsache, dass die Spannung σ bei Innendruck beim Zylinderbehälter doppelt so groß ist wie beim Kugelbehälter, für Kugeln nur die halbe Wanddicke ergibt. Bei großen, vornehmlich statisch beanspruchten Druckbehältern wird die Werkstoff sparende Kugelform angewandt, wenn es, wie zum Beispiel bei Flüssiggaslagerbehältern (siehe Bild 2.7), der Verwendungszweck erlaubt.

Wie man hier sieht und wie auch die Praxis beweist, ist also für innendruckbeanspruchte Behälter die rotationssymmetrische Ausführung, also die Kugel- oder auch noch die Zylinderform, günstig und führt zu geringeren Wanddicken. Nicht rotationssymmetrische Formen, wie z. B. ebene Platten, würden bei Überbeanspruchung versuchen, sich der biegespannungsfreien Kugelform anzunähern.

Auch die Umweltverträglichkeit ist ein Thema, das uns alle angeht. Bei zunehmender Technisierung tritt sie immer mehr in den Vordergrund. Die Folge davon ist eine Fülle von neuen Regeln, die den Bürger vor schädlichen Einflüssen aus den verschiedenen Technikgebieten schützen sollen. Für Dampfkesselanlagen sind die entsprechenden Regeln im Kapitel 8 erläutert.

2.2.2 Großwasserraumkessel

2.2.2.1 Allgemeines

Insbesondere bei den Großwasserraumkesseln sind vor allem nach dem Wiederaufbau nach dem Zweiten Weltkrieg verschiedene Kesselbauarten dem Fortschreiten der Technik zum Opfer gefallen oder sie sind auf dem Weg dazu. Hierzu zählt der einfache Flammrohrkessel und der Lokomobil- und Lokomotivkessel genauso wie die Quer- und Steilsiederkessel oder die Schiffskessel. Die Gründe für diese Entwicklungen sind vielfältig, lassen sich aber meist auf einen Nenner bringen: die Wirtschaftlichkeit. Geringere Wirkungsgrade, höhere Herstellungskosten, größerer Platzbedarf bei gleicher Leistung und höhere Bedienungs- und Wartungskosten sind die Hauptgründe für neue Entwicklungen. So war beispielsweise der Einsatz von Großwasserraum-Schiffskesseln nur bei kleineren Schiffen möglich, die zur Krafterzeugung mit Kolbendampfmaschinen ausgerüstet wurden. Die unwirtschaftlichen Dampfmaschinen mussten den Dieselantrieben weichen und mit ihnen verschwanden die zugehörigen Dampferzeuger. Solche Schiffsanlagen gibt es heute nur noch als so genannte Denkmäler der Technik, z. B. im Tourismusverkehr auf Seen.

Als man später wegen der annähernd totraumlosen Lagerung von flüssigen Brennstoffen auf schweres Heizöl (»Bunker-C-Öl«) als Energiequelle überging und auch die Speisewasserfrage besser gelöst war, konnte man auch bei Schiffen auf Wasserrohrkessel übergehen. Aber auch solche Anlagen werden immer seltener. Heute laufen nur noch wenige Schiffe – meist Frachtschiffe – mit Dampfturbinenantrieb. Unberührt davon bleibt die Tatsache, dass heute viele Schiffe mit Hilfs-Dampfkesselanlagen und auch mit Wärmeträgerölanlagen ausgestattet sind, die beispielsweise zur Vorwärmung der meist hochviskosen Brennstoffe verwendet werden. Die hier verwendeten Bauarten unterscheiden sich aber wenig oder gar nicht von den Anlagen, die an Land verwendet werden.

Zur schnelleren, überschlägigen Abschätzung der Kesselleistung von Großwasserraumkesseln haben unsere Vorgänger eine ganz und gar unwissenschaftliche, aber nach wie vor gelegentlich noch zu hörende Vergleichszahl benutzt, nämlich die so genannte »Heizflächenbelastung«, die für einzelne Bauarten angeben soll, welche Dampfmenge je Quadratmeter Heizfläche erzeugt werden kann. Bei eingemauerten Flammrohrkesseln erreichte man beispielsweise 20 bis 25 kg Dampf/m^{2}h, während man bei isolierten Kesseln mit Nachschaltheizflächen schon auf 35 bis 40 kg/m^{2}h kam. Grundlage der Auslegung einer Dampfkesselanlage ist heute aber selbstverständlich eine fundierte wärmetechnische Berechnung, für die weitgehend Rechenprogramme vorhanden sind, deren Anwendung wenig Schwierigkeiten bieten. Bei der »Heizflächenbelastung« ist klar, dass weder der Begriff völlig richtig gewählt ist noch aus wärmetechnischer Sicht mehr als eine grobe Abschätzung erreichbar ist, denn der Wärmeübergang entlang der Heizfläche ist keine konstante Größe und ändert sich zwischen Strahlungs- und Berührungsteil des Kessels ständig.

Bei der Zahl der Züge in einem Kessel darf von einem weiteren Zug nur dann gesprochen werden, wenn die Rauchgase etwa um 180° umgelenkt worden sind. Schwierigkeiten bei der Zugbestimmung haben sich in jüngster Zeit dadurch ergeben, dass bei einigen neueren Kesselbauarten die Umlenkung der Rauchgase in ein und derselben Feuerbüchse erfolgt (Umkehrflamme). Es empfiehlt sich aber, auch hier streng vom Rauchgasweg auszugehen, d. h. die Umlenkung in der gleichen Feuerbüchse mit zwei Zügen zu bewerten.

Zu dieser Gruppe gehören sehr viele Heizungskessel bis zu höchstzulässigen Vorlauftemperaturen von 110 °C sowohl aus Stahl als auch aus Gusseisen.

2.2.2.2 Der Walzenkessel

Die Urform eines spannungstechnisch günstig geformten Kessels ist der Walzenkessel, der in seinen Hauptteilen nur aus einem zylindrischen Mantel und aus zwei gewölbten oder auch ebenen Böden besteht. Solche Kessel wurden früher unmittelbar von außen befeuert (Bild 2.8). Ihre Vorteile waren der große Wasserraum im Verhältnis zur Heizfläche, der sie unempfindlich gegen schwankende Betriebsverhältnisse machte, die Möglichkeit, wegen ihrer großen Wasseroberfläche im Verhältnis zur Kesselleistung trockenen Dampf zu erzeugen, die gute Reinigungsmöglichkeit und nicht zuletzt die einfache und preisgünstige Herstellung.

Nachteile waren die bescheidene Wärmeausnutzung infolge des kurzen Gasweges, die großen Abkühlungsverluste wegen der großen Mauerwerksflächen im Verhältnis zur Heizfläche, der große Platzbedarf bezogen auf die Leistung und die langen Anheizzeiten.

Deshalb werden unmittelbar befeuerte Anlagen dieser Art ebenso wie die aus mehreren neben- und übereinander liegenden »Walzen« bestehenden Batteriekessel heute nicht mehr verwendet. Trotzdem ist diese Bauart noch weit verbreitet, z. B. als meist kleinere mit elektrischer Widerstandsheizung ausgerüstete Kessel, die den Dampf für Bügelpressen in Wäschereien, für Espressomaschinen oder auch für Sterilisationszwecke in Krankenhäusern liefern (Bild 2.9). Elektrokessel können in manchen Fällen eine durchaus wirtschaftliche Lösung sein. Die Bauart richtet sich nach Stromart, Spannung und Speisewasserbeschaffenheit. Dampfkessel mit Widerstandsheizung werden bei Spannungen bis etwa 1000 Volt angewandt, darüber hinaus ist die Elektrodenheizung wirtschaftlicher. Da 1 kWh einer Wärmemenge von 3600 kJ (bzw. 860 kcal) entspricht, folgt die erzeugte Dampfmenge in kg/kWh aus

$$G_D = \eta \; \frac{3600}{h}$$

h Erzeugungswärme des Dampfes in kJ/kg,

η Kesselwirkungsgrad in v. H., wobei für Widerstandsheizungen Wirkungsgrade von $\eta = 0{,}90$ bis $0{,}93$ und für Elektrodenheizung von $\eta = 0{,}95$ bis $0{,}99$ infrage kommen.

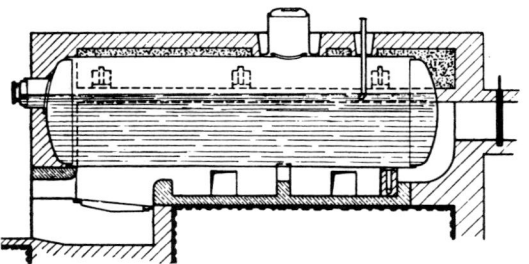
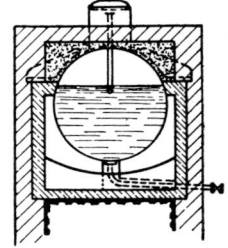

Bild 2.8: Befeuerter Walzenkessel (Huppmann)

Ein Vorteil der Elektrokessel ist die leichte Regelung und der saubere Betrieb, als Nachteil werden die hohen Stromkosten gesehen.

Bei Heißwassererzeugern ist die Walzen-Bauform auch als Heißwasserspeicher und als Druckausdehnungsgefäße (Bild 2.10) zu finden.

Bei Naturumlauf-Wasserrohrkesseln weisen die Trommeln (Bild 2.11) und die vereinzelt noch zu findenden Wärme-(Ruths-)Speicher die Merkmale des Walzenkessels auf. Das Gleiche gilt für die äußeren Bauteile aller sonstigen zylindrischen Kesselbauarten wie die Flammrohr-Rauchrohr-Kessel in Einzug- oder Mehrzugbauweise.

2.2.2.3 Der Flammrohrkessel

Der aus dem Walzenkessel hervorgegangene Flammrohrkessel hat unter den Großwasserraumkesseln weite Verbreitung gefunden. Statistiken weisen allerdings aus, dass nur noch eine sehr geringe Anzahl der Hochdruckdampfkessel als Flammrohrkessel gemeldet sind; er hatte fast ein Jahrhundert lang den Markt bei kleinen und mittleren Betrieben ohne Eigenkrafterzeugung beherrscht.

Kernstück dieser Bauart sind Flammrohre, die ganz durch den Wasserraum des Kessels gezogen sind (Bild 2.12). Diese Innenheizfläche, durch die die Verbrennungswärme des Brennstoffs zu etwa 80 % an das Wasser übertragen wird, ist eine wesentliche Verbesserung gegenüber Bauarten, bei denen die Feuerzüge zu einem noch größeren Teil durch die nicht wasserberührten Flächen, z. B. Mauerwerk, gebildet wurden. Zu den Vorzügen des unmittelbar beheizten Walzenkessels kam also noch die wesentlich bessere Brennstoffausnützung, die allerdings nicht an die der meist nur aus Innenheizflächen bestehenden heutigen Flammrohr-Rauchrohr-Kessel herankommt.

Der Nachteil des relativ großen Flächenbedarfs bezogen auf die Leistung, der seine Verwendung auf teurem oder nur beschränkt vorhandenem (z. B. auf Schiffen) Gelände behinderte, führte zu Versuchen, die Dampfleistung je Quadratmeter

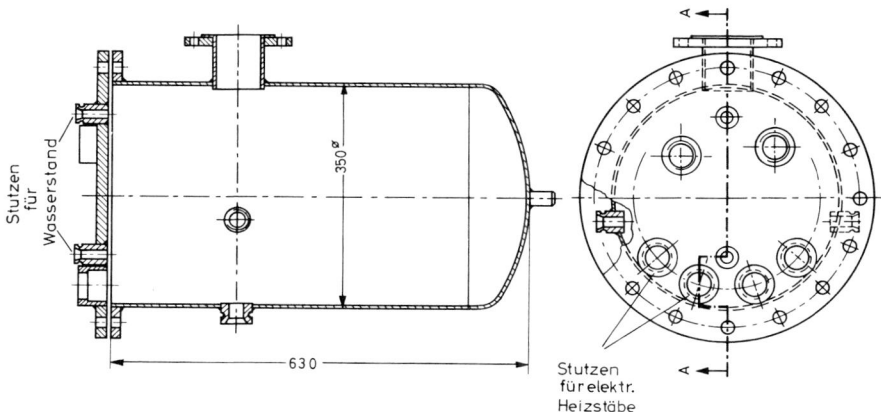

Bild 2.9: Elektrisch beheizter Dampferzeuger

Bild 2.10: Druckausdehnungsgefäß für eine Heißwasseranlage (Otto, Kreuztal)

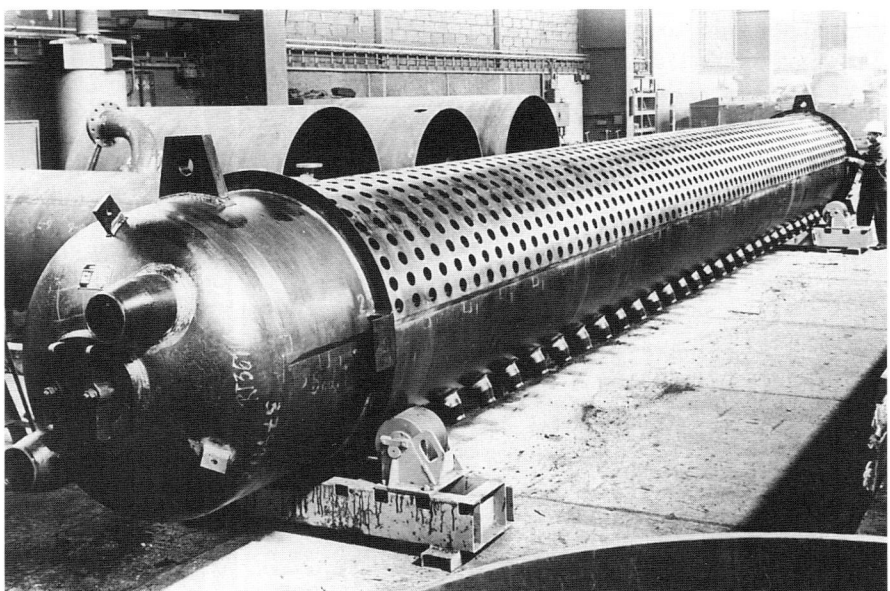

Bild 2.11: Gebohrte Trommel eines Wasserrohrkessels beim Hersteller

Aufstellungsfläche, z. B. durch Einbau mehrerer Flammrohre, zu vergrößern. So sind Entwicklungen bis zu fünf Flammrohren bekannt geworden, die an das Bedienungspersonal bei der damaligen Kohle-Handbeschickung hohe Anforderungen stellten. Heute findet man nur noch Kessel mit einem Flammrohr oder mit zwei, höchstens drei Flammrohren.

Nachteilig war hier der geringe innere Wasserumlauf, der einem Schnellstart hinderlich war, wenn nicht durch entsprechende Einrichtungen (z. B. Einblasen von Dampf oder Heißwasser aus dem Nachbarkessel in den Wasserraum in der Nähe der Kesselsohle) der Umlauf beim Anfahren unterstützt wurde.

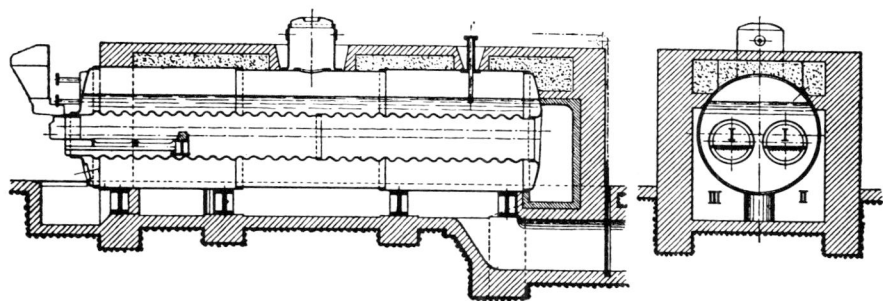

Bild 2.12: Eingemauerter Wellflammrohrkessel (Huppmann)
I: erster Zug in den beiden Flammrohren. II u. III: zweiter und dritter Zug

Bild 2.13: Flammrohr-Rauchrohrdampfkessel in Dreizugbauweise mit zwei glatten Flammrohren für Öl- oder Gasfeuerungen (Viessmann).
Der zweite Zug besteht aus einem kleineren Glattrohr (im Bild links unten), der dritte Zug aus gesickten Rauchrohren. Die Kessel werden für Überdrücke bis 10 (25) bar und Leistungen von 375 bis 14 500 kW (22 t/h) angeboten. Im oberen Leistungsbereich werden Wellrohre eingesetzt und der dritte Zug wird durch ein Rauchrohrfeld gebildet.

Bei der Entwicklung der Flammrohre ist man zunächst vom Glattrohr (Bild 2.13) ausgegangen und hat später versucht, durch Einbau so genannter Galloway-Stutzen o. a. die Heizfläche zu vergrößern und die Durchwirbelung der Rauchgase und damit den Wärmeübergang und den Wasserumlauf zu verbessern. Bei einigen neueren Konstruktionen werden im Feuerraum Wasserrohre senkrecht zur Flammrohrachse angeordnet, um diese Ziele zu erreichen (Bild 2.14).

Mit der Erfindung des Wellrohres eröffneten sich neue Anwendungsmöglichkeiten. Die Wellrohre (System Fox mit symmetrischen Wellen, System Morison mit unsymmetrischen Wellen, s. Bild 2.15) zeichnen sich gegenüber den Glattrohren – bei gleicher Wanddicke – durch größere Elastizität in Längsrichtung, durch größere Widerstandsfähigkeit gegen Kesselinnendruck, durch eine größere Heizfläche bei gleicher Flammrohrlänge und durch eine bessere Durchwirbelung der Heizgase und damit bessere Wärmeübertragung aus.

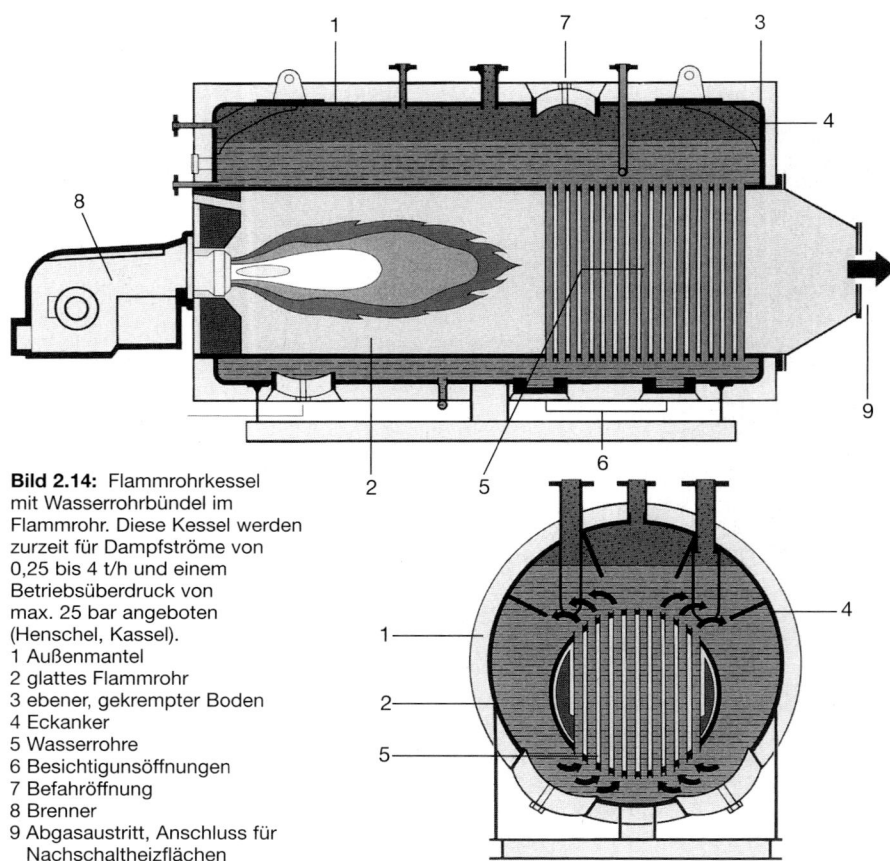

Bild 2.14: Flammrohrkessel mit Wasserrohrbündel im Flammrohr. Diese Kessel werden zurzeit für Dampfströme von 0,25 bis 4 t/h und einem Betriebsüberdruck von max. 25 bar angeboten (Henschel, Kassel).
1 Außenmantel
2 glattes Flammrohr
3 ebener, gekrempter Boden
4 Eckanker
5 Wasserrohre
6 Besichtigunsöffnungen
7 Befahröffnung
8 Brenner
9 Abgasaustritt, Anschluss für Nachschaltheizflächen

Kesselbauarten und Kesselanlagen

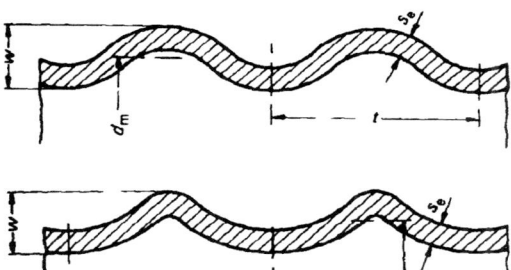

Bild 2.15: Längsschnitt durch Wellflammrohre. Oben: Bauart Fox, unten: Bauart Morison (TRD 306)

Bild 2.16: Durch Warmformgebung hergestelltes Wellflammrohr Bauart Fox. Die Herstellung setzt besondere Erfahrungen voraus, die durch Verfahrensprüfungen nachgewiesen werden, und erfordert einwandfreie Werkstoff- und Schweißgüte (LOOS INTERNATIONAL).

Die Herstellung von Wellrohren bedarf besonderer Kenntnisse, die durch Verfahrensprüfungen nachgewiesen werden. Auf einwandfreie Werkstoff- und Schweißqualität ist ebenso Wert zu legen wie auf die Vermeidung von Unrundheit, da hierdurch bei Außendruck die Gefahr des elastischen Einbeulens steigt (Bild 2.16). Dies gilt übrigens auch für das glatte Flammrohr.

Konstruktiv wurde allerdings das Wellrohr nicht immer sinnvoll angewendet, denn es sollte als Regel gelten, steife Kesselböden mit Wellrohren und bewegliche Kesselböden mit Glattrohren zu verbinden (Bild 2.17).

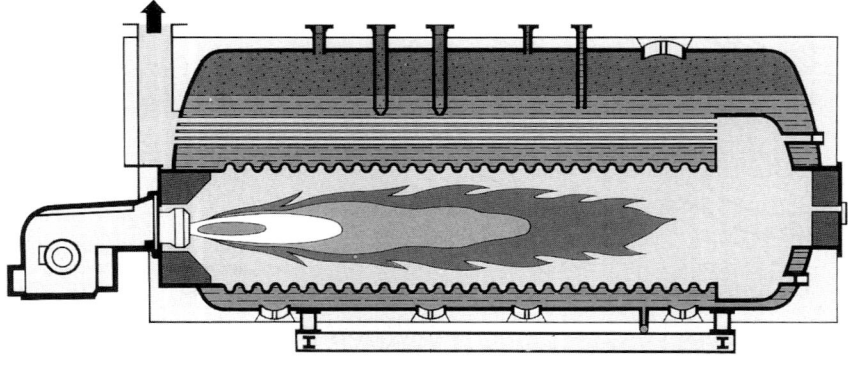

Bild 2.17: Flammrohr-Rauchrohrkessel in Zweizugbauweise. Dem gegenüber einem Glattrohr elastischeren Wellrohr sind steife Kessel- und Wendekammerböden zugeordnet; durch die Verwendung gewölbter Böden kann auf zusätzliche Versteifungsmaßnahmen verzichtet werden (Henschel, Kassel).

Als Vorstufe zum heutigen Flammrohr-Rauchrohr-Kessel wurden noch bis etwa 1960 isolierte Flammrohrkessel in Einzugbauweise aufgestellt, bei denen die Wärme der Abgase aus dem Flammrohr in nachgeschalteten Heizflächen wie Überhitzer und Speisewasservorwärmer ausgenutzt wurde (Bild 2.18).

Mit solchen Anlagen wurden im Vergleich mit den heutigen Kompaktanlagen bereits hervorragende Wärmebilanzen erzielt. Die Verluste durch Wärmeabstrahlung (»fühlbare Wärme«) waren geringfügig, der Platzbedarf und der Werkstoffaufwand aber bedeutend höher.

2.2.2.4 Der liegende Rauchröhrenkessel

Der liegende Rauchröhrenkessel ist ebenfalls aus dem Walzenkessel hervorgegangen; seinen Wasserraum durchziehen viele dünnwandige Rauchrohre kleinen Durchmessers. Der fehlende Freiraum erlaubt keine ausreichende Entwicklung der Flamme; man findet ihn deshalb in Abhitzeanlagen (Bild 2.19), z. B. in Raffinerien und in Abgasströmen von Großdieselmotoren, die im Hinblick auf die Energieeinsparung an Bedeutung sogar gewinnen.

Weiterentwickelte Kesseltypen benützen das System des Rauchrohrs zur günstigen Ausnützung der Rauchgase in nachgeschalteten Zügen.

Die Vorteile sind offenkundig: Die zahlreichen Heizrohre ermöglichen eine gute

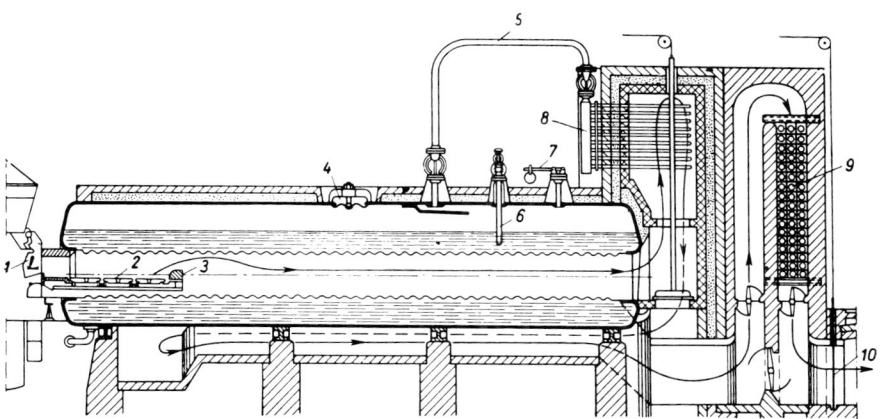

Bild 2.18: Isolierter Zweiflammrohr-Wellrohrkessel mit Nachschaltheizfläche (M 1:150, 100 m², 15 bar)
1 Wurffeuerung
2 Rost
3 Feuerbrücke
4 Mannloch
5 Sattdampfleitung
6 Speiserohr
7 Sicherheitsventil
8 Überhitzer-Eintrittskammer
9 Abgas-Speisewasservorwärmer (Eco)
10 Abgasschieber

Brennstoffausnutzung, das Kesselwasser kann durch die Aufspaltung der Rauchgasströme mittels zahlreicher Rauchrohre rasch und gleichmäßig erwärmt werden, so dass die Anheizzeit gegenüber dem Flammrohrkessel herabgesetzt ist.

Nachteile sind eine gewisse Empfindlichkeit gegen wasser- und rauchgasseitige Verschmutzungen, was leistungsmindernd wirkt. Die feuerseitigen Reinigungsmaßnahmen müssen den zu erwartenden Ablagerungen entsprechend häufig erfolgen, während zur Verhinderung der wasserseitigen Ablagerungen aufbereitetes Speisewasser verwendet werden sollte. Einbrüche von unbehandeltem Speisewasser können auch hier wegen mangelnder Kühlung zu Schäden führen, wenn sich auf der Wasserseite Kesselstein aufbaut. Es ist deshalb auch ein unbedingtes Gebot, das übrigens für alle Bauarten gilt, ein Mindestmaß der Besichtigungs- und Reinigungsmöglichkeiten zu erhalten, was im vorliegenden Fall bei den liegenden Rauchröhrenkesseln dadurch geschieht, dass in den Rauchrohrfeldern solche Gassen vorgesehen werden, die eine Innenbesichtigung und eine Reinigung erlauben.

Bei diesen Kesseln liegt im Allgemeinen die spezifische Dampfleistung, die »Heizflächenbelastung«, aufgrund der Tatsache, dass die Wärme vornehmlich durch Berühren übertragen wird, bei 10 kg/m²h, sie übersteigt meist 20 kg/m²h nicht.

2.2.2.5 Die Flammrohr- und Feuerbüchs-Rauchrohr-Kessel

Die Vorläufer aller heutigen Flammrohr-Rauchrohr-Kessel in Ein- oder Mehrzugbauweise sind die so genannten kombinierten Kessel, die bereits *A. Hering* in der Zeitschrift des VDI im Jahre 1889 ausführlich beschreibt. Die Konstruktionen waren von dem auch heute noch gültigen Grundprinzip beherrscht, mit den Vorteilen der einen Ausführung die Nachteile der anderen auszugleichen. So sorgte z. B. der Rauchröhrenteil für eine noch bessere Rauchgasausnutzung und für schnelle An-

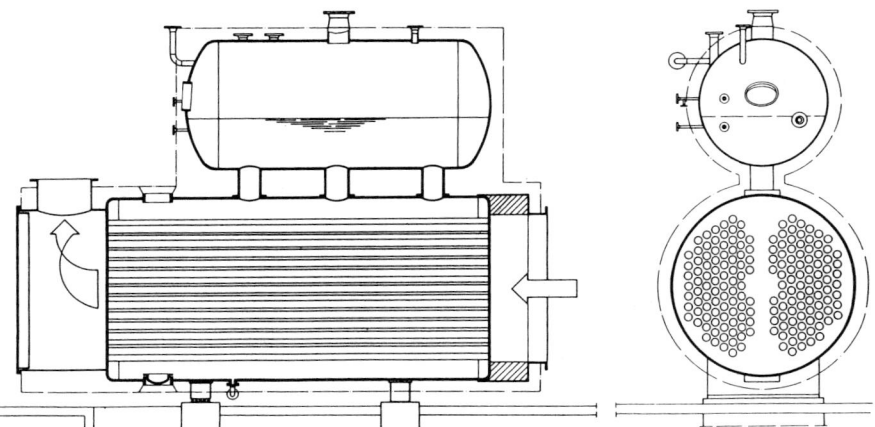

Bild 2.19: Längs- und Querschnitt durch einen Abhitze-Dampferzeuger. Dem liegenden Rauchröhrenkessel ist eine Trommel aufgesetzt (Standardkessel, Duisburg).

heizzeiten, während der Flammrohrteil, im Strahlungsbereich liegend, eine gute Flammenentwicklung und einen guten Ausbrand erlaubte sowie die Empfindlichkeit des Systems gegen Kesselstein herabsetzte, da im höchstbeheizten Strahlungsteil entsprechend großflächige und gut zugängliche Heizflächen vorhanden waren.

Aber auch der reine Flammrohr-Rauchrohr-Kessel oder auch der Feuerbüchs-Rauchrohr-Kessel entwickelte sich schon vor der Wende zum 20. Jahrhundert aufgrund der Bedürfnisse im Lokomotiven- und im Schiffbau. Hier war oberstes Gebot, zugunsten des für die Beförderung zur Verfügung stehenden Raumes für Maschinen und Kesselbauteile Platz zu sparen. Aufgrund dieser Überlegungen setzte sich sehr rasch das Flammrohr- bzw. Feuerbüchs-Rauchrohr-Prinzip durch. Unter »Feuerbüchse« versteht man bei Großwasserraumkesseln jede von drucktragenden Kesselwandungen umgebene Feuerraumform, die nicht dem Flammrohrcharakter entspricht (Flammrohr: runde Form, Achse liegt wie die des Außenmantels waagrecht, keine Umkehrflamme).

2.2.2.5.1 Der Lokomobilkessel (liegender Flammrohr-Rauchrohr-Kessel mit vorgehenden Rauchrohren)

Das Wärmeübertragungssystem, bestehend aus Flammrohr und Rauchrohren mit den vorderen und hinteren ebenen Bodenteilen, ist als Ganzes ausziehbar eingerichtet. Die Befestigung des Systems am Mantel-Ringbodenteil erfolgt mit entsprechend ausgelegten Schraubenkränzen. Ausführungen ohne ausziehbares Innenheizflächenteil liefen den ausziehbaren Konstruktionen voraus. Die ausziehbare Version setzte sich damals aber wegen der noch nicht so umfassenden Möglichkeiten bei der Speisewasserbehandlung durch (siehe Bild 2.20).

Der Lokomobilkessel war bis etwa 1970 der Standardkessel in den Holzverarbeitungsbetrieben und diente neben der Wärme- auch der Krafterzeugung, z. B. für Sägegatter.

Kesselbauarten und Kesselanlagen 87

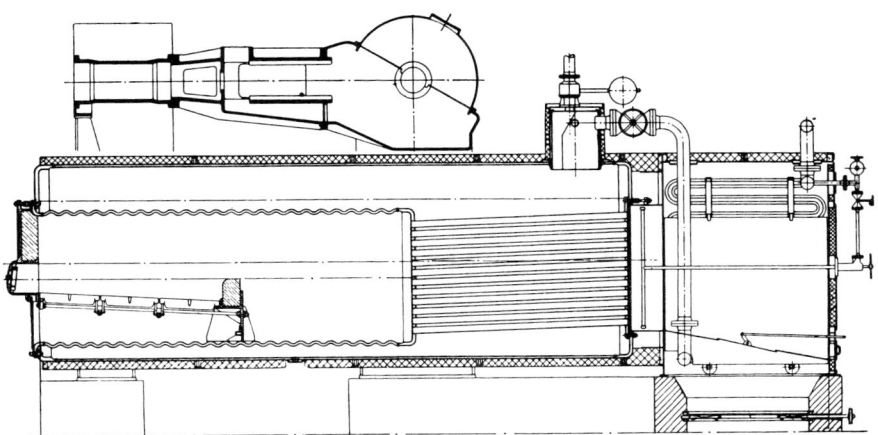

Bild 2.20: Schnitt durch einen Lokomobilkessel

In der heutigen Zeit könnte man selbstverständlich – und dies geschieht bei verwandten Konstruktionen auch – von der ausziehbaren Version wieder abgehen, da die Speisewasserverhältnisse wesentlich besser in den Griff zu bekommen sind. Weiterhin bringt die Abdichtung an den Schraubenkränzen Probleme.

Die Wärmeausnutzung ist hier ziemlich gut, wenn für saubere Heizflächen sowohl auf der Wasser- als auch auf der Feuerseite gesorgt wird. Da wegen der Raumausnutzung der Außenmantel solcher Kessel nicht beliebig groß zu machen war, sozusagen also eine Kompaktbauweise vorliegt, stellt diese Bauart vor allem bei Handbedienung erhöhte Anforderung an die Feuer- und Speisewasserführung. Zu geringer Wasserstand kann aus sicherheitstechnischen und zu hoher Wasserstand aus betriebstechnischen Gründen nicht hingenommen werden. Zu hoher Wasserstand bedingt wegen der kleiner werdenden Ausdampffläche und der Verkürzung der Wege zum Dampfaustrittsstutzen nässeren Dampf, der sich ungünstig auf den Betrieb der meist aufgesattelten Dampfmaschine (Bild 2.20) auswirkte. Bei Dampfmaschinenbetrieb sind die Kessel auch mit einem Überhitzer ausgerüstet worden.

Die aus Platzgründen auf dem Kessel aufgesattelte Dampfmaschine übertrug dynamische Kräfte auf die Kesselwandungen. Abgesehen davon, dass der Kessel für diese Beanspruchungen geeignet sein muss, ist es darüber hinaus erforderlich, bei der Wartung und der Prüfung der Kessel auf Schäden aus der dynamischen Beanspruchung, z. B. Anrisse, zu achten. Mit den Lokomobilkesseln lässt sich eine spezifische Dampfleistung bis zu 25 kg/m²h, bei modernen Anlagen ohne Krafterzeugung bis zu 40 kg/m²h, erreichen.

Im Übrigen wurde diese Kesselbauart wieder belebt durch neuere Konstruktionsprinzipien. So sind derartige Einzugsausführungen mit bis zu drei Flammrohr-Rauchrohr-Einheiten von einem Kesselmantel umschlossen am Markt zu finden. Der Wegfall von Wendekammern als Störfaktoren und die verhältnismäßig große Leistung auf kleiner Grundfläche werden zu Recht als Vorteile genannt. Anderer-

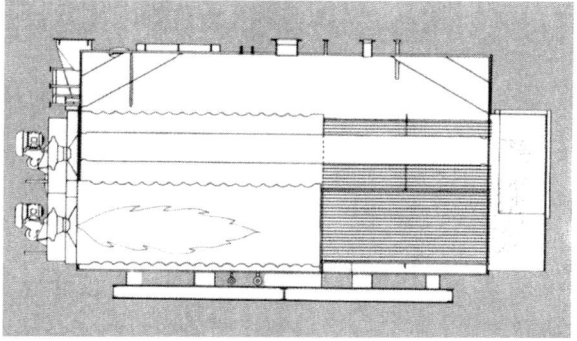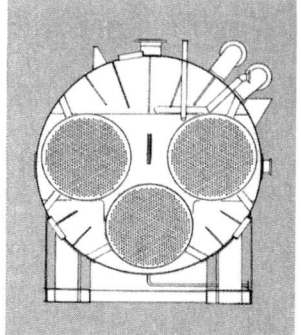

Bild 2.21: Kessel mit drei vorgehenden Flammrohr-Rauchrohr-Systemen (45 t/h Dampfleistung, 16 bar/196 °C HW, Thyssen Henschel, Kassel)

seits ist – wie bei allen Anlagen mit mehreren Wärmequellen und getrennten Flammen- und Rauchgasführung – der Wärmeführung und der Konstruktion besondere Aufmerksamkeit zu schenken, um Spannungen im Kesselsystem und damit vorzeitige Schäden zu vermeiden (Bild 2.21).

2.2.2.5.2 Der Lokomotivkessel (Feuerbüchskessel mit vorgehenden Rauchrohren)

Diese Bauart hatte sich als Standardausrüstung für alle Dampflokomotiven und Dampfwalzen durchgesetzt (Bild 2.22). Durch Elektrifizierung und Dieselantrieb verschwinden diese Kessel aber mehr und mehr. Ausgangspunkt für die Konstruktion war der Festbrennstoffbetrieb, bei dem die Verbrennungsrückstände, um die Baulänge zu verkürzen, nach unten ausgetragen werden (Bild 2.23). Die zwangsläufigen Folgen der Raumausnutzung waren rechteckige Feuerbüchsen, die aufgrund des ungünstigen Festigkeitsverhaltens ebener Wandungen gegenüber dem Außenmantel verankert werden mussten. Man benutzte die auch heute noch im Kesselbau anzutreffenden Stehbolzenkonstruktionen (Bild 2.24), die allerdings zunehmend durch Schweißkonstruktionen abgelöst werden, da man heute diese Technik beherrscht und solche Lösungen billiger sind. Bei Hochdruckdampfkesseln sind diese Stehbolzen anzubohren, damit Brüche rechtzeitig erkannt werden. Es ist selbstverständlich, dass bei Feststellen eines Stehbolzenbruches die Stehbolzenbohrung keinesfalls verantwortungslos ohne das Ergreifen sofortiger Gegenmaßnahmen verschlossen werden darf. Schäden und Unfälle wären zu erwarten, wenn in einem Stehbolzenfeld mehrere, vielleicht sogar nebeneinander liegende Stehbolzen abgerissen wären.

Da die Arbeitszeit zu einem immer bedeutenderem Kostenfaktor geworden ist, sucht man heute bei der Versteifung ebener Flächen im Allgemeinen günstigere Lösungen, wenn es die Bauart zulässt, z. B. angeschweißte Flachanker (Bild 2.25) oder aufgeschweißte Stege bei ebenen Flammrohrböden.

Da diese Kessel im Gegensatz zum Lokomobilkessel nicht ausziehbar eingerichtet werden können, bereitet die wasserseitige Reinigung größere Schwierigkeiten. Das Problem wird heute durch die Speisewasseraufbereitung beherrscht, auch

Bild 2.22: Lokomotivbau um 1920 (nach einem Gemälde von J. Bahr)

wenn, wie bei Lokomotiven, auf den Strecken mit unterschiedlicher Wasserqualität zu rechnen ist.

Neubauten solcher Anlagen kamen nach dem Zweiten Weltkrieg nur noch für ausländische Gebiete infrage, in denen der Elektro- oder der Dieselbetrieb ausscheiden. Beim Eisenbahnbetrieb wurden in der Blütezeit des Dampflokomotivenbaus Kessel hergestellt, die eine spezifische Dampfleistung von 70 kg/m²h mit Spitzenleistungen bis zu 85 kg/m²h aufwiesen.

2.2.2.5.3 Die sonstigen Flammrohr-Rauchrohr-Kessel in Mehrzugbauweise

In kleineren und mittleren Industriebetrieben ohne Krafterzeugung beherrschen die Flammrohr-Rauchrohr-Kessel in Mehrzugbauweise das Feld. Das Angebot ist in konstruktiver Hinsicht und vom Leistungsangebot her gesehen sehr vielfältig. Die heutigen Konstruktionen können nach einigen Rückschlägen als ausgewogen und in Verbindung mit einer zweckmäßigen Ausrüstung auch als weitgehend unfall-

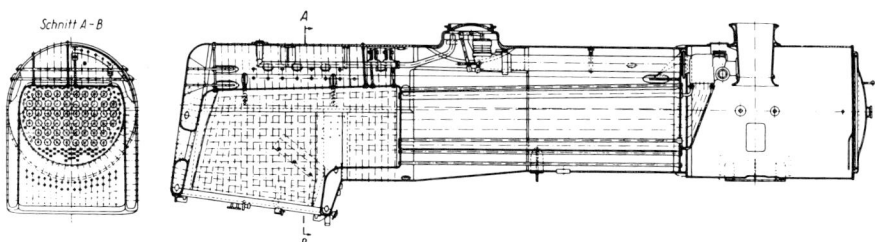

Bild 2.23: Kessel für die Lokomotiven der Baureihe 23 (Betriebsüberdruck 16 bar. Überhitzungstemperatur 400 °C) (ETR)

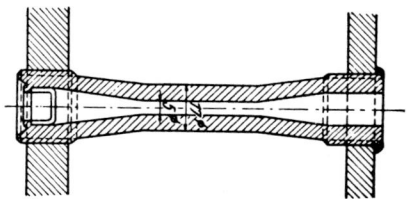 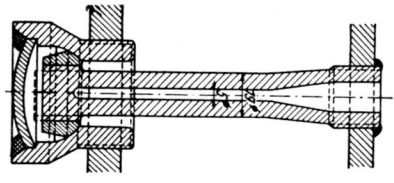

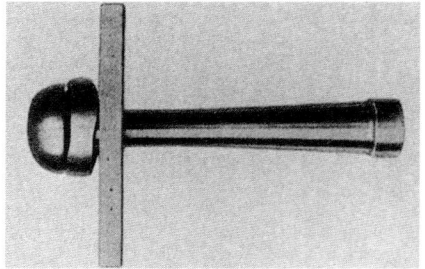

Bild 2.24: Stehbolzen. Jeweils rechts ist die Feuerseite.
Oben links: fester Stehbolzen
Oben rechts: einseitig beweglicher Stehbolzen (Ledinegg)
Unten: aufwendiger Kreuzgelenkstehbolzen für Hochleistungs-Lokomotivkessel (ETR)

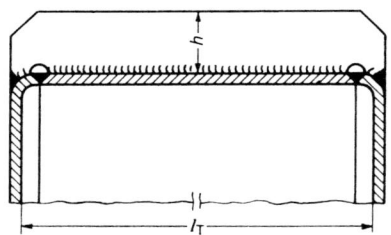 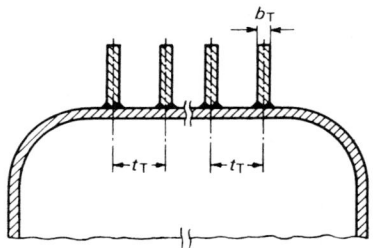

Bild 2.25: Verschweißte Versteifungsträger auf einem ebenen Boden (jeweils um 90° verdreht dargestellt, aus TRD 305).
h Höhe, l_T freie Stützlänge, b_T Breite eines Versteifungsträgers, t_T Mittenabstand von Versteifungsträgern

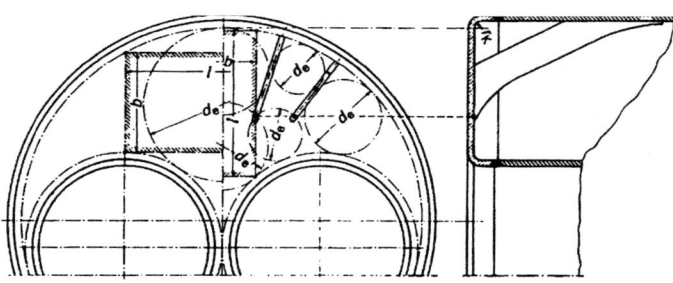

Bild 2.26: Ebener, gekrempter Kesselboden, versteift durch Eckanker.
d_e für die Berechnung wichtiger Kreis innerhalb von drei Verankerungen, b kurze Seite eines unversteiften Rechtecks, l lange Seite dieses Rechtecks, r_K Krempenradius

sicher bezeichnet werden. Sie sind auch geeignet für den Betrieb ohne ständige Beaufsichtigung (BoB).

Bei diesen Kesseln stehen den Vorteilen aus dem immer noch verhältnismäßig großen Wasserinhalt und damit guten Speichervermögen und der ebenfalls noch ziemlich großen Ausdampfoberfläche, was die Dampfnässe in Grenzen zu halten vermag, der großen Innenheizfläche, was zu großen Leistungen auf kleinem Raum führt, dem hohen Wirkungsgrad und der kurzen Anheizzeit die nicht mehr so entscheidenden Nachteile gegenüber, die aus der Notwendigkeit eines gut aufbereiteten Speisewassers herrühren. Hierbei ist vorausgesetzt, dass die konstruktiv und betriebsbedingten schwierigen Ausdehnungsverhältnisse, die u. a. auch von dem unterschiedlichen Temperaturangebot in den einzelnen Zügen, bei Heißwassererzeugern aber auch von der »Temperaturspreizung« und von der Tatsache, dass am Flammrohr Filmverdampfung auftritt, herrühren können, vom Kesselhersteller beherrscht werden. Beispielsweise ist es offensichtlich, dass ein starrer, unbefeuerter Kesselaußenkörper (Mantel mit gewölbten Böden) nicht zu einem ebenso starren, die gewölbten Böden verbindenden glatten Flammrohr passt.

Bei den oft notwendigen Verankerungen hatte man früher nicht immer eine glückliche Hand; es empfiehlt sich, bei Wartungs- und Prüfhandlungen diesen Bauteilen erhöhte Aufmerksamkeit zu schenken. Vor allem die Versteifung der freien Flächen ebener Kesselböden durch Eckanker nach Bild 2.26 führte öfter zu Schäden, wenn nicht auf eine spannungsarme Krafteinleitung vor allem in den Kesselmantel geachtet wurde.

Bild 2.27: Einschieben von Rauchrohren in die Rohrboden-Bohrungen. Gute Passgenauigkeit ist ein bedeutendes Qualitätsmerkmal (Weiß, Dillenburg-Frohnhausen).

Bild 2.28: Einschweißen von Rauchrohren in einen ebenen Boden eines Flammrohr-Rauchrohrkessels durch einen Roboter im MAG-Verfahren (OMNICAL GmbH)

Das Einpassen (Bild 2.27) und das Einschweißen von Rauchrohren, das vor allem am hinteren Rohrboden wegen der dort noch sehr hohen Abgastemperaturen besonderer Sorgfalt bedarf, wird heute von allen namhaften Herstellern beherrscht (Bild 2.28). Früher traten vorwiegend wegen zu großer Rohrüberstände Risse auf.

Im Übrigen ist die Konstruktion und die Anordnung der Rauchgaswendekammern von Bedeutung: Von einer »nassen« Wendekammer spricht man, wenn sie, abgesehen von Stutzen, allseits wassergekühlt, also innen im Wasserraum des Kessels liegt (Bild 2.29). »Trockene« Wendekammern liegen außen und werden überwiegend von Wärmedämm-Material gebildet. Im Bereich der hohen Temperaturen nach dem Flammrohr (hintere Wendekammer) haben sich innen liegende Wendekammern oder Mischtypen (s. z. B. Bild 2.30), bei denen – wohl wegen eines klareren spannungstechnischen Aufbaus – nur ein Teil, z. B. die hintere Flammrohröffnung, feuerfest abgemauert ist, durchgesetzt. Damit sind die Temperaturen besser zu beherrschen und es entstehen keine großen Wärmeverluste oder ein hoher Wartungsaufwand, beispielsweise durch schadhaftes Mauerwerk nach längerem Betrieb. Ein höherer Konstruktionsaufwand wird dabei in Kauf genommen.

Die in trockene, hintere Wendekammern eingebauten Kühlschirme aus beheizten Steigrohren mit unterem und oberem Anschluss an den Kesselkörper bedingen einen noch höheren Aufwand und sind daher immer seltener zu finden (Bild 2.30).

Die vorderen Wendekammern im Bereich niedrigerer Rauchgastemperaturen zwischen dem 2. und dem 3. Zug sind praktisch alle außen liegend (»trocken«), wenn man vom Rohrboden als Kühlfläche absieht (s. z. B. Bild 2.31).

Die Kessel sind in ihrem Betrieb ziemlich unproblematisch, zumal sie fast ausschließlich mit voll- und halbautomatischen Feuerungen ausgerüstet sind. Nach Statistiken sind in der Bundesrepublik Deutschland über die Hälfte der Hochdruckdampfkessel unter dem Begriff des Flammrohr-Rauchrohr-Kessels in Mehr-

Kesselbauarten und Kesselanlagen 93

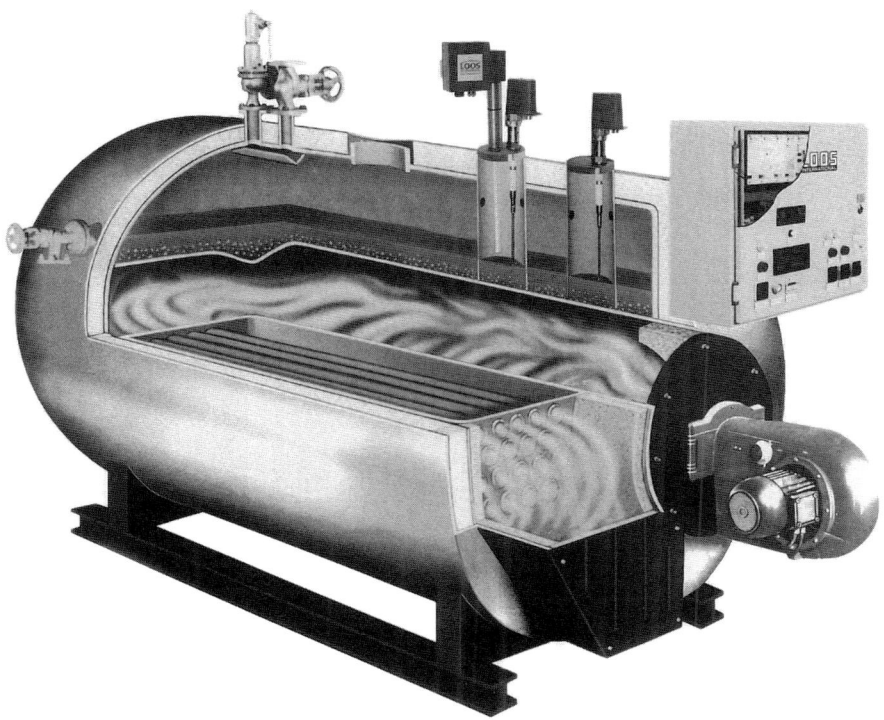

Bild 2.29: Großwasserraumkessel in Dreizug-Kompaktbauweise, Flammrohr-Rauchrohr-Technik mit innen liegender (»nasser«) hinterer Wendekammer (Loos Gunzenhausen)
Fünf wartungsfreie Wasserstandselektroden, oben im Bild, tasten das Niveau des Kesselwassers direkt im Kessel ab. Sie regeln und überwachen den Füllstand.

zugbauweise, oft auch nicht ganz richtig (s. vorne) mit dem bequemen Kurzausdruck »Dreizugkessel« belegt, einzuordnen. Die spezifische Dampfleistung dieser Dampfkessel liegt im Regelfall zwischen 40 und 50 kg/m²h.

Derartige Kessel werden bei Öl- oder Gasfeuerung vollautomatisch betrieben (Bild 2.31). Sie benötigen keine Ausmauerung mehr. Die Abgastemperatur kann bei den meisten Konstruktionen so niedrig gehalten werden, dass ein Abgas-Speisewasservorwärmer überflüssig ist. Die Rauchgaswege sind gasdicht und ermöglichen auch den Einsatz von Öl- oder Gasüberdruckfeuerungen, wodurch der Kessel vom Kaminzug unabhängig wird (Bild 2.32). Die Anwendung dieser Kessel reicht vom Warm- und Heißwasserkessel für Heizzwecke bis zum Sattdampf- oder Heißdampferzeuger für den industriellen Einsatz oder die Krafterzeugung, wobei Betriebsüberdrücke bis 32 bar erreichbar sind, wenn keine zu hohe Leistung (und damit Kesselgröße) gefordert wird. Bei Heißdampftemperaturen bis zu 50 °C über der Sattdampftemperatur lässt sich der Überhitzer in der vorderen Wendekammer einbauen. Bei höheren Heißdampftemperaturen muss der Überhitzer im Bereich

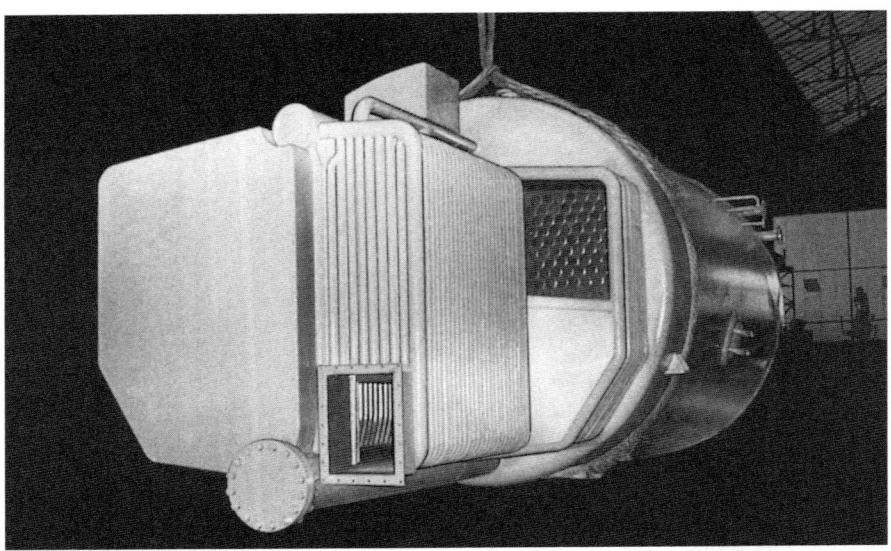

Bild 2.30: Dreizug-Flammrohr-Rauchrohr-Kesselkörper mit Kühlschirm hinter dem Flammrohraustritt (außen liegende »trockene« hintere Wendekammer) (Standardkessel, Duisburg)

Bild 2.31: Einflammrohr-Rauchrohrkessel in Dreizugbauweise, mit Wellrohr, anschlussfertig mit allen Ausrüstungsteilen (OMNICAL GmbH)

Kesselbauarten und Kesselanlagen

Bild 2.32: Dampfkesselanlage mit zwei Einflammrohr-Rauchrohrdampferzeugern mit Dual-Feuerungen Heizöl/Erdgas. Die Kessel bringen Leistungen von je 17.000 kg Dampf/h bei einem höchstzulässigen Betriebsüberdruck von 13 bar (LOOS INTERNATIONAL)

höherer Rauchgastemperaturen angeordnet werden. Hierfür bietet sich dann die hintere Wendekammer mit Rauchgastemperaturen von etwa 850 °C an.

Bei ölbefeuerten Dampfkesseln darf nach den EU-Richtlinien die Feuerraumbelastung 14 MW betragen. Bei Gasfeuerungen darf dieser Wert um 30 % überschritten werden d.h. es sind 18,2 MW erlaubt. Für gasbefeuerte Kessel ergeben sich somit unter Berücksichtigung der möglichen Feuerungswirkungsgrade folgende Leistungen:
– mit einem Flammrohr bis 18,2 KW bzw. 28 t/h Dampf,
– mit zwei Flammrohren bis 38 KW bzw. 55 t/h Dampf.

Die Kessel lassen sich aber auch mit anderen Feuerungen ausrüsten, z. B. für Kohle, Holz oder Holzabfälle. Dazu sind größere Flammrohre oder Vorfeuerungen erforderlich, außerdem muss der Abzug von Flugasche und anderen Verbrennungsrückständen möglich sein. Für Kohle baut man einen Planrost oder Kleinwanderrost ein. Holzspäne und Sägemehl verbrennt man häufig zusammen mit Öl. Feste Brennstoffe erfordern darüber hinaus eine Entstaubungsanlage mit Rauchgasventilator. Im Übrigen gibt es heute, wie Bild 2.33 zeigt, Konstruktionen, die Sonderwünsche wie extremen Schwachlastbetrieb erfüllen.

2.2.2.6 Die stehenden Feuerbüchskessel

Diese Bauart ist heute im Hochdruck-Dampfkesselbereich nur noch vereinzelt anzutreffen; bei Heizungskesseln gibt es noch einige Konstruktionen, die ihr zuzuordnen sind.

Typische Vertreter dieser Kesselbauart sind die Quer- und die Steilsiederkessel, die aus der Entwicklungsgeschichte nicht wegzudenken sind; sie waren früher überwiegend in den kleinen Molkerei- und Käsereibetrieben, in Vulkanisierungsanstalten usw. zu finden. Mit der Zusammenfassung der Kleinbetriebe in größeren Unternehmen mit entsprechend großen Kesselanlagen und nach Entwicklung von Anlagen, die einen wirtschaftlicheren Betrieb ermöglichen, ging der Bestand an Quer- und Steilsiederkesseln stark zurück.

Der zylindrische Außenmantel ist oben meist durch einen gewölbten (also bei Druckbeanspruchung günstigen) Boden geschlossen. In diesen Körper wird eine »Feuerbüchse«, ähnlich dem Außenmantel, aber mit geringeren Abmessungen, eingeschoben und unten mit einer angeschweißten ringförmigen Platte mit dem Außenmantel verschweißt. In die Feuerbüchse sind meist – um das Abziehen von Dampfblasen zu erleichtern und damit örtliche Werkstoffüberhitzungen zu vermeiden – leicht steigend angeordnete Querrohre oder senkrecht angeordnete Wasserrohre geringeren Durchmessers (Steilrohre) eingeschweißt, womit die Heizfläche vergrößert wird, Flamme und Rauchgase abgelenkt und verwirbelt werden, was den Wärmeübergang fördert.

2.2.2.7 Die Stahlheizkessel

Von der Bauart her gesehen überwiegend zu den Flammrohr-Rauchrohr-Kesseln in Mehrzugbauweise oder zu den Feuerbüchskesseln (auch Mischtypen) sind die zahlreichen Stahlheizkessel zu rechnen, die vornehmlich im Warmwasserheizungsbereich meist in Privathaushalten eingesetzt sind (Bilder 2.34 bis 2.36). Die Mehrzahl dieser Kessel wird mit Vorlauftemperaturen bis 110 °C betrieben. Bei Temperaturen > 110 °C fallen diese Kessel in den Geltungsbereich der Druckgeräterichtlinie. Hier werden, auch wegen der nicht so strengen Regeln, aus verkaufstechnischen bzw. optischen Gründen für die druckbeanspruchten Teile manchmal ungünstige Rechteck- oder Ovalformen verwendet, sodass Wandungen dann durch Anker, Sicken, Rippen usw. versteift werden müssen.

Begünstigt durch die Energiespargesetze haben sich Heizkesselkonstruktionen herausgebildet, die als Niedertemperaturkessel (NT-Kessel) definiert sind. Manche Hersteller verwenden den umstrittenen Ausdruck »Tieftemperaturkessel«. Unter tiefen Temperaturen versteht man in der Technik aber seit langem bei Druckbehältern Temperaturen des Beschickungsmittels unter –10 °C (s. AD-2000 Merkblatt W 10). Sinn und Zweck solcher Kessel ist es, durch die niedrigen Oberflächentemperaturen Wärmeverluste zu verringern. Die Kesselwassertemperatur wird nämlich dem jeweiligen Bedarf angepasst. So gibt es Bauarten, die herab bis zu Vorlauftemperaturen betrieben werden können, die der Raumtemperatur entsprechen.

Die Kessel sind so konstruiert, dass trotz der unter dem Taupunkt der Rauchgase liegenden Wassertemperatur im Kessel auf den Heizflächen sich kein Rauchgaskondensat bildet oder sich nur unbedeutende Mengen an Kondensat niederschlagen. Dieses Ziel wird dadurch erreicht, dass die Temperatur der gefährdeten Wandungsteile hoch gehalten wird. Mehr oder minder bewährt haben sich geeig-

Kesselbauarten und Kesselanlagen 97

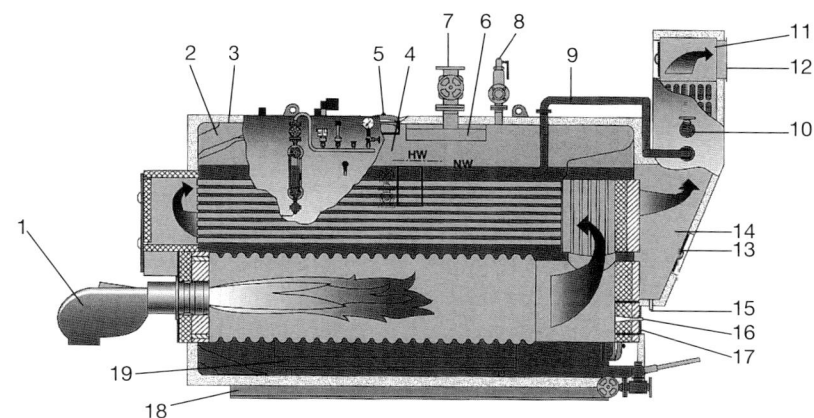

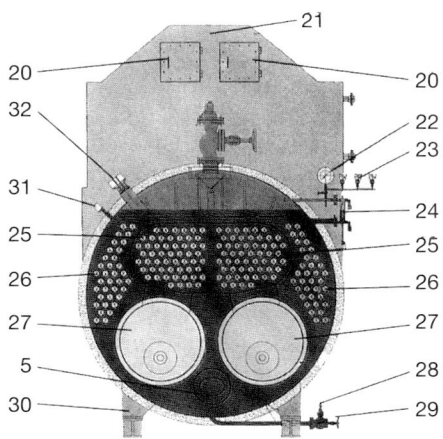

Bild 2.33: Universal-Zweiflammrohr-Rauchrohr-Kessel in Dreizugbauweise mit Speisewasservorwärmer, verwendbar für Hochdruckdampf und -heißwasser. Die beiden Rauchgaswege sind bis zum Kamin getrennt und gestatten daher einen unabhängigen Einzelbetrieb der Brenner (12 300 bis 32 600 kW, bis 30 bar/235 °C, Loos INTERNATIONAL).
1 Brenner, 2 Eckanker, 3 Kesselaußendruckkörper, 4 Absalzstutzen, 5 Befahröffnung, 6 Dampftrockner, 7 Dampfabsperrventil, 8 Sicherheitsventil, 9 Speisewasser-Verteilerrohr, 10 Speiseventil, 11 Eco-Abströmhaube, erst hier erfolgt Zusammenführung der beiden Abgasströme, 12 Abgasweg, 13 Revisionstür, 14 Rauchgassammelkammer, 15 Kondensatablass, 16 Flammenschauloch, 17 Flammrohreinstieg, 18 Grundrahmen, 19 Wasserumlaufleitblech, 20 Revisionstüren, 21 Eco-Aufbau, 22 Manometer, 23 Druckregler und -begrenzer, 24 Wasserstandsanzeiger, 25 Rauchrohrbündel 2 Zug, 26 Rauchrohrbündel 3 Zug, 27 Flammrohre, 28 Abschlammautomat, 29 Ablassventil, 30 Kesselfüße, 31 Leitfähigkeitsmesselektrode, 32 Wasserstandregel- und -begrenzungs-Elektroden, 33 Eco-Rohrbündel, 34 wassergekühlte Wendekammern, 35 wassergekühlte Wendekammertrennwand, 36 Abgastrennwand Eco, 37 Eco-Spiralrippenrohre, 38 vordere Wendekammern, wärmeisoliert und aufschwenkbar

nete Rippen (Bild 2.34), wasserseitige Umlaufbehinderungen bis zu einem gewissen Grad im Bereich der durch Rauchgaskondensat gefährdeten Wandungen (Temperaturunterschied im Kessel), spezielle Beschichtungen auf der Feuer- und sogar auch der Wasserseite.

Im Übrigen hat das längst bekannte Brennwertprinzip (siehe auch Abschn. 1) vor allem beim Brennstoff Gas wieder an Bedeutung gewonnen. Beim so genannten »Brennwertkessel«, gelegentlich auch »Kondensationskessel« genannt, werden die Verbrennungsgase so weit abgekühlt, dass ein Teil des in diesen Gasen enthaltenen Wassers nicht dampfförmig bleibt, sondern als Kondensat ausfällt. Die Verdampfungswärme des Wassers wird somit in diesem System wieder zurückgewonnen, was selbstverständlich zu einer besseren Energieausnutzung und damit zu höheren Wirkungsgraden führt (Bild 2.37).

Bei der Verbrennung anfallendes Schwefeldioxid und Stickstoffdioxid bilden mit dem kondensierenden Wasser Säuren. Die Entsorgung des Kondensats ist deshalb problematisch. Es muss durch chemische Verfahren neutralisiert werden. Lediglich bei Heizungen kleiner Leistung (< 50 kW) kann in vielen Fällen auf die Neutralisation des Kondensates verzichtet werden. Die Kesselkonstruktion muss auf die erhöhte Korrosionsgefahr abgestimmt sein (z. B. Zweischalenausführung Stahl/Guss oder korrosionsbeständige Werkstoffe, Rippenkonstruktionen, siehe oben). Ebenso muss der Wartungsaufwand auf die erhöhte Beanspruchung durch das saure Kondensat abgestimmt sein. Messungen zeigen bei Kondensaten aus der Verbrennung von Erdgas pH-Werte um 4,2 (neutraler Wert = 7, darunter sauer, darüber basisch, siehe auch Kapitel 5), NOx-Werte um 80 mg/l, wenig Gesamtschwefel um 1,3 mg/l, bei der Verbrennung von Heizöl EL pH-Werte um 2,3, NOx-Werte um 20 mg/l sowie höhere Gesamtschwefelwerte um 100 mg/l. Die Abführung der Abgase, die relativ niedrige Temperaturen (zwischen 40 °C und 80 °C) aufweisen, kann über geeignete Schornsteine erfolgen. Abgase mit Temperaturen unter 40 °C müssen auf jeden Fall mithilfe eines Gebläses unter Überdruck über dichte Abgasleitungen abgeführt werden. Alle Abgas- und Zulaufsysteme zum raumluftabhängingen und raumluftunabhängigen Betrieb sollten bauaufsichtlich zugelassen und zusammen mit den Geräten funktionsgeprüft sein.

Die Brennwerttechnik findet Anwendung bei Gasthermen, sowie bei Gas- und Ölheizkesseln.

2.2.2.8 Der Guss-Gliederkessel

Für den Warmwasserbereich bis 100 °C können, wie bereits erwähnt, nach DIN EN 303 bis zu einer Nennwärmeleistung von 1000 kW und einem maximalen Gesamtüberdruck von 8 bar nach wie vor Gliederkessel aus Gusseisen mit Lamellengraphit nach EN 1561 verwendet werden (Bilder 2.38 und 2.39).

Man kann sich sicher darüber streiten, ob diese Druckgrenze nicht etwas zu hoch geschraubt ist, wenn man bedenkt, dass es dadurch möglich ist, statische Säulen bis annähernd 80 m über solchen Kesseln aufzubauen. Die deutsche Gussindustrie hat das bisher nicht gemacht.

Für den Niederdruck- und Hochdruckbereich kommen in der Regel Werkstoffe aus Grauguss mit Lammelengraphit EN-GJL200 nach EN 1561 zum Einsatz.

Die Temperaturgrenze der Zentralheizungsnormen reicht bis 100 °C. Die Zahl der Dampfkessel in diesem Bereich sind eher selten. Es überwiegen Niederdruckheiß-

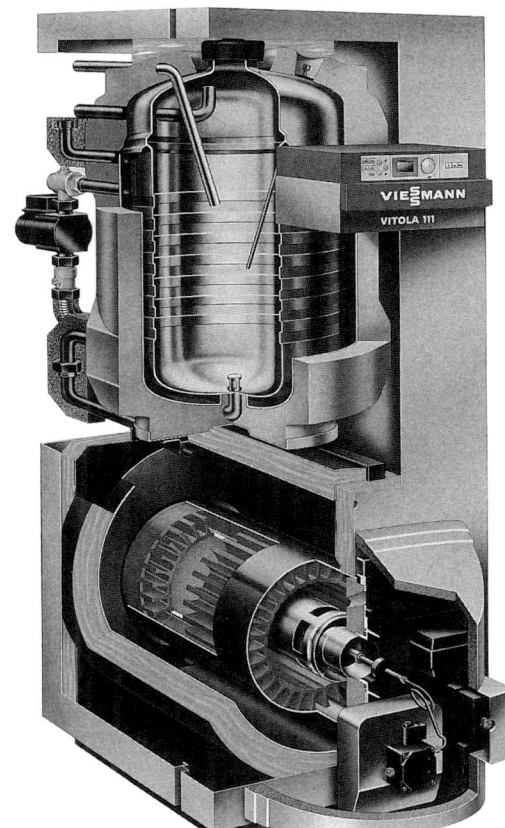

Bild 2.34: Niedertemperatur-Stahlheizkessel für Heizöl mit Platz sparender Kombination mit einem Edelstahl-Speicher-Wassererwärmwer (Viessmann)
In der Feuerbüchse bildet sich eine Umkehrflamme aus. Der zweite Zug verläuft durch eine auf die Feuerbüchse aufgeschrumpfte Rippenheizfläche (»biferrale Verbundheizfläche«). Die Baureihe wird für Nenn-Wärmeleistungen von 15 bis 27 kW und Speicherinhalte von 130 bis 165 l angeboten.

wasseranlagen, die aber einen höheren Gesamtüberdruck als 0,5 bar aufweisen.

Bei Vorlauftemperaturen >110 °C fallen die Gussgliederkessel ebenfalls in den Geltungsbereich der Druckgeräterichtlinie.

Ganz allgemein gilt für Gusskessel, dass dem Vorteil eines geringeren Korrosionsangriffes durch schwefelhaltige Abgase der Nachteil des spröden Werkstoffes gegenübersteht, der die Anwendung einengt. Konstruktive Maßnahmen gegen zu hohe Wärmespannungen müssen durch installationstechnische Maßnahmen zur Verhinderung des Einwirkens äußerer Spannungen auf den Kessel, beispielsweise durch Rohrleitungen, ergänzt werden. Vorteilhaft kann es bei der nachträglichen Umrüstung von Altbauten sein, dass Gliederkessel in Teilen in die Heizräume eingebracht werden können. Auch die weitgehende Möglichkeit zur gewünschten Formgebung kann als Vorteil gewertet werden.

Bild 2.35: Niederdruck-Heißwassererzeuger (bis 110 °C Vorlauftemperatur, Leistungsbereiche 171 bis 920 kW, Hoval, Vaduz) Aus der Glattrohrfeuerbüchse führt ein gekrümmtes Rohr als zweiter Zug zur vorderen Wendekammer. Den dritten Zug bilden gesickte Rauchrohre.

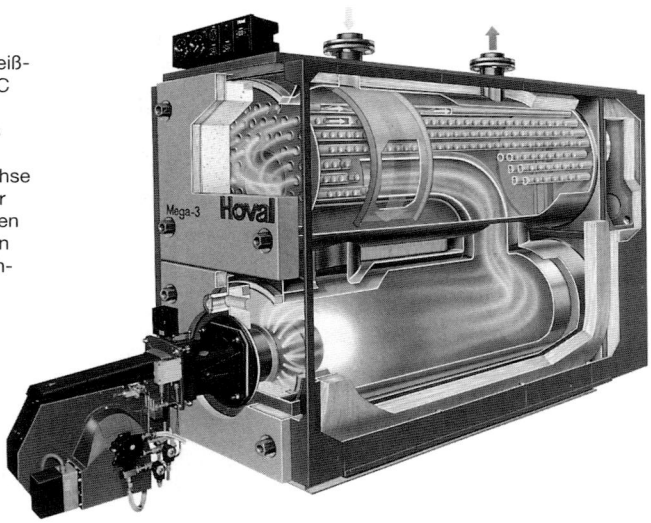

Bild 2.36: Niedertemperatur-Heizungskessel in Dreizugbauweise (Flammenumkehrung in der Feuerbuchse) mit Heizöl- oder Gasbrenner. Die Vorlauftemperatur kann beliebig gleitend abgesenkt werden (Nennwärmeleistung 80 bis 460 kW, für Anlagen nach DIN 4751, Viessmann-Werke, Allendort).

Kesselbauarten und Kesselanlagen

Bild 2.37: Gas-Brennwertzentrale ComfortLine CGS 20/160 von Wolf (Leistungsbereich für Heizung 5,6 – 20,5 kW, Leistungsbereich für Warmwasser 5,6 – 22,9 kW). Normnutzungsgrad bis 110 %.
Durch den Schichtenspeicher mit dem Leit- und Verteilsystem „Turbostop" zur Strömungsdämpfung ergibt sich mit 90 Litern ein Warmwasser-Comfort, der einem 160 Liter Speicher entspricht. Der kompakte Heizwasserwärmetauscher aus Aluminium kann zur Reinigung mit wenigen Handgriffen ausgeschwenkt werden, ohne dass das Wasser abgelassen werden muss (Wolf, Mainburg).

Bild 2.38: Gussheizkessel für Warmwasser- und Niederdruckheißwasserheizungen und für Öl- oder Gasgebläsebrenner mit feuerseits leicht berippten Gliedern. Dieser Typ wird für Leistungen von 201 bis 510 kW angeboten (Buderus, Wetzlar).
1 vorderes Kesselglied, 2 Feuerraum (erster Zug), 3 zweiter Zug, 4 dritter Zug,
5 Wasseraustrittsbohrung, 6 Rücklaufeinspeiserohr

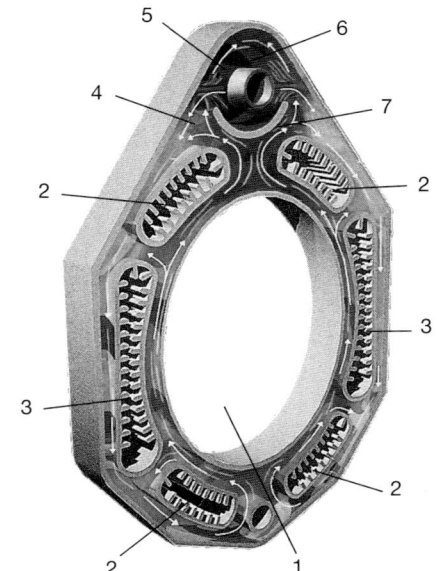

Bild 2.39: Mittelglied eines Gussgliederkessels (Buderus, Wetzlar)
1 Feuerraum, 2 zweiter Heizgaszug, 3 dritter Heizgaszug, 4 Rücklaufwasserströmung, 5 Bereich der Trennung von Vor- und Rücklaufwasser, 6 Bereich des erwäemten Kesselwassers, das zum Heizungsvorlaufstutzen fließt, 7 Kesselwasserleitelement

2.2.3 Wasserrohrkessel (Kleinwasserraumkessel)

2.2.3.1 Allgemeines

Obwohl auch einige Sonderbauarten Kleinwasserraumkessel sind, erschien es zweckmäßig, bei der bewährten Einteilung zu bleiben, d. h. einen eigenen Abschnitt »Sonderbauarten« zu belassen und unter diesem Abschnitt nur Wasserrohrkessel mit natürlichem Umlauf und die reinen Zwanglauftypen zu behandeln.

Für Naturumlauf liegt die obere Grenze des praktischen Anwendungsdruckes aufgrund der Gesetzmäßigkeiten des Sättigungszustandes von Wasserdampf bei nicht viel mehr als 180 bar. Bis zu diesem Druck ist noch ein ausreichender Unterschied zwischen den Dichten (spezifischen Gewichten) von Wasser und Dampf gegeben, sodass der Auftrieb der Dampfblasen noch ausreicht, einen Umlauf von der Obertrommel über die unbeheizten oder schwach beheizten Fallrohre zur Untertrommel oder zu den Sammlern über die beheizten Steigrohre zurück zur Obertrommel zu bewirken (Bild 2.40).

Der so genannte kritische Punkt liegt bei Wasser bei einem Druck von 221,2 bar und einer Temperatur von 374,15 °C. Hier sind die Dichten von Wasser und Wasserdampf gleich. Es gibt keine Verdampfungswärme zur Umwandlung des Wassers von der flüssigen Phase in die Dampfphase mehr; somit verschwindet der Unterschied zwischen Wasser- und Dampfphase, d. h., es ist auch kein Wasserstand mehr festzustellen. Das übliche Denkmodell des natürlichen Wasserumlaufs muss somit bei Annäherung an diesen kritischen Punkt verlassen werden. Wie theoretisch und praktisch nachzuweisen ist, besteht also bei Drücken über rund 180 bis 200 bar – je nach Heizflächenbelastung – nur noch die Möglichkeit, das Zwangdurchlaufprinzip anzuwenden. Einen Überblick über die Umlaufsysteme gibt Bild 2.41.

Kesselbauarten und Kesselanlagen

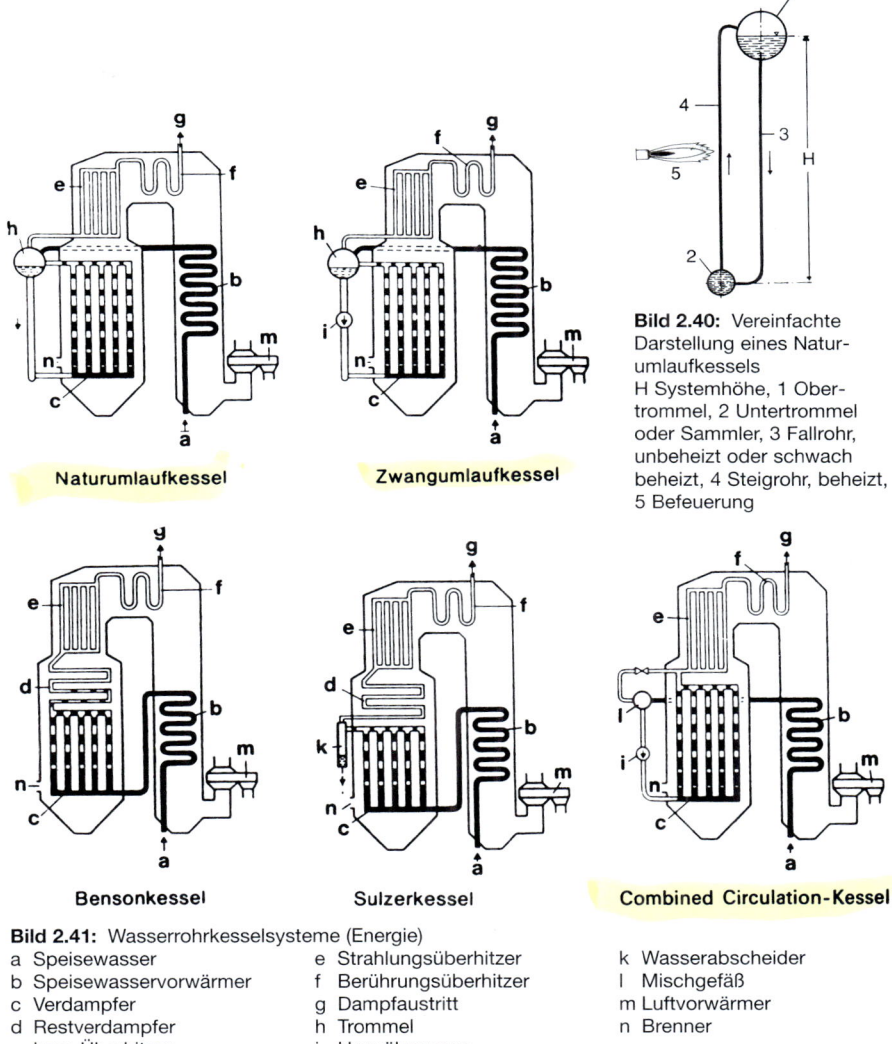

Bild 2.40: Vereinfachte Darstellung eines Naturumlaufkessels
H Systemhöhe, 1 Obertrommel, 2 Untertrommel oder Sammler, 3 Fallrohr, unbeheizt oder schwach beheizt, 4 Steigrohr, beheizt, 5 Befeuerung

Bild 2.41: Wasserrohrkesselsysteme (Energie)
a Speisewasser
b Speisewasservorwärmer
c Verdampfer
d Restverdampfer bzw. Überhitzer,
e Strahlungsüberhitzer
f Berührungsüberhitzer
g Dampfaustritt
h Trommel
i Umwälzpumpe,
k Wasserabscheider
l Mischgefäß
m Luftvorwärmer
n Brenner

Die Weiterentwicklung der Dampftechnik zu höheren Drücken und Temperaturen zum wirtschaftlichen Betrieb von Dampfturbinen hat die Verbreitung des Wasserrohrkessels begünstigt. Die bei Großwasserraumkesseln erforderlichen großen Querschnitte führen bei Überschreiten bestimmter Größen und Drücke für beheizte Wandungsteile zu Schwierigkeiten. So wären Flammrohre für einen Betriebs-

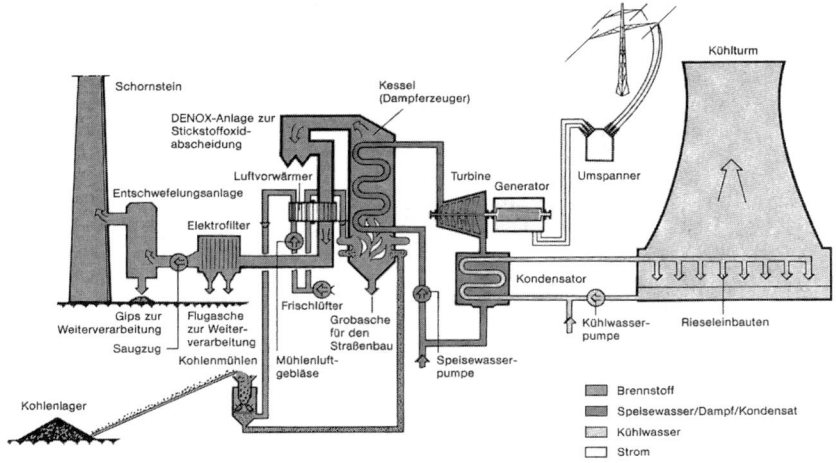

Bild 2.42: Aufbau eines Steinkohlekraftwerksblocks (Scholven)

Überdruck von beispielsweise 100 bar wegen der erforderlichen großen Wanddicken und der daraus resultierenden großen Wärmespannungen im Blech, abgesehen von anderen Nachteilen, nicht mehr zu verwirklichen.

Dickwandige Bauteile sind somit in der Drucktechnik im Allgemeinen nur dort möglich, wo keine unmittelbare Befeuerung vorliegt.

Der Nachteil der geringeren Speicherfähigkeit des Wasserrohrkessels gegenüber dem Großwasserraumkessel konnte erst durch schnell regelbare Feuerungen wie Kohlenstaub-, Öl- und Gasfeuerungen sowie durch betriebstechnische Maßnahmen, z. B. durch Verbundbetrieb in der Elektrizitätswirtschaft, bei dem rasche Lastschwankungen auszugleichen sind, vermieden werden. Zu beachten ist hierbei, dass sich Druck- und Temperaturänderungen im jeweils zulässigen Bereich bewegen.

Bewährt hat sich die automatisierte Erfassung und Bewertung für den Lebensdauerverbrauch von Kessel- und Rohrleitungsteilen, welche mit zeitabhängigen Festigkeitskennwerten die Restlebensdauer berechnen..

Die Anforderungen an das Kessel- und das Speisewasser werden größer, je kleiner die wasser- oder dampfführenden Querschnitte sind. Die neuzeitliche Speisewassertechnik erlaubt jedoch, solche Kessel ohne Gefahr von Ablagerungen zu betreiben. Es ist nur eine Frage des finanziellen Aufwandes, vollentsalztes Wasser herzustellen. Im Übrigen sind mit modernen Innenbesichtigungsgeräten wie Endoskopen Prüfungen bis zu Rohrinnendurchmessern um 10 mm möglich, wobei im Anwendungsfall weitere Absenkungen sicher kein Dauerproblem wären.

Mit dem Fortschritt der Dampftechnik mussten sich auch die Regel-, Steuer- und Überwachungstechnik sowie die Rauchgasreinigungstechnik der Kesselanlagen weiterentwickeln, was wiederum zu erhöhter Verfügbarkeit und zur erweiterten Anwendung von Wasserrohrkesseln führte (s. Bild 2.42).

Neuere Entwicklungen, die den Kesselbau beeinflussen können, gehen zum so genannten Kombi-Prozess mit Vollvergasung der Kohle (Gas- und Dampf-[GuD-]

Kesselbauarten und Kesselanlagen 105

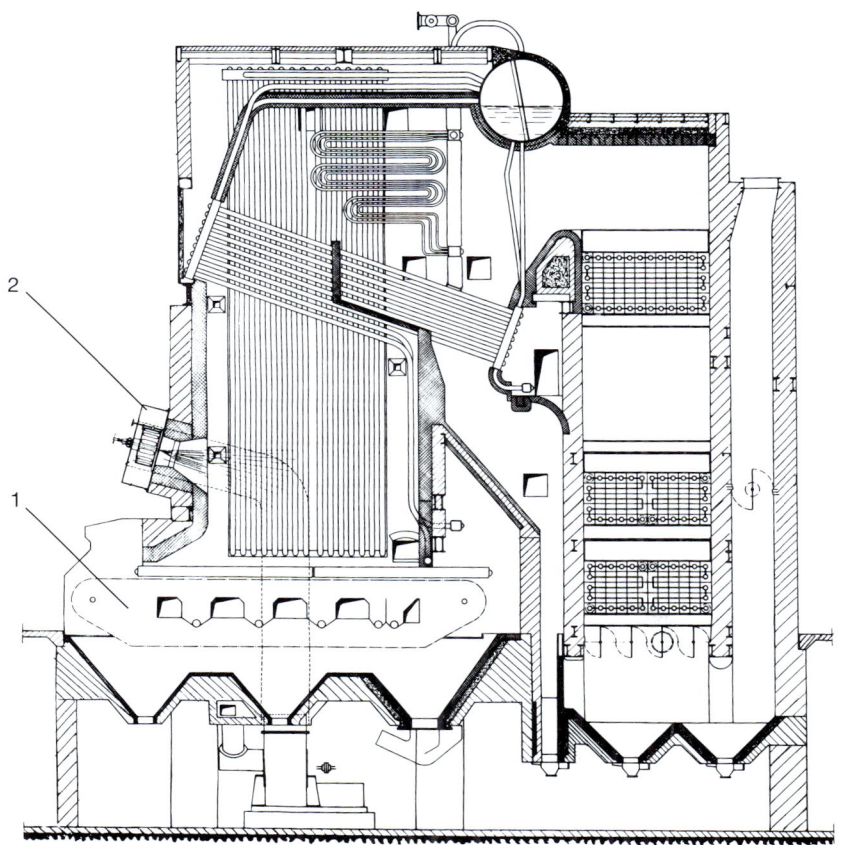

Bild 2.43: Teilkammerkessel mit quer liegender Obertrommel und Unterwind-Zonenwanderrost (Körting)
1 Wanderrostfeuerung, 2 Ölfeuerung

Prozess) mit dem Ziel, den Wirkungsgrad noch weiter zu verbessern und um Emissionen zu vermindern. Bei diesem Prozess wird eine Gas- mit einer Dampfturbine kombiniert (siehe auch Abschnitt 2.5.1).

2.2.3.2 Wasserrohrkessel mit natürlichem Wasserumlauf (Naturumlauf)

Die ersten Bauformen des Großtrommel-Einkammerkessels und dessen Weiterentwicklung zum Großtrommel-Teilkammerkessel mit längs oder quer liegender Obertrommel sind nur noch entwicklungsgeschichtlich von Bedeutung. Bei diesen »Schrägrohrkesseln« münden geneigt liegende wasserführende Rohre in die seitlichen Kammern. Durch die Schräglage der Rohre entsteht ein guter, den Wärmeübergang fördernder Wasserumlauf. Bild 2.43 zeigt eine ältere, aber schon weitgehend gegenüber den ersten Ausführungen verbesserte Bauart (siehe auch Bild 2.3). Hier sind vor allem die wasserführenden Kesselrohre, zum Teil schon senk-

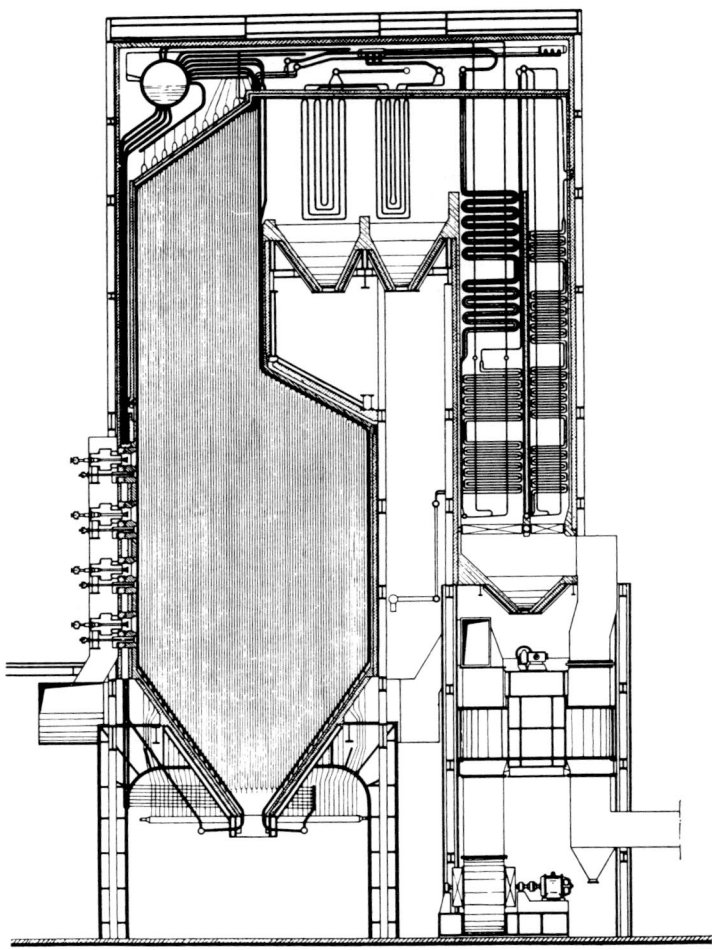

Bild 2.44: Zweizug-Steilrohrkessel mit kombinierten Stirnwandbrennern für Kohlenstaub, Öl und Gas (272 t/h, 110 bar, 515 °C) (Ledinegg)

recht stehend, zur Auskleidung des Feuerraumes benutzt worden. Durch diese Strahlungsheizfläche, die bei neuzeitlichen Ausführungen von Wasserrohrkesseln die Regel ist, wird die Leistung erheblich gesteigert. Ausführungen mit längs liegender Obertrommel wählte man dort, wo es infolge schwankender Dampfentnahme in erster Linie auf großen Wasserinhalt ankam. Bei größeren Dampfmengen und höheren Drücken ist die quer liegende Trommel (Bild 2.44) vorteilhafter, weil sie eine breite Anordnung der Rohrreihen und eine günstigere Beaufschlagung der ersten Rohrreihen ermöglicht, sodass viel Wärme eingestrahlt werden kann. Die Teilkammerkessel sind für alle Feuerungsbauarten geeignet. Der Überhitzer muss

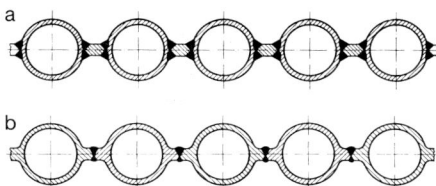

Bild 2.45: Gasdicht verschweißte Rohrwände
a Normalausführung »Rohr-Steg-Rohr«
b Sonderausführung als stranggepresste »Flossenrohre«; teuere Ausführung, die hohen Ansprüchen genügt.

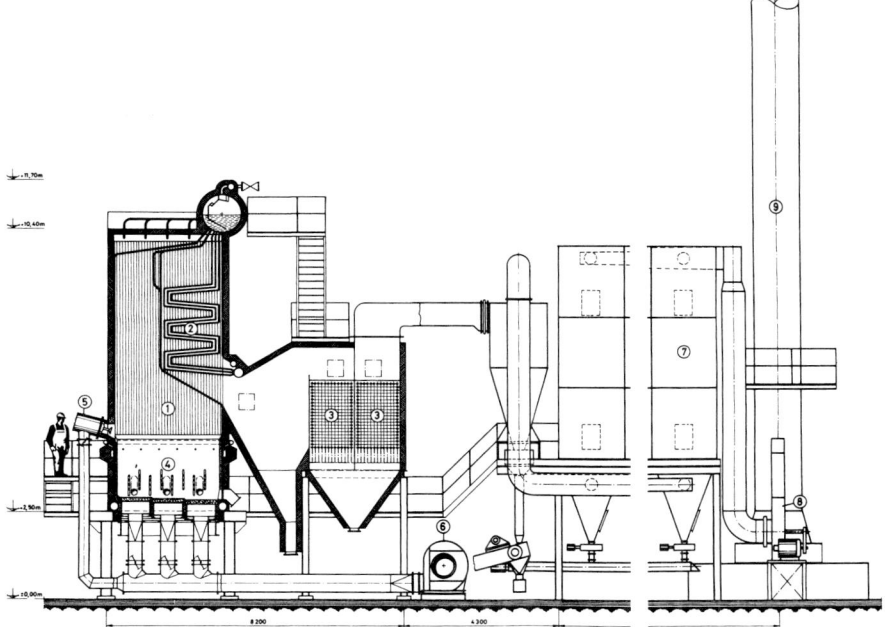

Bild 2.46: Sattdampf-Steilrohrkessel mit Wirbelschichtfeuerung (9 t/h, 17 bar, Standardkessel, Duisburg)
1 Brenn-und Strahlkammer
2 Verdampfer
3 Schlangenrohr-Speisewasservorwärmer
4 Wirbelschichtfeuerung
5 Anfahrbrenner
6 Frischluftgebläse
7 Rauchgasentstauber
8 Saugzuggebläse
9 Kamin

je nach der gewünschten Temperatur berechnet, geschaltet und angeordnet sein. Die Einmauerung der Trommel entfällt, an deren Stelle tritt eine Isolierung. Die Kessel sind für Drücke bis 120 bar und mehr sowie Dampfleistungen bis 240 t/h gebaut worden, in einigen Fällen auch mit zwei Trommeln.

Zur Aufgabe der Obertrommel bei den Naturumlauf-Wasserrohrkesseln ist zu sagen, dass sie Folgendes bewerkstelligen soll:
a) Aufnahme des frisch eingespeisten Wassers,
b) Verteilung des Wassers auf die Fallrohre,
c) Erhöhung des Wärmespeichervermögens,

d) das Halten des Wasserstandes auf der richtigen Höhe erleichtern,
e) die Absinkgeschwindigkeit des Wasserstandes erniedrigen,
f) Trennung von Wasser und Dampf verwirklichen,
g) Dampf mit geringstmöglichem Wasseranteil entnehmen.

Die Trommel ist auch Endpunkt des Sattdampfteils im System und ist somit Anbindepunkt für nachgeschaltete Überhitzer, sofern diese vorgesehen sind. Weiterhin ist die Trommel als »ruhender Pol« des Dampferzeugers gut zur Aufnahme wichtiger Ausrüstungsteile wie Sicherheitsventil, Geber für Regler und Begrenzer für Druck, Temperatur und Wasserstand sowie zur Anbringung der Wasserstandeinrichtungen geeignet. Bei diesen Kesseln sind große Leistungen auf kleiner Grundfläche verwirklicht, was die Baukosten, bezogen auf die Dampfleistung, verringert.

Die Weiterentwicklung des Schrägrohrkessels war der mit Naturumlauf oder Zwanglauf betriebene Steilrohrkessel. Er hat keine Teilkammern mehr. Die senkrecht oder sehr steil gestellten Rohre münden vielmehr unmittelbar in Trommeln ein. Die Kessel sind daher so ausgelegt, dass ein Großteil der Wärme als Strahlungswärme übertragen wird (Strahlungskessel). Die Rohrführung im Kessel berücksichtigt, dass die Auftriebskräfte genügen müssen, einen ausreichenden Umlauf zu bewerkstelligen. Wasserrohr-Naturumlaufkessel müssen deshalb in Abhängigkeit vom Betriebsdruck mehr oder weniger hoch im Verhältnis zu ihrer Querschnittsfläche gebaut sein.

Der weiterentwickelte Steilrohrkessel für höhere Drücke hat im Allgemeinen keine Untertrommel mehr, sondern besitzt beispielsweise zur Verbindung der Fallrohre mit den Steigrohren Sammler mit kleineren Querschnitten, die festigkeitsmäßig besser zu beherrschen sind (Bild 2.44).

Darüber hinaus verzichtete man schon bald nach 1950 auf die Mauerwerksumkleidung, was einen entscheidenden Einfluss auf den Kesselbau hatte. Man ersetzte sie durch die so genannten Membranwände mit »Flossenrohren« und dgl., die einerseits die Strahlungsheizfläche vergrößern und eine gasdichte Bauweise erlauben, andererseits aber eine aufwendigere Fertigungs- und Qualitätsprüfung und besondere Montageanweisungen erfordern. Da jedoch die Vorteile überwiegen, hat sich diese Bauweise bei Großkesseln durchgesetzt (Bild 2.45).

Ganz allgemein ermöglichen die Steilrohrkessel durch die Freizügigkeit ihrer Konstruktion eine gute Anpassung an die Forderungen der Feuerung (s. z. B. Bild 2.46). Sie werden vorwiegend mit einer Trommel (»Eintrommel-Kessel«) gebaut, bei denen die nachgeschalteten Heizflächen den Erfordernissen entsprechend, oft aber im abwärts gehenden letzten Zug angeordnet sind (Bild 2.44). Alle Dampf erzeugenden Rohre münden oberhalb oder in der Nähe des Wasserspiegels in die Obertrommel.

Eine Ausführungsform als »Turmkessel« (Einzugausführung) zeigen die Bilder 2.47 und 2.48. Bei diesem Kessel wird das Wärmedehnungsproblem noch besser beherrscht als bei Kesseln mit mehreren Zügen.

Die Wirbelschichtfeuerungen (WSF, siehe Abschn. 4) haben weiter an Bedeutung gewonnen, was sich auf die Kesselbauarten entsprechend auswirkt. Heute haben alle bedeutenden Hersteller Wasserrohrkessel mit WSF im Programm; Planungen reichen bis zu Leistungsgrößen von 600 MW_{el} (Bild 2.49). Bei der Umstellung vorhandener Anlagen hat sich gezeigt, dass ehemalige Wanderrost-Wasserrohrkessel für den Wirbelschichtbetrieb gut geeignet sind, da sie die notwendigen Feuer-

Kesselbauarten und Kesselanlagen

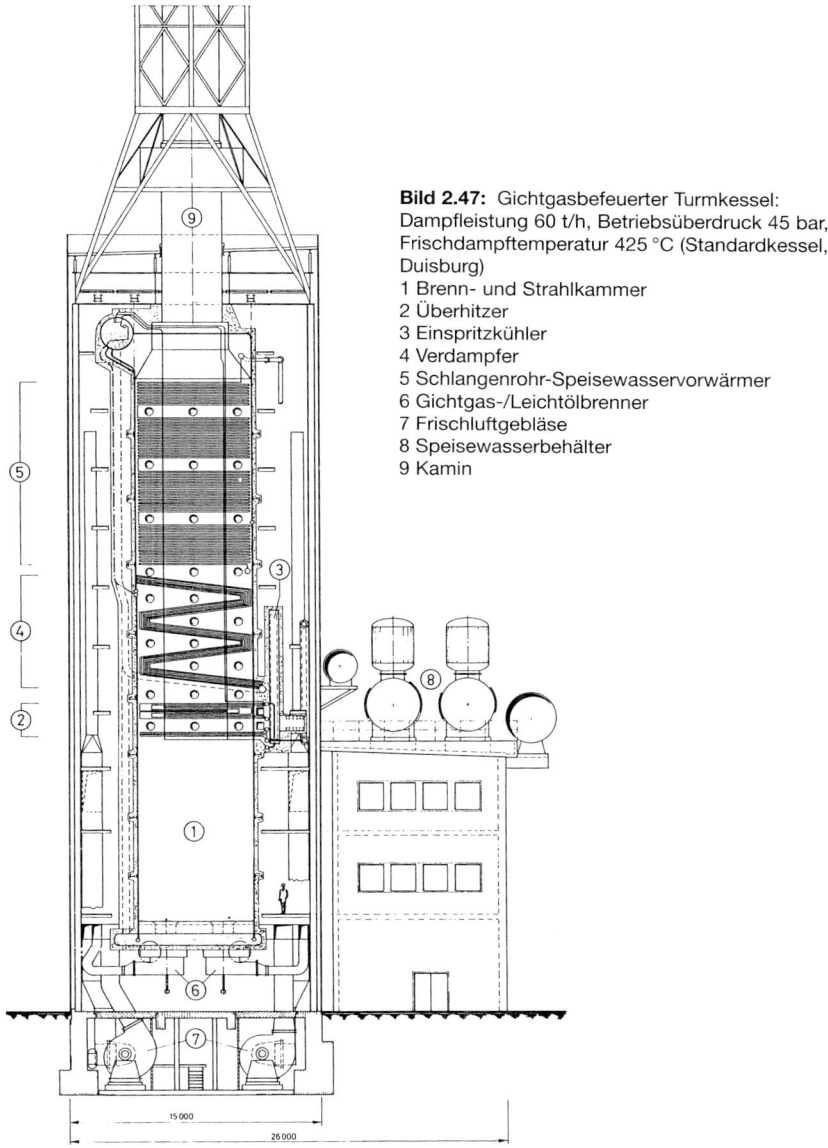

Bild 2.47: Gichtgasbefeuerter Turmkessel: Dampfleistung 60 t/h, Betriebsüberdruck 45 bar, Frischdampftemperatur 425 °C (Standardkessel, Duisburg)
1 Brenn- und Strahlkammer
2 Überhitzer
3 Einspritzkühler
4 Verdampfer
5 Schlangenrohr-Speisewasservorwärmer
6 Gichtgas-/Leichtölbrenner
7 Frischluftgebläse
8 Speisewasserbehälter
9 Kamin

raumquerschnitte haben. Auf der Wasser-/Dampfseite sind Umstellungen notwendig. So ist beispielsweise wegen der Gefahr der Aschesinterung nach der Wirbelschicht eine in die Schicht eintauchende Wasserrohrheizfläche zu installieren, an die etwa 50 % der eingebrachten Wärme zu übertragen ist.

Bild 2.48: Ansicht des in Bild 2.47 dargestellten gichtgasbefeuerten Abhitzekessels des Krupp Stahlwerks Rheinhausen (Standardkessel, Duisburg)

Im Übrigen müssen Kesselbauarten auch den besonderen Bedingungen eines Betriebes gerecht werden. Ein typisches Beispiel ist der in Bild 2.50 dargestellte Naturumlauf-Wasserrohrkessel in einer Raffinerie zu bezeichnen, in dem hochviskose Raffinerierückstände als Brennstoff dienen.

Ganz allgemein ist eine gute Dampfabscheidung in der Obertrommel sehr wichtig, um ein Mitreißen von Wasserteilchen in die Nachschaltheizflächen zu vermeiden. Man baut deshalb auch Abweisbleche u. a. in die Obertrommel ein (Bild 2.51).

Kesselbauarten und Kesselanlagen 111

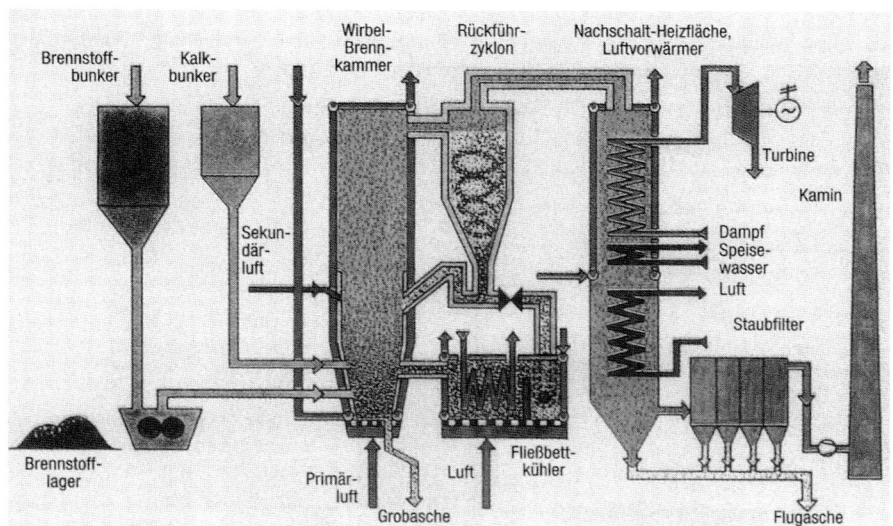

Bild 2.49: Prinzipschema einer Feuerung mit einer zirkulierenden Wirbelschicht (ZWSF) (VGB)

Die gewünschte Dampfleistung, der Verwendungszweck und die Feuerung bzw. der Brennstoff beeinflussen die Konstruktionen sehr stark. Die nachfolgenden Bauarten sind durch diese Einflüsse geprägt.

2.2.3.2.1 Steilrohrkessel mit Schmelzfeuerungen

Bei Kesseln mit Kohlenstaubfeuerungen kann man die Asche entweder trocken abziehen oder sie einschmelzen und flüssig entnehmen. Hierzu ist die Temperatur in der Brennkammer je nach Brennstoff auf über 1400 bis 1500 °C, ja sogar bis zu 1700 °C zu steigern, damit die Asche schmilzt. Neben der Formgebung ist erforderlich, die Wärmeabgabe in der »Schmelzkammer« zu verringern. Dies geschieht durch Aufbringen einer feuerfesten Stampfmasse, z. B. mit Chromerz- oder Siliziumkarbid-Anteilen. Damit die Stampfmasse auf den Rohren hält, werden sie mit aufgeschweißten Stiften versehen, die durch Bolzenschweißung angebracht werden (Bilder 2.52 und 2.53).

Wie Erfahrungen zeigen, weisen Schmelzfeuerungen folgende Vorteile gegenüber Feuerungen mit trockenem Aschenabzug auf:
a) Die hohen Temperaturen in der Schmelzkammer bewirken eine hervorragende Verbrennung, was zu geringer Verschmutzung der nachgeschalteten Heizflächen führt. Die Nachteile hoher Brennkammertemperaturen sind weiter unten erläutert.
b) Als Folge hiervon ergibt sich ein guter Ausbrand der Kohleteilchen, was bei trockenem Aschenabzug schwieriger ist und sich bei ballastreichen Brennstoffen sogar noch verschlechtert. Die Folge dieses guten Abbrandes ist eine Verbesserung des Wirkungsgrades. Durch Flugkoksrückführungen wird erreicht, dass die Asche praktisch nichts Brennbares mehr enthält. Wenn auch bei

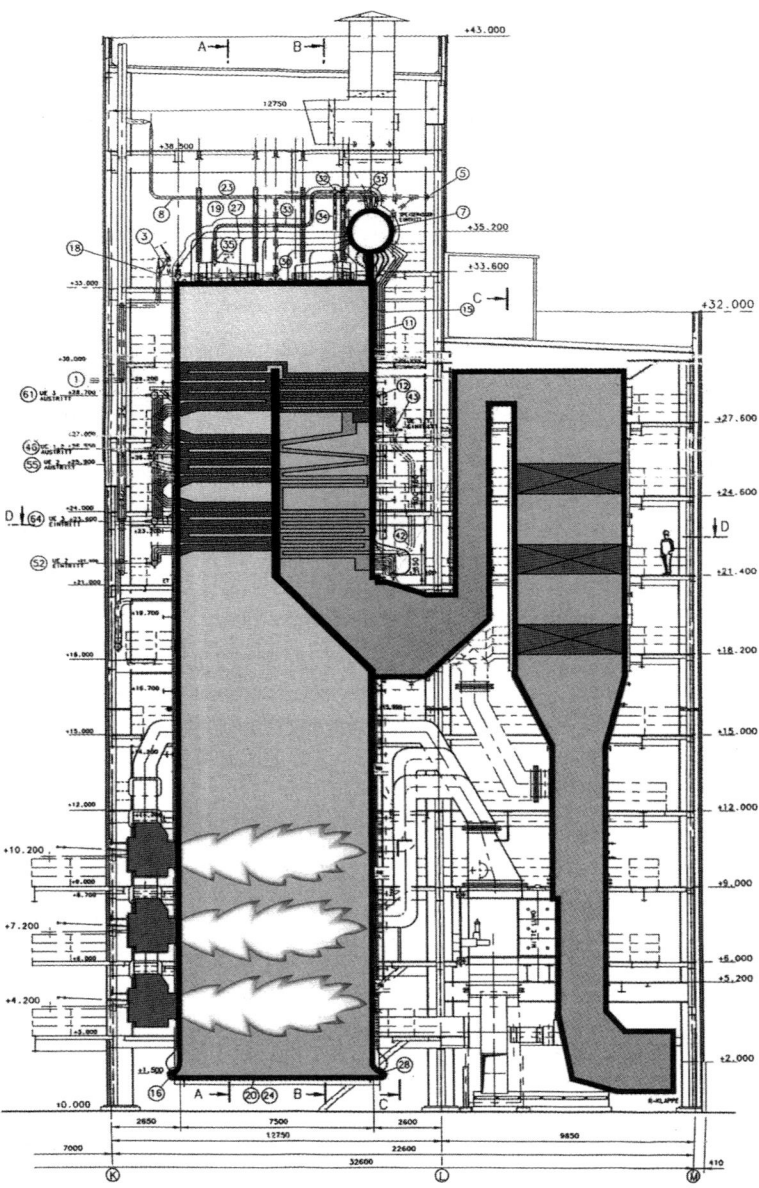

Bild 2.50: Naturumlauf-Wasserrohrkessel mit Ölbrennern für hochviskose Raffinerierückstände. Der Kessel dient als Grundlastkessel in der Raffinerie Leuna und ist für eine Feuerungswärmeleistung von 115 MW und einem Frischdampfzustand von 100 bar/505 °C bei einer Dampfleistung von 162 t/h ausgelegt (VGB)

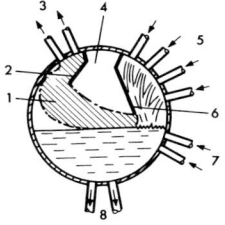
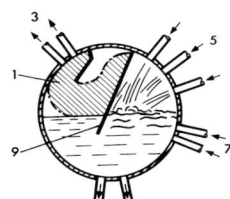

Bild 2.51: Trommeleinbauten zur Beruhigung des Wasserstandes und besseren Trennung des Dampfes vom Wasser
1 Weg des Dampfstromes
2 Abweisblech
3 Dampfaustritt
4 Sichtraum
5 Steigrohre
6 Spritzblech
7 Speisewassereintritt
8 Fallrohre
9 Siebblech oder geschl. Trennblech, seitlich offen

Bild 2.52: Bestiftetes Einzelrohr eines Kessels mit Schmelzfeuerung

ballastreichen Brennstoffen mit der flüssigen Schlacke viel fühlbare Wärme verloren geht, wird dies durch den besseren Ausbrand aufgewogen.
c) Ballastreiche Kohle mit über 35 % Aschegehalt und einem Wassergehalt von mehr als 10 % lässt sich leichter verfeuern.
d) Der Abtransport der granulierten Schlacke ist einfach. Gelegentlich verarbeitet man die Schlacke zu Baustoffen.
e) Durch die intensivere Verbrennung bei höheren Temperaturen fallen die Kesselabmessungen kleiner aus.

Andererseits werden heute die Nachteile der Schmelzfeuerungen aufgrund der verschärften Umweltgesetzgebungen sehr hoch eingeschätzt, was es zweifelhaft erscheinen lässt, dass diese »deutsche Lösung« eines Krafterzeugungskessels mit dem Abzug flüssiger Asche mittel- und langfristig weiterhin Bestand haben wird. Entscheidend hierfür wird sein, wie sich die so genannten Denox-Anlagen, das sind Anlagen zur Beseitigung von Stickoxid-Verbindungen (NO_X), das ja wegen der hohen Verbrennungsendtemperatur in Schmelzfeuerungen bei solchen Kesseltypen auch erhöht anfällt, im Dauerbetrieb mit hohen Wirkungsgraden bewähren.

Als weiterer Nachteil ist noch zu erwähnen, dass dann, wenn, wie geschehen, Steinkohlekessel aus energiewirtschaftlichen Gründen in der Elektrizitätswirtschaft mehr und mehr zur Mittellastdeckung herangezogen werden, ihre Verfügbarkeit gegenüber Anlagen mit trockener Entaschung geringer ist, d. h., es ist ein höherer Wartungs- und Reparaturaufwand zu betreiben. Aufgrund dieser Tatsache wurden für große Einheiten über 1000 t/h Dampfleistung schon vor längerer Zeit keine Schmelzkammerkessel, sondern trocken entaschte Dampferzeuger gewählt. Diese Entwicklung setzt sich bei neueren Projekten auch für kleinere Leistungen verstärkt fort. Im Übrigen gibt es einige neue Konzepte wie die Kohlevergasung.

Zu den Schmelzkammerformen (Bild 2.54) ist zu sagen, dass die offenen Schmelzkammern für Kohlensorten mit geringem Schmelzpunkt und die geschlossenen

Bild 2.53: Blick in die Brennkammer eines »Schmelzkammerkessels« bei der Montage. Man erkennt die bestifteten Kesselrohre, die dann mit Stampfmasse versehen werden (KSG).

Kesselbauarten und Kesselanlagen 115

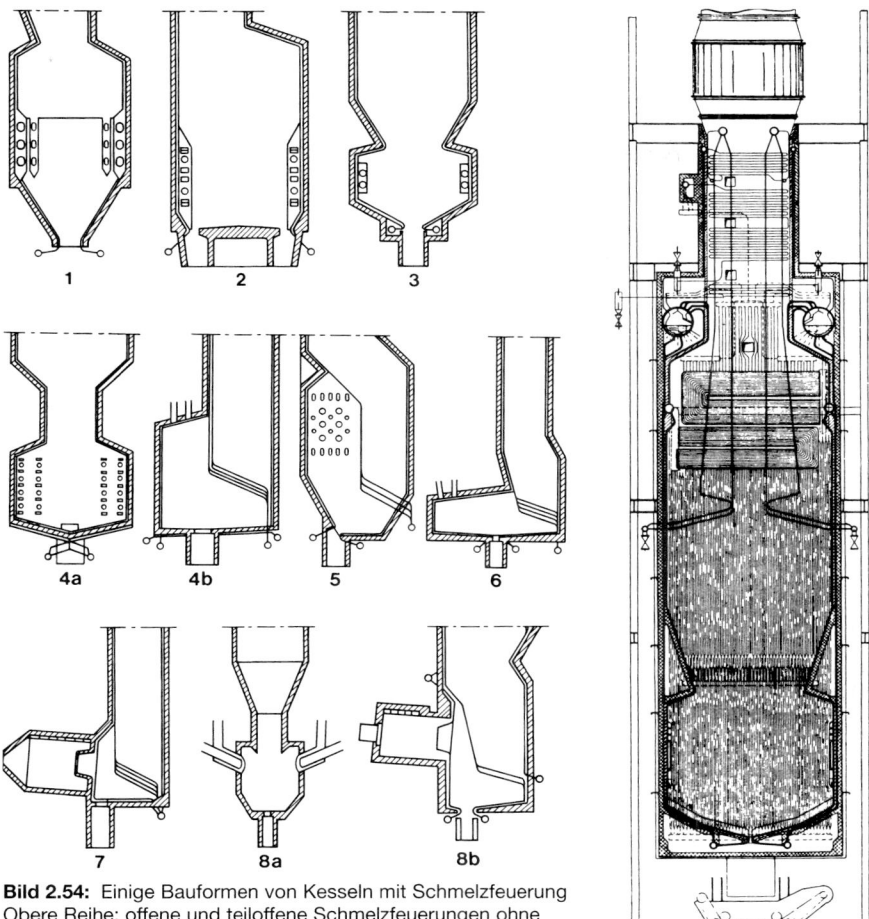

Bild 2.54: Einige Bauformen von Kesseln mit Schmelzfeuerung
Obere Reihe: offene und teiloffene Schmelzfeuerungen ohne Schlackefangroste
1 steiler Trichter
2 Schmelztisch
3 flacher Trichter
Mittlere und untere Reihe: geschlossene Schmelzfeuerungen mit Schlackefangrosten
4a Kammer mit Eckenfeuerung (Ringflamme)
4b Kammer mit Deckenbrenner (U-Flamme)
5 Kammer mit Gegenbrennern (»Doppelender«)
6 Schmelztiegel
7 Babcock-Zyklonfeuerung
8a KSG-Wirbelschmelzkammer
8b Scholven-Wirbelschmelzkammer

Bild 2.55: Steilrohrkessel in Turmbauweise mit halb offener Schmelzkammer (200 t/h, 182 bar, 530 °C)

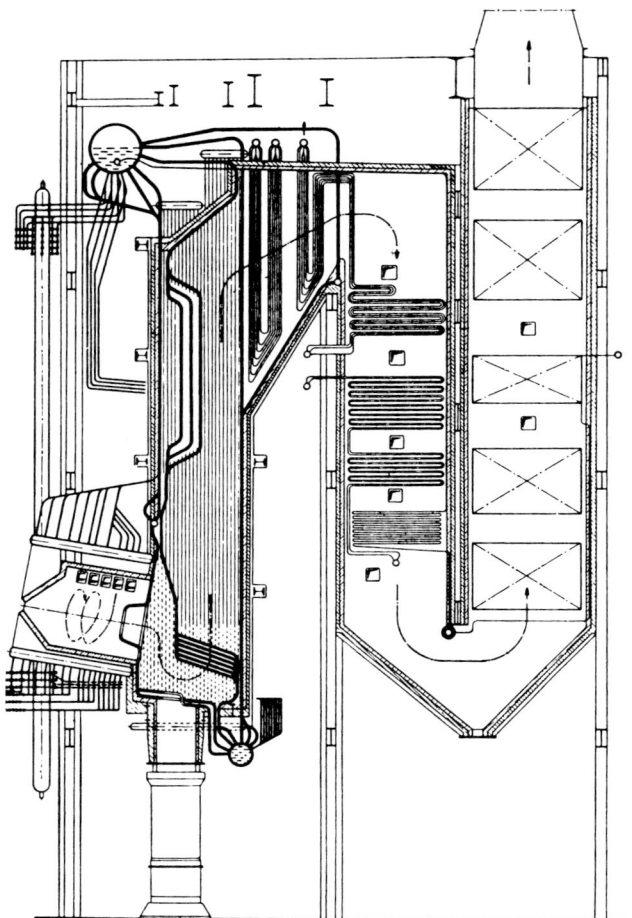

Bild 2.56: Steilrohrkessel in Dreizugbauweise mit Zyklonfeuerung (M 1 : 200, 125 t/h, 84 bar, 510 °C)

Schmelzkammern für Kohlensorten mit höherem Schmelzpunkt gedacht sind. Kessel mit Zyklonfeuerungen haben sich bisher bewährt. Die noch intensivere Verbrennung im Zyklon gestattet es, die Kohle etwas gröber auszumahlen als bei anderen Schmelzkammerformen.

Im Übrigen kann heute jede Kohle im Schmelzfluss verfeuert werden, wenn der Kessel auf die jeweiligen physikalischen Eigenschaften der Schlacke abgestimmt ist.

Bild 2.55 ist ein Beispiel für einen Strahlungskessel mit Schmelzfeuerung. Er ist in Turmbauweise ausgeführt; die Rauchgase werden also im Kessel nicht umgelenkt. Eine Ausführung mit angebautem Zyklon zeigt Bild 2.56. Die Abscheidung der flüssigen Ascheteilchen erfolgt hier vorwiegend in dem wegen der gegebenen Strömungsverhältnisse als Zyklon bezeichneten Brennraum.

2.2.3.2.2 Wasserrohr-Schiffskessel

Obwohl Naturumlauf-Wasserrohr-Schiffskessel vom Prinzip her genauso aufgebaut sind wie alle anderen Steilrohrkessel, verdienen sie wegen ihrer extremen Kompaktbauweise, die durch die Raumnot bedingt ist, eine besondere Darstellung (Bild 2.57). Bei Schiffskesseln ist schnelle Manövrierfähigkeit wesentlich; die Kessel müssen in kürzester Zeit einen Belastungswechsel von Null- auf Volllast ermöglichen, geringen Platzbedarf haben und leicht sein. Moderne Schiffskessel werden heute nur noch mit Heizöl befeuert, wodurch die feuerseitigen Reinigungsprobleme geringer geworden sind, wenn eine optimale Einstellung der Brenner vorausgesetzt wird. Das Befahren zu Reinigungs- und zu Prüfzwecken ist aufgrund ihrer engen Bauweise aber nach wie vor problematisch. Moderne Untersuchungsmethoden, z. B. mit Ultraschall-Wanddickenmessgeräten und mit Endoskopen, erleichtern die Prüfung solcher Kompaktanlagen.

Wie bereits im Abschnitt 2.2.2.1 erwähnt, hat auch der Übergang zu höheren Dampfdrücken und Dampftemperaturen nicht dazu geführt, den Wettbewerb mit der Dieselmaschine zugunsten der Dampfturbine zu entscheiden. Nach Aussage des Germanischen Lloyd laufen nur noch wenige Frachtschiffe, meist Containerschiffe und Tanker, mit Wasserrohrkesseln und Dampfturbinenantrieb.

Bild 2.57: Zwei spiegelbildliche Wasserrohr-Schiffskessel vor der Auslieferung im Herstellerwerk (MAN)

Bild 2.58: Derzeit größter Eckrohrkessel der Welt an zwei Kranen (800 t und 400 t) vor dem Abtransport auf dem Wasserweg zum Aufstellungsort beim HWE (Blohm+Voss, Hamburg). Der Kessel weist folgende technische Daten auf: 216 t/h, 25 bar, 490 °C, bivalente Feuerung Heizöl EL (Dampf- und Druckluftzerstäubung) und Erdgas. Das Gewicht der Trommel mit 9 m Länge und einem Durchmesser von 2,8 m beträgt 50 t, das des gesamten Kessels rund 350 t.

2.2.3.2.3 Der Eckrohrkessel

Seine Besonderheit ist eine »selbst tragende Karosserie«, d. h., das meist an den Ecken angeordnete Fallrohrsystem bildet das Hauptgerüst.

Diese Naturumlauf-Kesselbauart wurde um 1940 zunächst für Sonderzwecke entwickelt. Die konstruktiven Möglichkeiten des Eckrohrprinzips im Hinblick auf vereinfachte Konstruktion und Herstellung sowie die Tatsache, dass der Wasserumlauf dadurch gut beherrscht wird, dass man an den Eckrohrkäfig an beliebigen Stellen je nach Bedarf Wasserzu- und -ableitungen und Dampfüberströmrohre anschließen kann, sowie der weitgehende Verzicht auf Mauerwerk förderten seine Entwicklung. Er lässt sich an verschiedene Raum- und Betriebsverhältnisse gut anpassen.

Durch ständige Weiterentwicklung konnten Dampfleistungen von 100 t/h, vereinzelt sogar von über 200 t/h, verwirklicht werden (Bild 2.58).

Kesselbauarten und Kesselanlagen

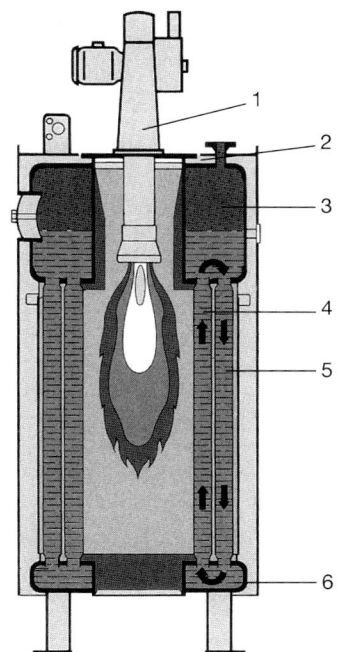

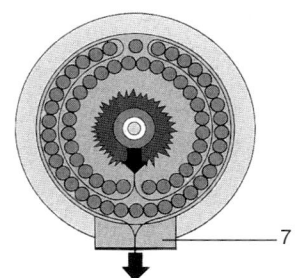

Bild 2.59: Wasserrohr-Naturumlauf-Schnelldampferzeuger (16 bar, 250–5000 kg Dampf/h, Henschel Kessel GmbH, Kassel)
1 Brenner, 2 Dampfaustritt, 3 oberer Ringsammler, 4 Steigrohre, 5 Fallrohre, 6 unterer Ringsammler, 7 Abgasaustritt

Bild 2.60: Vereinfachte Darstellung der Schaltung eines Schmidt-Hartmann-(Zweidruck-)Kessels (Dubbel)
a Trommel des Zweitteiles (Sekundärtrommel)
b Heizschlangen
c Verdampferrohre des Erstteiles
d Trommel des Erstteiles (Primärtrommel)
e Überhitzer
f Speisewasservorwärmer
g Luftvorwärmer
h Dampfentnahme

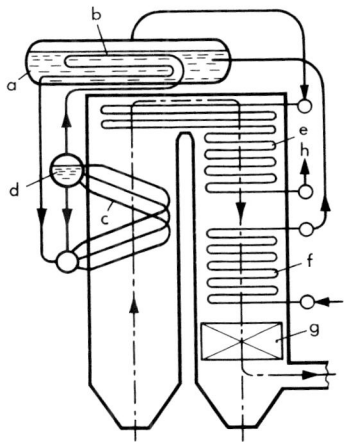

2.2.3.2.4 Der Naturumlauf-Schnelldampferzeuger

Auch im Bereich der kleinen Leistungen werden Naturumlauf-Wasserrohrkessel eingesetzt. Voraussetzung hierfür ist, dass die Betreiber auch die notwendige Wasserqualität für den problemlosen Dauerbetrieb zur Verfügung stellen.

Weil man bei geringem Platzbedarf nach einer Anfahrzeit von wenigen Minuten die gewünschte Dampfmenge bei dem notwendigen Druck erzeugen kann, hat sich der Ausdruck »Schnelldampferzeuger« eingebürgert. Aufstellungsflächen unter 2 m² je erzeugbarer Tonne Dampf je Stunde sind bei diesen Bauarten keine Seltenheit. Bei Öl- und Gasfeuerungsbetrieb lassen sich diese Kessel sehr kompakt bauen und anschlussfertig zum Aufstellungsort transportieren (Bild 2.59).

2.2.3.2.5 Der Zweidruck- oder Schmidt-Hartmann-Kessel

Beim Zweidruckkessel wird ähnlich wie beim Gegenstromapparat der Hochdruckdampf mittelbar (indirekt) durch Wärmeabgabe des Wassers oder des Dampfes aus dem unmittelbar (direkt) beheizten Primärsystem an das Wasser in einem Sekundärsystem, das für sich geschlossen ist, erzeugt (Bild 2.60). Das Prinzip wird auch in der Heißwassertechnik angewendet, wobei es hier nicht ungewöhnlich ist, dass der Druck im Sekundärsystem wegen hoher statischer Drücke größer ist als im Primärsystem. Bei Heißwassersystemen kommt es jedoch auf die Wassertemperaturen an, die zwischen Primär- und Sekundärsystem die gewünschten Unterschiede (»Spreizung«) aufweisen.

Ursprünglich sollte im Zweidruckkessel das Speise- und Kesselwasser für den Zweitteil deshalb nicht unmittelbar beheizt werden, weil man Speisewasser minderer Qualität für die Erzeugung von Höchstdruckdampf verwenden wollte.

Bei der heutigen Speisewassertechnik lohnt dieses Verfahren nicht. Bei Heißwasserkesseln nach diesem Prinzip ist bei schwerölbefeuerten Anlagen ein sinnvoller Einsatz dann gegeben, wenn sonst bei unmittelbarer Einspeisung des Rücklaufwassers in den Kessel mit Taupunktsunterschreitungen im Rauchgas gerechnet werden müsste. Eine Trennung des Wärmeerzeugungskreislaufes vom Wärmeverbrauchskreislauf wird bei Heißwassererzeugern auch dann zweckmäßig, wenn die statische Anlagenhöhe tief liegende Kesselbauteile sonst festigkeitsmäßig unnötig hoch belasten würde.

Bild 2.61: Vereinfachte Darstellung der Schaltung eines La-Mont-Kessels (Huppmann)
1 Speisepumpe
2 Umwälzpumpe
3 La-Mont-Verdampfer
4 Überhitzer
5 Vorwärmer

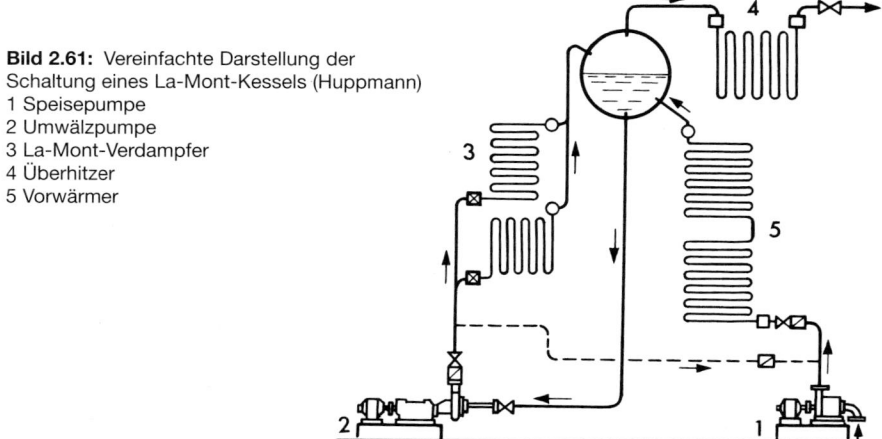

Meist wird die zum Sekundärsystem gehörige Obertrommel so gestaltet, dass die Heizelemente bei Reparaturen und bei Reinigungen herausgezogen werden können. Der Betrieb ist bezüglich der wasserseitigen Verschmutzungen problemlos: An den Heizschlangen des Primärsystems in der Trommel setzt sich im Laufe der Zeit Kesselstein ab, der zwar den Wärmeübergang verschlechtert, aber nicht zum Kesselschaden führt. Es genügt, die Oberfläche der Heizelemente bei der Reinigung des Kessels mit Druckwasser abzuspritzen, da die Verunreinigungen meist schlammförmig anfallen.

Bei Dampferzeugern wird das Primärsystem mit einem um 20 bis 50 bar höheren Druck als das Sekundärsystem betrieben, damit ein genügend großer Wärmeübergang stattfinden kann. In den Beispielen für gewählte Druckverhältnisse in Zweidruckkesseln stellt die erste Zahl den Druck im Primärsystem und die zweite Zahl den Druck im Sekundärsystem dar:

50/32 bar, 70/42 bar, 50/25 bar, 80/42 bar, 45/25 bar.

Ein Ansteigen des Druckunterschiedes lässt auf eine Verschmutzung der Heizelemente schließen.

2.2.3.3 Der Zwangumlauf-Wasserrohrkessel (La-Mont-Kessel)

Der Zwangumlauf-Wasserrohrkessel ist dem Wasserrohrkessel mit natürlichem Umlauf äußerlich ähnlich, da er ebenfalls eine Trommel aufweist, also mit ausgeprägtem Wasserstand arbeitet. Da der Umlauf nicht vom jeweiligen Druck abhängt, ist eine Annäherung des höchsten Betriebsdrucks an den kritischen Druck allerdings eher möglich als bei Naturumlaufkesseln. Der Wasserumlauf wird nicht mehr durch den Gewichtsunterschied des Wassers bzw. des Dampfes in den Steig- und Fallrohren bewirkt, sondern zwangsweise mithilfe einer Umwälzpumpe, was den Vorteil hat, dass die Kühlung beheizter Rohre sofort nach Pumpeninbetriebnahme erfolgt (Bild 2.61 zeigt das Schema). Beim ursprünglichen La-Mont-System (nach dem Amerikaner *Henry La Mont* benannt) ist die Umwälzpumpe so ausgelegt, dass sie das acht- bis zehnfache der verdampften Wassermenge umwälzt, wobei eine Mitnahme von Dampfblasen auch bei abwärts gerichteten Verdampferrohren sichergestellt ist und einen Differenzdruck von etwa 2,5 bar aufwies.

Bei Schnelldampferzeugern nach dem Zwangumlaufprinzip ist meist ein geringeres Verhältnis der umgewälzten Wassermenge zur Verdampfungsmenge gegeben. In einem Fall wird nur die 1,25-fache Verdampfungsmenge als Wassermenge umgewälzt; diese Anlage rückt also schon nahe an das Zwangumlaufsystem heran und muss in gewisser Weise als Mischtyp eingestuft werden (Bild 2.62). Ganz allgemein besteht bei Anschluss einer größeren Anzahl von Rohren an einer Druckleitung die Gefahr, dass sich das Wasser wegen verschiedenen Widerstandes der einzelnen Rohre ungleichmäßig verteilt. Die Folge davon wäre, dass das eine oder andere parallel geschaltete Rohr zu wenig Wasser und damit Kühlung erhält, was zu Rohrreißern führen kann. Der Widerstand der einzelnen Rohre hängt von der Länge der Rohrschlangen, von der Anzahl der Rohrbiegungen, von der Rohrrauigkeit und vom Grad der Beheizung ab. Um Rohrreißer zu vermeiden, kann z. B. eine gleichmäßige Wasserverteilung durch Drosselung des Druckes vor dem Eintritt der Rohre in den Feuerraum erreicht werden. Viele Anlagen haben deshalb Drosseldüsen (Bild 2.63) in den Rohrstutzen der Eintrittskammern. Die vorgeschalteten Siebe müssen selbstverständlich kleinere Bohrungen haben als die Bohrung der Drosseldüse. Die Aus-

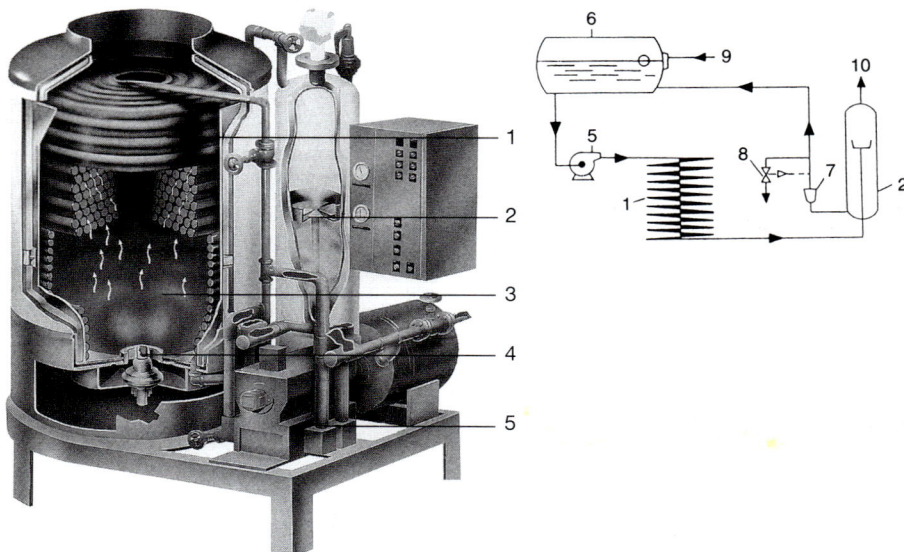

Bild 2.62: Schnitt und Schema eines Zwangumlauf-Schnelldampferzeugers mit Gegenstromprinzip, Einzugausführung und einem geringen Verhältnis Umwälzmenge/Dampfmenge von 1,25. Leistungen von 100 bis 5865 kW, Betriebsüberdrücke bis 32 (90) bar. Der Kessel kann als Heißwassererzeuger verwendet werden, wobei er als Durchlaufkessel mit Rücklaufwasserbeimischung in eine nachgeschaltete Dampf-Heißwassermischkammer arbeitet (Clayton, Krefeld).
1 Heizfläche als Einrohrheizschlange, 2 Dampf-Wasserabscheider mit Dampfentnahmestutzen und Sicherheitsventil, 3 Brennkammer, 4 Brenner, 5 Membranpumpe für Speise- und Umwälzwasser, 6 Behälter für Speise- und Umwalzwasser, 7 Kondenstopf, 8 automatische Abschlämmung, 9 Speisewasserzuführung, 10 Dampfentnahme

führung der jeweiligen Drosseldüse wird mit speziellen EDV-Programmen errechnet; Nachbesserungen können nur bei größeren Abweichungen, die der Probebetrieb ergibt, erforderlich werden.

Das Herzstück einer Zwangumlaufanlage ist die Umwälzpumpe. Sie bedarf besonderer Pflege und während des Betriebes einer besonderen Beobachtung. Unregelmäßigkeiten des Zwangumlaufprinzips werden unter anderem am Differenzdruckmanometer erkannt.

Als Vorteil ist wiederum der geringe Platzbedarf, bezogen auf die Leistung, zu nennen, der dadurch noch besonders günstig wird, dass die Rohrführung beliebig sein kann und keine besonderen Forderungen an die Auftriebshöhe zu stellen sind (Mäanderbandwicklung). Auch können die Querschnitte der Siederohre geringer gehalten werden; üblich sind Rohre mit 32 bis 38 mm äußerem Durchmesser.

Bei der Entscheidung für diese Kesselbauart wird der Betreiber sicherlich abzuwägen haben, dass neben all den genannten Vorteilen im Allgemeinen die Herstellung und der Betrieb solcher Anlagen – z. B. durch die Umwälzpumpen – etwas aufwendiger ist als für reine Naturumlaufanlagen, was aber auch für verschiedene

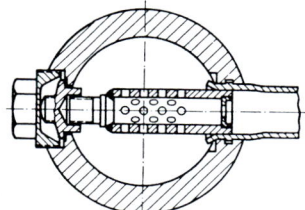

Bild 2.63: Drosseleinsatz im Verteilersammler eines La-Mont-Kessels (VGB)

andere Bauarten gilt. Allerdings bietet die Mäanderband-Bauweise bei bestimmten Anlagen aber so große Vorteile, dass andere Überlegungen in den Hintergrund treten, z. B. bei Kühlflächen hinter Konvertern, Ofentüren u. a.

2.2.3.4 Der Zwangdurchlauf-Wasserrohrkessel

Die Forderungen nach höheren Wirkungsgraden und damit einer höheren Wirtschaftlichkeit sowie die Ausweitung des Energiebedarfs führten zu höheren Drücken, Temperaturen und Leistungen. Diese Forderungen bestimmen selbstverständlich auch die Art und die Bauweise der Dampferzeuger mit.

Bei Drücken über etwa 180 bar ergaben sich beim Naturumlaufprinzip die bereits geschilderten Schwierigkeiten. Darüber hinaus wurde aber schon ab etwa 1930 die Entwicklung des Zwangdurchlaufprinzips deswegen gefördert, weil auf großvolumige Trommeln und auf Fallrohre verzichtet werden kann. Weiter erkannte man auch sehr bald, dass wegen der größeren konstruktiven Freiheit gegenüber Naturumlaufkesseln eine großzügigere Brennkammerkonstruktion (für schwierige Kohlen) möglich ist und dass durch eine bessere wärmeelastische Ausführung ein häufiges An- und Abfahren keine zusätzlichen Schwierigkeiten bringt.

Es ist offensichtlich, dass das Zwangdurchlaufprinzip, bei dem das Speisewasser in einem Zuge vorgewärmt, verdampft und überhitzt wird – Schema Bild 2.41 – die technisch überhaupt noch beherrschbaren höchsten Drücke und Temperaturen anzuwenden gestattet. Überkritische Drücke von rund 400 bar und Überhitzungstemperaturen von annähernd 700 °C bei Leistungen von über 2000 Tonnen Dampf je Stunde und thermische Wirkungsgrade von 45 % im Kondensationskraftwerk liegen im Bereich des Möglichen (s. Bild 2.64). Diese Gründe haben den Einsatz von Zwangdurchlaufkesseln bis in die Gegenwart stark gefördert.

Die reinen Urformen des Zwangdurchlaufprinzips unterschieden noch zwischen dem »Benson-« und dem »Sulzer-Prinzip«. Die Bezeichnungen kommen aus den damaligen Patenten der Erfinder. (»Benson« ist der später angenommene Name des österreichischen Ingenieurs *Müller*, der im Jahre 1922 sein Patent erhielt, »Sulzer« kommt von der gleichnamigen Firma in Winterthur in der Schweiz, die ihren ersten Einrohrkessel im Jahre 1929 erstellte. Der erste Benson-Dampferzeuger – von Siemens gebaut – ging 1927 in Betrieb.)

Zwischen beiden Systemen besteht kein grundlegender Unterschied, wenn man davon absieht, dass die »unterkritischen« Zwangdurchlaufkessel des Systems Sulzer grundsätzlich mit einer Entsalzungstrommel – manchmal auch als Wasser-

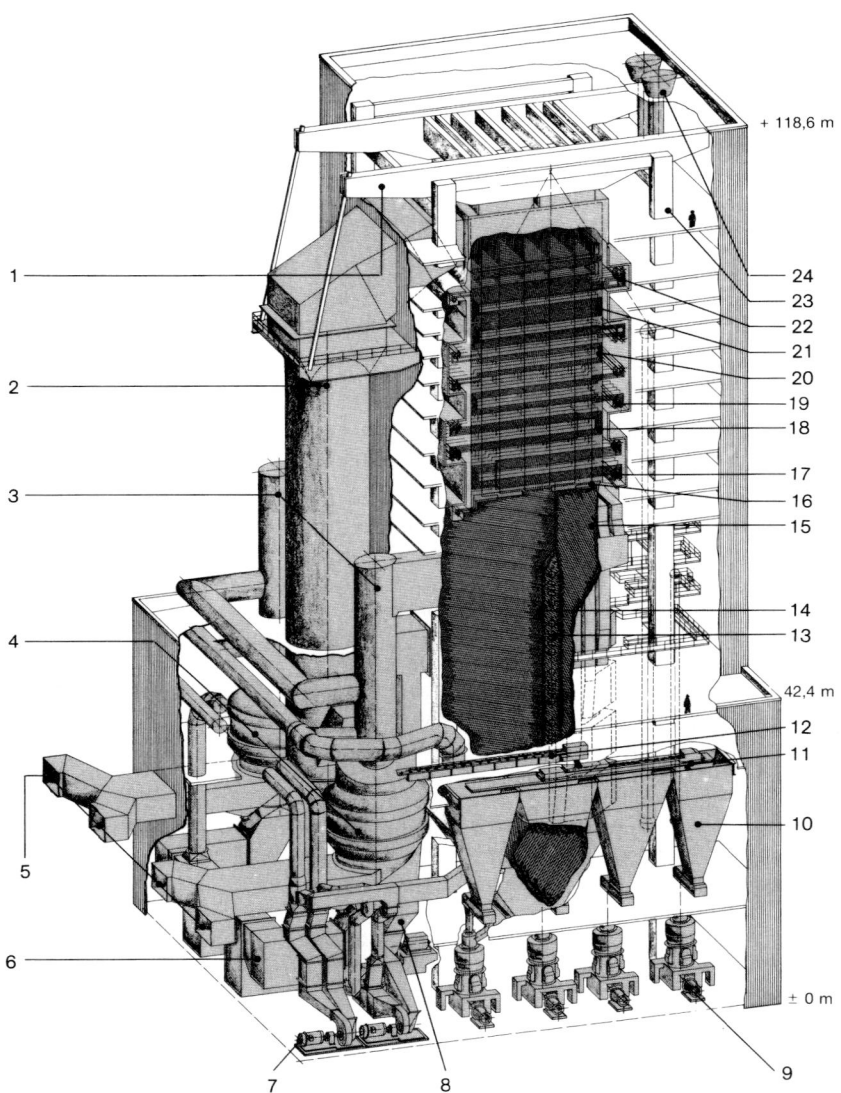

Bild 2.64: Spiralberohrter Zwangdurchlauf-Dampferzeuger mit Steinkohlenfeuerung (32 Eckenbrenner) und trockenem Ascheabzug. 740 MW, 2200 t/h, 230 bar, FD-ZÜ-Temperatur 535 °C (Scholven, EVT)
1 Tragroste, 2 Rauchgasrohrkanal, 3 Heißluftkanäle, 4 Luftvorwärmer, 5 Rauchgaskanäle zum Elektrofilter, 6 Kaltluftkanäle, 7 Mühlenluftgebläse, 8 Frischluftgebläse, 9 Schüsselmühlen,
10 Kohlenzwischenbunker, 11 Bekohlungsreversierband, 12 Bekohlungsband, 13 32 Brenner in vier Ebenen, 14 Brennkammer, 15 Verdampfer, 16 Überhitzer, 17 Überhitzer 2, 18 Überhitzer 4, 19 Zwischenüberhitzer 2, 20 Überhitzer 3, 21 Zwischenüberhitzer 1, 22 Economiser, 23 Kesselstutzen, 24 Schalldämpfer

Kesselbauarten und Kesselanlagen

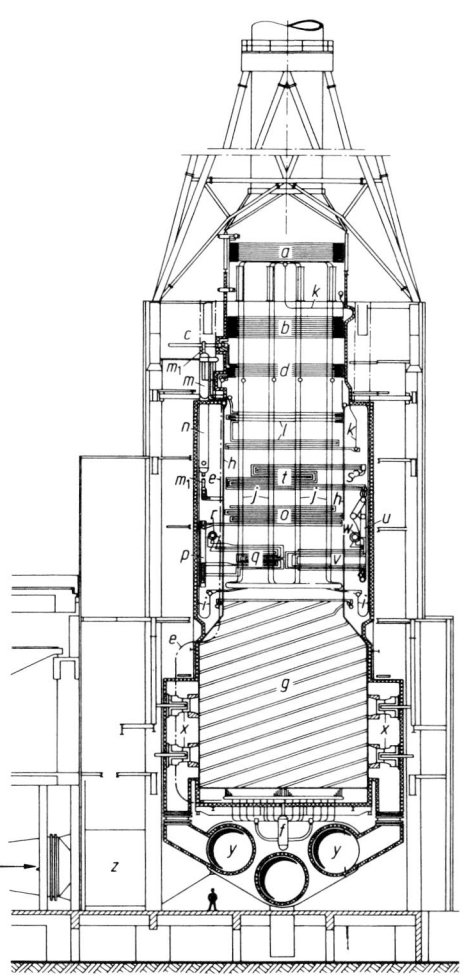

Bild 2.65: Einzug-Zwangdurchlaufkessel System Benson mit Spiralberohrung im Verdampferteil (1030 t/h 210 bar, 535 °C) mit 16 Erdgas-Gegenbrennern (Steinmüller, Gersteinwerk)

a Eco 1, b Eco 2, c Leitung vom Hochdruck-Anzapfvorwärmer d Eco 3, e Verbindungsleitung zum Verdampfer, f Verteiler zu Verdampferwänden, g Verdampferwände, h Umfassungswände des Berührungszugs, i Verbindungsleitung zu Tragrohrsammlern, j Tragrohre, k Verbindungsrohre zu Überhitzer 1, l Überhitzer 1, m Abscheider, m1, Verbindungsleitung zu Überhitzer 2, n Niveauflasche, o Überhitzer 2, p Einspritzkühler, q Überhitzer 3, r Hochdruckaustritt, s Mitteldruckdampf-Eintritt, t Zwischenüberhitzer 1, u Zwischenüberhitzer-Kühler, v Zwischenüberhitzer 2, w Mitteldruckdampf-Austritt, x Erdgasbrenner, y Leitungen für Gasturbinenabgas, z Frischluftleitung.

Der Dampferzeuger ist Teil eines Kombiblocks, bei dem die Abgase einer vorgeschalteten Gasturbine mit einem O_2-Gehalt über 16 % als Verbrennungsluft verwendet werden. Bei Ausfall der Gasturbine wird ein Frischlüfter automatisch eingeschaltet, der den Brennern Frischluft durch den Kanal z zuführt, wobei die Gasturbinenleitungen y automatisch geschlossen werden. Der Abscheider m ist hinter den Überhitzer 1 gesetzt, da bei Schwachlast der Feuerraum wegen der schwächeren Strahlung der Erdgasflamme zu wenig Wärme aufnimmt und diese Heizfläche noch Dampf-Wasser-Gemisch führt. Die beiden Endteile des Hochdrucküberhitzers q und des Zwischenüberhitzers v sind in den gleichen, ausreichend hohen Temperaturbereich des Rauchgases gelegt.
Die Verbrennung findet bei normalem Luftüberschuss, aber vollem Verdichterdruck (bis zu 10 bar) im druckfesten Feuerraum statt. Die Abkühlung auf Gasturbinen-Eintrittstemperatur erfolgt an den Dampferzeuger-Heizflächen.

abscheider bezeichnet – ausgerüstet sind. Dann ging das Sulzer-Prinzip ursprünglich vom Einrohrsystem aus, d. h., eine Parallelschaltung von Rohren war nicht vorgesehen. Bei größeren Einheiten wurde dann aber auch beim Sulzer-Kessel auf das Mehrrohrsystem zurückgegriffen. Schnittbild und Blockschema eines Dampferzeugers des Systems Benson zeigen die Bilder 2.65 und 2.66. Die ursprüngliche Form des Zwangdurchlaufdampferzeugers, System Sulzer, die durch einen Wasserabscheider am Ende des Verdampferteiles gekennzeichnet ist, wurde in

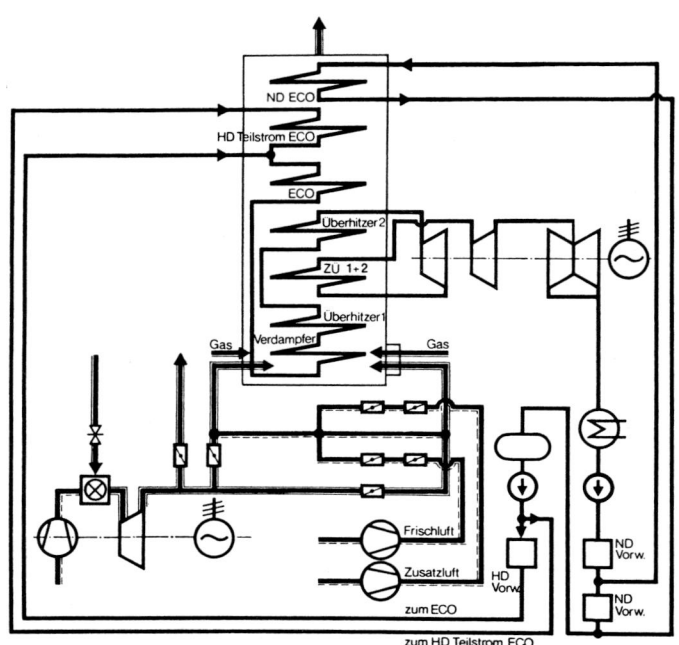

Bild 2.66: Blockschema des in Bild 2.67 dargestellten Benson-Zwangdurchlaufkessels (Steinmüller)

den letzten Jahren bei Neubauten mehr und mehr durch Systeme ersetzt, die einen »überlagerten Umlauf« aufweisen. Das Prinzipschema eines solchen Zwangdurchlaufdampferzeugers, mit überlagertem Umlauf, zeigt Bild 2.69 (siehe auch nächsten Abschnitt).

Im Übrigen werden für den unterkritischen Bereich (bis etwa 190 bar) und für kleinere und mittlere Leistungen auch Benson-Systeme mit überlagertem Naturumlauf angeboten, wobei niedrigere Investitionskosten gegenüber Trommelkesseln und betriebliche Vorteile beim möglichen Umbau bestehender Naturumlauf- und Zwangumlaufkessel der 170-bar-Klasse ins Feld geführt werden.

Die ursprüngliche spriralförmige Berohrung der Benson-Kessel bei den ersten Ausführungen wurde schon bald, vornehmlich aus Kostengründen, durch Senkrechtberohrungen abgelöst (Schema Bild 2.67). Etwa 1960 kehrte man dann wieder zur Spiralwicklung zurück (Bild 2.56), weil damit hohe Massenstromdichten, eine gute Durchströmung aller Verdampferrohre von unten nach oben und ein guter Beheizungsausgleich der alle Beheizungszonen durchlaufenden Parallelrohre erreichbar ist. Da spiralförmige Membranwände nicht in der Lage sind, die Lasten z. B. der Wasserfüllung, der Feuerungseinrichtungen und dgl. ohne größere Verformungen aufzunehmen, müssen entsprechende Tragbandkonstruktionen vorgesehen werden, was – als einer der wenigen Nachteile dieser Konstruktion – höhere Fertigungs- und Montagekosten bedeutet.

Kesselbauarten und Kesselanlagen

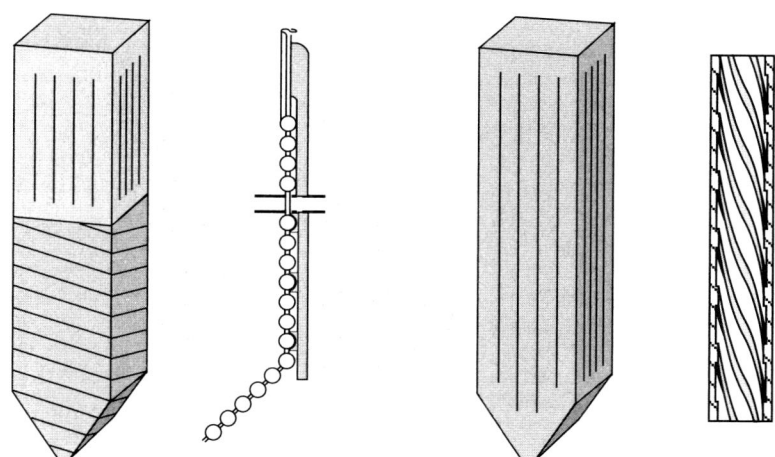

Bild 2.67: Schema der Verdampferkonzepte für Bensonkessel (VGB). Links Brennkammer mit Spiralwicklung und Tragband, rechts senkrecht berohrte Brennkammer mit innen berippten Rohren

Neuere Überlegungen zielen wieder auf die kostengünstigere selbst tragende Senkrechtberohrung, die allerdings dann mit innenberippten Rohren ausgeführt wird, um auch bei niedrigen Massenstromdichten aufgrund des durch die Rippen erzeugten Strömungsdralls noch einen guten Wärmeübergang ohne Rohrüberhitzungen zu haben. Die Mindestleistung soll dabei von bisher etwa 35 % bei der

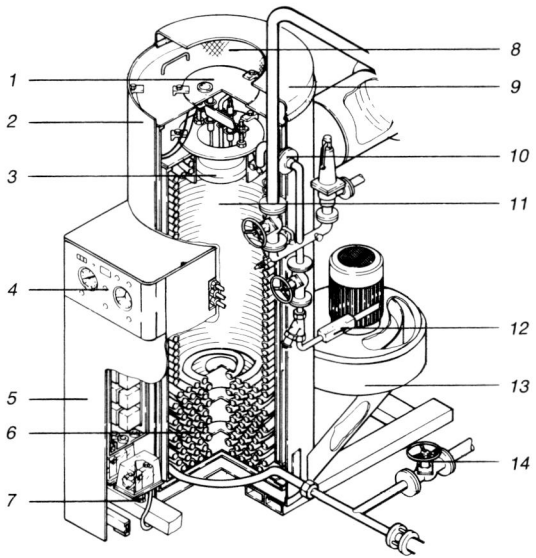

Bild 2.68: Stehender Schnelldampferzeuger nach dem Zwangdurchlaufprinzip (CERTUSS)
1 vorgewärmte Brennluft
2 Luftisolierung
3 Brennereinsatz
4 Bedienfeld mit Anzeige
5 Schaltgerät
6 auswechselbares Verdampferteil
7 Reglerblock
8 Luftansaugung oben
9 Deckel
10 Dampfaustritt
11 Heizschlange
12 Anfahrsicherung
13 Gebläse
14 Abschlämmung

Glattrohr-Spiralwicklung auf rund 20 % bei der Rippenrohrkonstruktion absenkbar sein. Daneben weist die Senkrechtberohrung gegenüber der Spiralberohrung einen etwas geringeren Druckverlust auf, was auf eine Brennstoffersparnis hinausläuft.

Die optimale Rippengeometrie, die insbesondere von *Siemens* theoretisch und durch zahlreiche praktische Versuche ermittelt worden ist, hat große Bedeutung.

Das Zwangdurchlaufprinzip wird auch bei Wasserrohr-Heißwassererzeugern angewandt. Der Unterschied zum Dampferzeuger besteht nur darin, dass die Erwärmung des Heißwassers unterhalb der Sättigungstemperatur des Wassers bei dem gegebenen Druck liegt. Anstelle der Frischwassereinspeisung wird dem Zwanglaufheißwassererzeuger in einem geschlossenen System das Rücklaufwasser aus dem Netz von den Wärmeverbrauchern zugeführt. Im Ausland sind manchmal solche Anlagen fälschlich als La-Mont-Anlagen (Abschnitt 2.3.2.2) bezeichnet worden, vielleicht deswegen, weil oft solche Kesselkörper verwendet wurden. Die Bezeichnung einer Kesselbauart muss sich jedoch nach dem Prinzip der Dampf- oder Heißwassererzeugung richten.

Die wichtigsten Vorteile des Zwangdurchlaufprinzips sind zusammengefasst folgende:
– Beherrschung der höchsten technisch möglichen Temperaturen und Drücke,
– geringer Platzbedarf bezogen auf die Leistung,
– Möglichkeit der Verwendung von Rohren geringen Durchmessers,
– Wegfall einer aufwendigen Obertrommel und der Fallrohre,
– schnelles Anfahrverhalten solcher Kessel,
– größere Freiheit in der Rohrführung innerhalb des Kesselsystems.

Andererseits wäre mangelndes Speichervermögen bei Zwangdurchlaufanlagen hinderlich, wenn nicht ein Ausgleich durch entsprechende Regel-, Steuer- und Überwachungsgeräte und durch die Verwendung schnell regelbarer Feuerungen geschaffen worden wäre. Festbrennstoffanlagen, z. B. mit Wanderrosten, eignen sich nur dann, wenn die Anlagen mit gleichmäßiger Last gefahren werden können.

Darüber hinaus sind besondere Anforderungen an das Speisewasser zu stellen. Für Hochleistungsanlagen ist ein völlig gas- und salzfreies Wasser erforderlich, was allerdings auch bei Naturumlauf-Wasserrohrkesseln mit höheren Drücken und großen Leistungen zum Stand der Technik gehört.

Die Regelung muss bewirken, dass schon eine geringe Abweichung vom Sollwert Einfluss auf die Brennstoff-, Wasser- und Luftzufuhr hat. Zu spätes Einsetzen der Regelung würde »Lastsenken« oder »Lastüberschuss« auslösen.

Die heutigen Regelgeräte bis zur elektronischen Datenverarbeitung lassen sich jedoch auf alle Anforderungen abstimmen.

Das Zwangdurchlaufprinzip hat sich auch bei den so genannten Schnelldampferzeugern für kleine Leistungen bis rund 3 t Dampf/h durchgesetzt (Bild 2.68). Nachdem bei solchen Kleinanlagen die Regelung manchmal nicht so aufwendig gestaltet worden ist und eine Dampfüberhitzung oft nicht erwünscht oder notwendig war, sind Anlagen auf den Markt gekommen, bei denen eine sehr hohe Dampffeuchte gemessen wurde. Die Wahl solcher Dampferzeuger sollte deshalb auf die Belange des jeweiligen Betriebes abgestimmt sein. Bei Verwendung einer zweckmäßigen Regelung und bei richtiger Einstellung sowie ggf. durch Nachschalten eines Wasserabscheiders sind aber Restfeuchten unter 3 % auf jeden Fall erreichbar. Die

Dampferzeugung je Quadratmeter Heizfläche ist bei solchen Schnelldampferzeugern mit 40 bis 120 kg/h ermittelt worden.

Weiterhin wird das Zwangdurchlaufprinzip auch für kleinere Warm- und Heißwassererzeuger für Heizungszwecke, meist mit atmosphärischen Gasbrennern ausgerüstet, angewendet. Solche Anlagen werden abgekürzt oft mit »Gasthermen-Heizung« bezeichnet.

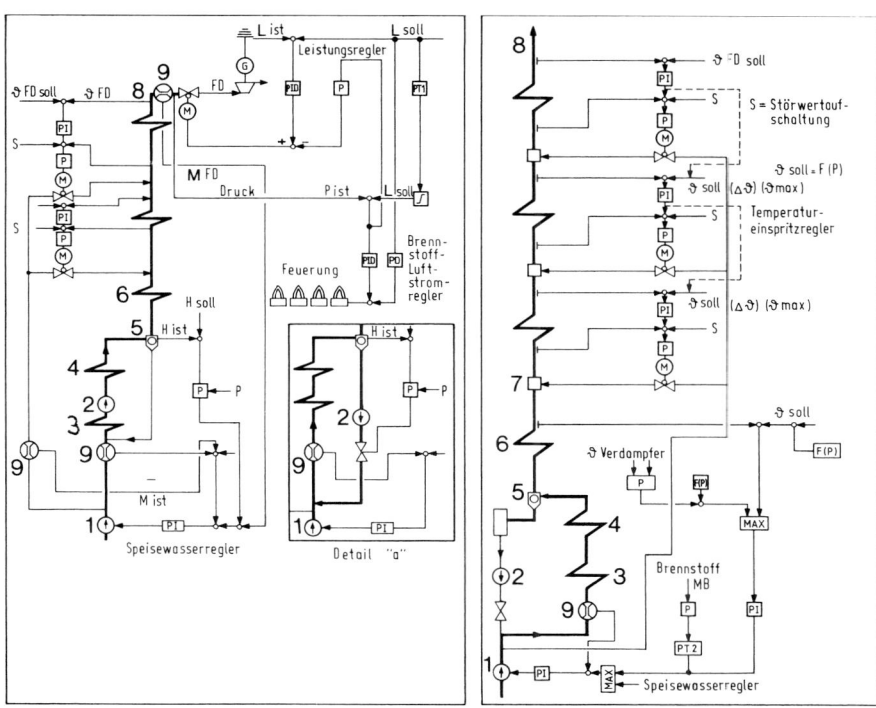

Bild 2.69: Prinzipschema der Regelung eines Zwangdurchlauf-Dampferzeugers mit überlagertem Umlauf. Symbole s. Abschn. 11.
Linke Darstellung: Speisewasser-, Leistungs- und Brennstoff-/Luftstromregelung im Umwälzbetrieb
Im Detail »a« ist die Variante einer Umwälzpumpe im Nebenstrom dargestellt.
Rechte Variante: Speisewasser- und Temperatur-Einspritzregelung im Zwangdurchlaufbetrieb

1 Speisepumpe		L	Leistungsart	P	Proportional-Regler
2 Umwälzpumpe		M	Massenstrom	PI	Proportional-Integral-Regler
3 Eco (Vorwärmer)		H	Wasserstand	PD	Proportional-Differential-Regler
4 Verdampfer		p	Druck	PID	Proportional-Integral-Differential-
5 Wasserabscheider,		δ	Temperatur		Regler
6 Überhitzer		FD	Frischdampf		
7 Einspritzkühler		S	Störwertaufschaltung	PT1 / PT2	Proportional-Regler
8 Heißdampfaustritt		ist	Istwert		mit Verzögerung
9 Mengenmessung		soll	Sollwert	M	Motorantrieb
				G	Generator

2.2.3.5 Zwangdurchlauf-Wasserrohrkessel mit überlagertem Umlauf

Die Entwicklung der Hochleistungskessel hat dazu geführt, dass insbesondere bei »überkritischem« Betrieb jeder Betriebszustand, also z. B. auch das An- und das Abfahren, einer besonderen Abstimmung bedarf.

Zwangdurchlauf-Wasserrohrkessel mit überlagertem Umlauf haben besonders in den USA viel Anwendung gefunden; sie werden dort als »CE Sulzer combined circulation boilers« bezeichnet. Diese Zwanglauf-Mischsysteme arbeiten nicht immer gleich; eines ist ihnen jedoch gemeinsam: In einem bestimmten Betriebsfall läuft zur Stützung des Zwanglaufes und damit zur ausreichenden Kühlung der befeuerten Kesselrohre eine Umwälzpumpe an (im Bild 2.41 rechts unten mit i unter dem Mischgefäß l erkennbar). In einem Beispiel wird eine Dampfkesselanlage im Lastbereich zwischen 100 und 70 % als reiner Durchlaufkessel betrieben; bei Unterschreiten dieser Grenze springt die Umwälzpumpe an und bewerkstelligt den Überhitzungsschutz der Kesselrohre. Auch beim Anfahren aus dem kalten Zustand und beim Abfahren solcher Anlagen wird meist ein Mischbetrieb angewandt.

Die wesentlichen Regelvorgänge für einen Zwangdurchlaufkessel mit überlagertem Umlauf stellen sich nach Bild 2.69 wie folgt dar:
1. Leistungsregelung
Die Dampferzeuger-Leistungsregelung sorgt für eine schnelle Anpassung der Generatorwirkleistung an den Leistungssollwert. Stellgrößen sind die Stellung des Turbinenregelventiles und die Brennstoffleistung. Regelgröße ist die Turbinenwirkleistung und der Frischdampfdruck vor der Turbine. Der Leistungssollwert wird als Vorsteuerung zur Verstellung des Brennstoffstromes verwendet.
2. Speisewasserregelung
Die Speisewasserregelung hat die Aufgabe, das Gleichgewicht zwischen Beheizungs- und Massenstromänderung herzustellen. Die Stellgröße für die Speisewasserregelung ist der Speisewasserstrom (Speisepumpendrehzahl). Die Regelgröße für die Speisewasserregelung ist von der Art des Dampferzeugersystemes abhängig.

Im Umwälzbetrieb (linke Darstellung im Bild 2.69) ist die Regelgröße abhängig von der Anordnung der Umwälzpumpe im Umwälzkreislauf. Bei Anordnung der U-Pumpe im Hauptstrom geht der Wasserstand als Regelgröße für das Massenstrom-Beheizungsgleichgewicht direkt auf die Speisepumpe, und die Differenz aus Speisewasser- und Sattdampfstrom dient als Vorsteuerung.

Bei Anordnung der U-Pumpe im Nebenstrom ist die Regelgröße für das Speisewasser der Verdampferstrom. Die Niveauregelung sorgt als unterlagerter Regelkreis für das Gleichgewicht von Beheizung und Massenstrom. Die Stellgröße für die Niveauregelung ist der Hub des Umwälzregelventiles.

Im Zwangdurchlaufbetrieb (rechte Darstellung im Bild 2.69) wird das Gleichgewicht von Massenstrom und Beheizung durch die Hauptregelgröße Temperatur hinter dem Wasserabscheider bzw. hinter der Überhitzer-Stufe 1 hergestellt. Als Vorsteuerung dient das Signal »Summe Brennstoff«.

Bei Stein- und Braunkohlefeuerungen eilt der Speisewasserstrom der Beheizung voraus. Ein nachgeschaltetes PT_2-Glied gleicht diesen Unterschied im Übergangsverhalten aus. Verschiebungen in der Wärmeaufnahme der Heizflächen werden durch Anpassung der Einspritzmassenströme bewirkt.

Bild 2.70: Schema des Velox-Kessels (Dubbel)
a Verdampfer
b Überhitzer
c Abscheider
d Umwälzpumpe
e Abgasturbine
f Verdichter
g Anlass- und Regelmotor
h Wasservorwärmer
i Brennstoffeintritt
k Kesselspeisepumpe
l Dampfaustritt

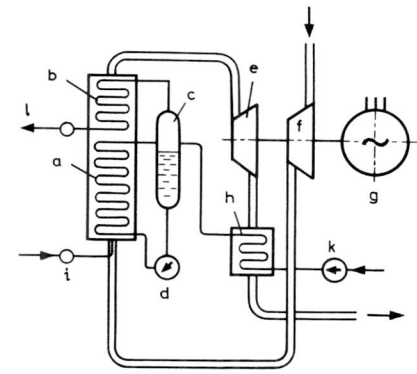

3. Die Temperatur-Einspritzregelung
Die Temperatur-Einspritzregelung (rechte Darstellung im Bild 2.69) regelt die Austrittstemperatur aus den Heizflächen. Sie besteht aus einem PI-Regler im Hauptstromkreis und einem P-Regler im Vorkreis. Als Vorsteuerung wird die Differenz zwischen Wärmestromaufnahme und Frischdampfstrom verwendet. Um die Einspritzungen vor dem Endüberhitzer im Eingriff zu halten, werden die Temperatursollwerte der davor liegenden Heizflächen über eine Temperaturkaskade gebildet.

2.2.4 Sonderbauarten

Diese Bezeichnung dient als Sammelbecken für alle Spielarten von Anlagen, die derzeit wegen ihrer Besonderheiten, ihrer außergewöhnlichen Betriebsweise oder der geringen Anzahl, bezogen auf das Gesamtgebiet der Dampfkesselanlagen, noch nicht einer speziellen Dampfkesselbauart zugeordnet werden. Darüber hinaus sollte man hier auch alle neueren Entwicklungen und Erfindungen einordnen, die noch wesentliche Änderungen erfahren können oder deren Schicksal noch ungewiss ist. Da ihre Anwendung oft auf vereinzelte Anlagen und auf Sonderfälle beschränkt ist, erschien es zweckmäßig, nachfolgend nur solche Konstruktionen darzustellen, die eine gewisse Bedeutung erlangt haben.

2.2.4.1 Druckgefeuerte Dampferzeuger

Diese Dampferzeuger sind aus dem Velox-Kessel (»Hochgeschwindigkeitskessel«) hervorgegangen, der eigentlich nach dem Zwangumlauf-(La-Mont-)Prinzip arbeitet, aber einige Merkmale aufweist, die ihn mehr zu einer Maschinenanlage als zu einem Dampfkessel stempeln (Bild 2.70). Der Brennraum ist eine druckfeste Kammer, in der die Verbrennung des Brennstoff-Luft-Gemisches unter wesentlich höherem Druck als dem der umgebenden Atmosphäre (z. B. 10 bar) erfolgt. Den Rauchgasen wird im Berührungs-Wärmeübertragungs-Teil dadurch eine hohe Geschwindigkeit mit hervorragendem Wärmeübergang verliehen, dass in das wasserführende Rohr ein kleineres Rauchgasrohr eingesetzt ist; das Wasser fließt also in diesem Doppelrohr in einem Ringraum. Heute sind auch andere Bauarten, bei denen der Wasser-Dampf-Druckkörper nach dem Zwangdurchlaufsystem ausgebildet ist, üblich.

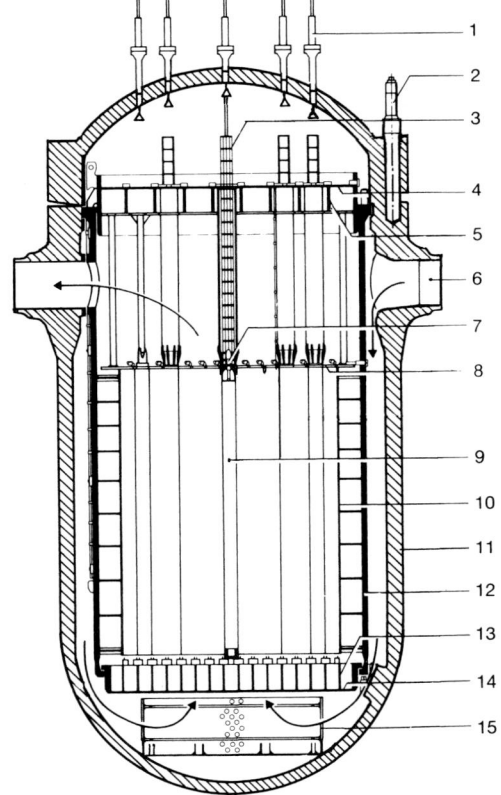

Bild 2.71: Reaktordruckbehälter eines Kernkraftwerks vom Typ Druckwasserreaktor
(Auslegungsdaten 176 bar, 350 °C) (Siemens/KWU)
1 Steuerelementantrieb
2 Deckelschraube
3 Steuerelement-Führungseinsatz
4 Deckplatte
5 oberer Rost
6 Kühlmitteleintritt
7 Steuerelement
8 Gitterplatte
9 Brennelement
10 Kernumfassung
11 Druckbehälter
12 Kernbehälter
13 unterer Rost
14 Stauplatte
15 Siebtonne

Der Verdichter, der den Druck für die Brennkammer erzeugt, wird durch eine Gasturbine angetrieben, die ihre Energie von den verdichteten Abgasen des Kessels erhält. Solche Kessel lassen sich nur mit flüssigen oder gasförmigen Brennstoffen betreiben. Steinkohle wäre vorher zu vergasen.

Bei Velox-Kesseln trennt man Dampf und Wasser in einem Fliehkraft-Abscheider; bei Zwangdurchlaufsystemen fehlt der Abscheider meist.

Druckgefeuerte Dampferzeuger sind nur mit verhältnismäßig großem Aufwand herzustellen. Um eine gute Verfügbarkeit zu haben, muss auch der Aufwand bei Bedienung und Wartung entsprechend hoch sein. Andererseits sind auf kleinstem Raum große Dampfleistungen erzielbar. Es wurden Velox-Anlagen erstellt, bei denen die spezifische Dampfleistung 400 kg/m²h betrug.

2.2.4.2 Die Kernenergie-Dampferzeuger

Im Gegensatz zu herkömmlichen Kraftwerken, die fossile Energieträger – Kohle, Öl, Gas – zur Erzeugung von Wasserdampf verbrennen, entsteht die Wärmeenergie im Kernkraftwerk durch die Spaltung von Atomkernen des »Brennstoffes«

Kesselbauarten und Kesselanlagen 133

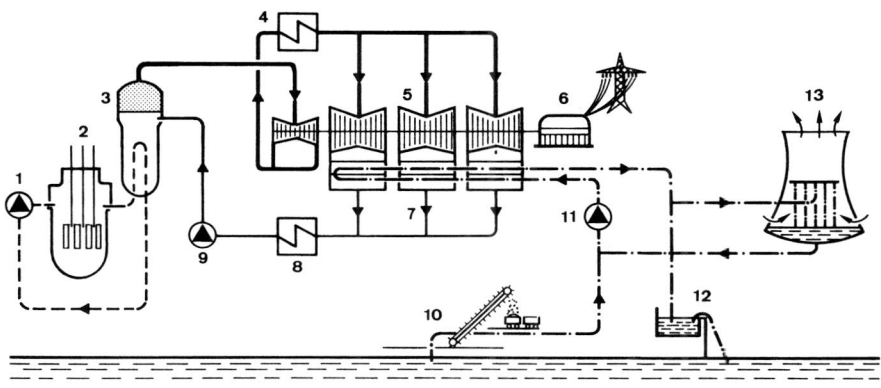

― ― ― ― *Primärkreislauf*
──/── *Wasser-Dampf-Kreislauf*
─·──·─ *Kühlwasserkreislauf*

Bild 2.72: Kernkraftwerk mit Druckwasserreaktor, Kreislaufschema
1 Hauptkühlmittelpumpe
2 Druckwasserreaktor
3 Dampferzeuger
4 Wasserabscheider und Zwischenüberhitzer
5 Turbine
6 Generator
7 Kondensator
8 Vorwärmanlage
9 Speisewasserpumpe,
10 Kühlwasserreinigung
11 Kühlwasserpumpe
12 Überfallbecken
13 Kühlturm

Uranoxyd. Am besten sind diese Brennstäbe, von der Wirkungsweise her gesehen, vereinfacht noch mit elektrischen Heizstäben von Elektrokesseln zu vergleichen (Bild 2.71).

Es gibt bereits eine Reihe von Ausführungsformen und Dampferzeugungssystemen. Der Betrieb solcher Anlagen ist mit zusätzlichen Gefahren verbunden, denen durch besondere technische Maßnahmen begegnet wird. Neben den hier ebenfalls gültigen Dampfkesselvorschriften sind im Atomgesetz die notwendigen Festlegungen getroffen. Die Akzeptanz dieser Anlagen wird allerdings in letzter Zeit nicht nur von technischen Gegebenheiten, sondern auch von politischen und emotionalen Grundeinstellungen bestimmt.

Die Dampferzeugung kann unmittelbar oder auch mittelbar erfolgen. Im ersten Fall liegt die nachgeschaltete Turbine im radioaktiven Teil, während im zweiten Fall der Krafterzeugungsteil mit dem radioaktiven Dampf nicht in Berührung kommt. Falls kein Zwischenmedium verwendet wird, lässt die Art der Wärmeerzeugung keine Überhitzung des Dampfes durch äußere Wärmeeinwirkung zu, sodass die Krafterzeugung in solchen Kernreaktoren nur mit Sattdampf erfolgen kann. Der bei Kernenergieanlagen notwendige hohe Aufwand ist nur beim Bau von Großanlagen oder aber bei kleineren wissenschaftlichen Versuchsanlagen gerechtfertigt. Darüber hinaus werden Kernenergie-Dampferzeuger auch zum Antrieb von Schiffen eingesetzt.

Die bisher entwickelten Reaktortypen unterscheiden sich z. B. nach Zusammensetzung und Anordnung des Brennstoffs und nach dem Kühlmittel. In der Bundesrepublik Deutschland wurden zur Stromerzeugung Reaktoren gebaut, die norma-

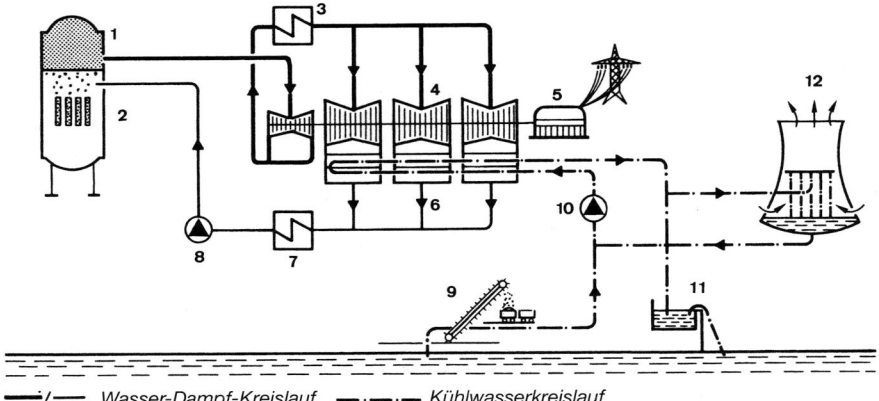

—/— Wasser-Dampf-Kreislauf —·—·— Kühlwasserkreislauf

Bild 2.73: Kernkraftwerk mit Siedewasserreaktor, Kreislaufschema
1 Siedewasserreaktor
2 Brennelemente
3 Wasserabscheider und Zwischenüberhitzer
4 Turbine,
5 Generator
6 Kondensator
7 Vorwärmanlage
8 Speisewasserpumpe
9 Kühlwasserreinigung,
10 Kühlwasser-Pumpe
11 Überfallbecken
12 Kühlturm

les Wasser als Kühlmittel im Reaktorkern verwenden (Leichtwasserreaktoren). Dafür gibt es zwei unterschiedliche Konzeptionen, den Druckwasserreaktor und den Siedewasserreaktor.

Beiden Reaktortypen gemeinsam ist die Anordnung des Kernbrennstoffs in metallischen Rohren im Reaktorkern. Zwischen diesen Brennstäben hindurch strömt Wasser und nimmt die durch Kernspaltung in den Brennstäben erzeugte Wärme auf, es kühlt damit den Reaktorkern.

Bei Leichtwasserreaktoren ist der Kern von einem Stahlbehälter umgeben (Reaktordruckbehälter), der hohen Drücken standhalten muss. Ein Druckwasserreaktor (Bild 2.72) arbeitet mit einem so hohen Druck (etwa 158 bar), dass das Primärkühlmittel trotz hoher Temperatur nicht verdampfen kann. Es wird vielmehr über Rohrleitungen in einen Wärmetauscher (Dampferzeuger) geleitet, wo es die aufgenommene Wärme an einen zweiten Wasserkreislauf abgibt und dort Wasserdampf zum Antrieb der Turbine erzeugt. Das Primärkühlmittel wird wieder in den Reaktorkern zurückgepumpt, ohne mit dem zweiten Wasser-/Dampf-Kreislauf (Sekundärkreislauf) direkt in Berührung gekommen zu sein. Vom System her gesehen handelt es sich also um einen Zweidruckkessel, wobei der Primärkreis die Merkmale einer konventionellen Heißwassererzeugungsanlage aufweist.

Beim Siedewasserreaktor (Bild 2.73) wird der Druck des Kühlmittels im Reaktorkern niedriger gehalten (etwa 71 bar), sodass es schon im Reaktordruckbehälter verdampfen kann. Dieser Dampf wird unmittelbar zur Turbine geleitet, dann kondensiert und als Wasser in den Reaktorkern zurückgepumpt.

Bild 2.74: Sonnenheizungsanlage für die Weltausstellung 1878. Der Reflektor zentriert die Sonnenwärme auf einen axial angeordneten Röhren-Dampfkessel. Als höchster Dampfüberdruck wurden mehr als 6 bar erreicht. Bei einem betriebsmäßigen Überdruck von 3 bar wurde eine Pumpe betrieben, die stündlich 1,8 m³ Wasser 2 m hoch förderte.

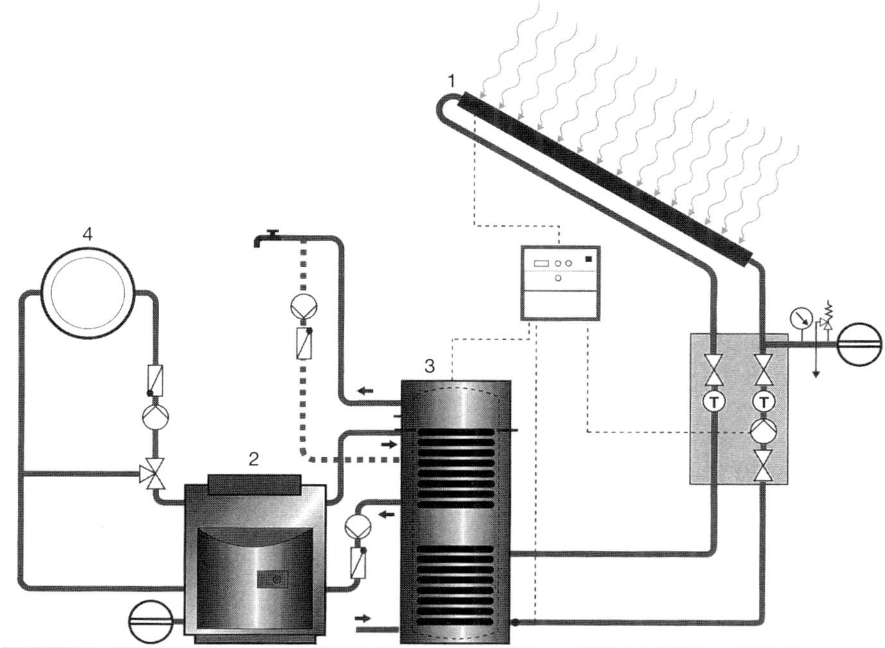

Bild 2.75: Vereinfachtes Schaltschema einer Anlage zur bivalenten Trinkwassererwärmung mittels Sonnenkollektoren und Heizkessel (Viessmann)
1 Sonnenkollektoren, 2 Heizkessel, 3 Wassererwärmer, 4 Wärmeverbraucher

Bild 2.76: »Heat Pipe«-Sonnenkollektor: In den evakuierten Glasröhren zirkuliert ein Trägermedium, das seine Wärme über den oben angeordneten Wärmetauscher an das Heizmedium abgibt. Es ist selbstverständlich, dass die Kollektoren gegen äußere Kräfte, wie beispielsweise Betreten oder Witterungseinflüsse (Hagel, Schneelasten) ausreichend widerstandsfähig sein müssen (Vitosol 300 von Viessmann).

2.2.4.3 Sonnenheizungs-(Solar-)Anlagen

Auf der Suche nach neuen Energiequellen wurde in jüngerer Zeit neben der Windkraft auch die Energie in Betracht gezogen, die aus der unmittelbaren Einstrahlung der Sonne zu gewinnen ist. Erfindungen auf diesem Gebiet sind allerdings nicht neu (Bild 2.74).

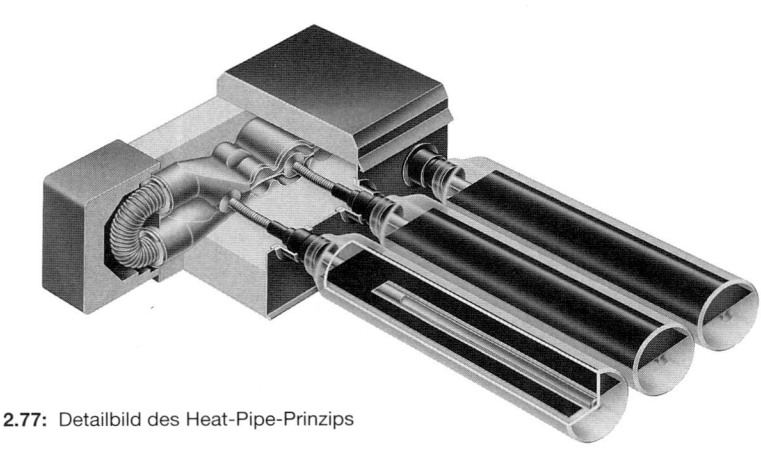

Bild 2.77: Detailbild des Heat-Pipe-Prinzips

Kesselbauarten und Kesselanlagen

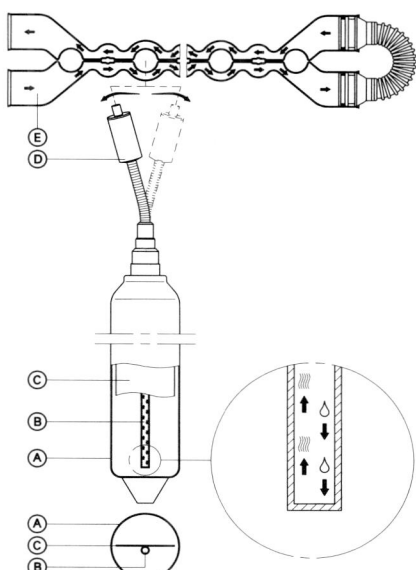

Bild 2.78: Aufbau und Funktion des in den Bildern 2.76 und 2.77 abgebildeten Kollektors (Viessmann)
A evakuierte Glasröhre, B Heat-Pipe-Wärmerohr, C Absorber, D Kondensator, E Doppelrohr-Wärmetauscher

In Mitteleuropa wird die Solarenergie kaum für Hoch-, sondern überwiegend für Niedertemperaturprozesse infrage kommen. Diese Tatsache schränkt die Anwendung zunächst auf Heizungs- und Brauchwassererwärmungsanlagen ein; es gibt allerdings auch schon bauartzugelassene Vakuum-Flachkollektoren, die als Dampferzeuger arbeiten.

Die Entwicklung der Sonnenheizungstechnik steht in Deutschland auf einer soliden Basis, da namhafte Firmen sich dieser Technik angenommen haben und auf

Bild 2.79: Einer der Spiegel für ein 100-kW-Sonnenkraftwerk, das in Kuwait errichtet wurde (MBB)

den Weltmärkten anerkannte und sichere Produkte anbieten. Die Installationstechnik ist weitgehend ausgereift und wird von den Heizungsbauern beherrscht (Bild 2.75). Im Allgemeinen werden flache Sonnenkollektoren verschiedener Bauweisen (Bild 2.76) verwendet, die auf Hausdächern o. Ä. so angeordnet sind, dass sie die Strahlungsenergie der Sonne an das Heizmedium übertragen können. Stand der Technik ist, alle Teile so auszulegen, dass die Bauteile den auftretenden normalen Belastungen, z. B. durch die Witterung, durch Betreten, durch Wärmespannungen, mit ausreichender Sicherheit standhalten können. Die üblichen einfacheren Flachkollektoren entsprechen im weitesten Sinne dem Prinzip des Flossenrohres und des Zwangdurchlaufsystems. Man versucht, den Absorber als »schwarzen Körper« auszubilden, damit er möglichst wenig von der eingestrahlten Energie wieder zurückstrahlt. Höhere Wirkungsgrade erreicht man durch aufwendigere Konstruktionen wie beispielsweise Vakuum-Glasröhrenkollektoren, die wegen ihrer bestmöglichen Wärmedämmung Konvektionsverluste minimieren (Bilder 2.77 und 2.78).

Der Frostschutz wird durch Beigabe von Frostschutzmitteln bewerkstelligt, sofern nicht andere Medien als Wasser verwendet werden.

Da bei geschlossenen Anlagen, die mit der Atmosphäre nicht in offener Verbindung stehen, mit den heute üblichen Flachkollektoren bereits Mediumtemperaturen von über 140 °C, ja schon über 200 °C, erreicht werden, unterliegen diese Anlagen unter bestimmten Voraussetzungen dem Geltungsbereich der Druckgeräterichtlinie.

Im Übrigen werden vor allem in Ländern mit langer Sonnenscheindauer schon heute Sonnenkraftwerke zur gewerblichen Nutzung dieser Energie verwendet (Bild 2.79).

In Deutschland werden für Sonnenheizungsanlagen zurzeit die DIN EN 12975-1 und DIN EN 12975-2, DIN EN 12976-1 und -2, DIN EN 12977-1 bis -3, DIN EN ISO 9488, ISO 9059, ISO 9060, ISO 9459-1 bis -3, ISO 9553, ISO 9806-1 bis -3, ISO 9808, ISO 9845-1, ISO 9846 und ISO 9847 angewendet.

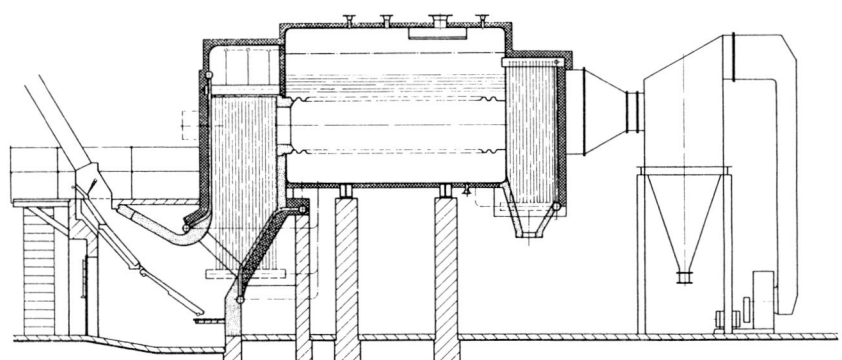

Bild 2.80: Flammrohr-Rauchrohrkessel mit vor- und mit nachgeschaltetem Kühlschirm und mit Schrägrost für die Verbrennung von Holz und dergleichen (Babcock, Oberhausen)

Neben der Sonnenenergienutzung über flüssige Wärmeträger sind rege Bemühungen im Gange, Solarstrom direkt nach dem Photovoltaik-Prinzip zu erzeugen. Dieses Prinzip beruht auf dem »inneren Photoeffekt«, der mithilfe von Halbleitern, insbesondere aus Silizium, erzeugt wird. Durch das Erneuerbare-Enerien-Gesetz (EEG) kommt der Einsatz des Solarstroms immer mehr zur Geltung.

Als Basismaterial für die Solarzellen eines Stromerzeugungssystems werden bisher Siliziumkristalle verwendet, wobei Wirkungsgrade von 12–16 % erreichbar sind. Neuere Überlegungen zielen auf amorphes Silizium ab, das zwar geringere Wirkungsgrade um 8 % bietet, aber erheblich billiger ist und den Bau biegsamer Paneele gestattet, die den Gegebenheiten angepasst werden können.

Bei entsprechender Förderung kommt diese Technik immer mehr zum Einsatz.

2.3 Vor- und Nachschaltheizflächen

Diese Bezeichnungen sind vom Rauchgasweg her zu sehen. Die Bezeichnung »Nachschaltheizfläche« steht im Gegensatz zu der Bezeichnung »Vorschaltheizfläche« und umfasst die Überhitzer, die Speisewasser- und die Luftvorwärmer. Unter Vorschaltheizfläche versteht man alle dem eigentlichen Kesselkörper vorgeschalteten drucktragenden Bauteile, wie z. B. die Flammrohrkesseln vorgeschalteten Wasserrohrkühlschirme, die man früher bei Betrieb mit Wanderrosten einsetzte und die heute vor allem bei Holzfeuerungen zu finden sind. Die Vorschaltheizfläche erlaubt, die notwendige Rostfläche unterzubringen, was in den Flammrohren selbst schwierig ist, sowie die Leistung zu erhöhen und den Naturumlauf zu verbessern (Bild 2.80).

2.3.1 Überhitzer

Zur Vermeidung vorzeitiger Kondensation und zur Leistungssteigerung mithilfe des durch die Überhitzung zu erzielenden größeren Wärmegefälles werden meist in Kesseln, die zur Krafterzeugung bestimmt sind, Überhitzer eingebaut.

Der Überhitzer im befeuerten Teil des Dampfkessels wird in Abstimmung mit den sonstigen Daten des Kessels so ausgelegt, dass der tatsächliche dem geforderten Dampfzustand am Austritt weitgehend entspricht. Drucktragende Bauteile für Überhitzer sind Rohre, die dem jeweiligen Verwendungszweck entsprechend eingebaut und gebogen werden. Unterscheidungsmerkmal sind die Bezeichnungen »Strahlungsüberhitzer« und »Berührungsüberhitzer«. Der Strahlungsüberhitzer wird noch von der Feuerraumstrahlung erfasst, während der Berührungsüberhitzer die Wärmeübertragung durch die Berührung der Rauchgase bewerkstelligt. Der »Schottenüberhitzer« hat seinen Namen von der Bauweise, weil seine Rohre in einer Ebene liegen und verschiedene Teile des Kessels voneinander »abschotten«. Er liegt meistens zwischen Strahlungs- und Berührungsteil eines Kessels. Die einzelnen Pakete der Schottenüberhitzer werden in einem solchen Abstand voneinander angeordnet, dass die Verschmutzungsgefahr, z. B. durch Brückenbildung von Verbrennungsprodukten, gering ist und somit die »Reisezeit« eines Kessels verlängert wird.

Der Einsatzbereich von Überhitzern prägt die Konstruktion. Je höher die Drücke und die Temperaturen, desto kleiner müssen nach den Gesetzen der Festigkeitslehre die Rohrdurchmesser, desto größer die Wanddicken und desto aufwendiger

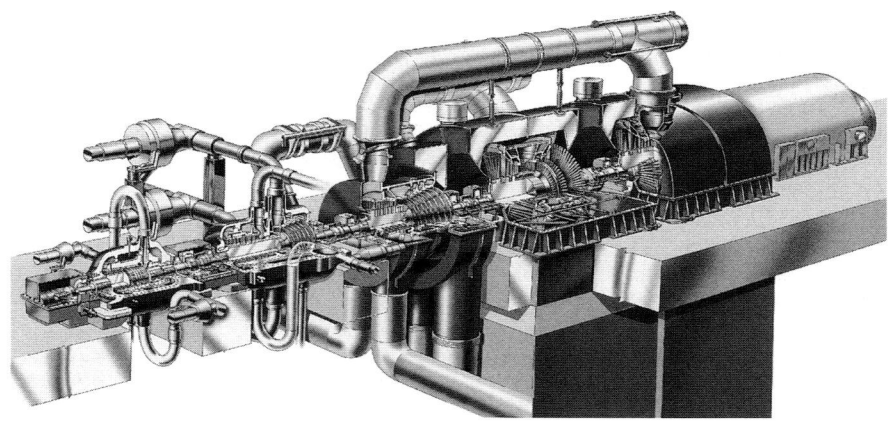

Bild 2.81: Moderne dreistufige 411-MW-Dampfturbine für ein dänisches Kohlekraftwerk (VGB) Die Dampfspannung an den Turbineneintritten beträgt 285/74/19 bar bei einer Eintrittstemperatur von 580 °C.

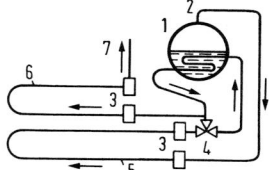

Bild 2.82: Oberflachenkühler-System
1 Obertrommel, 2 Sattdampfaustritt, 3 Überhitzersammler,
4 Regelventil, 5 Überhitzer I, 6 Überhitzer II, 7 Heißdampfaustritt

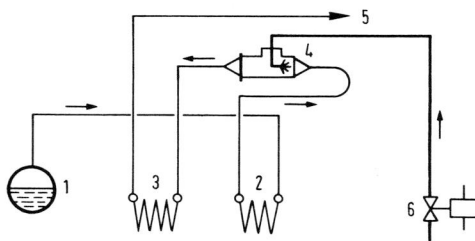

Bild 2.83: Schema eines Einspritzkühler-Systems
1 Obertrommel, 2 Überhitzer I,
3 Überhitzer II, 4 Einspritzkühler,
5 Heißdampfaustritt, 6 Regelventil,
dampftemperaturgesteuert

der Werkstoff sein. Bei Temperaturen des überhitzten Dampfes über 400 °C werden legierte Werkstoffe mit hoher Hitzebeständigkeit notwendig. Im Betrieb muss der dem Überhitzer zugeführte Sattdampf möglichst wenig Wasseranteile enthalten, um Versalzungen zu vermeiden. Bei vollentsalztem Wasser könnte hier großzügiger gedacht werden, wenn man immer davon ausgehen kann, dass zu keinem Zeitpunkt Einbrüche nicht vollensalzten Wassers vorkommen.

Das konstruktive Angebot ist auch bei Überhitzern reichhaltig. Großkesselanlagen weisen mehrere hintereinander geschaltete Überhitzerpakete auf, die es erlauben, den Dampf nach Austritt aus jeweils einem Paket wieder zu sammeln und die Druck- und Temperaturunterschiede, die bei Durchströmen der parallelen

Rohrschlangen aufgetreten sind, wieder auszugleichen. Dies geschieht in so genannten Eintritts- und Austrittssammlern.

Beim Anfahren ist den Überhitzern besondere Aufmerksamkeit zu widmen, denn zu diesem Zeitpunkt werden sie noch nicht durch strömenden Dampf ausreichend gekühlt. Eine unzulässige Überhitzung der Wandungen wäre die Folge. Bei kleinen und mittleren Industrieanlagen füllte man den Überhitzer vor dem Anfahren mit Wasser, wodurch je nach Anlage eine ausreichende Kühlung bis zur Ankunft des ersten Dampfes im Überhitzer gegeben war. Selbstverständlich konnte dieser »Anfahrdampf« nicht gleich auf die Dampfmaschine oder auf die Dampfturbine gegeben werden, sondern musste meist übers Dach abgeblasen werden. Heutige moderne Anlagen arbeiten mit Kesselwasserumwälzung durch den Überhitzer beim Anfahrvorgang.

Moderne Dampfturbinenanlagen für Kraftwerke (Bild 2.81) arbeiten auch mit Zwischenüberhitzung, d. h., der nach Durchströmen einer Stufe der Dampfturbine entsprechend entspannte und abgekühlte Dampf wird in Zwischenüberhitzer-Rohrschlangen, die im Kesselrauchgasweg angeordnet sind, erneut überhitzt und somit auf ein höheres Wärmegefälle gebracht und dann der nächsten Stufe der Dampfturbine wieder zugeführt.

Eine Regelung der Austrittstemperatur des überhitzten Dampfes ist bei Großkesselanlagen meist notwendig. Eine noch so verfeinerte feuerungsseitige Regelung wird nicht in der Lage sein, schwankende Lastverhältnisse so schnell auf die Komponenten Brennstoff und Luft zu übertragen, dass die nachgeschalteten Turbinen immer den Heißdampf mit der gewünschten gleichmäßigen Temperatur erhalten. Man senkt deshalb die Überhitzeraustrittstemperatur unter den normalen Schwankungsbereich ab. Dies geschieht mithilfe so genannter Heißdampfkühler, in denen die Wärmeübertragung entweder auf dem indirekten Weg (Oberflächenkühler, Bild 2.82) oder durch direkte Einspritzung von Wasser in den Heißdampfstrom (Einspritzkühler, Bild 2.83) erreicht wird. Verluste nach außen entstehen bei diesen Systemen nicht, denn beim Oberflächenkühler wird die Wärme des Heißdampfes an das Kesselwasser abgegeben, während beim Einspritzkühler das nachverdampfende Einspritzwasser die Dampfmenge entsprechend erhöht. Beide Anlagenteile bedürfen besonderer Bedienung und Wartung. Die Enspritzkühler sind in Verbindung mit der inneren Kesselprüfung einer Untersuchung mit dem Endoskop zu unterziehen.

2.3.2 Speisewasservorwärmer

Bei fast allen Großanlagen, aber auch bei vielen mittleren und kleineren Anlagen werden zur Vorwärmung des Speisewassers vor Eintritt in den Kessel – bei Naturumlauf-Wasserrohrkesseln wird meist in die Obertrommel eingespeist – Abgas-Speisewasservorwärmer aus Stahlrohren oder aus gusseisernen Rippenrohren verwendet, um die Abgaswärme bis auf das niedrigstmögliche Maß auszunutzen (Bild 2.84). Ähnliche Konstruktionen dienen auch zur Vorwärmung des Rücklaufwassers von Heißwassererzeugern.

Die Stahlrohrvorwärmer, meist mit aufgeschweißten Rippen (Bild 2.85), haben den Vorteil des zähen Werkstoffes, der für hohe Drücke geeignet ist. Andererseits aber ist der blanke Stahl gegenüber Korrosionsangriffen aus dem Abgas nicht so widerstandsfähig wie Gusseisen.

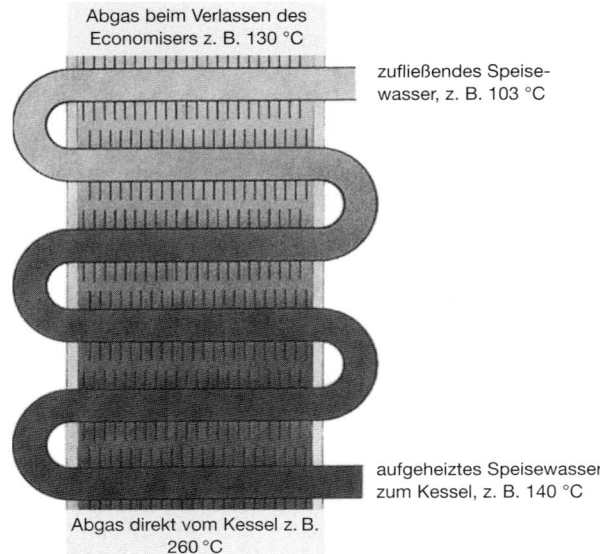

Bild 2.84: Vereinfachtes Wirkschema eines Rippenrohr-Rauchgasspeisewasservorwärmers (LOOS INTERNATIONAL)

Der gusseiserne Rippenrohrvorwärmer ist billiger herzustellen, da die zur Vergrößerung der Heizfläche vorgesehenen Rippen in einem Gussvorgang mitgegossen werden können. Gusseiserne Rippenrohr-Rauchgas-Wasservorwärmer aus dem Werkstoff EN-GJL200 sind nach der TRD 431 »Rauchgas-Wasservorwärmer für Dampfkessel der Gruppe IV« nur bis zu einem Betriebsüberdruck von 52 bar, einer

Bild 2.85: Stahl-Abgas-Speisewasservorwärmer mit Stahlrippen auf Doppelrohren (Thyssen)

Bild 2.86: Kombinierter Abgasvorwärmer und -verdampfer aus Stahl hinter einem Dieselmotor für 20 bar Betriebsüberdruck (Wellensiek)

Rauchgastemperatur von 600 °C und einer Wasseraustrittstemperatur von 245 °C geeignet. Sofern die Gusseisengüte EN-GJL250 verwendet wird, kann der Betriebsüberdruck auf 100 bar, die Rauchgastemperatur auf 700 °C und die Wasseraustrittstemperatur auf 260 °C gesteigert werden. Für den Werkstoff Stahl gibt es keine Beschränkungen, wenn die TRD für Werkstoffe und für Berechnung eingehalten sind.

Derartige Vorwärmer müssen, sofern sie nicht als Teil des Dampfkessels eingereiht werden sollen, vom Dampfkessel absperrbar sein. Sie benötigen dann eine eigene Kennzeichnung, ein eigenes Manometer, ein eigenes Sicherheitsventil, eine Temperaturmesseinrichtung sowie Entleerungs- und Entlüftungseinrichtungen.

Vom Betrieb her ist zu beachten, dass diese im kälteren Teil des Rauchgasweges liegenden Bauteile erhöhten Korrosionsangriffen ausgesetzt sind und dass auch Verschmutzungsgefahr besteht.

Von der Anlagentechnik her gesehen gibt es Einzel- und Sammel-Rauchgas-Wasservorwärmer. Letztere sind so geschaltet, dass sie mehrere Dampfkessel mit vorgewärmtem Wasser versorgen können.

Die Rauchgas-Eintrittstemperaturen liegen bei alten Anlagen bei rund 260 bis 300 °C, bei neueren Anlagen zwischen 380 und 570 °C; die Rauchgase werden auf etwa 180–200 °C abgekühlt. Künstlicher Zug gestattet noch eine weitere Abkühlung. Das Speisewasser wird meist bis auf 25–50 K unter Sattdampftemperatur erwärmt.

Die Abdampf- und Zwischendampfvorwärmer bestehen aus einem Gehäuse aus Gusseisen oder Stahl, in das ein Rohrbündel eingesetzt ist. Das Wasser durch-

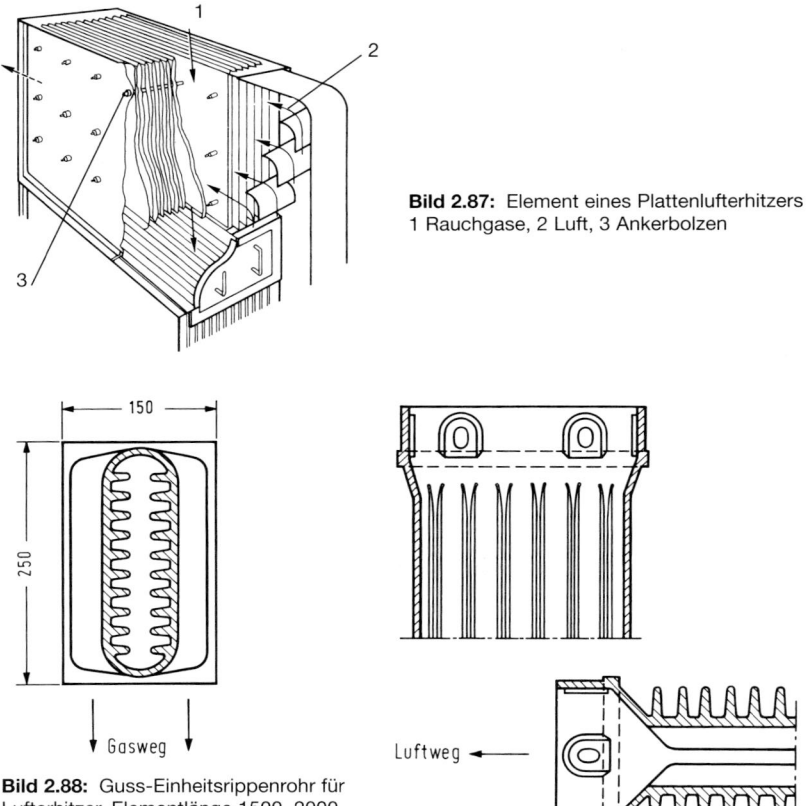

Bild 2.87: Element eines Plattenlufterhitzers
1 Rauchgase, 2 Luft, 3 Ankerbolzen

Bild 2.88: Guss-Einheitsrippenrohr für Lufterhitzer, Elementlänge 1500, 2000, 2500, 3000 mm (Dubbel)

strömt die Rohre, der Dampf umspült die Außenwandungen der Rohre. Bei Hochdruck-Speisewasservorwärmern sind Stahlrohre notwendig, die mit den Sammelkammern verschweißt werden. Sie können für höchste Drücke ausgelegt werden.

2.3.3 Vorverdampfer

Bei einigen Wasserrohrkesselbauarten ist entweder anstelle des Abgas-Speisewasservorwärmers oder zusätzlich zu ihm vor dem Einspeisen in die Kesseltrommel oder bei Zwangdurchlaufkesseln vor dem Verdampferteil noch ein Vorverdampfer eingeschaltet. In diesem Vorverdampfer mit den Merkmalen eines Zwangdurchlaufkessels, der zum Dampfkessel gehört und somit als Dampfkesselteil mit allen dadurch entstehenden Konsequenzen gilt, muss das Wasser nicht in der Flüssigphase bleiben: Es darf schon eine Teilverdampfung eintreten (Bild 2.86). Eine Absperrung zum eigentlichen Kesselkörper hin ist nicht mehr erforderlich. Im Übrigen gelten von der Konstruktion her ähnliche Gesichtspunkte wie für Stahlrohr-Abgas-Wasservorwärmer; häufig wird beim Vorverdampfer auf Rippen verzichtet.

Kesselbauarten und Kesselanlagen 145

2.3.4 Luftvorwärmer

Zur Hebung des Wirkungsgrades der Verbrennung werden vor allem bei Anlagen, bei denen das Speisewasser thermisch vorbehandelt wird, Luftvorwärmer (Luvo) vorgesehen. Das aus dem thermischen Entgaser kommende Wasser hat bereits eine Temperatur von über 100 °C, sodass die Temperaturdifferenz zwischen dem abzukühlenden Rauchgas und dem im Abgas-Wasservorwärmer zu erhitzenden Speisewasser so gering ist, dass eine sehr große Heizfläche notwendig wäre, um einen wirtschaftlichen Betrieb zu erreichen. Man beschränkt sich daher auf der Wasserseite und holt Wärme auf dem Verbrennungsluftpfad zurück.

Auf die verbrennungstechnischen Daten wirkt sich die Luftvorwärmung günstig aus, denn sie erhöht die Verbrennungstemperaturen und unterstützt die Aufbereitung des Brennstoffes zum Verbrennungsvorgang.

Der Wärmetausch vom Abgas zur Luft geschieht entweder nach dem Wärmetauscherprinzip (Rekuperativ-Prinzip) oder nach dem Speicherprinzip (Regenerativprinzip). Beim Rekuperativ-Prinzip wird die eine Seite des Wärmetauschers ständig mit strömendem Abgas und die andere Seite ständig mit strömender Luft

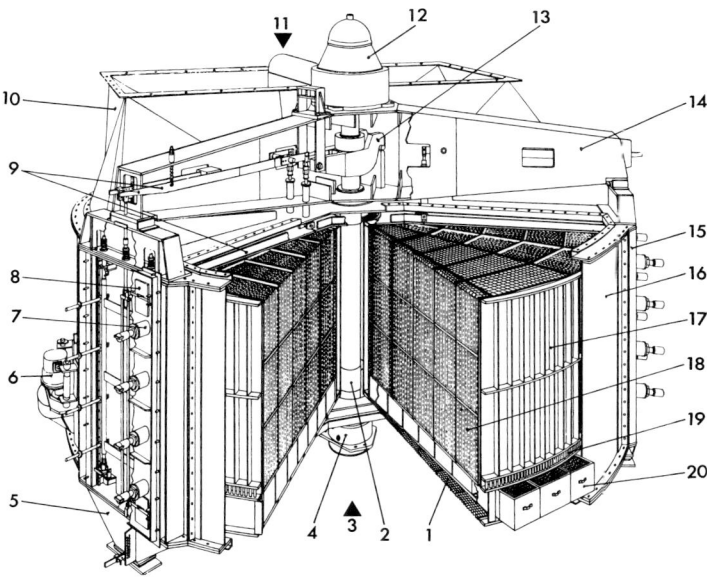

Bild 2.89: Dreh-Luftvorwärmer
1 Gitterrost
2 Rotorwelle
3 Luft
4 Pendelrollenlager
5 Auflagerfuß
6 Öl-Hydraulik-Motor mit Antrieb
7 einstellbare Mantelabdichtung
8 Schautüre
9 einstellbare Radialabdichtung
10 Rauchgasstutzen
11 Rauchgas
12 Axial-Pendelrollenlager (Traglager)
13 Rotorhebewerk
14 Sternträger,
15 Gehäuseportal
16 Gehäusemantel
17 Rotormantel,
18 Heizfläche,
19 Bolzenkreuz,
20 Heizblechkästen mit auswechselbaren Heizblechen auf der kalten Seite

beaufschlagt; beide Seiten sind durch Wandungen (Heizflächen) voneinander getrennt. Es werden Röhren-, Platten-, Taschen- und ähnliche Luftvorwärmer, die nach diesem Prinzip arbeiten, gebaut (Bilder 2.87 und 2.88).

Vor allem aus Platzgründen haben sich auch Speichervorwärmer (Regenerativprinzip) durchgesetzt, bei denen die Speicherteile abwechselnd vom Rauchgas aufgeheizt und nach Hineindrehen in den Luftstrom von der Luft wieder unter Wärmeabgabe abgekühlt werden. Die Drehluftvorwärmer, z. B. nach dem System Ljungström, haben bei Großanlagen Bedeutung erlangt (Bild 2.89), weil diese Konstruktion erlaubt, auf kleinstem Raum eine große Heizfläche unterzubringen. Der entscheidende Durchbruch gelang erst, als eine befriedigende Abdichtung zwischen Abgas- und Luftraum geschaffen worden war. Derzeit werden Leckageströme < 0,3 % innerhalb der Gewährleistungszeit garantiert.

Als Wärmespeicherkörper dienen metallische oder keramische Körper. Überwiegend sind Konstruktionen anzutreffen, bei denen zur Vergrößerung der Oberfläche (»Heizfläche«) gewellte Blechabschnitte (0,5–1 mm Dicke) eng in die Drehkörper (»Rotoren«) eingepackt sind. Ziel ist es hierbei, bei geringem Strömungswiderstand gute Wärmeübergangsverhältnisse mit größtmöglicher Heizfläche zu erreichen.

Es gibt auch Regenerativ-Luvos, bei denen der Speicherkörper stillsteht (»Stator«), während Luft und Abgas umlaufenden Hauben zugeführt werden. Die langsam umlaufenden Hauben (z. B. 1 min^{-1}) sind über besondere Verbindungselemente mit dem feststehenden Luft- bzw. Abgaskanal verbunden.

Bei Wartung und Bedienung von Luvos sind den möglichen Korrosionen und Verschmutzungen der am »kalten Kesselende« liegenden Luvo-Bauteile besondere Beachtung zu schenken. Darüber hinaus müssen die rauchgasseitigen Eintrittstemperaturen eingehalten und es muss insbesondere der Ablagerung größerer Mengen noch brennbarer Abgasbestandteile entgegengewirkt werden, da sonst Vorwärmerbrände auftreten.

Bei künstlichem Zug sind die Rauchgase nach dem Luvo auf 150–120 °C abgekühlt.

2.4 Anlagen zur Dampf-, Heißwasser- und Warmwassererzeugung

2.4.1 Allgemeines

Um sichere, umweltverträgliche und wirtschaftliche Anlagen zu erhalten, sind die Bauteile einer Gesamtkesselanlage sinnvoll, d. h. nach den anerkannten Regeln der Wissenschaft und der Technik so zusammenzufügen, dass bei reibungslosem Betrieb das jeweilige Medium (Dampf, Heißwasser usw.) in dem für den Anlagenbetrieb erforderlichen Zustand bei maximaler Umweltschonung zur Verfügung gestellt wird.

Zur groben Unterscheidung haben sich verstärkt in jüngster Zeit im Rahmen der Maßnahmen zur Einsparung von Energie die Begriffe »Niedertemperaturprozess« und »Hochtemperaturprozess« herausgebildet. Diese Begriffe sollen verdeutlichen, wo die Grenze liegt, bei der ohne besondere Maßnahmen durch einfaches Verbrennen oder Beheizen Wärme erzeugt werden kann.

Diese Grenze hat nichts zu tun mit der Einstufung, die nach den Vorschriften notwendig ist (Niederdruckdampf 0,5 bar < PS ≤ 1,0 bar , Hochdruckdampf darüber,

Warmwasserbereich 110°C < TS ≤ 120°C, Niederdruckheißwasserbereich bis 110 °C, Hochdruckheißwasserbereich über 110 °C).
Darüber hinaus wird unterteilt in Anlagen mit mittelbarer (indirekter) und mit unmittelbarer (direkter) Beheizung. Für Anlagen mit direkter Beheizung, also sozusagen mit »ungebändigter Wärmezufuhr«, bestehen zu Recht meist strengere Vorschriften als für mittelbar beheizte Anlagen, wie z. B. Gegenstromapparate in Heizungsanlagen.
Weiterhin wird anlagentechnisch grob unterschieden zwischen Wärmeerzeugungs- und Wärmeverbrauchsanlage. Eine strenge Abgrenzung ist oft schwer möglich, wenn man bedenkt, dass in Kraftwerksblöcken Kessel und Turbine so unabsperrbar miteinander in Verbindung stehen können, dass auch der Fachmann nicht ohne weiteres beurteilen kann, wo er den Trennungsstrich zwischen beiden Gebilden ziehen soll.
Bei unmittelbar durch feste, flüssige oder gasförmige Brennstoffe, durch Elektrizität, Kernbrennstoffe, Sonnenstrahlung oder Abgase beheizten Anlagen gab uns das bisherige deutsche Dampfkesselrecht einige Hilfe. Danach gehören zur Dampfkesselanlage (also zur »Wärmeerzeugungsanlage«) außer dem Dampfkessel auch

1. das Kesselgerüst, die Einmauerung und die Ummantelung;
2. die Einrichtungen für die Feuerung;
3. die Einrichtungen innerhalb des Kesselaufstellungsraumes zur Lagerung, Aufbereitung und Zuleitung von Brennstoffen sowie bei Landdampfkesselanlagen Einrichtungen außerhalb des Kesselaufstellungsraumes zur Lagerung, Aufbereitung und Zuleitung von leicht entzündlichen und allen staubförmigen, flüssigen und gasförmigen Brennstoffen;
4. die Luftvorwärmer, soweit sie im Rauchgasstrom der Feuerung angeordnet sind, und die Gebläse für die Feuerung;
5. die Einrichtungen zur Rauchgasabführung einschließlich der Saugzuganlagen und des Schornsteins sowie bei Dampfkesselanlagen, die nicht Schiffsdampfkesselanlagen auf Seeschiffen sind, der in der Rauchgasabführung eingebauten Anlagen zur Verminderung von Luftverunreinigungen;
6. die absperrbaren Speisewasservorwärmer, soweit sie im Rauchgasstrom der Feuerung angeordnet sind, sowie die Speisevorrichtungen mit den zum Dampfkessel führenden Speiseleitungen;
7. die absperrbaren Überhitzer und die Zwischenüberhitzer, soweit sie im Rauchgasstrom der Feuerung angeordnet sind, sowie die im Kesselaufstellungsraum befindlichen Dampfkühler;
8. die absperrbaren Druckausdehnungsgefäße sowie die Verbindungsleitungen zwischen Dampfkessel und Druckausdehnungsgefäß;
9. der Kesselaufstellungsraum; als Kesselaufstellungsraum gilt in Räumen, die nicht ausschließlich zur Unterbringung des Dampfkessels und der zu seinem Betrieb dienenden Einrichtungen bestimmt sind, der hierzu erforderliche Teilraum;
10. die im Kesselaufstellungsraum befindlichen Dampf- und Heißwasserleitungen und deren Armaturen;
11. sonstige Einrichtungen, die dem Betrieb der Dampfkesselanlage dienen.

Die Nummer 11 lässt einige Auslegungen zu, denn auch dampfbeheizte Luvos, Hochdruck-Speisewasservorwärmer, Einspritzkühler, Speisewasser-Aufbereitungsanlagen und dergleichen dienen dem Betrieb der Dampfkesselanlage.

Die der Dampfkesselverordnung unterliegende Heißwassererzeugungsanlage ist in der Praxis noch angewandten - TRD 402 »Ausrüstung von Dampfkesselanlagen mit Heißwassererzeugern der Gruppe IV« wie folgt definiert:

»Die Heißwassererzeugungsanlage umfasst insbesondere Heißwassererzeuger, Druckausdehnungsgefäße, Druckhalteeinrichtungen, Hauptverteiler und -Sammler, Vorwärmer (auch wenn sie nicht im Rauchgasstrom liegen). Mischeinrichtungen, Umwälzpumpen, einschließlich der diese Anlageteile verbindenden Rohrleitungen und den an diesen und zwischen diesen Teilen angeordneten Armaturen. Alle vorstehend aufgeführten Teile gehören zur Heißwassererzeugungsanlage, auch wenn sie außerhalb des Kesselaufstellungsraumes liegen.«

Selbstverständlich muss die Gesamtanlage auch bei Heißwassererzeugern um die Teile erweitert betrachtet werden, die in der DDA (Deutscher Dampfkessel Ausschuß) 1001 und DDA 1002 unter den vorstehenden Nummern 1 bis 11 genannt sind.

Eine ähnliche Abgrenzung wird auch für Warmwasseranlagen und für mittelbar beheizte Anlagen, die nicht der Dampfkesselverordnung unterliegen, zweckmäßig sein, auch wenn dafür keine Definitionen in Vorschriften und dergleichen enthalten sind.

Je nach Medium, Betriebsdaten und Betrachtungsweise kann es notwendig sein, die Gesamtanlage einschließlich der Wärmeverbraucher zu sehen. Dies ist z. B. bei der sicherheitstechnischen Betrachtung von Heißwasser- oder von Wärmeübertragungsanlagen mit anderen Wärmeträgern als Wasser notwendig. Die möglichen Rückwirkungen aus dem Wärmeverbraucherbetrieb müssen bei der sicherheitstechnischen Beurteilung oft in Betracht gezogen werden. Es kann hierbei durchaus möglich sein, dass aufgrund der Betriebsweise der Wärmeverbrauchsanlage andere oder zusätzliche Ausrüstungsteile an der Wärmeerzeugungsanlage anzubringen sind, als sie im Normalfall notwendig wären.

Im Übrigen müssen die in der VOB Teil C, DIN 18380 »Heizanlagen und zentrale Wassererwärmungsanlagen« nachstehend auszugsweise wiedergegebenen Festlegungen ganz allgemein als Grundlage für die Gestaltung von Anlagen betrachtet werden.

»Die Bauteile von Heizanlagen und Wassererwärmungsanlagen sind so aufeinander abzustimmen, dass die geforderte Leistung erbracht, die Betriebssicherheit gegeben und ein sparsamer und wirtschaftlicher Betrieb möglich ist sowie unvermeidbare Korrosionsvorgänge weitgehend eingeschränkt werden. Das gilt insbesondere für Wärmeerzeuger, Beheizungseinrichtungen, Schornsteine, vorgesehene Brennstoffe oder Energiearten und die Eigenschaften des Wärmeträgers. Einflüsse durch Temperatur, Druck, Abgase und dergleichen sind zu berücksichtigen.«

Abschließend kann von dem heutigen Stand der Kesseltechnik in Deutschland gesagt werden, dass sich fast alle Anlagen durch Zuverlässigkeit, hohe Verfügbarkeit und den Einsatz umweltverträglicher Technologien auszeichnen. Insbesondere bei Kraftwerksanlagen liegt ein Schwerpunkt der Weiterentwicklung bei der Verbesserung des Wirkungsgrades, wobei beim klassischen Wasser-Dampf-Prozess die möglichen Grenzen fast schon erreicht sind. Heute können überkritische Kraftwerksblöcke mit einfacher Zwischenüberhitzung bei 250 bar/

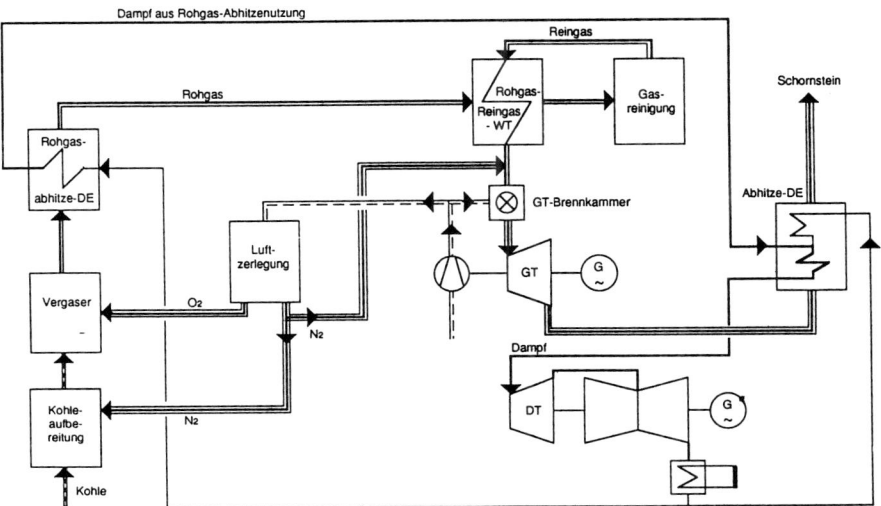

Bild 2.90: Prinzipschema einer Ausführungsart einer GuD-Anlage mit Kohlevergasung (Siemens)

545 °C/545 °C Nettowirkungsgrade von rund 41 % erreichen, wobei die Verluste durch Rauchgasentschwefelungs- und -entstickungsanlagen bereits eingerechnet sind. Bei weiterer Optimierung sind sogar Wirkungsgrade um 45 % erreichbar.

Weitere geringe Verbesserungen wären nur noch durch Anhebung der Dampftemperatur möglich. Hier setzen aber die Werkstoffe in Verbindung mit Wirtschaftlichkeitsüberlegungen Grenzen, denn hohe Drücke und Temperaturen sind nur noch mit hochwertigen und teuren austenitischen Stählen beherrschbar. Mit den heutigen Werkstoffen ergibt sich eine Grenze von etwa 300 bar und 600 °C. Nachteilig ist bei hohen Temperaturen neben den hohen Anschaffungskosten und dem höheren Aufwand für die Rauchgasreinigung jedoch auch die Gefahr von Hochtemperaturkorrosionen, die in Teilen der Heizflächen auftreten können. Als Ausweg wurde überlegt, auf zwei verschiedene Feuerungssysteme auszuweichen: Die »normale« Verdampfung, Überhitzung und Zwischenüberhitzung erfolgt in einem Dampferzeuger mit beispielsweise Kohlenstaubbrennern, während eine Überhitzung und Zwischenüberhitzung auf 600 °C und darüber mithilfe einer stationären Wirbelschichtfeuerung mit geringer Leistung erfolgt, deren Rauchgase in die kohlenstaubbefeuerte Brennkammer des Dampferzeugers geblasen werden. Die Wirbelschicht hat nur eine Reaktionstemperatur um 850 °C, womit das Entstehen von korrosiven Alkalidämpfen vermieden wird.

Aufgrund dieser Ausgangslage sucht man neue Wege, den Wasser-Dampf-Prozess besser zu nutzen. Ein Weg zur Steigerung des Prozesswirkungsgrades ist die Einbindung von Gasturbinen in den Prozess. Hierdurch lässt sich die obere Kreislauftemperatur erheblich steigern. Der Abgasverlust und die Kompressionsarbeit des Verdichters können durch den nachgeschalteten Dampfprozess weitgehend kompensiert werden. Sowohl Gas- als auch Dampfturbinen treiben Genera-

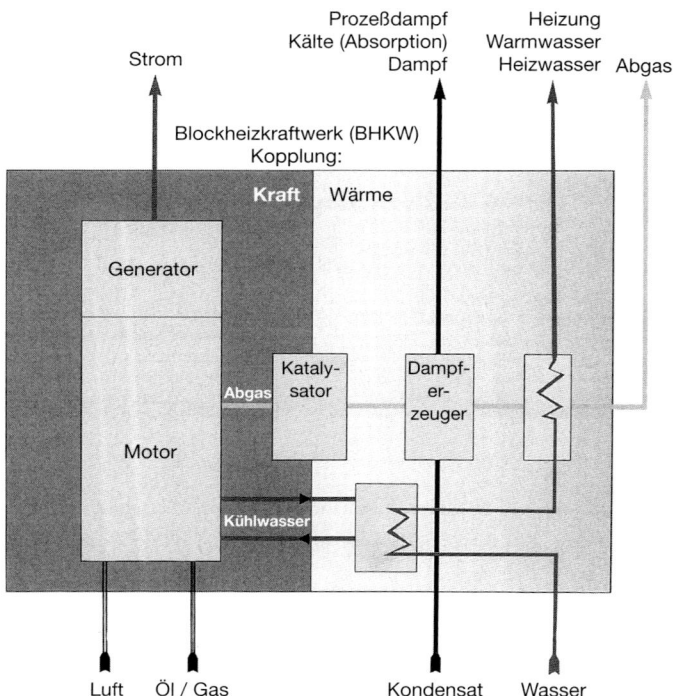

Bild 2.91: Vereinfachtes Schema der Wirkungsweise eines Blockheizkraftwerks (BHKW) (Euroforum)

toren zur Stromerzeugung an. Bei solchen Kombiprozessen (Gas- und Dampf- oder GuD-Prozess) erreicht man beispielsweise mit Erdgasfeuerung und einer Gasturbineneintrittstemperatur von 1150 °C schon Wirkungsgrade von rund 52 %.

Sofern für den GuD-Prozess Kohle als Brennstoff verwendet werden soll (siehe Bild 2.90), muss zuerst die Kohle vergast werden, wobei wegen der erwünschten langen Lebensdauer der Gasturbine hohe Anforderungen an die Gasreinheit gestellt werden. Besonders Alkalien würden sonst den Aufbau von Oxidschichten auf den Turbinenschaufeln verhindern und eine vorzeitige Zerstörung des Schaufelwerkstoffs einleiten. Staubpartikel würden ein übriges tun und die Schaufeln durch Erosion angreifen.

Zur Vergasung von Kohle scheinen sich die folgenden vier Verfahren durchzusetzen: Festbett-, Wirbelschicht-, Flugstaub- und Eisenbadvergaser. Beim Wirbelschichtverfahren wiederum werden in der Kraftwerkstechnik und im Chemiebereich dem Hochtemperatur-Winkler-(HTW-)Verfahren zur Vergasung von Braunkohle, Steinkohle, Torf und Biomasse in der Wirbelschicht wegen hoher Energieausnutzung und niedriger Emissionen gute Chancen gegeben.

GuD-Kraftwerke mit integrierter Kohlevergasung nach Bild 2.90 sind allerdings noch in der Erprobungsphase; die anlagentechnisch einfacheren erdgas- oder

Kesselbauarten und Kesselanlagen 151

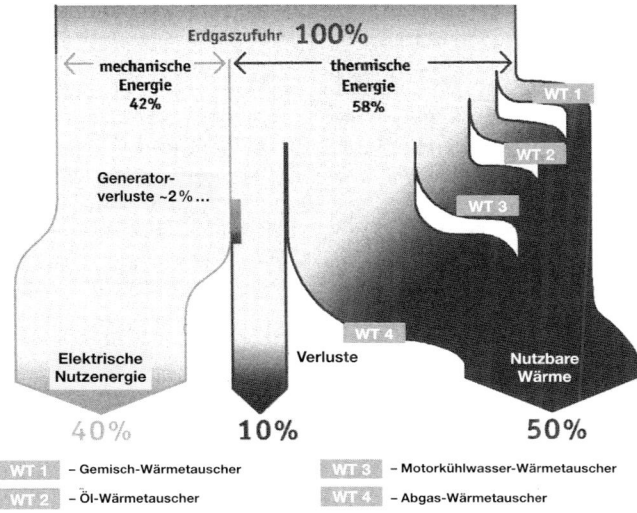

Bild 2.92: Wärmeschema einer BHKW-Anlage (Jenbacher AG)

Bild 2.93: Die vier Erdgasmotoren der BHKW-Anlage für die Fernwärmeversorgung in Wittenberg mit Gesamtleistungen von 6224 kW$_{el}$ und 7948 kW$_{therm}$ (Jenbacher AG). Die Wirkungsgrade werden mit η_{ges} = 84,8, η_{el} = 41,3 und η_{therm} = 43,5 angegeben.

heizölbefeuerten GuD-Anlagen, die ja ohne einen aufwendigen Vergasungsteil auskommen, sind dagegen bereits weltweit erfolgreich in Betrieb.

Als weitere erwähnenswerte Lösung für eine rationellere Energienutzung wird schon in nennenswertem Maße die Kraft-Wärme-Kopplung mit Blockheizkraftwerken (BHKW) angewandt (Bild 2.91). Der Grundgedanke ist hier auch wieder, den Wirkungsgrad der Gesamtanlage dadurch zu erhöhen, dass die Abwärme, die nach dem Wasser-Dampf- oder Verbrennungskraftmaschinen-Kreisprozess im Abgas und ggf. im Kühlwasser noch verfügbar ist, nicht ungenutzt vernichtet, sondern verwertet wird. Diese Lösung wird deshalb auch als Heizkraftverfahren bezeichnet. Der Energiegewinn, der beispielsweise über nachgeschaltete Wärmetauscher zur Raumheizung oder für Prozesswärme erzielt werden kann, ist bedeutend. Eine Verdoppelung der Primärenergieausnutzung, die bei konventioneller Krafterzeugung, wie vorher dargestellt, nicht recht viel mehr als 40 % beträgt, ist durchaus erreichbar (Bild 2.92). Dabei darf allerdings nicht vergessen werden, dass solche Anlagen gegenüber der konventionellen Versorgung höherer Investitionen und Wartungsaufwendungen bedürfen. Die Amortisation hängt von der Höhe und der Gleichmäßigkeit des Wärmebedarfs ab. Bei kleineren Gemeinden können so schon die Personalkosten übermäßig zu Buche schlagen.

Für BHKW werden neben Kesselanlagen häufig auch Verbrennungskraftmaschinen eingesetzt (Bild 2.93), die für ein breites Spektrum von Brennstoffen – vom Dieselkraftstoff über das Erdgas bis hin zum Klärgas – ausgelegt sein können. Die obere Grenze hat sich für solche Anlagen – abgesehen von Großanlagen für Kraft-Wärme-Kopplung in Städten und zusammenhängenden Industrie- oder Wohnansiedlungen, die man aber nicht mehr als BHKW bezeichnet – um die 10 000 kW elektrischer Leistung eingependelt. Es ist nämlich bei verstreuten Abnehmern schwierig, die bei größeren Anlagen aus dem Kreisprozess noch nutzbare Abwärme sinnvoll über das ganze Jahr zu verwerten.

Da also ein Hauptproblem dieser Anlagen eine möglichst große Übereinstimmung des Kraft- und des Wärmebedarfs ist, sind solche Anlagen für eine Spitzenkrafterzeugung nicht besonders geeignet. Darüber hinaus stößt der Wärmetransport mittels Dampf oder Heißwasser über größere Entfernungen bekanntlich auf wirtschaftliche, aber auch auf ökologische Grenzen.

2.4.2 Dampferzeugungsanlagen

Ganz wesentliche Unterschiede werden bei Dampferzeugungsanlagen dann hervortreten, wenn die Anlage nach folgenden Gesichtspunkten eingereiht wird:

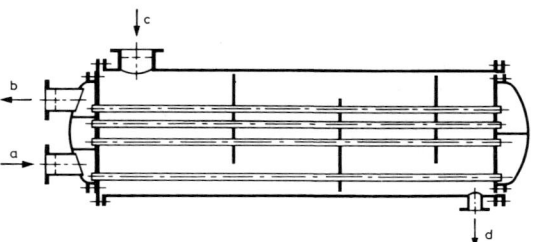

Bild 2.94: Schnittdarstellung eines Wärmetauschers (Dubbel)
a Eintritt
b Austritt des zu beheizenden Mediums
c Dampfeintritt
d Kondensataustritt

Kesselbauarten und Kesselanlagen

Bild 2.95: Luftbild des 3000-MW-Grundlastkraftwerks in Jänschwalde/Brandenburg. Das Kraftwerk, das mit einer der größten Rauchgasentschwefelungsanlagen Europas ausgestattet ist, nahm 1995 den Betrieb auf.

- mittelbare oder unmittelbare Beheizung,
- Niederdruck- oder Hochdruckdampfkesselanlage,
- Verwendung des Dampfes für die Kraft- oder für die Wärmeerzeugung oder für beides.

Sofern die mittelbare Dampferzeugung nicht in einem Zweidruckkessel nach Nr. 2.2.3.2.5 erfolgt, der in seiner Gesamtheit den erhöhten Anforderungen für Dampfkessel unterliegt, können solche mittelbaren Dampferzeuger (»Wärmetauscher«, Bild 2.94) im Gegensatz zu unmittelbar befeuerten Anlagen, deren Betriebsdruck über 0,5 bar liegt, ohne ständige unmittelbare Aufsicht betrieben werden.

Erleichternde Bestimmungen im Hinblick auf die Herstellung, die Errichtung, die Prüfung und den Betrieb gelten auch für Niederdruckdampferzeuger mit einem Betriebsüberdruck bis einschließlich 0,5 bar (früher als »Dampferzeuger der Gruppe II« bis 1,0 bar). Die in der Praxis noch angewandten TRD 701 in Verbindung mit der DIN 4750 bzw. der TRD 721 geben hierüber Auskunft. Bei einfachen Erzeugungsanlagen für Hochdruckdampf, die im Bereich der Niedertemperaturprozesse arbeiten, ist die Dampferzeugungsanlage im Allgemeinen problemlos.

Bei Krafterzeugungsanlagen (s. Bild 2.95) oder bei Kraft-Wärme-Verbund, also bei Hochtemperaturprozessen, sind erhöhte Anforderungen zu stellen. So steht z. B. die Wartung und die Bedienung solcher Anlagen unter ganz anderen Gesetzmäßigkeiten als bei den einfachen Dampferzeugungsanlagen. Obwohl es theoretisch möglich wäre, kann auf ständiges Bedienungspersonal überwiegend nicht verzichtet werden. Auch spielt die Frage der Verfügbarkeit solcher hochwertiger Anlagen eine wesentlich größere Rolle als bei anderen Anlagen.

In einem gewissen Zusammenhang hiermit steht auch die Tatsache, dass die Ausrüstung solcher Großanlagen mit Regel-, Steuer- und Überwachungseinrichtungen oft wesentlich aufwendiger gestaltet werden muss.

Für alle Dampferzeugungsanlagen gilt das Gebot, Kondensatverluste möglichst gering zu halten. Hierzu sind besondere Maßnahmen und eine ständige Überwachung erforderlich.

2.4.3 Heißwassererzeugungsanlagen

2.4.3.1 Technische Entwicklung

Die erste Wasserheizung, für die eine genaue Beschreibung vorliegt, wurde 1716 von dem Schweden *Martin Triewald* in England gebaut. Nach 1800 wurden bereits eine größere Zahl solcher Anlagen in England und in Frankreich betrieben. Schutzrechte für Anlagen mit Betriebstemperaturen über 100 °C, also für Heißwasseranlagen, erwarben 1820 die Brüder *Price* aus Bristol.

Eine nennenswerte Verwendung von Heißwasser ist aber erst ab 1825 festzustellen, als der Franzose *Duvoir* in Paris die Heizungsvorlauftemperaturen dadurch erhöhte, dass er an ein Dampfpolster-Ausdehnungsgefäß ein hohes Standrohr anbrachte. Gleiches versuchte sein Landsmann *d'Hamelincourt* mit Sicherheitsventilen zu erreichen. Die Anlagen waren aber wegen des damaligen Standes der Technik nicht ausreichend sicher. Bei einer solchen Anlage in einer Pariser Kirche sprach das Sicherheitsventil nicht an, weil es festsaß. Als Folge davon zerknallte ein gusseiserner Heizkörper, wobei mehrere Todesopfer zu beklagen waren und diese Heizungen in Misskredit gerieten, obwohl ihre Vorzüge gegenüber den Dampfheizungen zu erkennen waren.

Ein Jahrzehnt später setzte sich eine Schwerkraft-Heißwasserheizung des Engländers *Anger March Perkins* aus Middlesex (1799–1881) durch. Perkins erhielt auf seine zunächst für die Beheizung von Druckplatten für Papiergeld entwickelte Anlage mit Heißwassertemperaturen bis 200 °C das britische Patent 6146 und sechs weitere Patente (Bild 2.96). Die Heizung zeichnete sich durch eine erstaunliche Einfachheit und durch Betriebssicherheit aus, denn sie bestand aus einem geschlossenen Rohrstrang kleinen Durchmessers mit Wasser- und Luftfüllung, die im kalten Zustand etwas vorkomprimiert und im heißen Zustand bis 200 bar zusammengedrückt wurde. Anlagen dieser Art waren in Dampfbacköfen bis in jüngster Zeit in Betrieb.

Die Zeit kurz vor dem Ersten Weltkrieg bis – nach Kriegsunterbrechung – Mitte der 1920er-Jahre ist gekennzeichnet durch die hervorragende Tätigkeit des Verbandes der Centralheizungs-Industrie (VdCI) in Berlin, auf dessen Impulse hin sicherheitstechnische Grundlagenforschungen eingeleitet wurden.

Die damaligen Versuche von Professor *Dr. Brabbée* an der Technischen Hochschule zu Berlin-Charlottenburg und die von dort angeregten Standrohrversuche bei den Strebel-Werken in Mannheim führten zu Grundlagen bei der Bemessung von Sicherheitsleitungen, die heute noch herangezogen werden. Die in Zusammenarbeit mit den Heizungsingenieuren in den Jahren 1914 bis 1925 herausgegebenen preußischen Erlasse über die Anordnung und die Ausführung von Sicherheitsleitungen bewirkten einen schnellen Rückgang der bis dahin stetig steigenden Schadens- und Unfallziffern.

A.D. 1831 . . . . N° 6146.

Heating Apparatus.

PERKINS' SPECIFICATION.

TO ALL TO WHOM THESE PRESENTS SHALL COME, I, ANGIER MARCH PERKINS, of Harper Street, in the County of Middlesex, Civil Engineer, send greeting.

WHEREAS His present most Excellent Majesty King William the Fourth, by His Letters Patent under the Great Seal of Great Britain, bearing date at Westminster, the Thirtieth day of July, in the second year of His reign,

....

My Invention relates to that description of apparatus or method of heating which is now largely employed in heating buildings and for other purposes by the circulation of hot water, and the object of my improvements thereon is to obtain considerably higher degrees of temperature to the water circulated; and thus I am enabled to apply my apparatus to a variety of purposes which require the heating medium to be at a higher degree of temperature than that of boiling water; and my improvements consist in circulating water in tubes or pipes which are closed in all parts, allowing a sufficient space for the expansion of the water which is contained within the apparatus, by which means the water will at all times be kept in contact with the metal, however high the degree of heat such apparatus may be submitted to, and yet at the same time there will be no danger of bursting the apparatus, in consequence of the water having sufficient space to expand. But in order that my Invention may be fully understood and carried into effect I will now describe the Drawings hereunto annexed, which represent the improvements applied in various ways.

....

Bild 2.96: Auszug aus der Original-Patentschrift von Angier March Perkins aus dem Jahre 1831, mit der er ein Patent für eine geschlossene Heißwasserheizung beantragt.

Erst 1920 entwickelten *Klingelhöfer* in Troisdorf und *Krüger* in Eilendorf HD-Heißwassersysteme (etwa 190 °C), bei denen man Heißwasser unmittelbar aus einem Dampfkessel entnahm und die Volumenschwankungen infolge unterschiedlicher Temperaturen im Dampfraum des Kessels auszugleichen versuchte. Schwierigkeiten durch Mitreißen oder Entstehen von Dampfblasen in der Anlage konnten allerdings nicht völlig vermieden werden, auch nicht, als ab 1923 diese Ideen weitergeführt und Patente auf Heißwasseranlagen mit Zwangumlauf erteilt wurden (Bild 2.97). Schäden und Unfälle an solchen Anlagen konnten erst durch die Festlegungen der ersten DIN 4752 von 1962 in Grenzen gehalten werden. Ein früherer

Bild 2.97: Graugussventil ND 16, das durch einen Kondensationsschlag zerknallt ist. Als Wärmeerzeuger diente ein dampfbeheizter Wärmetauscher mit 100 l Inhalt und 8 bar Betriebsüberdruck. Die Verwendung von GG in derartigen Anlagen war damals (1957) noch normgerecht. Spätere Untersuchungen des TÜV Bayern, bei denen Wasserschläge durch Sprengversuche simuliert wurden, führten zum Ausschluss von GG und zur Zulassung von Kugelgrafitguss (GGG).

Entwurf dieser DIN von 1944, der im Rahmen der »Verdingungsordnung für Bauleistungen (VOB)« DIN 1979 aus der Feder des späteren Vorsitzenden des Normenausschusses Heiz- und Raumlufttechnik *Spillhagen* entstanden war und keine detaillierten Schaltungen und Festlegungen zur Ausrüstung enthielt, ist damals nicht mehr für verbindlich erklärt worden. Die sicherheitstechnischen Grundgedanken der DIN 4752 wurden in weiteren Folgeausgaben der Normen DIN 4751 und DIN 4752 sowie die in der Praxis noch angewandten, TRD 402 weitergeführt. Besondere Erwähnung verdienen in diesem Zusammenhang noch die Leistungen von *Dr. Ernst Allmenröder*, ROM, Hamburg, und *Karl Bormann*, Caliqua, München.

2.4.3.2 Gebräuchliche Begriffe

Geschlossene Heizungsanlagen stehen mit der Atmosphäre nicht in ständig offener Verbindung. Die Probleme, die sich bei offenen Anlagen dadurch ergeben, dass in Abhängigkeit von der Anlagengröße »Öffnung« nicht gleich »Öffnung« gesetzt werden kann, dürfen dabei allerdings nicht außer Acht gelassen werden, da sonst für diese Anlagen die vorgesehenen Erleichterungen nicht gerechtfertigt wären.

Um Gase oder Flüssigkeiten zu lagern, zu speichern, zu erwärmen, zu fördern usw., müssen bekanntlich Hohlkörper verwendet werden, die entweder »offen« oder »geschlossen« ausgeführt sein können.

Als offen wird ein Gefäß dann bezeichnet, wenn es mit der Atmosphäre eine solche unverschließbare Verbindung aufweist, dass bei einer Behandlung (z. B. Erwärmen) des eingefüllten Mediums (z. B. Wasser) unter keinen Umständen eine Drucksteigerung möglich ist. Bei geschlossenen Gefäßen bewirkt jede Änderung der Temperatur nach dem Einfüllen des Mediums eine Änderung des Druckes. Bei Abkühlung zieht sich das Medium mehr (Gase) oder minder (Wasser) zusammen und führt im Behälterinneren zu Unterdruck, bei Temperatursteigerung erfolgt eine Ausdehnung und deshalb eine Drucksteigerung. Es ist demnach offensichtlich, dass jeder geschlossene Hohlkörper (z. B. also auch eine Konservendose) zu irgendeinem Zeitpunkt Druck beinhaltet, also als Druckbehälter im weitesten Sinne zu betrachten ist.

Thermostatisch abgesichert ist eine Anlage dann, wenn die im System auftretenden Wassertemperaturen nicht durch die Einstellung der zugelassenen Druckbegrenzungseinrichtungen wie Standrohre und Sicherheitsventile begrenzt wird, sondern wenn die höchstzulässige Temperatur mithilfe von Temperaturregel- und -begrenzungsgeräten auf einen Wert begrenzt wird, der deutlich unterhalb der dem höchstzulässigen Betriebsdruck zugeordneten Sattdampftemperatur liegt.

Warmwasseranlagen weisen höchstzulässige Temperaturen bis einschließlich 100 °C auf. Der Heißwasserbereich beginnt über dieser Temperaturgrenze und wird wieder unterteilt in den Niederdruckbereich, der bei Heißwasser bei 110 °C endet. Über 110 °C spricht man von Hochdruckheißwasseranlagen.

Heißwassererzeuger sind Behälter oder Rohranordnungen, in denen Heißwasser von einer höheren Temperatur als der dem atmosphärischen Druck entsprechenden Siedetemperatur zum Zwecke der Verwendung des Heißwassers außerhalb der Heißwassererzeugungsanlage erzeugt wird. Ausdehnungsgefäße und Verbindungsleitungen zwischen den eigentlichen Wärmeerzeugern und Ausdehnungsgefäßen sind, auch wenn sie vom Wärmeerzeuger abgesperrt werden können, ein Teil des Heißwassererzeugers.

Wärmeerzeuger ist der Teil des Heißwassererzeugers, in dem die Wärme übertragen wird einschließlich der zugehörigen unbeheizten Sammler und Trommeln, jedoch ausschließlich des Ausdehnungsgefäßes. Bei Anlagen, bei denen die Beheizung direkt oder indirekt mit Dampf oder heißen Flüssigkeiten oder durch die Reaktionswärme chemischer Verfahren erfolgt, tritt an die Stelle des Begriffes Wärmeerzeuger der Begriff Wärmetauscher (mittelbar beheizt) bzw. Mischgefäß (unmittelbar beheizt). Diese Wärmetauscher und Mischgefäße unterliegen den Druckbehälterbestimmungen.

Ausdehnungstrommeln, Druckausdehnungsgefäße und Auffangbehälter sind Behälter, welche die temperaturbedingten Volumenänderungen des Wassers aufnehmen.

Ausdehnungstrommeln sind Bestandteil des Heißwassererzeugers und daher von diesem nicht absperrbar.

Druckausdehnungsgefäße sind vom Heißwassererzeuger absperrbar. In ihrem Inneren herrscht während des Betriebes ein Druck, der mindestens dem der Heißwassertemperatur zugeordneten Sättigungsdruck entspricht.

Auffangbehälter sind vom Heißwassererzeuger absperrbar. Sie können drucklos oder mit geringerem Druck als dem der Heißwassertemperatur zugeordneten Sättigungsdruck betrieben werden. Druckhalteeinrichtung ist der Teil der Heißwassererzeugungsanlage, mit dem der erforderliche Druck erzeugt wird. Es wird unterschieden zwischen Eigendruckhaltung und Fremddruckhaltung. Bei der Eigendruckhaltung entsteht der Druck im Dampf- und Wasserraum des Heißwassererzeugers oder Ausdehnungsgefäßes. Er entspricht dem der Vorlauftemperatur zugeordneten Sättigungsdruck. Bei der Fremddruckhaltung wird der erforderliche Druck unabhängig von der Temperatur des Heißwassers erzeugt.

Zulässiger Betriebsüberdruck ist der höchste Druck, mit dem der Heißwassererzeuger betrieben werden darf. Der zulässige Betriebsüberdruck wird am höchsten Punkt des Heißwassererzeugers gemessen.

Bei Ermittlung des Produktes aus Wasserinhalt und zulässigem Betriebsüberdruck kann statt des zulässigen Betriebsüberdruckes der Sättigungsdruck eingesetzt werden, der nach dem Tabellenwerk für Wasserdampfzustände der zulässi-

gen Vorlauftemperatur entspricht.
Zulässige Vorlauftemperatur ist die höchste Temperatur, mit der ein Heißwassererzeuger betrieben werden darf. Die zulässige Vorlauftemperatur wird am Vorlaufabgang des Heißwassererzeugers gemessen.

Zulässige Wärmeleistung ist die höchste im Dauerbetrieb erzeugbare Wärmeleistung, mit der ein Heißwassererzeuger nach der Erlaubnis der Bauartzulassung, oder entsprechend der Zertifizierung, betrieben werden darf.

2.4.3.3 Einflüsse auf die Heißwassererzeugungsanlage

Es ist ein Prinzip der Sicherheitstechnik, bei steigendem Gefährlichkeitsgrad die Anforderungen zu erhöhen. In der Heizungstechnik stehen hier zunächst als Parameter der Druck und die Temperatur einer Anlage zur Verfügung.

a) Die Rolle des Druckes
Der Druck einer Anlage bestimmt grundlegend die festigkeitsmäßige Auslegung des Drucksystems einschließlich des Kessels und seiner Armaturen. Die Sicherheitseinrichtung gegen Drucküberschreitung, sei es ein Sicherheitsventil, eine Berstscheibe oder ein Standrohr, aber auch die zeitlich vor diesen Geräten wirkenden Regler müssen gewährleisten, dass dieser Nenndruck nicht wesentlich überschritten werden kann. Im Hinblick auf das gewählte Heizungssystem ist es bei der Planung erforderlich, von den notwendigen Drücken ausgehend die gewünschten Drücke an jedem Punkt der Anlage festzulegen. Erst aufgrund dieser Planung sollten die erforderlichen Bauteile der Anlage entsprechend den Feststellungen richtig bestellt werden. Hierbei sind gesetzliche Vorschriften, Normen und Richtlinien zu berücksichtigen. Falsch wäre es auf jeden Fall, zuerst die Anlagenteile zu beschaffen und dann eine passende Anlage herumzubauen.

b) Die Rolle der Temperatur
Von wesentlicher Bedeutung, auch von den Vorschriften her, ist die Frage der höchsten Wassertemperatur im System. Diese höchste Temperatur tritt im Allgemeinen im Wärmeerzeuger auf; sie ist nicht nur Grundlage für die Wärmebedarfsberechnung, sondern für den Sicherheitstechniker auch Grundlage für die Einreihung in das Vorschriftenwerk. Die Art der Temperaturabsicherung, d. h. eine

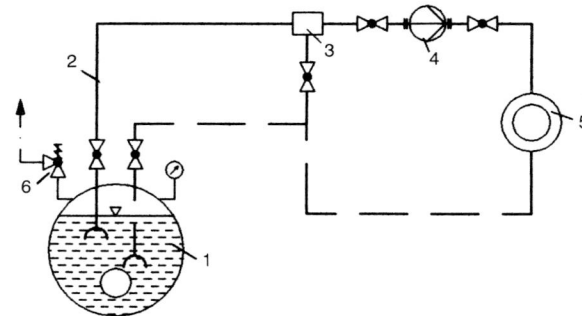

Bild 2.98: Heißwassererzeugungsanlage mit Ausdehnungsraum im Kessel und mit Rücklaufbeimischung
1 Heißwassererzeuger
2 Heißwasservorlauf
3 Mischer
4 Umwälzpumpe
5 Wärmeverbraucher
6 Sicherheitsventil

physikalische oder eine thermostatische Absicherung, spielt eine Rolle. Mit den geringsten sicherheitstechnischen Auflagen werden heute noch die so genannten physikalisch abgesicherten offenen Anlagen, wie sie in DIN EN 12828 beschrieben sind, bedacht. Für diese offenen Warmwasserheizungsanlagen gibt es keine besonderen gesetzlichen Vorschriften, sondern nur Normen. An der oberen Skala des Sicherheitsdenkens steht die Hochdruckheißwasserheizung, entsprechend DIN EN 12953-6 und - die in der Praxis noch angewandten - TRD 402, die voll der Dampfkessel-Gesetzgebung unterliegt. Dies bedeutet hinsichtlich Herstellung, Ausrüstung und Betrieb die gleichen Anforderungen, wie sie für Dampferzeuger gesetzmäßig seit langem bestehen.

Eine gewisse Zwischenrolle spielen Anlagen, die zwar durch den Druck hoch belastet sind, deren Temperaturen aber unter den Grenzen liegen, die von der Vorschrift vorgegeben sind, also unter 100 °C oder unter 110 °C. Sofern diese Anlagen im Rahmen der bestehenden Normen gebaut werden, ergeben sich keine Schwierigkeiten. Bei Überschreitung dieser Grenzen empfiehlt sich die Einschaltung des Sachverständigen einer Technischen Überwachungsorganisation, dem Prüfer der »Benannten Stelle« oder einer von einem EU-Mitgliedstaat anerkannter Prüfstelle.

c) Die Rolle anderer Einflüsse
Andere Einflüsse als Druck und Temperatur können vielgestaltig sein. Besondere Kesselbauarten, wie z. B. Zwanglauf-Heißwassererzeuger, können zusätzliche sicherheitstechnische Forderungen auslösen. Auch von der Brennstoffart können Impulse ausgehen. Hinsichtlich der sicherheitstechnischen Betrachtungen muss zwischen einer Gasfeuerungsanlage mit dem Brennstoff Erdgas und einer solchen mit dem Brennstoff Propan oder Butan unterschieden werden. In den letztgenannten Fällen sind besondere Maßnahmen erforderlich, wenn sich der Heizraum unter Erdgleiche befindet, da die Gase Propan und Butan schwerer sind als Luft und sich somit in Vertiefungen ansammeln können. Sind Zündquellen vorhanden, besteht die Gefahr von Explosionen, die neben Sachwerten auch Menschenleben gefährden können.

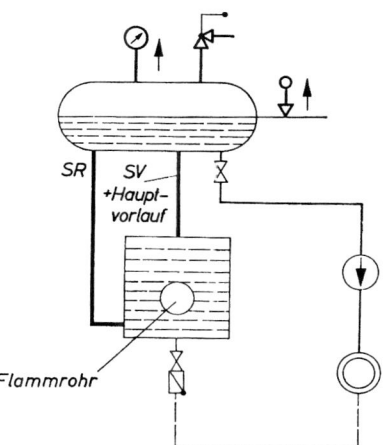

Bild 2.99: Heißwassererzeugungsanlage mit hoch liegendem, unabsperrbar durch Sicherheitsvorlauf- und -rücklaufleitungen mit dem Kessel verbundenem Ausdehnungsgefäß (Sinnbilder siehe Kapitel 11)

2.4.3.4 Sicherheitstechnische Wertung der gebräuchlichsten Systeme aufgrund der Schaltung und der verwendeten Kesselbauart

Heißwassererzeugungsanlagen werden vornehmlich von dem System geprägt, das die Druckhaltung übernehmen soll. Der physikalische Zusammenhang zwischen Druck und Temperatur bei Wasser bzw. Wasserdampf erfordert an jeder Stelle einer Heißwasseranlage einen Druck, der höher oder im äußersten Falle gleich dem Sattdampfdruck bei der höchstzulässigen Vorlauftemperatur der Anlage ist. Bei Anlagen mit Dampfraum im Kessel wird der sichere Betrieb nicht durch Aufbringen eines höheren Auflastdruckes, sondern durch Temperaturerniedrigung mittels Rücklaufwasserbeimischung gewährleistet (Bild 2.98).

Einwandfreie Druckverhältnisse werden auch dadurch erzielt, dass das Ausdehnungsgefäß einer Heißwasseranlage am höchsten Punkt der Anlage, z. B. im Dachgeschoss eines Hochhauses, angeordnet wird (Bild 2.99). Voraussetzung ist

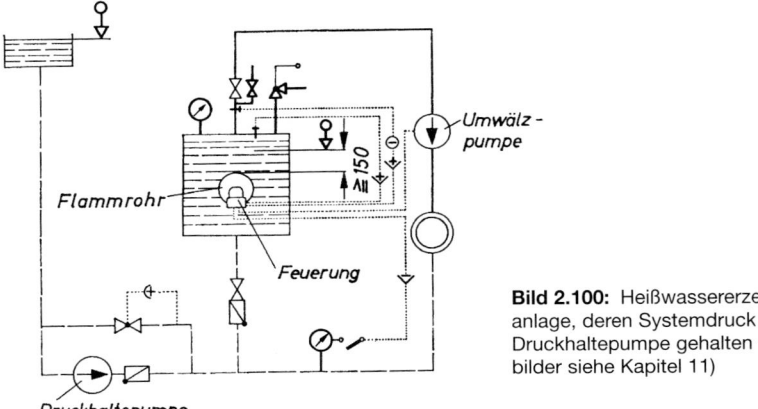

Bild 2.100: Heißwassererzeugungsanlage, deren Systemdruck durch eine Druckhaltepumpe gehalten wird (Sinnbilder siehe Kapitel 11)

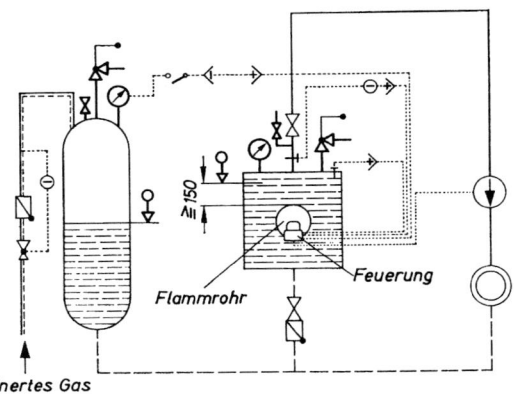

Bild 2.101: Heißwasseranlage, deren Systemdruck durch ein Gaspolster gehalten wird (Sinnbilder siehe Kapitel 11)

Kesselbauarten und Kesselanlagen

Bild 2.102: Bauartzugelassenes Membran-Druckausdehnungsgefäß für Anlagen nach DIN EN 12828 Teil 2 (bis 120 °C), Inhalte von 12 bis 10 000 l (Reflex, Winkelmann & Pannhoff, Ahlen)
1 Außenmantel
2 Klemmring
3 Membrane
4 Wasserraum
5 Gasraum
6 Gasfüllventil
7 Membranlage im Betriebszustand

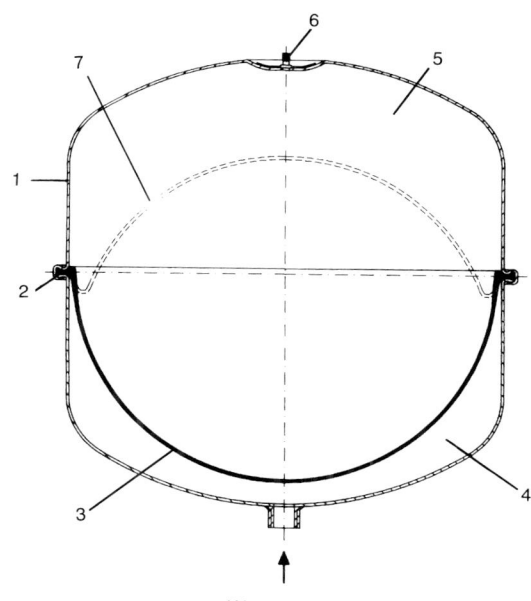

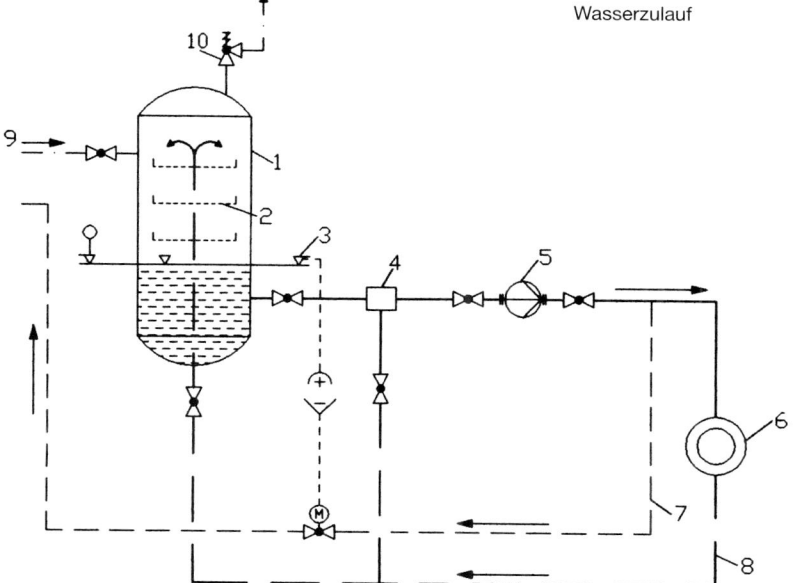

Bild 2.103: Heißwassererzeugung mittels Kaskade (Mischvorwärmer, Caliqua, München)
1 Kaskaden-Druckkörper, 2 gelochte Kaskadenbleche, 3 Wasserstandsregler, 4 Mischer,
5 Umwälzpumpe, 6 Wärmeverbraucher, 7 Abspeiseleitung, 8 Hauptrücklauf,
9 Hochdruckdampf z. B. vom Dampfkessel, 10 Sicherheitsventil

allerdings, dass die Vorlauf- und Sicherheitsvorlaufleitung und die Sicherheitsrücklaufleitung den vorgeschriebenen Mindestquerschnitt aufweisen. Als Beispiel einer Fremddruckauflastung zeigt schematisch Bild 2.100 eine Anlage mit Druckhaltepumpe und Bild 2.101 eine Anlage mit Auflastung eines inerten Druckgases (z. B. N_2). Um die aus Korrosionsgründen unerwünschte Aufnahme von Luftsauerstoff zu verhindern, werden vornehmlich in Anlagen mit Heißwassertemperaturen bis 110 °C Membran-Druckausdehnungsgefäße verwendet. Eine Elastomer-Membrane trennt den Wasserteil von einem mit Inertgas (z. B. N_2) gefüllten Gasraum (Bild 2.102).

Als anlagentechnische Besonderheit ist die Heißwassererzeugung über offene Dampf- und Heißwasserkreisläufe in einem Mischgefäß, einer »Kaskade«, anzusehen (Bild 2.103). Diese bei bestimmten Betriebsverhältnissen durchaus sinnvolle Anlagenart gestattet große Leistungen auf kleinem Raum, wobei die Kaskade als Wärmeerzeuger auch die Funktionen des Ausdehnungsgefäßes und eines Entgasers übernimmt.

Alle Heißwasserheizungsanlagen sind in den Bereich der verfahrenstechnischen Anlagen einzuordnen, die eine besondere Schulung des Bedienungs- und des Wartungspersonals erfordern. Eine unzureichende Ausrüstung solcher Anlagen oder eine fahrlässige Bedienung oder Wartung können Betriebsstörungen herbeiführen, die sicherheitstechnisch bedenklich sind, z. B. Kondensationsschläge, die dann auftreten, wenn an einer Stelle des Heißwassernetzes Dampfblasen entstehen können, die dann bei Verschieben auf kältere Wandungsteile schlagartig zusammenbrechen. Die hierbei auftretenden Druckspitzen können vor allem ungeeignete Bauteile zerstören (s. Bild 2.97).

Von der Behandlung nach gesetzlichen Vorschriften her gesehen gelten die gleichen Gesichtspunkte wie im Abschnitt über Dampferzeugungsanlagen. Der Dampfkesselverordnung unterlagen nur unmittelbar beheizte Anlagen mit Heißwasservorlauftemperaturen über 100 °C. Die übrigen unmittelbar und mittelbar beheizten Anlagen, ausgenommen solche nach dem Zweidruckprinzip, konnten nach den Bestimmungen für Druckbehälter behandelt werden. Bei Temperaturen über 110 °C fallen diese Anlagen in den Geltungsbereich der Druckgeräterichtlinie.

Für Niederdruck-Heißwassererzeugungsanlagen gelten die in der Praxis noch angewandten, TRD 702 und insbesondere die Normen DIN 4750 und die DIN 4807 Teil 1 bis 3. Für Anlagen, die der Dampfkesselverordnung unterliegen, sind auch die TRD und hier insbesondere die TRD 402 von Bedeutung. Als wichtigste Kenngröße für den störungsfreien Betrieb ist der richtige Zusammenhang zwischen Temperatur und Druck zu betrachten.

2.4.4 Warmwassererzeugungsanlagen

Bei Warmwasser ist die Wassertemperatur auf 100 °C, das ist etwa die Sättigungstemperatur bei Atmosphärendruck, begrenzt. Sicherheitstechnisch erscheinen Erleichterungen möglich, wenn man voraussetzen kann, dass die Regel-, Steuer- und Überwachungsgeräte das Überschreiten dieser Grenztemperatur verhindern. Beim Aufreißen von Wandungsteilen wäre zwar ein Verbrühen von Personen möglich, ein explosionsartiges Aufreißen durch Nachverdampfen würde jedoch ausscheiden.

In den letzten Jahren sind aber Anlagen entstanden, die sowohl von der Größe als auch von der Ausführung her gesehen etwas strengere Maßstäbe rechtfertigen. Dies ist durch Bauvorschriften in einigen Bundesländern auch geschehen. Im Übrigen gelten die Gesichtspunkte, die bei Heißwasseranlagen angeführt worden sind, sinngemäß auch für Warmwasseranlagen. Die DIN EN 12170 und 12171 befassen sich mit Betriebs-, Wartungs- und Bedienungsanleitungen von Heizungsanlagen in Gebäuden, DIN EN 12828 mit der Planung und der Installation.

Bei Temperaturen über 110 °C fallen diese Anlagen in den Geltungsbereich der Druckgeräterichtlinie.

2.5 Anlagen zur Brauchwassererwärmung

War die Brauchwassererwärmung vor dem Zweiten Weltkrieg überwiegend dem industriellen Bereich vorbehalten und beschränkte sich im privaten Bereich hauptsächlich auf den feststoffbefeuerten drucklosen Badeofen, so hat heute die Nutzung des Brauchwassers – hierunter wird erwärmtes Trinkwasser verstanden – alle Bevölkerungsschichten erfasst.

Veränderte Verbrauchergewohnheiten, vor allem auf dem hygienischen Sektor, und die weitgehende Mechanisierung von Haushaltstätigkeiten wie Wasch- und Spülvorgänge ließen den Trinkwasserverbrauch so stark steigen, dass in einigen Industrieländern mit ungünstiger Trinkwasserstruktur schon Notmaßnahmen erwogen werden, wie z. B. durch Abwasseraufbereitung einen geschlossenen Wasserkreislauf zu erzielen.

Zu den Verhältnissen in der Bundesrepublik Deutschland sei bemerkt, dass der Trinkwasserverbrauch pro Kopf und Tag im Jahre 1960 noch bei rund 90 Litern, im Jahre 1987 aber bereits bei 145 Litern lag und derzeit nahe an 200 Liter heranreicht. Der Brauchwasseranteil, der prozentual ebenfalls ständig im Steigen ist, wird dabei auf rund ein Drittel geschätzt, wobei ein auf 60 °C erwärmtes Wasser zugrunde gelegt ist (Schwankungen in den statistischen Angaben sind u. a. auch auf unterschiedliche Temperaturen als Ausgangsbasis zurückzuführen). Die allseits geförderte Altbausanierung, moderne sanitäre Einrichtungen und auch die ständige Verbesserung der hygienischen und sanitären Verhältnisse im industriellen Bereich werden die öffentlichen Wasserversorgungsunternehmen vor noch größere Aufgaben stellen und lassen es geboten erscheinen, der wirtschaftlich und technisch sinnvollen Brauchwassererwärmung erhöhte Aufmerksamkeit zu schenken.

Nach der Ausführungsart der Anlagen spricht man von dezentraler und von zentraler Brauchwassererwärmung. Unter dezentralen Anlagen versteht man solche, die Einzelverbraucher, also vornehmlich im privaten Bereich, versorgen; zentrale Anlagen stellen größere Einheiten dar, an die mehrere Verbraucher angeschlossen sind. In der technischen Ausführung unterscheiden sich beide Arten hauptsächlich nur durch die Größe.

Die dezentrale Einzelanlage kann im Allgemeinen das erwärmte Brauchwasser nicht so wirtschaftlich erzeugen wie die zentrale Anlage, hat aber den Vorteil der unproblematischen Verteilung (z. B. keine Kostenaufteilung). Die Entwicklung scheint jedoch zur zentralen Brauchwassererwärmung zu gehen, die unter anderem günstigere Investitions- und Betriebskosten bietet.

Selbstverständlich sind bei allen Anlagen die bestehenden Regeln der Technik wie DIN 1988, DIN 4753 und DIN 18380 und, soweit zutreffend, DIN EN 26, DIN EN 483, DIN 4733, DIN 4800 bis 4805, DIN 18889, DIN 44531, DIN EN 60379, DIN 44534 bis 44536, DIN EN 50193, DIN 44897, DIN 44899, DIN 44902, DIN 68902, DIN EN 12897 und DIN VDE 0720 einzuhalten.

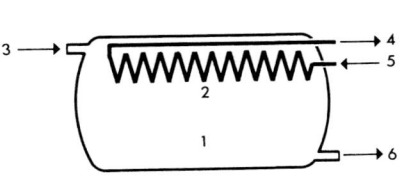

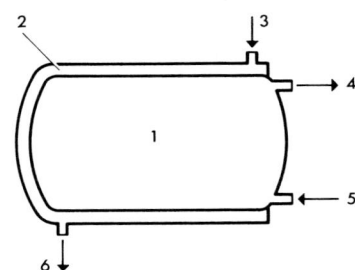

Bild 2.104: Prinzip der Durchlauf-Brauchwassererwärmung
(Buderus, Wetzlar)
1 Heizwasser-Speichermenge
2 Durchflusserwärmer
3 Heizungsvorlauf
4 Brauchwasseraustritt,
5 Kaltwasserzutritt
6 Heizungsrücklauf

Bild 2.105: Prinzip der Speicher-Brauchwassererwärmung mit Heizmantel (Doppelmantelspeicher)
(Buderus, Wetzlar)
1 Brauchwasserspeicherraum
2 Heizmantel (Doppelmantel)
3 Heizungsvorlauf
4 Brauchwasseraustritt
5 Kaltwasserzutritt
6 Heizungsücklauf

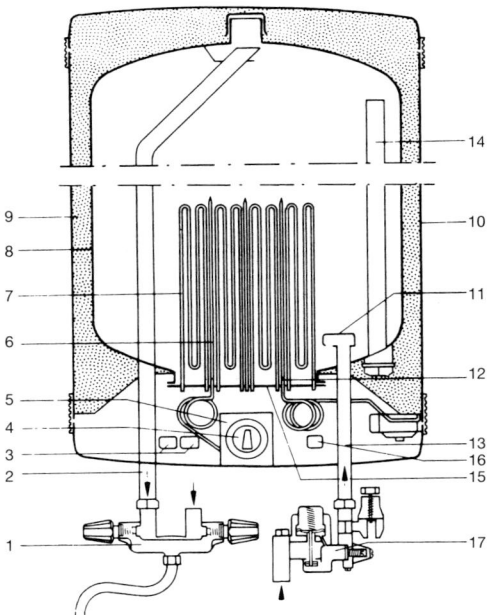

Bild 2.106: Geschlossener Elektro-Speicherwassererwärmer (schematisch, Kohl)
1 Mischbatterie
2 Warmwasser-Entnahmerohr
3 Betriebskontrolllampen
4 Temperaturwählknopf
5 Temperatur-Regeleinrichtung
6 Fühler des Temperaturreglers
7 Elektro-Heizkörper
8 Behälterwandung
9 Isolierung
10 Blechmantel
11 Prallblech
12 Fühler des Temperaturbegrenzers
13 Kaltwasserzulaufrohr
14 Anode für kathodischen Korrosionsschutz
15 Deckel mit Heizkörpern
16 Taste zur Umschaltung auf große Leistung
17 Kaltwasser-Anschlussarmatur

Kesselbauarten und Kesselanlagen   165

Sicherheitstechnisch gesehen darf die Brauchwassertemperatur die Siedetemperatur des Wassers bei Atmosphärendruck keinesfalls erreichen, d. h., im praktischen Betrieb liegt die Temperaturgrenze etwa bei 90 °C. Im Zuge der Energieeinsparung wird, um Wärmeverluste zu vermindern, die Brauchwassertemperatur ganz allgemein auf etwa 60 °C gesenkt.

Für die Bekämpfung der Legionellen spielt die Höhe der Brauchwassertemperatur ebenfalls eine Rolle.

2.5.1 Systeme zur Brauchwassererwärmung

Man unterscheidet zwischen dem Durchlauf- und dem Speichersystem. Vom Beheizungssystem her gesehen wird zwischen unmittelbarer (direkter) Beheizung (flüssige, gasförmige, feste Brennstoffe, Elektrizität, Abwärme) und mittelbarer (indirekter) Beheizung (z. B. über Gegenstromapparate) unterschieden. Das Prinzip der Durchlauf-Brauchwassererwärmung ist in Bild 2.106 und das der Speicher-Brauchwassererwärmung in Bild 2.107 schematisch dargestellt.

Neben dem Ausdruck »Brauchwassererwärmer« werden noch die Ausdrücke »Warmwasserbereiter«, »Heißwasserbereiter«, oder »-erhitzer« usw., die z. T. falsch sind, verwendet.

2.5.2 Ausführungsbeispiele

Bei der dezentralen Brauchwassererwärmung ist, wenn der Brennstoff Gas zur Verfügung steht, der gasbefeuerte Durchlauf-Brauchwassererwärmer weit verbreitet. In

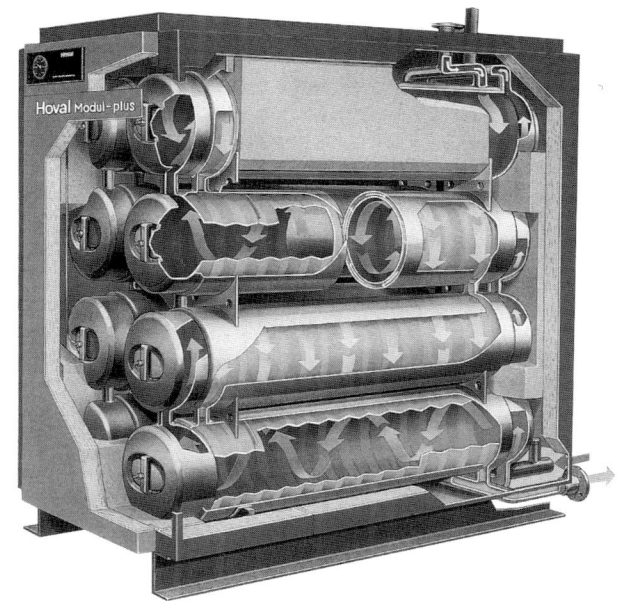

Bild 2.107: Mehrfach-Speicherbatterie für Brauchwasser (Hoval, Vaduz)
Das zu erwärmende Trinkwasser ist im inneren Raum, das Heizwasser strömt im Doppelmantelraum nach unten. Eine anschlussfertige Modul-Einheit umfasst zwei bis zehn Zellen, die Warmwasser für mehrere Wohnungen erzeugen. Im vorliegenden Fall hat einer der Edelstahlbehälter 115 l Inhalt und eine Heizfläche von 1,42 m².

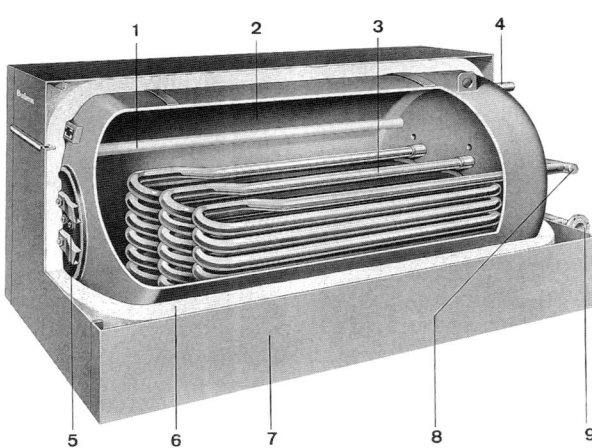

Bild 2.108: Speicher-Brauchwassererwärmer mit kathodischem Schutz (Buderus, Wetzlar)
1 Opferanode
2 Speicherbehälter
3 Heizschlange
4 Brauchwasseraustritt
5 Mannloch
6 Wärmedämmung
7 Verkleidung
8 Heizmitteleintrittssammler
9 Heizmittelaustrittssammler

großen Stückzahlen werden für Einzelanlagen vor allem auch bei Altbausanierungen dann, wenn auf Brenngase nicht zurückgegriffen werden kann, Elektro-Speicher-Brauchwassererwärmer (Bild 2.106) eingebaut. Durchlaufgeräte scheiden bei elektrischem Strom als Energiequelle wegen der Lastspitze meist aus.

Bei Einzelanlagen, überwiegend im privaten häuslichen Bereich, haben sich ab Mitte der 1950er-Jahre Heizkessel mit kombiniertem Brauchwassererwärmer durchgesetzt (s. z. B. Bild 2.34). In der ersten Entwicklungsstufe wurde das für Kleinanlagen mit einer Leistung bis etwa 20 kW gedachte, heute schon verlassene Prinzip des in den Kesselwasserraum eingehängten ungesteuerten Brauchwasser-

Bild 2.109: Membran-Druckausdehnungsgefäß zum Volumenausgleich für Anlagen zur Trinkwassererwärmung (Reflex, Winkelmann & Pannhoff). Es werden Behälter mit Nutzinhalten von 6 bis 1500 l angeboten. Der erforderliche Inhalt hängt vom Wasservolumen der Anlage ab.

erwämers gewählt. Bei diesem Prinzip ist ein Einfluss auf die Brauchwassertemperatur nur über die Regelung der Kesselwassertemperatur möglich.

Eine aufwendigere, aber bessere Technik bietet der gesteuerte »Boiler«-Betrieb: Hier ist eine eigene kleine Umwälzpumpe erforderlich, deren Betriebskosten allerdings durch die Vorteile des gesteuerten Boilerbetriebs leicht ausgeglichen werden.

Bei Zentralanlagen sind heute Mehrfach-Speicherbatterien (»Zellenbauweise«, Bild 2.107) üblich, die auf die jeweils erforderliche Brauchwasserleistung, die nach DIN 4708 ermittelt wird, abgestimmt sein müssen. Durch Erweiterung der Batterien sind Leistungssteigerungen bei nachträglichem Anschluss neuer Verbraucher möglich.

Im Übrigen sind mittelbar beheizte Brauchwassererwärmer weitgehend mit den DIN 4800 bis 4804 und die Anschlüsse für elektrische Heizeinsätze mit der DIN 4805 genormt.

Wichtig ist bei Brauchwassererwärmern auch der Korrosionsschutz. Die unterschiedlichen Wasserqualitäten der einzelnen Versorgungsbereiche erschweren eine allgemein gültige Aussage. Die Verwendung korrosionsbeständiger (z. B. Kupfer oder Edelstahl) und ausreichend korrosionsgeschützter (z. B. Emaillierung mit kathodischem Schutz nach DIN 4753 Teil 3, Bild 2.108) Werkstoffe und die Beherrschung der dazugehörigen Konstruktions- und Schweißtechnik gehört zum Stand der Technik. Die Entwicklung ist hier noch nicht abgeschlossen. Die hygienischen Forderungen an die Trinkwasserqualität werden wahrscheinlich den Kunststoffen noch ein Betätigungsfeld eröffnen.

In der Installationstechnik hat man nicht zuletzt aus ökologischen Gründen schon länger die Lösung verlassen, dass das bei der Wassererwärmung entstehende Ausdehnungswasser über ein Sicherheitsventil als Abwasser abgeleitet wird. Diese Volumenvergrößerung des kostbaren Trinkwassers wird mittlerweile durch Druckausdehnungsgefäße, die in die Kaltwasserleitung einzubauen sind, abgefangen (Bild 2.109).

Bei der Brauchwassererwärmung haben vor allem für die Schwimmbadheizung Sonnenenergieanlagen an Bedeutung gewonnen. Der Einsatz von Solaranlagen mit einer zusätzlichen Heizschlange für die Brauchwassererwärmung über den Heizkessel ist mittlerweile weitverbreitet – abgesehen von den derzeit noch hohen Anschaffungskosten –, da der kostspielige Sommerbetrieb mit großen Stillstandsverlusten vermieden werden kann.

2.6 Anlagen für andere Wärmeträgermedien als Wasser

2.6.1 Allgemeines

Im industriellen Bereich haben sich dann, wenn Temperaturen über etwa 200 °C für Beheizungszwecke erforderlich sind, auch Anlagen mit anderen Wärmeträgern als Wasser durchgesetzt. Unter den zahlreichen Möglichkeiten, die es auf diesem Gebiet gibt, haben Anlagen, die mit so genannten Thermalölen gefüllt sind, vor allem in der chemischen Industrie Bedeutung erlangt (Bild 2.110). Die Thermalöle haben die Eigenschaft, im Gegensatz zu Wasser, bei ziemlich hohen Temperaturen noch keinen Dampfdruck aufzubauen. Je nach Fabrikat des Thermalöls ist ein annähernd druckloser Betrieb solcher Flüssigkeiten bei Temperaturen bis zu 400

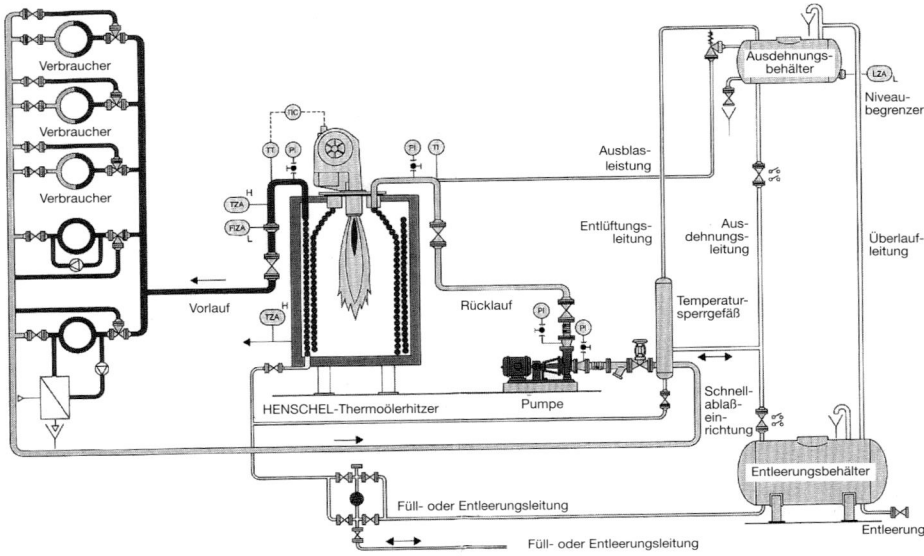

Bild 2.110: Prinzipschema einer Wärmeübertragungsanlage mit organischem Wärmeträger (Henschel, Kassel). Zusätzliche Bezeichnungen: TIC Temperaturregler mit Anzeige, TT Widerstandsthermometer, PI Manometer, TI Thermometer, FIZA Strömungswächter, LZA begrenzer Flüssigkeitsstand, TZA Sicherheitstemperaturbegrenzer

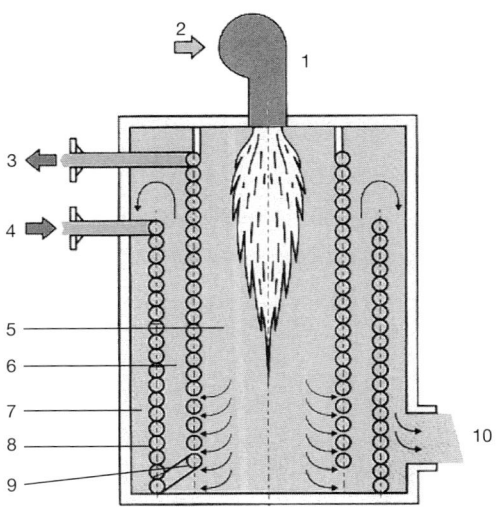

Bild 2.111: Schematische Längsschnitt-Darstellung eines Zwangdurchlauf-Thermoölerhitzers mit drei Rauchgaszügen (HTT energy systems, Herford)
1 Brenner
2 Brennstoffzufuhr
3 Wärmeträgervorlauf
4 Wärmeträgerrücklauf
5 Feuerraum (erster Zug)
6 zweiter Zug
7 dritter Zug
8 äußere Rohrschlange
9 innere Rohrschlange
10 Rauchgasaustritt

°C möglich. Im Übrigen gibt es auch Anlagen, bei denen die Wärmeträger über den Siedepunkt bei Atmosphärendruck erhitzt werden.

Natürlich bieten solche Anlagen, nachfolgend WT-Anlagen (WT = »Wärmeträger«) genannt, gegenüber Dampf- und Heißwasseranlagen nicht nur Vorteile. Dem Vorteil der geringeren Wanddicken der drucktragenden Bauteile wegen des drucklosen oder annähernd drucklosen Betriebes und der Tatsache, dass keine Einfriergefahr besteht, stehen die Nachteile aus dem Wärmeträger, der teuer ist, bei höheren Temperaturen zerfällt (verkrackt), brennbar und grundwasserschädlich ist, eine wesentlich geringere Wärmekapazität als Wasser aufweist und beim Zerfall giftig sein kann, gegenüber. Der Einsatz im privaten häuslichen Bereich kommt aus diesen Gründen wohl kaum infrage.

Der Einsatz von WT-Anlagen beschränkt sich aufgrund der geschilderten Gegebenheiten vor allem auf die Textil- und die Kunststoffindustrie sowie auf sonstige Zweige der chemischen Industrie. Der früher propagierte Einsatz solcher Anlagen für Raumheizzwecke anstelle von Heißwasser hat an Bedeutung verloren, seitdem der Betrieb von Dampf- und Heißwassererzeugungsanlagen ohne ständige Beaufsichtigung nach TRD 604 Blatt 1 und Blatt 2 möglich war (siehe Kapitel 6).

2.6.2 WT-Wärmeerzeuger (Erhitzer)

Bei den WT-Wärmeerzeugern haben sich, sofern unmittelbare Befeuerung mit den notwendigerweise schnell regelbaren Brennern für flüssige, gasförmige oder feste (z. B. Holzstaub) Brennstoffe gegeben ist, Zwangdurchlaufsysteme durchgesetzt (Bild 2.111). Das WT-Öl wird in Rohrschlangensystemen mit definierter Strömung nach der im Anhang zur DIN 4754 angegebenen Berechnung so geführt, dass Schädigungen des Thermalöls in den zulässigen Grenzen bleiben. Es ist offensichtlich, dass die Überwachung einer ausreichenden Strömung eines der sicherheitstechnisch wichtigsten Grundelemente darstellt.

Bei elektrischer Beheizung sind großflächige Bauarten wie Walzenkessel, aber auch kubische Bauformen möglich. Aus energiewirtschaftlichen Gründen haben sich

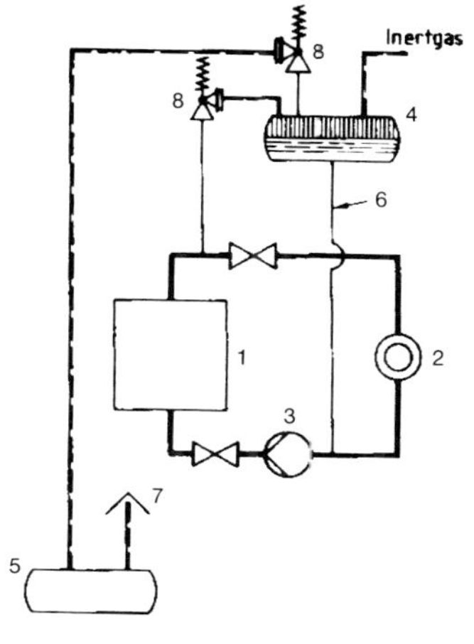

Bild 2.112: Sinnbildliche Darstellung einer Anlage mit Inertgasabdeckung des Ausdehnungsraumes und absperrbarem Erhitzer (aus DIN 4754)
1 Erhitzer, 2 Wärmeverbraucher, 3 Umwälzpumpe, 4 Ausdehnungsbehälter, 5 Sammelbehälter, 6 Ausdehnungsleitung, 7 Lüftung ins Freie, 8 Sicherheitsventile

solche Elektro-WT-Anlagen nur für kleinere Anlagen durchgesetzt. Die elektrischen Heizstäbe müssen selbstverständlich in ihrer spezifischen Wärmeleistung, d. h. in Bezug auf die eingebrachte Wärme je cm^2 Oberfläche des Heizstabes, so ausgelegt sein, dass die zulässige Filmtemperatur an der Heizstaboberfläche nicht überschritten wird. Ein Verkracken des Thermalöles wäre sonst die unausbleibliche Folge.

2.6.3 Ausführung von WT-Anlagen

Aus Feuerschutzgründen werden WT-Anlagen, sofern möglich, oft im Freien aufgestellt. Überhaupt spielt die Feuersicherheit eine große Rolle, zumal in der Vergangenheit in diesem Punkt Fehler gemacht wurden, die zu kostspieligen Brandschäden führten.

Kleinere Anlagen, bei denen die Temperaturgrenzen nicht voll ausgeschöpft werden, sind häufig noch als offene Anlagen gebaut. Bei Großanlagen, bei Ausschöpfen der möglichen Temperaturgrenzen oder bei der Forderung nach langen Reisezeiten wird fast überwiegend die geschlossene Anlage mit Inertgasüberlagerung gewählt (Bild 2.112).

Als sicherheits- und betriebstechnische Grundlagen für die Planung, Berechnung, Ausführung, Ausrüstung, Prüfung, Wartung und den Betrieb solcher Anlagen dienen neben den Druckbehälterbestimmungen mit den als zugehörige Technische Regeln geltenden TRB, AD-2000 Merkblätter und einschlägigen Normen vor allem die vom Hauptverband der gewerblichen Berufsgenossenschaften herausgegebene, unter der Federführung der BG der chemischen Industrie erarbeitete VBG 64 »Wärmeübertragungsanlagen mit organischen Wärmeträgern« mit zugehöriger Durchführungsanweisung, die DIN 4754 und die VDI-Richtlinie 3033 (siehe auch Kapitel 10). An die Stelle der nationalen Regelwerke tritt die DIN EN 13445 »unbefeuerte Druckbehälter«. Die Besonderheiten des Thermalöls stellen über das übliche Maß hinausgehende Forderungen an die einzelnen Bauteile solcher Anlagen. So müssen Absperreinrichtungen, Pumpen, Flanschverbindungen und dergleichen für den Betrieb mit Thermalöl geeignet sein. Der Nachweis der Eignung ist zu führen. Selbstverständlich muss auch das Bedienungs- und Wartungspersonal für WT-Anlagen besonders geschult sein.

Die Prüfung solcher Anlagen nach Druckgeräterichtlinie führt eine »befähigte Person« aus.

Befähigte Person nach Betriebssicherheitsverordnung ist eine Person, die durch ihre Berufsausbildung, ihre Berufserfahrung und ihre zeitnahe berufliche Tätigkeit über die erforderlichen Fachkenntnisse zur Prüfung der Arbeitsmittel verfügt.

2.7 Kesselmauerwerk

Ein Großteil der Kessel ist heute noch mit einer Feuerfestauskleidung versehen. Hatte man in früheren Jahren diese Feuerfestauskleidung nur zum Schutz vor Feuer eingebracht, so ist diese heute ein Hightech-Produkt mit den unterschiedlichsten Aufgaben. In den ersten Jahren verwendete man ausschließlich Schamotte-Produkte für die Auskleidung der Kessel. Mittlerweile sind es hoch entwickelte Erzeugnisse, die aufgrund ihrer Eigenschaften den Schutz der Kessel gewährleisten. Längst ist die Feuerfestauskleidung nicht mehr nur dafür vorgesehen, dass die Wärme aus dem Kessel nach Außen dringt, sondern hier muß das Feuerfestprodukt den chemischen, thermischen und korrosiven Beanspruchungen entgegen wirken und verhindern, dass ein Angriff der Rauchgase auf die Rohre erfolgt.

Aufgrund der Vielfältigkeit der Feuerfestprodukte und deren spezifischen Anwendungsmöglichkeiten sollte das Feuerfestunternehmen nicht nur Montagefirma, sondern auch bei Fragen hinsichtlich der Auslegung, Auswahl und Lieferung der Baustoffe hinzugezogen werden. Hierzu zählen auch die entsprechenden Verankerungsmöglichkeiten, die für den speziellen Einzelfall zu optimieren sind. Nicht außer Acht zu lassen sind ebenfalls die Vorgaben des Herstellers für das erste Aufheizen der Kessel mit dem frisch eingebrachten Kesselmauerwerk. Hier muß in jedem Fall auf die sehr empfindlichen monolithischen Produkte geachtet werden, insbesondere auf die Dichte, die Art der Einbringung und den Wassergehalt der Massen. Die vom Hersteller vorgegebene Aufheizkurve ist einzuhalten.

Als Beispiel dient hier eine typische Auskleidung einer modernen thermischen Abfallverwertungsanlage (Bild 2.113) bei der die heute eingesetzten Feuerfestprodukte sehr verschiedenartig sind und bei denen unterschiedliche Verankerungsmöglichkeiten zum Einsatz kommen.

Im wesentlichen besteht diese heute aus Siliziumcarbidprodukten (SIC) unterschiedlichster Art. Hierfür werden folgende Beispiele aufgeführt:
- SIC Massen zum Schmieren mit unterschiedlichen SIC-Gehalten, Verankerung mittels Kesselstiften, die durch SIC Röhrchen/Hütchen vor frühzeitigen Korrosionen geschützt werden.
- SIC-Betone, selbstfließend und als Rüttelbeton mit unterschiedlichen SIC-Gehalten, und einer Verankerung mit hitzebeständigen Stahlankern.
- SIC-Rohrformplatten mit einer Hinterfüllung einer selbstfließenden Masse oder einer Vermörtellung der Platten mit einem Kleber und einer entsprechenden Verankerung die abhängig von der Form der Membranwand ist.

Weitere Produkte und deren Anwendungsmöglichkeiten müssen - für den jeweiligen Anwendungsfall - mit dem Feuerfestunternehmen besprochen werden. Nachstehend sind hierfür einige Beispiele aufgezählt:
- Spritzbetone vornehmlich an Decken und im I.Zug des Kessels und einer Verankerung mit temperaturbeständigen Stahlankern.
- Feststehendes Mauerwerk im Bereich des Mülleinlaufes und der Rückwand.
- Hochabriebfeste Betone, selbsfließend und als Rüttelbeton und einer Verankerung mit temperaturbeständigen Stahlankern.

Auf ausreichende Dehnungsmöglichkeit der Feuerfestprodukte muß unbedingt geachtet werden, da es sonst frühzeitig zu erheblichen Schäden kommen kann. Hier sind entsprechende Dehnfugen vorzusehen, die ausreichend groß sein müssen, um auch den Eintrag von Asche mit zu berücksichtigen. Fugen werden mit keramischen Faserbaustoffen abgedichtet, die bei Kesselstillständen während der Kesselbegehung zu kontrollieren sind und gegebenenfalls zu erneuern sind.

Die entsprechenden Hinterisolierungen bestehen aus den unterschiedlichsten Produkten und sind entsprechend der thermischen und korrosiven Beanspruchung auszuwählen. Die Dicke und die Art der Produkte sind aus den Wärmedurchgangsberechnungen zu entnehmen. Hierbei sind auch wirtschaftliche Aspekte zu berücksichtigen. Dies bedeutet, dass möglichst viele Formate als Einheitsformate herzustellen sind.

Bild 2.113
Walzenrost mit Gleichstromfeuerung einer Müllverbrennungsanlage. Vorrangig geformte Feuerfestprodukte (KARRENA GmbH, Ratingen)

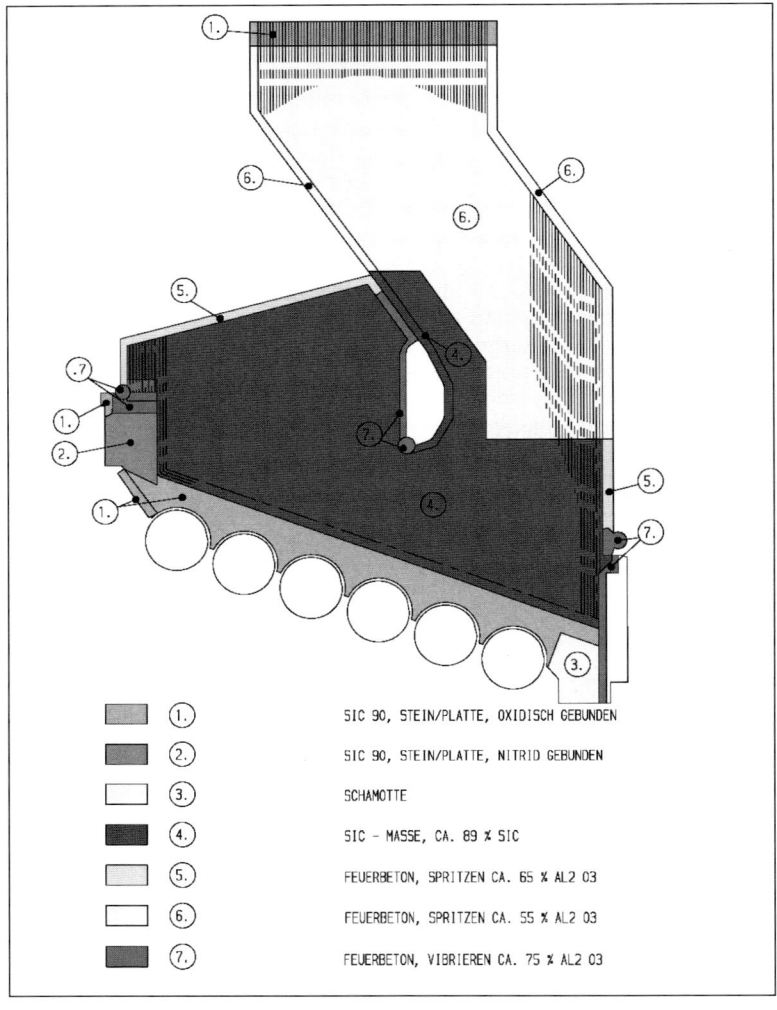

3. Ausrüstung der Kesselanlagen

Die vorgeschriebene Mindestausrüstung – siehe Kapitel 9 – dient der Sicherheit. Für Dampfkesselanlagen mit Dampf- oder Heißwassererzeugern der Kategorie IV der Druckgeräterichtlinie – das sind solche mit einem höheren Betriebsüberdruck als 0,5 bar oder höherer Vorlauftemperatur als 110 °C – werden aufgrund des höheren Energiegehaltes im Allgemeinen höhere Anforderungen gestellt als bei Anlagen mit Dampf- oder Heißwassererzeugern die unterhlalb dieser Grenzen betrieben werden. Weitere Armaturen erlauben den wirtschaftlichen Betrieb. Die Ausführungen über Aufbau und Wirkungsweise der Bauelemente sollen die Betriebsanleitungen der Hersteller nicht ersetzen.

3.1 Sicherheitstechnische Grundausrüstung

3.1.1 Herstellerschild

Das Fabrikschild des Kessels muss dauerhaft ausweisen:

Name und Sitz des Herstellers,
Herstellnummer und Herstelljahr,
zulässiger Betriebsüberdruck in bar (früher atü, kg/cm^2),
zulässige Heißdampftemperatur in °C (K) – bei Kesseln mit nicht absperrbarem Überhitzer,
zulässige Dampferzeugung in kg/h bzw. t/h – bei Dampfkesseln,
zulässige Vorlauftemperatur in °C (K) – bei Heißwassererzeugern,
zulässige Wärmeleistung in kW bzw. MW (früher kcal/h, Gcal/h) – bei Heißwassererzeugern,
Bauartkennzeichen – bei Kesseln mit Bauartzulassung.

3.1.2 Wasserstandsmarke

Mit Ausnahme von Durchlauf- und Zwanglaufkesseln muss der »niedrigste Wasserstand« am Kesselkörper und an jedem Wasserstandsglas durch eine Strichmarke und die Buchstaben »NW« gekennzeichnet sein; er muss mindestens 100 mm über den höchsten Feuerzügen bzw. 150 mm über den Fallrohranschlüssen sein; ferner ist er so festzulegen, dass die Absinkdauer mindestens 7 min (5 min) beträgt; Weiteres und insbesondere für Schiffs-DK siehe TRD 401 und TRD 402 sowie DIN 4750. Die Absinkdauer ist hierbei die Zeit, bei welcher der Wasserstand bei unterbrochener Speisung und voller Dampfleistung von NW bis auf die Lage des höchsten Feuerzuges absinkt. Bei Elektro-Widerstandsheizung darf der Abstand auf 30 mm herabgesetzt werden. Bei Heißwassererzeugern mit hoch liegendem, unabsperrbarem Ausdehnungsgefäß ist dort die NW-Marke anzubringen.

3.1.3 Wasserstands-Anzeigeeinrichtungen

Alle Kessel – Durchlaufdampferzeuger, Durchlaufheißwassererzeuger der Kategorie IV sowie Heißwassererzeuger der Kategorie I bis III mit hoch liegendem Ausdehnungsgefäß oder mit Membran-Ausdehnungsgefäßen ausgenommen – müssen nach TRD 401, 402, 701 und 702 Einrichtungen zum unmittelbaren Erkennen des Wasserstandes vom Kesselwärterstand aus haben.

3.1.3.1 Wasserstandsgläser

Nach dem Gesetz der kommunizierenden Röhren ist der Flüssigkeitsstand in miteinander verbundenen Gefäßen gleich hoch, wenn auf ihn der gleiche Gas- oder Dampfdruck wirkt (Bild 3.1). Das Wasserstandsglas zeigt daher den Wasserstand in der über wasser- und dampfseitige Rohre angeschlossenen Dampftrommel an.

Im Schauglas wird das Wasser kälter und spezifisch schwerer; das bewirkt im Vergleich zum tatsächlich vorhandenen Wasserstand eine tiefere Anzeige. Durch das obere Verbindungsrohr strömt Dampf nach, kondensiert; er würde, z. B. bei verstopftem oder abgesperrtem unterem Verbindungsrohr, das Wasserstandsglas auffüllen. Bei offener unterer Verbindung strömt so viel Wasser in den Kessel zurück, wie sich neues Kondensat bildet. Bei verlegtem oder abgesperrtem oberem Verbindungsrohr wird die Dampfzufuhr unterbunden und der Dampf im Schauglas kondensiert unter Volumenverkleinerung. Wasser strömt durch das untere Verbindungsrohr nach und täuscht einen höheren Wasserstand in der Trommel vor. Stark undichte Verschraubungen am Wasserstandsglas bewirken das Gleiche.

> Verstopfungen und geschlossene Absperrvorrichtungen in den Verbindungsleitungen sowie starke Undichtheiten täuschen meist höheren Wasserstand als vorhanden vor und bedeuten Gefahr!

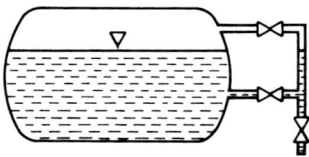

Bild 3.1: Schema der direkten Wasserstandsanzeige

Der Wasserspiegel ändert sich bei wechselnder Dampfentnahme; völlig ruhiger Wasserstand deutet auf Verstopfung der Verbindungsrohre hin. Daher sind nach TRD 601, Blatt 2, die Wasserstandseinrichtungen bei Überdrücken bis zu 32 bar mindestens einmal je Schicht auszublasen; bei höheren Betriebsüberdrücken zumindest beim An- und Abfahren der Kesselanlage (siehe Kapitel 9).

Ausrüstung der Kesselanlagen

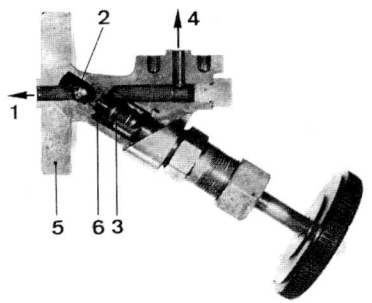

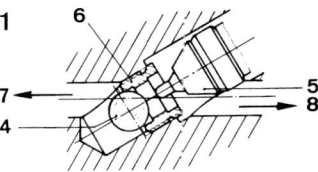

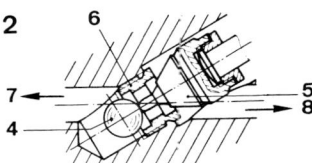

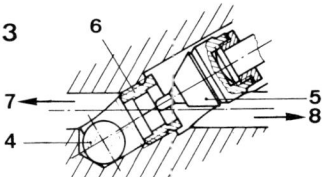

Bild 3.2: Absperrventil für Wasserstandsanzeiger mit Selbstschlusskugel (Phönix)
1 Verbindung zum Kessel
2 Selbstschlusskugel
3 Ventilkegel
4 Verbindung zum Wasserstandsglas
5 Flansch
6 Ventilsitz

Bild 3.3: Wirkungsweise der Selbstschlusskugel (Phönix)
1 Kugelstellung bei Glasbruch
2 Kugelstellung bei Inbetriebnahme und Ausblasen
3 Kugelstellung bei normalem Betrieb
4 Selbstschlusskugel
5 Ventilkegel mit Zylinderstift
6 Ventilsitz
7 Verbindung zum Kessel
8 Verbindung zum Wasserstandsglas

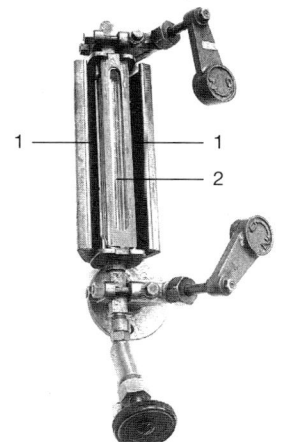

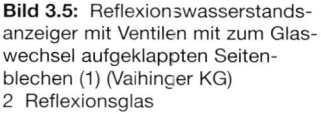

Bild 3.4: Wasserstandsglas – ohne Schutzvorrichtung abgebildet – mit Absperrventilen und mit Ausblaseventil. Einsatz bis 15 bar Überdruck und 200 °C (Vaihinger KG)

Bild 3.5: Reflexionswasserstandsanzeiger mit Ventilen mit zum Glaswechsel aufgeklappten Seitenblechen (1) (Vaihinger KG)
2 Reflexionsglas

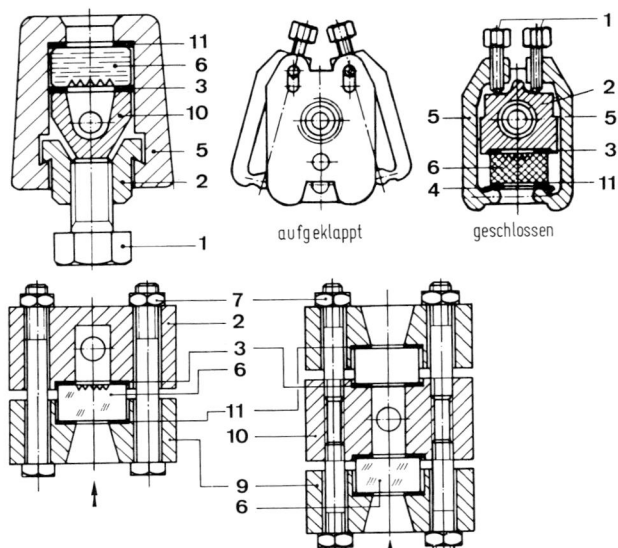

Bild 3.6: Glashalterungen von Reflexionswasserstandsanzeigern
(oben links) Bauart Klinger
(oben Mitte u. rechts) Bauart Vaihinger
(unten links u. Mitte) Bauart Phönix u. Klinger
1 Andrückschrauben, 2 Glashalterrücken, 3 Dichtungen, 4 Halteblech, 5 Seitenteile, 6 Glasplatte (Riffelung innen), 7 Zugschrauben mit Muttern, 8 Deckel, 9 Vorderteil, 10 Mittelstück, 11 Glasbeilage (Metallrahmen)

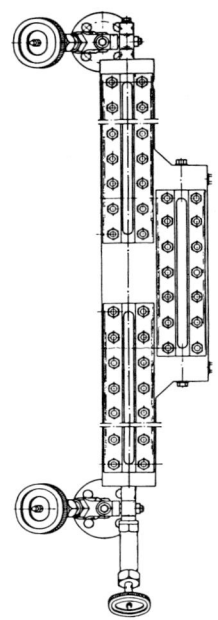

Bild 3.7: Wasserstandsanzeiger mit großem Anzeigebereich mithilfe von überdeckend angeordneten Wasserstandsgläsern (Igema)

Ausblasen soll man nur kurzzeitig, damit das Glas nicht wesentlich abkühlt. Beim Wiederöffnen der Armaturen kann dies zum Temperaturschock bzw. zu Glasbruch führen. Deshalb werden Absperrventile auch mit Kugelselbstschluss ausgerüstet (Bilder 3.2 und 3.3).

Ein Wasserstandsrohr mit Glashalterventilen und abgenommener Schutzvorrichtung zeigt Bild 3.4. Die Armaturen müssen nach TRD 110 mit dem Nenndruck (PN) nach DIN 2401 oder den zulässigen Drücken und Temperaturen gekennzeichnet sein. Bei Reflexionswasserstandanzeigern (Bild 3.5) wird eine Glasplatte, 17 bis 21 mm dick, mit parallelen, prismenförmigen Rillen (Bild 3.6) über Andrückschrauben (1) oder Zugschrauben (7) unter Beilage von Dichtungen (3) und Metallrahmen (11) an den Glashalterrücken (2) bzw. an das Mittelstück (10) gepresst. Das durch die glatte Glasoberfläche einfallende Licht wird an den Rillen innen reflektiert: Wegen der unterschiedlichen Lichtbrechung von wasser- und dampfberührter Oberfläche erscheint der Wasserraum dunkel, der Dampfraum hell. Solche Gläser haben eine erhöhte Beständigkeit gegen alkalisches Wasser (Kesselwasser); sie werden bis zu Überdrücken von 40 bar eingesetzt.

Für Überdrücke bis 65 bar lassen sich Transparent-Wasserstandsanzeiger verwenden, die auf der Glasinnenseite 0,1–0,4 mm dicke Glimmerscheiben als Schutz gegen alkalisches Wasser haben. Der Anzeigekörper besitzt auch auf der Rückseite eine Glasscheibe, durch die meist künstliches Licht eingestrahlt wird. Bei größeren Baulängen verwendet man aus Festigkeits- und Abdichtungsgründen überdeckend angeordnete Gläser oder mehrere Anzeigevorrichtungen (Bild 3.7). Über 65 bar kommt nur noch mehrlagiger Glimmer zur Anwendung; der Sichtbereich ist dann nur noch ein 2–3 mm breiter Spalt. Eine Lichtquelle (Glühbirne, Leuchtröhre) bestrahlt das Gerät (Bild 3.8) entweder mit diffusem Licht, das einen Hell-Dunkel-Effekt bewirkt, oder mit gebündeltem Licht von schräg unten, das den Wasserspiegel quecksilbrig glänzend erscheinen lässt.

Besondere Bauarten haben Farbfilter, die den Dampfraum rot und den Wasserraum grün anzeigen (Bilder 3.9 bis 3.11). Bei diesen ist eine geneigte Anordnung oder auch schräges Ablesen nicht möglich. Zur Übertragung höher angeordneter Anzeiger sind Spiegelsysteme oder Fernsehübertragungen erforderlich (Bild 3.12).

3.1.3.2 Fernwasserstands-Anzeigevorrichtungen

Befindet sich der direkt anzeigende Wasserstand nicht im Blickfeld des Kesselwärters, sind Fernwasserstands-Anzeiger erforderlich. Je nach Bauart folgt die Fernanzeige durch

- mechanisch-elektrische Übertragung der vom Wasserstand abhängigen Schwimmerstellung (Bauart Hannemann),
- die Höhenlage eines je nach Wasserfüllung unterschiedlich schweren Messgefäßes an einem Waagebalken (Bauart Pfleiderer),
- Vergleich zweier wasser- und dampfseitig mit der Dampftrommel verbundenen Wassersäulen (hydrostatische Wägung, Bauart Igema),
- die Messung des Differenzdruckes zwischen Wasser- und Dampf-Anschlussstutzen mit pneumatischer oder elektronischer Übertragung dieses Messsignals (Bauart Foxboro, Siemens und Hartmann & Braun, Intrometic),
- die Messung des je nach Eintauchtiefe veränderten Auftriebs eines Tauchkörpers (Bauart Eckardt),
- die Umformung der Schwimmerbewegung in ein induktives Messsignal (Bauart Igema und Vaihinger),
- die kapazitive Messung des Wasserstandes durch ein Elektrodengerät (z. B. Bauart GESTRA, vgl. Abschnitt 3.2.2, Bild 3.66).

Die Anzeige durch Wägung, Bauart Pfleiderer, Bild 3.13, wird bis PN 320 angewendet. Steigt der Wasserstand in der Trommel, so füllt sich das durch elastische Rohre (6) angeschlossene Messgefäß (1). Es wird um die Wasserzunahme schwerer als das Gegengewicht und überträgt seine Abwärtsbewegung über den Waagebalken (2) durch Seilzüge (4) auf das Anzeigegerät (5). Dort erscheint der Wasserraum dunkel und der Dampfraum hell. Aufgrund neuerer Entwicklungen sind solche Geräte nur noch in Altanlagen vorhanden.

Die Anzeige durch hydrostatische Wägung, Bauart Igema, wird bis 180 bar Überdruck und zugehöriger Sattdampftemperatur eingesetzt (Bilder 3.14 und 3.15); Wartungshinweise sind in Kapitel 9 gegeben.

Im Siemens-Anzeiger älterer Bauart erfolgte ebenfalls die Fernübertragung durch hydrostatische Wägung unter Verwendung von Quecksilber als Sperrflüssigkeit. Die neueren Bauweisen arbeiten mit Differenzdruckmessung und Umformung des gemessenen Wertes in ein elektrisches oder elektronisches Signal (Bild 3.16).

178   *Ausrüstung der Kesselanlagen*

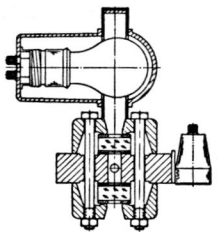

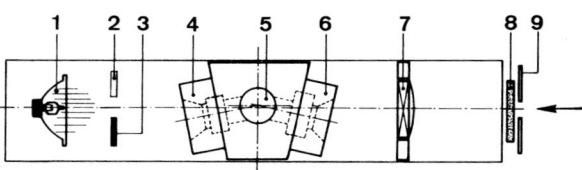

Bild 3.8: Querschnitt durch einen Transparent-Wasserstandsanzeiger. Eine Glühbirne durchleuchtet den Wasserstand

Bild 3.9: Farbig anzeigende Wasserstandsvorrichtung (Yarway)
1 Lichtquelle
2 grüne Farbscheibe
3 rote Farbscheibe
4 Klarglasscheibe
5 Flüssigkeits- bzw. Dampfraum
6 Glasscheibe
7 Linse
8 Mattglasscheibe
9 Blende

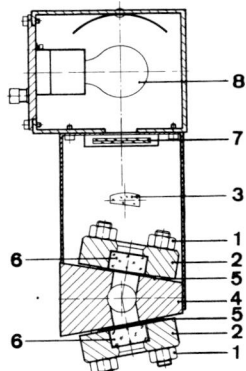

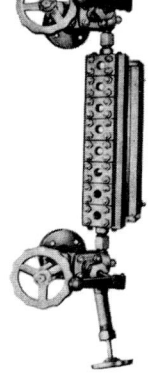

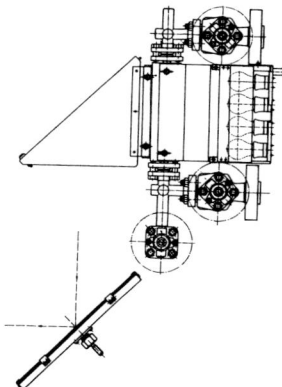

Bild 3.10: Zweifarben-Wasserstandsanzeiger (Igema)
1 Schrauben mit Muttern
2 Deckelflansch
3 Linsen
4 Anzeigekörper
5 Glimmerscheibe
6 Glasscheibe
7 Farbfilter
8 Lichtquelle

Bild 3.11: Zweifarben-Wasserstandsanzeiger – Rot/Grün Einsatzbereich bis 180 bar Überdruck (Klinger)

Bild 3.12: Spiegelübertragungssystem für die Fernübertragung des direkt angezeigten Wasserstandes (Klinger)

Die Fernanzeige durch Differenzdruckmessung lässt sich bis PN 250 bzw. 500 einsetzen.

Vom Dampf- und Wasserraum der Trommel führen mit Kondensat gefüllte Verbindungsrohre zu einem Differenzdruckmesser, in dem eine ölgefüllte Membrankapsel von den unterschiedlichen Drücken in den Verbindungsrohren beaufschlagt wird. Die Durchbiegung der Membran bewirkt im Messumformer (Transmitter) ein Signal, das in eine Druckhöhe der Druckluft oder in ein elektrisches bzw. elektronisches Signal umgeformt wird. Elektronische Rechner vergleichen hierbei den Istwert mit der Sollwassermenge sowie der Tendenz des Wasserstandes (fallend/steigend) und beeinflussen neben der Fernanzeige des Wasserstandes die Speisewasserzufuhr. Solche »anzeigende Wasserstandsregler« müssen bei Einsatz an Anlagen mit Dampfkesseln der Kategorei IV bauteilgeprüft sein.

Ausrüstung der Kesselanlagen

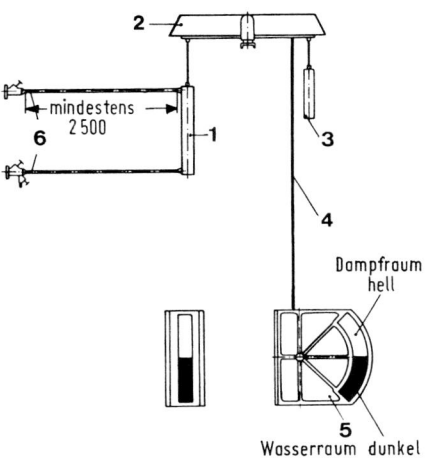

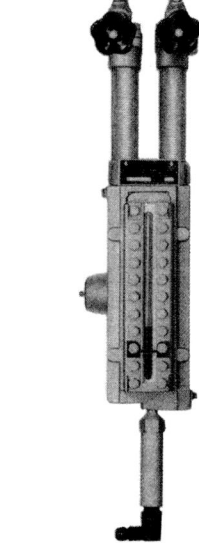

Bild 3.13: Fernwasserstandsanzeige durch mechanische Wägung, Einsatzbereich bis PN 320 (Pfleiderer, Vaihinger KG)
1 Messgefäß
2 Wägebalken
3 Gegengewicht
4 Stahldraht
5 Anzeigegerät
6 elastische Verbindungsrohre

Bild 3.14: Fernwasserstandsanzeige (wie im Bild 3.15 dargestellt) mit zusätzlicher elektronischer Messwertübertragung (Igema)

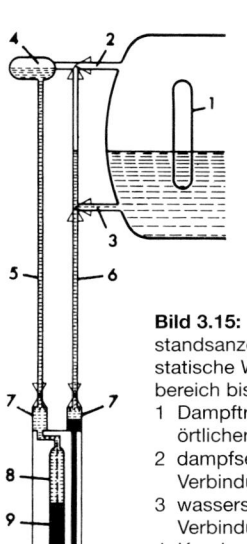

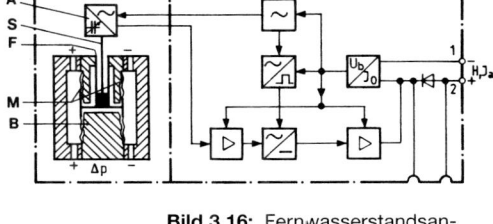

Bild 3.15: Fernwasserstandsanzeige durch hydrostatische Wägung. Einsatzbereich bis 180 bar Überdruck (Igema)
1 Dampftrommel mit örtlicher Anzeige
2 dampfseitiges Verbindungsrohr
3 wasserseitiges Verbindungsrohr
4 Kondensatgefäß
5 kondensatgefülltes Verbindungsrohr
6 wassergefülltes Verbindungsrohr zum Fernanzeiger
7 Vorlagen
8 Fernanzeiger
9 Trennflüssigkeit

Bild 3.16: Fernwasserstandsanzeige durch Differenzdruckmessung und elektrische Umformung des Messwertes (Siemens)
A = kapazitiver Abgriff des umgeformten Eingangssignals
B = Überlastbetten zum Schutz der Membranen
F = rohrförmig ausgebildete Messfeder
M = Metallmembranen
S = Steuerstab, überträgt die Membranausbiegung auf den Messumformer

Die Anzeige durch Übertragung des veränderten Auftriebs eines Tauchkörpers (Bauart Eckardt bzw. Schoppe & Faeser) lässt sich bis PN 250 und 450 °C anwenden (Bild 3.17). Da ein Tauchkörper beim Eintauchen in eine Flüssigkeit so viel an Gewicht verliert, wie die von ihm verdrängte Flüssigkeit wiegt, besteht ein Zusammenhang zwischen dem scheinbaren Gewicht des Tauchkörpers und der Höhe des Wasserspiegels (= Wasserstand). Das mechanische Ausgangssignal des veränderten Auftriebes wird durch pneumatische Messumformer verstärkt.

Bei der Anzeige durch ein induktives Messsignal wird die wasserstandabhängige Schwimmerlage auf einen magnetisierbaren Eisenstab im Induktivgeber übertragen. Dieser, ein rohrförmiges Blechgehäuse, enthält übereinander liegend die Temperaturausgleich-Wicklung und die Messwicklung. Die erste ist bifilar (zweifädig) mit gegensätzlicher Stromdurchflussrichtung ausgeführt, um kein Magnetfeld zu erzeugen. Je nach Eintauchtiefe des Eisenstabes ändert sich die Induktivität der Messwicklung, die über ein Vorschaltgerät zum Anzeigegerät übermittelt werden kann. Die Wicklungen sind vom Eisenstab und dem Kondensat durch ein druckdichtes, nichtmagnetisches Geberrohr getrennt. Anstelle der Schwimmerbewegung dient beim Anzeigersystem Hartmann & Braun die veränderte Auftriebskraft, die über ein elektrisches Abgriffsystem verstärkt wird, als Ausgangssignal. Aufgrund neuerer Entwicklungen werden solche Geräte nicht mehr häufig eingesetzt.

3.1.4 Speise- und Umwälzeinrichtungen

Speiseeinrichtungen müssen den durch Dampfentnahme entstehenden »Wasserverlust« sicher decken. Es werden an ihre Auslegung (manometrische Förderhöhe und Fördermenge) und Verfügbarkeit (beeinflusst durch Anzahl und Antriebsart) erhöhte Anforderungen nach TRD 401, 402, 701, 702, 801 gestellt. Um die Einspei-

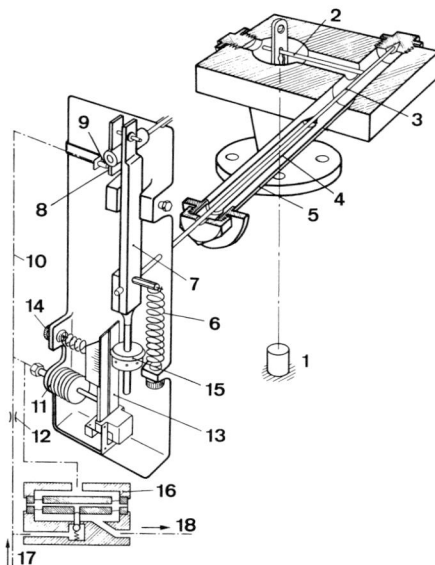

Bild 3.17: Schema der Messwert-Umformung bei Änderung des Auftriebes (Eckardt AG)
1 Tauchkörper
2 Hebel
3 Stab
4 Torsionsrohr
5 Kopfstück
6 Feder
7 Waagebalken
8 Prallplatte
9 Düse
10 Leitung
11 Kompensationsbalgfeder
12 Vordrossel
13 Kompensationshebel
14 Schraubenfeder
15 Mutter
16 pneumatischer Verstärker
17 Zuluft
18 Signalluft (0,2 bis 1 bar)

sung auch bei Drucküberschreitung innerhalb der Abblasetoleranz der Sicherheitsventile noch zu gewährleisten, muss ihre Förderhöhe mindestens für diesen um maximal 10 % (bei Heizungsanlagen z. B. nach DIN EN 12828 um 20 %) erhöhten Abblasedruck ausgelegt sein. Alle Druckverluste durch Vorwärmer und Regelventile sind zuzuschlagen.

Um auch den bei stärkerer Dampfentnahme abgesunkenen Wasserstand wieder anheben zu können, ist – ausgenommen Speisepumpen für Durchlaufkessel – eine um 25 % höhere Fördermenge nötig, als es der höchsten Dampfdauerleistung entspricht. Diese Menge muss auch dort, wo mehrere Speisepumpen vorgeschrieben sind, bei Ausfall der leistungsfähigsten Pumpe durch die übrigen betriebsbereiten Pumpen möglich sein. Das gilt auch, wenn verschiedene Antriebsarten vorgeschrieben sind (Ausnahmen zu Abs. 1 und 2 siehe TRD 401).

Bei Heißwasseranlagen sinkt der Wasserstand nur durch Leckverluste im Heißwassernetz und beim Abfahren der Anlage durch thermische Kontraktion des Umlaufwassers bei Abkühlung. Zwar ist beim Abfahren die Feuerung abgeschaltet oder die Leistung stark vermindert: trotzdem muss die Leistung der Speisepumpe – bzw. gegebenenfalls der Druckhaltepumpe – in der Lage sein, den Wasserstand in der erforderlichen Höhe zu halten, also alle tatsächlichen und scheinbaren Verluste zu decken.

Da die Leckverluste und die Kontraktion mit der Größe des Heißwassernetzes zunehmen, andererseits mit der Netzgröße auch eine Leistungserhöhung des Heißwassererzeugers verbunden ist, wird die Leistung der Speise-(Druckhalte-)pumpen von der Wärmeleistung abhängig gemacht (TRD 402). Sie muss bei Schwerkraftheizungen das 0,1fache, bei Anlagen mit Pumpenumwälzung, das 0,2fache der Dampferzeugung betragen, die der Wärmeleistung entspricht. Dies unter der Bedingung, dass die Beheizung schnell regelbar ist. Werden diese Bedingungen nicht erfüllt, sind die Faktoren 0,1 bzw. 0,2 durch 1 zu ersetzen, d. h., die der Wärmeerzeugung entsprechende Dampfmenge ist voll durch die Speisepumpe zu decken. Teilt sich die Heißwassererzeugung auf mehrere Kessel auf, wird für diese Berechnung nur der Kessel mit der größten Wärmeleistung herangezogen. Für den Störfall »Abblasende Sicherheitsventile« sind diese Speisepumpen hinsichtlich der Förderung nicht ausreichend bemessen. Schließen die Sicherheitsventile nach Druckabbau nicht rechtzeitig, so tritt Wassermangel mit Feuerungsabschaltung und weiterem Druckabfall auf, der zur Ausdampfung im Netz und zu erheblichen Störungen führen kann (siehe hierzu auch Kapitel 9).

Die manometrische Förderhöhe ist der erzeugbare Differenzdruck zwischen Ansaug- und Druckstutzen der Pumpe. Sie hängt von der Temperatur des Speisewassers, bei Kreiselpumpen auch von der Fördermenge und bei Dampfstrahlpumpen noch vom Dampfdruck ab. Die Förderhöhe unterteilt sich in Saug- und Druckhöhe. Würde eine Pumpe auf der Saugseite 100 % Vakuum erzeugen, so könnte sie entsprechend dem Luftdruck auf dem Wasser des offenen Vorratsbehälters eine maximale Saughöhe von 10 m – alle Reibungsverluste vernachlässigt – erreichen. In der Praxis kann Wasser z. B. von 0 °C nur 6 bis 7 m hochgesaugt werden. Durch die Erniedrigung des Siedepunktes bei Druckabsenkung muss jedoch Wasser bei über 70 °C der Pumpe bereits zulaufen, um eine Förderung sicherzustellen und Schäden durch Dampfblasenbildung (Kavitation) zu vermeiden. Erfahrungswerte über Speisepumpen-Saughöhen bei verschiedenen Temperaturen nennt Tafel 3.1.

Tafel 3.1: Saug- und Zulaufhöhen von Speisewasser bei verschiedenen Wassertemperaturen

Wassertemperatur in °C	0	20	30	60	70
Größte Saughöhe in m (Richtwerte)	6,7	5,8	4,7	2,3	0

Wassertemperatur in °C	90	100	110	120	130	140
Erforderliche Zulaufhöhe in m (Richtwerte)	2	4	6	8	10	12

Bemerkung: Die Begriffe »Saughöhe« und »Zulaufhöhe« verschwinden in zunehmendem Maße aus dem technischen Sprachgebrauch. Eine Vereinheitlichung der teils verwirrenden Begriffe wurde in DIN 24260 und ISO 2548 vorgenommen. 1974 ist die heute gebräuchliche Definition in der EUROPUMP-Broschüre »NPSH bei Kreiselpumpen« vorgestellt worden. Unter NPSH versteht man »Net Positive Suction Head«.
Wenn man Pumpe und Anlage vergleicht, unterscheidet man in
$NPSH_{Erforderlich}$ – für die Pumpe
$NPSH_{verfügbar}$ – für die Anlage.

Umwälzpumpen sind nur für Zwangumlauf-Dampferzeuger vorgeschrieben. Auch hier genügt nur eine Pumpe, wenn mit der Antriebsenergie zugleich die Beheizung ausfällt oder die Heizgase nur eine höchste Temperatur von 400 °C haben. Wird die Mindestumwälzmenge unterschritten, muss ein Warnsignal ausgelöst werden; das gilt auch bei Ausfall einer von mehreren Umwälzpumpen. Wo mehrere Umwälzpumpen vorgeschrieben sind, müssen sie von verschiedenen Antriebsenergien abhängig sein.

Speise- und Umwälzpumpen sind wie folgt zu kennzeichnen:
1. Name und Wohnsitz des Herstellers,
2. stündliche Fördermenge,
3. zulässige Speisewassertemperatur und Förderhöhe bei Kreiselpumpen,
4. höchster Pumpendruck bei Kolbenpumpen.

3.1.4.1 Verdrängerpumpen

Dazu gehören Kolbenpumpen, Rotationspumpen (Zahnrad- und Schraubenspindelpumpen), Membran- und Flügelpumpen. Zur Kesselspeisung dienen nur Kolbenpumpen; Zahnrad- und Schraubenspindelpumpen kommen für Heiz- und Schmierölförderung, Membranpumpen für die Chemikaliendosierung zum Einsatz.

Die Kolbenpumpe ist stets gegen geöffneten Schieber anzufahren; ein Sicherheitsventil auf der Druckleitung schützt gegen Schäden bei Fehlbedienung. Größere Förderleistungen sind neben der Erhöhung der Hubzahl durch Anordnung mehrerer Zylinder möglich, deren überdeckende Kolbenbewegungen gleichzeitig die Stöße auf der Druckseite vermindern. Bei doppelt wirkenden Kolbenpumpen werden die Ventile so umgesteuert, dass jeder Hub gleichzeitig Saug- und Druckhub wird.

Die früher häufig eingesetzten, dampfangetriebenen Kolbenpumpen (Duplexpumpen) haben heute bei der weitgehenden Verwendung von schnell regelbaren Feuerungen sowie des Einsatzes von kaum wärmespeichernden Isolierstoffen an Bedeutung verloren. Mit fortschreitendem Wiedereinsatz von festen Brennstoffen könnten sie wieder mehr in Erscheinung treten.

Heute noch verwendete Kolbenpumpen werden meist elektrisch angetrieben.

Ausrüstung der Kesselanlagen   183

3.1.4.2 Kreiselpumpen

Kreiselpumpen sind in der Lage, auch große Fördermengen kontinuierlich auf hohe und höchste Drücke zu fördern. Bei größeren Fördermengen sind sie deutlich kostengünstiger und zuverlässiger als Verdrängerpumpen. Aus diesen Gründen werden sie zur Kesselspeisung bevorzugt. Üblicherweise werden mehrstufige Kreiselpumpen mit Radialrädern eingesetzt. Nach der Bauart unterscheidet man Gliederpumpen (Bild 3.19) mit in Achsrichtung angeordneten Gliedern oder Stufen (Laufrad + Leitrad + Stufengehäuse), wobei die Abdichtkräfte durch äußere Spann-

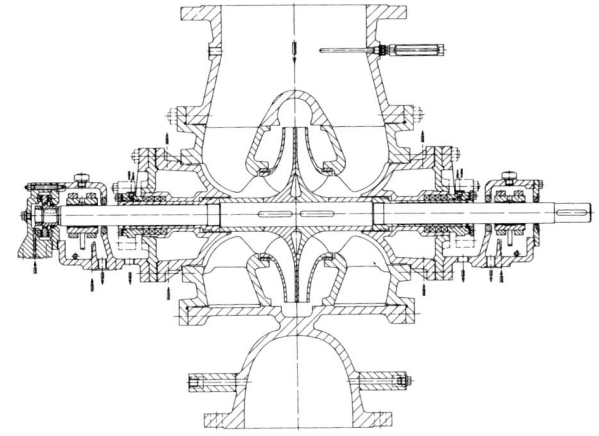

Bild 3.18: Einstufig-doppelflutige Vorpumpe in Spiralgehäusebauweise (KSB)

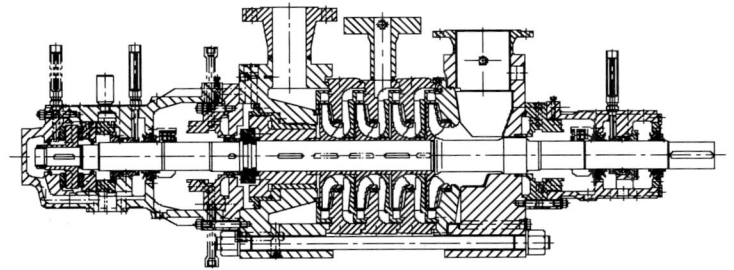

Bild 3.19: Mehrstufig-einflutige Kesselspeisepumpe in Gliederbauweise (KSB)

schrauben erzielt werden, sowie Mantelgehäusepumpen (Bild 3.29), bei denen die Pumpen in ein druckfestes Gehäuse eingebaut sind. Bei der Mantelgehäusepumpe dichten die Stufen gegeneinander infolge der Wirkung des Enddruckes ab (außer bei der letzten Stufe). Die Dichtkräfte für die letzte Stufe und den Deckel werden von Dehnschrauben aufgebracht (Bild 3.29).

In dem schnell drehenden, beschaufelten Laufrad wird das Wasser zunächst radial nach außen beschleunigt. Dabei wird durch die auftretenden Fliehkräfte ein

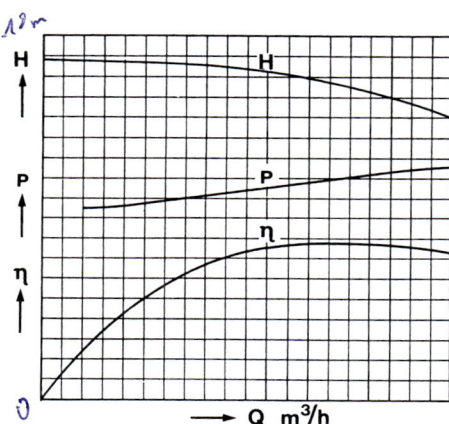

Bild 3.20: Kennlinien einer Kreiselpumpe
Q Fördermenge (m³/h)
P Leistungsbedarf (kW)
H Förderhöhe (m)
η Wirkungsgrad

wesentlicher Teil des Stufendruckes erzeugt. Am Laufradaustritt treffen die Wasserteilchen dann auf das feststehende, mit dem Gehäuse verbundene Leitrad, in dem die Strömung verzögert und umgelenkt wird. Durch die Umwandlung von dynamischen in statischen Druck im Leitrad wird der restliche Anteil des Stufendruckes erzeugt. Bei einstufigen Pumpen gelangen die Wasserteilchen nun zum Druckstutzen der Pumpe. Bei mehrstufigen Pumpen fördert die Rückführpartie das Wasser radial nach innen und dem nächsten Laufrad zu, wodurch auf den in der ersten Stufe erzeugten Druck weiterer Druck aufgebaut wird. Dieser Vorgang wiederholt sich in jeder weiteren Stufe bis zum Enddruck der Pumpe.

Mit der Drehzahl n einer Kreiselpumpe ändern sich Fördermenge, Förderhöhe und Leistungsbedarf wie folgt:

$$\frac{Q_1}{Q_2} = \frac{n_1}{n_2}; \quad \frac{H_1}{H_2} = \left(\frac{n_1}{n_2}\right)^2; \quad \frac{P_1}{P_2} = \left(\frac{n_1}{n_2}\right)^3$$

Q = Fördermenge (m³/h)
H = Gesamtfördermenge einschließlich Saughöhe in m
p = Leistungsbedarf an der Kupplung
n = Drehzahl der Kreiselpumpe (min⁻¹)

Diese Verknüpfung ergibt das Diagramm nach Bild 3.20, wonach mit steigender Fördermenge auch der Leistungsbedarf anwächst, gleichzeitig aber die Förderhöhe und – nach zunächst steigender Tendenz – auch der Wirkungsgrad abfällt. Bei der sog. »Null-Förderung«, z. B. bei geschlossenem Absperrventil in der Druckleitung, erreicht die Kreiselpumpe ihre höchste Förderhöhe, bei noch erheblichem Leistungsbedarf. Dies erfordert Schutzmaßnahmen für die Pumpe.

Kreiselpumpen fördern nur Wasser, wenn sie bereits mit Wasser gefüllt sind und es z. B. durch zu hohe Wassertemperatur oder zu geringe Zulaufhöhe nicht zur Dampfbildung im Unterdruckbereich der Pumpe (Saugstutzen bzw. erste Stufe) kommt. Dampfbildung in der Pumpe macht sich durch unruhigen Lauf, starke Geräusche und Druckabfall bemerkbar und bewirkt Schäden an den Dichtspalten zwischen Stator und Rotor durch unterbrochene Wasserschmierung und erhöhte Laufunruhe. Plötzliche Kondensation führt zu Schäden durch Kavitation, erfahrungsgemäß fast ausschließlich an den Laufschaufeln der ersten Stufe im Einlaufbereich.

Um ausreichenden Druck an der Saugseite sicherzustellen, wird der Speisewasserbehälter meist über der Pumpe angeordnet und zur Druckerhöhung ein Dampfpolster aufgelastet. Größeren Kreiselpumpen wird eine meist einstufige Vorpumpe vorgeschaltet (Bild 3.18), die eine niedrigere Drehzahl hat, um selbst keine Kavitationsschäden zu bekommen. Man erzeugt bei der niedrigen Drehzahl nur so viel Förderhöhe, dass die nachgeschaltete hochtourige Hauptpumpe ebenfalls keine Kavitationsschäden bekommt.

Die Wassermenge regelt man bei kleinen Elektropumpen durch »Ein-Aus«-Schaltung des Antriebsmotors oder durch Zu-/Abschalten von Pumpen; bei größeren oder mit Turbinen angetriebenen Kreiselpumpen (Dampfturbopumpen) durch ein Regelventil in der Druckleitung (Drosselregelung) oder in der Dampfleitung zur Turbine oder durch Einbau einer hydraulischen Regelkupplung zwischen Antriebsmaschine und Kreiselpumpe (Drehzahlregelung). Eine Kombination aus diesen beiden Möglichkeiten ist der automatische Wechsel von Intervallregelung zu kontinuierlicher Regelung. Stets muss sichergestellt sein, dass durch die Pumpe eine festgelegte »Mindestwassermenge« gefördert wird, da sonst die eingebrachte Energie nicht verbraucht werden kann, sondern bei unterbundenem Wassertransport, der sog. »Null-Förderung«, in Wärme umgesetzt wird. Letztere bewirkt eine Temperaturerhöhung mit der Gefahr von Dampfbildung, Kavitation und Trockenlauf. Zur Sicherung dieser Mindestmenge nimmt man:

- Freiflussventile,
- Freilaufrückschlagventile,
- ventilgesteuerte Nebenauslässe mit Drosselstrecken.

Das Freiflussventil (1) in Bild 3.21 in der Verbindungsleitung zwischen Saug- und Druckstutzen der Pumpe wird von Hand eingestellt oder von der Speisewassermenge (2) geregelt. Da hierbei die entstehende Wärme jedoch nicht abgeleitet wird, sieht man daher anstelle eines gesteuerten Nebenauslasses einen immer konstant fließenden Bypass zum Speisewasserbehälter vor. Da durch die Drosselung am Ventilsitz Verschleiß auftritt, wird diese Einrichtung nur bei kleineren Anlagen verwendet.

Das Freilaufrückschlagventil wird nach Bild 3.22 in die Speisewasserdruckleitung (5) vor dem Absperrorgan eingebaut; es gibt bei verminderter Förderung zum Kessel einen Ablauf zur Mindestmengenleitung frei, durch die Speisewasser in den Behälter (6) zurückfließt. Zur Schonung dieses Ventils wird bei längerer Mindestmengenabnahme die Handanfahrleitung geöffnet.

Im Ventil (Bild 3.23) wird bei ausreichender Wassermenge der Rückschlagventilkegel gegen sein Gewicht nach oben gehoben. Beim Absinken auf die Mindestmenge werden über die Schieberstange (2) der Schieber (7) geöffnet und die Freilauföffnungen freigegeben, der Pumpendruck im Drosselstück (5) abgebaut, und über den Nebenauslassstutzen (6) fließt Speisewasser zurück zum Behälter. Öffnet man die Handanfahrleitung (3), Bild 3.22, oder steigt die Abnahmemenge, wird erneut der Rückschlagventilkegel nach oben gedrückt; der Schieber zur Mindestmengenleitung wird geschlossen. Die Schieber-Dichtungsfläche hat dann keinen Verschleiß.

Bei Pumpenüberdrücken ab 200 bar wird der Verschleiß an den Schieberdichtflächen zu groß, so dass man Bauarten wählt, die, von der Durchflussmenge ge-

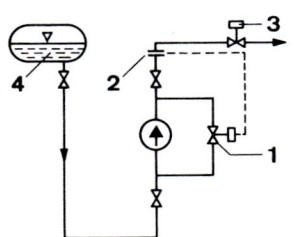
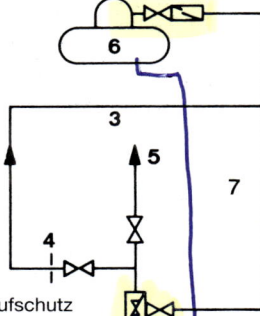

Bild 3.21: Trockenlaufschutz einer Kreiselpumpe mittels Freiflussventils bei kleinen Förder- und großen Zulaufhöhen
1 Freiflussventil
2 Messblende
3 Speisewasserregelventil
4 Speisewasserbehälter

Bild 3.22: Trockenlaufschutz einer Kreiselpumpe durch Mindestmengenregelung (Freilaufrückschlagventil)
1 Kesselspeisepumpe
2 Freilaufrückschlagventil
3 Handanfahrleitung
4 Drossel
5 Speiseleitung zum Kessel
6 Speisewasserbehälter mit Entgaser
7 Mindestmengenleitung

Bild 3.23: Freilaufrückschlagventil
Linke Darstellung: Ausführung mit Handanfahrstutzen (KSB)
1 Rückschlagventilkegel
2 Schieberstange (Hebel)
3 Handanfahrstutzen
4 Führung
5 Stufendrossel
6 Nebenauslassstutzen
7 Drehschieber

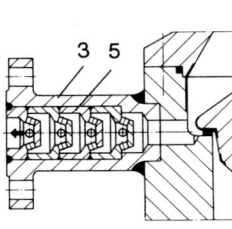
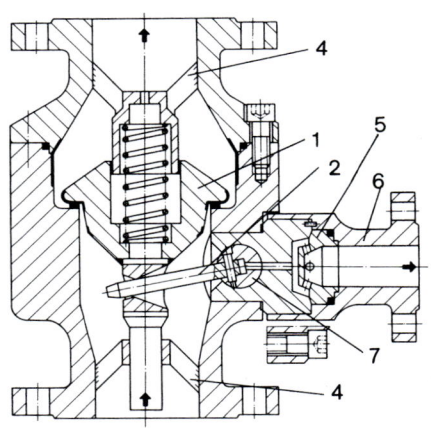
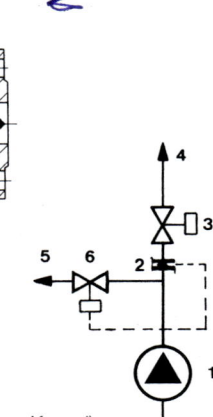

Bild 3.24: Gesteuerte Mindestmengenregelung
1 Speisepumpe
2 Messblende
3 Speisewasserregelventil (Speisewassermenge zum Kessel)
4 Speiseleitung zum Kessel
5 Mindestmengenleitung zum Speisewasserbehälter
6 Mindestmengenregelventil gesteuert von Mengenmessung 2

HW Höchster Wasserstand
NW Niedrigster Wasserstand
WR Wasserstandsregelung
AV Absperrventil
SF Schmutzfänger
RK Rückschlagventil

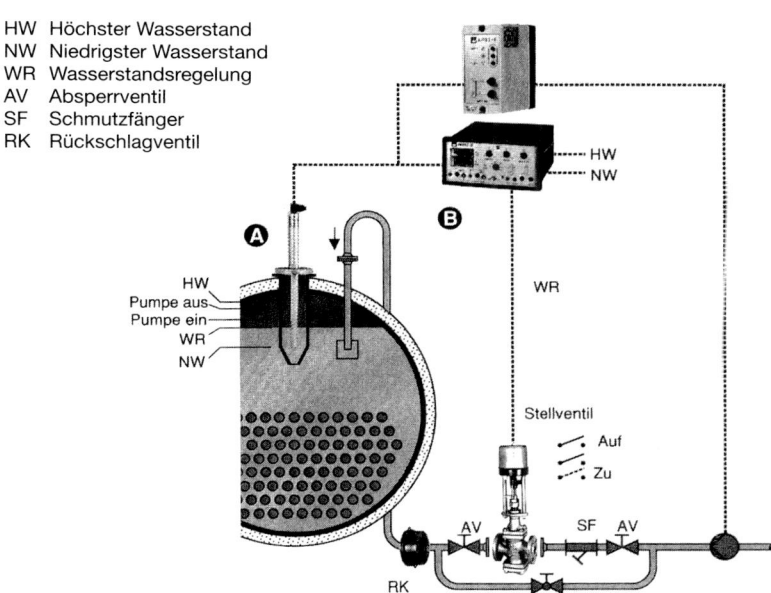

Bild 3.25: Modifizierte kontinuierliche Füllstandsregelung: Ein zusätzlicher Grenzwertschalter schaltet die Pumpe ein und aus (GESTRA)

steuert, entweder völlig offen (Mindestmengenabfluss zum Speisewasserbehälter) oder völlig geschlossen sind (gesamte Wassermenge zum Kessel, Bild 3.24). Daneben gibt es heute auch Regelungen, die kontinuierlich arbeiten.

Eine neuere Lösung der Mindestmengenregelung ist der automatische Wechsel von Intervallregelung zu kontinuierlicher Regelung. Diese Lösung bietet sich für Dampferzeuger mit größeren Schwachlastphasen bzw. längerem Stand-by-Betrieb an. Wie bei oben beschriebener Lösung kommt auch hier dem Aspekt der Energieeinsparung eine besondere Bedeutung zu.

Zur Erläuterung betrachten wir zunächst die gebräuchlichste Form der kontinuierlichen Füllstandsregelung, die sich besonders dadurch auszeichnet, Systemstörungen selbsttätig zu erkennen.

Bild 3.25 zeigt das Funktionsprinzip: Die Niveausonde (A) erfasst den Istwert des Füllstands im Behälter. Das Istwert-Signal wird im Regler (B) mit dem eingestellten Sollwert verglichen. In Abhängigkeit des Soll-/Istwert-Vergleiches wird das Stellventil entweder geöffnet oder geschlossen.

Im Schwachlast- bzw. Stand-by-Betrieb ist es erforderlich, für die Speisepumpe eine Mindestfördermenge zu gewährleisten. Zu diesem Zweck wird der Endlagenschalter »Zu« des Stellantriebs so justiert, dass das Regelventil nicht vollständig geschlossen wird. Die für die Pumpe erforderliche Mindestmenge wird weiterhin in den Behälter gefördert. Als Folge steigt der Füllstand im Behälter weiter an. Mit Hilfe eines Grenzwertschalters werden zwischen dem Sollwert und dem Überfüllalarm des Reglers zwei weitere Schaltpunkte festgelegt – »Pumpe Ein«/»Pumpe Aus«.

Axialschubausgleich durch Entlastungsscheibe   Axialschubausgleich durch Doppelkolben

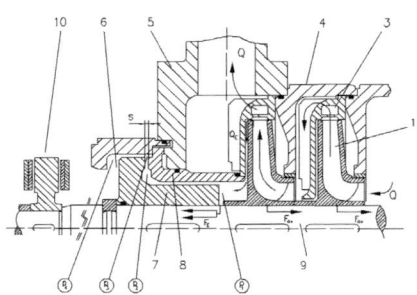

s = Scheibenspalt
1 = Laufrad
3 = Leitrad mit Rückführpartie
4 = Stufengehäuse
5 = Druckgehäuse
6 = Entlastungsraum
7 = Entlastungsscheibe
8 = Entlastungsgegenscheibe
9 = Welle

s = Scheibenspalt
1 = Laufrad
3 = Leitrad mit Rückführpartie
4 = Stufengehäuse
5 = Druckgehäuse
6 = Entlastungsraum
7 = Doppelkolben
8 = Entlastungsgegenscheibe
9 = Welle
10 = Axiallager

Bild 3.26: Entlastungseinrichtungen an mehrstufigen Kreiselpumpen

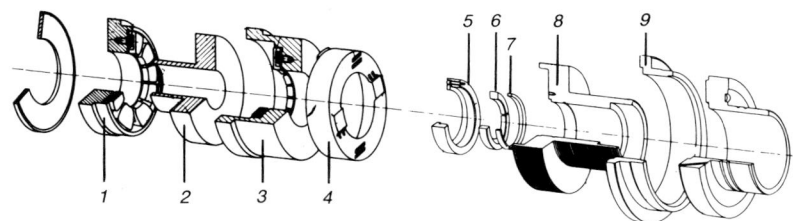

Bild 3.27: Kraftmesseinrichtung zur Messung des Axialschubes (KSB)
1 Kippsegment-Axiallager
2 Axiallagerteller
3 Kippsegment-Axiallager
4 Kraftmessring
5 Schulterring
6 geteilter Ring
7 Abstandsring
8 Doppelkolben
9 Entlastungsgegenscheibe

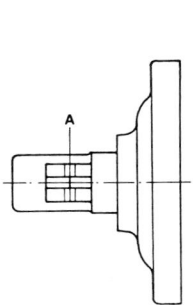
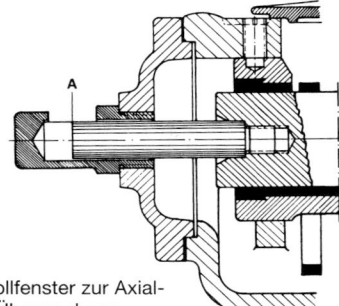

Bild 3.28: Kontrollfenster zur Axialschubausgleich-Überwachung
A = Null-Lage der Entlastungsscheibe

Bei Erreichen des oberen Schaltpunktes wird die Pumpe abgeschaltet.
Durch geringe Dampfentnahme während des Schwachlastbetriebes sinkt der Füllstand langsam ab.

Bei Erreichen des unteren Schaltpunktes wird die Pumpe erneut gestartet und über die Mindestmengenstellung des Stellventils Speisewasser in den Dampferzeuger gefördert.

Steigt der Dampfverbrauch, fällt der Füllstand unter den Sollwertbereich des Reglers, da die Mindestmengenstellung des Ventils nicht ausreicht, um den Pegel im Behälter zu halten. Aufgrund der sich ergebenden Differenz zwischen Soll- und Istwert wird das Regelventil weiter geöffnet, d. h. die Regelstrecke ist in den kontinuierlichen Betrieb zurückgekehrt.

Beide vorgestellten Lösungen sind einfacher, sicherer und unter dem Strich kostengünstiger für den Betreiber.

Bei einflutigen, mehrstufigen Kreiselpumpen mit Radialrädern bewirkt der Druckaufbau vom Saug- zum Druckstutzen eine Kraft, die den Pumpenläufer gegen die Saugseite drückt, den Axialschub. Doppelflutige Kreiselpumpen erreichen durch spiegelbildliche Anordnung der Laufräder beiderseits des Eintrittsstutzens, dass die Axialschübe sich gegenseitig aufheben. Bei Pumpen mit kleiner Antriebsleistung wird der Axialschub häufig durch Wälzlager aufgenommen, zusätzlich wird durch Entlastungsbohrungen ein teilweiser Druckausgleich vor und hinter dem Laufschaufelkranz erreicht.

Bei mittleren und großen einflutigen, mehrstufigen Kreiselpumpen mit Radialrädern wird der Axialschub durch eine selbstregelnde, hydraulisch arbeitende Entlastungsscheibe ausgeglichen (Bild 3.26). Ein geringer Teil des mit dem Pumpenenddruck beaufschlagten Wassers gelangt von der letzten Laufradstufe durch die Vordrossel in den Raum zwischen Entlastungsscheibe (7) und der mit dem Gehäuse (5) verbundenen Entlastungsgegenscheibe (8). Unter diesem Druck hebt sich die Entlastungsscheibe unter Mitnahme des Läufers von der Gegenscheibe (8) so weit ab, bis durch den offenen Axialspalt (S) so viel Wasser abfließt, dass ein Ausgleich zwischen dem Axialschub in Richtung Laufrad und der Kraft auf die Entlastungsscheibe besteht.

Bei Pumpen mit großer und sehr großer Antriebsleistung oder bei Pumpen mit hoher Schalthäufigkeit kompensiert eine Kombination von Entlastungsdoppelkolben und Axiallager den von den Laufrädern erzeugten Axialschub (Bild 3.26). Beim Doppelkolben handelt es sich um eine hydraulische Entlastungseinrichtung, deren Funktionsprinzip im Wesentlichen dem der Entlastungsscheibe entspricht. Allerdings wird die Vordrossel durch einen ersten, kleineren Kolben ersetzt, der einen Teil des Axialschubes abbaut. Der überwiegende Teil wird durch den zweiten, größeren Kolben ausgeglichen. Entscheidend ist die Kombination mit dem zusätzlichen, ölgeschmierten Axialgleitlager (10), das den definierten Rest des Axialschubes aufnimmt und für eine axiale Fixierung des Pumpenläufers sorgt. Der Restaxialschub kann über eine Kraftmesseinrichtung bestimmt werden (Bild 3.27). Das Entlastungswasser strömt über eine Leitung ab, die zur Kontrolle meist ein Manometer hat. Ventile der Entlastungsleitung dürfen während des Betriebes nie geschlossen werden.

Bei allen Kreiselpumpen müssen einerseits die Spalte zwischen Leit- und Laufrädern wegen des Wirkungsgrades gering gehalten, andererseits muss eine Be-

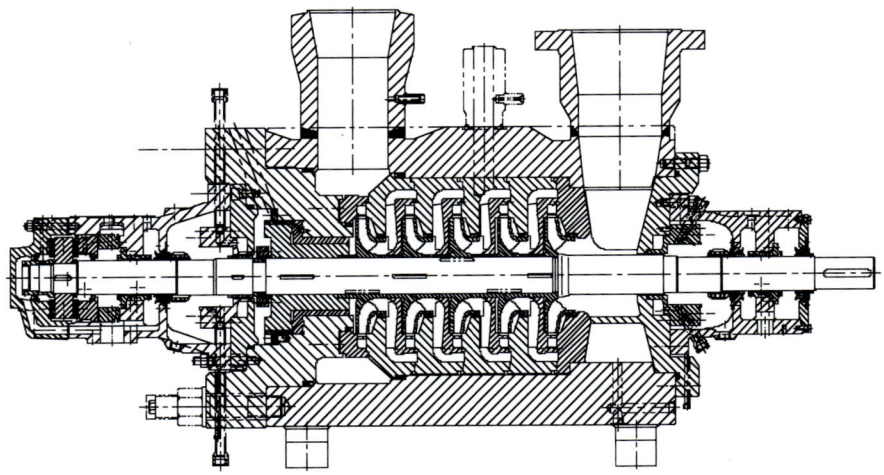

Bild 3.29: Mehrstufig-einflutige Kesselspeisepumpe in Mantelbauweise (KSB)

rührung in den Dichtspalten zwischen Stator und Rotor vermieden werden.

Größere Pumpen haben am Wellenende Markierungen in einem gekennzeichneten Toleranzfeld am Gehäuse (Bild 3.28), um eine Veränderung der axialen Läuferposition erkennen zu können, die auf Abrieb an der Entlastungseinrichtung schließen lässt. Bei einer solchen Veränderung ist die Pumpe abzustellen und zu überprüfen.

Um Schäden an den Antrieben zu vermeiden (zu hohe Stromaufnahme) und zum Druckaufbau in der Pumpe, sind Kreiselpumpen mit radialen Laufrädern gegen geschlossene Absperrvorrichtung in der Druckleitung anzufahren. Sofern der Dampfkessel bereits unter Überdruck steht, kann bei kleineren Anlagen die durch den Kesseldruck geschlossene Rückströmsicherung (Rückschlagventil, Rückschlagklappe) die Funktion der geschlossenen Absperrvorrichtung übernehmen.

3.1.5 Absperr- und Entleerungseinrichtungen, Rückströmsicherungen

Alle Dampf- und Heißwassererzeuger müssen vom Leitungsnetz durch Absperrvorrichtungen abgetrennt werden können. In der Speiseleitung ist zusätzlich eine Rückströmsicherung erforderlich, um bei schadhafter Leitung oder Speisevorrichtung ein Entleeren des Kessels zu verhindern und stillstehende Pumpen vom Kesseldruck zu entlasten. Die Kessel – soweit es Wasserrohrkessel sind, da besonders die Trommeln und Sammler – müssen über Vorrichtungen zum Entleeren verfügen (TRD 401, 402, 701, 801, DIN 4750).

Für die Verwendung von Grauguss gelten Anwendungsgrenzen nach Tafel 3.2.

Für Entleerungs- und Abschlammventile an Dampfkesseln und Armaturen an Heißwassererzeugern der Kategorie IV sowie für Sicherheitsventile am Wasserraum von Heißwassererzeugern der Kategorie IV darf kein Grauguss verwendet werden.

Aufgrund der thermischen Belastungen beim Öffnen müssen diese Teile aus zähem Werkstoff sein.

Die Armaturengehäuse müssen folgende Kennzeichnung aufweisen:

1. Hersteller (Kurzzeichen)
2. Werkstoff (DIN-Bezeichnung oder Werkstoffnummer)
3. Nenndruck (PN), früher (ND), oder zulässiger Betriebsüberdruck und zulässige Betriebstemperatur
4. Nennweite (DN), früher (NW)
5. Baumuster-Kennzeichen (soweit erforderlich; z. B. TÜV · AR · XXX – 92)

Der Nenndruck gibt für den Bereich von + 20 bis 120 °C den zulässigen Betriebsüberdruck an, bei höhren Betriebstemperaturen sind entsprechend den abfallenden Festigkeitskennwerten der Werkstoffe nur geringere, in DIN 2401 Blatt 2 festgelegte Betriebsdrücke zulässig. Die Nennweite bezeichnet der lichten Durchmesser am Anschluss, der Durchgang am Sitz kann kleiner sein. Ein Baumuster-Kennzeichen kann aufgrund des Einsatzzweckes der Armatur erforderlich sein.

Tafel 3.2: Anwendungsgrenzen für die Verwendung von Grauguss (nach TRD 108, TRD 110, DIN EN 12953-6)

Werkstoff	Dampferzeuger			Heißwasseranlagen		
	max. Betr.-Überdruck bar	max. Betr.-Temp. °C	DN	max. Betr.-Überdruck bar	max. Betr.-Temp. °C	DN
Grauguss mit Lamellengrafit (GG-20 bis GG-35)	10	300	200	10	(200)*	50
Grauguss mit Kugelgrafit (GGG-35 bis GGG-40.3)	40	350	175	40	(350)*	175

* Die zulässige Temperatur wird im Allgemeinen durch die zum zulässigen Betriebsüberdruck gehörende Sattdampftemperatur bestimmt.

3.1.5.1 Absperrvorrichtungen

Man unterscheidet Hähne, Ventile, Klappen und Schieber. Hähne nimmt man vorzugsweise für Brennstoffleitungen als Schnellschlussvorrichtung; am Kessel findet man sie noch in Manometer- und Messleitungen sowie an Wasserstandsgläsern (Bilder 3.30 und 3.31). Nach der Ausführung des Hahnkükens unterscheidet man Kugel-, Zylinder- oder Konushähne. Von außen muss am Hahnküken die Durchgangsrichtung durch eingeschliffene Kerben zu sehen sein. Der Dreiwegehahn in der Manometerleitung hat ein in T-Form durchbohrtes Küken für den seitlichen Anschluss eines Prüfmanometers.

Ventile (Bilder 3.32 bis 3.36) dienen als Absperr- und Regelarmaturen sowie als Rückflussverhinderer. Als Schließorgan wirken Kegel, Zylinder oder Teller, dem beim Regelventil noch ein Drosselkegel (Bild 3.33) angefügt ist, um nicht gleich den vollen Querschnitt freizugeben. Die Dichtkraft muss beim Eintritt unter dem Ventilkegel durch die Ventilspindel aufgebracht werden. Bei höheren Drücken wählt man

Ausrüstung der Kesselanlagen

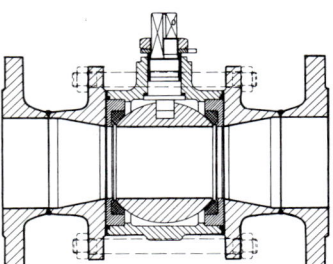

Bild 3.30: Kugelhahn (Klinger)

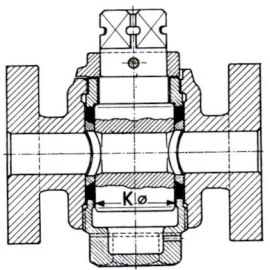

Bild 3.31: Zylinderhahn (Klinger)

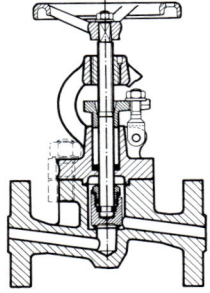

Bild 3.32: Absperrventil mit Flanschen (Babcock)

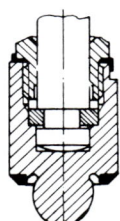

Bild 3.33: Drosselkegel für Ventil nach Bild 3.32 bei Einsatz als Regelventil

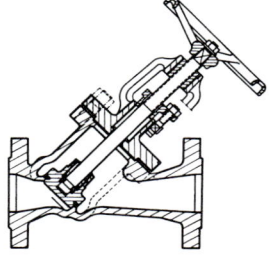

Bild 3.34: Schrägsitz-Freiflussventil (ARF)

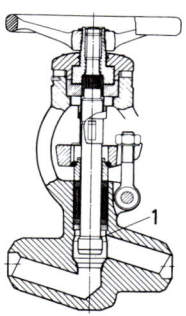

Bild 3.35: Absperrventil mit Einschweiß-Enden und Rückdichtung gegen Stopfbuchse (Babcock)
1 Rückdichtkegel

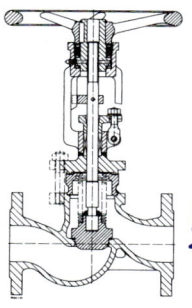

Bild 3.36: Absperrventil mit Faltenbalg zur Stopfbuchsenentlastung und mit Sicherheitsstopfbuchse (ARF)

Bild 3.37: Hochleistungsabsperr- und -regelklappe (TUFLIN)

den Eintritt über den Kegel, entlastet damit die Spindel in Schließstellung und nützt den auf dem Kegel lastenden Druck als Schließkraft. Beim Öffnen muss diese Schließkraft überwunden werden; dazu haben manche Bauarten einen Entlastungskegel, der eine Bohrung für den Druckausgleich freigibt.

Zum richtigen Einbau beachte man einen Pfeil am Gehäuse für die Durchflussrichtung oder die Einbauanweisung. Das Absperrventil in der Speiseleitung zwischen Rückströmsicherung und Kessel darf nicht entgegen der Durchflussrichtung eingebaut werden, da sonst bei sich lösendem Kegel das Ventil schließen und kein Speisewasser gefördert würde.

Schrägsitz-, Eck- und Freiflussventile (Bild 3.34) vermindern die Druckverluste, die bei normalen Bauarten durch die doppelte Umlenkung der Strömung eintreten. Zu Wartungszwecken sind die Gehäuse mit einem Deckel verschlossen bzw. kann der Kegel – bei druckloser Armatur – durch den Packungsraum der Stopfbuchse ausgebaut werden. Die Dichtkraft für den Deckel bringen Schrauben auf bzw. ein druckdichtender Deckel wie beim Schieber in Bild 3.39. In Bild 3.36 wird die Stopfbuchse durch einen Metall-Faltenbalg vom Druck entlastet und eine besondere Dichtheit erreicht.

Klappen (Bild 3.37) werden immer mehr als Absperr- und Regelarmaturen über einen weiten Druck- und Temperaturbereich in den verschiedensten Anwendungsgebieten (z. B. in Dampf-, Kondensat-, Brennstoffleitungen) eingesetzt. Gegenüber Ventilen, Schiebern und Kugelhähnen haben sie meist wesentlich günstigere Abmessungen und Gewichte. Außerdem haben sie üblicherweise keine Toträume.

Aufgrund ihres 90°-Stellweges eignen sich diese Klappen sehr gut für alle Arten von Hilfsantrieben.

Schieber geben in Offenstellung den ganzen Rohrquerschnitt frei; hier treten die geringsten Druckverluste auf. Sie eignen sich besonders für große Nennweiten. Nach der Gehäuseausführung unterscheidet man Flach-, Oval- und Rundschieber, nach Ausführung der Absperrung solche mit geteilter und einteiliger Schieberplatte sowie Parallelplattenschieber und Keilplattenschieber und je nachdem, ob das Handrad auf dem Spindelgewinde läuft oder fest mit der Spindel verbunden ist, mit steigender oder nicht steigender Spindel.

Flachschieber mit der kürzesten Einbaulänge sind nur für niedere Nenndruckstufen geeignet. Für höhere Drücke verwendet man Oval- und Rundschieber (Bilder 3.38 und 3.39). Schieber mit ungeteilter Parallelplatte (Balkenschieber) schließen nur nach einer Seite dicht ab. Um beidseitiges dichtes Anliegen der Schieberplatte zu erreichen, wird sie geteilt und über Kniegelenke, Kugeln, Keile oder federnde Kompensatoren an die Dichtflächen angepresst und auch keilförmig ausgeführt. Bei diesen Schiebern kann – die Kompensatorbauweise ausgenommen – das Gehäuseteil auch dann noch unter Druck stehen, wenn beide Leitungsabschnitte druckentlastet wurden.

Größere, geschlossene Schieber lassen sich nur schwer öffnen, da der anstehende Druck die Schieberplatte gegen die Dichtleisten presst. Eine absperrbare Umgehungsleitung, die auch der Vorwärmung des abgesperrten Leitungsabschnittes dient, sorgt für den Druckausgleich. Der Aufbau des druckdichten Uhde-Brettschneider-Verschlusses und die Wirkungsweise der geteilten Schieberplatte und einer Rückdichtung zum Verpacken der Stopfbuchse unter (abgesenktem) Druck geht aus den Bildern 3.39 bis 3.41 hervor.

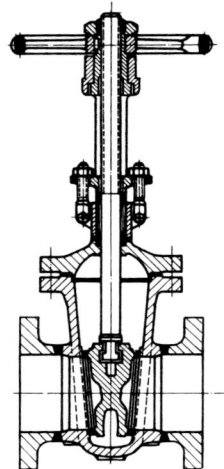 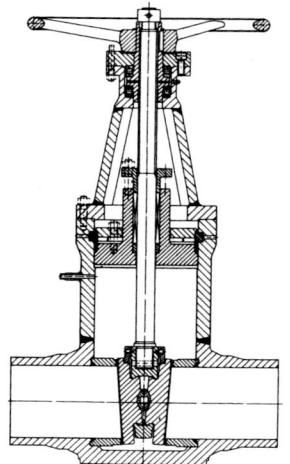

Bild 3.38: Keilplatten-Absperrschieber mit einteiliger Schieberplatte und steigender Spindel, PN 16-25 (Babcock)

Bild 3.39: Absperrschieber mit geteilter keilförmiger Schieberplatte und Uhde-Brettschneider-Deckelverschluss (ARF)

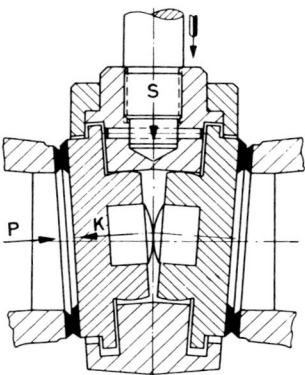 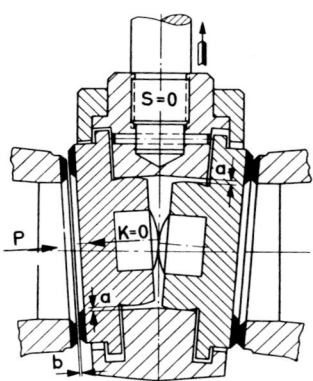

Bild 3.40: Schließvorgang beim Schieber ähnlich Bild 3.39

Bild 3.41: Öffnungsvorgang beim Schieber ähnlich Bild 3.39

3.1.5.2 Entleerungs- und Abschlammeinrichtungen, Entsalzungsventile

An diesen Ventilen tritt höherer Verschleiß am Ventilsitz auf, wenn sie z. B. bei »innerer Wasseraufbereitung« Schlamm und Wasser hohen Salzgehalts abführen. Dem begegnen Spezialarmaturen.

Bei der »Nori«-Ventil-Kombination (Bild 3.42) sperrt das erste Ventil nur ab. Zum Abschlämmen öffnet man es ganz, wodurch der Sitz nur gering verschleißt. Das

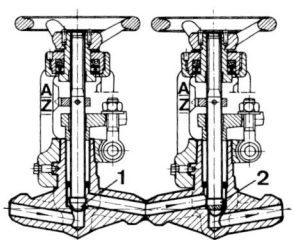

Bild 3.42: »Nori«-Ventil-Kombination (ARF)
1 Absperrventil (Druckbelastung Kegelunterseite)
2 Regelventil (Druckbelastung Kegeloberseite)

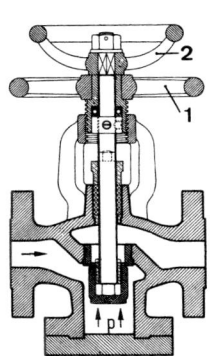

Bild 3.43: Abschlamm- und Entleerungsventil (Bauart Schulte)
1 Handrad für Öffnungs- und Schließvorgang
2 Handrad zum Drehen (Einschleifen) des Kegels
p Dampfüberdruck gegen Kegel

Bild 3.44: Abschlamm-Schnellschlussventil (GESTRA)

Bild 3.45: Absalz-Regulierventil (Reaktomat) (GESTRA)
1 Regulierhebel
2 Einstellskala
3 Stufendüse

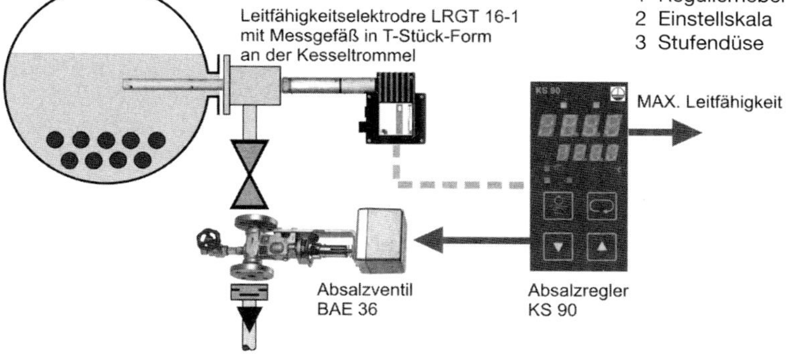

Bild 3.46: Elektronische Absalzregelung mit automatischer Temperaturkompensation und Digitalnzeige (GESTRA)

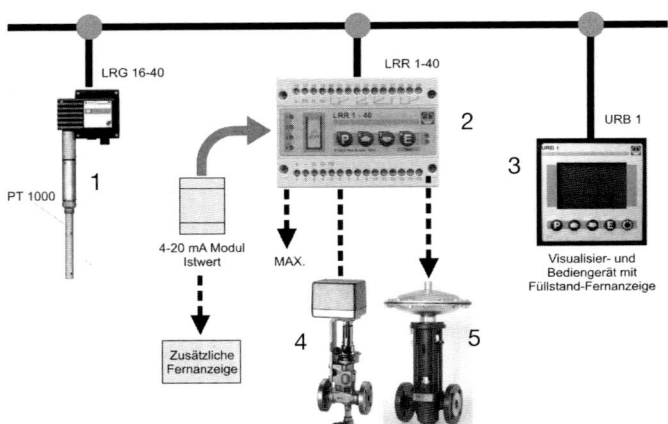

1 Leitfähigkeitselektrode
2 Absatzregler
3 Bedien- und Visualisiergerä mit Leitfähigkeits- und Fer▮ anzeige
4 Absalzventil
4 Abschlammventil

Bild 3.47: Elektronische Absalz-/ Abschlammregelung mit autom. Temperaturkompensation und Digitalanzeige (GESTRA)

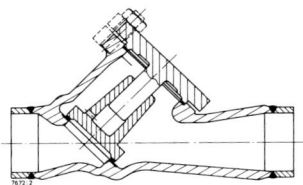

Bild 3.48: Freifluss-Rückschlagventil (ARF)

Bild 3.49: Doppelrückschlag-Klappe in Einklemmbauweise PN 6-160, DN 50-1200 (GESTRA)

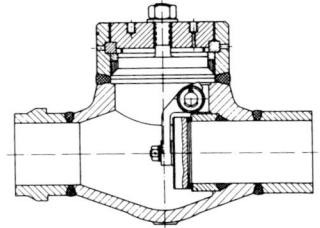

Bild 3.50: Rückschlagklappe PN 500, DN 40...200 mit druckdichtendem Uhde-Bretterschneider-Deckelverschluss (Babcock)

zweite Ventil dient der Schlammmengenregelung; es kann an Kegel und Sitz bei geschlossenem erstem Ventil überholt werden. Der große Stopfbuchsenraum erlaubt, den Ventilkegel nach oben auszubauen. Vor dem Abschlämmen ist stets zuerst das vordere Ventil ganz zu öffnen. Nachher ist zuerst das zweite Ventil zu schließen und – um nach darauf folgendem Schließen des ersten Ventils das jetzt eingeblockte Rohrstück zu entlasten – kurzzeitig zu öffnen.

Beim Ventil Bauart Schulte (Bild 3.43) kann die Spindel mit Ventilkegel durch ein zweites Handrad (2) auf dem Sitz gedreht werden, ohne dass ein Hub erfolgt. Dadurch lässt sich der Sitz während des Betriebes nachschleifen. Die Schließkraft wird nur durch das Handrad (1) aufgebracht, unterstützt durch den Kesseldruck (p).

Das Abschlämmen lässt sich auch zeitabhängig oder nach dem Salzgehalt steuern. Hierzu dient eine Membran, die das Ventil in eingestellten Abständen oder bei Überschreitung eines Grenzwertes mittels Druckluft öffnet. Kessel für feste Brennstoffe erfordern dann Sicherheitsmaßnahmen, z. B. in Ruhestrom geschaltete, doppelte Steuerventile in der Drucklufsteuerleitung und Druckwächter, die den Druckabbau nach Schließbefehl überwachen. Schnell regelbare Feuerungen (Öl oder Gas) erfordern hier zwei Wasserstandsbegrenzer.

Beim Abschlamm-Schnellschlussventil Bauart Gestra (Bild 3.44) wird das Schließen durch Federkraft bewirkt. Zum Entleeren kann der Betätigungshebel durch Federstecker in Offenstellung blockiert werden. Ein unterer Verschlussdeckel ermöglicht bei völliger Druck- und Temperaturabsenkung den Ausbau der Ventilspindel und die Überholung der Schließelemente nach Kesselentleerung.

Für die ständige Abführung von salzhaltigem Kesselwasser wurden Entsalzungsventile entwickelt. Im Gestra-Reaktomat wird ein von Hand einzustellender Teilstrom über das Regelventil in einer Stufendüse entspannt und abgeführt (Bild 3.45). Durch den Einsatz moderner Elektronik kann ebenfalls eine wirtschaftliche, kontinuierliche Absalzregelung erfolgen: Eine Leitfähigkeitselektrode steuert über einen elektronischen Absalzregler ein stufenloses Absalzventil, wodurch unnötig hohe Absalzungen – und damit Energieverluste – vermieden werden (Bild 3.46 und 3.47). Eine separate Überwachung der Kesselwasserdichte bietet zusätzliche Sicherheit bzw. wird nach TRD 604 für den 72-Stunden-Betrieb gefordert.

3.1.5.3 Rückströmsicherungen

Rückströmsicherungen sind Ventile oder Klappen, deren Schließkraft durch die Rückströmung bzw. durch Kegel- oder Klappengewicht aufgebracht wird. In senkrechten Leitungen kann die Schließkraft durch Federn oder außen liegende Hebel mit Gewichtsbelastung verstärkt werden (Bilder 3.48 bis 3.50).

3.1.6 Druckmessgeräte – Manometer

Hier verformt der Druck ein elastisches Messglied so, dass über ein Getriebe ein Hub oder ein Drehwinkel angezeigt wird. Je nach Messbereich wird das Manometermesswerk als Kapselfeder (Druckbereich 0 bis etwa 0,6 bar Überdruck), Plattenfeder (Druckbereich 0,05 bis etwa 25 bar Überdruck) oder Rohrfeder (Druckbereich 0 bis etwa 2000 bar Überdruck) ausgebildet (Bilder 3.51 bis 3.53). Bei Kapsel- und Plattenfeder biegen sich die Federelemente durch, während die Rohrfeder aufgebogen wird. Da Durch- bzw. Aufbiegung dem Druck entspricht, bewirkt dieser – nach Übersetzung durch ein Getriebe – einen Zeigerausschlag.

Der Anzeigebereich der Manometer soll – je nach ruhender oder wechselnder Last – 30 bis 50 % über dem höchsten Betriebsüberdruck liegen, er muss den Prüfdruck des Kessels noch einschließen. Manometer teilt man nach ihrer Anzeigegenauigkeit in Klassen ein, die auf dem Zifferblatt stehen. Diese bezeichnen in Prozent die mögliche Abweichung vom Skalenendwert, so bedeutet z. B. die Güteklasse 0,6 bei dem Anzeigebereich von 25 bar eine zulässige Abweichung von 0,15 bar.

Die örtliche Druckanzeige kann zur Kesselwarte mit einem Widerstands- Ferngeber oder auch mit induktivem Abgriff übertragen werden. Je nach Eintauchtiefe

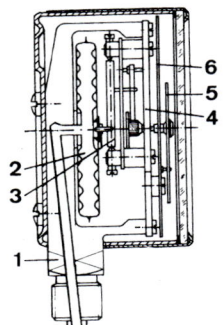
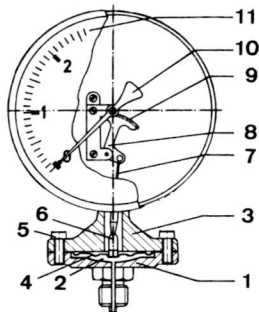
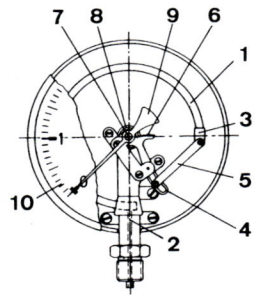

Bild 3.51: Kapselfeder-Manometer (A. Wiegand)
1 Federträger
2 Kapselfeder
3 Übertragungshebel
4 Zeigerwerk
5 Zeiger
6 Zifferblatt

Bild 3.52: Plattenfeder-Manometer (A. Wiegand)
1 unterer Messflansch
2 Druckraum
3 oberer Messflansch
4 Plattenfeder
5 Lochschraube
6 Kugelgelenk
7 Schubstange
8 Segment
9 Verzahnung
10 Zeiger
11 Zifferblatt

Bild 3.53: Rohrfeder-Manometer (A. Wiegand)
1 Rohrfeder
2 Federträger
3 Federendstück
4 Segment
5 Zugstange
6 Verzahnung
7 Zeigerwelle
8 Spiralfeder
9 Zeiger
10 Zifferblatt mit Skala

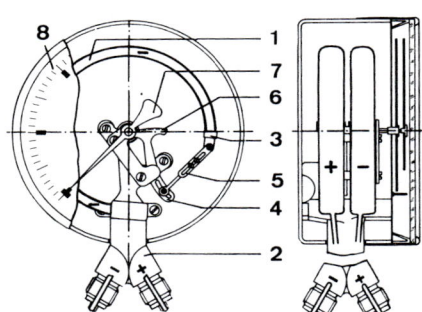
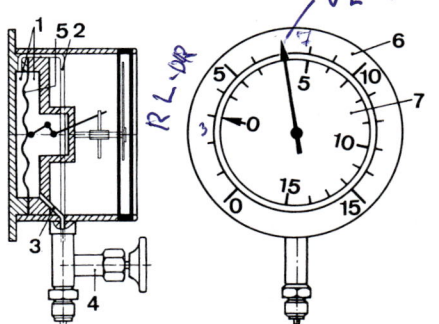

Bild 3.54: Differenzdruck-Manometer (A. Wiegand)
1 Rohrfeder
2 Federträger
3 Federendstück
4 Segment
5 Zugstange
6 Verzahnung
7 Zeiger
8 Zifferblatt

Bild 3.55: Aufbau eines Differenzdruck-Plattenfedermanometers mit direkter Anzeige des Differenzüberdruckes (links) und Beispiel einer Anzeige mit getrennter Anzeige des Vorlauf- und Rücklaufüberdruckes (rechts). Vorlaufüberdruck 7 bar (Zeiger gegen feste Skala 6); Rücklaufüberdruck 3 bar (bewegliche Skala 7 gegen feste Skala 6); Differenzüberdruck 4 bar (Zeiger gegen bewegliche Skala 7)

1 Messkammern für Vorlauf- und für Rücklaufüberdruck – 2 Messleitung Rücklaufüberdruck – 3 Messleitung Vorlaufüberdruck – 4 Absperrventil – 5 Plattenfeder

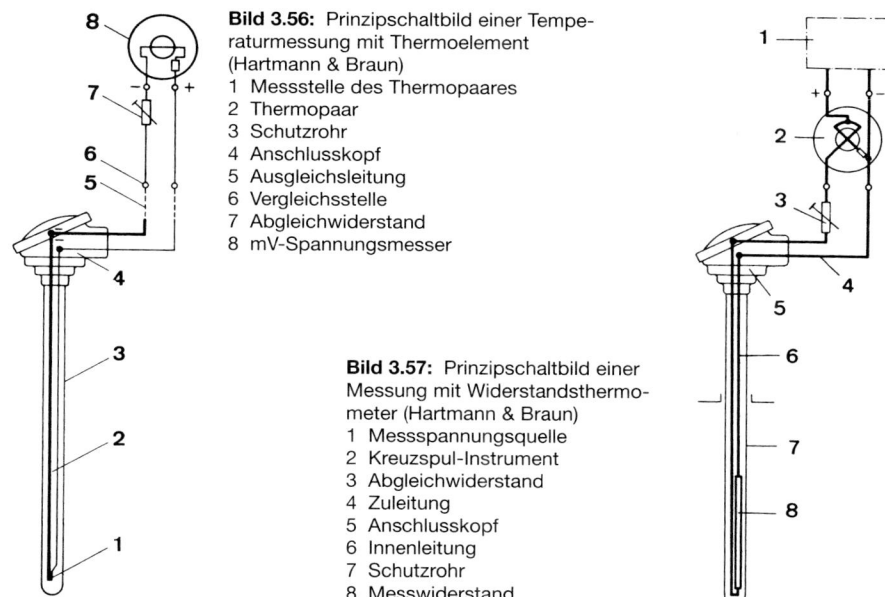

Bild 3.56: Prinzipschaltbild einer Temperaturmessung mit Thermoelement (Hartmann & Braun)
1 Messstelle des Thermopaares
2 Thermopaar
3 Schutzrohr
4 Anschlusskopf
5 Ausgleichsleitung
6 Vergleichsstelle
7 Abgleichwiderstand
8 mV-Spannungsmesser

Bild 3.57: Prinzipschaltbild einer Messung mit Widerstandsthermometer (Hartmann & Braun)
1 Messspannungsquelle
2 Kreuzspul-Instrument
3 Abgleichwiderstand
4 Zuleitung
5 Anschlusskopf
6 Innenleitung
7 Schutzrohr
8 Messwiderstand

des Eisenkerns in den Differenzialtransformator ändert sich die induzierte Spannung, die, über eine Brückenschaltung verstärkt, die Fernanzeige bewirkt. Zur Anzeige von Druckunterschieden, z. B. an Umwälzpumpen, zwischen Saug- und Druckstutzen dienen Differenzdruckmanometer (Bilder 3.54 und 3.55). Von zwei Messwerken misst eines den Vorlaufdruck, der durch Zeiger auf der festen Skala (1) abzulesen ist, während das zweite durch den Rücklaufdruck eine bewegliche Skala (2) druckabhängig verdreht. Den Differenzdruck zeigt der Zeiger gegen die Drehskala.

Zur Messung und Fernübertragung kleiner Differenzdrücke nimmt man die Membran-Messzelle. Die Fernübertragung besorgen Druckluft oder kapazitiver Abgriff.

3.1.7 Temperaturmessgeräte

Nach TRD 401, 402, 431 sind Thermometer vorgeschrieben für die Temperaturmessung des Speisewassers am Vorwärmer-Austritt, des Dampfes vor und hinter den Kühlern der Überhitzerstufen und am Überhitzer-Austritt, des Heißwasser-Vorlaufes, ferner vor und nach Rücklauf-Mischventilen. Die Wirtschaftlichkeit fordert die Messung z. B. der Abgastemperatur, weil sie den Verschmutzungsgrad der Heizflächen anzeigt.

Mechanische Temperaturmessgeräte basieren auf der unterschiedlichen Ausdehnung verschiedener Werkstoffe bei steigender Temperatur. Im Quecksilber-Fadenthermometer messen wir die Differenzausdehnung der Quecksilbersäule gegen die umschließende Kapillarröhre. Messfehler, die durch unterschiedliche Abkühlung entstehen, werden, sofern es die Messgenauigkeit erfordert, durch Kompensationsschaltungen ausgeglichen. Elektrische Thermoelemente liefern eine temperaturabhängige Spannung, die sich für genaue Messung und Fernübertragung höherer Temperaturen eignet (Bild 3.56). Elektrische Widerstandsthermometer verstärken über eine Brückenschaltung die temperaturabhängige Widerstandsänderung des Fühlers, die Änderung in der Brückenschaltung ergibt den Temperaturmesswert (Bild 3.57).

Tafel 3.3: Temperaturmessgeräte in Kesselanlagen

Bauart	Messbereich °C	Einsatzbereich
Glasthermometer mit Alkoholfüllung	−100 bis +70	Umgebungstemperatur
Glasthermometer mit Quecksilberfüllung, luftleer	−30 bis 250	Verbrennungsluft, Speisewasser, Heißwasser, Dampf, Heizöl- oder Gasvorwärmung, auch als elektr. Kontaktthermometer
Glasthermometer mit Quecksilberfüllung und Gaspolster: N_2 CO_2	−50 bis 600 750	wie vor, dazu überhitzter Dampf
Flüssigkeitsdruck-Federthermometer (es wird nicht die Ausdehnung, sondern die von der Ausdehnung bewirkte Druckänderung des Gaspolsters gemessen)	jeweils nach gewünschtem Einsatzbereich	Fernthermometer bis etwa 50 m Entfernung Hauptsächlich für Labor- und Versuchsbetrieb
Bimetallthermometer	−40 bis 400	Kontaktthermometer für Kühl- und Heizkreisläufe, Toleranzbereich: ± 2 % des Skalenumfangs
Stabausdehnungsthermometer	je nach Einsatzbereich	mit größerem Toleranzbereich arbeitender Regler, meist in ND- und Warmwasseranlagen (Bild 3.53)
Elektrische Thermoelemente Paarung Nickel/Konstantan Paarung Nickel-Chrom/Nickel Paarung Platin-Rhodium/Platin	bis 500 bis 1200 bis 1600	Fernthermometer für Feuerraum- oder Wandungstemperaturen beheizter, druckführender Teile
Elektr. Widerstandsthermometer	bis 540 bei 500 bar und bis 600 bei 50 bar	Fernthermometer für Speisewasser, Heißwasser, Dampf, Heizöl, Gase und Rauchgase, Feuerraumtemperaturen
Spektralpyrometer	ab 700 bis 3500	Fehlergrenze ± 0,5 bis ± 1 % vom Messbereich opt. Temperaturmessung glühender Teile
Gesamtstrahlungspyrometer	ab 700 bis 2000	Fehlergrenze ±1,5 % vom Messbereich, stationär einsetzbar

Pyrometer nutzen die Wärmestrahlung eines Körpers; sie messen die Temperaturen in Industrieöfen oder Kessel-Feuerräumen. Das Teilstrahlungspyrometer vergleicht die Helligkeit eines elektrisch beheizten Widerstandsfadens; das Verfahren eignet sich nur für Kurzzeitmessungen. Beim Gesamtstrahlungspyrometer wird die Strahlung durch ein Linsensystem gebündelt und von einem schwarzen Körper aufgenommen, der sie in Wärme umsetzt und sie als Temperatursteigerung an Thermoelemente weitergibt. Die so erzeugte temperaturabhängige Spannung wird in °C oder K angezeigt. Je nach Messbereich und Aufstellung findet man die in Tafel 3.3 aufgeführten Temperaturmessgeräte.

3.1.8 Sicherheitseinrichtungen gegen Drucküberschreitung

Gemäß Druckgeräterichtlinie 97/23/EG [1] gilt: »In den Fällen, in denen unter nach vernünftigem Ermessen vorhersehbaren Bedingungen die zulässigen Grenzen überschritten werden könnten, ist das Druckgerät mit geeigneten Schutzvorrichtungen auszustatten [...]«. Sie unterliegen daher Anforderungen, die je nach Anlagenart in verschiedenen TRD festgelegt sind (Kapitel 10). Solche Einrichtungen haben aufgrund einer Bauteilprüfung ein Bauteilkennzeichen oder sie sind durch Einzelprüfung eines Sachverständigen zuzulassen (Bild 3.58).

Meist wird diese Drucküberschreitung durch Sicherheitsventile verhindert, es gelten jedoch für andere Einrichtungen gegen Drucküberschreitung die gleichen Anforderungen; sie werden je nach Ausführungsart noch ergänzt bzw. erhöht. Da Sicherheitseinrichtungen anlagenbezogen ausgeführt werden, muss man ihre Schalt-, Funktions- und Prüfpläne kennen. Oft sind einem Regler noch Sicherheitsfunktionen aufgebürdet, z. B. einem Überstromregler wird ein Sicherheitskreis vorrangig zugeschaltet.

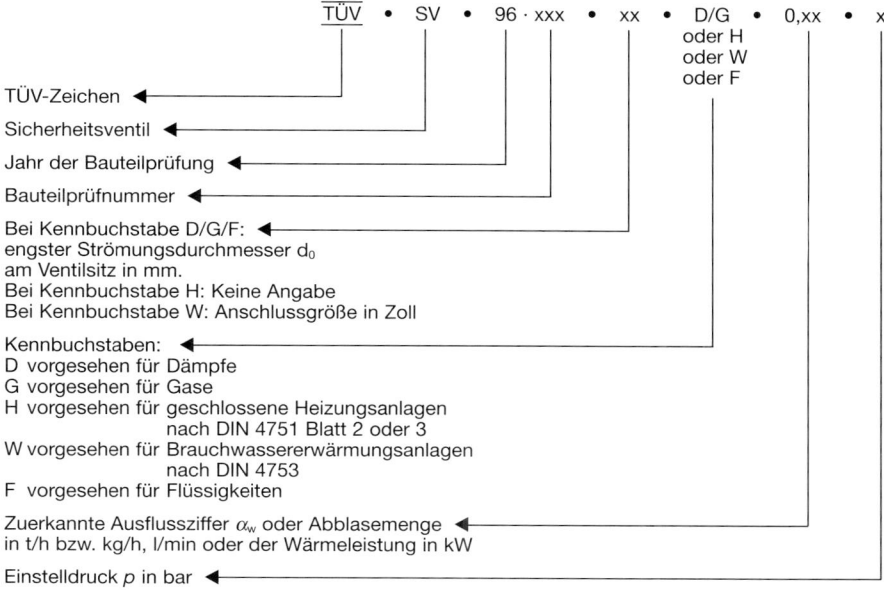

Bild 3.58: Zusammensetzung der Bauteilprüfkennzeichen (VdTÜV-Merkblatt Sicherheitsventil 100/2)

Alle Sicherheitseinrichtungen für Kessel mit mehr als 0,5 bar Überdruck (Dampferzeuger und Heißwassererzeuger der Kategorie IV) müssen nach TRD 421 so bemessen sein, dass die höchste Dampfmenge im Dauerbetrieb ohne Überschreiten des Betriebsüberdruckes um mehr als 10 % abgeführt werden kann, andererseits müssen sie auch mindestens – sofern nicht betriebliche Bedingungen engere Grenzen setzen – innerhalb einer Druckabsenkung von 10 %

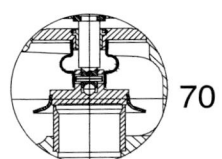
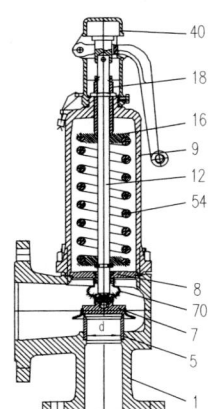

1 Gehäuse
5 Sitz
7 Teller
8 Führungsscheibe
9 Federhaube
12 Spindel
16 Federteller
18 Druckschraube
40 Haube
54 Feder
70 Faltenbalg

Bild 3.59: Sicherheitsventil mit Federbelastung nach TRD 721 für Dampferzeuger bis 0,5 bzw. 1,0 bar Überdruck (Leser GmbH & Co. KG)

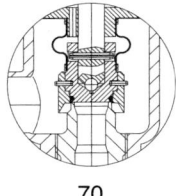
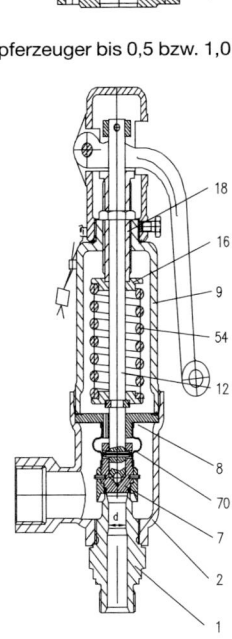

1 Eintrittskörper
2 Austrittsgehäuse
7 Teller
8 Führungsscheibe
9 Federhaube
12 Spindel
16 Federteller
18 Druckschraube
54 Feder
70 Faltenbalg

Bild 3.60: Sicherheitsventile nach TRD 721 für Dampferzeuger bis 0,5 bar Überdruck, für Heißwassererzeuger bis 110 °C nach DIN 4751 Teil 2 (Leser GmbH & Co. KG)

unter Ansprechdruck wieder schließen. Für Dampferzeuger bis 0,5 bar Überdruck muss das Sicherheitsventil (Bilder 3.59 und 3.60) ein Überschreiten des zulässigen Betriebsüberdruckes um 0,3 bar zuverlässig verhindern und spätestens 0,3 bar unter dem Ansprechdruck wieder schließen. Bei geschlossenen Heißwasseranlagen mit Dampfkesseln der Kategorie I bis III darf die Vorlauftemperatur max. 110 °C betragen. Geschlossene Heizungsanlagen nach DIN EN 12828 erhalten Faltenbalg- oder Membran-Sicherheitsventile (Bilder 3.59 bis 3.61). Membran oder Faltenbalg verhüten Ablagerungen und Korrosionen an Feder und Gehäuse, gewährleisten eine sehr hohe Dichtkraft nach außen und gleichen Fremdgegendruck oder zu hohen Eigendruck in Ausblaseleitungen aus. Die TRD 721 trägt dem bereits Rechnung und bestimmt, dass Anlagen mit Dampfkessel (Heißwassererzeuger) der Kategorie I bis III mit einem Sicherheitsventil (Bild 3.60) mit den Kennbuchstaben D/G/H ausgerüstet sein müssen, welches federbelastet ist, TRD 421 entspricht und bis zu einem Betriebsüberdruck von 3 bar eine maximale Überschreitung von 0,3 bar Überdruck zulässt. Das Schließen muss spätestens 0,3 bar unter Ansprechüberdruck erfolgen. Für Anlagen mit einer Wärmeleistung bis 2700 kW können Sicherheitsventile mit dem Kennbuchstaben H eingesetzt werden, die spätestens bei einem Überdruck von 3 bar ansprechen und eine Drucküberschreitung von mehr als 0,5 bar zuverlässig verhindern. Der Schließdruck darf maximal 0,5 bar unter dem Ansprechüberdruck liegen.

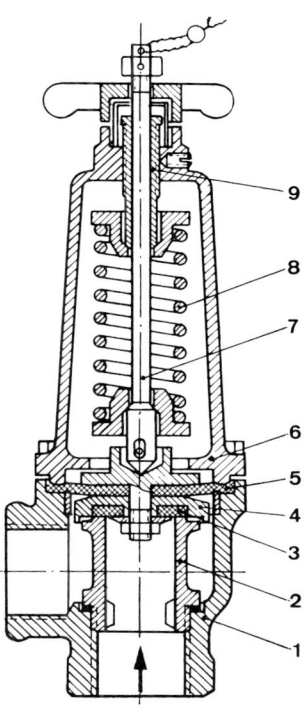

Bild 3.61 Membran-Sicherheitsventil (Leser GmbH & Co. KG)
1 Gehäuse
2 Sitzbuchse
3 Dichtscheibe
4 Kegel
5 Membrane
6 Haube
7 Spindel
8 Feder
9 Druckschraube

Wassererwärmer nach DIN 4753 müssen ebenfalls mit Sicherheitsventilen nach TRD 721 ausgerüstet sein, wobei bis 5000 l Inhalt Membransicherheitsventile (ähnlich Bild 3.61) zu verwenden sind. Abblaseleistung bzw. Anschlussdurchmesser richten sich nach der höchsten Heizleistung. Beim Ableiten der Wassermenge bei maximaler Heizleistung darf eine Drucksteigerung von max. 10 %, höchstens jedoch von 0,6 bar Überdruck auftreten. Innerhalb einer Druckabsenkung von 20 % des Ansprechüberdruckes muss das Sicherheitsventil schließen. Solche Einrichtungen dürfen nicht – oder nur über Wechsel- oder verblockte Schlüsselventile – vom Kessel absperrbar sein. Bei Einbau von Wechsel- oder Schlüsselventilen ist sicherzustellen, dass die nicht abgesperrten Sicherheitsventile die volle Abblaseleistung bewältigen.

In die Ausblaseleitung von Heißwasser-Sicherheitsventilen müssen in unmittelbarer Nähe des Ventils Entspannungseinrichtungen ausreichender Größe angeordnet werden, die mit Öffnungen ausreichenden Querschnitts sowohl zur Ableitung entspannten Dampfes als auch des Wassers zu versehen sind.

Vom Dampfkessel absperrbare Überhitzer müssen eine eigene Sicherheitseinrichtung gegen Drucküberschreitung haben; auch nicht absperrbare Überhitzer brauchen, falls die Temperaturüberschreitung nicht anders verhindert wird, auf der Austrittsseite Sicherheitsventile. Um die Durchströmung der Überhitzer zu sichern und Schäden durch zu hohe Wärmeaufnahme zu verhindern, soll deren Sicherheitseinrichtung zuerst ansprechen. Das bedeutet auch geringeren Verschleiß, da trockener Dampf die Ventilsitze weniger abnutzt.

Die Aufteilung der Gesamtabblasmenge auf Sattdampf- und Überhitzer-Sicherheitseinrichtung und ihre Ansteuerung regelt TRD 401.

Die Sicherheitsventile kann man nach ihrem Öffnungsverhalten, nach der Wirkungsweise, der Belastungsart, der Begrenzung der Dichtkraft und nach dem Steuer- und Öffnungsprinzip in Gruppen aufteilen:

Einteilung nach dem Öffnungsverhalten (siehe auch DIN 3320):
Proportional-Sicherheitsventile oder -einrichtungen öffnen verhältnisgleich zum Druckanstieg (Bild 3.62).

Vollhub-Sicherheitsventile oder -einrichtungen öffnen beim Ansprechen schlagartig bis zum vollen Hub. Dazu wird eine Prallplatte oder eine Hubglocke (Bild 3.63, Nr. 4) vom austretenden Dampf angeströmt, der Dampfstrahl kehrt um und die Reakionskraft überwindet die Federkraft (10).

Einteilung nach der Belastungsart und der Wirkungsweise:
Sicherheitsventile, deren Ventilkegel axial durch Gewicht oder Feder belastet ist. Bei Erreichen des Ansprechdrucks muss der auf den Ventilkegel wirkende Druck die Belastungskraft überwinden und das Ventil selbsttätig öffnen. Da bei gleichem Abblasedruck mit steigender Kesselleistung ein größerer Sitzdurchmesser erforderlich wird, andererseits größerer Sitzdurchmesser und höherer Abblasedruck eine größere Schließkraft bedingen, hat man u. a. Sicherheitsventile entwickelt, deren Belastungsgewicht, wie in Bild 3.62 dargestellt, über Hebel wirken.

Im Ansprechzustand, Schließkraft gleich Öffnungskraft, herrscht Kräftegleichgewicht, das eine Nutzung des vollen Überdruckes für den Kessel umso mehr infrage stellt, je größer dessen Leistung, Strömungsdurchmesser des Ventils und dessen innere Reibungskräfte werden. Um diese Unsicherheiten auszuschalten,

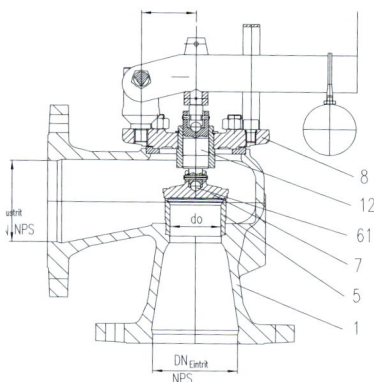

Bild 3.62: Gewichtsbelastetes Proportional-Sicherheitsventil ND 25/40, NW 15...150 (Leser GmbH & Co. KG)
 G Belastungsgewicht
 L Hebellänge für Belastungsgewicht
 l Hebellänge für Ventilkegel-Druckbolzen
 1 Gehäuse
 5 Sitz
 7 Kegel
 8 Deckel
 12 Druckbolzen
 61 Kugel gehärtet

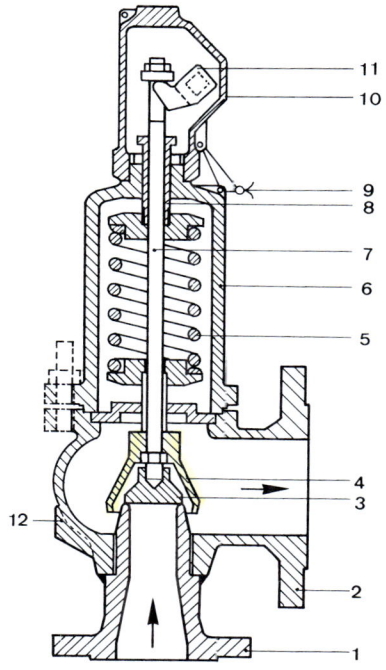

Bild 3.63: Federbelastetes Vollhub-Sicherheitsventil (Bopp & Reuther)
1 Eintrittstutzen	7 Spindel
2 Austrittstutzen	8 Spannschraube
3 Kegel	9 Plombe
4 Hubglocke	10 Kappe
5 Feder	11 Anlüftnocken
6 Haube	12 Sitzentwässerung

erhalten unmittelbar wirkende Sicherheitsventile eine Zusatzbelastung, bei denen die Dichtheit durch eine Zusatzschließkraft mit Fremdenergie erreicht wird. Diese muss sich durch Mehrfach-Steuerstränge zuverlässig bei Erreichen des höchstzulässigen Betriebsdruckes abwerfen lassen. Die Schließkräfte dürfen höchstens das 1,2fache der Öffnungskraft betragen und die Zusatzbelastung muss jederzeit durch Handeingriff am Einbauort bzw. von der Warte aus weggenommen werden können. Die Zusatzlast wird von Druckluft oder elektrische Magnetkraft erzeugt; als Eigenenergie dient Dampf.

In Bild 3.64 befindet sich über der Spindel des federbelasteten Sicherheitsventiles ein Elektromagnet, dessen Eisenkern (1) durch das Magnetfeld bei Stromdurchfluss auf die Ventilspindel (3) über eine Führungsstange drückt. Wird der Ansprechdruck erreicht, unterbrechen Druckschalter die Stromzufuhr, womit die Zusatzbelastung aufgehoben ist. Das Ventil öffnet dann wie ein normales federbelastetes Sicherheitsventil. Durch einen Handschalter oder durch Stromausfall wird die Zusatzbelastung ebenfalls abgeworfen.

Aus gleichen Gründen, die zur Zusatzbelastung unmittelbar wirkender Sicherheitsventile geführt haben, wurden die gesteuerten entwickelt. Der prinzipielle Aufbau eines gesteuerten Sicherheitsventils, bestehend aus Hauptventil und Steuereinrichtung, ist in Bild 3.65 dargestellt. Steigt der Druck im abzusichernden System auf den Ansprechdruck an, betätigt der Impulsgeber das Steuerglied. Hierdurch wird über die Steuerleitung am Antrieb des Hauptventils entweder beim Belas-

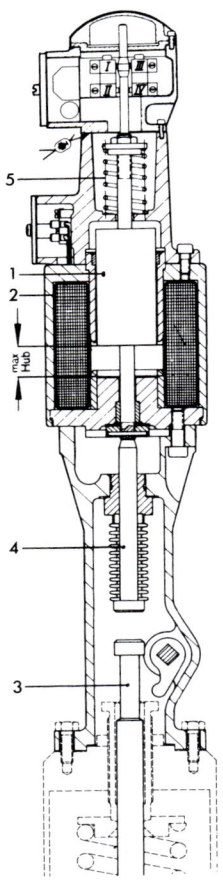

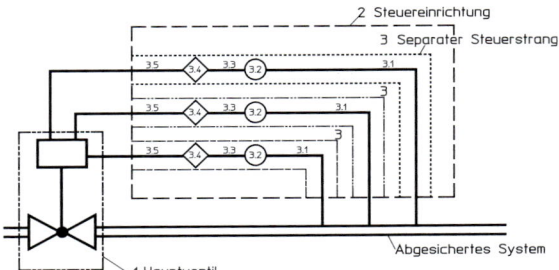

Bild 3.65: Prizipieller Aufbau eines gesteuerten Sicherheitsventils (Bopp & Reuther)
1 Hauptventil mit Antrieb
2 Steuereinrichtung
3 separater Steuerstrang
3.1 Druckentnahmeleitung
3.2 Impulsgeber
3.3 Impulsleitung
3.4 Steuerglied
3.5 Steuerleitung

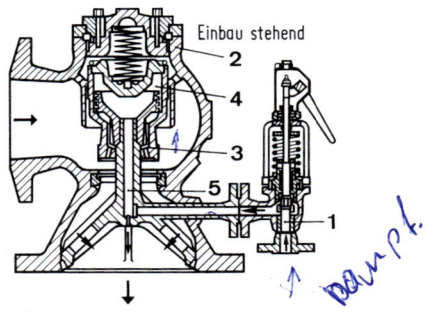

Bild 3.64: Durch Magnetkraft zusatzbelastetes Sicherheitsventil (Sempell)
1 Eisenkern
2 Magnetspule
3 Ventilspindel
4 Faltenbalg
5 Rückholfeder

Bild 3.66: Gesteuertes Sicherheitsventil mit uneingeschränkter Dichtkraft (Bopp & Reuther)
1 Steuerventil: Arbeitsprinzip
2 Hauptventil: Entlastungsprinzip
3 beweglicher Zylinderkegel in Öffnungsstellung
4 Druckraum über Zylinderkegel
5 feststehender Kolben

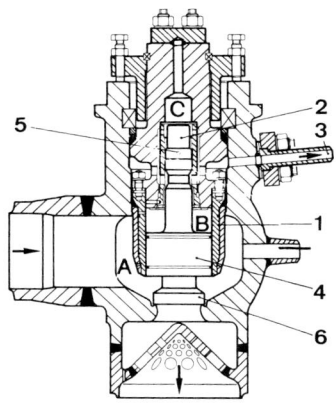 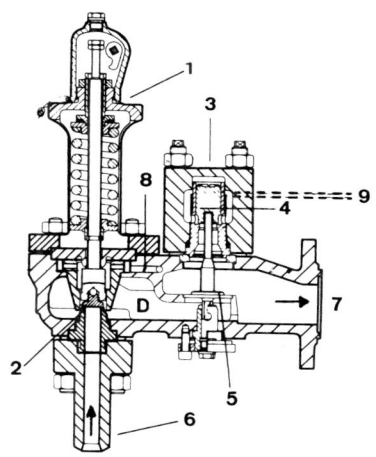

Bild 3.67: Gesteuertes Sicherheitsventil mit uneingeschränkter Dichtkraft (Sempell) Hauptventil: Entlastungsprinzip
1 Zylinder
2 Kolbenstange
3 Steuerleitung
4 Hauptkolben
5 Auffüllbohrung
6 Ventilteller
7 Warmhalteleitung

Bild 3.68: Zugehöriges Steuersicherheitsventil – Arbeitsprinzip
1 Steuersicherheitsventil
2 Kegel des Steuersicherheitsventils
3 Steuerrückschlagventil
4 Kegel des Steuerrückschlagventils
5 Prallplatte
6 Druckentnahmeleitung
7 Ausblaseleitung
8 Drossel
9 Verbindung zur Steuerleitung 3 in Bild 3.67

tungsprinzip eine Kraft auf den Ventilkegel aufgebaut oder beim Entlastungsprinzip eine Kraft auf den Ventilkegel abgebaut. Beide Maßnahmen lösen am Hauptventil die gewünschte Sicherheitsfunktion aus. Diese gewünschte Sicherheitsfunktion ist in den meisten Fällen das Öffnen des Hauptventils, um durch Abblasen des unter Druck stehenden Mediums die unzulässige Drucküberschreitung zu verhindern.

Ein gesteuertes Sicherheitsventil nach dem Belastungsprinzip mit Eigenmedium ist in Bild 3.66 dargestellt.

Die Steuerstränge sind redundant ausgeführt, sodass bei einem beliebigen Fehler an einem Steuerstrang die zuverlässige Funktionstüchtigkeit nicht beeinträchtigt ist. Bei drei Steuersträngen kann einer zur Prüfung oder Instandsetzung vorübergehend außer Betrieb gesetzt werden. Bei mindestens zwei Steuersträngen arbeitet das Steuerglied nach dem Ruheprinzip, d. h. es betätigt die Sicherheitsfunktion des Hauptventils »stromlos« bzw. ohne Hilfsenergie.

Je nach Verhalten beim Ausfall der Steuerenergie unterscheidet man bei den gesteuerten Sicherheitseinrichtungen das Ruheprinzip (hier erhält das Hauptventil einen Öffnungsimpuls) und das Arbeitsprinzip (hier unterbleibt ein Impuls auf das Hauptventil). Bei den Hauptventilen unterscheidet man das Entlastungsprinzip (das Ventil öffnet bei Aufheben der Belastung) und das Belastungsprinzip (das Ventil öffnet bei Aufbringen der Belastung).

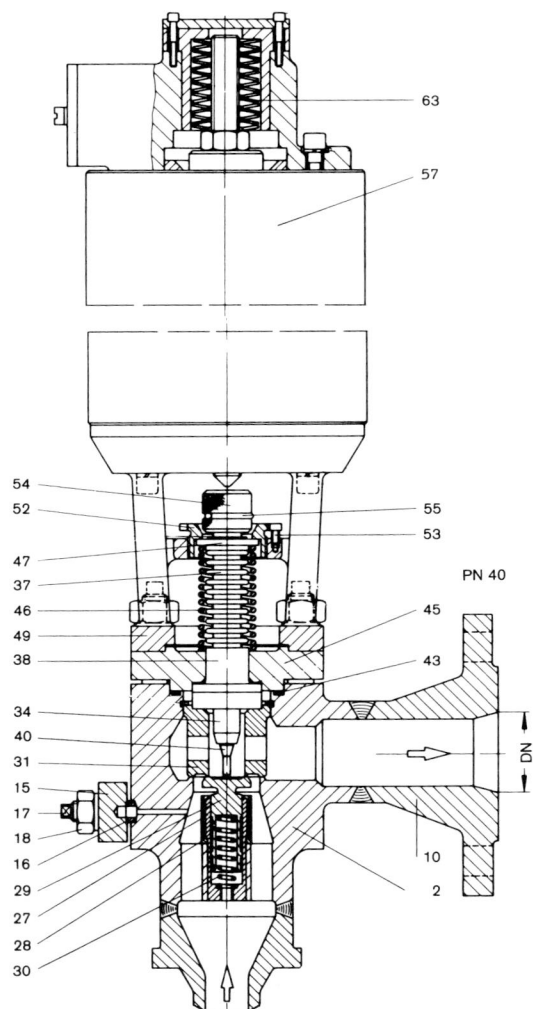

Bild 3.69: Magnetsteuerventil-Ruheprinzip (Sempell)
 2 Gehäuse
10 Austrittflansch
15 Blindflansch
16 Linsendichtung
17 Stiftschrauben
18 Sechskantmutter
27 Führungsbüchse
28 Schutzbüchse
29 Kegel
30 Feder
31 Sitzstück
34 Stößelführung
37 Faltenbalg komplett
38 Balgbüchse
40 Stößel
43 Dichtring
45 Zwischenflansch
46 Feder
47 Federteller
49 Laterne
52 Stellschraube
53 Zylinderschraube
54 Hutmutter
55 Splint
57 Magnet
63 Tellerfeder

Ein gesteuertes Sicherheitsventil (Hauptventil Entlastungsprinzip, Steuerventil Arbeitsprinzip) zeigen die Bilder 3.67 und 3.68. In Bild 3.67 ist im Schließzustand der Ventilteller und über Bohrungen im doppelwandigen Zylinder (1) der Hauptkolben sowie über weitere Bohrungen die Kolbenstange (2) in Schließrichtung durch Dampfdruck in den Räumen A, B und C belastet. Aus C tritt Dampf über die Steuerleitung (3, in Bild 3.68, Pos. 9) in das Rückschlagventil (Bild 3.68, Pos. 3) ein und schließt dessen Kegel (4). Im Ansprechzustand dieses Steuersicherheitsventils nach Bild 3.68 hebt Dampf den Kegel (2) ab, gelangt in D, drückt die Prallplatte und den

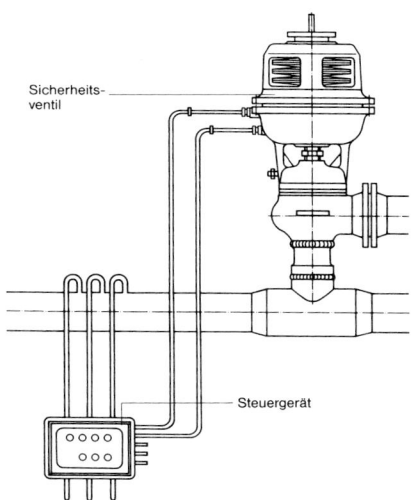 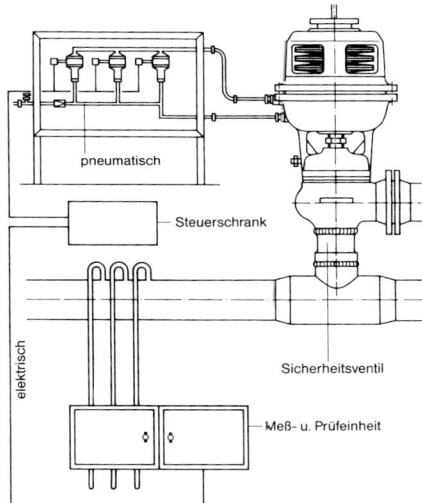

Bild 3.70: Pneumatische Steuerung (Bopp & Reuther)

Bild 3.71: Elektropneumatische Steuerung (Bopp & Reuther)

Kegel (4) des Steuerrückschlagventils (3) nach oben, entlastet die Steuerleitung und strömt ab. Mit der Druckabsenkung in C und B (Bild 3.67) – über die Bohrung (5) strömt aus A weniger Dampf nach als über die Steuerleitung ab – ist die Summe der Schließkräfte geringer als die auf die untere Ringfläche des Hauptkolbens wirkende Öffnungskraft. Der Hauptkolben hebt den Ventilteller vom Sitz ab, das Hauptsicherheitsventil öffnet. Nach Druckabbau schließt das Steuersicherheitsventil, der Druck in B und C baut sich wieder auf und das Hauptventil schließt.

Zur noch größeren Eingrenzung der Ansprechtoleranz wurden bisher schon federbelastete Steuersicherheitsventile mit einer Zusatzbelastung ausgerüstet. Diese Kombination wird nun durch Magnetsteuerventile (Bild 3.69) ersetzt, die beide Bauelemente bereits einschließt. Sie werden sowohl für das Arbeitsprinzip wie auch für das Ruheprinzip gebaut, bedingen aber auch für die Schaltung des Be- bzw. Entlastungsmagneten elektrische Steuergeräte. Da die Funktionsfähigkeit der Hauptsicherheitsventile abhängig von der Wirksamkeit der zugehörigen Steuereinrichtungen ist, muss die Zuverlässigkeit der gesamten Einrichtung nachgewiesen werden.

Weiterhin gibt es die Möglichkeit, das Hauptventil
a) pneumatisch (Bild 3.70),
b) elektro-pneumatisch (Bild 3.71) und
c) hydraulisch (Bild 3.72)
anzusteuern.

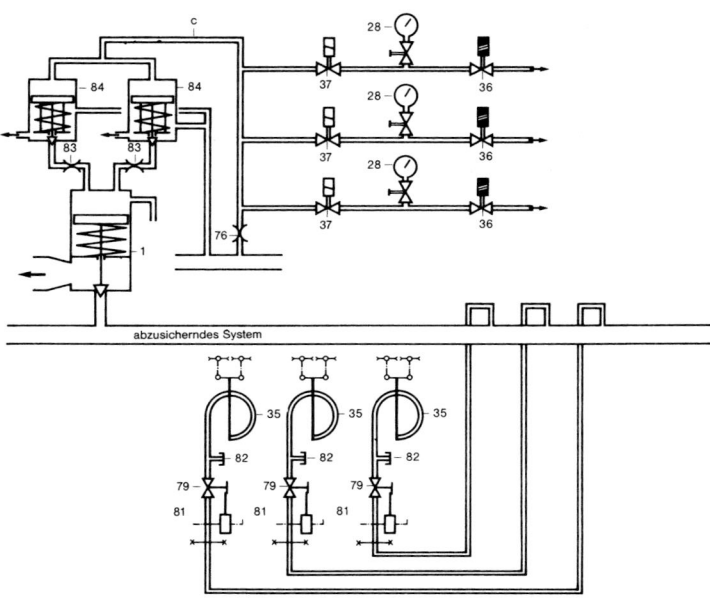

Bild 3.72: Hydraulische Steuerung (Bopp & Reuther)

1 Hauptventil
28 Manometer mit Absperrventil
35 Druckschalter
36 Sicherheitsmagnetventil
  (Ruhestrom)
37 Prüfmagnetventil (Arbeitsstrom)
76 feste Blende 3 mm i. W.
79 Absperreinrichtung
81 Verriegelungsmagnet
82 Prüfanschluss
83 feste Blende 10,5 mm i. W.
84 Schnellöffnungsventile

Die Ventilfunktion bei pneumatischer und elektro-pneumatischer Steuerung ist folgendermaßen:

Bei Erreichen des Ansprechdruckes wird von der Steuerung der Belastungsluftdruck über dem Kolben des Sicherheitsventils abgebaut.

Das Sicherheitsventil kann dann je nach Schaltart mit oder ohne Hubluft unter dem Kolben öffnen.

Nach Absenken des Systemdrucks wird von der Steuerung die Belastungsluft wieder aufgeschaltet.

Das Ventil schließt und erhält zusätzlich eine erhöhte Dichtkraft.

Der Impulsabgriff zum Steuerkommando ist in der Regel 3fach (redundant) angeordnet.

Mit den Steuereinrichtungen lassen sich wichtige Ventil- und Anlagefunktionen erreichen:
- erhöhte Ansprechgenauigkeit,
- stabiles Öffnungs- und Schließverhalten,
- Belastungsluft auf dem Kolben ergibt zusätzliche Dichtkraft,
- Hubluft unter dem Kolben ermöglicht zwangsweises Anlüften unterhalb des Ansprechdruckes.

Mit der elektro-pneumatischen Steuerung über Magnetventile lässt sich zusätzlich erreichen:
- lastabhängige Steuerung (Gleitdrucksteuerung).

Die hydraulische Steuerung wird hauptsächlich in Dampfkraftwerken bei Überström- bzw. Druckregelventilen mit Sicherheitsfunktion eingesetzt.

Die Ventilaufgaben sind:
- Druck absichern,
- schnell öffnen,
- kühlen,
- reduzieren,
- anfahren und abfahren.

Die Ventilfunktion ist folgendermaßen:
 Am oberen Ende der Ventilspindel sitzt der ölbeaufschlagte Kolben, der eine hohe Dichtkraft erzeugt. Wenn der Ansprechdruck erreicht ist, wird der hydraulische Druck vermindert und das Ventil öffnet durch den Dampfdruck, unterstützt von der Öffnungsfeder.
 Je nach Betriebsart wird gleichzeitig über das Einspritzregelventil Kühlwasser in den Dampfstrom eingespritzt.
 Der Lochkorb (Stopfbuchseinsatz) dient zur Druckreduzierung und zum Schutz der Gehäusewand.
 Nach Absenken des Systemdrucks wird der Öldruck wieder aufgebaut. Das Ventil bewegt sich in Schließrichtung.

Die Vorteile sind:
- große Abblasmengen,
- höchste Drücke und Temperaturen,
- zuverlässiges Ansprechen,
- hohe Dichtkraft durch gespeicherten Öldruck,
- bei Abfall des Öldrucks öffnet das Ventil,
- Sicherheitssteuerung (Öffnen im Schnellgang zwischen 1 und 5 s),
- Überströmregelung (Öffnen und Schließen zwischen 20 und 40 s einstellbar),
- manuelle Betätigung möglich,
- Kühlung des Heißdampfes im Ventil,
- Gehäuse aus Schmiedestahl,
- T-Stück eintrittsseitig auf Wunsch,
- auswechselbarer Sitz mit Schutzhemd,
- Einspritzventil mit separater Vorabsperrung,
- Hydraulikaggregat mit großem Speichervolumen,
- Trichterblende im Austritt bei Bedarf,
- Anpassung an Rohrleitungsabmessungen.

Die Anforderungen in TRD 421 bestimmen Anzahl, Ausführung und Prüfmöglichkeit der Steuereinrichtungen. Die Druckentnahme- und die Steuerleitungen müssen Kondensatansammlungen vermeiden und ein Ansprechen des Hauptventils kurzfristig nach Öffnen der Steuerventile gewährleisten.
 Funktionsprüfung mit Diagnosecharakter: Aus der Erfahrung mit wiederkehrenden Prüfungen führt W. Bung aus, dass eine reine Bewegungsprüfung keine ausreichende Aussage über die Zuverlässigkeit zulässt. Dies gilt nicht nur für gesteuerte

Sicherheitsventile, sondern auch gleichermaßen für »Pilotgesteuerte Sicherheitsventile« (P.O.S.V.). Vielmehr müssen Messgrößen – in der Regel der Steuerdruck – aufgezeichnet werden, die eine Bestimmung von ausreichenden Stellkräften (Reservekräften) ermöglichen.

Art und Umfang der erstmaligen und wiederkehrenden Funktionsprüfungen werden bei der Qualifizierung im Rahmen von »Bauteilprüfung« oder »Einzelprüfung« festgelegt, um ausreichende Zuverlässigkeit und Funktionssicherheit nachzuweisen. Funktionsprüfungen zeichnen sich dadurch aus, dass sie zur Beurteilung der Funktionssicherheit »Diagnosecharakter« haben und mit einem hohen Maß von Prüffreundlichkeit während des normalen Leistungsbetriebes durchgeführt werden können. Erhebliche Vorteile bietet die Durchführung von wiederkehrenden Funktionsprüfungen mit PC-Unterstützung.

> Sicherheitseinrichtungen gegen Drucküberschreitung können bei ihrem Versagen erhebliche Sach- und Personenschäden verursachen. Auf Funktionsfähigkeit ist besonders zu achten, Veränderungen der Einstellung an überwachungsbedürftigen Anlagen dürfen nur durch die Sachverständigen der Technischen Überwachungs-Organisationen bzw. der Zugelassenen Überwachungsstelle erfolgen.

Die Einstellung der federbelasteten Sicherheitsventile wird durch Plomben oder ungeteilte Sperrhülsen, die der gewichtsbelasteten durch Splinte gesichert.

3.1.9 Sicherheitseinrichtungen gegen Drucküberschreitung am Wasserraum von Heißwassererzeugern der Kategorie IV

Bei der Bemessung der Sicherheitseinrichtung ist bei betriebsmäßig unter Wasserdruck stehenden Ventilen nach TRD 402 Dampfausströmung bei dem Sattdampfzustand anzunehmen, der der Einstellung des Sicherheitsventils entspricht. Die Sicherheitseinrichtung muss so bemessen sein, dass der der zulässigen Wärmeleistung entsprechende Dampfstrom abgeführt werden kann, ohne dass der zulässige Betriebsüberdruck des Heißwassererzeugers um mehr als 10 % überschritten wird. Hoch liegende Druckausdehnungsgefäße mit Dampfraum müssen ein zusätzliches Sicherheitsventil besitzen, das früher als die vorgenannte Sicherheitseinrichtung des Heißwassererzeugers anspricht.

Sicherheitsventile an Heißwassererzeugern können beim Ansprechen eine erhebliche Gefahr für die Anlage und die Beschäftigten darstellen, weil sie
1. für die Abfuhr von Heißwasser in der flüssigen Phase zu groß, nämlich für den der Wärmeleistung entsprechenden Dampfstrom bemessen sind, und
2. mit Zu- und Ableitungen ausgerüstet sind, deren Druckverlust vor dem Ventilsitz Sattdampfbildung bewirken kann, während hinter dem Ventilsitz stets ein Wasser/Dampfgemisch entsteht, und
3. nach dem Abblasen von Dampf beim plötzlichen Abblasen von Heißwasser durch den sog. »Wasserhammer« zerstört und abgerissen werden können.

In den Fällen 1 und 2 tritt Hämmern oder Flattern der Ventilspindel auf, wobei Muttern der Gehäuseverschraubungen weggeschleudert werden oder Spannmuttern trotz Sicherung sich gewaltsam lösen können. Es wurden auch Fälle beobachtet, wo Sicherheitsventile durch Reibschweißung in Offenstellung blockiert wurden.

Im Fall 3 tritt eine schlagartige Beanspruchung der Sicherheitsventil-Gehäuse und der Zuleitungen ein, für die sie nicht bemessen sind. Ursache hierfür sind die plötzliche Dichteänderung und die hohe Strömungsgeschwindigkeit des Wasserpfropfens, der dem Sicherheitsventil mit Dampfgeschwindigkeit zuströmt.

Durch das für Dampfströme bemessene Sicherheitsventil kann zunächst ein großes Wasservolumen abströmen, das je nach Leistungsfähigkeit der Druckhaltung zu einem Druckeinbruch führt, dem bei Unterschreiten des Sättigungsdruckes Dampfbildung und die genannten Schwierigkeiten nachfolgen.

Bisher sind nur deshalb nicht mehr Schadensfälle an Heißwassersicherheitsventilen bekannt geworden, weil sie überwiegend durch Anlüften und nicht durch Anfahren des Ansprechdruckes mit der Speisepumpe geprüft wurden.

In mehreren Heißwassererzeugungsanlagen wurde nun im Zuge des Erlaubnisverfahrens vom Betreiber ein Antrag auf Abweichung von TRD 402 (Größenbemessung für Sattdampf mit Dampfmenge entsprechend zulässiger Wärmeleistung) gestellt. Ausgehend von der schnellen, sicheren und rechtzeitigen Abschaltung der Öl- bzw. Erdgasbrenner vor Überschreiten
– des zulässigen Betriebsüberdruckes,
– der zulässigen Vorlauftemperatur und nach
– dem Verlassen der Offenstellung der Heißwasserabsperrarmaturen in der Vor- und Rücklaufleitung sowie vor Unterschreiten der Durchflussmindestmenge
ist nur ein kleines Heißwassersicherheitsventil für Ausdehnungswasser bei fehlerhaft »eingeblocktem« Kessel vorgesehen. Es ist für den Fall zu bemessen, dass nach unbeabsichtigtem Absperren des heißen Kessels die in den drucktragenden Kesselwandungen gespeicherte Wärmeenergie an das abgesperrte Wasservolumen übertragen wird und die Ausdehnungswassermenge abzuführen ist. Hierzu reicht ein Proportionalsicherheitsventil mit eingeschränkter Hubhöhe aus. Hierbei muss die Sicherheitszeit der Brenner im Betrieb und beim Warmstart so kurz als möglich gehalten werden. Bei speicherprogrammierten Feuerungssteuerungen kommen zur Verkürzung der Abschaltzeit der Feuerung die Mehrfachabfrage der vorgenannten Kriterien und des Flammenwächters in einem Zyklus (Interrupt-Schaltungen) infrage oder eine zusätzliche, zeitlich unverzögerte Feuerungsabschaltung mit einer geeigneten fest verdrahteten Sicherheitsabschaltung.

Bei Heißwassererzeugern mit nicht schnell abschaltbaren Feuerungen dürfen die Absperrvorrichtungen im Vor- und Rücklauf erst dann die Offenstellung verlassen, wenn die Beheizung abgestellt ist, d. h.
– die Brennstoffzufuhr abgeschaltet ist,
– der Rost leergefahren ist,
– die Luftzufuhr abgeschaltet ist.

Hinsichtlich der Bemessung des Sicherheitsventiles für den Fall Heißwassertemperatur ist gleich Siedetemperatur bzw. ist kleiner als Siedetemperatur mit Auftreten zweiphasiger Strömung wird auf die Veröffentlichung von G. Wellensiek[1] verwiesen.

---

[1] Wellensiek, G.: Absicherung von Druckbehältern gegen Drucküberschreitung. Bestimmung von Massenstromdichten bei zweiphasigen Strömungen. Technische Überwachung TÜ 33 (1992), H. 12.

3.1.10 Reinigungs- und Besichtigungsöffnungen, Verschlüsse

Um die Feuerzüge, die Wasser- und Dampfräume des Kessels reinigen und besichtigen zu können, sind nach TRD 401 und 402 Öffnungen vorzusehen, die im Betrieb sicher und druckdicht verschlossen sein müssen.

Bei Feuerraumtüren und -deckeln, ausschwenkbaren Explosionsklappen und einfachen Verschlüssen muss die Abdichtung nur geringen Über- oder Unterdrücken genügen. Dies erreicht man mit Dichtschnüren oder -rahmen, die in Nuten eingelegt werden, und Schraub- oder Knebelverschlüssen für die Anpresskraft. Das verwendete Dichtungsmaterial sollte alkalibeständig und asbestfrei sein.

Sowohl für die Einsteig- und Befahröffnungen an nicht wasser- oder dampfführenden Räumen, als auch für die Öffnungen von Wasser- und Dampfräumen sind Mindestgrößen festgelegt.

Die höheren Drücke auf der Wasser- und Dampfseite erfordern besondere Werkstoffe und Konstruktionen. Verschlussdeckel und Bügel müssen aus zähem Werkstoff sein, Dichtungen sollen nicht herausgedrückt werden können und dürfen nur geschlossene Ringe bilden. Für niedere und mittlere Betriebsdrücke dienen auch Flansche mit Blinddeckel als Verschlüsse, wobei die Schrauben sowohl den Kesseldruck als auch die für die Dichtkraft erforderliche Spannung aufnehmen müssen.

Bis 50 bar Überdruck verwendet man gepresste Mann-, Kopf- und Handlochverschlüsse, die über Verschlussbügel und -schrauben nur eine Vorspannung aufbringen. Die Dichtkraft wird dann durch den Dampf- bzw. Wasserdruck erzeugt (Bild 3.73). Für noch höhere Drücke setzt man nur noch geschmiedete, geschweißte oder aus Stahlguss gefertigte Verschlüsse ein, die wegen ihres Gewichtes und der beengten Handhabung mit Tragarmen an die Kesseltrommel angelenkt sind.

> Für alle Verschlüsse gilt, dass etwaiges Nachziehen während des Anfahrens gegebenenfalls unter Druckabsenkung mit Vorsicht erfolgen soll. Sie dürfen erst geöffnet werden, wenn sie nicht mehr unter Druck oder Vakuum stehen.

3.2 Ausrüstung bei besonderen Bauarten, Feuerungen und Betriebsweisen

3.2.1 Wasserstandshöhenanzeiger (Hydrometer)

Heißwasseranlagen mit Heißwassererzeugern der Kategorie I bis III mit offenem und geschlossenem Ausdehnungsgefäß nach DIN EN 12828 und thermostatisch abgesicherte Wasserheizungen mit offenem Ausdehnungsgefäß nach DIN EN 12828 erhalten als Wasserstandshöhenanzeiger Manometer. Geschlossene Anlagen mit Dampf- oder Gaspolster können zur manometrischen Anzeige des statischen Druckes mit Differenzdruckmanometern ausgerüstet werden, die den veränderlichen Dampfdruck in ihrer Anzeige kompensieren. Bei geschlossenen Anlagen mit Membranausdehnungsgefäß zeigt das Manometer den Anlagendruck. Die Füllung wird über die Probierleitung kontrolliert.

3.2.2 Wasserstandsregler

Dampferzeuger der Kategorie I bis IV mit festgesetztem niedrigstem Wasserstand und Heißwassererzeuger der Kategorie IV, in denen die Änderung des Wasservolumens nicht im System aufgenommen wird, müssen bei eingeschränkter Beaufsichtigung oder bei zeitweilig herabgesetztem Betriebsdruck oder erniedrigter Vorlauf-

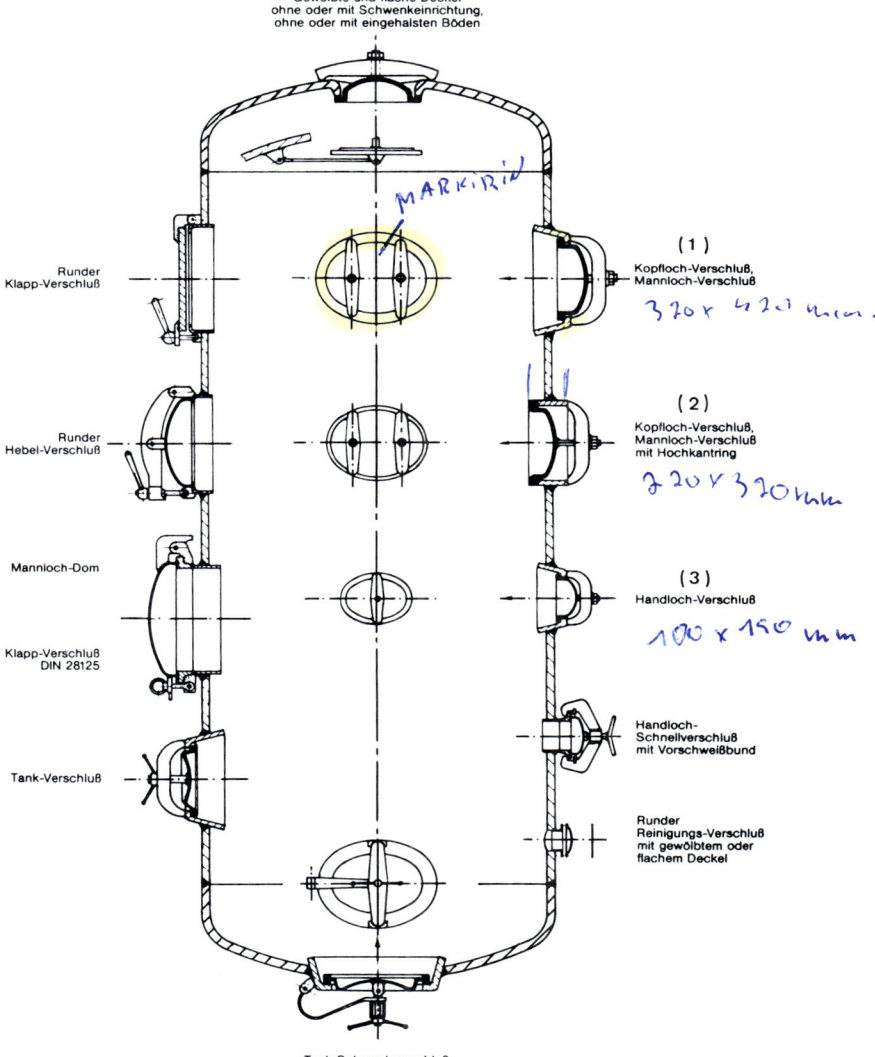

Bild 3.73: Übersicht gängiger Behälter- und Kesselverschlüsse (1–3) (Afflerbach)

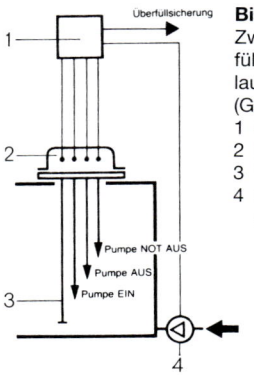

Bild 3.74: Schema einer Zweipunktregelung mit Überfüllsicherung und Trockenlaufschutz durch Elektroden (GESTRA)
1 Schaltverstärker
2 Niveau-Mehrfachelektrode
3 Trockenlaufschutz
4 Speisepumpe mit Schutz oder Magnetventil

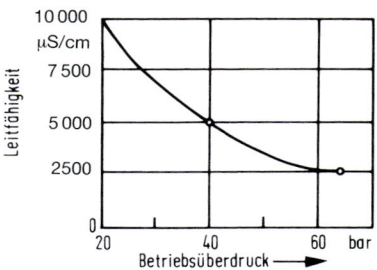

Bild 3.75: Maximale Leitfähigkeitsgrenzwerte für Kesselwasser in Abhängigkeit vom Betriebsüberdruck für Dampfkessel bis 64 bar Betriebsüberdruck

temperatur (zeitweiliger Betrieb ohne Beaufsichtigung) oder Betrieb ohne ständige Beaufsichtigung mit selbsttätigem Wasserstandsregler – bei Hochdruck bauteilgeprüft – ausgerüstet sein. Die Art der Regelung hängt von der Anlagengröße, der Speisepumpenbauart und der Antriebsenergie ab (Absatz 3.1.4.2). Für kleinere Anlagen mit elektrischem Antrieb der Speisepumpe verwendet man Zweipunktregler. Vom Wasserstand abhängige Regelglieder sind Elektroden oder Schwimmerschalter (Bild 3.74). Das Ein- oder Austauchen einer Elektrode wirkt unter Zwischenschaltung eines Verstärkers als Impuls für das Schalten des Pumpenmotors. Vom Gerätehersteller wird vorausgesetzt, dass das Kesselwasser eine Mindestleitfähigkeit von 10 µS/cm hat. Dies entspricht einem Salzgehalt von etwa 5 mg/l NaCl oder, da gelöste Kohlensäure oder Ammoniak ebenfalls Salzgehalt vortäuschen, etwa 70 mg CO_2/l oder etwa 3 mg NH_3/l in vollentsalztem Wasser. Chemisch reines Wasser mit der Leitfähigkeit von 0,067 µS/cm (bei 26 °C) ist ebenso wie reiner Dampf nicht leitend. Daher kann man den Wasserstand im Vorratsbehälter für vollentsalztes Wasser nicht mit Elektroden überwachen. Für Kesselwasser sind je nach Betriebsdruck maximale Grenzwerte für die Leitfähigkeit zwischen 2500 und 10 000 µS/cm bei 25 °C (für Dampfkessel bis 64 bar Betriebsüberdruck) als Richtwert vorgegeben (Bild 3.75); somit lassen sich hier Elektroden verwenden. Für die Schaltimpulse setzt man mindestens zwei Elektroden ein. Weitere Elektroden dienen als

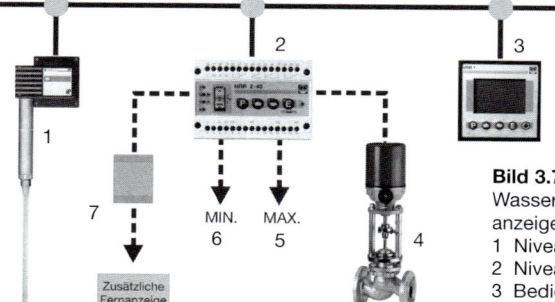

Bild 3.76: Schaltbild eines elektronischen Wasserstands-Regelkreises mit Fernanzeigeeinheit (GESTRA)
1 Niveausonde
2 Niveauregler (kapazitiv)
3 Bedien- und Visualisiergerät mit Niveau- und Fernanzeige
4 elektrisches Stellventil
5 Hochwasser-Anzeige
6 NW-Voralarm
7 4…20 mA Istwertmodul Cophon

Trockenlaufschutz für die Speisepumpe oder als Überfüllsicherung (Bild 3.74). Beim Schwimmerschalter überträgt ein Gestänge die dem Wasserspiegel folgende Schwimmerbewegung über einen Dauermagneten auf zwei verschiebbare Schalter, wobei der untere die Speisepumpe einschaltet, der obere sie ausschaltet. Wird eine stetige Regelung gewünscht, überträgt man die Schwimmerbewegung mechanisch oder elektrisch auf ein Regelventil, das bei Dampfantrieb die Drehzahl oder Hubzahl, bei gleich bleibendem Antrieb durch Drosselregelung, regelt. Die Elektronik ermöglicht heute die nicht reibungs- und abdichtungsfreie Übertragung beweglicher Teile durch die kapazitive Messung des Wasserstandes in einem Elektrodengerät zu ersetzen und diese über Messwertumformer dem Stellantrieb des Speisewasserregelventils zuzuleiten. Außerdem kann daran zusätzlich eine Fernanzeigeeinheit angeschlossen werden (Bild 3.76; vgl. Hinweis im Abschn. 3.1.3.2).

Für beide Regelungsarten können die Impulse auch von einem Differenzdruckmesswerk, z. B. einer Bartonzelle mit Messwertumformer, ausgehen. Hier ist sicherzustellen, dass bei Ausfall der Hilfsenergie, z. B. über einen Druckwächter in der Druckluftleitung, die Feuerung abgeschaltet wird. Bei der Drosselregelung ist die Mindestfördermenge durch ein Freiflussrückschlagventil oder durch eine andere, modifizierte, kontinuierliche Füllstandsregelung (vgl. Abschn. 3.1.4) sicherzustellen. Außen liegende Reglergehäuse brauchen ein Abschlammventil und Absperrungen in den Verbindungsleitungen.

3.2.3 Wasserstandsbegrenzer

Bei der Ausrüstung von Dampf- und Heißwasserkesseln ist zunächst zu prüfen, welcher Kategorie der Kessel gem. Druckgeräterichtlinie zugeordnet werden kann.

Bei der Ausrüstung wird unterschieden in Geräte »einfacher Bauart« und »besonderer Bauart«.

Heißwassererzeuger der Kategorie I bis III, sowie alle beaufsichtigungsfreien Dampf- und Heißwassererzeuger der Kategorie IV sind mit Geräten »besonderer Bauart« auszurüsten. Letztere sind auch unter dem Begriff »selbst überwachende Geräte« bekannt. Kriterien für die Unterteilung in die unterschiedlichen Systeme ist das zu erwartende Gefahrenpotenzial, welches beim Versagen von Wasserstandsbegrenzern eintreten kann.

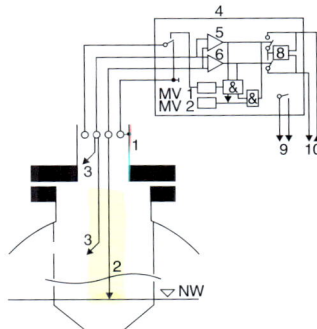

Bild 3.77: Schaltschema eines zweikanaligen Elektroden-Wasserstandsbegrenzers mit periodischem Selbsttest auf Redundanzverlust und Ausgangskontaktprüfung (GESTRA)
1 Niveauelektrode
2 Messelektrode
3 Überwachungselektrode
4 Auswerteelektronik
5 Kanal 1
6 Kanal 2
7 Selbsttesteinrichtung
8 Ausgangskontaktprüfung
9 separater Störmeldekontakt
10 Sicherheitsstromkreis der Feuerung
MV 1 Testmultivibrator 40 sec.
MV 2 Testmultivibrator 2 min.

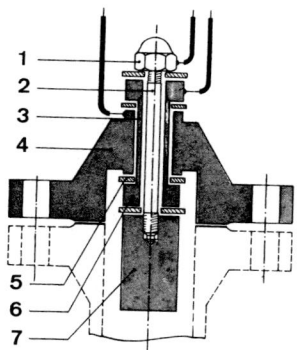

Bild 3.78: Elektrodenkopf einer Wasserstands-Elektrode nach Bild 3.77
1 Spannmutter
2 Zuganker
3 Hülse
4 Befestigungsflansch
5 Glimmerscheiben
6 Kompensationselektrode
7 Messelektrode

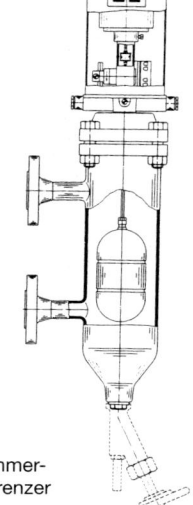

Bild 3.79: Schwimmer-Wasserstandsbegrenzer (außen liegend)

Bei Erreichen des festgelegten niedrigsten Wasserstandes ist die Beheizung abzuschalten und zu verriegeln, sodass bei wieder ansteigendem Wasserstand die Feuerung nicht selbsttätig anlaufen kann.

Die Begrenzer gleichen in den Funktionsmerkmalen denen der Wasserstandsregler. Da nur ein Schaltpunkt überwacht werden muss, genügt eine Elektrode oder bei Schwimmersystemen eine Schaltwippe (Bilder 3.77 bis 3.79).

Geräte »einfacher Bauart« wurden in den vergangenen Jahren weiterentwickelt und stehen heute nicht nur bezüglich der Auswerteelektronik in zweikanaliger Ausführung zur Verfügung, sondern sind bis zur Elektrodenspitze redundant aufgebaut. Vorteil für die sicherheitstechnische Betrachtung: Es müssen mindestens zwei Fehler gleichzeitig auftreten, bevor die Überwachung unsicher wird.

Geräte »besonderer Bauart« überwachen die Überwachungselektrode permanent auf Undichtigkeit zwischen Messelektrode und Elektrodenmasse sowie auf Ablagerungen auf dem Isolator, der zu Kriechströmen führen kann und eine sichere Überwachung gefährden könnte. Bei den dazugehörigen Auswertegeräte wird gem. EN 50156 (VDE 0116) periodisch ein Selbsttest durchgeführt, der alle 40 Sekunden eine Sondenstörung am Eingang vortäuscht und prüft, ob diese auch von beiden Auswertekanälen (Redundanzverlust) erkannt wird (Bild 3.77). Treten bei dem oben genannten Selbsttest, bei der Permanentüberwachung der Elektrode, der Elektrodenzuleitung oder der Spannungsversorgung Störungen auf, schaltet die Sicherheitskette den Kessel ab und schützt die Anlage und Personen.

Neuartige Systeme beziehen auch die Ausgangsrelaiskontakte der Steuergerät mit in die Selbstüberwachung ein. Bei diesen Systemen wird unterschieden in Wasserstandsbegrenzer und Wasserstandsbegrenzer*systeme*. Besteht der Was-

Ausrüstung der Kesselanlagen 219

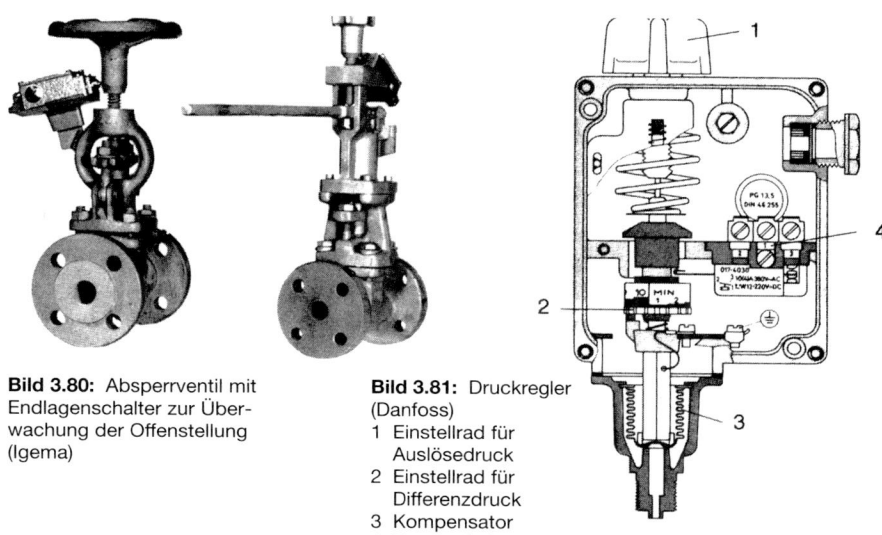

Bild 3.80: Absperrventil mit Endlagenschalter zur Überwachung der Offenstellung (Igema)

Bild 3.81: Druckregler (Danfoss)
1 Einstellrad für Auslösedruck
2 Einstellrad für Differenzdruck
3 Kompensator
4 Druckschalter

serstandsbegrenzer immer aus einer Elektrode und einem Schaltvertstärker, so ist es durch eine neuartige Technik bei dem Wasserstandsbegrenzer*system* möglich, zwei Elektroden auf ein Steuergerät zu schalten. Dieses bietet besonders bei Anlagen Vorteile, bei denen zwei unabhängige Wasserstandsbegrenzer gefordert werden.

Werden die Wasserstandsbegrenzer außen liegend in ein Messgefäß eingebaut, ist in Abhängigkeit der TRD-Richtlinien sicherzustellen, dass der Betrieb der Feuerung nur bei geöffneten Absperrventilen (Verblockung) möglich ist bzw. bei Begrenzern »besonderer Bauart« das Durchspülen der Verbindungsleitungen und das Abschlämmen der Messflasche durch eine Überwachungslogik überwacht und nach Ablauf des Zeitintervalles die Feuerung selbsttätig abschaltet und verriegelt wird, wenn die Spülvorgänge nicht oder unzureichend durchgeführt wurden.

Die Absperrventile für Verbindungsleitungen zu außen liegenden Wasserstandsbegrenzern dürfen nur in Offenstellung den Betrieb der Feuerung ermöglichen. Endschalter schalten beim Schließen der Ventile die Feuerung ab (Bild 3.80).

Die vorstehend genannten Systeme »einfacher« und »besonderer« Bauart stehen auch für die Überfüllsicherung zur Verfügung. Auswahlkriterien sind hier das Gefährdungspotenzial durch mitgerissenes Kesselwasser in die Dampfleitung für nachgeschaltete Verbraucher bzw. für evtl. direkt dampfbeheizte Produkte.

3.2.4 Druckregler und -begrenzer

Auch hier sind Zweipunkt- (Bild 3.81) und Stetigregler üblich. Die Intervallschaltung kann bei Zweistufenbrennern nochmals in die Zu- und Abschaltung der zweiten Stufe unterteilt werden.

Stetigregler – entgegen DIN 19266 wird der Begriff »Regler« hier als sprachüblich eingehalten, obwohl es sich hier um eine Steuerung handelt – sind Verbundregler von Brennstoff und Verbrennungsluft und ändern abhängig vom Betriebsdruck als Führungsgröße die Brennstoff- und Luftzufuhr. Übersteigt in »Kleinlaststellung« des Reglers die Brennstoff-/Luftzufuhr die Leistungsabnahme, so werden die Brennstoff-Magnetventile geschlossen, und erst nach Absinken des Druckes unter den Sollwert leitet der Druckregler wieder einen Brenneranlauf ein.

Druckregler und -begrenzer sind ähnlich aufgebaut wie Membran- oder Kapselfedermanometer; steigender Druck bewirkt das Zusammendrücken eines Faltenbalges oder Membrankörpers. Ein Gestänge überträgt die Bewegung auf eine Schaltwippe, die nach Druckabfall wieder in die Schließstellung (»Ein«) zurückspringt. Bei Begrenzern muss erst eine Schaltsperre von Hand am Druckbegrenzer oder im Feuerungsautomaten betätigt werden, um einen Brenneranlauf zu bewirken. Entsprechend den unterschiedlichen Aufgaben von Reglern und Begrenzern – der Begrenzer soll den Regler überwachen – haben Druckbegrenzer nur einen Schaltpunkt und eine Einstellskala. Dieser Schaltpunkt, der unter dem Ansprechdruck des Sicherheitsventils liegen soll, wird mit einer Plombe, Kappe oder einem Lochblech mit Vierkantzapfen gesichert. Druckregler haben zu diesem Schaltpunkt noch eine zweite Einstellmöglichkeit für den Differenzdruck zwischen Ein- und Ausschalten. Hier ist eine Verstellsicherung nicht vorgeschrieben.

3.2.5 Temperaturregler, -wächter, -begrenzer, Sicherheitstemperaturwächter, Sicherheitstemperaturbegrenzer

Diese sind z. B. für Wasserheizungsanlagen nach DIN EN 12828 oder für Heißwassererzeuger der Kategorie I bis IV bei besonderen Betriebsarten und Feuerungen vorgeschrieben. Auch Dampferzeuger der Kategorie IV mit Überhitzern müssen bei eingeschränkter Beaufsichtigung oder bei Betrieb ohne ständige Beaufsichtigung mit Temperaturreglern und -begrenzern ausgerüstet sein.

Temperaturregler (TR):	regeln die Wasservorlauf- oder die Dampftemperatur nach einer vorgegebenen Solltemperatur innerhalb eines Schaltbereiches durch selbsttätiges Ein- und Ausschalten der Wärmezufuhr.
Temperaturwächter (TW):	schalten die Wärmezufuhr bei fest eingestelltem Grenzwert ab und nach vorgegebenem, wesentlichem Temperaturabfall selbsttätig wieder ein.
Temperaturbegrenzer (TB):	schalten die Wärmezufuhr bei fest eingestelltem Grenzwert ab und verriegeln; ein Wiedereinschalten ist nur von Hand oder mit Werkzeug möglich, wenn die Temperatur unter den Grenzwert gesunken ist.
Sicherheitstemperaturwächter (STW):	sind Temperaturwächter, die zusätzlich den Anforderungen an erweiterte Sicherheit unterliegen.
Sicherheitstemperaturbegrenzer (STB):	wirken wie Temperaturbegrenzer, ein Wiedereinschalten ist jedoch nur von Hand unter Verwendung von Werkzeug möglich.

Daraus ergibt sich gleicher Aufbau für alle Geräte. Beide Gruppen unterscheiden sich praktisch nur durch Schalt- oder Verriegelungsfunktionen. Deshalb haben Regler und Wächter zwei Schaltpunkte, Begrenzer nur einen Schaltpunkt. Die Zuverlässigkeit muss durch Bauteilprüfung nachgewiesen werden. Bei Anlagen ohne ständige Beaufsichtigung (TRD 604) wird für Temperaturbegrenzungseinrichtun-

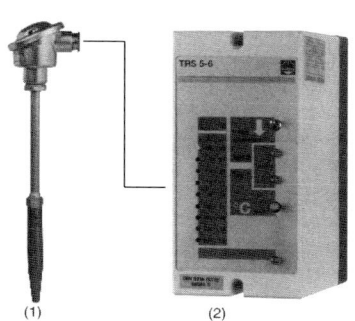

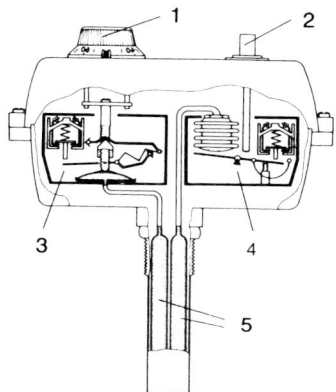

Bild 3.82: Elektronischer Sicherheitstemperaturbegrenzer (GESTRA).
(Ausführung auch als Temperaturregler bzw. -wächter möglich)
1 Widerstandsthermometer
2 Sicherheitstemperaturbegrenzer (Temperaturregler/-wächter)

Bild 3.83: Temperaturregler kombiniert mit Temperaturbegrenzer (Danfoss)
1 Einstellrad für die Solltemperatur
2 Einstellung der Grenztemperatur
3 Reglerteil
4 Begrenzerteil
5 Temperaturfühler

gen der Nachweis der Zuverlässigkeit gefordert. Als Prüfanforderung werden dazu unter anderem die DIN 3440 und die DINVDE 0116 herangezogen. Die DIN 3440 fordert, dass Temperaturbegrenzungseinrichtungen mit »erweiterter Sicherheit« bei einem internen Fehler der Gerätebauteile ein Signal zur Abschaltung geben. Durch eine elektronische Selbsttesteinrichtung kann dies erreicht werden. Die manuell angesteuerte Funktionsprüfung kann damit auf einmal pro Jahr eingeschränkt werden. Als Temperaturgeber für die Regel- oder Begrenzungsglieder dienen Flüssigkeits- und Stabausdehnungsfühler sowie Widerstandsthermometer. Die früher üblichen Bimetallfühler sind nur selten im Gebrauch. Da Regler, Wächter und Begrenzer mit gleicher Mediumtemperatur beaufschlagt werden sollen, werden sie, auch aus Kostengründen, anstelle von zwei oder drei Einzelgeräten oft in einem Gehäuse und die Fühler in einem Fühlerrohr untergebracht; in ihrer Wirkungsweise sind sie unabhängig (Bilder 3.82 und 3.83). Der Einbau sollte an der Stelle mit der erfahrungsgemäß höchsten Vorlauftemperatur des Wärmeerzeugers erfolgen. Im Heißwassererzeuger der Kategorie I bis III nach DIN EN 12828 kann bei festen Brennstoffen bis 100 kW Nennwärmeleistung der Temperaturregler durch einen Verbrennungsluftregler ersetzt werden, der nach DIN 3440 geprüft und gekennzeichnet sein muss. Bis 100 kW Nennwärmeleistung kann der Sicherheitstemperaturbegrenzer durch eine thermische Ablaufsicherung ersetzt werden. Nachströmendes Kaltwasser bewirkt die Temperatursenkung; in der Kaltwasserzulaufleitung muss ein Mindestdruck von 2 bar vorhanden sein.

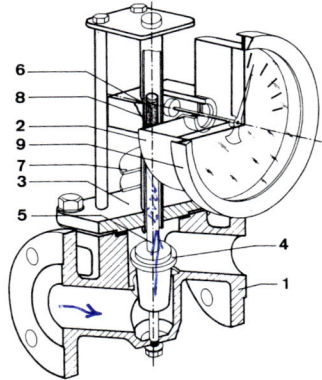

Bild 3.84: Strömungssicherung (Begrenzer)
(Turbo-Werk Fritz Hammelrath)
1 Armatur
2 Anzeige- und Schaltteil
3 Deckelflansch
4 Schwebekörper
5 Verlängerungsstange
6 Stabmagnet
7 Temperaturabschirmung
8 Führungsrohr
9 Bajonettring

3.2.6 Strömungssicherungen und -begrenzer
(nach DIN EN 12828 Strömungsbegrenzer)

Zwangumlauf-Dampf- und -Heißwassererzeuger der Kategorie IV müssen mit einer Warnanlage ausgerüstet sein, die bei Ausfall einer Umwälzpumpe oder beim Unterschreiten einer festgelegten Mindestdurchflussmenge dem Kesselwärter »Störung« meldet. Bei einer Kesselanlage ohne ständige Beaufsichtigung muss anstelle Warnung eine Abschaltung und Verriegelung der Feuerung erfolgen, das Gerät also als Begrenzer wirken (TRD 401, TRD 402, TRD 604 Blatt 1 und 2).

Zwangdurchlauf-Heißwassererzeuger der Kategorie IV müssen anstelle von Wasserstandsanzeigevorrichtungen eine Warnanlage haben, die den Kesselwärter auf das Unterschreiten einer festgelegten Mindestströmung aufmerksam macht. Für das An- und Abfahren der Heißwasseranlage darf diese Warnvorrichtung nach Anweisung des Herstellers überbrückbar sein, diese Überbrückung soll sich jedoch selbsttätig und temperaturabhängig wieder aufheben. Bei schnell regelbaren Feuerungen und bei Betrieb ohne ständige Beaufsichtigung muss anstelle einer Warnung ein Abschalten und Verriegeln der Feuerung erfolgen (TRD 402). Sofern Begrenzer gefordert werden, ist die Zuverlässigkeit im Allgemeinen durch eine Bauteilprüfung nachzuweisen.

Strömungssicherungen (Bild 3.84) arbeiten als Stau- oder Drehkörpergerät, bei dem die Bewegung eines Stau-, Schwebe- oder Drehkörpers magnetisch oder mechanisch auf ein elektrisches Schaltelement übertragen wird. Die Verriegelungsfunktion wird am Gerät oder in der elektrischen Schaltung erzielt. Sie verhindert einen Brenneranlauf, wenn weniger als die festgelegte Mindestmenge Wasser durch das Gerät fließt. Oberhalb der Mindestmenge wird der Schwebekörper (4) mit Magnet (6) nach oben gehoben. Die Magnetbewegung wird auf das Anzeige- und Schaltsystem (2) übertragen und schließt den Schaltkontakt. Erst dann kann das Brennstoffmagnetventil öffnen. Bei Unterschreiten der Mindestmenge läuft der umgekehrte Vorgang ab und der Brenner wird abgeschaltet. Bei größerer Kesselleistung verwendet man Durchfluss- bzw. Mengenmessgeräte, die bei Unterschreiten der Mindestmenge die Feuerung abschalten und verriegeln.

3.3 Betriebstechnische Ausrüstung

Weitere Armaturen sollen das Bedienungspersonal entlasten und eine wirtschaftliche Betriebsweise ermöglichen. Sie nehmen dem Kesselwärter Regel- und Steuerungsvorgänge ab, erleichtern ihm die Übersicht über Betriebszustände und erfüllen selbsttätig Funktionen, die der Speisewasser-, Dampf-, Kondensat-, Heißwasser- und Feuerungsführung dienen.

3.3.1 Druckminder- und Regelventile, Überströmregler und Dampfumformventile

Für Brennstoff- und Speisewasservorwärmer, Speisepumpenantrieb, thermische Entgasung, Heiz- und Kochzwecke usw. wird Dampf geringerer Druckhöhe benötigt. In Mittel- und Niederdrucknetze, die vom Hochdrucknetz abgezweigt sind, wird der Dampf über Druckminderer- oder -regeleinrichtungen eingespeist. Bei überhitztem Dampf wird über Umformventile durch geregelte Wassereinspritzung eine dem Dampfzustand entsprechende Temperaturabsenkung erzielt. Während Druckminderer, -regler und Dampfumformventile bei dem erwünschten Druck im *nachgeschalteten* Anlagenteil deshalb eine Schließcharakteristik aufweisen, öffnet ein Überströmregler und sichert die Druckhöhe im *vorgeschalteten* Anlagenteil. Dampfumformventile werden elektrisch verstellt, die anderen Regelarmaturen kommen ohne Hilfsenergie aus.

Der Ausfall dieser Steuerenergie muss dem Bedienungspersonal signalisiert werden. Nachgeschaltete Druckbehälter müssen mit eigenen Sicherheitseinrichtungen gegen Druck- und Temperaturüberschreitung ausgerüstet sein, es sei denn, das ganze Netz und alle Geräte sind bereits auf die ungeminderten Druck- und Temperaturwerte abgestimmt.

Die Bilder 3.85 bis 3.87 zeigen Schaltungsbeispiele für Druckminderer, Druckregler, Überströmregler und Temperaturregler. Es wird unterschieden zwischen

Druckminderern,	die den Druck für nachgeschaltete Rohrleitungen oder Verbraucher abspannen,
Druckreglern,	die den Druck für ein Sekundärnetz regeln,
Überströmreglern,	die den maximalen Druck vor dem Ventil oder vorgeschaltetem Anlagenteil regeln,
Dampfumformventilen,	die Druck und Temperatur direkt hinter dem Ventil regeln.

Aufbau und Wirkungsweise von Druckminderern und -reglern, im Gegensatz zu Überströmreglern, zeigen die Bilder 3.88 und 3.89. Überströmregler öffnen durch Richtungsumkehr der Federwirkung oder eine Kegelumkehrung und Entnahme des Steuerdruckes aus der Zuleitung bei steigendem Vordruck. Dampf oder Heißwasser fließt in Pfeilrichtung in die Armatur ein, durchströmt den Ringspalt zwischen Sitz (2) und Kegel (3) und wird je nach Öffnungsgrad gedrosselt. Vom Ventilaustritt wird der geminderte Druck über ein Druckausgleichsgefäß und die Steuerleitung (P2) in den Raum hinter die Arbeitsmembran (im Gehäuse 8) übertragen. Beim Überströmventil kommt der Regelimpuls aus der Vordruckleitung. Die Arbeitsmembran biegt durch, bis die auf die Membranunterseite aufgebrachte Kraft im Gleichgewicht mit der Vorspannung der Schraubenfeder (7) steht. Mit der Rändelschraube (6) kann die Vorspannung verändert und ein Sollwert für den Minderdruck vorgegeben werden.

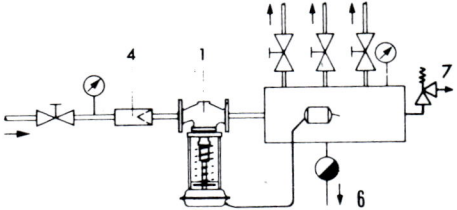

Bild 3.85: Dampfdruckminderer vor einem Verteiler (Samson)
1 Druckminderer
2 Druckregler
3 Überströmventil
4 Schmutzfänger
5 Temperaturregler
6 Kondensatschnellentleerer
7 Sicherheitsventil

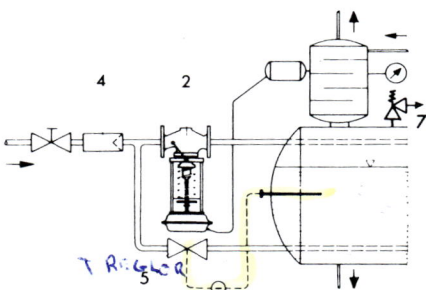

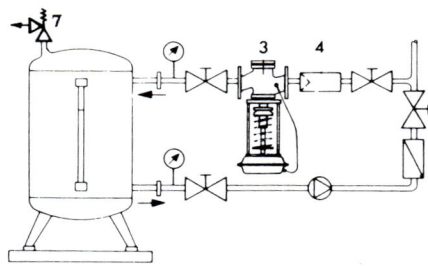

Bild 3.86: Druckregler an einer dampfbeheizten thermischen Entgasungsanlage (Samson)

Bild 3.87: Überströmventil in einer Druckhalteanlage (Samson)

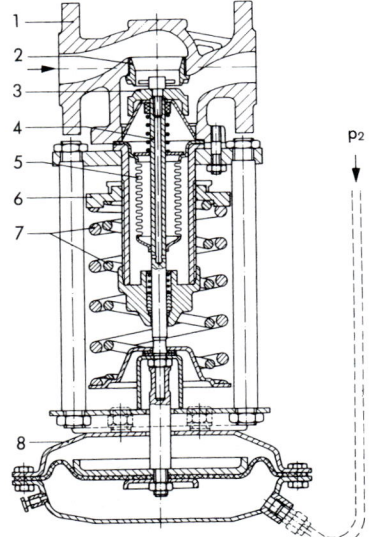

Bild 3.88: Membran-Druckminderer (Samson)
1 Ventilgehäuse
2 Sitz
3 Kegel
4 Kegelstange
5 Entlastungsmetallbalg
6 Sollwerteinsteller
7 Stellfeder
8 Gehäuse für die Arbeitsmembran
P_1 Vordruck
P_2 Minderdruck

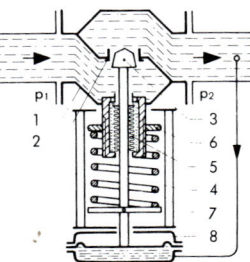

Bild 3.89: Wirkbild zum Druckminderer nach Bild 3.88

Um die nötigen Stellkräfte zu erreichen, verwendet man bei kleinen Minderdrücken eine große Membranfläche und schwache Federn. Damit der Ventilkegel durch den höheren Eintrittsdruck auf der Unterseite und den Minderdruck auf der Oberseite entlastet wird, hat das Regelventil einen Metallbalg (5). Dieser, mit dem unteren Ende mit der Kegelstange verbunden, wird innenseitig mit Minderdruck und am oberen Ende mit Vordruck beaufschlagt, wodurch die Drücke kompensiert werden, die auf beide Flächen des Kegels wirken könnten.

Neben diesen bis PN 64 geeigneten Membrandruckreglern kommen bis PN 100 nachdruckgesteuerte Kolbendruckregler zum Einsatz (Bild 3.90). An einen einseitigen Hebel ist einmal die Spindel des Regelkegels, zum anderen der Steuerkolben und schließlich der Dämpfungskolben angelenkt. Am Hebelende nimmt eine Stange einzelne Gewichtsscheiben auf. Von der Minderdruckseite führt eine Steuerleitung unter den Steuerkolben. Entsprechend den Hebelverhältnissen steht nun die durch den Minderdruck auf die Fläche des Steuerkolbens nach oben ausgeübte Kraft mit der nach unten gerichteten der Gewichtsscheiben im Gleichgewicht. Fällt der Druck auf der Minderdruckseite, bewegen die Gewichtsscheiben den Hebel nach unten, ein kleiner Zwischenhebel wirkt umgekehrt auf die Spindel des Regelkegels, der eine größere Öffnung freigibt, bis wieder Gleichgewicht zwischen der ansteigenden Kraft des Steuerkolbens mit den Gewichtsscheiben hergestellt ist. Umgekehrt bewirkt steigender Druck ein Schließen des Regelkegels. Der in Öl laufende Dämpfungskolben verhindert sprungartige Änderungen und ein durch mögliche Resonanz erzeugtes Schaukeln. Die Dämpfung lässt sich verstellen, um die dem Betrieb entsprechende Gängigkeit zu wählen.

Da mit der Druckabsenkung das spezifische Volumen vergrößert wird, sollte das Ventil in einen größeren Rohrleitungsdurchmesser münden, falls auf annähernd gleiche Mediumsgeschwindigkeit Wert gelegt wird. Die Fortleitung von Geräuschen an der Drosselstelle kann durch den Einbau elastischer Rohrverbinder eingeschränkt werden.

Bei großen Nennweiten bzw. großen Stellkräften erhält das Regelventil elektrische oder pneumatische Antriebe. Der Impulsgeber kann ein temperatur- oder

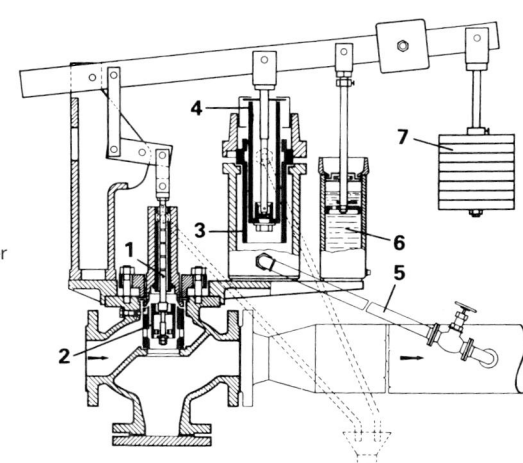

Bild 3.90: Kolben-Druckregler (Scheer & Cie.)
1 Regelventilspindel
2 Regelkegel
3 Steuerzylinder
4 Steuerkolben
5 Steuerleitung
6 Schwingungsdämpfer
7 Belastungsscheiben

226 Ausrüstung der Kesselanlagen

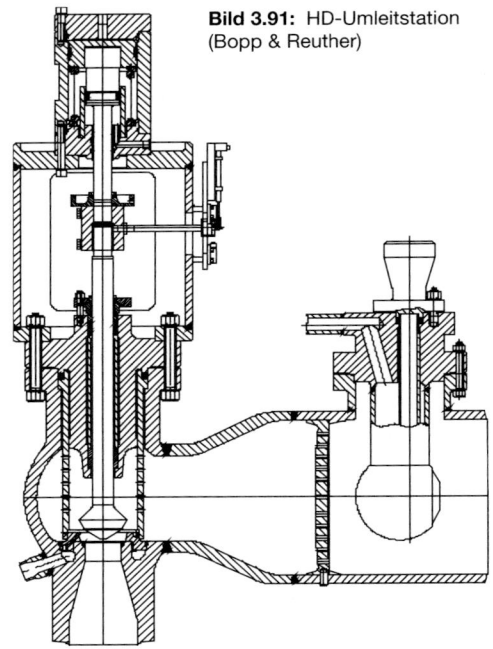

Bild 3.91: HD-Umleitstation (Bopp & Reuther)

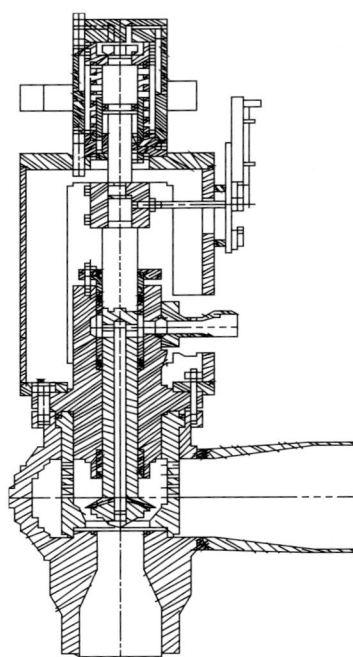

Bild 3.92: HD-Umleitstation mit integrierter Einspritzung (Bopp & Reuther)

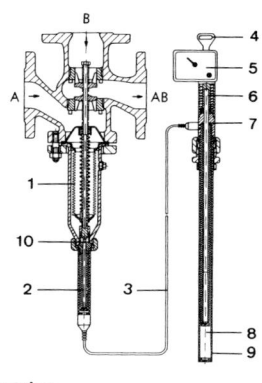

Bild 3.93: Temperaturregler mit Stabfühler (Samson)
1 Entlastungs-Metallbalg
2 Arbeitskörper
3 Verbindungskapillarrohr
4 Sollwerteinstellung
5 Sollwertskala
6 Überdruckfeder
7 Spindel
8 Ausdehnungsflüssigkeit
9 Stabfühler
10 Arbeitsstift
11 Metallbalg
A Eintrittsleitung (z. B. kaltes Medium)
B Eintrittsleitung (z. B. heißes Medium)
AB Mischleitung (eingeregelte Temperatur)

druckgesteuerter Schrittschalter, ein elektronischer Messumformer oder ein Kontaktthermometer bzw. ein Kontaktmanometer sein. Ein Temperatur- oder Druckfühler tastet den »Ist«-Wert der geregelten Seite ab und führt über den Schrittschalter den Stellantrieb auf den gewählten »Soll«-Wert. Temperaturregelventile mit gesteuertem Hilfsantrieb haben den gleichen Aufbau, lediglich die Führungsgröße »Druck« ist durch »Temperatur« ersetzt. Dampfumformventile müssen nicht nur den Druck absenken, sondern auch die Temperatur regeln. Dazu spritzt man Wasser ein, dessen Menge durch die angestrebte Temperatur bedingt ist. Ein Regelventil in der Einspritzwasserleitung wird dazu von der Führungsgröße »Temperatur« über einen Stellantrieb betätigt. Um im Störfall, z. B. bei Ausfall des Einspritzwassers, den Umformer rasch schließen zu können, wird noch ein Schnellantrieb angebracht. Außerdem wählt man Wanddicke und Werkstoff für einen Abschnitt der Leitung des niedrigeren Dampfzustandes von gleichen Werten wie die Eintrittsleitung. Bei nicht völlig verdampftem Einspritzwasser sind diese Abschnitte durch Thermoschock gefährdet und erfordern Schutzkragen oder den Einbau von Schutzrohren. Überströmventile können gleichzeitig eine Sicherheitseinrichtung gegen Drucküberschreitung sein (Bild 3.91). In Blockanlagen mit Zwischenüberhitzung dienen sie während des Anfahrens und Abfahrens sowie bei Störfällen zur Umgehung der Turbine. Um eigene Sicherheitsventile für die Hochdruckstufe, Leitungen und Schalldämpfer einzusparen, werden sie als Sicherheits-Überströmventile gestaltet. Der Regelfunktion wird eine unabhängige Sicherheitsfunktion übergeordnet. Im Sicherheitsfall tritt z. B. Dampf über Mehrfach-Pilotventile unter den mit der Ventilstange verbundenen Dampfkolben ein und bewirkt das Öffnen. Zur guten Durchmischung des Einspritzwassers, der Schwingungsarmut der Armaturen und Leitungen sind die Frischdampf- und Einspritzwasserführungen besonders zu gestalten (Bild 3.92).

3.3.2 Temperaturregelventile

Diese Ventile sollen im beheizten System eine gleich bleibende Temperatur erzielen. Das Regelventil wird von einem Thermostat gesteuert. Regler ohne Hilfsenergie (Bild 3.93) nutzen die temperaturabhängige Flüssigkeitsausdehnung des Temperaturfühlers (9) als Stellantrieb. Über das Verbindungsrohr (3) wird die Volumenänderung an den Metallbalg (11) weitergegeben, der über den Arbeitskörper (2) und den Arbeitsstift (10) den Ventilkegel bewegt. Fallende Temperatur im Kreislauf bewirkt eine Volumenverkleinerung der Ausdehnungsflüssigkeit und eine Vergrößerung des Ringspaltes zwischen Ventilsitz und Kegel, steigende Temperatur eine Verkleinerung des Ringspaltes bis zum dichten Abschluss bei Erreichen der Sollwerttemperatur, die an der Skala (5) eingestellt werden kann.

3.3.3 Mengenmessgeräte

Diese Geräte messen die in der Zeiteinheit durchströmende Masse – Öl, Speisewasser, Dampf (kg/h, t/h) – oder den Volumenstrom – Gas, Luft (m^3/h). Da Masse und Volumen gesetzmäßig verknüpft sind, kann man auf die gleiche Weise messen. Der beim Durchfluss an einer Normblende (Bild 3.94) oder einer Normventuridüse (Bild 3.95) entstehende Differenzdruck vor und hinter der Querschnittsverengung ist der Geschwindigkeit und damit dem Mengendurchsatz proportional.

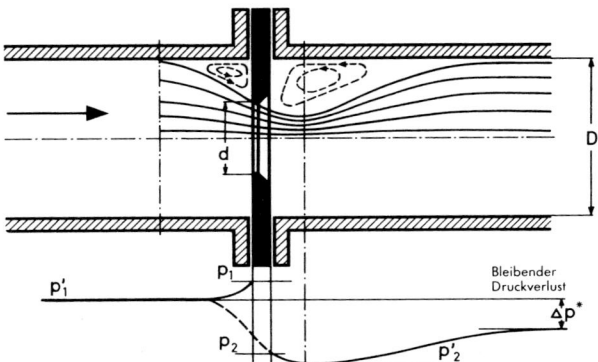

Bild 3.94: Strömungsbild und Druckverlauf an einer Normblende (Samson)
——— Druckverlauf längs der Rohrwand
– – – Druckverlauf in der Rohrachse

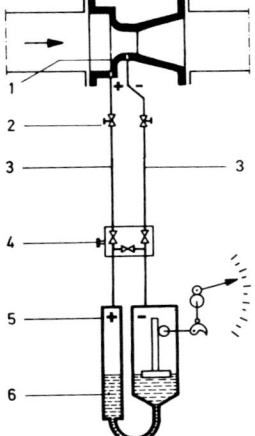

Bild 3.95: Prinzipbild der Durchflussmessung mit Venturidüse (Samson)
1 Drosselgerät (Normventuridüse)
2 Anschlussarmaturen
3 Wirkdruckleitungen
4 Absperr- und Ausgleichsventil
5 Differenzdruckmesser mit Radiziervorrichtung
6 Sperrflüssigkeit

Venturidüsen haben zwar größere Baulängen, zeichnen sich aber durch geringeren bleibenden Druckverlust aus.

Einwandfreies Messen setzt eine ungestörte Strömung voraus; vor und nach der Messstelle ist die Rohrleitung ohne Einbauten wie Ventile, Thermometer, Krümmer, gerade zu führen. Von den Anzeigegeräten wird nicht der Differenzdruck, sondern entsprechend dem Umrechnungsfaktor des Mediums die Durchflussmenge angezeigt.

Alle Mengenmessgeräte zeigen nur für den Auslegungszustand richtig an; weichen Druck oder Temperatur des strömenden Mediums hiervon ab, sind die Werte umzurechnen. Im Sattdampfzustand ergibt geringerer Mediumdruck als der Auslegungsdruck eine zu hohe Anzeige, im Überhitzungsgebiet ergibt eine tiefere Mediumtemperatur als die Auslegungstemperatur eine zu niedrige Anzeige und sinngemäß umgekehrt.

Für Mengenmessung von Flüssigkeiten, die eine elektrische Leitfähigkeit von mehr als 50 µS/m (z. B. Kesselwasser, nicht aber Heizöl) aufweisen und mit einer Fließgeschwindigkeit von 1…10 m/s die Rohrleitung durchströmen, wird heute auch die induktive Durchflussmessung benutzt (Bild 3.96). Senkrecht zur Strömungsrich-

Ausrüstung der Kesselanlagen

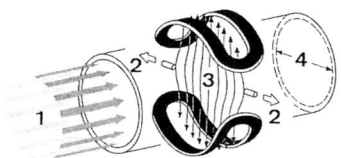

Bild 3.96: Messprinzip des induktiven Durchflussmessers (Fischer & Porter)
1 durchströmendes Medium
2 Elektroden zur Abnahme der induzierten Spannung
3 Magnetfeld
4 Rohrleitungsdurchmesser

Bild 3.97: Drall-Durchflussmesser (Fischer & Porter)

tung wird ein Wechsel-Magnetfeld erzeugt (3). Durchfließt eine elektrisch leitfähige Flüssigkeit das Magnetfeld, wird an den Elektroden (2) eine Spannung induziert, die der Strömungsgeschwindigkeit (1) und dem Elektrodenabstand (4) proportional ist. Diese Messspannung wird verstärkt; sie gibt im Anzeigegerät die Durchflussmenge an. Die Messung ist nahezu frei von Druckverlust. Die Einsatzgrenzen für Speisewasser bestimmt die Messrohrauskleidung, z. B. Gummi bis max. 250 bar und 90 °C; besondere Kunststoffe bis 40 bar und 150 °C.

Beim Dralldurchflussmesser ist der Einsatzbereich für Kesselspeisewasser und Dampf auf die höchste Temperatur von 110 °C begrenzt. Er eignet sich auch für Gase bis 100 bar (Bild 3.97). Messprinzip ist die Schwingungsmessung in strömenden Medien. Durch Gehäuseform und Strömungsleitkörper auf der Eintritt- und Austrittseite wird im Geber-Grundgerät ein Signal erzeugt, das über Messelemente in elektrische Impulse umgesetzt und verstärkt wird. Die Schwingungs-

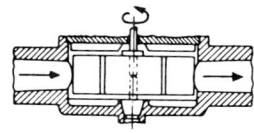

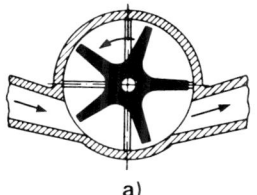

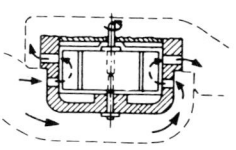

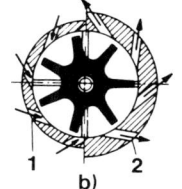

a)   b)

Bild 3.98: Wirbel-Durchflussmesser (Fischer & Porter)

Bild 3.99: Flügelrad-Mengenmesser (Bopp & Reuther)
a Einstrahlflügelradmesser
b Mehrstrahlflügelradmesser

1 untere Kanäle
2 obere Kanäle

frequenz ist dem Volumenstrom proportional und wird im Messgerät als Durchflussmenge angezeigt.

Der Wirbeldurchflussmesser für Flüssigkeiten bis zu 100 bar und 120 °C misst die sich an einem Körper, der in die Strömung hineinragt, ablösenden Wirbel, die der Strömungsgeschwindigkeit proportional sind. Dieses Ausgangssignal wird digital erfasst, umgeformt, verstärkt und schließlich dem Anzeigegerät zugeleitet (Bild 3.98).

Für Wasser bis 120 °C und Öl bis 160 °C lassen sich auch Flügel- bzw. Ovalradmesser verwenden. Die Flüssigkeit trifft auf die Schaufeln eines Flügelrades bzw. füllt den Messkammerinhalt des Ovalradzählers, dessen Drehzahl abhängig von der Durchflußmenge ist. Die Drehungen werden von einem Zählwerk registriert (Bild 3.99).

3.3.4 Dampftrockner und Wasserabscheider

Bei Sattdampfanlagen kann der Dampf noch Wasser mitführen – besonders bei plötzlicher Entnahme und kleinem Dampfraum. Wasseranteile bewirken erhöhten Verschleiß an allen Regel- und Absperrorganen und Korrosionen in den Rohrleitungen. Ziel ist eine Dampftrocknung ohne größere Druckverluste.

Bei dem Wasserabscheider (auch »Dampftrockner« genannt) nach Bild 3.100 trennt sich Wasser vom Dampf durch schraubenförmige Umlenkung; das Wasser wird durch die größere Zentrifugalkraft nach außen geschleudert und fließt nach unten ab; der getrocknete Dampf wird zum Austrittstutzen umgeleitet. Andere Abscheider arbeiten nach dem Prallsystem nach Bild 3.101, das eine Umlenkung des Wasser-/Dampfstromes an Prallplatten zur Folge hat.

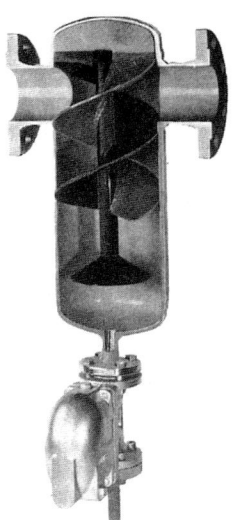

Bild 3.100: Dampftrockner/Wasserabscheider nach dem Zentrifugalsystem (GESTRA)

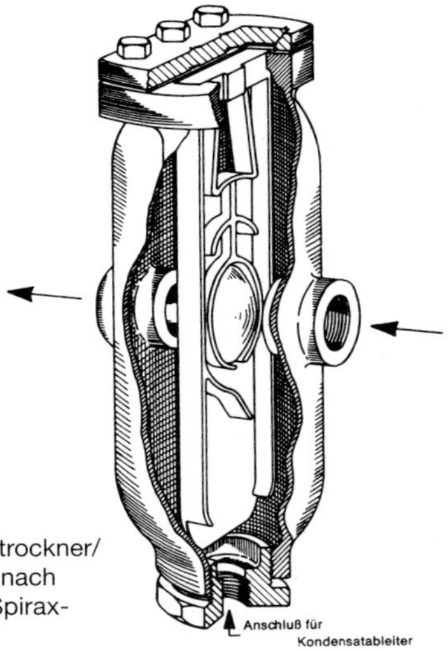

Bild 3.101: Dampftrockner/Wasserabscheider nach dem Prallsystem (Spirax-Sarco)

3.3.5 Ölabscheider

Wo der Dampf zunächst in einer Dampfmaschine entspannt wird, ist eine Entölung erforderlich. Veröltes Kesselspeisewasser führt nicht nur zum Schäumen mit allen Nachteilen, sondern zu Ölbelag an den Wandungen, was zu erhöhtem Brennstoffverbrauch, aber auch zur Überhitzung der Werkstoffe und zu Kesselschäden führen kann. Die Entölung gliedert sich in Abdampf- und Kondensatentölung. Für die Abdampfentölung muss der zu reinigende Dampf – ggf. durch Einspritzen von Wasser – im Sättigungszustand sein, weil eine Abscheidung von Öl in höheren Temperaturbereichen nur in Verbindung mit feinsten Wassertröpfchen (Kondensationskernen) möglich ist. Die Tröpfchen lassen sich durch Strömungsumkehr (Prallplatten, Zyklone) abscheiden. Damit kann jedoch keine vollständige Entölung erreicht werden.

Bei allen Filtern ist die Aufnahmefähigkeit der Filtermasse durch Kontrollen zu überwachen. Es empfiehlt sich, Entölungsgrade garantieren zu lassen (siehe auch Abschn. 5.3.4.2).

3.3.6 Kondensatableiter und -kontrollgeräte

Fast alle Dampfverbraucher nutzen die Kondensationswärme, die bei der Umwandlung von Dampf in Wasser frei wird. Man vermeidet Wärmeverluste, wenn man nur noch Kondensat, aber nicht mehr Dampf abführt. Auch in Rohrleitungen bildet sich Sattdampf bzw. beim Anfahren Kondensat. Dieses führt zu Schäden, z. B. bei Speisepumpenantrieben, Rußbläsern usw., sodass auch Rohrleitungen zu entwässern sind. Schließlich ist auch Luft zu entfernen, die Korrosionen verursacht.

Kondensatableiter sind anfällig gegen Verunreinigungen; manche haben daher Siebe, bei anderen schaltet man Schmutzfänger vor. Unterschiedliche Aufgabenstellungen haben zu unterschiedlicher Bauweise dieser Geräte geführt. Man unterscheidet geschlossene und offene Ableiter. Bei der geschlossenen Bauart wird Kondensat über ein von einem Schwimmer- oder Ausdehnungskörper gesteuertes Schließorgan (Schieber, Ventil, Düsennadel) abgeleitet. Die beweglichen Innenteile bedürfen einer Wartung. Es sollten, besonders bei Schwimmkörpern, Wasserschläge vermieden und der Einfriergefahr Rechnung getragen werden. Diese Geräte erlauben aber hohe Gegendrücke und passen sich Druck- und Durchsatzmenge gut an. Schwimmkörpergeräte sind für horizontalen oder vertikalen Einbau und je nach Werkstoff bis PN 250 geeignet.

Bei dem einfachen Kugelschwimmer-Kondensatableiter (Bild 3.102) wird das Ventil über Hebel durch den Schwimmer gesteuert. Man entlüftet ihn von Hand; bei automatischer Entlüftung steuert die Temperatur. Bei manchen Bauarten sorgt eine Bimetallfeder im Oberteil für Entlüftung beim Anfahren. Thermisch gesteuerte Kondensatableiter bieten bei möglichst gleichmäßig anfallendem Kondensat gute Ausnutzung der Kondensatwärme (Bild 3.103). Membrangeregelte Kondensatableiter (Bild 3.104) führen je nach Füllung der den Schließ- bzw. den Öffnungsvorgang steuernden Kapsel – z. B. nach Unterkühlung um etwa 10 K oder 30 K unter die jeweilige Sattdampftemperatur – Kondensat ab. Die Einfriergefahr ist hier gering; wegen der geringeren Durchlassquerschnitte sind sie empfindlicher gegen Ver-

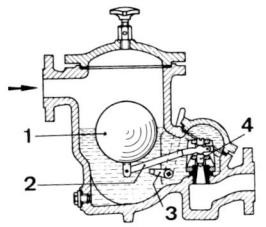

Bild 3.102: Schwimmer-Kondensatableiter (Mankenberg)
1 Schwimmer
2 Schwimmergestänge
3 Anlüftgestänge
4 Ventilkegel

Bild 3.104: Thermischer Kondensatableiter mit Membranregler (GESTRA)
1 Regelmembran
2 Düseneinsatz
3 Rückschlagsicherung
4 Schmutzfangsieb

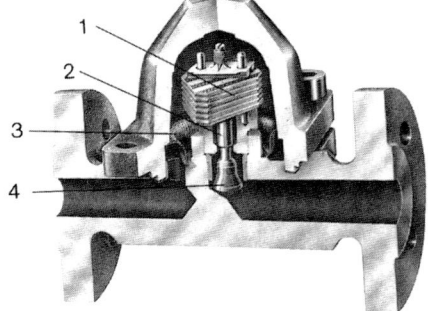

Bild 3.103: Thermisch gesteuerter Kondensatableiter (GESTRA)
1 Duostahl-(Bimetall-)Federpaket
2 Ventilspindel
3 Schmutzsieb
4 Ventilkegel (auch als Rückschlagsicherung wirksam)

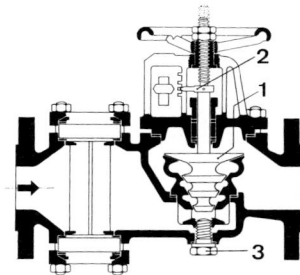

Bild 3.105: Thermodynamischer Kondensatableiter mit Handeinstellung der Stufendüse (GESTRA)
1 Stufendüse
2 Einstellmarkierung
3 Entleerungs- und Reinigungsschraube

schmutzung. Neuere Bauarten haben daher einen Schmutzfänger. Sie können in jeder Einbaulage verwendet werden und sind bis PN 640 geeignet. Offene Kondensatableiter entspannen den Dampf stufenweise in einem Düsensystem und arbeiten ohne bewegliche Innenteile. Die Schluckfähigkeit kann durch die Verstellung der Stufendüse verändert werden. Sie passen sich demnach nicht selbsttätig der abzuführenden Menge an, eignen sich aber für gleich bleibende Kondensatmengen und hohe Drücke. Bei fehlendem Kondensat oder bei Verschleiß am Düsendurchtritt können Dampfverluste auftreten. Da offene Kondensatableiter kein Schließorgan – Ventile oder Schieber – besitzen, wirken sie auch als Entlüfter beim Anfahren (Bild 3.105). Eine bessere Anpassung an Betriebsverhältnisse bietet der Radialstufenableiter mit Stellantrieb (Bild 3.106). Hier bestimmen parallel geschaltete Radialstufen mit dem durch den Ventilkolben veränderlichen Querschnitt die Durchsatzmenge.

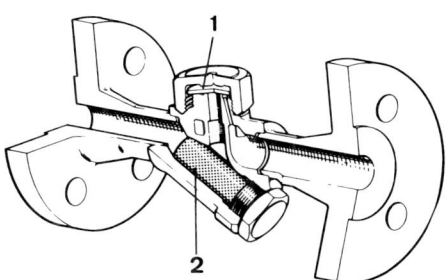

Bild 3.107: Thermodynamischer Kondensatableiter mit vorgeschaltetem Schmutzfänger (Spirax-Sarco)
1 Schließplatte
2 Schmutzfänger

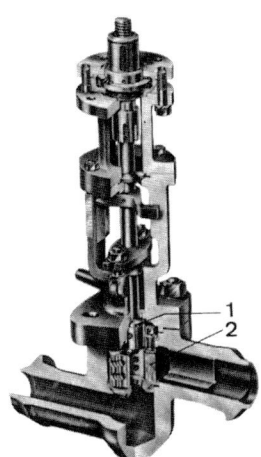

Bild 3.106: Entwässerungs- und Stellventil mit Radialstufendüse (GESTRA)
1 Ventilkolben
2 Radialstufendüse

Bild 3.108: Kondensat-Kontrollgerät (GESTRA), Längs- und Querschnitt
1 Glasscheiben
2 Umlenkrippe

Eine Sonderstellung haben die thermodynamischen Kondensatableiter mit frei beweglicher Ventilplatte, die lose auf der Einlassbohrung aufliegt und durch anströmendes Kondensat angehoben wird, sodass dieses über den Ringkanal und die Auslassbohrung abströmen kann. Einströmender Dampf verliert Druck in dem Spalt zwischen Ventilplatte und Sitz, außerdem ist die Ringfläche der angeströmten Plattenseite bis zur Sitzfläche kleiner als die Oberseite der Platte, die unter dem Druck des um die Platte geströmten Dampfes steht. Hierdurch wird – vereinfacht dargestellt – (hydrodynamisches Paradoxon) die Ventilplatte auf den Sitz gedrückt, der Kondensatableiter schließt, bis der Dampf über der Platte kondensiert. Neu angestautes Kondensat kann abfließen, bis wieder Dampf über die Ventilplatte gelangt. Wegen der Empfindlichkeit gegen verunreinigtes Kondensat empfiehlt sich die Vorschaltung eines Schmutzfängers wie im Gerät nach Bild 3.107.

Kondensat-Kontrollgeräte (Bild 3.108) baut man in Fließrichtung vor dem Kondensatableiter ein. Das Dampf-Kondensat-Gemisch wird um eine eingegossene Nase herumgeführt. Bei Kondensatfüllung bis zum Trennwulst ist die Funktion des Abscheiders ungestört. Bei Dampfdurchschlag drückt die Dampfströmung den

Kondensatspiegel nach unten, völlige Füllung mit Kondensat deutet auf Kondensatstau.

Auf der Basis elektrischer Leitfähigkeit kann Kondensat auf den Einbruch von Laugen, Säuren, Rohwasser usw. überwacht werden. Im Bild 3.109 ist eine solche Anlage mit ihren Bestandteilen dargestellt. Weiterhin kann Kondensat nach dem Durchlicht-/Streulichtprinzip auf Einbrüche von Öl, Fett oder ungelösten Fremdstoffen elektronisch überwacht werden. Eine solche Anlage ist in Bild 3.110 dargestellt.

3.3.7 Rauchgasprüf- und -messgeräte, Messung der Rauchgasanteile

Wirtschaftlichkeit und Verringerung der Emissionen erfordern stetige Überwachung der Verbrennung. Für ihre wirtschaftliche Beurteilung genügt die Ermittlung des Kohlensäure- und Sauerstoffanteils in den Rauchgasen. Hohe CO_2-Gehalte, die je nach Brennstoff Werte von 10 % (Koksofengas), 16 % (Heizöl), 19 % (Steinkohle) und 20,5 % (Holz) erreichen können, deuten auf vollkommene Verbrennung, hohe O_2-Gehalte und niedere CO_2-Gehalte auf Verbrennung mit Luftüberschuss. Aus der Summe dieser Anteile kann dann unter Vergleich mit dem brennstoffspezifisch erreichbaren CO_2-Maximum ermittelt werden, ob vollkommene Verbrennung vorliegt, die Rauchgase also keine brennbaren Anteile mehr führen. Dies setzt voraus, dass keine Falschluft in die Rauchgaszüge einbricht, die das Messergebnis verfälschen könnte. Die Rauchgaswege sind also dicht zu halten.

Zur Rauchgasuntersuchung gibt es chemische und physikalische Prüfmethoden. Bei der chemischen Analyse wird – bei tragbaren Geräten (z. B. Orsat-Gerät) manuell durch den Kesselwärter, bei stationären Geräten (z. B.»Duplex-Mono«, »Ados-Duplex«) automatisch in einem gesteuerten Programm – eine Rauchgasprobe bestimmten Volumens über Filter und Gaswäscher angesaugt. Die genau gemessene Rauchgasmenge wird durch Kalilauge geleitet, in der CO_2 absorbiert wird. Aus dem Vergleich des Restgasvolumens mit dem Ansaugvolumen wird dann der CO_2-Anteil ermittelt.

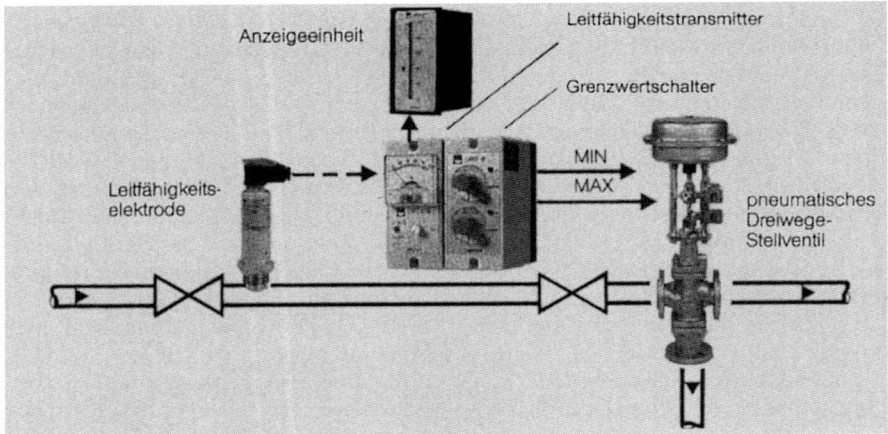

Bild 3.109: Kondensatüberwachung auf der Basis elektrischer Leitfähigkeit (GESTRA)

Ausrüstung der Kesselanlagen 235

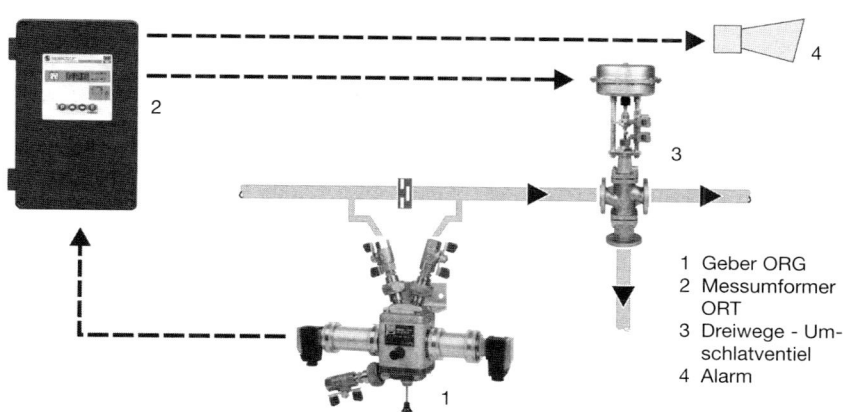

1 Geber ORG
2 Messumformer ORT
3 Dreiwege - Umschlatventiel
4 Alarm

Bild 3.110: Kondensatüberwachung nach dem Durchlicht-/Streulichtprinzip (GESTRA)

Beim »Duplex-Mono-E« (Bild 3.111) wird noch eine zweite Rauchgasmenge angesaugt, von der in einem elektrischen Ofen die noch brennbaren Anteile (CO und H_2) verbrannt werden. Wird auch diese Rauchgasprobe durch Kalilauge geleitet, wird das ursprünglich in der Probe enthaltene CO_2 und das aus der Verbrennung von CO entstandene CO_2 absorbiert und das aus der Verbrennung von H_2 entstandene Wasser in der Lauge zurückgehalten. Aus dem Vergleich mit dem Erstvolumen ergibt sich der Gesamtteil an CO_2 + CO + H_2, aus dem weiteren Vergleich mit der ersten Rauchgasprobe der Anteil CO + H_2. Mit gleicher Methode – Volumenverminderung durch Verbrennung eines Gasanteils – wird auch der Sauerstoffanteil gemessen. Einer Rauchgasprobe wird aus einer elektrolytischen Zelle Wasserstoff zugeführt. Die Probe wird erneut gemessen (Volumen = Rauchgas + H_2-Überschuss) und der Sauerstoff im Rauchgas mit H_2 zu Wasserdampf verbrannt. Die Differenz zum Restgasvolumen entspricht dem Sauerstoffanteil. Diese Messung setzt vollkommene Verbrennung voraus, weshalb stets eine Prüfung auf CO vorangehen muss.

Chemisch-physikalische Meßmethoden nutzen die Tatsache, dass die elektrische Leitfähigkeit einer Absorptionslösung beim Durchleiten eines bestimmten Gases aufgrund der vorangegangenen chemischen Umwandlung geändert wird. Diese Geräte (z. B. »Ionoflux«, »Picoflux«, »Elcoflux«) dienen vor allem dem Nachweis von Gasspuren von NO_2, Cl_2, H_2S und O_2. Physikalische Analysen nutzen spezifische Eigenschaften der Gase wie Wärmeleitfähigkeit, Paramagnetismus oder Absorption bestimmter Wellenlängen.

Wärmeleitanalysatoren (z. B. »Caldos«) bestimmen CO_2, weil sich die Wärmeleitfähigkeit dieses Gases deutlich von der anderer Gase unterscheidet. Die unterschiedliche Abkühlung zweier elektrisch beheizter Platindrähte durch ein Vergleichsgas und dem Rauchgas mit CO_2-Anteil dient dazu, eine elektrische Brückenschaltung zu verstimmen, deren Spannungsdifferenz dann einen dem CO_2-Gehalt proportionalen Zeigerausschlag ergibt.

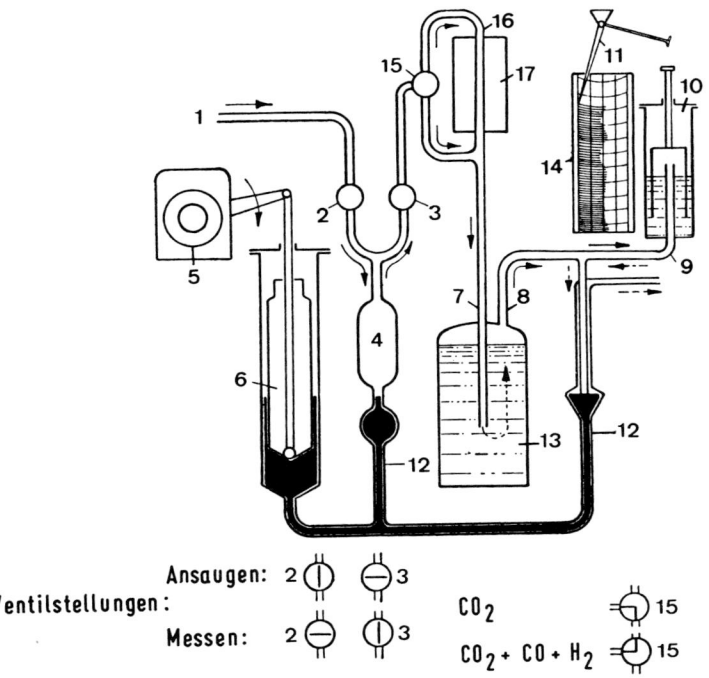

Bild 3.111: Funktionsschema eines Rauchgas-Analysators zur CO_2 und $CO_2 + CO + H_2$-Messung, »Duplex-Mono« (Maihak AG)

1 Probeentnahmeleitung vom Kessel-Rauchgaskanal
2 gesteuertes Umschaltventil
3 gesteuertes Umschaltventil
4 Ansauggefäß
5 Pumpenmotor
6 Saugpumpe
7 Leitung zum Laugengefäß
8 Leitung zum Messgefäß
9 Leitung zum Messgefäß
10 Messgefäß
11 Übertragung zum Anzeigegerät
12 Sperrflüssigkeit zur Übertragung der Saug- und Pumpenhübe
13 Laugengefäß mit Kalilauge
14 Anzeigegerät
15 Dreiwegeventil
16 Leitung zum elektrischen Ofen
17 elektrischer Ofen

Thermomagnetische Sauerstoffanalysatoren (z. B. »Magnos«) und paramagnetische Sauerstoffgeräte (z. B. »Oxygor«, »Oxymat«) nützen den Paramagnetismus aus, der O_2, ferner NO und NO_2, ClO_2 und ClO_3, eigen ist. Sauerstoffmoleküle werden in das Magnetfeld eines Permanentmagneten gezogen, diamagnetische Gase – also alle übrigen Rauchgase – durch das Magnetfeld abgestoßen. Beim »Magnos-2«-Gerät (Bild 3.112) durchströmt Rauchgas (2) eine Ringkammer (8) mit Quersteg, dessen linker Teil sich zwischen den Polbacken eines sehr starken Dauermagneten (1) befindet. Eine Heizwicklung (4) hat zwei Abgänge, die zu einer Brückenschaltung (5) führen. Ist das Rauchgas frei von O_2, entsteht im Quersteg keine Strömung. Führt es O_2, wird dieses zu den Polbacken gezogen und durch

Ausrüstung der Kesselanlagen 237

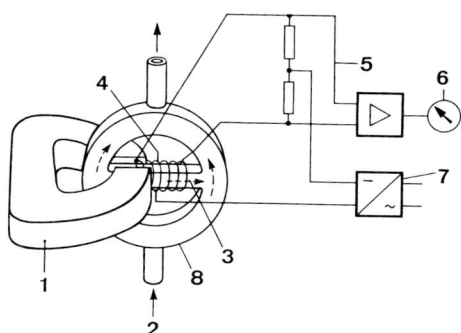

Bild 3.112: Prinzipschaltung eines thermomagnetischen Sauerstoffanalysators mit Ringkammer »Magnos-2« (Hartmann & Braun)
1 Magnet
2 Rauchgas
3 Sauerstoff
4 Heizwicklung
5 Elektrische Brückenschaltung
6 Anzeigegerät
7 Gleichrichter
8 Ringkammer

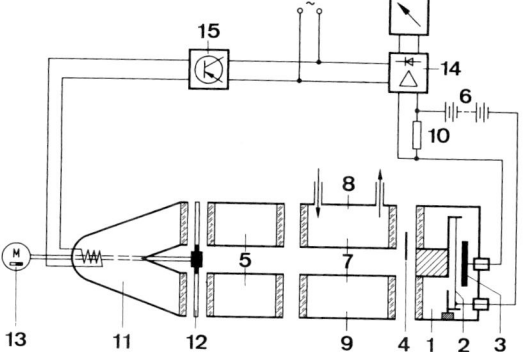

Bild 3.113: Funktionsschema des Infrarot-Gasanalysators »Uras« (Hartmann & Braun)
1 Empfänger
2 Membran
3 Gegenelektrode
4 Empfängerblende
5 Filterküvette
6 Gleichspannungsquelle
7 Messküvette
8 Messrohr
9 Vergleichsrohr
10 Hochohmwiderstand
11 Strahlungsquelle
12 Blendenrad
13 Blendenradmotor
14 Verstärker
15 Netzstabilisierung

den linken Teil der Heizwicklung erwärmt, was zur Abkühlung dieser Heizwicklung und zum Weiterwandern des Sauerstoffs zum rechten Teil des Quersteges führt. Die von O_2 aufgenommene Wärme wird teilweise an den rechten Teil der Heizwicklung abgegeben. Die unterschiedlichen elektrischen Widerstände in beiden Teilen der Heizwicklung führen zur Brückenverstimmung und zum Zeigerausschlag des Messinstrumentes (6), geeicht in % O_2. Das »Magnos-5«-Gerät nutzt auch den Paramagnetismus des Sauerstoffs und arbeitet mit zwei Kammerräumen, wovon nur einer im Magnetfeld liegt. Das Gerät hat den Vorzug, sich mithilfe eines Umschalters auf den Messpunkt 21 % O_2 und Durchströmung mit Luft jederzeit auf richtige Anzeige prüfen zu lassen.

Zwei weitere Messgeräte, »Oxygor« und »Oxymat«, messen die Druckwirkung zweier Gase unterschiedlicher Magnetisierbarkeit. Die Anwesenheit von Sauerstoff im Messgas verursacht im Magnetfeld einen Staudruck, was zu einer Querströmung eines Vergleichsgases und unterschiedlicher Abkühlung zweier beheizter Wendeln führt. Die sich ergebende Diagonalspannung einer elektrischen Brücke ist dem Sauerstoffgehalt des Messgases verhältnisgleich.

Infrarot-Analysatoren (z. B. »Uras«, »Limes«, »Unor 6« und »6 R«) absorbieren bestimmte für die einzelnen Gase spezifische und unterscheidbare Wellenlängen der infraroten Strahlung (Bild 3.113). Diese Geräte eignen sich weniger für die Messung elementarer Gase wie O_2, H_2, N_2, jedoch für CO, CO_2, Wasserdampf, SO_2, NO_2 und somit auch zur Messung der Emissionen, wobei hinsichtlich der chemischen Aggressivität von SO_2 und NO_2 besondere Anforderungen an die Konstruktion und Wahl der Werkstoffe zu stellen sind.

Neue Entwicklungen (z. B. Oxytron von Intrometic) analysieren den O_2-Überschuss mit schnell ansprechenden Zirkonium-Oxyd-Sonden in den Rauchgasen, werten diesen in einem Rechner aus (Vergleich mit Kessellast) und berichtigen die Luftmenge für den Brenner. Sofern ein Eingriff in den Brennstoff-Luft-Verbundregler nicht möglich ist, wird ein Luft-Bypass angesteuert. Bei größeren Kesselanlagen ist eine elektronische Verbundregelung mit Min.-/Max.-Auswahlrelais vorzuziehen. Da durch diese Einrichtungen eine Optimierung des Brennstoff-Luft-Gemisches erreicht werden kann, kann mit ihr eine Feuerungsanlage wirtschaftlicher betrieben werden.

Der nachträgliche Einbau solcher Einrichtungen stellt eine wesentliche Änderung der Dampfkesselanlage dar und bedarf der Nachtragserlaubnis der Behörde.

Weitere Einzelheiten können dem Kapitel 8 dieses Buches entnommen werden. Dort werden alle Vorschriften und Maßnahmen zum Schutz der Umwelt intensiv behandelt.

4. Beheizung von Dampfkesseln

Feuerungen und Sonderbeheizungen

In den meisten Dampfkesselanlagen wird das Kesselwasser durch Feuerungen beheizt. Daneben gibt es noch einige wenige Dampfkesselanlagen mit Sonderbeheizungen. Dazu zählen elektrisch beheizte Kessel, aber auch die sog. Abhitzekessel, die mit der Abwärme aus einem Prozessofen, aus einer Gasturbine oder aus einer verfahrenstechnischen Anlage beheizt werden.

Die „Dampfkessel" werden in der Betriebssicherheitsverordnung (BetrSichV) als „befeuerte oder anderweitig beheizte überhitzungsgefährdete Druckgeräte zur Erzeugung von Dampf oder Heißwasser mit einer Temperatur von mehr als 110 °C und einem Volumen von mehr als 2 Liter" bezeichnet. Für diese Einstufung spielt es nach Betriebssicherheitsverordnung keine Rolle, ob der Dampf bzw. das Heißwasser außerhalb oder innerhalb der Anlage verwendet wird.

Bei Feuerungen, bei elektrischer Beheizung und bei Beheizung durch Abhitze, Abgase, chemisch erzeugte Prozesswärme oder Sonnenenergie spricht man von *direkter* Beheizung. Um einen solchermaßen direkt beheizten Kessel gegen unzulässigen Überdruck oder gegen unzulässig hohe Temperaturen abzusichern, muss die Beheizungsleistung meist geregelt und begrenzt werden. Bei Störfällen müssen direkte Beheizungseinrichtungen abgeschaltet und gegen selbsttätiges Wiederanlaufen verriegelt werden.

Wenn Wasserdampf oder Heißwasser durch Wärmeabgabe von heißen Flüssigkeiten oder Dämpfen in einem Wärmetauscher erzeugt wird, spricht man von *indirekter* Beheizung. Solche Wärmetauscher gelten als „überhitzungsgefährdete Druckgeräte", wenn ein Überschreiten der Auslegungstemperaturen möglich ist, beispielsweise beim Versagen eines Sicherheitssystems oder infolge eines Bedienungsfehlers. Zur Druck- und Temperaturabsicherung indirekt beheizter Anlagen ist eine Störabschaltung mit Verriegelung der Beheizungseinrichtung immer dann notwendig, wenn die drucktragenden Wandungen auf der Sekundärseite des Wärmetauschers gefährdet werden können.

Befeuerte oder anderweitig überhitzungsgefährdete Druckgeräte dürfen gemäß Art. 3 Abs. 2. Nr. 2.1 der europäischen Druckgeräterichtlinie nur als komplette, funktionsfähige Baugruppe in Verkehr gebracht werden. Der Begriff »in Verkehr bringen« ist im Gerätesicherheitsgesetz definiert und bedeutet »jedes Überlassen technischer Arbeitsmittel an andere«. Ein Kesselhersteller oder -Lieferer kann sich also nicht auf die Lieferung des Kesselkörpers beschränken, sondern muss auch die Herstellerverantwortung für die Auslegung, den Einbau und die Einstellung aller zugehörigen Ausrüstungsteile einschließlich der Feuerung übernehmen.

Die direkte Beheizung durch Feuerungen erfordert einen hohen Anlagenaufwand und einen wesentlich höheren Regelungsaufwand als eine indirekte Beheizung. Feuerungen benötigen eine Brennstoffbereitstellung, eine Brennstoffaufbereitung, eine getrennte Brennstoff- und Verbrennungsluftzufuhr zum Rost oder Brenner, eine Brennstoff-Luft-Mischung im Brenner, eine Zündeinrichtung und Flammenüberwachung usw. und schließlich eine Rauchgasabführung und, soweit erforderlich, auch Rauchgasreinigung.

Man unterscheidet schnell regelbare Beheizungen von nicht schnell regelbaren Beheizungen. Bei einer nicht schnell regelbaren Beheizung kann die Wärmezufuhr zum Kessel nicht sofort abgestellt werden, sodass eine gewisse Zeit lang weiterhin Dampf bzw. Heißwasser erzeugt werden, auch wenn eine Störabschaltung der Beheizungseinrichtung stattgefunden hat. Die meisten Rostfeuerungen sind z. B. nicht schnell regelbar, weil sich stets eine größere Brennstoffmenge im Feuerraum befindet, die nicht sofort gelöscht werden kann. Außerdem können im glühenden Mauerwerk des Feuerraums erhebliche Wärmemengen gespeichert sein, die nach einer Störabschaltung den Kessel noch minuten- oder stundenlang weiter beheizen. In diesen Fällen müssen zuverlässige Einrichtungen vorhanden sein, die den Kessel so lange nachspeisen können, bis der restliche Brennstoff auf dem Rost bzw. das Mauerwerk so weit abgekühlt sind, dass keine Überhitzung des Kesselwerkstoffes mehr zu befürchten ist.

Durch die Feuerung wird die im Brennstoff chemisch gebundene Wärme in fühlbare Wärme umgesetzt und durch Wärmestrahlung und Wärmeleitung über die Heizflächen an den Wärmeträger, z. B. an Wasser und Dampf, weitergegeben.

Die theoretischen Zusammenhänge des Verbrennungsvorgangs sind in Abschnitt 1.4.4 behandelt. Dort findet man auch Gleichungen zur Berechnung der theoretischen und praktischen Verbrennungsluftmengen sowie der Rauchgasmengen.

Grundsätzlich kann bei jeder Feuerung eine Verpuffung, d. h. eine Explosion im Feuerraum oder im Rauchgasweg, entstehen. Die Wahrscheinlichkeit hierfür ist unterschiedlich groß. Bei festen Brennstoffen könnte z. B. eine Verpuffung durch Bildung von Kohlenmonoxid infolge unvollkommener Verbrennung ausgelöst werden. Die Möglichkeit hierfür steigt mit abnehmendem Luftüberschuss, so dass eine Kohlenstaubfeuerung gefährdeter ist als eine Rostfeuerung. Bei Kohlenstaub-, Öl- und Gasfeuerungen besteht die Gefahr, dass beim Anfahren der eingebrachte Brennstoff nicht oder in größerer Menge verzögert oder nach einem Flammenabriss verspätet an heißen Stellen gezündet wird. Öl oder Gas könnten zudem in Stillstandszeiten, z. B. nach einer Regelabschaltung, über undichte Schnellschlussventile in den Feuerraum eindringen – sofern es sich um Öl handelt, verdampfen – und sich nach entsprechender Anreicherung und Mischung mit der vorhandenen Luft an heißen Stellen explosionsartig entzünden. Aber auch die Zündeinrichtung kann bei Inbetriebnahme der Feuerung explosionsfähige Gemische zünden.

Um diese Gefährdung zu mindern, werden die Feuerungsanlagen für Holzspäne und -staub, für Kohlenstaub, für Öl und Gas mit Wächtern ausgerüstet, die bei Gefahrenzuständen die Brennstoffzufuhr während des Betriebes unterbrechen oder den Start verhindern. Darüber hinaus sind die elektrischen Steuerungen, zumindest für vollautomatische Feuerungen, so aufgebaut, dass durch gezielte Folgeschaltungen, vor allem beim Start, gefährliche Betriebszustände vermieden werden. Bei handbedienten Feuerungsanlagen ist die Reihenfolge verschiedener

Handhabungen in der Bedienungsanweisung vorgeschrieben und durch den Kesselwärter zu beachten. Leider sind auch bei vollautomatischen Anlagen durch die selbsttätige Überwachung und Steuerung nicht alle Gefahren auszuschließen, sodass auch hier dem Kesselwärter ganz bestimmte Überwachungsaufgaben durch die Bedienungsanweisung zur Auflage gemacht werden müssen.

Zum sicheren Betrieb bei ordnungsgemäßer Wartung trägt auch die Eignungsprüfung von Öl- und Gasbrennern, von Armaturen und Sicherheitseinrichtungen durch zugelassene Prüfstellen bei. An Brennern werden dabei unter anderem die Verbrennungsgüte über den Leistungsbereich, die Flammenstabilität, die Eignung für Unter- oder Überdruck im Feuerraum, die Brauchbarkeit der zugehörigen Ausrüstungsteile und das Anfahrverhalten geprüft. Von Sicherheitseinrichtungen wird gefordert, dass Schäden an ihren elektrischen oder mechanischen Bauteilen eine Abschaltung auslösen, Relais und Schalter die geforderte Schaltspielzahl ertragen und alle Bauteile für die zu erwartenden mechanischen, thermischen und chemischen Beanspruchungen geeignet sind. Für zahlreiche Einsatzzwecke sind grundsätzlich nur solche bauartgeprüften Brenner und Geräte zugelassen, die an der Baumuster-Nummer (für Ölbetrieb) bzw. der DVGW-Register-Nummer (für Gasbetrieb) bzw. am CE-Konformitätszeichen zu erkennen sind.

Über die sicherheitstechnischen Erfordernisse informieren außer den Bedienungsanweisungen die Technischen Regeln für Kohlenstaubfeuerungen (TRD 413), für Ölfeuerungen (TRD 411), für Gasfeuerungen (TRD 412) und für Holzfeuerungen (TRD 414) an Dampfkesseln (siehe Kaptiel 10). Diese TRD sind vornehmlich gültig für Land- und Schiffsdampfkessel. Alternativ können Öl- bzw. Gasfeuerungen an Dampfkesseln auch nach DIN 4755 und DIN 4787/EN 230 bzw. DIN 4756 und DIN 4788/EN 88/EN 161/EN 298/EN 676 ausgeführt werden. Die genannten DIN-/EN-Normen gelten auch für Öl- bzw. Gasfeuerungen an sonstigen Anlagen wie Warmwasser- und Warmlufterzeuger, Wassererwärmer und Erhitzer für organische Wärmeträger. Für Gasfeuerungen sind darüber hinaus die einschlägigen DVGW-Arbeitsblätter verbindlich.

Bei diesen Regelwerken ist der Geltungsbereich besonders zu beachten. Hiervon abweichende Bedingungen erfordern die Mitwirkung des Sachverständigen.

4.1 Allgemeiner Aufbau von Feuerungen

Jeder Feuerung muss neben dem Brennstoff Verbrennungsluft zugeführt werden. Außerdem muss ein gekühlter oder feuerfester Feuerraum für die Aufnahme der Flamme und ihrer Abgase vorgesehen sein und die Rauchgasabführung ermöglicht werden. Zur Ausnutzung der Verbrennungswärme sind Wärmetauscherflächen so anzuordnen, dass sowohl der Wärmeübergang durch Strahlung als auch durch Berührung (Konvektion) gut erfolgen kann.

Um die Überwachung des Verbrennungsablaufs weitestgehend zu automatisieren, verwendet man Wächter oder Begrenzer. Sie können beispielsweise folgende Kriterien überwachen:
- die Versorgung mit Luft, Brennstoff und Zerstäubungsmitteln,
- den Abgastransport,
- die Zünd- und Hauptflammenbildung beim Start,
- das Erlöschen der Flamme während des Betriebes,

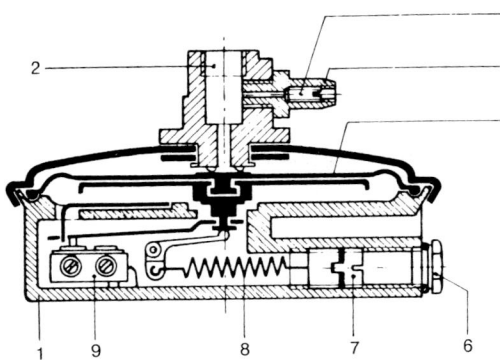

Bild 4.1: Membranbetätigter Schalter (Saacke)
1 Deckel
2 Druckanschluss
3 Verschlussschraube
4 Anschluss für Messgerät (Schlauch)
5 Membrane
6 Verschlussschraube
7 Einstellschraube
8 Zugfeder
9 Mikroschalter

- die Startleistung,
- die ordnungsgemäße Befestigung ausschwenkbarer Brenner,
- die Dichtheit selbsttätiger Schnellschlusseinrichtungen.

Darüber hinaus werden durch eine geeignete, fehlersichere elektrische Schaltung der Brennersteuerung (gemäß VDE 0116) weitere Randbedingungen abgesichert, wie zum Beispiel:
- die Vorlüftbedingungen,
- die Zündbedingungen,
- die Verbundregelung des Brennstoff-Luft-Verhältnisses,
- die Selbstüberwachung gegen Mängel an elektrischen Bauteilen und Leitungen.

Als Wächter oder Begrenzer dienen zum Beispiel:
- Membranbetätigte Schalter (Druckwächter) zur Erfassung von Unter-, Über- oder Differenzdrücken (Bild 4.1),
- Endlagenschalter zur Erfassung bestimmter Stellungen von Schiebern, Klappen, Gestängen und Ventilen (Stellungswächter),
- Mengenmessgeräte mit Grenzwertschaltern (Mengenwächter),
- Flammenwächter zur Auswertung von Flammensignalen,
- Drehzahlwächter für Gebläse oder Pumpen,
- Sondergeräte für spezielle Überwachungsaufgaben.

Wächter und Begrenzer unterbrechen beim Ansprechen die Brennstoffzufuhr, bei Öl und Gas über die Selbststellglieder, bei Holzspäne- und -staubfeuerungen durch Abschalten der Brennstoffzubringer (zum Beispiel Austraggebläse, Austragschnecke) und bei Kohlenstaubfeuerungen durch Stillsetzung von Zuteilern und Mühlen bei Direkteinblasung bzw. von Ausbringern aus dem Bunker.

Wächter geben nach Abklingen eines sicherheitstechnisch bedenklichen Zustandes selbsttätig wieder den Steuerstrom frei, wodurch bei vollautomatischen Anlagen die Feuerung ohne Zutun des Kesselwärters wieder anläuft. Nach dem Ansprechen von *Begrenzern* kann die Feuerung nur durch Handeingriff des Kesselwärters wieder in Betrieb genommen werden. Das Begrenzerverhalten bezeichnet man als Verriegelung und die Begrenzerabschaltung als Sicherheitsabschaltung.

Die von einem Wächter ausgelöste Abschaltung gleicht einer Regelabschaltung. Da aber selbstverständlich auch eine durch einen Regler verursachte Brennerabschaltung als Regelabschaltung bezeichnet wird, ist diese Begriffsbestimmung nicht eindeutig. Im Folgenden wird deshalb der Eindeutigkeit wegen anstelle der Regelabschaltung von einer Abschaltung durch Wächter oder von einer Abschaltung durch Regler gesprochen.

Eine Abschaltung, die durch die Flammenüberwachung ausgelöst wird, heißt Störabschaltung. Mit ihr ist eine Verriegelung verbunden, d. h. es liegt dem Verhalten nach eine Sicherheitsabschaltung vor.

4.1.1 Verbrennungsluft

Für die Verbrennung wäre es ideal, wenn die Luft in der genau richtigen Menge jedem Brennstoffmolekül zur Verfügung stünde. Dies würde eine stöchiometrische Verbrennung – d. h. eine Verbrennung ohne Luftüberschuss bzw. Luftmangel – ermöglichen. Durch entsprechende Luftzuführung versucht man diesem Ziel möglichst nahe zu kommen. Deshalb wird die Luft in besonderen Kanälen – mit Überdruck oder mit Unterdruck – durch Leiteinrichtungen zum Brennstoff geführt. Um die Luft dem Verbrennungsablauf anzupassen, wird sie häufig an verschiedenen Stellen in unterschiedlicher Menge zugeführt. Radial- oder Axialgebläse fördern die Verbrennungsluft mittels Überdruck; dabei kann im Feuerraum selbst Unter- oder Überdruck herrschen. Bei kleinen Öl- und Gasfeuerungen sind die Gebläse in die Brenner integriert, sonst werden sie getrennt aufgestellt. Bei großem Luftbedarf, aber auch zur Förderung von Erstluft, Zweitluft und Drittluft (die Nummerierung erfolgt in der Reihenfolge des Luftzutritts zum Brennstoff) werden mehrere Gebläse vorgesehen. Dabei können sich lange Luftwege mit erheblichen Widerständen, die von den Gebläsen zu überwinden sind, ergeben.

Bei Ansaugen der Frischluft allein durch den vom Schornstein bewirkten Unterdruck (Naturzug) muss der Widerstand in den Luftwegen niedrig gehalten werden, da nur wenig Energie zum Transport zur Verfügung steht. Dies erfordert kurze Kanäle, große Querschnitte mit möglichst wenigen Umlenkungen und geringe Luftgeschwindigkeit.

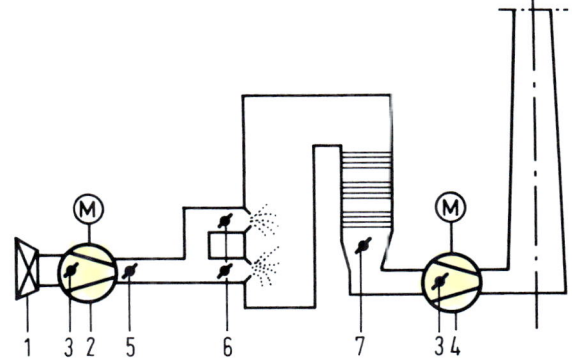

Bild 4.2: Beispiel für die Anordnung von Regeleinrichtungen im Luft- und Rauchgasweg
1 Schalldämpfer
2 Frischlüfter
3 Drallregler
4 Saugzug
5 Absperrklappe (handbetätigt)
6 Trimmklappen (handbetätigt)
7 Stoberklappe (handbetätigt)

Bild 4.3: Radialgebläse mit verstellbarer Leitschaufel-Regeleinrichtung (Babcock)

In den Luft- und/oder Abgaswegen befinden sich auch die Regeleinrichtungen für die Verbrennungsluft (Bild 4.2). Häufig handelt es sich dabei um einfache Klappen oder Schieber (Bauarten siehe Abschn. 4.1.3) nebst Stellantrieb vor oder hinter Gebläsen, die aber eine nur mäßige Regelgüte bieten und mit zunehmender Drosselung einen hohen Energieverlust am Gebläseantrieb verursachen. Durch Einsatz von Leitschaufel-Regeleinrichtungen, sog. Drallreglern (Bild 4.3), die stets auf der Gebläsesaugseite angeordnet sind, können diese Nachteile verringert werden. Zur Verbesserung des Regelverhaltens kombiniert man oft beide Einrichtungen und hält mit dem Drallregler über den gesamten Lastbereich den Luftdruck vor den Klappen konstant. Eine ideale Luftmengenabstimmung erreicht man durch Regelung der Gebläsedrehzahl oder Laufschaufelstellung.

Mehreren Brennern an einem Kessel kann die Luft über eine gemeinsame Regelung oder über separate Einzel- bzw. Gruppenregelungen zugeführt werden. Gemeinsame Regelung erfordert gleichen Widerstand in allen Luftwegen. Unterschiede können durch einmalig fest einzustellende Trimmklappen vor Brennern korrigiert werden. Alternativ eignen sich hierfür auch die ohnehin vorhandenen Brennerabsperrklappen, wenn Markierungen oder Messungen die richtige Stellung aufzeigen.

Als Messeinrichtungen befinden sich in den Luftwegen U-Rohre oder Manometer, Mengenmesser (Differenzdruckmessung an Blenden oder Einschnürungen) und Thermometer.

In die Luftwege sind häufig mit Abgas beheizte Luftvorwärmer eingebaut (siehe Abschn. 2.3.4). Drehvorwärmern (Bild 2.89) werden, vor allem bei Schwerölfeuerungen, dampf- oder heißwasserbeheizte Luftvorwärmer vorgeschaltet. Dadurch hebt man die Lufttemperatur so an, dass Korrosionen durch Schwefelsäurebildung infolge Taupunktunterschreitung (siehe Abschn. 1.4.4.7) und festbackende Verschmutzungen verhindert werden. Nicht verhindern kann man die bei Dreh-Luftvorwärmern übliche Beladung der Verbrennungsluft mit losen Ruß- und Ascheteilchen aus dem Abgasstrom, wodurch mitunter Schwierigkeiten durch Verschmutzung von

Messeinrichtungen, Zündbrennern mit kleinen Zuluftquerschnitten, Flammenwächtern und Stauscheiben auftreten.

Schließlich ordnet man vor oder an Gebläsen häufig Schalldämpfer an. Diese sind sauber zu halten, da sich sonst die Ansaugwiderstände erhöhen, die Frischluftmenge somit abnimmt und die Verbrennung unter Luftmangel leidet, was unter anderem Verpuffungen auslösen kann.

Außer Verbrennungsluft benötigen viele Feuerungen Kühlluft, um Bauteile gegen die Feuerraumwärme zu schützen. So werden z. B. Zündbrenner nach Abschluss der Zündung weiterhin von Luft durchströmt, abgeschaltete Leistungsbrenner mit verminderter Luftmenge beaufschlagt, Roste nach Abstellen der Feuerung noch so lange mit Unterwind gekühlt, bis keine Schädigung durch die Restwärmestrahlung des Mauerwerkes mehr zu befürchten ist. Meist wird Verbrennungsluft als Kühlluft verwendet, wobei der Kühleffekt auch bei vorgewärmter Luft erhalten bleibt. Von Nachteil ist es, dass die Kühlluft meist nur zum Teil an dem Verbrennungsvorgang im Feuerraum teilnimmt, da weder die Anordnung noch die Energie der Einblasung für den Verbrennungsablauf optimal gewählt werden können. Daher steigt mit zunehmender Kühlluftmenge der Gesamt-Luftüberschuss an, d. h., der Feuerungswirkungsgrad sinkt. Rückzieh- oder ausschwenkbare Brenner kann man bei Stillstand der Wärmestrahlung entziehen und ungekühlt lassen. Geringe Mengen an Kühlluft – häufig mittels eines eigenen Gebläses oder aus dem Druckluftnetz des Werkes angeboten – benötigt man mitunter zur Kühlung von Sicherheits- und Hilfseinrichtungen, z. B. von Flammenwächtern, Schaugläsern am Feuerraum und Ähnlichem.

An jeder Feuerung muss die Zufuhr einer ausreichenden Verbrennungsluftmenge sichergestellt sein, da sonst Luftmangel eintritt, der zu Rußbildung, erhöhten CO-Gehalten im Abgas oder gar zu Verpuffungen führen kann. Luftmangel entsteht beispielsweise durch:

1. Ausfall der Frischluftversorgung (z. B. infolge eines elektrischen oder mechanischen Defektes am Frischluftventilator, Schließen einer Absperreinrichtung im Zuluftweg)
2. Störung in der Regelung (z. B. Versagen eines Reglers für den Brennstoffvordruck oder für das Brennstoff-Luft-Verhältnis)
3. Schaden an einem Stellglied (z. B. infolge Unterbrechung einer elektrischen Zuleitung, Bruch oder Klemmen eines Kraftübertragungselementes)
4. Verstopfen von Luftansaug- und Durchtrittsöffnungen (z. B. Beispiel durch Ansaugen einer Plastikfolie)
5. Störung der Rauchgasabführung

Zur Überwachung installierte Wächter oder Begrenzer für Druck, Menge, Motorleistung oder Drehzahl erfassen die Luftmenge. Endlagenschalter sichern vollkommenes Öffnen von Absperrorganen bzw. die Mindestöffnung von Regelorganen.

Durch Auswahl des Wächters und seines Einbauortes wird die mögliche Grenzwerterfassung festgelegt. Beispiele zur Anordnung verschiedener Einrichtungen zur Verbrennungsluftüberwachung an einer Öl- oder Gasfeuerung sind in Bild 4.4 dargestellt.

Wählt man eine Anordnung entsprechend Bild 4.4 a, so liegt der überwachte Grenzwert in der Nähe des Fließdrucks bei Höchstlast, da hierbei die Regelklappe

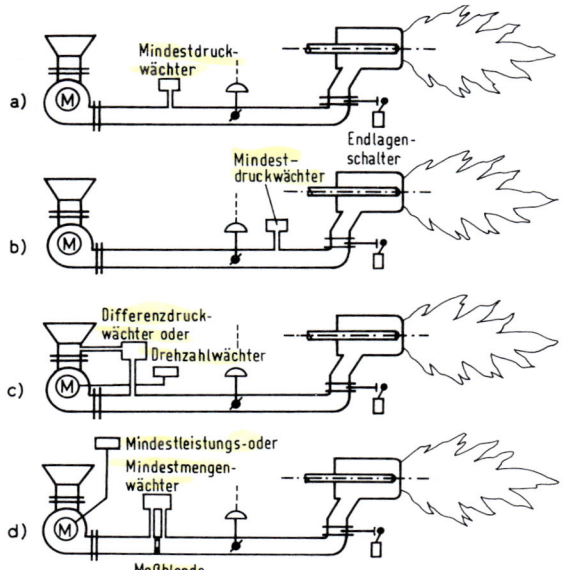

Bild 4.4: Beispiele zur Anordnung verschiedener Einrichtungen zur Verbrennungsluftüberwachung

entsprechend dem großen Luftbedarf weit geöffnet ist und der erfasste Druck am unteren Rand des Regelbereiches liegt.

Bei Gestaltung nach Bild 4.4 b dagegen sind die Verhältnisse umgekehrt und der Wächter reagiert eher bei Kleinlast.

Bei Gestaltung nach Bild 4.4 c wird der Ausfall des Gebläses – ähnlich einer Drehzahlüberwachung – sehr rasch erfasst, während bei 4.4 a und noch mehr bei 4.4 b und 4.4 d der durch die Rotationsenergie der Schwungmasse bedingte Gebläsenachlauf den Zeitraum zwischen Antriebsausfall und Ansprechen des Wächters, folglich die Zeit zunehmenden Luftmangels, weit ausdehnen kann.

Bei Gestaltung nach Bild 4.4 d sind die Verhältnisse vergleichbar der Überwachung nach 4.4 b.

Mit jeder dieser Möglichkeiten können daher nur Grenzwerte unterhalb, bzw. oberhalb des Regelbereiches überwacht werden. Keine Einrichtung erfasst Luftmangel durch Störungen nach vorstehenden Nummern 2 und 3. Eine Verstopfung der Luftansaugquerschnitte gemäß Nr. 4 wird erst bei weitgehender Querschnittsabdeckung, bzw. im Fall von Bild 4.4 c, überhaupt nicht erkannt.

Alle vier Ausführungsarten genügen zwar den Anforderungen der oben genannten DIN-/EN-Normen für Gas- oder Ölbrenner, in denen lediglich gefordert wird, dass ein Gebläseausfall selbsttätig erkannt wird. Je nach Ausführung der Gesamtanlage sind jedoch noch weitere gefährliche Störeinflüsse für das Brennstoff-Luft-Verhältnis möglich, wie z. B. das Verstopfen von Ansaugöffnungen, unbeabsichtigtes Verschließen von Lüftungsgittern oder das Ansaugen von Staub oder Lösungsmitteln. Solchen Einflüssen kann oft nur durch die Aufmerksamkeit des Kesselwärters begegnet werden.

Störungen in der Rauchgasabführung kontrolliert man durch getrennte Wächter, denen aber auch die aufgezeigten Unzulänglichkeiten anhaften.

Dieser unbefriedigende Zustand lässt befürchten, dass sicherheitstechnisch bedenkliche Störungen der Luftversorgung und damit des Brennstoff-Luft-Verhältnisses nicht oder zu spät erfasst werden.

Eine zusätzliche Sicherheit bietet die direkte Messung und Überwachung des Brennstoff-Luft-Verhältnisses bzw. des Sauerstoffanteils im Abgas. Solche zusätzlichen Einrichtungen sind immer dann erforderlich, wenn keine zwangsläufige mechanische Koppelung der Brennstoff-Luft-Einstellung (Bild 4.50) realisiert ist. Für die Überwachung des Brennstoff-Luft-Verhältnisses haben sich, abhängig von der Anlagenkonzeption, zwei Lösungen bewährt:
- Erstellung eines von der Regelung völlig unabhängigen, aber ihr ähnlichen Überwachungskreises, bei dem die Ausgänge nur zur Grenzwertbildung für Vorwarnung und Brennstoffabschaltung, gemeinsam mit denen der Regelung selbst, verwendet werden, oder
- Installation eines Rauchgasanalysegerätes im Abgasweg zur Brennerabschaltung bei bedenklicher CO-Bildung, häufig verknüpft mit einer O_2-Abfragung zwecks Plausibilitätskontrolle. Die Messgeschwindigkeit muss hierbei hoch und der Falschlufteinbruch sehr klein sein.

Derartige Maßnahmen werden häufig auch als »λ-Überwachung« bezeichnet (λ: Lambda).

Luftmangel bei Öl- oder Gasfeuerung mit mehreren Brennern und gemeinsamer Brennstoff- und Luftversorgung und -regelung kann auch entstehen, wenn im Betrieb die selbsttätige Schnellschlussvorrichtung an einem der Brenner schließt, z. B. durch Verschmutzen des Lichtfühlers. Die Brennstoffmenge für diesen Brenner verteilt sich auf die noch verbleibenden Brenner und erhöht plötzlich deren Durchsatz, während die Luft – nun als Falschluft – durch das Geschränk des ausgefallenen Brenners weiterhin eingeblasen wird. Da diese Luft nur gering an der Verbrennung der übrigen Brenner beteiligt ist, reicht zwangsweise deren unveränderte Luftmenge zur Verbrennung der erhöhten Brennstoffmenge nicht mehr aus – es entsteht Luftmangel. Bei Feuerungen mit nur zwei Brennern kann sich der Durchsatz des noch verbleibenden Brenners im ungünstigsten Fall nahezu verdoppeln. Der dadurch entstehende Luftmangel führt zu starker Rußbildung, wodurch der Flammenfühler nunmehr den zweiten Brenner abschaltet. Dieses Beispiel zeigt, dass der Flammenwächter auch als Luftmangelsicherung wirken kann, allerdings nur dann zufrieden stellend, wenn der Luftmangel innerhalb weniger Sekunden einen hohen Wert erreicht.

Um diese Luftmangelsituation auszuschließen, wird in den TRD gefordert, dass bei Anlagen mit mehreren Brennern und gemeinsamem Gebläse jeder Brenner mit einer Luftabsperrung ausgerüstet sein muss, die bei Brennstoffausfall selbsttätig und schnell schließt. Der Schließimpuls für diese Klappe wird vom Flammenwächter oder von einem Endlagenschalter am Schnellschlussventil gegeben. Dadurch verteilt sich dann auch die Luftmenge des ausgefallenen Brenners gleichmäßig auf die noch verbleibenden Brenner und ermöglicht dort eine brauchbare Verbrennung der gestiegenen Brennstoffmenge.

Dies gilt auch bei getrennten Gebläsen oder bei getrennter Luftregelung für einzelne Brenner, solange die Brennstoffregelung allen Brennern gemeinsam ist. Vorbeugemaßnahmen gegen Verpuffungen sind hier schwierig, insbesondere wenn noch eine zusätzliche Regelung für konstante Druckdifferenz zwischen Feuerraum und Frischlüfterhinterdruck sorgt. Hersteller, Betreiber und Sachverständige bemühen sich dann gemeinsam um individuelle Lösungen.

Nicht nur während des Brennerbetriebs bedarf die Luftzufuhr der Überwachung, sondern auch schon während der *Vorbelüftung*, die umso wirksamer ist, je länger die Lüftungszeit bei großer Luftmenge währt. Unzureichend ist es, mit wenig Luft über lange Zeit zu spülen, da eine kleine Luftmenge nicht die Energie hat, um etwa vorhandene explosionsfähige Gase vor sich her durch den Feuerraum und die Rauchgaswege zu schieben. Sie würde sich höchstens mit diesen Gasen vermischen und unter Umständen erst deren Explosion ermöglichen. Die Vorschriften enthalten deshalb besondere Anforderungen zur Vorbelüftung. So muss z. B. bei Hochdruckdampfkesseln mit mindestens der Hälfte der bei größter Feuerungsleistung erforderlichen Verbrennungsluftmenge so lange vorbelüftet werden, bis ein dreifacher Luftwechsel des Gesamtvolumens des Feuerraums und der nachgeschalteten Rauchgaszüge bis zum Schornsteineintritt erfolgt. Während dieser Zeit wird durch Wächter geprüft, ob die Absperr- und die Regeleinrichtungen auf der Luft- und der Abgasseite zum Durchsatz der geforderten Luftmenge genügend weit geöffnet sind und die Lüfter- und/oder Saugzugleistung ausreicht. Für die Einhaltung der Vorlüftzeit sorgen Zeitglieder innerhalb der Brennersteuerung.

Zur Optimierung des Brennstoffeinsatzes auch bei wechselnder Brennstoffqualität und -zusammensetzung wurden computergestützte Regeleinrichtungen entwickelt, die auf einer optischen Erfassung des Flammenbildes basieren. Dabei werden die Flammentemperatur bzw. das Flammenspektrum ohne Verzögerung laufend registriert bzw. analysiert und von einem Rechnersystem bewertet. So können z. B. die geometrischen Daten der Flamme, das Zünden, die Temperaturentwicklung, die Kohlenmonoxid- und CN-Bildung (Vorstufe zu NO_x) erfasst und die Verbrennungsparameter zeitgleich nachgeregelt werden. Für die luftgekühlten Analysekameras müssen rechtwinklig zur Flamme in ausreichendem Abstand Öffnungen im Feuerraum mit einem Durchmesser von etwa 10 mm geschaffen werden. Infrage kommen in erster Linie Wasserrohrkessel; auf eine Rohrausbiegung für den Kameraeinbau kann in der Regel verzichtet werden.

4.1.2 Feuerraum

Im Feuerraum wird die Wärmeenergie aus dem Brennstoff durch eine möglichst vollkommene Verbrennung freigesetzt und zum größten Teil durch Strahlung an die »Heizflächen« übertragen. Überwiegend wird über diese Heizflächen Sattdampf, gelegentlich auch überhitzter Dampf (»Strahlungsüberhitzer«) erzeugt.

Bei Über- und Unterdruckfeuerungen werden im Feuerraum oder in einem der Rauchgaszüge Überdruckwächter eingebaut, die den Feuerraum vor zu hohem Überdruck beim Belüften bewahren sollen, wenn z. B. durch einen Fehlimpuls ein Regelorgan auf der Abgasseite schließt oder das Frischluftgebläse vor Freischaltung der Abgaswege eingeschaltet wird. Diese Wächter müssen vor allem die Frischlüfter abschalten; sie unterbrechen aber auch die Brennstoffversorgung.

4.1.2.1 Gestaltung von Feuerräumen

Feuerung und Feuerraum sollen eine aufeinander abgestimmte Konstruktionseinheit sein. Die Form des Feuerraums ist durch die Kesselbauart vorgegeben; meist ist es eine liegende oder stehende Kammer mit rundem oder rechteckigem Querschnitt.

Bei Vorfeuerungen (Bild 4.18) wird der Feuerraum aus feuerfestem, ungekühltem Mauerwerk gebildet. Manchmal werden hier auch Wasserrohrsysteme als Verdampfungsheizflächen angeordnet, um einzelne Bereiche oder die gesamte Vorfeuerung gegen bedenklich hohe Wärmebeaufschlagung abzuschirmen (Kühlschirme) oder die Brenngase günstig zu führen (Lenkwände). Damit in einer so »gekühlten« Vorfeuerung die Temperatur nicht zu weit absinkt – z. B. bei großen Lenkwänden – oder aber durch zu intensive Beheizung nicht die Wasserbeaufschlagung der Rohre gestört wird, sind öfters von Stiften gehaltene Bestampfungen an diesen Rohrsystemen zu finden (siehe Bilder 2.52 und 2.53). Das ungekühlte Mauerwerk von Vorfeuerungen, insbesondere wenn in Spezialausführung erstellt, ist empfindlich gegenüber raschem, größerem Temperaturwechsel. Vom Hersteller hierfür benannte Temperaturänderungsgeschwindigkeiten (z. B. 50 K/h) vor allem für Anfahrvorgänge, sind strikt einzuhalten.

Im Feuerraum muss die Verbrennung zum Abschluss gebracht werden. Durch seine Ausdehnung in Richtung des Brenngasweges ist die Verbrennungszeit begrenzt. Das Brennverhalten des Brennstoffes ist mitbestimmend für die Abmessungen des Feuerraums. Um zur Verbrennung genügend Verweilzeit für die Brenngase und ausreichende Wege für die Luftbeimischung zu erhalten, d. h. den Verlust durch Unverbranntes klein zu halten, müsste man große Feuerräume anstreben.

Andererseits versucht man aus Kostengründen den Feuerraum und damit auch den gesamten Kessel nur so groß zu gestalten, wie es zur Unterbringung der Heizflächen erforderlich ist. Im Teillastgebiet bewirken große Feuerräume eine unerwünschte Absenkung der Feuerraumtemperatur und damit eine Verschlechterung der Verbrennung.

Um auch bei kleinerem Feuerraum genügend Verweilzeit der Brenngase zu erreichen, gibt man bei Kohlenstaub-, Holzstaub-, Öl- und Gasfeuerungen der Verbrennungsluft und zum Teil auch dem Brennstoff durch Einrichtungen im Brenner oder Anordnung der Brenner einen Drall. Dadurch beschreiben die Brennstoffteilchen mit der Luft spiralförmige Wege und erreichen längere Verweilzeiten. Die Mischung von Brennstoff und Luft wird verbessert, der Verbrennungsablauf beschleunigt, die Brennzeit vermindert und ein kleinerer Luftüberschuss ermöglicht. Eine Luftvorwärmung fördert diese Effekte, da wärmere Luft eine geringere kinematische Zähigkeit aufweist. Bei Rostfeuerungen verwirbelt man die Brenngase durch Einblasen von Zweitluft mit hoher kinetischer Energie quer zur Strömung der Brenngase und gelangt so auch zu einer intensiveren Verbrennung.

Feuerräume von Wasserrohrkesseln werden oft durch Rohrausbiegungen oder Einbauten zum Ende hin verengt, damit durch Umlenkung und Geschwindigkeitsänderung eine nochmalige Mischung unvollkommen ausgebrannter Gase mit Luft erreicht wird, was auch zu besserer Verbrennung führt.

4.1.2.2 Reinhaltung des Feuerraums

Auf den Heizflächen der mit festen Brennstoffen und Heizöl S befeuerten Kessel lagern sich Schlacke, Asche und Ruß an und behindern den Wärmeübergang. Wird die Schlackenerweichungstemperatur erreicht, z. B. im Bereich der Endüberhitzer oder bei Kohlenstaubfeuerungen im Feuerraum, so entstehen umfangreiche und sehr fest haftende Schlackenanbackungen. Rohrbündel mit enger Teilung könnten dadurch allmählich zuwachsen. Starke Verschlackung in Feuerräumen kann ein sicherheitstechnisches Risiko bedeuten, da bei plötzlichem örtlichem Abfallen von Schlacke hohe Wärmeeinstrahlung zu »Filmverdampfung«[1] mit nachfolgenden Rohrreißern führen kann. Ansteigende Abgastemperatur, zunehmender Unterdruckbedarf am Kesselende bzw. höherer Feuerraumüberdruck und abnehmende Dampfüberhitzung – bei gleich bleibender Leistung – sind Hinweise auf Heizflächenverschmutzung.

Die Heizflächenreinigung während des Betriebes erfolgt bei Wasserrohrkesseln von Hand oder durch automatisch betätigte Rußbläser. Im Bereich höherer Rauchgastemperaturen verwendet man rückfahrbare Stoß- und Langschraubbläser, im Bereich niedrigerer Temperatur nicht ausfahrbare Langrohr- und Rahmenbläser. Je nach Blaskopfausführung unterscheidet man dabei: Eindüsenbläser, Mehrdüsenbläser, Kreuzstrahlbläser u. a. (Bild 4.5).

Als Blasmedien, die im Bereich hoher Temperatur zugleich Kühlmedien für den Rußbläser sind, dienen überhitzter Dampf, Wasser oder Druckluft; Letztere möglichst wasserfrei und vorgewärmt. Sattdampf kann bei den Nachschaltheizflächen und am Luftvorwärmer infolge rascher Kondensation zum Entstehen fester Schlackenkrusten führen. Mit überhitztem Dampf darf erst dann geblasen werden, wenn, nach ausreichender Entwässerung der Bläserleitungen, die Temperatur so hoch liegt, dass Kondensatbildung nicht mehr zu befürchten ist.

Über Stoßbläser eingedüstes Reinwasser hat sich bei umfangreichen festbackenden und gesinterten Verschlackungen in Feuerräumen bewährt. Dabei sorgen eine Regelung für konstante Aufprallenergie des gerichteten Wasserstrahles im ganzen Blasbereich und die Umkehrung der Drehrichtung des Blasrohres bei Rückwärtsfahrt für zwei in- aber nebeneinander liegende spiralige Blasbahnen auf der Berohrung. Beide Maßnahmen bewahren Heizflächen und evtl. vorhandenes Mauerwerk vor Schäden.

Auch Schallwellen mit 250 bis 360 Hz und ca. 130 bis 143 dB (A) werden zum Lösen von pulverförmigen Aschen in Temperaturbereichen bis ca. 1000 °C eingesetzt. Dabei wird durch Schallsender trockene Druckluft, die gleichzeitig Kühl- und Spülluft ist, in Vibration versetzt. Nachteilig ist dabei die Lärmbelästigung der Umgebung.

Zur Erzielung optimaler Reinigung bei geringstmöglichem Aufwand und auch zur Einhaltung der behördlichen Immissionsauflagen erfolgt das Rußblasen nach anlagenspezifischen Programmen, die häufig automatisiert sind.

Die Rußbläserleitungen können das Bedienungspersonal gefährden, da sie korrosionsanfällig sind und meist frei liegen. Spätestens bei den ersten Undichtheiten

---

[1] An übermäßig beheizten Stellen von Siederohren verdampft das Wasser nahezu schlagartig und bildet einen dünnen, verweilenden Dampffilm, der den weiteren Wärmeübergang behindert. Die nun ungenügend gekühlte Stelle wird rasch heißer, bis sie unter dem Innendruck aufbeult und letztlich aufreißt.

Beheizung von Dampfkesseln 251

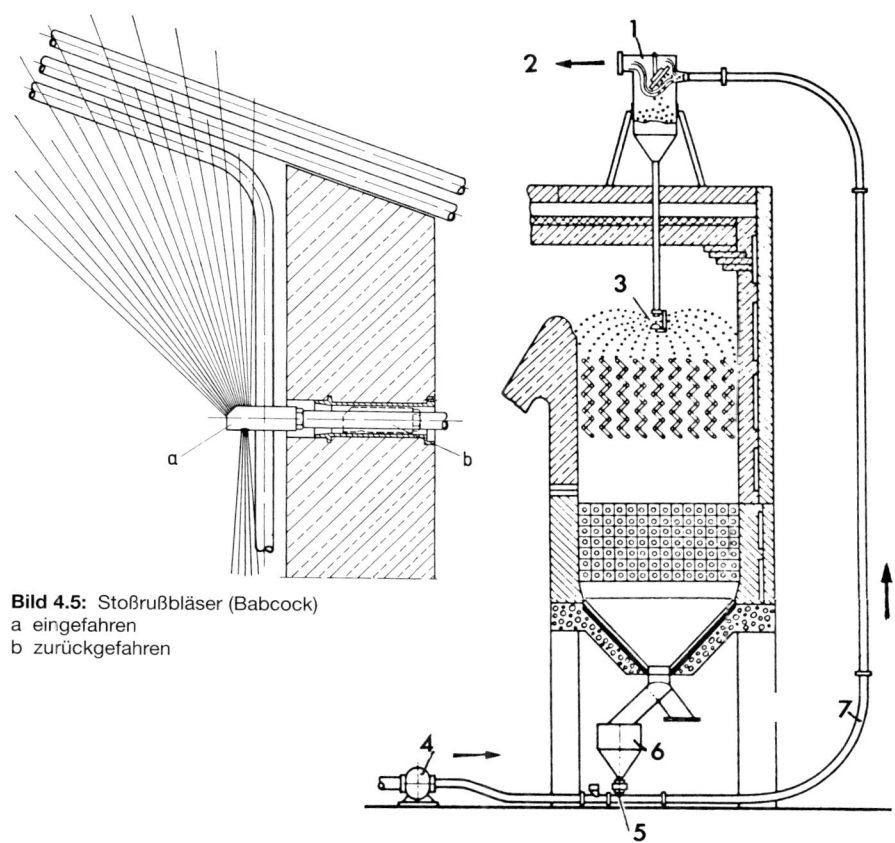

Bild 4.5: Stoßrußbläser (Babcock)
a eingefahren
b zurückgefahren

Bild 4.6: Kugelregenreinigung (K. Schröder)
1 Kugelabscheider und Vorratsbehälter
2 Abluft   5 Injektor
3 Kalottenstreuer   6 Separator
4 Gebläse   7 Förderleitung

sollten an verschiedenen Stellen Prüfstücke herausgetrennt und – falls diese nennenswerte Korrosionen zeigen – die gesamten Leitungen erneuert werden. Auch die Druckregler und die Sicherheitsventile in diesen Leitungen bedürfen ständiger Wartung.

Das Zurückführen der Bläser in die zeichnungsgerechte Ruhelage ist sorgfältig zu überwachen, da nur dann die Düsen nicht auf nahe liegende Rohre weisen. Dadurch wird verhindert, dass aus etwa undichten Ventilen während des Bläserstillstandes ausströmender Dampf bzw. ausströmende Luft Erosion an den Kesselrohren verursachen. Erosionen entstehen auch durch schadhafte Bläserdüsen, zu hohen Blasdruck, zu geringe Einschubtiefe von Stoßbläsern und an Rohren, die aus Wänden oder Rohrgassen vorspringen. Hervorstehende Rohre beeinträchtigen zudem die Reinigungswirkung der Bläser. Gefährdete Rohrpartien deckt man durch aufgeschweißte Schutzschalen ab.

Zur Reinigung der Nachschaltheizflächen während des Betriebes dient auch der Kugelregenreiniger. Seine Wirkungsweise zeigt Bild 4.6. Allerdings können dabei die von den Kugeln behämmerten Rohroberflächen aufhärten und anreißen.

Zur Abreinigung frei hängender Rohrtafeln in Müllkesseln werden überwiegend Klopfwerke eingesetzt. Es sind dies waagerecht durch die seitlichen Rohrwände geführte Stößel, die bei jedem Anstoß über ein außenliegendes Hammerwerk auf die Böden der unteren Tafelsammler klopfen. Der Mechanismus ist so gestaltet, dass das Abreinigen der einzelnen Tafeln nacheinander zum Ende des Kessels hin erfolgt. Die ausgelösten Erschütterungen lösen dabei den verhältnismäßig lose haftenden Staub von der Berohrung. Anstelle solcher Klopfwerke verwendet man auch einen pneumatisch angestoßenen Kolben, der außen längs des Kessels auf einer schienengeführten Lafette verfahren wird. Eine entsprechende Steuerung hält ihn vor jedem einzelnen der vorbeschriebenen Stößel an und lässt ihn dagegen stoßen. An größeren Kesseln platziert man solche Hubkolben auf mehreren Lafetten. Zur Nachreinigung sind häufig zusätzlich Rußbläser, vereinzelt auch Luftkanonen, installiert. Letztere sind ca. 50 Liter fassende Behälter, aus denen Druckluft mit einem Überdruck von 6 bis 10 bar schlagartig durch Düsen auf die Rohre »geschossen« wird.

Bei sehr langsam wachsenden Verschlackungen, wie z. B. bei Heizöl S, wird häufig auf Rußbläser verzichtet und stattdessen bei Bedarf Trockenreinigung durch Sandstrahlen oder eine Nassreinigung durchgeführt. Den Belägen angepasste chemische Reinigungsmittel, die biologisch abbaubar und phosphatfrei sind, werden dabei dem Waschwasser mit einem Neutralisationsmittel zudosiert. Eine Berieselungsanlage verteilt diese Waschlösung über die Heizflächen, nachdem eventuell vorhandenes Mauerwerk entsprechend abgedeckt worden ist. Das stark verunreinigte Abwasser kann erst nach entsprechender Aufbereitung in die örtliche Kanalisation eingeleitet werden; die ausgeflockten Feststoffe werden als Sondermüll behandelt.

4.1.2.3 Feuerraumbelastung

Während der Verbrennung wird die Wärme sowohl durch Strahlung als auch durch Berührung an Wasser oder Dampf übertragen. Den Hauptanteil überträgt – außer in Vorfeuerungen – die Strahlung, deren Anteil allerdings bei Gasfeuerungen, infolge der geringeren Strahlung der Gasflamme, am kleinsten ist. Einen Überblick über die bei verschiedenen Feuerungen während der Verbrennung frei werdende Wärmeenergie – bezogen auf 1 m^3 des Feuerrauminhaltes – gewinnt man durch die Ermittlung der spezifischen Feuerraumbelastung (oft Brennkammerbelastung genannt). Diese gibt an, welche Wärmeenergie in Joule je m^3 Feuerraumvolumen stündlich entsteht (Tafel 4.1).

Beheizung von Dampfkesseln

Tafel 4.1: Anhaltszahlen für die Feuerraumbelastung[2]

Rostfeuerung, halbmechanisch	500.000 … 1.500.000 kJ/m³h
Rostfeuerung, vollmechanisch	600.000 … 2.000.000 kJ/m³h
Kohlenstaubfeuerung, trocken	300.000 … 1.000.000 kJ/m³h
Schmelzfeuerung	2.000.000 … 4.000.000 kJ/m³h
bzw. in Schmelzfeuerungszyklonen	8.000.000 … 16.000.000 kJ/m³h
Gasfeuerung	800.000 … 4.000.000 kJ/m³h
Ölfeuerung	800.000 … 2.600.000 kJ/m³h

$$\text{Feuerraumbelastung ohne Luvo} = \frac{B \cdot H_u}{V_F}$$

Man erhält die Feuerraumbelastung in kJ/m³h, wenn man einsetzt:

B = Brennstoffmenge in kg/h bzw. m³/h (NZ)
H_u = Heizwert in kJ/kg bzw. kJ/m³ (NZ)
V_F = Feuerraumvolumen in m³

Neben der Feuerraumbelastung ist auch die Feuerraum-Querschnittsbelastung ein Kriterium für die Beurteilung. Diese erhält man, wenn in oben angeführte Formel anstelle von V_F der Feuerraumquerschnitt F_F etwa in Brennerhöhe in m² eingesetzt wird. Sie wurde im Laufe der Zeit mehr und mehr gesteigert, sodass man auf hohe und schlanke bzw. lange und schlanke Feuerräume übergehen konnte, was den Ausbrand begünstigte. Tafel 4.2 enthält Anhaltszahlen für die Querschnittsbelastung von Feuerungen.

Tafel 4.2: Querschnittsbelastungen von Feuerungen[2]

Kohlenstaubfeuerungen, trocken	12.000.000 … 25.000.000 kJ/m³h
Ölfeuerungen und Gasfeuerungen	10.000.000 … 30.000.000 kJ/m³h

Wird die Verbrennungsluft vorgewärmt, so gelangt damit zusätzliche Wärmeenergie zu der aus dem Brennstoff selbst freigesetzten Wärme in den Feuerraum. Es gilt die Gleichung

$$\text{Feuerraumbelastung mit Luvo} = \frac{B \cdot H_u + L \cdot h_L}{V_F}$$

Man erhält die Feuerraumbelastung in kJ/m³h wenn man noch einsetzt:

L = Verbrennungsluftmenge in m³/h (NZ)
h_L = Enthalpie (Wärmeinhalt) der Verbrennungsluft in kJ/m³ (NZ)

Der Vergleich der Formeln zeigt den wirtschaftlichen Vorteil der Luftvorwärmung: Bei gleichbleibender Feuerraumbelastung vermindert sich der Brennstoffverbrauch um den Anteil, der dem Wärmeinhalt der Luft entspricht. Verbrennung mit vorgewärmter Luft erlaubt auch höhere Feuerraumtemperaturen, wodurch der Wärmeübergang infolge Vergrößerung des Wärmegefälles gesteigert wird. Außerdem bewirkt vorgewärmte Luft eine schnellere Zündung des Brennstoffes.

---

[2] In der Bundesrepublik Deutschland zur Verringerung von NO_x drastisch herabgesetzt, z. B. werden für Kohlenstaubfeuerungen Feuerraumbelastungen von 300.000–500.000 kJ/m³h bzw. Querschnittsbelastungen von 3.000.000 kJ/m³h gewählt.

Nicht oder nur sehr begrenzt anwenden kann man die Luftvorwärmung bei Rostfeuerungen, wenn die Brennstoffe zur Bildung backender Schlacke neigen oder ihr Schlackeschmelzpunkt niedrig liegt.

4.1.3 Rauchgaszüge

Die ausgebrannten heißen Gase – die Rauchgase – werden auf ihrem Weg durch den Kessel im Allgemeinen zwei-, drei- oder viermal umgelenkt. Die Abschnitte zwischen den einzelnen Umlenkungen sind die »Züge«. Man zählt sie in der Reihenfolge der Rauchgasbeaufschlagung, beginnend mit dem Feuerraum bzw. mit dem ersten größeren Heizflächenbereich. Eine Ausnahme sind Einzugkessel mit geradlinigem Rauchgasweg von der Feuerung bis zum Kesselende (z. B. Bild 2.20 und 2.47).

In Sattdampfkesseln geben die Rauchgase auf ihrem Weg durch die Züge ihre Wärme nur an Wasser und Wasser-Dampf-Gemische ab, während bei Kesseln mit Überhitzern die zunächst noch hohe Rauchgastemperatur zur Überhitzung des Dampfes ausgenützt (Konvektionsüberhitzer) und erst anschließend im Bereich niedrigerer Rauchgastemperatur wieder Wärme an das zu verdampfende Wasser übertragen wird (Schlangenrohr- und Rippenrohrvorwärmer). Zuletzt werden bei großen Kesseln die Rauchgase noch durch Luftvorwärmer zur Anhebung der Verbrennungslufttemperatur geführt. Immer häufiger werden die Rauchgase abschließend in Reinigungsanlagen von luftverunreinigenden Stoffen wie Staub, Schwefeloxiden (SO_2, SO_3) und Stickoxiden (NO_X) befreit und, evtl. nach Wiedererwärmung, über den Schornstein in die Atmosphäre geführt.

Die Rauchgase mehrerer Kessel einer Anlage werden mitunter zur Ausnützung der Restwärme gemeinsam durch einen getrennt aufgestellten Vorwärmer für das Speisewasser aller Kessel, einen Sammelrauchgasvorwärmer (Sammeleco), zum Schornstein geleitet.

An Wasserrohrkesseln mit Feuerungen für feste Brennstoffe sind die unteren Zugumlenkungen meist trichterförmig, damit dort ausfallende Asche abgeführt werden kann.

Am Ende der Rauchgaszüge, oder wenn Falschlufteinbruch auf dem Weg durch die Rauchgaszüge zu befürchten ist auch schon in deren Bereich, misst man die abgasspezifischen Werte, ausgenommen Staub, Ruß und dampf- oder gasförmige Emissionen, die erst nach Abscheidern – soweit solche vorhanden – ermittelt werden.

Zum Absperren nicht betriebener Kessel, zur Vermeidung von Abkühlungsverlusten während Regelabschaltungen, zur Umgehung von Nachschaltheizflächen und Abgasreinigungsanlagen bei bestimmten Betriebsbedingungen, zur teilweisen Rückführung von Rauchgasen in die Feuerung (Rauchgasrezirkulation), zur Nutzung der Abgasrestwärme in sonstigen Anlagen und Ähnlichem sind in die Rauch- und Abgaswege Klappen oder Schieber eingebaut. Besonders hohen Anforderungen an Dichtheit und Verfügbarkeit müssen sie bei sicherheitsgerichteten Aufgabenstellungen genügen.

Konventionelle ein- und zweiflügelige Schwenkklappen (Bild 4.7) und Jalousieklappen haben relativ große Leckraten, die sich durch Verformung unter Wärme noch erhöhen können. Ihre Drehflügel und Halterungen verursachen zudem dau-

Bild 4.7: Dicht schließende Abgasklappe mit zwangsgesteuerter Kamindurchlüftung. Auch zur Feuerraumdruckregelung geeignet (SID)
1 einflügelige Schwenkklappe
2 Kamindurchlüftungsklappe, geöffnet bei geschlossener Abgasklappe
3 Stellantrieb

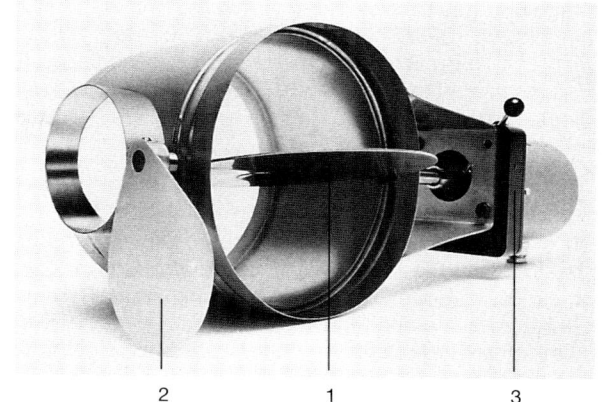

ernde Druckverluste. Sonderkonstruktionen wie zweischalige, biege- und verwindungssteife Drehflügelklappen mit elastischen Randbereichen halten in Verbindung mit einstellbaren Dichtungen und gefederten Klappenhebeln selbst bei einseitiger Erwärmung gut dicht. Besonders hohe Anforderungen an die Dichtheit erfüllen Doppelklappen, zwischen denen Sperrluft eingeleitet wird. Sehr gute Dichtheit und geringen Druckverlust erbringen in rechteckigen Kanälen auch türähnlich gebaute ein- und mehrflügelige Schwenkflügelklappen, in runden Kanälen sog. Lenkhebelklappen.

Schieber bieten neben dem größtmöglichen Personenschutz, insbesondere bei Beaufschlagung mit ungereinigten Rauchgasen, Vorteile wie keinen dauernden Druckverlust, keinen nennenswerten Verschleiß, günstige Isolierung der Schieber-

Bild 4.8: Ermittlung der Zugstärke aus der Schornsteinhöhe für verschiedene Abgastemperaturen (Borsig)
Erläuterung:
Die Kurven gelten bei Rauchgasen von Steinkohle.
Die Abkühlung der Rauchgase in gemauerten Schornsteinen kann mit 0,2 °C je m Schornsteinhöhe angenommen werden.
Bei Rauchgasen aus Braunkohle, Holz und Torf sind die Diagrammwerte mit 1,04 zu multiplizieren.
Beispiel:
Schornsteinhöhe h = 80 m
mittlere Rauchgastemperatur t_{Gm} = 160 °C
statische Zugstärke h_{st} = 29 mm WS

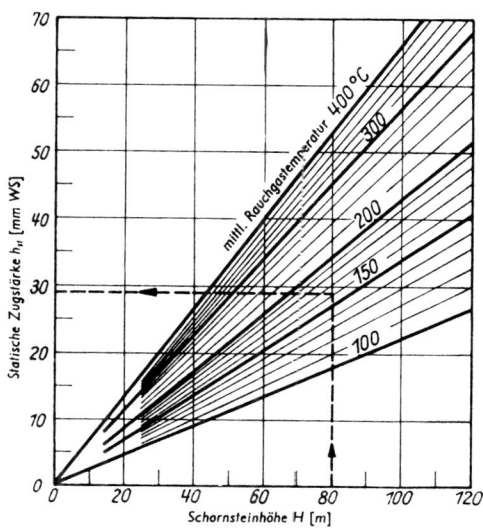

platte und geringen Wartungsaufwand. Vorzügliche Dichtheit ist durch Dichtungen beiderseits der Schieberplatte und Sperrluft zwischen ihnen zu erreichen. Für rechteckige Kanäle werden Steckscheibenschieber, für runde Sichelschieber oder Brillenschieber eingesetzt. Zur Regelung von Mengenströmen sind Schieber allerdings ungeeignet.

4.1.4 Rauchgasabführung

4.1.4.1 Unterdruck – natürlicher Zug

Zu einem getrennt stehenden Schornstein strömen die den Kessel verlassenden Rauchgase – die Abgase – durch das Rauchrohr bzw. den Fuchs. Das Rauchrohr ist ein übergroßes Ofenrohr, der Fuchs ein größerer rechteckiger Kanal unter oder über Erdgleiche aus Mauerwerk, Stahlbeton oder Blech.

Im Teil 1 wurde bereits erläutert, dass der Zug mit wachsender Schornsteinhöhe und steigender Abgastemperatur bzw. sinkender Außentemperatur zunimmt, denn durch diese Veränderungen wird die Gewichtsdifferenz zwischen Abgas und Luft – folglich auch der dadurch bedingte Unterdruck am Kaminfuß – größer (Bild 4.8). Des Weiteren tragen zur Zugverbesserung bei:

- Vermeidung von Falschlufteinbruch in die Rauchgaszüge, in den Fuchs und in den Schornstein sowie von Feuchtigkeit im Fuchs;
- eine gute Wärmedämmung von Fuchs und Schornstein;
- möglichst geringer Verbrennungsluftüberschuss, um durch geringere Abgasmengen kleinere Reibungsverluste im Kamin zu erhalten, und
- ein gut an die Rauchgasmengen angepasster Fuchs- und Kaminquerschnitt (ein zu großer Querschnitt bewirkt Zugverlust durch Kaltlufteinfall von oben, ein zu kleiner Querschnitt bewirkt erhebliche Reibungsverluste infolge hoher Rauchgasgeschwindigkeit).

Man merke:

> Der Unter- bzw. Überdruck muss folgende Arbeit leisten:
> - die Arbeit zur Beschleunigung der Verbrennungsluft und der Rauchgase;
> - die Arbeit zur Überwindung der Widerstände in den Luft-, Brenngas- und Rauchgaswegen des Kessels;
> - die Arbeit zur Überwindung der Widerstände im Brennstoffbett von Feststofffeuerungen bzw. im Luftgeschränk von Gas-, Öl- und Kohlenstaubfeuerungen;
> - die Arbeit zur Überwindung der Widerstände in Fuchs und Schornstein und
> - die Arbeit zum Heben der Rauchgasmenge bis zur Schornsteinmündung.

4.1.4.2 Unterdruck – künstlicher Zug

Mit natürlichem Zug kann nur eine begrenzte Leistung aufgebracht werden. Mit zunehmender Kesselgröße steigt der Leistungsbedarf für den Transport von Verbrennungsluft und Rauchgasen stark an, weil

- zur Verbesserung der Luftzuweisung zum Brennstoff umfangreiche Leiteinrichtungen erstellt und größere Widerstände geschaffen werden;
- die Erhöhung der Brenn- und Rauchgasgeschwindigkeit längs der Heizflächen zwecks Steigerung des Wärmeüberganges die Reibungswiderstände vergrößert;

- die dichter werdende Beladung der Rauchgaszüge mit Überhitzern, Speisewasser- und Luftvorwärmern die Widerstände erhöht;
- durch die weitgehende Ausnützung der Rauchgaswärme in Luftvorwärmern die Temperatur der Abgase und damit die verfügbare Auftriebsleistung sinkt und
- die Rauchgasreiniger zusätzliche Widerstände erzeugen.

Der natürliche Zug kann durch ein Radial- oder Axialgebläse im Rauchgasweg am Kesselende unterstützt werden, das die Unterdruckerzeugung für Feuerraum und Rauchgaszüge übernimmt und die Rauchgase so weit durch Fuchs und Schornstein drückt, bis durch den natürlichen Zug deren Weitertransport erfolgt. Das so eingesetzte Gebläse heißt »Saugzug«, den damit erzeugten Zug nennt man »künstlichen Zug«. Bei dieser Betriebsweise befindet sich irgendwo im Schornstein oder schon im Fuchs ein Querschnitt, an dem der Gebläseüberdruck zu Null wird und der natürliche Zug zu wirken beginnt. Dieser Bereich verschiebt sich in Abhängigkeit von der Feuerungsleistung, da von dieser die Rauchgasmenge und davon die Widerstände in den Rauchgaswegen abhängen. Bei kleinerer Feuerungsleistung wird dieser Bereich nahe dem Saugzug liegen, bei großer Feuerungsleistung dagegen näher der Schornsteinmündung.

Um bei Saugzugausfall wenigstens mit stark verminderter Leistung noch einen Notbetrieb aufrecht erhalten zu können, ist häufig bei kleineren Anlagen mittels eines absperrbaren Leerfuchses eine Möglichkeit zur Saugzugumgehung vorgesehen. Der zugeordnete Absperrschieber muss bei Betrieb des Saugzuges stets geschlossen sein, da durch die sonst einsetzende Rauchgasrücksaugung die Leistung des Saugzuges gemindert würde. Vereinzelt wird dieser Effekt allerdings gezielt genutzt, um die Saugzugleistung bei ansonsten ungeeigneter Teillastregelung – provisorisch und von Hand gesteuert – einigermaßen einem kleinen Bedarf anzupassen.

Die Lauf- und Leitschaufeln der Saugzuggebläse werden bei Feststofffeuerungen durch den im Rauchgas enthaltenen Staub verschlissen. Der Verschleiß ist dabei abhängig von der Rauchgasgeschwindigkeit im Gebläse, von der Beschaffenheit des Staubes (zum Beispiel hart, aggressiv) und von dessen Menge. Regelmäßige betriebliche Kontrollen in angemessenen Zeitabständen sind unerlässlich. Auf den Schaufeln können sich Asche und Ruß in ungleicher Verteilung anlagern. Dadurch entstehende Unwuchten gefährden den Saugzug und das Bedienungspersonal. Bei jeder Anlagenbegehung ist deshalb auf außergewöhnliche Geräusche oder Erschütterungen zu achten. Abgebrochene Laufschaufeln – auch an Frischlüftern – sind schon durch Lüftergehäuse hindurch ins Kesselhaus geschleudert worden.

Die Abhängigkeit der Rauchgasmenge und -widerstände und folglich des Zugbedarfes von der Feuerungsleistung macht ein Regeln des Zuges erforderlich. Nur dadurch gelingt es, an der höchsten Stelle des Feuerraums – dem kritischen Punkt für Qualmbildung – bei jeder Feuerungsleistung den erforderlichen Unterdruck von 0,2–0,3 mbar (rund 2–3 mm WS) konstant zu halten. Die Einhaltung dieses Wertes ist von der Güte der Regelung abhängig; sie ist bei Handregelung schwierig.

Bei natürlichem Zug genügen zum Regeln einfache Klappen oder Jalousieklappen am Kesselende, bei künstlichem Zug werden Drallregler vor oder eine Drehzahlregelung am Saugzug verwendet.

Um den Zugbedarf zu verringern, wird schon bei verhältnismäßig kleinen Kesselleistungen die Verbrennungsluft durch geregelte Gebläse zum Rost bzw. zu den Brennern befördert. Bei Rostfeuerungen heißt solche Luftzuführung »Unterwind«.

Die bisherigen Überlegungen führen zu folgendem Grundgesetz der Feuerungstechnik:
Eine Änderung der Brennstoffmenge erfordert stets eine entsprechende Änderung der Verbrennungsluftmenge und – bei Unterdruckfeuerungen – eine angemessene Änderung des natürlichen oder künstlichen Zuges.

4.1.4.3 Überdruckfeuerungen

Bei Öl- und Gasfeuerungen verschmutzen die Heizflächen weniger als bei Feuerungen für feste Brennstoffe. Diese Tatsache ermöglicht es, in Wasserrohrkesseln bei den Überhitzer- und Nachschaltheizflächen kleine Rohrabstände einzuhalten, ohne das Zuwachsen der Rohrgassen durch Asche befürchten zu müssen. Dadurch können sehr viele Rohre, also große Heizflächen, auf kleinem Raum untergebracht werden. Dabei erhöhen sich aber die Widerstände für die Rauchgase so sehr, dass die Wirtschaftlichkeitsgrenze zwischen der Ersparnis bei den Anlagekosten infolge der kleineren Bauweise und dem höheren Aufwand zur Zugerzeugung (Amortisation, Stromkosten für Saugzug) rasch erreicht wird. Das führte mit zu der Überlegung, auf den Saugzug zu verzichten und die Brenn- und Rauchgase mit dem Überdruck des ohnehin erforderlichen Frischluftgebläses, das nun allerdings leistungsfähiger sein muss, durch den Kessel zum Kamin zu drücken. Die Kesselumfassungswände sind hierzu rauchgasdicht und stabiler als sonst auszuführen. Für Großwasserraumkessel – z. B. in Dreizugbauweise – brachte dies keine besonderen Probleme; Wasserrohrkessel wurden diesen Anforderungen durch die Entwicklung der bandagengestützten Membran- und Skin-Casing-Wände gerecht (Kapitel 2). Damit war der Weg geebnet für den Einsatz der »Überdruckfeuerung«, für höchste Feuerraumbelastung und höchsten Wärmeübergang.

Der Energiebedarf für Verbrennungsluftgebläse verursacht nicht unerhebliche Betriebskosten. Werden Brenner mit fester Gebläsedrehzahl an Großwasserraumkesseln eingesetzt, so lassen sich Stromkosten einsparen, wenn zur Abdeckung eines bestimmten geforderten Heizwärmebedarfs ein größerer Kesseltyp mit einem kleineren Brenner kombiniert werden kann. Der Vorteil ergibt sich daraus, dass ein größerer Kessel einen geringeren rauchgasseitigen Strömungswiderstand aufweist. Ein kleinerer Brenner kann mit einer geringeren Schalt- und Vorlüfthäufigkeit betrieben werden. Außerdem ist bei einem größeren Kessel wegen der größeren Heizfläche ein höherer Kesselwirkungsgrad und damit ein geringerer Brennstoffverbrauch beim gleichen Heizwärmebedarf zu erwarten.

Im Übrigen können Stromkosten für die Verbrennungsluft auch dadurch eingespart werden, dass drehzahlgeregelte Gebläse anstelle von Gebläsen mit Festdrehzahl und Luftregelklappe verwendet werden. In diesem Fall muss jedoch eine aufwändige elektronische Überwachung des Brennstoff-Luft-Verhältnisses angewendet werden, da die einfache mechanisch gekoppelte Verbundregelung von Brennstoff und Luft mit einem drehzahlgeregelten Gebläse nicht realisiert werden kann.

Der Überdruck ist belastungsabhängig und kann im Feuerraum bei Volllast Werte bis zu 50 mbar (500 mm WS) erreichen. Dementsprechend verschiebt sich auch

Beheizung von Dampfkesseln

der Nullpunkt, ab welchem der natürliche Zug wirksam wird: Er kann im Teillastbereich noch innerhalb der Nachschaltheizflächen, bei Volllast aber schon im Schornstein liegen.

Auch in der Regelung unterscheiden sich Überdruck- und Unterdruckfeuerungen. Bei Letzterer wird durch abgasseitige Regelorgane über den ganzen Lastbereich am höchsten Punkt des Feuerraums der Unterdruck konstant gehalten; bei der Überdruckfeuerung entfällt eine derartige Regelung. Der Überdruck ändert sich lastabhängig an jeder Stelle des Kessels. Er wird bestimmt durch die augenblickliche Verbrennungsluft- und Rauchgasmenge einerseits und durch die von der Berohrung und Verschmutzung verursachten Widerstände im Rauchgasweg andererseits. Lediglich zur Verbesserung der Regelgüte von Frischluftregelklappen erfolgt hier zunehmend die selbsttätige Konstanthaltung einer vorgegebenen Druckdifferenz zwischen Frischlüfter und Feuerraum (Differenzdruckregelung). Hierfür wird im Allgemeinen ein Drallregler eingesetzt.

Unverständlich erscheint es zunächst, wenn an einer Überdruckfeuerung ein Saugzug in einer Bypassleitung zum Fuchs zusätzlich angebracht ist. Dies erklärt sich folgendermaßen: Bei langen »Reisezeiten« der Kessel kann die Verschmutzung – vorwiegend in Dreh-Luvos – stark zunehmen. Die Frischluftgebläse können dann im oberen Lastbereich die erforderliche Verbrennungsluftmenge gegen diesen anwachsenden Widerstand nicht mehr fördern. Durch die Zuschaltung des Saugzuges wird nun die Zunahme der Widerstände kompensiert und die Reinigung hinausgeschoben.

4.1.4.4 Überwachung der Rauchgasabführung

Zur Kontrolle des Abgastransportes dienen gleiche Wächter wie für die Verbrennungsluft. Bei Überdruckfeuerungen und bei Feuerungen mit natürlichem Zug genügt es, die Rauchgasabsperrvorrichtungen in der offenen Stellung durch einen Endlagenschalter zu überwachen. Bei Saugzugbetrieb muss die Funktion des Saugzuges in die Überwachung mit einbezogen werden (Bild 4.9).

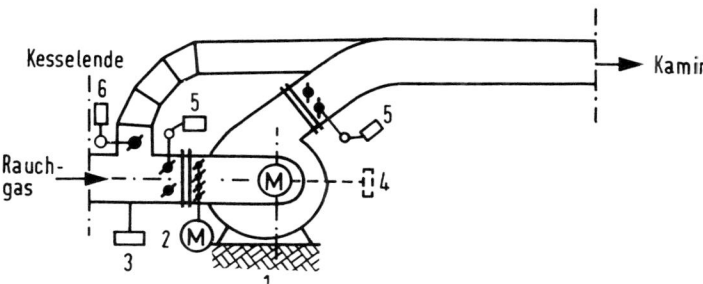

Bild 4.9: Beispiel einer Rauchgaswegüberwachung
1 Saugzug
2 Drallregler
3 Minimal-Unterdruckwächter
4 Minimal-Drehzahlwächter, anstelle von 3 einsetzbar
5 Endlagenschalter Saugzugabsperrklappen, elektrisch parallel geschaltet zu 6
6 Endlagenschalter Saugzugumgehung

An Zugreglern für Unterdruckfeuerungen kann nur in der dem Mindestabgasstrom zugeordneten Stellung die Funktionsfähigkeit des Stellantriebes abgefragt werden, über den gesamten Regelbereich hinweg wird eine Fehlsteuerung nicht erkannt. Sicherheitstechnisch bedenklich wird dabei ein zu Überdruck im Feuerraum führendes Fehlverhalten, da dann am Brenner Luftmangel entsteht, der nur bei Feuerungen mit der unter Nr. 4.1.1 beschriebenen Überwachung des Brennstoff-Luft-Verhältnisses eine Sicherheitsabschaltung bewirkt. Es liegt nahe, deshalb den Unterdruck im Feuerraum zu überwachen. Beim Zünden, Zuschalten weiterer Brenner, Rußblasen und auch Steuern der Feuerung von Hand auftretende Druckstöße können aber über diese feinfühligen Wächter Betriebsstörungen auslösen, weshalb ihr Ansprechen durch Zeitglieder über mehrere Sekunden unterdrückt wird. Gleichermaßen zur Kontrolle der Luftversorgung über den gesamten Regelbereich wirksam sind Wächter, die im Abgas maximale CO- bzw. minimale O_2-Werte abfragen.

Schwierigkeiten an Druckwächtern auf der Rauchgasseite ergeben sich durch Verschmutzung der Impulsleitung und der Wächter. Daher sind bei Saugzugbetrieb die Wächter meist auf der Unterdruckseite, da hier die Verschmutzungsgefahr geringer ist und über einen Bypass am Wächter ständig etwas Frischluft zur Freihaltung der Impulsleitung angesaugt werden kann. Auch auf der Frischluftseite besteht das gleiche Problem, wenn die Luft in Dreh-Luftvorwärmern stärker mit Asche beladen wird.

4.1.4.5 Schornsteingestaltung

Schornsteine bestehen aus Mauerwerk, Stahlbeton oder Stahlrohren. Mauerwerk ist anfällig für Wärmespannungsrisse und sehr schwer; Stahlbetonkonstruktionen sind rissunempfindlich und leichter, jedoch gefährdet durch höhere Temperaturen (> 300 °C). Beide Konstruktionen sind empfindlich gegen die bei Taupunktunterschreitung entstehenden Säuren (Zerstörung der Armierung bzw. des Mörtels). Deshalb wird bei beiden Bauarten der tragende Teil häufig durch ein Innenfutter abgeschirmt, das, über die ganze Höhe ausgeführt, im unteren Bereich wärme- und im oberen säurebeständig ist. Es lässt sich aber auch nur für den jeweils gefährdeten Bereich erstellen.

Stahlschornsteine sind empfindlich gegen Korrosionsangriffe durch Rauchgas und Witterung und haben eine schlechte Wärmedämmung, folglich hohen Zugverlust durch Rauchgasabkühlung. Sie werden deshalb oft mit einem säurefesten Futter, einem Chromnickel-Innenrohr nebst Isolation zwischen diesem und dem tragenden Stahlmantel, einer Beschichtung mit korrosionsbeständigem Metall – bei niedrigeren Rauchgastemperaturen auch mit Kunststoff – und Außenisolierung oder aus wetterfestem Stahl gefertigt.

Im Schornsteinfuß sind oft Zungen zur Trennung der Einführung mehrerer Feuerstätten hochgemauert; dies ermöglicht eine strömungstechnisch günstige Abgaseinführung und setzt zugleich bei der Gemischt- oder Mehrfachbelegung von Schornsteinen die Zündgefahr für noch unverbrannte Gasanteile herab. Gemischtbelegung liegt vor, wenn die Abgase aus Kesseln, die mit unterschiedlichen Brennstoffen betrieben werden, stammen. Von Mehrfachbelegung spricht man, wenn in einen Schornstein die Abgase gleicher Brennstoffe aus mehreren Wärmeerzeugern geleitet werden.

Industrieschornsteine werden meist rund ausgeführt, da dies einerseits günstigste statische Verhältnisse gegenüber dem Winddruck ergibt, andererseits der runde Querschnitt auch die geringste Oberfläche im Verhältnis zum freien Querschnitt aufweist. Reibungsverluste und Abkühlungsflächen erreichen dabei ein Minimum.

Beim Befahren von Schornsteinen sind die Steigeisen sorgfältig zu prüfen. Diese können im Schornstein durch Säure aus den Rauchgasen abgezehrt und lose, außen durch Witterungseinflüsse, insbesondere durch Frost, locker geworden sein. Es sind deshalb ausreichende Sicherheitsvorkehrungen zu treffen. Hinweise hierzu und zur Gestaltung der Begehungsvorrichtungen enthält die Richtlinie »Sicherheitsregeln für Schornsteinfegerarbeiten« des Hauptverbandes der gewerblichen Berufsgenossenschaften, Best.-Nr. ZH 1/602, Ausgabe 10/86.

4.2 Feuerungen für feste Brennstoffe

Bei kleinen bis mittleren Kesselanlagen wurden schon seit längerem die Feuerungen für feste Brennstoffe weitgehend durch die einfacher zu handhabenden Feuerungen für flüssige und gasförmige Brennstoffe verdrängt.

Viele Kesselanlagen werden mit festen Brennstoffen entweder auf Rosten, in Wirbelschichten oder mit Staub in der Schwebe befeuert.

Rostfeuerungen und Holzeinblasefeuerungen baut man in kleine bis mittlere Kesselanlagen ein. Wirbelschichtfeuerungen erbringen zurzeit Leistungen von 1–300 t Dampf/h. Kohlenstaubfeuerungen sind in Kesselanlagen ab etwa 100 t/h Dampfleistung ausschließlich, vereinzelt auch in Kesselanlagen ab etwa 40 t/h Dampfleistung und in Pilotanlagen mit Leistungen ab ca. 0,5 t/h anzutreffen.

Für diese Feuerungen sind ab verhältnismäßig kleiner Leistung Maßnahmen zur Begrenzung der Schadstoffe im Abgas vorgeschrieben. Bei der Verfeuerung von Kohle auf Rosten und in Wirbelschichten sind dies vor allem SO_2, CO und Staub, in Kohlenstaubfeuerungen zudem noch NO_X.

Die Staubrückhaltung – auch während des Rußblasens – besorgen Elektro- oder Gewebefilter. Bei den übrigen Stoffen wird schon dem Entstehen, soweit möglich, durch sog. Primärmaßnahmen, z. B. die Zugabe von Additiven während der Verbrennung, die Erniedrigung der Verbrennungstemperatur durch Rauchgasrezirkulation, die Stufung der Verbrennung in Staubfeuerungen, die Leistungsminderung bei Altanlagen, die Neuentwicklung von NO_X-armen Brennern und Ähnlichem entgegengewirkt. Bei Rost- und Wirbelschichtfeuerungen können damit im Allgemeinen die gesetzlichen Vorgaben eingehalten werden. Kohlenstaubfeuerungen erfordern darüber hinaus als Sekundärmaßnahmen aufwendige Rauchgasreinigungsanlagen zur Reduzierung der Schwefel- und der Stickstoffverbindungen, sog. REA- und DENOX-Anlagen (Kapitel 8).

4.2.1 Rostfeuerungen

Die Verbrennung findet auf dem Rücken der Roststäbe statt. Der Rost kann sowohl waagrecht als *Planrost* als auch schräg nach unten geneigt als Schrägrost im Feuerraum angeordnet sein.

Die Roststäbe müssen so eng nebeneinander liegen, dass der Brennstoff noch nicht, wohl aber die entstehende Asche hindurchfallen kann. Letzteres wird durch eine Verjüngung der Stäbe nach unten hin begünstigt. Kleinere Körnung des Brennstoffes erfordert geringeren Stababstand. Dadurch wird aber für die Verbrennungsluft der Querschnitt verengt – der Strömungswiderstand nimmt zu. Zugleich ist die Packung des Brennstoffbettes bei feinkörnigem Brennstoff dichter als bei groß gekörntem, was eine weitere Zunahme des Widerstandes gegenüber der durchtretenden Luft ergibt: Die »Pressung« steigt. Da aber von der verfügbaren Luftmenge die Feuerungsleistung abhängt, muss mit zunehmender Feinheit der Körnung die verwertbare Brennstoffmenge (d. h. die mögliche Schichthöhe) abnehmen – solange die Rostgröße und die übrigen Betriebsbedingungen unverändert bleiben.

Die Roststäbe erwärmen sich unter der im Hauptverbrennungsbereich ca. 1300 °C heißen Brennstoffschicht auf ca. 650 bis 750 °C, und zwar bei Teillast infolge der verminderten Luftbeaufschlagung mehr als bei Volllast. Deshalb ist für die Lebensdauer der Roststäbe die Kühlung durch die Verbrennungsluft längs der beiden Stabwangen und am Stabfuß entscheidend. Kleinerer Luftdurchsatz infolge enger werdendem Rostspalt verschlechtert die Stabkühlung. Die Kühlung wird aber nicht nur durch die Menge und die Geschwindigkeit der Luft, sondern auch von der zu kühlenden Oberfläche des Stabes bestimmt.

Durch das

$$\text{Kühlverhältnis} = \frac{2 \cdot h}{b}$$

wird hierüber eine Aussage gemacht. Dabei ist h die Höhe des Stabes, der »Stabwange«, und b seine an der Brennbahn, dem »Stabrücken«, gemessene Breite. Heizwertreiche und backende Schlacke erzeugende Brennstoffe erfordern ein großes Kühlverhältnis; es beträgt zum Beispiel:

12 ... 20 für Plan- und Wanderroste bei Steinkohle
          (ca. 33.500 kJ/kg)
3 ... 6   für Wanderroste bei Braunkohlenbriketts
          (ca. 17.000 kJ/kg)
2 ... 1   für Treppenroste bei Rohbraunkohle, Holz
          (ca. 8.500 kJ/kg)

Durch geschickte Gestaltung der Stäbe schafft man auch bei engen Rostspalten große Querschnitte für den Luftdurchtritt, wobei durch die Vergrößerung der Wangenoberflächen die Kühlmöglichkeit noch verbessert wird (Bild 4.10). Von Nachteil ist bei diesen Rosten, dass die Asche sich leichter als bei geraden Stäben in den Spalten festsetzt.

Der von Form und Abstand der Roststäbe abhängige, für den Durchtritt der Verbrennungsluft frei bleibende Querschnitt heißt *freie Rostfläche*. Sie wird der Körnung und dem Heizwert des Brennstoffes sowie dem Verhalten der entstehenden Schlacke angepasst. Übliche Ausführungen weisen 20 % bis 50 % der gesamten Rostfläche als »freie Rostfläche« auf.

Solche Überlegungen zeigen, dass beim Rost der für den Luftdurchtritt zur Verfügung stehende Querschnitt, die Kühlung des Roststabes, die Schichthöhe und Körnung des Brennstoffes und der Zugbedarf miteinander in Einklang stehen müssen. Jeder Rost ist folglich für eine ganz gestimmte Brennstoffsorte, die sich unter

Beheizung von Dampfkesseln 263

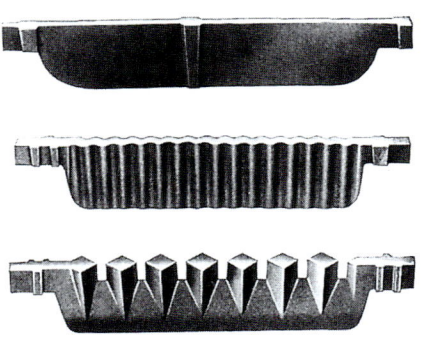

Bild 4.10: Roststäbe (C. Schmidt)

anderem durch Stückgröße, Heizwert, flüchtige Bestandteile, Aschegehalt und Ascheschmelzverhalten von anderen wesentlich unterscheidet, maßgeschneidert. Abweichungen vom Auslegungsbrennstoff führen zumindest zur Minderung der Feuerungsleistung und des Feuerungswirkungsgrades.

Der Brennstoff ist auf dem Rost nach Körnung und Schichthöhe gleichmäßig zu verteilen, da hierdurch der Widerstand für den Verbrennungsluftdurchtritt bestimmt wird (Bild 4.11). An Stellen niedriger Schicht oder größerer Körnung fällt der Widerstand ab – es tritt mehr Luft durch –, wodurch es hier zu Luftüberschuss und an anderen Stellen zu Luftmangel kommen kann. Auch Schlackenkuchen und ungleichmäßiger Abbrand verschlechtern die Luftverteilung. Sind durch die Art des Brennstoffes, z. B. Müll, ungünstige Verhältnisse gegeben, so werden Roststäbe, die der durchströmenden Luft einen deutlich höheren Widerstand als die Brennstoffschicht entgegensetzen, verwendet. Dadurch nehmen Luftgeschwindigkeit und -überschuss in durchlässigeren Bettbereichen nur wenig zu; gleichzeitig verringern sich die Hochwirbelung und der Austrag von Asche und Staub.

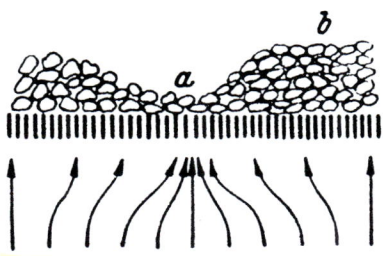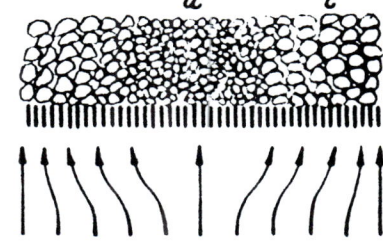

Bild 4.11: Einfluss ungleichmäßigen Abbrandes (links) und unterschiedlicher Körnung (rechts) auf die Luftverteilung
linke Darstellung:
a zu großer Luftdurchtritt infolge Krater
b unzulässige Erwärmung infolge
  Behinderung des Luftdurchtritts

rechte Darstellung:
c verstärkter Luftdurchtritt
d unzulässige Erwärmung infolge
  Behinderung des Luftdurchtritts

Die Rostgröße wird durch die Bauform der Feuerräume begrenzt; bei vollmechanisierten Rosten durch den Platzbedarf der Hilfseinrichtungen, die Kräfte am Rost (z. B. Biegemomente) und am Rostantrieb sowie durch die Möglichkeiten zur Führung der Verbrennungsluft, zur Beherrschung der Feuerführung und des Abbrandes während der Verbrennung. Für Unterwindzonenwanderroste (Abschn. 4.2.1.1) z. B. liegt die obere Grenze bei rund 70 m² Rostfläche.

Zahlenwerte der Rostbelastung in kg/m²h und der Rostwärmebelastung in kJ/m²h findet man in Tafel 4.3.

Tafel 4.3: Spezifische Rostbelastung und Rostwärmebelastung (nach Nuber)

Rostbauart	Brennstoff	Heizwert kJ/kg	Rostwärme-belastung 10^5 kJ/(m²h)	Rost-belastung kg/(m²h)	Druck unter Rost mbar
Zonenwanderrost mit Unterwind	gasreiche Steinkohle	23.800	56 ... 88	180 ... 290	0,7 ... 4,7*)
	gasarme Steinkohle	26.400 bis 31.000	52,6 ... 75,5	180 ... 240	2,0 ... 2,6*)
	Koksgrus	23.300	37,7 ... 46	150 ... 220	1,5 ... 4,5*)
	Schwefelkoks	16.750 bis 23.400	54,5 ... 62,8	230 ... 270	0,7 ... 1,8*)
Unterschubrost	Steinkohle	30.200	54,5 ... 58,5	180 ... 195	
	Staubkohle	23.900 bis 26.000	37,7 ... 41,8	146 ... 176	1,0
Vorschub-roste und Vorschub-treppenrost	Lignite	7.400 bis 9.100	20,9 ... 28,5	260 ... 330	1,03
	Waschklark	20.999	32,7	156	1,0
Treppenrost	Braunkohle	10.000	18,8 ... 20,9	187 ... 205	
Rückschubrost	Waschberge	21.000	41,8 ... 50,3	200 ... 240	

*) bis 10 mbar bei schwieriger Vergleichmäßigung der Luftverteilung.

4.2.1.1 Wanderroste

Der Wanderrost (Bild 4.12) ist die häufigste vollmechanisierte Rostfeuerung für Kessel mit Leistungen bis ca. 100 t Dampf/h bzw. bis 150 t/h bei Wurfbeschickung. Hier werden die nur leicht profilierten, in Rostlaufrichtung liegenden Roststäbe (Rostglieder) auf Querträgern aufgereiht und bilden viele einzelne, verhältnismäßig starre Querbündel, die seitlich an den Gliedern endloser Ketten befestigt sind (Bild 4.13). So wird aus vielen Rostgliedbündeln ein endloses Rostband, ähnlich einem Rolltreppenbelag, gebildet.

Bei Rostbreiten über ca. 3 m werden zur Verbesserung der Geradführung des Rostbelages entweder drei oder vier Triebketten oder Doppelroste, d. h. zwei schmälere Roste mit voneinander unabhängigem Aufbau, unmittelbar nebeneinander angeordnet.

Beheizung von Dampfkesseln

Bild 4.12: Unterwindzonen-Wanderrost (Babcock)
1 Brennstofftrichter
2 Brennstoff-Absperrschieber
3 Schichthöhenregler
4 Rost
5 Luftkanäle
6 Luftregelklappe
7 Unterwindzonen
8 Pendelstauer
9 Aschenklappen
10 Zweitluft
11 Warmluftansaugestutzen
12 Kühlbalken
13 Seitenwandkühlrohre
14 Rückwandkühlrohre

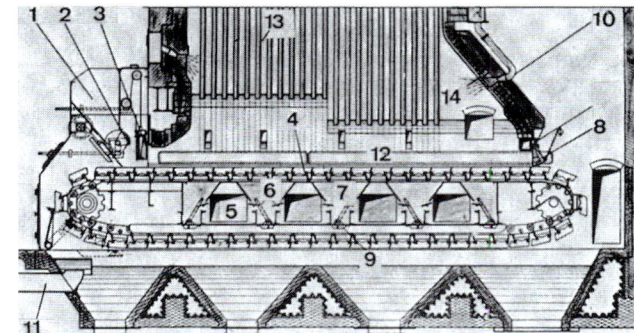

Bild 4.13: Wanderrost – hintere Rostumkehr, Roststäbe teilweise entfernt (Gebr. Wagner)

Bei einer Sonderbauart – dem Klapprost oder Schuppenrost – sind die Roststäbe quer zur Laufrichtung des Rostes angeordnet und einzeln schwenkbar (Bilder 4.14 und 4.15). Allerdings laufen hier mehrere Ketten im Abstand von etwa 40 bis 50 cm, damit die Roststäbe nicht zu lang bzw. verformungsanfällig werden und dieser weniger verwindungssteife Rostbelag sicher geradeaus geführt werden kann. Die einzelnen Zugketten wiederum sind mittels durchgehender Rundeisen miteinander verbunden, so dass auf diese Weise wieder ein endloses Rostband entsteht. Die Roststäbe klappen bei der Rostumkehr auseinander (= Klapprost) und hängen im rücklaufenden Rostband frei nach unten. Dies begünstigt die Reinigung und Kühlung. Bei Abfallbrennstoffen gibt es Schwierigkeiten, wenn sich Teile des Ausbrandes bei Rostumkehr zwischen die rücklaufenden Stäbe setzen und diese sich verklemmen.

Das Rostband wird vorn durch Zahnräder angetrieben, die in die Rostketten eingreifen. Gleiche Zahnräder an der hinteren Umlenkung dienen lediglich der Spurhaltung und besitzen eine Verschiebemöglichkeit zur Einstellung der Kettenspannung. Dabei ist jeweils einer Kette je ein Treib- und Spurrad zugeordnet; alle Treib- bzw. Spurräder sind auf je einer gemeinsamen Welle montiert. Die Treibräder werden über ein Schneckenrad- und Vorschaltgetriebe von einem Elektromotor angetrieben.

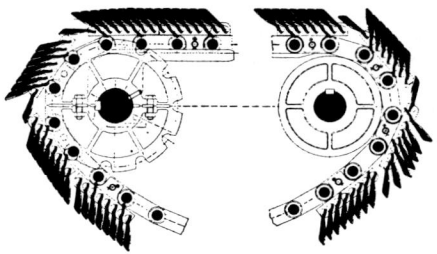

Bild 4.14: Schuppenwanderrost, vordere Rostumkehr (EVT)

Bild 4.15: Schuppenwanderrost (vordere und hintere Rostumkehr)

Im Allgemeinen bewegt sich der Rost von der Kesselstirnseite aus in den Feuerraum hinein und kehrt am Ende des Feuerraums nach unten gerichtet um. Der Brennstoff wird vor dem Einlauf des Rostes in den Feuerraum über einen rechteckigen Trichter aufgegeben, dessen Mündung so breit ist wie der Rost selbst. Die Höhe der Brennstoffschicht wird durch den Schichthöhenregler bestimmt. Beträgt zum Beispiel der Abstand zwischen der Unterkante dieses Schichthöhenreglers und dem Rost 10 cm, so erhält die eingefahrene Kohlenschicht diese Höhe und man spricht von einer »Zehner-Schicht«. An dem außen liegenden Einstellrad sind die Schichthöhenmaße angegeben. In Abhängigkeit vom Brennstoff und der erforderlichen Feuerungsleistung sind Schichthöhen zwischen 6 cm und 20 cm einstellbar. Ein Schieber im Trichter ermöglicht das Unterbrechen der Brennstoffzufuhr, z. B. bei Rückbrand.

Durch die Bekohlungsanlage wird der Brennstoff vom Zubringer (z. B. Selbstentladewaggon, Schiff) zur Feuerung verfrachtet. Über Entladeeinrichtungen und -bunker, Vorratsbunker oder -halden und Mischbunker, die über Transporteinrichtungen wie Schüttelrinnen, Förderbänder, Becherwerke, Gurttaschenförderer, Gummikübelsteilförderer, Kratzer- und Trogkettenförderer und Dozer miteinander verbunden sind, wird die Kohle den Tagesbunkern oberhalb des Rosttrichters zugeführt. Steile und asymmetrisch angeordnete Bunkerwände, Warmlufteinblasung in den oberen Bereich von Fallschächten, Auskleidung mit nicht rostendem Blech sowie Rüttler, Druckluft-Schießeinrichtungen und mit Luft aufblasbare »Bunkerkissen« an Schachtwänden oder im Bunker helfen Kohlenstau zu vermeiden. Kohlen mit höherem Feinkornanteil und dadurch höherem Wasserspeichervermögen rutschen sehr schlecht, besonders am Bunkerauslauf, wo sie ihr Eigendruck stark verdichtet. Vor allem bei nicht ständig beaufsichtigten Anlagen ist dies sehr störend. Füllstandsanzeiger signalisieren die Bunkerbeladung und steuern häufig eine vollautomatische Bekohlung, für die zum Betrieb bei Minustemperaturen Auftau- und Beheizungseinrichtungen erforderlich sind.

Zur längeren Lagerung auf Halden werden Feinkohlen zur Unterdrückung von Selbstentzündung und Staubemission im Allgemeinen verdichtet. Gasarme Kohle ist in diesem Zustand beliebig hoch, gasreiche und unverdichtete gasarme Kohle etwa 10 m hoch aufschüttbar. Magnetabscheider und Metallsuchgeräte an den Fördereinrichtungen entfernen Metallteile aus der Kohle. Auch das Gewicht der Kohlen kann selbsttätig erfasst werden.

Kritisch ist die Nahtstelle zwischen Kohlenzubringung und Trichter. Würde man hier die Kohlen nur von einer Stelle aus einlaufen lassen, so ergäbe sich im Trichter eine kegelförmige Aufschüttung nebst Entmischung mit Ansammlung der kleineren Teile im Zentrum. Dadurch wäre die Körnung auf dem Rost nicht mehr gleichmäßig verteilt. Als Abhilfe ist deshalb hier bei größerer Rostbreite oder höherem Feinkornanteil ein Kohlenverteiler eingebaut. Dieser, als »Schurre« bezeichnet, kann z. B. ein kurzes, fahrbares Förderband sein, das langsam oberhalb des Trichters hin und her bewegt wird, oder ein pendelnd aufgehängtes Rohr, das langsam über dem Trichter hin und her geschwenkt wird (Pendelschurre), oder auch ein Kratzerband, ein Kohlenverteilerwagen und Ähnliches.

Verwendet man Wurfbeschicker, muss der Rost nach vorne, auf den Kesselwärterstand zu, laufen, da hier der Brennstoff auf den hinteren Rostbereich geworfen wird.

Die Änderung des Rostvorschubes wird durch eine fünf- bis zehnstufige Gangschaltung oder durch eine stufenlose Drehzahlregelung im Vorschaltgetriebe bewirkt. Der bis auf ca. 4 cm/min rückstellbare Vorschub erreicht bei Volllast etwa 30 cm/min, im Schnellgang das Doppelte.

Den Schnellgang benötigt man bei Gefahr, z. B. bei einem Rohrreißer, um das Feuer rasch vom Rost zu bringen. Gleichzeitig drosselt man dann zwecks rascher Minderung der Feuerungsleistung die Frischluftzufuhr so weit, wie dies wegen der Verpuffungsgefahr durch CO-Bildung vertretbar ist. Eine Sicherheitskupplung am Schneckenantrieb bewahrt Rost und Antrieb bei Klemmen, z. B. durch ein in der Kohle mitgeführtes Stück Eisen, vor Schaden. Ein vorsichtiges Nachstellen der Kupplung bis zu dem höchstzulässigen Wert gemäß Betriebsanleitung ist erlaubt, jedoch muss nach Beheben der Störung die Kupplungsauslösung wieder in die normale Betriebsstellung gebracht werden. Ist die Störung so nicht zu beheben, kann man den Rost mittels einer Handkurbel auf der Antriebsschnecke rückwärts bewegen, um so den Fremdkörper zu lockern. Versagt auch diese Maßnahme, muss der Kessel abgestellt und der Schaden behoben werden.

Am hinteren Ende des Rostes – bei Wurfbeschickung am vorderen Ende – befindet sich ein Schlackenstauer, bei kleineren Rosten als Abstreifer, bei größeren Rosten als Pendelstauer ausgebildet. Die pendelnd aufgehängten Stauer, meist aus Spezialguss, sind durch Veränderung des Abstandes zur Rostbahn oder durch Verstellen von Gegengewichten auf bestimmte Schlackenstauhöhe und Rückstaulänge einstellbar. Häufig kann man die Pendel auch blockieren und den Stau bei Bedarf noch mehr vergrößern. Durch den Anstau werden die Verweilzeit des Brennstoffes und der Schlackenausbrand verbessert. Gleichzeitig wird die Packung der Ausbrandschicht dicker und höher und so der Rostbelag gegen schädigende Wärmeeinstrahlung aus dem Feuerraum abgeschirmt. Außerdem wird durch den Stau der rückwärtige Zutritt von Falschluft, der über manche Schlackeausbringer möglich ist, weitgehend unterbunden.

Die Pendelstauer dürfen keine Glut stauen. Das Feuer ist so zu führen, dass der Ausbrand etwa 0,5 m vor den Pendeln beendet ist. Gelangt trotzdem einmal Glut zum Rostende, so ist sie bei angehobenem Pendelstauer in den Trichter zu fahren.

Der Rost reinigt sich selbsttätig durch den »Kopfstand« der Brennstoffbahn beim

Rückweg. Bei festbackenden Kohlen bringt man außerdem häufig noch mechanisch angetriebene Abklopfer an. Der größte Teil der Schlacke wird am Rostende mechanisch ausgetragen. Backende Schlacke wird Brechern zugeführt. Die wenige und kleinstückige Asche, die vom rückkehrenden Rost fällt, wird über Trichter intermittierend von Hand oder mechanisch ausgebracht.

Der Rostdurchfall, der überwiegend aus verkokter Kohle besteht, sammelt sich in den Zonenkästen. Er wird von dort über Schnecken, über Luftejektoren oder über Kratzer seitlich ausgetragen und meist in den Feuerraum zurückgeblasen.

Bei kleineren Feuerungen fördern häufig Stößel-Nassentschlacker unterhalb Rostende die Schlacke in Transporteinrichtungen. Hier verhindert ein Wasserbad das Eindringen von Falschluft in den Rostbereich. Außerdem zerfällt die Schlacke beim Eintauchen durch die Wärmespannungen in kleine Stücke. Für die Niveauregelung des Wasserbades sorgt ein außenliegender Schwimmer; der zugehörige Schwimmerkasten muss frei von Asche gehalten werden.

Bei Großkesseln, die überwiegend mit Kratzer-Nass-Entaschern ausgerüstet sind, dient zur Staubunterdrückung Wasser für den Schlacketransport. Zu Komplikationen führt dies, wenn während der Frostperiode die Wasserversorgung ausfällt und frei liegende Leitungen vereisen. Anstelle von Wasser verwendet man auch Druckluft (erfordert absolut dichtes Rohrsystem wegen Staubaustritt) oder Vakuum (Staubsaugereffekt); ebenso sind Aschebaggerpumpen, Unterwasserkratzer oder ähnliche Einrichtungen anzutreffen. Auf Halden, in Absetzbecken oder in Bunkern wird die Schlacke vom Fördermedium, z. B. durch Siebböden, Zyklone, Gewebefilter usw., getrennt.

Alle vollmechanisierten Rostfeuerungen erhalten die Verbrennungsluft durch Unterwindgebläse, um die Widerstände des Rostbelages und des Brennstoffbettes zu überwinden. Da der Brennstoff für den Verbrennungsablauf auf dem Rost eine bestimmte Wegstrecke durch den Feuerraum bei unterschiedlichem Luftbedarf benötigt, unterteilt man den Raum unterhalb der oberen Rostbahn quer zur Rostlängsachse in Zonen. Drosselklappen an jeder Zone ermöglichen für einzelne Rostbereiche eine getrennte Regelung der Luftmenge. Luftleitbleche sorgen bei breiteren Rosten für gleichmäßige Luftverteilung innerhalb der Zonen. Die Luft wird entweder über seitliche Verteiler oder von unten durch den rücklaufenden Rostteil hindurch zu den Zonen geführt. Das letztgenannte Verfahren bewirkt neben guter Kühlung des Rücklaufteiles eine gleichmäßige Verteilung und eine Vorwärmung der Luft, wobei allerdings 100 °C nicht überschritten werden sollten. Sofern ein Luvo (siehe Abschn. 2.3.4) vorhanden ist, muss dabei die durch ihn mögliche Wärmeeinbringung berücksichtigt werden.

Üblich sind bei solchen »Unterwind-Zonen-Wanderrosten« fünf bis sechs Zonen. Entsprechend dem Brennverhalten des Brennstoffes und den Vorgängen während der Verbrennung – Trocknung, Entgasung, Vergasung und Koksausbrand – wird man in der ersten und zweiten oder zweiten und dritten Zone die größte Luftmenge, anschließend eine geringere Luftmenge benötigen. In der ersten Zone wird man häufig gezwungen, die Luftmenge auf die Zündung abzustimmen. Bei Zündschwierigkeiten drosselt man hier die Luft stark, um das Brennstoffbett nicht kalt zu blasen, bei der Gefahr des Zurückbrennens geht man umgekehrt vor. Bei jeder Änderung des Betriebes ist folglich die erste Zone besonders aufmerksam zu beobachten.

Zur Deckung des Luftdefizits in der Anbrandzone wird bei den meisten mechanischen Rostfeuerungen Zweitluft eingeblasen. Beim Unterwind-Zonenwanderrost mit Rosttrichter wird sie vorzugsweise von der Stirnseite oberhalb des Zündgewölbes über rohrförmige Düsen, die im Abstand von 15 bis 30 cm über die Breite verteilt sind, mit der Einblasegeschwindigkeit von etwa 50 bis 60 m/s zugeführt. Der erforderliche Zweitluftanteil steigt mit dem Anteil flüchtiger Brennstoffbestandteile und liegt zwischen 10% und 30% der Gesamtluft. Dadurch werden die anfangs entstehenden Gassträhnen durchgewirbelt, intensiv mit Luft vermischt und infolge der leichten Abwärtsneigung der Düsenachsen gegen das Rostende hin zu längerer Verweilzeit und damit zu verstärktem Ausbrand gezwungen. Neigt der Brennstoff zu starker Flugkoksbildung über den letzten Zonen, führt man Zweitluft quer über die Feuerraumrückwand ein, wobei man den Flugkoks auf den vorderen Bereich des Rostes niederdrückt. Auch den Rostdurchfall aus den Zonen, die in Trichtern unter Zugumlenkungen aufgefangene Asche und die Rückstände aus der Rauchgasreinigung führt man – sofern noch brennbar – teilweise mit der rückwärtigen Zweitluft in den Feuerraum zurück. Bei Wurfbeschickung ändern sich die Zweckbestimmungen der Einblasestellen entsprechend der Umkehr der Rostlaufrichtung.

Im Gegensatz zum Plan- oder Schrägrost zündet auf dem Wanderrost – sofern die Beschickung mittels Trichter erfolgt – der einlaufende Brennstoff durch Strahlung aus dem im Allgemeinen bis 1300 °C heißen Feuerraum. Als Zündhilfe durch Wärmerückstrahlung dienen das gemauerte, heute kurz gehaltene Zündgewölbe hinter dem Schichthöhenregler sowie vorgewärmte Luft. Wurfbeschickung ergibt günstigere Zündung durch den Aufwurf auf das vorhandene Glutbett.

Eine labyrinthartige Abdichtung zwischen den äußersten Rostgliedern und den Seitenwangen verhindert den Unterwinddurchtritt. Die bei Wasserrohrkesseln seitlich des Rostes angeordneten Rostkühlbalken – das sind die unteren Seitenwandsammler des Wasserrohrsystems – verhindern eine unzulässige Erwärmung in diesem Abdichtungsbereich und ein seitliches Anbacken der Kohle (vgl. Kapitel 2).

Wanderroste sind gut geeignet für gasreiche und trockene Steinkohle in den Klassierungen Nuss III–V (gute Zündeigenschaften), die nur mäßig Staub enthält (Rostdurchfall und Flugkoks) und keine stark backende Schlacke bildet (schlechter Ausbrand, Ungleichmäßigkeit der Luftverteilung). Bei Wurfbeschickung können auch schlechter zündende, unklassierte Kohlen mit Körnung 0–30 mm verbrannt werden. Auf Klappwanderrosten ist auch die Verbrennung von Kohlen mit erhöhter Backneigung und hohem Feinkornanteil noch möglich.

Zum Zünden eines Wanderrostes wird zunächst etwas Kohle eingefahren und darauf entweder durch seitliche Arbeitsluken oder von vorne bei wieder geschlossenem Kohletrichter aus Holzabfällen ein Hilfsfeuer entfacht. Dahinter bringt man vorsichtig Brennstoff ein und setzt bei entsprechender Luftdosierung im Bereich des Zündgewölbes das Feuer in Gang. Mit Fortschreiten der Verbrennung fährt man weiteren Brennstoff ein, hält bei Zündschwierigkeiten den Rost etwas an und steigert so das Feuer. Besser gelingt das Zünden, wenn noch Öl- oder Gasbrenner zur Verfügung stehen. Man wärmt mit ihnen Kessel und Feuerraum an, zündet den Brennstoff auf dem Rost und hält während der Feuerentfachung den für die Zustrahlung zum Brennstoffbett günstigsten Brenner in Betrieb.

Für die Leistungsregelung bis ca. 1 : 5 gibt es verschiedene Möglichkeiten:

> Bei mäßiger und kurzzeitiger Lastschwankung wirkt sich am raschesten eine Änderung der Verbrennungsluftmenge aus;
> bei größeren und länger dauernden Schwankungen muss noch der Rostvorschub geändert werden, wobei die Geschwindigkeitsänderung nach oben durch die Erfordernisse zur sicheren Zündung, nach unten durch die Gefahr des Rückbrandes in den Kohletrichter begrenzt wird;
> bei großen und lang andauernden Lastwechseln muss man schließlich noch die Höhe der Brennschicht verändern, eine Maßnahme, die sich nur langsam auswirkt und während der Übergangszeit zu ungleichem Abbrand führt.

Bei plötzlichem Lastabwurf ist ein zu starkes Drosseln der Frischluft oder des Zuges zu vermeiden, da sonst durch die unvollkommene Verbrennung explosionsfähige Gase entstehen, die zur Verpuffung im Feuerraum mit erheblichen Schäden führen können.

Bei sehr geringer Dampfentnahme, z. B. während der Nacht, arbeitet man »halb aufgebänkt« wie folgt: Nach weitgehender Drosselung der Feuerung durch Verringerung von Rostvorschub und Unterwindpressung bildet man eine 200 bis 250 mm hohe Schicht über der ersten Zone und schließt dann die Absperreinrichtung im Kohlentrichter, um Zurückbrennen möglichst zu verhindern. Sobald diese Kohle entgast ist, schließt man die Luftzufuhr ganz und die Zugabsperrung so weit, dass gerade noch kein Abgasrückstau entsteht, und hält den Rost an. So erfolgt nur mehr ein ganz langsames Durchbrennen, und erst wenn dabei die Glut dem Schichthöhenregler bedenklich nahe kommt, fährt man den Rost ein kurzes Stück weiter. Leert sich dabei der Trichter im Laufe der Zeit so weit, dass von vorne Lufteintritt erfolgen kann, so ist Kohle nachzulassen. Gefährdet ist bei diesem Verfahren der Rostbelag, der unter Umständen zu heiß wird. Eine ausreichende Beobachtungsmöglichkeit ist Voraussetzung für diese Betriebsweise.

Im Normalbetrieb ist eine mittlere Schichthöhe von 100 bis 120 mm bei mittlerer Vorschubgeschwindigkeit anzustreben. Die Abstimmung der beiden Komponenten soll so erfolgen, dass der Rost auf seiner Länge gut genutzt wird: Feuer nicht zu kurz, Schlackenausbrand im letzten Rostdrittel. Dadurch werden ein guter Feuerungswirkungsgrad, ausreichende Anpassungsfähigkeit der Feuerführung an den Dampfverbrauch und eine lange Lebensdauer des Rostbelages erreicht.

Die Regelung des Wanderrostes wird häufig teilautomatisiert. Üblich ist die selbsttätige Regelung des Unterdruckes, wofür der Impuls am höchsten Punkt des Feuerraums abgegriffen und zur Ansteuerung der Zugregeleinrichtung ausgewertet wird. Die Leistungsregelung lässt sich nur innerhalb eines Lastbereiches automatisieren, wie er bei konstanter Schichthöhe durch Änderung der Rostvorschubgeschwindigkeit allein beherrschbar ist. Hierfür werden im Verbund die Luftmenge durch Veränderung der Gesamtzugluftmenge und die Brennstoffmenge durch Beeinflussung der Rostgeschwindigkeit geregelt. Große Änderungen des Vorschubs erfordern eine Korrektur der Zonen, um Rückbrände bzw. Zündabrisse zu vermeiden und die Ausbrandverhältnisse zu beherrschen. Die Schichthöhe und die Sekundärluftmenge werden stets von Hand eingestellt. Diese Unvollkommenheiten der Teilautomation führten zur Entwicklung einer vollautomatischen Regelung, die

Beheizung von Dampfkesseln 271

bis herab zu 35 % der Nennleistung manuelle Eingriffe unnötig macht.

Auch bei Automatisierung der Regelung bleibt die erreichbare Laständerungsgeschwindigkeit wegen der Trägheit des Feuerungssystems gering. Dies gilt für alle Rostfeuerungen. Bei kombinierten Feuerungen wird mit dem Rost eine gleich bleibende Grundlast unterhalb der Regelbandbreite bedient, während die Laständerungen durch schnell regelbare Gas- oder Ölbrenner abgefangen werden.

4.2.1.2 Schüttelroste

Beim Schüttelrost (Bild 4.16), geeignet für Leistungen bis ca. 50 t Dampf/h, bilden Wasserrohre des Verdampfersystems die tragende Unterkonstruktion (Bild 4.17). Roststäbe in Sonderbauweise werden paarweise längs dieser Rohre eingehängt und durch versenkte Keile zur Verbesserung des Wärmeübergangs an die Rohre gedrückt. Hierdurch wird der Rostbelag gekühlt, sodass das Kühlverhältnis bedeutungslos ist, kaum Verschleiß entsteht und Brennstoff jeglichen Heizwertes verbrannt werden kann.

In Wasserrohrkesseln ist der Rost unter einem Winkel von etwa 10° zur Kessellängsachse nach hinten geneigt, um sowohl den Brennstoffvorschub als auch den Naturumlauf des Wassers in den Rostkühlrohren zu gewährleisten.

Bei vereinzelter Verwendung in Flammrohren großen Durchmessers wird der Rost waagrecht angeordnet. Eine Umwälzpumpe, der eine Reservepumpe zugeordnet sein muss, fördert dabei das Kesselwasser durch die Rostberohrung.

Um das Gewicht des Rostes und Brennstoffes von den Fall- und Steigrohren fern zu halten, wird die Rostkonstruktion am Ende auf festen, aber elastischen Stehblechstützen und stirnseitig auf schwenkbaren Stützpendeln aufgelagert. Ergänzend dienen die Trennbleche der Unterwindzonen zur Auflagerung.

Über einen Elektromotor an der Stirnseite, der über eine Exzenterwelle mit den Stützpendeln verbunden ist, wird nun dem elastisch aufliegenden Rost einschließlich der Kühlrohre eine Schüttelbewegung von einigen Millimetern aufgezwungen. Dadurch rutscht der Brennstoff nach hinten. Um dem Brennstoff genügend Ver-

Bild 4.17: Rostelemente zwischen den Kühlrohren eines Schüttelrostes (Steinmüller)

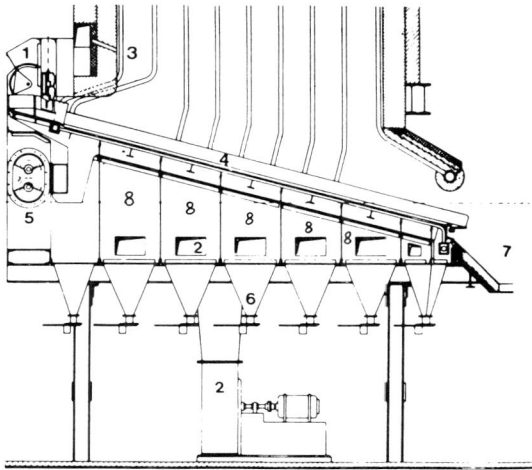

Bild 4.16: Schüttelrost
1 Brennstoffaufgabe
2 Unterwind
3 Sekundärluft
4 wassergekühlte Rostbahn
5 Rostantrieb
6 Trichter für Rostdurchfall
7 Schlackentrichter
8 Unterwindzonen

weilzeit für die Verbrennung zu lassen, werden die kurzen Schüttelzeiten durch längere Stillstände unterbrochen.

Beim Schüttelrost reinigt sich der Rostbelag nicht wie bei Wanderrosten von selbst, sodass zu den Wartungsarbeiten auch das Aufdecken des Rostbelages zum Reinigen der Luftspalte zählt.

Wenn durch Versagen eines elektrischen Bauteils die Schüttelbewegung nicht mehr oder zu spät endet, wird das Feuerbett in den Aschetrichter gebracht; der Rost selbst ist bedeckt von frischer Kohle, für die die Zündquelle fehlt. Dies bringt den Kesselbetrieb zum Erliegen. Um dem vorzubeugen, ist es ratsam, die Schüttelzeit durch Signalgeber so zu überwachen, dass bei Überschreitung um mehr als 1 s Alarm erfolgt. Nur so kann der Kesselwärter noch rechtzeitig eingreifen.

4.2.2 Holzfeuerungen

Durch die Förderprogramme im Rahmen des Erneuerbare-Energien-Gesetzes vom 29.3.2000 und der Biomasseverordnung vom 21.6.2001 hat die Verbrennung von Holzabfällen zu Heizzwecken und zurStromerzeugung an Bedeutung gewonnen.

Die Holzabfälle werden zur Verbrennung in Form von Pellets (für Kleinfeuerungen) oder Hackschnitzeln(für größere Feuerungen) aufbereitet (Bild 4.18).

Holzpellets sind genormte, zylindrische Presslinge aus getrocknetem, naturbelassenem Restholz (Sägemehl, Hobelspäne, Waldrestholz). Sie werden ohne Zuga-

Bild 4.18: Pellets (links) undHackschnitzel imBunker (rechts)

be von chemischen Bindemitteln unter hohem Druck hergestellt. Damit entspricht der Energiegehalt von zwei Kilogramm Pellets ungefähr dem von einem Liter Heizöl (siehe Tafel 4.4).

Hackschnitzel werden durch möglichst staubfreie mechanische Zerkleinerung der Holzabfälle erzeugt.Gemäß Anhang III zu § 5 Abs. 1 der Biomasse-Verordnung

Tafel 4.4 Eigenschaften von Holzpellets

Holz-Pellets	DIN 51731	Ö Norm M7135	DIN plus
Länge cm	< 5	≤ 5·d	≤ 5·d
Durchmesser (mm)	4-10	4-10	4-10
Dichte (q/cm³)	1,0-1,4	≥ 1,12	≥ 1,12
Heizwert (kWh/kg)	4,9-5,5	≥ 5	≥ 5
Wassergehalt (%)	≤ 12	≤ 10	≤ 10
Aschegehalt (%)	≤ 1,5	≤ 0,5	≤ 0,5
Schüttgewicht (kg/m3)	650	650	
Bindemittel (%)	keine	≤ 2	2
Cl-Gehalt (%)	≤ 0,03	≤ 0,02	≤ 0,02
Abrieb (%)		≤ 2,3	2,3

werden Altholz in Sortimentsklassen A I bis A IV eingestuft (Siehe Tafel 4.5).

Bei der Altholzverbrennung sind je nach Holzsortiment umfangreiche Maßnahmen zur Abgasreinigung gemäß TA Luft erforderlich (Abschnitt Müllverbrennung).

Tafel 4.5 Klassifizierung von Altholz-Sortimenten, einige Beispiele

Altholzsortiment	Zuordnung im Regelfall
Sortimente aus dem Garten- und Landschaftsbau, imprägnierte Gartenmöbel, Fenster, Fensterstöcke, Außentüren usw.	A IV
Altholz aus dem Sperrmüll (Mischsortiment), Möbel mit halogenorganischen Verbindungen in der Beschichtung usw.	A III
Türblätter und Zargen von Innentüren (ohne schädliche Verunreinigungen), Bauspanplatten usw.	A II
Transportkisten, Verschläge aus Vollholz, Verschnitt, Abschnitte, Späne von naturbelassenem Vollholz usw.	A I

Bei Einblasefeuerungen für Holzspäne und Holzstaub sind Druck- und Drehzahlwächter am Förderluftgebläse oder Endschalter zum Abfragen der Stellung an Rückschlagklappen in den Einblaseleitungen zur Überwachung der Brennstoffzuteilung üblich.

Beim Einblasen wirkt Luft als Fördermittel. Die kleinen Teilchen verbrennen in der Schwebe, die größeren brennen auf dem Rost aus und zünden den eintretenden Brennstoff. Bei unzureichender Zündung wird ein Öl- oder Gaszündbrenner installiert, der auch als Stütz- oder Leistungsbrenner betrieben werden kann. Nachteilig sind bei Einblasung die ungleichmäßige Brennstoffverteilung auf dem Rost und der dadurch entstehende Falschlufteinbruch, vorteilhaft die einfache und schnelle Regelfähigkeit der Brennstoffmenge, sodass sogar eine vollautomatische Leistungs-

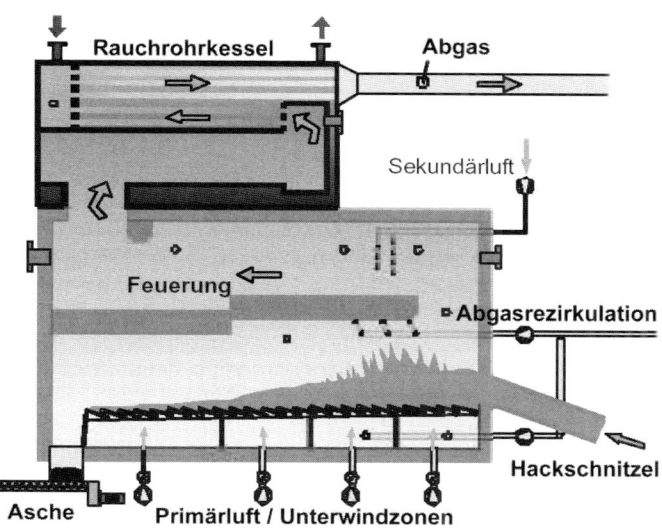

Bild 4.19: zeigt eine Biomasse-Hackschnitzelfeuerung mit Rauchgasrezirkulalion zur NOx-Minderung und mit Sekundärlufteinblasung im zweiten Zug der Brennkammer zum optimierten Ausbrand der Feinpartikel. Als Heißwassererzeuger dient hier ein Zweizug-Rauchrohrkessel.

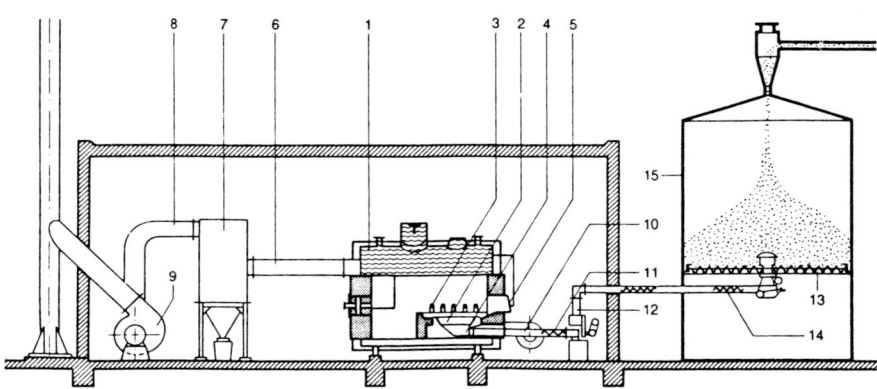

Bild 4.20: Unterschubfeuerung
1 Dampfkessel
2 Feuermulde
3 Sekundärdüsen
4 Luftkasten
5 Aschetür
6 Rohgasleitung
7 Zyklon-Entstaubungsanlage
8 Reingaskanal
9 Saugzug-Ventilator
10 Verbrennungsluftgebläse
11 Stokerschnecke
12 Fallrohr
13 Brennstoff-Austragsvorrichtung
14 Transportschnecke
15 Brennstoffsilo

regelung, vorwiegend als Zweipunktregelung (Abschn. 4.3.1), möglich wird. Rückbrände in Einblaseleitungen nach Stillsetzung der Spänezuteilung werden durch Leerblasen der Leitungen mittels Gebläsenachlauf vermieden. Rückschlagklappen, die stets leichtgängig zu halten sind, verhindern sowohl Gefahren bei Gebläseausfall als auch Flammenrückschläge. Feuerungen dieser Art sind in Holz verarbeitenden Betrieben häufig mit Beschickungskästen für sperrige Brennstoffe kombiniert.

Wird der Brennstoff mechanisch über Trichter oder Kästen eingebracht, so muss in diesen eine mindestens 1 m hohe Sperrschicht zur Verhinderung des Zurückbrennens gehalten werden. Schaugläser ermöglichen dem Kesselwärter deren Beobachtung; neuerdings werden auch Warneinrichtungen angebracht. Sinkt die Sperrschicht unzulässig ab, sind die Trichterabsperreinrichtungen zu schließen.

Eine weitgehende Mechanisierung erbringt die für Holz-Späne-, -Hackschnitzel und -Pellets, früher für Steinkohle eingesetzte *Unterschubfeuerung* (Bild 4.20). Der Brennstoff wird durch eine Schnecke von unten in eine Feuermulde mit Roststäben an den trichterförmigen Seiten gefördert. Unterwind wird durch den Rostbelag eingeblasen, Zweitluft knapp darüber. Die Handentaschung erfolgt über vordere Schautüren. Eine selbsttätige Zweipunkt- oder Zweistufenleistungsregelung ist üblich.

Die Zündung kleinerer Pellets- oder Hackschnitzelfeuerungen erfolgt mittels elektrischem Heißluftgebläse. Auf diese Weise können solche Feuerungen auch nach längeren Abschaltzeiten (Nachtabsenkung) vollautomatisch gestartet werden.

Im Übrigen gelten für Holzfeuerungen die sicherheitstechnischen Anforderungen der TRD 414: Holzbrennstoffe dürfen nicht im Kesselaufstellungsraum gelagert werden, sondern es müssen Silos aus feuerbeständigen Werkstoffen mit Druckentlastungsöffnungen verwendet werden. Holzbrennstoffe mit größeren Anteilen an Holzstaub sind explosionsfähig. Wenn der Staubanteil mehr als 50 Gew.-% beträgt, muss eine Einblasefeuerung verwendet werden. Je nach Art der Brennstoff-Förderung sind auch noch Rückbrandsicherungen und Einrichtungen zur Branderkennung bzw. Löscheinrichtungen vorgeschrieben. Beschickungstüren müssen durch geeignete elektrische oder mechanische Einrichtungen so verriegelt sein, dass sie sich nur öffnen lassen, wenn im Feuerraum ein ausreichender Unterdruck herrscht. Unterschubfeuerungen müssen mit einer ständig vorhandenen, überwachten Sperrschicht in der Brennstoffzufuhr betrieben werden, um Rückzünden bzw. Luftzutritt in die Brennstoffaufgabeeinrichtungen auszuschließen.

Bild 4.21: Müllbunker mit Müllkran und vollklimatisierter Kranführerkabine

4.2.3 Müllverbrennung und müllgeeignete Roste

Die Entsorgung von Müll aus Haushalten, Kliniken, Industrie und Gewerbe und von vorgetrocknetem, granuliertem Klärschlamm erfolgt überwiegend durch Verbrennung, nachdem kaum noch Deponieflächen zur Verfügung stehen. Es wurden auch Vergasungs-, Pyrolyse- und Konversionsverfahren entwickelt, bei denen der Müll zunächst verschwelt oder anderweitig thermisch und chemisch entgast wird. Ziel dieser Entwicklung ist es, Staub und unbrennbare Bestandteile als wasserunlösliches Schlackegranulat zurückzugewinnen und die Abgasmenge dadurch zu reduzieren, dass entweder der Stickstoffanteil in der Nachverbrennungsluft durch Anreicherung mit Sauerstoff verringert wird, oder dass anstelle von Abgasen überwiegend technisch verwertbare »saubere« Brenngase aus dem Müll gewonnen werden. Diese Entwicklungen sind jedoch noch nicht abgeschlossen.

Die Verbrennung von infektiösem Klinikmüll muss aus hygienischen Gründen getrennt vom Haus- und Gewerbemüll erfolgen. Um Infektionsgefahren auszuschließen, muss Klinikmüll in dichten Behältern angeliefert werden, die bis zur Aufgabe auf den Klinikmüllverbrennungsrost unversehrt bleiben müssen. Sofern die Transportcontainer nicht mitverbrannt werden, müssen sie nach jedem Einsatz gereinigt und desinfiziert werden. Bei der Klinikmüllverbrennung ist wegen des geringen Heizwerts der ständige Einsatz von Zusatzfeuerungen unverzichtbar. Entsprechend hoch sind die Anlagen- und Betriebskosten. Die Abgase von Klinikmüllöfen werden üblicherweise in eine benachbarte Hausmüllverbrennungslinie eingeleitet, sodass die dort bereits vorhandene Rauchgasreinigungsanlage mitgenutzt werden kann.

Haus- und Gewerbemüll setzt sich ungefähr zu etwa je einem Drittel aus Brennbarem, Unbrennbarem und Wasser zusammen und muss vor der Verbrennung gut durchmischt und möglichst auch vorgetrocknet werden. Nachdem sich der Müll aus allen nur denkbaren Stoffen zusammensetzen kann, unterliegt sein Heizwert erheblichen Schwankungen zwischen ca. 4000 und 15.000 kJ/kg. Bei vorsortiertem Restmüll, bei dem recyclingfähige Wertstoffe bereits aussortiert worden sind, kann der Heizwert noch niedriger liegen, wobei unter ca. 3500 kJ/kg die Verbrennung nicht mehr selbstgängig läuft.

Um den Heizwert zu vergleichmäßigen, wird der Müll im Müllbunker (Bild 4.21) mit dem Müllkran von einer klimatisierten Kabine aus intensiv durchmischt, bevor er durch einen Schacht auf den Rost aufgegeben wird. Der Müllaufgabeschacht muss stets ausreichend hoch gefüllt sein, um eine Abdichtung gegen Falschluft zum Feuerraum hin sicherzustellen.

Um Geruchsbelästigungen in der Anlage zu minimieren, wird über die Ansaugleitung des Verbrennungsluftgebläses die Luft über dem Müllbunker ständig abgesaugt und der Verbrennung zugeführt.

Auf dem Rost lässt sich der Müll auch bei ausreichendem Heizwert erst dann zünden, wenn seine Feuchtigkeit weitgehend ausgetrieben ist. Die Wärme zur Vortrocknung liefern das Müllfeuer und das Zündgewölbe des Feuerraums durch Rückstrahlung sowie die vorgewärmte Verbrennungsluft, die durch den Rost hindurch das Müllbett von unten her erwärmt.

Während der Verbrennung tritt eine erhebliche Volumenminderung ein. Dadurch und durch den vorschnellen Abbrand leicht verbrennlicher Teile bilden sich Löcher im Brennstoffbett, durch die Verbrennungsluft ungenutzt entweicht, während in den noch bedeckten Rostbereichen Luftmangel entsteht. Dem wird konstruktiv durch einen hohen Luftwiderstand des Rostes und durch seine Gestaltung, die ein ständiges Zusammenschieben, Umschichten und Schüren des Mülls bis zum Ausbrand bewirkt, begegnet. Brennverhalten und Temperaturverteilung auf dem Rost wechseln ständig.

Der niedrige und schwankende Heizwert lässt Verbrennungstemperaturen von etwa 950° bis 1200 °C erwarten, sie können aber aufgrund vorgenannter Unvollkommenheiten auch niedriger liegen. Um Geruchsbelästigungen im Freien durch die Kaminabgase zu vermeiden, ist zurzeit eine Verweildauer der Abgase im Feuerraum von mindestens zwei Sekunden bei mindestens 850 °C Verbrennungstemperatur vorgeschrieben (17. Bundes-Immissionsschutzverordnung). Hierzu müssen die Feuerräume mit zahlreichen Messstutzen versehen werden, die eine amtlich vorgeschriebene, rasterförmige Messung der Abgastemperaturen und Abgasgeschwindigkeiten mittels Absaugpyrometern ermöglichen.

Überwachungsthermometer in der Feuerraumdecke sind so kalibriert, dass sie die Stützbrenner selbsttätig zuschalten, wenn die Verbrennungstemperatur in der darunter liegenden Nachverbrennungszone des Feuerraums oberhalb der Sekundärluftdüsen 850 °C unterschreitet.

Zur Kalibrierung muss eine anlagenspezifische und gegebenenfalls auch lastabhängige Temperaturdifferenz zwischen Kesseldecke und Nachverbrennungszone ermittelt und in die Kesselsteuerung einprogrammiert werden, da eine direkte Temperaturmessung in der hoch korrosiven Nachverbrennungszone mit fest eingebauten Thermoelementen nicht realisiert werden kann. Die Tauchhülsen würden dort einem zu hohen Verschleiß durch chemischen Angriff unterliegen bzw. unter dem Gewicht der anbackenden Flugasche abbrechen. Infrage käme hier allenfalls eine relativ aufwendige schallpyrometrische Temperaturmessung.

Die Verbrennungstemperatur soll 1100 °C nicht überschreiten, weil die sonst flüssig oder teigig werdende Asche die Luftspalten am Rostbelag zusetzt und festhaftende Anbackungen am feuerfesten Mauerwerk bildet, die den lichten Feuerraumquerschnitt unzulässig beengen und beim Abkühlen Teile aus dem Mauerwerk herausbrechen können. Um die Verbrennungstemperaturen beherrschen zu können, werden deshalb bei Abfallfeuerungen folgende Möglichkeiten, einzeln oder kombiniert, genutzt:

- weitgehende Abdeckung der Feuerraumberohrung mit schlackeabweisendem Mauerwerk und/oder mit Stampfmasse (auf bestifteten Rohren) und/oder Verzicht auf Mauerwerkskühlung in rostnahen Feuerraumbereichen zur Verringerung des Wärmeentzuges im Feuerraum und der Verbrennungsverluste;
- Vorwärmung der Primär- und der Sekundärluft auf ca. 120–180 °C;
- Zumischung von leichter brennbarem und heizwertreichem Brennstoff;
- Einbau von Öl- oder Gasbrennern, die entweder als Stützbrenner in Abhängigkeit von der Verbrennungstemperatur oder dem CO-Gehalt betrieben werden oder als Nachbrenner mithilfe hohen Luftüberschusses die während der Trocknung und dem Schwelen des Brennstoffes entweichenden Gase zum Ausbrand bringen;
- Feuerungsautomatisierung, da das Personal mit der laufenden Anpassung von Luftverteilung und -menge, Rostvorschub und Müllzuteilergeschwindigkeit an den Verbrennungsablauf im Feuerraum überfordert ist.

Bild 4.22: Rauchgasführung in Feuerräumen und Rostwalzenanordnung

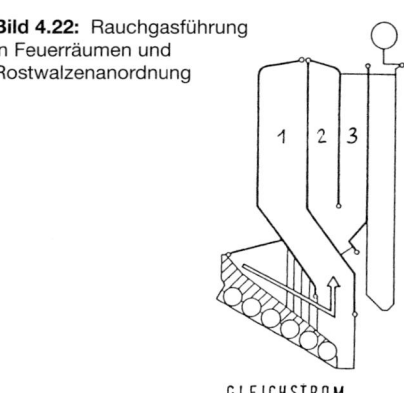
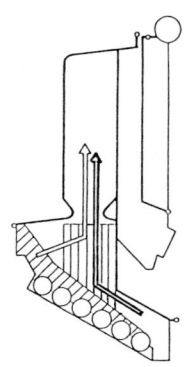

GLEICHSTROM   GEGENSTROM   MITTELSTROM

▨ Brennstoffschicht   ⟹ klassifizierender Teilgasstrom   1 Feuerraum
▥ Temperaturmaximum   ○○ Rostwalzen   2 2. Zug
   3 3. Zug

Die Verbrennungsbedingungen werden darüber hinaus so gestaltet, dass möglichst wenig Schadstoffe entstehen bzw. freigesetzt werden. Dies gelingt unter anderem durch eine der zu erwartenden Müllqualität angepasste Feuerraumgestaltung für eine Gleichstrom-, Gegenstrom- oder Mittelstromführung der Brenngase (Bild 4.22). Nach heutigem Erfahrungsstand ist die Gleichstromführung vorteilhaft zur Nachverbrennung der aus den Trocknungs- und Entgasungszonen der Roste entweichenden Gase aus relativ trockenem, schnell zündendem und heizwertreichem Müll. In der Gegenstromführung werden die heißen Verbrennungsgase in Richtung Trocknungs- und Entgasungs-/Vergasungsbereich geführt und wirken dort zündunterstützend, was insbesondere bei heizwertarmem Müll die Verbrennung beschleunigt. Die Mittelstromfeuerung ist ein Kompromiss zwischen den vorbeschriebenen Möglichkeiten.

Die vielen Schadstoffe im ungereinigten Rauchgas (Rohgas) setzen die Kesselwandungen, insbesondere im Feuerraum und am Überhitzer, einer erheblichen Korrosionsbeanspruchung aus.

An den relativ heißen Wandungen des Überhitzers herrschen für die heißen Müllabgase ideale Korrosionsbedingungen. Durch einen rauchgasseitig in Strömungsrichtung vorgeschalteten Schutzverdampfer und durch Begrenzung der Heißdampftemperatur auf ca. 400 °C muss der Überhitzer besonders geschützt werden. Die Schutzwirkung wird noch verbessert, wenn der Überhitzer darüber hinaus im Gleichstrom statt im Gegenstrom betrieben wird.

Je besser der Ausbrand auf dem Rost ist, desto höher ist der Anteil dampfflüchtiger Metallsalze im Abgas. Insbesondere Blei und Zink verdampfen leicht und bilden dann zusammen mit den HCl-Dämpfen aus der Kunststoffverbrennung entsprechende aggressive Chloride.

Auf der ungeschützten Oberfläche der Stahlrohre im Feuerraum kommt es wegen des Salzsäure- und Chloridgehalts der Rohgase zu erheblichen Abzehrungen. Wenn dazu noch eine sog. »reduzierende Atmosphäre« im wandnahen Bereich herrscht, z. B. durch hohen CO-Gehalt wegen unvollständiger Verbrennung oder durch fliegende Funken, die eine reduzierende Mikroatmosphäre mit sich führen, so kann die Korrosionsrate infolge von $FeCl_3$-Bildung unerträglich hohe Werte annehmen, die dann 2 mm pro Jahr und mehr betragen können. Deswegen müssen die Kesselrohre im Bereich des Müllfeuers und der darüber liegenden Nachverbrennungszone mit einer feuerfesten Stampfmasse geschützt werden, ähnlich wie in Abschnitt 2.2.3.2.1 für die Schmelzkammerkessel erläutert.

Die Stampfmasse muss sorgfältig zubereitet, möglichst kompakt (»gestampft«) auf die bestifteten Kesselrohre aufgetragen und anschließend kontrolliert getrocknet und ausgehärtet werden, damit möglichst wenig Poren in der Bestampfung verbleiben. Während des Betriebes können korrosive Gase und schmelzenförmige Salze in die Bestampfung eindringen und dort kondensieren oder Mineralneubildungen veranlassen, die dann zur Zerstörung der Stampfmasse durch Volumenvergrößerung in Poren und Lunkern führen können. Geschlossene kleine Poren in der Bestampfung sind für diesen Korrosionsprozess durch eindringende Salze weniger anfällig als Schlauchporen bzw. Lunker, die untereinander verbunden sind.

Bei Müllfeuerungen ist die Verwendung von Siliziumkarbid (SiC30 bis SiC90) als Stampfmasse oder in Form von Schutzplatten üblich. Das SiC90-Material hat eine bessere Wärmeleitfähigkeit als SiC70 und dieses wiederum eine bessere als SiC30. Dadurch sind SiC70- und vor allem SiC90-Bestampfungen besser vor innerer Salzkondensation geschützt. Je höher die Wärmeleitfähigkeit der Stampfmasse ist, desto kälter sind ihre feuerseitigen Oberflächen, sodass die Salze dann eher oberflächlich kondensieren, bevor sie gas- oder schmelzenförmig eindringen können. Andererseits fordert das Genehmigungsverfahren hohe Rauchgastemperaturen von mehr als 850 °C mit einer Verweildauer von mehr als zwei Sekunden. Diese Forderung ist mit einer korrosionsfesten, d. h. gut wärmeleitenden Bestampfung auf wassergekühlten Flossenrohrwänden nicht leicht zu erfüllen. Durch die Umweltschutzauflagen bezüglich eines guten Ausbrandes und einer langen Verweilzeit der Abgase im Feuerraum wird der Spielraum für die Konstruktion und den Betrieb einer Müllfeuerung stark eingeschränkt, sodass sich beim Korrosionsschutz im Feuerraum erhebliche technische Schwierigkeiten ergeben. In letzter Zeit wurden deswegen auch aufwändige Auftragsschweißungen mit korrosionsbeständiger Nickellegierung ebenso wie ein Korrosionsschutz durch Plasmaspritzbeschichtung auf den Feuerraumrohren erprobt. Die Nickel-Auftragsschweißung ist ca. 2 bis 3 mm dick, sie wird bei wassergefülltem Kesselrohr aufgebracht, um den Wärmeverzug zu verringern. Unter Betriebsbedingungen diffundieren die aggressiven Bestandteile der Müllabgase in die Nickelschicht. Dies führt bei nachträglichen Schweißarbeiten zu starker Porenbildung, sodass kein tragender Schweißnahtanschluss mehr möglich ist. Beim Plasma-Auftragsspritzen ist die Nickel-Schutzschicht wenige Zehntel mm dick. Sie kann im Bedarfsfall bzw. nach Abnutzung erneut aufgebracht werden.

Neuere Forschungsarbeiten haben ergeben, dass die in der 17. BImSchV geforderte Mindestverweilzeit der Abgase von 2 Sekunden bei 850 °C im Feuerraum weder zu einer nennenswerten Verbesserung der Abgasqualität noch zu einem verbesserten Schlackeausbrand führt. Angesichts der geschilderten Korrosionsprobleme und angesichts der ohnehin installierten hochwirksamen Abgasreinigungsanlagen wäre es wünschenswert und technisch vertretbar, wenn der Gesetzgeber keine Anforderungen an die Verweilzeit und Mindesttemperatur der Abgase im Feuerraum mehr stellen würde.

Bild 4.23: Walzenrost (Blick von der Rückwand aus in Richtung Brennstoffaufgabe)

4.2.3.1 Walzenroste

Einer der speziell zur Müllverbrennung entwickelten Roste ist der Walzenrost. Bei ihm ist die Rostbahn in einzelne, drehbare, im Innern hohle Rostwalzen von ca. 800 mm Durchmesser aufgeteilt, die stufenartig übereinander angeordnet sind (Bilder 4.22 und 4.23). Den Walzenmantel bilden gekrümmte Zahnroststäbe. Jede der Rostwalzen besitzt einen eigenen Antrieb mit stufenloser Drehzahlregelung.

Die Primärluft wird im Allgemeinen aus dem Müllbunker abgesaugt, um ihn möglichst staub- und geruchsfrei zu halten. Sie wird zonenweise jeder Rostwalze von unten zugeführt. Den Rostdurchfall fördern Blecheinbauten aus den Walzen in die seitlichen Zonentrichter.

Mittels der getrennten Walzenantriebe kann die Aufenthaltszeit des Brennstoffes durch Anpassung der Drehzahl von ein bis drei Umdrehungen je Stunde so gesteuert werden, dass ein guter Ausbrand erfolgt. Die zwickelartigen Brennstoffübergabestellen zwischen den einzelnen Walzen bewirken in Verbindung mit dem von Stufe zu Stufe erfolgenden Abwerfen des Brenngutes das Schüren. Mit der Zonenregelung lässt sich die Luftmenge je Walze abstimmen. Dabei strömt die Luft zunächst durch den Rostbelag auf der Walzenunterseite, kühlt diesen und wird dabei selbst leicht vorgewärmt, ehe sie durch den Rostbelag auf der Walzenoberseite tritt und den Brennstoff erreicht.

Zweitluft zum vollständigen Abbau der bei der Verbrennung entstehenden gasförmigen Zwischenprodukte wird hier – wie auch bei allen anderen Müllfeuerungen – im Bereich ausreichender Zündtemperatur oberhalb des Rostes mit hoher Geschwindigkeit eingeblasen.

Zur Beschickung dienen Stößel, Schnecken oder Schieber, die unter dem Rosttrichter über die ganze Rostbreite hinweg angeordnet sind. Bei sehr sperrigem Müll erfolgt die Aufgabe über Einfüllkästen mit pneumatischer Betätigung der Absperrklappen und Beschickung mittels Kran und Hubstapler.

Eine Leistungsregelung und die Anpassung der Verbrennung an den wechselnden Müll ist durch Änderung der Brennstoffzufuhr, der Unterwindpressung und der Zonenluftverteilung, der Schürintensität, der Zweitluftmenge und weiterer anlagenspezifischer Gegebenheiten, z. B. der Rauchgasrezirkulation zur Stickoxidminderung, möglich. Eine Verbesserung der Regelung gelingt durch den Einsatz von Flammenanalysatoren, welche die Flammen bzw. einzelne ihrer Komponenten wie Kohlendioxid oder Wasserdampf oder die Temperaturverteilung im Hauptverbrennungsbereich erfassen. Über Rechner, die zugleich weitere Parameter wie Dampfleistung, Kohlenoxid- und Sauerstoffgehalt der Rauchgase am Kesselende verarbeiten, wird dann die Feuerführung entsprechend beeinflusst. Dabei hat zunehmend die Minimierung der Schadstoffemissionen Vorrang gegenüber der Konstanthaltung von Dampfleistung und Überhitzungstemperatur. Die Darstellung der wichtigsten Kenngrößen für die Feuerung auf Bildschirmen in der Warte ermöglicht dem Kesselwärter unter anderem den jederzeitigen Handeingriff – zumindest innerhalb bestimmter Grenzen.

4.2.3.2 Schürroste

Diese Roste, ursprünglich vor allem für wanderrostungeeignete Brennstoffe wie Kohlenschlamm, Rohbraunkohle mit hohem Wassergehalt und Waschberge mit hohem Ballastgehalt entwickelt, erfuhren ihre Renaissance und Weiterentwicklung aufgrund ihrer guten Eignung zur Müllverbrennung. Das Brennstoffbett wird durch Bewegen einzelner Roststäbe oder Roststabreihen in Rostlängsrichtung geschürt, während es infolge der Schrägstellung des Rostes zum Rostende gleitet. Die Rostkonstruktion ist starr und nur die gleitend aufliegenden Roststäbe werden durch entsprechende Antriebe gleichmäßig und langsam hin und her bzw. auf und ab bewegt. Es kommt also nicht, wie beim Schüttelrost, eine gleichzeitige und ruckartige Bewegung des gesamten Rostbelages zustande. Die Neigung der Rostbahn ist kleiner als der Brennstoffböschungswinkel (siehe Schräg- und Treppenroste), da hier das Abwärtsgleiten des Brennstoffbettes durch die Schürbewegung begünstigt wird. Der Brennstoff wird wie beim Walzenrost aufgegeben.

Schürroste unterscheidet man in Bezug auf die Relativbewegung, welche der unmittelbar auf dem Rost aufliegende Teil der Brennstoffschicht durch die Schürbewegung erfährt. So spricht man von Vorschubrosten, wenn diese Bewegung rostabwärts, und von Rückschubrosten, wenn sie rostaufwärts gerichtet ist.

Auch hier wird der Unterwind über Zonen entsprechend dem Verbrennungsablauf dosiert. Für die Einblasung von Zweitluft gelten die schon für Wanderroste angestellten Überlegungen.

Die Leistungsregelung geschieht durch Änderung der Brennstoffzufuhr im Verbund mit der Änderung des Unterwindes. Eine Änderung der Schürgeschwindigkeit hat nur geringen Einfluss.

Beim *Vorschubrost* (Bild 4.24), geeignet für Leistungen bis ca. 90 t Dampf/h, ist es nachteilig, dass die Verweilzeit des Brennstoffes auf dem Rost abhängig ist von der Schürgeschwindigkeit. Wenn also zur Verbesserung der Verbrennung die

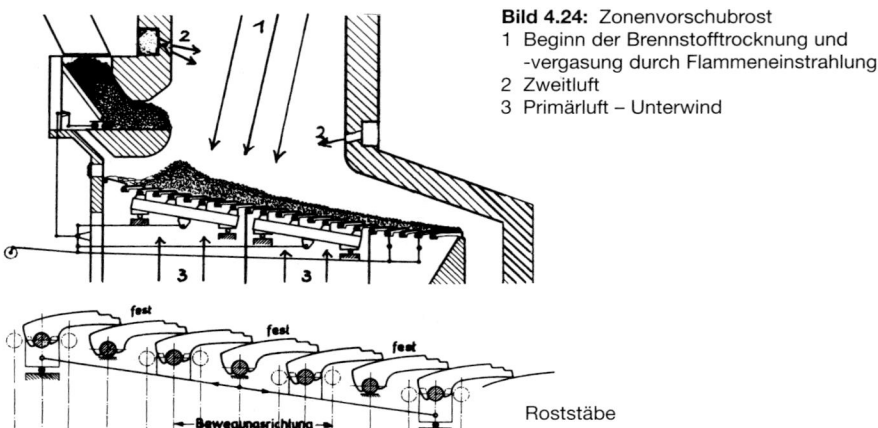

Bild 4.24: Zonenvorschubrost
1 Beginn der Brennstofftrocknung und -vergasung durch Flammeneinstrahlung
2 Zweitluft
3 Primärluft – Unterwind

Schürgeschwindigkeit erhöht wird, rutscht das Brennstoffbett rascher über das Rostende ab. Gerade bei ballastreichen Brennstoffen aber wäre für das Ausbrennen der Rückstände eine längere Verweilzeit vorteilhaft. Daher ordnet man am Ende oft feststehende Planroste an. Da auch die Rostneigung den Vorschub mitbestimmt, werden für Brennstoffe, die intensive Schürarbeit erfordern, die Roste mit geringerer Neigung gebaut. Außerdem erreicht man durch Gegenläufigkeit in der Bewegung einzelner Roststabreihen neben einer Steigerung der Schürwirkung ebenfalls einen gewissen Bremseffekt gegenüber der Abwärtsbewegung des Brennstoffs.

Der *Rückschubrost* (System Martin) und der ähnliche, aber horizontal angeordnete *Gegenlauf-Überschubrost* (System W + E) erlauben eine Steigerung des Schürens, ohne dass dadurch der Brennstoffvorschub, der fast nur unter dem Einfluss der Schwere erfolgt, beschleunigt wird (Bild 4.25). Durch die gegenläufige Bewegung der Roststäbe wird der Brennstoff sowohl entgegen der allgemeinen Gleitrichtung als auch in das darüber liegende Brennstoffbett gedrückt. Dabei findet fortwährend ein Übergang von Feinteilen der Oberschicht in die Unterschicht und von Grobteilen in umgekehrter Richtung statt. Dies bewirkt ein gutes Unterfeuer, eine vorzügliche Zündung und – soweit vom Brennstoff her möglich – einen raschen Verbrennungsablauf. Mit abnehmendem Heizwert des Brennstoffes kann die Schichthöhe bis zu etwa 400 mm gesteigert werden. Am Rostende sorgt eine Walze für Brennstoffstau und Schlackeaustragung.

Durch Vorwärmen der Verbrennungsluft lassen sich Zündung und Verbrennung schwieriger Brennstoffe wesentlich verbessern. Allerdings besteht dann wieder die Gefahr, dass die Schlacke schmelzflüssig wird, zwischen den Roststäben oder Rostplatten erstarrt und deren Schürbewegung hemmt. Glas und Kunststoffe im Müll schaffen hier vor allem Probleme.

Neben der Entsorgung in einer reinen Müllverbrennung wird heizwertreicher Industrieabfall auch in geschredderter Form als Sekundärbrennstoff in anderen Feuerungsprozessen nach Maßgaben des Kreislaufwirtschaftsgesetzes mitverbrannt, vorzugsweise in Wirbelschichtfeuerungen oder Kohlekraftwerken. Dabei

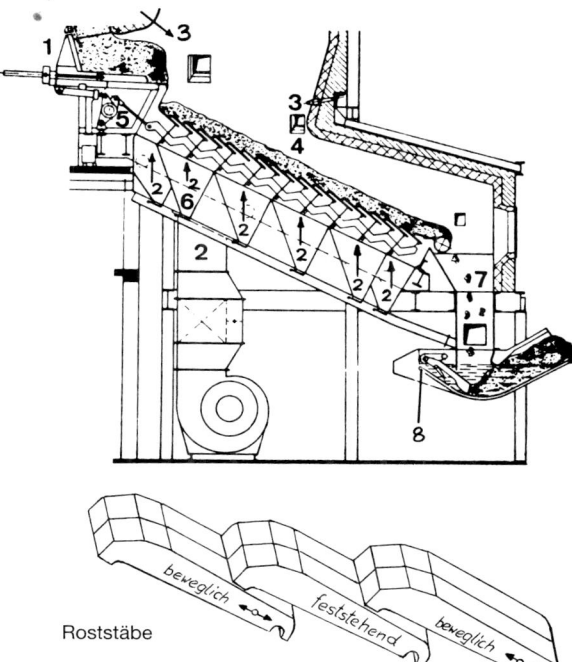

Bild 4.25: Rückschubrost
1 Brennstoffaufgabe
2 Unterwind – Primärluft
3 Sekundärluft
4 Rost mit Brennstoffschicht
5 Rostantrieb (Rückschubbewegung)
6 Trichter mit Rostdurchfall
7 Schlackentrichter
8 Nassentschlacker

kommt es in erster Linie darauf an, den Sekundärbrennstoff gleichmäßig in der gewünschten Menge zu dosieren. Hierzu werden z. B. gravimetrisch arbeitende Dosierstationen entwickelt. Typisch für Sekundärbrennstoffe sind Verunreinigungen durch Fremdkörper wie meterlange Kunststoffbänder, Schnüre, Messingbeschläge, Drähte und Glassplitter. Daher sind geeignete Wartungsöffnungen in den Dosierleitungen vorzusehen, um störende Fremdkörper entfernen zu können.

4.2.4 Wirbelschichtfeuerung

Wirbelschichten werden in der Verfahrenstechnik zum Trocknen, Kühlen und Verbrennen von Rückständen eingesetzt. Nachgeschaltete abgasbeheizte Kessel führten schon früh zu ihrer Verknüpfung mit Dampfkesselanlagen.

In konsequenter Weiterentwicklung wurden Dampfkesselanlagen mit Wirbelschichtfeuerungen ausgerüstet. Ihr Leistungsbereich deckt sich weitgehend mit dem für Rostfeuerungen üblichen; einzelne Anlagen allerdings reichen mit Leistungen bis 300 MW_{th} (ca. 350 t/h Dampf) schon weit darüber hinaus.

Der Anreiz für diese Technik als Alternative zu Rost- und Kohlenstaubfeuerungen liegt vor allem in der hohen Brennstoffflexibilität und der Umweltfreundlichkeit. Sie ermöglicht unter anderem
- den Einsatz von Brennstoffen mit hohem Ballastanteil,
- die gleichzeitige Verbrennung von sehr unterschiedlichen Brennstoffen – einen sehr hohen Feuerungswirkungsgrad,

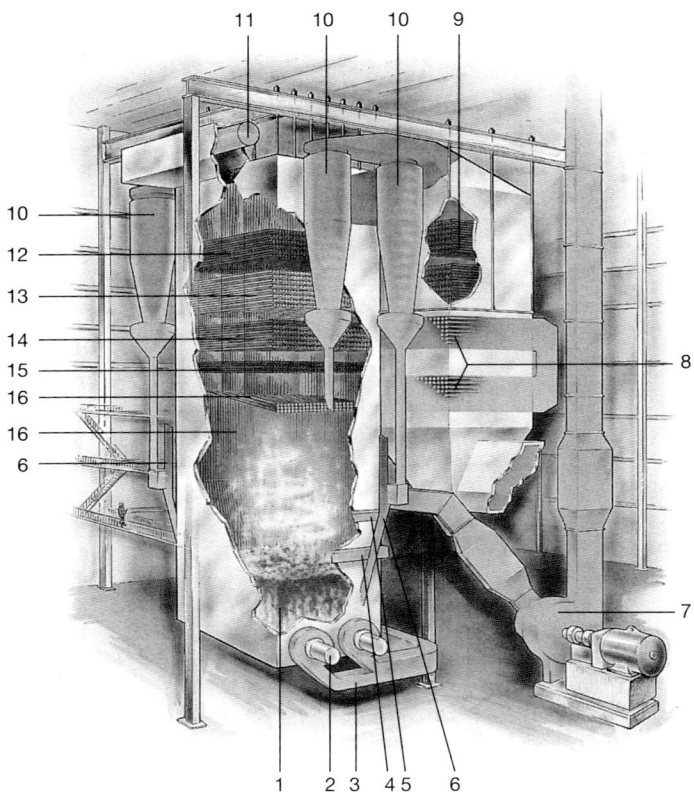

Bild 4.26: Quasistationäre atmosphärische Wirbelschichtfeuerung (Circofluid, Babcock)
1 Wirbelschichtbett
2 Öl-Anfahrbrenner
3 Frischluft, vorgewärmt
4 Zweitluft, vorgewärmt
5 Drittluft, vorgewärmt
6 Brennstoffaufgabe
7 Frischluftgebläse
8 Luftvorwärmer
9 Speisewasser-Vorwärmer I
10 Zyklonabscheider mit Ascherückführung in die Feuerung
11 Trommel
12 Speisewasser-Vorwärmer II
13 Überhitzer I
14 Überhitzer II
15 Überhitzer III
16 Verdampfer

- eine wirksame Einbindung des aus dem Brennstoffschwefel entstehenden SO_2 durch Zugabe von Kalkstein oder Dolomit und damit den Verzicht auf eine aufwändigere Rauchgasentschwefelung,
- eine Verbrennung bei Temperaturen um 820 bis 950 °C ohne Bildung von thermischen Stickoxiden, sodass eine gesonderte Rauchgasentstickung entfallen kann,
- die Anlagerung der im Brennstoff enthaltenen Schwermetalle an die Asche (ausgenommen Quecksilber) und dadurch deren einfache Rückhaltung,
- das Entstehen von Reststoffen, die nach bisherigen Erkenntnissen ökologisch problemlos sind, und
- eine Verringerung des Kesselbauvolumens.

Zurzeit konkurrieren zwei Systeme miteinander: die klassische, aus der Verfahrenstechnik entwickelte, »*stationäre, atmosphärische Wirbelschichtfeuerung*« (Bild 4.26) und die daraus entwickelte, »*zirkulierende, atmosphärische Wirbelschichtfeuerung*« – nachfolgend SWSF bzw. ZWSF genannt. Dabei bietet die ZWSF Vorteile wie höhere Wärmeübergangszahlen, bessere Brennstoffverteilung und -umsetzung, höhere

Bild 4.27: Düsenboden zu Pos.1/Bild 4.25

Lastanderungsgeschwindigkeiten, die Möglichkeit der gestuften Verbrennung durch Zweit- und Drittluftzugabe, größere Energieumsetzungsgeschwindigkeit und folglich kleinere Baumaße.

Die stark beschleunigte Verbrennung ermöglicht eine hohe Energieumsetzung, d. h. die Installation einer großen Feuerungsleistung auf relativ kleinem Raum.

In der Wirbelschichtfeuerung wird auf einem metallischen oder keramischen Düsenboden (Bild 4.27) ein Bett aus körnigem Inertmaterial, im Allgemeinen Asche oder Sand, mehr als 1 m hoch aufgeschüttet. Die Betthöhe wird begrenzt durch den Druckverlust des Bettes, der aus wirtschaftlichen Gründen nicht zu groß werden darf. Die durch die Bodendüsen gepresste, häufig vorgewärmte Verbrennungsluft wirbelt das Bett auf. Bei der SWSF wird das Bettmaterial nur so stark angeblasen, dass es in einen Schwebezustand gerät, ohne ausgetragen zu werden – es verhält sich ähnlich wie eine siedende Flüssigkeit: Es »fluidisiert«. Ein Saugzug erzeugt über dem Bett einen Unterdruck von 3–5 mbar. Das Bett wird umschlossen von einem ausgemauerten Feuerraum mit rechteckigem oder rundem Querschnitt. In das Bett eintauchende Rohrbündel der Kesselheizflächen führen bis zu ca. 60 % der erzeugten Wärme ab. Diese Maßnahme und der Luftüberschuss halten die Wirbelschicht unter der Ascheerweichungstemperatur von 950 °C.

In der ZWSF tritt die Verbrennungsluft mit so großer Geschwindigkeit durch das Bettmaterial, dass seine Teilchen aufgewirbelt und durch die Brennkammer geblasen werden. Am Austritt aus dieser werden sie in Abscheidern aufgefangen und über sog. Fließbettkühler wieder in den Bettbereich zurückgeführt. Brennkammer, Abscheider und Kühler sowie die zugehörigen Verbindungsleitungen sind feuerfest ausgemauert. Der mit Körnungen von ca. 100 bis 500 µm zugeteilte Brennstoff und Kalkstein zur Entschwefelung erfahren die gleiche Flugbewegung. Die entstehenden Reststoffteilchen, bestehend aus Kohleasche mit unverbranntem, zu Gips abreagiertem Kalkmehl und überschüssigem Kalkmehl, die oben angeführte Abscheider nicht zurückhalten, fallen in den Umlenktrichtern der Nachschaltheizflächen und im Staubfilter am Kesselende aus. Ein Teil der dort zurückgehaltenen Asche wird zur Verbesserung des Kohlenstoffausbrandes wieder in die Brennkammer zurückgeführt.

Ein Teil der Sattdampfheizflächen und die Überhitzer tauchen in die Brennkammer und in die Fließbettkühler ein. Sie sind durch Erosionen und Schwingungen sowie bei Ausfall der Energieversorgung – dem sog. »Schwarzfall« – durch Überhitzung gefährdet. Letzteres gilt auch für die nachgeordneten Heizflächen, soweit sie der Strahlung der Ausmauerung ausgesetzt sind. Durch geeignete Bauweise, strömungskorrigierende Abschirmungen, günstige Anordnung und verfahrenstechnische Maßnahmen wie das Vorhalten von Notspeisesystemen wird dem begegnet.

Beim Kaltstart heizen konventionelle Öl- oder Gasbrenner, zum Teil unterstützt von getrennt erhitzter Blasluft, das wirbelnde Bettmaterial und das Mauerwerk auf. Bei der ZWSF werden dabei gleichzeitig die Abscheidezyklone und die Fließbettkühler indirekt durch das abgeschiedene und zurückgeführte Bettmaterial erhitzt. Die für das Mauerwerk zulässige stündliche Temperaturänderung begrenzt die Aufheizgeschwindigkeit. Sobald bei einer SWSF nach ca. 5 bis 8 Stunden bzw. bei einer ZWSF nach ca. 10 bis 15 Stunden Bett und Mauerung die Zündtemperatur des Betriebsbrennstoffs erreichen, wird er entweder von oben auf das Bett oder über seitliche Lanzen in das Bett oder als Staub von unten durch den Anströmboden mit der Luft zugegeben. Dabei können verschiedene Brennstoffe gleichzeitig eingebracht werden, vorausgesetzt, deren jeweilige Zündtemperaturen sind erreicht (z. B. Kohle mittels Wurfbeschicker, Kettenschleuder oder Förderband von oben ab 550 °C Betttemperatur und Schweröleindüsung ins Bett ab 650 °C). Für die Seiten- und Unterbettzugabe müssen die Kohle und ggf. der Dolomit oder der Kalkstein in der Regel zusätzlich zur Mahlung getrocknet werden.

Fremdkörper, z. B. Steine von nicht fluidisierbarer Größe, sammeln sich über dem Düsenboden an. Sie können eine Schieflage der Luft und somit auch der Betttemperatur verursachen, was das Abfahren und Ausräumen der Anlage erzwingt. Abwurfroste am Anfang des Bekohlungsweges reduzieren die Fremdkörpereinbringung wesentlich.

Die Brennstoffmenge wird so dosiert, dass sich nur 1–3 % Brennbares im Bett aufhalten. Eine Erhöhung dieser Menge erlaubt die ZWSF. Ein völliges Abstellen der Feuerung ist unproblematisch und führt zu keinem bedenklichen Nachgasen.

Die Leistungsregelung mittels Änderung der Brennstoff- und der Luftmenge, der Betttemperatur und evtl. auch des Bettvolumens wirkt rasch – 3 % pro Minute erreichen heutige Anlagen. Bei Teillast ergeben sich aufgrund der geringeren Luftmenge größere Bettdichten, was eine Erhöhung des Luftüberschusses erforderlich macht. Bei der ZWSF steigt im unteren Lastbereich folglich die Bettmaterialmenge in der Wirbelkammer an und nimmt zugleich in den Zyklonen und Fließbettkühlern ab; in der SWSF reduziert sich die Betthöhe.

Der übliche Regelbereich beträgt etwa 1 : 2, bei Aufteilung des Bettes in einzelne Sektionen mit getrennter Luft- und Brennstoffregelung bis 1 : 5, aber auch 1 : 10 wurde schon verwirklicht. Der Kohlenstoffausbrand erreicht ohne Ascherezirkulation 95–99 %; er nimmt ohne Ascherezirkulation mit zunehmendem Feinkorngehalt des Brennstoffes ab. Bei Kohle erfolgt die Verbrennungsreaktion zu ca. 75 % innerhalb der Schicht, der restliche Ausbrand im Freiraum über ihr.

Die Brennstoffunterbrechung bei Regel- und Störabschaltungen bewirken bei Öl und Gas Schnellschlussvorrichtungen gem. Abschn. 4.3.3.6 und 4.4.3.2, bei Feststoffen eignungsgeprüfte Ventile, Schieber, Klappen oder Quetschventile nebst Anhalten der Brennstoffzubringer. Sind bis zum Wiederstart Bett und Brennkammer noch nicht unter die Zündtemperatur des Betriebsbrennstoffes abgekühlt, so kann dieser sofort wieder zugegeben werden: *Heißstart*. Fallen die Temperaturen weiter, so wird wie beim Kaltstart verfahren, wobei allerdings die Wiederaufheizung bedeutend rascher gelingt: *Warmstart*.

Die entstehende Asche und der Bettabrieb werden mit abnehmender Korngröße zunehmend vom Rauchgas ausgetragen, wodurch dessen Staubgehalt höher ist als bei Rostfeuerungen. Eine beträchtliche Staubrückhaltung, noch im Bereich der Heizflächen, ermöglichen Fliehkraftabscheider in der unteren Zugumlenkung. Gewebe- oder Elektrofilter übernehmen die Reststaubung. Dabei haben sich Heißgaselektrofilter vor Luvo bei Steinkohlenfeuerung bewährt, da hier die elektrische Leitfähigkeit der ca. 300 °C heißen Rauchgase trotz niedrigem SO_3- und Restkoksgehalt noch sehr hoch ist.

Die sicherheitstechnischen Anforderungen orientieren sich an denen für Kohlenstaub-, Öl- und Gasfeuerungen für Dampfkessel. Zur Sicherstellung von Zündung und Verbrennung werden ab Freigabe der Betriebsbrennstoffe die Mindestzündtemperaturen im Bett bzw. in der Brennkammer sowie ein ausreichendes Bettvolumen überwacht. Die bei der ZWSF unter geringem Überdruck stehende Brennkammer und der Rauchgasweg müssen durch besondere Sicherheitsvorkehrungen gegen unzulässigen Über- und Unterdruck geschützt werden. Dabei ist insbesondere das unterschiedliche An- und Auslaufverhalten der Frischluft- und Saugzuggebläse zu berücksichtigen. Zu verhindern sind auch Rückbrand oder Flammenrückschlag in die Brennstoffzubringereinrichtungen. Sonstige Kriterien wie Vorbelüftung, Verbrennungsluftversorgung, Klappen- und Schieberstellungen werden wie üblich überwacht. Vereinzelt werden solche Anlagen schon ohne ständige Beaufsichtigung betrieben.

Die in Wirbelschichtfeuerungen entstehenden Stäube können, abhängig von den jeweiligen Brennstoffen, gesundheitsgefährdend sein. Selbst als unbedenklich bekannte Brennstoffaschen können aufgrund der niedrigen Verbrennungstemperaturen andere Zusammensetzungen, als bisher bekannt, haben; z. B. freie kristalline Kieselsäure in Steinkohlenasche.

In jüngerer Zeit wird in stationären, atmosphärischen Wirbelschichtfeuerungen die Müllverbrennung erprobt. Zur Herstellung von Gas aus Biomassen wie Rinde und Torf, aus Altreifen und aus Kunststoffen wird die SWSF mit indirekter Beheizung seit Jahren eingesetzt.

Konkurrierend zur SWSF wurde in Frankreich die »Igni-Fluid-Feuerung« entwickelt, bei der ein Unterwind-Zonen-Wanderrost den Düsenboden bildet.

4.2.5 Kohlenstaubfeuerungen

Die bei 120–150 t Dampf/h liegende obere Leistungsgrenze rostbefeuerter Anlagen, ihr träges Regelverhalten und das Verlangen nach Verfeuerung rostungeeigneter Kohlen führten zur Entwicklung der Kohlenstaubfeuerung für Kessel mit Leistungen bis 2250 t Dampf/h. Hier wird der in seinen Eigenschaften mit der Feuerung und deren Komponenten harmonisierende Brennstoff in Mühlen zu Staub zermahlen, über rohrförmige Brenner eingeblasen und überwiegend oder ganz in der Schwebe verbrannt. Roste finden sich höchstens noch als Wander- oder Vorschubroste unter

trocken entaschten Braunkohlenstaubfeuerungen für das Ausbrennen, Abkühlen und Austragen der im Feuerraumtrichter anfallenden Verbrennungsrückstände.
  Durch die Ausbildung des Feuerraums und die Anordnung der Brenner wird die Verbrennungstemperatur entweder unter dem Schmelzpunkt der Asche gehalten – Staubfeuerung mit Trockenentaschung – oder über diesen gebracht, wodurch die Schlacke flüssig abgeführt werden kann – Schmelzfeuerung (Bild 2.53). Letztere verliert allerdings an Bedeutung, da den Vorteilen wie guter Zündung auch niedrigflüchtiger Kohlenbestandteile, hoher Flammenstabilität und großem Teillastbereich als erhebliche Nachteile hohe Stickoxidemission aufgrund der hohen Flammentemperatur, erhöhte Wartungskosten durch Verschleiß der Brennkammerabstampfung, größere Gefahr von Heizflächenkorrosionen und aufwendigere Konstruktion bei Blockleistungen über ca. 300 MW gegenüberstehen.
  Die hohe Brennraumtemperatur zur Schlackeneinschmelzung erhält man durch hochfeuerfeste Bestampfung der Schmelzkammerberohrung, hohe Vorwärmung der Verbrennungsluft, sehr niedrigen Luftüberschuss und geringstmöglichen Unterdruck im Feuerraum und leichten Luftmangel an den untersten Brennern. Die Temperatur im Feuerraum hängt auch wesentlich von der Menge des eingebrachten Brennstoffes ab. Bei Schmelzfeuerungen würde die Regelfähigkeit nach unten eingeengt werden, wenn dabei nicht Folgendes einträte: Bei sinkender Feuerraumtemperatur infolge geringeren Durchsatzes wird die Schlacke an den Wänden zähflüssiger, sodass ein dicker werdender Schlackefilm den Wärmeübergang an die Wasserrohre verschlechtert und den Temperaturabfall in der Brennkammer stoppt. Bei stärkerer Feuerungsleistung wird dieser dickere Schlackefilm wieder aufgeschmolzen, was deutlich am ansteigenden Schlackenfluss zu erkennen ist. So stellt sich im beherrschbaren Regelbereich durch die veränderliche Dicke der an der Ausstampfung aufliegenden Schlacke ein Gleichgewicht zwischen Wärmezufuhr aus der Verbrennung und Wärmeabfuhr an die abgedeckte Feuerraumberohrung ein.
  Flüssige Schlacke fließt an der tiefsten Stelle des meist nur schwach geneigten Brennkammerbodens ab. Sie wird in einem kontinuierlich arbeitenden Kratzer-Nassentascher, dessen Wasserbad zugleich den unteren Luftabschluss für die Brennkammer bildet, abgelöscht und ausgetragen. Auch für trockene Entaschung mit und ohne Ausbrennroste sind diese Entascher, erforderlichenfalls in Verbindung mit Schlackenbrechern, häufig eingesetzt. Alternativ erfolgt, insbesondere bei Großkesseln, der Ascheaustrag über Spülkammern, aus denen die durch Sprühwasser abgelöschte Schlacke intermittierend mittels Strahldüsenförderer oder Aschebreipumpen abgezogen wird. Akute Verpuffungsgefahr besteht bei einem größeren Schlackeabsturz aus dem Feuerraum in einen Nassentschlacker. Die spontane gewaltige Dampfentwicklung kann den gesamten Feuerraum inertisieren und die Flammen zum Erlöschen bringen. Sofortige Not-Aus-Betätigung zur Unterbrechung jeglicher Brennstoffeinbringung ist dann geboten. Soweit vorhanden, lösen Flammenwächter in einem solchen Fall die Abschaltung aus.
  Der Aufbau der Feuerung aus einzelnen Brennern ermöglicht eine zweckorientierte Freizügigkeit in deren Anordnung: *Seitenfeuerungen* mit Brennern in den Wänden, *U-Feuerungen* mit Brennern in der Decke und *Tangentialfeuerungen* mit Brennern in den Ecken der Feuerräume sind üblich (Bild 4.28). Bei Letzteren sind die Brenner tangential auf einen in jeder Ebene liegend gedachten Kreis ausge-

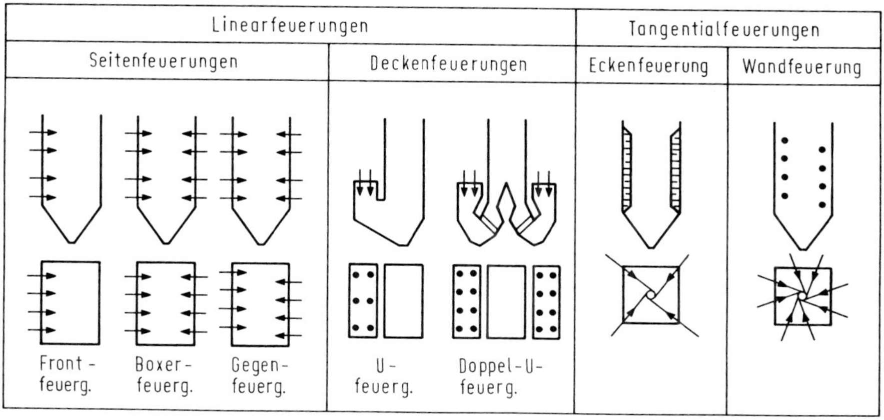

Linearfeuerungen			Tangentialfeuerungen	
Seitenfeuerungen		Deckenfeuerungen	Eckenfeuerung	Wandfeuerung
Front-feuerg.	Boxer-feuerg.	Gegen-feuerg.	U-feuerg.	Doppel-U-feuerg.

Bild 4.28: Möglichkeiten der Anordnung von Kohlenstaubbrennern

richtet, wodurch im Zentrum des Feuerraums eine senkrechte Feuerwalze entsteht. Dies verstärkt die Mischung zwischen Luft und Brennstoff, ermöglicht eine Verringerung des Luftüberschusses, verlängert die Verweilzeit des Brennstoffes im Feuerraum, erhöht die Verbrennungsgeschwindigkeit und steigert bei Schmelzfeuerungen die Schlackeneinbindung. Werden die tangierten Wirbelkreise von der untersten zur obersten Brennerebene zunehmend größer, so bezeichnet man eine derartige Tangentialfeuerung als Tulpenfeuerung. Bei Seitenfeuerungen verbessert die gegenseitige Berührung der Flammenspitzen durch zusätzliche Turbulenz ebenfalls den Ausbrand.

Optimal gestaltet sich der Verbrennungsablauf in einer *Wirbel-Schmelzfeuerung*, der sog. Zyklonfeuerung. Dabei wird die Brennkammer – der Zyklon – als verhältnismäßig kleiner, liegender (Bild 4.29) oder stehender (Bild 4.30) zylindrischer Raum mit verengtem Brenngasaustritt wie eine Art Vorfeuerung dem Feuerraum zugeordnet. Dieser Zylinder besteht aus Rohren des Verdampfersystems, die bestiftet und bestampft sind. Durch tangentiale Einblasung von Luft und Brennstoff wird eine Strömung mit heftiger Drehbewegung erzeugt. Dadurch werden nicht nur die Vorteile der Eckenfeuerung gesteigert, sondern es wird der größte Teil der Asche durch die Fliehkraft an die Wand geschleudert und durch die Austrittsverengung zurückgehalten. Die Schlackeneinbindung im Zyklon und im zugehörigen Ausbrandbereich des Feuerraums kann bis zu 90 % betragen. Die an den Umlenkungen der Rauchgaszüge und im Rauchgasentstauber aufgefangene Asche wird häufig, zumindest teilweise, in die Feuerung zurückgeführt, um den Einbindegrad zu erhöhen.

Zur Verbrennung von Steinkohlen und für trockene Entaschung eignen sich alle Feuerungssysteme nach Bild 4.28. Braunkohlenstaub verbrennt man grundsätzlich in Tangentialfeuerungen. Für Schmelzfeuerungen werden Decken- und Tangentialfeuerungen bevorzugt.

Staubbrenner sind in Abhängigkeit von der Anordnung der Luftdüsen als Strahl- oder Wirbelbrenner konzipiert. In *Strahlbrennern* (Bild 4.31) wird die Verbren-

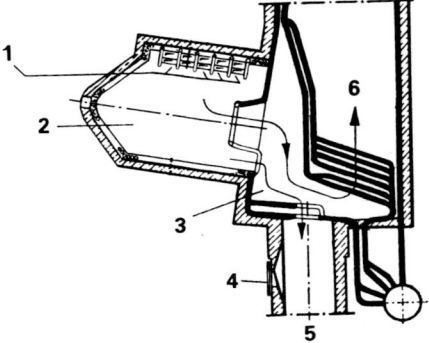

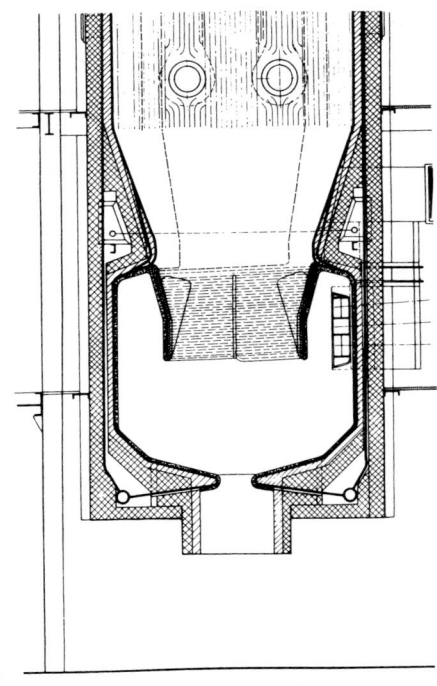

Bild 4.29: Waagrecht-Zyklon
1 Luft- und Staubdüsen
2 Zyklon (Primärkammer)
3 Sekundärkammer
4 Schauloch
5 flüssige Schlacke
6 Tertiärkammer

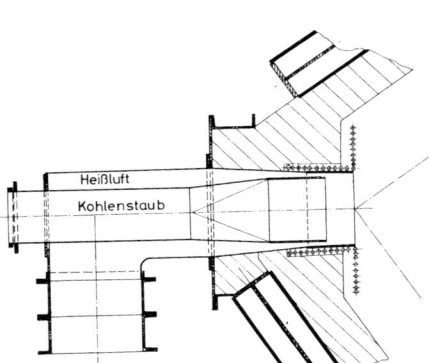

Bild 4.30: Wirbelschmelzfeuerung, senkrecht angeordneter Zyklon (EVT, Stuttgart)

Bild 4.31: Kohlenstaubbrenner, in der Feuerraumecke angeordnet (EVT, Stuttgart)

nungsluft, soweit sie nicht Trägerluft ist, durch rechteckige oder runde Öffnungen – »Düsen« – über und unter der Staubdüse, bei Aufteilung des Staubes auf zwei Düsen auch noch zwischen diesen als Oberluft, Zwischenluft und Unterluft mit einer Geschwindigkeit von 50–80 m/s in trimmungsabhängiger Verteilung geradlinig eingeblasen. Dadurch entstehen für Tangentialfeuerungen erwünschte lange Flammen. Die Einblasegeschwindigkeit des Staubes beträgt 8–13 m/s. Daraus folgt, dass bei einer ca. 1 m nach dem Brenner stabil brennenden Flamme innerhalb von 0,05 s die Zündbedingungen für viele Staubteilchen erreicht sein müssen. Dies bedingt eine feinfühlige Abstimmung einzelner Parameter wie Staub- und Lufteintrittstemperatur, Ausmahlung und Gasgehalt der Kohle, Turbulenz des Staubes und des Trägermediums sowie Richtung des Strömungsfeldes der Sekundärluft. Zusätzliche, meist ausziehbare Brenner für Öl oder Gas werden als Zünd-, Stütz-, Austausch- oder Zusatzbrenner in rund ausgeführten Luftdüsen bevorzugt, aber auch separat nahe den Staubbrennern angeordnet. Zündbrenner werden auch so eingebaut, dass ihre Flamme den Staubstrom kreuzt.

Wirbelbrenner (Drallbrenner), bevorzugt zur Steinkohlenverfeuerung mit Luft als Trägermedium verwendet, bestehen aus mehreren, konzentrisch um ein Kernrohr angeordneten Ringkanälen (ähnlich Bild 4.32). Über die innere Ringdüse werden mit einer axialen Geschwindigkeit von 18–25 m/s Staub und Trägerluft, über die äußere die Sekundärluft eingeblasen. Durch das Kernrohr können eine Öl- oder eine Gasbrennerlanze und Kernluft eingebracht werden. Schräg gestellte verstellbare Leitbleche in der Sekundär- und in der Kernluftdüse, bei weniger abrasiven Brennstoffen auch in der Staubdüse, zwingen dem Luft- und evtl. dem Staubstrom gleich- oder entgegengesetzt gerichtete Drallbewegungen auf. Strahlablenkungen bis zu 45° von der Axialen und axiale Austrittsgeschwindigkeiten der Hauptverbrennungsluft von 30–40 m/s sind üblich. Bei diesen Brennern ergibt sich eine hohe Mischleistung, eine bessere Zündung durch Rückströmung heißer Gase und brennenden Staubes in der Flammenachse, eine beschleunigte Verbrennung und rasche Verminderung der Strahlgeschwindigkeit. Dies führt zu einer kurzen buschigen Flamme, die für Seiten- und Deckenfeuerungen gut geeignet ist.

Wirbelbrenner werden in jüngster Zeit auch als Zünd- und Stützbrenner verwendet, unter anderem aus Versorgungs- und Preisgründen. Kohlen mit mehr als 30 % an flüchtigen Bestandteilen und geringem Asche- und Wassergehalt werden hierfür sehr fein ausgemahlen und mit hoher Staubsättigung, möglichst mit vorgewärmter Luft, eingeblasen und mittels Öl- oder Gaslanzen gezündet.

In der »Kohlenstaub-Zündbrennkammer« wird Braun- oder Steinkohlen-Feinstaub von mäßiger Restfeuchte stark unterstöchiometrisch mit einer 100-Watt-Glühkerze gezündet. Die eigentliche Verbrennung des entstehenden, drallbehafteten Freistrahles erfolgt außerhalb der Kammer mit der aus dem Kesselfeuerraum frei angesaugten Luft. Form und Bild der Flamme gleichen dabei der eines Ölbrenners. Nach der ersten Zündung wird die Glühkerze abgeschaltet; die Zündbrennkammer arbeitet durch Rezirkulation von Brenngasen stabil.

Die Entstehung von NO_X lässt sich vermindern durch eine optimale Gestaltung der Verbrennung, bei der zunächst bis zu 95 % der Stickstoffoxide als NO entstehen und erst später ein Aufoxidieren zu NO_X erfolgt. Die Herabsetzung der Flammen- und der Feuerraumtemperatur und eine gestufte Verbrennung, d. h. eine möglichst nahstöchiometrische Endverbrennung nach Luftmangel im Anfangsstadium der Flammenbildung, erwiesen sich bisher als besonders hilfreich. Allerdings wirkt dies den bisherigen Maßnahmen zur Verbrennungsverbesserung zum Teil entgegen und kann Nebeneffekte haben, die den Feuerungsbetrieb und -wirkungsgrad verschlechtern.

Eine der Entwicklungen in diese Richtung ist der Wirbel-Stufenbrenner (Bild 4.32). In ihm führt eine verzögerte Luftzugabe zu einer unterstöchiometrischen Verbrennung in der Kernzone und, mit einer starken inneren Rückströmung von Brenngasen in diese Zone, zu einer Absenkung der Flammentemperatur. Über einen zusätzlichen äußeren Ringkanal wird zur stark verdrallten Sekundärluft Drittluft mit geringer Turbulenz aufgegeben.

Statt dieser axialen Luftstufung im Brennergeschränk selbst erfolgt vielfach eine solche innerhalb des Feuerraums. Hierfür wird zunächst durch die Brenner eine Primärverbrennung mit Luftmangel eingeleitet und anschließend durch darüber in

Bild 4.32: Wirbelstufenbrenner (Babcock)
1 Kohlenstaub-Primärluft-Gemisch
2 Sekundärluft
3 Tertiärluft
4 Kernluft
5 Drallklappen
6 Ölbrenner
7 Zündbrenner für Öl

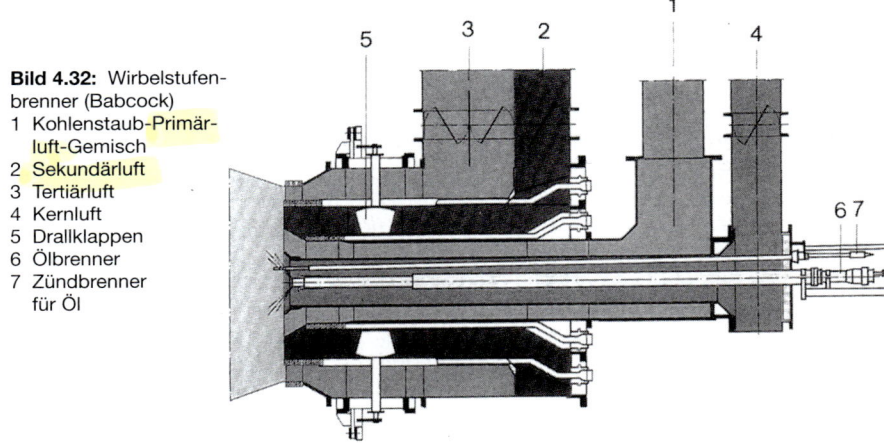

den Wänden angeordnete Düsen Zweitluft in der zur vollkommenen Verbrennung erforderlichen Menge nachgeliefert. Bei Tangentialfeuerungen hat sich die Umlenkung dieser Zweitluft zur Außenseite des Kohlebrennkreises hin, entlang der Feuerraumwände, besonders bewährt. Verdampferrohre im Bereich der Luftstufung können durch die aus der unterstöchiometrischen Verbrennung entstehende »reduzierende Atmosphäre« Wanddickenschwächungen erfahren. Dies macht Kontrollmessungen in kürzeren Zeitabständen erforderlich.

Die Brennermündungen müssen gegen die Hitze aus dem Feuerraum geschützt werden, z. B. durch die Anordnung im Strahlungsschatten, durch sehr nahe an die Mündungen herangeführte Siederohre, durch keramische Auskleidung, durch Kühlwasserbeaufschlagung und ähnliches. Letztgenannte Lösung erfordert ein aufmerksames Beobachten des Kühlwasserabflusses, da sein Ausbleiben eine Leckage signalisieren kann.

Die Feuerungsleistung wird stets auf mehrere Brenner aufgeteilt, die nebeneinander und auch in einzelnen Ebenen übereinander angeordnet sind. Trimmer, z. B. Schieber in den Staubleitungen, stimmen deren unterschiedliche Widerstände aufeinander ab, damit gemeinsam geregelte Brenner gleichmäßig beaufschlagt werden. Weitere konstruktive Maßnahmen in den Zuleitungen wie Erweiterungen bei größeren Umlenkungen und Einbau von Zweifach-Fächerverteilern bei Aufgabelungen von Staubleitungen in Einzelstränge verhindern das Ausschleudern von Staubpartikeln und Strähnenbildung und bewirken eine gleichmäßige Staubstromdichte am Brenneraustritt.

Der Kohlenstaub wird durch Gebläse aus den Mühlen zu den Brennern gefördert. Als Fördermedien dienen Heißluft oder zurückgesaugtes Rauchgas. Das Mühlengebläse kann vor oder nach der Mühle angeordnet sein, wobei entweder je Mühle ein Gebläse oder für alle Mühlen ein Gebläse mit einem eigenen Mühlen-Luvoteil angeordnet wird (Bild 4.33e). Bei vorgeschaltetem Gebläse steht die Mühle unter Überdruck, der Staub tritt durch etwaige Undichtheiten aus. Befindet sich das Gebläse hinter der Mühle, so herrscht in dieser Unterdruck, jedoch bewirkt der Staub

Verschleiß am Gebläse. Es gibt aber auch Mühlen, die den Überdruck zur Staubförderung selbst erzeugen.

Auf Rauchgas anstelle von Luft als Fördermedium greift man zurück, wenn
- die Lufttemperatur zur Trocknung des Brennstoffes nicht ausreichen würde, im allgemeinen bei Kohle mit mehr als 30 % Feuchtigkeit,
- heiße Luft – insbesondere bei gasreicher Kohle – eine Selbstentzündung des Staubes herbeiführen könnte, oder der Staub zunächst in einen Bunker geführt wird.

Dient Rauchgas als Trägermedium, so muss die gesamte Verbrennungsluft als Erst-, Zweit- und ggf. Drittluft über getrennte Wege dem Brennstoff zugeführt werden. Verbrennungstechnisch ist die direkte Einblasung mit Rauchgas ohne Nachteil, solange dessen Menge nicht zu groß wird. Zur NO_x-Minderung ist sie sogar vorteilhaft, da sie zur Absenkung der Verbrennungstemperatur beiträgt.

Die Verwendung von Rauchgas statt Luft zur Staubförderung beeinflusst auch die Regelfähigkeit. Bei Luft gelangt man während der Lastabsenkung an einen Punkt, an dem die Förderluft allein, ohne Zweitluft, zur Verbrennung der kleineren Kohlenmenge ausreicht. Da man auf Zweitluft aber wegen der Strahlführung und der Zündung nicht verzichten kann, nimmt der Luftüberschuss zwangsläufig mit zunehmender Annäherung an diesen Punkt ständig zu – damit sinken Wirtschaftlichkeit und Verbrennungstemperatur. Das Abschalten einzelner Brenner bzw. Brennerebenen bis auf die zur Kühlung erforderliche Luft bietet hier einen Ausweg. Bei Verwendung von Rauchgas als Fördermittel kann die Verbrennungsluft dagegen dem Brennstoff einwandfrei angepasst und hoch vorgewärmt werden. Erst Zünd- und Verbrennungsschwierigkeiten infolge abnehmender kinetischer Energie der Luft – sie vermag dann in den Brennstoff-Rauchgasstrahl nicht mehr einzudringen – begrenzen hier den Regelbereich nach unten. Der übliche Regelbereich eines Brenners ist kleiner 1 : 2, bei Sonderkonstruktionen bis 1 : 5, wobei für Steinkohle zunehmend auch der Traggasstrom geregelt wird. Zur sicheren Zündung werden im Teillastbetrieb – ab etwa halber Mühlenzahl – häufig die Zündbrenner als Stützfeuerung eingesetzt.

Bei *Zentral- und Zwischenbunkerung* wird der Staub zunächst in einem Silo gespeichert und von dort den Brennern zugeführt. Allerdings kann die Bunkerung gefährlich werden, weil Kohlenstaub sich selbst zu entzünden vermag. Wirksamste Schutzmaßnahme ist der Ausschluss von Luft, weshalb bei Eigenmahlung im Allgemeinen Rauchgas als billigstes Schutzgas im Bunker dient. Sein Restsauerstoff ist dabei unbedenklich. Bei Befüllung aus Silofahrzeugen besteht, insbesondere bei Braunkohlestaub, akute Explosionsgefahr, wenn noch Druckluft als Fördermittel verwendet wird. Sie sollte unverzüglich durch ein Inertgas ersetzt werden. Als weitere Schutzmaßnahmen werden die Temperatur, der Sauerstoff- und der Kohlenmonoxidgehalt laufend an repräsentativen Stellen des Bunkers überwacht. Beim Überschreiten vorgegebener Grenzwerte wird die Unterbrechung der Staubzufuhr, evtl. auch die Einleitung von Inertgas, ausgelöst. Explosionsklappen sind als weitere Sicherheitseinrichtung installiert. Zusätzlich muss man die Bunker mindestens alle 14 Tage leer fahren. Maßnahmen, wie schon unter Abschnitt 4.2.1.1 für Tagesbunker angeführt, werden auch hier zur Vermeidung bzw. Auflösung von Staubstauungen eingesetzt.

Die Trennung des Kohlenstaubes vom Trägermedium bewirkt am Eintritt in den

Bild 4.33: Anordnungsmöglichkeiten für Mahlanlagen
a mit Zwischenbunkerung
b mit Luft- bzw. Rauchgasumwälzung
c mit direkter Einblasung
d mit direkter Einblasung und Brenngasrücksaugung
e mit direkter Einblasung und eigenem Mühlen-Luvo

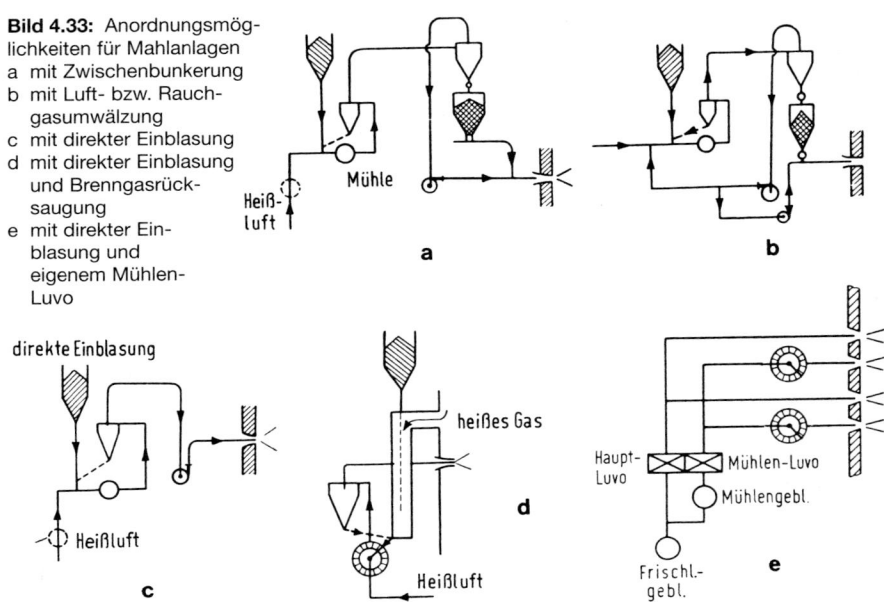

Bunker ein Zyklonabscheider. Anschließend wird das noch immer leicht kohlenstaubhaltige Trägermedium – der Brüden – entweder sofort zum Weitertransport des Staubes vom Bunker zum Brenner verwendet oder, falls keine Mahltrocknung erforderlich ist, wieder zur Mühle zurückgeführt oder über ein Brüdenfilter in die Atmosphäre abgeleitet. Entsprechend der Brennstoffanforderung durch die Regler wird der Staub aus dem Bunker den einzelnen Brennern über schnell schließende Absperrungen, regelbare Ausbringeinrichtungen und Mengenmesser (z. B. Zuteilschnecken, Zellenräder) mittels Luft zugeführt (Bilder 4.33 a und b). Die bei der Bunkerung sich ergebende Vorabscheidung der Abgase und des Wasserdampfes aus der Mahltrocknung und die Fahrweise mit größerer Staubsättigung in der Primärluft – bisher als Vorteile bewertet – führen zu höherem NO_x-Gehalt. Nachteilig sind auch die langen Rohrstrecken, in denen sich sehr unterschiedliche, die Flammenstabilität gefährdende Strömungszustände auf dem Weg zu den Brennern einstellen können.

Bei *direkter Einblasung* wird die gemahlene Kohle unmittelbar den Brennern zugeführt. Im Allgemeinen versorgt eine Mühle eine Brennerebene, eine Brennergruppe oder aber zwei diagonal gegenüberliegende Brenner bzw. Brennergruppen einer Ebene, damit bei Ausfall einer Mühle die Feuerungssymmetrie weitgehend erhalten bleibt. Der Kohledurchsatz entspricht dabei der Kesselleistung; die Mengenregelung übernehmen Kohlezuteiler vor den Mühlen, wobei zur Optimierung des Regelverhaltens vielfach über Getrieberegelkupplungen die Mühlendrehzahl zusätzlich verändert wird. Die Regelung ist dabei nicht so trägheitslos wie bei der Einblasung aus Bunkern, da die Kohle in der Mühle als kleiner Puffer wirkt. Eine möglichst gleichmäßige Mühlenlufttemperatur ist für das Regelverhalten günstig, insbesondere, wenn die Luftmenge mittels einer Klappe im Bereich von deren steil fallender Charakteristik gedrosselt wird.

Wasserreiche Brennstoffe erfordern auf dem Weg zum Zuteiler eine Vortrocknung oder in der Mühle und deren Einfüllschacht eine Mahltrocknung, erforderlichenfalls sind beide Verfahren hintereinander geschaltet. Dient zur Mahltrocknung Rauchgas, so wird es dort aus den Rauchgaszügen abgesaugt, wo die erwünschte Temperatur, z. B. max. 1000 °C für Braunkohle mit 50 bis 65 % Wassergehalt, herrscht. Durch Kaltluft- oder Kaltgaszugabe regelt man Menge und Temperatur des Rauchgases, da Regelklappen im Rauchgasweg der hohen Temperatur nicht standhalten würden. Deshalb werden die Absperrungen für die Rauchgasabsaugung stets ganz geöffnet bzw. ganz geschlossen. Bei der Mahltrocknung mittels Heißluft, deren Temperatur durch Kaltluftzugabe geregelt wird, besteht – ebenso wie bei inertisierungsaufhebender Luftzugabe zum Trocknungsrauchgas – die Gefahr von Bränden und Staubexplosionen, bevorzugt in den Sichtern, aber auch in den Mühlen und Staubleitungen. Vorgebeugt wird dem durch niedrige Sichtertemperaturen (120 bis 150 °C, je nach Kohleart) mit Auslösung selbsttätig wirkender Gegenmaßnahmen bei Maximumüberschreitung, z. B. langzeitige Bedampfung der Systeme nach Abschaltungen, synchrones Schließen von Staubleitungs- und Schnellschlussklappen. Häufig werden gefährdete Anlagenteile vorsorglich druckstoßfest ausgelegt.

Es ist auch möglich, eine Mühle für Direkteinblasung mit zwei verschiedenen Kohlequalitäten über getrennte Bunker und Zuteiler in unterschiedlichem Anteil zu beschicken, zum Beispiel mit einem größeren Anteil zündfreudiger Fettkohle bei Schwachlast und kostengünstigerer Magerkohle bei Volllast.

Bei den Mühlen unterscheidet man Schwerkraftmühlen, Schlägermühlen, Walzenmühlen und Prallmühlen. Zur Mühle gehören die Mahlkammer, der Antriebsteil, das Mühlengebläse und der Sichter. Für die Zufuhr und die Mengenregelung der Kohle sorgt der Zuteiler, zum Beispiel ein Trogkettenförderer.

Zur Mühle gehört aber auch ein gut sortiertes Ersatzteillager, damit Verschleißteile rasch ausgewechselt werden können. Für Reparaturen während des Kesselbetriebes müssen die Staubleitungen abgesperrt und die Brenner mit Kühlluft beaufschlagt werden. Das Leistungsdefizit während dieser Zeit decken entweder die vorhandenen Öl- oder Gasbrenner oder die Regel- und Verschleißreserven der verbleibenden Mühlen.

Magnetabscheider entfernen mitgeführte Eisenteile, um die Mühle zu schützen. Verbleibende Metallteile erfasst ein nachgeschaltetes Metallsuchgerät, das erforderlichenfalls das Transportband stillsetzt. Damit bei Unterdruck in der Mühle keine Kaltluft über den Zuteiler angesaugt wird bzw. bei Überdruck kein Staubaustritt stattfindet, ist im Bunker über dem Zuteiler eine Kohleschicht von mindestens 2 m notwendig.

Im Sichter hinter der Mühle werden große Staubteilchen zurückgehalten und in die Mühle rückgeführt. Zyklonsichter nutzen die unterschiedliche Fliehkraft verschieden großer Staubteilchen zu deren Sortierung. Die Wirkung von Prall- und Umkehrsichtern beruht auf Strahlumlenkung, weil nur ausreichend kleine Staubteilchen der Umlenkung des Trägermediums folgen können, während größere gegen die Wände der Klappen prallen, dabei ihre Energie verlieren und nach unten in die Mühlenrückführung fallen. Die Sortierungsgüte wird durch Verstellen der Klappen

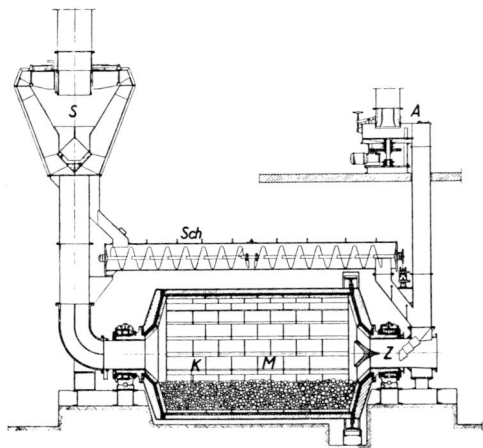
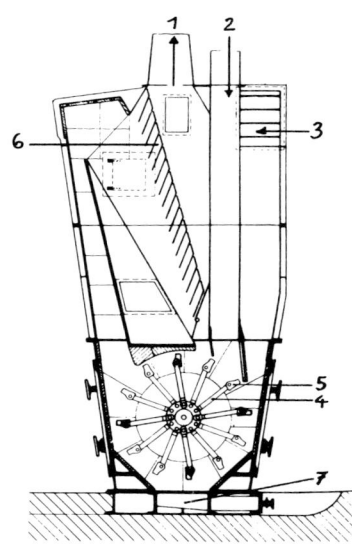

Bild 4.34: Schnitt durch eine Rohrmühle (Babcock)
A Aufgabevorrichtung
Z Zulaufstutzen
M Mahlraum
K Kugeln
S Sichter
Sch Transportschnecke für den Grieß

Bild 4.35 Schlägermühle mit Grobsichter
1 Kohlenstaub-Luft-Gemisch
2 Kohle   5 Schlagköpfe
3 Trägerluft   6 Sichter
4 Schlägerarme   7 Mühlensumpf

beeinflusst. Hohe Anforderungen an die Feinheit sind unter Umständen nur mit Kreisel- und Flügelsichtern, deren drehzahlregelbarer Rotor mit Sichtleisten bzw. Flügeln bestückt ist, erreichbar. Der Abscheidegrad steigt mit der Drehzahl.

Die *Mahlfeinheit* wird durch die Menge des Trägermediums verändert. Wird sie verringert, so erhöht sich die Feinheit, gleichzeitig steigt aber der Kraftbedarf der Mühle. Man treibt die Ausmahlung nicht weiter als nötig und nimmt eher einen geringen Anteil an Unverbranntem in Kauf. Das Maß für die Mahlfeinheit und Gleichmäßigkeit ist der Rückstand auf genormten Sieben verschiedener Maschenweiten, unter anderem 0,3 mm, 0,2 mm, 0,09 mm. Als Faustregel für die Ausmahlung gilt: Der Rückstand »R« auf Sieb 0,09 mm soll etwa gleich den flüchtigen Bestandteilen der asche- und wasserfreien Kohle sein. Braunkohlenstaub erfordert für seine Brennfähigkeit im Allgemeinen Korngrößen unter 1 mm, Steinkohlenstaub solche unter 0,2 mm.

Der Mühlendurchsatz ist nach oben begrenzt durch die Versackungsgefahr, nach unten durch die ansteigende Temperatur vor und in der Mühle infolge der abnehmenden Kühlwirkung der Kohle: Drehzahlregelung und höhere Kaltluftzugabe weiten diese Grenzen aus.

Die *Rohrmühle*, auch als Kugel- oder Schwerkraftmühle bezeichnet (Bild 4.34), erbringt hohe Mahlfeinheit. Wegen der großen Kohlenfüllung und des trägen Regelverhaltens wurde diese Mühle bisher nur bei Zwischenbunkerung benützt. Die Kugel- und die Kohlefüllung können durch rechnergestützte Auswertung der kontinuierlichen Erfassung von Antriebsleistung und Schallpegel konstant gehalten

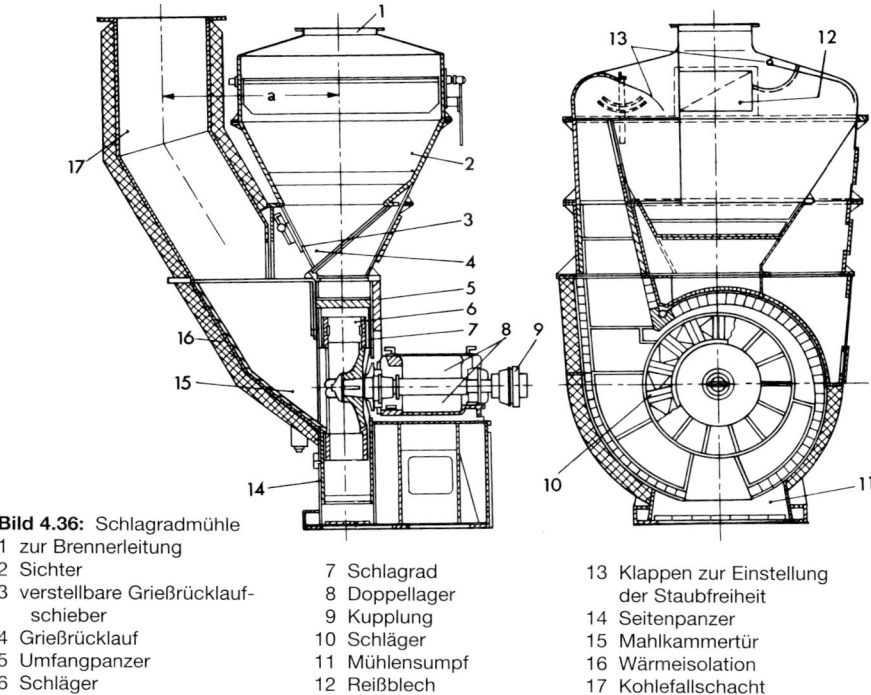

Bild 4.36: Schlagradmühle
1 zur Brennerleitung
2 Sichter
3 verstellbare Grießrücklaufschieber
4 Grießrücklauf
5 Umfangpanzer
6 Schläger
7 Schlagrad
8 Doppellager
9 Kupplung
10 Schläger
11 Mühlensumpf
12 Reißblech
13 Klappen zur Einstellung der Staubfreiheit
14 Seitenpanzer
15 Mahlkammertür
16 Wärmeisolation
17 Kohlefallschacht

werden. Dies ermöglicht die Regelung des Kohlenstaub-Massestromes mittels der Tragluftmenge. Daraus ergeben sich inzwischen mit Erfolg erprobte, sehr gute Regeleigenschaften für eine Direkteinblasung.

Die Mühle besteht aus einer liegenden, rotierenden Trommel, die innen durch Panzerplatten gegen Verschleiß geschützt und zu etwa einem Drittel mit Stahlkugeln verschiedenster Größe gefüllt ist. Durch die Drehung mit etwa 30 min^{-1} werden die Kugeln so weit gehoben, bis sie durch ihr Eigengewicht zurückfallen und dabei die dazwischen befindliche Kohle zermahlen.

Schlagmühlen finden wir als Schläger- (Bild 4.35) und Schlagradmühlen (Bild 4.36); sie sind der am meisten gebaute Mühlentyp und für Direkteinblasung gut geeignet. Viele dieser Mühlen wirken zugleich als Gebläse. Einzelne Hersteller ordnen zusätzlich ein leicht auswechselbares Ventilatorrad auf der Schlägerwelle an. Wirken bei der Schlägermühle die Schläger allein als Ventilator, so ändert sich das Gebläseverhalten der Mühle mit fortschreitendem Schlägerverschleiß negativ: Die angesaugte Menge des Trägermediums geht zurück und folglich auch der mögliche Kohlendurchsatz.

Im gepanzerten Gehäuse solcher Mühlen dreht sich entweder ein am äußeren Umfang mit Panzerplatten besetztes Schlagrad oder eine größere Anzahl von gelenkig auf der Welle angeordneten Schlägerarmen mit Kopfstücken aus extrem hartem Spezialguss. Für Kohle, die zu starkem Verschleiß führt, sind in Schlagrad-

Bild 4.37: Federrollenmühle
1 Sichterdrallklappen
2 Kohlefallrohr
3 Sichter
4 Grießrücklauf
5 Federring
6 Druckfeder
7 Druckring
8 Walzenbandage
9 Sperrluft
10 Walzenhalter (Druckstück)
11 Düsenring
12 Mahlplatte
13 Mahlschüssel
14 Abstreifer für Fremdkörper
15 Spannseile
16 Spannvorrichtung
17 Sperrluft

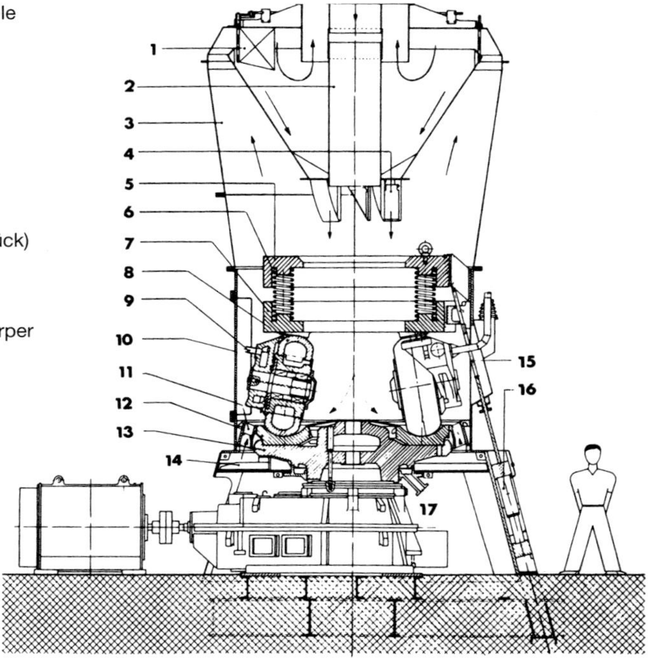

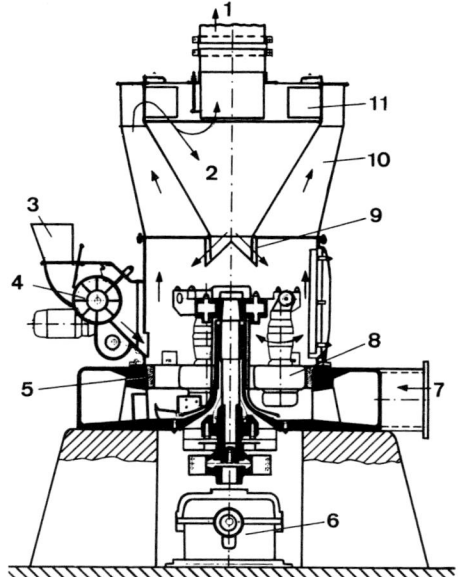

Bild 4.38: Pendelrollen-Mühle
1 Fertiggut und Fördergas
2 Grieße
3 Rohgut
4 Zellenrad-Aufgabevorrichtung
5 Mahlring
6 Getriebe
7 Fördergas
8 Mahlpendel
9 Grießrücklauf
10 Sichter
11 Regelklappen

Beheizung von Dampfkesseln

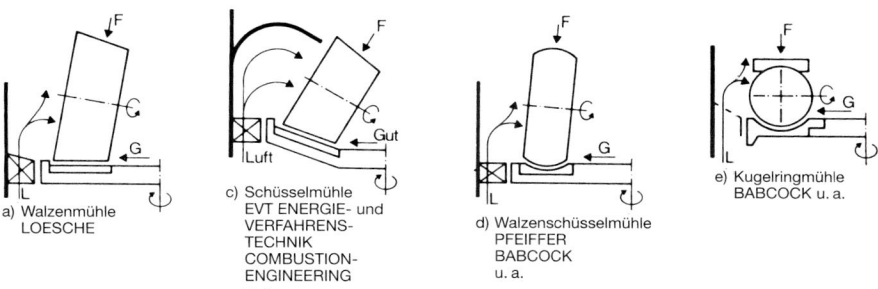

Bild 4.39: Mahlwerkzeuge von Federrollenmühlen unterschiedlicher Bauarten (EVT)
F = Federkraft, G = Mahlgut, T = Tragluft

mühlen auf der Rohgutseite zusätzlich einige Reihen von Vorschlägern angeordnet. Durch die hohe Geschwindigkeit der Schlagköpfe bzw. -platten (Drehzahl 750 bis 1500 min^{-1}) wird die Kohle überwiegend durch den Aufprall beim Eintritt zerkleinert.

Schlägermühlen werden bis zu einer Mahlleistung von 30 t/h gefertigt, Schlagradmühlen bis zu einer Leistung von 150 t/h Braunkohle.

Zu den *Walzenmühlen* zählen die Federrollen- und die Pendelrollenmühlen (Bilder 4.37 und 4.38). Gepanzerte Walzen, die gegen gepanzerte Mahlringe unterschiedlicher Formgebung (Bild 4.38) drücken, zerquetschen die mittig aufgegebene und durch die Fliehkraft in die Mahlbahn gebrachte Kohle. Die Pressung erfolgt durch mechanische oder hydropneumatische Federn oder durch Fliehkraft. Bei der Pendelrollenmühle rotiert der Ständer mit den Mahlpendeln, der Mahlkranz steht fest. Bei der Federrollenmühle läuft der Mahlteller um und treibt die aufliegenden Mahlkörper, die entweder auf einer ortsfesten starren Achse rotieren (Bilder 4.37 und 4.39 a–c) oder zwischen dem unten liegenden Mahlteller und einem von oben aufgedrückten feststehenden Ring (Bild 4.39 e) abrollen. Das letztgenannte System bewirkt eine Relativbewegung der Mahlkugeln gegenüber der Mahlschüssel, wodurch wegen einer Verkürzung des wirksamen Mahlweges je Schüsselumdrehung eine geringere spezifische Mahlleistung gegeben ist. Es verliert daher an Bedeutung.

Fremdkörper mit hoher Festigkeit, bei Steinkohlen vorwiegend Pyrite und quarzhaltige Steine, werden über den Mahlschüsselrand geschleudert und fallen in das Untere des Mühlengehäuses. Zur Drehmomentreduzierung beim Anlauf, insbesondere bei einer nach Notabschaltung gefüllten Mahlschüssel, sind bei Federrollenmühlen die Walzen hydraulisch anhebbar. Die Drehzahl des Walzenständers oder des Mahlkranzes liegt bei etwa 60 min^{-1}. Die Mahlleistung reicht bis 60 t/h, bei Federrollenmühlen weit über 100 t/h bei einer Mahlbarkeit von 40–50 °Hardgrove[4] und 10 % R 0,09.

Bei *Prallmühlen* wird das Mahlgut in einen Luftstrahl, der mit hoher Geschwindigkeit gegen eine Prallplatte bläst, eingebracht, an diese geschleudert und zer-

---

[4] Hardgrove-Zahl: In der Hardgrove-Mühle für einzelne Kohlensorten ermitteltes Maß für den Energiebedarf zum Mahlen getrockneter Kohle. Ein höherer Wert verweist auf leichteres Mahlen, z. B. 30–100 °H für Ruhrkohle. Der Einfluss von Feuchte und Mühlenbauformen ist unberücksichtigt. Für Braunkohlenbestimmung ungeeignet.

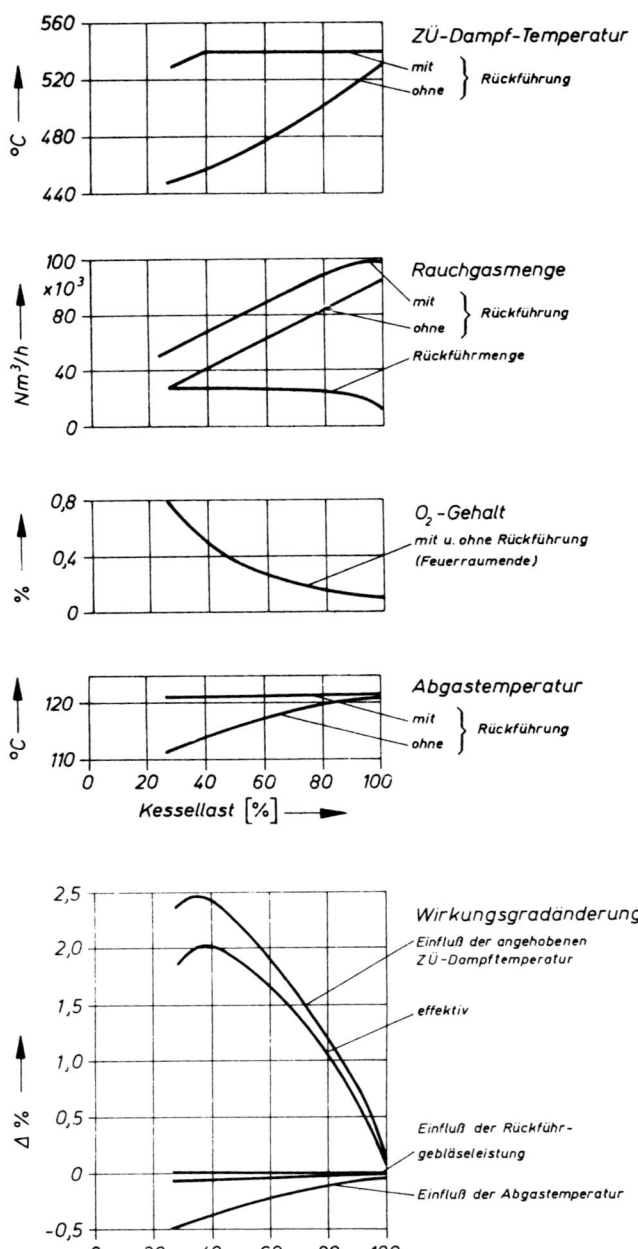

Bild 4.40: Verschiedene Einflüsse einer Rauchgasrückführung (HEW)

kleinert. Die Mühlen sind nur für besondere Aufgaben, z. B. verhältnismäßig grobe Mahlung von Braunkohlenbrikett-Abrieb, geeignet.

Mahlanlagen sind durch Verpuffungen und Brände gefährdet. Die meisten ereigneten sich bisher beim An- und beim Abfahren, insbesondere in Verbindung mit Notabschaltungen mittels der Schnellschlussklappen in der Luftzuleitung vor der Mühle und in den Staubleitungen vor Brennern. Inertisierung nach solchen Abschaltungen, z. B. durch Dampf- oder Raucheinleitung in die Mühle und die Staubleitungen, kann solches verhindern. Gleichzeitige Kühlung der Mühle unter die Selbstentzündungstemperatur des Staubes, Ausräumen der Mühle, druckstoßfeste Auslegung aller Bauteile der Mahlanlage und Ähnliches können zusätzlich erforderlich sein.

Kohlenstaubfeuerungen sind häufig Bestandteil von Gemischtfeuerungen, wobei im Einzelfall auch die Leistung der Öl- oder Gasbrenner allein der Kessellast entspricht, damit ein vollkommener Brennstoffwechsel möglich wird. Dabei ergeben sich allerdings – bezogen auf gleiche Kesselleistung – große Unterschiede in den feuchten Rauchgasmengen und der Flammenstrahlung, wodurch sich der Wärmeübergang an den Heizflächen ändert, was vor allem die Dampfüberhitzung, insbesondere bei Teillast, beeinflusst. Als Abhilfe greift man häufig zu einer *Rezirkulation* von Rauchgasen: Ein Rauchgas-Teilstrom wird in oder hinter den Nachschaltheizflächen abgesaugt und in den Feuerraum eingeblasen bzw. mitunter der Verbrennungsluft zugemischt. So wird künstlich die Rauchgasmenge vergrößert (Bild 4.40). Aus dem Verlauf des O_2-Gehalts in Bild 4.40 folgt, dass an der betreffenden Anlage der aus der Falschluft stammende Sauerstoff im rückgeführten Rauchgas an der Verbrennung teilnimmt und die Brennerluft ohne Rußbildverschlechterung um diesen Anteil vermindert werden kann. Aus dem untersten Diagramm ist eine Verbesserung des Prozesswirkungsgrades trotz der aus dem Verlauf der Abgastemperatur resultierenden Verschlechterung des Kesselwirkungsgrades erkennbar.

Als Alternative zu Öl und Gas ist der Einsatz eines Braunkohle-/Anthrazit-Kohlenstaubgemisches für Flammrohr-Rauchrohr-Kessel möglich, im Zentralheizungsbereich auch für sonstige Kesselbauarten, mit Leistungen von 1,0–100 GJ/h. Aus Containern oder fahrzeugbefüllten Vorratstanks wird der Staub selbsttätig über einen niveaugeregelten Vorbehälter einem vollautomatischen Staubbrenner mit der Trägerluft zugeführt, mit einer Gasflamme gezündet und mit Sekundär- und Tertiärluft verbrannt. Die von den Rauchgasen ausgetragene Asche wird in einem Zyklon-Entstauber mit nachgeschaltetem Feinfilter abgeschieden, zwischengespeichert und bei den wiederkehrenden Staubanlieferungen abtransportiert. Erreichbar ist ein Gesamtwirkungsgrad bis zu 85 % bei einem Ausbrand von ca. 95 %, sehr geringem SO_2-Auswurf und – bei entsprechender Luftstufung – auch geringer NO_X-Emission. Die Zerstäubung ist auch mit einer Suspension aus Feinkohlenstaub im Korngrößenbereich 0–250 µm und Wasser möglich. Hierfür werden Düsen, ähnlich denen in Bild 4.55 a, eingesetzt.

Da beim Betrieb von Kohlenstaubfeuerungen nicht nur erhöhte Verpuffungsgefahr im Feuerraum besteht, sondern Kohlenstaub, in Luft aufgewirbelt, feuer- und explosionsgefährlich ist, lagernder Staub zur Selbstentzündung neigt und gewisse Kohlensorten explosive und betäubende Gase abscheiden, sind neben den Betriebsvorschriften und den »Technischen Regeln für Kohlenstaubfeuerungen an

Dampfkesseln« (TRD 413) auch die einschlägigen Unfallverhütungsvorschriften, insbesondere der BGV C14 (vormals VBG 2) »Wärmekraftwerke und Heizwerke«, zu beachten, vor allem auch bei Arbeiten in Bunkern und an Mahlanlagen.

Gefahr droht auch von heißer Asche, sofern sie eine erhebliche Menge an Restkohle beinhaltet. Ihre Rückführung von den Filtern in die Schmelzkammern war in Verbindung mit dortigen Primärschäden geringen Ausmaßes in mehreren Fällen der Auslöser für spektakuläre Feuerraumexplosionen. Auch Brände an Elektro- und Schlauchfiltern und an Luftvorwärmern, die zum Teil deren totale Zerstörung zur Folge hatten, sind auf das Wiederaufglühen solcher Aschen bei Luftzutritt oder ihr langes Nachglühen zurückzuführen. Tödliche Unfälle ereigneten sich beim Ausräumen von Asche und Schlacke aus bereits abgekühlten Kesseln. Hier waren größere verbliebene Ascheanhäufungen in Schmelzkammern nur oberflächlich abgekühlt. Beim Abtragen wurden noch vorhandene Glimmnester freigelegt, die durch die plötzliche Luftzufuhr zu Verpuffungen und Bränden führten. Vorbeugende Schutzmaßnahmen sind von der VGB (Technischen Vereinigung der Großkraftwerksbetreiber), Essen, im Rundschreiben Nr. 4/87 vom 30.3.1987 aufgeführt, das von dort zu beziehen ist.

4.3 Feuerungen für flüssige Brennstoffe

In den Sechzigerjahren hat das Öl die Kohle als Brennstoff für Kesselanlagen zurückgedrängt. Die Ursachen hierfür sind mannigfaltig; zum Beispiel ermöglicht Öl als Brennstoff eine einfache Vollautomatisierung kleiner und mittlerer Anlagen, die Einsparung der Aufwendungen für Rost- und Hilfseinrichtungen, eine bessere Anpassung der Feuerräume an die Kesselbauweise, gute Feuerungswirkungsgrade auch bei kleinen und mittleren Anlagen und eine einfache Leistungsregelung.

Das Kernstück der Ölfeuerung ist der Brenner mit dem Geschränk für die Luftzugabe. Hilfseinrichtungen sind Lagerbehälter, Rohrleitungen und Pumpen nebst Zubehör zum Transport und – soweit erforderlich – zum Vorwärmen. Verfeuert werden Heizöl »EL« (Leichtöl) und Heizöl »S« (Schweröl). Schweröl ist so zu erwärmen, dass es genügend dünnflüssig für Transport und Zerstäubung wird.

4.3.1 Brennstoffaufbereitung und -fortleitung; Ausrüstung

Die Aufbereitung beginnt bereits im Öllagerbehälter. Hier kann sich Wasser absetzen, weshalb das Öl nicht am tiefsten Punkt, sondern etwa 20 cm über der Behältersohle entnommen wird. Der unten entstehende Ölsumpf ist regelmäßig – auch zur Verringerung von Korrosionen – auszupumpen und Sondermüllverbrennungsanlagen zuzuführen. Auch Additive werden häufig im Lagerbehälter zugesetzt. Schweröl muss man im Lagerbehälter mindestens so weit vorwärmen, dass es pumpfähig ist. Hierfür sind üblich: die Erstvorwärmung durch Bodenheizschlangen und die Zweitvorwärmung mittels *Einsteckvorwärmer*. Diese Aufteilung und das Isolieren oberirdischer Tanks helfen Wärmeenergie zu sparen. Der Einsteckvorwärmer ist meist durch einen Mantel vom Ölraum des Lagerbehälters getrennt und besitzt für den Zulauf des ihn umgebenden Öles lediglich eine unverschließbare Öffnung, mitunter ist er aber auch nur durch ein Abschirmblech von oben her überdeckt. Durch diese Maßnahme wird von der hier zugeführten Wärme, mit der eine Aufheizung auf etwa 40 bis 50 °C angestrebt wird, nur wenig an das den Vorwärmer umschließende Öl abgegeben. Auch Öl, das je nach Brenner- und Anlagensystem bis zur Zerstäubungstemperatur vorgewärmt aus der Anlage zurückströmt, fließt wieder zum Einsteckvorwärmer. Die Temperierung durch die Bodenheizschlange kann von Hand erfolgen, die durch den Einsteckvorwärmer mittels eines Reglers. Bei oberirdischer Lagerung wird auch für Leichtöl häufig ein Einsteckvorwärmer installiert.

Zur Beheizung eignen sich Dampf, Kondensat, Heiß- bzw. Warmwasser, Thermoöl und elektrischer Strom. Die beiden Letzteren verwendet man unter anderem, wenn schon zum Anfahren Schweröl verwendet werden soll und das sonst während des Betriebes übliche Heizmedium noch nicht zur Verfügung steht. Wird zur Vorwärmung ein Medium benutzt, das wieder in den Kessel gelangt, so ist es durch Probenahme hinter Wärmetauschern täglich auf Ölbeimengungen zu untersuchen bzw. durch eine selbsttätige Einrichtung zu überwachen.

Bei elektrischer Beheizung könnten austauchende Heizkörper erglühen, Öldämpfe sich entzünden und Tankbrände oder -explosionen verursachen. Um dies zu verhindern, werden im Blatt Nr. 220 der »Technischen Regeln für brennbare Flüssigkeiten« (TRbF 220) entsprechende Sicherheitsanforderungen gestellt, die auch für Zwischen- und Tagesbehälter gelten.

Bei kleinen Brennern wird Heizöl EL in Düsennähe auf 60–100 °C mit PCT-Halbleiterelementen oder Heizwiderständen erwärmt. Die dadurch erzielte geringere Viskosität und Dichte lassen
a) ohne Änderung von Düse und Öldruck den Öldurchsatz um ca. 10 % sinken,
b) auch für kleinste Düsen (unter 1 gal) Öldrücke bis herab zu 8 bar bei rußfreier Verbrennung zu,
c) Öldurchsätze ab 1 kg/h mit der bewährten 0,5-gal-Düse und damit Verzicht auf die fragwürdigen 0,4-gal-Düsen zu und
d) Viskositätsschwankungen weniger störend werden.

Der Weg des Öles zwischen Lagerbehälter und Brenner und die dabei zustande kommende Aufbereitung weisen viele Varianten auf (Bild 4.41), zum Beispiel:
- Direktansaugung durch die Brennerölpumpe mit unmittelbarer Zuführung zum Brenner, mittels Einstrangsystem bei hoch liegendem bzw. Zweistrangsystem bei tief liegendem Lagerbehälter;
- Versorgung einer Ringleitung über eine Zwischenpumpe, aus der die Brennerpumpen den Bedarf ihrer Brenner decken;
- Förderung über eine Zwischenpumpe in einen Zwischen- oder Tagesbehälter, aus dem die Brennereinzelpumpen sich versorgen;
- Einschaltung eines Druckvorwärmers für Schweröl in vorgenannte Anlagen.

Sind mehrere Lagerbehälter vorhanden, so darf, um Überfüllen zu vermeiden, zurücklaufendes Öl nur in den Behälter gelangen, aus dem es entnommen wurde. Im Regelfall stellen dies mechanisch oder elektrisch gegeneinander verblockte Absperreinrichtungen sicher.

Auf allen seinen Wegen ist Schweröl durch Begleitbeheizung der Leitungen, Pumpen und Filter auf dem erforderlichen Temperaturniveau zu halten, während dies bei Leichtöl nur für frostgefährdete Bereiche nötig ist.

Während *Zwischenbehälter* Leichtöl nur speichern, wird Schweröl dort weiter vorgewärmt. Dazu trägt eine geregelte Beheizung und auch die Rückführung über-

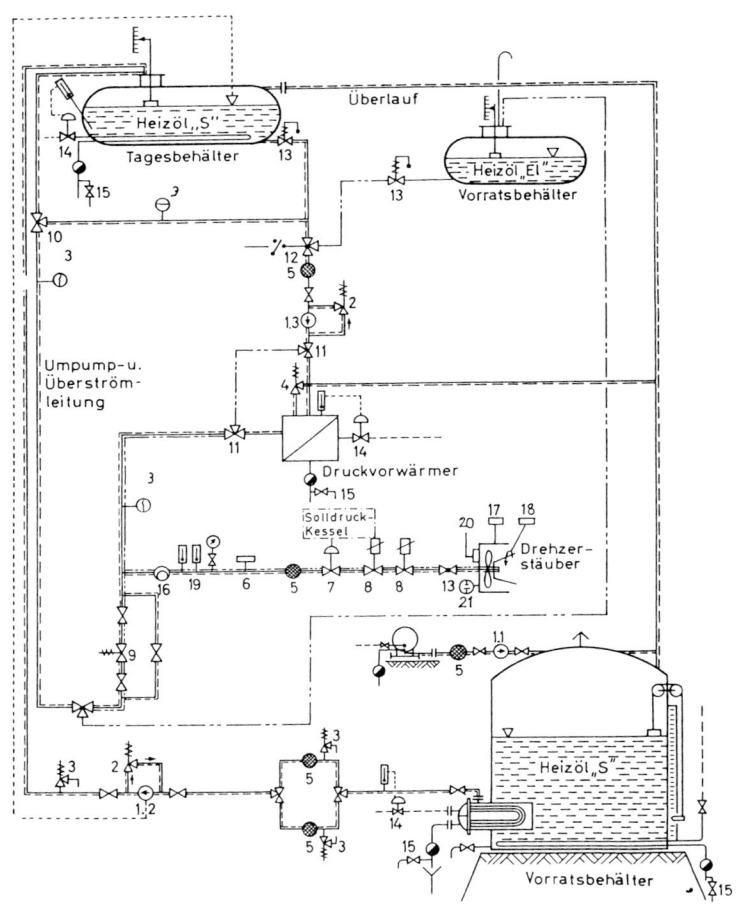

Bild 4.41: Schema einer Schwerölfeuerungsanlage mit Leichtölzusatzversorgung
———— Schwerölleitungen
– ·· – ·· – Leichtölleitungen
═══ Leitungen, abwechselnd von Schwer- oder Leichtöl beaufschlagt
– – – – – Dampfleitungen
· · · · · · · Impulsleitungen
1.1 Tankfüllpumpe (Kreislaufpumpe) – 1.2 Zwischenpumpe (Zahnradpumpe) – 1.3 Brennerölpumpe (Zahnradpumpe) – 2. externe Sicherheitsventile zur Begrenzung des Pumpenhöchstdrucks – 3. Sicherheitsventile oder Druckausdehnungsgefäße gegen Überdruck durch thermische Expansion – 4. Sicherheitsventil – 5. Filter – 6. Öldruckwächter min./max. – 7. Ölmengenregelventil – 8. selbsttätiges Ölschnellschlussventil bauartgeprüft – 9. Überströmventil für Öldruckkonstanthaltung – 10. Umpumpventil – 11. Bypassventile zum Druckvorwärmer für Leichtölbetrieb – 12. Brennstoffanwahlventil mit Endlagenschalter für Brennersteuerung – 13. handbetätigte Schnellschlussvorrichtung – 14. Temperaturregelventil – 15. Probenahmeventil für Kondensat (zur Prüfung auf Öleinbruch) – 16. Mengenzähler – 17. Verbrennungsluftwächter – 18. Drehzahlwächter (Sicherstellung der Zerstäubungsgüte) – 19. Öltemperaturanzeiger und -wächter – 20. Ausschwenkwächter – 21. Flammenwächter

schüssigen Öles höherer Temperatur aus der Brennerversorgung bei. Die Vorwärmung wird auf max. 90 °C begrenzt, damit noch ein genügender Sicherheitsabstand zur Verdampfungstemperatur von eventuell mitgeführtem Wasser vorhanden ist. Der entstehende Dampf würde das Öl zum Aufschäumen bringen – ähnlich wie kochende Milch –, es würde als Öl-Wasserdampf-Gemisch aus der Entlüftung ins Freie quellen. Die Befüllung der Zwischenbehälter wird durch Niveauregler gesteuert und durch Niveaubegrenzer überwacht. Häufig wird zur Sicherung gegen Überfüllen eine – bei Schweröl begleitbeheizte – Überlaufleitung zurück in den Lagertank geführt.

Ölstandsanzeiger zur Niveaukontrolle müssen so beschaffen sein, dass bei Beschädigung kein Heizöl auslaufen kann. Meistens sind es schwimmerbetätigte, nach oben herausgeführte Anzeiger, Reflexionsglas-Anzeiger mit selbsttätig schließenden Ventilen, pneumatische Anzeiger oder Peilstäbe.

Muss Schweröl auf mehr als 90 °C vorgewärmt werden, so erfolgt dies in *Druckvorwärmern*. Ihre Auslegung als Druckbehälter erlaubt die Beaufschlagung mit dem vollen Brennerpumpendruck. Da bei Überdruck der Siedepunkt des Wassers ansteigt (Kapitel 1), kann in Druckvorwärmern die Vorwärmtemperatur erhöht werden, ohne dass sich Dampf bildet. Die Vorwärmtemperaturen liegen je nach Brennerbauart bei 80 bis 150 °C. Bei großen Brennstoffdurchsätzen werden mehrere Vorwärmer hintereinander geschaltet.

Schweröl ist kein einheitlicher Stoff, sondern in seiner Zusammensetzung vom Ausgangsprodukt und vom Herstellungsverfahren abhängig. Dadurch fehlt eine exakte Abhängigkeit zwischen Temperatur und Zähigkeit, sodass bei gleicher Temperatur Viskositätsunterschiede bis zu 25 mm^2/s (entspricht 25 cSt ≈ 3,5 °E) möglich sind. Da die Güte der Zerstäubung von der Viskosität abhängt, sind solche Schwankungen der anzustrebenden nahstöchiometrischen Verbrennung (mit sehr geringem Luftüberschuss) abträglich. Man begnügt sich deshalb bei größeren Anlagen, bei denen schon die Verbesserung des Feuerungswirkungsgrades um weniger als 1 % erhebliche Ölmengeneinsparungen bringt, nicht mit einer Temperaturregelung am Druckvorwärmer, sondern man verwendet eine *Viskositätsregelung*. Hier wird die Zähigkeit des Schweröls hinter Vorwärmer mit einem Sollwert verglichen und entsprechend der Abweichung die Beheizung geregelt.

Die unter anderem zur Verringerung des Brennstoffverbrauchs, der NO$_X$-Rate und der Hoch- und Niedertemperaturkorrosionen angestrebte nahstöchiometrische Verbrennung wird bei Heizöl S durch den zunehmenden Gehalt an Asphaltenen (schwer verbrennliche Rohölkomponenten) – der auch zu überdurchschnittlichen Koksrückständen führt – zunehmend schwieriger. Koksbildung am und um den Brenner, erhöhte Heizflächenverschmutzung und ansteigender Feststoffauswurf sind die Folgen. Als Gegenmaßnahmen haben sich neben einer Erhöhung der Vorwärmung die Beimischung von ca. 5 % vorgewärmtem Wasser bewährt. Die schlagartige Verdampfung des Wasseranteils in der aus der Düse austretenden Öl-Wasser-Emulsion bewirkt eine »Mikroexplosion« der Tröpfchen. Die so erzeugten kleineren Tröpfchen brennen rascher und besser aus, wodurch eine Verminderung des Feststoffauswurfs bis ca. 60 % gelingt. Die Rußbildung allerdings wird dadurch nicht nennenswert beeinflusst.

Sicherheitsventile, alternativ auch Ausdehnungsgefäße, an den Ölräumen von Druckvorwärmern, an Filtern und an absperrbaren begleitbeheizten Leitungsabschnitten verhindern unzulässigen Überdruck durch die Wärmeausdehnung des Öles, falls durch Bedienungsfehler oder hohe Umgebungstemperatur bei geschlossenen Absperrventilen beheizt wird. Auch unbeheizte, aber isolierte und lediglich vom heißen Öl aufgeheizte Abschnitte, z. B. zwischen zwei Schnellschlussvorrichtungen, erfordern Sicherheitsventile oder Ausdehnungsgefäße, wenn nach Umstellung auf Leichtöl dieses eingeschlossen werden, sich erwärmen und ausdehnen kann. Auch an unbeheizten, allein mit Heizöl EL beaufschlagten Leitungen sind solche Einrichtungen erforderlich, wenn das Öl kühler als leitungsnahe Umgebungsbereiche sein kann. Die regelmäßige Kontrolle dieser Sicherheitsventile sowohl auf Dichtheit als auch freien Auslauf in die zugehörigen Auffangbehälter gehört mit zu den Aufgaben des Kesselwärters. Die Sicherheitsventile und ihre Zu- und Ableitungen benötigen häufig ebenfalls eine Begleitheizung, deren Zuschaltung vor Inbetriebnahme der sonstigen Beheizungseinrichtungen erfolgen muss. Unkontrollierter Austritt größerer Ölmengen aus den Sicherheitsventilen wird von Niveaubegrenzern in den Auffangbehältern verhindert. Sie schalten die Ölpumpen nach Voralarmierung ab.

Die *Ölleitungen* müssen den technischen Anforderungen für brennbare bzw. wassergefährdende Flüssigkeiten genügen. Heizöl EL (Leichtöl) ist eine wassergefährdende Flüssigkeit im Sinne des Wasserhaushaltsgesetzes. Leitungen für Heizöl EL müssen so ausgeführt sein, dass eine Grundwassergefährdung nicht zu besorgen ist, d. h., sie müssen aus geeigneten Werkstoffen, mit geeigneten Verbindungselementen und Armaturen hergestellt und so verlegt sein, dass Undichtheiten rechtzeitig und zuverlässig erkannt werden können. Leitungen für Heizöl EL sollten vorzugsweise oberirdisch und einsehbar verlegt werden. Bei Verlegung im Boden oder im Mauerwerk sind entweder doppelwandige Leitungen mit überwachtem Zwischenraum zu verwenden, oder die Leitungen sind in flüssigkeitsdichten Schutzrohren mit Gefälle zu einem überwachten Kontrollraum zu verlegen.

In Bereichen von Pumpen und Armaturen, bei denen betriebsmäßig mit Undichtheiten gerechnet werden kann, sind geeignete Ölauffangwannen vorzusehen. Bei Anlagen mit nicht ständig beaufsichtigtem Betrieb müssen Lecksonden in Auffangwannen und überwachten Kontrollräumen bei Ölaustritt ein selbsttätiges Abschalten der Ölförderpumpen bewirken.

Um Sichtkontrollen zu erleichtern und um Verwechslungen vorzubeugen, sind Ölleitungen mit brauner Kennfarbe gemäß DIN 2403 zu kennzeichnen. Heizöl S (Schweröl) ist keine wassergefährdende Flüssigkeit im Sinne des Wasserhaushaltsgesetzes, da es beim Eindringen ins Erdreich erstarrt. Bezüglich der Leitungsverlegung und Lecküberwachung gelten für Schweröl daher weniger strenge Anforderungen.

Spalt- und Sieb*filter* und Siebeinsätze aus porösem Metall (Metallfritten) halten Fremdstoffe von Pumpen, von Mess- und Regelgeräten, von Schnellschlusseinrichtungen und von Brennerdüsen fern. Die Maschenweiten betragen 0,1–0,3 mm. An größeren Filtern ermöglicht die Messung des Differenzdruckes zwischen Ein- und Austritt das Erkennen des Beladungszustandes zwecks rechtzeitiger Reinigung. Umschaltbare Filter erlauben das Reinigen ohne Betriebsunterbrechung. Die Gehäuse von Schwerölfiltern sind häufig als Doppelmäntel zur Aufnahme des Heizmediums ausgebildet; sonst werden sie durch außen angelegte Begleitbeheizung warm gehalten.

Zur Ölförderung dienen Zahnrad- und Schraubenspindel*pumpen* (Bild 4.42). Ihr Arbeitsprinzip gleicht dem einer Kolbenpumpe mit unendlich langem Kolbenhub, sodass sie Förderdrücke erzeugen können, die nachgeschaltete Bauteile bersten lassen. Deshalb öffnen Sicherheitsventile in den Pumpen oder unabsperrbar hinter diesen bei bedenklicher Betriebsdrucküberschreitung und führen das Öl im Kurzschluss auf die Saugseite zurück. Allerdings verhindern diese Ventile nur bei raschem Beseitigen des Bedienungsfehlers oder Abschalten der Pumpe einen Schaden. Andernfalls wird das im Kurzschluss umgewälzte Öl durch die Reibung schnell hoch erwärmt, verliert seine Schmierfähigkeit und führt zum Festfressen der Pumpe.

Nicht verwechselt werden dürfen oben angeführte Sicherheitsventile mit dem *Überströmventil*, das bei Kompaktbrennern in der Pumpe, sonst nach ihr – und dann meist absperrbar – angeordnet wird und für konstanten Fließdruck zur Düse

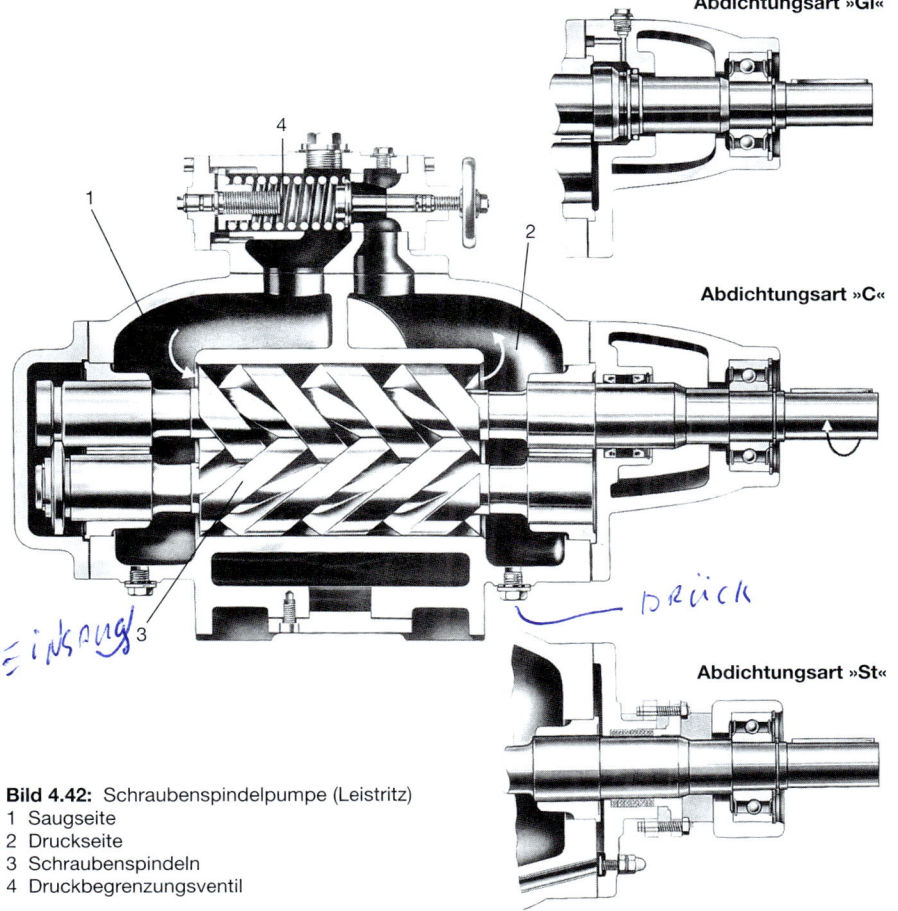

Bild 4.42: Schraubenspindelpumpe (Leistritz)
1 Saugseite
2 Druckseite
3 Schraubenspindeln
4 Druckbegrenzungsventil

oder zum Mengenregelventil zu sorgen hat. Bei größeren Anlagen wird dieses sonst mit einstellbarer Federbelastung ausgeführte Ventil mit einem Regelantrieb ausgerüstet. Die aus diesen Ventilen überströmende Ölmenge wird in gesonderten Leitungen entweder auf die Pumpensaugseite, in den Ölzwischenbehälter oder den Öllagerbehälter zurückgeführt. Bei Schweröl bevorzugt man die Rückführung auf die Pumpensaugseite, um wenig Wärme zu verlieren.

Ein kombiniertes Druckregel- und Abschneideventil der Zahnradpumpe eines Kompaktbrenners (Bild 4.43) zeigt Bild 4.44. Im Ruhezustand drückt die Regelfeder (6) über den Regelkolben (5) das Druckschlussventil (3) auf seinen Sitz im Pumpendruckstutzen und schneidet den Ölstrom zur Düse ab. Beim Anlauf der Pumpe bewegt sich der Regelkolben erst dann nach rechts (nach ca. 0,1–0,5 s), wenn der erzeugte Öldruck größer wird, als der über die Stellschraube (7) eingestellte Federdruck. Jetzt drückt die Feder des Druckschlussventils dessen Kegel nach und das Öl strömt mit dem aus der Einstellung der Druckregelfeder herrüh-

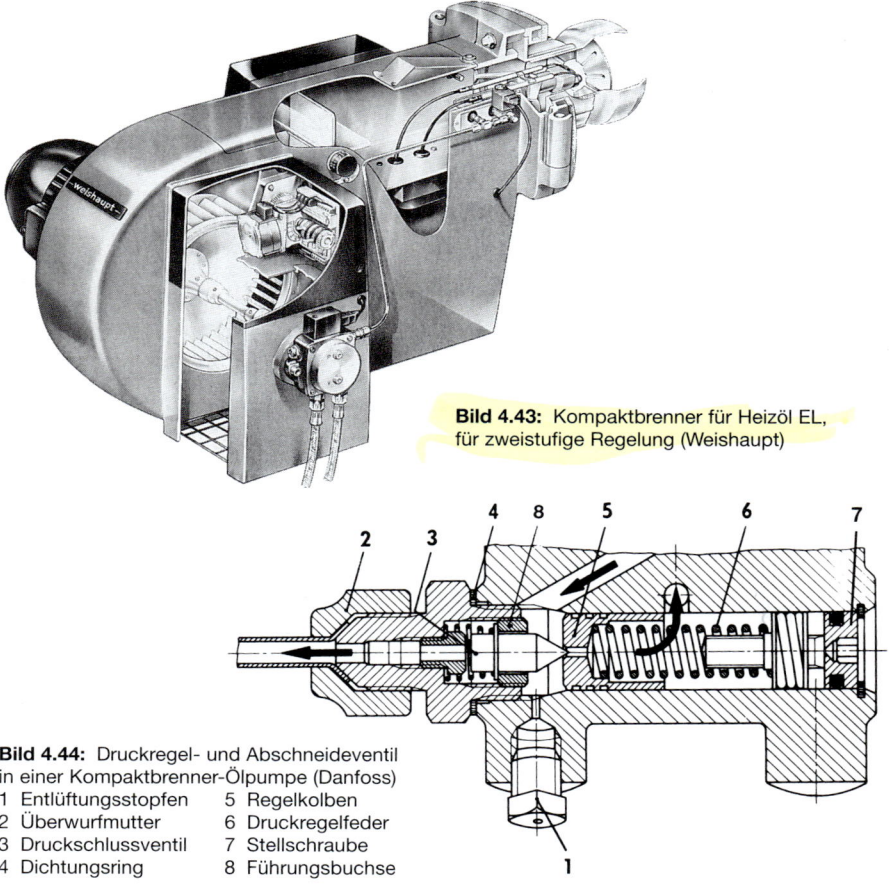

Bild 4.43: Kompaktbrenner für Heizöl EL, für zweistufige Regelung (Weishaupt)

Bild 4.44: Druckregel- und Abschneideventil in einer Kompaktbrenner-Ölpumpe (Danfoss)
1 Entlüftungsstopfen
2 Überwurfmutter
3 Druckschlussventil
4 Dichtungsring
5 Regelkolben
6 Druckregelfeder
7 Stellschraube
8 Führungsbuchse

Bild 4.45: Zahnrad-Ölpumpe eines Kompaktbrenners. Zahnrad zur Verdeutlichung um 90° in Schnittebene gedreht (Danfoss)
1 Eintritt
2 Filter
3 Zahnräder
4 Druckregelventil
5 Druckschlussventil
6 zur Düse
7 Rücklauf
8 Stopfbuchse
9 Entlüftung
10 Manometerstutzen
11 Drosselventil

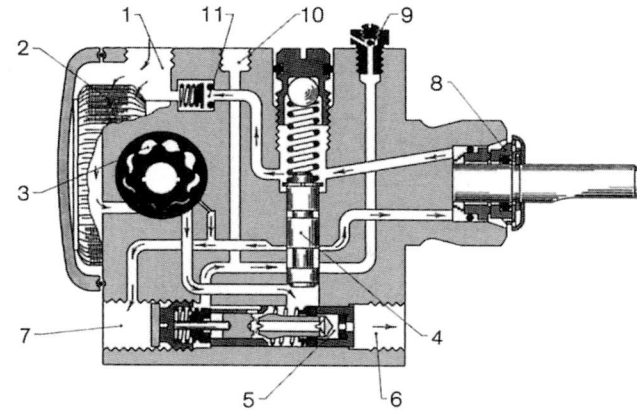

renden Betriebsdruck über freie Querschnitte in der Verschraubung der zugehörigen Führungsbuchse (8) und das geöffnete Ventil zur Düse. Beim Abschalten des Brenners und auch bei fallendem Öldruck infolge einer Störung in der Ölversorgung läuft der gleiche Vorgang in umgekehrter Richtung ab, wobei ein sehr schnelles Unterbrechen ein Nachspritzen und daraus entstehende Verkokungen an Düse und Brennerkopf verhindern muss.

Während des Betriebes wird das von der Pumpe zu viel geförderte Öl durch die beim zurückgedrückten Regelkolben ebenfalls frei werdende Zentralbohrung über das Stopfbuchsengehäuse abgeführt, und zwar bei Einstrangsystemen zur Pumpensaugseite, bei Zweistrangsystemen zurück zum Öltank oder zum Vorfilter. Dies bewirkt die Konstanthaltung des Betriebsdruckes. Die Anordnung eines solchen Ventils in einer Ölpumpe zeigt Bild 4.45, Pos. 5.

Bei Öldruckzerstäubern in Kompaktbauweise werden die Verbrennungsluft und der Öldruck oft indirekt überwacht. Die federbelasteten Abschneideventile (Bild 4.44) unterbrechen bei Unterschreiten eines bestimmten Öldruckes am Pumpenaustritt (bei etwa 4 bis 5 bar Überdruck) auf mechanischem Wege den Ölaustritt. Dadurch kommt es zu einem plötzlichen und anhaltenden Flammenabriss, wodurch die Flammenüberwachungseinrichtung wirksam wird. Auf die Überwachung der Verbrennungsluft wird bei diesen Brennern deshalb verzichtet, weil hier Gebläse und Ölpumpe eine kraftschlüssige Einheit bilden und bei Ausfall des Gebläseantriebes auch die Ölpumpe zum Stillstand kommt. Bei Zweistufenregelung allerdings wird über einen Endlagenschalter die Stellung der Luftregelklappe als Kriterium für das Zuschalten der zweiten Stufe abgefragt.

Für die Anpassung der Brennerleistung an den Wärmebedarf sorgt die *Leistungsregelung*, im einfachsten Fall eine Zweipunktregelung (Ein-/Aus-Regelung). Dabei wird die Feuerung abgeschaltet, wenn der Dampfdruck oder die Heißwassertemperatur einen bestimmten Sollwert erreicht. Bei Absinken der Werte bis zu einem bestimmten Mindestwert wird die Feuerung wieder eingeschaltet.

Eine bessere Anpassung ergibt eine Zweistufenregelung, die an den Grenzen des Regelbereichs je zwei gegeneinander abgestufte Grenzwerte abfragt. Dadurch kann z. B. ein Brenner früher aus- bzw. später wieder eingeschaltet werden als der andere. Gleiches gilt für zwei Düsen in einem Brenner oder eine Zweistufenschaltung für eine einzige Brennerdüse.

Solche Regelungen genügen zwar in vielen Fällen, aber höheren Anforderungen wird nur eine *stufenlose Regelung* gerecht, auch als *stetige* oder *modulierende* Regelung bezeichnet. Hierbei schalten die Brenner nur ab, wenn die Feuerungsleistung in Kleinlaststellung größer ist als die angeforderte Kesselleistung. Stetig arbeitende Regler steuern die Brennstoff- und Luftmenge in Harmonie zueinander. Das Ölregelventil ist vor dem Brenner bzw. vor Brennergruppen angeordnet, nur den Ölrücklaufbrennern ist es nachgeordnet. Es gelangt demnach bei allen Brennern, außer bei Ölrücklaufbrennern, die gesamte durch das Regelventil durchtretende Ölmenge zur Verbrennung. Folglich wird im Bereich zwischen Regelventil und Brennerdüse der Öldruck durch die jeweils durchgesetzte Ölmenge bestimmt, denn bei vorgegebenem Querschnitt ist eine Änderung des Durchsatzes nur durch Änderung des Druckes möglich oder, allgemeiner ausgedrückt: Bei Strömung von Flüssigkeiten oder Gasen durch einen konstanten Querschnitt ist der Volumenstrom proportional dem Wurzelwert des statischen Druckes (im Bereich turbulenter Strömung), z. B. führt eine Vervierfachung des Druckes zu einer Verdoppelung der Menge. Druckänderungen bewirken folgende Mengenänderungen:

$$V_2 = V_1 \sqrt{\frac{p_1}{p_2}}$$

V_1 = ursprüngliche Menge (m³/h; l/h; kg/h)
p_1 = ursprünglicher Druck (bar; mbar)
p_2 = geänderter Druck
V_2 = geänderte Menge

Beim Ölrücklaufbrenner liegt das Ventil zur stufenweisen oder kontinuierlichen Mengenregelung im Ölrücklauf (Abschn. 4.3.3.1). Im Ölrücklauf fließt das Öl, das sich bereits in der Brennerdüse in einem zerstäubungsnahen Zustand befunden hat, aus dem Brenner zurück. Demnach sind viele sog. »Ölrücklaufleitungen« bei genauer Betrachtung nur Leitungen, in denen Öl aus Überströmventilen zurückfließt, d. h. Überströmleitungen oder Leitungen, in denen Öl am Brenner oder der Brennerdüse vorbei umgewälzt wird, also Umpumpleitungen.

Letztere findet man bei nahezu allen Schwerölfeuerungen, damit beim Anfahren das Öl so lange in einem Kreislauf zwischen Pumpe, Ölvorwärmer, Brenneranschluss und wieder Pumpe – evtl. auch unter Einbeziehung des Tagesbehälters – umgewälzt werden kann, bis die Temperatur bzw. Viskosität den Sollwert erreicht. Während des Betriebs wird diese Leitung geschlossen, jedoch bei Abstellen der Feuerung sofort wieder geöffnet, um stets Öl der erforderlichen Viskosität verfügbar zu haben.

Schlauchverbindungen zum Brenneranschluss, Kompensatoren oder elastische Verlegung der Brennstoffleitungen sowie Schwingungsdämpfer verwendet man, um bedenkliche Spannungen durch Dehnungen oder Schwingungen zwischen Leitungen und Brennern zu vermeiden und Brenner leicht ausbauen oder ausschwenken zu können. Der Zustand der Schläuche bedarf regelmäßiger Kontrolle; jegliches Knicken – z. B. bei Arbeiten am Brenner – ist zu vermeiden. Vor einer Demontage vergewissere man sich, dass die Absperrvorrichtungen geschlossen und die Schläuche drucklos sind. Zugelassene Schläuche bestehen aus gewellten Metallrohren mit Stahlbandarmierung zur Erzielung ausreichender Längssteifigkeit oder aus Elastomeren nach DIN 4798 Teil 1 mit einem Festigkeitsträger, z. B. einem korrosionsbeständigen Metalldrahtgeflecht, der zugleich gegen äußere Beschädigung und Brandeinwirkung schützt.

Um das Anfahren von Schwerölfeuerungen zu erleichtern und elektrische Heizeinrichtungen zu vermeiden, dient vielfach Leichtöl als Hilfsbrennstoff. Ist der Brenner für Leicht- und Schweröl gleichermaßen geeignet, so bedarf es nur einer entsprechenden Umschaltung. Gemäß Bedienungsanweisung darf man meist nur eine geringe Leichtölmenge verfeuern, da das Brennstoff-Luft-Verhältnis der Feuerungsregelung nicht auf Leichtöl abgeglichen ist. Zugleich hält man auf diese Weise unzulässige Wärmespannungen infolge zu forcierter Startbeheizung vom Kesselkörper fern. Ist der Leistungsbrenner für Leichtöl ungeeignet, muss ein Brennerwechsel erfolgen.

Damit man mit Leichtöl anfahren kann, muss das Schweröl schon beim Abfahren aus allen Leitungen, in denen es dem Leichtöl den Weg versperren kann, entfernt werden, solange es noch gut flüssig ist. Auch der Brenner zählt dazu.

Hierfür bieten sich zwei Wege an:
1. Abfahren der Anlage mit Leichtöl, wobei das Leichtöl nach dem Absperren des Schweröles entweder über die Schwerölpumpe unter Umgehung des Öldruckvorwärmers oder über eine getrennte Pumpe hinter dem Öldruckvorwärmer zugegeben und so lange bei kleinster Brennerleistung verbrannt wird, bis eine Abnahme der Öltemperatur vor dem Brenner den Ölaustausch anzeigt.
2. Ausblasen des Schweröles mittels Dampf oder Druckluft ab Einmündung Leichtölleitung, sofern sie hinter den letzten Schwerölabsperrungen liegt.

Das *Ausblasen* kann bei falscher Handhabung leicht zur Verpuffung führen. Nur eine unverzögerte Zündung und Verbrennung des ausgeblasenen Öles bannt diese Gefahr. Ist nur ein Brenner in Betrieb, so muss die Zündeinrichtung vor Ausblasebeginn in Betrieb genommen und während des Ausblasens in Betrieb gehalten werden. Bei mehreren Brennern kann dies auf den letzten beschränkt sein, wenn die übrigen beim Ausblasen – selbst unter ungünstigsten Betriebsbedingungen – zuverlässig von noch betriebenen Brennern gezündet werden. Entsprechend den Eigenheiten der Brenner sind Öldruckzerstäuber mit hohem Druck, alle anderen Brenner mit niederem Druck, auszublasen, was durch entsprechendes Öffnen oder Drosseln des *Ausblaseventils* zu bewerkstelligen ist. Das Zerstäubungshilfsmittel (Abschn. 4.3.2) ist beim Ausblasen dem Brenner unverändert zuzuführen.

Ausgeblasen werden müssen auch Brenner und Leitungen hinter den selbsttätigen Schnellschlusseinrichtungen bei alleinigem Schwerölbetrieb. Lediglich bei Brennern mit selbsttätiger Schnellschlussvorrichtung unmittelbar vor oder in der Düse (Düsenventil) kann man auf das Ausblasen verzichten, da hier während des Umpumpens das Öl bis zum Düsenkopf erwärmt wird. Die Begleitheizung muss dann bis nahe zum Düsenkopf reichen. Häufig löst eine automatische Steuerung den Ausblasevorgang bei jeder Brennerabschaltung aus.

Die Sicherheitsanforderungen an die in diesem Abschnitt erläuterten und an darüber hinaus noch vorgeschriebene Einrichtungen finden sich in den »Technischen Regeln für Ölfeuerungen an Dampfkesseln« TRD 411, in den »Technischen Regeln für brennbare Flüssigkeiten« TRbF, insbesondere in TRbF 620, in DIN 4736, DIN 4755, DIN 4798, EN 230, EN 264, EN 267 und in den Länderverordnungen über Anlagen zum Umgang mit wassergefährdenden Stoffen »VAwS«.

4.3.2 Brennstoffzerstäubung und Luftzumischung

Damit Öl verbrannt werden kann, muss es verdampft, vergast oder zerstäubt werden. Mit Verdampfung arbeiten Ölöfen häuslicher Feuerstätten, mit Vergasung häufig die Brenner für Industriefeuerungen. In Dampfkesselfeuerungen wird Öl ausnahmslos zerstäubt, wobei zur vollkommenen Verbrennung alle Tröpfchen des Ölnebels ausreichend klein und innerhalb des Sprühkegels (Vollkegel oder Hohlkegel) gleichmäßig verteilt sein müssen. Ab einem Tröpfchendurchmesser unter 0,1 mm ist eine einwandfreie Verbrennung zu erreichen, nur bei Drehzerstäubern sind auch größere Tröpfchen sicher verbrennbar. Ausreichende Zerstäubungsgüte muss sowohl im Volllast- wie auch im Teillastbereich vorhanden sein; sie begrenzt die Regelfähigkeit von der Ölseite her. Beim heutigen Stand der Technik umfasst

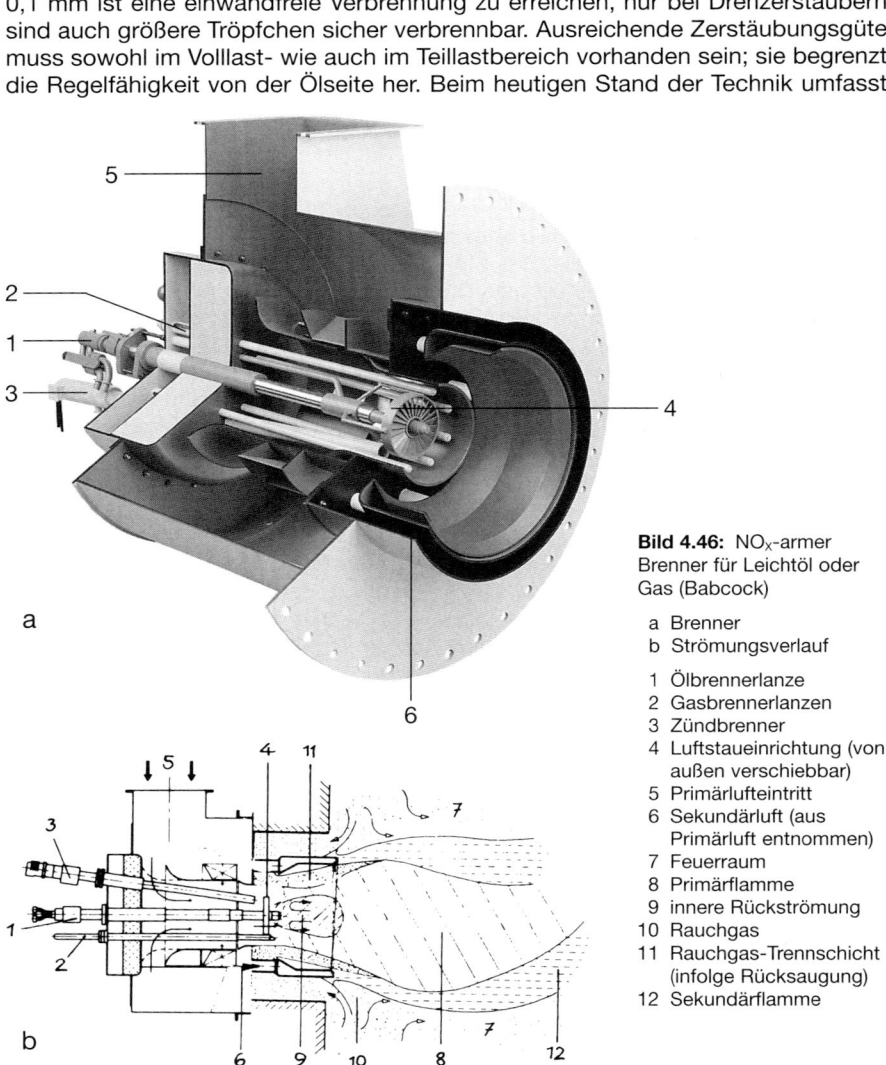

Bild 4.46: NO_x-armer Brenner für Leichtöl oder Gas (Babcock)

a Brenner
b Strömungsverlauf

1 Ölbrennerlanze
2 Gasbrennerlanzen
3 Zündbrenner
4 Luftstaueinrichtung (von außen verschiebbar)
5 Primärlufteintritt
6 Sekundärluft (aus Primärluft entnommen)
7 Feuerraum
8 Primärflamme
9 innere Rückströmung
10 Rauchgas
11 Rauchgas-Trennschicht (infolge Rücksaugung)
12 Sekundärflamme

diese einen Bereich von 1 : 6 bis 1 : 10 für alle Brenner mit Ausnahme des einfachen Öldruckzerstäubers, dessen Bereich nur ca. 1 : 2 beträgt.
Bei Schweröl ist die Viskosität ein wichtiges Zerstäubungskriterium. Temperaturwächter zeigen das Unter- und Überschreiten der zulässigen Werte am Kesselwärterstand über eine Warnanlage an und bewirken bei Temperaturunterschreitung eine Unterbrechung der Ölzufuhr bzw. verhindern die Ölfreigabe.
Gleich wichtig für bestmögliche Verbrennung ist die Luftführung, damit eine hohe Mischleistung erreicht wird. Dies erfordert hohe kinetische Energie und genau abgestimmte Turbulenz für die Luft, damit die Verweilzeit des Brennstoffes im Verbrennungsbereich verlängert, die Verbrennungsgeschwindigkeit erhöht und der Ausbrand vervollkommnet werden. Durch hohe Eintrittsgeschwindigkeit und durch Einbauten im Luftgeschränk, die der Luft einen Drall geben, wird dies erreicht.
Derart optimierte Brenner erzeugen hohe Verbrennungstemperaturen und dadurch viel NO_x. NO_x-arme Brenner erfordern deshalb Abweichungen von diesem idealen Konzept, um durch Luftstufung und evtl. Rauchgasrezirkulation eine »verzögerte« Verbrennung mit »kühler« Flamme zu erreichen. Dies wiederum führt zu einer Erhöhung der Staubbildung und kann bei schwerem Heizöl eine Entstaubungsanlage erforderlich machen. Unbeeinflusst davon bleibt die nur vom Schwefelgehalt des Brennstoffes abhängige SO_2-Emission, weshalb für Öle mit mehr als 1 % Schwefelanteil im Allgemeinen eine Rauchgasentschwefelungsanlage erforderlich wird. Diese und weitere schwerölbezogene Probleme haben viele Betreiber von mittelgroßen Anlagen zur Umstellung auf Leichtöl oder Gas veranlasst.
Die komplizierte strömungstechnische Auslegung eines NO_x-armen Brenners zeigt Bild 4.46. Zweitluft wird aus dem Luftkasten über Rohre in einen äußeren Ringkanal geleitet, dessen Ausmündung relativ weit vor der Düse liegt. Dadurch erreicht die ausströmende Zweitluft die Flamme erst nach ihrer Entstehung im Bereich der Erstluft. Zugleich wird durch den am Impeller entstehenden relativen Unterdruck (Bild 4.49) Rauchgas aus dem Bereich um die Flamme zurückgesaugt. Es umströmt dabei den Zweitluftkanal und gelangt an dessen hinteren Verbindungsrohren vorbei in den Strömungsbereich zwischen Erst- und Zweitluft. Dort behindert es bis zu seiner Vermischung mit der Luft den Zutritt der Zweitluft zur Flamme. Dadurch wird die NO_x-mindernde unterstöchiometrische Verbrennung allein mit der Erstluft noch mehr verlängert. Einbauten im Brennergeschränk ermöglichen darüber hinaus eine starke Verdrallung der Erstluft. Durch axiale Verschiebung des Impellers kann der Verbrennungsablauf optimal eingestellt werden.
Neben der geschilderten inneren Abgasrückführung in der Brennerflamme (interne Rauchgasrezirkulation) wird auch die sog. äußere Abgasrückführung (externe Rauchgasrezirkulation) eingesetzt, um die NO_x-Bildung zu verringern. Eine äußere Abgasrückführung kann prinzipiell auch an älteren Brennern nachgerüstet werden. Ein Teil der Abgase, bei Großlast etwa 15 % bis 25 %, wird über einen Abzweig an der Abgasleitung am Kesselende durch ein Rezirkulationsgebläse (Rezigebläse) abgesaugt und in einer wärmeisolierten Rezirkulationsleitung mit Gefälle über einen Zwischenflansch zur Brennermündung befördert. Das Abgas wird dort über geeignete Mischeinrichtungen in die Flamme eingedüst. Die Abgasmenge muss in Abhängigkeit von der aktuellen Brennerleistung über eine Regelklappe oder über eine Rezigebläse-Drehzahlregelung an die Verbrennungsluftmenge angepasst werden. Vor jedem Brennerstart muss die Rezirkulationsleitung mit durchlüftet

314 Beheizung von Dampfkesseln

Bild 4.47: Externe Abgasrückführung (Weishaupt, Schwendi)

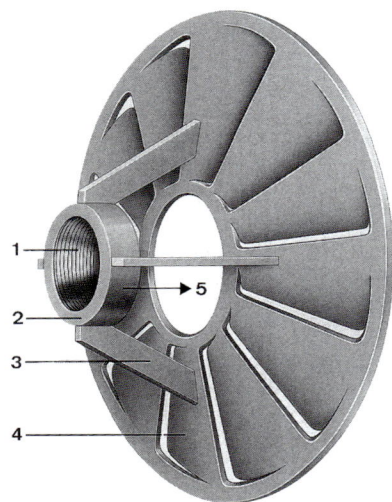

Bild 4.48: Luftstaueinrichtung mit drallerzeugender Wirkung (Babcock)
1 Öllanzen-Durchführung
2 Führungsrohr des Luftschirms
3 Halterung
4 Drallschaufeln
5 Einbaurichtung der Öllanze

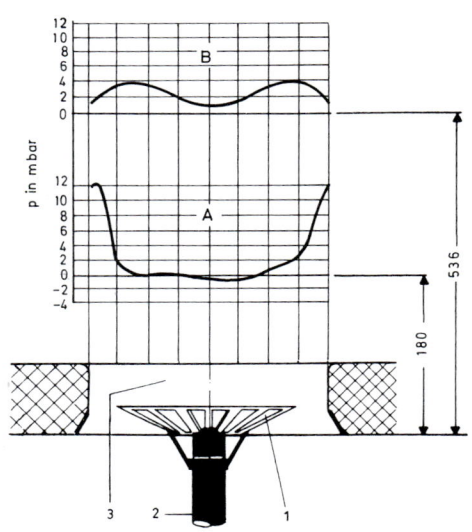

Bild 4.49: Druckverhältnisse im Strömungsfeld hinter einem Impeller (Babcock)
1 Luftleitschirm
2 Öllanze
3 Brennerkehle

werden. Am tiefsten Punkt der Rezirkulationsleitung ist eine Ableitung des Rauchgaskondensats vorzusehen. Bild 4.47 zeigt eine ausgeführte Anlage mit Großwasserraumkesseln, die mit Erdgasfeuerung und einer externen Rauchgasrezirkulation betrieben werden.

Luftstau- bzw. -leiteinrichtungen nahe der Düse (Impeller, Swirler) besorgen günstigste Luftführung zum Ölnebel (Bild 4.48). Die Flammenhaltung kommt dadurch zustande, dass hinter dem mit hoher Luftgeschwindigkeit umströmten Impeller relativer Unterdruck entsteht, wodurch eine Rezirkulation von Brenngasen und damit eine stehende Flamme erreicht werden (Bild 4.49). Außerdem verbessert diese Rücksaugung heißer Brenngase die Zündung. Durch die Formgebung der Staueinrichtung, z. B. durch Bohrungen und Schlitze, oder durch Drallerzeugung lassen sich die Höhe des Unterdruckes nach der Staueinrichtung sowie die Lage und, bis zu einem bestimmten Grad, auch die Form der Flamme beeinflussen. Gleichzeitig strebt man dadurch eine brauchbare Kühlung dieses Bauteils an. Bei sehr günstiger strömungstechnischer Gestaltung von Luftleiteinrichtungen können die Impeller auch entfallen.

Ein Beispiel für einen NO_X-armen Öldruckzerstäuber ohne Stauscheibe zeigt Bild 4.50. Hier wird durch ein feuerseitiges Luftumlenksystem, bestehend aus zwei längs geteilten achsensymmetrisch versetzt zueinander angeordneten Kegelhälften, die mit rückgeführtem Abgas angereicherte und vorgewärmte Verbrennungsluft tangential unter starkem Drall zur Brennerdüse geführt. Hier schlägt die Strömung um in eine ausgeprägte Rückströmzone und stabilisiert dadurch die Flamme in Düsennähe.

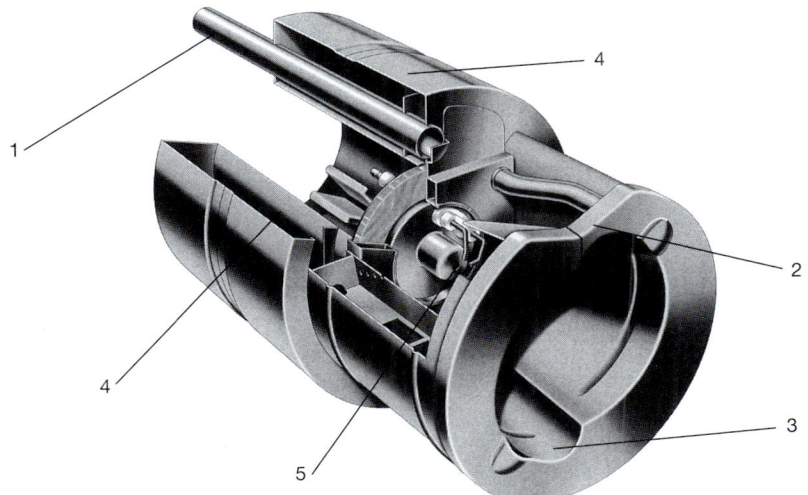

Bild 4.50: Brenner ohne Stauscheibe mit innerer Abgasrückführung (Viessmann RotriX-Brenner)
1 Anschluss für Flammenwächter – 2 Aussparung für Flammenüberwachung – 3 tangential zur Flamme ausmündender Mischkanal für Verbrennungsluft aus Lufttaschen (4) und rückgeführtes Abgas aus Feuerraum – 4 Lufttasche für Verbrennungsluftzufuhr mittels Injektordüsenbohrungen – 5 Ölzerstäuberdüse und Zündelektroden

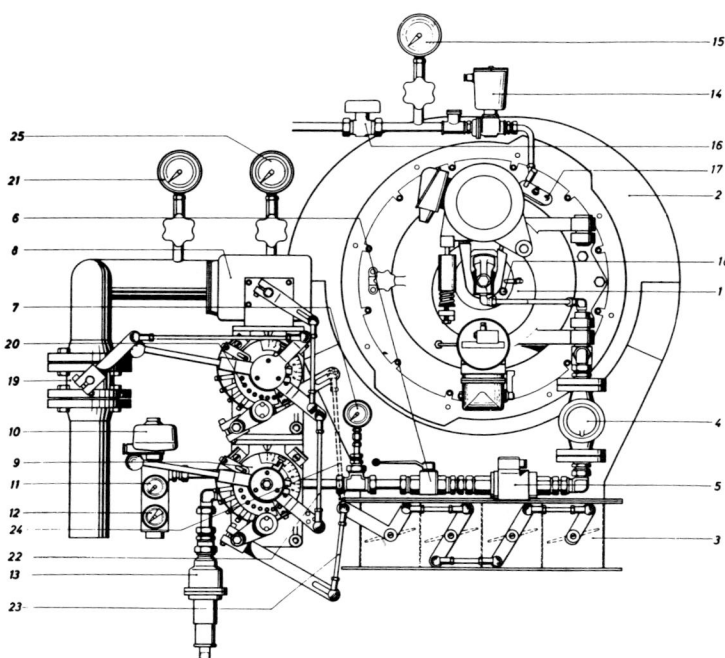

Bild 4.51: Gas-Öl-Kombinationsbrenner mit Regelgruppe Öl/Gas, Luftvorlage und Luftleitaggregat (Ray)

1 Gas-Öl-Kombinationsbrenner
2 Luftvorlage
3 Luftleitaggregat (Luftmengenregelklappe)
4 Ölmengendurchlaufzähler
5 Ölmagnetfilter
6 Handschnellschlussventil
7 Öldruckmanometer
8 Stellmotor
9 Verbundregler Öl–Luft
10 Doppeltemperaturregler
11 Öldruckmanometer
12 Zeigerthermometer
13 Öldruckregler
14 Zündgasmagnetventil
15 Gasdruckmanometer
16 Gas-Absperrhahn
17 Flammenwächter
18 Ölstandskontrolle
19 Gasmengenregelklappe
20 Verbundregler Gas–Luft
21 Gasdruckmanometer
22 Verbindungsgestänge
23 Verbindungsgestänge Öl–Luft
24 Verbindungsgestänge Gas–Luft
25 Luftdruckmanometer

Die Verbrennungsluftzumischung sollte über den Regelbereich des Brenners gleich bleibend gut sein. Mit sinkender Luftmenge nehmen aber infolge des unveränderlichen Austrittsquerschnitts die Luftgeschwindigkeit und damit ihre kinetische Energie und die Mischleistung ab. Dadurch ist nur im oberen Regelbereich ein Betrieb mit geringstem Luftüberschuss möglich; nach unten muss zur Erzielung ausreichender Mischleistung mit zunehmendem Luftüberschuss gearbeitet werden. Folglich ist die Regelfähigkeit des Brenners von der Luftseite her stärker eingeschränkt als von der Ölseite. Eine Ausnahme bilden Brenner, bei denen sich der Luftquerschnitt stufenweise oder kontinuierlich verändern lässt. Hier erfolgt im Verbund mit der Ölmengenregelung durch Stellantriebe die entsprechende Querschnittsabdeckung.

Die Güte der Regelung für das Brennstoff-Luft-Verhältnis ist ebenfalls ausschlaggebend für eine gute Verbrennung. Hier bieten sich bei Anlagen mit mehreren Brennern grundsätzlich zwei Möglichkeiten an: entweder gemeinsame Regelung der gesamten Luft und des gesamten Brennstoffes bei Schaffung gleichmäßiger Verteilung zu allen Brennern oder getrennte Abstimmung des Brennstoff-Luft-Verhältnisses für jeden Brenner. Letzteres wäre die günstigste, aber leider auch die aufwändigste Lösung. Deshalb erfolgt vielfach als guter Kompromiss eine getrennte Regelung einzelner Brennergruppen.

An Anlagen mit nur einem stetig geregelten Brenner je Feuerraum erfolgt im Allgemeinen die Brennstoff-Luft-Regelung durch eine mechanische Anbindung der Luftstelleinrichtung an das von der Leistungsregelung beeinflusste Brennstoffregelventil: »Mechanische Verbundregelung«. Eine solche Regelung für wahlweisen Öl- oder Gasbetrieb an einem Kombinations-Drehzerstäuber zeigt Bild 4.51. Der Stellmotor (8) setzt die von der Leistungsregelung kommenden Impulse in entsprechende Drehbewegungen der Abtriebswelle und – über Hebel und Stangen – der Verbundregler (9) und (20) um. Letztere steuern über ein Gestänge den Gasdurchsatz (19) bzw. über ein an den Verbundregler angeflanschtes Regelventil den Öldurchsatz. Bei Betrieb mit Gas läuft die Ölregelung bei abgesperrter Ölleitung leer mit – umgekehrt bei Ölbetrieb. Die über Kurvenbänder und Stützrollen von den Verbundreglern betätigten Luftklappenstellantriebe dagegen werden wechselweise nur für den jeweiligen Brennstoff eingehängt oder eingeklinkt. Über die Kurvenbänder selbst wird bei Inbetriebnahme der Anlage für einzelne Lastpunkte zur Brennstoffmenge die notwendige Luftmenge eingestellt. Die Verbundregler können auch von Hand nach Ausklinken eines Mitnehmers betätigt werden; der Brennstoff-Luft-Verbund bleibt dabei weiterhin wirksam.

Die bei einer derartigen Regelung für bestimmte Betriebsverhältnisse bestmögliche Einstellung hängt von verschiedenen Variablen, z. B. der Lufttemperatur, ab, die bei den für diese Regelung besonders geeigneten kleineren bis mittleren Anlagen nicht alle über zusätzliche Regelkreise berücksichtigt werden können. Zur Herabsetzung des deshalb nicht nahstöchiometrisch einstellbaren Luftüberschusses werden zunehmend Hilfsregler, die den von schnellen Analysengeräten im Rauchgasweg gemessenen O_2- oder CO-Gehalt zur Luftfeinnachführung verwerten, der Verbundregelung aufgeschaltet. Die – allerdings teurere – CO-bezogene Optimierung ist zumindest dann vorteilhaft, wenn zu den Rauchgasen im Unterdruckbereich Luft über Undichtheiten gelangen und einen zu hohen Luftüberschuss vortäuschen kann. Als Hilfsregelsysteme werden Regelklappen im Luft-Bypass, Hubeinrichtungen in den Luftklappenstellstangen und Drehzahlregelung der Lüfter eingesetzt, wobei die zugehörigen elektronischen Steuerungen bis zum Einsatz von Mikroprozessoren und der Bildschirmleittechnik reichen.

Das eingestellte Brennstoff-Luft-Verhältnis an einer Verbundregelung bleibt nur konstant, wenn auch die zugehörigen Randbedingungen unverändert bleiben. Ändern sich diese Randbedingungen, so weicht das tatsächliche Luftverhältnis von der Voreinstellung ab, und der O_2-Gehalt der Rauchgase ändert sich.

So kann eine Änderung der Verbrennungslufttemperatur um 10 K eine Abweichung im O_2-Gehalt um 0,3 % bis 0,6 % zur Folge haben. Ändert sich der Atmosphärendruck und damit auch der Druck der angesaugten Verbrennungsluft um 10 mbar, so weicht der O_2-Gehalt im Abgas um 0,2 % vom eingestellten Wert ab.

Weitere Einflüsse üben der Feuerraumdruck (z. B. bei zunehmender Heizflächenverschmutzung), der Kaminzug (z. B. bei wechselnder Kamintemperatur), die Brennstofftemperatur (z. B. bei jahreszeitlichen Schwankungen), der Brennstoffdruck, der Brennstoffdurchsatz (z. B. bei Filterverschmutzung) sowie der Heizwert des Brennstoffes aus. Bei Gas sind Heizwertschwankungen um ± 7,5 % keine Seltenheit, der O_2-Gehalt der Abgase kann sich dann um ± 1,5 % ändern.

Damit auch bei Zusammentreffen vieler ungünstiger Randbedingungen stets ein ausreichender Luftüberschuss gewährleistet ist, muss der Verbundregler zur Inbetriebnahme mit einem gewissen Sicherheitsluftüberschuss eingestellt werden. Bei ungünstigen Einstellbedingungen, wie z. B. sehr kalter Ansaugluft, hohem Atmosphärendruck usw., muss der O_2-Gehalt gegebenenfalls auf Werte über 2 % bis ca. 4 % eingestellt werden.

Je nach Anlagengröße können erhebliche Brennstoffkosten eingespart werden, wenn auf diesen Sicherheitsluftüberschuss verzichtet wird, was dann den Einbau einer O_2-Regeleinrichtung erfordert. Derartige O_2-Optimierungseinrichtungen müssen einer Baumusterprüfung unterzogen werden, um nachzuweisen, dass auch bei einem Versagen der O_2-Regelung der sicherheitstechnisch notwendige Mindestluftüberschuss bzw. der zulässige Höchstluftüberschuss eingehalten werden.

Im Bild 4.52 ist das Blockschaltbild einer O_2-Regelung dargestellt, die bei Öl- und Gasfeuerung wirksam ist. Mit einem zusätzlichen Stellantrieb wird hier das Korrektursignal der O_2-Regelung additiv in die Bewegung der bestehenden Luftregelklappe eingekoppelt, die zu diesem Zweck eine gleichprozentige Kennlinie aufweisen muss.

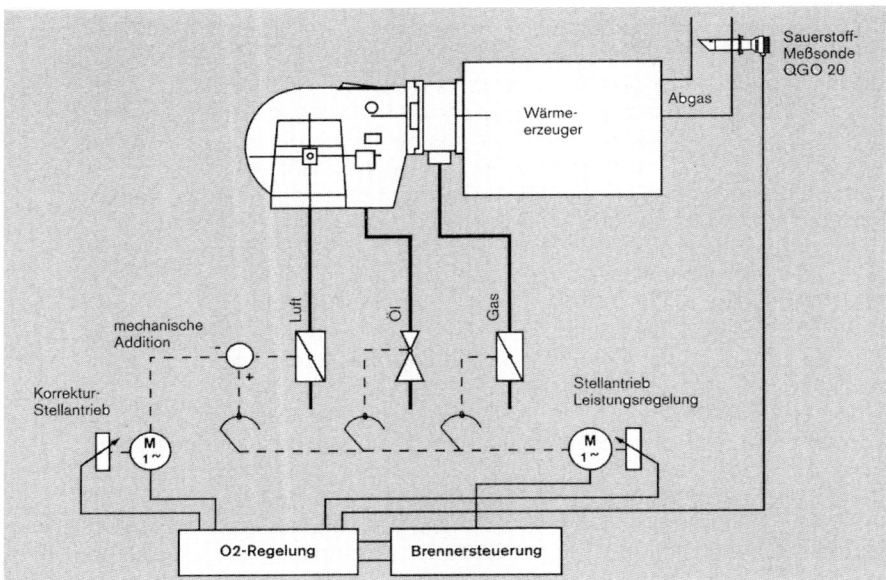

Bild 4.52: Blockschaltbild einer O_2-Regelung mit den wichtigsten Komponenten (System Weishaupt)

Durch eine O_2-Optimierungseinrichtung kann nicht nur der Feuerungswirkungsgrad optimiert werden; aufgrund des reduzierten Luftüberschusses kann oft auch noch die NO_X-Bildung reduziert werden.

4.3.3 Brennerbauarten und -zubehör

Nach den Zerstäubungsprinzipien unterscheidet man Drehzerstäuber und Druckzerstäuber. Die Druckzerstäuber wiederum gliedern sich auf in Öldruck-, Dampfdruck- und Luftdruckzerstäuber.

Bei Dampf- und Luftdruckzerstäubern kontrollieren Druckwächter die Zerstäubungsmittel-Mindestmenge, sofern bei Niederdruck-Luftzerstäubern diese Aufgabe nicht bereits die Verbrennungsluftwächter übernehmen. Die Wächter sollten nach der letzten Handabsperrung installiert werden, damit Bedienungsfehler an solchen Einrichtungen erfasst werden. Wenn dies unterbleibt, strömt bei Unterbrechung des Zerstäubungsmediums eine größere Menge schlecht aufbereiteten Öles so lange in den Feuerraum, bis die Flammenüberwachung anspricht. Dies könnte bei Mehrbrennerbetrieb infolge ungünstiger Randbedingungen evtl. unterbleiben.

Bei Öldruckzerstäubern bewirkt der Öldruck allein die Zerstäubung. Druckwächter, die zugleich Mengenwächter sind, unterbrechen bei Unterschreiten von etwa 4 bis 7 bar Überdruck die Ölzufuhr.

Bei Drehzerstäubern beeinflussen die Becherdrehzahl und die Primärluft die Zerstäubung. Sind Becher und Luftgebläse auf einer Welle angeordnet, so können mit nur einem Luftdruckwächter beide kontrolliert werden, andernfalls wird zur Überwachung der Becherdrehung ein Drehzahlwächter eingesetzt.

4.3.3.1 Öldruckzerstäuber

Ein Teil des Heizöldruckes wird in der Zerstäuberdüse in Geschwindigkeit umgewandelt, indem durch Strahlumlenkung ein rasch rotierender Ölfilm erzeugt wird (Bild 4.53 a). Hierfür wird das Öl aus einem Ringkanal in der Düse durch tangential angeordnete Schlitze in die zentrisch liegende, zylindrische »Wirbelkammer« gedrückt. Die Schlitzanordnung zwingt dabei dem Öl eine Drehbewegung auf und die Fliehkraft drückt es an die Kammeraußenwand. Es bildet sich dadurch ein schnell rotierender Ölring, der durch das nachströmende Öl und das Druckgefälle durch die Düsenbohrung gelenkt wird. Am Austritt, in druckloser Umgebung, dehnt er sich zu einem kegelförmigen Ölfilm aus, der mit zunehmender Ausbreitung in Einzeltröpfchen zerreißt.

Der Öldruck sowie Form und Größe der Wirbelkammer, der Tangentialschlitze und der Düsenbohrung bestimmen den möglichen Öldurchsatz und die Form des Sprühkegels:
- Mit zunehmender Länge der Düsenbohrung werden Öldurchsatz und Sprühwinkel kleiner infolge zunehmender Reibung,
- bei strömungstechnisch günstigem Übergang von der Wirbelkammer zur Düse vergrößern sich Sprühwinkel und Öldurchsatz infolge Verminderung der Reibung,
- größere Einlaufschlitze bringen größeren Öldurchsatz und kleineren Zerstäubungswinkel,
- eine Erhöhung des Zerstäubungsdruckes bringt eine Verringerung des Zerstäubungswinkels und begrenzte Erhöhung des Öldurchsatzes,

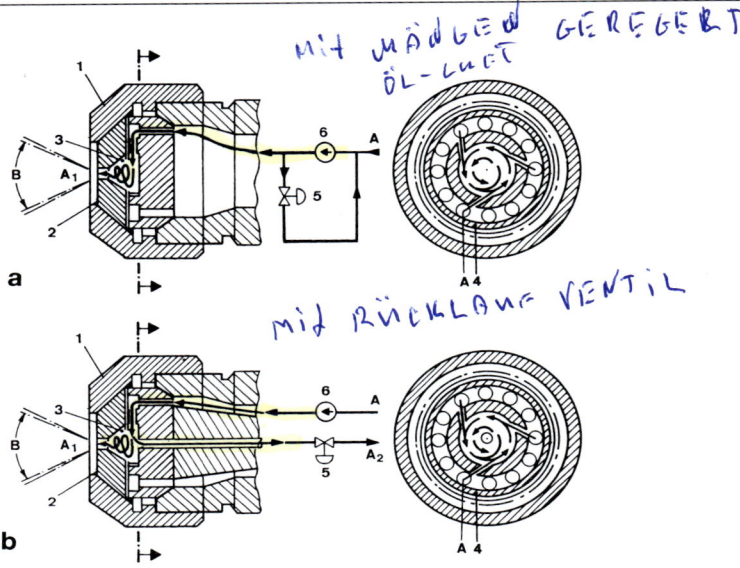

Bild 4.53: a) Öldruck-Zerstäuberdüse
b) Rücklauf-Zerstäuberdüse
1 Brennermundmutter 4 Tangentialschlitze A Öleintritt A2 Ölrücklauf
2 Düsenplatte 5 Ölmengenregelventil A1 Ölaustritt in den B Ölfilm-Hohlkegel
3 Wirbelkammer 6 Ölpumpe Feuerraum

- niedriger Öldruck (unter 4 bis 8 bar) führt wegen Energiemangels zu unzureichender Zerstäubung,
- bei Zunahme der Viskosität erhöht sich zunächst der Öldurchsatz bei sofort größer werdenden Tröpfchen und kleiner werdendem Austrittswinkel; ab einer bestimmten, düsenabhängigen Viskosität aber erfolgt dann Totalausfall der Zerstäubung (daraus folgt, dass der Öldurchsatz bei heißer Düse zurückgeht, weil sie das Öl dünnflüssiger werden lässt).

Angaben hierzu finden sich unter anderem auf dem Sechskant von Düsen; bei Kennzeichnung nach EN 293 lauten die Einprägungen z. B.: XY – 1,60 – 80 – III; wobei:

XY = Hersteller
1,60 = Durchsatz in kg/h bei 10 bar Überdruck
80 = Sprüh-Indexwinkel in Grad gemäß EN 299
III = Abkürzung für Art des Sprühmusters »Halb-Hohl« nach EN 299

Leider verwenden die einzelnen Hersteller zum Teil unterschiedliche Bezeichnungen – Durchsatzvergleiche ermöglicht Bild 4.55, Sprühwinkel können trotz gleicher Größenangabe bis zu ca. 15 Winkelgraden differieren, über Kegelform-Kennzeichen informiert der Fachmann.

Ein Nachteil dieser Brenner ist die geringe Regelfähigkeit. Durch das Anwachsen der Reibung in der Wirbelkammer mit zunehmendem Öldurchsatz wird die Zer-

Beheizung von Dampfkesseln 321

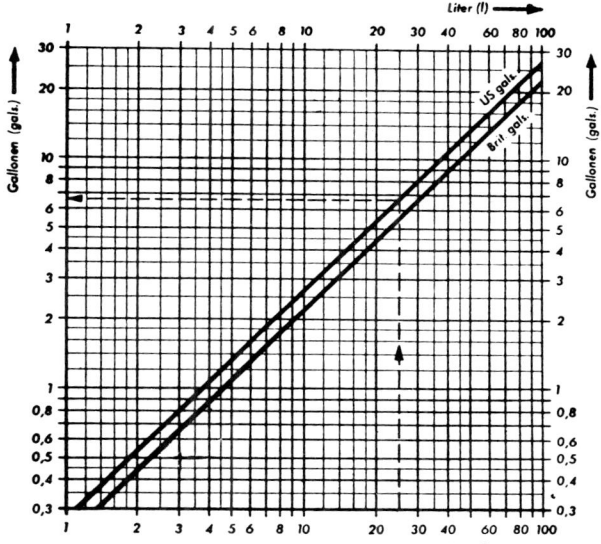

Bild 4.54: Umrechnung von Litern in Gallonen und umgekehrt
1 US-gal = 0,83267 imp. gal = 3,78541 Liter
1 Liter = 0,82 kg Heizöl EL
1 kg Heizöl EL = 1,22 Liter

stäubungsqualität rasch schlechter, sodass der durch Steigerung des Öldruckes abdeckbare Regelbereich bei etwa 1 : 2 liegt. Diesen Nachteil vermeidet der *Ölrücklaufbrenner*. Bei diesem wird die Wirbelkammer so groß bemessen, dass etwas mehr Öl optimal zerstäubt werden könnte, als für die Brenner-Nennleistung erforderlich ist. Eine zusätzliche Bohrung in der Wirbelkammerrückwand mit einer aus dem Brenner herausführenden Leitung ermöglicht es, von dem der Wirbelkammer zugeführten Öl den Teil wieder zurückzuführen, der zur Deckung des Wärmebedarfs nicht benötigt wird (Bild 4.53 b). Ein Regelventil steuert die Rücklaufölmenge so, dass der zur Verbrennung verbleibende und durch die Düse austretende Teil dem jeweiligen Wärmebedarf entspricht. Der Zulaufdruck ist über den ganzen Lastbereich etwa konstant, der Rücklaufdruck **vor** dem Regelventil hängt von dessen Stellung ab: großer Rücklaufdruck = große Brennerleistung. Der Regelbereich solcher Brenner beträgt 1 : 6 bis 1 : 8.

Man beachte: Absperreinrichtungen in den Rücklaufleitungen von Ölrücklaufbrennern sowie in den Überströmleitungen sonstiger Brenner **vor** Brennerstart öffnen und während des Brennerbetriebes nie schließen! Es würde sich sonst ein zu hoher Öldurchsatz einstellen, bezogen auf die Verbrennungsluftmenge, der zu einer Verpuffung führen könnte. Ölmengenzähler und Rückschlagventile in diesen Leitungen, die im Falle eines Blockierens wie ein Absperrventil wirken könnten, sollen im Bypass Überströmventile haben, die bei möglichst niedrigem Druck ansprechen. Auch mit Druckwächtern, die bei Druckanstieg in den kritischen Leitungen infolge vorgenannter möglicher Bedienungs- oder Gerätefehler die Feuerung abschalten, kann man der Gefahr begegnen. Selbsttätige Absperrvorrichtungen in solchen Leitungen sind mit Wächtern gekoppelt, die erst nach Rückmeldung der Öffnung den Ölvorlauf zur Düse freischalten.

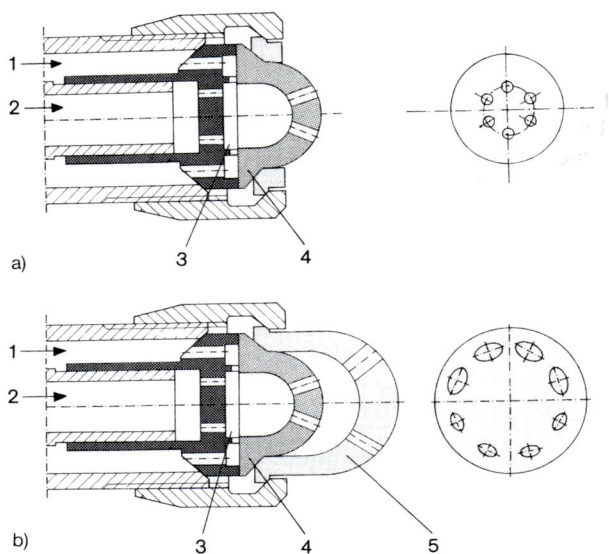

Bild 4.55: Dampfdruckzerstäuber (Steinmüller)
1 Heizöl
2 Zerstäuberdampf
3 Mischkammer
4 Düse
5 Verteilerkappe

a symmetrische Düsenbohrung
b asymmetrische Düsenbohrung

Weniger verbreitet ist ein Öldruckzerstäuber mit einer Düsenbauart, bei welcher der Wirbelkammerboden als verstellbarer Kolben ausgebildet ist. Dadurch kann das Wirbelkammervolumen veränderlichen Ölmengen angepasst werden. Die Vorstellung dieses Kammerkolbens dient zur Durchsatzregelung. Bei einem anderen Öldruckzerstäuber wird ein größerer Regelbereich durch stufenlose Änderung der Querschnitte der zur Wirbelkammer führenden Tangentialschlitze erreicht.

4.3.3.2 Dampfdruckzerstäuber

Mäßig überhitzter Dampf wird im Brenner mit Öl innig gemischt und über eine oder mehrere Düsenbohrungen in den Feuerraum gedrückt (Bild 4.55). Beim Austritt aus der Brennerdüse in den nahezu drucklosen Feuerraum entspannt sich der Dampf – Druck wird in Geschwindigkeit umgesetzt –, wodurch das beigemengte Öl in Tröpfchen zerrissen wird. Die Druckenergie des Öles bildet eine geringfügige, zusätzliche Zerstäubungshilfe.

Den Verbrennungsablauf stört der mit dem Öl ausströmende Wasserdampf nicht, da er infolge der hohen Flammentemperatur in seine Grundbestandteile O_2 und H_2 zerlegt wird. H_2 verbrennt gemeinsam mit dem Kohlenwasserstoff des Heizöles und O_2 summiert sich zum O_2-Gehalt der Vorbrennungsluft. Öl und Dampf werden kurz vor dem Austritt in der Brennerdüse oder schon am Eintritt in die Brennerlanze zusammengeführt.

Je nach Brennerbauart wird der Druck des Zerstäuberdampfes entweder über den gesamten Regelbereich konstant oder stets etwa 1 bis 2 bar über dem Öldruck, der sich lastabhängig ändert, gehalten. Der Dampfverbrauch ist bei letzterem Verfahren höher und beträgt etwa 0,4 bis 0,5 % der erzeugten Dampfmenge gegenüber 0,2 bis 0,3 % bei Druckkonstanthaltung.

Zur Verbesserung der Dampf-Öl-Mischung werden die beiden Medien entweder winkelig zueinander geführt oder einem der beiden Medien eine Drehbewegung aufgezwungen, z. B. durch tangentiale Einströmschlitze von der Dampf- zur Ölseite. Nicht verwechseln darf man dies mit dem vorher beschriebenen Prinzip der Öldruckzerstäubung, da jetzt lediglich die Mischungsgüte verbessert werden soll und das Kernstück des Öldruckzerstäubers, die Wirbelkammer, fehlt.

Asymmetrische Schwerölzerstäubung mittels ungleich großer Düsenbohrungen (Bild 4.55 b) bewirkt eine NO_x-Minderung, weil sich in der Flamme Bereiche mit unter- und überstöchiometrischen Reaktionsbedingungen ergeben. Die gezeigte Übereinanderstufung von zwei Düsenkappen ergibt zudem eine gewisse Doppelzerstäubung mit kleineren Tröpfchen. Eine verzögerte, NO_x-ärmere Schwerölverbrennung durch Entmischung von Brennstoff und Luft entsteht auch durch außermittige Anordnung der Brennstofflanze im Luftgeschränk oder durch eine zueinander nicht parallele Anordnung der Brennstoff- und der Luftachsen.

4.3.3.3 Luftdruckzerstäuber

Er gleicht in Bau- und Wirkungsweise dem Dampfdruckzerstäuber, es tritt lediglich Druckluft an die Stelle des Dampfes. Die Zerstäubungsluft muss trocken und sollte bei Schweröl vorgewärmt sein, damit das Öl im Brenner nicht zäher wird. Der Betriebsdruck der Zerstäubungsluft ermöglicht eine Unterteilung dieser Brenner in Hochdruckbrenner (mehr als 1 bar), Mitteldruckbrenner (0,2 ... 1 bar) und Niederdruckbrenner (weniger als 0,2 bar). Je niedriger der Luftdruck ist, desto größer muss die Zerstäuberluftmenge werden, damit die kinetische Energie zur Zerstäubung ausreicht.

Für Schweröl sind wegen des großen Zerstäubungswiderstandes infolge höherer Viskosität Hochdruckzerstäuber erforderlich.

Die Zerstäubungsluft ist zugleich Verbrennungsmedium, sie ist folglich die Erstluft. Über das Luftgeschränk kommt die Zweitluft. Bei Hochdruckzerstäubern benötigt man für die Zerstäubungsluft etwa 2 bis 3 % der Gesamtluft, während bei Niederdruckzerstäubern im Extremfall die gesamte Verbrennungsluft zur Zerstäubung erforderlich wird.

Luft oder Dampf verwendet man häufig wechselweise am gleichen Brenner zum Zerstäuben. Wäre der Druck beider Medien gleich, so würde sich der Öldurchsatz am Brenner dabei erheblich ändern, und zwar würde er bei Dampf zunehmen; z. B. wurden gemessen 400 kg/h Öldurchsatz bei Dampf gegenüber 240 kg/h bei Luft bei je 2,7 bar Überdruck. Wählt man den Arbeitsdruck für die Zerstäuberluft entsprechend niedriger, so kann der Durchsatz konstant gehalten werden.

4.3.3.4 Drehzerstäuber

Bei dieser Bauart wird das Öl am kleineren Durchmesser eines waagrechten, sehr schnell rotierenden konischen Bechers aufgegeben (Bild 4.56). Durch die Fliehkraft verteilt sich das Öl auf der Becheroberfläche, fließt zum größeren Durchmesser hin

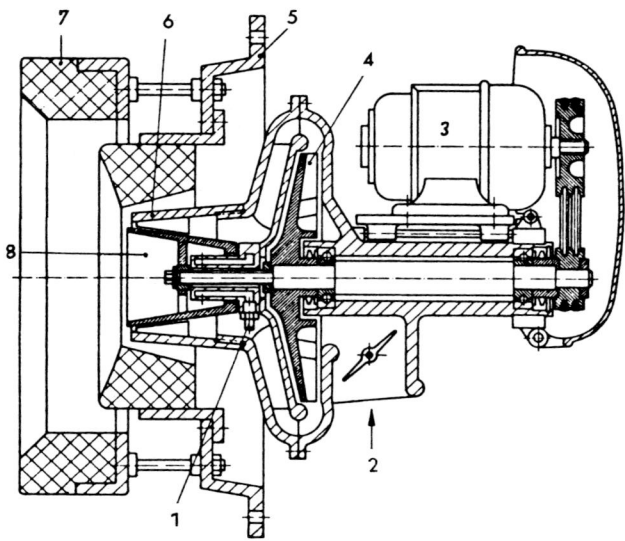

Bild 4.56:
Drehzerstäuber
1 Öleintritt
2 Zerstäuberlufteintritt
3 Antriebsmotor
4 Zerstäuberluftgebläse
5 Brennergeschränk
6 Drallhaube
7 Ring aus Formsteinen
8 Zerstäuberbecher

und über die Becherkante hinweg. Durch die ihm erteilte Energie bewegt es sich als frei rotierender Ölfilm mit zunehmendem Kegeldurchmesser weiter, bis es in einzelne Tröpfchen aufreißt. Beschleunigt und verbessert wird dieses Aufreißen durch Zerstäuberluft (Primärluft), die durch einen ringförmigen Spalt um den Becher mit hoher Geschwindigkeit eingeblasen wird. Leitbleche im Luftaustrittspalt vermitteln dieser Luft eine Drehbewegung, durch welche die Mischung mit dem abgeschleuderten Ölfilm erhöht und die Zerstäubung beschleunigt wird. Gleichzeitig wirken Dynamik und Drehrichtung dieser Luftrotation stark auf die Form der Flamme ein, ob kurz und buschig oder lang und schlank.

Es entstehen über einen Regelbereich von mindestens 1 : 10 sehr kleine Öltröpfchen, die gleichmäßig verteilt sind. Die Feinheit der Tröpfchen steigt mit zunehmender Becherdrehzahl. Beträgt diese etwa 5000 min^{-1} oder mehr, wobei natürlich auch der Becherdurchmesser eine Rolle spielt, so können auch Öle höherer Viskosität aufgegeben werden. Für Schweröl geringeren Asphaltengehalts genügt dann eine Vorwärmung auf etwa 70 bis 90 °C. Auch beeinflussen mäßige Viskositätsschwankungen die Zerstäubungsgüte nur wenig.

Der Öldruck liegt bedeutend niedriger als bei Druckzerstäubern. Er muss nur die Widerstände in den Ölleitungen und im Regler überwinden. Zur Zerstäubung wird kein Druck benötigt; das Öl läuft nahezu drucklos auf den Becher.

Meist wird die Zerstäubungsluft durch ein auf der Becherwelle montiertes Gebläse gefördert, seltener durch ein getrennt aufgestelltes. Ihr Anteil an der Verbrennungsluft liegt bei 10 % bis 20 %. Die Sekundärluft wird mittels Gebläse durch das Luftgeschränk zugeführt.

Bei einer Sonderbauform dient zum Antrieb des Zerstäubungsbechers eine Luftturbine. Hier liegt der Anteil der Zerstäubungsluft an der Gesamtluft bei etwa 40 % bis 50 %. Vorteilhaft ist dabei der niedrige Geräuschpegel.

4.3.3.5 Zündung der Ölbrenner

Leistungsgeregelte Brenner werden stets mit vermindertem Öldurchsatz gezündet. Für Leichtölbrenner kleinerer Leistung verwendet man elektrische Funkenstrecken zwischen düsennahen Elektroden. Schwerölbrenner sowie Leichtölbrenner größerer Leistung werden mit *Zündbrennern* gaselektrisch mittels Flüssiggas, Azetylen, Erdgas oder Stadtgas, aber auch ölelektrisch gezündet. Hierfür wird mittels Hochspannung (meist 5000 bis 10.000 V und 20 mA bis 30 mA) zunächst ein kleiner Gasbrenner oder ein kleiner Leichtöldruckzerstäuber gezündet und mit diesem erst die Leistungsflamme. Als Alternative haben sich hierfür auch elektrische Hochleistungszünder gut bewährt, wobei man entweder energiereiche Hochspannungsfunken (z. B. 2000 V, 500 W) mittels Kondensatorentladung (5 bis 10 Impulse/s) oder einen Kohlelichtbogen verwendet. Diese Zünder können starr eingebaut sein oder zum Zünden nahe zum Sprühkegel oder in diesen hineingefahren werden. Auch das Zünden mit Gasfackeln oder Magnesiumpatronen ist noch zu finden.

Nicht zu verwechseln mit Zündbrennern sind *Stützbrenner*. Sie helfen bei schwierigen Verbrennungsbedingungen wie der Verbrennung besonderer Stoffe, z. B. von Müll, Abgas und verfahrenstechnischen Abwässern, die erforderliche Feuerraumtemperatur zu erzeugen und zu halten. Geeignet hierfür sind alle Öl- und Gasbrenner. Sie werden während der ganzen Betriebszeit oder nur bei Bedarf in Betrieb gehalten.

4.3.3.6 Selbsttätige Schnellschlussvorrichtungen

Der Brenner wird vom Ölleitungssystem durch Stellglieder getrennt, die selbsttätig innerhalb der Sicherheitszeit (Abschn. 4.5.7) nach Schließbefehl den Brennstoffstrom absperren. Auf diese sog. Schnellschlussvorrichtungen wirken alle Brennstoff-Aus- und -Ein-Befehle. Ihre Zuverlässigkeit wird von entsprechenden Prüfstellen gemäß EN 264 (bis Juli 1991 gemäß DIN 32725) festgestellt und durch Erteilung einer Zulassungsnummer ausgewiesen.

Sie öffnen häufig verlangsamt und werden direkt oder indirekt durch Elektromagnete betätigt. Direkte Betätigung liegt vor, wenn der Schnellschluss unmittelbar vom Elektromagnetventil betätigt wird (Bild 4.57). Für indirekte Betätigung verwendet man pneumatische (Bild 4.58) oder hydraulische Ventile (Bild 4.59) mit Federrückstellung zum schnellen Schließen. Ein oder zwei Elektromagnetventile steuern diese Ventile (Bild 4.60).

Bei nur einem Steuerventil nimmt man ein Dreiwege-Magnetventil. Zum Öffnen und Offenhalten des Hauptventils gibt es für das Steuermedium (Druckluft oder Drucköl) den Weg zum Hubkolben bzw. zur Hubmembrane frei; zum Schließen unterbricht es diesen Weg und gibt gleichzeitig einen zweiten Weg zum Abströmen des Steuermediums aus dem Hauptventil frei, sodass dessen Rückstellfeder das Schließen bewerkstelligt. Bei zwei Steuerventilen nimmt man einfache Durchgangsventile. Durch deren wechselseitiges Öffnen und Schließen wird dabei das An- und Absteuern des Hauptventils bewirkt.

Beachtenswert ist die in Bild 4.60 skizzierte, durch sicherheitstechnische Forderungen vorgeschriebene stromlose Stellung der Steuerventile bei geschlossenem Hauptventil. Im Schema a_2 gibt das Steuerventil stromlos den Auslass für das Steuermedium frei, im Schema b_2 schließt das Einlassventil und öffnet das Aus-

326 Beheizung von Dampfkesseln

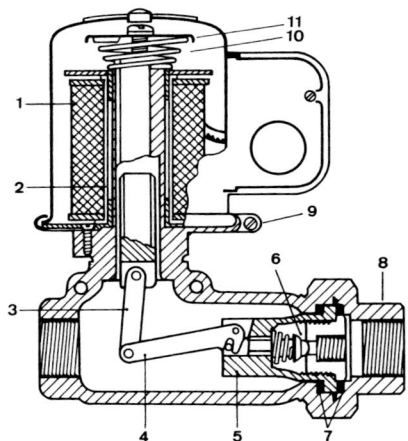

Bild 4.57: Magnetventil (ITT)
1 Magnetspule
2 Führungshülse für Hubmagneten
3 oberer Hebel
4 unterer Hebel
5 Ventileinsatz
6 Ventilkegel
7 Dichtung
8 Gewindeanschluss
9 Haubenhalterung
10 Druckfeder
11 Gegenlager für Feder

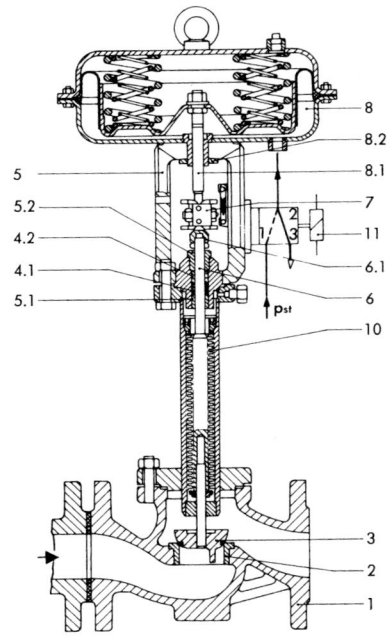

Bild 4.58: Pneumatisches Stellglied (Samson)
1 Ventilgehäuse
2 Sitz
3 Kegel
4 Stopfbuchse
4.1 Feder
4.2 PTFE-V-Ringpackung (Notstopfbuchse bei Balgbruch)
5 Ventiloberteil
5.1 Führungsring
5.2 Gewindebuchse
6 Kegelstange
6.1 Kupplungs- und Kontermutter
7 Kupplung zwischen Antriebs- und Kegelstange
8 Stellantrieb mit Antriebsstange (8.1) und Ringmutter (8.2)
10 Abdichtungsmetallbalg
11 Steuerventil (Dreiwege-Magnetventil)

lassventil stromlos. Das gewährleistet bei Spannungsausfall oder -unterbrechung stets, dass das Selbststellglied schließt.

Eine Sonderbauform der Schnellschlussvorrichtungen sind Düsenventile (Bild 4.59). Sie befinden sich meist an Öldruckzerstäubern (Rücklaufbrenner) für schweres Heizöl, da sie während des Brennerstillstandes oder während der Vorbelüftung – je nach Steuerung – die Ölumwälzung durch die Brennerlanze hindurch bis zur Düse ermöglichen. Sie werden indirekt betätigt, an Leichtölfeuerungen häufig durch das Heizöl selbst. Eine einwandfreie Funktion bei Heizöl S ist nur bei elektrischer Begleitheizung aller ölführenden Teile zu erwarten.

Gas- oder ölelektrischen Zündbrennern sind ebenfalls Schnellschlussvorrichtungen zugeordnet.

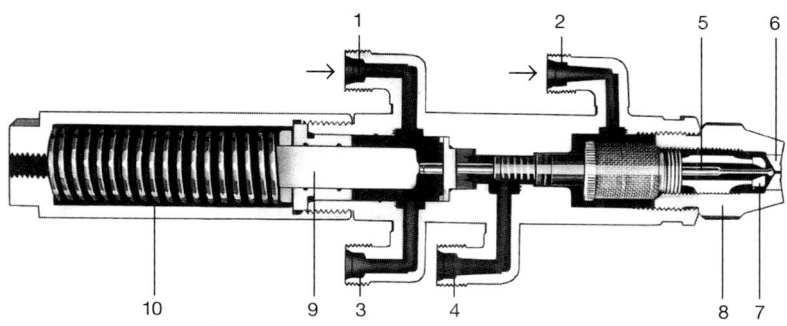

Bild 4.59: Düsenventil für Ölrücklaufbrenner (Weishaupt)
1 Steuerkreisvorlauf
2 Düsenvorlauf
3 Steuerkreisrücklauf
4 Düsenrücklauf
5 Düsennadel
6 Düsenplatte
7 Wirbelkammerplatte
8 Regeldüse
9 Hydraulikkolben
10 Schließfeder

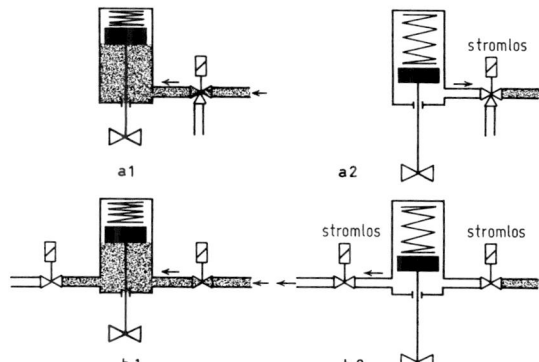

Bild 4.60: Schaltschema indirekt betätigter Schnellschlussvorrichtungen
a_1 und a_2: mit Dreiwege-Steuerventil
b_1 und b_2: mit Durchgangssteuerventilen

4.4 Feuerungen für gasförmige Brennstoffe

4.4.1 Allgemeines

Gas, der ideale Brennstoff, bedarf zur Verbrennung, bei der leider erheblich NO_X entsteht, nur der Mischung mit Luft. Am häufigsten eingesetzt wird Erdgas in Dampfkesseln, gefolgt von Stadt- und Ferngas, Flüssiggas und Gemischen aus Flüssiggas und Luft sowie Erdgas und Luft. Sondergase, z. B. Raffineriegase, Hochofengase, Abgase aus verfahrenstechnischen Prozessen, in flüssigem Zustand zu verfeuerndes Flüssiggas und ähnliche, können von nachstehenden Ausführungen abweichende Maßnahmen zur Aufbereitung und Verbrennung und auch bezüglich der Arbeitssicherheit erforderlich machen. Zur Verringerung des NO_X-Auswurfes werden die schon für Ölfeuerungen beschriebenen Maßnahmen ergriffen.

Erdgas und Flüssiggas stehen häufig mit höherem Druck zur Verfügung, als an den Brennern verwertbar. Durch Druckregler wird dieser Eingangsüberdruck (Vordruck), der bei Erdgas z. B. 40 bar, bei Propan und Butan abhängig von der Temperatur bis zu 15 bar betragen kann, auf den am Brenner erforderlichen Überdruck (Hinterdruck) gemindert. Dabei werden auch die Schwankungen des Vordruckes ausgeglichen.

Diese Druckregelung erfolgt in der Gasübergabestation (Bild 4.61). Erdgas mit hohem Druck wird zunächst in einem meist warmwasserbeheizten Wärmetauscher auf etwa 20 bis 30 °C vorgewärmt, damit nicht bei der durch die Entspannung bewirkten Temperaturabsenkung der Gefrierpunkt von etwa mitgeführtem Wasser erreicht wird. Eis würde vor allem die feinen Steuerbohrungen in den Reglern verlegen. Vor Eintritt in die Regler wird das Gas gefiltert, um Funktionsbehinderungen durch Fremdkörper zu vermeiden. Die Druckregelung selbst erfolgt je nach Druckgefälle, Gasmenge und Reglercharakteristik ein- oder mehrstufig; entweder in einem Reglerstrang oder – der Reservehaltung wegen – auch in zwei Strängen.

Werden mehrere Brenner durch die gleiche Übergabestation mit Gas versorgt, so ordnet man zur Vermeidung von Druckschwankungen vor Brennern oder Brennergruppen je einen Feinregler an, der bei Verarbeitung eines verhältnismäßig kleinen Druckgefälles für gleichmäßigeren Hinterdruck sorgt. Ebenso verfährt man bei Anschluss an öffentliche Gasnetze, deren Druckniveau unter Umständen eine gesonderte Übergabestation entbehrlich macht.

Das Versagen eines Druckreglers kann nicht ausgeschlossen werden. Im nachgeordneten Leitungssystem entsteht dann ein zu hoher oder zu niedriger Druck. Wenn dies sicherheitstechnisch bedenklich ist, werden den Reglern Sicherheits*absperr*ventile (SAV) vorgeschaltet, die über ihre Impulsleitungen, die hinter dem Regler angeschlossen sind, zum selbsttätigen Schließen veranlasst werden. Bei Eingangsüberdrücken bis 4 bar können an ihrer Stelle Sicherheits*abblase*ventile (SBV), ausgelegt für die bei voller Regleröffnung zu erwartende Gasmenge, eingebaut sein. Bei höheren Eingangsdrücken sind derart ausgelegte SBV in der Regel gemeinsam mit Sicherheitsabsperrventilen eingebaut. Die SBV werden stets hinter dem Regler installiert, auch jene, die lediglich Reglerleckgasmengen abzuführen haben. Der Ansprechdruck des SBV liegt etwas unter dem Auslösedruck des SAV. Dadurch unterbleibt das Schließen des SAV, wenn ein Regler bei abgeschalteten Verbrauchern den Hinterdruck allmählich ansteigen lässt. SAV und/oder SBV sind häufig in den Regler integriert. Genaue Anforderungen enthalten die DVGW-Arbeitsblätter G 490 und G 491 »Technische Regeln für Bau und Ausrüstung von Gasdruckregelanlagen mit Eingangsdrücken über 100 mbar bis einschließlich 4 bar bzw. über 4 bar bis einschließlich 100 bar« und DIN 3381 in den jeweils neuesten Ausgaben.

Sicherheitsabblaseventile finden sich auch in gasführenden Anlageteilen, die beiderseits absperrbar sind, wenn in ihnen als Folge thermischer Expansion des eingesperrten Gases der zulässige Betriebsüberdruck um mehr als 10 % überschritten werden kann.

Bei einem Bruch der Steuermembran im Regler könnte Gas in die Umgebung austreten. Der Raum über der Membran wird daher gasdicht ausgeführt und über eine gefahrlos ausmündende Leitung mit der Atmosphäre verbunden. Über diese erfolgt die Beatmung und bei Membranbruch die Gasabströmung. Bei Druckreglern mit zusätzlicher Sicherheitsmembran kann man auf diese Leitung verzichten, allerdings häufig nur bis zu einem bestimmten Vordruck (Bild 4.62). Die Atmung erfolgt hier über eine Belüftungsbohrung von höchstens 0,7 mm Durchmesser.

Schließlich wird noch die Gasmenge in Betriebskubikmeter gezählt und der zugehörige Überdruck nebst Temperatur registriert, damit eine Umrechnung in Kubikmeter – bezogen auf Normzustand (NZ), entsprechend 0 °C und 1,0132 bar Absolutdruck) – möglich wird.

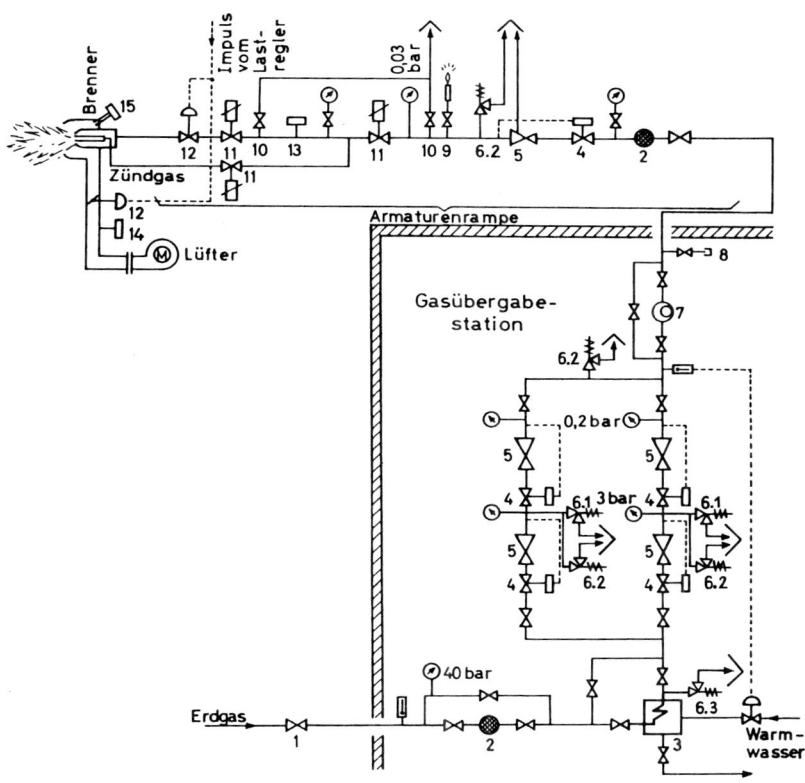

Bild 4.61: Beispiel einer Übergabestation für Erdgas mit Niederdruck-Gasfeuerung
1 Absperrvorrichtung außerhalb Kesselhaus
2 Filter, Maschenweite 0,5–1,0 mm
3 Gasvorwärmer
4 Sicherheitsabsperrventil (SAV)
5 Gasdruckregler
6.1 Sicherheitsabblaseventil (SBV), bemessen für max. Gasdurchsatz des Reglers Pos. 5
6.2 Sicherheitsabblaseventil, bemessen für Leckgasmenge des Reglers Pos. 5
6.3 Sicherheitsabblaseventil, bemessen für thermische Expansion von eventuell eingesperrtem Gas im Vorwärmer Pos. 3
7 Drehkolbenzähler
8 Anschluss für Ausblasemedium
9 Kontrollbrenner
10 Entlüftung
11 selbsttätige Schnellschlussvorrichtung
12 Gas- und Luftmengenregeleinrichtung
13 Gasdruckwächter, zugleich Geber für Dichtheitskontrollvorrichtung
14 Luftdruckwächter
15 Flammenwächter

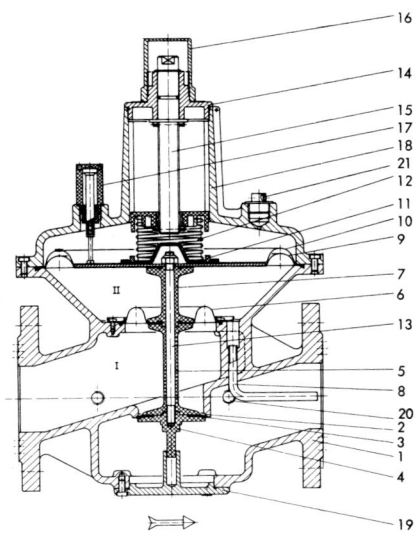

Bild 4.62: Druckregler (Dungs)
1 Gehäuseunterteil
2 Regelsitz
3 Ventildichtung
4 Regelteller
5 Distanzhülse unten
6 Ausgleichsmembrane
7 Distanzhülse oben
8 Beeinflussungsrohr
9 Arbeitsmembrane
10 Sicherheitsmembrane
11 Membranteller
12 Regeldruckfeder
13 Spindel
14 Verschlussschraube
15 Verstellspindel
16 Verschlusskappe
17 Stellungsanzeige
18 Deckel
19 Bodendeckel
20 Gewinde R 1/4" für Messgeräte
21 Atmungsbohrung

Wird Flüssiggas aus einem der Kesselanlage zugeordneten Lagerbehälter entnommen, so genügt bei größeren Anlagen die in der Gasphase zur Verfügung stehende Gasmenge nicht. Dann wird ein mit Strom oder Warmwasser beheizter Verdampfer aufgestellt, dem flüssiges Gas zur Verdampfung zugeführt wird. Die Verdampferleistung muss dem höchsten Gasdurchsatz entsprechen, damit das Mitreißen flüssigen Gases vermieden wird. Da nur genügend hohe Gastemperatur nach dem Verdampfer ausreichende Flüssigkeitsfreiheit des Gases gewährleistet, ist die Überwachung dieser Temperatur, die im Regelfall etwa 40 bis 50 °C betragen soll, wichtig. Anschließend erfolgt die Druckregelung auf den Verbrennungsdruck. Flüssiggas – auch in Gasform – ist schwerer als Luft und sammelt sich beim Austritt aus Leckagen in Vertiefungen an. Die Brand- und Explosionsgefahr ist deshalb besonders groß. Beim Umgang mit ihm sind insbesondere auch die »Technischen Regeln Flüssiggas« TRF 1996, die Berufsgenossenschaftliche Vorschrift BGV D34 (früher VBG 21) »Verwendung von Flüssiggas«, die »Technischen Regeln für Gasfeuerungen an Dampfkesseln« TRD 412, die DIN 4756 »Gasfeuerungsanlagen: Gasfeuerungen in Heizungsanlagen; sicherheitstechnische Anforderungen«; EN 161 „Automatische Absperrventile für Gasbrenner" und die DIN 30696 »Verdampfer für Flüssiggas« zu beachten.

Die ständige Überwachung der Raumluft in Räumen unter Erdgleiche auf Gasanreicherung bei Schwergaseinsatz übernehmen Gasspürgeräte, die auf Schnellschlussvorrichtungen in den Gaszuleitungen außerhalb des Gebäudes wirken.

4.4.2 Brennstoffeinbringung und Luftzumischung

Die Mischung von Gas und Luft bereitet keine Schwierigkeiten, wenn die Brennzeit lang und der Luftüberschuss hoch sind. Will man jedoch die Brennzeit kurz und den Luftüberschuss nahstöchiometrisch halten, so ist auch hier eine hohe Mischleistung erforderlich. Man erzeugt die Luftmischung über Leit- und Drallbleche so wie bei Ölfeuerungen oder lässt Gas und Luft in einem bestimmten Winkel aufeinander treffen. Die Mischleistung wird zusätzlich gesteigert durch Einblasen des Gases über viele kleine Düsen. Diese Auffächerung in Einzelfahnen ist umso wichtiger, je höher der Heizwert des Gases ist.

Zu unterscheiden ist zwischen Fließdruck und Staudruck. Der Fließdruck ist der während des Brennerbetriebes sich einstellende Gasdruck, der Stau- oder Ruhedruck dagegen der Druck, der bei stillstehender Feuerung in den Leitungen gemessen wird und von der Rückstellgeschwindigkeit und dem Nullabschluss des Druckreglers abhängt. Zur weiteren Unterscheidung gibt man zusätzlich noch den Ort der Messung an, z. B. Fließdruck vor Brenner.

Die Leistungsregelung stimmt den Gasdurchsatz auf die angeforderte Kesselleistung ab. Die untere Regelgrenze auf der Gasseite liegt bei dem Durchsatz, der eine gleichmäßige Beaufschlagung der Düsen gerade noch zu erbringen vermag. Der Mindestdurchsatz wird bei der Typ- oder Einzelprüfung des Brenners festgelegt.

Zur Kontrolle der Brennstoffeinbringung werden Gasdruckwächter – vereinzelt auch Gasmengenwächter – eingesetzt. Zu viel Brennstoff führt zu Luftmangel, zu wenig Brennstoff zu Pulsationen oder zum Abreißen der Flamme. Es ist wünschenswert und in der TRD 412 auch vorgeschrieben, beide Grenzwerte zu überwachen.

Der Öl- oder Gasdruck sinkt beim Zünden häufig einen Augenblick lang stark ab, bis die leere Leitung zwischen Selbststellglied und Düse gefüllt ist. Dies würde zwecks Vermeidung von Fehlstarts eine Einstellung der Druckwächter auf sehr niedrige Ansprechdrücke, d. h. auf Erfassung nur sehr geringer Mengen, erforderlich machen, was ein Sicherheitsrisiko wäre. Steuert man über den Wächter ein abfallverzögertes Relais an, so wird dieser Störimpuls unterdrückt. Verzögerungszeiten bis zu 1 s werden allgemein toleriert, allerdings muss das Relais vom Sachverständigen eignungsgeprüft sein. Diese Sofortimpuls-Verzögerung wird auch bei Überwachung sonstiger Störgrößen häufig angewendet.

Die Impulsleitungen für Gasdruckregler müssen so angebracht und dimensioniert sein, dass sich im Regelbetrieb keine Gasdruckschwingungen aufbauen können. Häufig werden dazu Lochblenden eingebaut, die als Dämpfungsglied wirken.

4.4.3 Brennerbauarten und -zubehör

Gasbrenner sind sehr einfach gebaut, da in ihnen keine Brennstoffaufbereitung nötig ist. Sie führen lediglich Gas und Luft so in den Feuerraum, dass die Verbrennung optimal ablaufen kann. Dies ermöglicht große Freizügigkeit in der Bauform, sodass eine genaue Einordnung, ähnlich der für Ölbrenner, unmöglich ist. In den sicherheitstechnischen Regelwerken werden unterschieden:

Brenner ohne Gebläse (atmosphärische Brenner) und *Brenner mit Gebläse* (Gebläsebrenner) sowie
automatische Brenner und *teilautomatische Brenner, Vorgemischbrenner, Nachgemischbrenner.*

Atmosphärische Brenner ohne Gebläse sind für kleinere Heizungskessel üblich. Anforderungen an Bau und Ausrüstung solcher Anlagen bis 70 kW Nennwärme-

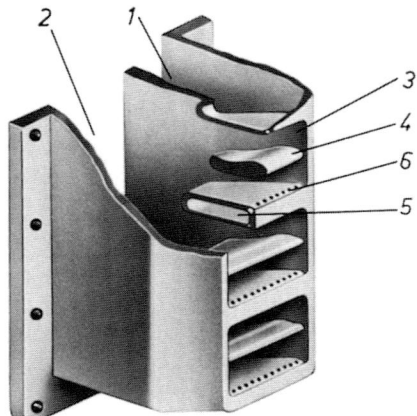
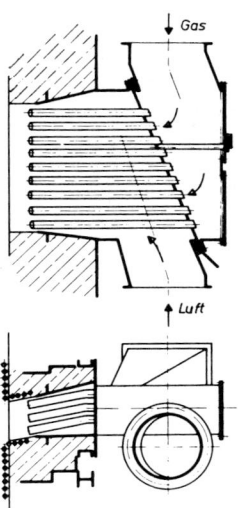

Bild 4.63: Flachbrenner
Brennermundstück mit gasseitigen Düsenbohrungen und luftseitigen Austrittsschlitzen für kleine Gasleistungen sowie gereinigte Rauchgase
1 Gaskammer   4 Luftlenkkegel
2 Luftkammer   5 Gasverteilerkammer
3 Luftaustrittsschlitz 6 Gasaustrittsbohrungen

Bild 4.64: Rohrbrenner

belastung sind in DIN EN 297 und in der EG-Richtlinie 90/396 geregelt.

Bei Brennern ohne Gebläse wird die Verbrennungsluft durch Unterdruck angesaugt. Üblich für Dampfkessel sind Brenner mit Gebläse, weil sie sich auch für Überdruckfeuerungen eignen und bedeutend höhere Misch- und Feuerungsleistungen erbringen.

Automatische Brenner haben selbsttätig wirkende Zünd-, Flammenüberwachungs- und Steuereinrichtungen, sodass das Zünden, die Flammenüberwachung sowie das Ein- und Ausschalten des Brenners, in Abhängigkeit vom Wert der Regelgröße, ohne Einwirkung durch den Kesselwärter vor sich geht. Die Wärmeleistung der Gasbrenner kann während des Betriebes selbsttätig oder von Hand gesteuert werden.

Teilautomatische Gasbrenner sind mit selbsttätig wirkenden Zünd-, Flammenüberwachungs- und Steuereinrichtungen ausgerüstet. Sie werden nur von Hand in Betrieb gesetzt, die Außerbetriebnahme kann man von Hand einleiten. Nach einer Regelabschaltung erfolgt keine automatische Wiederzündung. Die Wärmeleistung lässt sich während des Betriebes selbsttätig oder von Hand regeln.

In Dampfkesseln werden ausschließlich *Nachgemischbrenner* eingesetzt. In ihnen werden Luft und Brennstoff voneinander getrennt geführt und erst nach Austritt aus der Brennermündung gemischt.

Als weitere Unterscheidungskriterien bieten sich an: auf die Bauform bezogene Aussagen, z. B. Rundbrenner, Flachbrenner (Bild 4.63), Spiralbrenner, Düsenbrenner, Rohrbrenner (Bild 4.63), Einlanzen- und Mehrlanzenbrenner (Bild 4.46), Kompaktbrenner (Bild 4.65) usw.; auf die Ausbildung der Flamme bezogene Aussagen,

Beheizung von Dampfkesseln 333

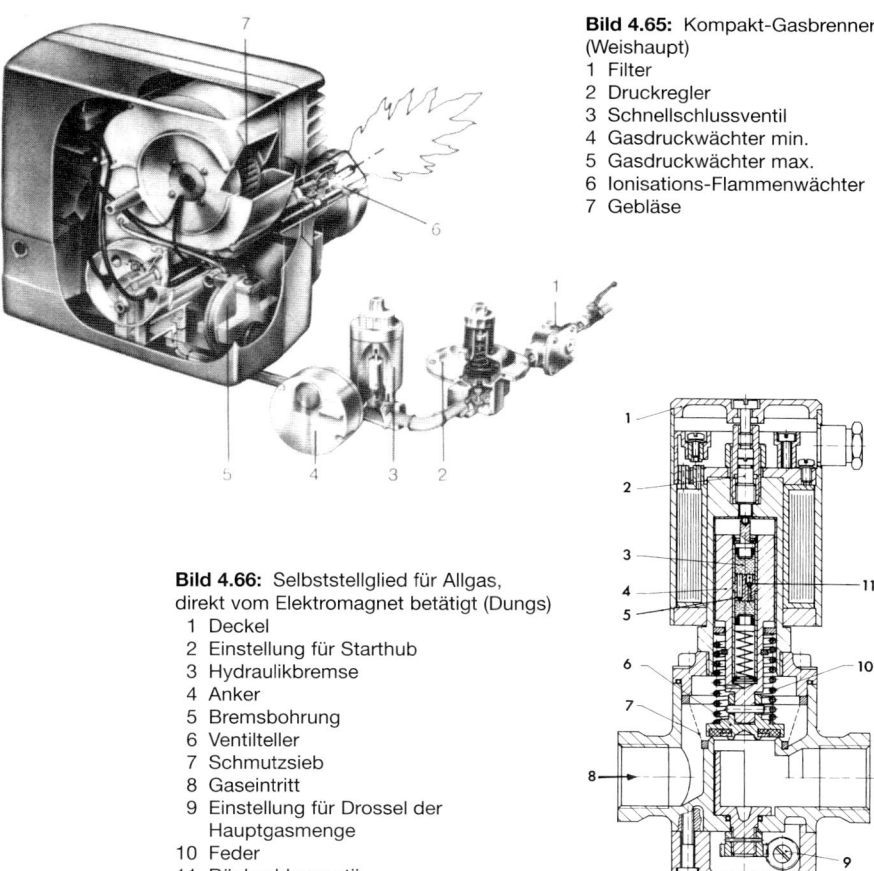

Bild 4.65: Kompakt-Gasbrenner (Weishaupt)
1 Filter
2 Druckregler
3 Schnellschlussventil
4 Gasdruckwächter min.
5 Gasdruckwächter max.
6 Ionisations-Flammenwächter
7 Gebläse

Bild 4.66: Selbststellglied für Allgas, direkt vom Elektromagnet betätigt (Dungs)
1 Deckel
2 Einstellung für Starthub
3 Hydraulikbremse
4 Anker
5 Bremsbohrung
6 Ventilteller
7 Schmutzsieb
8 Gaseintritt
9 Einstellung für Drossel der Hauptgasmenge
10 Feder
11 Rückschlagventil

z. B. Breitstrahlbrenner, Flachstrahlbrenner, Wirbelbrenner usw.; auf den Gasfließdruck bezogene Aussagen: Niederdruckbrenner (ca. 5 mbar bis 50 mbar), Mitteldruckbrenner (ca. 50 mbar bis 750 mbar), Hochdruckbrenner (ca. 750 mbar bis 3000 mbar).

Der Brenner wird gegenüber dem Leitungssystem durch die Hauptabsperrung vor der Mess- und Regelstrecke (Armaturenrampe) begrenzt (Bild 4.61). Alle nachfolgenden Armaturen (z. B. Filter, Druckregler, Schnellschluss- und Regeleinrichtung, Gasdruckwächter, Entlüftungseinrichtung, Prüfbrenner) zählen zum Brenner und sind auch Teil der Typprüfung.

4.4.3.1 Zündung der Gasbrenner

Als Zündeinrichtungen für Brenner mit Startwärmeleistungen bis 1,2 MW werden elektrische Funkenstrecken eingesetzt. Für größere Gasströme verwendet man gaselektrische Zündbrenner oder elektrische Hochleistungszünder. Brenner bis

120 kW Nennleistung können bei maximaler Brennstoffmenge direkt gezündet werden. Dies ist auch noch zulässig bis zu 350 kW Brennerleistung, wenn die Schnellschlussvorrichtung oder der Leistungsregler so langsam öffnen, dass »weich«, d. h. ohne größere Druckwelle, gezündet werden kann. Brenner größerer Leistung müssen bei weniger als 50 % der Nennbelastung zünden.

Eine der Voraussetzungen für das Gelingen der Zündung ist, dass der Gasdruck in der Leitung nicht unter den am Mindestdruckwächter eingestellten Wert absinkt, da sonst die eben geöffnete Schnellschlussvorrichtung wieder schließt. Gaselektrische Zündbrenner bleiben vielfach mit dem Hauptbrenner in Betrieb. Als Zündgas dient im Allgemeinen das jeweilige Brenngas, bei kombinierten Gas-Öl-Brennern auch die unter 4.3.3.5 genannten Gase.

4.4.3.2 Selbsttätige Schnellschlussvorrichtungen

Sie gleichen – ausgenommen die früher häufig eingesetzten Flüssigkeitstrennverschlüsse – im Prinzip denen der Ölfeuerungen. Auch ihre Zuverlässigkeit wird von Prüfstellen gemäß DIN EN 161 festgestellt und über eine Zulassung ausgewiesen. Für den Einsatz von Flüssiggas in flüssigem Zustand werden die Ventile gemäß DIN EN 264 geprüft. Bei größeren Stellgliedern wird auf ein verlangsamtes Öffnen Wert gelegt. In dem Ventil nach Bild 4.66 bewirkt dies eine Hydraulikbremse im Anker, die bei erregtem Elektromagnet den Ventilteller nur so schnell abheben lässt, wie das Öl durch eine kleine Bohrung im Bremsmittelteil verdrängt werden kann. Beim Schließvorgang dagegen fließt das Öl rasch über das ebenfalls im Mittelteil eingebaute Rückschlagventil zurück, sodass die Federn das Ventil innerhalb einer Sekunde schließen.

In *Flüssigkeitstrennverschlüssen*, die auch für heiße Gase geeignet sind, dient Wasser als Absperrmittel. Ein haubenförmiger Schieber, drehbar gelagert in einem mit Wasser gefüllten Gehäuse, wird durch eine außen liegende Klinke so gehalten, dass er den Gasdurchfluss nicht behindert (Bild 4.67 links). Bei Auslösen der Klinke durch einen Störimpuls (z. B. Gasmangel) fällt der schwere Hebel nach unten und dreht den Schieber über den Gasdurchführungsstutzen. Dadurch wird das Gas

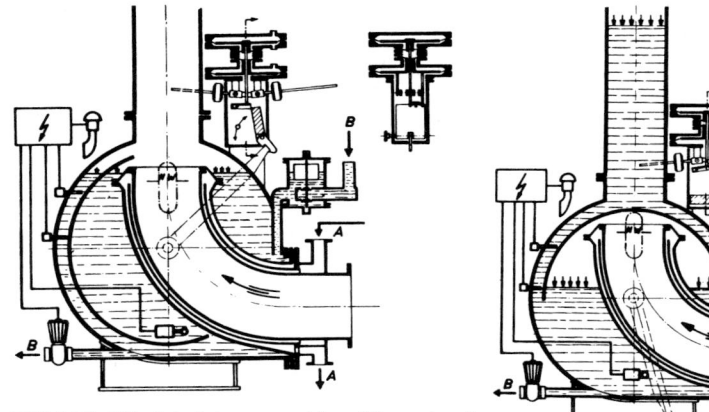

Bild 4.67: Flüssigkeitstrennverschluss (Niepenberg)

nach unten umgelenkt, trifft auf das eingefüllte Wasser und schiebt es vor sich her. Sobald das Gewicht der Wassersäule im Austrittsrohr der Druckkraft des Gases entspricht, herrscht Gleichgewicht: Die Gaseinströmung kommt zum Stillstand (Bild 4.66 rechts). Voraussetzung hierfür ist, dass die Wassermenge im Schiebergehäuse zum Aufbau der Wassersäule ausreicht und der im Gehäuse verbleibende Wasserrest die Schieberunterkanten noch überdeckt, da sonst Gas durchtreten würde.

Man merke:

> Regelmäßig und nach jedem Ansprechen ist der Wasserstand im Schauglas zu kontrollieren, auch bei selbsttätiger Wasserstandsregelung. Vor Erreichen des niedrigstzulässigen Standes ist Wasser nachzufüllen.

Zur Wiederinbetriebnahme wird die eingangsseitige Absperrvorrichtung geschlossen, der Gasraum entlüftet, der Schieber zurückgeholt und verklinkt, der Gaseintrittstutzen entwässert und die Eingangsabsperrung wieder geöffnet. Zulässig sind diese Verschlüsse für Betriebsüberdrücke von höchstens 200 mbar. Die verfügbare Absicherungshöhe muss das Dreifache des höchstmöglichen Überdrucks betragen, zum Beispiel 3 m bei SAV- und SBV-Einstellung auf 100 mbar.

Der Membranauslöser kann als Druckwächter direkt über Impulsleitungen mit den zu überwachenden Medien beaufschlagt werden (z. B. Schaltung als Luft- oder -Gasdruckwächter). Dazu benötigt man keinen elektrischen Strom. Ersetzt man diesen Auslöser durch einen Hubmagneten, so kann man sicherheitstechnische Kriterien durch elektrisch wirkende Einrichtungen überwachen und über deren Impulse diesen Magnet zum Abfallen bringen.

Unbrauchbar sind Flüssigkeitstrennverschlüsse an frostgefährdeten Anlagen. Die Beimischung von Frostschutzmitteln zum Sperrwasser ist sicherheitstechnisch abzulehnen, da beim Herstellen der Mischung oder bei gelegentlichem Nachfüllen Fehler nie ausgeschlossen werden können. Ungeeignet sind sie auch, wenn bei mangelhaftem Nullabschluss eines vorgeschalteten Druckreglers ein Überdruck auftreten kann, der größer ist als der durch das Wasser erreichbare Gegendruck in der Sperrstrecke. Dem kann durch Einbau eines Sicherheitsabblaseventils allerdings meist begegnet werden.

4.4.3.3 Überwachung der Dichtheit von Schnellschlussvorrichtungen

Dichter Abschluss der selbsttätigen Schnellschlussvorrichtungen an Haupt- und Zündbrennern für Gas und Öl ist entscheidend für die Sicherheit der Anlage. Die in den Abschnitten 4.3.3.6 und 4.4.3.2 genannten Zuverlässigkeitsprüfungen sollen den dichten Abschluss gewährleisten. Durch vorgeschaltete oder eingebaute Schmutzfänger wird eine weitere Voraussetzung für dichtes Schließen erbracht. Trotzdem kann ein Versagen nicht ausgeschlossen werden. Es wird deshalb bei vielen Gasfeuerungsanlagen diesen Schnellschlussvorrichtungen eine Dichtheitskontrolleinrichtung mit Zuverlässigkeitsnachweis zugeordnet, mit deren Hilfe vor oder während des Vorlüftvorganges die Dichtheit selbsttätig abgefragt wird.

Man kann hierfür einen Druckwächter in einer Teststrecke anordnen, die durch zwei hintereinander liegende Schnellschlussvorrichtungen begrenzt wird und über ein Magnetventil entlüftbar ist. Den Prüfvorgang, bei dem auch die Schnellschluss-

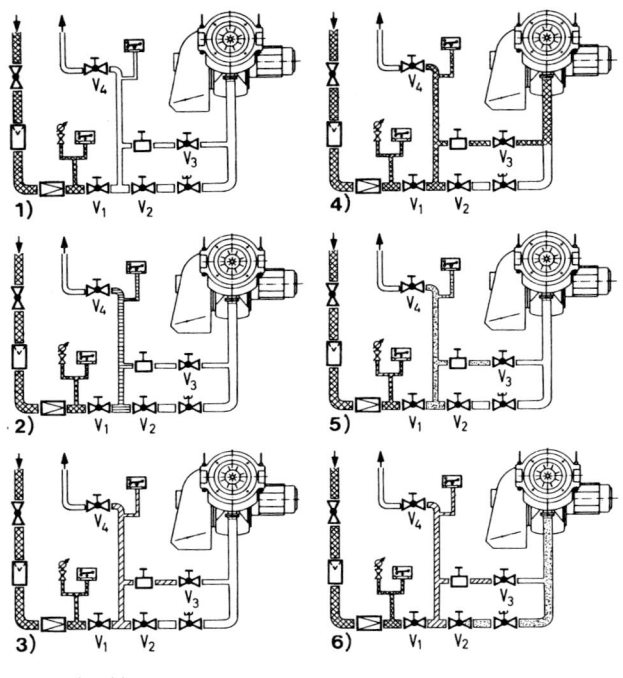

Bild 4.68: Programmablauf einer selbsttätigen Prüfeinrichtung für Gas-Selbststellglieder (GWF), Schalterdarstellung im Druckwächter nur symbolhaft
1 Brenner abgeschaltet, Ventil V_4 offen
2 Dichtheitsprüfung des Ventils V_1; Ventile $V_1 \div V_4$ geschlossen
3 Dichtheitsprüfung der Ventile $V_2 \div V_4$ nachdem V_1 kurz geöffnet worden war
4 Brennerstart mittels Zündgasfreigabe (V_1 und V_3 offen) nach erfolgreicher Dichtheitsprüfung
5 Ventil V_1 während Dichtheitsprüfung undicht: Druckaufbau in Teststrecke
6 Ventil V_2 und/oder V_3 und/oder V_4 undicht: Druckabfall in Teststrecke

⎯ drucklos
▨ Gasdruck steht konstant an bzw. bei Bild 6 fällt allmählich
▩ Gasdurchfluss
▦ allmählicher Druckanstieg

vorrichtung in der Zündgasleitung mit in die Dichtheitskontrolle einbezogen ist, zeigt Bild 4.68. Falls der Druckwächter nicht das dem dichten Zustand der Ventile entsprechende Signal liefert, wird die Feuerung vor Zündbeginn abgeschaltet und verriegelt. Der hierfür eingesetzte Druckwächter kann während des Betriebes gleichzeitig zur Überwachung gegen Gasmangel dienen.

Eine der sonstigen Möglichkeiten zur Dichtheitsprüfung der Schnellschlussventile besteht in einem ebenfalls selbsttätig während oder vor der Vorlüftung ablaufenden Vakuumtest. Hierfür wird mittels einer Pumpe aus der Prüfstrecke zwischen den beiden Selbststellgliedern Gas abgesaugt, bis ein vorgegebenes Vakuum (z. B. 50 mbar) erreicht wird, bei dem der eigens installierte Vakuumwächter umschaltet. Innerhalb der Prüfzeit (üblich sind 60 s) darf dann das Vakuum nicht so weit abfallen, dass der Wächter schaltet. Sollte dies doch eintreten, so wird die Feuerung vor dem Zünden abgeschaltet und verriegelt. Nach dem gleichen Prinzip wirkt eine Dichtheitskontrolle, bei der in der Prüfstrecke Überdruck gegenüber dem anstehenden Gasdruck erzeugt und auf sein Verbleiben abgefragt wird.

Anstelle einer Dichtheitskontrolle ist eine Belüftung des Raums zwischen den beiden Schnellschlussvorrichtungen möglich. Das Entlüftungsventil öffnet dann selbsttätig, solange die Absperrungen geschlossen sind.

Auch an Ölfeuerungen greift man bei besonderen Betriebserschwernissen wie unzureichender Vorlüftmöglichkeit zu ähnlichen Dichtheitskontrollen.

4.4.3.4 Entlüftung und Entwässerung von Gasleitungen

Gasleitungen muss man entlüften und ausblasen können. Möglichst nahe vor der ersten selbsttätigen Schnellschlussvorrichtung wird hierfür ein Ventil oder ein Hahn mit einer gefahrlos ins Freie führenden Ausblaseleitung installiert. Das inerte Ausblasemedium (N_2 oder CO_2) leitet man am Beginn des Leitungsabschnittes, in dem gearbeitet werden soll, ein und spült über die Entlüftung die Leitung gasfrei.

Mit einem flammenrückschlagsicheren Prüfbrenner vor dem ersten Selbststellglied stellt man fest, ob die Leitung luftfrei ist. Die Prüfung ist immer dann vor Inbetriebnahme erforderlich, wenn an Leitungen oder Armaturen Arbeiten ausgeführt worden sind, die einen Lufteinbruch bewirkt haben, z. B. nach einer Filterreinigung oder Dichtungserneuerung, aber auch nach längerem, drucklosem Stillstand. Die Inbetriebnahme der Feuerung ohne vollkommene Leitungsentlüftung kann zu einer Explosion des Brenners durch Flammenrückschlag führen. Luftfreiheit zeigt sich am Prüfbrenner durch eine ruhige Flamme. Nach Prüfung ist er abzuschalten. Falls hierfür kein selbsttätig schließendes Ventil zur Verfügung steht, ist sicherzustellen, z. B. durch Abnahme der Betätigungsvorrichtung, dass nicht irrtümlich die Absperrung geöffnet wird und Gas in den Kesselraum ausströmt. Derartige Prüfbrenner können auch mit eigener Flammenüberwachung auf Thermostrombasis (wie bei häuslichen Gasherden) und dadurch gesteuertem selbsttätigem Absperrventil ausgerüstet sein.

Falls das Gas, z. B. infolge Kondensation, Wasser abscheiden kann, werden die Leitungen mit Gefälle verlegt und an den tiefsten Stellen gefahrlos ins Freie entwässert. Begleitheizungen verhindern im Winter Eisbildung in Entwässerungen.

4.5 Flammenüberwachung

Die Flammenbildung überprüfen Flammenwächter. Vom Schaltverhalten her handelt es sich um Begrenzer, denn sie führen eine Störabschaltung mit Verriegelung herbei. Flammenwächter bestehen aus einem Flammenfühler und einem Schaltgerät, meist mit Verstärker, und melden der Brennersteuerung das Vorhandensein oder das Ausbleiben bzw. Abreißen der Flamme. Verstärker und Relais sind bei kleinen und mittleren Öl- und Gasfeuerungen im Allgemeinen im *Feuerungsautomaten* zusammengefasst. Dieser steuert auch die Vorbelüftung, verwertet die Befehle von Reglern, Wächtern und Begrenzern und veranlasst die In- und Außerbetriebnahme des Brenners nach Programm.

Zur Sicherstellung der Zündbedingungen durch die elektrische Steuerung zählen:

- die Brennstoffanwahl bei Feuerungen, die zur wahlweisen Verbrennung verschiedener Brennstoffe eingerichtet sind,
- die Begrenzung der Zündbereitschaftszeit nach Ablauf der Vorbelüftung,
- der Zündbrennerstart unmittelbar nach Vorbelüftung,
- die Abfragung der Position von einzufahrenden Zündbrennern und von deren Eigenfunktionen,
- die automatische Begrenzung der Zahl der Zündversuche auf zwei bei Gas oder drei bei Öl im Anschluss an die Vorbelüftung größerer Kessel mit drei und mehr Brennern,

- die Verringerung des Brennstoffdurchsatzes an leistungsgeregelten Brennern auf die Startleistung sowie
- die Vorgabe einer Wartezeit und die Einschaltfolge für das Zuschalten jedes weiteren Brenners.

Mehrere erfolglose Zündversuche hintereinander sind – auch wenn zwischen jedem einzelnen vorbelüftet wird – gefährlich, da der während der Startsicherheitszeit ungezündet eingebrachte Brennstoff während der Vorbelüftung nicht mit Sicherheit vollkommen aus dem Kessel ausgetragen wird. Dies gilt besonders für Ölfeuerungen, bei denen der beim Fehlstart flüssig auf die Wand aufgesprühte Brennstoff länger nachverdampft. Dadurch kann sich bei mehreren Zündversuchen hintereinander so viel Brennstoff im Feuerraum und in den Rauchgaszügen ansammeln, dass die untere Explosionsgrenze des Brennstoffes in Luft überschritten und eine Verpuffung ausgelöst wird. Es ist daher spätestens nach dem dritten Fehlstart eine längere Pause mit mehrfacher Wiederholung der Vorbelüftung erforderlich. Diese Wiederholung, bei geschlossener Handabsperrvorrichtung für den Brennstoff, erreicht man durch Aus- und Wiedereinschalten des Brenners kurz vor Ende einer Vorbelüftungsperiode.

Bei größeren Öl- und Gasfeuerungen, bei Kohlenstaubfeuerungen sowie bei Holzspäne- und -schleifstaubfeuerungen ist der Flammenwächter mit zugehörigem Verstärker und Ausgangsrelais ein eigenes Bauteil der Brennersteuerung.

Da das ungezündete Einbringen von Brennstoff in den Feuerraum fast immer mit einer Verpuffung endet, hat der Flammenwächter eine Schlüsselstellung in der Feuerungsüberwachung. Durch ihn kann häufig, selbst wenn andere Wächter versagen oder nicht zu wirken vermögen, eine Verpuffung verhindert werden. Daher stellt man an ihn hohe Anforderungen. Spezielle Brennerprüfstellen testen seine und der zugehörigen Automaten Zuverlässigkeit. Bei positivem Ergebnis wird dann eine im Normalfall auf fünf Jahre befristete Zulassung mit Zuerkennung einer

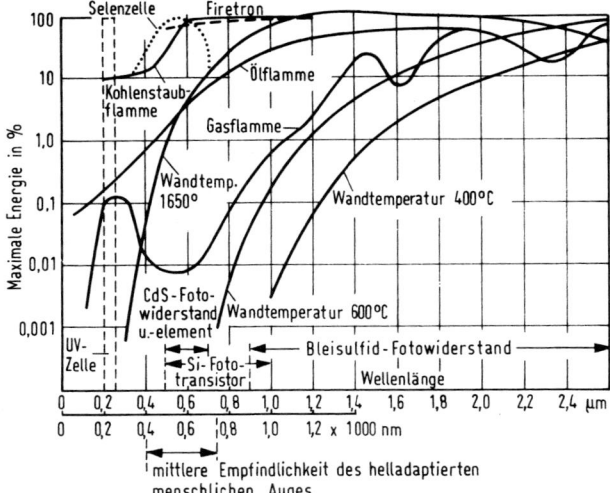

Bild 4.69: Strahlung verschiedener Flammen

Bauteilprüfnummer (Baumuster- oder Registernummer nebst DIN-Prüf- und Überwachungszeichen bzw. CE-Konformitätszeichen für Öl-, Kohlenstaub- und Holzfeuerungen, DVGW-Registernummer bzw. CE-Konformitätszeichen bei Gasfeuerungen) erteilt.

Zur Überwachung von Kohlenstaub- und Ölflammen nützt man deren Strahlungsenergie und/oder Strahlungsfrequenz, zur Überwachung von Gasflammen darüber hinaus auch die elektrische Leitfähigkeit der Flamme infolge thermischer Ionisation. Bei Holzflammen wird anstelle der Strahlung zunehmend die Mindestzündtemperatur nahe der Brennstoffaufgabe – wie übrigens auch für Wirbelbette üblich – überwacht.

Die von den Flammen ausgesandte Strahlung ist sowohl hinsichtlich ihrer Wellenlänge als auch ihrer Intensität (Strahlungsenergie) bei den einzelnen Brennstoffen unterschiedlich (Bild 4.69). Dementsprechend gibt es Flammenwächter, die vorwiegend auf ultraviolette Strahlung reagieren, z. B. UV-Dioden, solche, die vor allem auf sichtbares Licht reagieren, z. B. Selen-Fotoelemente, Cadmiumsulfid (CdS)-Fotozellen, und solche, deren Empfindlichkeit im infraroten Bereich groß ist, z. B. Bleisulfid-Fotowiderstände oder Infrarot-Modulationsflammenwächter mit Silizium-Fototransistoren.

Die Überwachung einer Flamme im Infrarotbereich bringt dort Probleme, wo heißes Mauerwerk im Feuerraum bzw. in Brennernähe ist, da auch dieses starke infrarote Strahlung in Abhängigkeit von seiner Temperatur aussendet und dadurch der Flammenfühler die Strahlung der Flamme nicht mehr von der des Mauerwerkes zu unterscheiden vermag. Erst durch schaltungstechnische Kniffe, die dem infrarotempfindlichen Flammenwächter eine Unterscheidung zwischen der Frequenz von ca. 300–600 Hz einer pulsierenden Flamme und der unter 3 Hz liegenden Frequenz einer schlierenüberlagerten strahlenden Wand ermöglichen, konnte dieser Bereich für die Flammenüberwachung ausgenützt werden. Derartige IR-Wächter haben sich neben CdS-Fotoelementen unter anderem gut bewährt zur Überwachung von Kohlenstaubfeuerungen. Eine »1 von 2«- oder »2 von 4«-Auswahlschaltung mit alleiniger Alarmierung bei Ausfall nur eines Systems hilft – insbesondere bei Feuerraumüberwachung – unnötige Störabschaltungen zu vermeiden.

Ein Problem bildet die gezielte Überwachung einzelner Flammen in Feuerräumen mit mehreren Brennern, da hier durch die Strahlung von Nachbarbrennern dem einzelnen Flammenwächter das Vorhandensein der zugehörigen Brennerflamme vorgetäuscht werden kann. Diese Unterscheidung vermögen einwandfrei nur Flammenwächter mit Ionisationsmessstrecke bei Gasbrennern zu lösen, ferner noch zufrieden stellend Flammenwächter, die im ultravioletten Bereich arbeiten. Fernrohrähnliche Flammenfühlerhalter, oft noch über ein Kugelgelenk schwenkbar, ermöglichen zusätzlich eine besonders genaue Ausrichtung des Fühlers auf die zugehörige Flamme. Auch eine Anpassung der Empfindlichkeit des Verstärkers an die Strahlungsintensität der Flamme erleichtert die Unterdrückung von Beeinflussung durch Nachbarflammen. Die Korrelationstechnik ermöglicht ebenfalls das trennscharfe Erfassen einzelner Flammen, auch bei Kohlenstaubfeuerungen. Zwei sich in der Flamme kreuzende Infrarot-Strahlengänge mit einer Frequenzerfassung zwischen 100 und 1200 Hz liefern dabei die Flammenmeldung.

Es gibt aber auch Feuerungsanlagen, bei denen für den Feuerraum, für eine ganze Brennerebene oder für zwei einander nahe Brenner nur ein Flammenwächter eingesetzt wird. Dies ist dann möglich, wenn eine annähernd verzögerungsfreie Durchzündung von einem Brenner zum anderen über den ganzen Regelbereich sichergestellt ist. Es wird dann der Brenner mit Flammenwächter zum Leitbrenner, wobei durch entsprechende elektrische Folgeschaltung sichergestellt wird, dass die anderen Brenner nur zugeschaltet werden können, wenn der Leitbrenner bereits brennt bzw. bei Ausfall dieses Brenners auch die übrigen zugeordneten Brenner zwangsweise abgeschaltet werden.

Etwas umstritten ist die Frage, ob eine regelmäßige Prüfung der Flammenüberwachungen erforderlich ist, da diese seit Jahren so beschaffen sind, dass sie sich gegen Ausfälle selbst überwachen. Hierfür muss aber bei vielen Geräten das Startprogramm ablaufen, wodurch unter Umständen ein während des Betriebes entstehender Fehler bis zur nächsten Aus-/Ein-Schaltung unerkannt bleibt. Nur für Dauerbetrieb geeignete Wächter, erkenntlich am Aufdruck »DB« auf dem Geräteschild, überwachen sich auch während des Betriebes selbst. Zumindest erstgenannte Geräte müssen deshalb nach 24 Stunden ununterbrochenem Betrieb bei Anlagen mit Überwachung gemäß TRD 602 und TRD 604, sogar ohne Berücksichtigung etwaiger Abschaltungen in der Zwischenzeit, wenigstens mittels einer Aus- und Wiedereinschaltung geprüft werden. Darüber hinaus sollten in Abständen von einigen Monaten – in älteren Anlagen häufiger – alle Flammenwächter, insbesondere auch solche mit UV-Dioden (Abschn. 4.5.2), bei vorgetäuschtem Flammenausfall erprobt werden. Eingesteckte Fühler zieht man hierfür zunächst während des Brennerbetriebs heraus und dunkelt sie sofort ab, zum zweiten Versuch lässt man sie beim Brenneranlauf von vornherein abgedunkelt. Dabei müssen die unter Abschn. 4.5.7 genannten Sicherheitszeiten erreicht werden. Vor 1962 gefertigte Steuergeräte und solche, die mehr als ca. 250.000 Schaltspiele erfahren haben, sollten gegen neue ausgewechselt werden.

Fest eingebaute fotoelektrische Flammenfühler sowie alle Ionisationsflammenwächter erfordern zur Prüfung meist Eingriffe, die in den Betriebsanweisungen beschrieben sind und die im Zweifelsfalle nur Sachkundige vornehmen sollten. Häufig sind in solchen Fällen zur Erleichterung der Prüfung in den Schaltschränken Prüftasten angeordnet.

Bei der Prüfung des Flammenwächters aus dem Betriebszustand heraus kann sich am Ende der Sicherheitszeit anstelle der Störabschaltung eine einfache Abschaltung ergeben. Sofern an diese Abschaltung bei weiterhin abgedunkeltem

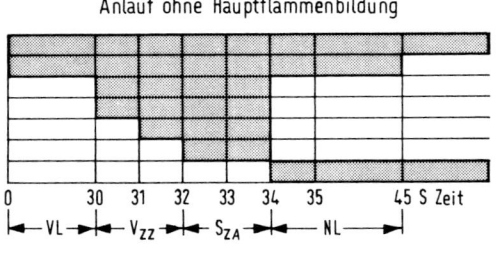

Bild 4.70: Ausschnitt aus dem Programm eines Gasfeuerungsautomaten

Flammenfühler ein ordnungsgemäßer neuer Brennerstart einschließlich Vorbelüftung anschließt und dieser dann unter Einhaltung der bei Inbetriebnahme vorgeschriebenen Sicherheitszeit mit einer Störabschaltung endet, ist hiergegen nichts einzuwenden. Ölbrenner mit einem Öldurchsatz über 30 kg/h und Gasbrenner mit einer Leistung bis 350 kW dürfen nämlich entsprechend der Festlegung in DIN 4787 und DIN 4788 im Anschluss an eine durch den Flammenwächter ausgelöste Abschaltung während des Betriebes einen einzigen automatischen Wiederinbetriebsetzungsversuch unter Einhaltung der für den Start gültigen Bedingungen durchführen. Erst wenn diese Wiederinbetriebsetzung erfolglos bleibt, muss eine Störabschaltung erfolgen. Es ist aber gleichermaßen richtig, wenn bei diesen Brennern bei Erlöschen der Flamme während des Betriebes nach Ablauf der Sicherheitszeit sofort eine Störabschaltung erfolgt.

Einen Wiederzündversuch bei Erlöschen der Flamme während des Betriebes unternehmen auch Ölbrenner bis zu einem Öldurchsatz von 30 kg/h und Gasbrenner bis zu einer Leistung von 120 kW, ohne dass dies besonders auffällt, denn hier wird sofort beim Ansprechen des Flammenwächters, noch innerhalb der Sicherheitszeit, durch die sofort selbsttätig einsetzende Zündung das Wiederzünden versucht. Falls dies gelingt, läuft der Brenner ohne äußerlich erkennbare Unterbrechung weiter, andernfalls erfolgt am Ende der Sicherheitszeit eine Störabschaltung.

Eine eingehende Prüfung des Flammenüberwachungsprogramms eines Feuerungsautomaten ist anhand von Funktionsdiagrammen der Gerätehersteller möglich. Darin wird der zeitliche Ablauf der einzelnen Ein- und Abschaltbefehle bei verschiedenen Betriebszuständen dargestellt (Bild 4.70). Aus dem Diagramm ist zum Beispiel unter anderem erkennbar, dass

- die Vorlüftung 30 s dauert,
- die Vorzündzeit (VZZ) 2 s beträgt,
- die Zündflamme am Ende der Vorzündzeit durch den Flammenwächter gemeldet und als Impuls zur Freigabe der Hauptbrennstoffventile verwendet wird und
- die Hauptventile am Ende der Startsicherheitszeit schließen, weil die Flammensignalmeldung nach Schließen des Zündgasventils nicht mehr gegeben ist.

4.5.1 Fotoelemente und Fotozellen

Die Fotoelemente und -zellen als Lichtfühler werden ausschließlich in Halbleiterbauweise gefertigt mit Ausnahme der UV-Diode (Abschn. 4.5.3). Obwohl im alltäglichen Sprachgebrauch zwischen beiden Fotohalbleitern kaum unterschieden wird, sind sie in ihrer Funktion grundsätzlich verschieden.

Die Fotoelemente (auch fälschlich Sperrschichtfotozellen genannt) sind aktive Halbleiter-Bauelemente, denn sie liefern bei Belichtung Strom ohne eine Fremdspannung. Dieser Strom wird verstärkt und als Flammensignal ausgewertet (Bild 4.71). Ausgangsmaterial sind Selen, Cadmiumsulfid oder Silizium. Einfache Handbelichtungsmesser für fotografische Zwecke arbeiten ebenfalls nach diesem System, nur wird in diesen mit dem erzeugten Strom direkt ein Drehspulmesswerk angesteuert; Bild 4.72 zeigt die Grundschaltung.

Fotozellen – häufig auch als Fotodioden bezeichnet – in Halbleiterbauweise sind passive elektronische Bauelemente; sie benötigen eine Fremdspannung. Ihre Funktion beruht auf dem Effekt, dass Elektronen in Halbleitermaterial sowohl bei

Licht- als auch bei Wärmeeinwirkung »beweglicher« werden. Dadurch wird die Leitfähigkeit der in Sperrrichtung gepolten Diode bei Lichteinfall vergrößert und es fließt ein höherer Strom; Bild 4.73 zeigt die Grundschaltung.

4.5.2 UV-Dioden

UV-Dioden sind Fotozellen in Röhrenbauweise. In einem für ultraviolettes Licht durchlässigen Quarzglaskolben, der weitestgehend evakuiert bzw. mit speziellem Gas gefüllt ist, sind zwei Elektroden angeordnet. An diesen liegt eine Fremdspannung – überwiegend Wechselspannung –, die so gewählt ist, dass ein Durchzünden im Dunkelzustand sicher unterbleibt. Durch das einfallende ultraviolette Licht (Photonen mit Wellenlängen zwischen 190 und 270 nm) der Flamme wird die Gasfüllung bzw. das Vakuum in der Röhre elektrisch leitend und es fließt ein Strom über die Elektroden, der als Kriterium für das Vorhandensein einer Flamme dient (Bild 4.74).

Die Lebensdauer dieser Dioden ist verhältnismäßig gering, ihre von der Umgebungstemperatur abhängige Alterung kann schon nach 5000 bis 8000 Betriebsstunden so fortgeschritten sein, dass sie nach erstmaligem Zünden durchgezündet bleiben, auch wenn die Lichteinwirkung wegfällt. Dadurch wird der Ausfall der Flamme nicht mehr erkannt, die Flammenüberwachung ist nicht mehr gegeben. Aus diesem Grund müssen UV-Dioden spätestens nach Ablauf der vom Hersteller garantierten Lebensdauer ausgewechselt werden. An vielen Anlagen wird der durch die Diode fließende Strom gemessen und angezeigt. Bleibt diese Anzeige nach Flammenausfall bestehen, so ist dies ein Hinweis auf die fortgeschrittene Alterung, es sei denn, der Effekt wird durch das UV-Licht einer Nachbarflamme bewirkt. Eine eindeutige Aussage ist dann nach Abdunkeln der Lichteinfallöffnung zu gewinnen. Eine Alterung wird auch vorgetäuscht, wenn an gleichspannungsbeaufschlagten Dioden nach längerer Betriebszeit die Polarität gewechselt wird.

Es gibt aber auch Schaltungen mit Selbstüberwachung der Dioden nebst Zubehör, z. B. Kurzabdunkelung in bestimmtem Rhythmus, zweikanalige Bauweise in Hintereinander- oder Antivalenzschaltung, Funktionsabfragung mittels Prüfimpulsen (getaktete Schaltung).

4.5.3 Fotowiderstand

Der Fotowiderstand ist ein passives elektronisches Bauelement (Bild 4.75), in dem sich bei Lichteinfall die elektrische Leitfähigkeit erheblich verbessert. Dadurch steigt beim Auftreffen der Flammenstrahlung der von einer Fremdstromquelle gespeiste Stromfluss erheblich an, sodass die Höhe des Stromes als Flammensignal dient (Bild 4.76). Als Grundmaterial dient Bleisulfid oder Kadmiumsulfid. Dabei wird die lichtempfindliche Schicht oft mäanderbandförmig angeordnet, um höhere Widerstandswerte zu erzielen.

4.5.4 Fototransistoren

Fototransistoren sind passive Halbleiterbauteile. Dabei wird die Fremdspannung an Emitter und Kollektor angelegt und die nicht herausgeführte Basis dem Lichteinfall ausgesetzt (Schaltsymbol Bild 4.77). Durch den schon für die Fotozellen beschriebenen Effekt wirkt dabei das Licht wie ein Steuerstrom auf die Basis ein, sodass mit zunehmender Beleuchtungsstärke der Stromdurchgang durch den

Beheizung von Dampfkesseln

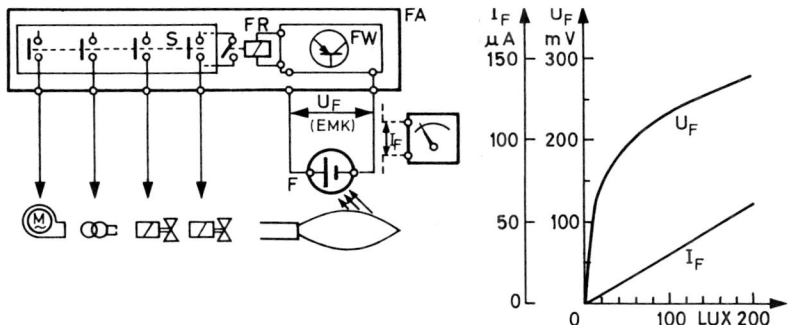

Bild 4.71: Flammenüberwachung mittels Selen-Fotozellenfühler (aktiver Fühler). Nur für Ölbrenner geeignet (Weishaupt)
F Lichtfühler. Fühlerspannung steigt mit wachsender Beleuchtungsstärke
FA Feuerungsautomat
FR Flammenrelais (Steuerausgang des Flammenüberwachungsteils »FW«)
FW Flammenüberwachungsteil des Feuerungsautomaten mit elektronischem Flammensignalverstärker
I_F Fühlerstrom (Eingangssignal des Flammensignalverstärkers). Im Diagramm: Kurzschlussstrom der Fotozelle
S Steuerteil des Feuerungsautomaten
U_F Fühlerspannung (elektromagnetische Kraft, EMK). Im Diagramm: Leerlaufspannung

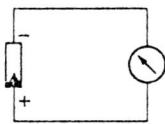

Bild 4.72: Grundschaltung eines Halbleiter-Fotoelements

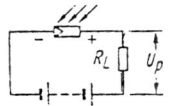

Bild 4.73: Arbeitsschaltung einer Fotodiode

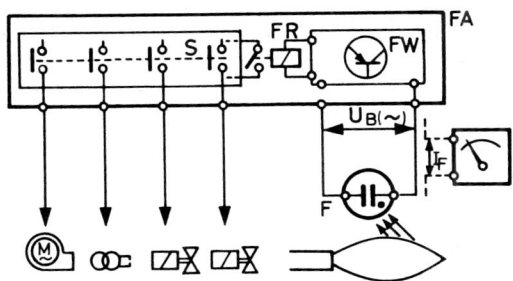

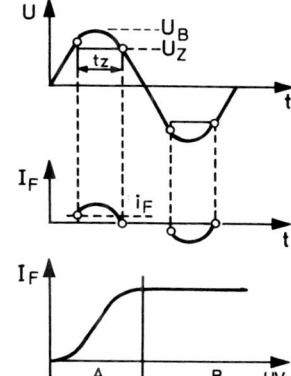

Bild 4.74: Flammenüberwachung mittels UV-Fühler. Für Gas-, Öl- und Blaubrenner geeignet (Weishaupt)
A Nicht gesättigter Fühlerstrom (UV-Röhre zündet unregelmäßig)
B Gesättigter Fühlerstrom (UV-Röhre zündet regelmäßig)
F Lichtfühler (gasgefüllter Quarzglaskolben mit 2 Elektroden)
FA Feuerungsautomat
FR Flammenrelais (Steuerausgang des Flammenüberwachungsteils »FW«)
FW Flammenüberwachungsteil des Feuerungsautomaten mit elektronischem Flammensignalverstärker
I_F Momentanwert des Fühlerstroms (Messwert)
S Steuerteil des Flammensignalverstärkers
t_Z Dauer des Zündimpulses bei jeder Halbwelle
U_B Betriebsspannung
U_V Intensität der UV-Strahlung der Flamme
U_Z Zündspannung der ultraviolettempfindlichen Röhre

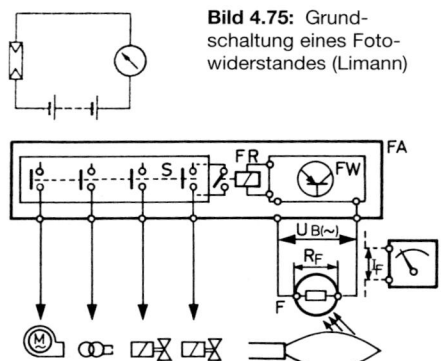

Bild 4.76: Flammenüberwachung mittels Fotowiderstand. Nur für Ölbrenner (Weishaupt)

F   Lichtfühler mit Fotowiderstand (sinkender Widerstand bei steigender Beleuchtungsstärke)
FA   Feuerungsautomat
FR   Flammenrelais (Steuerausgang des Flammenüberwachungsteils »FW«)
FW   Flammenüberwachungsteil des Feuerungsautomaten mit elektronischem Flammensignalverstärker
I_F Fühlerstrom (Eingangssignal des Flammensignalverstärkers). Im Diagramm: Werte für Typ QRP69 bei einer Betriebsspannung von 50 V
S   Steuerteil des Feuerungsautomaten
RF   Widerstand des Lichtfühlers (abhängig von der Beleuchtungsstärke)
U_B Betriebsspannung

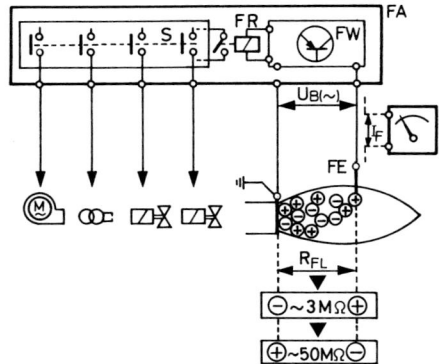
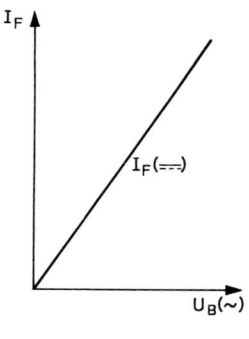

Bild 4.78: Flammenüberwachung mittels Ionisationsstrecke, d. h. Fühlerelektrode gegen Brennermasse. Für Gas- und Blaubrenner geeignet (Weishaupt)

FA   Feuerungsautomat
FE   Fühlerelektrode (hitzebeständig, gegen Masse hochwertig isoliert)
FR   Flammenrelais (Steuerausgang des Flammenüberwachungsteils »FW«)
FW   Flammenüberwachungsteil des Feuerungsautomaten mit elektronischem Flammensignalverstärker
I_F Fühlerstrom (Eingangssignal des Flammensignalverstärkers). Vorwiegend Gleichstrom aufgrund der Sperrwirkung der Flamme, wenn die Fühlerelektrode negative Spannung aufweist. Der Fühlerstrom (= Ionisationsstrom) steigt proportional zur Betriebsspannung
M   Brennerkopf = Massepol der Ionisationsstrecke
R_{FL} Elektrischer Widerstand der Flamme (abhängig von der mit der Netzfrequenz wechselnden Polarität der Fühlerelektrode, d. h. Gleichrichterwirkung der Flamme
U_B Betriebsspannung
S   Steuerteil des Feuerungsautomaten

Transistor ebenfalls zunimmt. Die Größe des Stromes dient wieder zur Flammenmeldung.

4.5.5 Ionisation in der Flamme

Zur Flammenüberwachung mittels Ionisationsstrecke werden zwei frei in die Flamme eintauchende Elektroden – ähnlich wie Zündelektroden – verwendet (Bild 4.78). An diese wird eine Wechselspannung angelegt. Der Abstand der Elektroden wird so groß bzw. die Spannung so niedrig gewählt, dass im Gegensatz zu den Zündelektroden kein Strom fließt, solange sie von Luft umgeben sind. Erst in der heißen Flamme werden durch heftigen Zusammenstoß aus zunächst elektrisch neutralen Gasatomen und Gasmolekülen Elektronen freigesetzt, die sich wieder an andere neutrale Atome und Moleküle anlagern. Dadurch werden sie zu negativ und positiv geladenen Teilchen, d. h. Ionen, die Strom von einer Elektrode zur anderen transportieren. Der Stromfluss dient als Flammensignal. Darüber hinaus hat dieser Vorgang eine Gleichrichterwirkung, so dass die angelegte Wechselspannung in eine Gleichspannung umgewandelt wird. Durch Ausnützung dieses Effekts ist es möglich zu unterscheiden, ob der Strom über eine zwischen den Elektroden entstandene feste Brücke (z. B. wenn sich abgeknickte Elektroden berühren) oder über die Flamme fließt, sodass die Vortäuschung einer Flamme ausgeschlossen werden kann. Wegen der isolierend wirkenden Verunreinigungen, die sich bei Ölfeuerungen an diesen Elektroden bilden, ist diese Art der Flammenüberwachung leider nur bei Gasfeuerungen sinnvoll anwendbar.

4.5.6 Fremdlicht und Eigensicherheit

Von Einfluss auf das Verhalten fotoelektrischer Flammenfühler ist auch deren Temperatur. Bei höheren Temperaturen (ab etwa 80 bis 120 °C) besteht die Gefahr, dass sie bei Flammenausfall leitend bleiben und so ihrer Überwachungsaufgabe nicht mehr gerecht werden. Deshalb arbeitet man häufig mit Kühlluft. Dadurch wird gleichzeitig der Verschmutzung der Flammenfühler vorgebeugt, sodass die sonst häufiger erforderliche Reinigung entfällt. Es wurden elektrische Schaltungen entwickelt, die auch bei derartigem Fehlverhalten eine Störabschaltung herbeiführen (Abschn. 4.5.2).

Fremdlicht, das auf den Flammenwächter trifft, vermag ebenfalls eine Flamme vorzutäuschen und dadurch seine Überwachungsfunktion einzuschränken. Um dies beim Anlauf des Brenners zu verhindern, wird die elektrische Schaltung aller Flammenüberwachungseinrichtungen so ausgeführt, dass ein Flammensignal vor Brennstofffreigabe zu einer Störabschaltung führt: *Fremdlichtsicherheit!* Zugleich wird diese Schaltung mit verwendet zur selbsttätigen Überwachung der Funktionsfähigkeit.

Wenn während des Betriebes Fremdlicht einfällt, so bleibt auch bei Flammenabriss das Flammensignal erhalten – sofern Intensität, Frequenz und Spektrum des fremden Lichtes die Erregung des Flammenwächters aufrechterhalten. Durch stets geschlossen zu haltende Abdeckungen vor den Öffnungen am Brennergeschränk, durch die Tages-, Sonnen- oder Kunstlicht – unter Umständen durch Reflexion – auf Flammenfühler einfallen könnte, wird Fremdlichteinfall von außen verhindert. Fremdlicht aus dem Feuerraum kann einwirken in Form von Strahlung aus glühendem

Mauerwerk und Ölkoks oder aus der Flamme weiterer Brenner. Die Strahlung des Mauerwerks oder des Ölkokses ist durch Wahl hierfür unempfindlicher Flammenwächter als Fehlerquelle leicht auszuschließen. Strahlung von Nachbarbrennern ist oft nur schwer oder gar nicht als Fremdflammensignal unterdrückbar. Dies ist unbedenklich, wenn – wie schon erläutert – der oder die Brenner, von denen die Fremdlichtbeeinflussung herrührt, den beeinflussten Brenner bei Erlöschen sofort wieder zu zünden vermögen. Die Inbetriebnahme eines derart beeinflussten Brenners aber bereitet oft erhebliche Schwierigkeiten, da, wie oben erläutert, ein Flammensignal vor Brennstofffreigabe eine Störabschaltung bewirkt. An größeren Anlagen werden deshalb oft individuelle Maßnahmen zur Beherrschung dieses von anderen Brennern oder vom Feuer auf dem Rost einfallenden Fremdlichtes erforderlich.

4.5.7 Sicherheitszeiten

Durch die Flammenwächter und die Steuergeräte muss innerhalb vorgeschriebener Zeitspannen von wenigen Sekunden der Befehl zur Unterbrechung der Brennstoffzufuhr an die Schnellschlussvorrichtung gegeben werden, wenn im Betrieb die Flamme abreißt oder beim Start die Flammenbildung unterbleibt. Die Zeitspanne, während der das Steuergerät die Brennstoffzufuhr in den Feuerraum freigibt, ohne dass eine Flamme durch den Flammenwächter gemeldet wird, bezeichnet man als *Sicherheitszeit*. Sie beginnt beim Anlauf des Brenners mit dem Eintritt des Brennstoffes in den Feuerraum, während des Betriebes mit dem Erlöschen der Flamme. Sie endet mit der Signalausgabe am Steuergerät zur Sperrung der Brennstoffzufuhr durch die Schnellschlussvorrichtung. Der Schließvorgang selbst muss dann im Regelfall innerhalb von einer Sekunde abgeschlossen sein.

Man strebt an, die Sicherheitszeit so kurz wie möglich zu halten; die physikalischen und technischen Gegebenheiten bis zur Bildung einer stabilen Flamme beim Brennerstart stehen diesem Bestreben aber entgegen. So bestehen abgestufte Anforderungen an die Sicherheitszeiten beim Anlauf des Brenners und beim Erlöschen der Flamme während des Betriebes. Aus der nachstehenden Aufstellung sind die zulässigen Sicherheitszeiten für die verschiedenen Feuerungen und Betriebsbedingungen ersichtlich:

1. Ölfeuerungen gemäß TRD 411, DIN 4787 und EN 230

Öldurchsatz kg/h	Sicherheitszeit in Sekunden kg/h (höchstens) beim Anlauf	im Betrieb
bis 30	10	10
über 30	5	1

2. Gasfeuerungen an Dampf- und Heißwassererzeugern gemäß TRD 412:
Die Werte sind in Tafel 4.6 enthalten.
3. Gasfeuerungen gemäß Geltungsbereich der DIN 4756 und DIN 4788:
Die Werte sind aus den Tafeln 4.7 und 4.8 zu entnehmen.
4. Teil- und vollautomatische Holzspäne- und staubeinblasungen gemäß TRD 414:
Hauptbrenner: Sicherheitszeit 5 Sekunden bei Flammenausfall während des Betriebes und Nichtentstehen der Flamme beim Start (Überschreitung beim Start zulässig bei nachgewiesener Unbedenklichkeit). Zünd- und Stützbrenner, die mit Öl oder Gas betrieben werden: Sicherheitszeiten siehe oben.
5. Teil- und vollautomatische Kohlenstaubfeuerungen:
Sicherheitszeiten sind für Staubbrenner nicht generell festgelegt. Für öl- und gasbetriebene Zusatzbrenner: Sicherheitszeiten siehe oben.

Tafel 4.6: Sicherheitszeiten für Gasbrenner mit Gebläse gemäß TRD 412

Brennerart	max. Wärmeleistung	Sicherheitszeit (max.) beim Anlauf *)	im Betrieb
Hauptbrenner	bis 10 kW	10 s	1 s
	über 10 bis 50 kW	5 s	1 s
	über 50 bis 120 kW	3 s	1 s
	über 120 kW	2 s	1 s
Zündbrenner	bis 5 % der Hauptbrennerleistung	10 s	–
	über 5 bis 8 % der Hauptbrennerleistung	5 s	–
	über 8 % der Hauptbrennerleistung	wie Hauptbrenner	–

*) Maßgebend ist die am Ende der Sicherheitszeit erreichte Wärmeleistung.

Tafel 4.7: Sicherheitszeiten für Gasbrenner ohne Gebläse gemäß DIN 4788 Teil 1

Brenner-leistung	Gasfeuerungsautomat nach DIN 4788 Teil 3 bzw. DIN EN 298			Zündsicherung nach DIN 3258*) bzw. DIN EN 125	
Startwärme-leistung	Sicherheitszeit (max.) beim Anlauf	im Betrieb	Wiederzündung und Wiederanlauf	Öffnungs-zeit (max.)	Sicherheits-Schließzeit (max.)
bis 120 kW	15 s*) 10 s	30 s*) 10 s	zulässig	15 s	30 s
über 120 bis 350 kW	15 s*) 5 s	30 s*) 5 s	zulässig	15 s	30 s
über 350 kW	10 s**) 5 s	5 s*) 1 s	unzulässig	unzulässig	

*) Brenner mit dauernd brennender Zünd- und Startflamme.
**) Brenner mit langsam öffnendem Selbststellglied (Hauptventil).

Tafel 4.8: Sicherheitszeiten für Gasbrenner mit Gebläse gemäß DIN 4788 Teil 2

Brenner	max. Wärmeleistung	Sicherheitszeit (max.)			Wiederanlauf
		Anlauf *)	Wiederzündung	im Betrieb	
Haupt-brenner	bis 10 kW	10 s	10 s	1 s	einmal zulässig
	über 10 bis 50 kW	5 s	5 s	1 s	einmal zulässig
	über 50 bis 120 kW	3 s	3 s	1 s	einmal zulässig
	über 120 bis 350 kW	2 s	unzulässig	1 s	einmal zulässig
	über 350 kW	2 s	unzulässig	1 s	unzulässig
Zünd-brenner	bis 5 % der Hauptbrennerleistung	10 s	–	–	–
	über 5 bis 8 % der Hauptbrennerleistung	5 s	–	–	–
	über 8 % der Hauptbrennerleistung	wie Haupt-brenner			

*) Maßgebend ist die am Ende der Sicherheitszeit erreichte Wärmeleistung.

Eine *Flammenüberwachung* ist demnach nicht nur für Leistungsbrenner, sondern auch für *Zündbrenner* erforderlich, sofern diese gaselektrisch oder ölelektrisch arbeiten, also getrennte Öl- oder Gasbrenner darstellen. Die Überwachung kann entweder vollkommen getrennt von derjenigen der Hauptbrenner erfolgen oder sie kann mit in die Überwachung der Hauptflamme einbezogen sein.

Bei Ölfeuerungen mit gas- oder ölelektrischer Zündung wird dann von einer eigenen Zündflammenüberwachung abgesehen, wenn die Leistung des Zündbrenners ≤ 50 kW ist, das Zündgas oder -öl höchstens fünf Sekunden vor Beginn der Ölzufuhr zum Hauptbrenner einströmen kann und beim Nichtzünden des Hauptbrenners mit der Ölzufuhr am Ende der Sicherheitszeit auch das Zündmedium abgesperrt wird.

Bei Gasfeuerungen mit gaselektrischem Zündbrenner oder elektrischem Hochleistungszünder wird das Gas zum Hauptbrenner erst freigegeben, wenn die Zündflammenbildung bzw. der Betrieb des Zünders gemeldet wird. Des Sicherheitszugewinns wegen wird auch bei größeren Ölfeuerungen häufig so verfahren.

4.5.8 Zündtemperaturüberwachung

Zur Überwachung von Mindestzündtemperaturen anstelle der Flamme eignen sich Ni-CrNi-Thermoelemente. Für sie und die zugehörigen Messwertverstärker wird die Zuverlässigkeit nach DIN 3440 oder sonstigen gleichwertigen Technischen Regeln nachgewiesen. Die in den vorhergehenden Abschnitten genannten Sicherheitszeiten sind auch hierfür verbindlich. Bei größeren Feuerräumen oder Wirbelbetten sind häufig zwei Messstellen angeordnet, bei Wirbelschichtfeuerungen mit mehreren Sektionen mindestens ein Sicherheitstemperaturbegrenzer je Zelle. Die Verfügbarkeit erhöht eine »1 von 2«- oder »2 von 4«-Schaltung.

Bei Wirbelschichtfeuerungen ist die elektrische Schaltung so aufgebaut, dass zunächst die Luftpressung unter dem Düsenboden über eine bestimmte Zeit anstehen muss, ehe die Temperaturmessung als repräsentativ gewertet wird. Damit können ungleichmäßige Stillstands- und Bettabkühlung beim Anblasen nach einer Feuerungsabschaltung die Messung nicht verfälschen.

4.6 Sonderbeheizungen

4.6.1 Elektrische Widerstandsheizungen

Kleine Dampfkessel bis ca. 50 kg/h Dampfleistung, vereinzelt auch darüber, werden häufig mit einer elektrischen Widerstandsheizung ausgerüstet. Tauchsiederähnliche Heizkörper befinden sich unterhalb des niedrigsten Wasserstandes im Wasserraum (Bild 2.09 im Abschn. 2.2.2.2). In Abhängigkeit vom Dampfdruck werden, überwiegend mittels einer Zweipunktregelung, entweder einzelne Heizstabgruppen oder die Gesamtheizung gleichzeitig geschaltet.

Schaden erleiden diese Heizstäbe vor allem durch Kesselsteinbildung und sich daraus ergebender Überhitzung, wenn die Wasseraufbereitung mangelhaft ist.

Ein unterschätztes Sicherheitsrisiko sind Heizelemente, die bei Wassermangel austauchen und – anstatt durchzubrennen – über lange Zeit weiterglühen. Dabei geht die Wärme, teils durch Strahlung, teils durch Leitung, auf die durch Dampf nur schlecht gekühlten, außen gut isolierten Kesselwandungen über und erhitzt diese zwar langsam, aber unaufhaltsam. Die Festigkeit der Werkstoffe sinkt dadurch immer mehr, während der herrschende Dampfdruck unverändert bleiben kann. Es kann so ein Punkt erreicht werden, an dem die Wandungen dem Überdruck nicht mehr standhalten und sich verformen oder aufreißen bzw. explosionsartig bersten. Falls nicht sichergestellt ist, dass austauchende Heizkörper rasch durchbrennen, muss durch Einbau von Wasserstandsbegrenzern für die sichere Abschaltung der Beheizung bei Unterschreiten des »niedrigsten Wasserstandes« Sorge getragen werden (Kapitel 3).

4.6.2 Beheizung durch Tauchelektroden

Durch Elektroden, die senkrecht von oben in das Wasser eintauchen, kann Dampf mit Einphasen- oder Wechselstrom bei Spannungen von 380 V bis 20 kV durch Direktumwandlung von elektrischer Energie in Wärme erzeugt werden. Hierbei erwärmt sich das Wasser unmittelbar durch den Stromdurchgang von der Phasen- zur Nullpunktelektrode. Die Größe dieses Widerstandes hängt sowohl von der Art und Menge der im Wasser gelösten Salze ab (vollentsalztes Wasser wirkt als Isolator) als auch von der Wassertemperatur.

Die Leistung regelt man durch Änderung des Widerstandes, d. h. der Wassermenge, durch die der Strom zwischen den Elektroden fließt. Systemabhängig werden hierzu die Eintauchtiefe der Elektroden verändert, die Wasserstandshöhe im Kessel variiert oder kammähnlich ineinander greifende Elektroden gegeneinander verdreht. Umfangreiche Maßnahmen gegen Gefährdung durch den elektrischen Strom sind erforderlich.

4.6.3 Beheizung durch Abhitze

Abhitze aus Verfahrensanlagen, aus Abfall- und Abluftverbrennungen, aus Gasturbinen und Dieselmotoren sowie aus Kühlprozessen und dergleichen wird häufig Dampf- oder Heißwassererzeugern zugeführt. Neben der Erhöhung der Wirtschaftlichkeit wird dabei oft die Abkühlung der Abgase angestrebt, damit deren Reinigung in Filtern erfolgen kann. Als Kessel werden neben den verschiedensten Kühlerbauarten ein- und mehrzügige Rauchrohrkessel oder Wasserrohrkessel (Darstellungen siehe Kapitel 2) eingesetzt. Hohe Abgastemperaturen ermöglichen auch eine Dampfüberhitzung. Falls die Abhitze stärker schwankt als die zulässige Laständerungsgeschwindigkeit eines Naturumlaufkessels, werden Zwangumlauf-, vereinzelt auch Zwangdurchlaufsysteme eingesetzt. Dem Kessel vor- oder nachgeschaltete Lufterhitzer wärmen vielfach noch Luft für integrierte oder fremde Prozesse vor.

Gasturbinenabgase enthalten etwa 15 % Sauerstoff, sind ca. 450°C heiß und können folglich auch als hoch vorgewärmte Verbrennungsluft für die Zusatzfeuerung eines Abhitzekessels verwendet werden. Gasturbinen-Abhitzekessel sind häufig umschaltbar auf reine Frischluftfeuerung - oder sie sind mit einer Gas-Zusatzfeuerung (Kanalbrenner) im Rauchgasstrom der Gasturbine ausgerüstet.

Die Gasturbine muss steuerungstechnisch wie eine Feuerung in die Sicherheitskette des Abhitzekessels eingebunden sein. Will man vermeiden, dass die Gasturbine mit ihrer Stromerzeugung bei jeder Störabschaltung des Abhitzekessels mit abgeschaltet wird, so kann man eine Rauchgas-Bypassschaltung vorsehen, so dass der Kessel bei einer Störung selbsttätig abgasseitig umfahren wird (Bild 4.79). Abhitzekessel von Verfahrensanlagen oder Reststoffverbrennungen können durch chemische und mechanische Angriffe aus den Abgasen wie Taupunktunterschreitung, Abrieb durch Feststoffpartikel und Ähnliches in relativ kurzer Zeit erheblich geschädigt werden. Als Vorsorge wird geachtet auf leichte Ausbaubarkeit der Heizflächen, auf geeignete Reinigungsvorrichtungen, auf weite Rohrteilungen, auf Wendemöglichkeit für nur einseitig gefährdete Teile und häufig auch auf einen Rauchgas-Bypass oder einen Notkamin vor dem Kessel. Bypass und Notkamin ermöglichen nicht nur den Weiterbetrieb der gesamten Anlage für die Zeit der Kes-

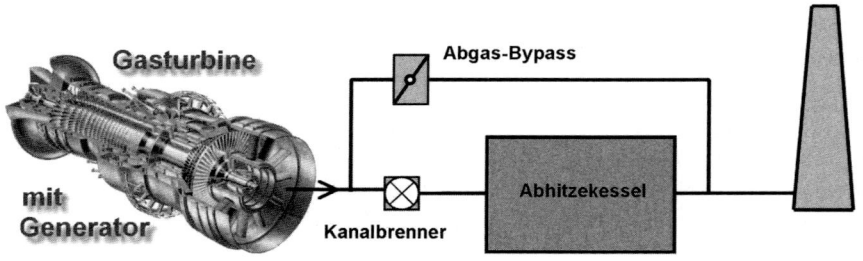

Bild 4.79: BeimAbhitzekessel mitGasturbine sprichtman von einer KWK-Anlage (Kraft-Wärme-Kopplung;hier: Cheng-Prozess)

selreparatur, sondern auch die Unterbrechung der Kesselbeheizung bei besonderer Gefährdung, z. B. zum Anfahren der Anlage oder beim Ansprechen von Sicherheitseinrichtungen. Die Steuerung und die Betätigung der hierfür eingesetzten Klappen oder Schieber, Letztere insbesondere bei höherer thermischer, mechanischer oder chemischer Beanspruchung, erfolgt nach dem Ruhestromprinzip: Ohne Stellenergie sind der Bypass bzw. der Notkamin offen. Pneumatische Stellglieder mit Feder- oder Gewichtsrückstellung werden hierfür der großen Stellkräfte wegen bevorzugt.

4.6.4 Beheizung durch Nachverbrennungsanlagen

Bei verfahrenstechnischen Prozessen bilden sich häufig als unerwünschte, aber unvermeidliche Nebenprodukte Abluft, Dämpfe, Gase, Flüssigkeiten und pastöse Massen, die mit Schad- und/oder Geruchsstoffen beladen sind. Sie können unterschiedlichste Heizwerte haben und explosiv oder giftig sein. Der Schutz unserer Umwelt verbietet ihre unmittelbare Ableitung, sodass eine Nachbehandlung erforderlich wird. Sie besteht im Allgemeinen in ihrer Verbrennung.

Diese gelingt am einfachsten durch die Einbringung in eine bereits bestehende betriebliche Feuerungsanlage, z. B. die eines Dampfkessels oder Thermoölerhitzers. Wenn dies nicht möglich oder zweckdienlich ist, werden hierfür eigene »Thermische Nachverbrennungs-Anlagen« (TNV-Anlagen) errichtet. In deren Brennkammern werden die Abfallstoffe, erforderlichenfalls unter Zuhilfenahme von öl- oder gasbetriebenen Anfahr- und/oder Stützbrennern, bei Temperaturen oberhalb 850 °C verbrannt.

In Nachverbrennungsanlagen besonderer Art werden gasförmige Abfallprodukte flammlos zu harmlosen Stoffen umgewandelt. Dazu werden entweder Katalysatoren (katalytische Nachverbrennung) oder abwechselnd beaufschlagte Speichermassen (regenerative Nachverbrennung) eingesetzt. Die in den Abgasen bzw. der Abluft enthaltene Wärme wird anschließend in Dampfkesseln oder Wärmetauschern für Gewerbe- und/oder Heizungsbedarf genutzt.

4.6.5 Beheizung durch Sonnenenergie

Wenn man Sonnenstrahlung durch Parabolspiegel bzw. spiegelnde Parabolrinnen bündelt, so werden im Brennpunkt bzw. in der Brennlinie sehr hohe Beheizungstemperaturen erreicht, ähnlich wie beim Brennglas. Leitet man Speisewasser über geeignete Rohrleitungen entlang der Brennlinie, so kann es durch die gebündelte Sonnenbeheizung verdampft werden.

Beim „Solarturm" wird die mit Spiegeln gebündelte Solarenergie benutzt, um drucklose Luft oder Druckluft in einem „volumetrischen Receiver" auf sehr hohe Temperaturen zu erhitzen. Die erhitzte Luft gibt die Wärme dann an einen Dampferzeuger ab, evtl. unter Zwischenschaltung einer Gasturbine oder eines Kanalbrenners (hybrides Solarkraftwerk).

Eine wirtschaftliche Nutzung ist in der Regel nur bei kontinuierlicher Dampferzeugung möglich. Sonnenbeheizte Dampferzeuger arbeiten als Durchlaufkessel mit Überhitzern und Einspritzkühlern und liefern Dampf zum Betrieb von Kraftwerksturbinen.

Die Beheizungsleistung von Sonnenbeheizungen kann nur bedingt beeinflusst werden, indem die Kollektoren fokussiert bzw. defokussiert werden. Störeinflüsse, die sich durch tageszeitliche Schwankungen der Einstrahlungsintensität und durch vorüberziehende Wolkenfelder ergeben, sind unvermeidlich und erfordern zum Ausgleich einen hohen regelungstechnischen Aufwand. Um das Regelverhalten zu verbessern, wurden sonnenbeheizte Dampferzeuger bisher hauptsächlich als Zweikreiskessel gebaut.

Solar beheizte Zweikreiskessel werden oft mit Thermoöl im Primärkreis betrieben; die eigentliche Dampferzeugung erfolgt dann im Sekundärkreis, der als Wasser-Dampf-Kreislauf ausgebildet ist. In Turbinenkraftwerken mit mehrstufiger Niederdruckvorwärmung kann die solare Dampferzeugung benutzt werden, um Turbinenanzapfdampf und damit fossilen Brennstoff einzusparen: Man nennt dies »solare Anzapfdampf-Einsparung« (ADE).

5. Wasser und Dampf

Bezeichnungen und Umrechnungen

In diesem Kapitel werden die seit 1969 verbindlichen Bezeichnungen und Maßeinheiten, sowie verschiedene neue Bezeichnungen nach DIN EN ISO verwendet. Zum besseren Verständnis, werden z. T. die alten Bezeichnungen und Maßeinheiten mitangeführt.

Folgende wesentliche Änderungen sind in Kraft getreten:

Alte Bezeichnung/Dimension		Neue Bezeichnung/Dimension	
Härte	°d; mval/l	Summe Erdalkalien	mmol/l
Karbonathärte	°d; mval/l	an Hydrogencarbonat(HCO_3^-) gebundene Erdalkalien	mmol/l
Nichtkarbonathärte	°d; mval/l	nicht an Hydrogencarbonat gebundene Erdalkalien	mmol/l
Calciumhärte	°d; mval/l	Calciumgehalt	mg/l; mmol/l
Magnesiumhärte	°d; mval/l	Magnesiumgehalt	mg/l; mmol/l
p-Wert	mval/l	Säurekapazität bis pH-Wert 8,2 ($K_{S\,8,2}$)	mmol/l
		Zusammengesetzte Alkalinität	mmol/l
neg. p-Wert	mval/l	Basekapazität bis pH-Wert 8,2 ($K_{B\,8,2}$)	mmol/l
m-Wert	mval/l	Säurekapazität bis pH-Wert 4,3 ($K_{S\,4,3}$)	mmol/l
		Alkalinität, Gesamt-Alkalinität	mmol/l
neg. m-Wert	mval/l	Basekapazität bis pH-Wert 4,3 ($K_{B\,4,3}$)	mmol/l
Dichte (Salzgehalt)	°Be	Dichte	g/cm³

Anstelle von mmol/l kann auch mol/m³ verwendet werden (1 mmol/l = 1 mol/m³).

Erklärungen und Umrechnung

Umrechnung von Mol (mol) in Equivalent (val bzw. eq):
Mol : Wertigkeit = Equivalent
Beispiel: 1 Mol Ca = 40,1 g   Wertigkeit (Valenz) = 2 (Ca^{2+})   1 Val Ca = 40,1 : 2 = 20,05 g

Erdalkalien: Calcium- und Magnesium-Verbindungen (Härtebildner)
1 °d $\hat{=}$ 10 mg/l CaO (Calciumoxid) $\hat{=}$ 10 g/m³ CaO
1 °d $\hat{=}$ 0,36 mval/l $\hat{=}$ 0,18 mmol/l;
1 mmol/l $\hat{=}$ 2 mval/l $\hat{=}$ 5,6 °d

Calciumgehalt (Ca):
1 °d $\hat{=}$ 0,36 mval/l $\hat{=}$ 0,18 mmol/l $\hat{=}$ 7,1 mg/l Ca
40,1 mg/l Ca $\hat{=}$ 1 mmol/l $\hat{=}$ 2 mval/l $\hat{=}$ 5,6 °d

Magnesiumgehalt (Mg):
1 °d $\hat{=}$ 0,36 mval/l $\hat{=}$ 0,18 mmol/l $\hat{=}$ 4,3 mg/l Mg
24,3 mg/l Mg $\hat{=}$ 1 mmol/l $\hat{=}$ 2 mval/l $\hat{=}$ 5,6 °d

Alkalität:
$K_{S\,4,3}$ in mmol/l ≙ m-Wert in mval/l $K_{S\,8,2}$ in mmol/l ≙ p-Wert in mval/l
$K_{B\,4,3}$ in mmol/l ≙ neg. m-Wert in mval/l $K_{B\,8,2}$ in mmol/l ≙ neg. p-Wert in mval/l

Dichte:
Umrechnung °Bé nach g/cm³ siehe 5.10.2.6.1 (Salzgehalt von Wässern).

Leitfähigkeit:
1 µS/cm ≙ 0,1 mS/m;   1 mS/m ≙ 10 µS/cm
1 µS/cm entspricht bei 25 °C etwa 0,5 mg/l NaCl (Natriumchlorid)

Allgemeine Zeichen:
< kleiner als   > größer als   ≤ kleiner oder gleich   ≥ größer oder gleich
≙ entspricht, entsprechend

TEIL I: WASSERAUFBEREITUNG UND -KONDITIONIERUNG

5.1 Eigenschaften und Vorkommen des Wassers

5.1.1 Allgemeines

Wasser ist untrennbar mit dem Begriff Leben verbunden - ohne Wasser kein Leben. Es ist für die Physik eine Bezugssubstanz, für die Chemie der Träger einer Vielzahl von Reaktionen und für den biologischen Stoffkreislauf der Substanzträger für anorganische und organische Verbindungen.

5.1.2 Physikalische Eigenschaften

Unter atmosphärischem Druck erstarrt Wasser bei 0 °C oder 273 K (Festpunkt), siedet bei 100 °C oder 373 K (Siedepunkt) und definiert damit die Celsius-Temperaturskala. Seine größte Dichte liegt bei + 4 °C vor. Die Dichte von luftfreiem Wasser bei 4 °C unter Atmosphärendruck in Seehöhe von 1,01325 bar beträgt 999,972 kg/m³, aufgerundet 1000 kg/m³.

Wasser (H_2O) ist das chemische Reaktionsprodukt der Gase Wasserstoff (H) und Sauerstoff (O). Der gasförmige Zustand (Dampf) entspricht in seiner Molekularstruktur der Formel H_2O. Wasser (flüssiger Zustand) und Eis (fester Zustand) entstehen durch Vereinigung von mehreren H_2O-Molekülen und durch Bildung besonderer Strukturen, wodurch auch deren anomale Eigenschaften zu erklären sind.

Die zur Erwärmung von 1 g Wasser von 14,5 °C auf 15,5 °C notwendige Energie wurde früher als eine Kalorie (cal) definiert. Heute wird dafür das Joule (J) verwendet.

Eine Kalorie (cal) entspricht 4,185 Joule (J) bzw. 1 J = 0,24 cal. Die Verdampfungs- bzw. Kondensationswärme des Wassers beträgt bei 1 bar und 100 °C 2258 kJ/kg (539 kcal/kg). Dieser beträchtliche Wert ist ein wesentlicher Grund, weshalb Wasserdampf in der Technik als Wärmeträger verwendet wird.

5.1.3 Chemische Eigenschaften und Begriffe

Für die Betrachtung chemischer Vorgänge sind verschiedene Begriffe mit folgenden Erklärungen gebräuchlich:

Elemente sind die Grundstoffe, aus denen das gesamte Universum aufgebaut ist. Sie sind im periodischen System der Elemente entsprechend ihrer ähnlichen chemischen Eigenschaften in Gruppen geordnet. Wichtige Gruppen sind u. a. die der
- Alkalien, z. B. Lithium (Li), Natrium (Na), Kalium (K), Cäsium (Cs), die der
- Erdkalien, z. B. Magnesium (Mg), Calcium (Ca), Strontium (Sr), Barium (Ba) und die der
- Halogene, z. B. Fluor (F), Chlor (Cl), Brom (Br), Jod (J) - international Iod (I).

Atome sind die kleinsten Teile eines Elementes, welche noch die gleichen Eigenschaften eines Elementes aufweisen.

Moleküle entstehen, wenn mehrere Atome nach physikalisch-chemischen Gesetzmäßigkeiten zu einer neuen Verbindung reagieren. Aus zwei Wasserstoffatomen (H) und einem Sauerstoffatom (O) kann z. B. ein Molekül Wasser (H_2O) entstehen. Moleküle sind die kleinsten Teile einer Verbindung, welche noch die Eigenschaften dieser Verbindung aufweisen. Die Halogene, z. B. Fluor, Chlor und gasförmige Elemente (ausgenommen Edelgase), z. B. Sauerstoff, Stickstoff und Wasserstoff treten gewöhnlich nur paarweise auf, weshalb man dann von Halogen- (z. B. F_2, Cl_2) bzw. Gasmolekülen (z. B. O_2, N_2, H_2) spricht.

Ionen sind elektrisch geladene Teilchen, die unter bestimmten Bedingungen (Dissoziation) aus Atomen oder Molekülen entstanden sind. Ein Wassermolekül (H_2O) z. B. kann sich in ein positiv geladenes Wasserstoffion (H^+) und in ein negativ geladenes Hydroxylion (OH^-) aufspalten (dissoziieren).

Wasser ist durch seinen chemischen Aufbau und seine physikalischen Eigenschaften in der Lage, die meisten anorganischen Stoffe, Gase und organische Stoffe zu lösen. Bei der Auflösung in Wasser gehen viele anorganische und einige organische Verbindungen in frei bewegliche Ionen über. Diesen Zerfall nennt man elektrolytische Dissoziation. Die Ionen tragen elektrische Ladungen, wobei man zwischen positiv geladenen *Kationen* und negativ geladenen *Anionen* unterscheidet. Die bei diesem Zerfall entstehenden Ionen haben in ihrer Summe immer genauso viele positive wie negative Ladungen, so dass die Lösung nach außen elektrisch neutral ist. Die einzelnen Ionen - auch Kationen des selben Elementes - können eine unterschiedliche Zahl von Ladungen tragen (siehe Tafel 5.1).

In Anwesenheit von Ionen leitet Wasser den elektrischen Strom. Die *elektrische Leitfähigkeit* des Wassers bzw. einer Lösung ist primär von der Konzentration und der Beweglichkeit bzw. Größe der Ionen, sowie deren Ladungszahl abhängig. Durch die leichtere Beweglichkeit der Ionen bei erhöhter Temperatur nimmt die elektrische Leitfähigkeit mit steigender Temperatur deutlich zu.

Kationen sind z. B. Wasserstoff (H^+)-, Natrium (Na^+)-, Kalium (K^+)-, Calcium (Ca^{2+})-, Magnesium(Mg^{2+})-, Eisen-II(Fe^{2+})- oder Eisen-III(Fe^{3+})- und Aluminium(Al^{3+})-Ionen, wobei das Wasserstoffion (auch Proton genannt) immer einfach positiv geladen ist.

Anionen sind z. B. Hydroxyl (OH^-)-, Chlorid (Cl^-)-, Nitrat (NO_3^-)-, Sulfat (SO_4^{2-})- und Phosphat(PO_4^{3-})-Ionen, wobei das Hydroxylion immer einfach negativ geladen ist.

Alle wässrigen Lösungen enthalten freie H^+- und OH^--Ionen. Überwiegt die Anzahl der H^+-Ionen spricht man von Säuren, bei einem Überschuss von OH^--Ionen von Laugen, Basen oder Alkalität.

Auch reines Wasser ist in geringem Maße in H^+- und OH^--Ionen dissoziiert. Die Konzentration beträgt $[H^+] = [OH^-] = 10^{-7}$ mol/l. Nachdem der Anteil von H^+- und OH^--Ionen gleich groß ist, reagiert reines Wasser neutral, weist aber eine geringe elektrische Leitfähigkeit auf.

Den *pH-Wert* verwendet man, um die saure, neutrale oder basische (laugenhafte, alkalische) Eigenschaft einer Lösung anzugeben. Der pH-Wert (lat. potentia hydrogenii = Kraft des Wasserstoffs) ist der negative Exponent der Wasserstoff(H^+)-Ionenkonzentration einer Lösung.

$$pH = -\log [H^+].$$

Bei 10^{-7} mol/l H^+-Ionen entspricht das einem pH Wert von 7,0.

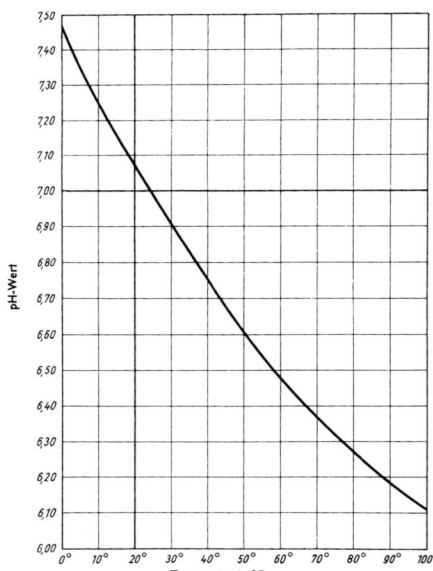

Bild 5.1: pH-Wert in vollentsalztem Wasser in Abhängigkeit von der Temperatur

Bild 5.2: Elektrische Leitfähigkeit von vollentsalztem Wasser in Abhängigkeit von der Temperatur

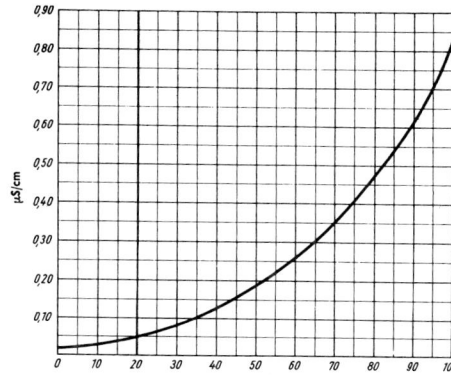

Die pH-Skala umfasst den Bereich von 0-14. Bei einem pH-Wert unter 7 ist eine Lösung sauer mit steigender Säurewirkung gegen pH 0, bei einem pH-Wert über 7 alkalisch oder basisch mit steigender Basizität gegen pH-Wert 14.

Reinstes Wasser von 25 °C hat einen pH-Wert = 7,0 und die elektrische Leitfähigkeit von ~ 0,06 µS/cm. Beide Werte sind temperaturabhängig, besonders aber die Leitfähigkeit, weshalb zum Messwert immer eine Temperaturangabe gehört. Eine Lösung mit einer Leitfähigkeit von z. B. 100 µS/cm bei 25 °C weist bei 100 °C eine Leitfähigkeit von etwa 440 µS/cm auf! Die Veränderung des pH-Werts und der elektrischen Leitfähigkeit von reinem Wasser in Abhängigkeit von der Temperatur zeigen die Bilder 5.1 und 5.2, siehe auch 5.10.2.6.2.

5.2 Inhaltsstoffe des Wassers

5.2.1 Herkunft der Inhaltsstoffe - Kreislauf des Wassers in der Natur.

Durch den natürlichen Wasserkreislauf (Verdunstung → Wolken → Niederschläge → Grund- oder Oberflächen-Wasser → Flüsse → Meer) gelangen viele Stoffe (gelöst und ungelöst) in das Wasser.

Das Regenwasser nimmt aus der Luft gasförmige Stoffe (z. B. Stickstoff, Sauerstoff, Kohlenstoffdioxid) und feste Stoffe (z. B. Staub, Salz) auf. Bei der Berührung mit der Erdoberfläche bzw. dem Eindringen in den Untergrund werden je nach den Bodenverhältnissen weitere Bestandteile aufgenommen. Durch die Zersetzung organischer Stoffe in der Humusschicht der Erdoberfläche reichert sich Wasser hauptsächlich mit Kohlenstoffdioxid (Kohlensäure) an. Anschließend nimmt es in tieferen Bodenschichten u. a. Salze der Alkalien, Erdalkalien und Schwermetalle sowie Kieselsäure auf. Weitere gelöste Stoffe bringen Menschen in den Kreislauf, z. B. durch Streusalz (Chlorid), Düngemittel (Nitrat) und Pestizide bzw. Pflanzenschutzmittel (z. B. Atrazin). Ein Schema des Wasserkreislaufes in der Natur zeigt Bild 5.3.

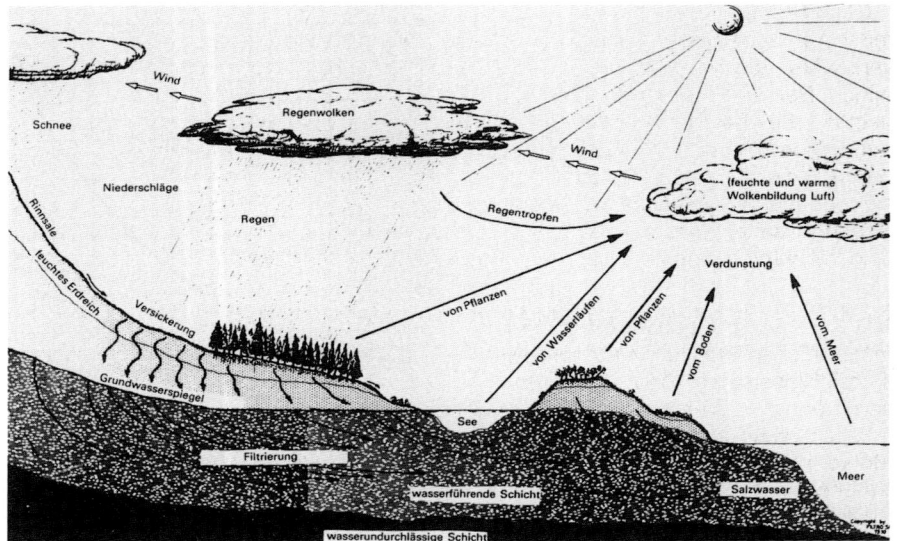

Bild 5.3: Schematische Darstellung des natürlichen Wasserkreislaufes (Filtro AG)

5.2.2 Ungelöste Inhaltsstoffe

Als ungelöst bezeichnet man feste und flüssige Stoffe im Wasser, deren Teilchengröße $> 10^{-3}$ mm (größer als $1/1000$ mm oder 0,001 mm, entsprechend > 1 μm) ist.

Werden anorganische und organische Stoffe im Wasser nicht vollständig aufgelöst, sondern nur angelöst, erhält man eine kolloidale Lösung. Die Teilchengröße liegt hier bei 10^{-3} bis 10^{-6} mm (1 - 0,001 μm); während echt gelöste (molekular-disperse) Stoffe eine Teilchengröße von $<10^{-6}$ mm aufweisen. Natürliches Grundwasser enthält praktisch nur gelöste Stoffe, während Oberflächenwasser sowohl ungelöste als auch gelöste Stoffe enthält.

5.2.2.1 Feste, ungelöste Inhaltsstoffe

Liegt deren spezifisches Gewicht unter dem des Wassers, werden sie als Schwimmstoffe, ist es etwa gleich, als Schwebestoffe und ist das spezifische Gewicht größer als das des Wassers, als Sinkstoffe bezeichnet. Je nach Größe spricht man von groben (z. B. Holzstücke), mittelgroben (Laub, Gras) und feinen Verunreinigungen (Schlamm, Sand). Homogene Gemische von Feststoffen in Wasser bezeichnet man als Suspension. Die Verunreinigungen können aus organischen und/oder anorganischen Verbindungen bestehen. Ungelöste Feststoffe begünstigen das Schäumen des Kesselwassers, können an beheizten Wandungen festbrennen und durch Ablagerung Sicherheitseinrichtungen außer Betrieb setzen.

5.2.2.2 Flüssige, ungelöste Inhaltsstoffe

Flüssige, ungelöste Stoffe wie Fett, Öl, Benzin oder andere Lösemittel in Wässern sind für die Natur und im Wasser-Dampf-Kreislauf problematisch. Ein homogenes Gemisch wird als Emulsion bezeichnet.

Ölige Stoffe und Kohlenwasserstoffe mit Siedepunkten über ca. 150 °C können mit festen ungelösten Stoffen (z. B. Eisenoxid) des Kesselwassers zu Rückständen verbacken, die Wasserrohre in Kesseln verstopfen bzw. wärmehemmende Beläge bilden. Bei der Wasseraufbereitung mit Ionenaustauschern treten durch deren Benetzung mit öligen oder fettigen Substanzen Betriebsstörungen durch Verblockung auf. Lösemittel mit chlorierten Kohlenwasserstoffen (z. B. Trichlorethylen) können durch Zersetzung u. a. Salzsäure bilden, die Werkstoffabtragungen auf der Wasserseite (bei Anwesenheit im Brennstoff oder in der Verbrennungsluft auch auf der Rauchgasseite) eines Kessels hervorruft. Verschiedene flüssige organische Stoffe sind vollständig wasserlöslich, z. B. Alkohole, Glykol, Aceton!

5.2.3 Gelöste anorganische und organische Inhaltsstoffe

In natürlichen Wässern sind vor allem Salze (Erdalkali-, Alkali- und Schwermetallsalze), Kieselsäure, Gase und organische Verbindungen enthalten. In Betriebswässern können zusätzlich noch Mineralsäuren, wie Salzsäure (HCl), Laugen (Basen, Alkalien), wie Natriumhydroxid (NaOH), sowie organische Stoffe wie z. B. Zucker, Molke, sowie Lösungsmittel vorhanden sein. Leicht oxidierbare Lösungsmittel, wie Ketone (z. B. Aceton), Alkohole (z. B. Methanol, Äthanol) und Frostschutzmittel (Glykole) können zur Korrosion und zu Belägen im Wasser-Dampf-Kreislauf führen. Die Leitfähigkeit des Dampfes kann durch deren Zersetzungsprodukte z. B. niedermolekulare organische Säuren und Kohlenstoffdioxid erhöht werden.

Die wichtigsten mineralischen und gasförmigen Inhaltsstoffe von Wässern und wichtige Chemikalien in der Wasseraufbereitung sind mit ihren chemischen Formeln und Kenndaten der Tafel 5.1 zu entnehmen.

Tafel 5.1: Wasserinhaltsstoffe und gebräuchliche Chemikalien mit ihren Kenndaten

Bezeichnung	Formel	Molekülmasse (g)	Löslichkeit (g/l)	bei Temp. (°C)	Handelsübliche Konzentration
Kationen					
Aluminiumion	Al^{3+}	27,0			
Ammoniumion	NH_4^+	18,0			
Calciumion	Ca^{2+}	40,1			
Eisenion (zwei-/dreiwertig)	Fe^{2+}/Fe^{3+}	55,8			
Magnesiumion	Mg^{2+}	24,3			
Manganion (zwei-/vier-/siebenwertig)	$Mn^{2+}/Mn^{4+}/Mn^{7+}$	54,9			
Natriumion	Na^+	23,0			
Kaliumion	K^+	39,1			
Wasserstoffion (Proton)	H^+	1,0			
Anionen					
Carbonation	CO_3^{2-}	60,0			
Chloridion	Cl^-	35,5			
Fluoridion	F^-	19,0			
Hydrogencarbonation	HCO_3^-	61,0			
Hydrogenphosphation	HPO_4^{2-}	96,0			
Hydroxylion	OH^-	17,0			
Nitration	NO_3^-	62,0			
Phosphation	PO_4^{3-}	95,0			
Sulfation	SO_4^{2-}	96,1			
Sulfition	SO_3^{2-}	80,1			
Basen/Hydroxide/Oxide					
Aluminiumoxid	Al_2O_3	102,0			
Aluminiumhydroxid	$Al(OH)_3$	78,0	0,0004	20	
Ammoniak → Gase	NH_3				

Wasser und Dampf

Bezeichnung	Formel	Molekülmasse (g)	Löslichkeit (g/l)	bei Temp. (°C)	Handelsübliche Konzentration
Ammoniumhydroxid (Salmiakgeist)	NH_4OH	35,0			$D = 0,91 \text{ g/cm}^3 \triangleq 25\% \text{ NH}_3$ $D = 0,96 \text{ g/cm}^3 \triangleq 10\% \text{ NH}_3$
Ätznatron → Natriumhydroxid	NaOH				
Calciumhydroxid (Kalkhydrat)	$Ca(OH)_2$	74,1	1,70 1,45	20 40	93% $Ca(OH)_2 \triangleq 70\%$ CaO
Calciumoxid (gebrannter Kalk)	CaO	56,1			80% CaO
Eisen(II)hydroxid	$Fe(OH)_2$	89,9	0,0007	25	
Eisen(III)hydroxid	$Fe(OH)_3$	106,9	0,00001	25	
Eisen(II)oxid (Wüstit)	FeO	71,8			
Eisen(III)oxid (Hämatit)	Fe_2O_3	159,7			
Eisen(II,III)oxid (Magnetit)	Fe_3O_4	231,6	0,000005	100	
Hydrazin	N_2H_4	32,0			15% $N_2H_4 \triangleq 24\% \text{ N}_2H_4 \cdot H_2O$
Hydrazinhydrat	$N_2H_4 \cdot H_2O$	50,0			24% $N_2H_4 \cdot H_2O$ 15% N_2H_4
Magnesiumhydroxid	$Mg(OH)_2$	58,3	0,006	25	
Magnesiumoxid	MgO	40,3	0,006	25	95% MgO
Manganoxid	MnO_2	86,9			
Natriumhydroxid	NaOH	40,0	≈ 800	15	$D = 1,53 \text{ g/cm}^3 \triangleq 50\%$ NaOH $D = 1,42 \text{ g/cm}^3 \triangleq 38\%$ NaOH $D = 1,36 \text{ g/cm}^3 \triangleq 33\%$ NaOH
Kaliumhydroxid	KOH	56,1	≈ 800	15	$D = 1,52 \text{ g/cm}^3 \triangleq 51\%$ KOH $D = 1,34 \text{ g/cm}^3 \triangleq 35\%$ KOH
Säuren/Säureanhydride/Oxide					
Flusssäure (Fluorwasserstoffsäure)	HF (H_2F_2)	20,0/40,0	≈ 600	20	$D = 1,23 \text{ g/cm}^3 \triangleq 71\text{-}75\%$ HF $D = 1,14 \text{ g/cm}^3 \triangleq 40\text{-}45\%$ HF
Kieselsäureanhydrid (»Kieselsäure«)	SiO_2	60,1	0,93 Gel 100 bar	230	Löslichk. Quarz: 0,007 g/l 100 bar/350°C
Kieselsäure (Meta-Kieselsäure)	H_2SiO_3	78,1	0,0005	25	
Kohlenstoffdioxid → Gase	CO_2				
Kohlensäure	H_2CO_3	62,0			
Phosphorpentoxid	P_2O_5	142,0			
Phosphorsäure	H_3PO_4	98,0	≈1900	20	$D = 1,69 \text{ g/cm}^3 \triangleq 85\% \text{ H}_3PO_4$ $D = 1,14 \text{ g/cm}^3 \triangleq 24\% \text{ H}_3PO_4$
Stickstoffpentoxid	N_2O_5	108,0			
Salpetersäure	HNO_3	63,0	≈1500	20	$D = 1,39 \text{ g/cm}^3 \triangleq 65\% \text{ HNO}_3$ $D = 1,25 \text{ g/cm}^3 \triangleq 40\% \text{ HNO}_3$
Salzsäure (Chlorwasserstoffsäure)	HCl	36,5	420 390 360	20 40 60	$D = 1,12 \text{ g/cm}^3 \triangleq 24,0\%$ HCl $D = 1,15 \text{ g/cm}^3 \triangleq 30,0\%$ HCl $D = 1,17 \text{ g/cm}^3 \triangleq 33,5\%$ HCl $D = 1,19 \text{ g/cm}^3 \triangleq 37,0\%$ HCl
Schwefeldioxid → Gase	SO_2				
Schwefelige Säure	H_2SO_3	82,1			wässr. Lösung mit ≈ 6% SO_2
Schwefeltrioxid	SO_3	80,1			
Schwefelsäure	H_2SO_4	98,1	≈ 1800	20	$D = 1,56 \text{ g/cm}^3 \triangleq 65,0\% \text{ H}_2SO_4$ $D = 1,58 \text{ g/cm}^3 \triangleq 67,0\% \text{ H}_2SO_4$ $D = 1,83 \text{ g/cm}^3 \triangleq 94\% \text{ H}_2SO_4$ $D > 1,84 \text{ g/cm}^3 \triangleq 96\text{-}98\% \text{ H}_2SO_4$
Wasser	H_2O	18,0			
Salze					
Aluminiumsulfat, wasserfrei	$Al_2(SO_4)_3$	342,2	375	20	
Aluminiumsulfat, kristallin	$Al_2(SO_4)_3 \cdot 10 H_2O$	594,2	650	25	17-18% Al_2O_3
Aluminiumsulfat, kristallin	$Al_2(SO_4)_3 \cdot 18 H_2O$	666,4	730	20	13-15% Al_2O_3
Ammoniumcarbonat	$(NH_4)_2CO_3$	96,1	450	15	
Ammoniumdihydrogenphosphat	$(NH_4)H_2PO_4$	115,0	330	20	62% $P_2O_5 \triangleq 83\% \text{ PO}_4$
Ammoniumhydrogenphosphat	$(NH_4)_2HPO_4$	132,1	500	20	54% $P_2O_5 \triangleq 72\% \text{ PO}_4$
Calciumcarbonat (Kalk)	$CaCO_3$	100,1	0,014 0,035	18 80	
Calciumchlorid	$CaCl_2$	111,0	≈ 560	20	
Calciumfluorid	CaF_2	78,1	≈ 0,02	20	
Calciumhydrogencarbonat	$Ca(HCO_3)_2$	162,1			
Calciumhypochlorit	$Ca(OCl)_2$	143,0			ca. 70 - 80% aktives Chlor
Calciumsulfat	$CaSO_4$	136,2	3,0	20	

Wasser und Dampf

Bezeichnung	Formel	Molekül-masse (g)	Löslichkeit bei Temp. (g/l)	(°C)	Handelsübliche Konzentration
Calciumsulfat - Dihydrat (Gips)	$CaSO_4 \cdot 2\,H_2O$	172,2	2,04 / 1,83	20 / 80	≈ 75% $CaSO_4$
Eisen(III)chlorid, kristallin	$FeCl_3 \cdot 6\,H_2O$	270,3	≈ 1300	20	≈ 60% $FeCl_3$
Eisenhydrogencarbonat	$Fe(HCO_3)_2$	177,9	0,77	18	
Eisen(II)sulfat, kristallin	$FeSO_4 \cdot 7\,H_2O$	278,0	≈ 450	20	≈ 60-53% $FeSO_4$
Kaliumpermanganat	$KMnO_4$	158,0	65 / 125	20 / 40	
Kupfersulfat, kristallin	$CuSO_4 \cdot 5\,H_2O$	249,7	≈ 330	20	64% $CuSO_4$
Magnesiumcarbonat	$MgCO_3$	84,4	0,084 / 0,06	20 / 100	
Magnesiumchlorid	$MgCl_2 \cdot 6\,H_2O$	203,3	≈ 1150	20	46% $MgCl_2$
Magnesiumhydrogencarbonat	$Mg(HCO_3)_2$	146,4			
Magnesiumsulfat	$MgSO_4 \cdot 7\,H_2O$	246,5	≈ 700	10	49% $MgSO_4$
Natriumaluminat	$NaAlO_2 \cdot x\,H_2O$				53-55% Al_2O_3 / 37-39% Al_2O_3
Natriumcarbonat (Soda)	Na_2CO_3	106,0	≈ 210 / ≈ 450	20 / 40	
Natriumchlorid	$NaCl$	58,4	358 / 380	20 / 80	
Natriumfluorid	NaF	42,0	41	20	
Natriumhydrogencarbonat (Natron)	$NaHCO_3$	84,0	≈ 100 / ≈ 200	20 / 80	
Natriumhypochlorit (Bleichlauge)	$NaOCl + NaCl$	74,4			Bleichlauge mit ≈ 10-12% Cl_2
Natriumphosphat (Di-Natrium)	Na_2HPO_4	142,0			50% $P_2O_5 \,\hat{=}\, 66\%\, PO_4$
Natriumphosphat (Tri-Natrium) wasserfrei	Na_3PO_4	164,0	≈ 110	15	42% $P_2O_5 \,\hat{=}\, 58\%\, PO_4$
kristallisiert, Schuppen	$Na_3PO_4 \cdot 10\,H_2O$	344,0			20% $P_2O_5 \,\hat{=}\, 27\%\, PO_4$
kristallisiert	$Na_3PO_4 \cdot 12\,H_2O$	380,1	≈ 250	20	18% $P_2O_5 \,\hat{=}\, 25\%\, PO_4$
Natriumsulfat, wasserfrei	Na_2SO_4	142,0	≈ 180 / ≈ 390	20 / 80	
Natriumsulfat, kristallisiert	$Na_2SO_4 \cdot 10\,H_2O$	322,2	≈ 400	20	74% Na_2SO_4
Natriumsulfit, wasserfrei	Na_2SO_3	126,0	≈ 130	20	
Natriumsulfit, kristallisiert	$Na_2SO_3 \cdot 7\,H_2O$	252,2	≈ 260 / ≈ 290	20 / 80	50% Na_2SO_3

Gase			Partialdruck = 1 bar		
Ammoniak	NH_3	17,0	290 / 225 / 175	20 / 40 / 60	
Chlor	Cl / Cl_2	35,5/70,9	7,3 / 4,5 / 3,3	20 / 40 / 60	
Kohlenstoffdioxid (Kohlendioxid)	CO_2	44,0	1,68 / 0,97 / 0,57	20 / 40 / 60	
Sauerstoff	O / O_2	16,0/32,0	0,0434 / 0,0308 / 0,0227	20 / 40 / 60	
Schwefeldioxid	SO_2	64,1	95 / 50 / 30	20 / 40 / 60	
Stickstoff	N / N_2	14,0/28,0	0,0192 / 0,0144 / 0,0124	20 / 40 / 50	

5.2.3.1 Salze

Salze sind in Wasser in unterschiedlichsten Konzentrationen echt gelöst vorhanden und in Kationen und Anionen gespalten (dissoziiert). Sie können u. a. in folgende wichtige Gruppen unterteilt werden:
- Salze der Erdalkalien (Härtebildner)
- Salze der Alkalien (z. B. Natrium- und Kaliumsalze)
- Salze der Schwermetalle (z. B. Eisen-, Mangan-, Kupfersalze)

5.2.3.1.1 Salze der Erdalkalien

Hierunter fallen primär Calcium- und Magnesium-Verbindungen, die aus kalkhaltigen Bodenschichten herausgelöst werden. Durch die Kohlensäure des Wassers wird z. B. Kalk (Calciumcarbonat, $CaCO_3$) unter Bildung von Calciumhydrogencarbonat ($Ca(HCO_3)_2$) aufgelöst. In gipshaltigen Böden wird Calciumsulfat (Gips, $CaSO_4 \cdot 2\ H_2O$) gelöst. Die Summe der Erdalkalien (überwiegend Calcium- und Magnesiumsalze) wurde früher als Gesamthärte bezeichnet.

Man unterscheidet zwischen den an Hydrogencarbonat (früher »Karbonathärte«) und den nicht an Hydrogencarbonat (früher »Nichtkarbonathärte«) gebundenen Erdalkalien. Die nicht an Hydrogencarbonat gebundenen Erdalkalien sind z. B. an Sulfat, Chlorid, Nitrat usw. gebunden.

Im Wasser vorhandene Hydrogencarbonate der Erdalkalien bleiben nur in Lösung, wenn noch gewisse Mengen an freier Kohlensäure vorhanden sind und zersetzen sich bei Temperatureinwirkung unter Bildung von Carbonaten, die - anders als die Alkalicarbonate - nur eine sehr geringe Löslichkeit in Wasser aufweisen (z. B. Kalk) und ausfallen ($\downarrow$). Diese Reaktion kann wie folgt beschrieben werden:

$$z.\ B. \quad Ca(HCO_3)_2 \xrightarrow{Temp.} CaCO_3 \downarrow + H_2O + CO_2 \uparrow (gasf.)$$

Die Chloride und Nitrate der Erdalkalien sind in hohem Maß wasserlöslich, die Sulfate (ausgenommen Magnesiumsulfat) und Phosphate haben nur eine geringe bis sehr geringe Löslichkeit. Die Bezeichnung »Härte« wurde durch den Ausdruck »Summe Erdalkalien«, die Einheit °d durch die Einheit mmol/l abgelöst. Speziell auf dem Gebiet der Wasseraufbereitung hat sich das Rechnen mit Milliäquivalenten je Liter (mval/l = meq/l) als praktisch erwiesen. Für die Umrechnung der Erdalkalisalze gilt:

1 mmol/l = 5,6 °d   1 °d = 0,18 mmol/l   1 °d = 10 mg/l CaO
1 mval/l = 2,8 °d   1 °d = 0,36 mval/l   1 °d = 10 g/m³ CaO

Die Summe Erdalkalien (Härte) kann nach dem Schema in Tafel 5.2 beurteilt werden:

Tafel 5.2: Einteilung der Erdalkalikonzentrationen von Wässern

Summe Erdalkalien (Härte)			Beurteilung
Einheit: °d	mval/l	mmol/l	
0–4	0–1,5	0–0,7	sehr weich
4–8	1,5–3,0	0,7–1,5	weich
8–12	3,0–4,5	1,5–2,2	mittelhart
12–18	4,5–6,5	2,2–3,2	ziemlich hart
18–30	6,5–11,0	3,2–5,3	hart
> 30	> 11,0	> 5,3	sehr hart

Die Summe Erdalkalien wird nach dem »Waschmittelgesetz« in vier Härtebereiche eingeteilt:

Härtebereich 1   0 - 1,3 mmol/l   Härtebereich 2   1,3 - 2,5 mmol/l
Härtebereich 3   2,5 - 3,8 mmol/l   Härtebereich 4   > 3,8 mmol/l

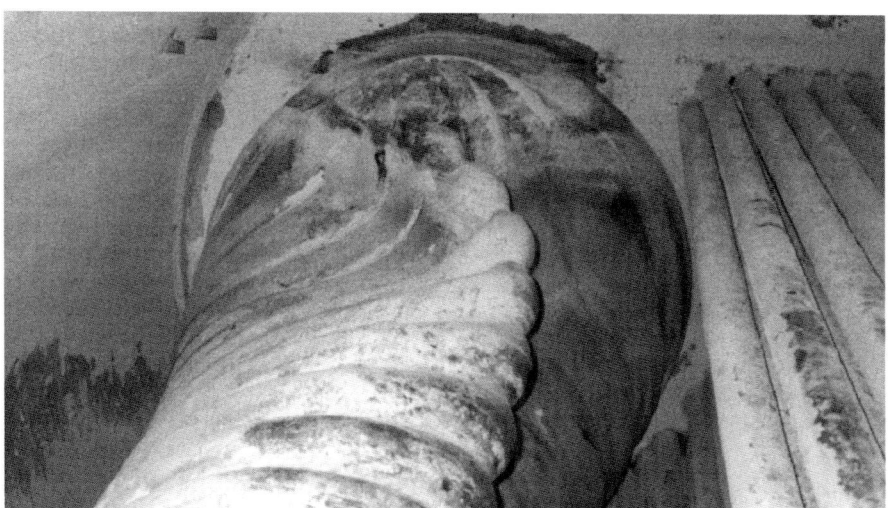

Bild 5.4: Dünner Silikatstein auf dem Flammrohr und den wasserberührten Wandungen eines Dreizugkessels durch den das Flammrohr im Bereich des Ölbrenners überhitzt und eingebeult ist.

Verschiedene Calcium- und Magnesium-Salze können bei Erwärmung zersetzt werden oder reagieren mit anderen Bestandteilen des Wassers unter Bildung von Ablagerungen und/oder Korrosion, je nach Art der Reaktionsprodukte.

Bei der Ablagerung von Calcium- und Magnesium-Verbindungen bei Temperaturen unter 100 °C spricht man von »Wasserstein«, bei Temperaturen über 100 °C von »Kesselstein«. Je nach Art der ausgeschiedenen Stoffe werden die Ablagerungen als Carbonat-, Sulfat-(Gips-) oder Silikatstein bezeichnet. Das durch stark

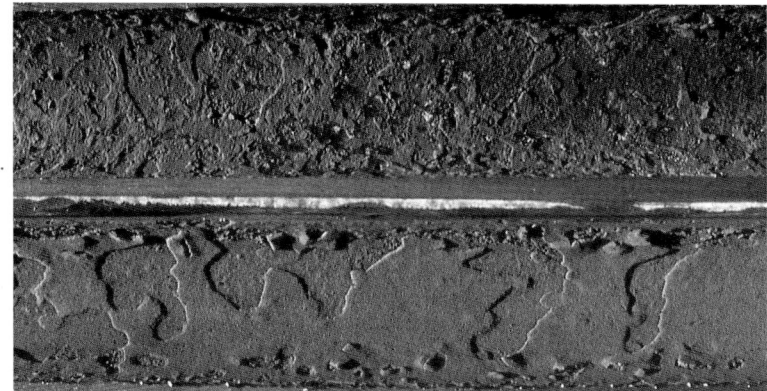

Bild 5.5: Wasserseitige Beläge im Siedrohr eines Wasserrohrkessels. Oben: Dem Feuerraum zugewandte, stark beheizte Rohrhalbschale. Unten: Nicht beheizte, gegenüber liegende Halbschale. Die Beläge sind z. T. schalig abgeplatzt, auf der beheizten Seite mehr als auf der unbeheizten Seite.

wärmehemmenden Silikatstein (siehe 5.2.3.2) wasserseitig nur dünn belegte, überhitzte und eingebeulte Flammrohr eines Flammrohr-Rauchrohrkessels zeigt Bild 5.4. Wasserseitige Ablagerungen aus Erdalkaliphosphaten und -Silikaten im Gemisch mit Eisenoxiden in einem Siederohr eines Wasserrohrkessels zeigt Bild 5.5. Stein- oder Schlammablagerungen behindern den Wärmeübergang. Die isolierende Wirkung des Belages kann zur Überhitzung des Kesselwerkstoffes und damit zu Schäden und Unfällen führen, siehe auch 5.2.3.2. Wirtschaftlich von Nachteil ist der Brennstoff-Mehrverbrauch.

Ausgeschiedener Carbonatstein kann durch Kesselsteinlösemittel z. B. auf Basis inhibierter Salzsäure entfernt werden (siehe Abschnitt 5.7). Bestehen die Ablagerungen aus Sulfatstein (Gips) bzw. Silikatstein (siehe auch Abschnitt 5.2.3.2 »Kieselsäure«), so ist ihre Auflösung problematischer. Sulfatstein kann mit Chelat(Komplex-)bildnern gelöst werden, die Entsorgung starker Chelate wie EDTA und NTA ist aber aufwendig. Auch das sogenannte »Umkochen« mit Sodalösung wird praktiziert, wobei sich Sulfatstein langsam zu Carbonatstein umwandelt. Dieser Vorgang muss ggf. mehrmals, abhängig von der Belagstärke, wiederholt werden. Silikatstein ist nur durch verdünnte inhibierte Flusssäure in Lösung zu bringen. Bei Arbeiten mit Säuren sind die Unfallverhütungsvorschriften zu beachten.

Werden Erdalkalisalze in geringem Maße in das Kesselwasser eingebracht und ist dort ein Phosphatüberschuss vorhanden, bildet sich Schlamm aus Calciumphosphat (Hydroxylapatit) und Magnesiumphosphat, der durch ausreichendes Abschlämmen aus dem Kessel zu entfernen ist. Erfolgt dies nur unzureichend, kann der Schlamm an beheizten Oberflächen festbrennen sowie Armaturen etc. zusetzen, was sicherheitstechnisch äußerst bedenklich ist, wie Bild 5.6 zeigt.

Durch moderne Kesselsteingegenmittel auf organischer Basis (u.a. mit sog. Polyacrylaten oder Polycarboxylaten) können erhöhte Konzentrationen an Erdalkalien echt in Lösung gehalten werden.

Bild 5.6: Schlammablagerungen im unteren Teil eines Wasserstandsbegrenzers

5.2.3.1.2 Salze der Alkalien

Unter Alkalisalzen versteht man überwiegend die Verbindungen des Natriums (Na) und Kaliums (K). Natriumhydrogencarbonat ($NaHCO_3$) ist oft in Tiefbrunnen- und Mineralwässern enthalten. Meer- und Brackwasser enthalten u. a. hohe Mengen an Natriumchlorid (Kochsalz), Grundwässer in Nähe von Salzlagerstätten auch Natrium- und Kaliumchlorid. Weitere Alkalisalze in natürlichen Wässern sind u. a. die Sulfate und Nitrate des Natriums und Kaliums, die z. T. von Düngemitteln stammen.

Bei der Aufbereitung von Rohwasser mittels Basenaustauscher werden die Erdalkalisalze in die entsprechenden Natriumsalze umgewandelt, z. B. das Calciumhydrogencarbonat in Natriumhydrogencarbonat; Calciumsulfat in Natriumsulfat. Die Alkali-Hydrogencarbonate zersetzen sich unter Temperatureinfluss z. B. Natriumhydrogencarbonat zu Soda (Natriumcarbonat) und Kohlensäure (CO_2), siehe Tafel 5.3.

Tafel 5.3: Thermische Zersetzung von Natriumhydrogencarbonat ($NaHCO_3$) in Natriumcarbonat (Soda, Na_2CO_3), Kohlenstoffdioxid (CO_2) und Wasser (H_2O) in Abhängigkeit von der Zeit (Steinmüller).

Aus 100 mg/l $NaHCO_3$ entstehen, abhängig von der Zeit, bei Erwärmung auf:

		Minuten							
		5	15	25	35	45	55	65	120
40 °C	mg/l $NaHCO_3$	93,4	86,9	82,8	79,8	75,9	73,3	72,0	69,2
	mg/l Na_2CO_3	4,2	8,3	10,9	12,7	15,2	16,8	17,7	19,4
	mg/l CO_2	1,7	3,4	4,5	5,3	6,3	7,0	7,3	8,1
	mg/l H_2O	0,7	1,4	1,8	2,2	2,6	2,9	3,0	3,3
60 °C	mg/l $NaHCO_3$	84,0	78,6	74,6	71,3	68,0	66,0	64,0	61,4
	mg/l Na_2CO_3	10,1	13,5	16,0	18,1	20,2	21,5	22,7	24,4
	mg/l CO_2	4,2	5,6	6,7	7,5	8,4	8,9	9,4	10,1
	mg/l H_2O	1,7	2,3	2,7	3,1	3,4	3,6	3,9	4,1
80 °C	mg/l $NaHCO_3$	77,4	69,4	63,4	58,6	54,5	52,0	52,0	52,0
	mg/l Na_2CO_3	14,3	19,3	23,1	26,1	28,7	30,3	30,3	30,3
	mg/l CO_2	5,9	8,0	9,6	10,9	11,9	12,6	12,6	12,6
	mg/l H_2O	2,4	3,3	3,9	4,4	4,9	5,1	5,1	5,1
100 °C	mg/l $NaHCO_3$	64,0	38,6	24,0	16,0	10,6	6,6	3,9	0
	mg/l Na_2CO_3	22,7	38,7	48,0	53,0	56,4	58,9	60,6	63,1
	mg/l CO_2	9,4	16,1	19,9	22,0	23,4	24,5	25,2	26,2
	mg/l H_2O	3,9	6,6	8,1	9,0	9,6	10,0	10,3	10,7

Im Gegensatz zu den Carbonaten der Erdalkalien, die im Wasser praktisch unlöslich sind, lösen sich die Carbonate der Alkalien in Wasser sehr gut. Das Natriumcarbonat wird unter Kesselbedingungen weiter zersetzt, wobei sich Natronlauge (NaOH) und erneut Kohlensäure bilden. Diesen temperatur- bzw. druckabhängigen Vorgang nennt man Sodaspaltung, siehe Bild 5.7. Ein hoher Gehalt an Natriumhydrogencarbonat im Speisewasser bewirkt ein rasches Ansteigen der Alkalität im Kesselwasser und erfordert verstärkte (unwirtschaftliche) Absalzung. Die Kohlensäure im Dampf kann in den dampf- bzw. kondensatberührten Anlageteilen zu Werkstoffabtragungen führen (Abs. 5.2.3.3 »Gase« und 5.6 »Belagbildung und Korrosion«).

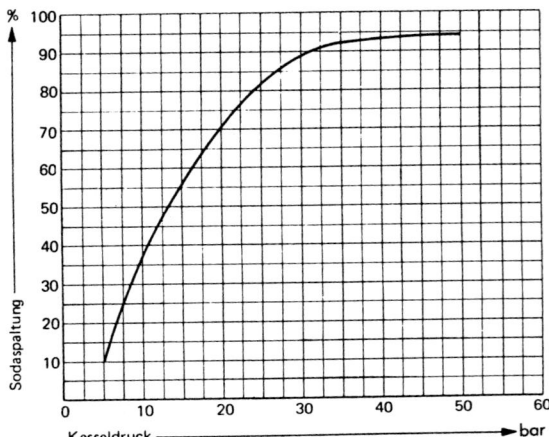

Bild 5.7: Natriumcarbonat-Spaltung (Sodaspaltung) im Kessel in Abhängigkeit vom Betriebsdruck (VKW-Handbuch)

Der Gehalt an Alkalisalzen im Kesselwasser darf nicht zu hoch sein, da es sonst zum Schäumen neigt und zu viel Alkalisalze in den Dampf mitgerissen werden. Das kann zur Überhitzerversalzung (Bild 5.8) oder Produktverunreinigungen führen. Bei hohem Salzgehalt und Kesseldrücken über 20 bar können Salze auch im Dampf gelöst sein. Wenn im Dampf durch Mitreißen von NaOH-haltigem Kesselwasser oder durch NaOH-haltiges Einspritzwasser mehr als 10 µg/kg Natronlauge enthalten ist, kann nach Einspritzkühlern und Rohrleitungen mit schwach überhitztem Abdampf laugeinduzierte Spannungsriss-Korrosion, bevorzugt im Bereich von Schweißnähten oder Rohrbögen, auftreten, siehe Bild 5.9.

Bild 5.8: Überhitzerrohr mit festgebrannten Kesselwassersalzen

Bei erhöhtem Phosphatgehalt im Kesselwasser können sich an Stellen hoher Wärmestromdichte speziell Alkaliphosphate anreichern. Bei der Untersuchung des Kesselwassers während des Betriebes werden dann niedrigere Phosphatgehalte gemessen als nach dem Abstellen des Kessels. Dieses Phänomen wird als »Hideout-Effekt« bezeichnet. Durch derartige Salzanreicherungen kann einerseits der Wärmedurchgang behindert und andererseits Korrosion ausgelöst werden.

Bild 5.9: Überhitzerrohr mit laugeninduzierter Spannungsriss-Korrosion durch Einspritzung von laugehaltigem Speisewasser

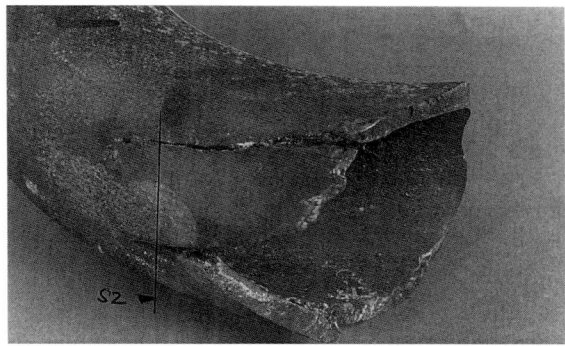

5.2.3.1.3 Salze der Schwermetalle

In natürlichen Wässern sind Eisen(Fe)- und Mangan(Mn)salze am häufigsten anzutreffen. Sie sind bevorzugt in sauerstofffreiem Tiefbrunnenwasser als Hydrogencarbonate enthalten, die bei Luftzutritt oxydieren und wasserunlösliche Hydroxide abscheiden. Unkontrollierte Ausscheidung von Eisenverbindungen (Eisenocker) kann zur Verockerung von Rohrleitungen, Armaturen und Pumpen der Förderanlage führen. Eine Aufbereitung derartiger Tiefbrunnenwässer durch Belüftung und ggf. Entsäuerung reduziert die Probleme. Wasser aus Moor-, Torf- und Waldgegenden kann Eisen und Mangan als Huminsäure-Verbindungen enthalten, die nur durch starke Oxidationsmittel zersetzt werden können, siehe 5.3.2.4.

Weitere Schwermetalle, wie Kupfer (Cu), Zink (Zn), Cadmium (Cd) und Blei (Pb) sind meist nur in niedriger Konzentration vorhanden und teilweise in ihrer Konzentration im Trinkwasser begrenzt; siehe Trinkwasserverordnung (Schrifttum).

In Betriebswässern von Wasser-Dampf-Systemen können Verbindungen der Schwermetalle infolge Korrosion der Werkstoffe Eisen, Kupfer und Messing (Kupfer-Zink-Legierung) auftreten. Die Korrosionsprodukte, meist als Oxide vorliegend, können den Kesselbetrieb unter anderem durch Bildung von Ablagerungen stören. Da sowohl Korrosion als auch die Korrosionsprodukte beim Dampfkesselbetrieb unerwünscht sind, behandelt (konditioniert) man Betriebswässer so, dass sich die Korrosion in Grenzen hält.

5.2.3.2 Kieselsäure

Natürliche Wässer enthalten Kieselsäure (SiO_2) in Form von Silikaten (Salze der Kieselsäure) und Polykieselsäuren, gelegentlich tritt Kieselsäure auch kolloidal auf. Ihre Löslichkeit hängt vom Gehalt an Erdalkalien im Wasser ab. Ist im Kesselwasser der Kieselsäuregehalt zu hoch (die maximale Konzentration hängt auch von dessen Alkalität ab) bzw. sind Kieselsäure, Calcium- und Magnesiumsalze in Abwesenheit von Phosphat gemeinsam vorhanden, bildet sich Silikatstein. Dieser wirkt stark wärmeisolierend und kann nur durch spezielle chemische Reinigung (siehe 5.2.3.1.1 und 5.7) entfernt werden. Silikatstein hat eine sehr geringe Wärmeleitfähigkeit von 0,4 - 0,8 kJ/mh°C, während Carbonatstein z. B. eine Wärmeleitfähigkeit von 2 - 8 kJ/mh°C aufweist. Stark silicathaltige Beläge von ca. 0,1 mm Dicke sind bereits bedenklich.

Kieselsäure hat die Eigenschaft, in Hochdruckdampfkesseln - abhängig vom Kesseldruck, sowie von der Konzentration an Kieselsäure und Alkalität im Kesselwasser - im Dampf echt gelöst flüchtig zu gehen. Sattdampf von z. B. 16 bzw. 50 bar kann bei ca. 200 bzw. 264°C max. 0,038 bzw. 0,65 mg/kg und Heißdampf von 500°C max. 0,19 bzw. 1,1 mg/kg SiO_2 gelöst enthalten. Der Gehalt an Kieselsäure im Kesselwasser wird unter anderem deshalb in den »VdTÜV- und VGB-Richtlinien« sowie in den EU Normen (EN 12953-10 und 12953-12) für das Speise- und Kesselwasser von Dampferzeugern (siehe Abschnitt 5.4) so begrenzt, dass im erzeugten Dampf die Kieselsäurekonzentration 0,02 mg/kg SiO_2 nicht überschreitet. Die maximal zulässige Kieselsäure-Konzentration im Kesselwasser kann u. a. dem Bild 5.10 entnommen werden. Wird der Maximalwert im Kesselwasser überschrit-

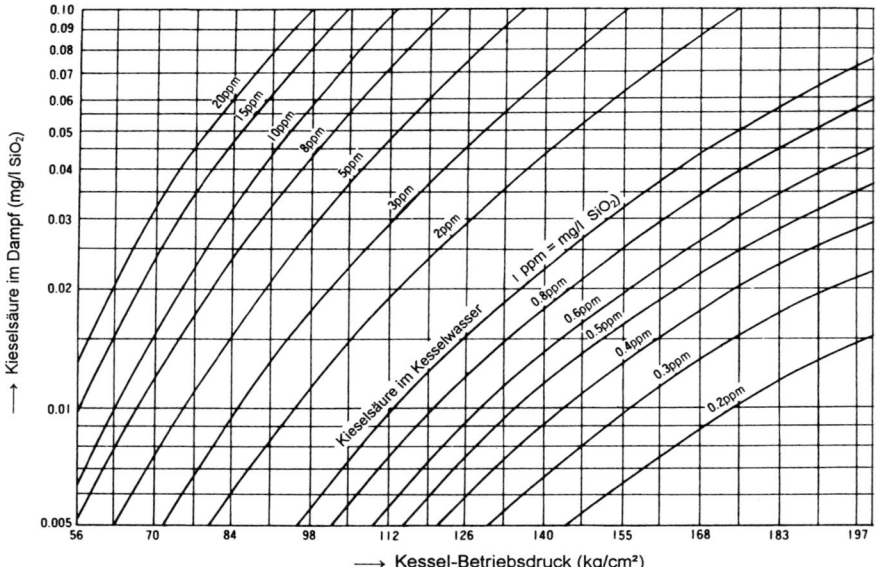

Bild 5.10: Abhängigkeit der Kieselsäure-Konzentration im Dampf von der Kieselsäure-Konzentration im Kesselwasser.

ten, steigt der Kieselsäuregehalt im Dampf an und Kieselsäure kann sich überwiegend im Temperaturbereich von 230 bis 270 °C in Turbinen abscheiden (Turbinenverkieselung). Das Entfernen dieser Ausscheidungen ist sehr zeitraubend. Kieselsäure kann nur mechanisch durch Abstrahlen entfernt werden, eine Spülung mit Sattdampf ist nur wenig erfolgreich.

5.2.3.3 Gase

Natürliche Wässer nehmen bei ihrem Kreislauf in der Natur Gase, wie Sauerstoff, Stickstoff und Kohlenstoffdioxid (Kohlendioxid) auf. Die Hauptmenge an Kohlenstoffdioxid wird überwiegend in der biologisch aktiven Zone des Bodens gebildet, dort in der Humusschicht aufgenommen und liegt im Wasser z. T. als Kohlensäure vor. Als Folge der allgemeinen Luftverunreinigung können aus der Atmosphäre auch Schwefeldioxid und Stickstoffoxide aufgenommen werden. In Gegenwart von Feuchte oder Wasser bilden diese Gase Säuren und verhalten sich gegenüber metallischen Werkstoffen aggressiv. Für die wasserseitige Korrosion an Dampfkesseln sind Sauerstoff und Kohlensäure von Bedeutung. Die Menge der gelösten Gase ist temperatur- und druckabhängig. Bei Siedetemperatur ist deren Löslichkeit in Wasser gleich Null. Die Löslichkeit von Sauerstoff und Stickstoff in reinem Wasser bei atmosphärischem Druck in Abhängigkeit von der Temperatur zeigt Bild 5.11.

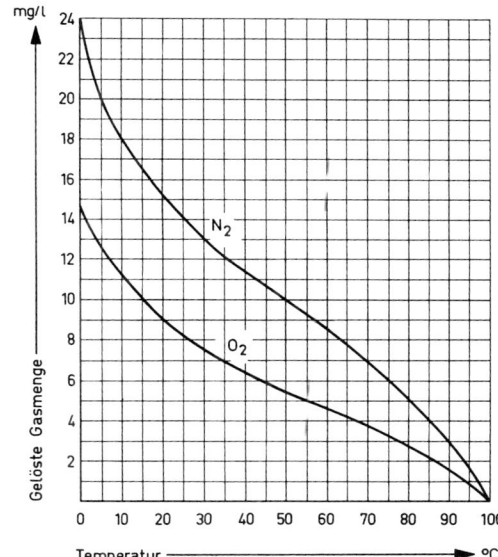

Bild 5.11: Löslichkeit von Sauerstoff (O_2) und Stickstoff (N_2) der Luft bei 1 bar Druck in reinem Wasser (VKW-Handbuch)

Wenn vollentsalztes Wasser mit einer Leitfähigkeit bei 25°C von < 0,1 µS/cm und einem pH-Wert bei 25°C von ca. 7,0 mit Luft (enthält ca. 0,03 Vol.-% CO_2) in Berührung kommt, nimmt es bis zum Gleichgewichtszustand spontan Kohlenstoffdioxid auf, wodurch dessen Leitfähigkeit bei 25°C auf ca. 0,6 µS/cm erhöht und der pH-Wert bei 25°C auf ca. 5,6 erniedrigt wird.

In salzhaltigem Wasser verursacht Sauerstoff an Kesselbaustählen Lochkorrosion (Lochfraß). Durch Kohlensäure wird ein flächenförmiger Angriff verursacht (siehe Abschnitt 5.6 »Belagbildung und Korrosion«).

5.2.3.4 Organische Verbindungen

Wässer aus Moor-, Torf- und Wald-Gebieten enthalten oft Huminsäuren bzw. Verbindungen der Huminsäure (Humate). Auch Industrie, Gewerbe und Haushalte bringen organische Verunreinigungen in das Rohwasser. In den Betriebswässern eines Dampfkessels können ebenfalls Verunreinigungen durch organische Substanzen auftreten, wenn mit dem Kondensat z. B. Öl, Lösemittel, Fett, Milch, Molke oder Zucker in das Speisewasser gelangen. Viele Organische Substanzen begünstigen das Schäumen des Kesselwassers. Weiterhin kann die Alkalität im Kesselwasser durch Zersetzungsprodukte - besonders von zuckerhaltigen Stoffen, Alkoholen und Ketonen - herabgesetzt und lokal Korrosion ausgelöst werden, auch der Wärmeübergang an Heizflächen kann behindert sein. Relativ problemlos sind aliphatische und aromatische Kohlenwasserstoffe bis etwa 20 mg/l, sofern deren Siedepunkt < 150 °C liegt.

In Hochdruckkesseln können diverse organische Stoffe zu organischen Säuren, z. B. Ameisensäure, Essigsäure und auch zu Kohlenstoffdioxid zersetzt werden, welche die elektrische Leitfähigkeit des Dampfes erhöhen.

Fett und Öl im Kesselwasser können Schaugläser der Wasserstandsanzeiger so verkleben, dass der Wasserstand nicht mehr sichtbar ist und Wasserstandsregler oder -begrenzer außer Funktion setzen.

Die Entfernung organischer Substanzen aus Betriebswässern durch Aufbereitung und die Beseitigung organischer Ablagerungen aus Dampfkesseln erfordert z. T. erheblichen Aufwand.

5.3 Wasseraufbereitung

5.3.1 Allgemeines

Nach der TRD 001 wird im Absatz 3.1 für Dampfkesselanlagen (d. h. für Dampf- und Heißwasser-Erzeuger) eine »zweckmäßige Aufbereitung und Überwachung des Speise- und Kesselwassers« vorausgesetzt. Nach den TRD 602, 604, 701 und 702 (Bezeichnung der TRD, siehe Kapitel 10) dürfen Dampf- und Heißwassererzeuger »nur mit entsprechend aufbereitetem Speisewasser« betrieben werden. Darunter versteht man ein Wasser, mit dem ein sicherheitstechnisch unbedenklicher Kesselbetrieb möglich ist und das zumindest der TRD 611 oder 612 bzw. den verbindlichen Richtlinien (Abschnitt 5.4) entspricht.

Das Speise- und Kesselwasser muss deshalb so aufbereitet und behandelt werden, dass ein negativer Einfluss auf den Betrieb der Dampfkesselanlage auszuschließen ist. Aus dem Zusatzspeise- oder Ergänzungswasser und dem Kondensat müssen störende Bestandteile entfernt und/oder durch Zusatz von Chemikalien gebunden werden, um u. a. Korrosion und Beläge zu vermeiden. Schließlich ist auch die Wirtschaftlichkeit zu berücksichtigen. Grundsätzlich ist zwischen innerer und äußerer Wasseraufbereitung zu unterscheiden.

Bei der nur mehr selten praktizierten (und für neue Dampfkesselanlagen der Kategorie IV nicht mehr zulässigen) inneren Wasseraufbereitung werden dem Speisewasser Chemikalien zugesetzt, die im Kessel mit den Wasserinhaltsstoffen - meist unter Schlammbildung - reagieren. Die innere Wasseraufbereitung ist auf bestimmte Typen von Dampfkesseln beschränkt und nicht zu verwechseln mit der Zugabe von Korrektivchemikalien, mit der gewisse Eigenschaften des Wassers korrigiert werden.

Bei der heute üblichen äußeren Wasseraufbereitung werden Zusatzwasser und ggf. Kondensat außerhalb des Kessels behandelt. Die Aufbereitung erfolgt je nach Bedarf meist in mehreren Stufen. Oft wird noch eine chemische Nachbehandlung (Konditionierung) des Kesselspeisewassers durchgeführt (Zugabe von Chemikalien, um störende Restgehalte abzubinden).

Wird in ein Gewässer Abwasser eingeleitet, dessen Schmutzfracht im wesentlichen aus der Trink- und Betriebswasseraufbereitung, der Speisewasseraufbereitung, aus Kreislauf-Kühlsystemen sowie aus sonstigen Anfallstellen bei der Dampferzeugung stammt, sind die Mindestanforderungen des »Anhangs 31« der früheren »Rahmen-Abwasser VwV«[1]) einzuhalten. Diese ursprünglich nur für Direkteinleiter geltende Vorschrift gilt gemäß »Wasserhaushaltsgesetz (WHG)« vom 21.08.2002 entsprechend §7a auch für die Einleitung in Sammelkanalisationen (Indirekteinleiter). Von den Bundesländern wurden deshalb die »Verordnungen über die Genehmigungspflicht für das Einleiten wassergefährdender Stoffe in Sammelkanalisationen und ihre Überwachung (VGS)« bzw. die »Indirekteinleiter-Verordnungen« in Kraft gesetzt. Die bayerische »VGS«[2]) trat am 31.10.1985 als Vorreiter für alle Bundesländer in Kraft.

Hinweise für das Einleiten von Abwasser in eine öffentliche Abwasseranlage (kommunale oder Verbands-Kanalisation) gibt das ATV-Arbeitsblatt A 115[3]). Verbindlich für die Abwasserentsorgung sind aber die örtlichen Abwassersatzungen und Einleitbedingungen, siehe auch Kapitel 8.

Weiterhin wichtig sind die regionalen »Verordnungen über Anlagen zum Umgang mit wassergefährdenden Stoffen, VAwS«[4]) und die »Verordnung über gefährliche Stoffe (Gefahrstoffverordnung)« vom 26.08.1986 in der jeweils aktuellen Fassung.

5.3.2 Vorbehandlung von Wässern (mechanisch und chemisch)

5.3.2.1 *Entfernung grober Bestandteile (Grobreinigung)*

Durch Rechen, Siebbandmaschinen, Trommelsiebe, Rüttelsiebe u. ä. werden grobe Bestandteile aus dem Wasser entfernt. Auf den Sieben zurückgehaltene Feststoffe werden mechanisch mittels Pressluft oder Wasserstrahl ausgetragen. Schwere Sinkstoffe können auch durch Absetzbecken oder Sandfänge abgeschieden werden.

---

[1] Allgemeine Rahmen-Verwaltungsvorschrift über Mindestanforderungen an das Einleiten von Abwasser in Gewässer (Rahmen-Abwasser-VwV) von 1992, ersetzt durch die Abwasserverordnung in der Fassung vom 21.3.1997 inkl. Änderung vom 29.5.2000, Anhang 31 – Wasseraufbereitung, Kühlsysteme, Dampferzeugung.
[2] Bayer. Gesetz- und Verordnungsblatt Nr. 21, 1985, S. 634–636.
[3] ATV/VKS-Regelwerk Abwasser, Abfall, Arbeitsblatt A 115, Okt. 1994, Vertrieb: Gesellschaft zur Förderung der Abwassertechnik e.V. (GFA), Theodor-Heuss-Allee 17, 53773 Hennef.
[4] Bayerische RS 753-1-4-U.

5.3.2.2 Entfernung feiner Bestandteile (Filtration und Flockung)

Feine Bestandteile werden durch Filtration entfernt. Hierzu verwendet man offene oder geschlossene Kiesfilter, Kohlefilter, Anschwemmfilter, Trommelfilter, Kerzen- und andere Spezialfilter. Ein geschlossenes Druckfilter zeigt vereinfacht Bild 5.12. Spezialfilter zur Rohwasser- oder Kondensat-Reinigung zeigen die Bilder 5.13 und 5.14.

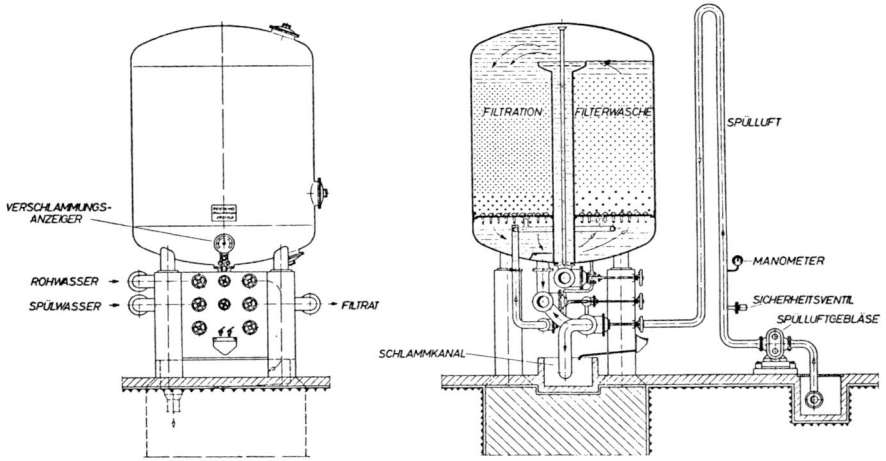

Bild 5.12: Aufbau eines Einschicht-Druckfilters

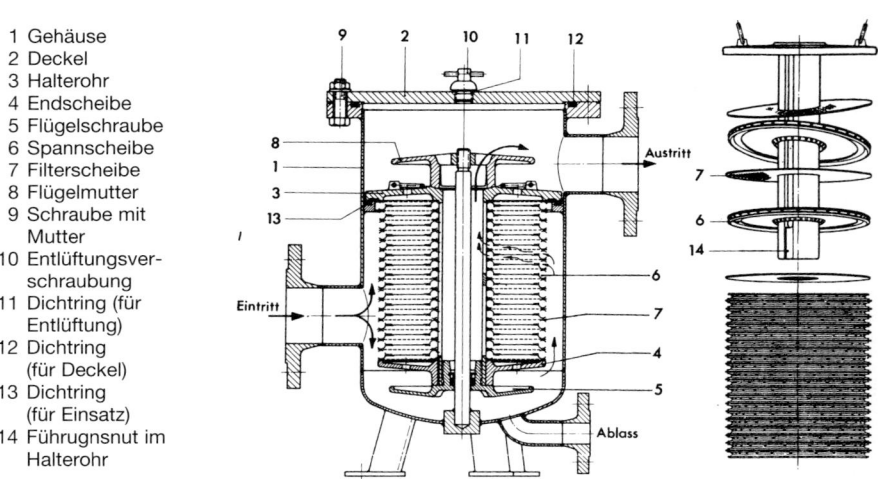

1 Gehäuse
2 Deckel
3 Halterohr
4 Endscheibe
5 Flügelschraube
6 Spannscheibe
7 Filterscheibe
8 Flügelmutter
9 Schraube mit Mutter
10 Entlüftungsverschraubung
11 Dichtring (für Entlüftung)
12 Dichtring (für Deckel)
13 Dichtring (für Einsatz)
14 Führugnsnut im Halterohr

Bild 5.13: Hochleistungs-Feinfilter, Bauart Faudi (Faudi Feinbau GmbH)

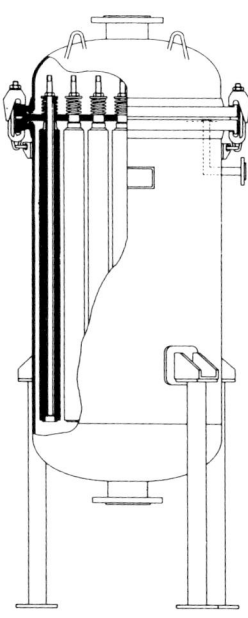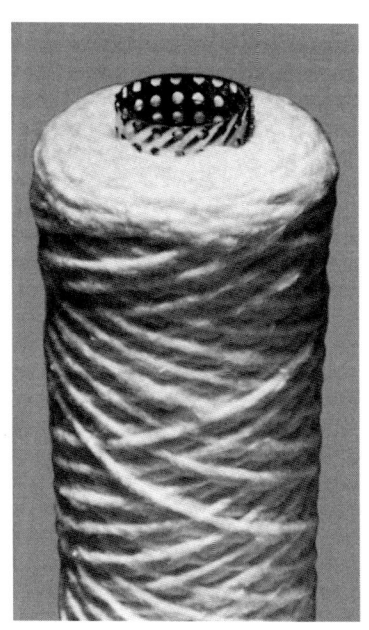

Bild 5.14: Kerzenfilter (links) und eine Filterkerze im Detail (rechts), Bauart Amafilter b.v.

Feinste Bestandteile und Kolloide, die mit Filtern nicht direkt zu entfernen sind, können durch Flockung in filtrierbare Form gebracht und dann mit Filtern entfernt werden. Man setzt dem Wasser Flockungsmittel (je nach Wasserbeschaffenheit z. B. Eisenchlorid, Aluminiumsulfat, Natriumaluminat usw.) und/oder ggf. Flockungshilfsmittel (organische Verbindungen, wie Polyelektrolyte) zu. Je nach Flockungsmittel sind bestimmte pH-Werte einzuhalten, um optimale Ergebnisse zu erzielen. Andernfalls kann es zu unbefriedigenden Reinigungsleistungen kommen oder gar Flockungsmittel im Wasser gelöst bleiben. Eine Flockung kann mit einer Fällentkarbonisierung oder Enteisenung kombiniert werden. Durch Flockung werden z. T. auch gelöste organische Stoffe im Wasser vermindert.

5.3.2.3 Entsäuerung

Entsäuerung bedeutet die Verringerung der freien Kohlensäure im Wasser. Durch physikalische Verfahren, wie Verdüsen oder Verrieseln des Wassers gegen Luft, wird der Gehalt an freier Kohlensäure stark verringert. Durch Zugabe alkalischer Stoffe ist eine vollständige, durch Filtration über alkalische Filtermassen eine weitgehende Entfernung der freien Kohlensäure möglich.

Je nach Menge der freien Kohlensäure werden teilweise auch beide Verfahren kombiniert. Bei höheren Gehalten an freier Kohlensäure erfordert eine Verdüsung gegen Luft nur wenig Wartung und Betriebskosten. Die chemische Entsäuerung empfiehlt sich bei geringeren Konzentrationen an freier Kohlensäure bzw. bei geringeren Wassermengen. Manchmal wird nach der physikalischen Entsäuerung eine chemische Entsäuerung durchgeführt, um besser Korrekturen vornehmen zu können. Bei der chemischen Entsäuerung durch die Filtration über alkalische Filtermassen, z. B. Marmorkies, halbgebrannten Dolomit, weist das Rohwasser nach der Entsäuerung - entsprechend dem verringerten Gehalt an freier Kohlensäure - einen höheren Gehalt an Erdalkalien auf, der an Hydrogencarbonat gebunden ist. Die Säurekapazität bis zum pH-Wert 4,3 ($K_{S4,3}$) wird im Vergleich zum Ausgangswasser höher!

5.3.2.4 Enteisenung und Entmanganung

Eisen- und Manganverbindungen treten häufig in sauerstofffreien Brunnenwässern auf. Im Rohwasser gelöstes Eisen und Mangan liegt meist als Hydrogencarbonat vor, seltener sind die huminsauren Verbindungen dieser Metalle (z. B. bei moorigem Untergrund). Bei Aufbereitungsanlagen, die nach dem Prinzip des Ionenaustausches oder der Umkehrosmose arbeiten, müssen Eisen und Mangan vorher bis auf Gehalte < 0,1 mg/l entfernt werden. Höhere Eisengehalte verleihen dem Wasser eine gelbliche Farbe bzw. gelbbraune Trübung, die z.T. erst nach Belüftung auftritt.

An Hydrogencarbonat gebundenes Eisen und Mangan kann zur Bildung wasserunlöslicher Hydroxide belüftet werden. Diese sind durch Filtration über Kies, dolomitisches Material oder Kontaktfiltermasse zu entfernen. Huminsäure Verbindungen der Metalle müssen durch starke Oxidationsmittel, wie z. B. Chlor, Chlorbleichlauge, Ozon o. ä. zersetzt werden, bevor eine Flockung durchzuführen ist.

5.3.3 Aufbereitung des Wassers bzw. Kessel-Speisewassers

Innere Speisewasser-Aufbereitung
Durch Zugabe geeigneter Chemikalien (Kesselsteingegenmittel) werden die mit dem Speisewasser eingebrachten schädlichen Stoffe im Kessel selbst ausgeschieden bzw. abgebunden. Die Erdalkalien sollen als fließfähiger Schlamm ausgetragen oder komplex in Lösung gehalten werden. Aggressive Gase (Sauerstoff und Kohlensäure) werden durch Bindung an Chemikalien vermindert bzw. entfernt. Zur Abbindung des Sauerstoffes kann z. B. Natriumsulfit eingesetzt werden. Kohlensäure ist durch Ätznatron oder Ammoniak, zumindest zeitweilig, abzubinden.

Die innere Aufbereitung ist nur bei Großwasserraumkesseln mit geringer Heizflächenbelastung (Dampferzeugung < 25 kg/m^{2}h) sowie ausreichender Möglichkeit zum Abschlämmen zulässig und nur noch in Ausnahmefällen akzeptabel. Die Anwendungsbedingungen sind in den »VdTÜV-Richtlinien für die Speise- und Kesselwasserbehandlung bei Dampferzeugern bis 64 bar zulässigen Betriebsüberdruck«, Ausgabe April 1972, festgelegt. Kesselsteingegenmittel wurden früher nach einer VdTÜV-Richtlinie geprüft und nach Dampfkesselverordnung mit Kennbuchstaben KG und Zulassungs-Nummer zugelassen.

Äußere Speisewasser-Aufbereitung
Bei der äußeren Aufbereitung wird das Kesselspeisewasser durch chemische und/oder physikalische Maßnahmen außerhalb des Dampf- bzw. Heißwassererzeugers aufbereitet, um ungelöste Stoffe im Kesselwasser und Ablagerungen sowie Korrosion zu vermeiden.

5.3.3.1 Wasseraufbereitung durch Ionenaustauscher

Moderne Ionenaustauscher sind meist weiße bis dunkelbraune, kugelförmige Kunstharze, z. B. Polystyrol- oder Polyacrylsäureharze mit angelagerten aktiven Gruppen. Diese ermöglichen einen umkehrbaren Austausch von Ionen, z. T. in selektiver Form. Austauscherharze können nach Beladung durch bestimmte Chemikalien im Überschuss wiederbelebt (regeneriert) werden. Die Reinheit der Regeneriermittel muss bestimmten Anforderungen genügen, siehe DIN 19604 / EN 973/A1 (NaCl); EN 939 (HCl); EN 896 (NaOH); EN 899 (H_2SO_4). Um beladene Ionenaustauscher wieder zu regenerieren, muss man äußeren Zwang durch Chemikalienüberschuss anwenden. Die Beladung erfolgt bis zum Gleichgewicht selbständig.

Herkömmliche Ionenaustauscher haben Korndurchmesser von 0,3 bis 1,5 mm (sog. heterodisperse Harze). Neuere Entwicklungen ermöglichten die Herstellung, sog. monodisperser Austauscher mit fast gleichem Korndurchmesser, je nach Harztyp mit 0,55 bis 0,75 mm Durchmesser. Monodisperse Austauscher weisen durch die dichtere Packung eine um ca. 10 % höhere Kapazität und einen geringeren Druckverlust (Filterwiderstand) auf.

Man unterscheidet *Kationen-* und *Anionenaustauschharze.*

Kationenaustauscher nehmen bei der Beladung Kationen, z. B. Calcium-, Magnesium-, Natriumionen usw. auf und werden entweder mit einem Überschuss von Natriumionen (in Form von Kochsalz bzw. Natriumchlorid) oder Wasserstoffionen (z. B. in Form von Salzsäure oder Schwefelsäure) wieder regeneriert. Im regenerierten Zustand liegen sie in der Natrium- oder Wasserstoff-Form vor. Bei der Beladung werden andere Kationen festgehalten und dafür die entsprechende Menge an Natrium- oder Wasserstoffionen abgegeben. Die Beladung und Regeneration ist am Beispiel der Enthärtung (Kationenaustausch im Natriumzyklus) in Bild 5.15 dargestellt.

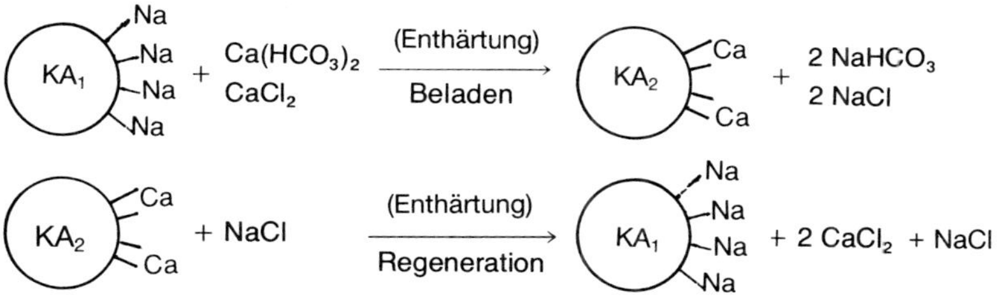

$$KA_1 \begin{matrix} Na \\ Na \\ Na \\ Na \end{matrix} + \begin{matrix} Ca(HCO_3)_2 \\ CaCl_2 \end{matrix} \xrightarrow{\text{(Enthärtung)}}_{\text{Beladen}} KA_2 \begin{matrix} Ca \\ Ca \end{matrix} + \begin{matrix} 2\,NaHCO_3 \\ 2\,NaCl \end{matrix}$$

$$KA_2 \begin{matrix} Ca \\ Ca \end{matrix} + NaCl \xrightarrow{\text{(Enthärtung)}}_{\text{Regeneration}} KA_1 \begin{matrix} Na \\ Na \\ Na \\ Na \end{matrix} + 2\,CaCl_2 + NaCl$$

Bild 5.15: Schematische Darstellung des Ionenaustausches am Beispiel der Enthärtung
KA_1: Kationenaustauscher in regenerierten Natrium(Na)-Form
KA_2: Kationenaustauscher in beladener Calcium(Ca)-Form

Man unterscheidet, je nach Wirkungsweise, zwischen schwachsauren und starksauren Kationenaustauschern. Schwachsaure Austauscher in H^+-Form tauschen nur die Kationen aus, die an Hydrogencarbonat gebunden sind (meist Ca, Mg, Na), starksaure Austauscher in H^+-Form tauschen alle Kationen aus. Starksaure Harze sind einsetzbar bis etwa 110 °C und werden normalerweise in der Natriumform angeliefert. Schwachsaure Acrylsäureharze sind nur bis ca. 70 °C einsetzbar und werden normal in der Wasserstoff-Form geliefert.

Anionenaustauscher nehmen bei der Beladung Anionen z. B. Sulfat-, Chlorid-, Nitrationen - starkbasische Harze zusätzlich auch Kohlensäure und Kieselsäure - auf und werden mit einem Überschuss an Hydroxylionen (in Form von Natronlauge) wieder regeneriert. Danach liegen sie in der Hydroxylform (OH^--Form) vor. Bei der Beladung werden andere Anionen festgehalten und dafür die entsprechende Menge Hydroxylionen abgegeben. Anionenaustauscher sind temperaturbeständig bis etwa 60 bis 70 °C.

Man unterscheidet, je nach Wirkungsweise, zwischen schwachbasischen, mittelbasischen und starkbasischen Anionenaustauschern. Starkbasische Harze werden normalerweise in der Chloridform angeliefert, schwach- und z. T. mittelbasische Harze meist in der Hydroxylform.

Je nach Struktur des Trägermaterials (Matrix) für die aktiven Gruppen der Austauscherharze unterscheidet man Gelharze (mit oft klarer, honigbraun gefärbter Kunststoffmatrix) und makroporöse Harze (mit meist milchig-brauner bis fast weißer Matrix). Organische Stoffe sind aus makroporösen Harzen leichter wieder entfernbar als aus Gelharzen. Die Lebensdauer der Harze beträgt bei richtiger Behandlung über 10 Jahre. Im Laufe der Zeit kann die spezifische Kapazität der Harze, besonders die von Anionenharzen, abnehmen. Durch mechanische Einwirkungen und Rückspülen ist ein Harzverlust von ca. 3-5 % pro Jahr möglich.

Bei allen Ionaustauschern kann das Regeneriermittel im Gleichstrom (gleiche Strömungsrichtung wie bei der Beladung) oder im Gegenstrom an das Harz gebracht werden. Durch Gegenstromregeneration ist eine bessere Wasserqualität bei geringerem Regeneriermittelaufwand erreichbar. Vor der Regeneration ist in der Regel ein Rückspülen der Harze erforderlich.

Öl, Fett, Eisen- und Manganverbindungen, bei Anionenaustauschern zusätzlich Erdalkalisalze und organische Stoffe, können die aktiven Gruppen der Austauscher blockieren und Minderleistung bewirken. Geschädigt werden kann Austauschermasse u. a. auch durch zu starke mechanische Belastung, Temperatur-Wechselbeanspruchung, Frosteinwirkung und starke Oxidationsmittel (z. B. Chlor in Mengen > 0,3 mg/l bei Kationenharzen bzw. > 0,05 mg/l bei Anionenharzen). Die Aufnahmefähigkeit von Austauschermassen (Kapazität) wird durch die NVK (Nutzbare Volumen-Kapazität) in g/l CaO, val/l oder eq/l Harz angegeben. Die NVK kann sich mit der Wasserzusammensetzung (dem sogenannten Ionenangebot), der spezifischen Belastung (Verhältnis zwischen Austauschermenge und Wasser-Volumenstrom), der Wassertemperatur und dem Regeneriermittelüberschuss z. T. erheblich ändern. Angaben hierüber machen die Hersteller von Ionenaustauschern.

Da es sich beim Ionenaustausch um einen umkehrbaren Vorgang handelt, kann bei teilbeladenem (aber noch aufnahmefähigem) Harz ein sog. Gegenioneneffekt auftreten, wenn die Austauschermasse ohne Wasserdurchfluss bleibt. Unter Gegenioneneffekt versteht man die Abgabe von Ionen, die bereits am Ionenaustauscher gebunden waren, an das umgebende Wasser. Steht z. B. erdalkalifreies Weichwasser längere Zeit mit teilbeladener Enthärtungsmasse in Kontakt, wird das Weichwasser wieder durch Erdalkalien vom Austauscher verunreinigt. Nach Wechsel eines Wasservolumens im Filter durch Spülen oder Kreislauffahren wird wieder einwandfreies Wasser abgegeben.

Ionenaustauscheranlagen sind beim Anschluss an das Trinkwassernetz mit geeigneten Sicherungseinrichtungen nach DIN 1988, Teil 4, auszurüsten, um u. a.

Wasser und Dampf 377

den Rückfluss von Regeneriermittel in das Trinkwasser zu verhindern. Hinter den Filtern - speziell nach der letzten Stufe - ist der Einbau von Harzfängern ratsam, damit bei Filterdüsenbruch Austauscherharz nicht in nachfolgende Filter oder gar in den Kessel gelangt (Gefahr von wasserseitigen Kesselschäden).
Bei Vollentsalzungsanlagen ist der Einbau von Sperrstrecken in die Regeneriermittel-Leitungen vor den Filtern empfehlenswert, um bei Fehlbedienung bzw. Funktionsstörung von Armaturen eine Verunreinigung des aufbereiteten Wassers und die Einspeisung von Regeneriersäure oder -lauge in den Kessel zu vermeiden.

5.3.3.2 Enthärtung

Ein von Erdalkalien freies Kesselspeisewasser ist notwendig, um die Bildung von Kesselstein auf ein Mindestmaß zu verringern. Auch in manchen anderen Betriebswässern sind Erdalkalien unerwünscht, z. B. in Wäscherein, Färbereien, zur Nachspeisung von Rückkühlsystemen.

5.3.3.2.1 Thermische Enthärtung

Durch Erhitzen bis nahe zum Siedepunkt kann Calciumhydrogencarbonat größtenteils als Calciumcarbonat ausgeschieden werden. Diese »Vorenthärtung« wird heute kaum mehr angewandt.

5.3.3.2.2 Enthärtung durch Fällverfahren

Durch Zusatz von Fällchemikalien, wie Kalkhydrat, Soda, Ätznatron und Trinatriumphosphat, werden Erdalkalisalze (Härtebildner) als Schlamm ausgeschieden. Erhöhte Temperaturen sind vorteilhaft. Die notwendige Reaktionszeit von bis zu 2 Stunden erfordert große Behälter; das Verfahren selbst viel Kontrolle. Noch vorhandene Trübstoffe werden in Kiesfiltern entfernt. Durch Fällenthärtung kann ein Wasser bis auf etwa 0,05 mmol/l, entsprechend 0,3 °d, enthärtet werden. Für viele Kessel reicht das nicht mehr aus, weshalb diese Verfahren kaum mehr angewandt werden.

5.3.3.2.3 Enthärtung durch Ionenaustauscher

Durch starksaure, in Natriumform vorliegende, Kationenaustauscherharze werden aus dem Rohwasser nur die Erdalkalien (Gesamthärte) entfernt. Das mit Kochsalz regenerierte (im Natriumzyklus arbeitende) Harz gibt dafür die entsprechende Menge an Natriumionen ab. Eine vereinfachte Darstellung zeigt Bild 5.16. Beim Austausch der Kationen Calcium und Magnesium gegen Natrium wird der Salzgehalt des Wassers nicht verändert. Unverändert bleiben auch die Anionen, d. h. auch die Säurekapazität bis pH-Wert 4,3 ($K_{S4,3}$, m-Wert) des Rohwassers als Maß für den Gehalt an Hydrogencarbonationen ändert sich hinter einem Basenaustauscher nicht. Mit diesem Verfahren ist eine Enthärtung bis auf < 0,01 mmol/l, entsprechend < 0,05 °d, möglich.

Ist die Aufnahmefähigkeit (Kapazität) des Austauschers erschöpft, steigt die Summe Erdalkalien (Resthärte) im ablaufenden Wasser an. Der Austauscher muss dann regeneriert werden. Dies geschieht durch Behandlung mit 8-10 %iger Kochsalzlösung im Überschuss (etwa 180 - 250% der theoretischen Menge). Nur durch den Zwang eines großen Überschusses können die an die Austauschermasse gebundenen Erdalkalien (Härtebildner) wieder verdrängt werden. Wird zu wenig Re-

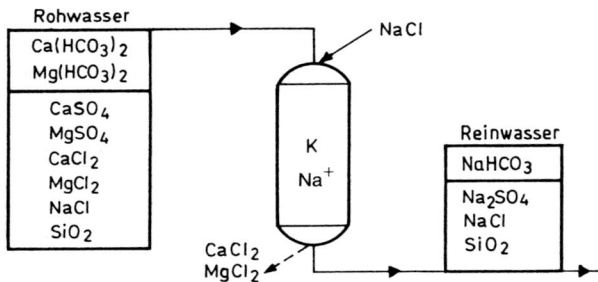

Bild 5.16: Chemische Vorgänge im Basenaustauscher oder Enthärter (Bayer AG)

generiermittel eingesetzt, oder erfolgt eine sogenannte Sparbesalzung, verschlechtert sich die Qualität des Weichwassers durch geringe Erdalkaligehalte. Ein zu großer Regeneriermittelüberschuss ist, im Gegensatz zum Wasserstoff-Entkarbonisierungsfilter, nicht nachteilig, sondern nur unwirtschaftlich. Vor der Regeneration muss die Austauschermasse je nach Feststoffgehalt des Rohwassers so lange rückgespült werden, bis das ablaufende Wasser klar ist. Der Volumenstrom beim Rückspülen darf nicht zu groß sein, da sonst die leichten Harzkügelchen ebenfalls ausgespült werden.

Der Salzbedarf zur Regeneration kann nach folgender Formel berechnet werden:

$$EA \times m^3 \times 0{,}35 = kg\ NaCl\ /\ Regeneration$$

EA = Summe Erdalkalien des Wassers vor dem Basenaustauscher in mmol/l
m^3 = Wasserdurchsatz zwischen zwei Regenerationen in m^3.

Polystyrol-Enthärtungsmassen (starksaure Kationenaustauscher, mit Kochsalz regeneriert) besitzen eine NVK von etwa 35 bis 40 g/l CaO $\hat{=}$ 1,3 bis 1,45 val/l oder eq/l $\hat{=}$ 1 300 bis 1 450 mval/l oder meq/l Austauscher, d. h. mit einem Liter Austauschermasse können 3 500 bis 4 000 Liter Wasser mit einer Summe Erdalkalien von 0,36 mval/l $\hat{=}$ 0,18 mmol/l $\hat{=}$ 1 °d, enthärtet werden. Die Kapazität eines Enthärtungsfilters kann in mol, in val, eq, in g CaO oder in $m^3 \cdot °d$ angegeben sein. Den Wasserdurchsatz zwischen 2 Regenerationen in m^3 kann man ermitteln, wenn man:

a) die Filterkapazität in mol durch die Summe Erdalkalien (Rohwasserhärte) in mmol/l = mol/m^3 teilt,
b) die Filterkapazität in val oder eq durch die Summe Erdalkalien in mval/l (meq/l) = val/m^3 (eq/m^3) teilt,
c) die Filterkapazität in g CaO durch die Summe Erdalkalien in °d x 10 teilt oder
d) die Filterkapazität in $m^3 \cdot °d$ durch die Summe Erdalkalien in °d teilt.

Beispiel:
Filterkapazität = 5,35 mol $\hat{=}$ 10,7 val $\hat{=}$ 300 g CaO $\hat{=}$ 30 $m^3 \cdot °d$
Summe Erdalkalien (Rohwasserhärte): 2,68 mmol/l $\hat{=}$ 5,35 mval/l $\hat{=}$ 15 °d

a) 5,35 [mol] : 2,68 [mmol/l = mol/m³] = 2 m³
b) 10,70 [val] : 5,35 [mval/l = val/m³] = 2 m³
c) 300 [g CaO] : [15 °d × 10 g CaO/m³ · °d] = 300 [g CaO] : 150 [g CaO/m³] = 2 m³
d) 30 [m³ · °d] : 15 [°d] = 2 m³

Für Ionenaustausch-Enthärter, die mit Kochsalz regeneriert werden, sind noch folgende Namen gebräuchlich: Natriumaustauscher, Basenaustauscher, Neutralaustauscher und Enthärtungsfilter.

Für die Enthärtungsanlagen sind folgende Ausrüstungsteile wesentlich: Durchflussmesser, Wassermengenzähler, Filterbehälter mit Düsenstock oder -boden und Austauschermasse, Probenahmeventil und Salzlösebehälter oder Salzsoletank.

Basenaustauscher werden häufig vollautomatisch betrieben, d. h. nach der Beladung wird automatisch regeneriert bzw. auf ein anderes Enthärtungsfilter umgeschaltet. Es gibt mengen-, zeit- und qualitätsabhängige Steuerungen. Zeitabhängige Steuerungen sind nur dann sinnvoll, wenn eine konstante Wassermenge in einem Zeitintervall bei gleicher Rohwasser-Zusammensetzung aufbereitet wird, oder hygienische Gründe dafür sprechen. Mengenabhängige Steuerungen sind bei schwankender Wasserentnahme, aber etwa gleicher Rohwasserzusammensetzung empfehlenswert. Schwanken sowohl die Zusammensetzung als auch die Menge des Rohwassers, ist nur die qualitätsabhängige Steuerung sinnvoll.

5.3.3.3 Entkarbonisierung

Bei Wässern mit höheren Gehalten an Hydrogencarbonat reicht häufig die reine Enthärtung zur Aufbereitung des Zusatzwassers oder Heizungs-Ergänzungswassers nicht mehr aus. Um die Kesselspeise- und Kesselwasser-Richtlinien oder die Heizungswasser-Richtlinien wirtschaftlich einhalten zu können, ist dann eine Entfernung der an Hydrogencarbonat gebundenen Erdalkalien (Karbonathärte), d. h. eine Entkarbonisierung, notwendig. Der verbleibende Rest an Erdalkalien (Nichtkarbonathärte und Rest-Karbonathärte) ist in nachgeschalteten Enthärtungsfiltern zu entfernen, wenn das Wasser zur Kesselspeisung dient. Zur Verwendung als Brauchwasser oder Kühlwasser kann auf nachfolgende Enthärtung verzichtet werden.

Durch Entkarbonisierungs-Verfahren werden die an Hydrogencarbonat gebundenen Erdalkalien (Karbonathärte) entweder ausgefällt oder am Ionenaustauscher gebunden, wobei im letztgenannten Fall die entsprechende Menge Kohlensäure entsteht. Sie kann mit einem Kohlensäurerieseler bis auf <10 mg/l oder einer thermischen Druckentgasung bis auf < 2 mg/l entfernt werden. Bei der Entkarbonisierung wird der Salzgehalt des Wassers um die an Hydrogencarbonat gebundenen Erdalkalien (Karbonathärte) verringert; man spricht deshalb auch von Teilentsalzung, (besonders bei der Entkarbonisierung mit Ionenaustauschern).

5.3.3.3.1 Kalkentkarbonisierung

Die an Hydrogencarbonat gebundenen Erdalkalien (Karbonathärte) und die freie Kohlensäure im Rohwasser können durch Zugabe von Kalkwasser (gesättigte klare Lösung von Kalkhydrat bzw. Calciumhydroxid, $Ca(OH)_2$ oder Kalkmilch (2-5 %ige Aufschlämmung von Kalkhydrat) in Form von Calciumcarbonat ausgefällt (↓) werden. Die Reaktion kann wie folgt beschrieben werden:

z. B. $Ca(HCO_3)_2 + Ca(OH)_2 \rightarrow 2\ CaCO_3 \downarrow + 2\ H_2O$
$CO_2 + Ca(OH)_2 \rightarrow CaCO_3 \downarrow + H_2O$

Der Restgehalt an Erdalkalien, die an Hydrogencarbonat gebunden sind (Restkarbonathärte), liegt bei 0,3 bis 0,6 mmol/l, entsprechend 1,7 bis 3,4 °d, je nach Wassertyp und -temperatur. Eine optimale Entkarbonisierung mit Kalkhydrat ergibt sich, wenn im ablaufenden klaren Wasser die mit 2 multiplizierte $K_{S8,2}$ (= p-Wert) der $K_{S4,3}$ (= m-Wert) entspricht (Soll: 2 x $K_{S8,2}$ = $K_{S4,3}$). Bei zu hoher $K_{S8,2}$ (p-Wert) ist die Kalkzugabe zu verringern; bei zu niedriger $K_{S8,2}$ (p-Wert) entsprechend zu erhöhen.
Für die Kalkentkarbonisierung, besonders bei Schnellentkarbonisierungsanlagen, soll nur Weißkalkhydrat nach DIN 19611 bzw. EN 1018 E verwendet werden. Andere Kalkhydrate enthalten z. T. zu viele Fremdstoffe und weniger aktives Kalkhydrat bzw. Calciumhydroxid, $Ca(OH)_2$.
Man unterscheidet die Kalk-Langsam- und Kalk-Schnell-Entkarbonisierung. Beiden Verfahren sind Kiesfilter zur Entfernung der Trübstoffe und zur Speisewasseraufbereitung Enthärtungsanlagen zur Entfernung restlicher Erdalkalien nachzuschalten.

5.3.3.3.1.1 Kalk-Langsam-Entkarbonisierung

In Reaktionsbehältern mit etwa 1 bis 2 Stunden Verweilzeit werden die an Hydrogencarbonat gebundenen Erdalkalien des Rohwassers als Schlamm ausgefällt. Die Reaktionszeit kann durch Temperaturerhöhung auf 50 bis 80 °C auf 0,5 bis 1 Stunde verringert werden. Mit ausgefällt werden in unterschiedlichen Mengen, u. a. organische Substanzen, Kieselsäure, Eisen- und Manganverbindungen und feine Trübstoffe des Rohwassers. Wenn nicht die Fällwirkung in bezug auf die Entfernung anderer Stoffe von Vorteil ist, wird dieses Verfahren für die normale Speisewasser-Aufbereitung kaum mehr verwendet, ist aber ein billiges Verfahren zur Kühl- oder Betriebswasser-Aufbereitung.
Vorteile: Einfache billige Stahlbehälter oder Betonbecken, kein Arbeiten mit Säure, billige Chemikalien und einfache Chemikalienlagerung.
Nachteile: Hoher Wartungs- und Bedienungsaufwand (verringert sich erst bei kontinuierlicher Wasserentnahme und konstanter Wasserqualität), großer Raumbedarf, Schlammanfall und alkalische Abwässer.

5.3.3.3.1.2 Kalk-Schnell-Entkarbonisierung

Diese Anlagen haben spezielle konische Reaktoren, in denen überwiegend Calciumcarbonat ausgeschieden und an Reaktorkügelchen angelagert wird. Diese Reaktorkügelchen bilden sich im Reaktor selbst, z. T. wird auch feiner Sand für den Beginn der Reaktion zugesetzt. Die Reaktionszeit beträgt nur mehr 5 bis 10 Minuten bei Wassertemperaturen zwischen 12 und 25 °C. Eine Temperatur von 6 bis 8 °C darf nicht unterschritten werden. Für den Betrieb muss der Magnesiumgehalt (Magnesiahärte) im Rohwasser kleiner als die nicht an Hydrogencarbonat gebundenen Erdalkalien (Nichtkarbonathärte) sein, da sonst die Kornbildung gestört wird und der Trübstoffgehalt im ablaufenden Wasser zu hoch ansteigt. Diese billige Entkarbonisierung wird noch für die Aufbereitung von Kühlwasser und Fabrikationswässer verwendet.

Vorteile: Wie 5.3.3.3.1.1, zudem kleineres Bauvolumen als die Kalk-Langsam-Entkarbonisierung, kein Schlammanfall, sondern Anfall von Kontaktmasse in Form von Kügelchen mit 2 bis 5 mm Durchmesser.

Nachteile: Empfindlich gegen Mengenschwankungen, großer Wartungs- und Bedienungsaufwand, der nur bei konstanter Wasserentnahme günstiger wird; im Vergleich zu Wasserstoffentkarbonisierung immer noch größerer Raumbedarf.

5.3.3.3.2 Entkarbonisierung durch Ionenaustauscher

Mit Hilfe von schwachsauren Kationenaustauschern kann man die Kationen (überwiegend Calcium-, Magnesium- und Natriumverbindungen) entfernen, die an Hydrogencarbonationen gebunden sind. Entsprechende Mengen an Wasserstoffionen werden dafür abgegeben; aus den Hydrogencarbonaten entsteht die entsprechende Menge freier Kohlensäure. Dadurch wird der Salzgehalt des Wassers verringert; man spricht von Teilentsalzung. Erdalkalien, die nicht an Hydrogencarbonat gebunden sind, bleiben in unveränderter Konzentration im Wasser (Bild 5.17).

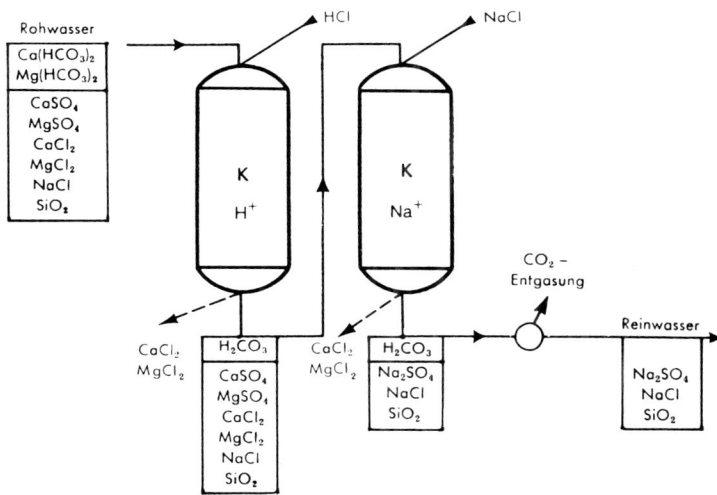

Bild 5.17: Chemische Vorgänge bei der H/Na-Einstrom-Teilentsalzung (Bayer AG)

Die schwachsauren Entkarbonisierungs-Austauscher werden nur mit geringem Überschuss an Salz- oder Schwefelsäure regeneriert. Der Regeneriermittel-Überschuss liegt bei 103 -105 % der theoretisch benötigten Menge. Bei Schwefelsäure können Schwierigkeiten durch Bildung von Gips (Calciumsulfat) auftreten, wenn die Regeneriermittel-Konzentration (in der Regel 0,5-1 % Schwefelsäure) nicht genau eingehalten wird. Bei der Salzsäure-Regeneration ist dies nicht zu befürchten, weshalb hier eine Säurekonzentration von 3-6 % angewendet wird.

Der Bedarf an 30 bis 32 %iger Salzsäure zur Regeneration von schwachsauren Entkarbonisierungsfiltern kann nach folgender Formel berechnet werden:

$K_{S4,3} \times m^3 \times 0{,}108 = l$ Salzsäure (30-32%)
$K_{S4,3}$ = Säurekapazität bis zum pH-Wert 4,3 des Rohwassers in mmol/l
m^3 = Wasserdurchsatz zwischen zwei Regenerationen am Entkarbonisierungsfilter in m^3.

Schwachsaure Entkarbonisierungsaustauscher besitzen eine nutzbare Volumenkapazität (NVK) von etwa 45-60 g/l CaO, entsprechend 1,6 bis 2,1 val/l oder eq/l Austauscher, wenn im Rohwasser die $K_{S4,3}$ (mmol/l) weniger als das 2-fache der Summe Erdalkalien (mmol/l) beträgt. In Wässern mit höherer $K_{S4,3}$, besonders wenn die $K_{S4,3}$ durch Gegenwart von Natriumhydrogencarbonat mehr als das 2-fache der Summe Erdalkalien ausmacht, nimmt die NVK der genannten Ionenaustauscher stark ab und kann sich bis auf etwa 20 bis 30 g/l CaO entspr. 0,7-1,1 val/l bzw. eq/l Austauscher verringern.

Durch diesen Ionenaustausch wird die $K_{S4,3}$ (Gehalt an Hydrogencarbonat) des Rohwassers bis auf 0,1 bis 0,3 mmol/l verringert. Die bei der Wasserstoff-Entkarbonisierung freigesetzte Kohlensäure muss vor der Verwendung des Wassers als Speisewasser durch Verrieselung gegen Luft (Kohlensäurerieseler) oder durch thermische Entgasung entfernt werden.

Ist der Austauscher erschöpft, steigt die $K_{S4,3}$ (m-Wert) im ablaufenden Wasser an. Nach Erreichen einer $K_{S4,3}$ von 0,6 - 0,7 mmol/l im ablaufenden entkarbonisierten Wasser muss die Austauschermasse durch verdünnte Säure wiederbelebt (regeneriert) werden. Wird der Austauscher mit der vorgegebenen Säuremenge zu spät regeneriert ($K_{S4,3}$ > 0,7 mmol/l), verringert sich im Laufe der Filterspiele der Durchsatz zwischen zwei Regenerationen. Wird er zu früh regeneriert ($K_{S4,3}$ < 0,6 mmol/l), kann die Austauschermasse übersäuert werden. In diesem Fall enthält das ablaufende Wasser Mineralsäuren und weist eine $K_{B4,3}$ (neg. m-Wert) auf. Bei Entkarbonisierungsfiltern ist es deshalb wichtig, die Filter dann mit der vorgeschriebenen Säuremenge zu regenerieren, wenn die Grenz-$K_{S4,3}$ erreicht wurde oder die Säuremenge wird nach dem Durchsatz und der $K_{S4,3}$ des Rohwassers nach vorherstehender Formel berechnet.

Das Filterspiel für schwachsaure Entkarbonisierungsfilter soll bei einer $K_{S4,3}$ von ± 0 bis 0,05 mmol/l beginnen und bei ca. 0,6 - 0,7 mmol/l beendet werden. Im Falle einer Übersäuerung der Austauschermasse kann durch ein kurzes Rückspülen und erneutes Auswaschen des Filters ein geringer Säureüberschuss rascher abgebaut werden, als durch ein verlängertes Auswaschen.

Die schwachsauren Ionenaustauscher schwanken in ihrem Aufnahmevermögen (NVK) je nach spezifischer Belastung (Wasserdurchsatz pro Stunde und Liter Austauscher) wie aus Bild 5.18 zu ersehen ist. Auch Temperaturveränderungen spielen bei dieser Austauschermasse eine wesentliche Rolle (Bild 5.19). Die automatische Regeneration ist deshalb nur sinnvoll, wenn sie von der $K_{S4,3}$ oder einer entsprechenden Hilfsgröße gesteuert wird. Mengenabhängige Steuerungen führen dann nicht zu Schwierigkeiten, wenn immer die dem Durchsatz und der $K_{S4,3}$ des Rohwassers entsprechende Menge an Säure verwendet wird. Durch einen entsprechend dimensionierten Zumessbehälter muss das erforderliche Regeneriermittel-Volumen mit der notwendigen Exaktheit von ± 2 % einstellbar sein.

Für die Wasserstoff-Entkarbonisierungs-Austauscher sind noch folgende Bezeichnungen gebräuchlich: Wasserstoffaustauscher, H^+-Filter, Entkarbonisierungsfilter, schwachsaurer Kationenaustauscher.

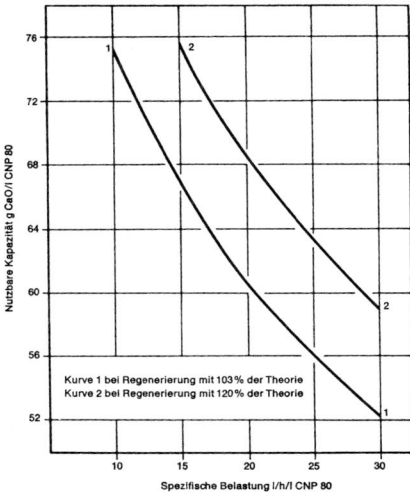
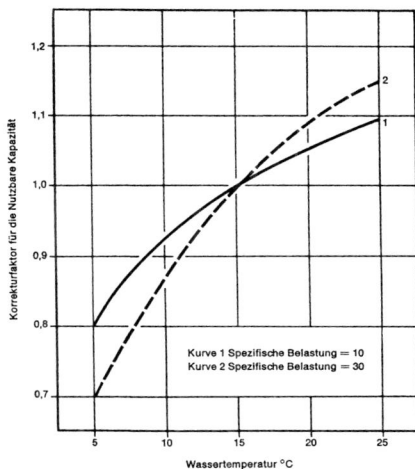

Bild 5.18: Einfluss der spezifischen Belastung auf die Kapazität eines schwachsauren Kationenaustauschers (Lewatit® CNP 80, Bayer AG)

Bild 5.19: Einfluss der Wassertemperatur auf die Kapazität eines schwachsauren Kationenaustauschers (Lewatit® CNP 80, Bayer AG)

Alle Anlageteile, die mit Säure oder entkarbonisiertem Wasser in Berührung kommen, müssen aus Kunststoff oder gummierten Stahl bestehen. Nichtrostender Stahl ist nur für entkarbonisiertes Wasser einsetzbar, nicht bei Kontakt mit dem Regeneriermittel Salzsäure.

Die sauren Regenerate von Entkarbonisierungs-Filtern müssen vor Ablauf in das Kanalnetz neutralisiert werden, indem man sie durch Filter mit Neutralisationsmasse (Marmorsplitt, Dolomit o.a.) führt (s. 5.3.1).

Da im ablaufenden entkarbonisierten Wasser noch Erdalkalien enthalten sind, müssen für Kesselspeisezwecke Enthärtungsanlagen nachgeschaltet werden. Man spricht dann von einer H/Na-Einstrom-Teilentsalzung, da der gleiche Wasserstrom zuerst durch das Entkarbonisierungsfilter und dann durch das Enthärtungsfilter geführt wird (Bild 5.17).

Früher verwandte man zur Entkarbonisierung auch noch das H/Na-Teilstromverfahren, bei dem ein Teil des Wassers durch einen normalen Enthärtungsfilter geführt wird und der andere Teil durch einen starksauren Kationenaustauscher, der aber mit Säure regeneriert wurde. Das Mischwasser war entkarbonisiert und enthärtet. Diese Bauweise ist heute kaum mehr für die Speisewasser-Aufbereitung gebräuchlich.

Mit modernen Ionenaustauschermassen ist es möglich in einem Filterbehälter, dem sog. Mischfolge-Regenerations- bzw. Schichtbett-Filter, die leichtere schwachsaure Entkarbonisierungsmasse und darunter die schwerere starksaure Kationen-Austauschermasse zur Enthärtung einzusetzen. Man erspart hier einen Filterbehälter, ist aber gegen Übersäuerung anfälliger. Vorteilhafter ist die Trennung von Entkarbonisierungs- und Enthärtungsfilter.

Die früher z. T. angewandte anionische Entkarbonisierung im Chloridzyklus (starkbasische Anionenaustauscher wurden mit Kochsalzlösung regeneriert) ist nicht mehr zu empfehlen. Entsprechend den Gehalten an Hydrogencarbonat, Nitrat und Sulfat werden Chloridionen in das Wasser abgegeben. Hohe Chloridgehalte in Speisewässern, Kesselwässern und Umwälzwässern können Korrosionen verursachen. Die Korrosionsgefahr wird erhöht, wenn keine genügende Alkalität vorliegt und/oder Sauerstoff vorhanden ist.

5.3.3.4 Entsalzung

5.3.3.4.1 Entsalzung durch Destillation

Durch den hohen Standard der Ionenaustauscher-Technologie wird eine Entsalzung von Wasser durch Destillation für Speisewasserzwecke (ausgenommen bei der Meerwasserentsalzung) heute kaum mehr durchgeführt.

5.3.3.4.2 Entsalzung durch Membranverfahren

5.3.3.4.2.1 Entsalzung durch umgekehrte Osmose, Bilder 5.20 und 5.21

Durch Umkehr-Osmose-(UO-)Anlagen lässt sich Wasser weitgehend entsalzen. Sie arbeiten rein physikalisch, wobei normal 70-80 %, in Ausnahmefällen bis zu 90 % des eingesetzten Wassers als entsalztes bzw. teilentsalztes Wasser (Permeat) erhalten werden. Rohwasser wird mit einem Druck von bis zu 40 bar durch Kunststoffmembranen (z. B. aus Polyamid, Celluloseacetat, Polysulfon) gepresst. Die Membranen in sog. Modulen haben so kleine »Poren«, dass die kleinen Wassermoleküle hindurchgehen, die größeren Kationen und Anionen sowie große organische Moleküle aber nicht. Im Gegensatz zur Wasserstoffentkarbonisierung wird die Konzentrationen aller Ionen um einen spezifischen Prozentsatz vermindert, »größere« Ionen, wie Ca^{2+}, Mg^{2+}, SO_4^{2-} und PO_4^{3-} werden besser zurückgehalten als »kleinere« Ionen, wie Na^+, Cl^-, HCO_3^-. Je nach Wasserzusammensetzung und angestrebter Ausbeute ist eine Verminderung des Salzgehaltes um 85 bis 99% erreichbar. Gase passieren die »Poren« nahezu ungehindert.

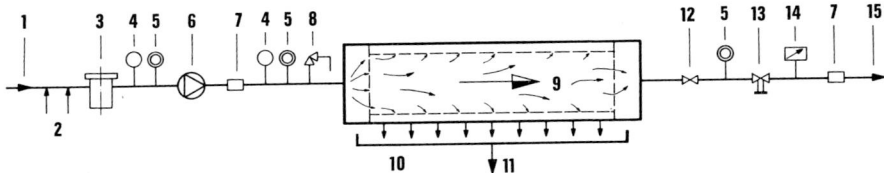

Bild 5.20: Schematische Darstellung einer Umkehrosmose(UO)-Anlage (Hager & Elsässer)
1 Aufzubereitende Lösung
2 Evtl. Chemikalienzugabe
3 Schutzfilter
4 Druckschalter
5 Manometer
6 Pumpe mit Motor
7 Momentan-Durchflußmesser
8 Sicherheitsventil
9 Arbeitsmodul
10 Permeatsammler
11 Aufbereitete Lösung (Permeat)
12 Absperrventil
13 Druckhalte- und Regulierventil
14 Kontollgerät
15 Konzentratablauf

Wasser und Dampf

Module aus Polyamid können mit Wasser im pH-Bereich von 4 bis 11, solche aus Celluloseacetat nur im pH-Bereich 4 bis 7 (ideal 4,5 bis 5,5) beaufschlagt werden. Für beide Materialien besteht eine Temperaturgrenze von ≈ 30 °C (ideal 15 bis 20 °C).

Die Membranen können durch wasserunlösliche anorganische und verschiedene organische Stoffe blockiert und somit unbrauchbar werden. Die Verblockungsneigung eines Wassers wird durch den Kolloidindex ausgedrückt. Werte unter 3 sind in der Regel unproblematisch. Es ist primär zu vermeiden, dass sich Erdalkalisalze (Härtebildner) in den Modulen ausscheiden. Wässer mit hohen Gehalten an organischen Stoffen verursachen Störungen, die kaum mehr behoben werden können.

Um eine Verstopfung (Verblockung) zu vermeiden, müssen die Wässer vor UO-Anlagen absolut klar sein. Die Ausscheidung von Calciumsalzen in Form von Kalk oder Gips muss durch vorhergehende Enthärtung oder durch Stabilisierung der Erdalkalisalze (z. B. durch Phosphonate oder Polymere) bzw. durch Ansäuern des Rohwassers vermieden werden. Auch Barium- und Strontiumsulfat können (selten) zur Verblockung führen. Bei Celluloseacetat-Modulen ist eine Ansäuerung des Wassers vorteilhaft, um den pH-Wert in den gewünschten Bereich zu bringen. UO-Anlagen arbeiten bei kontinuierlichem Betrieb am besten, ggf. sind Zwischenbehälter zu erstellen.

Wenn UO-Anlagen abgestellt werden, sollen die Module gespült werden. Eine Spülung bzw. Reinigung empfiehlt sich auch in regelmäßigen Abständen bei Dauerbetrieb. Das ablaufende, teilentsalzte Wasser heißt Permeat, das die Salze ent-

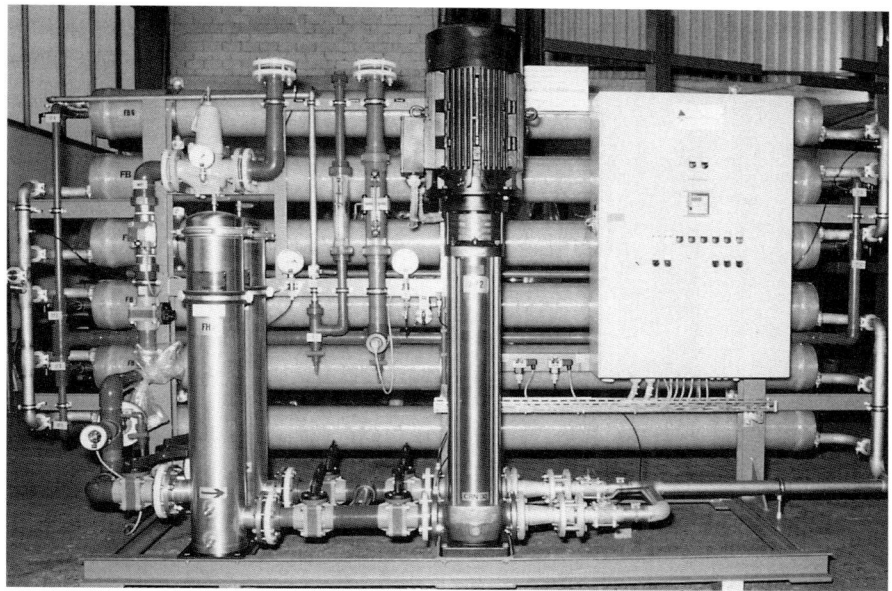

Bild 5.21: Kleine Umkehr-Osmose-Anlage, Bauart Hager & Elsässer (Typ SRO-K02, 20 m³/24 h)

haltende Abwasser Konzentrat. Die Permeatleistung ist u. a. stark abhängig von der Temperatur. UO-Anlagen sind noch nicht so lange im Einsatz wie Anlagen auf Basis von Ionenaustauschern, mittlerweile aber bewährt, sehr raumsparend, einfach in der Wartung und für durchgehenden Betrieb geeignet (Leistungsangabe deshalb in m^3/Tag). Modul-Standzeiten von 2-5 Jahren werden garantiert. Regenerierchemikalien werden nicht benötigt.

5.3.3.4.2.2 Entsalzung durch Elektrodialyse

Die Entsalzung durch Elektrodialyse (ED) und Elektrodialyse-Umkehrverfahren (EDR) erschien zunächst erfolgversprechend, gewann aber in der Wassertechnik keine große Bedeutung.

Während bei der Umkehrosmose vorzugsweise das Wasser die Membran passiert, erfolgt bei der Elektrodialyse die Entsalzung durch Wanderung von Kationen und Anionen. Die Wirkungsweise der Elektrodialyse ist gekennzeichnet durch ein angelegtes elektrisches Feld und die Verwendung von ionenselektiven Membranen.

5.3.3.4.3. Entsalzung durch elektro-chemische Verfahren (EDI)

Ein relativ neues, zukunftweisendes Verfahren zur Entsalzung klarer, salzarmer Wässer, bevorzugt von Permeat, ist die elektrochemische Entsalzung (EDI, Elektrochemische De-Ionisation). Sie arbeitet mit Membranen und Ionenaustauschern und ist fähig, Wasser mit ca. 20 µS/cm bis auf < 0,1 µS/cm zu entsalzen, ohne Chemikalien anzuwenden - kann also Mischbettfilter ersetzen. Die Anlagen sind modular aufgebaut, wodurch die Entsalzungsleistung dem Bedarf einfach anzupas-

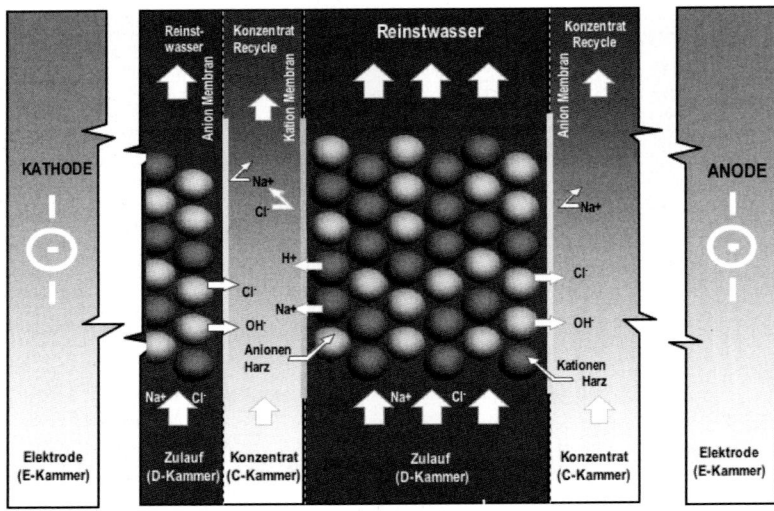

Bild 5.22 Schematischer Ablauf der Entsalzung mittels EDI in einer „E-Cell" (Hager & Elsässer)

sen ist; Leistungen bis ca. 20 m³/h wurden bereits 1996 gebaut. In vormontierten Gruppen lassen sich Leistungen von 3 bis 72 m³/h realisieren. Ein Schema der elektrochemischen Vorgänge ist Bild 5.22 zu entnehmen.
Das Wasser strömt durch die Kammern jeder einzelnen Zelle. An der Ionenaustauschern findet die eigentliche Entsalzung des Wassers statt. Durch den Einsatz von speziellen Trennmembranen und dem Aufbau eines elektrischen Gleichstromfeldes werden die Harze - im Gegensatz zu den klassischen Ionenaustauschanlagen - kontinuierlich gereinigt, ohne dass Regenerationschemikalien benötigt werden. Es fällt lediglich ein geringer Spülwasserstrom von < 2 % an, der wieder vor eine UO-Anlage eingespeist werden kann. Der Stromverbrauch bei der wartungsfrei arbeitenden „E-Cell" liegt bei ca. 0,3 kW/m³.

5.3.3.4.4 Entsalzung durch Ionenaustausch

Mit Ionenaustauschern kann man alle in Ionen dissoziierte Stoffe des Wassers (z. B. Salze, Säuren und Laugen) sowie Kieselsäure und Kohlensäure entfernen. Hierzu schaltet man in der einfachsten Form starksaure Kationenaustauscher in der Wasserstoffform zur Entfernung aller Kationen und starkbasische Anionenaustauscher in der Hydroxylform zur Entfernung aller Anionen hintereinander.

Der Kationenaustauscher bindet die Kationen und gibt entsprechende Mengen an Wasserstoffionen ab, so dass hinter dem Filter die Anionen als freie Säuren vorliegen. Das Wasser hinter starksauren Kationenfiltern in der Wasserstoffform weist deshalb eine $K_{B4,3}$ (neg. m-Wert) auf und ist u. a. frei von Erdalkalien. Nach der Erschöpfung werden die Kationenfilter mit Salzsäure oder Schwefelsäure wieder regeneriert.

Der Anionenaustauscher hält die Anionen des Wassers fest und gibt entsprechende Mengen an Hydroxylionen ab. Während schwachbasische Anionenaustauscher nur die Anionen der Mineralsäuren (Chlorid, Sulfat, Nitrat) aufnehmen, sind starkbasische Anionenaustauscher befähigt, neben den Anionen der Mineralsäuren, auch Kieselsäure und Kohlensäure zu entfernen. Nach der Erschöpfung werden die Filter mit Natronlauge wieder regeneriert. Zur besseren Entfernung der Kieselsäure regeneriert man teilweise mit warmer Natronlauge (max. 40 °C). Als Verdünnungswasser für die Regenerierlauge und als Spülwasser bzw. Waschwasser darf nur härtefreies Wasser verwendet werden!

Um eine zu starke Belastung starkbasischer Anionenaustauscher mit Kohlensäure zu vermeiden, schaltet man bei Wässern mit Hydrogencarbonatgehalten ab 1,5 - 2 mmol/l einen Kohlensäurerieseler zwischen Kationen- und Anionenteil der Anlage, um die Kohlensäure mit Luft auszutreiben. Die chemischen Vorgänge bei der Entsalzung und Vollentsalzung zeigt Bild 5.23.

Bei bestimmter Wasserzusammensetzung teilt man die Kationenstufe aus Kapazitätsgründen in schwachsaure und starksaure Filter auf. Den Anionenteil kann man in eine schwach- und eine starkbasische Stufe auftrennen, wobei schwachbasische Ionenaustauscher in makroporöser Form besonders bei organisch belasteten Wässern vorteilhaft sind. In beiden Fällen regeneriert man im »Verbund«, d. h. das Regeneriermittel kommt zuerst mit großem Überschuss auf den starksauren oder starkbasischen Austauscher und dann der Rest mit nur geringem Überschuss auf die vorgeschalteten schwachsauren oder schwachbasischen Harze. Schaltungsarten von Vollentsalzungs-Anlagen zeigt Bild 5.24.

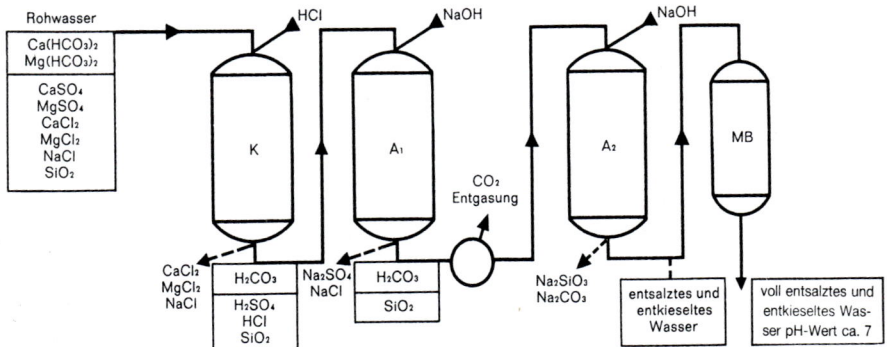

Bild 5.23: Chemische Vorgänge bei der Entsalzung in einer Aufbereitungsanlage bestehend aus stark saurem Kationenaustauscher (K), schwach basischem Anionenaustauscher (A 1), Kohlensäure-Rieseler (CO_2-Entgasung), stark basischem Anionenfilter (A 2) sowie Mischbettfilter (MB) zur Vollentsalzung und Restentkieselung von Wasser (Bayer AG)

Mit einfachen Entsalzungsanlagen aus Kationen- und Anionenfilter ist im ablaufenden entsalzten Wasser eine Leitfähigkeit < 10 µS/cm sowie ein Restkieselsäuregehalt < 0,2 mg/l erreichbar, wenn das Rohwasser nicht zu stark salzhaltig war. Wenn vollentsalztes Wasser (Deionat = entionisiertes Wasser) erzeugt werden soll, muss ein Mischbettfilter nachgeschaltet werden.

In einem Mischbettfilter sind Kationen- und Anionenharze als Gemisch vorhanden. Nach diesem Filter lässt sich salzfreies Wasser mit einer Leitfähigkeit < 0,2 µS/cm (Salzgehalt < 0,1 mg/l) und einem Kieselsäuregehalt < 0,02 mg/l erreichen. Zur Regeneration werden die Austauschermassen aufgrund des unterschiedlichen spezifischen Gewichtes (die Kationenharze sind schwerer als die Anionen-

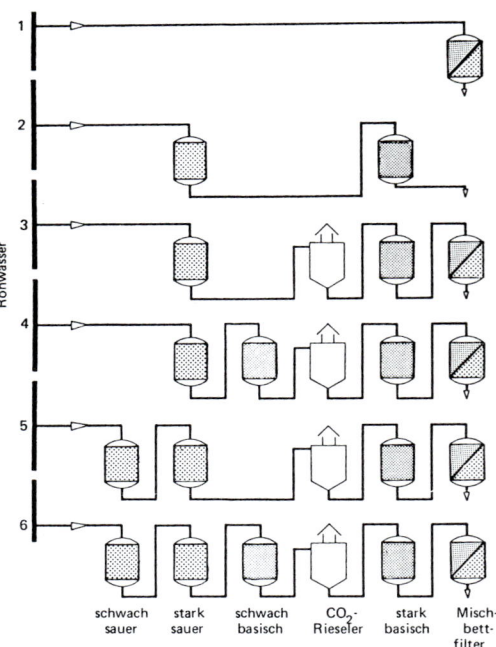

Bild 5.24: Schaltungsarten von Entsalzungs- und Vollentsalzungsanlagen (VKW-Handbuch)

harze) durch Rückspülen getrennt. Um für die Regeneration von Mischbettfiltern eine bessere Trennung der Austauscherharze zu erzielen und Regeneriermitteleinflüsse in der Grenzphase zu vermindern, wird manchmal eine inerte (inaktive) Harzschicht zwischen Kationen- und Anionenharz gelegt (sog. Triobett-Verfahren). Der Einsatz eines Inertharzes ist nur sinnvoll, wenn Kationen- und Anionenharz darauf abgestimmt sind. Ein Mischbettfilter bei der Regeneration zeigt Bild 5.25.

Die früher übliche Gleichstromregeneration (siehe 5.3.3 Ionenaustauscher) wird heute durch die Gegenstromregeneration ersetzt, da hiermit eine bessere Reinwasserqualität zu erzielen ist und außerdem geringere Regeneriermittel-Überschüsse benötigt werden.

Beim sog. Schwebebett-Verfahren wird die Austauschermasse beim Beladen nicht auf einen unteren, sondern an einen oberen Düsenboden gedrückt, vor dem ggf. noch eine Schicht Inertharz liegt. Zur Aufbereitung fließt das Wasser von unten nach oben durch das Filter, die Regenerierchemikalien werden von oben nach unten durch die Austauschermasse geführt. Dabei darf sich das Harz nach der Regeneration nicht umschichten. Beim Beladen ist ein Minimaldurchfluss (ggf. durch Umwälzung) notwendig. Ein Verfahrensschema zeigt Bild 5.26. Schwebebettfilter erfordern klares Wasser, da deren Ionenaustauscherharze nur extern gespült werden können. Auch Schwebebettfilter in Verbundbauweise mit schwach und stark saurem oder basischem Austauschern, jeweils getrennt durch einen Düsenboden sind gebräuchlich.

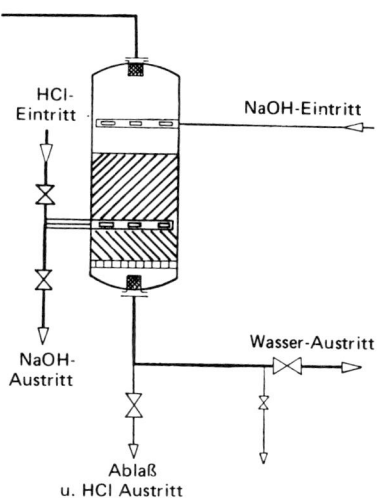

Bild 5.25: Mischbettfilter zur Regeneration vorbereitet mit getrennten Harzen. Das schwerere Kationenharz liegt unten (Regeneration mit HCl), das leichtere Anionenharz oben (Regeneration mit NaOH)

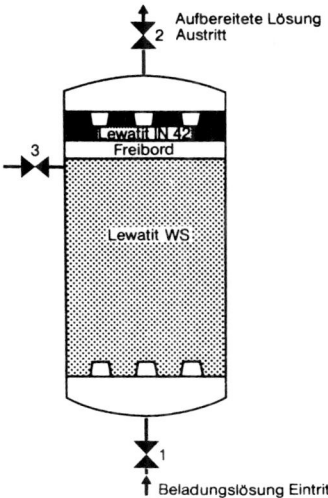

Bild 5.26: Schwebebett-Filter (Bayer AG). 1 Eintritt der aufzuzubereitenden Lösung und Austritt des Regeneriermittels, 2 Austritt der aufzubereitenden Lösung, 3 Eintritt des Regeneriermittels.

Weitere moderne Ionenaustauschverfahren sind z. B. das Liftbett- und Multistep-Verfahren der Firma Bayer AG und das UPCORE-Verfahren der Firma Dow Inc. Das Liftbett-Verfahren ist für jede Art von Ionenaustausch und Adsorption im Gegenstrombetrieb geeignet. Es ergänzt das bekannte Schwebebettsystem. Ein Liftbettfilter besteht in der Regel aus zwei Kammern, die übereinander angeordnet sind. Die Kammern sind durch flüssigkeitsdurchlässige Böden in üblicher Weise voneinander getrennt und mit demselben Ionenaustauschertyp gefüllt. Der Füllgrad der einzelnen Kammern kann je nach Bedarf durch »Liften = anheben« auf einfache Weise eingestellt werden. Da die untere Kammer nur teilweise mit Ionenaustauscher gefüllt ist, kann darin das Harz rückgespült werden. Die Verfahrensschritte beim Liftbettverfahren zeigt Bild 5.27.

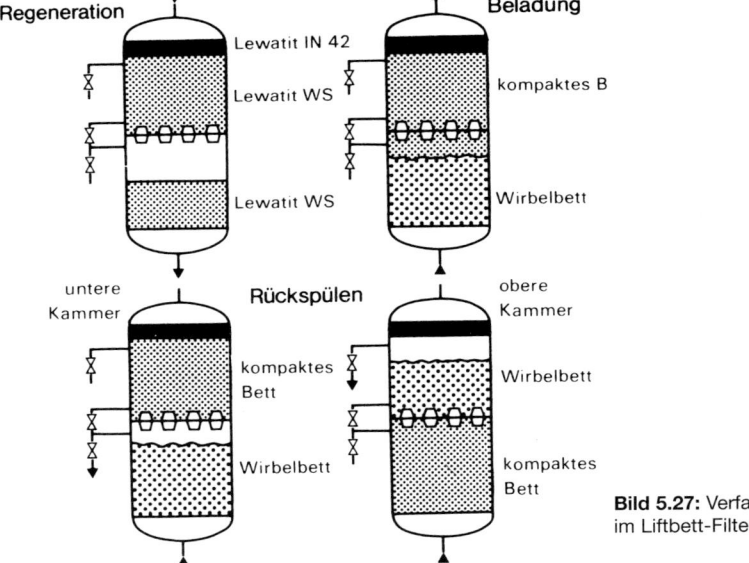

Bild 5.27: Verfahrensschritte im Liftbett-Filter (Bayer AG)

Das Multistep-Verfahren ermöglicht die Unterbringung mehrerer Ionenaustauscher und Adsorberharze mit verschiedenen Funktionen in einer einzigen Filtersäule, siehe Bild 5.28. Da Kationen- und Anionenharze durch Böden getrennt sind, lassen sich die unterschiedlichen Harze mit z. B. Salzsäure und Natronlauge regenerieren, ohne dass gegenseitige Störungen auftreten. Das Verfahren arbeitet nach dem Schwebebett-Gegenstromprinzip, bei dem die Beladung von unten nach oben und die Regeneration in umgekehrter Richtung erfolgt. Beim Multistep-Verfahren besteht z. B. eine Entsalzungsanlage nur aus einer Filtersäule anstatt mindestens aus zwei Filtern.

Wasser und Dampf 391

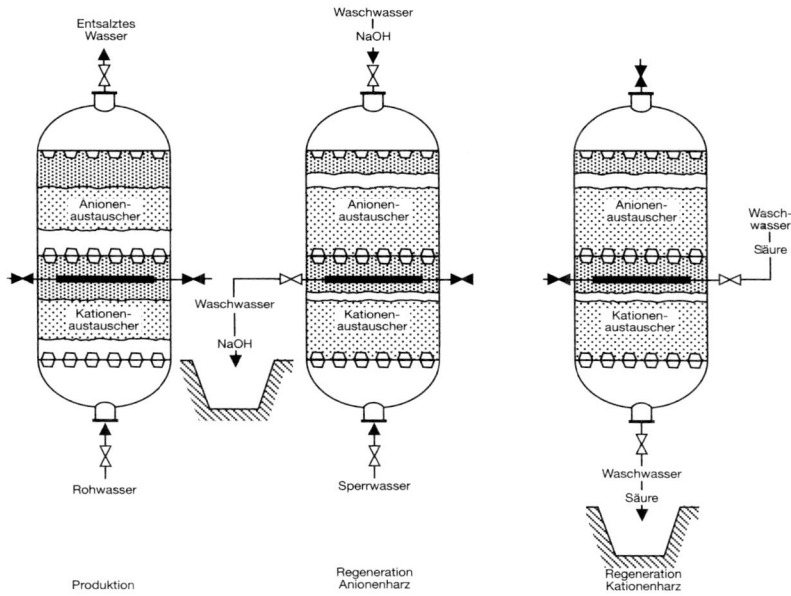

Bild 5.28: Verfahrensschritte im Multistep-Filter zur Wasser-Entsalzung ohne Rieseler (Bayer AG)

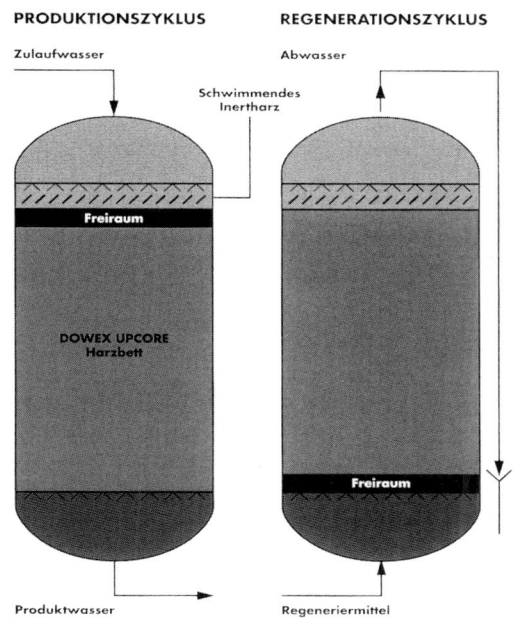

Beim UPCORE-Verfahren erfolgt die Beladung von oben nach unten in einem Festbett und die Regeneration von unten nach oben, wobei auch Feinpartikel ausgeschwemmt werden. Das Verfahren ist auch für Schichtbettfilter geeignet, ohne einen Düsenboden zwischen den schwach- und stark dissoziierten Harzen zu benötigen. Den Betriebs- und Regenerationszyklus des UPCORE-Systems zeigt Bild 5.29.

Bild 5.29: Verfahrensschritte beim Dowex® UPCORE System (Dow Europe Inc.)

Die sauren und alkalischen Regenerate von Entsalzungsanlagen müssen vor der Einleitung in ein Kanalnetz neutralisiert werden. Dafür werden die Regenerate üblicherweise in einem Behälter gesammelt, damit sich die Regenerierchemikalien soweit wie möglich gegeneinander neutralisieren und dann nur der End-pH-Wert des Wassers korrigiert. Es ist zweckmäßig, die Regeneriermittelmengen der Kationen- und Anionenfilter so zu berechnen, dass ein schwachsaurer Gesamtablauf erreicht wird. Bei alkalischem Ablauf fallen u. a. die Erdalkalien in Form von Carbonaten und Hydroxiden aus (siehe 5.3.1).

5.3.4 Aufbereitung des Kondensates

Um ein richtliniengemäßes Kesselspeisewasser zu erhalten, das meistens ein Gemisch aus Kondensat und Zusatzwasser ist, muss auch die Qualität des Kondensats in Ordnung sein. Bei verunreinigten Kondensaten ist zu prüfen, ob eine Aufbereitung sinnvoll bzw. notwendig ist. Bei Kondensaten, die zeitweilig oder häufig ungelöste Stoffe, z. B. Eisenoxide, mitführen, kann vor der chemischen Behandlung sogar eine Filtration durch geeignete Filter notwendig sein (Bilder 5.13 und 5.14).

5.3.4.1 Kondensatenthärtung

Sind Kondensate zeitweilig oder ständig durch geringe Mengen von Erdalkalien (Härtebildnern) verunreinigt, ist ihre Enthärtung vorteilhaft. Das kann durch Basenaustauscher in temperaturbeständiger Ausführung (Filterbehälter, Leitungen und Armaturen aus Metall) erfolgen. Dafür verwendete Austauschermasse (starksaure Kationenaustauscher in der Natriumform) ist gegen normale Kondensattemperaturen von 100 °C und auch darüber, beständig. Kondensatenthärtungsfilter nennt man auch Polizeifilter. Die Reinwasserqualität nimmt mit steigender Temperatur leicht ab. Bei Temperaturen bis 90 °C sind Restgehalte an Erdalkalien von < 0,01 mmol/l, entsprechend < 0,05 °d, ohne weiteres erreichbar.

Sofern Kondensat durch Ammoniak oder Amine alkalisiert ist, werden aus Enthärtungsfiltern dauernd geringe Mengen an Natronlauge abgegeben, was die Verwendung derartiger Kondensate als Einspritzwasser zur Regelung der Dampftemperatur ausschließt! Kationenaustauscher in Ammoniumform vermeiden dieses Problem, führen aber bei Erdalkalieinbrüchen zur Bildung entsprechender Ammoniumverbindungen, die thermisch nicht beständig sind. Ammoniumchlorid, -sulfat und -nitrat zerfallen unter Kesselbedingungen in freie Säuren und senken den pH-Wert im Speise- und Kesselwasser ab.

Ionenaustauscher in Kondensatreinigungsanlagen weisen wegen der hohen Temperaturdauerbelastung und der Temperaturwechselbeanspruchung bei der Regeneration eine geringere Lebensdauer auf als Ionenaustauscher in Zusatzwasser-Aufbereitungsanlagen. Die Harze in Kondensatreinigungsanlagen können u. a. durch Abscheidung von Eisenverbindungen, Öl, Fett und fettähnlichen Substanzen verblockt und damit in ihrer Wirkungsweise zumindest teilweise eingeschränkt werden.

5.3.4.2 Kondensatentölung

Durch Öl und Fett im Speise- bzw. Kesselwasser können schwere Schäden an Dampfkesseln entstehen (siehe auch Abschnitt 5.2.3.4). Am häufigsten wird der Wasser-Dampf-Kreislauf durch rückgespeistes Kondensat mit Öl oder Fett verunreinigt. Hier ist zu unterscheiden zwischen einer konstanten Verölung des Kondensates durch z. B. Dampfmaschinen oder -motoren und eine Verunreinigung des Kondensates durch Öl- oder Fetteinbrüche.

Bei einer Dauerverölung des Kondensates durch Dampfmaschinen oder andere Aggregate muss entölt werden, um den Speisewasserrichtlinien zu entsprechen. Bei Ölgehalten über 20 mg/l im Rohkondensat wird zuerst das Öl mechanisch durch Aufschwimmen lassen abgetrennt. Der Restgehalt an Öl ist durch Aktivkohlefilter auf ein Minimum zu verringern. Der Ölgehalt vor Aktivkohlefiltern soll unter 10 mg/l liegen. Aktivkohlefilter können den Ölgehalt auf < 1 mg/l verringern, wenn zwei Filter hintereinander geschaltet werden. Die mechanische und chemische Abtrennung von Öl kann durch emulgierende Bestandteile im Kondensat z. B. durch pH-Werte > 9, Phosphate und waschaktive Stoffe (Tenside) erschwert werden.

Mit Aktivkohle gefüllte Entölungsfilter dürfen nicht rückgespült werden. Die Aktivkohle ist nach der Erschöpfung zu erneuern. Zur Neufüllung soll nur Aktivkohle verwendet werden, die arm an Verunreinigungen ist. Aktivkohle gibt anfangs u. a. Erdalkalien (Härte) ab und ist deshalb vorher mit Kondensat bis zur Freiheit von Erdalkalien auszuwaschen.

Bei der Möglichkeit des Einbruchs von ölhaltigen Stoffen in das Kondensat ist es vorteilhaft, eine entsprechende Überwachung der Kondensatqualität z. B. durch Trübungsmessgeräte oder Streulichtphotometer vorzunehmen oder möglicherweise verunreinigtes Kondensat getrennt zu sammeln und erst nach spezifischer Kontrolle wieder zu verwenden. Vorteilhaft sind entsprechende Pufferbehälter, damit bei einem Öleinbruch nicht das verunreinigte Kondensat in das Kanalnetz oder in das nächste Gewässer gelangt. Dampfbeheizte Schwerölvorwärmer sollen regelmäßig auf Korrosion und Dichtheit kontrolliert werden. Geringe Mengen möglicherweise verunreinigten Kondensates sind u. U. besser zu verwerfen.

5.3.4.3 Kondensatentsalzung

Bei Hochdruckkesseln und Kesseln mit hoher Wärmestromdichte (Heizflächenbelastung) bzw. bei Spezialkesseln muss das Kondensat ebenso wie das Zusatzwasser entsalzt bzw. vollentsalzt werden. Das Problem bildet primär die Temperatur, da Anionen-Austauschermassen nur bis max. 70 °C dauertemperaturbeständig sind. In der Regel bestehen Kondensatentsalzungs-Anlagen nur aus Kationen- und Mischbettfiltern oder aus Mischbettfiltern allein. Bei den Anionen-Austauschern nimmt die Reinwasserqualität mit steigender Temperatur messbar ab, besonders die Kieselsäure wird bei höheren Temperaturen deutlich schlechter entfernt. Langfristig wandeln sich starkbasische Anionenharze bei Temperatureinwirkung langsam in schwachbasische Harze um, was die Aufnahmefähigkeit für Kieselsäure weiter mindert.

5.3.5 Entgasung

Wasser kann physikalisch im Siedezustand bei Über- oder Unterdruck sowie chemisch entgast werden.

Bei der physikalischen Entgasung (der thermischen Druck- und der Vakuumentgasung) nützt man die Eigenschaft der Gase aus, sich mit Annäherung an die Siedetemperatur immer weniger zu lösen (Bild 5.11). Dabei werden die für den Kesselbetrieb schädlichen Gase, wie Sauerstoff und Kohlenstoffdioxid (freie Kohlensäure) - nicht aber die als Hydrogencarbonat oder Carbonat gebundene Kohlensäure - sowie Inertgase wie Stickstoff »ausgekocht«. Um an Ammoniak gebundene Kohlensäure weitgehend zu entfernen ist eine Entgasungstemperatur von $\geq$ 140 °C erforderlich.

Bei der chemischen Entgasung kann nur der Sauerstoff wirklich abgebunden werden. Die Kohlensäure lässt sich zunächst auch abbinden, d. h. durch alkalische Stoffe neutralisieren, die entstehenden Reaktionsprodukte, die Hydrogencarbonate oder Carbonate des z. B. Natriums oder Ammoniums werden aber unter Kesselbedingungen wieder zersetzt, siehe Sodaspaltung Abschn. 5.2.3.1.2.

Die physikalische Entgasung, oder zumindest eine thermische Teilentgasung ist daher soweit möglich anzustreben. Die chemische Entgasung soll vorrangig benützt werden, um Restgehalte an Sauerstoff nach einer physikalischen Teilentgasung bis auf den gewünschten Sollwert zu entfernen.

5.3.5.1 Thermische Druckentgasung

Zusatzwasser und Kondensat werden durch direktes Vermischen mit Dampf (Mischkondensation) im Entgaser auf Siedetemperatur aufgeheizt. Durch Verdüsung oder Verrieselung des Wassers im sogenannten Druckentgaser wird eine große Wasseroberfläche geschaffen, sodass der Aufkochvorgang sehr kurzfristig abläuft. Die ausgekochten Gase (Sauerstoff, freie Kohlensäure und Stickstoff) müssen durch einen Überschuss an Dampf (Fegedampf) in die Atmosphäre gespült werden. Die thermische Druckentgasung wird häufig bei Drücken von 0,1 bis 0,4 bar Betriebsüberdruck, entsprechend einer Temperatur von 102 bis 108 °C betrieben. Höhere Betriebsdrücke und Temperaturen sind möglich und vorteilhaft, um auch an Ammoniak gebundene Kohlensäure weitgehend zu entfernen.

Bei ordnungsgemäßer thermischer Druckentgasung sind Restgehalte an Sauerstoff von < 0,02 mg/l und Restgehalte an Kohlensäure von < 2 mg/l erreichbar. Wichtig ist, dass die ausgekochten Gase mit dem Fegedampf auch ausgespült werden. Dampfschwaden aus thermischen Druckentgasern sind also keine Verschwendung, sondern unbedingt notwendig. Zur Wärmerückgewinnung kann dieser Fegedampf aber bei Atmosphärendruck kondensiert werden und z. B. zur Aufheizung von kaltem Zusatzwasser dienen.

Kleinere und mittelgroße Entgaser bis ca. 300 m³/h sind meist als Rieselentgaser (Bild 5.30) ausgebildet, in denen Kondensat und Zusatzwasser auf Rieselteller verteilt werden und der Dampf im Gegenstrom geführt wird. Häufig ist am Auslauf noch eine »Nachkochtasse« angebracht, um geringe Gas-Restgehalte zu entfernen. Große Entgaser werden meist als Sprüh- oder Düsenentgaser gebaut, wobei eine Sprühdüse bis zu 2000 m³/h durchsetzen kann.

Wasser und Dampf 395

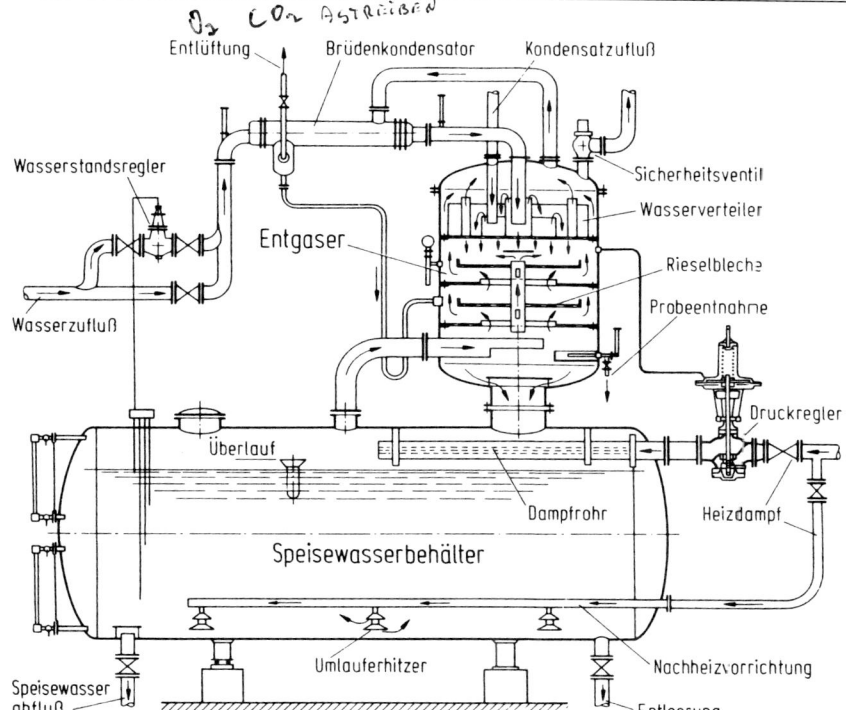

Bild 5.30: Schematischer Aufbau eines Druck-Rieselentgasers mit Speisewasserbehälter

Vom Entgaser fließt das Wasser direkt in den Speisewasserbehälter. Um beim Anfahren abgekühltes Wasser im Speisewasserbehälter auch entgasen zu können, gibt es Aufheizvorrichtungen. Hierfür wird Dampf mittels Düsen direkt in das Speisewasser eingeblasen und eine »Aufkochentgasung« erreicht.

Die Dampfzufuhr muss mittels Membran- oder Kolben-Druckregler gesteuert werden, wofür der Steuerdruck vom Entgaseroberteil (wichtig!) abgegriffen werden muss. Der Druckregler und die anschließende Rohrleitung sind ausreichend zu dimensionieren, damit bei maximaler Entgaserleistung die notwendige Menge an Dampf durchgesetzt und der Überdruck im Entgaser sicher gehalten werden kann. Die der Planung zugrundegelegten Wassermengen und Temperaturen für Zusatzwasser und Kondensat sind einzuhalten, die Mengen ggf. zu begrenzen (Leistung der Kondensatpumpen berücksichtigen!).

Thermische Druckentgaser haben eine untere und obere hydraulische Leistungsgrenze, wobei die Mindestlast meist bei ca. 20 - 30 % der Maximallast liegt. Die thermische Leistungsfähigkeit ist von den Temperaturen der Wasserströme und von der Dampfzufuhr abhängig. Die Wassertemperatur im Zulauf zu Druckentgasern soll mindestens 10 K unter der Betriebstemperatur des Entgasers liegen, damit sich noch ein ausreichender Dampfdurchsatz ergibt.

Bei Temperaturen unter 100 °C ist bei normalem Luftdruck nur eine Teilentgasung entsprechend der Löslichkeit der Gase zu erreichen (Bild 5.11).

5.3.5.2 Unterdruckentgasung

Entgast wird im Siedezustand des Wassers bei Unterdruck (Vakuum) und der entsprechend niedrigeren Temperatur, meist nur bei Anlagen mit Kondensationsturbinen. Geringe Mengen an Zusatzwasser werden dann direkt in den - bei Unterdruck arbeitenden - Kondensator eingedüst und dort entgast. Die erreichbaren Restgehalte an Sauerstoff und Kohlensäure liegen üblicherweise etwas höher als bei der thermischen Druckentgasung. Die Gase werden durch Vakuumpumpen oder Dampfstrahl-Injektoren abgesaugt. Die Vakuumentgasung in speziellen Entgasern wird auch in Heizungssystemen praktiziert.

5.3.5.3 Chemische Entgasung

Zur Sauerstoffbindung verwendete man bisher häufig Hydrazin oder das aktivierte Produkt Levoxin®, (Bayer AG), das in deutlich alkalischem (nicht aber in neutralem oder saurem) Medium rasch mit Sauerstoff reagiert. Hydrazin ist dampfflüchtig, erhöht deshalb den Salzgehalt von Wasser nicht und wirkt somit auch im Dampf-Kondensat-Netz. Zur Abbindung von 1 mg Sauerstoff ist 1 mg Hydrazin notwendig. Bei der Reaktion mit Sauerstoff entstehen nur Stickstoff und Wasser. Es wäre also ein optimales Produkt, wenn es nicht in der Gefahrstoffverordnung als Mittel mit krebserregender Wirkung eingestuft wäre. Der Einsatz von Hydrazin wird deshalb von Seiten der Behörden kaum mehr erlaubt. Bei der Anwendung sind besondere Maßnahmen zu treffen und zugelassene Umfüll- und Dosiereinrichtungen zu verwenden.

Ersatzstoffe, Ersatzverfahren und Verwendungsbeschränkungen für Hydrazin in Wasser- und Dampfsystemen werden in der TRGS 608 (April 1993) beschrieben. Das BGI Merkblatt 567 (M 011) »Hydrazin«, ZH 1/127 vom Juni 1995 der BG-Chemie enthält wesentliche Informationen über Hydrazin, u.a. über Schutzmaßnahmen, Erste Hilfe und im Anhang 1 Hinweise über Ersatzstoffe und Ersatzverfahren.

Als nicht dampfflüchtige Alternative verwendet man bisher, besonders in Lebensmittelbetrieben, Natriumsulfit. Die Sauerstoffbindung ist also nur in der Wasserphase gegeben, das Dampf-Kondensat-Netz bleibt ungeschützt. Natriumsulfit reagiert mit Sauerstoff zu Natriumsulfat. Beide Stoffe erhöhen den Salzgehalt des Wassers. Zur Abbindung von 1 mg Sauerstoff sind ca. 8 mg Natriumsulfit notwendig. Das Sauerstoffbindevermögen bei unterschiedlichen Bedingungen zeigt das Bild 5.31. Als nicht dampfflüchtiges Mittel darf Natriumsulfit im Einspritzwasser zur Regelung der Dampftemperatur nicht enthalten sein. Im Kesselwasser ist möglichst ein Sulfitgehalt von 10-30 mg/l Na_2SO_3, im Heißwasser ein Überschuss von 5-10 mg/l einzuhalten. Die Anwendung von Natriumsulfit ist auf Betriebsdrücke < 40 bar beschränkt. In Heizungssystemen kann Natriumsulfit auch zu Natriumsulfid umgewandelt werden. Diese Reaktion tritt nicht immer auf, führt aber dann zu Korrosionsproblemen an Buntmetallen.

Da Natriumsulfit das Hydrazin nicht vollwertig ersetzen konnte, suchte man nach Alternativen. Ersatzstoffe und Ersatzverfahren sind in der TRGS 608 und im BGI Merkblatt 567 (M 011) »Hydrazin« angegeben. Ein Vergleich der Sauerstoffbindung verschiedener Mittel mit Hydrazin und Natriumsulfit zeigt Bild 5.32. Folgende »Hydrazinersatzstoffe« werden häufiger angeboten:

Wasser und Dampf

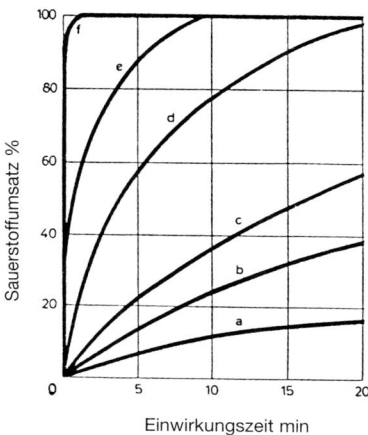
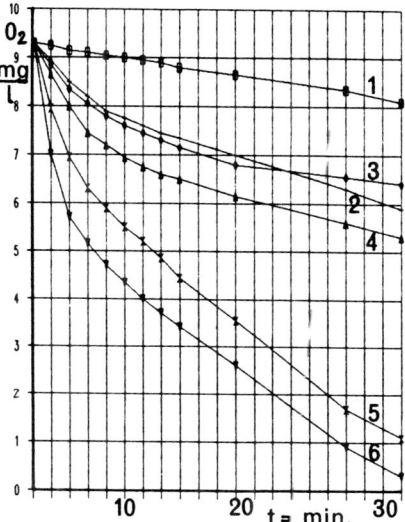

Bild 5.31: Sauerstoffbindung durch Natriumsulfit (Reichling)
1. Einfluss der Temperatur, Anfangskonzentration 2 mg/l Sauerstoff, 10 % Sulfitüberschuss
 a) Temp. = 20 °C
 b) Temp. = 28 °C
 c) Temp. = 40 °C
2. Einfluss des Sulfitüberschusses, Temperatur = 20 °C, Anfangskonzentration ca. 9 mg/l Sauerstoff
 d) Sulfitüberschuss = 10 %
 e) Sulfitüberschuss = 50 %
 f) Sulfitüberschuss = 100 %

Bild 5.32: Reaktionsgeschwindigkeit verschiedener Sauerstoff-Bindemittel bei 25 °C und einem pH-Wert von 8,5 sowie einem Mittelüberschuss von 200 % der Theorie (Dearborn)
1 Hydrazin 2 Kat. Hydrazin 3 Tannin
4 DEHA 5 Sulfit 6 Kat. DEHA

- Ammoniumisoascorbat (Salz der Iso-Ascorbinsäure)
- Carbohydrazid (Diaminoharnstoff)
- Diethylhydroxylamin (DEHA)
- Hydrochinon (auch anderen Mitteln als Aktivator zugesetzt)
- Methylethylketoxim (MEKO)
- Tannine/Gerbsäuren

Die reinen Wirkstoffe sind in der Liste der MAK-Werte (TRGS 900/905 oder, EU weit gültig, in der Stoffliste zur Richtlinie 67/548/EWG) nicht als gefährlich oder krebserregend eingestuft. Als technische Produkte können sie aber herstellungs- oder lagerbedingt undeklarierte Verunreinigungen enthalten, die nicht ungefährlich sind. Außerdem können unter den Bedingungen des Kesselbetriebes Oxidations-, Umwandlungs- und Spaltprodukte entstehen, die zur vorsichtigen Anwendung raten lassen, siehe TRGS 608.

Alle vorgenannten Chemikalien bilden unter Kesselbedingungen letztendlich anorganische und/oder organische Säuren bzw. sonstige Verbindungen, welche sich u. U. nachteilig auf den Kesselbetrieb oder dessen Überwachung auswirken. Beim Absetzen von Sauerstoffbindemitteln unter Beibehaltung der übrigen Betriebsparameter können Korrosionsprobleme auftreten, die ggf. andere Werkstoffe oder eine andere Wasser-Konditionierung erforderlich machen.

Die vorgenannten Stoffe sind bis auf Ammoniumascorbat, Ascorbinsäure und die Tannine/Gerbsäuren mehr oder weniger gut dampfflüchtig. Sie haben spezifische Vor- und Nachteile, die anlagenbezogen zu bewerten sind. Einen ausführlichen Vergleich der Mittel mit den wichtigsten Kenndaten und weitere Alternativen zum Einsatz von Hydrazin enthält die Literatur [5]. Für den Dampfkesselbetrieb ergeben sich kurz gefasst folgende Fakten:

- Ammoniumisoascorbat (Ersthersteller, Mittel: Nalco, SURGARD) reagiert relativ rasch mit Sauerstoff, spaltet dampfflüchtiges Ammoniak ab und erhöht den Gehalt an organischen Stoffen im Wasser, u. a. durch Bildung organischer, z. T. komplexbildender Säuren. Zur Abbindung von 1 mg Sauerstoff sind 11 mg Wirkstoff oder 44 mg des Mittels erforderlich.
- Ascorbinsäure (Hersteller u. a.: Hoffmann La Roche) reagiert schon bei Raumtemperatur sehr gut mit Sauerstoff, muss als Säure zuerst neutralisiert werden und erhöht den Gehalt an organischen Stoffen im Wasser. Zur Abbindung von 1 mg Sauerstoff sind 11 mg Wirkstoff bzw. Mittel erforderlich.
- Carbohydrazid (Ersthersteller, Mittel: Nalco, ELEMIN-OX) ist ein Verwandter von Hydrazin ohne dessen Handhabungsbeschränkungen beim Umfüllen und Dosieren. Das Mittel zersetzt sich bei Temperaturen über 150 °C in Hydrazin und Kohlenstoffdioxid. Für den Dampf und das Heißwasser sind dann die gleichen Verwendungsbeschränkungen gegeben wie für Hydrazin. Zur Abbindung von 1 mg Sauerstoff sind 1,5 mg Wirkstoff oder ca. 23 mg des Mittels erforderlich.
- DEHA (Ersthersteller, Mittel: Betz-Dearborn, CORTROL OS 5300 oder CORTROL OS 5310) reagiert ab etwa 60 °C gut mit Sauerstoff und bildet bei der Anwendung im Dampfkessel vorwiegend Essigsäure, Acetaldehyd und kurzkettige Amine. Bei Sauerstoffgehalten > 1 mg/l können Aldehyde verstärkt auftreten (TRGS beachten!). Zur Abbindung von 1 mg Sauerstoff sind 1,2-2 mg DEHA, entsprechend 4-8 mg der Mittel erforderlich.
- Hydrochinon (Hersteller, Mittel: z. B. Betz-Dearborn, CORTROL 7780) ist ein Mittel, das relativ rasch mit Sauerstoff reagiert, aber aktuell als im Tierversuch krebserregend eingestuft wurde und auch organische Säuren bildet. Zur Abbindung von 1 mg Sauerstoff sind 3-7 mg des Wirkstoffes oder 120-250 mg des Mittels erforderlich.
- MEKO (Ersthersteller, Mittel: Drew, AMERSITE 70) reagiert mit Sauerstoff ähnlich wie DEHA, aber erst bei Temperaturen über etwa 90 °C. Als Reaktionsprodukte treten Aldehyde, kurzkettige Amine und Ketone auf. Zur Abbindung von 1 mg Sauerstoff sind ca. 6 mg Wirkstoff bzw. Mittel erforderlich.
- Tannine (Hersteller, Mittel: z. B. IMB, CORITAN; Korn, DEMKOR 41; Houseman, D.M. 4:1). Die v. g. Mittel sind als Kesselsteingegenmittel amtlich zugelassen und haben darüber hinaus ein mehr oder weniger ausgeprägtes Sauerstoffbindevermögen. Alle Mittel färben das Wasser braun bis dunkelbraun (Analysenprobleme!). Zur Abbindung von 1 mg Sauerstoff sind 10-40 mg des Wirkstoffes bzw. 40-160 mg der Mittel erforderlich.

---

[5] Höhenberger L.: Alternativen zum Einsatz von Hydrazin in Dampf- und Heißwasseranlagen, Sonderdruck von der Vortragsveranstaltung »Kesselbetriebstechnik 1987« der Akademie des TÜV Bayern e. V., München.

Bei allen v. g. Mitteln muss darauf geachtet werden, dass im Wasser und ggf. im Dampf bzw. Kondensat eine ausreichende Alkalität vorhanden ist, um Säurekorrosion vorzubeugen. Vor dem Einsatz von Sauerstoffbindemitteln sind die Möglichkeiten zur physikalischen Entgasung soweit wie möglich auszuschöpfen. Filmbildende Amine (siehe 5.3.6.5) sind keine Sauerstoffbindemittel!

5.3.6 Nachbehandlung des Kesselspeisewassers - Konditionierung

Kein Wasseraufbereitungsverfahren arbeitet so gut, dass nicht doch bestimmte, wenn auch sehr geringe, Mengen von Inhaltsstoffen im Wasser verblieben sind. Bei der Verdampfung von Wasser reichern sich nicht flüchtige Stoffe im Kesselwasser an. Diese Restgehalte bindet man mit Chemikalien, man konditioniert das Speise- und Kesselwasser und stellt bestimmte Richtwerte ein. Nach TRD 611 ist beim Einsatz von Konditionierungsmitteln mit organischen Bestandteilen sicherzustellen, dass ein Datenblatt gemäß Anhang 1 zur TRD 611 vorliegt.

Die Zugabe der Mittel erfolgt zweckmäßig mit Hilfe von Dosierpumpen als verdünnte Lösung. Wenn man die Dosierpumpe mit der Kesselspeisepumpe elektrisch koppelt, ergibt sich eine etwa mengenabhängige Dosierung. Alle Zusatzchemikalien sollen nur mit mindestens erdalkalifreiem Wasser angesetzt werden, damit nicht durch Ausfällungen Betriebsstörungen an den Dosiereinrichtungen entstehen. Für Dampferzeuger ohne besondere Anforderungen dosiert man die Chemikalien in den Speisewasserbehälter unter das Wasserniveau, um Verkrustungen zu vermeiden. Dient Kesselspeisewasser als Einspritzwasser zur Dampfkühlung, dürfen in diesem nur flüchtige Korrektivchemikalien vorhanden sein. Die nichtflüchtigen (festen) Korrektivchemikalien sind erst nach der Entnahme des Einspritzwassers zuzugeben. Bei Heißwasseranlagen dosiert man die Chemikalien in den Vorlauf; Wasserproben zur Untersuchung entnimmt man dem Rücklauf.

5.3.6.1 Nachenthärtung

Um geringe Gehalte an Erdalkalien (Resthärte) im Kessel- und Heizungsumlaufwasser abzubinden, setzt man dem Speise- oder Nachfüllwasser Phosphate oder organische Verbindungen z. B. Chelate, Polyacrylate und andere Komplexbildner sowie Dispergiermittel zu.

Phosphate scheiden die Erdalkalien als Schlamm aus, der durch Absalzung und/oder Abschlammung weitgehend entfernt werden kann.

Chelate, z. B. EDTA oder NTA halten u. a. Erdalkalien komplex in Lösung, greifen aber bei höheren Gehalten metallische Werkstoffe und Dichtungen an, weshalb auf minimale Überschüsse (1 - 3 mg/l) zu achten ist. Chelate bedingen eine sauerstofffreie Betriebsweise, sie werden wegen der aufwendigen Analytik und der Begrenzungen von Seiten der Abwassereinleitung kaum mehr eingesetzt.

In letzter Zeit werden verstärkt phosphatfreie Gemische organischer Stoffe (Polyacrylate, Polyacrylamide u. ä.) als Konditionierungsmittel angeboten, die Erdalkalien in Form schwacher Komplexe echt in Lösung halten und Metalloxide dispergieren, so dass Kesselbeläge - ohne die Gefahr eines Werkstoffangriffes - zu vermeiden sind. Einige sind als Kesselsteingegenmittel zugelassen.

Normalerweise verwendet man die nicht dampfflüchtigen Phosphate und hält im Kesselwasser je nach Druckstufe bestimmte Grenzwerte ein. Zu hohe Phosphatgehalte können zum Schäumen des Kesselwassers führen. Für die Neubefüllung von Kesseln bis 40 bar sollen je m³ Wasserinhalt etwa 50 g handelsübliches Trinatriumphosphat mit etwa 20% P_2O_5 zugegeben werden, damit ein Startwert von etwa 10 mg/l P_2O_5 oder 13 mg/l PO_4 vorhanden ist, für Kessel von 40 - 80 bar ist etwa die halbe Menge ausreichend. Sofern zulässig (Einspritzwasser?), werden in das Kesselspeisewasser zwischen 0,1 und 1 mg/l Phosphat als PO_4 dosiert, wobei aber der Phosphatgehalt im Kesselwasser bestimmend ist.

5.3.6.2 Nachentgasung

Zur Nachentgasung werden die unter 5.3.5.3 beschriebenen Sauerstoffbindemittel verwendet. Der Überschuss richtet sich nach dem verwendeten Mittel und kann im Speisewasser 0,1 bis 2 mg/l betragen. Durch dampfflüchtige Mittel wird z. T. auch das Dampf- und Kondensatsystem geschützt. Bei überhitztem Dampf und großen Dampfnetzen ist es günstiger, flüchtige Mittel in verdünnter Form in den Heizdampf direkt zu dosieren. Die unter 5.3.5.3 beschriebenen dampfflüchtigen Hydrazin-Ersatzstoffe können mit den dort beschriebenen Einschränkungen anstelle von Hydrazin verwendet werden.

5.3.6.3 Alkalisierung

In salzhaltigem und salzarmem Wasser sind normale Kesselbaustähle nur im alkalischen pH-Bereich ausreichend korrosionsbeständig. Im Speisewasser soll ein pH-Wert von 9-10, im Kesselwasser - je nach Druckstufe - ein pH-Wert von 9,5-12 eingestellt werden. Stellt sich im Speise- und Kesselwasser bzw. Ergänzungs- und Umwälzwasser eine ausreichende Alkalität (z. B. durch thermische Spaltung von Natriumhydrogencarbonat zu Natriumcarbonat oder Natronlauge, siehe 5.2.3.1.2) nicht selbständig ein, muss diese durch Chemikalien eingestellt werden.

Zur Alkalisierung kann man flüchtige Mittel (z. B. Ammoniak, kurzkettige oder zyklische Amine, selten Hydrazin) und nichtflüchtige Mittel (z. B. Natronlauge, Natriumhydroxid oder Trinatriumphosphat, selten Kalilauge und Lithiumhydroxid) einsetzen. Bei Verwendung salzhaltigen und salzarmen Speisewassers muss der in den Richtlinien vorgeschriebene pH-Wert im Speise- bzw. Kesselwasser durch nichtflüchtige (feste) Alkalisierungsmittel eingestellt werden. Die zusätzliche Dosierung flüchtiger Alkalisierungsmittel ist vorteilhaft, da dann auch das Kondensat alkalisiert wird, siehe Literatur [5]) von 5.3.5.3.

Bei Verwendung salzfreien Speisewassers mit einer Leitfähigkeit hinter Kationenfilter von < 0,2 µS/cm kann mit flüchtigen Alkalisierungsmitteln allein alkalisiert werden (AVT Verfahren), wenn im Kesselwasser die Leitfähigkeit stark eingeschränkt wird (s. Abschnitt 5.4).

Für Umlaufkessel ist auch bei salzfreiem Wasser die Dosierung fester Alkalien, am besten in Kombination mit flüchtigen Alkalisierungsmitteln, anzustreben. Für Durchlaufkessel - ausgenommen Durchlaufkessel zur Erzeugung von Nassdampf – dürfen nur flüchtige Mittel eingesetzt werden.

Flüchtige Mittel - ausgenommen Ammoniak, der bis zu 0,5 mg/kg im Dampf zulässig ist - dürfen nicht eingesetzt werden, wenn der Dampf mit Lebensmitteln in Berührung kommt oder der Dampf u. a. zur Luftbefeuchtung dient. Nichtflüchtige Mittel dürfen im Wasser für Einspritzkühler nicht enthalten sein.

Wasser und Dampf

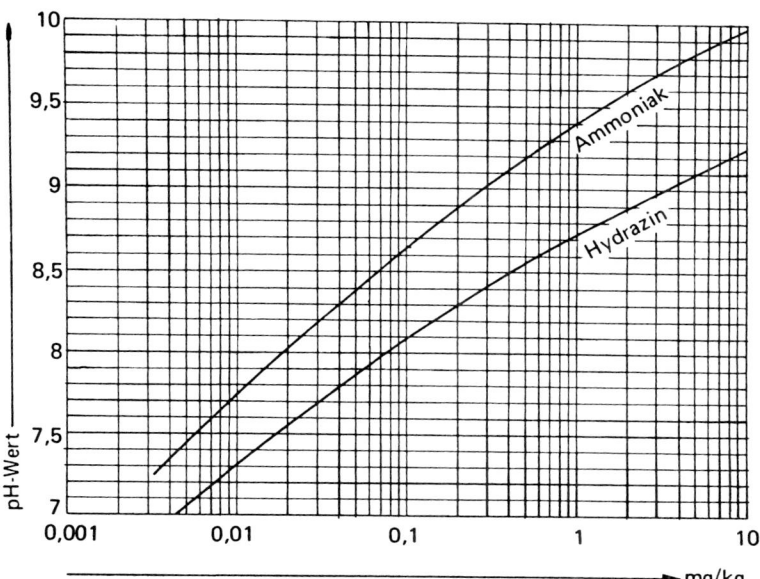

Bild 5.33: pH-Wert Erhöhung von reinem Wasser durch die flüchtigen Alkalisierungsmittel Ammoniak und Hydrazin bei 25 °C (VKW-Handbuch)

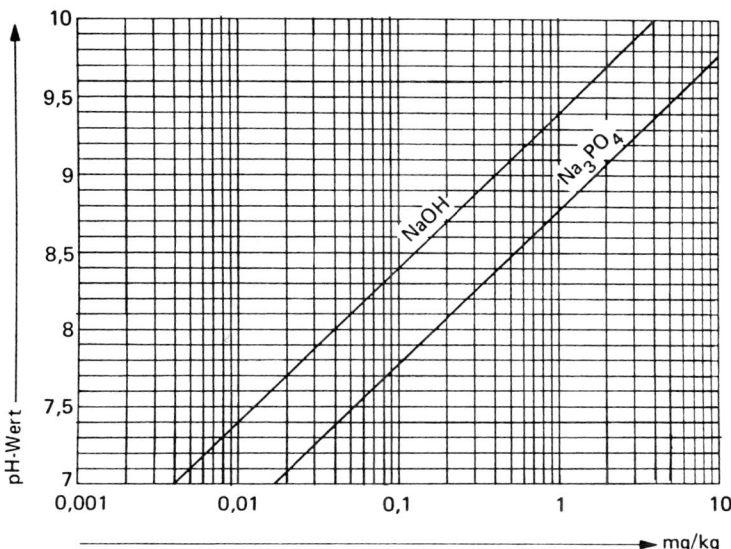

Bild 5.34: pH-Wert Erhöhung von reinem Wasser durch die nicht flüchtigen Alkalisierungsmittel Natronlauge und Trinatriumphosphat bei 25 °C (VKW-Handbuch

Die zur Einstellung des pH-Wertes notwendigen Mengen an flüchtigen und festen Alkalisierungsmitteln können aus den Bildern 5.33 und 5.34 ermittelt werden. Durch eine Zugabe von 40 g/m³ Ätznatron wird in salzarmem, entgastem Wasser eine $K_{S8,2}$ (p-Wert) von etwa 1 mmol/l erreicht. Zur ausreichenden Alkalisierung eines neutralen, entgasten Kesselspeisewassers ist deshalb eine Ätznatronmenge von 0,5 bis 5 g/m³ zuzusetzen. Da Ammoniak, Amine, Hydrazin und Trinatriumphosphat ebenfalls alkalisch reagieren, kann es möglich sein, dass dadurch bereits eine geringe Alkalität erreicht wird.

Bei der Verwendung von entsalztem bzw. salzarmem Kesselspeisewasser in Großwasserraumkesseln bzw. Dampferzeugern spezieller Bauart mit beheizten Spalten, ist zur Sicherstellung eines entsprechenden Gehaltes nichtflüchtiger Alkalien der Einsatz von Trinatriumphosphat vorgeschrieben.

Für große Durchlaufkessel wird in letzter Zeit die sogenannte »kombinierte Fahrweise« (bei pH-Werten im Speisewasser zwischen 8,0 und 8,5), selten die sog. »neutrale Fahrweise« (bei pH-Werten im Speisewasser von 6,5-7,5), praktiziert. Die Konditionierung erfolgt bei diesen »Fahrweisen« durch Dosierung von Sauerstoff bis zu 0,25 mg/l O_2. Beide Fahrweisen sind nur bei dauernd salzfreiem Speisewasser (Säureleitfähigkeit bei 25 °C < 0,2 µS/cm) zulässig, der pH-Wert wird durch Ammoniak eingestellt.

Für Industriedampfkessel ist die herkömmliche alkalische Fahrweise mit einem Sauerstoffgehalt im Speisewasser < 0,1 mg/l bei salzfreiem Speisewasser und < 0,02 mg/l bei salzarmem und salzhaltigem Speisewasser einfacher und sicherer, bei den letztgenannten sogar die einzige Möglichkeit.

5.3.6.4 Antischaummittel

Diese Mittel verringern eine chemisch bedingte Schaumneigung des Kesselwassers. Ihr Zusatz ist selten erforderlich (Ausnahme bei Kesselwässern mit hohen Gehalten an organischen Stoffen, wie Huminsäuren, Detergentien usw.).

Wird durch mechanische Ursachen Kesselwasser in den Dampf mitgerissen (z. B. durch schlechte Wasser/Dampf-Trennung oder sogenanntes Spucken), nützen Antischaummittel nicht. Mechanische Ursachen für das Mitreißen von Kesselwasser können sein starke Last- und Druckschwankungen, eine Betriebsweise deutlich unter dem Auslegungsdruck, Auslegungs- und Baufehler an Kesseln usw.

5.3.6.5 Filmbildner

Dampfflüchtige Filmbildner (u. a. auch filmbildende Amine genannt) können dem Heizdampf zugesetzt werden, um einen Korrosionsschutz im Dampf- bzw. Kondensatnetz zu erreichen. Die Dosiermenge des Herstellers muss genau eingehalten werden. Ihre Anwendung unterliegt den gleichen Einschränkungen, wie der Einsatz von Hydrazin oder anderen dampfflüchtigen Mitteln. Filmbildner enthaltende Kondensate können zu Störungen in Kondensat-Aufbereitungsanlagen führen, die Ionenaustauscher enthalten. Durch filmbildenden Amine kann um das Austauscherkorn ein Film entstehen und damit die Aktivsubstanz der Austauschermasse blockiert werden.

Verschiedentlich sind an thermisch hoch belasteten Kesseln, Kesseln mit extremen Lastschwankungen und anderen betrieblichen Einflüssen, z. B. rasches An-

fahren aus dem kalten oder heißen Zustand und Umlauf- bzw. Zirkulationsstörungen - bevorzugt an Großwasserraumkesseln - Schäden aufgetreten, die auf filmbildende Amine zurückgeführt werden.
Verschiedene Kunststoffe und Elastomere (z. B. Gummikompensatoren und Membranen) können ebenfalls in Mitleidenschaft gezogen werden. Ein Einsatz derartiger Stoffe sollte deshalb mit neutralen sachkundigen Personen beraten werden. Bevorzugtes Einsatzgebiet dieser Mittel sind Wärmeversorgungsanlagen mit Dampferzeugern die öfter mehrere Tage nicht in Betrieb sind oder Anlagen mit Korrosionsproblemen durch stark kohlensäurehaltiges Kondensat.

5.4 Richtlinien und Anforderungen an die Wasserbeschaffenheit von Dampfkesseln

Eine zweckmäßige Aufbereitung und Überwachung der für die Speisung von Dampfkesseln verwendeten Wässer wird in den Technischen Regeln für Dampfkessel (TRD) vorausgesetzt. In der TRD 611 »Speise- und Kesselwasser von Dampferzeugern der Kategorie IV« und in der TRD 612 »Wasser für Heißwassererzeuger der Kategorien II bis IV«, sowie seit neuestem in der DIN EN 12952-12 »Wasserrohrkessel und Anlagenkomponenten« und DIN EN 12953-10 »Großwasserraum-Kessel« sind wasserchemische Mindestanforderungen für Dampfkessel zusammengefasst, die primär sicherheitsrelevante Anforderungen für Dampf- oder Heißwasser-Erzeuger berücksichtigen.

Durch die VdTÜV und die VGB wurden darüber hinaus Richtlinien für die Beschaffenheit des Kesselspeise- und Kesselwassers von Kesselanlagen entsprechender Druckstufen herausgegeben, die Erfahrungswerte für den wasserchemisch störungsfreien Betrieb von Kesselanlagen enthalten und auch Anlageteile außerhalb des Dampfkessels sowie wirtschaftliche Aspekte berücksichtigen.

Für Dampfkessel aus üblichen Kesselbaustählen gelten zur Zeit Richtlinien, deren wichtigste Richtwerte aus den Tafeln 5.4 bis 5.26 zu entnehmen sind.

Für Dampfkessel mit Bauteilen aus Buntmetallen (z. B. Heizbündel aus Kupfer) und nichtrostenden Stählen (z. B. Heizbündel und Kesselmäntel aus Werkstoff 1.4541 oder 1.4571) gelten die vorgenannten Richtlinien nicht. Erfahrungswerte für den Betrieb von Dampfkesseln mit wesentlichen Bauteilen aus Buntmetallen und nichtrostenden Stählen können den Tafeln 5.27 bis 5.30 entnommen werden.

5.4.1 TRD 611: Speisewasser und Kesselwasser von Dampferzeugern der Kategorie IV, Stand 08.2001 - Auszug

Tafel 5.4: Anforderungen an salzfreies[1]) Speisewasser für Durchlaufkessel
Begriffsbestimmungen für salzfreies, salzarmes und salzhaltiges Speisewasser siehe Fußnoten

	Einheit	Richtwert	Grenzwert für kurzzeitig zulässige Abweichungen	Überwachung	Bemerkungen
Konditionierung mit flüchtigen Alkalisierungsmitteln					Bei den Leitfähigkeitsgrenzwerten für kurzzeitig zulässige Abweichungen wird vorausgesetzt, dass die Leitfähigkeitserhöhung durch Kohlensäure verursacht wird. Nach kurzer Betriebszeit muss dann fallende Tendenz der Leitfähigkeitswerte eintreten.
Leitfähigkeit bei 25 °C hinter stark saurem Kationenaustauscher	µS/cm	< 0,2	< 5	kontinuierlich, registrierend	
pH-Wert bei 25 °C	–	> 9	> 6,5	registrierend, ggf. über Hilfsgrößen	
Sauerstoff (O_2)	mg/l	< 0,10	< 0,30	diskontinuierlich	
Konditionierung mit Oxidationsmitteln					
Leitfähigkeit bei 25 °C ohne stark sauren Kationenaustauscher	µS/cm	< 0,25	< 1	kontinuierlich, registrierend	
Leitfähigkeit bei 25 °C hinter stark saurem Kationenaustauscher	µS/cm	< 0,2	< 1		
pH-Wert bei 25 °C	–	7 bis 8	> 6,5	durch Messung beider Leitfähigkeiten erfüllt	
Sauerstoff (O_2)	mg/l	0,05 bis 0,25	> 0,05 < 0,50	kontinuierlich, registrierend	
Konditionierung mit Ammoniak und Sauerstoff					
Leitfähigkeit bei 25 °C hinter stark saurem Kationenaustauscher	µS/cm	< 0,2	< 1	kontinuierlich, registrierend	
pH-Wert bei 25 °C	–	8 bis 9	> 6,5	über direkt gemessene Leitfähigkeit	
Sauerstoff (O_2)	mg/l	0,03 bis 0,15	> 0,03 bis < 0,5	kontinuierlich, registrierend	

[1]a Salzfreies Speisewasser ist Wasser mit einem Elektrolytgehalt entsprechend einer Leitfähigkeit bei 25 °C von < 0,2 µS/cm, gemessen hinter stark saurem Probenahme-Kationenaustauscher, und einer Kieselsäurekonzentration < 0,02 mg/l. Vorausgesetzt ist die Abwesenheit von freien Basen wie Natrium-, Kalium- oder Lithiumhydroxid.
b Salzarmes Speisewasser ist Wasser mit einem Elektrolytgehalt entsprechend einer Leitfähigkeit bei 25 °C von < 50 µS/cm, gemessen ohne stark sauren Probenahme-Kationenaustauscher.
c Salzhaltiges Speisewasser ist Wasser mit einem Elektrolytgehalt entsprechend einer Leitfähigkeit bei 25 °C von ≥ 50 µS/cm, gemessen ohne stark sauren Probenahme-Kationenaustauscher.

Wasser und Dampf

Tafel 5.5: Anforderungen an salzfreies[1]) Speisewasser für Umlaufkessel und Großwasserraumkessel

	Einheit	Richtwert	Grenzwert für kurzzeitig zulässige Abweichungen	Überwachung	Bemerkungen
Leitfähigkeit bei 25 °C hinter stark saurem Kationenaustauscher	µS/cm	< 0,2	< 5	kontinuierlich, registrierend (nicht erforderlich bei Großwasserraumkesseln)	siehe Bemerkungen in Tafel 5.4
pH-Wert bei 25 °C	–	> 9	> 6,5	registrierend, ggf. über Hilfsgrößen	Bis zur Abzweigung für Einspritzwasser für Dampfkühler nur flüchtige Alkalisierungsmittel
Sauerstoff (O_2)	mg/l	< 0,10	< 0,30	diskontinuierlich	

Tafel 5.6: Anforderungen an das Kesselwasser von Umlaufkesseln und Großwasserraumkesseln bei salzfreiem[1]) Speisewasser

	Einheit	Richtwert	Überwachung	Bemerkungen
≤ 68 bar: Leitfähigkeit bei 25 °C ohne stark sauren Probenahme-Kationenaustauscher	µS/cm	< 50	kontinuierlich	
Leitfähigkeit bei 25 °C hinter stark saurem Probenahme-Kationenaustauscher	µS/cm	< 150	diskontinuierlich	
pH-Wert bei 25 °C		9,5–10,5	diskontinuierlich, ggf. über Hilfsgrößen	Bei kombinierter Anwendung fester und flüchtiger Alkalisierungsmittel*) **)
> 68 bar: Leitfähigkeit bei 25 °C hinter stark saurem Probenahme-Kationenaustauscher	µS/cm	< 50	kontinuierlich	
pH-Wert bei 25 °C > 68 bis 136 bar > 136 bar		9,8–10,2 9,3– 9,7	kontinuierlich, ggf. über Hilfsgrößen	

*) Alternativ ist die Anwendung ausschließlich flüchtiger Alkalisierungsmittel möglich, wenn die Speisewasserrichtwerte nach Tafel 5.5 sowie eine Kesselwasserleitfähigkeit < 3 µS/cm hinter Kationenaustauscher eingehalten werden.
**) Bei Großwasserraumkesseln wird von Natrium- oder Kaliumhydroxid als festem Alkalisierungsmittel abgeraten und stattdessen Trinatriumphosphat empfohlen.

Tafel 5.7: Anforderungen an salzarmes[1]) und salzhaltiges[1]) Speisewasser für Umlaufkessel (Wasserrohr- und Großwasserraumkessel)

	Zulässiger Betriebsüberdruck in bar	Einheit	Richtwert	Grenzwert für kurzzeitig zulässige Abweichungen	Überwachung	Bemerkungen
pH-Wert bei 25 °C		–	> 9	> 8	diskontinuierlich, ggf. über Hilfsgrößen	
Summe Erdalkalien ($Ca^{2+} + Mg^{2+}$)	< 68 ≥ 68 ≤ 87	mmol/l mmol/l	< 0,010 < 0,005	< 0,050 < 0,010	} diskontinuierlich	
Sauerstoff (O_2)		mg/l		< 0,02	anfahrbedingte Überschreitungen zulässig	diskontinuierlich, ggf. über Hilfsparameter	Durch thermische Entgasung, ggf. durch Sauerstoffbindemittel sicherzustellen

[1]) Begriffsbestimmungen für salzfreies, salzarmes und salzhaltiges Speisewasser siehe Tafel 5.4

Tafel 5.8.1: Anforderungen an das Kesselwasser für Großwasserraumkessel bei salzarmem[1]) und salzhaltigem[1]) Speisewasser

Zulässiger Betriebsüberdruck in bar	Richtwert			Überwachung
	Leitfähigkeit bei 25 °C in µS/cm	pH-Wert bei 25 °C		
		salzarmes Speisewasser*)	salzhaltiges Speisewasser	
≤ 22	< 8000	10,5–11,5	10,5–12,0	diskontinuierlich,
> 22	< 4000	10,0–11,0	10,0–11,8	ggf. über Hilfsgrößen

*) Bei salzarmem Speisewasser ist eine Phosphatkonzentration von 7,5 bis 15 mg/l PO_4, in der Regel durch Trinatriumphosphat, einzustellen. Wenn der Mindest-pH-Wert dadurch nicht erreicht wird, soll zusätzlich Natronlauge dosiert werden.

Tafel 5.8.2: Anforderungen an das Kesselwasser für Wasserrohrkessel bei salzarmem[1]) und salzhaltigem[1]) Speisewasser

Zulässiger Betriebsüberdruck in bar		Richtwert		Überwachung
		Leitfähigkeit bei 25 °C in µS/cm	pH-Wert bei 25 °C	
	≤ 22	< 8000	10,5–12,0	diskontinuierlich,
> 22	≤ 44	< 4000	10,0–11,8	ggf. über Hilfsgrößen
> 44	≤ 68	< 2000	10,0–11,0	
> 68	≤ 87*)	< 300	9,5–10,5	

*) Nur salzarmes Speisewasser zugelassen.

[1]) Begriffsbestimmungen für salzfreies, salzarmes und salzhaltiges Speisewasser siehe Tafel 5.4.

5.4.2 TRD 612: Wasser für Heißwassererzeuger der Kategorien II bis IV, Stand 08.2001 - Auszug

Tafel 5.9: Anforderungen an das Kreislaufwasser[1])

	Einheit	salzarm		salzhaltig
elektr. Leitfähigkeit bei 25 °C	µS/cm	≤ 30	> 30–100	> 100–1500
pH-Wert bei 25 °C[2])	–	9,0–10,0[3])	9,0–10,5[3])	9,0–10,5
Sauerstoff (O_2)[4])	mg/l	< 0,1	< 0,05	< 0,02

[1]) Gemessen am Eintritt des Heißwassererzeugers.
[2]) Sollen die Bestimmungen der Trinkwasserverordnung eingehalten werden, darf ein pH-Wert von 9,5 nicht überschritten werden. Die Verträglichkeit der Pumpen- und Armaturenwerkstoffe mit dem Kreislaufwasser ist zu beachten.
[3]) Zur Einstellung des pH-Wertes ist bei Großwasserraumkesseln in erster Linie Trinatriumphosphat zu verwenden und Natronlauge nur dann einzusetzen, wenn der angestrebte pH-Wert mit Trinatriumphosphat nicht zu erreichen ist.
[4]) Im Dauerbetrieb stellen sich normalerweise deutlich niedrigere Werte ein.

5.4.3 DIN EN 12952-12: Wasserrohrkessel und Anlagenkomponenten - Teil 12: Anforderungen an die Speise- und Kesselwasserqualität (Auszug), Stand 12.2003

Tafel 5.10: Speisewasser für Dampf- und Heißwassererzeuger mit Natur- oder Zwangumlauf

Parameter	Einheit	Speisewasser mit Feststoffgehalt			Speisewasser und Einspritzwasser entsalzt	Zusatzwasser für Heißwassererzeuger
Betriebsdruck	bar	> 0,5–20	> 20–40	> 40–100	Gesamtbereich	Gesamtbereich
Aussehen	–	klar, frei von Schwebstoffen				
Direkte Leitfähigkeit bei 25 °C	µS/cm	siehe Tafel 5.11*			–	siehe Tafel 5.11*
Säureleitfähigkeit bei 25 °C[1])	µS/cm	–	–	–	< 0,2	–
pH-Wert bei 25 °C[2])	–	> 9,2[3])	> 9,2	> 9,2	> 9,2[4])	> 7,0
Gesamthärte (Ca + Mg)	mmol/l	< 0,02[5])	< 0,01	< 0,005	–	< 0,05
Natrium und Kalium (Na + K)	mg/l	–	–	–	< 0,010	–
Eisen, gesamt (Fe)	mg/l	< 0,050	< 0,030	< 0,020	< 0,020	< 0,2
Kupfer, gesamt (Cu)	mg/l	< 0,020	< 0,010	< 0,003	< 0,003	< 0,1
Kieselsäure (SiO_2)	mg/l	siehe Tafel 5.11*			< 0,020	–
Sauerstoff (O_2)	mg/l	< 0,020[6])	< 0,020	< 0,020	< 0,1	–
Öl/Fett (s. EN 12952-7)	mg/l	< 1	< 0,5	< 0,5	< 0,5	< 1
Organische Substanzen (als TOC)	mg/l	siehe Fußnote[8])		< 0,5[7])	< 0,2	siehe Fußnote[8])
Alternativ Permanganat-Index	mg/l	5	5	3	5	–

*) nicht festgelegt, nur Richtwerte für Kesselwasser wesentlich,
[1]) Der Einfluss organischer Konditionierungsmittel soll ergänzend berücksichtigt werden.
[2]) Bei Kupferlegierungen im System muss der pH-Wert im Bereich 8,7 bis 9,2 gehalten werden.
[3]) Mit enthärtetem Wasser > 7,0 unter Berücksichtigung des pH-Wertes des Kesselwasser nach Tafel 5.11
[4]) Für Einspritzwasser sind nur flüchtige Alkalisierungsmittel zulässig.
[5]) Bei Betriebsdrücken < 1 bar ist eine Gesamthärte von 0,05 mmol/l zulässig.
[6]) Beschränkt auf kontinuierlichen Betrieb und/oder unter Einsatz eines Speisewasservorwärmers; bei intermittierendem Betrieb ohne Entgaser sind Filmbildner und/oder überschüssige Sauerstoffbindemittel zu beachten.
[7]) Bei einem Betriebsdruck > 60 bar wird ein TOC < 0,2 mg/l empfohlen.
[8]) Allgemein sind organische Substanzen Mischungen von verschiedenen Verbindungen. Die Zusammensetzung solcher Mischungen und das Verhalten ihrer Komponenten unter den Bedingungen des Kesselbetriebs sind schwer vorherzusehen. Organische Substanzen können sich zu Kohlensäure und anderen sauren Produkten zersetzen, die die Säureleitfähigkeit erhöhen und Korrosion und Ablagerungen verursachen. Sie können ebenso zu Schaum- und/oder Belagbildung führen, die so gering wie möglich zu halten sind.

Tafel 5.11: Kesselwasser für Dampf- und Heißwassererzeuger mit Natur- oder Zwangumlauf

Parameter	Einheit	Kesselwasser für Dampfkessel							Kesselwasser für Heißwassererzeuger
		Speisewasser mit gelösten Feststoffen					Salzfreies Speisewasser Säureleitfähigkeit < 0,2 µS/cm[1]		
		Direkte Leitfähigkeit > 30 µS/cm			Direkte Leitfähigkeit ≤ 30 µS/cm		Alkalisierung des Kesselwassers mit festen Alkalisierungsmitteln	AVT-Behandlung	
Betriebsdruck	bar	< 0,5–20	> 20–40	> 40–60	> 0,5–60	> 60–100	≤ 100	> 100	Gesamtbereich
Aussehen	–	siehe Bild 5.35[2]			siehe Bild 5.36		klar, kein stabiler Schaum		
Dir. Leitfähigkeit bei 25 °C	µS/cm						< 100	< 30	< 1500
Säureleitfähigkeit bei 25 °C – ohne Phosphatdosierung	µS/cm	–	–	–	–	–	< 50	< 30	–
– mit Phosphatdosierung	µS/cm	–	–	–	–	–	< 50	< 40	–
pH-Wert bei 25 °C	–	10,5–12,0	10,5–11,8	10,3–11,5	10,0–11,0	9,8–10,5	9,5–10,5	9,3–9,7	9,0–11,5[5]
Säurekapazität bis pH 8,2	mmol/l	1–15[4]	1–10[2]	0,5–5[2]	0,1–1,0	–	0,1–0,3	0,05–0,3	≥ 8,0[4]	–
Kieselsäure (SiO$_2$)	mg/l	8–15	8–15	8–15	5–10	druckabhängig nach Bild 5.37 oder Bild 5.38			–
Phosphat (PO$_4$)[6]	mg/l	10–20			< 6		< 6	< 3	–
Organische Substanzen	–	siehe Fußnote[7]							

[1]) Ohne Konditionierungsmittel.
[2]) Mit Überhitzer sind 50 % des angegebenen oberen Wertes als maximaler Wert zu betrachten.
[3]) Säureleitfähigkeit < 3, wenn der Wärmestrom > 250 kW/m² beträgt.
[4]) Der pH-Wert ist im Speisewasser einzustellen und sollte ≥ 8,5 bei Betriebsdrücken > 60 bar betragen.
[5]) Sind NE-Werkstoffe, z. B. Aluminium, im System vorhanden, können sie einen niedrigeren pH-Wert und eine niedrigere direkte Leitfähigkeit erforderlich machen, jedoch hat der Schutz des Kessels Vorrang.
[6]) Wird Phosphat verwendet, sind unter Berücksichtigung aller anderen Werte höhere PO$_4$-Konzentrationen zulässig, z. B. mit ausgeglichener oder koordinierter Phosphatbehandlung (siehe auch Abschnitt 4 der EN).
[7]) Siehe [8]) Tafel 5.10

Der Wärmeträger Wasser

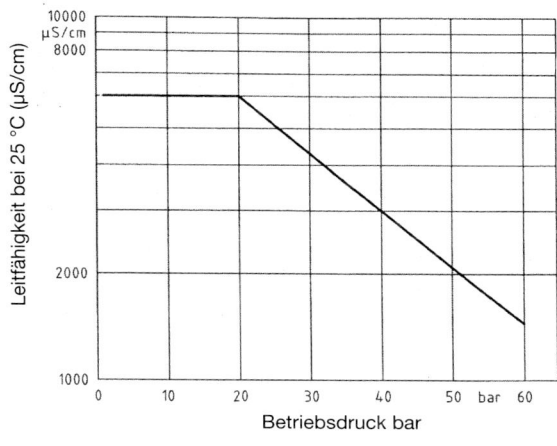

Bild 5.35: Maximal zulässige direkte Leitfähigkeit des Kesselwassers in Abhängigkeit vom Druck; Speisewasser-Leitfähigkeit > 30 µS/cm

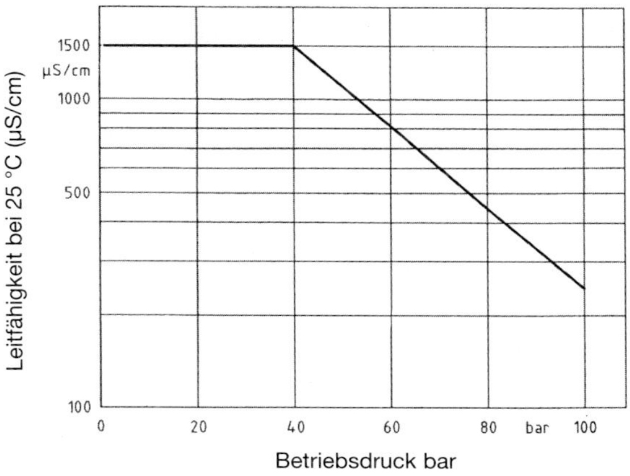

Bild 5.36: Maximal zulässige direkte Leitfähigkeit des Kesselwassers in Abhängigkeit vom Druck; Speisewasser-Leitfähigkeit ≤ 30 µS/cm

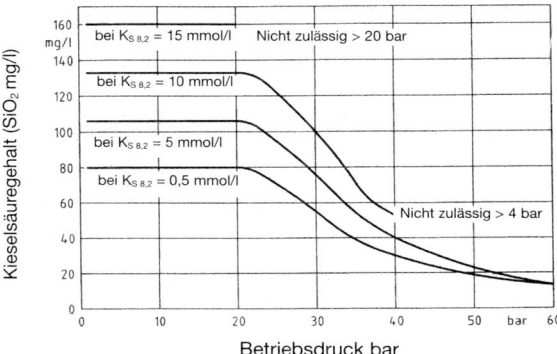

Bild 5.37: Maximal zulässiger Kieselsäuregehalt (SiO_2) des Kesselwassers in Abhängigkeit vom Druck, im Bereich > 0,5 bis 60 bar

Bild 5.38: Maximal zulässiger Kieselsäuregehalt (SiO_2) des Kesselwassers in Abhängigkeit vom Druck basierend auf < 0,02 mg/l SiO_2 im Dampf; Bereich > 60 bis 180 bar

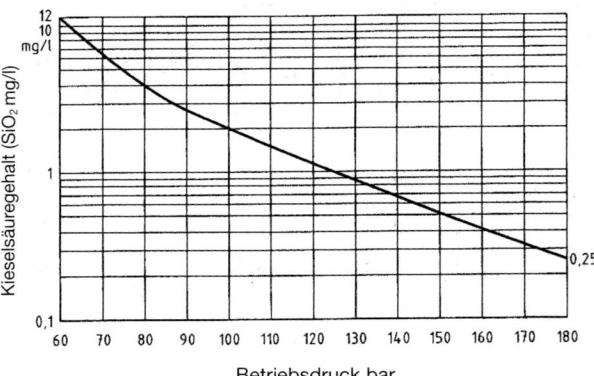

Tafel 5.12: Speisewasser und Einspritzwasser für Durchlaufkessel [1])

Parameter	Einheit	Salzfreies Wasser
Betriebsdruck	bar	Gesamter Bereich
Aussehen	–	Klar, frei von Schwebstoffen
Direkte Leitfähigkeit bei 25 °C	µS/cm	nicht vorgeschrieben[2])
Säureleitfähigkeit bei 25 °C	µS/cm	< 0,2
pH-Wert bei 25 °C	–	7 bis 10[3]) – siehe Bild 5.39
Natrium und Kalium (Na + K)	mg/l	< 0,010
Eisen, gesamt (Fe)	mg/l	< 0,010[4])
Kupfer, gesamt (Cu)	mg/l	< 0,003
Kieselsäure (SiO_2)	mg/l	< 0,020
Sauerstoff (O_2)	mg/l	≤ 0,250[3]) – siehe Bild 5.39
Organische Substanzen (TOC)	mg/l	< 0,2

[1]) Bei Durchlaufkesseln zur Erzeugung von Nassdampf kann Speisewasser mit gelösten Feststoffen nach Tafel 5.10 verwendet werden.
[2]) Direkte Leitfähigkeit als Hilfsgröße für die Einstellung des pH-Wertes und empfohlen anstelle einer pH- und/oder Ammoniak-Messung.
[3]) Bezüglich der Korrelation zwischen pH-Wert und Sauerstoffkonzentration (Bild 5.39) ist Folgendes zu berücksichtigen:
 – Den zulässigen oberen pH-Grenzwert bestimmen im Allgemeinen andere Werkstoffe als Stahl, z. B. Kupfer- oder Aluminiumlegierungen im System;
 – Sauerstoff ist notwendig zur Konditionierung bei niedrigen pH-Werten, ist aber auch zulässig bei höheren pH-Werten als Zusatz zum Alkalisierungsmittel. Bei pH-Wert > 9 ist eine Sauerstoffkonzentration gegen Null ebenfalls möglich. Es gibt eine Korrelation zwischen dem pH-Wert und der Sauerstoffkonzentration, die allgemein gilt, dass umso mehr der pH-Wert sich dem Mindestwert von 7 nähert, um so höher die Sauerstoffkonzentration sein muss;
 – Innerhalb der angegebenen Grenzen sollten der pH-Wert und die Sauerstoffkonzentration so eingestellt werden, dass die Eisen- und Kupferkonzentration im Speisewasser vor Kesseleintritt minimiert wird.
[4]) Bei Betriebsdrücken bis 60 bar ist ein Eisengehalt (Fe) < 0,020 mg/l zulässig.

Wasser und Dampf

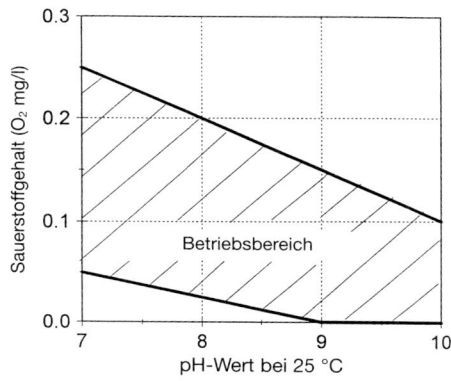

Bild 5.39: Speisewasser für Durchlaufkessel; Korrelation zwischen pH-Wert und einzustellendem Sauerstoffgehalt

5.4.4 DIN EN 12953-10: Großwasserraumkessel - Teil 10: Anforderungen an die Speise- und Kesselwasserqualität (Auszug), Stand 12.2003

Tafel 5.13: Speisewasser für Dampfkessel (ausgenommen Einspritzwasser) und Heißwasserkessel

Parameter	Einheit	Speisewasser für Dampfkessel mit Feststoffgehalt		Zusatzwasser für Heißwasserkessel
Betriebsdruck	bar	> 0,5–20	> 20	Gesamtbereich
Aussehen	–	klar, frei von Schwebstoffen		
Leitfähigkeit bei 25 °C	µS/cm	siehe Tafel 5.14		siehe Tafel 5.14
pH-Wert bei 25 °C[1]	–	> 9,2[2]	> 9,2[2]	> 7,0
Gesamthärte (Ca + Mg)	mmol/l	< 0,01[3]	< 0,01	< 0,05
Eisen (Fe)	mg/l	< 0,3	< 0,1	< 0,2
Kupfer (Cu)	mg/l	< 0,05	< 0,03	< 0,1
Kieselsäure (SiO_2)	mg/l	siehe Tafel 5.14*		–
Sauerstoff (O_2)	mg/l	< 0,05[4]	< 0,02	–
Öl/Fett	mg/l	< 1	< 1	< 1
Organische Substanzen	–	siehe Fußnote [5]		

*) nicht festgelegt, nur Anhaltswerte für Kesselwasser relevant,

[1]) Bei Kupferlegierungen im System muss der pH-Wert im Bereich 8,7 bis 9,2 gehalten werden.
[2]) Mit enthärtetem Wasser > 7,0 unter Berücksichtigung des pH-Wertes des Kesselwassers nach Tafel 5.14.
[3]) Bei Betriebsdrücken < 5 bar ist eine Gesamthärte von 0,05 mmol/l zulässig.
[4]) Beschränkt auf kontinuierlichen Betrieb und/oder unter Einsatz eines Speisewasservorwärmers; bei intermittierendem Betrieb oder Betrieb ohne Entgaser sind Filmbildner und/oder überschüssige Sauerstoffbindemittel zu benutzen.
[5]) Allgemein sind organische Substanzen Mischungen von verschiedenen Verbindungen. Die Zusammensetzung solcher Mischungen und das Verhalten ihrer Komponenten unter den Bedingungen des Kesselbetriebs sind schwer vorherzusehen. Organische Substanzen können sich zu Kohlensäure oder anderen sauren Produkten zersetzen, die die Säureleitfähigkeit erhöhen und Korrosion und Ablagerungen verursachen. Sie können ebenso zu Schaum- und/oder Belagbildung führen, die so gering wie möglich zu halten sind.

Tafel 5.14: Kesselwasser für Dampf- und Heißwasserkessel

Parameter	Einheit	Kesselwasser für Dampfkessel			Kesselwasser für Heißwasserkessel
		Speisewasserleitfähigkeit > 30 µS/cm		Speisewasserleitfähigkeit ≤ 30 µS/cm	
Betriebsdruck	bar	> 0,5–20	> 20	> 0,5	Gesamtbereich
Aussehen	–	klar, kein stabiler Schaum			
Leitfähigkeit bei 25 °C	µS/cm	< 6000[1]	s. Bild 5.40[1]	< 1500	< 1500
pH-Wert bei 25 °C	–	10,5–12,0	10,5–11,8	10,0–11,0[2][3]	9,0–11,5[4]
Säurekapazität bis pH 8,2	mmol/l	1–15[1]	1–10[1]	0,1–1,0[3]	< 5
Kieselsäure (SiO$_2$)	mg/l	druckabhängig nach Bild 5.41			–
Phosphat (PO$_4$)[5]	mg/l	10–30	10–30	6–15	–
Organische Substanzen	–	siehe Fußnote [6]			

[1] Mit Überhitzer sind 50 % des angegebenen oberen Wertes als maximaler Wert zu betrachten.
[2] Grundeinstellung des pH-Wertes durch Dosierung von Na$_3$PO$_4$, zusätzliche NaOH-Dosierung nur, wenn der pH-Wert < 10 beträgt.
[3] Beträgt die Leitfähigkeit des Kesselspeisewassers hinter stark saurem Kationenaustauscher < 0,2 µS/cm und ist seine Na + K-Konzentration < 0,010 mg/l, ist eine Phosphatdosierung nicht erforderlich; alternativ dazu kann AVT-Fahrweise (Konditionierung mit flüchtigen Alkalisierungsmitteln, pH-Wert des Speisewassers pH ≥ 9,2 und pH-Wert des Kesselwassers pH ≥ 8,0) angewandt werden. In diesem Fall muss die Leitfähigkeit hinter stark saurem Kationenaustauscher < 5 µS/cm betragen.
[4] Sind NE-Werkstoffe, z. B. Aluminium, im System vorhanden, können sie einen niedrigeren pH-Wert und eine niedrigere Leitfähigkeit erforderlich machen, jedoch hat der Schutz des Kessels Vorrang.
[5] Wird Phosphat verwendet, sind unter Berücksichtigung aller anderen Werte höhere PO$_4$-Konzentrationen zulässig, z. B. mit ausgeglichener oder koordinierter Phosphatbehandlung (siehe auch Abschnitt 4 der EN).
[6] Siehe [5] in Tafel 5.13

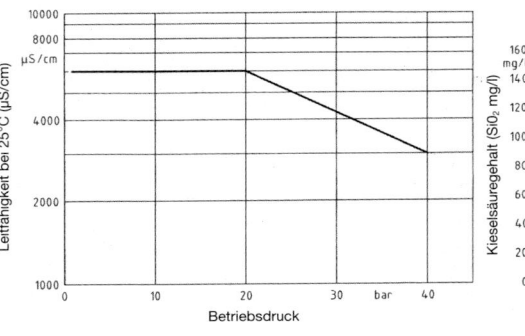

Bild 5.40: Maximal zulässige direkte Leitfähigkeit des Kesselwassers in Abhängigkeit des Drucks; Speisewasser-Leitfähigkeit > 30µS/cm

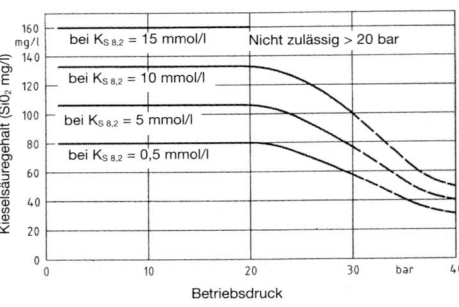

Bild 5.41: Maximal zulässiger Kieselsäuregehalt (SiO$_2$) des Kesselwassers in Abhängigkeit vom Druck

Wasser und Dampf

5.4.5 VdTÜV-Richtlinien für Speisewasser, Kesselwasser und Dampf von Dampferzeugern bis 68 bar zulässigem Betriebsüberdruck
Ausgabe April 1983 - Auszug[6])

Tafel 5.15: Salzhaltiges Speisewasser für Umlaufkessel (Wasserrohr- und Großwasserraumkessel)

Zulässiger Betriebsüberdruck	bar	≤ 1	< 68
Allgemeine Anforderungen	–	farblos, klar, frei von ungelösten Stoffen	
pH-Wert[1]) bei 25 °C	–	> 9	> 9[2])
Summe Erdalkalien (Ca + Mg)	mmol/l	< 0,015	< 0,01[2])
Sauerstoff (O_2)	mg/l	< 0,1	< 0,02[2])
Kohlensäure (CO_2) gebunden	mg/l	< 25	< 25
Eisen, gesamt (Fe)	mg/l	–	< 0,03[3])
Kupfer, gesamt (Cu)	mg/l	–	< 0,005[3])
Kieselsäure (SiO_2)	mg/l	nur Richtwerte für Kesselwasser maßgebend	
Leitfähigkeit bei 25 °C	μS/cm	nur Richtwerte für Kesselwasser maßgebend	
Oxidierbarkeit (MnVII → MnII) als $KMnO_4$	mg/l	< 10	< 10
Öl, Fett	mg/l	< 3	< 1

[1]) Ggf. über Hilfsgröße $K_{S\,8,2}$ gemessen.
[2]) Anforderungen gemäß TRD 611.
[3]) Für Großwasserraumkessel ≤ 22 bar: Fe < 0,05 mg/l, Cu < 0,01 mg/l

Tafel 5.16: Kesselwasser aus salzhaltigem Speisewasser

Zulässiger Betriebsüberdruck	bar	≤ 1	≤ 22[1])	≤ 44	≤ 68
Allgemeine Anforderungen	–	farblos, klar, frei von ungelösten Stoffen			
pH-Wert bei 25 °C	–	10,5–12	10,5–12[2])	10–11,8[2])	10–11[2])
Säurekapazität bis pH 8,2 ($K_{S\,8,2}$)	mmol/l	1–12	1–12	0,5–6	0,1–1
Leitfähigkeit bei 25 °C[3])	μS/cm	< 5000	< 8 000[2])	< 4000[2])	< 2000[2])
Kieselsäure (SiO_2)	mg/l	–	abhängig vom Betriebsüberdruck nach Bild 5.42		< 10
Phosphat (PO_4)[4])	mg/l	10–20	10–20	5–15	5–15

[1]) Für Dampferzeuger mit Überhitzer der Druckstufe ≤ 22 bar sind die Kesselwasser-Richtwerte der Druckstufe ≤ 44 bar anzuwenden.
[2]) Anforderungen gemäß TRD 611, Korrigiert nach Ausgabe 2001
[3]) Wird eine Dampfreinheit nach Tafel 5.19 gefordert, darf die Leitfähigkeit ein Viertel der angegebenen Grenzwerte nicht übersteigen.
[4]) Die Phosphatdosierung wird empfohlen, ist aber nicht immer erforderlich.

---

[6]) VdTÜV-Merkblatt Technische Chemie 1453, Verlag TÜV Rheinland GmbH, Postfach 101750, 51123 Köln. Die VdTÜV-Richtlinien für die Speise- und Kesselwasserbeschaffenheit bei Dampferzeugern bis 64 bar zulässigem Betriebsüberdruck - Ausgabe April 1972 - sind aus Technische Überwachung, Band 13 (1972) Nr. 4, Seite 116-118, zu entnehmen.

Tafel 5.17: Salzfreies Speisewasser bei alkalischer Fahrweise von Dampfkesseln und Einspritzwasser zur Dampftemperaturregelung

	Einheit	Umlauf- und Großwasserraumkessel	Durchlaufkessel[2]) und Einspritzwasser
Zulässiger Betriebsüberdruck	bar	≤ 1	≤ 68	≤ 68
Allgemeine Anforderungen		farblos, klar, frei von ungelösten Stoffen		
pH-Wert bei 25 °C	–	> 9	> 9[1])	> 9[1])
Leitfähigkeit bei 25 °C hinter stark saurem Probenahme-Kationenaustauscher	µS/cm	< 0,2	< 0,2[1])	< 0,2[1])
Sauerstoff (O_2)	mg/l	< 0,1	< 0,1	ohne Grenzwert[3])
Eisen, gesamt (Fe)	mg/l	–	< 0,03	< 0,02
Kupfer, gesamt (Cu)	mg/l	–	< 0,005	< 0,003
Oxidierbarkeit (MnVII → MnII) als $KMnO_4$	mg/l	<10	< 3	< 3
Öl, Fett	mg/l	< 3	< 1	nicht nachweisbar
Kieselsäure (SiO_2)	mg/l	–	< 0,02	< 0,02

[1]) Anforderungen gemäß TRD 611.
[2]) Für Durchlaufkessel, deren Speisewasser mit Oxidationsmitteln konditioniert wird, gelten die »VGB-Richtlinien für Kesselspeisewasser, Kesselwasser und Dampf von Dampferzeugern über 68 bar zulässigem Betriebsüberdruck« in der jeweils gültigen Fassung.
[3]) Eine Sauerstoffkonzentration < 0,5 mg/l, besser < 0,1 mg/l, wird empfohlen.

Tafel 5.18: Kesselwasser aus salzfreiem Speisewasser

	Einheit	bei Zusatz von festen und flüchtigen Alkalisierungsmitteln	bei Zusatz *nur* von flüchtigen Alkalisierungsmitteln
Zulässiger Betriebsüberdruck	bar	≤ 68	
Allgemeine Anforderungen		farblos, klar, frei von ungelösten Stoffen	
pH-Wert bei 25 °C	–	9,5–10,5[1]) [2])	möglichst > 9
Leitfähigkeit bei 25 °C hinter stark saurem Probenahme-Kationenaustauscher	µS/cm	< 150[1])	< 3[1])
ohne stark sauren Probenahme-Kationenaustauscher	µS/cm	< 50[1])	–
Phosphat (PO_4)	mg/l	< 6	–
Kieselsäure (SiO_2)	mg/l	< 4	< 4

[1]) Anforderungen gemäß TRD 611.
[2]) Gemäß TRD 611 wird bei Großwasserraumkesseln von Natrium- oder Kaliumhydroxid als festem Alkalisierungsmittel abgeraten und stattdessen Trinatriumphosphat empfohlen.

Wasser und Dampf 415

Tafel 5.19: Dampfreinheit (nur im VdTÜV-Richtlinienentwurf März 1982 enthalten)

	Einheit	Sattdampf-kondensat von Großwasser-raumkesseln ohne Überhitzer	Dampfkondensat von Großwasser-raumkesseln mit Überhitzer und Wasserrohr-kesseln ≤ 44 bar	Dampfkondensat von Wasserrohr-kesseln ≤ 68 bar mit und ohne Turbinenbetrieb
Leitfähigkeit bei 25 °C gemessen hinter stark saurem Probenahme-Kationenaustauscher	µS/cm	< 10[1]	< 4[1]	< 0,5[1]
Glührückstand bei 600 °C	mg/l	< 2	< 1	–
Natrium (Na)	mg/l	< 0,5	< 0,2	< 0,02
Kieselsäure (SiO_2)	mg/l	–	< 0,03	< 0,02
Eisen, gesamt (Fe)	mg/l	–	–	< 0,02
Kupfer, gesamt (Cu)	mg/l	–	–	< 0,003

[1]) Siehe auch Tafel 5.16, Fußnote 3.
Bei Anwesenheit von Kohlensäure werden diese Werte gewöhnlich überschritten. Zur Prüfung der Dampfreinheit ist dann auf andere Kenngrößen, wie z. B. Natriumgehalt auszuweichen. Weitergehende Anforderungen sind mit dem Kessel- bzw. Turbinenhersteller abzusprechen.

Das Bild 5.42 zeigt für Dampferzeuger bis 68 bar zulässigem Betriebsüberdruck den maximalen Kieselsäuregehalt (SiO_2) in Abhängigkeit vom Betriebsüberdruck und der $K_{S8,2}$.
Für Dampfumformer aus normalen Kesselbaustählen, d.h. für Dampferzeuger, die mit Heißwasser oder Dampf beheizt werden, können die gleichen Richtwerte wie für direkt befeuerte Dampferzeuger verwendet werden.

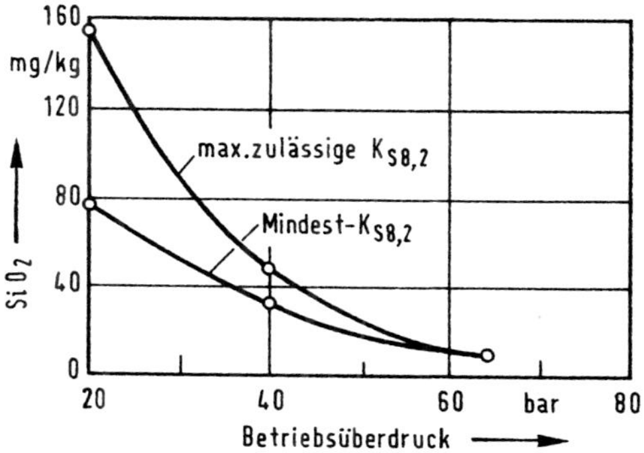

Bild 5.42: Zulässiger SiO_2-Gehalt in Abhängigkeit vom Betriebsüberdruck und der $K_{S8,2}$ (VdTÜV-Richtlinien)

Für Sonderkessel aus C-Stahl oder nichtrostendem Stahl mit Heizbündeln oder Heizwendeln aus Kupfer, Kupferlegierungen und Chrom-Nickel-Stählen, z. B. Umformer, Elektrokessel usw. können die Richtwerte der Tafeln 5.27 bis 5.30 angewendet werden. Wenn besondere Anforderungen an die Dampfqualität bestehen, sind die Grenzwerte ggf. zu verschärfen.

5.4.6 VGB-Richtlinien für Kesselspeisewasser, Kesselwasser und Dampf von Dampferzeugern über 68 bar zulässigem Betriebsüberdruck Ausgabe 1988 - Auszug[7])

In dieser Richtlinie wird der Betrieb mit salzfreiem Speisewasser als Regelfall angesehen. Die in der Praxis bewährte Speisewasser-Konditionierung mit Ammoniak und Sauerstoff wurde in die Richtlinie aufgenommen.

Tafel 5.20: Salzfreies Speisewasser, im Dauerbetrieb
Anforderungen an salzfreies Speisewasser für Durchlaufkessel und Umlaufkessel sowie an das Wasser für Einspritzkühler zur Dampftemperaturregelung
Messstelle: Kesseleintritt (vor der eventuellen Dosierstelle für festes Alkalisierungsmittel)

Richtwert bzw. Normal-Betriebswert	Einheit	Richtwert	Normal-Betriebswert (für Kondensationskraftwerke)
Allgemeine Bedingungen		klar und farblos	klar und farblos
Gesamt-Eisen (Fe)	mg/l	< 0,020	0,010
Gesamt-Kupfer (Cu)	mg/l	< 0,003	0,001
Kieselsäure (SiO_2)	mg/l	< 0,020	0,005
Natrium (Na)	mg/l	< 0,010	0,002
Organische Substanzen[1])		siehe 4.8 der Richtlinie	
Leitfähigkeit bei 25 °C hinter stark saurem Probenahme-Kationenaustauscher, kontinuierliche Messung an der Probenahmestelle	µS/cm	< 0,2	0,1

	Einheit	neutrale Fahrweise	kombinierte Fahrweise	alkalische Fahrweise
Leitfähigkeit bei 25 °C, direkte und kontinuierliche Messung an der Probenahmestelle	µS/cm	< 0,25	nicht spezifiziert[2])	
pH-Wert bei 25 °C (für Durchlaufkessel und Einspritzkühler nur flüchtige Alkalisierungsmittel zulässig)		7–8	8–9	9–10
Sauerstoff (O_2)	mg/l	0,050–0,250	0,030–0,150	< 0,100

[1]) Organische Substanzen können sich im Kesselwasser anreichern (erhöhte Schäumungsneigung; im Dampf mitgerissenes Kesselwasser) bzw. sich zersetzen und dabei den pH-Wert des Kesselwassers beeinflussen.
[2]) Als Hilfsgröße für die pH-Wert-Einstellung und anstelle der pH-Wert- bzw. Ammoniak-Messung empfohlen.

[7]) VGB PowerTech e.V. Klinkestraße 27-31, 45136 Essen, Bestellnummer VGB-R 450 L.

Wasser und Dampf 417

Tafel 5.21: Kesselwasser aus salzfreiem Speisewasser, im Dauerbetrieb
Anforderungen an das Kesselwasser von Umlaufkesseln, die mit salzfreiem Speisewasser nach Tafel 5.20 gespeist werden

Vorbedingung	Einheit	Alkalisierung des Kesselwassers mit festen Alkalisierungsmitteln[1]		Alkalisierung des Speisewassers mit flüchtigen Alkalisierungsmitteln
				Keine zusätzliche Alkalisierung des Kesselwassers
Zulässiger Betriebsüberdruck	bar	< 136	> 136	alle Betriebsdrücke
Wärmestromdichte	kW/m²	alle Wärmestromdichten	< 250	> 250
Leitfähigkeit bei 25 °C hinter stark saurem Probenahme-Kationenaustauscher, kontinuierliche Messung an der Probenahmestelle	µS/cm	< 50	< 50	< 5	< 3
pH-Wert bei 25 °C		10 ± 0,2 kontinuierliche Messung, ggf. über Hilfsgrößen	9,5 ± 0,2	Im Speisewasser muss der pH-Wert für alkalische Fahrweise eingestellt sein
im Falle der Trinatriumphosphat-Dosierung: Phosphat (PO$_4^{3-}$)	mg/l	< 6	< 3	entfällt

[1]) Die angegebenen pH-Werte sollten vorzugsweise mit NaOH eingestellt werden; falls Trinatriumphosphat dosiert wird, ist die zusätzliche Anwendung von NaOH nur dann erforderlich, wenn die empfohlenen pH-Werte unter Einhaltung des PO$_4$-Richtwertes durch den Na$_3$PO$_4$-Zusatz allein nicht erreicht werden.

Tafel 5.22: Dampf, im Dauerbetrieb
Anforderungen an den Dampf für Kondensationsturbinen

Richtwert bzw. Normal-Betriebswert	Einheit	Richtwert[1]	Normal-Betriebswert (für Kondensationskraftwerke)
Leitfähigkeit bei 25 °C hinter stark saurem Probenahme-Kationenaustauscher, kontinuierliche Messung an der Probenahmestelle	µS/cm	< 0,2	0,1
Kieselsäure (SiO$_2$)	mg/kg	< 0,020	0,005
Gesamt-Eisen (Fe)	mg/kg	< 0,020	0,005
Gesamt-Kupfer (Cu)	mg/kg	< 0,003	0,001
Natrium (Na)	mg/kg	< 0,010	0,002

[1]) Die Unterschreitung der Richtwerte bis in den Bereich der Normal-Betriebswerte ist im Interesse der Vermeidung von Wirkungsgradminderungen zu empfehlen.

5.4.7 VdTÜV-Richtlinien für die Speise- und Kesselwasserbeschaffenheit bei Schnelldampferzeugern, Ausgabe März 1973 – Auszug[8])

Tafel 5.23: Anforderungen an die Beschaffenheit des Kesselspeisewassers für Schnelldampferzeuger

Kesselbauart	pH-Wert	Resthärte mval/kg	Öl[1]) mg/kg	Sauerstoff O_2 mg/kg	
				bis 1 t/h	1–3 t/h
Naturumlaufkessel	9 ± 0,5	< 0,03	< 3	möglichst < 0,1	< 0,05
Zwangumlaufkessel	9 ± 0,5	< 0,03	< 2		
Durchlaufkessel[2])	9 ± 0,5	< 0,02	< 1		

[1]) Die angegebenen Höchstwerte gelten nur unter der Voraussetzung dauernder Freiheit des Speisewassers von Härte und Schwebestoffen.
[2]) Alkalisierung nur mit flüchtigen Stoffen (Ammoniak u. Ä.), ausgenommen Nassdampferzeuger

Tafel 5.24: Anforderungen an die Beschaffenheit des Kesselwassers von Schnelldampferzeugern

Kesselbauart	p-Wert mval/kg	Dichte[1]) g/cm³	Phosphat PO_4^{3-} mg/kg
Naturumlaufkessel	1 ÷ 12	< 1,002	5 ÷ 15
Zwangumlaufkessel	1 ÷ 5	< 1,002	5 ÷ 15
Durchlaufkessel	wie Speisewasser, ausgenommen Nassdampferzeuger		

[1]) Die angegebenen Richtwerte gelten nur, wenn keine besonderen Anforderungen an die Dampfreiheit gestellt werden. Bei starken Lastschwankungen der Dampferzeugung sind Einschränkungen notwendig.

5.4.8 VdTÜV-Richtlinien für das Kreislaufwasser in Heißwasser- und Warmwasser-Heizungsanlagen (Industrie- und Fernwärmenetze) Ausgabe Februar 1989 mit Revisionen 2003 und 2004 (VdTÜV-1466/AGFW-Merkblatt 510) Auszug[9])

In diesen Richtlinien wird unterschieden zwischen salzarmem Umwälzwasser mit einer elektrischen Leitfähigkeit ≤ 100 µS/cm und salzhaltigem Umwälzwasser mit einer Leitfähigkeit > 100 µS/cm. Die Unterteilung ist vorteilhaft, weil die Korrosion im salzarmen Wasser verlangsamt und der Korrosionsschutz vereinfacht wird.

Die Betriebsweise mit salzarmem Umwälzwasser wird empfohlen für Systeme mit:
- Stark verzweigten großen Rohrnetzen (große Industrieheizanlagen und Fernheizsysteme),
- Längeren Stagnationszeiten, auch von Teilen des Heiznetzes,
- Stark schwankenden Drücken und Temperaturen,
- Einer Vielzahl verschiedener Werkstoffe,
- Konditionierung ohne chemische Sauerstoffbindemittel

---

[8]) Zeitschrift Technische Überwachung 14 (1973), Nr. 11, S. 330–332.
[9]) Verlag TÜV Rheinland GmbH, Postfach 10 17 50, 51123 Köln, Bestell-Nr. TCh 1466.

Tafel 5.25: Wasserchemische Richtwerte für das Kreislaufwasser direkt oder indirekt beheizter Systeme

	Einheit	salzarm		salzhaltig
Elektr. Leitfähigkeit bei 25 °C	µS/cm	10–30	> 30–100	> 100–1500
Allgemeine Anforderungen	–	klar, frei von suspendierten Stoffen		
pH-Wert bei 25 °C	–	9–10[1]	9–10,5[1]	9–10,5[1]
Sauerstoff (O_2)	mg/l	< 0,1[2]	< 0,05[2]	< 0,02[2] [3]
Erdalkalien (Ca + Mg)	mmol/l	< 0,02	< 0,02	< 0,02
Phosphat (PO_4)[1]	mg/l	< 5[4]	< 10[4]	< 15
Bei Einsatz von Sauerstoffbindemitteln: Hydrazin (N_2H_4)[5]	mg/l	0,3–3	0,3–3	0,3–3
Natriumsulfit (Na_2SO_3)	mg/l	–	–	<10

[1] Sollen die Bestimmungen der Trinkwasser-Verordnung eingehalten werden, dürfen der pH-Wert 9,5 und die PO_4-Konzentration von 7 mg/l nicht überschritten werden.
[2] Im Dauerbetrieb stellen sich normalerweise deutlich niedrigere Werte ein.
[3] Werden geeignete Korrosionsinhibitoren verwendet, kann die Sauerstoffkonzentration im Kreislaufwasser bis zu 0,1 mg/l betragen.
[4] Für Heißwassererzeuger mit Rauchrohrheizflächen, z. B. Flammrohr-Rauchrohr-Kessel, ist als untere Phosphat-Konzentration der halbe Maximalwert von 2,5 bzw. 5 mg/l PO_4 einzuhalten.
[5] Nur für Heizsysteme ohne direkte Trinkwassererwärmung.

Die Korrosionsgefahr, auch bei sporadischem Sauerstoffeinbruch, ist um so geringer, je niedriger die elektrische Leitfähigkeit ist. In salzarmem Wasser können die Gehalte an Korrektivchemikalien unter vergleichbaren Bedingungen deshalb niedriger gehalten werden als bei salzhaltigem Wasser.

Betriebsweise mit salzhaltigem Wasser
Heißwasseranlagen, auf welche die vorgenannten systemspezifischen Bedingungen nicht zutreffen, können mit salzhaltigem Wasser betrieben werden. Salzarmes Füll- und Ergänzungswasser wirkt sich auch bei diesen Systemen positiv aus.

Seit August 1994 existiert ein zusätzliches VdTÜV-/AGFW-Merkblatt (TCh 1468 der VdTÜV, 5/15-II der AGFW)»Empfehlung für die Überwachung des Kreislaufwassers in Heißwasser- und Warmwasserheizungsanlagen (Industrie- und Fernwärmenetze)«. Beide Merkblätter wurden überarbeitet, 2003 bzw. 2004 zusammengefasst und laufen nun unter der Bezeichnung VdTÜV, TCh 1466 (03/2004) und AGFW, FW 510 (11/2003) als »Anforderungen an das Kreislaufwasser von Industrie- und Fernwärmeheizanlagen, sowie Hinweise für den Betrieb«.

Tafel 5.26: Wasserchemische Richtwerte für das Kreislaufwasser von Heizungsanlagen mit Mischkondensation

	Einheit	salzarm	salzhaltig
Allgemeine Anforderungen	–	klar, ohne Sedimente	
pH-Wert bei 25 °C	–	9–10	9–10,5
Elektr. Leitfähigkeit bei 25 °C	µS/cm	< 50	< 250
Säurekapazität bis pH 8,2 ($K_{S\,8,2}$)	mmol/l	0,02–0,2	0,02–0,5
Erdalkalien (Ca + Mg)	mmol/l	< 0,01	< 0,01
Sauerstoff (O_2)	mg/l	< 0,02[1]	< 0,02[1]
Phosphat (PO_4)[1]	mg/l	< 3	< 3
Öl/Fett	mg/l	< 1	< 1
Bei Einsatz von Sauerstoffbindemitteln: Hydrazin (N_2H_4)[2]	mg/l	0,1–0,5	0,2–2,0
Natriumsulfit (Na_2SO_3)	mg/l	3–6	3–6

[1]) Richtwert für die Verwendung als Kesselspeisewasser (Vorlauf); im salzarmen Kreislaufwasser ist im Rücklauf eine O_2-Konzentration bis < 0,05 mg/l tolerierbar.
[2]) Nur für Heizsysteme mit indirekter Trinkwassererwärmung.

5.4.9 VGB »Qualitätsanforderungen an Fernheizwasser« VGB-M 410 N (1994)

Das VGB-Merkblatt bezieht sich auf große Fernheizsysteme und sieht den Betrieb mit entgastem, vollentsalztem Füll- und Ergänzungswasser vor. Für salzarmes Kreislaufwasser werden eine Leitfähigkeit von < 100 bzw. < 30 µS/cm und ein pH-Wert von 9-10 bzw. 9,5-10 empfohlen.

Für Dampfkessel aus C-Stahl oder nichtrostendem Stahl mit Heizbündeln aus Kupfer, Kupferlegierungen und Chrom-Nickel-Stählen, z. B. Umformer, Reindampferzeuger usw. gelten die VdTÜV-Richtlinien nicht. Folgende Richtwerte können empfohlen werden:

5.4.10 Richtwerte für Dampferzeuger mit Kesselmantel aus C-Stahl oder nichtrostendem Stahl bis 5 bar Betriebsüberdruck mit Heizbündeln aus Kupfer oder Nickelbronze

Tafel 5.27: Kesselspeisewasser

Kondensatanteil	möglichst > 95 %
Aussehen	möglichst farblos, klar, ohne Bodensatz
$K_{S\,8,2}$ (p-Wert)	0,05–0,3 mmol/l
$K_{S\,4,3}$ (m-Wert)	möglichst < 0,8 mmol/l
pH-Wert	8–9
Summe Erdalkalien (Härte)	möglichst gering, besser: < 0,02 mmol/l
Sauerstoffgehalt	< 0,1 mg/l
Temperatur	bei Teilentg.: > 80 °C (Einsatz von Sauerstoffbindemitteln notwendig) bei therm. Vollentg.: > 100 °C (kein Sauerstoffbinder notwendig)
Gesamt-Kohlensäure	möglichst gering
Ammoniak	möglichst < 10 mg/l

Tafel 5.28: Kesselwasser

Aussehen	möglichst farblos, klar, ohne Bodensatz
$K_{S\,8,2}$ (p-Wert)	0,2–1 mmol/l
pH-Wert	8,5–10,5
Summe Erdkalien (Härte)	< 0,02 mmol/l
Phosphat	5–10 mg/l PO_4
Leitfähigkeit	< 2000 µS/cm
Chloride	< ($K_{S\,8,2}$ × 200)
Ammoniak	< 10 mg/l bei Anwesenheit von Sauerstoff < 30 mg/l bei Sauerstofffreiheit
Sauerstoffbindemittel	geringer Überschuss vorteilhaft

5.4.11 Richtwerte für Dampferzeuger mit Kesselmantel aus C-Stahl oder nichtrostendem Stahl bis 5 bar Betriebsüberdruck mit Heizbündel aus nichtrostendem austenitischem Stahl[1])

Tafel 5.29: Kesselspeisewasser[4])

	Cr-Ni-Mo-Stahl[2])	Cr-Ni-Stahl
Aussehen	farblos, klar, ohne Bodensatz	
$K_{S\,8,2}$ (p-Wert)	0–0,05 mmol/l	0–0,05 mmol/l
pH-Wert	7–9	7,5–9
Summe Erdkalien (Härte)	< 0,02 mmol/l	< 0,02 mmol/l
Salzgehalt/Leitfähigkeit bei 25 °C	< 10 mg/l ≙ 20 µS/cm	< 5 mg/l ≙ 10 µS/cm

Tafel 5.30: Kesselwasser[4])

	Cr-Ni-Mo-Stahl[2])	Cr-Ni-Stahl
Aussehen	farblos, klar, ohne Bodensatz	
$K_{S\,8,2}$ (p-Wert)	0,1–2 mmol/l	0,01–0,5 mmol/l
pH-Wert	9–11[3])	8,5–10,5[3])
Summe Erdkalien (Härte)	< 0,02 mmol/l	< 0,02 mmol/l
Phosphat	< 10 mg/l PO_4	< 5 mg/l PO_4
Chloride	< 100 mg/l	< 50 mg/l
Leitfähigkeit bei 25 °C	< 500 µS/cm	< 250 µS/cm
Kieselsäure	< 20 mg/l SiO_2	< 10 mg/l SiO_2

[1]) Zu unterscheiden ist zwischen Chrom-Nickel-Molybdän-Stählen (Cr-Ni-Mo-Stahl), wie z. B. Werkstoff 1.4571 und stabilisierten Chrom-Nickel-Stählen (Cr-Ni-Stahl), wie z. B. Werkstoff 1.4541.
[2]) Wenn sich örtlich Salze und Alkalien, z. B. in Spalten und an Phasengrenzen, anreichern können, wird die Einhaltung der Richtwerte für Cr-Ni-Stahl empfohlen.
[3]) Alkalisierung durch nicht flüchtige Alkalien wie z. B. Trinatriumphosphat.
[4]) Anforderungen für »Reindampferzeuger« für Sterilisatoren siehe auch DIN 58946 Teile 6 und 7 bzw. DIN/EN 285 (Entwurf).

5.4.12 Richtwerte für das Füll-, Ergänzungs- und Umwälzwasser von Warmwasser-Heizungsanlagen

Für Warmwasser-Heizanlagen wurde vom VDI die Richtlinie 2035 »Vermeidung von Schäden in Warmwasser-Heizungsanlagen, Blatt 1: Steinbildung in Wassererwärmungs- und Warmwasserheizanlagen und Blatt 2: Wasserseitige Korrosion« im September 1998 neu herausgegeben.

Die in Heizanlagen maximal zulässige Menge an Füll- und Ergänzungswasser wird im Blatt 1 mit Hilfe einer maximal zulässigen Schichtdicke an Kalk auf den Heizflächen festgelegt. Die v. g. Wassermenge ist aus der Konzentration an Calciumhydrogencarbonat im Wasser zu berechnen. Für Anlagen mit einer Gesamtkesselleistung von $\leq$ 100 kW werden keine Anforderungen an die Wasserbeschaffenheit gestellt. Für Anlagen > 100 kW muss die Wassermenge in Abhängigkeit von der Wasserbeschaffenheit berechnet und die Menge an Füll- und Ergänzungswasser gemessen werden.

Im Blatt 2 der VDI 2035 werden Korrosionsursachen bei Eisenwerkstoffen und anderen Werkstoffen sowie Maßnahmen zum Korrosionsschutz aufgezeigt. Zum Schutz metallischer Werkstoffe wird ein pH-Wert von 8,2 bis 9,5 (Ausnahmen für Al-Werkstoffe beachten) empfohlen. Bei Sauerstoffkonzentrationen > 0,1 mg/l wird ein erhöhtes Korrosionsrisiko angenommen.

Es ist wichtig, dass im Umwälzwasser konventionell ausgeführter Heizungsanlagen eine geringe Alkalität entsprechend einer $K_{S8,2}$ (p-Wert) von 0,1 bis 1 mmol/l bzw. ein pH-Wert von 8,5 bis 9,5 zum Schutz der Eisenwerkstoffe vorhanden ist. Wenn im Heizungskreislauf z. B. Aluminiumwerkstoffe vorhanden sind, muss die Obergrenze des pH-Wertes ggf. auf 9,0 eingeschränkt werden. Außerdem ist für einen schadensfreien Betrieb ein Sauerstoffgehalt von < 0,1 mg/l - besser < 0,05 mg/l - notwendig, der sich bei richtiger Bau- und Betriebsweise in Warmwasser-Heizanlagen selbst einstellt. Bei rostigem Wasser ist der Sauerstoffgehalt oft zu hoch. Luftsauerstoff kann z. B. durch falsch ausgelegte oder betriebene Ausdehnungsgefäße, undichte Armaturen u. a. eindringen. Auch durch nicht diffusionsgesperrte Fußbodenheizrohre aus Kunststoff kann Sauerstoff in das Heizwasser gelangen. Als Übergangslösung können Sauerstoffbindemittel in ähnlichen Konzentrationen, wie für Heißwasser-Heizanlagen genannt, oder auf längere Sicht Korrosionsinhibitoren eingesetzt werden. Primär soll der Luftzutritt weitgehend unterbunden werden, was auch durch »Systemtrennung« möglich ist. Zusätzliche Hinweise über Heizungsanlagen, aber auch über Kalt- und Warmwasser-Versorgungsanlagen enthält das Schrifttum.

Allgemeine Bemerkungen zu den Richtwerten für Dampfkessel:

Die Kesselspeisewasser-Qualität ist durch entsprechende Wasseraufbereitung und Konditionierung einzustellen. Die Kesselwasser-Richtwerte werden durch verstärkte oder verminderte Dosierung von Korrektivchemikalien (z. B. Phosphat, Sulfit) und vor allem durch Absalzung von Kesselwasser (zur Senkung des Salzgehaltes bzw. der Leitfähigkeit) eingestellt.

Bei der Dampferzeugung wird nahezu reines Wasser in Dampfform abgezogen, die Salze verbleiben im Kesselwasser. Um einen zu hohen Salzgehalt zu vermeiden wird am besten kontinuierlich Wasser abgesalzen. Eine Absalzarmatur wird im

Kapitel 3 beschrieben. Schlamm wird diskontinuierlich durch Abschlämmen entfernt. Bei unzureichender Absalzung oder Abschlammung ist fast immer ein Anstieg der Alkalität zu beobachten.

Eine zu hohe $K_{S8,2}$ (p-Wert) im Kesselwasser verstärkt die Schaumneigung; außerdem werden Wasserstandsgläser aus einfachem Glas übermäßig angegriffen. Bild 5.43 zeigt ein durch Alkalien in etwa 4 Wochen stark angegriffenes Wasserstandsglas.

Bild 5.43: Stark angegriffenes Wasserstandsglas

Die Eindickungszahl des Kesselwassers kann aus der Salzkonzentration im Kesselwasser dividiert durch die Konzentration der gleichen Stoffe im Kesselspeisewasser errechnet werden. Die genauesten Werte erhält man, wenn man die Chlorid- oder Sulfatkonzentrationen misst.

Bei Großwasserraum-Kesseln bis 20 bar Betriebsüberdruck kann auch die $K_{S4,3}$ (m-Wert) des Kesselspeise- und Kesselwassers für eine überschlägige Berechnung herangezogen werden, z. B.

$K_{S4,3}$ im Kesselwasser = 14 mmol/l
$K_{S4,3}$ im Kesselspeisewasser = 2,8 mmol/l
Eindickungszahl (EZ) = 14 : 2,8 = 5.

Die Absalzung in % der Speisewassermenge errechnet sich aus der Division 100 : EZ = 100 : 5 = 20%. Dieser Wert ist z. B. für einen wirtschaftlichen Betrieb zu hoch; gute Eindickungszahlen liegen bei 20 bis 40, z. T. noch höher, d. h. die Absalzung bezogen auf die Speisewassermenge beträgt 5 bis 2,5%. Bei Industriedampfkesseln soll die Absalzung aber 1 % nicht wesentlich unterschreiten.

5.5 Kesselkonservierung

Dampfkesselanlagen, die über 48 Stunden drucklos mit salzhaltigem Kesselwasser stehen, sollen konserviert werden, um Stillstandskorrosion zu vermeiden. Bei salzarmem Kesselwasser soll ab einer drucklosen Standzeit von 4-5 Tagen konserviert werden. Bei Kesseln, die mit salzfreiem Wasser gespeist werden empfiehlt sich eine Konservierung nach ca. 10 - 14 Tagen Standzeit. Das Verfahren der Konservierung hängt von der beabsichtigten Stillstandsdauer, der Kesselwasserqualität und der Kesselbauweise ab. Umfangreiche Hinweise zur Kesselkonservierung können den Merkblättern der VdTÜV (Nr. 1465 vom Okt. 1978) und der VGB (Nr. R 116 H von 1981) entnommen werden.

Man unterscheidet die Nasskonservierung (bei der Sauerstoff fernzuhalten ist) und die Trockenkonservierung (bei der Feuchtigkeit gering zu halten ist).

5.5.1 Nasskonservierung

Für kurze Stillstände (48-72 Stunden) mit salzhaltigem Wasser empfiehlt es sich, den Gehalt an Sauerstoffbindemittel im Kesselwasser kurz vor dem Abstellen auf das Doppelte bis Dreifache zu erhöhen oder einen schwachen Überdruck im Kessel aufrecht zu halten.

Für längere Stillstände mit salzhaltigem Wasser soll der Kessel bis zum höchsten Punkt mit Wasser aufgefüllt werden, das eine ausreichende Alkalität ($K_{S8,2}$ zwischen 5 und 10 mmol/l) und einem Überschuss an Sauerstoff-Bindemitteln (z. B. Hydrazin, Carbohydrazid, DEHA von 100 bis 200 mg/l oder Natriumsulfit von etwa 300 mg/l) aufweist. Bei salzarmem Kesselwasser soll ein pH-Wert von ca. 11 ($K_{S8,2}$ etwa 1 mmol/l) und ein Überschuss von z. B. Hydrazin-, Carbohydrazid, DEHA von ca. 50 bis 100 mg/l eingehalten werden. Auch andere Sauerstoffbindemittel (siehe 5.3.5.3) - ausgenommen MEKO - sind zur Nasskonservierung mehr oder weniger geeignet, wenn zudem ein pH-Wert $\geq$ 11 eingestellt wird. Die Chemikalien sind durch thermische oder mechanische Umwälzung gut zu verteilen (in Abständen auch während des Stillstandes). Einmal wöchentlich ist die Zusammensetzung der Konservierungsflüssigkeit und der Füllstand des Kessels zu überprüfen. Für Wasserrohrkessel mit Überhitzer gelten spezielle Konservierungsvorschläge. Je nach Zusammensetzung der Konservierungsflüssigkeit und der Kesselwasser-Richtwerte muss die Konservierungslösung ganz oder teilweise vor dem nächsten Anfahren abgelassen werden (Abwassergrenzwerte beachten, siehe 5.3.1). Konservierungslösungen mit mehr als 100 mg/l Natriumsulfit oder Ascorbinsäure/Ascorbat sollen immer abgelassen werden.

Wenn mehrere Kessel mit gleichem Genehmigungsdruck vorhanden sind und nur ein Teil der Kessel konserviert werden sollen, kann auch abgesalzenes Kesselwasser von in Betrieb befindlichen Kesseln von unten nach oben durch den zu konservierenden Kessel geführt werden. Nach Möglichkeit ist ein leichter Überdruck einzuhalten. Das Kesselwasser soll am höchsten Punkt abgezogen werden. Bei diesem Verfahren bleibt der Kessel warm und ist mit einem Wasser gefüllt, mit dem sofort angefahren werden kann. Die Ausführung soll mit dem zuständigen Sachverständigen für Kesseltechnik abgesprochen werden. Ein vollständig gefüllter Dampfkessel kann auch durch Aufrechterhalten eines Stickstoffüberdruckes von 0,1-0,2 bar vor Korrosion geschützt werden, besonders wenn man Stickstoff 5,0 verwendet.

Heizungskessel lässt man entweder mit einem Teilstrom im Kreislauf mitzirkulieren oder hält sie durch geöffnete Vorlaufventile unter Druck. Bei der letztgenannten Lösung muss in Zeitabständen (etwa 1- bis 2mal je Woche) durch langsames Öffnen (Temperaturdifferenzen beachten) der Rücklaufventile dafür gesorgt werden, dass wieder ordnungsgemäßes Umwälzwasser in die Kessel gelangt.

5.5.2 Trockenkonservierung

Wenn Kesselanlagen mehrere Wochen oder Monate stillgelegt werden sollen, ist die Trockenkonservierung zu empfehlen. Hierfür werden die Kessel bei Temperaturen von 120-140 °C entleert und die Mannlöcher geöffnet. Nach Abkühlung werden Wasserreste mechanisch entfernt, man hängt oder legt in den Kessel Beutel mit Trockenmittel (z. B. Kieselgel) und verschließt den Kessel. Je m³ Kesselvolumen sind etwa 0,5 kg Kieselgel einzusetzen, wobei dafür zu sorgen ist, dass das Kieselgel mit dem Kesselwerkstoff nicht direkt in Berührung kommt. Überhitzer müssen ebenfalls entleert werden. Dies ist mittels Durchblasen oder Durchsaugen von Luft oder durch Anlegen von Vakuum zu erreichen (wichtig bei hängenden Überhitzern, aus denen Wasserreste nur schwer entfernt werden können). In anfänglich kürzeren, später in längeren Zeitintervallen ist zu prüfen, ob das Trockenmittel noch Feuchtigkeit aufnehmen kann. Dies ist meist festzustellen an einer Verfärbung des Mittels (Kieselgel mit Feuchteindikator ist trocken blau und feucht rosa gefärbt). Kieselgel-Trockenmittel können durch Erhitzen auf 80 bis 110 °C von aufgenommenem Wasser befreit und wiederverwendet werden. Für größere Behälter, Turbinen und Rohrnetze eignen sich auch sehr gut Umlufttrockner, z. B. sog. Munters-Trockner.

5.6 Belagbildung und Korrosion

5.6.1 Schutzschicht- und Belagbildung

Die Existenz einer dünnen (in der Regel < 0,1 mm dicken), festhaftenden, kompakten Schutzschicht aus Eisenoxiden, überwiegend aus dunkelgrauem bis schwarzem Magnetit (Fe_3O_4), ist Grundvoraussetzung für eine normale Lebensdauer eines Dampfkessels bzw. von Kesselkomponenten. Sie schützt wasser- oder dampfberührte Bauteile von Dampfkesseln sowie Rohrleitungen vor Korrosion. Die Beständigkeit bzw. Löslichkeit von Magnetit ist wesentlich vom pH-Wert abhängig und in Relation zur Temperatur dem Bild 5.44 zu entnehmen. Das Bild zeigt deutlich, dass die Löslichkeit von Magnetit im alkalischen pH-Bereich zwischen

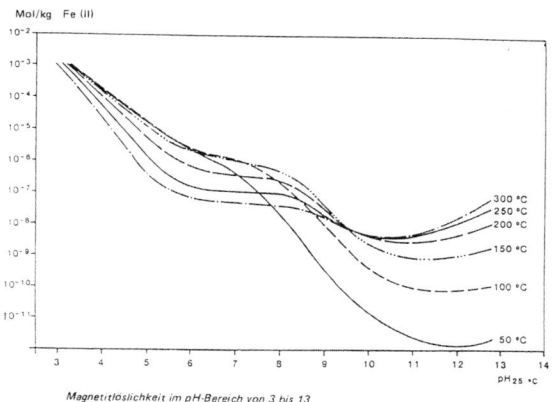

Magnetitlöslichkeit im pH-Bereich von 3 bis 13

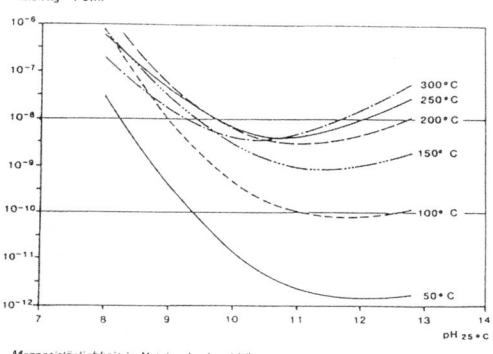

Magnetitlöslichkeit in Natriumhydroxidlösung

Bild 5.44: Löslichkeit von Magnetit in Abhängigkeit von pH-Wert und Temperatur.

10 und 11,5 ein Minimum aufweist, aber bei sehr hohen pH-Werten wieder zunimmt.

Zusätzliche Deckschichten und Ablagerungen behindern die Kühlung des Werkstoffes und können zur Zerstörung der Schutzschicht und des Grundwerkstoffes beitragen. Die Ursache für störende Ablagerungen liegt häufig in einer unzureichenden Speisewasserqualität. In Einzelfällen können konstruktive Merkmale einer Anlage im Zusammenhang mit betrieblichen Besonderheiten die Ausbildung schädlicher Ablagerungen fördern. Häufig zu beobachtende Bestandteile von Belägen sind Erdalkali- und Alkalisalze, Metalloxide (meist Eisenoxide), Silikate und organische Substanzen.

Durch gute Speisewasserpflege und Einhaltung der Richtwerte für das Speise- und das Kesselwasser bzw. das Ergänzungs- und das Umwälzwasser können störende Beläge weitgehend vermieden werden.

Eine chemische Reinigung ordnungsgemäß betriebener Dampfkessel ist in der Regel erst nach einer Betriebszeit von mehreren Jahren erforderlich, weil sich gewisse Ablagerungen - vor allem Eisenoxide - nie ganz vermeiden lassen.

5.6.2 Korrosion

Unter Korrosion versteht man nach DIN 50900 bzw. EN 8044 die unerwünschte chemische oder elektrochemische Reaktion eines metallischen Werkstoffes mit seiner Umgebung (hier Wasser und Dampf), die eine messbare Veränderung des Werkstoffes bewirkt und zu einem Korrosionsschaden führen kann.

Die im Kesselbetrieb wichtigsten Arten wasserseitiger Korrosion sind Sauerstoff- und Stillstandkorrosion, Säurekorrosion, Spannungsrisskorrosion, On-load-Korrosion, Heißwasser- bzw. Heißdampfoxidation und Erosionskorrosion.

5.6.2.1 Sauerstoff- und Stillstandkorrosion

Sauerstoffkorrosion tritt bevorzugt während des Stillstandes von Kesselanlagen an un- oder niedriglegierten Stählen in salzhaltigem Wasser bei Zutritt von Luftsauerstoff auf (Stillstandkorrosion). Durch örtlich unterschiedliche Sauerstoffkonzentrationen bilden sich Belüftungselemente, die loch- oder muldenförmige Werkstoffangriffe bewirken. Über der korrodierten Stelle bildet sich eine Rostpustel, die außen eine braune Farbe durch oxidierte, wasserhaltige Eisenoxide und innen schwarze, nicht oxidierte Korrosionsprodukte zeigt. Lochkorrosion mit ringförmigen Resten von Rostpusteln als Folge von Stillstandkorrosion in einem Dampferzeuger zeigt Bild 5.45.

Abhilfe ist vor allem durch entsprechende Konservierung (siehe Abschn. 5.5) außer Betrieb befindlicher Anlageteile und Einhaltung der Grenzwerte für Sauerstoff möglich. Korrosionsprodukte, die noch nicht den Betriebstemperaturen eines Dampfkessels ausgesetzt waren, sind in der Regel gelbbraun bis hellbraun. Sie wechseln die Farbe nach dunkelbraun bis schwarz, wenn sie Kesselbetriebstemperaturen ausgesetzt waren. Beim Kesselbetrieb werden die Korrosionspusteln zum Teil abgetragen.

Sauerstoffkorrosion während des Betriebes ist nur im Speisewasserstrang von Dampferzeugern (Speisewasserbehälter und -leitungen, Vorwärmern und Economiser) und in Heißwassererzeugern bei zu hohem Sauerstoffgehalt möglich. Im

Wasser und Dampf

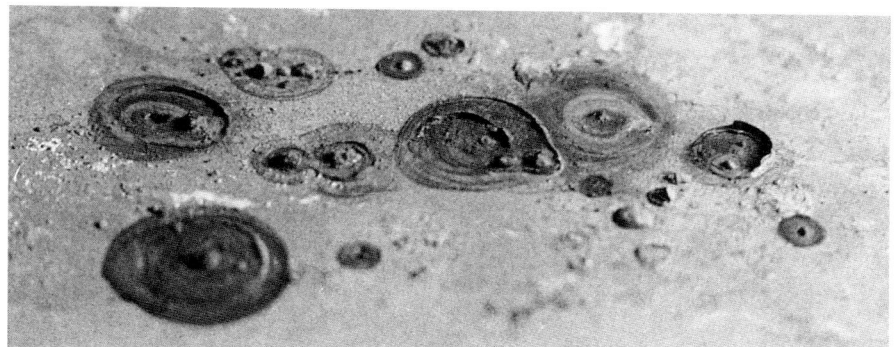

Bild 5.45: Stillstandskorrosion in der Obertrommel eines Naturumlaufkessels

Dampferzeuger selbst werden Gase, wie Sauerstoff, schnell ausgekocht und mit dem Dampf abgeführt.

5.6.2.2 Säurekorrosion

Bei der Korrosion durch Säure wird die Schutzschicht und danach der metallische Werkstoff an der säureberührten Oberfläche in der Regel annähernd gleichmäßig abgetragen (Flächenabtrag). Die im Kesselbetrieb am häufigsten vorkommende Säure ist die Kohlensäure, die meist in kondensatführenden Systemen Säurekorrosion verursacht. Bild 5.46 zeigt die untere Halbschale einer Kondensatleitung mit starken Abzehrungen durch kohlensäurehaltiges Kondensat im wasserberührten Teil.

Ein Angriff durch organische Säuren und Mineralsäuren ist selten, bei Fremdstoffeinbrüchen und unsachgemäß ausgeführten chemischen Reinigungen aber möglich; auch sauer reagierende Salze, z. B. Erdalkalichloride und -sulfate aus Kühlwassereinbrüchen, können zu Säurekorrosion führen, s. 5.6.2.3. Die pH-Wert Absenkung reinen Wassers durch Kohlensäure zeigt Bild 5.47.

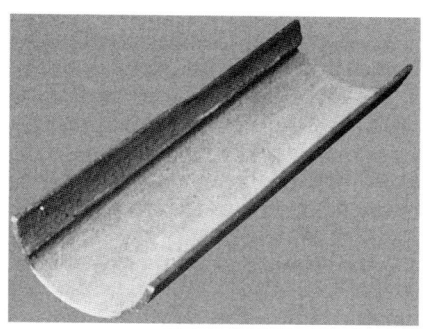

Bild 5.46: Starke Kohlensäure-Korrosion in einer Kondensatleitung

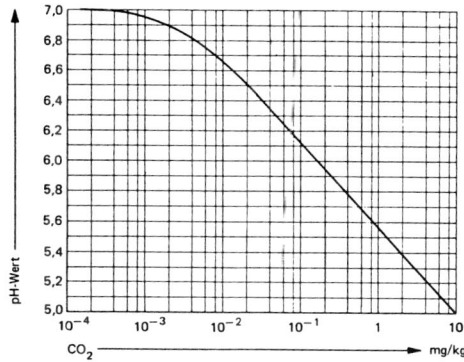

Bild 5.47: pH-Änderung reinen Wassers durch Kohlensäure

Säurekorrosion kann durch geeignete Wasseraufbereitung (z. B. durch Entkarbonisierung, Entsalzung), durch Neutralisation der Säure bzw. durch Anheben des pH-Wertes, z. B. durch Dosierung von Natronlauge, Ammoniak oder kurzkettiger Amine verhindert werden.

5.6.2.3 On-load-Korrosion

Als On-load-Korrosion wird die Korrosion thermisch stark belasteter Oberflächen durch Salze, Säuren und Basen in Verbindung mit abgelagerten Feststoffen bezeichnet. Dort können sich in porösen Belägen wegen der besonderen physikalischen Verhältnisse wasserlösliche Salze anreichern und lokal die Schutzschicht zerstören. Bei zu geringer Feststoffalkalität führen z. B. sauer reagierende Chloride (z. B. Magnesiumchlorid, Eisenchlorid) unter lokaler Absenkung des pH-Wertes zu starken Werkstoffangriffen.

Die Gefahr von On-load-Korrosion ist verstärkt bei Kühlwassereinbrüchen und beim Eindringen anderer salzhaltiger Medien in das Speise- bzw. Kesselwasser gegeben. Bei Schadstoffeinbrüchen in Umlaufkessel ist besonders auf ausreichende Feststoffalkalität und rasche Einstellung der Richtwerte für Speise- und Kesselwasser zu achten; parallel ist der Kessel verstärkt abzusalzen. Nach starken Fremdstoffeinbrüchen und nennenswerten Belägen auf den Heizflächen ist ggf. eine chemische Reinigung nötig.

5.6.2.4 Spannungsrisskorrosion

Als Spannungsrisskorrosion (SpRK) wird Rissbildung an metallischen Werkstoffen verstanden, wenn folgende Einflussgrößen gleichzeitig gegeben sind:

- Ein Werkstoff, der gegen SpRK in einem spezifischen Medium anfällig ist,
- eine entsprechende Zugspannung (auch Eigenspannung!),
- ein spezifisch angreifendes Medium, das SpRK an einem Werkstoff auslösen kann.

Unlegierte und niedriglegierte Stähle sind u. a. durch starke Alkalien (z. B. Natronlauge >4%) bei sehr hohen Zugspannungen gefährdet, siehe Bild 5.9. Austenitische Chrom-Nickel-Stähle können schon bei relativ niedriger Zugspannung, u. a. durch starke Alkalien sowie durch Chloride, besonders in Gegenwart von Sauerstoff, der SpRK unterliegen. An Kupfer-Zink-Legierungen (Messing) kann SpRK u. a. durch Ammoniak bzw. Ammoniumverbindungen und Nitrit ausgelöst werden.

Abhilfe ist durch Eliminieren einer der drei genannten Einflussgrößen möglich.

5.6.2.5 Heißwasser- bzw. Heißdampfoxidation

Unter dieser Korrosionsart versteht man die exzessiv verstärkte Oxidation (katastrophale Verzunderung) von Eisenwerkstoffen durch Wasser oder Dampf unter Bildung von Eisenoxiden mit erhöhtem Anteil von Wüstit (FeO). Parallel wird Wasserstoff gebildet, der zur Entkohlung, in krassen Fällen auch zur Wasserstoffversprödung, des Werkstoffes führt. Diese Korrosionsart tritt fast ausschließlich an thermisch hochbelasteten Heizflächen bei Wandungstemperaturen ab ca. 500 °C auf und wird durch den lokal herrschenden Massenfluss und die Lage des Bauteiles beeinflusst. In beheizten Siederohren ist sie meist die Folge einer zu hohen Wandtemperatur bei ungenügender Kühlung der Rohre. Abhilfe ist durch Sauberhalten von Heizflächen und ggf. konstruktive Änderungen am Dampfkessel möglich.

Wasser und Dampf 429

Bild 5.48: Starke Heißwasseroxidation in einem Siederohr eines 125-bar-Dampferzeugers

Bild 5.49: Starke Erosionskorrosion in einem Absperrventiel für Sattdampf, das zweckentfremdet als Regulierventil verwendet wurde.

Bei wechselnder Beaufschlagung mit Wasser und Dampf kann die Magnetit-Schutzschicht durch periodische Temperaturänderungen zum Abplatzen gebracht und so ein Werkstoffangriff ausgelöst werden, siehe Bild 5.48. Zeitweise stagnierende Dampfblasen können zu solchen Wechselbeanspruchungen führen.

5.6.2.6 Erosionskorrosion

Erosionskorrosion tritt auf beim Zusammenwirken von mechanischer Oberflächenabtragung (Erosion) und Korrosion, wobei die Korrosion durch das Abtragen der Schutzschichten als Folge der Erosion ausgelöst wird. Ein erosiver Einfluss ist gegeben bei bestimmten Strömungszuständen einphasiger, häufig aber mehrphasiger Medien. Im Dampfkesselbetrieb kann in Leitungen, die wasserhaltigen Dampf führen (zweiphasiges Medium) sowie bei hohen Strömungsgeschwindigkeiten von Wasser und/oder Dampf vor allem im Bereich von Armaturen und Krümmern Erosionskorrosion auftreten, siehe Bild 5.49.

Abhilfe ist durch Erniedrigung der Strömungsgeschwindigkeit, Vermeidung mehrphasiger Medien, Verringerung des korrosiven Einflusses (bei Eisenwerkstoffen durch Anhebung des pH-Wertes) und Einsatz niedrig legierter Eisenwerkstoffe mit geringem Chromgehalt möglich.

5.7 Chemische Reinigung von Kesselanlagen

Selbst bei bester Wasserführung ist es nach längeren Betriebszeiten möglich, dass sich dünne Beläge aus Erdalkaliphosphaten, Eisenoxiden und anderen Fremdstoffen im Kessel, vor allem an stark beheizten Oberflächen bilden. Störende Beläge innerhalb von zwei bis drei Jahren sind dagegen nicht als normal zu betrachten und weisen auf Mängel bei der Speisewasserpflege hin. Die chemische Reinigung erfolgt in der Regel während eines Kesselstillstandes, in Ausnahmefällen ist eine sogenannte Inbetriebreinigung möglich.

Bei der Inbetriebreinigung werden dem Kesselspeisewasser organische Komplexbildner oder Chelate (EDTA, NTA) zugesetzt, welche die Beläge langsam auflösen. Die Zugabe erfolgt zweckmäßig in die Speisewasser-Druckleitung. Von Anfang an dürfen nicht zu hohe Konzentrationen eingesetzt werden, um schalenförmiges Ablösen von Belägen und damit Umlaufstörungen zu vermeiden. Ein zeitlich auf ca. einen Monat befristeter Einsatz derartiger Mittel empfiehlt sich in Abständen von ca. 6-12 Monaten um Heizflächen vorbeugend sauber zu halten.

Bei Chelaten ist unbedingt sauerstofffreies Kesselspeisewasser und Kesselwasser erforderlich und die genaue Einhaltung und Überwachung der Grenzkonzentration des Reinigungsmittels sehr wichtig, um Angriffe auf den Kesselwerkstoff, Dichtungen und Packungsmaterial zu vermeiden. Die analytische Überwachung beim Einsatz von der Chelaten ist sehr aufwendig!

Moderne organische Mittel zur Belagsverhütung und Dispergierung von Feststoffen wirken fast so gut wie Chelate, sind aber nicht so aggressiv gegen Kesselwerkstoffe, Packungen und Dichtungen sowie umweltverträglicher und deshalb den Chelaten vorzuziehen.

Erprobt und schneller kann im Stillstand gereinigt werden, wozu der Kessel im abgekühlten Zustand mit inhibierten Säuren beaufschlagt wird, die ggf. umzuwälzen ist. Inhibitoren sind organische Stoffe, die verhindern, dass die Säure den Kesselwerkstoff zu stark angreift. Trotz der Inhibierung wird die Magnetit-Schutzschicht des Kesselwerkstoffes aus Eisenoxiden abgetragen und meist noch eine geringe Menge des Grundwerkstoffes, so dass eine chemische Reinigung nicht zu oft durchgeführt werden soll. Zur Kesselreinigung durften nach der Dampfkessel-Verordnung nur geprüfte und zugelassene Mittel (Kennzeichen KL und Zulassungsnummer) verwendet werden, die neue Betriebssicherheitsverordnung sieht derartiges nicht mehr vor. Die geprüften Einsatzgrenzen für die Anwendungszeit, -temperatur und -konzentration sind strikt einzuhalten und die Anwendungsvorschriften der Hersteller zu beachten.

Bei Kesselsteinbelägen kann es zum Aufschäumen durch Kohlendioxid-Entwicklung kommen, weshalb für ausreichende Be- und Entlüftung des Kessels und des Raumes zu sorgen ist. Bei zu langer Säureeinwirkung kann auch Wasserstoff gebildet werden, weswegen mit offenem Licht Vorsicht geboten ist. Nach der Reinigung ist die Anlage gut zu spülen, zu neutralisieren und möglichst zu passivieren oder umgehend wieder in Betrieb zu nehmen. Bleibt ein frisch gereinigter Kessel ohne Passivierung in feuchtem Zustand zu lange stehen, beginnt er ohne besondere Gegenmaßnahmen zu rosten.

Die säurehaltige Reinigungslösung muss vor dem Ablassen in die Kanalisation zumindest neutralisiert werden. Darüber hinaus kann es erforderlich werden, weitere schädliche Inhaltsstoffe, wie z. B. Fluoride oder Kupfer- und Zinkverbindungen ggf. durch Fällreaktionen aus der abgelassenen Lösung auf ein Mindestmaß zu entfernen. Für die Einleitung in ein Kanalsystem bzw. in ein öffentliches Gewässer sind die entsprechenden Einleitbedingungen einzuhalten (siehe 5.3.1).

Wasser und Dampf 431

5.8 Hinweise zur Unfallverhütung

Das Kesselhauspersonal hat vielfach mit gefährlichen, ätzenden und giftigen Stoffen zu tun und muss über deren Handhabung und notwendige Schutzmaßnahmen eingewiesen sein.

Ätzende und giftige Stoffe sind u. a.: Kalkhydratpulver, gesättigtes Kalkwasser und Kalkmilch, Trinatriumphosphat, Hydrazin, Ammoniaklösungen, Natronlauge, Ätznatron, filmbildende Amine, Chelate, z.T. Kesselsteingegenmittel, Salzsäure, Schwefelsäure, Flusssäure (Fluorwasserstoffsäure), Kesselsteinlösemittel usw.

Bei Salzsäure, Flusssäure, Ammoniak und Hydrazin sind auch die Dämpfe gefährlich. Dosierlösungen mit Hydrazin sollen nicht mehr al 2 % Hydrazin aufweisen. Der Vorrat dieser Chemikalien ist in gut belüfteten Räumen kühl nach den Auflagen des Wasserhaushaltsgesetzes (WHG) zu lagern.

Die am 26.10.1993 in Kraft getretene und letztmalig am 04.03.2004 geänderte Fassung der Gefahrstoffverordnung benennt krebserzeugende Arbeitsstoffe, u. a. auch Hydrazin. Hydrazinlösungen mit einem Massenanteil von 0,1 Gew.-% oder mehr sind als krebserregende Gefahrstoffe eingestuft. Die krebserzeugende Wirkung ist bisher nur von Tierversuchen bekannt. In den »Technischen Regeln für gefährliche Arbeitsstoffe« (TRGS 608, Hydrazin), sind die Anforderungen für den Umgang mit Hydrazin (auch Levoxin® und Liozan®) beschrieben. Bei der Verwendung von berufsgenossenschaftlich zugelassenen Umfüll- und Dosieranlagen können die betrieblichen Maßnahmen zur Messung, Kontrolle und arbeitsmedizinischen Untersuchung entfallen. Hinweise über »Hydrazinersatzstoffe und Ersatzverfahren« enthält TRGS 608 und das BGI Merkblatt 567 (M 011) »Hydrazin« der BG Chemie, Ausgabe 06/95, siehe auch 5.3.5.3.

Um Personen- und Sachschäden zu vermeiden, ist es wichtig, die einschlägigen Vorschriften zu kennen und zu beachten. Die notwendigen Voraussetzungen für einen gefahrlosen Umgang mit derartigen Stoffen müssen gegeben sein. Das Personal ist in regelmäßigen Zeitabständen in den Umgang mit gefährlichen Arbeitsstoffen einzuweisen und zu schulen.

In den Unfallverhütungsvorschriften (UVV) für einzelne Stoffe bzw. Stoffgruppen sind detaillierte Hinweise enthalten[9]. Weitere Hinweise für den Umgang mit gefährlichen Arbeitsstoffen bzw. Stoffgruppen können den Merkblättern der Berufsgenossenschaft Chemie[10], der Gefahrstoffverordnung vom 26. 8.1986 (BGBl. Teil I, S. 1470 ff. incl. Änderungen) und den Sicherheitsdatenblättern der Chemikalien-Hersteller bzw. -Lieferanten, die den einzelnen Lieferungen beigefügt sind, entnommen werden. Technische Daten, wie Reinheit, Prozentgehalt, Löslichkeit etc. enthalten u. a. die einschlägigen Normen[11], siehe Normenverzeichnis in Abschnitt 5.11.

---

[9]) Eine Liste dieser Unfallvorschriften (UVV) und einzelne UVV sind beim Carl Heymanns Verlag KG, Luxemburger Str. 449, 50931 Köln, erhältlich.
[10]) Liste der Merkblätter bzw. Merkblätter erhältlich beim Verlag Chemie GmbH, Postfach 149, 69469 Weinheim/Bergstr.
[11]) Erhältlich beim Beuth-Verlag GmbH, Burggrafenstr. 4-10, 10787 Berlin.

5.9 Betrieb von Dampf- und Heißwassererzeugern der Kategorie IV nach TRD 604, Blatt 1 und 2 (Betrieb ohne ständige Beaufsichtigung - BoB)

5.9.1 Wasserchemische Anforderungen bei 24 Stunden BoB

Bei einem 24-h-Betrieb ohne Beaufsichtigung nach TRD 604 ist davon auszugehen, dass die Dampfkesselanlage nur einmal in 24 Stunden kontrolliert wird, auch wenn dies in der Praxis unter Umständen häufiger geschieht.

5.9.1.1 Dampferzeuger

Direkte Hinweise auf wasserchemische Belange sind enthalten in der TRD 604, Blatt 1 im:

Absatz 2:
2.1 Überwachung des Speisewassers
2.1.1 „Sofern die Möglichkeit eines den Dampferzeuger gefährdenden Einbruchs von Öl oder Fett in den Wasserkreislauf besteht, ist eine selbsttätige kontinuierliche Überwachung des Speisewassers erforderlich.
Eine geeignete, zuverlässige Überwachungseinrichtung muss einen optischen oder akustischen Alarm auslösen, wenn im Speisewasser mehr Öl oder Fett als 3 mg/l vorhanden ist. Dieser Alarm muss bis zur Quittierung durch den Kesselwärter bestehen bleiben. Bei einem Öl- oder Fettgehalt von mehr als 5 mg/l Speisewasser muss die Beheizung des Dampfkessels durch die Überwachungseinrichtung abgeschaltet und verriegelt werden. Bei einem Zweikreissystem kann die Überwachungseinrichtung auf Öl- bzw. Fetteinbruch entfallen."
2.1.2 „Sofern die Möglichkeit eines den Dampferzeuger gefährdenden Einbruchs von sonstigen Fremdstoffen wie Säuren, Laugen, Seewasser usw. in den Wasserkreislauf besteht, ist eine selbsttätige kontinuierliche Überwachung des Speisewassers erforderlich.
Eine geeignete, zuverlässige Überwachungseinrichtung muss bei Überschreitung der Grenzwerte nach TRD 611 die Beheizung abschalten und verriegeln. Bei einem Zweikreissystem kann die Überwachungseinrichtung auf Fremdstoffeinbruch entfallen."
2.1.3 „Wenn aufgrund betrieblicher oder konstruktiver Gegebenheiten der Anlage von den o.g. Überwachungskriterien abgewichen werden soll, so ist dies zwischen dem zuständigen Sachverständigen, dem Betreiber und dem Kesselhersteller abzustimmen."
Bei »zuverlässige Überwachungseinrichtungen« wird darauf verwiesen, dass der Nachweis der Zuverlässigkeit im Regelfall durch eine Bauteilprüfung zu erbringen ist. Anträge sind an den zuständigen Sachverständigen zu richten.

Absatz 4.8:
„Dampferzeuger dürfen nur mit geeignetem, entsprechend aufbereitetem Speisewasser betrieben werden. Um dies zu erreichen, sind betrieblicherseits die wesentlichen Werte täglich zu überprüfen."

Absatz 4.9:
„Es ist ein Betriebsbuch zu führen, in dem folgende Eintragungen vorzunehmen sind: ... (3): Das Ergebnis der regelmäßigen betrieblichen Wasseruntersuchungen nach Abschnitt 4.8."

5.9.1.2 Heißwassererzeuger

Die TRD 604, Blatt 2, enthält Hinweise im:

Absatz 2.1:
„Das Füll- und Ergänzungswasser für den Heißwassererzeuger muss den Anforderungen der TRD 612 entsprechen. Auch das zeitweise aus der Anlage zum Zwecke der Anpassung an die Volumenänderung abgelassene Wasser muss beim Wiedereinspeisen den angeführten Richtlinien entsprechen."

Absatz 2.2:
„Sofern die Möglichkeit eines den Heißwassererzeuger gefährdenden Einbruches von Fremdstoffen in den Wasserkreislauf (Öl, Fett, Laugen, Seewasser usw.) besteht, ist eine selbsttätige Überwachung der Beschaffenheit des Rücklaufwassers erforderlich. Die Beheizung und die Umwälzpumpen müssen in diesen Fällen spätestens dann abgeschaltet und verriegelt werden, wenn die zulässigen Grenzwerte überschritten werden."

Absatz 4.8:
„Heißwassererzeuger dürfen nur mit geeignetem, entsprechend aufbereitetem Wasser betrieben werden. Um dies zu erreichen, sind betrieblicherseits die wesentlichen Werte wöchentlich zu überprüfen."

Absatz 4.9:
„Es ist ein Betriebsbuch zu führen, in dem folgende Eintragungen vorzunehmen sind:... (3): Das Ergebnis der regelmäßigen betrieblichen Wasseruntersuchungen nach Abschnitt 4.8."

Aus diesen Angaben ist zu folgern, dass

A) beim Betrieb der Dampf- oder Heißwassererzeuger die sicherheitstechnisch relevanten wasserchemischen Mindestanforderungen der TRD 611 oder 612 einzuhalten und die Richtwerte der VdTÜV, VGB oder EN zu berücksichtigen sind. Die DIN EN 12952-12 und DIN EN 12953-10 definieren neuerdings europaweit gültige wasserchemische Mindestanforderungen. Die Speisewasser-Aufbereitungsanlage muss fähig sein, ein Wasser zu liefern, das nach Qualität und Menge die Einhaltung der genannten Richtwerte ermöglicht.

B) bei der Möglichkeit des Einbruchs von Fremdstoffen, die den Betrieb der Dampf- oder Heißwassererzeuger gefährden, eine selbsttätige Überwachung der Beschaffenheit des Wassers erforderlich ist.

C) die Wasserführung durch entsprechende betriebliche Untersuchungen ausreichend zu überwachen ist und deren Ergebnisse zu dokumentieren sind.

Auslegung:

Zu A): Das Speisewasser (in der Regel ein Gemisch aus Zusatzwasser und Kondensat oder Zusatzwasser allein) bzw. das Füll- und Ergänzungswasser müssen qualitativ so beschaffen sein, dass die verbindlichen Anforderungen der TRD 611 oder 612 bzw. der entsprechenden Richtlinien einzuhalten sind. Eine generelle automatische Überwachung des Speisewassers oder seiner Teilströme wird für den 24-h-BoB-Betrieb nicht gefordert.

Die Speisewasser-Aufbereitungsanlage soll den notwendigen Wasserbedarf in der unbeaufsichtigten Zeit decken können, d. h. in der Regel, dass vollautomatische Aufbereitungsanlagen vorhanden sein müssen. Mit richtig bemessenen, manuell bedienten Einzelanlagen ist das meist nicht so zu erreichen wie mit vollautomatischen kleineren Doppelanlagen, die automatisch umschalten. Diese Voraussetzungen erfüllen am ehesten Aufbereitungsanlagen nach dem Ionenaustauscher-Prinzip oder nach dem Prinzip der umgekehrten Osmose. Bei automatischen Anlagen (besonders wichtig bei Doppelanlagen) ist sicherzustellen, dass während der Regeneration kein Spül- bzw. Waschwasser zur Kesselspeisung abgezogen wird bzw. kein Regeneriermittel in die Kesselanlage gelangt.

Die Mengen-Steuerungsanlage muss bei Stromausfall den Ist-Zustand behalten, d. h. das Zählwerk darf nicht auf Anfangsstellung (0-Sellung) zurückspringen.

Fällenthärtungs- und Kalkentkarbonisierungs-Anlagen liefern bei wechselnder Entnahmemenge ohne Korrektur häufig Wasser mit starken Qualitätsschwankungen und eignen sich deshalb nur schlecht für BoB. Bei derartigen Anlagen ist ggf. eine automatische Überwachung notwendig.

Die Bereitstellung der täglich notwendigen Wassermenge in einem getrennten Vorratstank oder von einer beaufsichtigten Wasseraufbereitungs-Anlage ist ebenso möglich.

Zu B): Bei direkter Anwendung der Vorschriften wird bei der Möglichkeit eines Schadstoffeinbruches eine automatische Qualitätsüberwachung des *Speisewassers* oder *Umlaufwassers* gefordert, durch die - bei Grenzwertüberschreitung - die Feuerung abgeschaltet und verriegelt werden muss.

Praktisch geht man davon aus, dass der Einbruch von Schadstoffen, die den Kesselbetrieb gefährden, durch entsprechende Maßnahmen zu unterbinden ist. Dies kann auch durch Überwachung der Teilströme des Speisewassers erfolgen. Diese Annahme ist für den Betrieb günstiger, da beim Einbruch von Schadstoffen nicht das System bis zum Dampf- oder Heißwassererzeuger verunreinigt wird, sondern nur bis zur Stelle der automatischen Kontrolle. Ein Betrieb der Kesselanlage ist im Störfall dann meist noch möglich.

Außer den in der TRD 604 direkt genannten Stoffen rechnen noch Säuren und saure Salze zu den Stoffen, die den Kesselbetrieb gefährden.

Die Forderung der TRD 604 kann als erfüllt angesehen werden, wenn sichergestellt ist, dass durch Öl, Fett, Lauge, Säure, Seewasser u. ä. verunreinigtes Wasser nicht in den Kessel gelangt. Um dies zu erreichen, bestehen mehrere Möglichkeiten:

a) Wässer, die durch obengenannte Stoffe verunreinigt sein können, nicht zur Kesselspeisung zu verwenden;

b) möglicherweise verunreinigte Wässer in getrennten Behältern zu sammeln und nur nach entsprechender Kontrolle auf manuelle Veranlassung zur Kesselspeisung zurückzuführen;

c) Beheizung der Anlagen, von denen die genannten Fremdstoffe eindringen können, durch ein Sekundärsystem;

d) der Einbau von Warngeräten, mit deren Hilfe bei Anzeige eines Fremdstoffeinbruches die Wasserrückführung zuverlässig gesperrt wird.

Bei möglichen Öl- und Fetteinbrüchen ist der Einbau eines Öl-/Fett-Messgerätes vorgeschrieben bzw. erforderlich, das zwischen 3 und 5 mg/l Öl/Fett unterscheiden kann, weil bei 3 mg/l ein Alarm auszulösen und bei 5 mg/l die Rückspeisung zum Dampfkessel zu unterbinden ist. Der Einsatz derartiger Geräte soll durch andere Sicherungsmaßnahmen möglichst umgangen werden, da diese Geräte in der Anschaffung, Wartung und Kalibrierung sehr aufwendig sind.

Bei Säure- und Lauge- sowie Salzeinbrüchen kann zur Überwachung ein Leitfähigkeits-Messgerät herangezogen werden. Säure- und Laugeeinbrüche können auch durch ein pH-Messgerät erfasst werden. Die Wartung eines Leitfähigkeits-Messgerätes ist einfacher als die eines pH-Messgerätes.

Geeignete, zuverlässige Überwachungseinrichtungen zur Kontrolle der Wasserqualität sollen zum Nachweis der Zuverlässigkeit bauteilgeprüft sein. Solange derartige Geräte nicht erhältlich sind, werden auch Geräte ohne Bauteilprüfung akzeptiert. Dies gilt besonders, wenn Teilströme des Speisewasser überwacht werden.

Wasser und Dampf

Zu C): Die wasserchemische Überwachung der wichtigsten Werte des Kesselspeise- und Kesselwassers muss bei Dampferzeugern mindestens einmal täglich, die des Ergänzungs- und Umwälzwassers bei Heizungsanlagen mindestens einmal wöchentlich erfolgen.

Für Dampferzeuger der Kategorie IV (Großwasserraum- und Wasserrohrkessel) sind nach TRD 611 folgende Werte zu untersuchen:

a) Kesselspeisewasser:
pH-Wert, alternativ $K_{S8,2}$ (p-Wert) und $K_{S4,3}$ (m-Wert), Summe Erdalkalien (Resthärte), Sauerstoff oder Gehalt an Sauerstoffbindemittel. Über den Umfang der TRD 611 hinaus kann es erforderlich sein, den Gehalt an Öl oder organischen Stoffen zu messen.

b) Kesselwasser:
pH-Wert, alternativ $K_{S8,2}$ (p-Wert) und $K_{S4,3}$ (m-Wert) sowie die elektrische Leitfähigkeit (Salzgehalt). Über den Umfang der TRD 611 hinaus soll der Phosphat- und ggf. Natriumsulfitgehalt sowie bei Kesseln, die Dampf für eine Kraftanlage liefern, auch der Gehalt an Kieselsäure untersucht werden.

In Heißwassersystemen (siehe auch TRD 612) sind in den genannten Wässern folgende Werte zu prüfen:

a) Füll- und Ergänzungswasser:
pH-Wert, alternativ $K_{S8,2}$ (p-Wert), Summe Erdalkalien (Resthärte), Leitfähigkeit, ggf. Sauerstoff oder Gehalt an Sauerstoff-Bindemittel.

b) Umwälzwasser:
pH-Wert, alternativ $K_{S8,2}$ (p-Wert) und $K_{S4,3}$ (m-Wert), Summe Erdalkalien (Resthärte), Leitfähigkeit, Sauerstoff oder Gehalt an Sauerstoff-Bindemittel sowie ggf. Gehalt an Korrosionsschutzmittel.

5.9.2 Zusätzliche bzw. veränderte wasserchemische Anforderungen bei 72 Stunden BoB

Bei 72-h-Betrieb ohne Beaufsichtigung nach TRD 604 ist davon auszugehen, dass die Dampfkesselanlage nur einmal in 72 Stunden kontrolliert wird, obwohl das in der Praxis oft häufiger erfolgt. In der Regel kann man davon ausgehen, dass die Überwachungseinrichtungen mit Alarmmeldung ausgerüstet sind, eine Person diese mindestens einmal in 24 Stunden kontrolliert und bei anstehendem Alarm aktiv wird.

5.9.2.1 Dampferzeuger

Zusätzliche Anforderungen sind enthalten in der *TRD 604, Blatt 1* in:

Absatz 5:
„Die in Abschnitt 4.5 festgelegte Zeit von 24 Stunden kann auf 72 Stunden verlängert werden, wenn nachfolgende zusätzliche Anforderungen erfüllt sind. Dies gilt sinngemäß auch für die in den Abschnitten 4.5 und 4.8 genannten täglichen Prüfungen."

Absatz 5.1 (zu Abschnitt 1.4):
„Mechanisch arbeitende Wasserstandsbegrenzer (z. B. Schwimmergeräte) dürfen nur verwendet werden, wenn für Speise- und Kesselwasser die Anforderungen der TRD 611 für Dampfkessel mit einem zulässigen Betriebsüberdruck $\geq$ 68 bar eingehalten werden."

(Verschärfende Forderung, weil mechanisch arbeitende Begrenzer anfälliger gegen Ablagerungen jeglicher Art sind.)

Absatz 5.2 (zu Abschnitt 2):
„Es müssen zwei Geräte zur Überwachung des Speisewassers auf Fett- und Öleinbruch entsprechend Abschnitt 2.1.1 eingebaut sein.
Die Härte des Speisewassers oder seiner Teilströme ist selbsttätig zu überwachen. Bei salzfreiem Speisewasser erfolgt dies durch eine Überwachung der Leitfähigkeit, bei salzhaltigem Wasser durch eine Überwachung der Härte. Die Beheizung muss durch die zuverlässige Überwachungseinrichtung abgeschaltet und verriegelt werden, wenn die Grenzwerte nach TRD 611 überschritten werden.
Die Anforderungen bezüglich der Überwachung der Härte sind z. B. erfüllt, wenn die Kapazität der Enthärtungsanlage automatisch auf Erschöpfung überwacht wird. Bei Erschöpfung der Enthärtungsanlage ist die Wasserzufuhr zum Speisewasserbehälter selbsttätig zu unterbrechen.
Sofern die Möglichkeit eines Härteeinbruchs in weiteren Teilströmen (z. B. Kondensat) besteht, sind diese gleichfalls selbsttätig zu überwachen (z. B. Leitfähigkeit).
Bei Überschreiten der Grenzwerte für kurzzeitig zulässige Abweichungen nach TRD 611 ist die Zufuhr zum Speisewasserbehälter selbsttätig zu unterbrechen.
Die Leitfähigkeit des Kesselwassers von Umlauf- und Großwasserraumkesseln sowie des Speisewassers für Durchlaufkessel ist selbsttätig kontinuierlich zu überwachen; eine über die TRD 611 hinausgehende Registrierung ist nicht erforderlich. Bei Überschreitung der in der TRD 611 genannten Richtwerte für Kesselwasser bzw. der Grenzwerte für kurzfristig zulässige Abweichungen im Speisewasser muss die Beheizung durch ein zuverlässiges Gerät abgeschaltet und verriegelt werden."

5.9.2.2 Heißwassererzeuger

Zusätzliche Anforderungen sind in der *TRD 604, Blatt 2* enthalten in:

Absatz 5:
„Die in Abschnitt 4.5 festgelegte Zeit von 24 Stunden kann auf 72 Stunden verlängert werden, wenn nachfolgende zusätzliche Anforderungen erfüllt sind. Dies gilt sinngemäß auch für die in den Abschnitten 4.5 und 4.8 genannten täglichen Prüfungen."

Absatz 5.2 (zu Abschnitt 2):
„Der Zusatzwasserverbrauch ist durch geeignete Einrichtungen zur Beurteilung der Dichtheit der Anlage alle 72 h festzustellen. Bei unzulässig hohem Zusatzwasserverbrauch ist der Vorgesetzte zu verständigen."
„Sicherheitseinrichtung gegen Einbruch von Fett und Öl:
Sofern die Möglichkeit des Fett- oder Öleinbruches besteht, ist ein Zweikreissystem vorzusehen. Darauf kann verzichtet werden, wenn durch geeignete Einrichtungen, z. B. Verwendung zuverlässiger Überwachungsgeräte mit automatischer Ableitung des Rücklaufwassers, sichergestellt ist, dass kein Öl oder Fett in den Heißwassererzeuger gelangen kann."

Absatz 5.3 (zu Abschnitt 4.9):
„In das Betriebsbuch ist zusätzlich folgende Eintragung vorzunehmen: ... (2): Die Menge des Zusatzwasserverbrauchs nach 72 Stunden."

Auslegung (zusätzliche Anforderungen zu 24-h-BoB):

Für Dampferzeuger:

Zu B): Die Überwachung der Teilströme des Speisewassers soll vorrangig erfolgen, nicht erst die Überwachung des Speisewassers.
Anstelle eines unter 5.9.1.1 beschriebenen Öl-/Fett-Messgerätes sind für Dampferzeuger deren zwei erforderlich. Bei der Gefahr von Öl-/Fetteinbrüchen sollen bevorzugt alternative Sicherungsmaßnahmen praktiziert werden, um den Einsatz dieser aufwendigen Geräte zu umgehen.

Durch kontinuierliche Überwachung der Härte (Gehalt an Erdalkalien) des Speisewassers bzw. seiner Teilströme (Zusatzwasser und Kondensat) z. B. mittels Testomat ggf. auch Leitfähigkeitsmessgerät, ist sicherzustellen, dass nur Wasser mit einer Erdalkalikonzentration < 0,01 mmol/l bzw. < 0,05 °d, zur Kesselspeisung verwendet wird.

Bei der Kontrolle der »Härte« des Zusatzwassers ist spätestens nach zweimaliger Anzeige einer Grenzwertüberschreitung in Folge die Wasserzufuhr zum Dampferzeuger zu unterbinden.

Die Kontrolle der »Härte« durch Überwachung der Kapazität einer Enthärtungsanlage ist nicht zu empfehlen, weil im Fall einer unzureichenden Regeneration, z. B. wegen Salz- oder Solemangels, das Durchsatz-Zählwerk wieder auf 0 zurückspringt, ohne dass eine echte Regeneration erfolgte.

Bei Ausfall des Härtemessgerätes über einen Zeitraum von 24 h hinaus muss der Wasserzufluss zum Kessel gesperrt werden.

Im *Kondensat* muss bei Überschreitung des Grenzwertes für »Härte« zunächst Alarm ausgelöst und spätestens nach 24 Stunden die Kondensatrückführung zum Dampferzeuger unterbunden werden.

Bei häufigeren, kurzzeitigen Erdalkalieinbrüchen in das Kondensat empfiehlt sich als aktive Maßnahme der Einbau eines temperaturbeständigen Enthärtungsfilters.

Zu C): Im Kesselwasser muss bei 72-h-BoB die elektrische Leitfähigkeit kontinuierlich gemessen werden. Bei Überschreitung des Grenzwertes der TRD 611 muss die Feuerung abgeschaltet und verriegelt werden.

Für Heißwassererzeuger:

Zu B): Bei Heißwasser-Heizanlagen ist normalerweise die Gefahr eines Einbruches dann vermieden, wenn der minimale Ruhedruck des Heizungssystems um den Faktor 1,2 höher liegt als der maximale Druck des den Kesselbetrieb gefährdenden Fremdstoffes. Vor dem Anfahren eines Heizungsnetzes bzw. bei einem Druckabfall unter den Richtwert ist manuell zu prüfen, ob das Wasser frei von Fremdstoffen ist und die Richtwerte eingehalten sind.

Liegt der Druck des Heißwassersystems niedriger als der Druck der Fremdstoffe, die einbrechen können, ist eine automatische Überwachung der Heizungswasserqualität erforderlich. Zweckmäßigerweise wird die Überwachung an den Stellen durchgeführt, an denen der Fremdstoffeinbruch erfolgen kann. Bei Ansprechen des Warngerätes im Rücklauf muss bei Heißwasser-Heizungsanlagen sowohl der Vorlauf als auch der Rücklauf an der Einbruchsstelle gesperrt werden. Zur Qualitätsüberwachung eignen sich die gleichen Geräte, die auch bei Dampferzeugern

Anwendung finden. Ein geringer Säure- und Laugeeinbruch in das Heizungsumwälzwasser ist wegen der im Vergleich zu Kondensaten höheren Gehalte an Salzen und Alkalien mit Leitfähigkeits- oder pH-Messgeräten schwieriger zu erfassen. Einigermaßen sichere Anzeigen erhält man durch vergleichende Messung im Umwälzwasser vor und hinter der potenziellen Einbruchstelle. Günstig ist eine Beheizung durch ein Sekundärsystem.

Zusätzliche Empfehlungen für Dampf- und Heißwassererzeuger:
Aus wirtschaftlichen Aspekten sowie zur Erhöhung der Verfügbarkeit von Kessel-Anlagen können u. a. noch folgende Empfehlungen und Verbesserungsvorschläge ausgesprochen werden, deren Erfüllung aber in der freien Entscheidung des Kesselbetreibers liegen:

a) Den Speisewasserbehälter mit einer Niedrigwasser-Vorwarnung und ggf. einem Trockenlaufschutz für die Kesselspeisepumpen versehen.

b) Den Speisewasserbehälter dampfseitig auch für den Anfahrbetrieb aus kaltem Zustand auslegen.

c) Den Kessel mit einer kontinuierlichen Absalzvorrichtung ausrüsten.

d) Zur weitgehend mengenabhängigen Chemikalienzugabe die Chemikalien-Dosierpumpe mit der Speisepumpe elektrisch koppeln.

e) Um sofort unterscheiden zu können, an welcher Stelle ein Alarm anliegt, die Anzeigen der einzelnen Überwachungs- und Kontrollgeräte mit getrennten Leuchten und entsprechender Beschriftung versehen.

f) Um Einbrüche von Ionenaustauschermasse bzw. von Regeneriermitteln in die Kesselanlagen zu vermeiden, nach bzw. an den Aufbereitungsanlagen sogenannte Massefänger bzw. Sperrstrecken einbauen.

g) Die Wasseraufbereitungsanlage einmal jährlich überholen oder vom Lieferer überholen lassen.

TEIL II: WASSERUNTERSUCHUNG

5.10 Betriebswässer in Dampf- bzw. Heißwasser-Anlagen

Rohwasser
wird direkt oder indirekt dem natürlichen Wasser-Kreislauf entnommen. Die Zusammensetzung kann je nach Herkunft sehr verschieden sein. Oberflächenwasser enthält meist gelöste organische und verhältnismäßig viel ungelöste Stoffe. Im Grundwasser sind meist keine ungelösten Stoffe vorhanden.

Weichwasser oder basenausgetauschtes Wasser
ist enthärtetes Wasser und das am häufigsten verwendete Zusatzwasser. Die Verwendung von Weichwasser als Zusatzwasser ist nur bei Dampfkesselanlagen möglich, bei denen mit dem Kondensatanteil am Speisewasser, die geforderten Richtwerte (siehe Teil I, 5.4) einzuhalten sind.

Entkarbonisiertes Wasser
ist durch Behandlung mit Kalkhydrat oder Ionenaustausch von den an Hydrogencarbonat gebundenen Erdalkalien (Karbonathärte) befreit und somit salzärmer bzw. teilentsalzt. Wasser von Kalkentkarbonisierungs-Anlagen ist normalerweise alkalisch; Wasser von H^+-Entkarbonisierungsfiltern enthält freie Kohlensäure und ist schwach sauer.

Permeat
ist teilentsalztes Wasser aus einer Umkehr-Osmose-Anlage.

Entbastes Wasser
ist das hinter starksauren Kationenfiltern (die mit Säure regeneriert wurden) anfallende Wasser, das mineralsauer ist und somit eine $K_{B4,3}$ (negativer m-Wert) aufweist.

Entsalztes Wasser
ist ein weitgehend von Salzen befreites Wasser z. B. aus einer Ionenaustauscher-, Entsalzungs- oder UO-Anlage ohne Mischbettfilter mit einer Leitfähigkeit von ca. < 10 µS/cm und einer Kieselsäurekonzentration von ca. < 0,2 mg/l SiO_2.

Vollentsalztes Wasser oder Deionat
ist salzfreies Wasser aus einer Vollentsalzungs-Anlage bzw. Entsalzungsanlage mit Mischbettfilter (Leitfähigkeit < 0,2 µS/cm, Kieselsäure < 0,02 mg/l SiO_2).

Kondensat
ist der kondensierte Dampf und in der Regel salzarm. Aus Gründen der Wirtschaftlichkeit soll an Dampfkesselanlagen darauf geachtet werden, dass die Kondensatrückführung optimal erfolgt, um Wasser und Wärme zu sparen. Besteht die Gefahr des Einbruches von Stoffen, die den Kesselbetrieb gefährden, sind entsprechende Aufbereitungs- bzw. Überwachungsmaßnahmen zu treffen oder das Kondensat ist zu verwerfen.

Kesselspeisewasser
nennt man das Gemisch aus Zusatzwasser und Kondensat, das fertig aufbereitet, entgast und mit Korrektivchemikalien versetzt in den Dampfkessel eingespeist wird.

Füll- und Ergänzungswasser
wird in Heißwasseranlagen das Wasser zur Neufüllung und Nachspeisung genannt.

Kesselwasser
ist das im Dampferzeuger zirkulierende bzw. enthaltene, mit Salzen angereicherte Wasser.

Umwälzwasser bzw. Heizungsumlaufwasser
ist das im Heizungsnetz zirkulierende bzw. enthaltene Wasser.

5.10.1 Probenahme der Betriebswässer

Einwandfreie Analysenwerte setzen eine richtige Probenahme voraus. Nimmt man Wasserproben aus Rohrleitungssystemen mittels eines Probenahme-Ventiles oder -Hahnes, muss das Wasser einige Zeit ablaufen, damit eine - den durchschnittlichen Zustand darstellende - Probe erhalten wird.

Wasserproben aus einem Fluss oder Bach werden etwa 20 bis 30 cm unterhalb des Wasserspiegels entgegen der Strömungsrichtung etwa aus der Mitte des Flussbettes entnommen. Lässt sich dies aus örtlichen Gründen nicht durchführen, so müssen diese abgeänderten Entnahmebedingungen schriftlich festgehalten werden.

Die Menge der Wasserprobe soll je nach Umfang der Untersuchung 1 bis 5 l betragen. Als Probebehälter sind je nach den zu bestimmenden Inhaltsstoffen Glasflaschen, Kunststoffflaschen z. B. aus Polyethylen oder emaillierte Gefäße zu verwenden. Jede Probeflasche muss so beschriftet werden, dass alle Umstände, die auf die Untersuchung bzw. die Auswertung Einfluss haben, festgelegt sind. Grundsätzlich sind Zeit und Ort der Entnahme sowie Temperatur des zu untersuchenden Wassers anzugeben, bei Oberflächenwasser auch die Lufttemperatur.

Die zur Probenahme verwendeten Gefäße oder Flaschen müssen sauber sein und mit dem zu untersuchenden Wasser zwei- bis dreimal ausgespült werden (Glasstopfen oder Schraubverschlüsse ebenfalls spülen). Zur Bestimmung spezieller Inhaltsstoffe, wie Öl oder Schwermetall-Ionen, ist das Ausspülen der Probenahmeflasche zu unterlassen.

Probenahmeflaschen aus Glas dürfen nicht bis zum Überlaufen gefüllt werden, weil sie bei starken Temperaturänderungen platzen können.

Bei Probenahme zur Bestimmung gelöster Gase (Sauerstoff und Kohlensäure) muss das zu untersuchende Wasser mindestens 10 Minuten unter Wasser über den Rand des Probegefäßes ablaufen, dann ist die Flasche blasenfrei, d. h. ohne Luftraum, zu verschließen und die Bestimmung der gelösten Gase nach den Untersuchungsvorschriften durchzuführen. Für die Sauerstoffbestimmung im Kesselspeisewasser muss das Probegut auf etwa 20 °C abgekühlt werden.

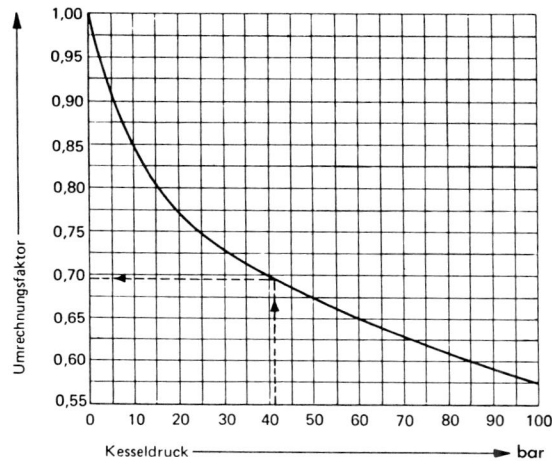

Bild 5.50: Umrechnungsfaktor für Kesselwasserproben, die ohne Kühler entnommen wurden (gilt für alle Parameter, ausgenommen pH-Wert und flüchtige Stoffe wie Hydrazin usw.).

Beispiel: Kesseldruck 42 bar.
Gemessene $K_{S\,8,2}$ in der ohne Kühler entnommenen Probe = 4,2 mmol/l.
Die wirkliche $K_{S\,8,2}$ im Kessel = $4,2 \cdot 0,69 = 2,90$ mol/l.

Proben heißer Betriebswässer sollen mittels eines geeigneten Probenahmekühlers aus Chrom-Nickel-Stahl entnommen werden. Die Entnahmestelle für Wasserproben aus druckführenden Anlageteilen ist mit dem zuständigen Sachverständigen für Kesseltechnik abzustimmen. Bei Kesselwasserprobenahme ohne Kühler sind die ermittelten Werte unter Berücksichtigung des jeweiligen, vom Kesseldruck abhängigen, Entspannungsverlustes umzurechnen (Bild 5.50).

Alle Untersuchungen dürfen - sofern nicht anders angegeben - nur an vollständig klaren, ungetrübten Wasserproben bei einer Probetemperatur von etwa 25 °C durchgeführt werden. Getrübte Wasserproben sind vorher sorgfältig zu filtrieren. Dazu dürfen nur einwandfreie, zu analytischen Arbeiten geeignete, Filterpapiere verwendet werden, die keine Bestandteile an das Wasser abgeben. Sicherheitshalber ist das Erstfiltrat (mindestens 50 ml) zu verwerfen. Bereitet es Schwierigkeiten, z. B. bei Kesselwässern, ein ungetrübtes Filtrat zu erhalten, ist die Zugabe einer geringen Menge analysenreiner Aktivkohle auf das Filterpapier bzw. der Einsatz von Aktivkohlefiltern angebracht.

Entnahme von Wasserproben zur Ölbestimmung
Hierzu sind ölfreie, hitzebeständige Glasgefäße von 3-5 Liter Inhalt zu verwenden. Die Probe entnimmt man dem frei ausfließenden Wasserstrom, wobei die Auslaufmenge durch Betätigung von Ventilen, Hähnen etc. während der Probenahme nicht geändert werden darf. Heiße Wasserproben werden ungekühlt entnommen. Die Probegefäße dürfen nicht mit der Wasserprobe ausgespült werden, weil sich sonst Öl durch Wandungseffekte anreichert.

Entnahme von Wasserproben zur Kiesessäurebestimmung
Für die Entnahme von Wässern zur Bestimmung der Kieselsäure dürfen nur Kunststoffflaschen, z. B. aus Polyethylen, Verwendung finden. Die Flaschen müssen durch Spülen mit kieselsäurefreiem Wasser kieselsäurefrei bereitgestellt werden und sind zwei- bis dreimal mit der zu untersuchenden Wasserprobe auszuspülen, bevor sie gefüllt werden.

Entnahme von Wasserproben zur Bestimmung von Schwermetallen
Für die Entnahme derartiger Wasserproben werden Glas- oder Polyethylen-Flaschen verwendet, die zuvor durch Behandlung mit 10%iger analysenreiner Salzsäure einwandfrei gereinigt werden. Ein Ausspülen der Flasche mit der Probe entfällt, weil dadurch der Gehalt an Schwermetallen in der Wasserprobe durch Anlagerung an die Wandung verfälscht werden kann. Zur Bestimmung der gelösten und ungelösten Schwermetalle sind unmittelbar nach der Probenahme 1 ml analysenreine Salzsäure oder Salpetersäure 25%ig je 100 ml Wasserprobe zuzugeben. Anschließend wird die Wasserprobe durch Schütteln gut durchmischt, um sie in saurer Lösung zu stabilisieren.

5.10.2 Untersuchungsverfahren für Betriebswässer

5.10.2.1 Bestimmung der Summe Erdalkalien (Härte) – DIN 38406-3
Die Summe Erdalkalien (Härte) wird titrimetrisch mit Maßlösungen von Chelatbildnern, wie Titriplex®, Idranal®, Komplexon®, o. ä. durchgeführt.

Grundlage des Verfahrens:
Im Wasser vorhandene Erdalkalien reagieren mit dem Natriumsalz der Ethylen-Diamin-Tetraessigsäure (EDTA, wirksamer Bestandteil der Reagenzlösung) unter Bildung eines beständigen, farblosen, wasserlöslichen Komplexes (Chelat). Der Endpunkt der Umsetzung wird durch einen Indikator (z. B. Puffertablette) sichtbar gemacht.

Anwendungsbereich:
Diese Methode ist für alle Roh- und Betriebswässer geeignet. Höhere Gehalte an Kupfer und Eisen stören die Bestimmung, es erfolgt kein Farbumschlag, die Probe zeigt eine konstante rotbraune Färbung.

Abhilfe: Verdünnen mit vollentsalztem Wasser oder Maskieren der störenden Inhaltsstoffe mit Triethanolamin (Eisen) bzw. Natriumdiethyldithiocarbaminat (Kupfer). Dazu gibt man zu 100 ml Probe - je nach Störelement - 1 ml Triethanolamin (1+1 verdünnt) oder 1 ml Natriumdiethyldithiocarbaminat (0,1%ige Lösung). Die Zugabe erfolgt vor dem Zusatz der Ammoniaklösung. Zink- und Aluminium-Ionen werden mit-titriert und verfälschen das Untersuchungsergebnis.

Reagenzien und Geräte:
Titriplex® B oder A bzw. Idranal®, Komplexon® usw.
Indikator-Puffertabletten (Merck, Darmstadt)
Ammoniak konz. (D = 0,91 g/cm^3) analysenrein
Messzylinder, 100 ml oder 250 ml
Erlenmeyer-Kolben 300 ml, weithalsig
Tropfflasche, 50 ml aus Kunststoff
Titrierapparat nach Dr. Schilling mit Pellet-Oberteil, 1000 ml Flasche und 25 ml Bürette, Teilung 0,1 ml mit Schellbach-Streifen.

Durchführung:
Der mehrmals mit dem zu untersuchenden Wasser ausgespülte und gut ausgeschwenkte Weithals Erlenmeyer-Kolben wird mit 100 ml Wasser gefüllt. Trübe Wässer müssen filtriert werden. Dann wird eine Puffertablette zugeführt und diese unter Umschütteln aufgelöst. Anschließend wird der Wasserprobe 1 ml Ammoniak konz. (entsprechend ca. 20 Tropfen) zugegeben. Wird die Lösung rot, so sind Erdalkalien vorhanden. Nach der Füllung des Titrierapparates bis zur Null-Marke lässt man die Reagenzlösung aus der Bürette tropfenweise in das zu untersuchende Wasser unter Umschwenken fließen (titrieren), bis die Lösung grau wird. Wenn der nächste Tropfen das Wasser grün färbt, ist die Titration beendet. Der Verbrauch an Titriplex® B in ml ist die Summe Erdalkalien in °d. Wird der ermittelte Wert durch 5,6 dividiert, ergibt sich die Summe Erdalkalien (Härte) in mmol/l. Bei Verwendung von Titriplex® A entspricht 1 ml einer Erdalkalikonzentration von 1 mmol/l $\hat{=}$ 5,6 °d.

Tritt bereits nach Zugabe der Indikator-Puffertablette und des Ammoniaks eine Grünfärbung auf, so ist das Wasser frei von Erdalkalien. Tritt eine graue Farbe auf, die nach Zusatz eines Tropfens Titriplex® B-Lösung nach grün umschlägt, so beträgt die Summe Erdalkalien des Wassers < 0,1 °d, entsprechend < 0,02 mmol/l.

Sollen, z. B. bei Kesselanlagen > 64 bar, noch geringere Gehalte an Erdalkalien bestimmt werden, so kann zur Titration eine 1:10 verdünnte Titriplex® B-Lösung verwendet werden. Erfolgt die Zugabe der Maßlösung aus einer Mikro-Bürette, lassen sich noch Werte von 0,01 °d, entsprechend 0,002 mmol/l, erfassen.

5.10.2.2 Bestimmung der Säurekapazität bis pH-Wert 8,2 bzw. 4,3 ($K_{S8,2}$ bzw. $K_{S4,3}$) – DIN 38409-7 (entsprechend p-Wert und m-Wert), siehe auch Alkalinität – DIN EN ISO 9963-1)

Grundlage des Verfahrens:
Die $K_{S8,2}$ (p-Wert) bzw. $K_{S4,3}$ (m-Wert) in den Betriebswässern kann durch Titrieren mit 0,1 m Salzsäure gemessen werden. Zur genauen Bestimmung des Titrationsendpunktes ist eine elektrometrische pH-Messung erforderlich. In vereinfachter Form können die Indikatoren Phenolphthalein und Methylorange verwendet werden. Da in vielen Betrieben keine pH-Messgeräte vorhanden sind, wird die Verwendung der Indikatoren beschrieben:

Anwendungsbereich:
Das Verfahren ist für alle farblosen Wässer anwendbar; bei gefärbten Wässern pH-Meter benutzen!

Reagenzien und Geräte:
Salzsäure 0,1 m, analysenrein
Phenolphthalein-Lösung (0,375%ig alkoholisch)
Methylorange-Lösung (0,1%ig wässrig)
Messzylinder 100 ml oder 250 ml
Erlenmeyer-Kolben 300 ml, weithalsig
Tropfflaschen aus Kunststoff 50 ml
Titrierapparat nach Dr. Schilling mit Pellet-Oberteil, 1000 ml Flasche und 25 ml Bürette, Teilung 0,1 ml mit Schellbach-Streifen.

Durchführung:
100 ml des klaren Probewassers (ist es getrübt, muss filtriert werden) werden in den ausgespülten Erlenmeyer-Kolben gefüllt. Man gibt 3 bis 5 Tropfen Phenolphthalein-Lösung hinzu. Ist das Wasser alkalisch, so entsteht eine Rotfärbung. Tritt keine Färbung ein, so ist keine $K_{S8,2}$ (p-Alkalität) vorhanden, d. h. die $K_{S8,2}$ (p-Wert) ist 0. Ist das Wasser rot geworden, tropft man aus dem Titrierapparat solange 0,1 m Salzsäure unter stetem Umschwenken zu, bis die Rotfärbung eben verschwindet. Der Verbrauch an 0,1 m Salzsäure in ml bei 100 ml Probemenge ist die $K_{S8,2}$ (p-Wert) bzw. die zusammengesetzte Alkalinität in mmol/l.

Die Bestimmung der $K_{S4,3}$ (m-Wert) erfolgt im Anschluss an die Bestimmung der $K_{S8,2}$ in der gleichen Probe. Blieb das Wasser auf Zusatz von Phenolphthalein farblos, so können sofort 2 bis 3 Tropfen (nicht mehr!) Methylorange zugegeben werden. Färbt sich die Wasserprobe nach der Zugabe der Methylorange-Lösung gelb, so ist eine $K_{S4,3}$ (m-Wert) vorhanden. Man setzt nun, ohne den Titrierapparat erneut aufzufüllen, weiter 0,1 m Salzsäure bis zum Umschlag nach orange zu. Der jetzt ermittelte Gesamtverbrauch ist die $K_{S4,3}$ (m-Wert) in der untersuchten Wasserprobe. Der Verbrauch in ml (einschließlich der $K_{S8,2}$) an 0,1 m Salzsäure entspricht der $K_{S4,3}$ (m-Wert) bzw. der Alkalinität oder Gesamt-Alkalinität in mmol/l.

Wenn in Wässern keine $K_{S8,2}$ (p-Wert) vorhanden ist, entspricht die $K_{S4,3}$ (m-Wert) dem Hydrogencarbonat(HCO_3)-Gehalt eines Wassers. Ein mmol Hydrogencarbonat je Liter Wasser entspricht 61 mg HCO_3/l oder 44 mg gebundener Kohlensäure (CO_2) je Liter.

Der Gehalt an Hydrogencarbonat ist nicht mit dem früheren Ausdruck Karbonathärte zu verwechseln! Zur Errechnung der an Hydrogencarbonat gebundenen Erdalkalien (Karbonathärte) ist die $K_{S4,3}$ in mmol/l durch 2 zu dividieren und mit der Summe Erdalkalien in Relation zu setzen. Wenn die $K_{S8,2}$ = 0 ist, entspricht die „Karbonathärte" der durch 2 dividierten $K_{S4,3}$, sofern die Summe Erdalkalien gleich oder größer als die halbe $K_{S4,3}$ ist. Ist die Summe Erdalkalien geringer, kann auch die „Karbonathärte" nicht höher als die Summe Erdalkalien in mmol/l sein, die Differenz zur halben $K_{S4,3}$ liegt dann als Alkali-Hydrogencarbonat vor.

Beispiele:		A	B
Summe Erdalkalien	mmol/l	= 3,0	= 2,0
$K_{S8,2}$ (p-Wert)	mmol/l	= 0	= 0
$K_{S4,3}$ (m-Wert)	mmol/l	= 5,4 (:2=2,7)	= 5,4 (:2=2,7)
An HCO_3 gebundene Erdalkalien	mmol/l	= 2,7	= 2,0
Alkali-Hydrogencarbonat	mmol/l	= 0	= 0,7

5.10.2.3 Basekapazität bis pH-Wert 8,2 bzw. 4,3 ($K_{B8,2}$ bzw. $K_{B4,3}$) – DIN 38409 -7: (Negativer p-Wert und m-Wert)

In Anlehnung an die Bestimmung der $K_{S8,2}$ und $K_{S4,3}$ (siehe 5.10.2.2) kann die Basekapazität von Wässern durch Zugabe von 0,1 m Natronlauge (NaOH) anstelle von 0,1 m Salzsäure erfolgen. Die Prozedur ist identisch, nur die Voraussetzungen durch Anwesenheit baseverbrauchender Stoffe sind anders.

Bleibt das Probewasser bei der Zugabe von Phenolphthalein farblos, so kann eine $K_{B8,2}$ (negativer p-Wert) in der Wasserprobe vorhanden sein. Diese $K_{B8,2}$ kann

z. B. durch den Gehalt an Kohlensäure verursacht werden. Gibt man nun (anstelle von 0,1 m Salzsäure) 0,1 m Natronlauge bis zum Umschlag nach schwach rosa zu, so kann man aus dem Verbrauch an 0,1 m Natronlauge in ml multipliziert mit dem Faktor 44 den Gehalt an freier Kohlensäure in der Wasserprobe in mg/l berechnen. Voraussetzung für diese Berechnung ist, dass keine $K_{B4,3}$ (negativer m-Wert) vorlag. Ist eine $K_{B4,3}$ vorhanden, so ist für die Kohlensäurebestimmung die Differenz von $K_{B8,2}$ und $K_{B4,3}$ zu bilden und diese dann mit 44 zu multiplizieren.

Wird bei der Zugabe von Methylorange die Wasserprobe rot gefärbt, so liegt eine $K_{B4,3}$ (negativer m-Wert) vor (z. B. im entbasten Wasser hinter einem stark sauren Kationenfilter einer Vollentsalzungsanlage). Gibt man nun dem Wasser (anstelle von 0,1 m Salzsäure) 0,1 m Natronlauge bis zum Umschlag nach orange-gelb zu, so entspricht der Verbrauch in ml der $K_{B4,3}$ (negativer m-Wert) in mmol/l. Den Zusammenhang zwischen pH-Wert, $K_{S8,2/4,3}$ und $K_{B8,2/4,3}$ zeigt Bild 5.51.

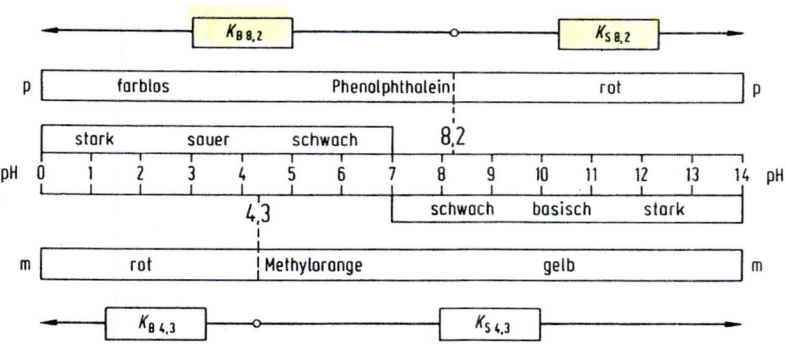

Bild 5.51: Zusammenhang zwischen pH-Wert, K_S und K_B

5.10.2.4 Bestimmung der Kalkwassersättigung

Die Löslichkeit von Kalkhydrat (Calciumhydroxid, $Ca(OH)_2$) in Wasser ist von der Temperatur abhängig; im kalten Wasser wird mehr Kalkhydrat gelöst als im warmen Wasser. Zu jeder Bestimmung der Kalkwassersättigung gehört daher die Messung der Temperatur im Kalkwasser.

Erforderliche Chemikalien und Geräte:
Phenolphthalein-Lösung (0,375%ig alkoholisch)
Salzsäure 0,1 m, analysenrein
Schüttelgläschen 10 ml
Thermometer 0-100 °C
Titrierapparat nach Dr. Schilling mit Pellet-Oberteil, 1000 ml Flasche und 25 ml Bürette, Teilung 0,1 ml mit Schellbach-Streifen.

Durchführung:
Man füllt in ein Schüttelgläschen 10 ml klar filtriertes (sehr wichtig!) Kalkwasser. Diese Lösung versetzt man mit 1 Tropfen Phenolphthalein-Lösung und gibt solange 0,1 m Salzsäure zu, bis die Rotfärbung eben verschwindet. Beim Titrieren muss

das Gläschen gut geschüttelt werden. Die verbrauchten ml Salzsäure ergeben die Kalkwassersättigung. Ob die Sättigung in Abhängigkeit von der Temperatur ausreichend ist, zeigt die Tafel 5.31.

Tafel 5.31: Sättigung des Kalkwassers in Abhängigkeit von der Temperatur

Temperatur °C	10	15	20	25	30	35	40	45	50	70	95
Säureverbrauch in 10 ml	4,8	4,7	4,6	4,5	4,3	4,1	3,9	3,5	3,0	2,7	2,1

5.10.2.5 Bestimmung des Phosphat-Gehaltes
5.10.2.5.1 Bestimmung des Orthophosphat-Gehaltes mit Ammoniummolybdat – DIN EN 1189

Grundlage des Verfahrens:
Heptamolybdate ergeben mit Orthophosphaten in saurer Lösung in Gegenwart von Metol-Pyrosulfit als Reduktionsmittel einen blauen Farbkomplex. Die Bildung von Silikomolybdaten wird durch Zusatz von Zitronensäure verhindert. Die entstandene Blaufärbung kann fotometrisch oder kolorimetrisch ausgewertet werden.

Anwendungsbereich:
Das Verfahren ist zur direkten Bestimmung des Gehaltes an Orthophosphaten bis 10 mg/l P_2O_5 bzw. 13 mg PO_4 geeignet.

Reagenzien und Geräte:
Lösung I: 2 g Zitronensäure, 2 g Metol (Foto-rex) und 10 g Kaliumpyrosulfit werden in 100ml Wassergelöst. Die Lösung ist nur begrenzte Zeit haltbar.
Lösung II: 5 g Ammoniumheptamolybdat in ca. 50 ml Wasser auflösen, dann vorsichtig 5 ml Schwefelsäure konzentriert zusetzen und die Lösung auf 100 ml mit Wasser auffüllen.
Diese Lösungen werden im Handel als Reagenzien zur »Bayer-Phosphat-Bestimmung« angeboten und sind durch Zusätze von Stabilisierungsmitteln länger haltbar.
Probegefäße mit ca. 50 ml Volumen aus Glas
1 ml Pipetten
ggf. Trichter und Filterpapier

Durchführung:
Von der klaren und neutralen Wasserprobe, die eventuell entsprechend vorbereitet sein muss (Trübungen sind abzufiltrieren, Färbungen über Aktivkohle zu entfernen, die Alkalität mit 0,1 m Salzsäure gegen Phenolphthalein zu neutralisieren) werden 20 ml Probe in das Messglas gegeben. Der Probe werden dann 1 ml Lösung I und nach Umschütteln 1 ml Lösung II zugesetzt. Nach 10 Minuten wird die Extinktion im Fotometer bei 720 nm gemessen. Zur Auswertung wird eine Kalibrierkurve aufgestellt. Ist die Extinktion zu groß, so wird die klare Wasserprobe entsprechend verdünnt, die Messung wiederholt und das Ergebnis mit dem Verdünnungsfaktor multipliziert.

Durchführung nach Farbenfabriken Bayer AG, Leverkusen:
Die Durchführung des Verfahrens erfolgt grundsätzlich nach der Bedienungsanweisung, die dem gelieferten Chemikalien- und Kolorimetersatz beigefügt ist.

Die klare und neutrale zu untersuchende Wasserprobe wird bis zur obersten Markierung (20 ml) in die Vergleichsampulle gefüllt. Danach werden der Wasserprobe 1 ml Reagenz I zugesetzt, kurz umgeschüttelt und anschließend 1 ml Phosphatreagenz II hinzugefügt und nochmals geschüttelt. Nach einer Standzeit von 10 Minuten vergleicht man die entstandene Blaufärbung mit den gelieferten Vergleichslösungen.

$$1 \text{ mg/l } P_2O_5 \;\hat{=}\; 1{,}34 \text{ mg/l } PO_4; \quad 1 \text{ mg/l } PO_4 \;\hat{=}\; 0{,}75 \text{ mg/l } P_2O_5$$

Bei einem Phosphatgehalt von mehr als 10 mg/l P_2O_5 wird die Probe mit phosphatfreiem Wasser verdünnt und die Untersuchung wiederholt. Der abgelesene Wert muss mit dem Verdünnungsfaktor multipliziert werden. Werden z. B. zur Untersuchung anstelle von 20 ml nur 5 ml verwandt und der Rest mit phosphatfreiem Wasser auf 20 ml aufgefüllt, so ist der nach der Messung abgelesene Phosphatwert mit 4 zu multiplizieren, damit man den endgültigen Wert erhält.

Kesselspeisewasser kann normalerweise unverdünnt untersucht werden. Kesselwasser ist in der Regel 1 : 5 bis 1 :10 zu verdünnen (Verdünnung 1 : 5 = 4 ml Wasserprobe und 16 ml destilliertes Wasser, Verdünnung 1 : 10 = 2 ml Wasserprobe und 18 ml destilliertes Wasser).

5.10.2.5.2 Orthophosphat-Bestimmung nach der VM-Methode

Grundlage des Verfahrens:

Orthophosphate bilden mit Ammoniumvanadat-Ammoniummolybdatreagenz (VM-Reagenz) intensiv gelb gefärbte Farbkomplexe. Die Reaktionsbedingungen, insbesondere die Säurekonzentration, sind so gewählt, dass Störungen durch Kieselsäure weitgehend ausgeschaltet werden.

Anwendungsbereich:
Die Untersuchungs-Methode eignet sich für Wässer im Konzentrationsbereich von 5 bis 40 mg/l P_2O_5. Bei höheren Konzentrationen muss entsprechend verdünnt werden. Die Gelbfärbung ist bei künstlichem Licht relativ schwer kolorimetrisch zu ermitteln.

Reagenzien und Geräte:
VM-Reagenz (25 g Ammoniummolybdat + 1,0 g Ammoniumvanadat bei 60 °C in 400 ml Wasser lösen + 125 ml Schwefelsäure konz. + 400 ml Wasser; dann mit Wasser auf 1 Liter auffüllen)
Reagenzglas mit Eichmarken bei 10 und 12 ml
Standard-Vergleichsröhrchen (Farbampullen)
ggf. Trichter und Filterpapier

Durchführung:
Das Reagenzglas wird bis zu 10 ml Strichmarke mit dem zu untersuchenden klaren, neutralen Wasser gefüllt. Dann gibt man bis zur 12 ml Strichmarke VM-Rea-

genz (also 2 ml) hinzu und schüttelt um. Nach einer Wartezeit von 5 Minuten wird die entstandene Gelbfärbung mit dem Farbton der Standardlösungen verglichen oder bei 430 nm photometriert.

Gelb gefärbte Wässer müssen durch Schütteln mit phosphatfreier Aktivkohle entfärbt werden. Ist die Gelbfärbung der Probelösung nach der Untersuchung intensiver als die der Vergleichsröhrchen, ist die Messung mit entsprechend verdünntem Wasser zu wiederholen. Bei der Verdünnung ist der gemessene Wert mit dem Verdünnungsfaktor zu multiplizieren, um den effektiven Orthophosphat-Gehalt zu ermitteln.

5.10.2.5.3 Bestimmung des Gesamtphosphat-Gehaltes und des Gehaltes an polymeren Phosphaten

Grundlage des Verfahrens:
Polyphosphate (polymere Phosphate) werden durch Kochen in saurer Lösung in Orthophosphate gespalten und dann als Orthophosphate bestimmt.

Anwendungsbereich:
Nach der folgenden Vorbehandlung kann die Lösung mit jedem der beschriebenen Phosphat-Verfahren untersucht werden.

Reagenzien und Geräte:
Salpetersäure konz., analysenrein oder Salzsäure, analysenrein 1+1 verdünnt
Natronlauge 30 bis 40%ig analysenrein
Erlenmeyerkolben 300 ml, enghalsig
Messzylinder und Messpipetten

Durchführung:
100 ml der zu untersuchenden Wasserprobe werden in einem Erlenmeyerkolben mit 5 ml Salpetersäure konzentriert oder 10 ml Salzsäure 1+1 versetzt und 20 bis 30 Minuten gekocht, wobei ggf. das verdampfte Wasser von Zeit zu Zeit durch Destillat bis auf ein Volumen von ca. 80 ml ersetzt werden muss. Nach beendetem Kochen und Abkühlung neutralisiert man die Lösung mit Natronlauge gegen Phenolphthalein und füllt mit Destillat wieder auf 100 ml auf.

Die so vorbehandelte Probe wird dann nach den vorbeschriebenen Phosphat-Verfahren untersucht.

Der gefundene Wert erfasst die Gesamt-Phosphate. Aus der Differenz des Gesamt-Phosphatgehaltes und des vorher bestimmten Orthophosphatgehaltes ergibt sich der Gehalt an polymeren Phosphaten.

5.10.2.6 Bestimmung des Salzgehaltes von Wässern

5.10.2.6.1 Bestimmung der Dichte mit einer Dichtespindel

Im Wasser enthaltene Salze erhöhen die Dichte des Wassers, die mittels einer Dichtespindel gemessen werden kann. Das Verfahren gibt den Salzgehalt in °Bé an, ist aber heute nicht mehr aktuell. 1 °Bé entspricht einem Salzgehalt von 10 g Natriumchlorid (Kochsalz) in 1 l Wasser.

Der Salzgehalt von Wässern wird besser durch Messung der elektrischen Leitfähigkeit erfasst, siehe 5.10.2.6.2. Der Zusammenhang zwischen °Bé und g/cm³ geht aus dem Diagramm von Bild 5.52 hervor.

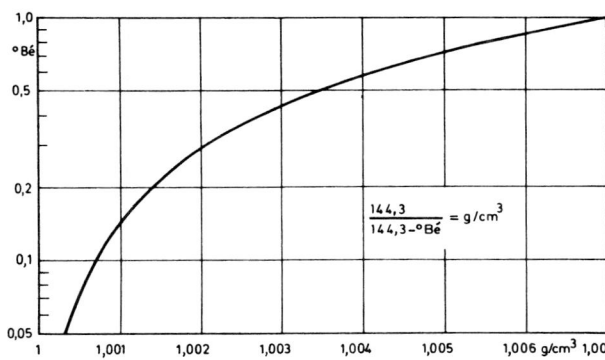

Bild 5.52: Zusammenhang zwischen °Bé und Dichte in g/cm³

5.10.2.6.2 Bestimmung des Salzgehaltes durch Leitfähigkeitsmessung – DIN EN 27888

Grundlage des Verfahrens:

Die elektrische Leitfähigkeit eines Wassers wird u. a. durch den Salzgehalt wesentlich verändert. Salzarme Wässer besitzen eine geringe elektrische Leitfähigkeit und damit einen hohen Ohmschen Widerstand, salzhaltige Wässer eine hohe elektrische Leitfähigkeit und einen geringen elektrischen Widerstand. Die Leitfähigkeit ist der Kehrwert des Widerstandes. Da sich die Leitfähigkeit auch mit der Temperatur deutlich ändert, muss zum Messwert auch die Messtemperatur angegeben werden. Die normale Bezugstemperatur beträgt 25 °C.

Die elektrische Leitfähigkeit wird in µS/cm oder mS/m (1 mS/m = 10 µS/cm) angegeben.

Geräte:
Leitfähigkeitsmessgerät (optimal mit Temperaturkompensation), Messbereich angepasst an den Bedarf!
Leitfähigkeitsmesselektroden (optimal mit Temperaturfühler) mit Zellenkonstante von 1,0 für salzarmes und salzhaltiges Wasser und/oder 0,1 für Wasser mit einer Leitfähigkeit < 1 µS/cm, am besten in einer Durchlaufmesszelle!
Kunststoffbecher ca. 150 ml

Durchführung:
Nach dem Einschalten des Leitfähigkeitsmessgerätes wird die mit Probewasser gespülte Messelektrode soweit in die Wasserprobe eingetaucht, dass die Messflächen der Elektrode gut bedeckt sind. Gegebenenfalls ist die Elektrode unter Wasser kurzfristig etwas zu bewegen.
Die elektrische Leitfähigkeit kann am Messgerät direkt abgelesen werden. Bei salzarmen Wässern (Kondensaten und vollentsalzten oder teilentsalzten Wässern) nimmt die Leitfähigkeit durch Aufnahme von Luftkohlensäure rasch zu. Es ist besser, dann Durchlaufelektroden zu verwenden, um den Luftzutritt zu verhindern. 1 µS/cm entspricht überschlägig einem Salzgehalt von 0,5 mg/l NaCl (Natriumchlorid).

Wenn Messgerät und Messzelle über keine automatische Temperaturkompensation verfügen und die Probetemperatur von 25 °C abweicht, kann die Leitfähigkeit auf die Referenztemperatur von 25 °C rechnerisch wie folgt korrigiert werden:

Für Wässer mit Leitfähigkeit > 1 µS/cm mit einem Korrekturfaktor (F) von ca. 2 - 2,2 %/°C und für Wässer mit Leitfähigkeit < 1 µS/cm wie folgt:
bei ca. 0,5   µS/cm mit F: 2,4 %/°C
bei ca. 0,2   µS/cm mit F: 2,6 %/°C
bei ca. 0,1   µS/cm mit F: 3,6 %/°C
bei ca. 0,07 µS/cm mit F: 4,2 %/°C
Die Formel für die Umrechnung lautet wie folgt:

Leitfähigkeit bei 25 °C = Leitfähigkeit bei Messtemperatur(T) x $(1 + F:100)^{25-T}$

Beispiel 1: Leitfähigkeit einer Wasserprobe bei 40 °C = 500 µS/cm
Leitfähigkeit bei 25 °C = 500 x $(1 + 2,1:100)^{25-40}$ = 500 x $1,021^{-15}$
= 500 x 0,73 = 366 µS/cm

Beispiel 2: Leitfähigkeit einer Wasserprobe bei 15 °C = 0,12 µS/cm
Leitfähigkeit bei 25 °C = 0,12 x $(1 + 3,6:100)^{25-15}$ = 0,12 x $1,036^{10}$
= 0,12 x 1,42 = 0,17 µS/cm

Die elektrische Leitfähigkeit verschiedener in Wasser gelöster Gase und Salze ist aus den Bildern 5.53 und 5.54 zu ersehen.

5.10.2.7 Bestimmung des pH-Wertes – DIN 38404-5

Der pH-Wert oder die Wasserstoffionen-Konzentration (siehe 5.1.3) gibt Aufschluss über den alkalischen, neutralen oder sauren Charakter eines Wassers.
Genaue Messungen können nur elektrometrisch mit pH-Metern durchgeführt werden. Das bei der Messung entstehende Potenzial zwischen einer Bezugselektrode und einer Glaselektrode wird direkt am Gerät als pH-Wert abgelesen. In die zu messende Lösung wird die Glaselektrode unmittelbar eingetaucht, während sich die Bezugselektrode in einer KCl-Lösung von konstanter Ionenkonzentration befindet. Im allgemeinen werden Einstab-Messketten verwendet, bei denen Glas-

Wasser und Dampf 451

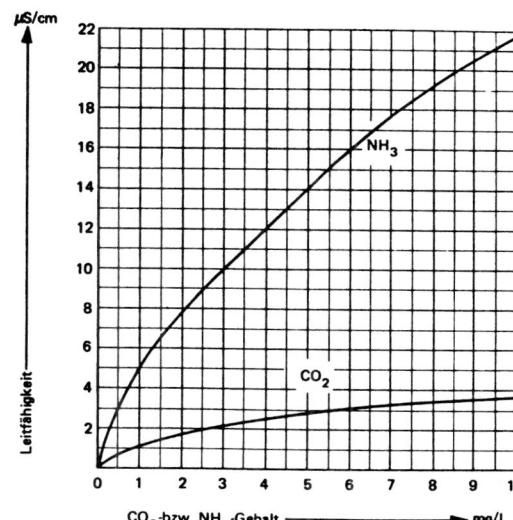

Bild 5.53: Elektrische Leitfähigkeit gelöster Gase in Wasser (VKW-Handbuch)

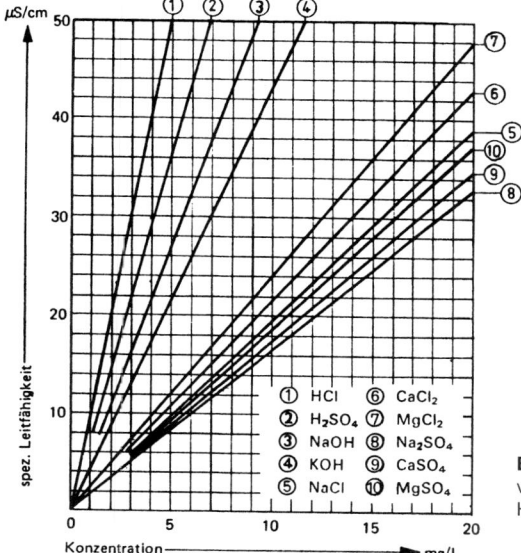

Bild 5.54: Elektrische Leitfähigkeit von wässrigen Lösungen (VKW-Handbuch)

elektrode, KCl-Lösung und Bezugselektrode zu einer Einheit zusammengefasst sind. Zur Überprüfung des pH-Gerätes, einschließlich Elektroden, dienen Pufferlösungen mit definiertem pH-Wert. Diese Kalibrierung ist regelmäßig durchzuführen.

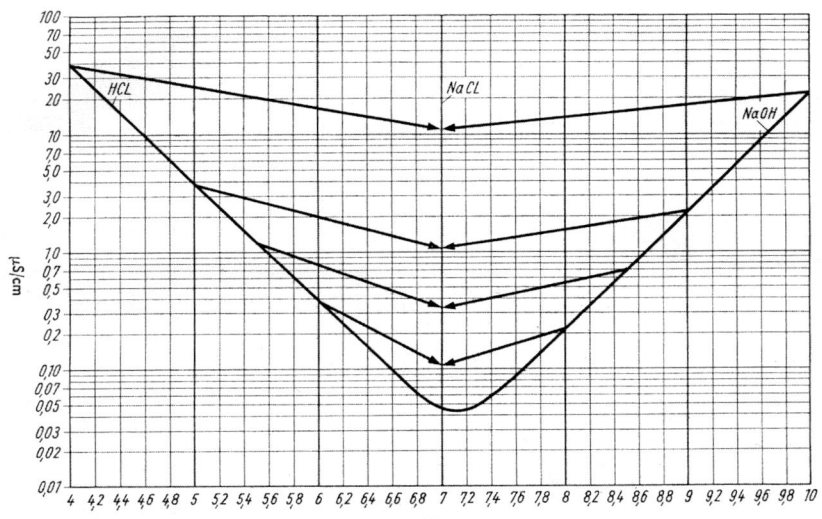

Bild 5.55: Zusammenhang zwischen pH-Wert und elektrischer Leitfähigkeit salzarmer Wässer bei 18 °C (Permutit Taschenbuch)

Nach der Messung von stark sauren oder stark alkalischen Lösungen sind die Elektroden längere Zeit mit Wasser zu spülen, um anschließend wieder Messungen in etwa neutralen Wasser mit genügender Genauigkeit durchführen zu können. Die Anwendungsvorschriften der Geräte- und Elektrodenhersteller sind zu beachten.

Da sich der pH-Wert mit der Temperatur ändert, muss zum Messwert ist auch die Messtemperatur angegeben werden. Die normale Bezugstemperatur beträgt 25 °C. Der pH-Wert ist dimensionslos.

Die Messung des pH-Wertes in Wässern unter 5 µS/cm ist mit Standardelektroden problematisch, in Wässern < 1 µS/cm nur mit Tricks möglich. In vollentsalztem Wasser < 0,2 µS/cm ist die pH-Messung sinnlos; die Messung der Leitfähigkeit ist völlig ausreichend, da in reinem Wasser der pH-Wert und die Leitfähigkeit in direkter Beziehung stehen, siehe Bild 5.55.

5.10.2.8 Bestimmung des Hydrazingehaltes – DIN 38413-1

Grundlage des Verfahrens:
Hydrazin reagiert in saurer Lösung mit p-Dimethylamino-Benzaldehyd unter Bildung eines intensiv gelben Hydrazones, dessen Farbe kolorimetrisch mit Hilfe von Vergleichslösungen oder photometrisch bei 455 nm ausgemessen werden kann.

Reagenzien und Geräte:
Hydrazinreagenz (2 g p-Dimethylamino-Benzaldehyd werden in 100 ml 0,5 m Schwefelsäure gelöst)
Farbvergleichsampullen (von der Fa. Farbenfabriken Bayer, Leverkusen)
Pipetten

Anwendungsbereich:
Dieses Verfahren ist für alle Wässer im Konzentrationsbereich von 0,0 bis 1,0 mg/l N_2H_4 geeignet. Bei höheren Hydrazingehalten ist die Bestimmung mit einer entsprechend verdünnten Probe zu wiederholen. Hydrazinhaltige Proben können durch anzusäuern stabilisiert werden, da Salze des Hydrazins in saurer Lösung nicht mehr mit Sauerstoff reagieren, s. Handhabung von Konservierungslösungen.

Durchführung:
5 ml der zu untersuchenden, möglichst rasch auf 15 bis 20 °C abgekühlten (am besten mit Kühler entnommenen), klaren Probe werden entweder in der Messampulle oder in einem Glas mit 5 ml Hydrazinreagenz versetzt. Nach einer Wartezeit von 2 Minuten vergleicht man die Färbung mit den Farbampullen (entsprechend N_2H_4-Konzentrationen von 0 - 0,05 - 0,1 - 0,25 - 0,5 - 1,0 mg/l) oder photometriert. Bei Kunstlicht ist der Farbvergleich der Konzentrationen über 0,5 mg/l z. T. erschwert; bei Gehalten > 1 mg/l ist zu verdünnen.

Proben von Konservierungslösungen mit Hydrazingehalten > 100 mg/l werden pro 100 ml mit 1 ml Salzsäure 15%ig oder Schwefelsäure 25%ig angesäuert und 1:500 bis 1:1000 verdünnt (1 ml Probe mit kaltem Wasser auf 500 bzw. 1000 ml auffüllen). Die verdünnten Proben sind dann - wie vorbeschrieben - zu untersuchen, der gemessene Wert ist mit dem Verdünnungs-Faktor 500 bzw. 1000 zu multiplizieren. Die Ergebnisse dieser Messung sind wegen des hohen Verdünnungs-Faktors nicht so genau, reichen aber für die Kontrolle von Konservierungs-Lösungen aus.

5.10.2.9 Bestimmung des Natriumsulfit-Gehaltes – DIN EN ISO 10304-3

Grundlage des Verfahrens:
Jod oxidiert in saurer Lösung Sulfit zu Sulfat und wird dabei selbst zum Jodid reduziert. Überschüssiges Jod gibt mit Stärkelösung eine Blaufärbung. Störend wirken Nitrite, Sulfide und größere Mengen organischer Stoffe ($KMnO_4$-Verbrauch über 60 mg/l).

Anwendungsbereich:
Das Verfahren ist in sehr weitem Bereich geeignet; bei direkter Anwendung von 1 bis 150 mg/l.

Reagenzien und Geräte:
Phosphorsäure 25%ig; Dichte = 1,14 g/cm^3
Jodlösung 0,005 m (in brauner Flasche kühl aufbewahren)
alternativ Jodid/Jodat-Lösung gleicher Konzentration (alkalisiert) wegen besserer Haltbarkeit
Stärke löslich (nach Zulkowsky)
Erlenmeyerkolben 300 ml, weithalsig
Messpipette, 10 ml
Bürette 20 ml, Teilung 0,1 ml

Durchführung:
100 ml der rasch auf Zimmertemperatur abgekühlten (am besten mit Kühler entnommenen), klaren Probe werden in einen 300 ml Erlenmeyerkolben gegeben und mit 3 ml Phosphorsäure angesäuert. Anschließend gibt man eine kleine Messer-

spitze löslichen Stärkepulvers zu. Mittels einer Bürette wird nun 0,005 m Jodlösung zugesetzt, bis sich die Probe eben schwach blau färbt. (Probe nur soviel schütteln wie notwendig! - am besten bei der Titration nur leicht schwenken).
Einmal in der Woche ist eine Leerwertprobe durchzuführen. Dazu werden 100 ml des sulfitfreien Roh- oder Zusatzwassers wie vorbeschrieben untersucht. Der Jod-Verbrauch bis zur Blaufärbung ist der Leerwert; er ist vom Messwert der Probe abzuziehen. Die Leerwertprobe soll möglichst die gleiche Temperatur wie die zu untersuchende Probe aufweisen.

Auswertung:
1 ml 0,005 m Jodlösung entspricht bei Verwendung von 100 ml Probelösung einem Natriumsulfit-Gehalt von ungefähr 6,3 mg/l Na_2SO_3 (Leerwert von normal 0,2 bis 0,5 ml vorher abziehen!)

5.10.2.10 Bestimmung des Kieselsäuregehaltes – DIN 38405

Grundlage des Verfahrens:
Heptamolybdate geben mit Ortho-Kieselsäure ein gelbes Silikomolybdat, das durch reduzierende Chemikalien in Molybdänblau umgewandelt wird. Störungen durch Phosphationen werden durch Zusatz von Oxalsäure, Weinsäure oder Zitronensäure ausgeschaltet. Die Färbung kann kolorimetrisch mit Hilfe von Vergleichsampullen oder photometrisch erfasst werden.

Reagenzien und Geräte:
Molybdat-Lösung (5 g Ammoniummolybdat werden in 95 ml Wasser gelöst und mit 5 ml Schwefelsäure konzentriert p. A. versetzt)
Oxalsäurelösung (5 g Oxalsäure p. A. werden in 100 ml Wasser gelöst)
Metol-Disulfit-Lösung (21 g Kaliumdisulfit [$K_2S_2O_5$] und 2 g Metol werden in 100 ml Wasser gelöst)
oder Kieselsäure-Reagenzien von Fa. Farbenfabriken Bayer, Leverkusen.
Für die Chemikalien nur Kunststoffflaschen verwenden!
Polyethylenfläschchen 200 ml, mit Verschluss (keine Glasflaschen verwenden!)
Pipetten
Farbvergleichslösungen der Fa. Bayer, Leverkusen

Anwendungsbereich:
Direkt (bei 100 ml Probe) bis 0,2 mg/l SiO_2. Bei höheren Konzentrationen ist zu verdünnen. Beim Bayer-Verfahren Untersuchungsvorschrift beachten.

Durchführung:
Zu 100 ml klarer Probe werden nacheinander (Reihenfolge beachten!) 4 ml Molybdatlösung und nach ca. 5 Minuten Wartezeit je 4 ml Oxalsäure- und Metoldisulfit-Lösung zugegeben. Nach der Zugabe der verschiedenen Lösungen leicht umschütteln. Als Vergleichslösung wird vollentsalztes Wasser (Deionat) in umgekehrter Reihenfolge mit Chemikalien versetzt. 10 Minuten nach Zugabe der Metol-Disulfit-Lösung wird gegen die Vergleichslösung bei 815 nm photometriert.
Beim Bayer-Verfahren wird die entstandene Blaufärbung mit Hilfe der Farbvergleichsampullen ausgewertet. Bei zu starken Färbungen ist die Untersuchung mit

Wasser und Dampf

stärkerer Verdünnung zu wiederholen. Als Verdünnungswasser muss kieselsäurefreies Wasser verwendet werden!

Beim DEV-Verfahren nach DIN 38405, Teil 21, wird anstelle von Metoldisulfit als Reduktionsmittel Ascorbinsäure verwendet.

5.10.2.11 Bestimmung des Kaliumpermanganat ($KMnO_4$)-Verbrauches in saurer Lösung (Oxidierbarkeit $Mn^{7+} \rightarrow Mn^{2+}$) Permanganat-Index DIN EN ISO 8467

Grundlage des Verfahrens:
Viele organische Substanzen werden beim Kochen in saurer Lösung durch Kaliumpermanganat ($KMnO_4$) oxidiert, wobei $KMnO_4$ verbraucht wird. Mit der Bestimmung des $KMnO_4$-Verbrauchs wird nur ein relativer Wert des Gehaltes an organischen Substanzen erhalten.

Reagenzien und Geräte:
$KMnO_4$-Lösung 0,002 m (in brauner Glasflasche kühl aufbewahren)
Oxalsäure-Lösung 0,005 m
Schwefelsäure 1+3 verdünnt (1 Vol.-Teil H_2SO_4 + 3 Vol.-Teile Wasser)
Erlenmeyerkolben 300 ml, enghalsig mit passender Kühlbirne
Vollpipetten 15 ml
Büretten 25 ml, mit 0,1-ml-Teilung.

Anwendungsbereich:
Direkt bis zu 30 mg/l $KMnO_4$. Nach Verdünnung auch höhere Werte (bis 300 mg/l). Bei noch höheren Konzentrationen empfiehlt es sich 0,02 m $KMnO_4$ und 0,05 m Oxalsäure-Lösung zu verwenden. Chloridgehalte > ca. 500 mg/l stören.

Durchführung:
100 ml unfiltrierte Probe (bei höheren Gehalten entsprechend weniger, aber auf 100 ml aufgefüllt) werden mit 5 ml Schwefelsäure (1+3) versetzt und zum Sieden erhitzt. Um das Sieden zu erleichtern bzw. um Siedeverzüge zu vermeiden, kann man Siedeperlen aus Glas (∅ 2-3 mm) zusetzen. Sofort nach Siedebeginn werden 15 ml 0,002 m $KMnO_4$-Lösung zugesetzt und 10 Minuten gekocht (Kühlbirne auf dem Erlenmeyerkolben!). Die Lösung muss nach 10 Minuten noch deutlich rot gefärbt sein. Ist sie das nicht, ist die Untersuchung mit entsprechend weniger Probe zu wiederholen.

Nach der Kochzeit gibt man in die heiße Lösung 15 ml 0,005 m Oxalsäure und titriert die heiße Lösung sofort mit 0,002 m $KMnO_4$ bis zur schwachen Rosafärbung.

Auswertung:
Der Verbrauch an 0,002 m $KMnO_4$ in ml bei der letzten Titration multipliziert mit 3,16 ergibt den $KMnO_4$-Verbrauch (mg/l $KMnO_4$); mit 0,02 m $KMnO_4$ und 0,05 m Oxalsäure ist der Verbrauch in ml bei der letzten Titration mit 31,6 zu multiplizieren, um bei 100 ml Probe den $KMnO_4$-Verbrauch (mg/l $KMnO_4$) zu erhalten. Für den Permanganat-Index (mg/l O) ist v. g. Verbrauch in ml mit 0,8 bzw. 8 zu multiplizieren.

5.10.2.12 Bestimmung des Chloridgehaltes nach Mohr – DIN 38405 D 1-1

Grundlage des Verfahrens:
Silbernitrat gibt in Anwesenheit von Chloridionen in neutralem Medium eine weiße, wasserunlösliche Ausfällung von Silberchlorid. Der Endpunkt der titrimetrischen Bestimmung wird durch Kaliumchromat als Farbindikator angezeigt (Farbumschlag von gelb nach gelbbraun).

Reagenzien und Geräte:
Salpetersäure 1 m
Natronlauge 1 m
Silbernitratlösung 0,1 m
Kaliumchromatlösung (10%ig, wässrig)
Phenolphthaleinlösung (0,375%ig, alkoholisch)
Erlenmeyerkolben 300 ml, weithalsig
Messpipette 2-5 ml
Messzylinder 100 ml
Bürette 20-25 ml, Teilung 0,1 ml

Anwendungsbereich:
Bei 100 ml Probe sind Konzentrationen zwischen 10 und 900 mg/l Chlorid direkt messbar. Bei niedrigeren Konzentrationen kann eine Probenmenge von 150-200 ml, bei Konzentrationen über 900 mg/l eine Menge von 50 ml oder weniger zur Titration herangezogen werden.

Durchführung:
100 ml der gekühlten Probe werden in einen 300 ml Erlenmeyerkolben gegeben und mit 1 m Salpetersäure (keine Salzsäure!) oder 1 m Natronlauge gegen Phenolphthalein so neutralisiert, dass der Indikator eben farblos wird. Anschließend gibt man 1 ml Kaliumchromatlösung (ca. 20 Tropfen) zu und titriert mit 0,1 m Silbernitratlösung, bis ein Farbumschlag von rein gelb bzw. milchig-gelb nach schwach rotbraun bzw. milchig-rotbraun erfolgt. Der Umschlag ist im Vergleich zu einer nicht titrierten Probe gut zu erkennen.

Auswertung:
Der Verbrauch an 0,1 m Silbernitrat für 100 ml Probe, abzüglich eines Leerwertes von 0,1 ml, multipliziert mit 35,5, ergibt die Chloridkonzentration in mg/l.

5.10.2.13 Bestimmung sonstiger Inhaltsstoffe

Für die Bestimmung des Gehaltes an Eisen, Kupfer etc. in Betriebswässern sind mindestens lichtelektrische Photometer notwendig. Die Untersuchungsverfahren sind der einschlägigen Literatur zu entnehmen (siehe weiterführende Literatur).

5.11 Die wichtigsten EN- und DIN-Normen für das Arbeitsgebiet Wasser

EN-Nr./Jahr	DIN-Nr./Jahr	Titel
1278/1999		Ozon
1461/1999		Feuerverzinken – Stückverzinken, Ersatz für DIN 50976
–	1946-4/1999	Raumlufttechnik, Teil 4 Raumlufttechnische Anlagen in Krankenhäusern
pr806/1996	1988,1-8/1988	Technische Regeln für Trinkwasser-Installationen (TRWI)
–	2000/2000	Zentrale Trinkwasserversorgung; Leitsätze für Anforderungen an Trinkwasser; Planung, Bau und Betrieb der Anlagen
–	2001/1983	Eigen- und Einzeltrinkwasserversorgung; Leitsätze für Anforderungen an Trinkwasser; Planung, Bau und Betrieb der Anlagen
–	2403/1984	Kennzeichnung von Rohrleitungen nach dem Durchflussstoff
–	2440/1978	Verzinkte Rohrleitungen
–	2444/1984	Zinküberzüge auf Stahlrohren
–	2481/1979	Wärmekraftanlagen; Graphische Symbole
–	2614/1990	Zementmörtelauskleidungen für Rohre und Formteile
–	4046/1983	Wasserversorgung; Begriffe; Technische Regeln des DVGW
–	4753-1-11	Wassererwärmungsanlagen für Trink- und Betriebswasser
–	19260-19268	pH-Messung; Elektroden, Messumformer, Standardpufferlösungen ....
	/1971-2000	Referenz Pufferlösungen, pH-Messung von klaren wässrigen Lösungen
pr878/2002	(19600)	Aluminiumsulfat
pr881/2003	(19634)	Aluminiumchlorid, Aluminiumhydroxidchlorid
pr882/2003	(19601)	Natriumaluminat
pr888-91/2003	(19602)	Eisen(III)salze (Chlorid, Sulfat, Chloridsulfat)
12903/1999	(19603)	Pulver-Aktivkohlen
12915/1999	(19603)	Granulierte Aktivkohlen
973/2003	(19604)	Natriumchlorid zur Wasseraufbereitung
	19605/1995	Filter zur Wasseraufbereitung
–	19606/1983	Chlorgasdosieranlagen zur Wasseraufbereitung
901/2000	(19608)	Natriumhypochlorit
937/1999	(19607)	Chlor
939/2000	(19610)	Salzsäure
12518/2000	(19611)	Weißkalk - Produkte zur Aufbereitung von Wasser
897/1998	(19612)	Natriumcarbonat, Soda
896/1998	(19615/19616)	Natriumhydroxid
899/2003	(19618)	Schwefelsäure
–	19619/1975	Kaliumpermanganat zur Wasseraufbereitung
–	19620/1972	Trinatriumphosphat zur Wasseraufbereitung
1017/1998	(19621)	Dolomitisches Filtermaterial zur Wasseraufbereitung
1018/1998		Calciumcarbonat

–	19622/1977	Polyacrylamide zur Wasseraufbereitung
12904	(19623)	Filtersande und Filterkiese
–	19624/1976	Anschwemmfilter zur Wasseraufbereitung
–	19627/1993	Ozonerzeugungsanlagen zur Wasseraufbereitung
pr805	19630	Richtlinien für den Bau von Wasserrohrleitungen
–	19632/1987	Mechanisch wirkende Filter in der Trinkwasser-Installation,
–	19633/1986	Ionenaustauscher zur Wasseraufbereitung
881	(19634)	Aluminiumchloride und Chloridsulfate
–	19635/1992	Dosiergeräte zur Behandlung von Trinkwasser; Anforderungen, Prüfung
–	19636/1989	Enthärtungsanlagen (Kationenaustauscher) in der Trinkwasserinstallation
–	19999/1980	Begriffe im Wasserwesen
–	28054-1/2000	Beschichtungen mit organischen Werkstoffen für Bauteile aus metallischem Werkstoff, Teil 1 Anforderungen und Prüfungen
–	38402-38414	Deutsche Einheitsverfahren zur Wasser-, Abwasser- und Schlammuntersuchung
8044/1999	(50900 T 1-3)	Korrosion der Metalle; Begriffe
–	50902/1994	Schichten für den Korrosionsschutz von Metallen; Begriffe, Verfahren und Oberflächenvorbereitung
–	50903/1967	Metallische Überzüge; Poren, Einschlüsse, Blasen und Risse
pr12502	(50930-1-5)	Korrosion metallischer Werkstoffe im Innern von Rohrleitungen, Behältern und Apparaten bei Korrosionsbelastung durch Wässer
–	54400/1985	Ionenaustausch; Begriffe
–	54401/1998	Prüfung von Ionenaustauschern; Probenahme
–	54402/1985	Prüfung von Ionenaustauschern; Bestimmung der totalen Kapazität von Anionenaustauschern
–	54403/1982	Prüfung von Ionenaustauschern; Bestimmung der totalen Kapazität von Kationenaustauschern
pr285/2002	(58946-6/2000)	Sterilisation; Dampf-Sterilisatoren; Betrieb von Groß-Sterilisatoren
pr285/2002	(58946-7/2000)	Sterilisation; Dampf-Sterilisatoren; Bauliche Anforderungen bei Groß-Sterilisatoren

Bei EN-Normen alte DIN-Norm in Klammern; prEN = EN-Entwurf; EN/DIN/1999 = Ausgabejahr

6. Beaufsichtigung von Dampfkesselanlagen

6.1 Geschichtliche Entwicklung

Schon in den von 1932 bis 1966 gültigen Betriebsvorschriften für die Kesselwärter von Landdampfkesseln war festgelegt, dass »Hochdruck-Dampfkessel« unter sachkundiger Aufsicht bleiben müssen, solange sich Feuer auf dem Rost befindet oder die Beheizung nicht abgestellt ist«.

Aus dem Wortlaut geht hervor, dass in erster Linie an Kessel gedacht war, die durch feste Brennstoffe mittels Rostfeuerung beheizt wurden, die schon deshalb einer ständigen Bedienung und Wartung bedurften.

Für die Betreiber war diese Forderung keine besondere Härte, denn die Kesselwärter waren durch die Handbeschickung von Rosten mit Kohle, das Entfernen der Schlacke, das Nachspeisen von Wasser und das Einhalten des Betriebsdruckes meist voll ausgelastet.

Seit den 50er-Jahren des vorigen Jahrhunderts verdrängten die flüssigen und gasförmigen Brennstoffe weitgehend die festen Brennstoffe. Die leichte Regelbarkeit und damit die Möglichkeit, Öl- und Gasfeuerungen auch ohne Eingriffe des Personals betreiben zu können, führte vermehrt zu vollautomatischen Feuerungen, die ihre Brennerleistung selbsttätig in Abhängigkeit vom Wert einer Regelgröße dem Wärmebedarf anpassen. In jüngster Zeit können auch Holz- und andere Biomassefeuerungen sowie kleinere Kohlenstaubfeuerungen automatisch betrieben werden.

Im Bereich von Großanlagen wie Kraftwerken und in anderen Bereichen, z. B. in Raffinerien, chemischen Werken usw., ging die Entwicklung zur Wartenüberwachung. Dort wird mit Personal vor Ort, das aber heute aus Kostengründen immer weiter reduziert wird, gearbeitet.

Die Automatisierung des Kesselbetriebes zeigte hinsichtlich der Aufmerksamkeit des Kesselwärters bald auch Nachteile. Wird ein Kessel über längere Zeit ohne Eingriffe des Kesselwärters betrieben, erlahmt dessen Aufmerksamkeit bald so weit, dass er Mängel und Gefahrenzustände nicht mehr rechtzeitig erkennt.

Die Schadensstatistik der Jahre vor 1970 hat dies leider durch häufige Wassermangelschäden bestätigt. Damals war ein großer Teil aller Schäden auf betriebliche Fehler, davon rund 50% auf Wassermangel, zurückzuführen. Diese Entwicklung konnte aber gebremst werden, als es gelang, die Dampfkesselanlagen mit zuverlässigeren Regel- und Überwachungsgeräten auszurüsten. Es bestätigt sich, dass eine gut gewartete Automatik sicherheitstechnisch vorteilhafter ist als der ständige Einsatz eines Kesselwärters.

Die Arbeitsministerien des Bundes und der Länder zogen aus dieser Entwicklung die notwendigen Schlüsse. Bereits am 16. August 1956 gab der Bundesminister für Arbeit und Sozialordnung die technischen und betrieblichen Voraussetzungen bekannt, die erfüllt sein mussten, damit im Einzelfall auf eine ständige Beaufsichtigung selbsttätig geregelter Hochdruckdampfkessel verzichtet werden konnte. Die dann aufgrund praktischer Erfahrungen eingehenden Änderungs- und Ergänzungsvorschläge wurden in den folgenden Jahren in weiteren Erlassen und Rundschreiben berücksichtigt. Sie führten für die vormals als Hochdruckdampf- und -heißwassererzeuger bezeichneten Dampfkessel zu den Vorschriften der TRD 604.

Für die früheren Niederdruckkessel dagegen (früher Betriebsüberdruck: $\leq 0,5$ bar, Temperatur: $\leq 110\,°C$ später Betriebsüberdruck: $\leq 1,0$ bar, Temperatur: $\leq 120\,°C$) bestand von jeher keine grundsätzliche Pflicht zur ständigen unmittelbaren Beaufsichtigung. Der Gefährdung durch diese Anlagen, und zwar durch die Nachverdampfung im Versagensfall, konnte durch die Herstellung dieser Kessel nach TRD 701 und TRD 702 begegnet werden.

Unter dem heute vorherrschenden Kostendruck und damit auch dem Zwang zur Personalreduzierung wird die Automatisierung und die Verschlankung neuer Anlagen, soweit möglich, vorangetrieben.

Ein Betrieb ohne ständige Beaufsichtigung findet daher heute bei fast allen Dampfkesselanlagen mit Großwasserraumkesseln statt. Dieser erfolgt auch vielfach in Anlagen mit Wasserrohrkesseln mit kleineren Leistungseinheiten, z. B. bis ca. 50 MW Feuerungswärmeleistung, bei GuD-Prozessen (kombinierte Gas-Dampfturbinenprozesse) auch darüber.

In anderen europäischen Ländern wird die Zeitdauer des beaufsichtigungsfreien Betriebes anders verstanden als bei uns. Dies drückt sich z. B. in den neuen europäischen Normen über die Kesselausrüstung aus, worauf nachstehend noch eingegangen wird.

6.2 Vorschriften

6.2.1 Vorschriften für die Beaufsichtigung von Dampfkesselanlagen

Am 3.Oktober 2002 trat die neue Verordnung über Sicherheit und Gesundheitsschutz bei der Bereitstellung von Arbeitsmitteln und deren Benutzung bei der Arbeit, über Sicherheit beim Betrieb überwachungsbedürftiger Anlagen und über die Organisation des betrieblichen Arbeitsschutzes (Betriebssicherheitsverordnung-BetrSichV) in Kraft.

Sie löste mit Wirkung vom 1. Januar 2003 auch die Dampfkesselverordnung vom 27. Februar 1980 – und weitere Rechtsvorschriften für überwachungsbedürftige Anlagen – ab.

Das Kapitel 10 dieses Buches und die nachfolgenden Nummern dieses Kapitels befassen sich mit der Zusammenstellung und dem Inhalt der technischen Regeln, die für die Benutzung, Wartung und Prüfung von Dampfkesseln gelten. Für die Dampfkesselanlagen, die vor der zwingenden Anwendung der Druckgeräterichtlinie 97/23/EG ab 29. Mai 2002 in Betrieb gingen, gelten die bekannten Technischen Regeln Dampfkessel (TRD). Diese enthalten aber aufgrund ihrer Historie dampfkesselspezifische Beschaffenheitsanforderungen in enger Vernetzung mit den be-

trieblichen Anforderungen an Dampfkesselanlagen. Der Druckgeräterichtlinie folgend wurden daher diese TRD im Auftrag des DDA hinsichtlich der nationalen Bestimmungen über die Aufstellung und den Kesselbetrieb durchgesehen und die verbleibenden Bestimmungen in zeitgemäßer Form in neuen technischen Regeln veröffentlicht. Diese überarbeiteten technischen Regeln erschienen als DDA-Informationen über:
- Aufstellung und Betrieb von Landdampfkesselanlagen mit CE-gekennzeichneten Großwasserraumkesseln (DDA 1001, Febr. 2002)
- Aufstellung und Betrieb von Dampfkesselanlagen mit CE-gekennzeichneten Dampf-/Heißwassererzeugern der Bauart Wasserrohrkessel (DDA 1002, Dez. 2002)

In der genannten Fassung der DDA-Information 1002 konnte die neue BetrSichV schon berücksichtigt werden, was bei der DDA-Information 1001 noch nicht der Fall war.

Auch das Gerätesicherheitsgesetz vom 23. Oktober 1992 wurde zur Umsetzung europäischer Richtlinien geändert und am 6. Januar 2004 durch die Bundesregierung als Gesetz über technische Arbeitsmittel und Verbraucherprodukte (Geräte- und Produktsicherheitsgesetz – GPSG) erlassen.

Der Abschnitt 5 dieses Gesetzes enthält Bestimmungen über die Prüfung überwachungsbedürftiger Anlagen, an deren erster Stelle im § 2 (7) die Dampfkesselanlagen mit der Ausnahme von Dampfkesselanlagen auf Seeschiffen genannt sind.

Die BetrSichV gilt nach § 1 Anwendungsbereich, Abschnitt 2, für Dampfkesselanlagen, die Druckgeräte im Sinne des Artikels 1 der Druckgeräterichtlinie 97/23/EG sind, mit Ausnahme der Druckgeräte im Sinne des Artikels 3 Abs.3 dieser Richtlinie.

Weil die Druckgeräterichtlinie 97/23/EG für Druckgeräte mit einem Druck größer 0,5 bar gilt, sind die früheren Niederdruckdampferzeuger bis 0,5 bar Überdruck sowie auch Heißwassererzeuger, die Vorlauftemperaturen bis maximal 110°C erzeugen, mit Bezug auf Artikel 3 (1) Nr. 1.2 keine Dampfkessel im Sinne der Druckgeräterichtlinie und der Betriebssicherheitsverordnung.

Soweit diese Druckgeräte lediglich dem Art. 3 Abs. 3 der Druckgeräterichtlinie 97/23/EG zuzurechnen sind, handelt es sich nicht mehr um überwachungsbedürftige Anlagen, für sie gelten jedoch die Gemeinsamen Vorschriften für Arbeitsmittel nach Abschnitt 2 BetrSichV. Die übrigen sind als Druckbehälteranlagen zu behandeln.

Der Abschnitt 3 der BetrSichV enthält die „Besonderen Vorschriften für überwachungsbedürftige Anlagen".

Hinsichtlich des Betriebes von Dampfkesselanlagen ist unter Berücksichtigung der Änderungen durch das Gesetz zur Neuordnung der Sicherheit von technischen Arbeitsmitteln und Verbraucherprodukten vom 6. Januar 2004 (BGBl. 2004 I Nr. 1) ausgeführt:

> (1) Überwachungsbedürftige Anlagen müssen nach dem Stand der Technik montiert, installiert und betrieben werden. Bei der Einhaltung des Standes der Technik sind die vom Ausschuss für Betriebssicherheit ermittelten und vom Bundesministerium für Arbeit und Sozialordnung im Bundesarbeitsblatt veröffentlichten Regeln und Erkenntnisse zu berücksichtigen.
> (2) Überwachungsbedürftige Anlagen dürfen erstmalig und nach wesentlichen Veränderungen nur in Betrieb genommen werden,
> 1. wenn sie den Anforderungen der Verordnung nach §3 Abs.1 des Geräte- und Produktsicherheitsgesetzes entsprechen, durch die die in § 1 Abs.2 Satz 1 genannten Richtlinien in deutsches Recht umgesetzt werden, oder
> 2. wenn solche Rechtsvorschriften keine Anwendung finden, sie den sonstigen Rechtsvorschriften, mindestens dem Stand der Technik entsprechen.
> (3) Überwachungsbedürftige Anlagen dürfen nach einer Änderung nur wieder in Betrieb genommen werden, wenn sie hinsichtlich der von der Änderung betroffenen Anlagenteile dem Stand der Technik entsprechen.
> (4) Wer eine überwachungsbedürftige Anlage betreibt, hat diese in ordnungsgemäßem Zustand zu erhalten, zu überwachen, notwendige Instandsetzungs- und Wartungsarbeiten unverzüglich vorzunehmen und die den Umständen nach erforderlichen Sicherheitsmaßnahmen zu treffen.
> (5) Eine überwachungsbedürftige Anlage darf nicht betrieben werden, wenn sie Mängel aufweist, durch die Beschäftigte oder Dritte gefährdet werden können.

Die in der BetrSichV enthaltenen Betriebsvorschriften müssen jedoch spätestens bis zum 31. Dezember 2007 angewendet werden.

Zu den Aufgaben des Ausschusses für Betriebssicherheit gehört es,
1) dem Stand der Technik, Arbeitsmedizin und Hygiene entsprechende Regeln und sonstige gesicherte arbeitswissenschaftliche Erkenntnisse
   a) für die Bereitstellung und Benutzung von Arbeitsmitteln sowie
   b) für den Betrieb überwachungsbedürftiger Anlagen unter Berücksichtigung der für andere Schutzziele vorhandenen Regeln und, soweit dessen Zuständigkeiten berührt ist, in Abstimmung mit dem Technischen Ausschuss für Anlagensicherheit nach § 31a Abs. 1 des Bundes-Immissionsschutzgesetzes zu ermitteln
2) Regeln zu ermitteln, wie die in dieser Verordnung gestellten Anforderungen erfüllt werden können, und
3) Das Bundesministerium für Arbeit und Sozialordnung in Fragen der betrieblichen Sicherheit zu beraten.

Bei der Wahrnehmung dieser Aufgaben soll der Ausschuss die allgemeinen Grundsätze des Arbeitsschutzes nach § 4 des Arbeitsschutzgesetzes berücksichtigen.

Die Überwachung des Betriebes der Dampfkesselanlage im Sinne von § 12 (3) BetrSichV überträgt der Arbeitgeber bzw. der Betreiber wegen der besonderen Gefährdungen, die mit der Benutzung verbunden sind, dem in § 8 BetrSichV genannten »beauftragten Beschäftigten« – dem bisher aus der Dampfkesselverordnung bekannten Kesselwärter. Nach § 27 BetrSichV ist der Weiterbetrieb einer überwachungsbedürftigen Anlage, die vor dem 1. Januar 2003 befugt betrieben wurde, zulässig. D. h. alle früher nach Dampfkesselverordnung der Gruppe IV[1] zugeordneten Dampfkesselanlagen werden auch künftig von einem Kesselwärter beaufsichtigt. Für alle übrigen Dampfkesselanlagen war kein Kesselwärter vorgesehen. In der DDA-Information »Aufstellung und Betrieb von Landdampfkesselanlagen mit CE-gekennzeichneten Großwasserraumkesseln (DDA – 1001) bzw. Wasserrohrkesseln (DDA – 1002)« ist der Kesselwärter wie bisher ausschließlich für Dampfkessel der ehemaligen Gruppe IV[1] übernommen worden.

Da zunächst die bisherigen Prüfregeln der TRD für Dampfkesselanlagen weiter gelten, ist für die Kesselwartung nach TRD 601 Bl.1 Nr. 6 zu beachten:

> Die Bedienung und die Wartung von Dampfkesselanlagen dürfen nur sachkundigen, genügend eingewiesenen, körperlich geeigneten und zuverlässigen Personen übertragen werden, die mindestens 18 Jahre alt sind und die deutsche Sprache in dem Maße beherrschen, dass sie die TRD, insbesondere die Betriebsvorschriften der TRD 601 Bl. 2, sowie sonstige einschlägige Vorschriften und Anweisungen lesen und verstehen können. Der Betreiber hat sich zu vergewissern, dass der Kesselwärter eine Ausbildung erfahren hat, die Gewähr für ausreichende Sachkunde bietet. Darüber hinaus muss der Kesselwärter das in der Richtlinie über Ausbildungslehrgänge für Kesselwärter[2] beschriebene Wissen nachweisen können. Anstelle dieser Ausbildung und Prüfung kann eine anderweitige Ausbildung treten, die Gewähr für ausreichende Fachkenntnisse des Kesselwärters bietet.

Ein Kesselwärter muss also ständig anwesend sein, bei Kesseln der Gruppe IV nach der früheren Dampfkesselverordnung soweit nicht Erleichterungen für den Betrieb mit eingeschränkter –, zeitweiligem Betrieb ohne –, bzw. Betrieb ohne- Beaufsichtigung nach speziellen Vorschriften und in Verbindung mit der entsprechenden Ausrüstung greifen.

In physikalischen Größen ausgedrückt, besitzen Dampfkessel der Gruppe IV folgende Daten:

Dampferzeuger: $V \geq 50$ Liter und $PS \geq 1$ bar Überdruck
oder $10 \leq V < 50$ Liter und $PS \cdot V \geq 1000$ bar Liter
Heißwassererzeuger: $TS > 120°C$ und $V > 50$ Liter
oder $TS > 120°C$ und $10 \leq V < 50$ Liter und $PS \cdot V > 1000$ bar Liter

V= Wasserinhalt (Liter) bei Dampferzeugern die Wassermenge beim niedrigsten zulässigen Wasserstand
Bei Heißwassererzeugern die Wassermenge, die der Kessel aufzunehmen vermag
PS= maximal zulässiger Druck, der vom Hersteller angegebene höchste, für den der Dampfkessel ausgelegt ist (bar)
TS= zulässige Vorlauftemperatur des Heißwassererzeugers, die vom Hersteller angegeben ist (Grad C)

---

[1] Kessel der Gruppe IV zeichnen sich im Wesentlichen dadurch aus, dass der Betriebsüberdruck über 1 bar, die Betriebstemperatur über 120°C und der Wasserinhalt über 50 l liegen.
[2] siehe Bundesarbeitsblatt 4/1985 S. 89

Nach den neuen europäischen Normen – Anforderungen an die Ausrüstung, DIN EN 12952-7 für Wasserrohrkessel, DIN EN 12953-6 für Großwasserraumkessel – wird ständige Beaufsichtigung so interpretiert, dass sich der Kesselwärter nahe am Kessel, Kesselraum, Bedienungsstand oder der Warte befindet und genügend Zeit hat, bei jedem gefährlichen Zustand einzugreifen.

Der Kesselwärter kann männlich oder weiblich sein, er muss die erforderliche Sachkunde besitzen und die Bedienungsvorschriften und -regeln kennen. Als untere Altersgrenze für diese verantwortungsvolle Tätigkeit sind 18 Jahre vorgeschrieben. Die Sachkunde kann sich der Kesselwärter auf verschiedene Weise erwerben.

Von den Technischen Überwachungsorganisationen des Bundesgebietes werden »Kesselwärterlehrgänge« nach staatlichen Richtlinien durchgeführt (siehe Abschn. 10). Die Lehrgänge schließen mit einer Prüfung ab. Personen, die diese Prüfung bestanden haben, sind »geprüfte Kesselwärter«. Es besteht aber kein Zwang zur Teilnahme an einem solchen Lehrgang.

Die Ausbildung kann auch auf andere Weise, z. B. durch den Betrieb selbst oder in einer verkürzten Unterweisung durch die TÜO bzw. ZÜS für die spezielle Dampfkesselanlage erfolgen. Die Überprüfung erfolgt dann im Rahmen der Anlagenprüfung durch Sachverständige der Technischen Überwachungsorganisationen bzw. durch die ZÜS. Diese Unterweisung ersetzt nicht den Kesselwärterlehrgang nach den staatlichen Richtlinien, welcher den Kesselwärter zum Einsatz an einer beliebigen Dampfkesselanlage befähigen soll.

6.2.2 Betrieb von Dampfkesselanlagen

Für Dampfkessel, die vor dem 29. Mai 2002 in Betrieb gingen (also Dampfkessel, die noch ohne CE Kennzeichnung in Verkehr gebracht werden durften) ist hinsichtlich des Betriebes die TRD 601 zu nennen. Die TRD 601 gibt in Blatt 1 dem Betreiber allgemeine Anweisung für den Betrieb von Dampfkesselanlagen der Gruppe IV.

Für Dampfkessel, die nach dem 29. Mai 2002 in Betrieb gingen stand bereits die DDA-Information 1001 bzw. ab Dezember 2002 die DDA-Information 1002 zur Verfügung. Aus Gründen der Übersicht sollen hieraus einige Forderungen genannt werden, die sich an den Betreiber richten:

- Wer eine Dampfkesselanlage betreibt, hat diese in ordnungsgemäßem Zustand zu erhalten, zu überwachen, notwendige Instandhaltungs- oder Wartungsarbeiten unverzüglich vorzunehmen und die den Umständen nach erforderlichen Sicherheitsmaßnahmen zu treffen.
- Der Betreiber der Dampfkesselanlage hat einen Kesselwärter zu bestellen und diesen anzuweisen
- (1) die Anlage zu warten und, soweit erforderlich, zu beaufsichtigen,
- (2) Mängel, die sich an der Anlage zeigen, und Schadensfälle vom Betreiber bestimmten Personen zu melden und
- (3) die Anlage außer Betrieb zu setzen, wenn durch Mängel der Anlage Beschäftigte oder Dritte gefährdet werden.

- Das Speise- bzw. Kesselwasser muss bestimmte Anforderungen erfüllen, um den Dampferzeuger schadensfrei und sicher betreiben zu können, denn der überwiegend verwendete Werkstoff Stahl wird durch Wasser und Dampf angegriffen. Unter geeigneten Bedingungen führt der Angriff jedoch zu einer mit dem Stahluntergrund verwachsenen Schutzschicht, die eine Selbsthemmung des Korrosionsvorganges bewirkt. Die Anforderungen werden in der Regel von den nachfolgend genannten Einflussfaktoren bestimmt: Bauart, Betriebsüberdruck und Betriebsbedingungen des Dampferzeugers und werden daher in der Betriebsanleitung des Herstellers vorgegeben.
- Der Betreiber einer Dampfkesselanlage ist verpflichtet, die vorgeschriebenen Prüfungen rechtzeitig zu veranlassen.
- Der Betreiber hat den Kesselwärter anzuweisen, anhand vorzugebender Checklisten die Dampfkesselanlage zu prüfen und das Ergebnis in einem Betriebsbuch festzuhalten und mit einem Bestätigungsvermerk zu versehen.

TRD 601 Blatt 2 wendet sich vor allem an den Kesselwärter.

In zeitgerechter Form wurden die Qualifikation und die Aufgaben des Kesselwärters für Großwasserraumkessel bzw. des Bedienpersonals (Kesselwärter) für Wasserrohrkesselanlagen in die DDA Information 1001 und 1002 übernommen. Zur Übersicht werden nachstehend einige Forderungen wiedergegeben:

- Die Bedienung und Wartung dürfen nur mit den besonderen Betriebsverhältnissen der Anlage vertrauten, körperlich geeigneten und zuverlässigen Kesselwärtern übertragen werden, die mindestens 18 Jahre alt sind und die deutsche Sprache in dem Maße beherrschen, dass sie die Betriebsanweisung sowie sonstige einschlägige Vorschriften und Anweisungen lesen und verstehen können. Der Betreiber hat sich zu vergewissern, dass der Kesselwärter eine Ausbildung erfahren hat, die Gewähr für ausreichende Sachkunde bietet. Darüber hinaus muss der Kesselwärter das in den Richtlinien über Ausbildungslehrgänge für Kesselwärter beschriebene Wissen nachweisen können. Anstelle dieser Ausbildung und Prüfung kann eine anderweitige Ausbildung treten, die Gewähr für ausreichende Fachkenntnisse des Kesselwärters bietet.....
- Dem Kesselwärter obliegen die Bedienung, die Beaufsichtigung und die Wartung der Dampfkesselanlage sowie das Führen des Betriebsbuches. Er hat für die Instandsetzung und die Inspektion der Anlagenteile zu sorgen, soweit nicht andere Personen damit beauftragt sind. Je nach Anlagengröße können die Aufgaben auf mehrere Personen verteilt sein, wenn ein Verantwortlicher benannt ist.
- Der Kesselwärter hat die Betriebsanweisung zu befolgen. Auftretende Betriebsstörungen und Schäden sowie besondere Vorkommnisse sind nach Durchführung der betrieblichen Maßnahmen, die zur Vermeidung eines gefahrdrohenden Zustandes erforderlich sind, dem Vorgesetzten zu melden.

Die TRD sowie die DDA-Information 1001 und 1002 enthalten weiter ausführliche Anweisungen für die Inbetriebnahme, den Betrieb, die Außerbetriebsetzung, das Entleeren und die Instandhaltung der Dampfkessel.

Danach ist z. B. der Dampfkessel sofort außer Betrieb zu setzen und der Vorgesetzte schnellstens zu verständigen, wenn ein Gefahr drohender Zustand des Dampfkessels besteht. Bei Außerbetriebsetzung des Dampfkessels in Störfällen ist die Brennstoffzufuhr schnellstens abzustellen und die im Feuerraum gespeicherte

Wärme möglichst schnell zu vermindern. Oftmals ist es auch angezeigt, nur abzuwarten und keine übereilten Handlungen vorzunehmen.

Die Betriebsanweisungen müssen so aufgebaut sein, dass sie die wichtigsten Maßnahmen zur Störungsbeherrschung und -beseitigung beinhalten. Parallel geschaltete Kessel sind sofort abzutrennen.

Der Kesselwärter ist also ebenso wie der Betreiber in einen umfassenden Pflichtenkreis eingespannt.

Als ständige Beaufsichtigung einer Kesselanlage gilt auch die Beaufsichtigung von einer Warte aus, wenn in diese alle für den sicheren Betrieb notwendigen Anzeigen fernübertragen werden und wenn von der Warte aus alle Einrichtungen zum Betrieb der Kesselanlagen zu betätigen sind. Diese Voraussetzungen sind in der Regel bei Kraftwerksanlagen gegeben. Die Bedienung und Beaufsichtigung großer Kesselanlagen erfolgt meist von einem Kesselleitstand aus. Zusätzlich kann sich dann noch Personal in der Nähe des Kessels selbst aufhalten. Die Kesselwarte braucht deshalb nicht im Kesselaufstellungsraum im Sichtbereich des Dampfkessels aufgestellt zu sein. Die geringe Unfallquote bei einer derartigen Beaufsichtigung hat ihren Niederschlag in der TRD 601 gefunden, wonach solche Anlagen als ständig beaufsichtigt gelten.

Ein schwerer Unfall während des Erprobungsbetriebes einer Dampfkesselanlage gab den Anlass zur Herausgabe des Blattes 3 der TRD 601. Es schreibt vor, dass für die Erprobung ein schriftliches Programm zu erstellen ist, in dem die Folge der einzelnen Erprobungsphasen sowie die zu treffenden Maßnahmen bestimmt sind. Es ist eine sachkundige, mit der Anlage vertraute Fachkraft zu bestellen, die die Durchführung der Erprobung und die Einhaltung des Programmes verantwortlich leitet und beaufsichtigt und die in der Lage ist, im Falle einer Unregelmäßigkeit oder Betriebsstörung unverzüglich die zur Abwehr von Gefahren erforderlichen Maßnahmen zu treffen.

Der Einsatz und das Verhalten des Personals sowie die Durchführung der Erprobung sind geregelt (s.a. DDA-Information). Der zwischen dem Betreiber und dem Ersteller bzw. Lieferer vereinbarte »Probebetrieb« findet vor der erstmaligen Inbetriebnahme nach BetrSichV statt. Das heißt, die Dampfkesselanlage muss vor dieser der Prüfung vor Inbetriebnahme nach §14 BetrSichV unterzogen worden sein, die für den Erprobungsbetrieb noch nicht erforderlich ist (s. a. LASI Leitfaden zur BetrSichV, Nr. B 2.3 »Erprobung vor erstmaliger Inbetriebnahme«).

6.2.3 Betrieb von Dampfkesselanlagen mit eingeschränkter Beaufsichtigung

Nach TRD 602 Blatt 1 bzw. Blatt 2 für Dampferzeuger bzw. Heißwassererzeuger kann auf die ständige Beaufsichtigung einer Landdampfkesselanlage verzichtet werden, wenn diese für die speziellen Anforderungen einer derartigen Betriebsweise geeignet und ausgerüstet ist. Längstens alle zwei Stunden muss sich der Kesselwärter vom ordnungsgemäßen Zustand der Dampfkesselanlage überzeugen und darf dann die Zeitkontrolleinrichtung betätigen. Wird dieser Zeitraum überschritten, schaltet sie die Anlage automatisch ab.

Für die CE-gekennzeichneten Großwasserraumkessel enthält die DDA-Information 1001 z. B. folgende allgemeine Anforderungen an den Betrieb ohne Beaufsichtigung (teilweise sinngemäß):

> Die Dampfkessel sind laut Konformitätserklärung gemäß den Anforderungen der DIN EN 12953 oder gemäß den Anforderungen der TRD hergestellt und ausgerüstet oder die Gleichwertigkeit eines anderen Ausrüstungsstandes ist im Rahmen der Prüfung vor Inbetriebnahme von einer zugelassenen Überwachungsstelle festgestellt worden.
> In der Betriebsanleitung des Herstellers sind der Zeitraum des beaufsichtigungsfreien Betriebes sowie die Modalitäten für die Wartung und Prüfung der wichtigsten Betriebs- und Regeleinrichtungen sowie der Ausrüstungsteile mit Sicherheitsfunktion angegeben.
> Der Kesselwärter muss spätestens nach Ablauf des in der Betriebsanleitung festgelegten beaufsichtigungsfreien Zeitraumes die Inspektionen gemäß Checkliste durchführen.
> Soweit nicht ein automatisches Anfahren realisiert ist, muss er diese Inspektionen auch innerhalb einer Stunde nach jedem Anfahren durchführen.

Die zusätzlich geltenden Anforderungen für Dampf- und Heißwassererzeuger wurden in die DDA-Information weitgehend wortgleich aus der TRD 604 Blatt 1 und 2 übernommen (siehe auch Abschnitt 6.2.5).

Aufgrund der guten Erfahrungen mit der eingeschränkten Beaufsichtigung und dem Betrieb ohne Beaufsichtigung für 24 bzw. 72 Stunden spielen Neuanlagen nach TRD 602 Blatt 1 und 2 heute praktisch keine Rolle mehr. Auch in den neuen europäischen Kesselnormen ist daher die eingeschränkte Beaufsichtigung nicht mehr vorgesehen.

6.2.4 Zeitweiliger Betrieb ohne Beaufsichtigung mit herabgesetztem Druck bzw. herabgesetzter Vorlauftemperatur

Neben der Möglichkeit, Kessel der ehemaligen Gruppe IV eingeschränkt beaufsichtigt betreiben zu können, bestand die Möglichkeit, diese zeitweilig mit herabgesetztem Betriebsdruck als Kessel der früheren Gruppe II zu betreiben und während dieser Zeit den Wegfall der Beaufsichtigungspflicht in Anspruch zu nehmen.

Die TRD 603 Blatt 1 und 2 behandeln den »Zeitweiligen Betrieb einer Dampfkesselanlage mit einem Dampferzeuger (Heißwassererzeuger) der Gruppe IV mit herabgesetztem Betriebsdruck von 1 bar (oder auf 120 °C herabgesetzter Vorlauftemperatur) ohne Beaufsichtigung«.

Zur Umstellung vom Betrieb als Dampferzeuger der Gruppe IV auf Betrieb als Dampferzeuger der Gruppe II müssen die Umschaltvorgänge in der sicherheitstechnisch richtigen Reihenfolge durchgeführt werden. Für jeden Einzelfall sind die Schaltmaßnahmen in einer Betriebsanweisung festzulegen.

Insbesondere darf bei Heißwassererzeugern eine selbsttätige Umschaltung auf Betrieb mit herabgesetzter Vorlauftemperatur nur erfolgen, wenn der Wasserstand nicht anzupassen ist oder wenn der Wasserstand selbsttätig geregelt wird.

Wegen der guten Erfahrungen mit dem Betrieb ohne Beaufsichtigung über 24 bzw. 72 Stunden spielen auch Neuanlagen nach TRD 603 Blatt 1 und 2 praktisch keine Rolle mehr. Diese Betriebsart ist daher auch in den neuen europäischen Kesselnormen nicht mehr vorgesehen.

6.2.5 Betrieb ohne ständige Beaufsichtigung

Im Mai 1971 gab der Deutsche Dampfkesselausschuss die »Richtlinien für den Betrieb von Dampferzeugeranlagen ohne ständige Beaufsichtigung« heraus, kurz »BoB-Richtlinien« genannt. Im Mai 1976 wandelte man die Richtlinien in »Technische Regeln für Dampfkessel« (TRD 604 Blatt 1 bzw. Blatt 2 für Dampferzeuger bzw. Heißwassererzeuger) um. Bei der Aufstellung der »BoB-Richtlinien« wurde jede einzelne Aufgabe des Kesselwärters untersucht. Daraus ergaben sich dann die Forderungen, wobei die Frage, ob entsprechende Geräte auf dem Markt sind oder erst entwickelt werden müssen, zunächst unberücksichtigt blieb.

Neben der Forderung nach einer Gewährleistung der Sicherheit durch Mehrfachsicherheit (Redundanz) in den Systemen wurde die erhöhte Zuverlässigkeit einzelner Geräte in den Vordergrund gestellt.

Den Aufgabenbereich des Kesselwärters hat Krause (siehe Abschn. 12.6) beschrieben; anhand dieser Aufzählung wurden die Vorschriften für den Betrieb ohne Beaufsichtigung ausgearbeitet.

Der Kesselwärter soll beobachten.

Der Kesselwärter soll handhaben.

Zur Funktionskontrolle sind zu handhaben und zu beobachten
1. Anzeigegeräte
2. sonstige Sicherheitseinrichtungen

Zu den Aufgaben des Kesselwärters gehören
a) Beobachtungen im Kesselaufstellungsraum

Brand	sehen, riechen	Heizölleckagen	sehen
Rauch	sehen, riechen	Gasleckagen	hören, riechen
Dampfleckagen	sehen, hören	Formveränderungen	sehen
Wasserleckagen	sehen	Signale	hören, sehen

b) Beobachtung von Anzeigeeinrichtungen
    des Wasserstandes   des Druckes von Wasser, Dampf, Luft, Brennstoff
    der Strömung   der Temperatur von Wasser, Dampf, Öl

c) Beobachtung und Beurteilung von
    Speisewasserzufuhr   Kesselwasserbeschaffenheit
    Speisewasserbeschaffenheit (Öl, Sonstiges)   Flammenbild

Diese Aufstellung ist noch durch sämtliche Funktionskontrollen an Anzeige-, Regel- und Begrenzungseinrichtungen sowie durch Wartungsarbeiten an der Anlage zu ergänzen.

Sofern eine Störung nicht sofort, sondern erst über eine Sekundärerscheinung zum Schaden führt, die Anlage aber gegen diesen Sekundärvorgang ausreichend abgesichert ist, braucht die Primärursache sicherheitstechnisch nicht immer zusätzlich beachtet zu werden. Wenn aber besondere Festlegungen in den sicherheitstechnischen Vorschriften nicht erforderlich sind, heißt dies nicht, dass der Betreiber auch hier von jeder Sorgfalt befreit ist. Sobald erhöhte Anforderungen an die Verfügbarkeit gestellt werden (z. B. bei Schiffsanlagen, weil es dort eine Forderung der Schiffsicherheit ist, dass die Kesselanlage möglichst nicht selbsttätig abschaltet), sind zusätzliche Einrichtungen anzuordnen, die vor dem Wirksamwerden der Sicherheitseinrichtungen Warnanlagen betätigen und den Eingriff von Hand, d. h. die Behebung der Störung, ermöglichen, bevor die Abweichung vom Sollwert so groß geworden ist, dass die Anlage über die Sicherheitseinrichtungen abgeschaltet und verriegelt wird.

Während des Anfahrens muss der Kesselwärter im Aufstellungsraum anwesend sein. Abweichend hiervon ist nach der DDA-Information 1001 bzw. 1002 und auch nach den europäischen Kesselnormen ein automatisches Anfahren erlaubt, wenn hierzu die erfolderlichen Einrichtungen mit einem Eignungsnachweis einer anerkannten und qualifizierten benannten Stelle vorhanden sind. Als Anfahren gilt der Zeitraum vom selbständigen Start (außer selbsttätiger Wiederanlauf) bzw. manuellem Start des Brenners bis zum Erreichen des Betriebszustandes, bei dem das ordnungsgemäße Arbeiten aller Überwachungsgeräte überprüft bzw. beobachtet wird.

24-Stunden-Betrieb

Der Kesselwärter muss sich eine Stunde nach dem Anfahren und während des Betriebes längstens alle 24 Stunden von dem ordnungsgemäßen Zustand der Dampfkesselanlage überzeugen. Hierbei ist die Wirksamkeit der Begrenzer für Wasserstand, Strömung und Druck zu überprüfen. Nur bei Geräten besonderer Bauart, bei denen diese Prüfung während des Betriebes selbsttätig erfolgt (z. B. bei Elektrodenwasserstandsbegrenzern die Überwachung des Isolationswiderstandes, bei Tauchkörpergeräten die automatische Funktionsprüfung, bei außen liegenden Geräten das getrennte Durchblasen der Verbindungsleitungen) kann mit Zustimmung des Herstellers der Geräte und der Prüfstelle für die Baumusterprüfung auf die Funktionsprüfung verzichtet werden. Beim täglichen Prüfvorgang muss jede selbsttätige Brennstoffschnellschlussvorrichtung mindestens einmal schließen; im Übrigen muss das Ergebnis jeder Begrenzerprüfung für den Kesselwärter eindeutig erkennbar sein (z. B. durch Aufleuchten eines Signals). Der Sinn der Überprüfung bereits eine Stunde nach dem Anfahren ist darin zu sehen, dass dann der ordnungsgemäße Zustand der Anlage überprüft werden kann. Ein selbsttätiger Wiederanlauf nach einer Regelabschaltung gilt nicht als Anfahren.

Die Wartung, nunmehr die Hauptaufgabe des Kesselwärters, stellt an das Fachwissen höhere Anforderungen, als dies früher für die Bedienung einer relativ einfachen Anlage erforderlich war.

Die Vorbildung des Bedienungspersonals hat deshalb Bedeutung, wobei die Elektronik eine besondere Rolle spielt. Nach der Vorschrift darf die Wartung dieser Dampfkessel nur solchen Kesselwärtern übertragen werden, die mit den besonderen Betriebsverhältnissen der Anlage vertraut sind. Der Besuch der Kesselwärterlehrgänge, die von den Technischen Überwachungs-Organisationen abgehalten werden, ist auch für das in Anlagen ohne ständige Beaufsichtigung tätige Personal nicht zwingend vorgeschrieben, kann aber gerade in diesem speziellen Fall besonders wertvoll sein.

Über die Wartung hinaus ist durch den Betreiber der Anlage regelmäßig, mindestens jedoch halbjährlich und zusätzlich bei Störungen, ein dafür Sachkundiger, z. B. vom Pflegedienst der Lieferfirma, mit der Überprüfung zu beauftragen. Die halbjährliche Überprüfung muss sich auch auf die Regel- und Begrenzungseinrichtungen erstrecken, die nicht der täglichen Überprüfung unterliegen. Vom Kesselwärter ist ein Betriebsbuch zu führen, in dem folgende Eintragungen vorzunehmen sind:

---

(1) Bestätigungsvermerk durch den Kesselwärter mit Unterschrift über die tägliche Funktionsprüfung der Geräte;
(2) Bestätigungsvermerk eines Sachkundigen über die notwendigen, mindestens halbjährlichen Wartungs- und Prüfungsarbeiten an Regel- und Begrenzungseinrichtungen;
(3) das Ergebnis der regelmäßigen betrieblichen Wasseruntersuchungen;
(4) alle Störfälle sowie besondere Feststellungen anlässlich der Prüfungs- und der Wartungsarbeiten an der Dampfkesselanlage.

Das Betriebsbuch ist dem Sachverständigen bei jeder Prüfung vorzulegen. Vordrucke für Prüfbücher gibt es im Fachhandel.

Bei Betriebszuständen, bei denen eine ordnungsgemäße Wirksamkeit der Regler und Begrenzer nicht gewährleistet ist, oder bei sonstigen Störungen ist die Anlage ständig unmittelbar zu beaufsichtigen, wobei gestörte Begrenzungseinrichtungen nur durch gesicherte Einzelschalter überbrückt werden dürfen.

Nach TRD 604 darf der Kesselwärter beim Verlassen des Kesselaufstellungsraumes dessen Türen abschließen, sofern die Möglichkeit des schnellen Öffnens im Gefahrenfalle sichergestellt ist und nachdem er sich davon überzeugt hat, dass sich niemand mehr in der Anlage befindet.

72-Stunden-Betrieb

Der Betrieb von Dampfkesselanlagen mit einem Beaufsichtigungsrhythmus von 24 Stunden erwies sich als so sicher, dass an eine Verlängerung der Überwachungsintervalle gedacht werden konnte. In die TRD 604 Blatt 1 und Blatt 2 wurden deshalb zusätzliche Anforderungen für den 72-Stunden-Betrieb ohne ständige Beaufsichtigung aufgenommen. Sie beziehen sich unter anderem besonders auf die Überwachung des Speisewassers, auf die elektrische Ausrüstung der Dampfkesselanlagen und auf die Feuerung. Bei CE-gekennzeichneten Dampfkesselanlagen sind die Dauer des beaufsichtigungsfreien Betriebes sowie die Modalitäten für die Prüfung der wichtigsten Betriebs- und Regeleinrichtungen und der Ausrüstungsteile und Sicherheitsfunktion in der Betriebsanleitung des Herstellers anzugeben.

Bei Heißwasseranlagen muss besonders dafür gesorgt werden, dass in höher liegenden Anlagenteilen keine Verdampfung eintritt.

Bei Verfeuerung von Erdgas tritt häufig die Notwendigkeit auf, Brennstoffumschaltungen vorzunehmen, um Spitzenbelastungen in der Gasversorgung zu dämpfen. Bei Anlagen mit Betrieb nach TRD 604 sind die Gasversorgungsunternehmen neben den Betreibern in die Lage versetzt worden, von einer zentralen Gaswarte aus diese Umschaltungen vorzunehmen, d. h., es kann eine ferngesteuerte Umschaltung von Gas auf Heizöl EL und von Heizöl EL auf Gas stattfinden.

Es ist selbstverständlich, dass dabei das zulässige Brennstoff-/Luftverhältnis im gesamten Leistungsbereich sichergestellt sein muss. Auch bei gleitender Umstellung von einer Brennstoffart auf die andere darf die maximal zulässige Feuerungswärmeleistung nicht überschritten werden.

Europäische Kesselnormen

Die nach den europäischen Normen für Dampfkessel an die Beaufsichtigung gestellten Forderungen unterscheiden nicht mehr wie die TRD zwischen differenzierten Beaufsichtigungsformen. Sie tragen den praktischen Erfahrungen und den heutigen Gegebenheiten – wenn auch für Großwasserraumkessel und Wasserrohrkessel unterschiedlich – Rechnung. Danach handelt es sich um dauernde Beaufsichtigung, um unbeaufsichtigten Betrieb bis 24 Stunden und um Betrieb ohne Beaufsichtigung mehr als 24 Stunden lang.

So müssen gemäß den zusätzlichen Anforderungen an die Ausrüstung, z. B. in den Normen für Dampferzeuger der Bauart Großwasserraumkessel, zwei unabhängige Wasserstandsbegrenzer und ein Druckbegrenzer, für Dampferzeuger der Bauart Wasserrohrkessel mit Ausnahme von Zwangdurchlauf-Dampferzeugern ein Wasserstandsbegrenzer, Letztere dafür aber zwei Begrenzer gegen Unterschreitung des Speisewassermindestdurchflusses bzw. gegen Überhitzung der Kesselwandungen, besitzen. Dies gilt unabhängig von den vorgesehenen Beaufsichtigungsarten wie dauernde Beaufsichtigung, Betrieb ohne Beaufsichtigung bis zu 24 Stunden und mehr als 24 Stunden.

Die Normen verlangen für den Betrieb ohne ständige Beaufsichtigung zusätzlich geeignete Einrichtungen und Verfahren, um zu gewährleisten, dass die Sicherheit und die Integrität der Anlage während des Betriebes ohne ständige Beaufsichtigung mindestens dem Betrieb mit ständiger Beaufsichtigung durch einen ausgebildeten Kesselwärter gleichkommt. Außerdem müssen die nationalen Regeln für den Betrieb ohne ständige Beaufsichtigung beachtet werden.

Für Großwasserraumkessel ist hierbei die Temperaturmessung an der Flammrohrwand bedeutsam. Zur Gewährleistung eines sicheren Kesselbetriebes darf die zulässige Feuerungswärmeleistung, bezogen auf einen zugehörigen Flammrohrdurchmesser, nicht überschritten werden.

Nach den Normen für Großwasserraumkessel, Konstruktion und Berechnung, DIN EN 12953-3, ist bei Flammrohrinnendurchmessern größer als 1400 mm oder einer Wärmeleistung größer als 12 MW ein Temperaturmesssystem mit mindestens drei Messpunkten in je zwei Messebenen im Flammrohr einzubauen, soweit dies eine Anforderung des Landes ist, in dem der Kessel betrieben wird. Der Trend zu größeren Leistungseinheiten ist unübersehbar. Es wurden bereits die ersten Dampferzeuger mit 50 t/h Dampfleistung ausgeliefert. Die europäischen Normen lassen Kesselgrößen zu, die bisher nach TRD und Verbändevereinbarungen nicht möglich waren. Für den Betrieb in Deutschland ist in diesem Zusammenhang eine eigene Verbändevereinbarung erarbeitet worden.

6.3 Anforderungen an die Ausrüstung von Dampfkesselanlagen bei Betrieb mit ständiger Beaufsichtigung

Beaufsichtigung nach TRD

Die Mindestausrüstung ist für Dampferzeuger mit ständig unmittelbarer Beaufsichtigung vorgeschrieben (Bild 6.1). Es ist hier wichtig zu wissen, auf welche Ausrüstungsteile verzichtet werden kann. So müssen nach TRD 401 weder Druckregler noch Wassertandsregler vorhanden sein, weil man voraussetzt, dass deren Aufgaben der Kesselwärter wahrnimmt. Betriebliche Gründe sprechen für den Einbau solcher Geräte, vorgeschrieben sind sie nicht, ebenso wenig wie Wasserstandsbegrenzer bei Wasserrohrdampferzeugern und bei Kesseln mit nicht schnell regelbarer Beheizung, also z. B. bei Rostfeuerung für feste Brennstoffe, erforderlich sind. Bei nicht schnell regelbaren Beheizungen genügt eine Einrichtung, die auf Wassermangel aufmerksam macht.

Ausrüstung bei Überwachung von Warten aus

Wenn von der Warte aus sämtliche für den Betrieb notwendigen Eingriffe von Hand vorgenommen werden können, handelt es sich um eine ständig unmittelbare Beaufsichtigung unter Zuhilfenahme der Automatik. Sicherheitstechnisch positiv ist es, dass sich an der Anlage selbst Personal meist nur vorübergehend bei Kontrollgängen, zu Wartungstätigkeiten oder zur Behebung von Störungen aufhält. Die Wartenbesatzung muss in ständiger Bereitschaft sein, um im Störfall einzugreifen.

Dabei ist es je nach Automatisierungsgrad notwendig, dass vom Bedienungspersonal anhand der Anzeigen und Meldungen oder durch die Sensorik der augenblickliche Betriebszustand richtig erkannt wird, die Tendenzen bei Änderungen richtig bewertet und die erforderlichen Eingriffe von Hand oder durch die automatische Steuerung vorgenommen werden.

Dies erforderte schon früher die sorgfältige Auswahl und zweckmäßige Anordnung der Anzeige- und Registriergeräte sowie aller Befehlsgeräte (Bild 6.2). Außerdem bedarf es bester Schulung des Wartenpersonals zur Inbetriebnahme und zum Abstellen der Anlage.

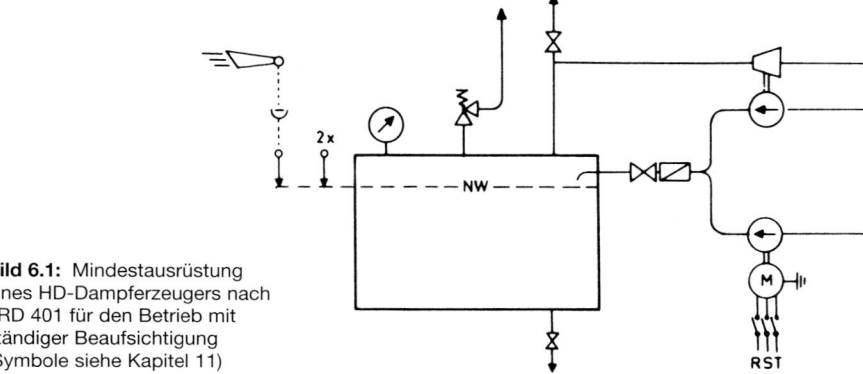

Bild 6.1: Mindestausrüstung eines HD-Dampferzeugers nach TRD 401 für den Betrieb mit ständiger Beaufsichtigung (Symbole siehe Kapitel 11)

Mit der Teil- und Vollautomatisierung der Kesselanlagen in den letzten Jahrzehnten hat sich auch die Wartentechnik weiterentwickelt. Man verzichtet heute weitgehend auf die Relaistechnik und baut Steuerungen mit Elektronikbausteinen und hochverfügbaren Automatisierungssystemen auf. Dezentrale Pulte gibt es fast nur noch in kleineren Anlagen. Ältere Industriekessel wurden häufig nachträglich mit einer Warte ausgerüstet, von der aus mehrere Kesselanlagen überwacht werden.

Bei Großanlagen hat sich eine strenge Zuordnung zwischen Warte und Kraftwerksblock durchgesetzt.

Bei der Automatisierung des Prozessablaufes zur Entlastung des Bedienungspersonals sind grundsätzlich zwei Wege möglich:

1. die programmierte, zentrale Informationsverarbeitung und Gesamtsteuerung des Kraftwerksblocks durch einen digitalen Prozessrechner ohne externe Gliederung
2. die dezentrale Steueranlage mit gut erkennbarer, übersichtlicher externer Gliederung und Aufteilung in Ebenen, die von unten nach oben einen fortschreitenden Automatisierungsgrad aufweisen

Bei Auswahl und Entwicklung der Steuersysteme musste auf hohe Sicherheit und Verfügbarkeit der Geräte geachtet werden.

Daher wurde in der Bundesrepublik der fest verdrahteten, dezentralen Steuerung, Funktionsgruppensteuerung genannt, der Vorzug gegeben. Bild 6.3 zeigt den grundsätzlichen Aufbau, insbesondere die klare vertikale und horizontale Gliederung. Diese Struktur lässt sowohl die Wahl hinsichtlich des Automatisierungsgrades (Teil- bzw. Vollautomatisierung in den horizontalen Ebenen) als auch hinsichtlich des

Bild 6.2: Warte eines Wärmekraftwerkes (IAW)

Automatisierungsumfanges (Anzahl der vertikal aufgeteilten Funktionsgruppen).
Die einzelnen Steuerebenen haben folgende Aufgaben:
Die unterste Ebene ist die Betätigungsebene zur Steuerung von Motoren, Stellantrieben, Magnetventilen und dergleichen. Sie enthält die Befehlsverarbeitung und Signalverknüpfung für Befehle von Hand, von der übergeordneten Automatik und für Signale der Schutzverriegelungen. In der Betätigungsebene werden die Stellglieder bezüglich der Schaltstellung und Richtigkeit der Rückmeldesignale überwacht. Bereits hier ist die Annahme eines Steuerbefehles abhängig von der Erfüllung betriebswichtiger Kriterien.

Die Schutzverriegelungen (z. B. Kesselverriegelung) wirken unmittelbar auf die Betätigungsebene. Sie sind nicht abschaltbar und sowohl bei Einzelsteuerung der Stellglieder von Hand als auch bei automatischem Betrieb wirksam.

Die Untergruppensteuerung enthält die Programmfolge für das An- und Abfahren der Einzelaggregate und ihrer Hilfsantriebe. Beispiel ist das Anfahren einer Speisepumpe mit Zubehör wie Schieber, Ventile und Hilfsantriebe. Sie kann sowohl von Hand als auch von der übergeordneten Gruppensteuerung gestartet oder stillgesetzt werden. Jede Untergruppensteuerung kann über einen ihr zugeordneten Handautomatiktaster ausgeschaltet werden.

Die Gruppensteuerung bestimmt abhängig von Kriterien aus der Anlage und entsprechend der von der Blockleitebene (Blockleitgerät) anstehenden Befehle, wann,

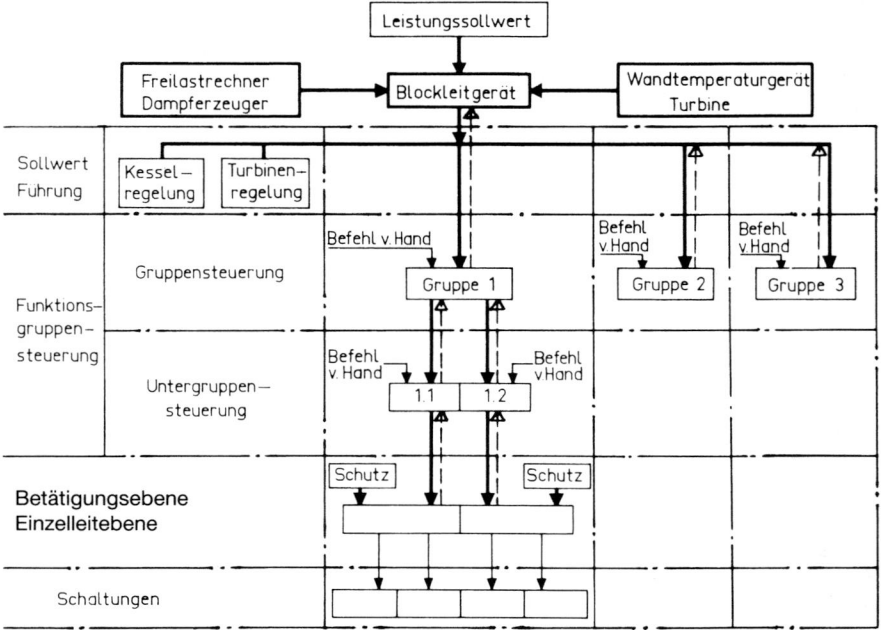

Bild 6.3: Struktur der Funktionsgruppensteuerung eines Kraftwerksblocks (KWU)

wie viele und welche der ihr untergebenen Untergruppen in Betrieb genommen oder stillgesetzt werden sollen. Jede Gruppensteuerung kann über einen ihr zugeordneten Hand-Automatik-Taster ausgeschaltet werden. Beispiele für Funktionsgruppen sind:

Vorbelüftung	Turbinenölversorgung
Brennersteuerprogramm	Kondensation
Speisewasserförderung	Wasseraufbereitung
Wasser-Dampf-System	Kondensatentsalzung

Die Blockleitebene enthält die Geräte für die Sollwertvorgabe, für die Kannlastbildung und für die Sollwertführung, für die Gruppensteuerungen der einzelnen Funktionsgruppen unter Berücksichtigung der zulässigen Last- und Temperaturänderungsgeschwindigkeiten für Kessel und Turbine.

Grad und Umfang der Automatisierung hängen von verschiedenen Faktoren ab, die alle bereits bei der Planung einer Anlage sehr sorgfältig abgewogen werden müssen. Je nach Mess- und Regelaufwand und nach dem betrieblichen Einsatz, vorwiegend Spitzen- oder Grundlastbetrieb, werden die Betriebzustände Anfahren, Betrieb, Laständerungen, Abfahren und das Beherrschen bekannter Störungen wie Speisepumpenausfall oder Brennerumschaltungen mehr oder weniger automatisiert.

Bild 6.3 zeigte bereits, dass vom manuellen Betrieb durch Einzelsteuerung der Stellglieder in der Betätigungsebene, über Teilautomatisierung der Funktionsgruppen bis hin zum vollautomatischen Blockbetrieb mittels des Blockleitgerätes verschiedene Automatisierungsgrade möglich sind.

Die Gestaltung der Warten berücksichtigt, dass die Automatik oder Teilbereiche ausfallen können und von Hand eingegriffen werden muss. Alle automatischen Steuerungen müssen von der Warte aus abschaltbar und alle betriebsnotwendigen Stellglieder von Hand ansteuerbar sein. Die wichtigsten Gerätearten sind:

Die Geräte für die Einzelbetätigung der Stellglieder,
die Befehls- und Rückmeldegeräte
für die Regelkreise und
für die Funktionsgruppenautomatik,
die für den Blockbetrieb wichtigen Instrumente und Schreiber,
die Meldefelder für Betriebs- und Gefahrmeldungen,
die Instrumente, Schreiber und Anzeigegeräte der Blockleitebene,
der Störmeldedrucker zur Registrierung alphanumerischer Meldungen.

Folgende weitere Anzeigegeräte wurden im Wartenbetrieb eingesetzt:

Die stapelbaren Bandgeräte (Bild 6.4) gestatten durch die im Vergleich zu ihrer Umrandung breiten Anzeigen einen sehr übersichtlichen Vergleich von Messwerten.

Koordinaten-Anzeigegeräte ermöglichen die gleichzeitige Anzeige von drei Messwerten auf einem Bildschirm. Dadurch kann z. B. der Betriebszustand einer Speisepumpe (Q, h, n) dargestellt und der Abstand des Betriebspunktes von der Grenzkurve gut erkannt werden (Bild 6.5).

Die höchste Informationsdichte vereinigt das Blockleitgerät zusammen mit dem

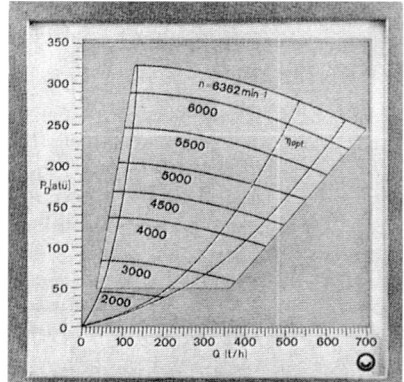

Bild 6.4: Stapelbare Bandgeräte

Bild 6.5: Bildschirmaufnahme eines Koordinaten-Anzeigegerätes

Freilastrechner und dem Wandtemperaturgerät. Im Blockleitgerät (Bild 6.6), wird der vorgegebene Sollwert digital angezeigt. Der Block-Istwert ist am Pfeil abzulesen, die offene Sichel zeigt die Freibeträge für Leistungsänderungen des Blockes an. Die beiden letztgenannten Geräte zeigen getrennt für Kessel und Turbine die augenblickliche Leistung (Pfeil) sowie die Freibeträge für Leistungsänderungen an (offene Sichel). Bild 6.7 zeigt weitere Geräte der Warte.

Bis Ende der 70er-Jahre war die Prozessführung durch Leittechnikfunktionen Messen, Steuern, Regeln mit Leitfeldern und Anzeigern in Kompaktwartentechnik geprägt.

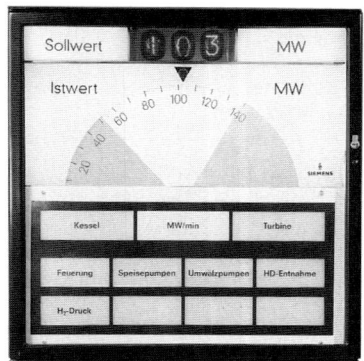

Bild 6.6: Anzeige für das Blockleitgerät

Bild 6.7: Ausschnitt aus einer Warte

Beaufsichtigung von Dampfkesselanlagen 477

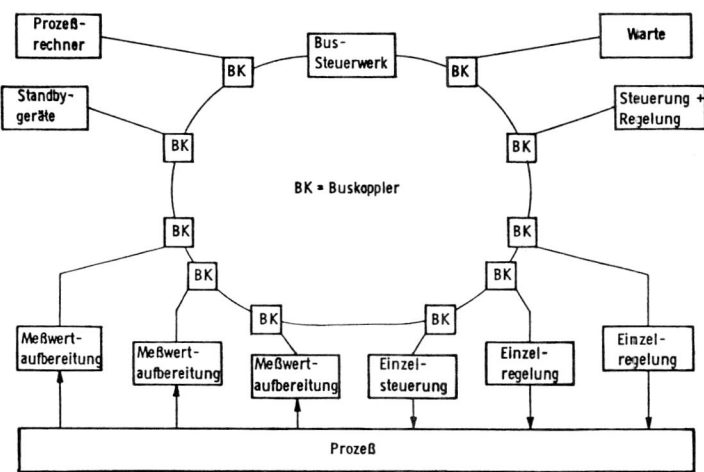

Bild 6.8: Digitales dezentrales Kraftwerkleitsystem mit Bus-Übertragung

Durch die Einführung der speicherprogrammierbaren, auf Mikroprozessortechnik basierenden Gerätesysteme (SPS) könnte das bestehende hierarchisch gegliederte, dezentrale und weitgehend gerätesystemunabhängige Konzept gerade im Hinblick auf hardwaremäßige Vereinfachung konsequent weitergeführt werden.

Die zur Verfügung stehenden neuen Techniken wie Mikrorechner anwendungsspezifische integrierte Schaltkreise und »Bus«-Systeme können nun anstelle der

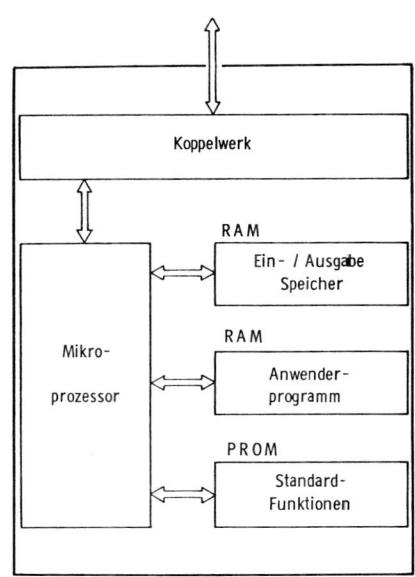

Bild 6.9: Speicherprogrammierbarer Baustein

konventionellen, fest verdrahteten Geräte eingesetzt werden. Dadurch wird die Typenvielfalt wesentlich verringert und so die Wirtschaftlichkeit erhöht. Statt wie bisher jedem Messwert und jedem Befehl eine Leitung zuzuordnen, werden die Prozesswerte dezentral in vor Ort stehenden Anschlussstationen erfasst, aufbereitet und auf ein Bus-System übertragen. Der Kabelaufwand kann so erheblich reduziert werden (Bild 6.8).

Die einzelnen digitalen Baugruppen weisen alle generell den gleichen Aufbau auf (Bild 6.9). Einem Mikroprozessor sind jeweils drei Speicher zugeordnet, und zwar:

- ein RAM[1]-Speicher für die Zwischenspeicherung der Ein-/Ausgabedaten (Schreib-Lese-Speicher),
- ein PROM[1]-Speicher, der fest programmierte Standardfunktionen beinhaltet (programmierbarer Speicher),
- ein ROM[1]/RAM-Speicher, in dem das Anwendungsprogramm abgelegt wird (nur Lese/Schreib-Lese-Speicher).

Die digitalen Baugruppen unterscheiden sich nur in ihrem Koppelwerk, mit der die Verbindung zu anderen Baugruppen oder zum Bus hin erfolgt.

Die SPS bringen neue Anforderungen an den Anwender. Für Planung, Montage und Inbetriebsetzung sowie im Betrieb und bei der Instandhaltung sind andere Denk- und Arbeitsweisen notwendig.

Moderne Prozessleitsysteme ermöglichen dem Operator die bildschirmorientierte Prozessführung. Dies setzt einen hohen Automatisierungsgrad voraus. Auf die Kompaktwartentechnik der 70er-Jahre folgte Anfang der 80er-Jahre die Bild-

Bild 6.10: Warte im HKW München-Nord, Block 2, mit REA und DeNOx-Anlage (zweistraßig)

---

[1] RAM-Speicher = random access memory; PROM-Speicher = programmabler read only memory; ROM-Speicher = read only memory

schirmtechnik. Die Window-Technik ermöglicht es, direkt über den Bildschirm mittels Lichtgriffel in den Prozess einzugreifen. Für den Zugriff zum Prozess sind Sensoren und Aktoren eingesetzt.

> – Sensoren erfassen alle Informationen aus dem Prozess, z. B. binäre Geber für Stellungsrückmeldungen oder analoge Geber für Druck-, Temperatur- und Durchflussgrößen.
> – Aktoren greifen direkt zur Änderung der Prozessgrößen ein, z. B. Antriebsmaschinen, Auf-/Zu- und Regelantriebe.

Diese Sensoren und Aktoren sind mit dem Prozessleitsystem über die peripheren Baugruppen der Einzelleitebene verbunden.

Die Verknüpfungen der Signale und die Abarbeitung in Steuer- sowie Regelalgorithmen und Meldelogiken erfolgt in den mikroprozessorgesteuerten Automatisie-

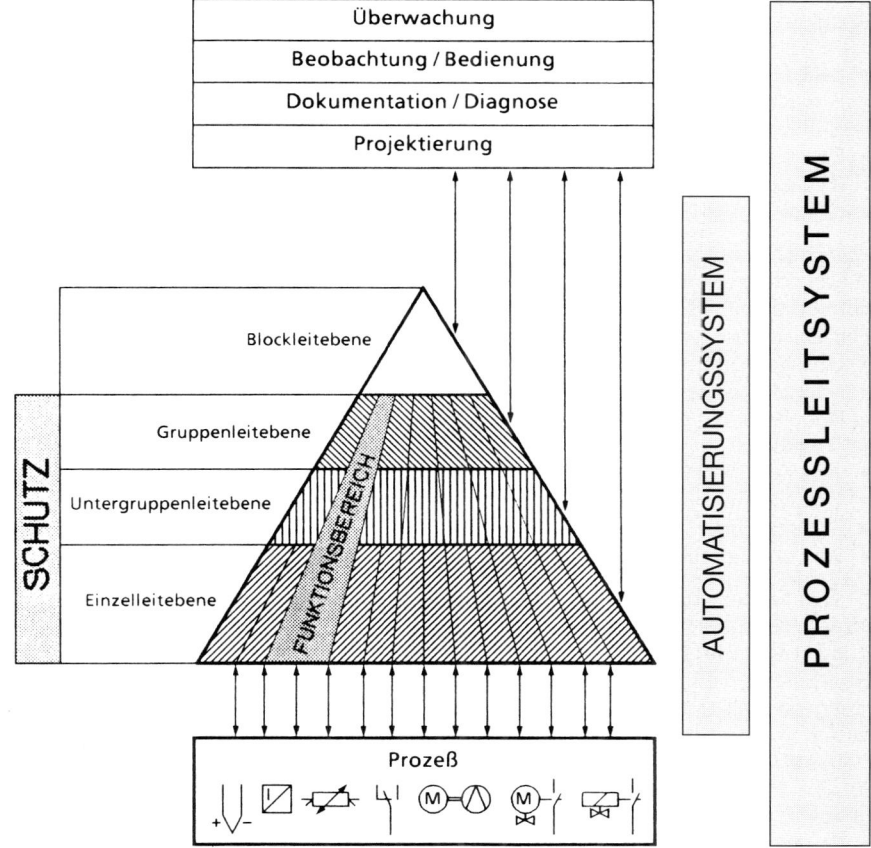

Bild 6.11: Automatisierungskonzept

rungseinrichtungen, die über die seriell arbeitenden Verbindungsleitungen (Bus-Leitungen) mit hoher Datentransfer-Rate miteinander korrespondieren.

Die Bedienung und Beobachtung in der Warte erfolgt ebenfalls über mikroprozessorgesteuerte Systeme (Mensch – Maschine – Schnittstelle).

Dabei werden Detailbilder von Teilprozessen auf farbigen Bildschirmen wahlfrei angezeigt und mit den gültigen Prozessgrößen aktualisiert. Für die ständige Anzeige des Gesamtprozesses steht in der Wartentafel ein Übersichtsbild mit konventionellen Anzeigegeräten oder in Form eines Großbildschirmes zur Verfügung (Bild 6.10).

Die Bedienfunktion als Eingriff über die Aktoren in den Prozessablauf erfolgt über Bedientastaturen oder Cursor-Steuerung im Bildschirm (mit Maus oder Rollkugel).

Der Normalbetrieb
- Anfahren
- Leistungsbetrieb nach Vorgabe durch den Lastverteiler
- Abfahren

ist so weit automatisiert, dass weitestgehend auf konventionelle Bedienfelder und Anzeigen verzichtet werden kann.

Im Automatisierungssystem sind außerdem die Funktionen
- zeitfolgerichtige Erfassung, Anzeige und Protokollierung aller Meldungen
- Registrierung und Anzeige von analogen Prozessgrößen
- Archivierung von binären und analogen Prozessgrößen über längere Zeiträume
- Berechnung und Auswertung von thermischen Beanspruchungen wichtiger Bauteile

verwirklicht.

Zur Erleichterung der Handhabung und Vereinfachung des Überblickes werden die Automatisierungseinrichtungen durch eine hierarchische Struktur gegliedert (Bild 6.11), die im Prinzip der oben behandelten Funktionsgruppensteuerung entspricht. Der Gesamtprozess ist z. B. in die Funktionsbereiche aufgeteilt:
- Übergeordnete Blockleitebene
- Dampferzeuger
- Rauchgasreinigungsanlagen
- Turbosatz
- Wasser-Dampf-Kreislauf
- Fernwärme
- Eigenbedarf
- Ver- und Entsorgungssysteme

SPS öffneten der Projektierung neue Wege. Konnten früher die Anlagen nur in streng zeitlicher Reihenfolge (d. h. Systemgespräch, Schaltplanerstellung, Fertigung, Montage, Inbetriebsetzung) abgewickelt werden, so ist jetzt eine parallele Bearbeitung von Soft- und Hardware möglich. Die Hardware des SPS kann frühzeitig bestellt und montiert werden. Die Eingabe der Programme kann dann zu einem späteren Zeitpunkt erfolgen.

Das Pflichtenheft für die Spezifikation des Bedien- und Beobachtungssystems für die Beaufsichtigung von Dampfkesselanlagen von der Warte aus sollte aus sicherheitstechnischen Gründen folgende Forderungen umfassen:
- Durchgehende Redundanz aller verwendeten Komponenten des Bedien- und Beobachtungssystems wie Terminal, Server, Bus, Prozessrechner

- Selbsttätiges Erkennen von Fehlern einer Komponente und Umschaltung auf die redundante Komponente im Fehlerfall
- Erkennen des Zustandes, dass vom Prozess gemeldete Signale aktuell sind, z. B. durch Erzeugung eines zyklischen Lebenszeichensignals auf dem Bildschirm.

Vorteilhaft ist die Flexibilität durch die Software. In Automatisierungsprogrammen sind bis zu 40 % Änderungen notwendig, bis alles zufriedenstellend läuft. Diese Änderungen erfolgten früher durch die Veränderung von Stromlaufplänen und Verdrahtungen. Bei den SPS kann man über Tastatur und Bildschirm ändern, wobei die Dokumentation selbsttätig über das System erfolgt.

Für die Planung, die Änderungen und die Erweiterungen steht ein spezielles Hardwaresystem, welches sich durch einen großen Speicherplatz (z. B. optische Platte) mit schnellem Zugriff und durch eine leistungsfähige Software (rationelle Verwaltung großer Datenmengen) auszeichnet, als Projektierungswerkzeug zur Verfügung. Damit können moderne Prozessautomatisierungssysteme eine lückenlose, jederzeit aktuelle Dokumentation der leittechnischen Unterlagen gewährleisten.

6.4 Anforderung an die Ausrüstung von Dampfkesselanlagen bei Betrieb ohne ständige Beaufsichtigung

Ohne ständige Beaufsichtigung nach TRD

Der TRD-604-Betrieb von Dampfkesselanlagen ohne ständige Beaufsichtigung geht von der Voraussetzung aus, dass die Kesselanlage über einen längeren Zeitraum (24 bzw. 72 Stunden) sich selbst überlassen ist. Daraus ergeben sich entsprechende Anforderungen (Bild 6.12).

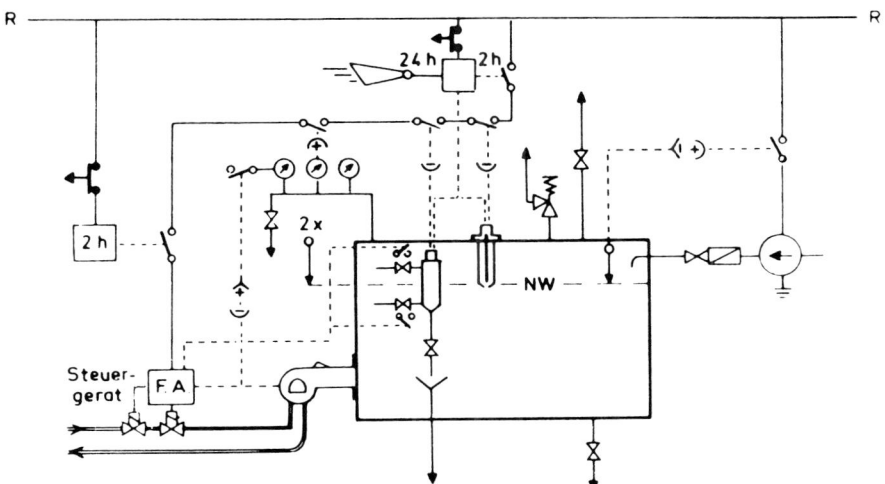

Bild 6.12: Ausrüstung eines HD-Dampferzeugers für den Betrieb ohne ständige Beaufsichtigung

In ihren Anforderungen an die Begrenzungseinrichtungen für Wasserstand, Strömung, Temperatur und Druck gehen die TRD 604 über die Anforderungen für Anlagen mit eingeschränkter Beaufsichtigung hinaus.

Als Wasserstands- und Strömungsbegrenzer, als Sicherheitstemperaturbegrenzer oder Druckbegrenzer kommen nur Geräte »besonderer Bauart« infrage. »Besondere Bauart« liegt bei den Wasserstandsbegrenzern dann vor, wenn im elektrischen und im mechanischen Teil bei jedem Gerät eine regelmäßig ablaufende selbsttätige Prüfung (z. B. bei Elektrodenwasserstandsgeräten die Überwachung des Isolationswiderstandes, bei Tauchkörpergeräten die automatische Funktionsprüfung, bei außen liegenden Geräten das getrennte Durchblasen der Verbindungsleitungen) erfolgt. Der zeitliche Abstand dieser Prüfungen darf höchstens 6 Stunden betragen. Teile der elektrischen Steuerungen, deren Funktionsfähigkeit durch diese Funktionsprüfungen nicht erfasst werden, müssen den Regeln der Technik für Sicherheitsstromkreise genügen. Für Strömungsbegrenzer besonderer Bauart gelten diese Anforderungen sinngemäß. Druckbegrenzer »besonderer Bauart« führen bei einem Versagen im mechanischen Teil eine Abschaltung und Verriegelung der Beheizung herbei. Sicherheitstemperaturbegrenzer müssen, wie beim Erreichen des Grenzwertes, auch bei einem möglichen Fehler ihrer Bauteile ein Signal zur Abschaltung bzw. Begrenzung geben. Für den elektrischen Teil gelten die Regeln der Technik für Sicherheitsstromkreise.

Sofern die Möglichkeit eines den Dampfkessel gefährdenden Einbruchs von Fremdstoffen (Öl, Fett, Laugen, Säuren, Molke, Zuckerrübensaft, Kohlenwasserstoffe, Neutralsalze, Silikate, Seewasser usw.) in den Wasserkreislauf besteht, ist eine selbsttätige Überwachung der Wasserbeschaffenheit erforderlich. Hierzu gibt es optische Messverfahren, z. B. für Molke, Öl/Fett, Kohlenwasserstoffe und Geräte für die Überwachung der Leitfähigkeit und des pH-Wertes, z. B. für Seewasser, Säuren, Laugen, Neutralsalze. Die Beheizung muss nach TRD spätestens dann abgeschaltet und verriegelt werden, wenn zulässige Grenzwerte überschritten werden. Bei einer Überwachung im 72-Stunden-Abstand werden zusätzliche Anforderungen zu der Forderung bei einer 24-Stunden-Überwachung gestellt. Einzelheiten gehen aus TRD 604 Blatt 1 und Blatt 2 hervor bzw. sind mit dem jeweils zuständigen Sachverständigen festzulegen.

Ohne ständige Beaufsichtigung nach den europäischen Kesselnormen

Die europäischen Normen DIN EN 12952-7 für Wasserrohrkessel und DIN EN 12953-6 für Großwasserraumkessel beinhalten allgemeine Anforderungen sowie besondere bzw. zusätzliche Anforderungen für Dampf- und Heißwassererzeuger. Einerseits sind z. B. die allgemeinen Anforderungen großteils von den TRD übernommen, andererseits werden in den zusätzlichen Anforderungen an die Ausrüstung insbesondere für den Fall der ständigen Beaufsichtigung von Großwasserraumkesseln Wasserstands-, Druck- und Temperaturbegrenzer wie für den beaufsichtigungsfreien Betrieb gefordert (siehe auch Abschn. 6.2.5). Die Regelung von Druck, Temperatur, Wasserstand und Beheizung muss selbsttätig erfolgen. Die Sicherheitseinrichtungen für Heißwassererzeuger sind in Tabellenform und in Einzelschaubildern dargestellt.

Nach DIN EN 12953-6 darf das Zeitintervall für den beaufsichtigungsfreien Betrieb von Großwasserraumkesseln 24 Stunden betragen, wenn nachfolgende Anforderungen eingehalten und die betrieblichen Aspekte erfüllt werden.

Anforderungen:
- Das Ansprechen eines Begrenzers muss ein Warnsignal an die Stelle geben, an der es von eingewiesenem Personal gehört werden kann.
- Für das automatische Anfahren (aus dem kalten Zustand) müssen geeignete Einrichtungen vorhanden sein und die Umgebungstemperatur darf nicht kleiner als 5 °C ein. Nach Verriegelungen durch Begrenzer ist das Einschalten der Feuerung nur von Hand am Kessel selbst zulässig.
- Das Eindringen von schädlichen Stoffen (siehe Abschn. 6.4) in das Speisewassersystem muss ausgeschlossen sein.

Betriebliche Aspekte für Dampf- und Heißwassererzeuger:
- Regelmäßige Wartung aller Regel- und Begrenzungseinrichtungen
- Halbjährliche Einschaltung des Pflegedienstes der Lieferfirma mit Funktionsprüfung der vorgenannten Einrichtungen
- Qualifiziertes Personal für Betrieb und Wartung
- Überwachung und Prüfung des ordnungsgemäßen Zustandes durch den Kesselwärter innerhalb der ersten Stunde nach dem kalten Anfahren und längstens alle 24 Stunden
- Verwendung aufbereiteten Speisewassers mit täglicher Prüfung der wesentlichen Wasserwerte

Das Zeitintervall kann auf mehr als 24 Stunden ausgedehnt werden, wenn
- die Überschreitung des höchsten Wasserstandes verhindert ist,
- die Geräte zur Überwachung schädlicher Fremdstoffe im Speisewasser doppelt vorhanden sind,
- eine automatische Härteüberwachung vorhanden ist mit Aufzeichnung der Grenzwertüberschreitung.

Die neuen europäischen Normen kennen den Begriff »Geräte besonderer Bauart« nach TRD 604 nicht. Sicherheitstechnisch muss es sich nach den europäischen Normen bei Begrenzern um baumustergeprüfte Geräte handeln, die z. B. im Fall von Großwasserraumkesseln nach DIN EN 12953-9 – Anforderungen an Regel- und Begrenzungseinrichtungen sowie an Sicherheitsstromkreise – entsprechend dem Modulkonzept der Druckgeräterichtlinie geprüft sein müssen.

In den DDA-Informationen 1001 und 1002 über die Errichtung und den Betrieb von CE-gekennzeichneten Dampfkesseln kommt zum Ausdruck, dass solche Geräte für den Einsatz in Deutschland laut Konformitätserklärung nach den Anforderungen der Druckgeräterichtlinie 97/23/EG und entweder nach den europäischen Kesselnormen oder nach den Anforderungen der TRD 604 Blatt 1 bzw. Blatt 2 hergestellt sind oder es ist die Gleichwertigkeit eines anderen Ausrüstungsstandes im Rahmen der Prüfung vor Inbetriebnahme von einer zugelassenen Überwachungsstelle festgestellt worden. Gegen die Verwendung von bisher bauteilgeprüften Geräten besonderer Bauart bestehen keine Bedenken.

6.5 Zusätzliche Anforderungen an den Betrieb ohne Beaufsichtigung von Dampfkesselanlagen mit Rostfeuerungen für Kohle

Auf die ständige Beaufsichtigung von Dampfkesseln der ehemaligen Gruppe IV mit Rostfeuerungen für Kohle kann verzichtet werden, wenn die Anforderung nach TRD 604 Blatt 1 Anlage 1 eingehalten werden.

Die Regeln der Dampfkesseltechnik für einen Betrieb ohne ständige Beaufsichtigung gehen davon aus, dass die Kessel mit regelbaren Beheizungen ausgerüstet sind, die sich Änderungen im Wärmebedarf bei allen Betriebszuständen schnell anpassen. Die im Feuerraum und in den Kesselzügen gespeicherte Wärme darf nach Abschalten der Beheizung einen unzulässigen Druck- und Temperaturanstieg bzw. ein unzulässiges Ausdampfen nicht bewirken. Diese Voraussetzung kann mit Öl- und Gasfeuerungen, mit elektrischer Beheizung und ggf. auch noch mit Kohlenstaub- und Wirbelschichtfeuerungen erfüllt werden. Es wurden daher verschiedene Konstruktionen entwickelt, die von der Regelbarkeit her die Voraussetzungen bieten sollen, dass nach einem plötzlichen Wegfall des Wärmebedarfs im Kessel und im Rohrleitungsnetz keine gefährlichen Betriebszustände auftreten können. Man sieht noch eine genügende Sicherheit gegen Ausdampfen dann als gegeben an, wenn Dampferzeuger mit mindestens zwei Speisepumpen ausgerüstet sind, die so geregelt und gesteuert sind, dass bei Ausfall der Betriebspumpe innerhalb einer Zeitspanne, die nicht länger als die Absinkdauer ist, eine ausreichende Fördermenge zur Verfügung steht. Naturgemäß muss auch ein für den sicheren Abfahrbetrieb ausreichender Speisewasservorrat vorhanden sein. Beide Speisepumpen müssen mit voneinander unabhängigen Regel- und Steuergeräten ausgerüstet sein und von unabhängigen Energiequellen versorgt werden.

In Heißwasseranlagen kann schon eine geringe Dampfbildung wegen möglicher Kondensationsschläge gefährlich sein.

Anlagen mit Dampfraum im Heißwassererzeuger oder im Druckausdehnungsgefäß bieten die Möglichkeit, die überschüssige Wärme über Sicherheitsventile am Dampfraum abzuführen, wenn eine ausreichende Wassermenge zwischen dem niedrigsten Wasserstand und der Mündung der Heißwasservorlaufleitung zur Verfügung steht oder wenn gesichert nachgespeist werden kann.

In Heißwassererzeugern ohne Dampfraum (Fremddruckhaltung) muss die Entstehung von Dampf vermieden werden. Anlagenbezogen müssen in Abstimmung mit der benannten Stelle besondere Maßnahmen der Wärmeabfuhr festgelegt werden, wie z. B. Zuschaltung eines Sicherheitswärmeverbrauchers. Unter Umständen kann auch die Aufnahme der Überschusswärme im Netz als Absicherung angesehen werden. Besonderes Augenmerk ist natürlich bei diesen Anlagen auf die Druckhaltung zu richten. Gegebenenfalls sind die Druckhalteeinrichtungen redundant auszuführen.

Weder auf der Wasser- noch auf der Feuerseite dürfen gefährliche Betriebszustände eintreten. Die Anlagen sind deshalb mit einer leistungsabhängigen Feuerungsregelung auszurüsten, die den Brennstoffmassenstrom und den Luftmassenstrom verhältnisgleich selbsttätig regelt oder ein festes Verhältnis einstellt.

Dampfkesselanlagen mit Unterdruck im Feuerraum sind mit einer selbsttätigen Regelung zur Beibehaltung eines Feuerraumunterdruckes auszurüsten. Besonderer Überlegung bedarf die Beherrschung der Störung Stromausfall.

Bei Abschaltung der Feuerung durch Unterbrechen des Brennstoffmassenstromes aufgrund von Störungen ist erforderlichenfalls die Luftzufuhr so anzupassen, dass die Konzentration folgender Gase im Rauchgas nicht überschritten wird:

O$_2$ 4 Vol.-% oder
CH$_4$ + CO + H$_2$ 5 Vol.-%, jedoch
CH$_4$ + CmHn 2 Vol.-%.

Während des Betriebes und nach Unterbrechung der Brennstoffzufuhr darf es nicht zu einer unzulässigen Erwärmung im Bereich der Brennstoffzufuhr kommen. Erforderlichenfalls sind automatische Löscheinrichtungen vorzusehen.

Eine unzulässige Erwärmung im Bereich des Schlackenabwurfes ist zu vermeiden.

6.6 Probleme beim Betrieb von Heißwasseranlagen ohne ständige Beaufsichtigung

Voraussetzung für die Verhinderung der Dampfblasenbildung im Heißwassernetz ist die Einhaltung eines Druckes, der über dem Sättigungsdruck bei den Temperaturen im Netz liegt. Die Druckhaltung ist für die Heißwassererzeugungsanlage (Bild 6.13) und für das Heizungsnetz gleich wichtig. Die Wechselwirkungen zwischen Kessel und Netz bzw. den Verbrauchern sind bei Heißwasseranlagen ungleich stärker als bei Dampfanlagen.

Daher kann sich eine Beurteilung von Heißwasseranlagen nicht auf den Heißwassererzeuger allein beschränken. Die gegenseitigen Wirkungen zwischen Heißwassererzeuger und Netz müssen berücksichtigt werden. Die Beurteilung der möglichen hydraulischen Schaltungen bedarf der Erfahrung.

Alle Schaltungen lassen sich entweder in das System der Eigendruckhaltung oder in das der Fremddruckhaltung einreihen.

Bei Eigendruckhaltung (Bild 6.14) steht die Heißwassertemperatur in unmittelbarem physikalischem Zusammenhang mit dem Dampfdruck. Eine zusätzliche

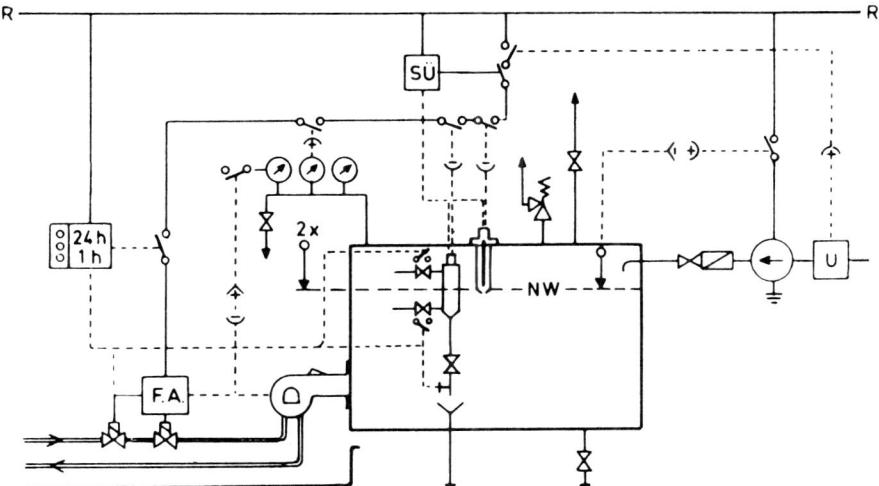

Bild 6.13: Schaltung einer Hochdruckheißwasseranlage für den Betrieb ohne ständige Beaufsichtigung (BoB)

Druckhaltung ist nicht mehr erforderlich, weil durch die Beheizung ein Dampfdruckpolster erzeugt wird. Auch bei Ausfall der Beheizung, die für die Druckhaltung sorgt, besteht noch keine unmittelbare Gefahr. Durch Nachverdampfung kann die Druckabsenkung verzögert und damit das Druckpolster noch eine gewisse Zeit aufrecht erhalten werden.

Infolge des Zusammenhangs zwischen Druck und Temperatur kann an die Stelle der Temperaturregelung und -begrenzung die Druckregelung und -begrenzung treten.

Aufgrund ihrer einfachen Regelung und Absicherung schienen die Anlagen mit Eigendruckhaltung für die Betriebsweise ohne ständige Beaufsichtigung besonders geeignet zu sein. Erst später wurden die Risiken bei dieser Schaltung klar erkannt.

Besondere Probleme stellen Verbraucher dar, die höher als der betrieblich einzuhaltende Wasserstand im Kessel bzw. im Ausdehnungsgefäß angeordnet sind (Bild 6.14). Der Dampfdruck über dem Wasserspiegel muss dann auch den Gegendruck für die statische Druckhöhe über dem Wasserstand aufbringen. Die Vorlauftemperatur muss zuverlässig durch Beimischen von Rücklaufwasser so niedrig gehalten werden, dass in diesen Anlageteilen keine Ausdampfung erfolgt.

Die in TRD 604 Blatt 2 genannte Vorlauftemperaturregelung ist für sich allein nicht immer eine ausreichende Sicherung. Bei vollständigem Wegfall des Wärmeverbrauchs könnte die Rücklauftemperatur so weit ansteigen, dass die notwendige Temperaturabsenkung im Vorlauf infrage gestellt ist. Es muss also in jedem Einzelfall geprüft werden, ob zusätzliche Temperaturbegrenzungseinrichtungen, die auf die Umwälzpumpen und die Beheizung einwirken können, vorgesehen werden müssen.

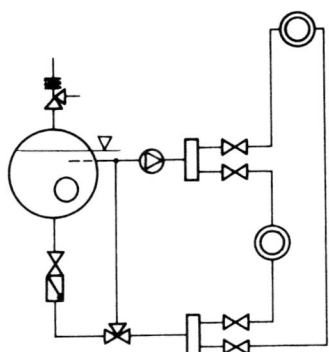

Bild 6.14: Heißwassererzeuger mit Dampfpolster im Wärmeerzeuger (mit höher liegendem Verbraucher)

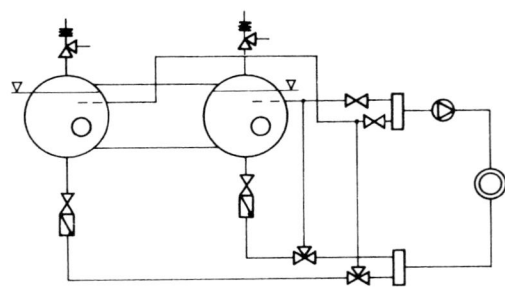

Bild 6.15: Heißwassererzeuger nach Bild 1 DIN 4752 mit parallel geschalteten Wärmeerzeugern

Der Parallelbetrieb (Bild 6.15) derartiger Anlagen mit Ausdehnungsgefäßen im Kessel selbst wird seit Jahren von namhaften Herstellerfirmen auch bei einem Betrieb unter ständiger Beaufsichtigung als risikoreich angesehen. Bereits geringe Druckunterschiede zwischen den einzelnen Kesseln genügen, um erhebliche Wasserstandsverschiebungen zu bewirken. Es sind Fälle bekannt, bei denen das Vorlaufrohr eines Kessels austauchte und damit der Dampf ins Netz gelangen konnte. Schwere Unfälle waren die Folge. Die TRD 604 trägt diesen Überlegungen Rechnung, indem sie den Parallelbetrieb von höchstens zwei solcher Kessel als zulässig bezeichnet, wenn in beiden stets zugeordnete Druck- und Temperaturverhältnisse herrschen. Unzulässige Abweichungen (z. B. durch Ausfall einer Beheizung) müssen zum Ausschalten und Verriegeln beider Beheizungen führen. Einzelheiten sind nach der Vorschrift mit dem Sachverständigen zu vereinbaren.

Der Parallelbetrieb von mehreren Heißwassererzeugern mit Ausdehnungsgefäßen nach Bild 6.16 gilt als nicht zulässig. Im Idealzustand würde zwar bei gleichzeitigem Betrieb aller Kessel ein Temperaturausgleich im Ausdehnungsgefäß erfolgen. Fällt jedoch die Beheizung eines Kessels ganz oder teilweise aus, so besteht die Gefahr, dass kaltes Wasser aus der Heißwasserrücklaufleitung über den unbeheizten Kessel ins Ausdehnungsgefäß gelangt und einen gefährlichen Druckabfall bewirkt. Eine entsprechende Verbundregelung bereitet wegen der verschiedenen Einflussgrößen nach Ansicht vieler Fachleute große Schwierigkeiten.

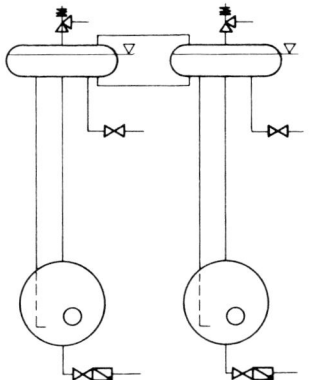 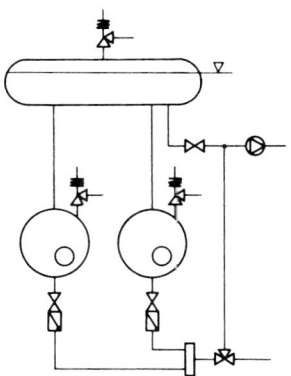

Bild 6.16: Heißwassererzeuger nach Bild 3 DIN 4752 mit parallel geschalteten Wärmeerzeugern

Bild 6.17: Heißwassererzeuger nach Bild 4 DIN 4752 mit parallel geschalteten Wärmeerzeugern

Ähnlich problematisch ist der Parallelbetrieb von Heißwassererzeugern mit hoch liegendem Druckausdehnungsgefäß nach Bild 6.17. Es muss sichergestellt sein, dass bei einer Regel- oder Störabschaltung oder bei Nichterreichen der vorgesehenen Vorlauftemperatur eines einzelnen Heißwassererzeugers der Dampfdruck im Druckausdehnungsgefäß nicht unzulässig absinkt. Bei Temperaturabweichungen, die eine Gefährdung des Heißwassererzeugers oder der Heißwassererzeugungsanlage zur Folge haben, müssen Beheizung und Wasserzufuhr dieses Kessels selbsttätig abgesperrt und verriegelt werden.

Die Probleme der Schaltungsarten mit Fremddruckhaltung (Bilder 6.18 und 6.19) sowohl bei Betrieb mit Beaufsichtigung als auch bei Betrieb ohne ständige Beaufsichtigung sind anders geartet. Der Ruhedruck kann bei Fremddruckhaltung unabhängig von der Temperatur der Anlage beliebig höher als der zugeordnete Sattdampfdruck gewählt werden. Dadurch kann die statische Höhe berücksichtigt werden. Parallelschaltungen sind nicht schwierig. Das Problem liegt hier in der Druckhaltung, die durch Druckhaltepumpen, durch Inertgas oder ggf. durch Fremddampf sichergestellt wird. Während die Druckhaltung bei Eigendruckanlagen in gewissem Umfang als eigensicher gilt, trifft dies für die Fremddruckhaltung nicht zu. Bei Unterschreiten eines anlagebezogenen Mindestüberdruckes muss durch Abschaltung und Verriegelung der Beheizung und der Umwälzpumpen ein sicherheitstechnisch unbedenklicher Zustand geschaffen werden. Dazu sind zwei zuverlässige Mindestdruckbegrenzer besonderer Bauart vorgeschrieben. Außerdem besteht Gefahr, wenn ein Überströmventil offen bleibt. Hier muss beim Ansprechen eines der Mindestdruckbegrenzer eine zusätzliche Einrichtung die Überströmleitung selbsttätig schließen. Der Transport etwaiger Dampfblasen in kältere Anlagenteile muss durch Abschalten der Umwälzpumpen unterbunden werden. Das heißt aber, dass alle Strömung bewirkenden Pumpen des Heißwassernetzes, also auch z. B. kleinere Strangpumpen, Beimisch- und Rücklaufanhebepumpen, abgeschaltet werden müssen. Erst nach ausreichender Abkühlung kann sehr vorsichtig angefahren werden, um nicht Dampfblasen zu kälteren Anlagenteilen zu fördern. Diese Maßnahmen können im Winter bei der Gefahr des Einfrierens schwierig sein.

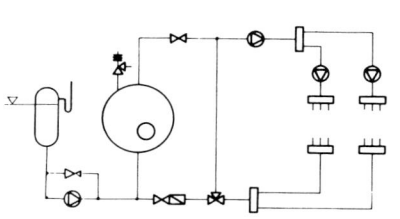

Bild 6.18: Heißwassererzeuger mit Fremddruckhaltung

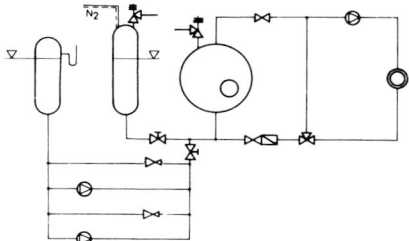

Bild 6.19: Heißwassererzeuger mit zwei voneinander unabhängigen Fremddruckhaltungen

An den Behältern, aus denen die Druckhalteeinrichtungen Wasser zum Nachspeisen bzw. zur Druckhaltung entnehmen, ist jeweils eine Sicherheitseinrichtung erforderlich, die bei Unterschreiten eines festzulegenden niedrigsten Wasserstandes Beheizung und Umwälzpumpen abschaltet und verriegelt.

Heißwassererzeuger, in denen das Wasser nach dem Zwangumlaufprinzip geführt wird, dürfen nur in Verbindung mit stufenlos geregelter Beheizung eingesetzt werden. Nur durch eine stufenlos geregelte Beheizung ist eine genügende Anpassung der Wärmezufuhr an die Wasserumwälzung zu erreichen.

6.7 Erfahrungen aus dem Betrieb ohne ständige Beaufsichtigung

Die Entwicklung der Regelungs- und Feuerungstechnik hat auch für Dampfkesselanlagen die Grundlagen zur Automatisierung geschaffen. Das Technische Regelwerk ist stufenweise dieser Entwicklung gefolgt.

Der Betrieb ohne ständige Beaufsichtigung hat sich bewährt. Er macht frühere Ausweichmöglichkeiten zur Personaleinsparung weitgehend überflüssig. Aus Gründen der Verfügbarkeit ist es aber auch jetzt notwendig, ständig gut geschultes Personal in der Anlage bereitzuhalten; dieses Personal kann jedoch in der überwiegenden Zeit seiner Anwesenheit mit anderen Aufgaben beschäftigt werden.

Ein zufrieden stellender Betrieb von Dampfkesselanlagen ohne ständige Beaufsichtigung ist von folgenden Voraussetzungen abhängig:

> Beim Umbau bestehender Anlagen sind die Betriebserfahrungen auszuwerten.
> Sämtliche Störquellen sind genau zu untersuchen, die Ursachen von Störungen müssen sicher beseitigt werden.
> Besondere Betriebszustände, z. B. das Zu- und das Abschalten größerer Anlageteile müssen berücksichtigt werden; sonst kann es zum Überschreiten der Sollwerte und den damit verbundenen Störschaltungen kommen.
> Eine zentrale Störmeldung und eine Speicherung der gemeldeten Störungen erleichtern die Beseitigung von Schwachstellen. Durch solche Aufzeichnungen können ferner betriebliche Abstimmungen in den zeitlichen Abläufen für die Großabnehmer vorgenommen werden.
> Bei der Vermeidung von Störungen und Ausfällen kommt der vorbeugenden Wartung besondere Bedeutung zu.

6.7.1 Dampfanlagen

Die Einrichtungen für den Betrieb von Dampfanlagen ohne ständige Beaufsichtigung sind vom Aufbau her relativ einfach und wenig störanfällig (Bild 6.20). Besonders zu beachten sind die Speisewasserbehälter und die Entgaser. Beim Anfahren bzw. Zuschalten von Anlagenteilen müssen die Speisewasserbehälter kurzzeitig erhöht anfallende Kondensatmengen aufnehmen. Es sind zuverlässige Absicherungen gegen Überfüllung der Behälter vorzusehen. Hierbei treten gelegentlich Betriebsstörungen auf, da vor dem Umbau auf den Betrieb ohne ständige Beaufsichtigung der Kesselwärter diese Betriebszustände aus Erfahrung kannte und rechtzeitig eingreifen konnte, um Störabschaltungen zu vermeiden. Weiter ist bei Dampfanlagen besonders zu beachten, dass über Wärmeverbraucher bei Leckstellen Fremdstoffe in den Dampf-Wasser-Kreislauf eintreten können. Über Gegenmaßnahmen wird im Abschnitt 6.4 berichtet.

6.7.2 Heißwasseranlagen

Der Sicherstellung der Druckhaltung kommt der entscheidende Einfluss auf die Betriebssicherheit zu. Zahlreiche Unfälle und Schäden, verursacht durch Kondensationsschläge, waren auf mangelhafte Druckhaltung bei wechselhaften Betriebsbedingungen zurückzuführen. Besonders bei Anlagen mit Dampfpolster im Kessel oder bei solchen mit Eigendampfpolster im hoch liegenden Ausdehnungsgefäß sind Schwierigkeiten aufgetreten. Diese Anlagen wurden meist mit der dem Sattdampfdruck entsprechenden Vorlauftemperatur betrieben und in vielen Fällen sind auch Wärmeabnehmer über dem Wasserstand des Ausdehnungsgefäßes angeordnet.

Bild 6.20: Flammrohr-Rauchrohr-Dampferzeuger für einen 72-Stunden-Betrieb ohne Beaufsichtigung nach TRD 604 (Heizöl EL, Erdgas, speichernde Störungsanzeige für 10 Störquellen, 10 bar Überdruck), Loos, Gunzenhausen

Bei Ausfall der Beimischeinrichtung und Anstieg der Vorlauftemperatur oder bei Druckabsenkungen im hoch liegenden Ausdehnungsgefäß, z. B. infolge rascher Zuschaltung eines kalten Stranges, kann es zu den gefürchteten Schlägen kommen. Eine sichere Druckhaltung muss bei allen möglichen Betriebszuständen einen ausreichenden Druck in den höher gelegenen Anlagenteilen gewährleisten.
Bei Anlagen mit mehreren Heißwassererzeugern kann z. B. durch Ausfall einer Feuerung oder durch höhere Wasserbeaufschlagung eines Kessels der Sollwert der Vorlauftemperatur abfallen. Ein derartiger Betriebszustand kann zu erheblichen Störungen führen. Bei Stillstandzeiten, z. B. am Wochenende, besteht die Gefahr, dass sich bei Zusammenbruch des Dampfpolsters im Ausdehnungsgefäß die höher gelegenen Anlagenteile entleeren und mit Luft füllen. Es entstehen dann erhebliche Schwierigkeiten bei der Inbetriebnahme. Bei Anlagen mit Eigendruckhaltung erfordert das An- und Abfahren besondere Aufmerksamkeit und Sorgfalt der Kesselwärter.

7. Elektrische und elektronische Steuerungen im sicherheitsrelevanten Einsatz an Kesselanlagen

Der Schritt von der durch den Menschen bedienten und überwachten Kesselanlage zur teil- oder vollautomatisierten Anlage beinhaltet ganz wesentliche sicherheitstechnische Aspekte.

Steuerungen für Dampfkessel müssen deshalb den Prozessablauf nicht nur steuern und überwachen, sie haben auch die Aufgabe, gefährliche Betriebszustände bei Störungen in der Anlage einschließlich der Steuerung selbst oder bei Fehlbedienung zu verhindern.

Diese sicherheitsgerichteten Steuerungen müssen deshalb so aufgebaut, projektiert und programmiert sein, dass bei allen anzunehmenden Ausfällen, Störungen und Fehlern in der Steuerung selbst und bei allen möglichen Betriebs- und Umweltbedingungen keine als gefährlich definierten Betriebszustände entstehen können.

7.1 Entwicklung

In den Anfängen wurden derartige Aufgaben ausschließlich mithilfe von Relais- und Schützsteuerungen verwirklicht, womit einfache steuer- und regelungstechnische Aufgaben lösbar waren.

Wegen der steigenden Komplexität der Anlagen und den damit steigenden Aufgaben der Steuerungs- und Überwachungssysteme war die logische Folge der Einsatz von elektronischen Elementen.

Damit verbunden war aber auch, dass sich der Aufwand für den notwendigen Nachweis der Sicherheit erheblich erhöht hat.

Heute bestehen derartige Steuerungen in der Regel aus elektronischen Systemen für den Logikteil und elektrischen Betriebsmitteln für den Leistungsteil.

Den für diese Systeme notwendigen Sicherheitsnachweisen werden Bestimmungen und Richtlinien zugrunde gelegt, die die Anforderungen zur Einhaltung einer darin vereinbarten Sicherheit in Anforderungsklassen beschreiben.

7.1.1 Begriffe

– *Anforderungsklassen*
  Einordnungsschema zur Beschreibung von sicherheitstechnischen Anforderungen zur Vermeidung und Beherrschung von Fehlern, gegliedert in Klassen (DIN V 19250/05.94).

- *Anwenderprogramm (user program)*
- *Anwendungsprogramm (application program)*
  Alle Benutzeranweisungen und -vereinbarungen, die für die beabsichtigte Signalverarbeitung zur Steuerung einer Maschine oder eines Prozesses mit einem SPS-System erforderlich sind (IEC 1508 Teile 1–7/06.95).
- *Ausfall (failure)*
  ist eine bleibende Abweichung von der Spezifikation (DIN VDE 0116/10.89).
- *Ausfalleffektanalyse (failure mode and effects analysis, FMEA)*
  Die Ausfalleffektanalyse (Fehler-Möglichkeits- und -Einfluss-Analyse) ist in allen Bereichen der Technik anwendbar. Der Zweck der Analyse ist die qualitative Bewertung von Systemen bzw. Systementwürfen hinsichtlich des Ausfalls einzelner Baueinheiten. Dabei steht das Auffinden von Schwachstellen im Vordergrund ... Die Analyse liefert alle Ausfallmöglichkeiten des Systems auf der Basis einzelner Baueinheitenausfälle, wobei Ausfallkombinationen nicht betrachtet werden (DIN 25448/05.90).
  Die Ausfalleffektanalyse ist ein Verfahren zur Untersuchung der Ausfallarten aller Komponenten eines Systems und deren Auswirkungen (Effekte) auf das System (DIN 25448, VDI/VDE 3541 Blatt 1/10.85).
- *Bestimmungsgemäße Funktion*
  Elektronische Betriebsmittel müssen so projektiert und hergestellt sein, dass sie bei ordnungsgemäßer Aufstellung und bei bestimmungsgemäßer Verwendung im fehlerfreien Betrieb ihre Funktion erfüllen und keine Gefahren für Personen verursachen. Dies gilt auch beim Zusammenwirken des EB (elektronisches Betriebsmittel) mit der Gesamtanlage (DIN VDE 0160/12.90).
- *Betriebsart (operating mode)*
  Kennzeichnung von Art und Umfang der Eingriffe in eine Steuerungseinrichtung durch den Bedienenden oder auch durch Rückmeldungen aus der zu steuernden Anlage.
- *Betriebsbewährt*
  Als betriebsbewährt gilt eine Betrachtungseinheit dann, wenn sie im Wesentlichen unverändert über einen ausreichenden Zeitraum in zahlreichen verschiedenen Anwendungen betrieben wurde und dabei keine oder nur unwesentliche Fehler festgestellt wurden.
- *Diversitäre Programme (Software)*
  sind Programme oder Programmteile, die unterschiedliche Lösungen der gleichen Aufgabe darstellen, die entweder von verschiedenen Personen (unabhängig voneinander) erstellt wurden oder vom Ansatz her verschiedene Lösungswege verfolgen (konstruierte Diversität) (DIN VDE 0116/10.89).
- *Diversitäre Redundanz (diversity)*
  Redundanz mit ungleichartigen Mitteln (DIN V 19250/05.94, DIN V VDE 0801/01.90).
- *Einfachfehler*
  Der Einfachfehler ist definiert als der ursprüngliche Fehler einschließlich der durch diesen Fehler entstandenen weiteren Fehler (VDI/VDE 3541 Blatt 1/10.85).

- *Einzelausfall*
  In einer Betrachtungseinheit ist nur ein Ausfall aufgetreten (DIN VDE 31000 Teil 2/12.87).
- *Erprobte Software*
  Als erprobte Software gelten Programme oder Programmteile dann, wenn sie mit unveränderten Spezifikationen mindestens zwei Jahre in zahlreichen verschiedenen Anwendungen betrieben und dabei keine oder nur unwesentliche Softwarefehler festgestellt wurden (DIN VDE 0116/10.89).
- *Fail-Safe-Verhalten*
  Fähigkeit einer Sicherungseinrichtung, bei Auftreten eines bestimmten Ausfalls in einem sicheren Zustand zu bleiben oder unmittelbar in einen anderen sicheren Zustand überzugehen (VDI/VDE 2180 Blatt 1/4.86).
- *Fehler (fault, defect, nonconformity)*
  wird als Oberbegriff für Ausfall, Störung, systematischer Hardwarefehler und Softwarefehler verstanden (DIN VDE 0116/10.89).
- *Fehlerausschluss*
  ist der Ausschluss eines theoretisch möglichen Fehlers, mit dessen Auftreten aufgrund der praktischen Erfahrungen nicht gerechnet werden muss (DIN VDE 0116/10.89).
- *Fehlererkennungszeit*
  Mittlere Zeitspanne, innerhalb der ein Fehler erkannt wird (VDI/VDE 2180 Blatt 1/04.86).
- *Fehlersicher (fail safe)*
  Fähigkeit eines technischen Systems, beim Auftreten bestimmter Ausfälle im sicheren Zustand zu bleiben oder unmittelbar in einen anderen sicheren Zustand überzugehen (VDI/VDE 3541 Blatt 1/12.88).
- *Freiprogrammierbare Steuerung (RAM-programmed controller)*
  Speicherprogrammierbare Steuerung mit Schreib-Lese-Speicher als Programmspeicher, dessen gesamter Inhalt ohne mechanischen Eingriff in die Steuereinrichtung auch in beliebig kleinem Umfang verändert werden kann.
- *Fremdtests (FT)*
  sind Maßnahmen zur Erkennung von Ausfällen, insbesondere von passiven Ausfällen, bei denen durch zusätzliche, zur speicherprogrammierbaren Einheit (SPE) oder zum SPE-Kanal nicht gehörende Einrichtungen die Funktion spezieller Teile der SPE oder die gesamte SPE geprüft werden. Der Fremdtest kann bei mehrkanaligem Aufbau auch vom anderen SPE-Kanal durchgeführt werden (DIN VDE 0116/10.89).
- *Hardware (hardware)*
  Gesamtheit oder Teil der apparativen Ausstattung von Rechensystemen (DIN V VDE 0801/01.90).
- *Korrektheitsnachweis (KN)*
  ist der Nachweis, dass die sicherheitsrelevanten Programmfunktionen erfüllt sind (DIN VDE 0116/10.89).

- *Programmanalyse (PA)*
  sind alle Maßnahmen im Rahmen einer theoretischen Prüfung, die zum Auffinden von Softwarefehlern dienen (DIN VDE 0116/10.89).
- *Risikoparameter*
  Qualitative Ausgaben über Schadensausmaß und Schadenshäufigkeit zur Ermittlung einer Anforderungsklasse (DIN V 19250/05.94).
- *Selbsttests (ST)*
  sind Maßnahmen zur Erkennung von Ausfällen, bei denen durch zusätzliche Programme in der speicherprogrammierbaren Einrichtung (SPE) die Funktion bestimmter, zu dieser SPE oder diesem SPE-Kanal selbst gehörende Bauelemente (z. B. ROM) oder Funktionsmodule (z. B. E/A-Baugruppen) geprüft werden (DIN VDE 0116/10.89).
- *Sicherheit (safety)*
  Sicherheit ist eine Sachlage, bei der das Risiko nicht größer als das Grenzrisiko ist (DIN VDE 31000 Teil 2/12.87, DIN V VDE 0801/01.90).
- *Sicherheitseinrichtung*
  ist eine Einrichtung, bei der alle Geräte, Einheiten und Sicherheitsstromkreise dem Schutz von Personen und der Anlage dienen.
- *Software (software)*
  Gesamtheit oder Teil der Programme für Rechnersysteme, wobei die Programme zusammen mit den Eigenschaften der Rechensysteme
  – den Betrieb der Rechensysteme,
  – die Nutzung der Rechensysteme zur Lösung gestellter Aufgaben oder
  – zusätzliche Betriebs- und Anwendungsarten der Rechensysteme
  ermöglichen.
- *Softwarefehler (software error)*
  sind Abweichungen zwischen den im Programm realisierten und den beabsichtigten Programmfunktionen (DIN VDE 0116/10.89, DIN V VDE 0801/01.90).
- *Software-Test (T)*
  sind Maßnahmen im Rahmen des Korrektheitsnachweises zum Auffinden von Softwarefehlern, bei denen die Eingangs-Schnittstellen der Programm-Module oder des gesamten Programms mit Eingangsdatensätzen versorgt werden und der Programmablauf und die Ergebnisse (Ausgangsdaten) erfasst werden und mit denen der aufgrund der Spezifikation oder der Programm-Analyse ermittelten verglichen werden (DIN VDE 0116/10.89).
- *Speicherprogrammierbare Steuerung, SPS (programmable controller, PC)*
  Ein digital arbeitendes elektronisches System für den Einsatz in industriellen Umgebungen mit einem programmierbaren Speicher zur internen Speicherung der anwenderorientierten Steuerungsanweisungen zur Implementierung spezifischer Funktionen, wie z. B. Ablaufsteuerung, Zeit-, Zählfunktion und arithmetische Funktionen, um durch digitale oder analoge Eingangs- und Ausgangssignale verschiedene Arten von Maschinen oder Prozessen zu steuern. Die speicherprogrammierbare Steuerung und die zugehörigen Peripheriegeräte (das SPS-System) sind so konzipiert, dass sie sich leicht in ein industrielles

Steuerungssystem integrieren und in allen ihren beabsichtigten Funktionen einsetzen lassen (IEC 1508 Teile 1–7/06.95).

- *Störung*
  ist eine sporadisch auftretende Beeinträchtigung der Funktion (DIN VDE 0116/10.89).
- *Systemische Fehler*
  Fehler in der realisierten Struktur (Hardware oder Software), die auf Denkfehlern (»logische Fehler«) oder auf Ausführungsfehlern (einschließlich Flüchtigkeitsfehlern) beruhen (DIN V VDE 0801/01.90).
- *Systematische Hardwarefehler*
  sind entweder Entwurfsfehler oder systematische Fertigungsfehler (DIN VDE 0116/10.89).
- *Systematische Softwarefehler*
  Diese Fehler entstehen bei Spezifikation und Entwurf der Software, beim Programmentwurf und bei der Implementierung (DIN V VDE 0801/01.90).
- *Verfügbarkeit (availability)*
  Der Zeitanteil, in dem das System tatsächlich in der Lage ist, seine Aufgaben zu erfüllen (IEC 1508 Teile 1–7/06.95).
- *Vollständiger Test*
  ist der Nachweis, dass alle sicherheitsrelevanten Funktionen für die Kombinationen aller Eingangssignale mit allen internen Speicherzuständen erfüllt werden (DIN VDE 0116/10.89).
- *Zuverlässigkeit (reliability, dependability)*
  Die Fähigkeit einer Funktionseinheit, eine bestimmte Funktion unter bestimmten Bedingungen eine bestimmte Zeit lang auszuführen (ISO 23892/2 – 1978, IEC 1508 Teile 1–7/06.95).

7.2 Anforderungen

7.2.1 Sicherheitsstromkreise

Sicherheitsstromkreise sind Steuerstromkreise, die das Auftreten gefährlicher Betriebszustände vermeiden und dem Schutz von Personen und der Anlage dienen. Sie müssen so ausgelegt sein, dass sich beim Auftreten eines Fehlers kein gefährlicher Betriebszustand einstellt.

Die Steuerung einer Dampfkesselanlage enthält sowohl Regel- als auch Steuerstromkreise, wobei Teile der Steuerstromkreise nach ihrem Verwendungszweck als Sicherheitsstromkreise aufgebaut sind.

Daraus ergibt sich die Frage, ob diese Stromkreise nach dem Arbeitsstromprinzip oder dem Ruhestromprinzip aufzubauen sind. Beide Schaltungsmöglichkeiten bergen Fehlerquellen, die zu Störungen der Funktionssicherheit führen können. So führt eine Leitungsunterbrechung beim Arbeitsstromprinzip genauso zum Versagen der Steuerungsaufgabe wie ein Kontaktverschweißen beim Ruhestromprinzip, um nur einen möglichen Fehlerfall zu nennen.

Diese Frage ist in der Vergangenheit durch verschiedene technische Gremien eindeutig beantwortet worden. Sie sind alle zu der Übereinstimmung gekommen, dass Sicherheitsstromkreise an feuerungstechnischen Anlagen im Ruhestrom aufzubauen sind. Der Grund für diese Entscheidung ist darin zu finden, dass sich die Nachteile des Ruhestromprinzips weitgehend durch die Auswahl und Anordnung der Betriebsmittel kompensieren lassen. Im Gegensatz dazu ist eine Leitungsunterbrechung im Arbeitsstromprinzip nicht zu vermeiden und im Normalbetrieb der Anlage nicht zu erkennen.

7.2.2 Sicherheitsphilosophie

Im Laufe der technischen Entwicklung musste erkannt werden, dass technische Einrichtungen zur Erfüllung bestimmter Funktionen Störungen unterworfen sind. Derartige Störungen (z. B. Versagen) können zur Gefährdung der zu erfüllenden Funktionen und damit zur Gefährdung von Personen und der Anlage führen. Um dem zu begegnen, müssen Maßnahmen ergriffen werden, die mit dem Begriff »Sicherheit« umschrieben seien.

Von der jeweiligen Anwendung abhängig, muss zuerst der sichere Zustand definiert werden. Weiterhin muss die Anzahl der zu berücksichtigenden Fehler bei einer Fehlerbetrachtung von der jeweiligen Anwendung abhängig festgeschrieben werden.

Sicherheit ist dann die Fähigkeit einer Betrachtungseinheit innerhalb vorgegebener Grenzen, den durch den Verwendungszweck bedingten Anforderungen so zu genügen, dass kein unzulässiger (gefährlicher) Zustand entsteht. Um eine technische Betrachtungseinheit auf dieser Sicherheitsphilosophie aufbauend zu gestalten, ist die Fehlerbetrachtung bzw. die Fehlereffektanalyse dieser Einheit notwendig.

Hilfestellung zur »Risiko-Beurteilung« bietet hierbei die DIN V 19250 »Grundlegende Sicherheitsbetrachtungen für MSR-Schutzeinrichtungen« mit dem Risikografen und den Anforderungsklassen.

7.2.3 Fehlerphilosophie

Von einer Auswirkung auf die Funktion einer technischen Betrachtungseinheit abgeleitet werden zwei Arten von Fehlern unterschieden:
– gefährliche Fehler und
– ungefährliche Fehler.

Als gefährliche Fehler werden alle diejenigen Fehler angesehen, die eine unmittelbare Gefährdung von Mensch und/oder Material zur Folge haben, die also der unter 7.2.2 erläuterten Sicherheitsphilosophie widersprechen. Diejenigen Fehler, die eine Funktionsstörung nach der sicherheitstechnisch unbedenklichen Seite hervorrufen, werden als ungefährliche Fehler bezeichnet. Darunter fallen in der Regel alle Fehler, die eine Anlage z. B. zur Abschaltung führen oder ein Gefahrensignal bewirken, obwohl kein echtes Gefahrenmoment vorliegt, sofern die Abschaltung zu einem sicheren Zustand führt.

Eine dritte, von der Auswirkung auf die Funktion der Betrachtungseinheit abgeleitete Fehlerart muss noch angesprochen werden. Die ersten beiden genannten Fehlerarten sind über die Funktionsauswirkung jeweils erkennbare Fehler. Fehler, die zu keinen Ausfällen führen, sind sog. unerkannte Fehler im System.

Um den Forderungen nach Sicherheit zu genügen, sind nun verschiedene Methoden in verschiedener Wertigkeit bekannt. Auf die rechnerische Ermittlung der MTBF (Mean Time Between Failure, mittlerer Zeitabstand zwischen zwei Ausfällen) und auf Zuverlässigkeits- und Verfügbarkeitsangaben der einzelnen Bauelemente einer Betrachtungseinheit soll hier nicht eingegangen werden, da man sich hier auf die deterministische Fehlerbetrachtung beschränkt.

Alle bisher zur Anwendung kommenden Regeln der Technik basieren auf der Beherrschung von Einfach- oder Mehrfachausfällen. Die zur Ausfallbetrachtung anzusetzende Ausfallanzahl wird bei elektrischen und elektronischen Schaltungen von deren Aufbau, d. h., von der Art der verwendeten Bauelemente, abgeleitet.

Weil ein Bauelement eine Einheit darstellt, die bei Teilung ihre Funktion verliert, kann folgende Fehlerphilosophie gelten:

Mit dem gleichzeitigen Entstehen zweier unabhängiger Ausfälle braucht nicht gerechnet zu werden. Die Betrachtung eines Ausfalles umfasst allerdings den ursprünglichen, von einer einzigen Ursache hervorgerufenen Ausfall und die durch diesen Ausfall eventuell entstehenden weiteren Ausfälle, also Folgeausfälle. Das heißt in der Praxis, dass auch bei elektronischen Schaltungen, die mit diskreten Bauelementen aufgebaut sind, als Mindestanforderung die Einfachfehlerbetrachtung einschließlich Folgeausfall zu berücksichtigen ist.

Darüber hinaus wird bei Sicherheitseinrichtungen der Feuerungstechnik die Kombination zweier unerkannter Ausfälle im System gefordert. Die Kombination von drei und unter Umständen von weiteren Ausfällen wird bisher konkret nur in der Reaktortechnik und der Eisenbahnsignaltechnik gefordert. Dies gilt, wie gesagt, für den Aufbau der Betrachtungseinheit mit diskreter Schaltungstechnik.

Aus der auf das Bauelement bezogenen Fehlerphilosophie folgt aber auch, dass bei integrierter Schaltungstechnik bis hin zum Mikroprozessor, bei denen in einer Baueinheit (Bauelement) eine ganze Reihe von Funktionen vereinigt sind, n-Fehler und n-Fehler-Kombinationen anzusetzen sind. Die daraus abgeleiteten Anforderungen werden später erläutert.

Wie ist nun der Ausfall im Einzelnen definiert?

7.2.3.1 Hardwarefehler (-ausfälle)

Als Ausfälle für den Leistungsteil gelten z. B. Nichtabfall bzw. Nichtanzug von elektromagnetischen Bauelementen, wie z. B. von Schützen, Relais, Magnetventilen, sowie Nichtanlauf von Motoren und Schlüsse oder Unterbrechungen in Steuerstromkreisen (z. B. Leiterbruch, Körperschluss, Erdschluss oder Leiterschluss), Nichtansprechen oder Nichtabschalten von Endlagenschaltern usw.

Als Ausfälle für die Elektronik gelten z. B. Kurzschlüsse und Unterbrechungen in diskreten Bauelementen, wie z. B. in Widerständen, Kondensatoren, Halbleitern, Elektronenröhren, sowie Ausfälle und Störungen in integrierten Schaltkreisen.

Aber auch äußere Einflüsse wie Spannungsabfall, Über- oder Unterspannung, kurze Spannungsunterbrechungen (kleiner oder gleich 0,5 s), elektrische Störeinflüsse wie induktive, kapazitive Beeinflussungen oder durch Kopplung über ohmsche Widerstände, ionisierende Strahlung für EPROM (Speicherbaustein).

Diese Fehlerdefinition ist der DIN VDE 0116 entnommen.

7.2.3.2 Softwarefehler

Softwarefehler (software errors) sind Abweichungen zwischen den im Programm realisierten und den beabsichtigten Programmfunktionen. Diese Fehler können in allen Phasen der Software-Produktion entstehen.

Am Beispiel der Fehlermöglichkeiten von Speicherbausteinen oder Bausteinen eines Mikrocomputersystems sei dies kurz gezeigt.

Beim Einsatz von Mikrocomputersystemen in sicherheitstechnisch relevanter Anwendung ergeben sich eine Reihe spezieller Probleme.

Mikrocomputer repräsentieren eine große Anzahl von Transistorfunktionen bzw. Transistorschaltstufen und Verbindungen. Jede dieser Transistorschaltstufen kann auf viele Arten ausfallen oder in ihrer Funktion gestört werden. Überdimensionierungen, die relativ sichere Ausfallausschlüsse rechtfertigen würden, sind praktisch nicht möglich.

Nach Herstellerangaben haben Mikrocomputer Ausfallraten im Bereich von 10^{-3}/h bis 10^{-5}/h. Auch aus diesem Grunde können keine Ausfallausschlüsse gemacht werden.

Mikrocomputer können ca. 50 bis 200 verschiedene Befehle ausführen. Diese Grundoperationen können mit unterschiedlichen Daten und Adressen sowie unterschiedlichen Adressierungsarten durchgeführt werden, sodass jeder Mikrocomputer nahezu unendlich viele unterschiedliche Operationen ausführen kann. Eine vollständige Prüfung der korrekten Funktionen der Hardware eines Mikrocomputers ist demnach nicht durchführbar. Auch neue Mikrocomputer können daher fehlerhaft sein.

Programme für Mikrocomputer bestehen aus einigen hundert bis zu einigen 10 000 Befehlen und können Fehler enthalten, die man durch Testen der Programme herauszufinden und zu beseitigen sucht. Ein Programm arbeitet im einfachsten Fall dann korrekt, wenn es zu allen Folgen von Eingangsdaten die korrekte Folge von Ausgangsdaten liefert. Daher erfordert eine vollständige Prüfung das Testen des Mikrocomputers bei allen Folgen von Eingangsdaten. Bei z. B. 48 binären Eingängen eines Mikrocomputers gibt es bereits 248 Eingangskombinationen. Damit ist bereits hier eine vollständige Prüfung nicht mehr realisierbar.

Der Korrektheitsnachweis von Programmen ist daher nur durch aufwendige formale Beweismethoden führbar.

Die Folgen von Ausfällen und Störungen in Mikrocomputern sind unbekannt. So kann ein Fehler in einem Mikrocomputer, der z. B. eine Geschwindigkeit berechnen soll, dazu führen, dass der Zahlenwert zu groß oder zu klein ist. Der Fehler kann aber auch dazu führen, dass die Berechnung überhaupt nicht ausgeführt wird.

In einem ROM-Speicherbaustein können sich einzelne oder mehrere Bits bzw. Bytes in ihrem Informationsgehalt verändern; Fehler in einem RAM-Baustein können bewirken, dass Speicherstellen nicht mehr setz- oder zurücksetzbar sind und ein Übersprechen (statisch oder dynamisch) auf irgendwelche anderen Speicherstellen stattfindet; Register der CPU, die ALU und die Logik für die Steuersignalerzeugung können z. B. durch Unreinheiten der Versorgungsspannung oder durch unsauberen Clockpulse defekt werden (Setz- und Zurücksetzbarkeit, Übersprechen). Durch verschiedene Ursachen, wie z. B. Netzstörungen, kann der Mikrocomputer »außer Tritt« fallen, sodass der Programmzähler undefinierte Sprünge ausführt.

Fazit: Mikrocomputer zeigen ein unbestimmtes Ausfallverhalten. Ein sicherheitsgerichtetes Ausfallverhalten (fail safe) eines einzelnen Mikrocomputers ohne zusätzliche Sicherheitsmaßnahmen muss daher ausgeschlossen werden.

Grundsätze für Rechner in Systemen mit Sicherheitsaufgaben sind mit der DIN V VDE 0801 gegeben. Hierin sind von den Maßnahmen zur Vermeidung und Beherrschung von Hard- und Softwarefehlern bis zur Beschreibung der Funktionsprüfungen einschließlich zugehöriger Checklisten alle Detailangaben enthalten.

7.2.4 Bestimmungen, Richtlinien

Die aus dieser Sicherheits- bzw. Fehlerphilosophie abzuleitenden Anforderungen an elektrische und elektronische Steuerungen hinken durch die bekannt rasche Entwicklung der Elektronik zwangsläufig stark nach.

Die bisher zur Verfügung stehenden anerkannten Regeln der Technik machen zum Teil nur Rahmenaussagen und stellen somit weder für den Entwickler noch für der Betreiber oder für den Überwacher eine ausreichende Hilfe dar. Sowohl für Betriebsingenieure als auch für die mit Sicherheitsfragen beschäftigten Institutionen wie Gewerbeaufsicht, Berufsgenossenschaften, technische Überwachungsorganisationen und zugelassene Überwachungsstellen ist dies eine sehr unbefriedigende Tatsache.

Wie sieht nun die rechtliche Situation aus und welche anerkannten Regeln der Technik können für elektronische Steuerungen in sicherheitsrelevantem Einsatz, z. B. in Kesselanlagen, zur Anwendung kommen?

Zunächst gilt in jedem Fall das Gesetz zur Neuordnung der Sicherheit von Technischen Arbeitsmitteln und Verbraucherprdukten, das in § 4 »Inverkehrbringen und Aufstellen« im Absatz 2 sinngemäß ausführt, dass ein Produkt soweit es dieser Rechtsverordnung unterliegt nur in Verkehr gebracht werden darf, wenn es so beschaffen ist, dass bei bestimmungsgemäßer Verwendung oder vorhersehbarer Fehlanwendung Sicherheit und Gesundheit von Verwendern oder Dritten nicht gefährdet werden. Bei der Beurteilung, ob ein Produkt den oben genannten Anforderungen entspricht, können Normen und andere technische Spezifikationen zugrunde gelegt werden. Entspricht eine Norm oder sonstige technische Spezifikation, die vom Ausschuss für technische Arbeitsmittel und Verbraucherprodukte ermittelt und von der beauftragen Stelle im Bundesanzeiger bekannt gemacht worden ist, einer oder mehrerer Anforderungen an Sicherheit und Gesundheit, wird bei einem nach dieser Norm oder sonstigen Spezifikation hergestellten Produkt vermutet, dass es den betreffenden Anforderungen an Sicherheit und Gesundheit genügt.

Die Frage, was allgemein anerkannte Regeln der Technik sind, regelt bis zu ihrer Anpassung an das Geräte- und Produktsicherheitsgesetz (GPSG) noch die allgemeine Verwaltungsvorschrift zum Gesetz über technische Arbeitsmittel. Dort heißt es, dass als allgemein anerkannte Regeln der Technik z. B. die DIN-Normen, VDE-Bestimmungen, Unfallverhütungsvorschriften und Regeln des VDI und der VdTÜV gelten, die der Bundesminister für Arbeit und Sozialordnung im Bundesarbeitsblatt bezeichnet. Durch diese Festlegung sind die entsprechenden Normen und Richtlinien gültig und müssen beachtet werden.

Der durch die allgemein anerkannten Regeln der Technik angestrebte Schutz für die Benutzer technischer Erzeugnisse und Anlagen muss so weit verwirklicht werden, wie dies bei ordnungsgemäßer Funktion und bestimmungsgemäßer Verwendung zur Abwendung von Gefahren mindestens erforderlich ist (DIN VDE 31000). Diese Grundsatzforderung wird nun, auf die einzelnen Anwendungen bezogen, in den einschlägigen Bestimmungen und Richtlinien umgesetzt. Eine generelle Sicherheitsanforderung stellt auch noch die Bestimmung für die Ausrüstung

von Starkstromanlagen mit elektronischen Betriebsmitteln dar (DIN VDE 0160 Teil 1 § 5 b):
Zur Vermeidung einer gefährlichen Auswirkung auf Personen beim Versagen eines elektronischen Betriebsmittels zur Informationsverarbeitung oder eines Betriebsmittels der Leistungselektronik ist erforderlichenfalls eine weitere von diesem Betriebsmittel unabhängige Einrichtung vorzusehen.

Noch schärfer formuliert die IEC-Publikation 204-3 (Sicherheit im Fehlerfall):
Elektronische Ausrüstungen, von denen die Sicherheit abhängt, müssen »störungssicher« sein, d. h., ein Fehler in einem beliebigen Teil der Ausrüstung oder eine Unterbrechung (oder Störung) der Stromversorgung darf niemals zu einer gefährlichen Situation führen.

Die VDE-Bestimmung »Elektrische Ausrüstung von Feuerungsanlagen« (DIN VDE 0116/10.89) beinhalten noch die detailliertesten Aussagen bezüglich der Fehlerbetrachtung und der Sicherheitsanforderungen an elektronische Betriebsmittel. Mit der Ziffer 8.7, Zusatzanforderungen für die Ausführung von Sicherheitseinrichtungen, wurde der Versuch unternommen, allgemein gültige und damit nicht anwendungsbezogene (hier Feuerungstechnik) Anforderungen zu formulieren.

Ebenso auf andere Anwendungsgebiete übertragbar sind hierin die enthaltenen Fehlerbetrachtungsschemata, wobei mit Hilfe eines Datenflussplanes der Sicherheitsnachweis an einer Sicherheitseinrichtung durchgeführt werden kann. Grundlage der Fehlerbetrachtung ist hierbei der Einfachfehler und die Kombination von zwei unerkannten Fehlern, die nicht zu einem gefährlichen Betriebszustand führen dürfen. Das bedeutet, dass die Anforderungen für Geräte in diskreter Schaltungstechnik unmittelbar anwendbar sind, bei speicherprogrammierten Steuerungen jedoch um die n-Fehlerbetrachtung mit n-Fehlerkombinationen erweitert werden müssen.

Detaillierte Anforderungen sowohl bezüglich der Hardwarekomponenten (Fehlermodelle) als auch an mikroelektronische Teile (Rechnersysteme) formuliert inzwischen die DIN EN 298 »Feuerungsautomaten für Gasbrenner und Gasgeräte mit und ohne Gebläse«.

7.2.5 Sicherheitstechnische Anforderungen an elektrische Betriebsmittel

In der Tafel 7.1 sind, dem jeweiligen elektrischen Betriebsmittel zugeordnet, die Anforderungen und notwendigen Prüfungen entsprechend den gültigen Normen zusammengefasst.

Darüber hinaus sind in folgenden technischen Regeln Anforderungen an die Betriebsmittel elektrischer und elektronischer Steuerungen formuliert:

DIN VDE 0100	Bestimmungen für das Errichten von Starkstromanlagen mit Nennspannungen bis 1000 V
DIN VDE 0101	Bestimmungen für das Errichten von Starkstromanlagen mit Nennspannungen über 1 kV
DIN VDE 0110	Bestimmungen für die Bemessung der Luft- und Kriechstrecken elektrischer Betriebsmittel
DIN EN 60204-1	Sicherheit von Maschinen; elektrische Ausrüstung von Maschinen; Teil 1 Allgemeine Anforderungen
DIN VDE 0116	Elektrische Ausrüstung von Feuerungsanlagen
DIN VDE 0160	Bestimmungen für die Ausrüstung von Starkstromanlagen mit elektronischen Betriebsmitteln
DIN VDE 0435	Regeln für elektrische Relais in Starkstromanlagen

DIN VDE 0631		Vorschriften für Temperaturregler und Temperaturbegrenzer
DIN VDE 0660		Bestimmungen für Niederspannungsschaltgeräte
DIN VDE 0800		Bestimmungen für Errichtung und Betrieb von Fernmeldeanlagen einschließlich Informationsverarbeitungsanlagen
DIN VDE 0804		Bestimmungen für Fernmeldegeräte einschließlich informationsverarbeitender Geräte
VDI/VDE 2180		Sicherung von Anlagen der Verfahrenstechnik mit Mitteln der Mess-, Steuerungs- und Regeltechnik (Blatt 1 bis Blatt 5)

Tafel 7.1: Zusammenstellung der sicherheitstechnischen Anforderungen an elektrische Betriebsmittel

	Art des Betriebsmittels	Anforderungen und Prüfung nach
Kohle-, Öl- und Gasfeuerungen	Temperaturwächter, Temperaturbegrenzer, Sicherheitstemperaturwächter, Sicherheitstemperaturbegrenzer, Abgastemperaturwächter, thermische Ablaufsicherung, Feuerungsregler	DIN 3440
	Strömungssicherungen für Wärmeübertragungsanlagen	DIN 32727
	Druckbegrenzungseinrichtungen	
	Druckwächter	DIN EN 1854
	Druckwächter und -begrenzer	Druck 100/1
	Flüssigkeitsstandsregel- und begrenzungseinrichtungen	
	Wasserstandsbegrenzer für Heizungsanlagen mit Vorlauftemperatur bis 110 °C	Wasserstand 100/2
	Flüssigkeitsstandsbegrenzer für Wärmeübertragungsanlagen	DIN 32728
	Stellgeräte für Wasser und Wasserdampf	DIN 32730
Ölfeuerungen	Ölfeuerungsautomaten	DIN EN 230
	Automatische Absperrventile	DIN EN 264
	Ölförderaggregate	DIN EN 12514-1
	Ölbrenner	DIN EN 230
Gasfeuerungen	**Flammenüberwachungseinrichtung**	
	Gasfeuerungsautomaten	DIN EN 298
	Zündsicherungen	DIN EN 125
	Automatische Zündsicherungen	DIN 3258 T2
	Gasbrenner	DIN EN 298
	Elektrische Anzündeinrichtungen	DIN 3446
Kohle-, Öl- und Gasfeuerungen	Temperaturregler	VDE 0631
	Drosselgeräte	DIN EN ISO 5167-1
	Messumformer für Differenzdruck	DIN EN 60770-1
	Messumformer für Druck	DIN EN 60770-1
	Messumformer für Temperatur	DIN EN 60770-1

Im Einzelnen bedeutet dies z. B., dass die Anforderungen bezüglich direkten und indirekten Berührens, Auswahl der elektrischen Betriebsmittel, Schutzmaßnahmen, Stromkreisabsicherungen usw. entsprechend DIN VDE 0100 bzw. DIN VDE 0101 einzuhalten sind. Kriech- und Luftstrecken sind entsprechend DIN VDE 0110 bzw. für elektronische Betriebsmittel entsprechend DIN VDE 0160 zu berücksichtigen. Relais müssen DIN VDE 0435, Schütze und elektromechanische Bauteile (z. B. Einrichtungen zum Freischalten) DIN VDE 0660 entsprechen. Hilfsstromkreise und Sicherheitseinrichtungen sind entsprechend DIN VDE 0116 auszulegen.

7.2.6 Ausführung von MSR-Schutzeinrichtungen

Da wegen der Vielfalt verfahrenstechnischer Anlagen und wegen der technischen Fortentwicklung nicht für jeden Anwendungsfall genaue Regeln der Ausführung und Prüfung aufgestellt werden können, findet der Ausführende Hilfe bei der Auswahl geeigneter Lösungen von MSR-Schutzeinrichtungen in der DIN V 19250, wo mittels einer Risikoanalyse über den Risikografen Anforderungsklassen und damit Anforderungen an MSR-Schutzeinrichtungen festgelegt werden.

Dabei wird vorausgesetzt, dass die jeweils geltenden gesetzlichen Bestimmungen, Unfallverhütungsvorschriften und Normen eingehalten werden.

Bei der Auswahl und Installation von Schutzeinrichtungen muss besonders darauf geachtet werden, dass ihre Teile den nachgenannten Einwirkungen widerstehen oder davor geschützt sind, um eine einwandfreie Funktion zu gewährleisten.

Einwirkungen auf die Funktion elektrischer oder elektronischer Baueinheiten können unter anderem hervorgerufen werden durch:

Umgebungseinwirkungen
- mechanische Einwirkungen, z. B. Vibration, Stoß, Schlag und statische Kräfte
- Korrosion und sonstiger chemischer Angriff
- Verschmutzung
- Temperatur und Feuchtigkeit
- elektromagnetische Einwirkungen

Betriebseinwirkungen
- mechanische Einwirkungen, z. B. Pulsation, Turbolenzen und Kavitation
- Einwirkungen durch Betriebsstoffe, z. B. Korrosion, Kristallisation, Feststoffablagerungen, Kondensation und Änderung der Viskosität oder Dichte
- Temperaturänderungen

Die Einrichtungen sollten so aufgebaut sein, dass Prüfungen leicht durchführbar sind sowie klare und eindeutige Kennzeichnungen zum Schutz gegen Verwechslungen existieren.

7.2.7 Prüfung von MSR-Schutzeinrichtungen

Es ist anzustreben, die Prüfung unter den dem Anforderungsfall entsprechenden Bedingungen und mit möglichst geringen Veränderungen der Schutzeinrichtungen auszuführen. Bei der Prüfung der Schutzeinrichtung wird jeweils die vollständige Wirkungskette, bestehend aus Signalaufnehmer, Signalverarbeitung, Auslöser und Stellglied, geprüft. Es ist darauf zu achten, dass die einwandfreie Funktion im Zusammenwirken aller Komponenten nachgewiesen wird.

Die Prüfung einzelner Komponenten kann zweckdienlich sein, wenn z. B. diese Komponenten eine deutlich geringere Verfügbarkeit als die restlichen Komponenten der Schutzeinrichtung aufweisen oder verfahrenstechnische Prozessabläufe einer »scharfen Auslösung« entgegensprechen.

Zu dieser Teilprüfung wird die Wirkungskette der Schutzeinrichtung so zergliedert, dass nach Durchführung der Teilprüfungen die sichere Funktion der vollständigen Wirkungskette nachgewiesen ist. Wird eine Teilprüfung mit Unterdrückung der automatischen Auslösung durchgeführt, so muss die Sicherheit der Anlage anderweitig gewährleistet sein.

Die Prüfabstände für die Teilprüfungen und die Gesamtprüfung müssen so festgelegt sein, dass die vorgeschriebenen gesetzlichen Bestimmungen eingehalten werden.

Anhaltspunkte für die Vorgehensweise bei der Durchführung und Dokumentation der Prüfungen von MSR-Schutzeinrichtungen, von der Konzeptphase bis zur Außerbetriebnahme, findet die mit der Prüfung beauftragte Fachkraft z. B. in dem VdTÜV-Merkblatt Druckbehälter 372 »Leitlinie für die Prüfung sicherheitsrelevanter MSR-Einrichtungen in Anlagen«.

7.3 Fehlersicherheit

Das zu fordernde Maß an Fehlersicherheit ergibt sich jeweils aus dem Gefährdungsgrad der Anlage. Es liegt nahe, dass die Sicherheitsanforderungen an eine technische Einrichtung, bei deren Ausfall unmittelbare Gefahr für Leben besteht, höher sein müssen als die Anforderungen bei nur mittelbarer Gefährdung oder bei ausschließlicher Sachgefährdung (siehe hierzu Anforderungsklassen nach DIN V 19250). Um die nach der jeweiligen technischen Anforderung nötige Fehlersicherheit eines Systems zu erfüllen, haben sich in der Praxis folgende Konzeptionen durchgesetzt, die an folgenden Beispielen gezeigt werden:

7.3.1 Elektrische Betriebsmittel

Für elektrische Betriebsmittel nach Tabelle 7.1 (Abschn. 7.2.5) kann ein Konformitätsnachweis erfolgen. Dieser Konformitätsnachweis bestätigt, dass das betroffene Betriebsmittel mit den Festlegungen der betreffenden Norm übereinstimmt. Die Kennzeichnung erfolgt durch das Anbringen des CE-Zeichens an dem Produkt. Konformitätsnachweise bestehen z. B. in Form von Bescheinigungen oder Prüfzeichen einer anerkannten Prüfstelle wie DIN-Prüf- und Überwachungszeichen, DIN-DVGW-Zeichen mit Registernummer, TÜV-Prüfbescheinung mit Sicherheitsnachweis-Prüfnummer usw.

Am Beispiel eines Endlagenschalters sei dies näher erläutert. Fehlersichere elektromechanische Endlagenschalter gibt es nicht. Bedingte Fehlersicherheit kann erreicht werden, wenn für die als gefährlich definierte Ausfallrichtung (Betätigungsrichtung) Anforderungen formulierbar sind.

Für sicherheitsrelevante Grenztaster (Endlagenschalter) fordert die DIN EN 60204-1/11.98 beispielsweise:

»Bei Grenztastern, die der Sicherheit dienen, müssen Öffner mechanisch und zuverlässig von dem Betätigungsstößel des Tasters geöffnet werden. Bei Federbruch muss der Taster so weit wirksam bleiben, dass eine Gefährdung vermieden wird. Ferner muss der Taster so angeordnet sein, dass er beim Überfahren nicht beschädigt und durch Personen nicht unbeabsichtigt betätigt werden kann. Die Schaltglieder dieser Taster sollen vorzugsweise sprungbetätigt sein.«

Bei Schützen und Relais kann dies z. B. mit der sog. Zwangsführung oder Zwangsbetätigung erfolgen.

Zwangsführung ist das Hauptmerkmal aller Sicherheitsrelais. Nach den vom Hauptverband der gewerblichen Berufsgenossenschaften herausgegebenen »Sicherheitsregeln für Steuerungen an kraftbetriebenen Pressen der Metallbearbeitung« (ZH 1/457) gilt:

»Zwangsführung ist dann gegeben, wenn die Kontakte mechanisch so miteinander verbunden sind, dass stets Öffner und Schließer nicht gleichzeitig geschlossen sein können. Dabei muss sichergestellt sein, dass über die gesamte Lebensdauer auch bei gestörtem Zustand (Kontaktverschweißen) Kontaktabstände von mindestens 0,5 mm vorhanden sind.«

Anders ausgedrückt bedeutet dies:

Zwangsführung ist eine im Fehlerfall wirksam werdende zwangsweise Betätigung des Kontaktes in Öffnungsrichtung des Kontaktes. Dabei wird die Zuverlässigkeit der Zwangsführung durch den verbleibenden Kontaktabstand des Gegen- bzw. Überwachungskontaktes im ungünstigsten Fall bestimmt, z. B. 0,5 mm.

Ist ein derartiger Lösungsweg z. B. über die Zwangsführung nicht möglich, müssen Systeme nach dem Fail-Safe-Prinzip eingesetzt werden, oder es ist eine von mehreren möglichen Redundanzlösungen anzuwenden (siehe Abschn. 7.3.2 bis 7.3.4).

Ein Endlagenschalter an einer Rauchgasklappe kann also sicherheitstechnisch auf folgende Art und Weise ausgelegt sein:
- zwangsbetätigte Ausführung,
- fehlersicherer Näherungsinitiator,
- redundant mit Vergleicher,
- diversitär redundant mit Vergleicher.

Jede der vier Lösungen bedarf natürlich des vorher erläuterten Konformitätsnachweises.

Ein weiteres Beispiel ist der Einsatz von sicherheitsrelevanten Zeitgebern. Als Lösungen bieten sich hier an:
- Zeiteinheiten in Fail-safe-Ausführungen,
- Redundanz mit Fehlererkennung (Vergleich),
- diversitäre Redundanz mit Fehlererkennung (Vergleich).

Auch hier bedarf es des Konformitätsnachweises.

7.3.2 Systeme nach dem Fail-Safe-Prinzip

Das Fail-Safe-Grundprinzip beruht auf der Festlegung, dass Ausfälle innerhalb einer technischen Betrachtungseinheit zu Fehlzuständen der Einheit führen dürfen (fail), die aber als sichere Zustände definiert sein müssen (safe).

In technischen Systemen, bei denen der Stillstand als sicherer Zustand definiert ist, bedeutet dies logisches 0-Signal am Ausgang der Betrachtungseinheit. Die Verwirklichung des Fail-safe-Prinzips beruht auf der Verarbeitung von Wechsel-

Elektrische und elektronische Steuerungen

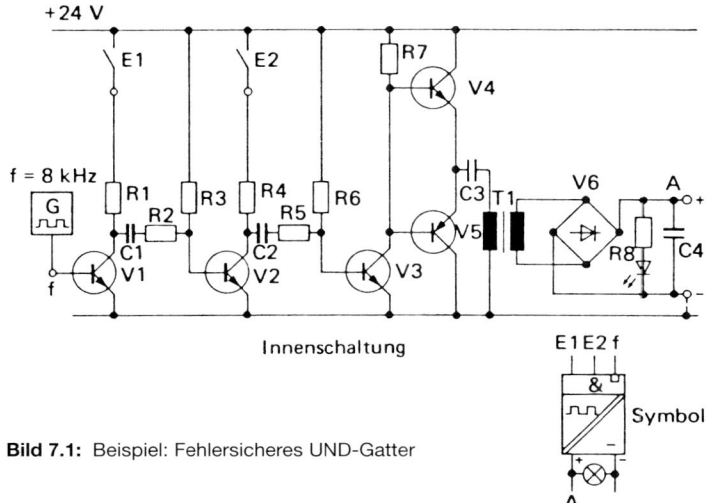

Bild 7.1: Beispiel: Fehlersicheres UND-Gatter

größen, also von dynamischen Signalen. Man kann davon ausgehen, dass bei einem Bauteilausfall in einer dynamisch arbeitenden Betrachtungseinheit am Ausgang immer ein statisches Ausgangssignal entsteht (Bild 7.1).

Bei einem dynamisch arbeitenden System nach dem Fail-Safe-Prinzip ist nur das 1-Signal ein dynamisches Signal. Das 0-Signal ist dagegen ein statisches Signal, das mit dem durch einen Bauteileausfall entstandenen Signal identisch ist. Die Fehlererkennungszeit ist bei dynamischen Systemen deshalb extrem klein. Steuerungen nach dem Fail-Safe-Prinzip erfüllen bereits in einkanaliger Ausführung die Sicherheitsanforderungen, wenn die »Aus«-Funktion im System zu einer eindeutig sicherheitsgerichteten Schutzaktion führt. Speziell bei der Verwendung von Speicherbausteinen oder Mikrocomputersystemen ist das dynamische Prinzip meist nicht anwendbar.

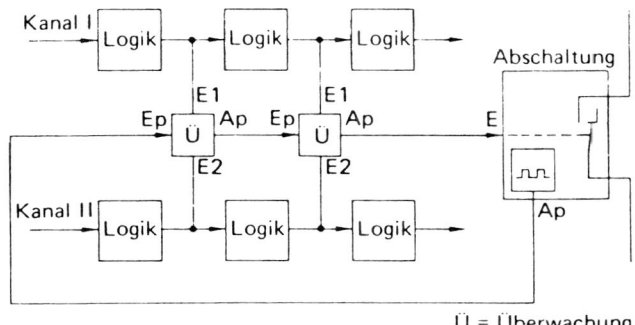

Bild 7.2: Beispiel: Kanal-Redundanz mit Fail-Safe-Vergleicher

7.3.3 Redundanz mit Fail-Safe-Vergleicher

Für statisch arbeitende Systeme wird zur Einhaltung der Sicherheitsanforderungen die Redundanz mit Fehlererkennung angewendet.

Das System muss hierbei aus mindestens zwei Kanälen der sicherheitstechnisch relevanten Signalwege bestehen und mit einer Fail-Safe-Vergleicherkette die Fehlererkennung verwirklichen (Bild 7.2).

In statisch arbeitenden binären Steuerungen kann im Fehlerfall am Ausgang der Betrachtungseinheit sowohl ein 0- als auch ein 1-Signal anstehen. Solange das fehlerhaft anstehende Signal des einen gestörten Kanals mit dem Arbeitssignal des ungestörten Kanals identisch ist, kann der Fail-Safe-Vergleicher den vorhandenen Fehler nicht feststellen. Erst mit dem nächsten, z. B. prozessbedingten Signalwechsel, an dem die gestörte Betrachtungseinheit mitwirkt, ist der vorhandene Fehler erkennbar. Das heißt, die Fehlererkennungszeit ergibt sich aus den zeitlichen Abständen der Signalwechsel zum Fehlereintritt.

Die in dem gewählten Beispiel mit »Logik« bezeichneten Einheiten können sowohl elektrische Betriebsmittel (z. B. Endschalter) als auch elektronische Regelund Steuerungssysteme sein. Speicherbausteine oder hochintegrierte Schaltkreise unterliegen innerhalb eines redundanten Aufbaus dann der Fehlererkennung, wenn Einfachfehler oder Fehlerhäufungen zu einem bleibenden Ausgangssignal einer Betrachtungseinheit bei Signalwechsel führen. Mit der Zweikanaligkeit wird in jedem Falle der Schutz gegen Einfach- und Folgefehler erreicht. Fehlerhäufungen können nur bedingt und systematische Fehler überhaupt nicht erkannt werden. Unter systematischen Fehlern werden hier Softwarefehler (z. B. Programmfehler, die in beiden Kanälen vorhanden sind) oder systematische Fehler an hochintegrierten Bauelementen (z. B. aus einer Herstellungscharge) verstanden. Müssen in Abhängigkeit der sicherheitstechnischen Wertigkeit der Anwendung auch diese Fehler erfasst werden, ist die Redundanz mit Fail-Safe-Vergleichern nicht ausreichend.

7.3.4 Diversitäre Redundanz mit Fail-Safe-Vergleicher

Beim Einsatz von unterschiedlichen elektrischen Betriebsmitteln, Schaltkreissystemen oder diversitärer Software in den redundanten Kanälen ist das gleichzeitige Auftreten von systematischen Fehlern mit gleicher Auswirkung auf die Funktion der Betrachtungseinheit äußerst unwahrscheinlich.

Da der Fail-Safe-Vergleich aber auch hier nur auf Ausgangsgrößen bezogen erfolgen kann, sind alle Fehler und Fehlerhäufungen, die sich nicht auf den Ausgang auswirken, nicht erkennbar. Durch Maßnahmen, die die Verfügbarkeit der einzelnen Kanäle erhöhen, kann die Wahrscheinlichkeit des Eintritts eines gefährlichen Betriebszustandes nur herabgesetzt werden. Um die Fehlererkennung nicht mehr von einer betriebsmäßig vorhandenen oder künstlich erzeugten intermittierenden Betriebsweise und der fehlerhaften Veränderung von Ausgangssignalen abhängig zu machen, sind gesonderte Sicherheitsmaßnahmen notwendig.

7.3.5 Sicherheitstechnische Lösungen (gesonderte Sicherheitsmaßnahmen) beim Einsatz von Mikrocomputersystemen

Die Ausfallmöglichkeiten von z. B. ROM, RAM und CPU-Bausteinen sind im Abschnitt 7.2.3.2 kurz angesprochen.

Die Sicherheitsmaßnahmen dienen nun dazu, Fehler zu vermeiden, Ausfälle zu beherrschen und damit das System in den sicheren Zustand zu führen.

Maßnahmen zur Fehlervermeidung sind beispielsweise:
– Einsatz von erprobten Bauelementen
– Einsatz von Tools bei der Hardware- und Software-Erstellung
– Einsatz von qualifiziertem Personal während des Entwurfs, der Inbetriebsetzung, Bedienung und Wartung
– Regelmäßige Durchführung von Weiterbildungsmaßnahmen
– Einsatz eines in der Firma bewährten Qualitätssicherungssystems

Maßnahmen zur Ausfallbeherrschung sind beispielsweise:
– Periodische Offline-Tests bei einkanaligen Systemen
– Online-Überwachung bei einkanaligen Systemen
– Mehrkanalige Ausführung mit Vergleicher bzw. Mehrheitsentscheider

Bei allen einkanaligen Systemen ist grundsätzlich ein zweiter, vom Mikrocomputersystem unabhängiger Abschaltweg vorzusehen.

Bei allen mehrkanaligen Systemen ist der Vergleicher bzw. Mehrheitsentscheider fehlersicher auszuführen.

Bei mehrkanaligen Systemen können die Kanäle diversitär ausgeführt sein. Es sind verschiedene Arten der Diversität möglich:
– Zeit-Diversität (gleiche Hardware, gleiche Software; Programme laufen zeitversetzt)
– Software-Diversität (gleiche Hardware, unterschiedliche Software)
– Hardware-Diversität (unterschiedliche Hardware, darunter auch konventionelle Hardware ohne Mikrocomputer)

Beispiele von typischen Sicherheitsmaßnahmen zeigt Tafel 7.2.

Tafel 7.2: Einteilung von typischen Sicherheitsmaßnahmen nach ihrer sicherheitstechnischen Wertigkeit

Wertigkeit	Sicherheitsmaßnahmen	
7	n-kanaliges ($_m^n$)-System mit Hardware-Diversität + periodische Offline-Tests + Online-Überwachung S, A, F (wobei n $\geq$ 2 und n $\geq$ m sein muss)	
6	zweikanaliges System mit Hardware-Diversität + periodische Offline-Tests + Online-Überwachung S, A, F (nur Hardware)	
5	zweikanaliges System mit Hardware-Diversität S, A, F	z. B. zweikanaliges System, davon ein Kanal in konventioneller Hardware ohne Mikrocomputer S, A, F
4	zweikanaliges System mit SW-Diversität S, A, F (nur Software)	

3	zweikanaliges System mit Zeit-Diversität S, A		
2	einkanaliges System, periodische Offline-Tests + Online-Überwachung S,A		zweikanaliges System ohne Div., + periodische Offline-Tests + Online-Überwachung S,A
1	einkanaliges System, periodische Offline-Tests A	einkanaliges System, Online-Überwachung S,A	zweikanaliges System mit Vergleicher ohne Diversität A

1 = geringste Wertigkeit S: Erkennung von Störungen
7 = höchste Wertigkeit   A: Erkennung von Ausfällen
                         F: Erkennung von systematischen Fehlern

7.4 Störbeeinflussbarkeit, Umweltbedingungen

Die DIN VDE 0116 fordert in der Ziffer 8.7.1.2, dass äußere Einflüsse wie induktive, kapazitive Beeinflussungen oder Beeinflussungen durch Kopplung über ohmsche Widerstände, Spannungsausfälle und Spannungswiederkehr, Über- und Unterspannung und kurze Spannungsunterbrechungen ($\leq$ 0,5 s) die Wirksamkeit der Sicherheitseinrichtung nicht beeinflussen dürfen.

Das Gleiche gilt bei ionisierender bzw. UV-Strahlung für die Mikroelektronik. Beim sog. Sicherheitsnachweis werden deshalb die Funktionsgrenzen der Betrachtungseinheit ermittelt. Zur Einhaltung der Störbeeinflussbarkeitsgrenzen können nur Schutzbeschaltungen erfolgen oder Maßnahmen am Einbauort gefordert werden, die anwendungsbezogen sind.

Die Umweltbedingungen, denen die Betrachtungseinheit standhalten muss, sind in DIN VDE 0160 oder den anwendungsbezogenen Bestimmungen und Richtlinien enthalten. Sie stellen Anforderungen bezüglich der klimatischen Bedingungen (Temperatur und Feuchte), der mechanischen Beanspruchung und der speziell anwendungsbezogenen Bedingungen. Hierbei ist wieder die Funktionssicherheit bei den jeweils geforderten Umgebungsbedingungen nachzuweisen. Aussagen zu Umweltprüfungen für die Elektronik macht die DIN 40046, die Beschreibung der Umweltprüfverfahrens sind den DIN IEC 68 zu entnehmen.

Die DIN EN 50081-2 und DIN EN 50082-2 stellen Anforderungen bezüglich der Elektromagnetischen Verträglichkeit (EMV), denen Mess-, Steuer- und Regelungseinrichtungen in der industriellen Prozesstechnik genügen müssen.

7.5 Sicherheitsnachweis

Steuerungs- und Überwachungseinrichtungen an Kesselanlagen sind heute in der Regel aus elektronischen Bausteinsystemen oder Industriesteuerungen größerer Serien aufgebaut. Der vom Gesetzgeber vorgegebene Sicherheitsnachweis wird deshalb in Form einer Baumusterprüfung in der Regel entwicklungsbegleitend geführt.

Der Baumusterprüfung wird ein Prüfmuster zugrunde gelegt, das in seiner endgültigen Ausführung bis zur kleinsten Einzelheit jedem einzelnen Gerät der Serie entsprechen muss. Das Prüfmuster dient der praktischen Durchführung des Sicherheitsnachweises. An ihm werden Fehlersimulationen, Funktionsprüfungen,

Messungen und Versuche durchgeführt. Nach positivem Abschluss der Baumusterprüfung wird ein sog. Baumuster oder die sicherheitsrelevanten Hardware- und Softwareteile bzw. die komplette Dokumentation bei der Prüfstelle hinterlegt. Das Baumuster oder Hinterlegungsmuster kann z. B. nur aus den sicherheitstechnisch relevanten Baueinheiten eines Gesamtsystems bestehen. Programme werden in Form von Programmausdrucken (Listings) und Datenträgern (EPROM, Diskette usw.), hinterlegt. Jede Änderung an einer baumustergeprüften Einheit muss mit der Prüfstelle abgesprochen werden. Muss durch die Änderung ein anderes Fehlerverhalten oder eine Beeinflussung der Sicherheitsanforderungen angenommen werden, ist eine Nachprüfung durchzuführen.

7.5.1 Ausfalleffektanalyse (theoretisch) und Ausfallkombinationen

Die Ausfalleffektanalyse für eine elektronische Steuerung ist auf der Bauelementebene, der Baugruppenebene und der Programmebene durchzuführen. Die Fehleransätze können sich hierbei auf die Sicherheitseinrichtungen – also auf die Hard- und Software, die sicherheitstechnisch unmittelbar oder mittelbar relevant ist – beschränken.

Zunächst werden die Sicherheitsanforderungen an der Betrachtungseinheit festgelegt. Auf der Bauelementeebene werden im zweiten Schritt der Fehlereffektanalyse die Bauelementefehler bzw. die Bauelementeausfälle hinsichtlich ihrer Auswirkung auf die sichere Funktion der Betrachtungseinheit untersucht. Die Anzahl der anzusetzenden Fehler für den diskret ausgeführten Schaltungsteil ergibt sich aus der Anwendung der Steuerung. Wie bereits erläutert, bewegen sich die Anforderungen hierbei zwischen dem Einfach- und dem Folgefehler bis zur Kombination von maximal drei unabhängigen Ausfällen. Für den diskreten Schaltungsteil können Fehlerausschlüsse zugelassen werden, wie sie z. B. die DIN VDE 0116 angibt.

Hierbei muss der fest verdrahtete Teil einer Sicherheitseinrichtung so aufgebaut sein, dass die Fehlerbetrachtung nach Bild 7.5 zum sicheren Zustand führt.

Bei Programmteilen, die Bestandteil der Sicherheitseinrichtungen sind und nicht modifiziert werden können, muss durch die Systemstrukturen bzw. die Anwendung von geeigneten Selbsttest- und/oder Fremdtestverfahren sowie Vergleichs- und Meldeeinrichtungen eine ausreichende Wirksamkeit der Sicherheitseinrichtung nach den Bildern 7.6 und 7.7 erreicht werden.

Für den integrierten und programmierbaren Teil der Steuerung muss der Ansatz von n-Ausfällen und n-Ausfallkombinationen gemacht werden. Es empfiehlt sich eine rechnerunterstützte Durchführung. Die Fehlereffektanalyse für den integrierten Schaltungsteil bzw. den Programmteil ergibt sich aus der Realisierung der Fehlersicherheit, also den sog. Sicherheitsmaßnahmen. Es liegt nahe, dass hier die Fehlereffektanalyse für eine speicherprogrammierbare Steuerung in redundantem Aufbau mit Fail-Safe-Vergleicher oder diversitärer Redundanz mit Fail-Safe-Vergleicher einfacher aussieht als die für eine einkanalige Lösung nach dem Fail-Safe-Prinzip.

Die Möglichkeit, die anzusetzenden n-Ausfälle und n-Ausfallkombinationen bei integrierten Schaltungskreisen und Speicherelementen jeweils auf Funktionsänderungen der Ein- und Ausgänge des Schaltkreises zu reduzieren, vereinfacht die Fehlereffektanalyse hierfür wesentlich. In jedem Fall soll die Ausfalleffektanalyse zu einer Auflistung von Ausfällen führen, die das Verhalten der gesamten Betrachtungseinheit in gefährliche und ungefährliche Betriebszustände unterscheiden lässt. Bei der Erarbeitung der Fehlercheckliste zeichnet sich eine gewisse Sicherungshierarchie ab:

– Ausfallausschluss
  Bestimmte Ausfallarten von Komponenten eines Systems können ausgeschlossen werden, wenn durch den Nachweis über die Ausfallmechanismen nicht mit dem Ausfall gerechnet werden muss (z. B. Ausfallausschlüsse nach VDE 0116).

– Ausschluss gefährlicher Folgen
  lässt sich für sicherheitsrelevante Teile eines Systems kein Ausfallausschluss begründen, dann muss bei einem Ausfall das Systemverhalten so sein, dass keine gefährlichen Folgen auftreten (z. B. durch Sicherheitsmaßnahmen oder Fehlererkennung).

– Begrenzung der Wahrscheinlichkeit gefährlicher Folgen
  Ist im Fehlerfall der Übergang in den gefährdungsfreien Zustand und damit der Ausschluss gefährlicher Folgen nicht mehr möglich, dann ist durch geeignete Maßnahmen die Wahrscheinlichkeit für das Eintreten gefährlicher Folgen so weit als möglich zu begrenzen (z. B. durch Herabsetzung der Eintrittswahrscheinlichkeit infolge Überdimensionierung oder nachgewiesener Betriebsbewährtheit, wie es bei mechanischen Komponenten eines Systems praktiziert wird; oder bei der anwendungs- und damit gefährdungsgradabhängigen Zulassung von Relais nach DIN VDE 0435, zusätzlich einer nachgewiesenen Mindestschaltspielzahl und einem Kurzschlussschutzorgan für die sicherheitstechnisch relevanten Kontakte).

7.5.2 Checklisten für die Fehlersimulation

Mit der Durchführung der praktischen Fehlersimulation sollen die in der theoretischen Fehlereffektanalyse ermittelten Kenntnisse bewiesen werden. Hierzu werden in Form von Checklisten Fehlersimulationen festgeschrieben, die mit ihrer Durchführung eine Aussage über die Fehlersicherheit der Betrachtungseinheit geben können. Da es sich meist um sehr umfangreiche, komplexe Steuerungen handelt, müssen zumindest alle repräsentativen Fehler durchgespielt werden. Unter repräsentativen Ausfällen sollen hier die Ausfälle verstanden werden, die stellvertretend für eine ganze Klasse von Ausfällen mit gleicher Auswirkung auf die Funktion stehen können. Die Möglichkeit, innerhalb einer Funktionseinheit die Fehlerbetrachtung auf die Teilfunktionen zusammenfassen zu können, wird so weit als möglich ausgenützt, soweit Entkopplung nachgewiesen werden kann.

Bei dynamisch arbeitenden Signalkanälen muss darüber hinaus nachgewiesen werden, dass durch Bauelementefehler eine Selbsterregung, also ein Eigenschwingen, nicht auftreten kann. Hierbei und bei analog arbeitenden Signalkanälen kann die Simulation von Parameteränderungen notwendig sein.

7.5.3 Festlegung der Umweltbedingungen und Störbeeinflussbarkeitsgrenzen

Die Umweltbedingungen, denen die Betrachtungseinheit standhalten muss, sind in den anwendungsbezogenen Bestimmungen und Richtlinien vorgegeben. Die

Funktionssicherheit muss bei verschiedenen Beeinflussungen ohne Fehlersimulationen nachgewiesen werden.

Geprüft wird die Einhaltung der ordnungsgemäßen Funktion hinsichtlich Klima (Temperatur und Feuchte), Temperatur, mechanischer Beanspruchungen (Schwingen/Stoßen), Über- und Unterspannung (Spannungsschwankungen), partiellen Ausfalls von Versorgungsspannungen und durch induktive, kapazitive Beeinflussung oder Beeinflussung durch Kopplung über ohmsche Widerstände sowie bei hochfrequenter Beeinflussung (EMV).

Da genaue Anforderungen, z. B. bezüglich der Störbeeinflussbarkeit, leider nur bedingt oder gar nicht in den jeweiligen Anlagenbestimmungen vorgegeben sind, müssen die Störbeeinflussbarkeitsgrenzen der Betrachtungseinheit durch Störsimulationen ermittelt werden.

7.5.4 Durchführung des praktischen Sicherheitsnachweises

Bei der praktischen Fehlersimulation werden die in der theoretischen Fehlereffektanalyse ermittelten Auswirkungen ergänzt, erhärtet und nachgewiesen.

7.5.4.1 Fehlersimulationen

Die Fehlersimulationen werden im ersten Schritt nach der vorher erstellten Fehlercheckliste durchgeführt. Zur Einfachfehlersimulation werden hierzu Kurzschlüsse durch Überbrücken und Unterbrechungen, z. B. durch Auslöten von Bauelementen, vorgenommen. Zu eventuell notwendigen Parameterveränderungen müssen Hilfseinrichtungen oder Hilfsbauelemente wie Potenziometer oder veränderbare Kapazitäten, verwendet werden.

Aus der Ergebnisliste der Einfachfehlersimulationen und aus der von den jeweiligen Anlagenvorschriften vorgegebenen Anzahl der zu kombinierenden unabhängigen Ausfälle werden dann die Fehlerkombinationen festgelegt. Die Zurückführung aller möglichen Fehler und Fehlerkombinationen innerhalb eines integrierten Schaltkreises oder Speicherbauelements auf seine Ausgangsfunktionen wird auch hier wieder voll berücksichtigt.

Trotz dieser Vereinfachungsmöglichkeit für die Fehlerkombinationen ist es unerlässlich, den Nachweis für die Mehrfachfehlersicherheit mit Rechnerunterstützung durchzuführen. Zwei Wege sind hierzu bekannt:

Einmal kann ein theoretischer Sicherheitsnachweis durch den Rechner derart geführt werden, dass Programme die zu prüfende Einheit in ihrem schaltungstechnischen Aufbau, in ihrer prozessbezogenen Anwendung, in ihren Sicherheitsfunktionen und den dadurch bedingten Sicherheitsanforderungen beschreiben. Das heißt, die Auswirkungen von Bauteilfehlerkombinationen werden theoretisch vorausberechnet. Diese Methode ist sehr kostenträchtig, da die dazu notwendigen Programme sehr umfangreich sind und Spezialkenntnisse sowohl der Geräteentwicklung (Schaltungsbeschreibung), der anwendungsabhängigen Prozesstechnik (Technologie) und der Sicherheitstechnik nötig sind. Für jede zu prüfende Einheit müssen neue Programme erstellt werden. Der gravierendste Nachteil besteht jedoch darin, dass diese Methode fehlerbehaftet ist: Bei der Erstellung und Umsetzung dieser umfangreichen Programme können sehr schwere oder gar nicht kontrollierbare Fehler gemacht werden. Es ist fragwürdig, den Fehlersicherheitsnachweis eines Systems mit einer fehlerbehafteten Methode durchzuführen.

Die zweite Möglichkeit baut darauf auf, dass dem Rechner direkt Zugriff zum Prüfling verschafft wird. Dieses System ermöglicht mit relativ einfachen Mitteln eine sehr praxisnahe Prüfung, da jede Fehlerkombination hinsichtlich ihrer sicherheitstechnischen Auswirkung am Prüfling selbst untersucht wird. Das Kernstück dieses Sicherheitsprüfautomaten ist ein Mikrocomputer mit einem 2-K-RAM- und einem 4-K-ROM-Speicher. Das Programm ist auf EPROMs gespeichert, um jederzeit Änderungen oder Ergänzungen durchführen zu können. Über Eingangs- und Ausgangsbaugruppen wird die Funktion des Prüflings aktiviert und abgefragt. Die von der Rechnereinheit initialisierte Relaissteuerung simuliert über Relais Kurzschlüsse und Unterbrechungen an der zu prüfenden Einheit und kombiniert die vorgegebenen Fehler.

Der Programmablauf beginnt zunächst mit der Funktionsprüfung der zu prüfenden Schaltung. Wird vom Prüfautomaten ein Unterschied zwischen programmierter und getesteter Funktionsweise des Prüflings festgestellt, so stoppt er das Programm. Bei intaktem Prüfling wird die vorgegebene Fehlerkombination durch Ansteuerung der betreffenden Relais (2 bis n Relais, entsprechend der Anzahl der zu kombinierenden Fehler) durchgeführt und die Reaktion des Prüflings abgefragt. Es kann hierbei zwischen Fehlereintritt vor Anlauf der zu prüfenden Einheit und Fehlereintritt während des Betriebes unterschieden werden. Nach Ausdruck des Ergebnisses wird abgefragt, ob alle geforderten Kombinationen durchgeführt worden sind.

Ist dies nicht der Fall, wird n um 1 erhöht und die Fehlerbetrachtung nach erneutem Funktionsprüfungsschritt fortgeführt. Anhand des Ausdruckes kann festgestellt werden, welche Kombinationen zu gefährlichen Betriebszuständen geführt haben. Beim Prüfablauf wird durch Prüfroutinen sichergestellt, dass die Relaisansteuerkreise fehlerfrei sind.

Dieses Prüfverfahren hat gegenüber der theoretischen Rechnerprüfung folgende Vorteile:
– Der Prüfling ist mit seiner gesamten Funktion aktiv in die Prüfung mit einbezogen (keine fehlerbehafteten Programme der Funktion und des Schaltungsaufbaues).
– Die Prüfstromkreise und die Funktion des Prüflings werden während der Prüfung laufend kontrolliert. Nach jedem Fehlerkombinationsschritt folgt ein Funktionsprüfschritt.
– Das eigentliche Prüfprogramm besteht in der Hauptsache aus der mathematischen Vorgabe der zu kombinierenden Fehleranzahl und der Unterscheidung von gefährlichen und ungefährlichen Fehlern. Der Rechner braucht dann nur noch mit den Fehlern programmiert zu werden, die er nach der vorgegebenen Fehlerkombinationsformel zu kombinieren hat.

Beispiel einer Kombination von zwei Fehlern ohne Wiederholung nach dem Fehlerbetrachtungsschema der DIN VDE 0116:

Fehlerkombinationsformel

$$K(n, k) = \frac{n!}{k!(n-k)!}$$

mit n Anzahl der Elemente,
k Klasse der Kombinationen (hier $k = 2$ und $n \geq K$).

Die Relais, die die Unterbrechungen und Kurzschlüsse am Prüfling durchführen, können vor und nach jeder Prüfung auf Fehler ausgetestet werden.

Das bedeutet in der Summe, dass das Prüfverfahren bezüglich der Fehlersicherheit mindestens den gleichen Anforderungen standhält, die an den Prüfling gestellt werden.

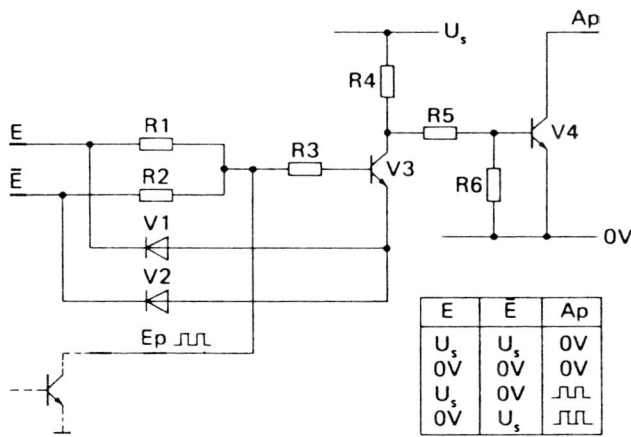

Bild 7.3: Fehlersicherer (dynamisch) arbeitender Überwachungsbaustein

Beispiel einer Fehlersimulation

Ausgangspunkt der Ausfallbetrachtung sind die Fehlerbetrachtungsschemata nach DIN VDE 0116 (Bilder 7.5 und Bild 7.6). Diese Fehlerbetrachtungsschemata müssen für die integrierten Schaltkreise (z. B. Speicherbauelemente) um die n-Fehlerbetrachtung erweitert werden und sind auch hierfür anwendbar, wenn die Bezeichnung Ausfall (Erstausfall, Zweitausfall) nicht mehr auf das Bauteil, sondern auf die Ausfallauswirkung bezogen wird, also beispielsweise bei der Zurückführung der n-Ausfälle innerhalb einer Betrachtungseinheit auf deren Ausgangsfunktionen. Am Beispiel einer zweikanaligen Steuerung mit Antivalenzüberwachung können die verschiedenen Ausfallsimulationsarten beschrieben werden. Die Steuerung sei sowohl mit diskreten als auch mit integrierten Bauelementen (z. B. Speicherbauelementen) aufgebaut (Bild 7.2).

Hardwareausfälle

Am ausfallsicher, weil dynamisch arbeitenden Überwachungsbaustein werden Hardware-Ausfallüberlegungen und Simulationen verdeutlicht. Bild 7.3 zeigt die Prinzipschaltung eines fehlersicheren Antivalenzbausteines, dessen Arbeitsweise aus der Logiktabelle ersichtlich ist. Bild 7.4 zeigt das Verhalten des Antivalenzbausteines im Bauteilfehlerfall anhand der Logiktabelle.

Die repräsentativ ausgewählten Einfachausfälle an den diskreten Bauelementen (z. B. Emitter-Collector-Kurzschluss an Transistor V3) können von Hand simuliert

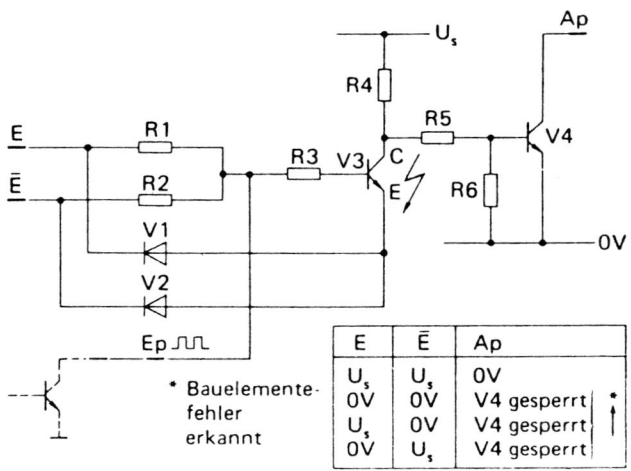

Bild 7.4: Beispiel: Ausfall an einem dynamisch arbeitenden Antivalenzbaustein

werden. Ausfallkombinationen werden nach dem beschriebenen Verfahren mit Rechnerhilfe durchgeführt. Das gleiche Verfahren wird auf die Logik-Baueinheiten der Steuerung angewendet. Können alle Ausfälle und Ausfallkombinationen innerhalb der integrierten Bausteine auf das Verhalten von abfragbaren Ausgängen zurückgeführt werden (wie erläutert), so ist auch hier die Fehlersimulation der repräsentativen Fehler von Hand und die Kombination mit Rechnerhilfe möglich. Der Rechner hat hierbei Zugang z. B. zu den Anschlussbeinchen von integrierten Schaltkreisen.

Softwarefehler

Die gesonderten Sicherheitsmaßnahmen für speicherprogrammierbare Steuerungen wurden am Mikrocomputerbeispiel bereits angesprochen. Dem Sicherheitsnachweis von Software wird hierbei Bild 7.7 zugrunde gelegt. Die Sicherheitsmaßnahmen wie periodische Offline-Tests, Online-Überwachung, mehrkanalige Ausführung mit Vergleicher bzw. Mehrheitsentscheider werden folgendem Prüfungsablauf unterworfen:

Überprüfung der Richtigkeit und Vollständigkeit der Sicherheitsmaßnahmen, Nachweis der Wirksamkeit der Sicherheitsmaßnahmen, Überprüfung der Fehlersicherheit der jeweiligen Sicherheitsmaßnahmen. Bei Mikrocomputersystemen sind natürlich auch die Ein- und Ausgabeeinheiten dem Sicherheitsnachweis zu unterwerfen. Bei Ausgabebausteinen kann die Wirkung von Befehlen an sicherheitstechnischen Ausgängen durch eine Rückführung an den Eingang überprüft werden (feedback).

Es hängt vom jeweiligen Anwendungsfall (Dauerbetrieb, intermittierender Betrieb) ab, ob die Funktion des Ausgangs zyklisch oder nur bei Signalwechsel geprüft werden muss. Die Abfrage des Ausgangssignals sollte dabei nicht direkt am Ausgabebaustein erfolgen, sondern möglichst am Ende des Sicherheitssignal-

Elektrische und elektronische Steuerungen 515

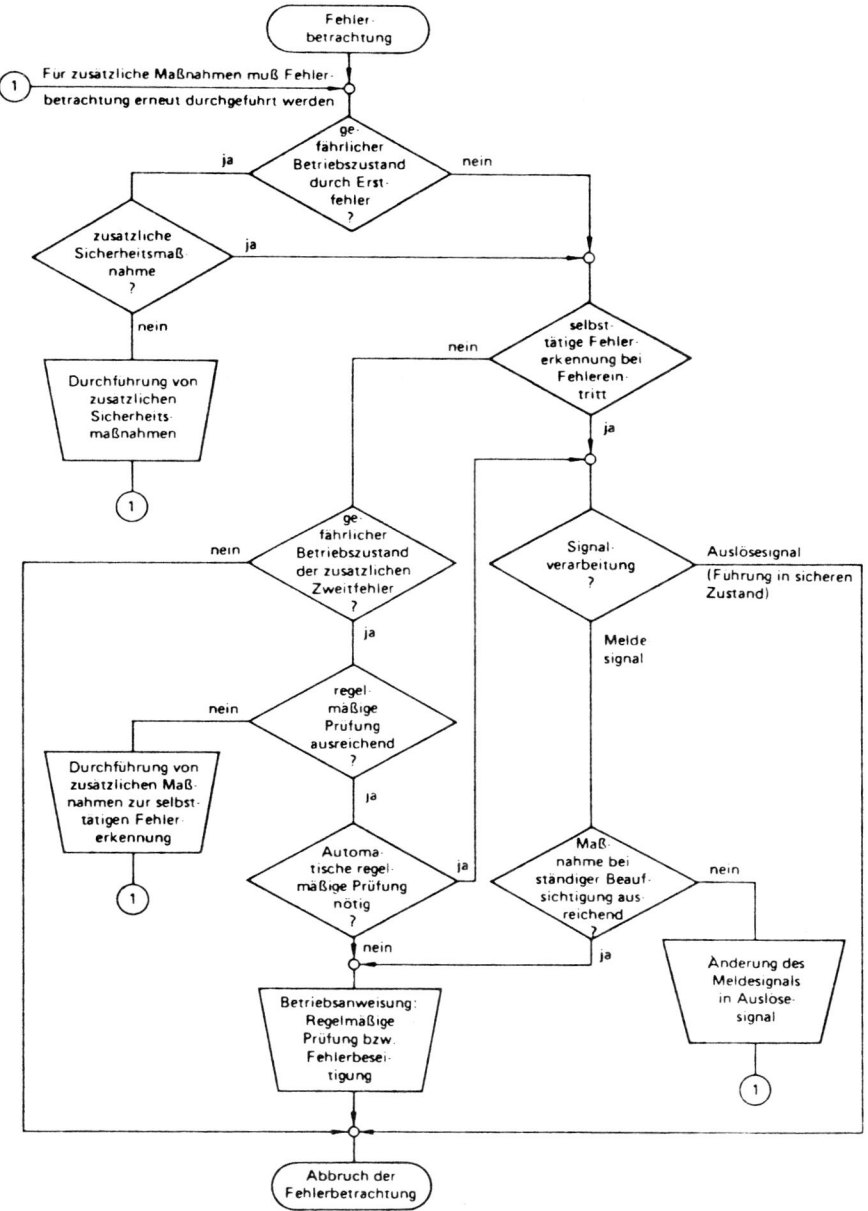

Bild 7.5: Fehlerbetrachungsschema nach DIN VDE 0116

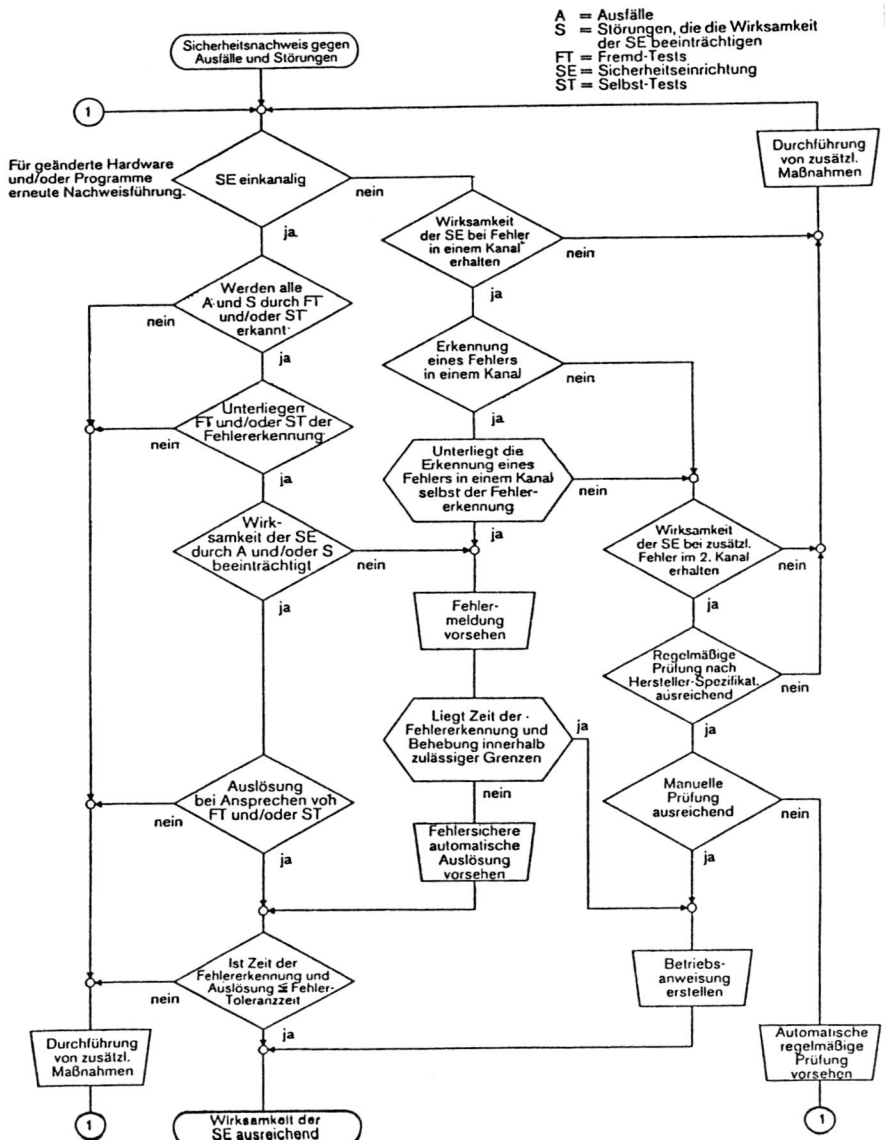

Bild 7.6: Sicherheitsnachweis gegen Ausfälle und Störungen

Elektrische und elektronische Steuerungen

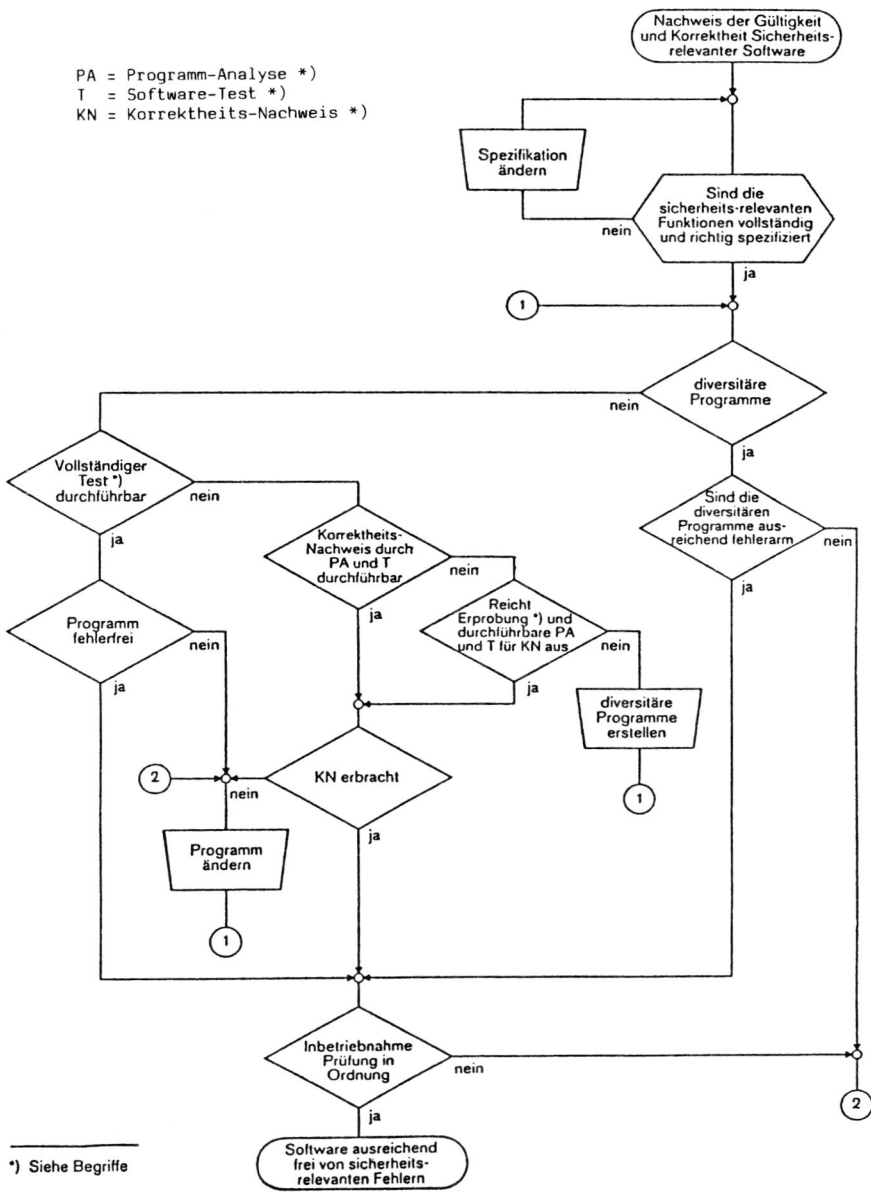

Bild 7.7: Sicherheitsnachweis von Software

weges. Die Abfrage an sicherheitstechnisch relevanten Relaiskontakten am Ende eines Sicherheitssignalweges, z. B. über Optokoppler, ist hier gleichzeitig ein Beispiel einer echten Überwachung eines Relais.

Die Fehlersicherheit von Eingabebausteinen wird durch komplementäre Eingabe gewährleistet. Dabei wird z. B. das Eingangssignal zusätzlich invertiert auf einen zweiten Eingang gegeben. Der Prüfungsablauf für Eingabe- und Ausgabebausteine ist nun folgender:

Die Überprüfung der Richtigkeit und Vollständigkeit der genannten Sicherheitsmaßnahmen, also Feedback und komplementäre Eingänge werden anhand des Schaltplanes und durch Fehlersimulation von Hand überprüft. Der Nachweis der Ausfallerkennung wird durch hardwaremäßige Fehlersimulationen geführt. Die Fehlersicherheit der Maßnahmen wird durch den ROM-Test gewährleistet, der etwaige Veränderungen in dem Prüfprogrammteil für die Durchführung der Ein- und Ausgabeoperationen bemerken muss. In diesen Programmteilen werden deshalb mithilfe eines Entwicklungssystems Fehler simuliert, worauf jeweils der Übergang in den sicheren Zustand erfolgen muss.

Zusammenfassend kann gesagt werden, dass die Ausfallsimulationen innerhalb des Sicherheitsnachweises einer speicherprogrammierbaren Steuerung aus
– Hardware-Ausfallsimulationen an diskreten Bauelementen und an den Pins integrierter Bausteine von Hand und mit Rechnerunterstützung und aus
– Software-Ausfallsimulationen mithilfe von Test- und Entwicklungssystemen
bestehen.

Damit müssen auch systematische Softwarefehler, also Fehler, die beim Entwurf der Software (z. B. logische Fehler) oder bei der Produktion der Software entstehen, angesprochen werden. Bei einer diversitären Lösung als Sicherheitsmaßnahme gegen derartige Fehler ist der Sicherheitsnachweis ebenfalls mithilfe des Entwicklungssystems machbar.

7.5.4.2 Prüfung der Funktionssicherheit bei verschiedenen äußeren Beeinflussungen

Zur Prüfung der Funktionssicherheit bei verschiedenen äußeren Beeinflussungen werden keine Bauelementeausfälle angesetzt. Die zu prüfende Betrachtungseinheit wird der jeweiligen Umweltbedingung bis zur Beharrung ausgesetzt und alle Funktionen, insbesondere die Sicherheitsfunktionen, werden kontrolliert. Für die Untersuchung von redundanten Systemen ist diese Prüfung besonders interessant, weil hier eine äußere Ursache zum gleichzeitigen Auftreten von Ausfällen z. B. in zwei redundanten, nicht diversitär aufgebauten Kanälen führen kann.

Klima und Temperatur

Der Prüfling wird den von der Anlagevorschrift angegebenen, also anwendungsbezogenen Temperaturbereichen ausgesetzt und muss dabei alle Funktionen störungsfrei erfüllen. Nach der Feuchtebeanspruchung müssen alle Funktionen z. B. einer speicherprogrammierbaren Steuerung voll erhalten bleiben. Die Versuche werden mithilfe von Klimakammern und Temperaturschränken durchgeführt.

Mechanische Beanspruchung

Die komplette, der Prüfung zugrunde liegende Betrachtungseinheit wird entsprechend DIN VDE 0160 in drei aufeinander senkrecht stehenden Ebenen (z. B. je 20 Minuten) durch sinusförmige mechanische Schwingungen mit einer Frequenz von 25 Hz und einer Amplitude von ± 1 mm erregt (= 2,5 g) und dreimal aus einer Höhe von 5 cm nach Bild 7 der DIN VDE 0160 fallen gelassen. Dies sind die Mindestanforderungen, die eventuell anwendungsbezogen erweitert werden. Während der mechanischen Beanspruchung wird gegebenenfalls die Funktion der Betrachtungseinheit auf einem Schreiber registriert. Die Bewegungen der Bauelemente und Leiterplatten werden mithilfe eines Stroposkopes beobachtet. Nach Durchführung der Prüfungen wird der Prüfling hinsichtlich mechanischer und elektrischer Veränderungen eingehend untersucht.

Elektrische Störbeeinflussung, Elektromagnetische Verträglichkeit (EMV)

Insbesondere in Industrienetzen treten verschiedene Arten von Störungen auf, die z. B. über die Stromversorgung und über Datenleitungen (Ein- und Ausgangsleitungen) auf die Steuerung einwirken. Der Grad der Beeinflussung ist wesentlich von den in der Betrachtungseinheit und den am Einbauort getroffenen Maßnahmen abhängig.

Folgende Prüfungen werden durchgeführt:

Induktive, kapazitive Störungen und Störungen über ohmsche Widerstände eingekoppelt auf Datenleitungen und Stromversorgungsleitungen mithilfe von Störsimulatoren (Festlegung der Störbeeinflussbarkeitsgrenzen der Betrachtungseinheit).

Spannungsschwankungen, Spannungseinbrüche und partielle Ausfälle von Versorgungsspannungen mithilfe von Netzsimulatoren.

Hochfrequenzfelder können hochfrequente Spannungen auf alle Leitungen und Leiterbahnen induzieren. Treffen diese auf eine Diodenstrecke, so werden sie gleichgerichtet (demoduliert). Die gleichgerichteten Signale werden den systemeigenen Signalen überlagert und können diese bei Überschreiten des Störabstandes verfälschen. Die programmierte logische Signalverarbeitung und Funktion wird dadurch aufgehoben. Durch die Prüfung soll festgestellt werden, ob auf diese Weise gefährliche Betriebszustände der Steuerung auftreten können.

Neben Hochfrequenzsendern der verschiedensten Arten, z. B. Rundfunk oder Radar, bewirken dies jedoch vor allem die durch Schaltvorgänge ausgelösten, sporadischen Störstrahlungen aus dem Versorgungsnetz.

Um diesen Störbeeinflussungen im sicherheitstechnischen Sinne gerecht zu werden, werden entsprechend DIN EN 50081-2 und DIN EN 50082-2 »Elektromagnetische Verträglichkeit; Fachgrundnorm Störaussendung bzw. Störfestigkeit für den Industriebereich« Messungen durchgeführt.

Die Auswirkungen dieser Störgrößen auf die ordnungsgemäße Funktion der Betrachtungseinheit wird hierbei überprüft.

Ionisierende und UV-Strahlung

Systeme der Mikroelektronik müssen unter Einhaltung der spezifizierten Funktionen ionisierender Strahlung standhalten.

UV-Strahlung darf den Informationsinhalt von EPROM nicht beeinflussen oder verändern.

7.5.4.3 Ausführung

Prüfung der elektrischen Schutzmaßnahmen

Die Betrachtungseinheit muss den Anlagenvorschriften entsprechen, d. h., die anwendungsbezogenen Anforderungen an Schutzart, sichere galvanische Trennung, Isolationsspannung und die Schutzmaßnahmen gegen zufälliges Berühren und zu hohe Berührungsspannungen müssen eingehalten werden (VDE 0100). Die entsprechenden Prüfungen werden beispielsweise durch Sichtprüfung oder mit Hochspannungsprüfgeräten durchgeführt. Der Prüfling muss nach der Prüfung seine volle Funktion erfüllen.

Prüfung der Kriech- und Luftstrecken

Die Kriech- und Luftstrecken, die von den gegebenen Spannungsgruppen nach VDE 0110 abhängen, werden durch Messen und Sichtkontrolle überprüft. Die Prüfungen werden an allen Leiterbahnen, Bauelementeanschlüssen und Verbindungselementen durchgeführt.

Kennzeichnung

Die Anforderungen des § 18 der DIN VDE 0160 hinsichtlich Aufschriften, Kennzeichnungen und Dokumentation werden geprüft.

7.5.4.4 Gutachten, Prüfbescheinigung

Nach erfolgtem Sicherheitsnachweis werden in Form eines Gutachtens die Sicherheitsmaßnahmen beschrieben und bewertet. Die daraus folgenden Bedingungen für die Anwendung des Prüflings werden in Form von Auflagen beschrieben und setzen damit eventuell notwendige Einschränkungen fest.

Mithilfe einer Prüfbescheinigung, deren Bestandteil das Gutachten ist, wird für elektronische Sicherheitseinrichtungen eine sog. Sicherheitsnachweis-Prüfnummer erteilt, die den Sicherheitsnachweis bestätigt.

Elektrische Betriebsmittel werden mithilfe von Konformitätsbescheinigung (siehe Abschn. 7.3.1) als geprüft ausgewiesen.

7.6 Prinzipielle Beispiele von elektronischen Steuerungen

Nach den vorstehend genannten Sicherheitsbedingungen geprüfte elektronische Steuerungen sind in verschiedenen Ausführungen in sicherheitstechnischem Einsatz. Die erste Generation in noch diskreter Technik ohne hochintegrierte Bauelemente und ohne Speicherelemente wird meist in mehrkanaliger oder dynamisch arbeitender (getakteter) Ausführung eingesetzt.

Die Fehlererkennung beruht hierbei entweder auf dem Vergleich mindestens zweier Kanäle (siehe hierzu Bild 7.2) oder auf der Tatsache, dass im dynamisch arbeitenden System Fehler zum statistischen Verhalten des Systems führen (siehe hierzu Bild 7.1).

In der zweiten Generation werden Teile der fest verdrahteten Steuerung durch programmierbare Speicherelemente ersetzt. Diese speicherprogrammierbare Sicherheitssteuerung bringt gegenüber der fest verdrahteten Steuerung den Vorteil, dass mit modular aufgebauten Standardgeräten durch entsprechende Program-

Elektrische und elektronische Steuerungen 521

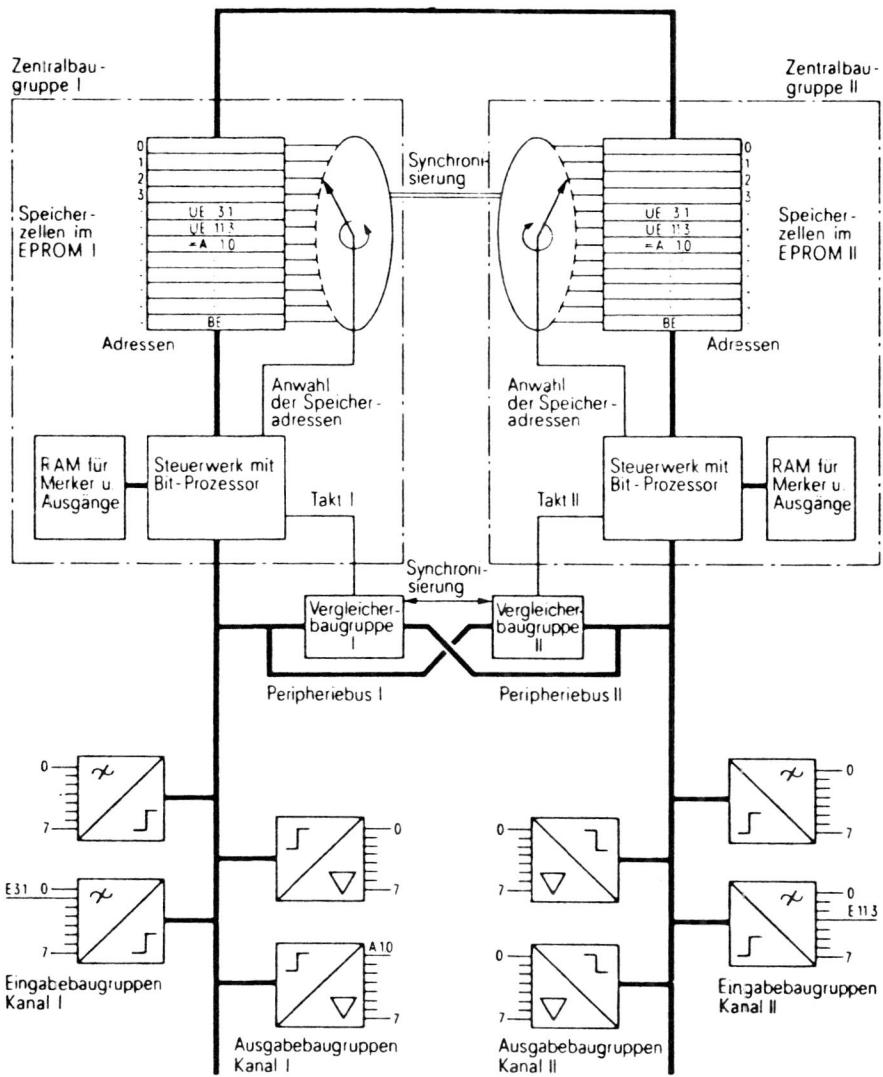

Bild 7.8: Struktur einer zweikanaligen Sicherheitssteuerung. Die beiden Teilgeräte sind identisch programmiert und arbeiten synchron. Die redundante Programmbearbeitung wird von den Vergleicherbaugruppen überwacht.

mierung die unterschiedlichsten Steuerungs- und Überwachungsaufgaben gelöst werden können.

Das Bild 7.8 zeigt den strukturellen Aufbau einer zweikanaligen Sicherheitssteuerung in programmierbarer Ausführung.

In der dritten Generation schließlich wird mithilfe eines oder mehrerer Mikrocomputersysteme die freiprogrammierbare oder speicherprogrammierbare Steuerung (SPS) zum universell einsetzbaren System.

Bild 7.9 zeigt hierzu ein Beispiel eines zweikanaligen Mikrocomputersystems mit einem fehlersicher arbeitenden Vergleicher, der auch softwaremäßig verwirklicht sein kann.

7.6.1 Speicherprogrammierbare Steuerungen (SPS)

Im Vorstehenden wurde der Nachweis der Fehler- bzw. Ausfallsicherheit eines Systems als Einzelkomponente in Form einer Bauartzulassung (Baumusterprüfung) behandelt. Die Sicherheit einer Gesamtanlage, z. B. einer Kesselanlage, besteht steuerungstechnisch aus der Sicherheit sowohl der Einzelkomponenten als auch der Schnittstellen, Anwenderprogramme und der Verdrahtung der einzelnen Komponenten untereinander.

Ende 1990 wurde der § 24 Abs. 3 der Gewerbeordnung (GewO)[1], in dem die überwachungsbedürftigen Anlagen geregelt sind, in folgenden Anforderungen geändert:
- Es genügt nicht mehr die Einzelkomponentenprüfung, sondern die gesamte Anlage ist zu prüfen,
- in der Änderung ist explizit aufgeführt, dass die gesamte sicherheitsrelevante MSR-Technik zu prüfen ist.

1992 wurde der § 24 Abs. 3 der GewO in den § 2 Abs. 2a des Gerätesicherheitsgesetzes (GSG) übernommen und auch mit dem Gesetz zur Neuordnung der Sicherheit von technischen Arbeitsmitteln und Verbraucherprodukten im § 2 Abs. 7 des Geräte- Produktsicherheitsgesetzes (GPSG) Vom 06. Januar 2004 voll übernommen.

Im Folgenden wird ein Prüfablauf für die Abnahmeprüfung einer SPS in den vier Phasen
- Konzeptphase,
- Vorprüfung,
- Vor-Ort-Prüfung und
- Änderungsverfahren dargestellt und kurz beschrieben.

7.6.1.1 Konzeptphase

In der Konzeptphase ist für den zu automatisierenden Prozess eine *Risikoanalyse* durchzuführen. Hierbei wird festgelegt, welche Teilprozesse bzw. Pfade unmittelbar *sicherheitsrelevant* sind. Sicherheitsrelevant können aber auch solche Teilprozesse und Pfade sein, deren Beeinflussung auf unmittelbar sicherheitsrelevante nicht auszuschließen ist. Hier spricht man von mittelbarer Sicherheitsrelevanz. Für die Prüftiefe spielt es keine Rolle, ob es sich um eine mittelbare oder unmittelbare Sicherheitsrelevanz handelt.

Im nächsten Schritt werden die *Anforderungen* definiert, und zwar von der eingesetzten Technologie, d. h. unabhängig davon, ob die Prozessaufgaben z. B. mit Relais- oder SPS-Technik realisiert werden. Es sind die Schutzziele zu beschreiben

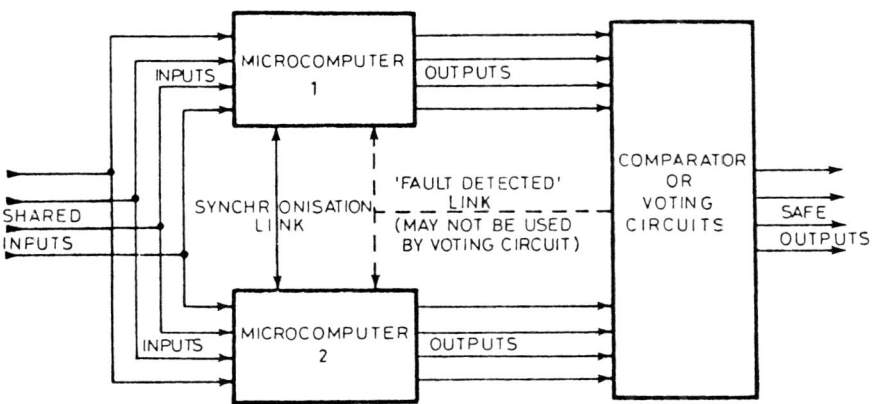

Bild 7.9: Zweikanaliges Mikrocomputersystem mit fehlersicherem Vergleicher

und die Kriterien für den notwendigen *Übergang in einen sicheren Zustand der Anlage* zu bestimmen. Darüber hinaus ist für die betrachtete Anwendung zu determinieren, zu welcher Anforderungsklasse nach DIN V 19250 sie gehört und/oder welches Regelwerk, z. B. DIN VDE 0116, VDI/VDE 2180, zu berücksichtigen ist.

Sicherheitsrelevante Zeiten und Zähler wie Fehlertoleranzzeit, Fehlerreaktionszeit, maximale Testzykluszeit, maximale Gesamtreaktionszeit des Systems, Zweitfehlereintrittszeit oder anlagenspezifische Zähler müssen definiert werden.

Die Hardware der Einzelkomponenten, deren Einsatz für die Automatisierung des betrachteten Prozesses vorgesehen ist, muss den gestellten Anforderungen genügen. Dies gilt für die SPS selbst, aber auch für Geber, Stellglieder sowie Kopplungen und eventuell z. B. im Ex-Bereich oder bei hohen Umgebungstemperaturen für die Verbindungsleitungen.

7.6.1.2 Vorprüfung

Im Rahmen der Vorprüfungen werden die eingereichten Unterlagen auf Vollständigkeit und Prüfbarkeit kontrolliert. Zu Letzterem gehören Eindeutigkeit, Konsistenz, Einhaltung formaler Anforderungen, Zuordenbarkeit usw.

Im Übrigen ist im Rahmen der Vorprüfung nachzuweisen, dass die Gutachtensbedingungen (Auflagen der Baumusterprüfung) für die SPS eingehalten werden.

Bei den sicherheitstechnischen Festlegungen wird z. B. vorgegeben, welche
- Eingänge (z. B. für das Flammenwächtersignal),
- Ausgänge (z. B. für die Magnetventilansteuerung),
- Zeiten (z. B. Sicherheitszeiten) und
- Zähler (z. B. Anzahl der Zündversuche)

sicherheitsrelevant sind, d. h. im Versagensfall sicherheitskritische Auswirkungen haben können.

Anhand der Projektierungsliste und der Bestückungspläne ist nachzuweisen, dass das Anwenderprogramm
- strukturiert und funktionsorientiert aufgebaut ist,

---
[1] Gesetz zur Änderung der Gewerbeordnung vom 9.11.1990, BGBl. I, 1990, S. 2442.

- die zuvor von der Prozessseite geprüfte Logik korrekt umsetzt,
- die strukturierte Logik fehlersicher aufgebaut und ob
- in ihm sicherheitsrelevante und nicht sicherheitsrelevante Funktionen getrennt wurden.

Darüber hinaus ist der Nachweis zu führen, dass alle sicherheitsrelevanten Ausgänge, Timer und Zähler fehlersicher gebildet werden.

7.6.1.3 Vor-Ort-Prüfung

Mit dem Vergleich zwischen vorgeprüfter und realisierter Hard- und Software wird nachgewiesen, dass die in der Anlage eingesetzte Hard- und Software den vorgeprüften Unterlagen entspricht. In diesem Rahmen werden bestehende Kopplungen,
- gesteckte Baugruppen (inkl. Ausgabestand) und
- verdrahtete Ein- und Ausgänge,

betrachtet und beim Anwenderprogramm die vorgeprüfte und die aktuelle Version verglichen. An der realisierten Anlage müssen vor Ort für alle sicherheitsrelevanten Funktionen anhand der im Rahmen der Vorprüfung erstellten Checklisten Fehlersimulationen durchgeführt werden.

Die Prüfung der vollzogenen Gutachtensbedingungen muss zeigen, dass alle Bedingungen und alle im Anwenderhandbuch aufgestellten Regeln im Sicherheitsbetrieb eingehalten werden. Zum Abschluss der Vor-Ort-Abnahmeprüfung muss die aktuelle Software als Listing und zusätzlich auf Diskette oder EPROM dokumentiert werden.

7.6.1.4 Änderungsverfahren

Werden im Laufe der Betriebszeit Änderungen der Software oder Updates vorgenommen, muss von der Prüfstelle beurteilt werden, ob die Änderungen Einfluss auf das Sicherheitsverhalten des Systems haben. Das beschriebene Verfahren muss dann für diese Änderungen nachgetragen werden.

Anmerkung:
Auch bei wiederkehrenden Funktionsprüfungen von sicherheitsrelevanten Signalen ist ein Vergleich der aktuellen Version des Anwenderprogramms mit der dokumentierten Version der Anlagenabnahme durchzuführen. Dabei empfiehlt es sich, den Vergleich automatisch, d. h. als in Form eines Vergleichslaufes, durchzuführen.

8. Vorschriften und Maßnahmen zum Schutze der Umwelt

8.1 Einleitung

Der Schutz der Umwelt hat im Bewusstsein der Bürger, aber auch in Industrie und Staat an Bedeutung gewonnen. Die Zunahme von Industrieanlagen und Kraftfahrzeugen und die mit ihrem Betrieb verbundenen Emissionen und Risiken erfordern gesetzliche Regelungen, um Menschen, Tiere und Pflanzen, den Boden, das Wasser, die Atmosphäre sowie Kultur- und Sachgüter vor Gefahren, erheblichen Nachteilen und Belästigungen zu schützen und dem Entstehen schädlicher Umwelteinwirkungen vorzubeugen (nach § 1 BImSchG).

Schon im 19. Jahrhundert wurde, ausgelöst durch unerträgliche Staubniederschläge in der Umgebung von Verbrennungsanlagen in Großstädten, damit begonnen, die Abgase von Feuerungen zu entstauben (Bild 8.1). Die Entstaubungstechnik ist inzwischen voll entwickelt und wird längst allgemein angewendet. Dagegen führten erst Schäden, die Luftschadstoffen zugeschrieben wurden (»Waldsterben«) zu strengeren Vorschriften, auch gasförmige Schadstoffe aus den Rauchgasen von Feuerungen zu entfernen. Diese und eine ganze Reihe weiterer Regelungen basieren auf dem »Gesetz zum Schutz vor schädlichen Umweltein-

Bild 8.1: Verbrennungsanlagen einer Brauerei Anfang des letzten Jahrhunderts (Quelle: M. Nagl)

wirkungen durch Luftverunreinigungen, Geräusche, Erschütterungen und ähnliche Vorgänge (Bundes-Immissionsschutzgesetz – BImSchG)«, das im Wesentlichen 1974 in Kraft getreten ist. Bis heute wurde das BImSchG mehrfach durch Novellen der Entwicklung angepasst. Die vorerst letzte Änderung diente der Umsetzung der EG-Luftqualitätsrichtlinien. Im Rahmen dieser Änderungen wurde das gesamte BImSchG am 26. September 2002 neu bekannt gemacht (BGBl I S. 2830).

Das deutsche Umweltrecht ist in der Folgezeit sehr umfassend und kompliziert geworden. Mittlerweile existieren über 800 umweltschutzbezogene Gesetze und fast 2800 Umweltverordnungen in Bund und Ländern. Noch unübersichtlicher wird das Ganze durch neue EG-Verordnungen und Richtlinien, die unmittelbar in deutsches Recht umgesetzt werden. Leider sind die Versuche vorerst gescheitert, das Umweltrecht durch ein allgemein gültiges Umweltgesetzbuch zu straffen und zu vereinheitlichen. So bleibt die Gesetzeslage in diesem Bereich weiter unübersichtlich und sehr komplex. Die folgende Darstellung erhebt daher keinen Anspruch auf Vollständigkeit, sondern es sind nur die wichtigsten, für den Betrieb einer Kesselanlage relevanten Gesetze und Vorschriften, dargestellt.

8.2 Europäisches Umweltrecht

Die Luftreinhaltegesetzgebung in Europa entsprach für den Industriestandort Deutschland und speziell für Großfeuerungsanlagen größtenteils deutscher Umweltschutzgesetzgebung. Viele deutsche Gesetze und Verordnungen wurden bisher in europäisches Recht übernommen. Mittlerweile hat die EG aber die Initiative in der Umweltgesetzgebung ergriffen und hat erheblichen Einfluss auf das deutsche Umweltrecht gewonnen. Neue Instrumente hieraus sind z. B. die Umweltverträglichkeitsprüfung und die EG-Öko-Audit-Verordnung.

Bei den Direktiven aus Brüssel muss unterschieden werden zwischen Richtlinien und Verordnungen. Im Gegensatz zu einer EG-Richtlinie, die einer Umsetzung in den einzelnen Mitgliedsländern bedarf, wird mit einer EG-Verordnung, wie z. B. der EG-Öko-Audit-Verordnung (siehe Abschn. 8.8), unmittelbar geltendes Recht geschaffen.

Auf dem Gebiet des Umweltschutzes waren in den letzten Jahren vor allem folgende Regelwerke der EG von Bedeutung:
1. Die EG-Richtlinie über Großfeuerungsanlagen von 2001, 2004 in deutsches Recht durch die 13. BImSchV umgesetzt.
2. Die EG-Richtlinien über die Verbrennung von Abfällen von 2000 und über die Verbrennung gefährlicher Abfälle von 1994 umgesetzt durch die 17. BImSchV, zuletzt angepaßt 2001.
3. Die EG-Richtlinie über die integrierte Vermeidung und Verminderung der Umweltverschmutzung (IVU-Richtlinie von 1996).
4. Die EG-Rahmenrichtlinie Luftqualität (96/62/EG) mit ihren 4 Tochterrichtlinien, wovon die ersten beiden Tochterrichtlinien
    – 1. TRL (1999/30/EG) über Immissionswerte von SO_2, NO_x, PM10-Partikel und Blei
    – 2. TRL (2000/69/EG) über Benzol und CO
    im Jahr 2002 mit der 22. BImSchV bereits in deutsches Recht umgesetzt wurden.

Die Übernahme in deutsches Recht steht derzeit noch aus für:
- »Lärmschutzrichtlinie« (2003/10/EG) über Mindestvorschriften zum Schutz von Sicherheit und Gesundheit der Arbeitnehmer vor der Gefährdung durch physikalische Einwirkungen (Lärm).
- »Umweltinformationsrichtlinie« (2003/4/EG) über den Zugang der Öffentlichkeit zu Umweltinformationen, als Ersatz für die bisherige Richtlinie (90/313/EG).
- »NEC-Richtlinie« (2001/81/EG) über Nationale Emissionshöchstmengen für die Luftschadstoffe Schwefeldioxid (SO_2), Stickstoffoxide (NOx), flüchtige organische Kohlenwasserstoffe (VOC: volatile organic carbons) und Ammoniak (NH_3). Ziel ist es hier der Versauerung von Böden und der Bildung von bodennahem Ozon gegenzusteuern.

Am weitesten fortgeschritten ist die Harmonisierung im Bereich der EG für Großfeuerungsanlagen. Für Neuanlagen werden hierin konkrete Grenzwerte für SO_2, NO und Staub festgesetzt. Im Zuge des europäischen Binnenmarktes und einer einheitlichen, internationalen Normung werden auch die *DIN- und VDI-Richtlinien*

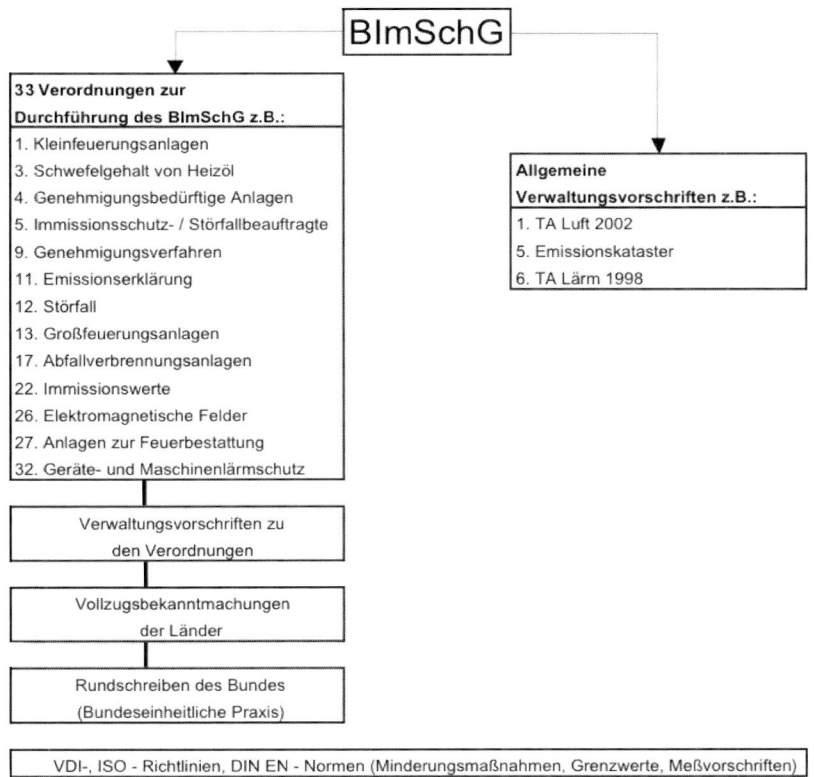

Bild 8.2: Das Bundes-Immissionsschutzgesetz (BImSchG) und seine Elemente, soweit sie für Verbrennungsanlagen von Bedeutung sind

DIN EN-Normen und DIN ISO-Normen überführt. Die bestehenden Richtlinien werden dazu in die Ausschüsse des europäischen Komitees für Normung (CEN) eingebracht. Eine europäische Norm muss daraus dann im Konsens erstellt, mit qualifizierter Stimmenmehrheit angenommen und unverändert in alle nationalen Normenwerke übernommen werden. Entgegenstehende nationale DIN- und VDI-Richtlinien sind zurückzuziehen.

8.3 Das Bundes-Immissionsschutzgesetz (BImSchG)

8.3.1 Übersicht

Das Bundes-Immissionsschutzgesetz (BImSchG) ist ein Rahmengesetz. Es enthält nur wenige konkrete Einzelregelungen. Weite Bereiche des Gesetzes werden durch »Allgemeine Verwaltungsvorschriften« und »Verordnungen« sowie »Vollzugsbekanntmachungen« ausgefüllt. Die Gesetzgebungskompetenz liegt beim Bund. Der Vollzug ist jedoch Sache der Länder. Um dennoch keine allzu großen Verzerrungen entstehen zu lassen, erarbeiten die Länder in gemeinsamen Ausschüssen eine »Bundeseinheitliche Praxis«. Als Basis zahlreicher Einzelregelungen dienen zudem VDI-Richtlinien.

Den Zusammenhang zwischen den einzelnen Elementen des BImSchG zeigt Bild 8.2.

Wesentlich ist, dass
– Gesetze und Verordnungen selbstvollziehend sind, d. h., sie gelten allgemein und bedürfen dazu keiner weiteren Maßnahmen.
– Verwaltungsvorschriften und Vollzugsbekanntmachungen (bzw. die darin enthaltenen Regelungen) erst durch einen gezielten Verwaltungsakt, z. B. durch den Genehmigungsbescheid für die einzelnen Anlagen, wirksam werden.

Das BImSchG geht von zwei Grundprinzipien aus:

1. Das Verursacherprinzip
Immissionsschutzmaßnahmen hat grundsätzlich der Verursacher einer Emission zu treffen, nicht der womöglich davon Betroffene.

2. Das Vorsorgeprinzip
Maßnahmen zur Emissionsminderung sind schon dann zu treffen, wenn nachteilige Auswirkungen zu befürchten sind, nicht erst, wenn sie eingetreten sind.

Dem Betreiber genehmigungsbedürftiger Anlagen werden vom BImSchG weiterhin eine Reihe von Pflichten auferlegt. Anlagen sind so zu errichten und zu betreiben, dass:
1. schädliche Umwelteinwirkungen, Gefahren, erhebliche Nachteile und Belästigungen für die Allgemeinheit nicht hervorgerufen werden können;
2. Vorsorge gegen schädliche Umwelteinwirkungen durch den Stand der Technik entsprechende Maßnahmen zur Emissionsbegrenzung getroffen werden;
3. Abfälle vermieden oder ordnungsgemäß und schadlos verwertet oder beseitigt werden;
4. entstehende Wärme genutzt wird;
5. auch nach einer Betriebseinstellung die Punkte 1. bis 3. gewährleistet sind.

8.3.2 Begriffe

Im BImSchG werden Spezialbegriffe gebraucht, die im Bereich des Umweltschutzes häufig wiederkehren. Ihre richtige Anwendung ist wichtig. Einige werden daher im Sinne dieses Gesetzes wiedergegeben:

> **§ 3 Begriffsbestimmungen**
> *(1) Schädliche Umwelteinwirkungen* ... sind Immissionen, die nach Art, Ausmaß und Dauer geeignet sind, Gefahren, erhebliche Nachteile oder erhebliche Belästigungen für die Allgemeinheit oder die Nachbarschaft herbeizuführen.
> *(2) Immissionen* ... sind auf Menschen, Tiere und Pflanzen, den Boden, das Wasser, die Atmosphäre sowie Kultur- und sonstige Sachgüter einwirkende Luftverunreinigungen, Geräusche, Erschütterungen, Licht, Wärme, Strahlen und ähnliche Umwelteinwirkungen.
> *(3) Emissionen* ... sind die von einer Anlage ausgehenden Luftverunreinigungen, Geräusche, Erschütterungen, Licht, Wärme, Strahlen und ähnliche Erscheinungen.
> *(4) Luftverunreinigungen* ... sind Veränderungen der natürlichen Zusammensetzung der Luft, insbesondere durch Rauch, Ruß, Staub, Gase, Aerosole, Dämpfe oder Geruchsstoffe.

8.3.3 Vorschriften für Dampfkessel und Feuerungen

Für Dampfkessel und die zu ihrem Betrieb erforderlichen Feuerungen sind im Rahmen des BImSchG von besonderer Bedeutung:

Verordnungen zur Durchführung des BImSchG		Stand vom
1. BImSchV	Kleinfeuerungsanlagen	14.08.2003
3. BImSchV	Schwefelgehalt im leichten Heizöl und Dieselkraftstoff	24.06.2002
4. BImSchV	Genehmigungsbedürftige Anlagen	06.01.2004
5. BImSchV	Immissionsschutz- und Störfallbeauftragter	09.09.2001
9. BImSchV	Grundsätze des Genehmigungsverfahrens	14.08.2003
11. BImSchV	Emissionserklärung	18.10.1999
12. BImSchV	Störfall	26.04.2000
13. BImSchV	Großfeuerungsanlagen	03.05.2000
17. BImSchV	Abfallverbrennungsanlagen	14.08.2003
26. BImSchV	Elektromagnetische Felder	16.12.1996
27. BImSchV	Feuerbestattungsanlagen	03.05.2000

Allgemeine Verwaltungsvorschriften zum BImSchG:
– Technische Anleitung zur Reinhaltung der Luft (TA Luft)
   (1. Allgemeine Verwaltungsvorschrift zum BImSchG vom 24.07.2002)
– Technische Anleitung zum Schutz gegen Lärm (TA Lärm)
   (6. Allgemeine Verwaltungsvorschrift zum BImSchG vom 26.08.1998)

Auf den wesentlichen Inhalt und die zugehörigen Vorschriften und Regeln wird im Folgenden eingegangen.

8.4 Die Genehmigung von Anlagen

8.4.1 Genehmigungsbedürftige Anlagen (4. BImSchV)

Bei der Planung technischer Anlagen ist nicht immer ohne weiteres vorhersehbar, inwieweit sie schädliche Umwelteinwirkungen verursachen können. Dies kann nur von erfahrenen Fachleuten auf der Basis von Planungsunterlagen beurteilt werden. Die 4. Verordnung zum BImSchG (4. BImSchV) legt fest, für welche Anlagen die Errichtung und der Betrieb genehmigungsbedürftig sind. Diese Anlagen müssen im Zuge eines Genehmigungsverfahrens, in der Regel unter Einschaltung von Sachverständigen begutachtet und durch einen Bescheid genehmigt werden. Dabei wird je nach Anlagenart und Leistung zwischen einem
– förmlichen (Anlagen der Spalte 1 des Anhanges der 4. BImSchV, § 10 BImSchG) sowie einem
– vereinfachten (Anlagen der Spalte 2 des Anhanges der 4. BImSchV, § 19 BImSchG)

Genehmigungsverfahren unterschieden. Betroffen sind davon nach § 15 BImSchG auch wesentliche Änderungen solcher Anlagen. § 1 Abs. (2) der 4. BImSchV verwirklicht das Vorsorgeprinzip, indem neben der eigentlichen Anlage auch alle Nebenanlagen, Anlagenteile und Verfahrensschritte, die umweltrelevant sein können, in das Genehmigungsverfahren mit einbezogen werden müssen:

---

§ 1 Abs.
(2) Das Genehmigungserfordernis erstreckt sich auf alle vorgesehenen
1. Anlagenteile und Verfahrensschritte, die zum Betrieb notwendig sind, und
2. Nebeneinrichtungen, die mit den Anlagenteilen und Verfahrensschritten nach Nr. 1 in einem räumlichen und betriebstechnischen Zusammenhang stehen und die für
   a) das Entstehen schädlicher Umwelteinwirkungen,
   b) die Vorsorge gegen schädliche Umwelteinwirkungen oder
   c) das Entstehen sonstiger Gefahren, erheblicher Nachteile oder erheblicher Belästigungen

von Bedeutung sein können.

Im Anhang der 4. BImSchV sind 10 Gruppen verschiedener Anlagenarten als genehmigungsbedürftige Anlagen benannt. Im Rahmen der »Kesselbetriebstechnik« sind vor allem von Bedeutung:
– Gruppe 1 (Anlagen zur Wärmeerzeugung, Bergbau und Energie),
– Gruppe 8 (Anlagen zur Verwertung und Beseitigung von Abfällen und sonstigen Stoffen) und
– Gruppe 9 (Anlagen zur Lagerung, zum Be- und Entladen von Stoffen und Zubereitungen, einschließlich Brennstoffen).

Die Übersicht in Tafel 8.1 zeigt, dass auch ein Zusammenhang zwischen Genehmigungsverfahren und Anlagenleistung besteht. So sind z. B. Feuerungsanlagen für den Einsatz von Heizöl EL mit einer Feuerungswärmeleistung von weniger als 5 MW nicht genehmigungsbedürftig. Wichtig für die richtige Einordnung ist, dass (nach § 1 Abs. 3) Anlagen derselben Art, die in einem engen räumlichen oder betrieblichen Zusammenhang stehen (gemeinsame Anlage), zusammen betrachtet werden müssen. Dies ist der Fall, wenn die Anlagen

Tafel 8.1: Genehmigungsbedürftige Anlagen nach 4. BImSchV
(Auszug für Anlagen zur Wärmeerzeugung, Bergbau, Energie)

Genehmigung nach dem förmlichen Verfahren (§ 10 BImSchG)	Genehmigung nach dem vereinfachten Verfahren (§ 19 BImSchG)
1. Wärmeerzeugung, Bergbau, Energie	–
1.1 Anlagen zur Erzeugung von Strom, Dampf, Warmwasser, Prozesswärme oder erhitztem Abgas durch den Einsatz von Brennstoffen in einer Verbrennungseinrichtung (wie Kraftwerk, Heizkraftwerk, Heizwerk, Gasturbinenanlage, Verbrennungsmotoranlage, sonstige Feuerungsanlage), einschließlich zugehöriger Dampfkessel, mit einer Feuerungswärmeleistung von 50 Megawatt oder mehr.	
1.2 -	Anlagen zur Erzeugung von Strom, Dampf, Warmwasser, Prozesswärme oder erhitztem Abgas durch den Einsatz von a) Kohle, Koks einschließlich Petrolkoks, Kohlebriketts, Torfbriketts, Brenntorf, naturbelassenem Holz, emulgiertem Naturbitumen, Heizölen, ausgenommen Heizöl EL, mit einer Feuerungswärmeleistung von 1 Megawatt bis weniger als 50 Megawatt, b) gasförmigen Brennstoffen (insbesondere Koksofengas, Grubengas, Stahlgas, Raffineriegas, Synthesegas, Erdölgas aus der Tertiärförderung von Erdöl, Klärgas, Biogas), ausgenommen naturbelassenem Erdgas, Flüssiggas, Gasen der öffentlichen Gasversorgung oder Wasserstoff mit einer Feuerungswärmeleistung von 10 Megawatt bis weniger als 50 Megawatt oder c) Heizöl EL, Methanol, Ethanol, naturbelassenen Pflanzenölen oder Pflanzenölmethylestern, naturbelassenem Erdgas, Flüssiggas, Gasen der öffentlichen Gasversorgung oder Wasserstoff mit einer Feuerungswärmeleistung von 20 Megawatt bis weniger als 50 Megawatt in einer Verbrennungseinrichtung (wie Kraftwerk, Heizkraftwerk, Heizwerk, Gasturbinenanlage, Verbrennungsmotoranlage, sonstige Feuerungsanlage), einschließlich zugehöriger Dampfkessel, ausgenommen Verbrennungsmotoranlagen für Bohranlagen und Notstromaggregate
1.3 Anlagen zur Erzeugung von Strom, Dampf, Warmwasser, Prozesswärme oder erhitztem Abgas durch den Einsatz anderer als in Nummer 1.2 genannter fester oder flüssiger Brennstoffe in einer Verbrennungseinrichtung (wie Kraftwerk, Heizkraftwerk, Heizwerk, Gasturbinenanlage, Verbrennungsmotoranlage, sonstige Feuerungsanlage), einschließlich zugehöriger Dampfkessel, mit einer Feuerungswärmeleistung von 1 Megawatt bis weniger als 50 Megawatt	Anlagen zur Erzeugung von Strom, Dampf, Warmwasser, Prozesswärme oder erhitztem Abgas durch den Einsatz anderer als in Nummer 1.2 genannter fester oder flüssiger Brennstoffe in einer Verbrennungseinrichtung (wie Kraftwerk, Heizkraftwerk, Heizwerk, Gasturbinenanlage, Verbrennungsmotoranlage, sonstige Feuerungsanlage), einschließlich zugehöriger Dampfkessel, mit einer Feuerungswärmeleistung von 100 Kilowatt bis weniger als 1 Megawatt
1.4 Verbrennungsmotoranlagen zum Antrieb von Arbeitsmaschinen für den Einsatz von Heizöl EL, Dieselkraftstoff, Methanol, Ethanol, naturbelassenen Pflanzenölen, Pflanzenölmethylestern oder gasförmigen Brennstoffen (insbesondere Koksofengas, Grubengas, Stahlgas, Raffineriegas, Synthesegas, Erdölgas aus der Tertiärförderung von Erdöl, Klärgas, Biogas, naturbelassenem Erdgas, Flüssiggas, Gasen der öffentlichen Gasversorgung, Wasserstoff) mit einer Feuerungswärmeleistung von 50 Megawatt oder mehr	a) Verbrennungsmotoranlagen zum Antrieb von Arbeitsmaschinen für den Einsatz von Heizöl EL, Dieselkraftstoff, Methanol, Ethanol, naturbelassenen Pflanzenölen, Pflanzenölmethylestern oder gasförmigen Brennstoffen (insbesondere Koksofengas, Grubengas, Stahlgas, Raffineriegas, Synthesegas, Erdölgas aus der Tertiärförderung von Erdöl, Klärgas, Biogas, naturbelassenem Erdgas, Flüssiggas, Gasen der öffentlichen Gasversorgung, Wasserstoff) mit einer Feuerungswärmeleistung von 1 Megawatt bis weniger als 50 Megawatt, ausgenommen Verbrennungsmotoranlagen für Bohranlagen b) Verbrennungsmotoranlagen zur Erzeugung von Strom, Dampf, Warmwasser, Prozesswärme oder erhitztem Abgas für den Einsatz von aa) gasförmigen Brennstoffen (insbesondere Koksofengas, Grubengas, Stahlgas, Raffineriegas, Synthesegas, Erdölgas aus der Tertiärförderung von Erdöl, Klärgas, Biogas), ausgenommen naturbelassenem Erdgas, Flüssiggas, Gasen der öffentlichen Gasversorgung oder Wasserstoff, mit einer Feuerungswärmeleistung von 1 Megawatt bis weniger als 10 Megawatt oder bb) Heizöl EL, Dieselkraftstoff, Methanol, Ethanol, naturbelassenen Pflanzenölen oder Pflanzenölmethylestern, naturbelassenem Erdgas, Flüssiggas, Gasen der öffentlichen Gasversorgung oder Wasserstoff mit einer Feuerungswärmeleistung von 1 Megawatt bis weniger als 20 Megawatt, ausgenommen Verbrennungsmotoranlagen für Bohranlagen und Notstromaggregate

1. auf demselben Betriebsgelände liegen,
2. mit gemeinsamen Betriebseinrichtungen verbunden sind und
3. einem vergleichbaren technischen Zweck dienen.

8.4.2 Grundsätze des Genehmigungsverfahrens (9. BImSchV)

8.4.2.1 Förmliches Genehmigungsverfahren (§ 10 BImSchG)

Zur Einleitung eines Genehmigungsverfahrens ist ein schriftlicher Antrag bei der Genehmigungsbehörde zu stellen. Genehmigungsbehörde ist je nach Bundesland und Anlage z. B. das Gewerbeaufsichtsamt, die Bezirksregierung, das Bergamt oder die Stadt- bzw. Kreisverwaltung (Landratsamt). Auskunft über die jeweilige Zuständigkeit erteilt das für den Umweltschutz zuständige Landesministerium bzw. der Senat.

Die Antragsunterlagen (§ 4, 9. BImSchG) müssen neben formellen Inhalten eine Anlagenbeschreibung sowie Angaben enthalten über
- den Zeitpunkt der vorgesehenen Inbetriebnahme,
- die technischen Einrichtungen,
- das Verfahren mit Art und Menge der Einsatzstoffe, Zwischen-, Neben- und Endprodukte sowie Abfällen,
- eventuell eine Sicherheitsanalyse (Abschnitt 8.4.4, 12. BImSchV),
- eventuell eine Umweltverträglichkeitsprüfung (Abschnitt 8.4.3, UVP-Gesetz),
- Art und Ausmaß der Emissionen (siehe Abschnitt 8.5, 13. und 17. BImSchV, TA-Luft),

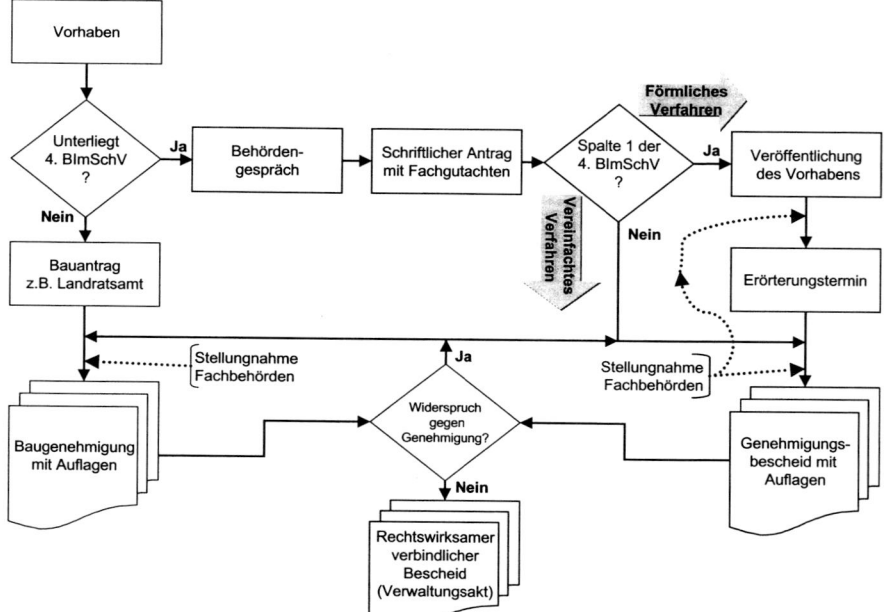

Bild 8.3: Ablaufschema eines Genehmigungsverfahrens nach BImSchG

- die Immissionssituation in der Umgebung des Standortes vor und nach der Errichtung der Anlage in Hinblick auf die Luftqualität und die Geräuschimmissionen (Abschnitt 8.4.5),
- die in der Anlage verwendete und anfallende Energie,
- eventuelle weitergehende Angaben, wenn die Mitverbrennung von Abfällen vorgesehen ist,
- emissionsmindernde Maßnahmen (siehe Abschnitt 8.11),
- Maßnahmen zum Schutz vor Gefahren, Nachteilen, schädlichen Umwelteinwirkungen, zur Verhinderung von Störfällen, zur Begrenzung deren Auswirkungen sowie für den Fall der Betriebseinstellung,
- die Verwertung von Abfällen (siehe Abschnitt 8.12),
- Angaben zur Energieeffizienz,
- Maßnahmen zum Arbeitsschutz (siehe Abschnitt 8.10.4),

Bei der Prüfung der Genehmigungsvoraussetzungen muss von der Behörde berücksichtigt werden, ob es sich beim Antragsteller um ein EMAS registriertes Unternehmen handelt (siehe Abschnitt 8.8).

Sind die Unterlagen vollständig, so ist das Vorhaben öffentlich bekannt zu geben. Dazu wird es im jeweiligen Amtsblatt und in den örtlichen Tageszeitungen veröffentlicht. Die *Veröffentlichung* muss Ort und Frist für die Einsichtnahme in die Unterlagen und Einwendungen gegen das Vorhaben angeben. Einwendungen werden eventuell in einem *Erörterungstermin* mit Antragsteller und Einwendern behandelt. Diese Erörterung ist nicht öffentlich.

Die Behörde prüft in der Regel nach Einholung von Stellungnahmen anderer Behörden, von Sachverständigen-Gutachten und unter Berücksichtigung eventueller Einwendungen betroffener Personen den Antrag, bewertet die Umweltauswirkungen des Vorhabens und trifft ihre Entscheidung. War der Antrag erfolgreich, so erhält der Antragsteller den Genehmigungsbescheid, eventuell auch eine Teilgenehmigung oder einen Vorbescheid.

Der Genehmigungsbescheid enthält neben den formalen Angaben die für den Umweltschutz meist besonders wichtigen Nebenbestimmungen, d. h. Auflagen, von deren Erfüllung die Genehmigung zum Bau und Betrieb abhängen, z. B. die Begrenzung von Emissionen.

8.4.2.2 Vereinfachtes Genehmigungsverfahren (§ 19 BImSchG)

Das vereinfachte Genehmigungsverfahren für Anlagen der Spalte 2 der 4. BImSchV verläuft grundsätzlich gleich wie das förmliche. Nicht erforderlich ist jedoch
– die öffentliche Bekanntmachung des Vorhabens,
– die Zulassung von Einwendungen Dritter und damit
– ein Erörterungstermin.

Auch hier beschleunigt die Einschaltung eines Sachverständigen das Genehmigungsverfahren.

8.4.3 Umweltverträglichkeitsprüfung (UVPG)

Zusätzlich wird im Rahmen des förmlichen Genehmigungsverfahrens für bestimmte Anlagentypen und -größen die Durchführung einer Umweltverträglichkeitsprüfung (UVP) gefordert.

Der Grundgedanke zielt darauf ab, dass die zuständigen Behörden bei umfassender Information über die Umweltauswirkungen eines Vorhabens und in Kenntnis von umweltschonenderer Alternativen Entscheidungen treffen, die die Umweltbelange besser als bisher berücksichtigen. Die davon betroffenen Anlagen sind in Anlage 1 des UVP-Gesetzes (UVPG) genannt. Im Rahmen der Kesselbetriebstechnik betrifft es allerdings nur die Errichtung und den Betrieb von Kraftwerken und sonstigen Feuerungsanlagen für den Einsatz von festen, flüssigen oder gasförmigen Brennstoffen, soweit deren Feuerungswärmeleistung 50 MW übersteigt und ein förmliches Genehmigungsverfahren mit Öffentlichkeitsbeteiligung erforderlich ist.

Sinn der UVP ist es, den Antragsteller frühzeitig (d. h. vor der Antragstellung) zu einer umfassenden Erörterung der mit der Anlage verbundenen, medienübergreifenden Umweltauswirkungen zu verpflichten. Antragsunterlagen für UVP-pflichtige Anlagen müssen insbesondere zusätzliche Angaben enthalten über:
- die Auswirkung des Vorhabens auf die vom BImSchG genannten Schutzgüter in der Umgebung der Anlage und
- die wichtigsten geprüften, technischen Verfahrensalternativen.

Eine konkrete Verpflichtung für den Vorhabensträger Verfahrensalternativen durchzuführen besteht allerdings nicht.

Den konkreten Ablauf einer Umweltverträglichkeitsprüfung regelt eine am 18. 9. 1995 veröffentlichte allg. Verwaltungsvorschrift zur Ausführung des UVPG. Insbesondere werden hier unter Ziff. 1 für Vorhaben, die genehmigungsbedürftige Anlagen nach dem BImSchG betreffen, Überschneidungen mit der 9. BImSchV geklärt und die fachgesetzlichen Bewertungsmaßstäbe festgelegt.

Das Gesetz über die Umweltverträglichkeitsprüfung (UVPG) trat 1990 in Kraft (in Umsetzung der EG-Richtlinie 85/337/EWG vom 27. 6. 85). Am 3. März 1997 hat der Rat der Europäischen Union die Richtlinie 97/11/EG zur Änderung der Richtlinie 85/337/EWG über die Umweltverträglichkeitsprüfung bei bestimmten öffentlichen und privaten Projekten (UVP-Änderungsrichtlinie) verabschiedet, die in Deutschland am 6. September 2001 in nationales Recht umgesetzt wurde.

Folgende wesentliche Veränderungen haben sich gegenüber der UVP-Richtlinie von 1985 ergeben:
- Die Anzahl der UVP-pflichtigen Anlagen wurde erweitert.
- Für kleinere Vorhaben wurde ein sogenanntes Screeningverfahren eingeführt. Beim Screening prüft die zuständige Behörde, ob für ein bestimmtes Vorhaben unterhalb bestimmter Schwellenwerte ein UVP erforderlich ist. Die Prüfung erfolgt entweder als
  - allgemeine Vorprüfung des Einzelfalls oder als
  - standortbezogene Vorprüfung des Einzelfalls.

Dabei werden die in der Anlage 2 und 3 UVPG genannten Kriterien benutzt. Für bestimmte Vorhabenstypen gibt es noch die UVP-Pflicht nach Maßgabe des Landesrechts.

- Aufgrund guter Erfahrungen mit Scopingverfahren muss die zuständige Behörde auf Antrag vor Einreichung des fertigen Genehmigungsantrags eine Stellungnahme dazu abgeben, welche Angaben und Nachweise vorzulegen sind. Die zuständige Behörde hört vor Abgabe ihrer Stellungnahme den Antragsteller und zuständige Fachbehörden an. Der Antragsteller hat nun einen Rechtsanspruch auf die Durchführung eines Scoping-Termins. Dies kann die Rechtssicherheit erhöhen.
- Die Regelungen zur grenzüberschreitenden UVP in §8 UVPG wurden wesentlich erweitert. Insbesondere enthält dieser Artikel konkretere Regelungen zur grenzüberschreitenden Beteiligung von Behörden.

Im Jahr 2004 wird die sogenannte SUP-Richtlinie in nationales Recht umgesetzt. Sie enthält eine Strategische Umweltprüfung für bestimmte öffentliche Pläne und Programme. Das SUP-Gesetz betrifft Vorhabensträger nicht direkt. Eine indirekte Wirkung besteht insofern, dass
- ein Vorhaben konform sein muss mit einem SUP-pflichtigen Plan oder Programm,
- für die UVP wichtige Daten aus der SUP entnommen werden können und so eventuell eine Erleichterung für die UVP entsteht.

8.4.4 Die Verhinderung und Begrenzung von Störfällen (12. BImSchV)

Störungen beim Betrieb einer technischen Anlage können mit Auswirkungen für die Beschäftigten, die Umwelt, die Anlage selbst, das herzustellende Produkt und auf die Wirtschaftlichkeit des Unternehmens verbunden sein. In allen Lebensphasen einer technischen Anlage (Planung, Errichtung, Betrieb, Stilllegung) wird deshalb der verantwortungsbewusste Betreiber für einen störungsfreien Betrieb sorgen.

Nach der Störfall-Verordnung (12. BImSchV) hat der Betreiber alle notwendigen Maßnahmen zu ergreifen, um Störfälle zu verhindern und deren Folgen für Mensch und Umwelt zu begrenzen.

Von der Störfall-Verordnung (StörfallV) werden nicht nur genehmigungsbedürftige Anlagen nach BImSchG erfasst, sondern auch nicht genehmigungsbedürftige Anlagen einschließlich aller Neben- und Infrastruktureinrichtungen eines Betriebsbereiches im Sinne des § 3 Abs. 5 a des BImSchG.

Nach § 3 Abs. 5 a BImSchG ist ein Betriebsbereich der gesamte unter der Aufsicht eines Betreibers stehende Bereich, in dem gefährliche Stoffe im Sinne der Seveso-Richtlinie bzw. der StörfallV vorhanden sind.

Der Betrieb fällt dann unter die StörfallV, wenn in ihm gefährliche Stoffe in Mengen vorhanden sind, die die in Anhang I Spalte 4 der StörfallV genannten Mengenschwellen erreichen oder überschreiten. Fällt ein Betrieb unter den Anwendungsbereich der StörfallV, so gelten für ihn die Grundpflichten und ggf. auch die erweiterten Pflichten der StörfallV.

Außerdem fallen unter den Geltungsbereich der neuen StörfallV genehmigungsbedürftige Anlagen nach BImSchG, in denen explosionsfähige Staub-/Luftgemische, hochentzündliche verflüssigte Gase (einschließlich Flüssiggas) und Erdgas sowie Ammoniak in bestimmten Mengen vorhanden sind.

Dampfkessel selbst fallen nicht unter die StörfallV, da in ihnen kein gefährlicher

Stoff nach StörfallV vorhanden ist. Jedoch können in einem Betriebsbereich eines Kraftwerks in Verbindung mit Rauchgasreinigungsanlagen (Ammoniak, Aktivkohle, Schwefeloxide, Halogene), Biomasseverbrennung (Holzstäube, Klärschlamm) oder der Lagerung von Brennstoffen (Heizöl, Erdgas, Flüssiggas) gefährliche Stoffe im Sinne des Anhang I bzw. VII der StörfallV vorhanden sein. Alle gefährlichen Stoffe eines Betriebsbereichs müssen erfasst, nach bestimmten Summationsregeln addiert und mit den in den Spalten 4 und 5 des Anhang I bzw. VII angegebenen Mengenschwellen verglichen werden.

Grundpflichten und erweiterte Pflichten

Zu den Grundpflichten gehört, dass der Betreiber die nach Art und Ausmaß der möglichen Gefahren erforderlichen Vorkehrungen trifft, um Störfälle zu verhindern sowie vorbeugende Maßnahmen trifft, um die Auswirkungen von Störfällen so gering wie möglich zu halten. Zudem müssen die Beschaffenheit und der Betrieb der Anlagen des Betriebsbereichs dem Stand der Sicherheitstechnik entsprechen. Eine weitere Grundpflicht ist die Erstellung eines schriftlichen Konzepts zur Verhinderung von Störfällen.

Zu den erweiterten Pflichten gehören z. B. die Erstellung von Sicherheitsberichten, Alarm- und Gefahrenabwehrplänen und die Information der Öffentlichkeit.

Konzept zur Verhinderung von Störfällen

Das Konzept zur Verhinderung von Störfällen soll folgende Inhalte aufweisen:
- Unternehmenspolitik und -leitlinien,
- Gefahrenpotenzial des Betriebsbereiches,
- technische und organisatorische Maßnahmen zur Verhütung von Störfällen bzw. Begrenzung ihrer Folgen,
- Hinweise zu Dominoeffekten.

Das Konzept soll erläutern, »was« der Betreiber zur Verhinderung von Störfällen und zur Begrenzung ihrer Auswirkungen unternimmt (grundsätzliche Ziele und Maßnahmen). Das genaue »Wie« regelt das Sicherheitsmanagementsystem.

Betriebsorganisation und das Sicherheitsmanagement

In der StörfallV werden konkrete Anforderungen an die Betriebsorganisation und das Sicherheitsmanagement gestellt. Das Sicherheitsmanagementsystem enthält die managementspezifischen Verfahren und Prozesse, die der Betreiber zur Verhinderung von Störfällen und zur Begrenzung ihrer Auswirkungen eingeführt hat. Elemente des Sicherheitsmanagementsystems sind:
- Organisation und Personal,
- Ermittlung und Bewertung der Gefahren von Störfällen,
- Überwachung des Betriebs,
- sichere Durchführung von Änderungen,
- Planung für Notfälle,
- Überwachung der Leistungsfähigkeit des Sicherheitsmanagementsystems,
- systematische Überprüfung und Bewertung.

Sicherheitsbericht

Die Betreiber eines Betriebsbereichs, der den erweiterten Pflichten der StörfallV unterliegt, sind verpflichtet, einen Sicherheitsbericht zu erstellen und diesen der

Vorschriften und Maßnahmen zum Schutze der Umwelt 537

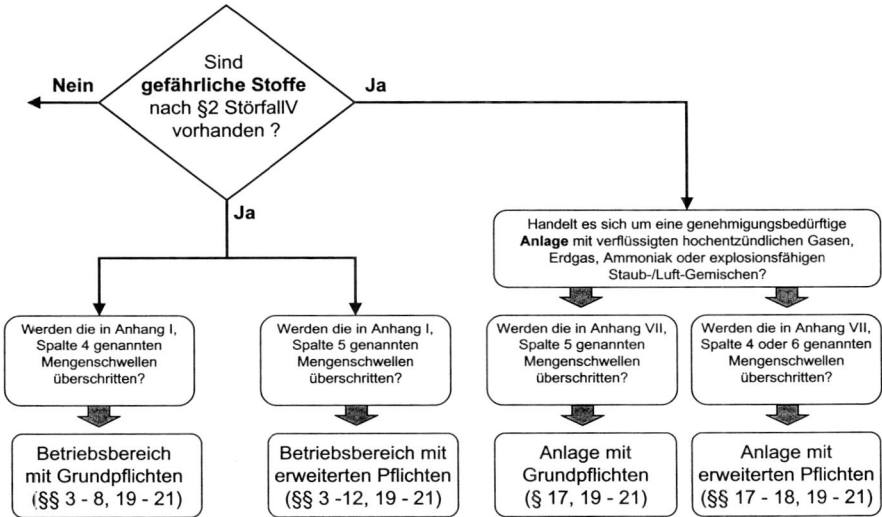

Bild 8.4: Anwendungsbereich der Störfallverordnung 2000

zuständigen Behörde zu übermitteln. Die im Sicherheitsbericht zu berücksichtigenden Mindestangaben und Mindestinformationen sind in Anhang II der StörfallV detailliert aufgeführt und umfassen folgende Bereiche:
– Informationen über das Managementsystem und die Betriebsorganisation im Hinblick auf die Verhütung von Störfällen,
– Umfeld des Betriebes,
– Beschreibung der Anlage,
– Ermittlung und Analyse der Risiken von Störfällen und Mittel zu deren Verhütung,
– Schutz und Notfallmaßnahmen zur Begrenzung von Störfallfolgen.
Der Sicherheitsbericht ist vom Betreiber zur Einsicht durch die Öffentlichkeit bereitzuhalten und alle 5 Jahre bzw. nach Bedarf (neue sicherheitstechnische Erkenntnisse) fortzuschreiben.

Alarm- und Gefahrenabwehrplan
Ebenfalls zu den erweiterten Pflichten der StörfallV gehört die Erstellung eines Alarm- und Gefahrenabwehrplans. Der Alarm- und Gefahrenabwehrplan beschreibt Art und Ablauf der Maßnahmen, die zur Kontrolle eines Störfalles sowie zur Begrenzung seiner Auswirkungen zu treffen sind. Weiterhin regelt er die dazu erforderlichen technischen und organisatorischen Mittel sowie Strukturen. Weitere Angaben zu Inhalten von Alarm- und Gefahrenabwehrplänen finden sich im Anhang IV der StörfallV.

Risikoanalysen
In den sicherheitsrelevanten Teilen eines Betriebsbereichs sind systematische Analysen des Risikos von Störfällen nach entsprechenden, vom Betreiber vorher

festzulegenden Verfahren durchzuführen. Die Durchführung dieser Risikoanalysen ist über das Sicherheitsmanagementsystem sicherzustellen und zu überwachen. Die Risiken von Störfällen sind dabei sowohl für den bestimmungsgemäßen Betrieb als auch für den gestörten Betrieb zu ermitteln. Die Risikoanalyse soll eine Abschätzung der Eintrittswahrscheinlichkeit und des Ausmaßes der ermittelten Störfälle beinhalten.

8.4.5. Immissionsprognose für Luftverunreinigungen

Die Immissionsprognose dient der Genehmigungsbehörde zur Ermittlung und Beurteilung der von einer geplanten oder geänderten Anlage zu erwartenden Immissionsbelastung und damit zur Prüfung der Genehmigungsvoraussetzungen. Sie stellt die Immissionssituation in der Umgebung des Standortes vor und nach der Errichtung der Anlage im Hinblick auf die Luftqualität dar. Diese ist, falls keine entsprechenden Daten vorliegen, durch Vorbelastungsmessungen zu ermitteln. Mit Hilfe von einer Immissionsprognose kann dann die nach Fertigstellung des Vorhabens zu erwartende Immissionsbelastung (Gesamtbelastung) abgeschätzt werden.

Nach Nr. 4.6.4 der TA Luft sind die Kenngrößen für die Zusatzbelastung durch rechnerische Immissionsprognose auf der Basis einer mittleren jährlichen Häufigkeitsverteilung oder einer repräsentativen Jahreszeitreihe von Windrichtung, Windgeschwindigkeit und Ausbreitungsklasse zu bilden. Dabei ist das im Anhang 3 der TA Luft angegebene Berechnungsverfahren zur Ermittlung der nachstehenden Kenngrößen anzuwenden.

Bild 8.5: Immissionsmesswagen für eine Rastermessung nach TA Luft

Die Kenngröße für die **Immissions–Jahres–Zusatzbelastung (I J Z)** ist der arithmetische Mittelwert aller berechneten Einzelbeiträge an jedem Aufpunkt.

Die Kenngröße für die **Immissions–Tages–Zusatzbelastung (I T Z)** ist bei Verwendung einer mittleren jährlichen Häufigkeitsverteilung der meteorologischen Parameter das 10fache der für jeden Aufpunkt berechneten arithmetischen Mittelwerte I J Z oder bei Verwendung einer repräsentativen meteorologischen Zeitreihe der für jeden Aufpunkt berechnete höchste Tagesmittelwert.

Die Kenngröße für die **Immissions–Stunden–Zusatzbelastung (I S Z)** ist der berechnete höchste Stundenmittelwert für jeden Aufpunkt.

Gemäß Abschnitt 1 des Anhangs 3 der TA Luft ist die Ausbreitungsrechnung für Gase und Stäube als Zeitreihenrechnung über jeweils ein Jahr oder auf der Basis einer mehrjährigen Häufigkeitsverteilung von Ausbreitungssituationen nach dem in Anhang 3 der TA Luft beschriebenen Berechnungsverfahren unter Verwendung des Partikelmodells der Richtlinie VDI 3945 Blatt 3 (Ausgabe September 2000) und unter Berücksichtigung weiterer im Anhang 3 der TA Luft aufgeführter Richtlinien durchzuführen.

Festlegung der Emissionen
Nach Abschnitt 2 Abs. 2 des Anhangs 3 der TA Luft sind die Emissionsparameter der Emissionsquelle (Emissionsmassenstrom, Abgastemperatur, Abgasvolumenstrom) als Stundenmittelwerte anzugeben. Bei zeitlichen Schwankungen der Emissionsparameter, z. B. bei Chargenbetrieb, sind diese als Zeitreihe anzugeben. Ist eine solche Zeitreihe nicht verfügbar oder verwendbar, sind die beim bestimmungsgemäßen Betrieb für die Luftreinhaltung ungünstigsten Betriebsbedingungen einzusetzen. Hängt die Quellstärke von der Windgeschwindigkeit ab (windinduzierte Quellen), so ist dies entsprechend zu berücksichtigen.

Rechengebiet und Aufpunkte
Gemäß Abschnitt 7 Abs. 1 des Anhangs 3 der TA Luft ist das Rechengebiet für eine einzelne Emissionsquelle das Innere eines Kreises um den Ort der Quelle, dessen Radius das 50fache der Schornsteinbauhöhe ist. Tragen mehrere Quellen zur Zusatzbelastung bei, dann besteht das Rechengebiet aus der Vereinigung der Rechengebiete der einzelnen Quellen. Bei besonderen Geländebedingungen kann es erforderlich sein, das Rechengebiet größer zu wählen.

Das Ausbreitungsmodell liefert bei einer Zeitreihenrechnung für jede Stunde des Jahres an den vorgegebenen Aufpunkten die Konzentration eines Stoffes (als Masse/Volumen) und die Deposition (als Masse/Fläche x Zeit). Bei Verwendung einer Häufigkeitsverteilung liefert das Ausbreitungsmodell die entsprechenden Jahresmittelwerte.

Die Genehmigung kann erteilt werden, wenn die ermittelte Gesamtbelastung in der Umgebung der Anlage die in der TA Luft (Nr. 4.2 – 4.5) festgelegten Immissionswerte nicht übersteigt.

Sofern nach dem Ergebnis der Immissionsprognose die betrachtete Anlage eine »irrelevante Zusatzbelastung« (z. B. Schutzziel menschliche Gesundheit 3,0 % des Immissions-Jahreswertes) verursacht, kann davon ausgegangen werden, dass schädliche Umwelteinwirkungen durch die Anlage nicht hervorgerufen werden können (kein »qualitativer Immissionsbeitrag«). In diesem Fall kann auch die Ermittlung der weiteren Immissionskenngrößen (Vor- und Gesamtbelastung) entfallen.

8.4.6 Beurteilung von Geräuschimmissionen

Die Feststellung und Beurteilung von Geräuschimmissionen, die von gewerblichen und industriellen Anlagen hervorgerufen werden, erfolgt nach der TA Lärm. Die sechste allgemeine Verwaltungsvorschrift zum Bundes-Immissionsschutzgesetz (Technische Anleitung zum Schutz gegen Lärm) – vom 28. August 1998 (GMBl. S. 503) dient der Vorsorge und dem Schutz der Allgemeinheit und der Nachbarschaft vor schädlichen Umwelteinwirkungen durch Geräusche. Sie gilt für alle Anlagen, die dem zweiten Teil des BImSchG unterliegen. Die Genehmigungsbedürftigkeit spielt dabei keine Rolle. Die Ausnahmen, wie z. B. Sportanlagen, Baustellen usw., für die die TA Lärm nicht anzuwenden ist, sind in Ziffer 1 der TA Lärm formuliert.

Die Vorschriften der TA Lärm sind zu beachten:
a) bei der Prüfung der Genehmigungsfähigkeit zur Errichtung und zum Betrieb einer Anlage (§ 6 Abs. 1 BImSchG bzw. § 22 BImSchG) sowie zur Änderung einer Anlage (§ 16 Abs. 1 BImSchG)
b) bei der Prüfung auf Erteilung einer Teilgenehmigung oder eines Vorbescheides (§ § 8, 9 BImSchG)
c) bei der Entscheidung über nachträgliche Anordnungen bzw. Untersagungen (§ 17 bzw. § § 24, 25 BImSchG)
d) bei der Entscheidung über die Anwendung erstmaliger oder wiederkehrender Messungen (§ 28 BImSchG)
e) bei der Entscheidung, ob die Ermittlung von Art und Ausmaß der von einer Anlage ausgehenden Emissionen sowie der Immissionen im Einwirkbereich der Anlage (§ 26 BImSchG) angeordnet werden soll

In der TA Lärm sind folgende wesentlichen Begriffe definiert:
– **Schädliche Umwelteinwirkungen durch Geräusche** –
Schädliche Umwelteinwirkungen im Sinne der TA sind Geräuschimmissionen, die nach Art, Ausmaß und Dauer geeignet sind, Gefahren, erhebliche Nachteile oder erhebliche Belästigungen für die Allgemeinheit oder die Nachbarschaft herbeizuführen.
– **Schalldruckpegel** –
Als Schalldruckpegel bezeichnet man den 10fachen dekadischen Logarithmus vom Verhältnis zweier Schallstärken mit der Benennung Dezibel (dB). Zur Geräuschbeurteilung wird der gemessene Schallpegel mit der Frequenzbewertungskurve A nach DIN EN 60561 (Bild 8.6) gewichtet. Die Bezeichnung der Bewertungskurve wird in Klammern angefügt, also hier dB(A). Diese »Bewertung« des gemessenen Schalldrucks ist erforderlich, weil das menschliche Gehör eine von der Frequenz des Schalls abhängige Empfindlichkeit aufweist. So werden Geräusche im Frequenzbereich 1000 bis 5000 Hz lauter empfunden als im übrigen Frequenzbereich. Schallpegelmessgeräte sind daher mit zuschaltbaren Filtern ausgerüstet, die eine dem menschlichen Empfinden entsprechende Bewertung des Schallpegels bewirken. Da sich die Größe Dezibel aus der Logarithmierung des

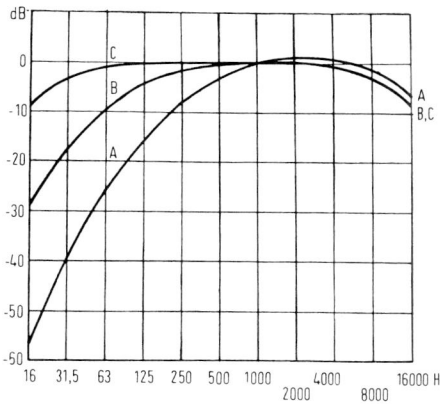

Bild 8.6: Bewertungskurve A für Lautstärkenmesser nach DIN EN 60651

gemessenen Signals errechnet, ist die Arithmetik nicht ganz einfach. So bewirkt eine Verdoppelung der Schallintensität eines Geräusches von 65 dB, indem z. B. eine zweite gleich laute Quelle hinzukommt, nur eine Erhöhung des Schallpegels um 3 dB (= 10 · $\lg_{10} 2$) auf 68 dB. Eine zweite Quelle von 55 dB ergibt allerdings weiterhin nur einen Pegel von 65 dB.

Die Durchführung von Schallpegelmessungen erfordert Sachkunde und ausreichende Erfahrung, da vermieden werden soll, dass die Messergebnisse durch Messfehler verfälscht werden. Für die Messung dürfen nur Geräte verwendet werden, die den Anforderungen der DIN EN 60651 bzw. DIN EN 60804 entsprechen. Sie müssen in Abständen von 2 Jahren geeicht werden.

– Beurteilungspegel –

Kennzeichnende Größe zur Beschreibung der Geräuschimmissionen ist der Beurteilungspegel L_r. Er wird nach folgender Formel berechnet:

$$L_r = 10 \cdot \lg_{10} \left[\frac{1}{T_r} \sum_{j=1}^{N} T_j \cdot 10^{0,1(L_{Aeq,j} - C_{met} + K_{T,j} + K_{I,j} + K_{R,j})} \right]$$

mit

$T_r = \sum_{j=1}^{N} T_j = \begin{cases} 16 \ h \ tags \\ 1 \ h \ nachts \end{cases}$

T_j Teilzeit j

N Zahl der gewählten Teilzeiten

$L_{Aeq,j}$ Mittelungspegel während T_j

C_{met} meteorologische Korrektur nach DIN ISO 9612-2 Entwurf, Gl. (6)

$K_{T,j}$ Zuschlag für Ton- und Informationshaltigkeit in der Teilzeit T_j

$K_{I,j}$ Zuschlag für Impulshaltigkeit in der Teilzeit T_j

$K_{R,j}$ Zuschlag für Tageszeiten mit erhöhter Empfindlichkeit in der Teilzeit T_j

Lärm entsteht beim Betrieb von vielen technischen Anlagen, z. B. Gebläsen, Mühlen, Brennern, Sicherheitsventilen usw. Er wird von der Anlage emittiert und kann in der Umgebung als Immission einwirken. Neben den reinen Anlagenemissionen sind nach Abs. 7.4 der TA Lärm auch Fahrgeräusche auf dem Betriebsgrundstück sowie bei der Ein- und Ausfahrt der zu beurteilenden Anlage zuzurechnen, soweit sie im Zusammenhang mit dem Betrieb der Anlage stehen.

Zur Vermeidung störenden Lärms darf die Genehmigung zur Errichtung und zum Betrieb neuer Anlagen nach der TA Lärm grundsätzlich nur erteilt werden, wenn die Einhaltung der Schutzpflicht gewährleistet ist, d. h. dass die Gesamtbelastung (Vor- und Zusatzbelastung) die Immissionsrichtwerte am maßgeblichen Immissionsort nicht überschreitet und dass die Anlage dem Stand der Technik zur Lärmminderung entspricht. Ausnahmen von diesen Forderungen sind nach Ziff. 3.2.1 und 3.2.2 zulässig, wenn die dort genannten Kriterien erfüllt werden. Hierbei sind die für genehmigungspflichtige und nicht genehmigungspflichtige Anlagen im Detail unterschiedlichen Kriterien zu beachten.

Die TA Lärm definiert mit **Immissionsrichtwerten (IRW)** die Basis zur Beurteilung der Zulässigkeit von Lärmeinwirkungen.

Außerhalb von Gebäuden		
a) in Industriegebieten		70 dB(A)
b) in Gewerbegebieten	tags	65 dB(A)
	nachts	50 dB(A)
c) in Gewerbegebieten	tags	60 dB(A)
	nachts	45 dB(A)
d) in allgemeinen Wohn- und Kleinsiedlungsgebieten	tags	55 dB(A)
	nachts	40 dB(A)
e) in reinen Wohngebieten	tags	50 dB(A)
	nachts	35 dB(A)
f) in Kurgebieten, für Krankenhäuser und Pflegeanstalten	tags	45 dB(A)
	nachts	35 dB(A)

Einzelne kurzzeitige Geräuschspitzen dürfen die Immissionsrichtwerte am Tage um nicht mehr als 30 dB(A) und in der Nacht um nicht mehr als 20 dB(A) überschreiten.

Eine Anlage ist nach TA Lärm genehmigungsfähig (Regelfallprüfung nach Abs. 3.2.1 TA Lärm), wenn die folgenden Anforderungen erfüllt werden:

Vorbelastung L_V in dB(A)	Zusatzbelastung L_Z in dB(A)	Gesamtbelastung L_G in dB(A)
$\geq$ IRW	= IRW $-$ 6	$\geq$ IRW + 1
= IRW $-$ 2	$\leq$ IRW $-$ 2	$\leq$ IRW + 1
$\leq$ IRW $-$ 6	$\leq$ IRW	$\leq$ IRW + 1

Bei Geräuschübertragungen **innerhalb von Gebäuden** oder bei Körperschallübertragung betragen die Immissionsrichtwerte unabhängig von der Lage des Gebäudes in einem der oben unter Buchstaben a bis f genannten Gebieten tagsüber 35 dB(A) und nachts 25 dB(A). Einzelne kurzzeitige Geräuschspitzen dürfen die Immissionsrichtwerte um nicht mehr als 10 dB(A) überschreiten.

Die Geräuschimmissionen können entweder je nach Situation und Aufgabenstellung am Einwirkungsort prognostiziert oder durch Messung bestimmt werden. Für eine Prognose sind die im Anhang A.2 der TA Lärm beschriebenen Rechenverfahren für die Schallausbreitung anzuwenden. Eine Messung muss den in Anhang A.3 genannten Anforderungen genügen. Zur Bewertung ist der Beurteilungs- bzw. Maximalpegel mit den jeweils zulässigen IRW zu vergleichen. Bei »repressiver« Situation ist beim Vergleich mit dem IRW ein Messabschlag von 3 dB(A) zu berücksichtigen. Bei der Prüfung der Genehmigungsfähigkeit eines Vorhabens ist zusätzlich der Stand der Technik zur Lärmminderung einzuhalten.

8.5 Die Begrenzung von Emissionen im Abgas

8.5.1 Kleinfeuerungsanlagen (1. BImSchV)

Die 1. Verordnung zum BImSchG (1. BImSchV) regelt die Emissionsbegrenzung für kleine Feuerungen, die nicht nach der 4. BImSchV genehmigungsbedürftig sind, sondern nur eine Baugenehmigung benötigen. Dies sind in der Regel Heizkessel.

Auch wenn diese Anlagen genehmigungsfrei sind, haben die Betreiber Pflichten (§§ 22 bis 25 BImSchG) hinsichtlich der Errichtung, der Beschaffenheit und dem Betrieb derartiger Anlagen zu erfüllen.

Der Geltungsbereich der 1. BImSchV (siehe hierzu auch Tafel 8.2) reicht beispielsweise bei Feuerungsanlagen beim Einsatz von

Kohle, Koks, naturbelassenes Holz	bis 1 MW
Heizöl EL, Pflanzenöle, naturbelassen	bis 20 MW
Erdgas, Flüssiggas, Wasserstoff	bis 20 MW
Stroh, Holz (geleimt, lackiert, etc. ohne Holzschutzmittel)	bis 0,1 MW

Bei höheren Feuerungsleistungen werden die Anlagen nach 4. BImSchV genehmigungspflichtig. Dies gilt jedoch immer, ohne Leistungsbegrenzung, bei der Verbrennung von Abfällen oder gefährlichen Stoffen. Diese Anlagen unterliegen grundsätzlich der 17. BImSchV.

Die 1. BImSchV gibt je nach Brennstoff, Feuerungsart und Wärmeleistung Anforderungen vor, die in Tafel 8.2 dargestellt sind. Zudem sind die Abgasverluste nach Brennstoffart, Leistung und Alter der Anlage begrenzt.

Die Einhaltung der Anforderungen ist durch Einzelmessungen zu überwachen. Dazu sind Messgeräte einzusetzen, die eine Eignungsprüfung bestanden haben. Die Überwachung führen die Bezirks-Schornsteinfegermeister durch (Abschn. 8.9.2).

Häufig sind Kleinfeuerungen, insbesondere offene Kamine, mit ihren niedrigen Schornsteinen Anlass für Nachbarschaftsbeschwerden. Sorgfalt bei Wartung und Betrieb der Anlage hilft nicht nur Ärger vermeiden, eine rauchfreie Verbrennung ist zudem auch wirtschaftlicher.

Tafel 8.2: Emissions- und Abgas-Verlustbegrenzungen nach 1. BImSchV für Neuanlagen

Brennstoff	Feuerungs-wärmeleis-tung kW	Bezugs-O_2 %	Grauwert Ringelmann –	Rußzahl	Staub g/m^3	CO g/m^3	Bemerkung
Kohle, Brikett, Torf	< 15 > 15 -1000	- 8	< 1 < 1		– ≤ 0,15	– –	Feuerungsanlagen bis 15 kW nur mit diesen Brennstoffen
Holz, naturbelassen	< 50 > 50 bis 150 > 150 bis 500 > 500	13	< 1		≤ 0,15	≤ 4 ≤ 2 ≤ 1 ≤ 0,5	
Stroh	< 100	13	< 1		≤ 0,15	≤ 4	
Holz, beschichtet, verleimt, Spanplatten (ohne Holzschutzmittel!)	> 50 bis 100 > 100 bis 500 > 500	13	< 1		≤ 0,15	≤ 0,8 ≤ 0,5 ≤ 0,3	nur in Betrieben zur Holzbe- oder -verarbeitung

Flüssige und gasförmige Brennstoffe

Brennstoff	Feuerungs-wärmeleis-tung kW	Abgas-verlust %	Rußzahl	CO mg/m^3	NOx[mg/m^3] <110 °C	≤ 210 °C	>210 °C	Bemerkung
Heizöl EL, naturbelassene Pflanzenöle oder -methylester, Rapsöl	≤ 120 kW 120 kW – 10 MW 10 MW – 20 MW	siehe unten 9 9	1[1)] 1[1)] 1[1)]	 80	≤ 120 mg/kWh[2)] Begrenzung nach Stand der Technik 180	 200	 250	keine Ölderivate im Abgas zulässig
Gas, allgemein	≤ 120 kW 120 kW – 10 MW	siehe unten 9			≤ 80 mg/kWh Begrenzung nach Stand der Technik			
Erdgas	10 MW – 20 MW	9	0	80	100 200	110 200	150 200	
Flüssiggas, Wasserstoff, Gase der öffentlichen Versorgung								
Öl und Gas	> 4 bis 25 > 25 bis 50 > 50	11 10 9	>91%					

Der Bezugssauerstoff beträgt immer 3 %.
[1)] abweichend davon ist für Verdampfungsbrenner die Rußzahl 2 zulässig.
[2)] Die zulässige NOx - Emission für Heizöl EL bezieht sich auf einen Stickstoffgehalt im Brennstoff von 140 mg/kg bestimmt nach EN 267. Die Emissionswerte sind vom Hersteller zu bestätigen.

8.5.2 Großfeuerungsanlagen (13. BImSchV)

Die 13. Verordnung zur Durchführung des Bundes-Immissionsschutzgesetzes (Verordnung über Großfeuerungsanlagen – 13. BImSchV) gilt für Anlagen mit einer Feuerungswärmeleistung von 50 MW und mehr. Im Zuge der Umsetzung der EU-Direktive 2001/80/EG wurde diese Verordnung überarbeitet und liegt aktuell in ihrer Fassung vom 20.7.2004 vor. Sie gibt »Anforderungen für die Errichtung und den Betrieb« vor und definiert Emissionsgrenzwerte in Abhängigkeit vom eingesetzten Brennstoff, der Feuerungsart und der Leistung. Tafel 8.3 fasst einige wesentliche Forderungen zusammen.

Für die Messung und Überwachung der Emissionen enthält die 13. BImSchV zahlreiche Forderungen. So ist:
- eine technisch einwandfreie Messstelle einzurichten.
- Messungen zur Kontrolle der Einhaltung der Grenzwerte müssen erstmals nach 3- bis 12-monatigem Betrieb, anschließend jeweils nach 3 Jahren durch eine nach §§ 26, 28 BImSchG zugelassene Messstelle durchgeführt werden.
- Die in Tafel 8.8 genannten Komponenten sind kontinuierlich zu messen.
- Die kontinuierlichen Messungen sind automatisch auszuwerten, sodass ständig die wesentlichen Informationen, wie z. B. Überschreitungen der Grenzwerte, zur Verfügung stehen.
- Alle 3 Jahre sind die kontinuierlichen Messeinrichtungen zu kalibrieren und jährlich einer Funktionsprüfung zu unterziehen.

Tafel 8.3: Emissionsgrenzwerte (Tagesmittelwert) nach 13. BImSchV

		1	2	3	4	5	6	7	8	9
Brennstoff	Bezugs-O_2	Staub	CO	NO_x als NO_2	SO_2	HCl	HF	Hg	SM*	Dioxine / Furane
	Vol.-%	mg/m^3	mg/m^3	mg/m^3	mg/m^3	mg/m^3	mg/m^3	mg/m^3	mg/m^3	ng/m^3 (TE)
fest	6	10 / 20	150 / 200	200 - 400	200 - 850	20 / 100	1 / 30	0,03	a: 0,05 b: 0,5 c: 0,05	0,1
flüssig	3	10 / 20	80	150 - 350	200 - 850	20	1	0,03	a: 0,05 b: 0,5 c: 0,05	0,1
gasförmig	3	5 / 10	50 / 80	100 - 150	5 - 200	-	-	-	-	-
Gasturbinen	15	-	100	50 - 120	5 - 350	-	-	-	-	-

* SM = Schwermetalle und Benzo(a)pyren:
Nr. a: Summe Cd und Tl
Nr. b: Summe Sb, As, Pb, Cr, Co, Cu, Mn, Ni, V und Sn
Nr. c: Summe As, Cd, Cr und Benzo(a)pyren
Je nach Feuerungsart und Brennstoff gelten in den o.g. Bereichen unterschiedliche Grenzwerte; dazu gibt es auch eine größere Zahl an Ausnahmen, die hier aus Platzgründen nicht berücksichtigt wurden.
Zusätzlich darf für die Komponenten der Spalten 1 – 7 kein Halbstundenmittelwert das Doppelte des jeweiligen Tagesmittelwertes überschreiten.

Weitere Vorschriften betreffen unter anderem die
- Ableitbedingungen für Abgase (Schornsteinhöhe usw.) und
- Begrenzung staubförmiger Emissionen bei Lagerungs- und Transportvorgängen.

8.5.3 Sonstige Feuerungsanlagen (TA Luft)

Die Emissionsbegrenzung von Feuerungsanlagen mittlerer Leistung ist nicht durch eine Verordnung zum BImSchG geregelt. Für solche Anlagen müssen Grenzwerte durch einen Verwaltungsakt, meist durch den Genehmigungsbescheid, verbindlich festgelegt werden. Als Basis für solche Bescheide wurde für die Genehmigungsbehörde die »Erste Allgemeine Verwaltungsvorschrift zum Bundes-Immissionsschutzgesetz« **(Technische Anleitung zur Reinhaltung der Luft – TA Luft)** vom 24.07.2002 erlassen. Sie gilt für Anlagen, die nach der 4. BImSchV einer Genehmigung bedürfen und nicht unter die 13. oder 17. BImSchV fallen. Die Abgrenzung zwischen den Geltungsbereichen der genannten Regelungen zeigt Tafel 8.4.

Die TA Luft stellt ein umfangreiches und komplexes Instrument im Vollzug des BImSchG dar. Es ist hier nicht möglich, alle für Genehmigung und Betrieb von Kesseln bzw. ihrer Feuerungen wesentlichen Aspekte darzustellen. Erwähnt sei immerhin, dass sie z. B. Regelungen zu folgenden Teilaspekten enthält:
- Prüfung des Genehmigungsantrages,
- krebserzeugende Stoffe,
- Ableitung von Abgasen (Schornsteinhöhe),
- Ermittlung der Immissionskonzentration von Schadstoffen im Einwirkungsbereich der Anlage,
- Messung und Überwachung von Emissionen,
- Anforderungen an Altanlagen,
- Emissionsgrenzwerte für Feuerungen.

Tafel 8.4: Geltungsbereich der TA Luft gegenüber der 1., 4., und 13. BImSchV (Feuerungswärmeleistung in MW)

Feuerungsanlagen für den Einsatz von		1. BImSchV	4. BImSchV / TA Luft	13. BImSchV
festen Brennstoffen	Kohle, Koks, Holz, Holzreste (ohne Kunststoffbeschichtung oder Holzschutzmittel), Torf	< 1	1 bis < 50	> 50
	sonstige feste brennbare Stoffe	nur Stroh zulässig < 0,1	5 bis < 50	
flüssigen Brennstoffen	Heizöl EL	< 5	5 bis < 50	> 50
	sonstige Heizöle, z. B. Heizöl S	Einsatz nicht zulässig	1 bis 50	
	sonstige flüssige brennbare Stoffe	–	0,1 bis < 50	
gasförmigen Brennstoffen	–	< 10	10 bis < 50	> 50
festen und flüssigen Reststoffen (Abfälle)	–	Einsatz nicht zulässig		–

Tafel 8.5: : Emissionswerte für Feuerungen gemäß TALuft

Feuerungen für den Einsatz von:	Schwefeloxide (SO2 und SO3) angegeben als SO2	Stickstoffoxide (NO und NO2) angegeben als NO2	Kohlenmonoxid	Gesamtstaub	Organische Stoffe angegeben als Ges-C
Feste Brennstoffe TALuft 5.4.1.2.1: Kohle, Koks, Petrolkoks, Kohlebriketts Bezugs-O2: 7 Vol.% Brenntorf, Torfbriketts, naturbel. Holz Bezugs-O2: 1 Vol.%	Fossile Brennstoffe: - bei Wirbelschichtfeuerungen 0,25 g/m³ (auch möglich: Schwefel-Emissionsgrad < 25%) - bei sonst. Feuerungen (Steinkohle) 1,3 g/m³ - bei sonst. Feuerungen (sonst. Brennstoffe ohne naturbel. Holz) 1,0 g/m³	Naturbelassenes Holz 0,25 mg/m³ Sonst. Brennstoffe: - bei Wirbelschichtfeuerungen 0,30 g/m³ - bei sonst. Feuerungen ≥10 MW 0,40 g/m³ - bei sonst. Feuerungen <10 MW 0,50 g/m³ zusätzlich bei Kohle-Wirbelschichtfeuerungen: 0,15 N2O mg/m³	Alle Anlagen 0,15 g/m³ Ausnahme: Einzelfeuerung < 2,5 MW: GW gilt nur bei Nennlast	> 5 MW FWL (anorg. Staubinhaltstoffe nur bei Petrolkoks begrenzt) 20 mg/m³ < 5 MW FWL 50 mg/m³ > 2,5 MW FWL 100 mg/m³	Naturbelassenes Holz 10 mg/m³ (ohne stoffliche Einzelbeschränkungen)
Flüssige Brennstoffe TALuft 5.4.1.2.2 Heizöle, emulg. Naturbitumen, Methanol, Ethanol, naturbel. Pflanzenöle, Pflanzenölmethylester Bezugs-O2: 3 Vol.%	Brennstoffe mit höherem S-Gehalt als in der 3.BImSchV genannt 0,85 g/m³	Heizöle nach DIN 51603 Teil 1 (abh. von Einstellwerten der Sicherheitseinrichtungen) 0,18 - 0,25 g/m³ Sonst. flüssige Brennstoffe 0,35 mg/m³	Alle Anlagen 80 mg/m³	Heizöle nach DIN 51603 Teil 1, Methanol, Ethanol, naturbel. Pflanzenöle, Pflanzenölmethylester RZ 1 Sonst. flüssige Brennstoffe 50 mg/m³	TALuft 5.2.5: ab Massenstrom > 0,50 kg/h 50 mg/m³
Gasförm. Brennstoffe TALuft 5.4.1.2.3 Gasförmige Brennstoffe, insbes.: Koksofengas, Grubengas, Stahlgas, Raffineriegas, Synthesegas, Erdgas, Klärgas, Biogas, Flüssiggas, Gase aus öffentlicher Gasversorgung, Wasserstoff Bezugs-O2: 3 Vol.%	Flüssiggas 5 mg/m³ Gase aus öffentlicher Gasversorgung 10 mg/m³ Kokerei- oder Raffineriegas 50 mg/m³ Bio- oder Klärgas 0,35 g/m³ Erdölgas 1,7 g/m³ Gasen aus Verbund Eisenhütte – Kokerei: - Hochofengas 0,29 g/m³ Gasen aus Verbund Eisenhütte – Kokerei: - Koksofengas 0,35 g/m³ Sonst. Gase 0,35 g/m³	Gase aus öffentlicher Gasversorgung (abh. von Einstellwerten der Sicherheitseinrichtungen) 0,10 - 0,15 g/m³ Sonst. Gase ohne N-haltige Prozessgase 0,20 g/m³ N-haltige Prozessgase Nach dem Stand der Technik	Gase aus öffentlicher Gasversorgung 50 mg/m³ Sonst. Gase 80 g/m³	Raffineriegas, Klärgas, Biogas, Flüssiggas, Gase aus öffentlicher Gasversorgung, Wasserstoff 5 mg/m³ Sonst. Gase 10 mg/m³	TALuft 5.2.5: ab Massenstrom > 0,50 kg/h 50 mg/m³
Mischfeuerungen TALuft 5.4.1.2.4	Entspr. dem Verhältnis der eingesetzten Brennstoffe (FWL)	Entspr. dem Verhältnis der eingesetzten Brennstoffe (FWL)	Entspr. dem Verhältnis der eingesetzten Brennstoffe (FWL)	Entspr. dem Verhältnis der eingesetzten Brennstoffe (FWL)	TALuft 5.2.5: ab Massenstrom > 0,50 kg/h 50 mg/m³
Trocknungsanlagen TALuft 5.4.1.2.5 Bezugs-O2: 17 Vol.%	Entspr. dem eingesetzten Brennstoff	Entspr. dem eingesetzten Brennstoff	Entspr. dem eingesetzten Brennstoff	Entspr. dem eingesetzten Brennstoff	TALuft 5.2.5: ab Massenstrom > 0,50 kg/h 50 mg/m³

Feuerungen für den Einsatz von:	Schwefeloxide (SO2 und SO3) angegeben als SO2	Stickstoffoxide (NO und NO2) angegeben als NO2	Kohlenmonoxid	Gesamtstaub	Organische Stoffe angegeben als Ges-C
Andere Brennstoffe als o.g. TALuft 5.4.1.3 z.B. Stroh, pflanzliche Stoffe Bezugs-O2: 11 Vol.%	TALuft 5.2.1: ab Massenstrom > 0,20 kg/h 20 mg/m^3 ≤ 0,20 kg/h 0,15 g/m^3	≥ 1 MW FWL 0,40 g/m^3 < 1 MW FWL 0,50 g/m^3	Alle Anlagen (Ausnahme Einzelfeuerung < 2,5 MW: nur bei Nennlast) 0,25 g/m^3	≥ 1 MW FWL 20 mg/m^3 <1 MW FWL 50 mg/m^3	TALuft 5.2.5: ab Massenstrom > 0,50 kg/h 50 mg/m^3 (ohne stoffliche Einzelbeschränkungen)
Verbrennungsmotoranlagen TALuft 5.4.1.4 Bezugs-O2: 5 Vol.%	Flüssige Brennstoffe: nur nach 3. BImSchV Gasförmige Brennstoffe: Anforderungen wie 5.4.1.2.3, jedoch Bezugs-O2: 5 Vol.%	Selbstzündung mit flüssigen Brennstoffen, ≥ 3 MW 0,50 g/m^3 dgl. < 3 MW 1,0 g/m^3 Selbstzündung (Zündstrahl) mit gasf. Brennstoffen, ≥ 3 MW 0,50 g/m^3 dgl. < 3 MW 1,0 g/m^3 Magergasmot. mit Biogas, Klärgas 0,50 g/m^3 Zündstrahl oder Magergasmot. mit sonst. gasf. Brennstoffen 0,50 g/m^3 sonst. Viertaktmot. 0,25 m/m^3 Zweitaktmot. 0,80 g/m^3	Selbstzündung / Fremdzündung mit gasf. Brennstoffen ohne Biogas, Klärgas, Grubengas 0,30 g/m^3 Fremdzündung mit Biogas, Klärgas ≥ 3 MW 0,65 g/m^3 < 3 MW 1,0 g/m^3 Fremdzündung mit Grubengas 0,65 g/m^3 Zündstrahl mit Biogas, Klärgas ≥ 3 MW 0,65 g/m^3 < 3 MW 2,0 g/m^3	Mindestanforderung: 20 mg/m^3 Notbetrieb oder bis max. 300 h/a 80 mg/m^3	Formaldehyd: 60 mg/m^3 (keine weitere Begrenzung org. Stoffe)
Gasturbinenanlagen TALuft 5.4.1.5 Bezugs-O2: 15 Vol.%	Flüssige Brennstoffe: nur nach 3. BImSchV	Brennstoff Erdgas: 75 mg/m^3 sonst. gasf. und flüssige Brennstoffe 0,15 g/m^3	Alle Anlagen 0,10 g/m^3	Dauerbetrieb: RZ 2 Anfahren RZ 4	TALuft 5.2.5: ab Massenstrom > 0,50 kg/h 50 mg/m^3

Die TA Luft gibt für einzelne Anlagen und Stoffe nur Emissionswerte (Tafel 8.5) vor. Die Genehmigungsbehörde ist aufgefordert, die Möglichkeiten zur weitestgehenden Verminderung der Emissionen, entsprechend des Standes der Technik, auszuschöpfen (Dynamisierungsklausel).

8.5.4 Abfallverbrennungsanlagen (17. BImSchV)

Mit der 17. Verordnung zur Durchführung des BImSchG wurden die Abfallverbrennungsanlagen im Jahre 1990 aus der TA Luft herausgenommen und in einer eigenen Verordnung behandelt. Im Zuge dessen wurden die Emissionsbegrenzungen erheblich verschärft und betrafen nun auch erstmalig Dioxine und Furane. Dies ist auf die seinerzeit heftig geführte öffentliche Diskussion um die thermische Verwertung von Abfällen sowie den Vollzug der EG-Richtlinien über die Verhütung bzw. Verringerung der Luftverunreinigung durch neue bzw. alte Verbrennungsanlagen für Siedlungsmüll zurückzuführen. In den Jahren 1999 und 2003 wurde die 17. BImSchV novelliert im Zuge der Umsetzung der EG-Richtlinie 94/67/EG und

Tafel 8.6: Grenzwerte nach 17. BImSchV

Stoff	Abfallverbrennungsanlage Tages-/Halbstundenmittelwert in mg/m³	Mitverbrennung Zementherstellung Tages-/Halbstundenmittelwert in mg/m³	Mitverbrennung Feste Brennstoffe Tages-/Halbstundenmittelwert in mg/m³	Mitverbrennung Biobrennstoffe Tages-/Halbstundenmittelwert in mg/m³	Mitverbrennung Flüssige Brennstoffe Tages-/Halbstundenmittelwert in mg/m³	Mitverbrennung gasförmige Brennstoffe Tages-/Halbstundenmittelwert in mg/m³
Gesamtstaub	10 / 30	20 / 40	10 / 30	10 / 30	10 / 30	10 / 30
Org. Stoffe als Gesamtkohlenstoff	10 / 20	10 / 20 *	10 / 20	10 / 20	10 / 20	10 / 20
Anorg. Chlorverb. als HCl	10 / 60	10 / 60	20 / 60	20 / 60	20 / 60	20 / 60
Anorg. Fluorverb. als HF	1 / 4	1 / 4	1 / 4	1 / 4	1 / 4	1 / 4
Schwefeloxide als SO2	50 / 200	50 / 200 *	200 – 1300 / 400 – 2600	200 – 350 / 400 – 700	200 – 850 / 400 – 1700	**
Stickstoffoxide als NO2	200 / 400	200 / 400 (500 / 1000 ***)	200 – 500 / 400 – 1000**	200 – 400 / 400 – 800	150 – 350 / 300 – 700	**
Quecksilber	0,03 / 0,05	0,03 / 0,05 *	0,03 / 0,05	0,03 / 0,05	0,03 / 0,05	0,03 / 0,05
Kohlenmonoxid	50 / 100	50 / 100 *	150 – 200 / 300 – 400	150 – 250 / 300 – 500	80 / 160	50 – 80 / 100 – 160
Schwermetalle 1	0,5	0,5	0,5	0,5	0,5	0,5
Schwermetalle 2	0,05	0,05	0,05	0,05	0,05	0,05
Dioxine / Furane	TE 0,1 ng/m³	TE 0,1 ng/m³	TE 0,1 ng/m³	TE 0,1 ng/m³	TE 0,1 ng/m³	TE 0,1 ng/m³
Bezugs-O2	11 Vol.%	10 Vol.%	6 Vol.%	6 Vol.%	3 Vol.%	3 Vol.%

Bei Mitverbrennung: für SO2, NOx und CO werden die Grenzwerte entsprechend dem Anteil FWL der Brennstoffe nach der Mischungsregel gebildet

* Ausnahmen aufgrund von Rohstoffzusammensetzung auf Antrag möglich
** Festlegung durch Behörde unter Berücksichtigung der 13. BImSchV
*** für Altanlagen bis 30.10.2007 möglich
Schwermetalle 1: Sb, As, Pb, Cr, Co, Cu, Mn, Ni, V und Sn (als Summe)
Schwermetalle 2: Cd, Tl sowie As, Cd, Co, Cr und Benzo(a)pyren (jeweils als Summe)
Zusätzlich sind Ergänzungen und Ausnahmen zu beachten

2000/76/EG. Ergänzt wurden Anforderungen an die Mitverbrennung von Abfällen z.B. in Zementwerken, Behandlung der Abfälle vor der Verbrennung, des Abwassers, der Rückstände sowie die Forderung einer kontinuierlichen Überwachung der Quecksilberemissionen.

Von der 17. BImSchV werden folgende Anlagen erfasst:
- Abfallverbrennungsanlagen zur teilweisen oder vollständigen Beseitigung von festen oder flüssigen Stoffen,
- Kraftwerke und Feuerungsanlagen, in denen Abfälle oder abfallähnliche brennbare Stoffe mit eingesetzt werden,
- Anlagen, in denen Abfälle oder abfallähnliche Stoffe mit verbrannt werden (z. B. Zementöfen, Hochöfen).

In der Verordnung sind weiterhin umfangreiche Forderungen festgelegt hinsichtlich:
- der Verbrennungsbedingungen (Mindesttemperatur, Verweilzeit im Feuerraum),
- der Begrenzung der Emissionen,
- der Behandlung von Abfällen und
- der Messung und Überwachung der Emissionen.

> *Die Betreiber der Anlagen haben die Öffentlichkeit ... jährlich ... über die Beurteilung der Messungen der Emissionen und der Verbrennungsbedingungen zu unterrichten (§ 18).*

Tafel 8.6 gibt eine Übersicht über die Emissionsbegrenzungen der Tages- und Halbstundenmittelwerte der 17. BImSchV.

8.5.5 Feuerbestattungsanlagen (27. BImSchV)

Mit der 27. BImSchV vom 19. März 1997 wurde eine eigene Verordnung für Feuerbestattungsanlagen geschaffen. Sie orientiert sich an der 17. BImSchV durch Vorschriften zu den Verbrennungsbedingungen (Mindesttemperatur 850 °C) und Emissionsgrenzwerten für Dioxine und Furane. Die Anforderungen sind jedoch auf den besonderen Betrieb der Anlagen zugeschnitten und entsprechend reduziert.

8.6 Die Begrenzung von Schadstofffrachten im Abwasser (WHG)

Für den Betrieb von Kesseln ist Wasser erforderlich. Die Anforderungen an dessen Qualität sind teilweise sehr hoch (Kap. 5). Das anfallende Abwasser verschiedener Herkunft und Eigenschaften wie
- Kühlwasser,
- Wasser aus der Rauchgasreinigung (z. B. REA),
- sonstige Abwässer (z. B. Waschwasser für Katalysatoren, Abschlämmungen und Absetzungen aus dem Speisewasserkreislauf und der Kesselreinigung),
- Niederschlagswasser, z. B. vom Kohlelagerplatz

kann nur dann in ein Gewässer oder eine kommunale Kläranlage eingeleitet werden, wenn dafür eine Erlaubnis bzw. Einleitgenehmigung vorliegt. Diese darf nach § 7a Wasserhaushaltsgesetz (WHG vom 19.08.2002) nur dann erteilt werden,

> wenn die Schadstofffracht des Abwassers so gering gehalten wird, wie dies bei Einhaltung der jeweils in Betracht kommenden Verfahren nach dem Stand der Technik möglich ist. ... Die Bundesregierung legt durch Rechtsverordnung ... Anforderungen fest, die dem Stand der Technik entsprechen. Diese Anforderungen können auch für den Ort des Anfalls oder vor seiner Vermischung festgelegt werden.

Grundsätzlich gilt § 1a Abs. 2 des WHG:

> (2) Jedermann ist verpflichtet, bei Maßnahmen, mit denen Einwirkungen auf ein Gewässer verbunden sein können, die nach den Umständen erforderliche Sorgfalt anzuwenden, um eine Verunreinigung des Wassers oder sonstige nachteilige Veränderung seiner Eigenschaften zu verhüten, um eine mit Rücksicht auf den Wasserhaushalt gebotene sparsame Verwendung des Wassers zu erzielen...

Mit der 6. Novelle des WHG wurde der Stand der Technik als einheitliches Techniknivenau für die Abwasserbehandlung eingeführt. Mit der 7. Novelle vom August 2002 wurde die EG – Wasserrahmenrichtlinie (2000/60/EG) umgesetzt. Die Wasserrahmenrichtlinie schafft einen Ordnungsrahmen für den Schutz und die Bewirtschaftung der Gewässer. Die Anforderungen nach dem Stand der Technik sind in der Abwasserverordnung (AbwV vom 15.10.2002) festgelegt. Des Weiteren zielen die Regelungen des WHG und der AbwV auf eine Vermeidung bzw. Verminderung der Abwassermengen und Schadstofffrachten ab. Ebenfalls zu vermeiden ist eine Verlagerung der Umweltbelastung in andere Medien. Daraus resultiert die Entwicklung abwasserarmer bzw. abwasserfreier Abgasreinigungsverfahren und von Verfahren, die Schadstoffe vermeiden oder zu verwertbaren Rückständen führen. Verfahren, über die nur eine Verlagerung der Emissionen erreicht wird (z. B. aus den Rauchgasen in das Abwasser) werden dagegen benachteiligt.

Die AbwV besteht aus einem allgemeinen Teil und den branchenspezifischen Anhängen. Die Forderungen der Absätze (3) und (4) des § 7 a WHG werden von den Ländern über die Indirekteinleiterverordnungen umgesetzt.

Die AbwV mit ihren branchenspezifischen Anhängen enthält die Anforderungen für das Einleiten von Abwasser in Gewässer. Sie ist in Teilen auch für Indirekteinleitungen in kommunale Kläranlagen anzuwenden. Bei Indirekteinleitungen sind neben den allgemeinen vor allem die Anforderungen vor Vermischung sowie gegebenenfalls die Anforderungen für vorhandene Einleitungen zu beachten.

Für den Bereich Feuerungsanlagen/Dampferzeugung sind insbesondere die Anhänge 31, 33 und 47 relevant. Anhang 31 bezieht sich auf Abwassereinleitungen aus dem Bereich der Wasseraufbereitung, der Kühlsysteme und der Dampferzeugung. Anhang 33 behandelt speziell Abwasser, das bei der Wäsche von Abgasen aus der Verbrennung von Abfällen entstanden ist, während dessen Anhang 47 allgemeine Abwassereinleitungen aus der Reinigung von Rauchgasen aus Feuerungsanlagen betrachtet. Die in diesen Anhängen genannten Anforderungen sowie die Anforderungen vor Vermischung gelten, wie erwähnt, auch für Indirekteinleitungen.

Bei Indirekteinleitungen sind neben den vorgenannten Anforderungen der Anhänge zur AbwV auch die kommunalen Abwassersatzungen relevant. Die Satzungen legen Anforderungen für diejenigen Parameter fest, die in den übergeordneten

Tafel 8.7: Allgemeine Richtwerte für die wichtigsten Beschaffenheitskriterien von Abwasser (Arbeitsblatt A 115 in Überarbeitung)

Einleitungen von Abwässern in öffentliche Abwasseranlagen sind unter nachstehenden Bedingungen als unbedenklich anzusehen:

1. Allgemeine Parameter
a) Temperatur 35 °C
b) pH-Wert 6,5 bis 10
c) Absetzbare Stoffe nicht begrenzt
 nur soweit eine Schlammabscheidung für ordnungsgemäße Funktionsweise der öffentlichen Abwasseranlage erforderlich ist; dann Begrenzung im Bereich von 1–10 ml/l nach 0,5 h Absetzzeit

2. Schwerflüchtige lipophile Stoffe
Verseifbare Öle, Fette und Fettsäuren
a) direkt abscheidbar (DIN 38409 Teil 19) 100 mg/l
b) Abscheideanlagen > NG 10 (DIN 38409, Teil 17) 250 mg/l

3. Kohlenwasserstoffe[1]
a) direkt abscheidbar 50 mg/l
b) gesamt 100 mg/l
c) falls eine weitere Abscheidung von Kohlenwasserstoffen erforderlich ist:
 Kohlenwasserstoffe, gesamt (DIN 38409, Teil 18)

4. Halogenierte organische Verbindungen
a) adsorbierbare organische Halogenverbindungen (AOX) 1 mg/l
b) Leichtflüchtige halogenierte Kohlenwasserstoffe (LHKW) als Summe aus Trichlorethen, Tetrachlorethen, 1,1,1-Trichlorethan, Dichlormethan, gerechnet als Chlor (Cl) 0,5 mg/l

5. Organische halogenfreie Lösemittel
Mit Wasser ganz oder teilweise mischbar und biologisch abbaubar: entsprechend spezieller Festlegung, jedoch Richtwert nicht größer als er der Löslichkeit entspricht oder als 5 g/l

6. Anorganische Stoffe (gelöst und ungelöst)

Antimon	Sb	0,5 mg/l
Arsen	As	0,5 mg/l
Barium	Ba	5 mg/l
Blei	Pb	1 mg/l
Cadmium[2]	Cd	0,5 mg/l
Chrom	Cr	1 mg/l
Chrom-VI	Cr(VI)	0,2 mg/l
Cobalt	Co	2 mg/l
Kupfer	Cu	1 mg/l
Nickel	Ni	1 mg/l
Selen	Se	2 mg/l
Silber	Ag	1 mg/l
Quecksilber	Hg	0,1 mg/l
Zinn	Sn	5 mg/l
Zink	Zn	5 mg/l
Aluminium und Eisen	Al Fe	keine Begrenzung, soweit keine kältetechnischen Schwierigkeiten zu erwarten sind

7. Anorganische Stoffe (gelöst)
a) Stickstoff aus Ammonium und Ammoniak NH_4-N + NH_3-N 100 mg/l < 5000 EGW
 200 mg/l > 5000 EGW
b) Stickstoff aus Nitrit, bei größeren Frachten NO_2-N 10 mg/l
c) Cyanid, gesamt CN 20 mg/l
d) Cyanid, leicht freisetzbar 1 mg/l
e) Sulfat[3] SO_4 600 mg/l
f) Sulfid SO_3 2 mg/l
g) Fluorid F 50 mg/l
h) Phosphatverbindungen[4] P 15 mg/l

8. Organische Stoffe
a) wasserdampfflüchtige halogenfreie Phenole (als C_6H_5OH)[5] 100 mg/l
b) Farbstoffe nur in einer so niedrigen Konzentration, dass der Vorfluter nach Einleitung des Ablaufs einer mechanisch-biologischen Kläranlage visuell nicht mehr gefärbt ist

9. Spontan Sauerstoff verbrauchende Stoffe
gemäß Deutschem Einheitsverfahren zur Wasser-, Abwasser- und Schlammuntersuchung »Bestimmung der spontanen Sauerstoffzehrung (G 24); 17. Lieferung; 1986 100 mg/l

---

[1] DIN EN ISO 9377-2
[2] Bei Cadmium können auch bei Anteilen unter 10 % der Grenzwert der Klärschlammverordnung und/oder der Schwellenwert des Abwasserabgabengesetzes überschritten werden.
[3] In Einzelfällen können je nach Baustoff, Verdünnung und örtlichen Verhältnissen höhere Werte zugelassen werden.
[4] In Einzelfällen können höhere Werte zugelassen werden, sofern der Betrieb der Abwasseranlagen dies zulässt.
[5] Je nach Art der phenolischen Substanz kann dieser Wert erhöht werden; bei toxischen und biologisch abbaubaren Phenolen muss er jedoch wesentlich erniedrigt werden.

Rechtsvorschriften für Indirekteinleitungen nicht geregelt sind. Des Weiteren zielen die Satzungen unter anderem auf den Schutz der Kanalisation und des Betriebspersonals der Kläranlagen ab. Die Satzungen enthalten für relevante Schadstoffe häufig explizite Einleitungsbeschränkungen. Ist dies nicht der Fall, wird oft auf das ATV Arbeitsblatt A 115 (Oktober 1994) verwiesen (Tafel 8.7). Das sich derzeit in Überarbeitung befindende Arbeitsblatt A 115 enthält allgemeine Richtwerte für die wichtigsten Beschaffenheitskriterien für die Einleitung von nicht häuslichem Abwasser in eine öffentliche Abwasseranlage. Die dort genannten Richtwerte gelten nur für diejenigen Parameter, für die in den Anhängen zur AbwV keine Anforderungen vor Vermischung bzw. festgelegt sind.

Ist für bestimmte Abwässer (z. B. saure und alkalische Regenerate von Ionenaustauschern zur Wasseraufbereitung) eine Abwasserbehandlung vor der Einleitung erforderlich, so ist für die Abwasserbehandlungsanlage ein wasserrechtliches Genehmigungsverfahren nach den Regelungen der Landeswassergesetze durchzuführen.

Während Indirekteinleiter Abwassergebühren gemäß der kommunalen Abwassersatzung entrichten, werden für Direkteinleiter Abgaben gemäß dem Abwasserabgabengesetz (AbwAG) fällig. Die Höhe der Abgaben errechnet sich aus der Belastung des Abwassers mit bestimmten Schadstoffen. Bei Einhaltung der Anforderungen nach § 7 a WHG wird nur der halbe Abgabensatz erhoben. Weitere Kostenminderungen sind durch das Abwasser entlastende Maßnahmen möglich.

Für Betreiber von Brennwertkesseln ist auch das ATV-DVWK-Arbeitsblatt A251 »Kondensate aus Brennwertkesseln« zu beachten.

8.7 Das Umwelthaftungsgesetz (UmweltHG)

Das Gesetz über die Umwelthaftung vom 10.12.1990 soll die Durchsetzung von Schadensersatzansprüchen von Geschädigten durch Umwelteinwirkungen verbessern. Die Schadensersatzpflicht durch eine Umwelteinwirkung, die von einer im Anhang 1 genannten Anlage ausgeht, tritt dann ein, wenn jemand getötet, sein Körper oder seine Gesundheit verletzt oder eine Sache beschädigt wird.

Die vom UmweltHG betroffenen Anlagen unterliegen einer *Gefährdungshaftung*. Dies bedeutet, wenn eine Anlage nach den Gegebenheiten des Einzelfalls geeignet ist, den entstandenen Schaden zu verursachen, so wird vermutet, dass der Schaden durch diese Anlage verursacht worden ist (§ 6 UmweltHG). Im Gegensatz zum früheren Haftungsrecht muss nun der Betreiber einer Anlage nachweisen, dass ein Schaden *nicht* durch seine Anlage verursacht worden ist.

Gehaftet wird nicht nur für den gestörten Betrieb, sondern auch für den störungsfreien Normalbetrieb und sogar für nicht betriebene Anlagen (§ 2). Darunter werden sich in Bau befindende und stillgelegte Anlagen verstanden. Der Inhaber der Anlage haftet also auch für Altlasten in stillgelegten Betrieben. Er ist verpflichtet, eine ausreichende Deckungsvorsorge, z. B. im Rahmen einer Haftpflichtversicherung, zu treffen (§ 19). Ausgeschlossen von der Haftung sind Schäden, die durch höhere Gewalt eingetreten sind (§ 4).

Der Geschädigte hat nach dem UmweltHG einen Auskunftsanspruch gegenüber dem Inhaber der Anlage (§ 8) und den zuständigen Behörden (§ 9). Weiterhin besitzt er das Recht, bei einer Beeinträchtigung der Natur oder Landschaft den vormaligen Zustand wiederherstellen zu lassen, soweit die dazu notwendigen Auf-

wendungen nicht unverhältnismäßig hoch wären (§ 16).
Betroffen von diesem Gesetz sind insgesamt 96 Anlagenarten. Eingeschlossen sind Kraftwerke, Heizkraftwerke und Heizwerke mit Feuerungsanlagen für den Einsatz von festen oder flüssigen Brennstoffen mit einer Feuerungswärmeleistung von mehr als 50 MW bzw. bei gasförmigen Brennstoffen von mehr als 100 MW.

Ein Anlagenbetreiber hat weiterhin das Strafgesetzbuch zu beachten, in dem Verunreinigungen eines Gewässers (§ 324 StGB), unbefugte Abfallentsorgung, Luftverunreinigung und Lärm (§ 325 StGB) sowie schwere Umweltgefährdung (§ 330 StGB) als Straftaten gegen die Umwelt definiert und mit Freiheitsstrafen zwischen einem und fünf Jahren belegt sind. Im Gegensatz zum BImSchG fehlt aber im Strafrecht der Vorsorgegedanke. Die Umweltschutzgüter Boden, Wasser, Luft, Tier- und Pflanzenwelt werden daher nicht vorsorgend planerisch geschützt, sondern das Strafrecht dient nur dazu, den jeweiligen Istzustand zu erhalten.

Das deutsche UmweltHG, wie auch das anderer europäischer Länder, regelt derzeit nur konkrete Schadensansprüche eines Geschädigten. Vorfälle in jüngerer Vergangenheit zeigten jedoch, dass es bei schweren Schäden in der Natur durch Schädigung von Vögeln oder Meerestieren, wie sie beispielsweise bei Tankerunfällen entstehen können, nicht greift, da diese Dinge keinen direkten Besitzer haben. Die EG plant daher die Umwelthaftung über reine Personen- und Sachschäden hinaus auch auf Schädigungen der natürlichen Umwelt zu erweitern. Der Augenmerk liegt insbesondere auf den natürlichen Ressourcen, die zur Erhaltung der biologischen Vielfalt in der Gemeinschaft von Bedeutung sind.

8.8 Das EG-Öko-Audit-System (EMAS II)

Die EG-Verordnung Nr. 761/2001 über die »freiwillige Beteiligung von Organisationen an einem Gemeinschaftssystem für das Umweltmanagement und die Umweltbetriebsprüfung (EMAS = Eco Management and Audit Scheme) ist ein marktorientiertes Instrument der europäischen Umweltpolitik, das zwei neue Zielrichtungen verfolgt: verstärkte Öffentlichkeit und Eigeninitiative. EMAS-registrierte Unternehmen erbringen eigenverantwortlich und freiwillig Leistungen im betrieblichen Umweltschutz, die über die gesetzlichen Anforderungen hinausgehen. Sie halten nachgewiesenermaßen die einschlägigen Umweltvorschriften ein, verfügen über ein funktionierendes Umweltmanagementsystem und haben sich zu angemessenen kontinuierlichen Verbesserungen des betrieblichen Umweltschutzes verpflichtet. Im Gegenzug erhalten dies Unternehmen umfangreiche Erleichterungen im Verwaltungsvollzug. Die Teilnahme ist freiwillig, wobei folgende fünf Verfahrensschritte der Verordnung einzuhalten sind (Bild 8.7):

– Das Umwelt-Audit beginnt mit einer ersten Umweltprüfung, entweder intern oder durch einen externen Gutachter. Bei dieser Aufnahme des Istzustandes werden bei ehrlicher und gründlicher Durchführung Schwachstellen im Betrieb deutlich.
– Im zweiten Schritt wird vom Unternehmen ein Umweltinstrumentarium entwickelt, das in Form eines Umwelthandbuches dokumentiert wird. Hierin sind der Aufbau, die Ablauforganisation des Umweltmanagementsystems und die Verantwortung für den betrieblichen Umweltschutz geregelt.

Dieses interne Audit ist grundsätzlich jedem zu empfehlen, da im Rahmen der

Schwachstellenanalyse auch Kostensenkungspotenziale aufgedeckt werden, die den relativ hohen Aufwand für das Audit ganz oder teilweise decken können. Die folgenden Punkte zielen dagegen auf die offizielle Anerkennung ab:
- Eine Umwelterklärung ist vorzubereiten, in der die ökologisch bedeutsamen Tätigkeiten dargestellt und bewertet werden. Sie muss unter anderem enthalten: eine Zusammenfassung von Daten zu den Schadstoffemissionen, zum Abfallaufkommen, zum Rohstoff-, Energie- und Wasserverbrauch, zu den Lärmemissionen sowie eine Darstellung des Umweltmanagementsystems.
- Von einem externen zugelassenen Umweltgutachter ist eine Gültigkeitserklärung zu der Umwelterklärung einzuholen (Validierung) und eine Überprüfung des Umweltmanagementsystems zu veranlassen (Verifizierung).

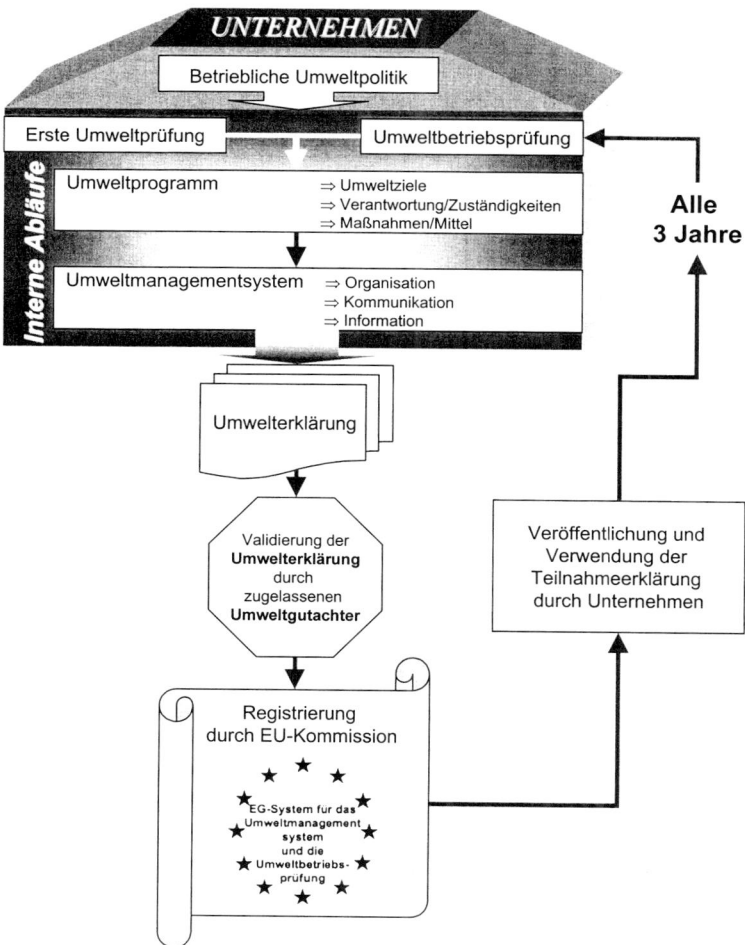

Bild 8.7: Ablaufschema des EG-Öko-Audit

– Die validierte Umwelterklärung wird der zuständigen staatlichen Stelle und der Öffentlichkeit zur Verfügung gestellt.
Wurde die EMAS-Prüfung erfolgreich abgeschlossen, darf das Unternehmen mit einem, in der EG einheitlichen Symbol auf sein fortschrittliches Umweltniveau aufmerksam machen. Das Zeichen darf allerdings nicht für die Produktwerbung verwendet werden.

Mit der Übernahme verstärkter Eigenverantwortung im Rahmen eines zertifizierten Umweltmanagementsystems ergeben sich laut EMAS-Privilegierungs-Verordnung (EMASPrivilegV, 2002) über immissionsschutz- und abfallrechtliche Überwachungserleichterungen eine Reihe von Vorteilen für das Unternehmen oder die Organisation, die eine deutliche Kostenersparnis mit sich bringen. Die wichtigsten sind im Folgenden aufgelistet:

BImSchG: Wegfall der sicherheitstechnischen Prüfungen durch bekannt gegebene Sachverständige nach § 29 a BImSchG sowie von Emissionsmessungen, Funktionsprüfungen und Kalibrierungen durch eine externe Messstelle nach §§ 26, 28 BImSchG. Diese können vom Anlagenbetreiber im Rahmen des BImSchG zukünftig selbst durchgeführt werden, wenn er die hierfür erforderliche Fachkunde und gerätetechnische Ausstattung besitzt.

WHG: Wegfall der Anlagenprüfung durch zugelassene Sachverständige. Erleichterung bei der Gewässeraufsicht und der Eigenüberwachung

Abfallgesetz: Wegfall der Anordnung von Überprüfungen von Abfallwirtschaftskonzepten und Abfallbilanzen durch Sachverständige, die von der obersten Landesbehörde bekannt gegeben sind

Betriebs- Wegfall der Bestellungspflicht für Betriebsbeauftragte nach WHG,
beauftragte: KrW-/AbfG, BImSchG

8.9 Die Kontrolle der Emissionen

8.9.1 Aufgaben und Anforderungen

Die in den Verordnungen und Verwaltungsvorschriften des BImSchG bzw. im Genehmigungsbescheid für eine Anlage festgelegten Emissionsgrenzwerte müssen eingehalten werden.

Die Einhaltung der Emissionsgrenzwerte kann nur durch Messungen nachgewiesen werden. Je nach Anlagengröße (Leistung), Schadstoff, Schadstoffmassenstrom bzw. -konzentration sind dafür unterschiedliche Messtechniken erforderlich. Dabei haben, insbesondere an großen Anlagen, automatisierte Systeme große Bedeutung. Diese bieten im Sinne des Umweltschutzes den Vorteil, dass das Emissionsverhalten einer Anlage nahezu lückenlos erfasst wird. Die kontinuierliche Messung stellt sicher, dass ungünstige oder gar unzulässige Betriebszustände rasch erkannt und abgestellt werden können.

Daneben sind jedoch manuelle Verfahren für Einzelmessungen oder zur Kalibrierung kontinuierlicher Messverfahren unentbehrlich, wie sie in den Richtlinien VDI, DIN, CEN oder ISO beschrieben sind. Die eingesetzten Verfahren müssen je-

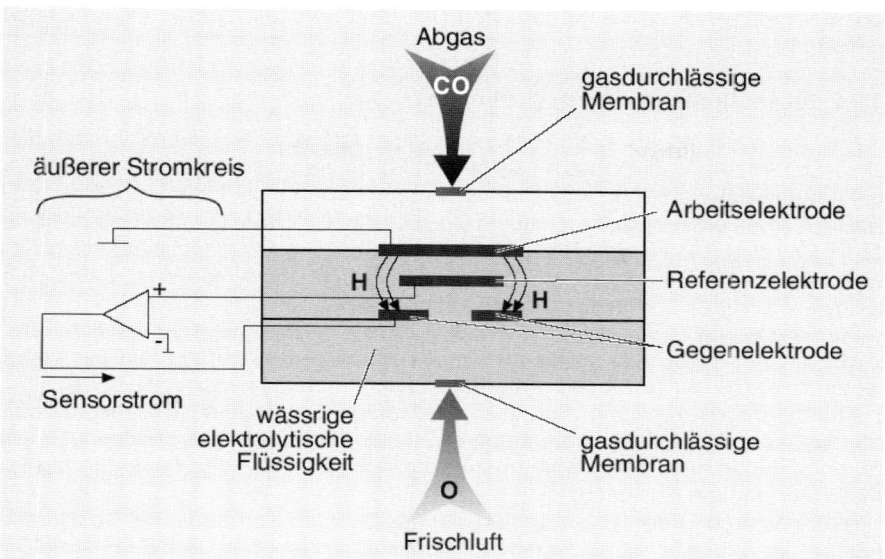

Bild 8.8: : Kombinationsmessgeräts für 1. BImSchV – Feuerungsanlagen
a) Prinzipschema einer elektrochemischen Zelle für die CO-Messungen: CO wird nachdem es eine gasdurchlässige Membran durchdrungen hat an der Anode (Arbeitselektrode) zu CO_2 ($CO+H_2O \rightarrow CO_2 +2 H^+ +2e^-$) aufoxidiert, wobei H^+-Ionen entstehen. Diese wandern zur Gegenelektrode und reagieren dort mit dem Luftsauerstoff zu Wasser zurück. Der dabei entstehende Stromfluss liefert das Messsignal.

b) Bild eines Messgerätes mit elektrochemischen Zellen für verschiedene Schadgase.
(Quelle: Testo AG, Lenzkirch)

doch in jedem Fall den Anforderungen des BImSchG und seinen Verordnungen genügen.

8.9.2 Kleinfeuerungsanlagen (1.BImSchV)

Die Überwachung von Kleinfeuerungsanlagen ist nach der 1. BImSchV den Bezirks-Schornsteinfegermeistern übertragen. Für Feuerungsanlagen mit sehr geringer Wärmeleistung reicht eine Überwachungsmessung bei Inbetriebnahme aus. Bei größeren Feuerungsanlagen (feste Brennstoffe ab 15 kW, Öl- und Gasfeuerung ab 11 kW) sind diese einmal jährlich zu wiederholen. Drei Einzelmessungen sind jeweils erforderlich, die sofern technisch möglich bei unterschiedlichen Laststufen (Schwach-, Mittel- und Volllast) durchzuführen sind.

Für Ölfeuerungen zwischen 10 MW und 20 MW reichen dagegen jährliche Einzelmessungen nicht aus, sondern es muss eine Messeinrichtung fest eingebaut werden, die die Abgastrübung fortlaufend misst und registriert.

Staubförmige Emissionen treten vor allem beim Einsatz fester Brennstoffe auf, die beachtliche Anteile an unbrennbaren Bestandteilen enthalten können. Heizöl EL und Erdgas führen dagegen im störungsfreien Betrieb einer Feuerung nur zu minimalen Staubemissionen.

Die Bestimmung der Konzentration der gasförmigen Komponenten Kohlenmonoxid (CO), Stickstoffoxiden angeben als Stickstoffdioxid (NO_2) und Sauerstoff (O_2) im Abgas von Kleinfeuerungsanlagen sowie der Abgastemperatur muss mit eignungsgeprüften Geräten erfolgen. Für die jährlichen Überwachungsmessungen werden meist Kombinationsgeräte (Bild 8.8) eingesetzt, die die Rußzahl, CO, NO_2, O_2, Temperaturen sowie den Abgasverlust simultan ermitteln können.

8.9.3 Größere Feuerungsanlagen (TA Luft)

Abhängig von Brennstoff und Feuerungswärmeleistung sind Feuerungsanlagen genehmigungspflichtig (vgl. Tafel 8.4) und müssen die in den Genehmigungsbescheiden genannten Anforderungen einhalten. Abhängig von der Feuerungswärmeleistung fallen sie in den Geltungsbereich der TALuft oder der 13. BImSchV, sofern auch Abfallstoffe (mit-)verbrannt werden sollen, in den Bereich der 17. BImSchV (s.u.).

Innerhalb der TA Luft werden, wiederum abhängig von Leistung und eingesetzten Brennstoffen bzw. vom emittierten Massenstrom, eine Vielzahl von Grenzwerten und sonstigen Anforderungen genannt. In Tafel 8.5 wird eine Übersicht gegeben, die aus Platzgründen jedoch nicht alle Details und Randbedingungen aufführen kann.

Oberhalb von bestimmten Feuerungswärmeleistungen bzw. ab festgelegten Massenströmen sieht die TA Luft die kontinuierliche Überwachung der Emissionen durch fest eingebaute Messanlagen vor (Tafel 8.8). Für die hauptsächlich eingesetzten Brennstoffe Erdgas, Heizöl EL, naturbelassenes Holz oder Kohle sind dies im Wesentlichen Staub (bei kleinen Feuerungen Abgastrübung) bzw. Rußzahl, Stickstoffoxide, Kohlenmonoxid und als Bezugsgröße Sauerstoff. Nur bei bestimmten Brennstoffen wird auch Schwefeldioxid, in Ausnahmefällen auch die kontinuierliche Messung von Chlor- und Fluorwasserstoff, Gesamtkohlenstoff und

Quecksilber gefordert. Die eingesetzten Messeinrichtungen müssen eignungsgeprüft und vom Bundesumweltamt als geeignet bekantgegeben sein (s.u.).

Die Überwachung der nicht kontinuierlich gemessenen Stoffe erfolgt alljährlich durch Emissionsmessungen mit genormten Messverfahren durch ein von den Landesbehörden nach § 26 BImSchG zugelassenes Messinstitut.

Da alle Grenzwerte auf Normbedingungen (273 K, 1013 hPa) und auf trockenes Abgas bezogen sind, müssen Messungen, die nicht vom Verfahren her bereits Ergebnisse unter diesen Bedingungen liefern, mit den jeweiligen Messgrößen Temperatur, Druck und Abgasfeuchte umgerechnet werden. Bei den kontinuierlichen Messanlagen kann dies bedeuten, dass auch diese Komponenten mit eigenen Analysatoren bzw. Messfühlern gemessen und verrechnet werden müssen. Oft sind jedoch verfahrensbedingt insbesondere Druck und Abgasfeuchte nur so geringen Schwankungen unterworfen, dass diese als feste Faktoren berücksichtigt

Tafel 8.8: Kontinuierliche Messungen an Feuerungs- und Abfallverbrennungsanlagen

	TALuft allgemein	TALuft fest	TALuft flüssig	TALuft gasförmig	13. BImSchV 2004	17. BImSchV 2003
Abgastrübung	1 – 3 kg/h	5 – 25 MW	< 20 MW			
Staub	> 3 kg/h	> 25 MW	> 20 MW		X	X
Rußzahl			> 10 MW / 20 MW			
SO_2	30 kg/h	30 kg/h *	30 kg/h *		X *	X
SO_2 Rohgas					X	
NOx	30 kg/h	30 kg/h	30 kg/h	30 kg/h		X
CO	5 kg/h	> 2,5 MW	> 10 MW / 20 MW	5 kg/h	X	X
HCl	1,5 kg/h	1,5 kg/h			X **	X
HF	0,3 kg/h	0,3 kg/h			X ** / ***	X ***
Gesamtkohlenstoff	1 / 2,5 kg/h	1 / 2,5 kg/h				X
Hg	2,5 g/h	2,5 g/h			X **	X
O_2	X	X	X	X	X	X
T					X	X
P					X	X
H_2O		(X)			(X)	X
Volumenstrom					X	X

X: kontinuierliche Messung ist grundsätzlich erforderlich
TALuft: Schwellenwerte im emittierten Massenstrom, ab dem eine kontinuierliche Messanlage gefordert werden soll
* alternativ möglich durch Nachweis des S-Gehaltes im Brennstoff
** nicht nötig bei Nachweis, dass Emissionen sicher 30 % des GW unterschreiten
*** nicht nötig, wenn HCl in der Abgasreinigung ausreichend abgeschieden wird
(X) nicht nötig, wenn die Emissionen in trockenem Abgas gemessen werden

werden können.

Je nach eingesetztem Brennstoff gelten die Grenzwerte bei einem festgelegten Bezugs-Sauerstoffgehalt, z.B. 3 Vol.% bei flüssigen und gasförmigen Brennstoffen, 7 bzw. 11 Vol.% bei festen Brennstoffen und 15 Vol.% bei Gasturbinen. Diese Bezugs-Sauerstoffgehalte entsprechen den mittleren Restsauerstoffgehalten im Abgas der entsprechenden Anlagen und sollen eine Gleichbewertung von Anlagen an verschiedenen Standorten ermöglichen.

Die Umrechnung der gemessenen Emissionskonzentration c_{gem} auf die Bezugssauerstoffkonzentration muss nach der folgenden Formel erfolgen:

$$c_{bez} = \frac{(21 - O_{2\,bez})}{(21 - O_{2\,bez})} \cdot c_{gem}$$

mit:
c_{bez} Emissionskonzentration auf O2 bez umgerechnet
c_{gem} Emissionskonzentration gemessen
$O_{2\,bez}$ Bezugssauerstoffgehalt
$O_{2\,gem}$ gemessener Sauerstoffgehalt

Falls der gemessene Sauerstoffgehalt kleiner als der Bezugs-Sauerstoffgehalt ist, darf die Umrechnung nur für diejenigen Stoffe erfolgen, für die keine Abgasreinigung vorhanden ist.

Die Aufzeichnung und Auswertung der kontinuierlich gemessenen Messwerte erfolgt auf – ebenfalls eignungsgeprüften – Auswerterechnern. Diese errechnen Messsignalen jeweils Halbstundenmittelwerte, die mit den jeweiligen Bezugsgrößen normiert werden und aus denen die Tagesmittelwerte gebildet werden. Letztere werden klassiert und als Häufigkeitsverteilungen gespeichert.

8.9.4 Großfeuerungsanlagen (13. BImSchV)

Im Vergleich zu den vorgenannten Anlagen unterliegen Feuerungsanlagen im Geltungsbereich der 13. BImSchV – mit ihrer Novellierung 2004 wird die EU-Direktive 2001/80/EG umgesetzt - deutlich strengeren Emissionskontrollen. Je nach Feuerungsart, Feuerungswärmeleistung und eingesetzten Brennstoffen sind differenzierte Grenzwerte für NOx, CO, SO_2, Staub und ggf. auch organische Stoffe, HCl, HF und Schwermetalle genannt – eine detaillierte Auflistung würde den Rahmen dieser Abhandlung sprengen. In der Tafel 8.8 sind jedoch all diejenigen Komponenten zusammengestellt, für die eine kontinuierliche Messeinrichtung vorgeschrieben ist. Wie schon im Abschnitt über die Anlagen nach TA Luft ausgeführt, dürfen auch hier nur Analysensysteme zum Einsatz kommen, die vom UBA als geeignet bekannt gegeben worden sind. Für SO_2, HCl, HF und Hg kann unter bestimmten Bedingungen (Brennstoff) und auf Antrag auf eine kontinuierliche Messung verzichtet werden. Andererseits wird bei leistungsstarken Anlagen zusätzlich auch ein Mindest-Schwefelabscheidegrad - je nach Feuerungswärmeleistung, Feuerungsart und Brennstoff zwischen 75 % und 96 % - gefordert. Dies bedeutet, dass an den betreffenden Anlagen auch im Rohgas die SO_2- und O_2-Konzentrationen kontinuierlich gemessen werden müssen. In vielen Fällen sind solche Rohgas-

Messungen auch für eine optimale Steuerung der Rauchgasreinigungsanlage nötig und sind daher auch für NOx vor einer DeNOx-Anlage durchaus üblich.

Verwaltungstechnisch gibt es auch einen Unterschied zur TA Luft, die nur eine Verwaltungsempfehlung darstellt. Als Verordnung zu einem Gesetz müssen die Anforderungen der 13. BImSchV für alle betreffenden Anlagen automatisch umgesetzt werden, was auch für alle Änderungen in dieser Richtlinie mit den ggf. genannten Übergangsfristen für Altanlagen gilt.

8.9.5 Abfallverbrennungsanlagen / Mitverbrennung von Abfällen (17. BImSchV)

1990 trat die 17. BImSchV erstmalig in Kraft und wurde seither mehrfach novelliert, zuletzt zur Adaption an die EU-Direktive 2000/76/EG im Jahr 2003. Die „Abfallverbrennungsrichtlinie" ist zweifellos die Verordnung mit den strengsten Anforderungen an die Verbrennungsführung und die Einhaltung von Grenzwerten, sowohl auf dem Luftpfad, als auch bei den Rückständen und den Abwässern sowie zusätzlich mit den Vorgaben für die Verbrennungsbedingungen im Feuerraum.

Mit dieser Verordnung wurde seinerzeit geradezu ein Technologie-Sprung induziert, sowohl was die konstruktive Gestaltung der Feuerräume und die Verbrennungssteuerung angeht, als auch auf dem Sektor der Abgasreinigung. Schließlich mussten die Rauchgase nicht nur auf sehr niedrige Reststaubgehalte abgereinigt werden, es mussten auch Verfahren zur Reduktion von sauren Abgasbestandteilen wie SO_2, HCl und HF von hohen, vor allem aber auch extrem schwankenden, Konzentrationsniveaus unter wirtschaftlich tragbaren Randbedingungen realisiert werden. Als weitere »Schlüsselkomponenten« (vor allem resultierend aus dem Druck der Öffentlichkeit) mussten die Dioxin- und Furan-Emissionen (genauer gesagt die Homologen-Reihen der polychlorierten Dibenzodioxine und Dibenzofurane) auf Konzentrationen möglichst weit unter dem Grenzwert 0,1 ng/m^3 TE[1] reduziert werden. Mit den meisten Rauchgasreinigungsverfahren werden – praktisch als erfreulicher Nebeneffekt - auch die Emissionen an flüchtigen Schwermetallen und ihren Verbindungen stark reduziert. Allerdings stellen speziell die Quecksilber-Emissionen hier noch immer größere Anforderungen an die Verfahren.

Organisch belastete Rückstände aus der Rauchgasreinigung (z.B. beladener HOK oder Aktivkohle) können durchaus wieder dem Verbrennungsprozess zugeführt werden und dort quasi entsorgt werden. Diese Methodik hätte jedoch bei Schwermetallen eine stetige Anreicherung innerhalb der Anlage zur Folge. Hier müssen daher sog. »Senken« vorgesehen werden, die eine Ausschleusung dieser Stoffe für eine geordnete Entsorgung sicherstellen.

Erschien es vor Umsetzung der ersten Ausgabe der 17. BImSchV noch nahezu undenkbar, gewisse Komponenten in derart niedrigen Konzentrationen in einem Abgas kontinuierlich zu messen, sind für diese Aufgabenstellung mittlerweile eine Vielzahl eignungsgeprüfter Messanlagen auf dem Markt verfügbar. In der Tafel 8.8 sind diejenigen Komponenten zusammengestellt, für die eine kontinuierliche Messung vorgeschrieben ist, ebenfalls aufgeführt sind hier die Anforderungen für die Mitverbrennung von Abfällen in Zementwerken oder Feuerungsanlagen.

---

[1] TE = Toxizitäts-Equvalent; Summenwert über die entsprechend ihres Gefährdungspotentials gewichteten Homologen der polychlorierten Dibenzodioxine und Dibenzofurane

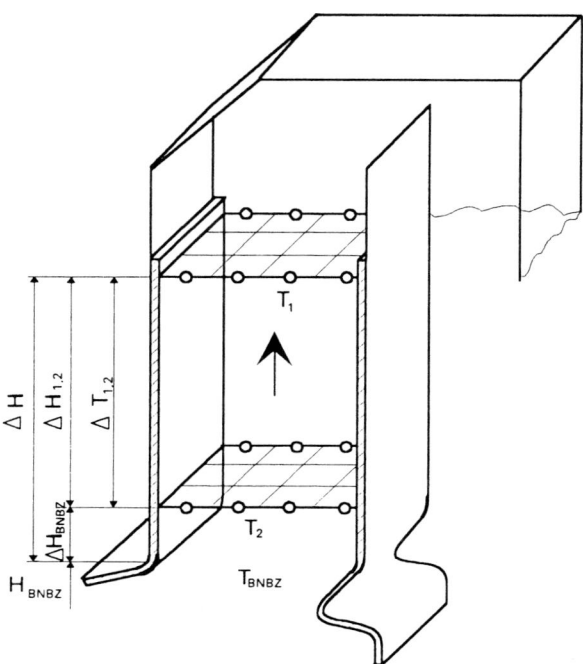

Bild 8.9: Messachsen und Messpunkteanordnung in der Nachverbrennungszone
T_1 mittl. Temperatur Messebene 1
T_2 mittl. Temperatur Messebene 2
T_{BNBZ} Temperatur am Beginn der Nachbrennzone
H_{BNBZ} Höhe bis zum Beginn der Nachbrennzone
$\Delta T_{1,2}$ mittl. Temperaturdifferenz zwischen Messebene 1 und 2
ΔH Abstand zwischen Beginn der Nachbrennzone und Messebene 1
$\Delta H_{1,2}$ Abstand zwischen Messebene 1 und 2
ΔH_{BNBZ} Abstand zwischen Ebene Beginn Nachbrennzone und Messebene 2

Wie für Anlagen, die nach TA Luft oder 13. BImSchV bewertet werden, muss die Einhaltung der Grenzwerte aller Stoffe, die nicht kontinuierlich gemessen werden, mit diskontinuierlichen Emissionsmessungen nachgewiesen werden. Bei Neuanlagen ist im ersten Jahr ein spezielles Messprogramm vorgesehen (u. a. alle 2 Monate eine Bestimmung der Dioxin-/Furan-Emissionen). Ansonsten müssen die Emissionsmessungen jährlich wiederholt werden.

Eine Besonderheit stellt bei Anlagen nach der 17. BImSchV der Nachweis der Mindestbedingungen im Feuerraum bzgl. Temperatur, Sauerstoffgehalt und Verweilzeit der Abgase im Temperaturbereich > 850°C (Sondermüllverbrennungen >1050°C) dar. Mittels Netzmessungen über zwei Messebenen im Feuerraum wird die Temperaturverteilung im Querschnitt und der Temperaturgradient im Feuerraum bestimmt (Bild 8.9). Diese Temperaturmessungen dürfen nur die Gastemperatur selbst, nicht die durch Strahlungseinflüsse »verfälschten« Temperaturen erfassen. Dazu werden i.d.R. gekühlte Absaugepyrometer eingesetzt, bei denen die

Thermoelemente in keramischen Abschirmungen untergebracht sind und das zu messende Gas mit hoher Geschwindigkeit vorbeiströmt. Ein zwar aufwendiges Messverfahren, das bisher jedoch für diese Aufgabenstellung ohne Alternative ist (mit der IR-Temperaturmesstechnik z.B. ist bislang keine Messung auf frei wählbaren Eintauchtiefen im Feuerraum möglich). Aus den gemessenen Temperaturprofilen über die Messebenen – die sich bisher für Abfallverbrennungsanlagen noch nicht mit befriedigender Qualität im Vorfeld kalkulieren lassen – kann die Ebene im Feuerraum berechnet werden, in der noch die geforderte 850 °C Gastemperatur herrscht und das Rauchgas die ebenfalls geforderten 2 s Verweilzeit > 850 °C eingehalten hat. Damit kann die betriebliche Temperaturmessung im Feuerraum kalibriert werden, ebenso wie die Festlegung des sog. Freigabe-Schaltpunktes, jener Temperatur, bei der erstmalige Müllaufgabe auf den Rost möglich ist.

8.9.6 Einbau von Messanlagen, Funktionsprüfungen und Kalibrierungen

Bei kontinuierlichen Messanlagen ist schon bei der Planung eine nach § 26 bekannt gegebene Messstelle einzubinden, damit sichergestellt ist, dass diese Messungen entsprechend den Richtlinien mit der geforderten Qualität durchgeführt werden können. Dazu sind insbesondere die Anforderungen der Richtlinie VDI 4200, bei Staub auch der EN 13284-1 sowie der Hinweise bei den Eignungsprüfungen der vorgesehenen Geräte zu beachten.

Nach der Installation ist der Behörde eine Bescheinigung einer nach § 26 bekannt gegebenen Messstelle über den ordnungsgemäßen Einbau vorzulegen. Aus dieser muss insbesondere hervorgehen, dass die Installation entsprechend den bei der Eignungsprüfung festgelegten Randbedingungen erfolgt ist, dass der Messplatz entsprechend den einschlägigen Richtlinien ausgestaltet ist, dass mit den eingebauten Analysatoren die Grenzwerte überwacht werden können (Messbereiche) und die nötigen Prüfinstrumentarien vorhanden sind (Prüfgase, Messstutzen, ggf. spezielle Prüfhilfsmittel u.ä.).

In der Regel müssen 3 Monate nach Inbetriebnahme der Anlage die Messeinrichtungen funktionsgeprüft und kalibriert werden. Auch diese Untersuchungen dürfen nur von entsprechend qualifizierten Messinstituten, die eine Bekanntgabe nach § 26 / 28 BImSchG speziell für diesen Teilbereich haben, durchgeführt werden. In der Richtlinie VDI 3950 Blatt 1 (künftig auch EN 14181) werden die grundlegenden Prüfungen einer Funktionsprüfung näher beschrieben, zusätzlich werden bei der Eignungsprüfung Hinweise zu speziellen Untersuchungen im Rahmen einer Funktionsprüfung gegeben. Grundsätzlich ist die Funktionsprüfung alle 12 Monate zu wiederholen.

Nach der Funktionsprüfung muss durch die Kalibrierung der Zusammenhang zwischen der Geräteanzeige des Analysators und der tatsächlich im Abgas vorliegenden Konzentration des Stoffes bestimmt werden. Für einige Komponenten wie z.B. Staub kann ohne diese Kalibrierung grundsätzlich keine Aussage über die Konzentration im Abgas anhand des Messsignals gemacht werden, doch auch für gasförmige Stoffe, für die Einstellhilfen wie Prüfgase vorhanden sind, muss durch die Kalibrierung eine »Feinabstimmung« auf die Abgasverhältnisse (Repräsentativität im Messquerschnitt, Querempfindlichkeiten durch andere Abgasbegleitstoffe und sonstige Einflüsse) erfolgen.

Dazu müssen Referenz- bzw. Konventionsverfahren eingesetzt werden, die in Europäischen Normen, VDI- oder DIN-Richtlinien beschrieben sind. Oft sind dies Verfahren, die auf einem anderen Messprinzip beruhen oder es sind diskontinuierliche Messverfahren, deren Analyse letztlich auf chemischen oder physikalischen Basisgrößen begründet ist.

Prinzipiell sind hier zwei Verfahrensweisen anwendbar:
a) jede Vergleichsmessung wird als Netzmessung über den Messquerschnitt durchgeführt oder
b) zunächst wird eine Netzabtastung über den Messquerschnitt durchgeführt und ggf. ein Netzfaktor zwischen Betriebs-Messgasentnahme und Mittelwert über das Messnetz gebildet (ggf. Massenstrom-gewichtet), sodann die Vergleichsmessungen als Punkt-Entnahmemessungen in unmittelbarer Nähe der Betriebs-Messgasentnahme durchgeführt.

Aus den mit den Vergleichsmessungen erhaltenen Messwertepaaren wird eine Regressionsrechnung durchgeführt, mit welcher der Zusammenhang zwischen Signalausgang der Betriebsmessung und dem Ergebnis des Referenzmessverfahrens mathematisch beschrieben wird. Die bei der Kalibrierung bestimmte Messunsicherheit wird in der laufenden Überwachung von den gemessenen Werten zum Abzug gebracht und diese Ergebnisse dann auf dem Auswerterechner ggf. mit den Bezugswerten verrechnet und gespeichert.

8.9.7 Eignungsgeprüfte Messgeräte

Wie schon angemerkt, dürfen für den Einsatz an behördlichen Messungen ausschließlich Messeinrichtungen verwendet werden, die eine Eignungsprüfung erfolgreich absolviert haben und vom UBA als geeignet bekannt gegeben wurden. Bei diesen Eignungsprüfungen müssen zwei gleiche Messeinrichtungen einem umfangreichen Labortest unterzogen werden, bei dem wichtige Kenndaten wie z.B. Querempfindlichkeiten oder Einflüsse durch wechselnde Umgebungstemperaturen überprüft werden. Es schließt sich ein mindestens 3-monatiger Dauertest an einer Feuerungs- oder Verbrennungsanlage an, bei dem die Messergebnisse der beiden parallel arbeitenden Messanlagen statistisch ausgewertet werden und festgelegte Qualitätskriterien erreicht werden müssen. Der Prüfbericht wird im LAI (Länderausschuss Immissionsschutz) begutachtet und bei positiver Bewertung vom UBA als geeignet im Bundesanzeiger bekannt gegeben. Zur Zeit werden in der EU ebenfalls Richtlinien erarbeitet, die jedoch von den gerätetechnischen Anforderungen sehr dem in Deutschland bewährten Verfahren angelehnt sind.

Eine Liste der zugelassenen Messgeräte kann auf der Internet-Seite des UBA (www.uba.de) abgerufen werden.

8.9.8 Emissions-Messverfahren

Hier unterscheidet man kontinuierliche Messverfahren, die z.B. auch zur fortlaufenden Emissionsüberwachung (wie vorne beschrieben) eingesetzt werden und diskontinuierliche Messverfahren, welche in der Regel für die wiederkehrenden Emissionsmessungen und oft auch als Referenzmessverfahren für Kalibrierungen eingesetzt werden.

Vorschriften und Maßnahmen zum Schutze der Umwelt 565

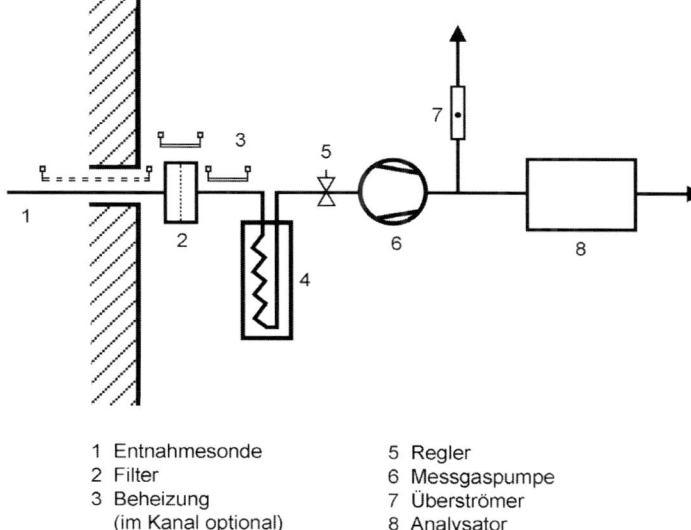

1 Entnahmesonde
2 Filter
3 Beheizung
  (im Kanal optional)
4 Kühler
5 Regler
6 Messgaspumpe
7 Überströmer
8 Analysator

Bild 8.10: Prinzipschema eines kontinuierlichen Messverfahrens gasförmiger Schadstoffe

Bei den kontinuierlichen Messverfahren kommen überwiegend optische Verfahren zum Einsatz, d.h. es werden die spektroskopischen Eigenschaften der zu messenden Stoffe für deren qualitative und quantitative Bestimmung herangezogen. Ein prinzipieller Messaufbau ist in Bild 8.10 dargestellt. Die meisten gasförmigen Stoffe können anhand ihrer spezifischen Absorptionen im infraroten, gelegentlich auch im sichtbaren oder ultravioletten Spektralbereich gemessen werden. Im Bild 8.11 ist beispielhaft eine NDIR-Messzelle (Nicht-Dispersive-Infrarot Spekroskopie) dargestellt, hier stahlt in einem breiten IR-Wellenlängenbereich eine Strahlungs-

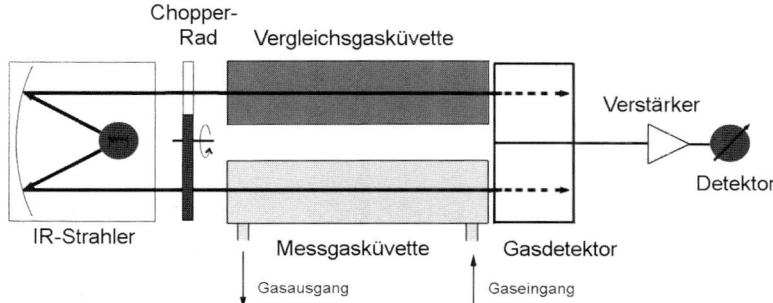

Bild 8.11: Prinzipschema der NDIR – Spektroskopie

quelle durch die Messküvette, durch welche das zu analysierende Gasgemisch strömt, auf der gegenüberliegenden Seite befindet sich ein Empfänger, der nur für einen kleinen, für die Messkomponenten spezifischen Wellenlängen-Bereich empfindlich ist. Die Messsignale (z.B. aufgenommen als Druckschwankungen durch Erwärmung eines Gases im Sensor aufgrund der wechselnden Strahlungsintensitäten) werden nach Verstärkung und Umrechnung vom Gerät ausgegeben. Moderne Analysatoren vereinigen in einer Baueinheit oft mehrere Komponenten-Messkanäle oder ermöglichen durch Einsatz der FTIR (Fourier-Transformation-Infrarot)-Spektroskopie oder der (Dioden-)Laser-Spektroskopie die simultane Messung einer Vielzahl von Stoffen einschließlich teils exotischer chemischer Verbindungen.

Andere Messverfahren basieren auf speziellen physikalischen oder chemischen Eigenschaften der Stoffe, so z.B. das magnetische Moment des Sauerstoff-Moleküls (paramagnetisches Messprinzip) oder der Reaktion von Stickstoffmonoxid mit Ozon unter Lichtemission (Chemolumineszenz). Weit verbreitet sind auch der Einsatz elektrochemischer Reaktionen (elektrochemische Zellen), z.B. für O_2, insbesondere auch in Messgeräten für die Überwachung von Anlagen nach der 1. BImSchV für CO und NO.

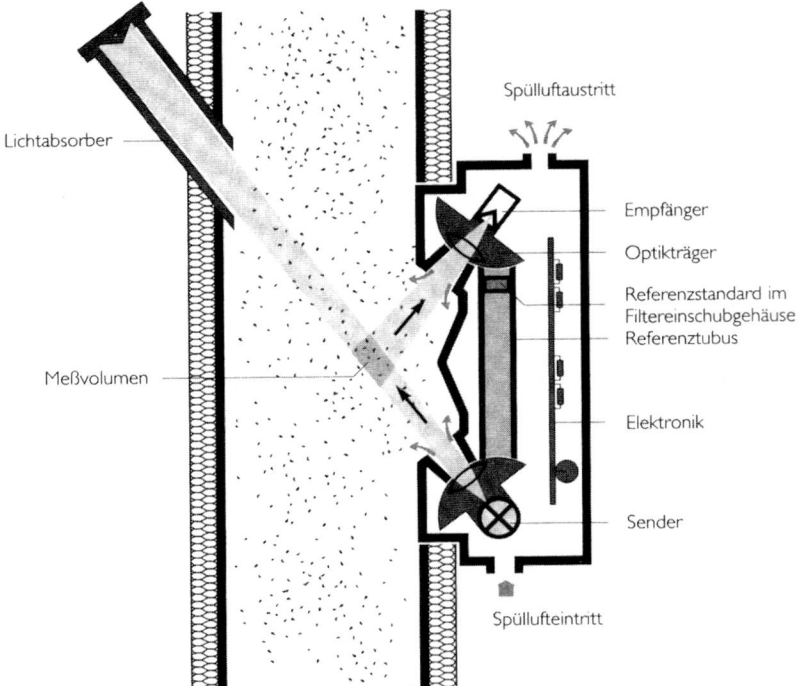

Bild 8.12: Schemata eines In-situ-Streulichtmessgerätes zur Messung des Staubgehaltes (RM 200, Sick, Waldkirch)

Optische Messverfahren werden auch für die Bestimmung von Staubkonzentrationen oder der Rußzahl eingesetzt: als Transmissions-Messung im sichtbaren Licht (Schwächung des Lichtstrahls durch die Partikel über die Messstrecke, z.B. den Kaminquerschnitt) oder für die heute geforderten niedrigen Reingas-Konzentrationen durch Streulicht-Messung (Messung der an den Partikeln gestreuten Lichtstrahlung, Bild 8.12).

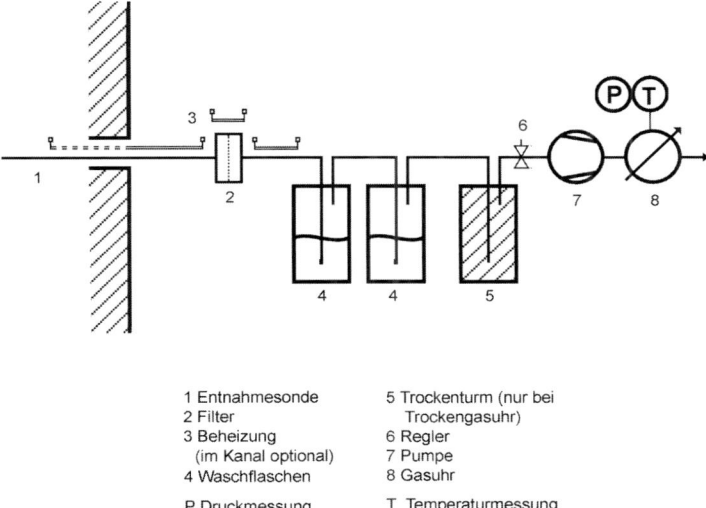

1 Entnahmesonde
2 Filter
3 Beheizung
  (im Kanal optional)
4 Waschflaschen

5 Trockenturm (nur bei
  Trockengasuhr)
6 Regler
7 Pumpe
8 Gasuhr

P Druckmessung   T Temperaturmessung

Bild 8.13: Prinzipschema eines Messverfahrens mittels Absorption gasförmiger Stoffe

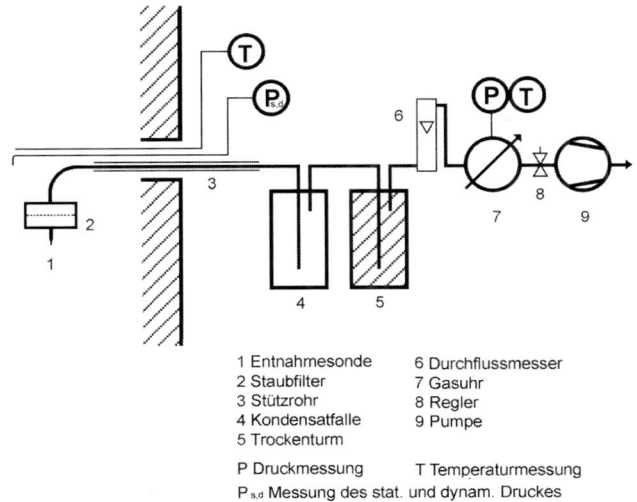

1 Entnahmesonde
2 Staubfilter
3 Stützrohr
4 Kondensatfalle
5 Trockenturm

6 Durchflussmesser
7 Gasuhr
8 Regler
9 Pumpe

P Druckmessung   T Temperaturmessung
P$_{s,d}$ Messung des stat. und dynam. Druckes

Bild 8.14: Prinzipschema eines Messverfahrens zur Bestimmung des Staubgehaltes im Abgas

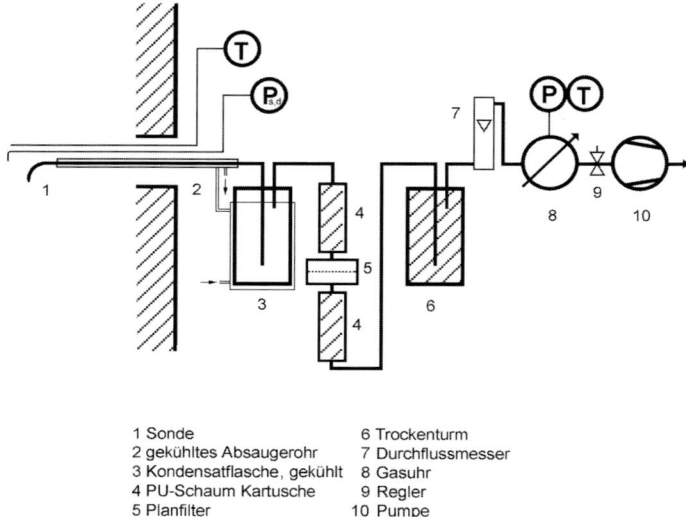

1 Sonde
2 gekühltes Absaugerohr
3 Kondensatflasche, gekühlt
4 PU-Schaum Kartusche
5 Planfilter
6 Trockenturm
7 Durchflussmesser
8 Gasuhr
9 Regler
10 Pumpe

Bild 8.15: Prinzipschema eines Dioxin-/ Furan-Messverfahrens mit gekühlter Sonde

Die diskontinuierlichen Verfahren kommen im Wesentlichen für die wiederkehrenden Emissionsmessungen zum Einsatz. Viele dieser Verfahren haben den Status von Referenz-Messverfahren, d.h. sie müssen für die Kalibrierung von kontinuierlichen Messanlagen eingesetzt werden oder das verwendete Verfahren muss nachweisbar auf diese zurückgeführt werden können. Sie sind in Europäischen Normen (CEN), Deutschen Normen (DIN) und VDI-Richtlinien beschrieben. Oft sind es anreichernde Methoden, wobei eine definierte Menge des Messgases über ein Sammelmedium gesaugt wird und der Stoff quantitativ mit chemischen Analysenverfahren oder durch Wägung (Staub) bestimmt wird. Aus dem auf Normbedingungen umgerechneten abgesaugten Probengasvolumen und der analysierten Stoffmasse kann die Konzentration im Abgas (unter Normbedingungen) berechnet werden. In den Bildern 8.13 und 8.14 sind für gasförmige Stoffe (Beispiel SO_2) bzw. für Staub Fließbilder der Probenahmeapparaturen dargestellt. Letztlich liegt auch der Dioxinmessung ein vergleichbares System zugrunde (Bild 8.15). Die sehr niedrigen Konzentrationen erfordern jedoch größere Probenahmevolumen für eine höhere Anreicherung in der Probe, was nicht zuletzt auch durch verlängerte Probenahmezeiten realisiert wird. Zusätzlich ist eine hochauflösende Spurenanalytik erforderlich, die nur in wenigen spezialisierten Labors qualifiziert durchgeführt werden kann. Die Anwendung all dieser Verfahren verlangt große Erfahrung und hohe Anforderungen an die Qualitätssicherung bei den Messinstituten.

8.10 Sonstige Pflichten des Anlagenbetreibers

8.10.1 Ableitbedingungen für Abgase (TA Luft)

Zur Vermeidung von unzulässigen Immissionen sind die Abgase so abzuleiten, dass ein ungestörter Abtransport mit der freien Luftströmung ermöglicht wird; in der Regel ist eine Ableitung über Schornsteine erforderlich. Werden die Abgase über einen Schornstein abgeleitet, ist dessen Höhe nach einem in der TA Luft angegebenen Verfahren zu bestimmen. Bei Feuerungsanlagen mit einer Feuerungswärmeleistung von 1 MW oder mehr hat die Höhe der Austrittsöffnung für die Abgase
1. die höchste Kante des Dachfirstes um mindestens 3 m zu überragen und
2. mindestens 10 m über Flur zu liegen.

Bei einer Dachneigung von weniger als 20 Grad ist die Höhe der Austrittsöffnung auf einen fiktiven Dachfirst zu beziehen, dessen Höhe unter Zugrundelegens einer Dachneigung von 20 Grad zu berechnen ist.

Die rechnerische Ermittlung der Mindesthöhe des Schornsteines nach TA Luft setzt bei einer großen Feuerungswärmeleistung in der Regel besondere Kenntnisse voraus. Neben den Emissionsmassenströmen der verschiedenen Schadstoffe, der Abgastemperatur und dem Volumenstrom des Abgases gehen auch benachbarte Schornsteine, die Ergebnisse der Berechnung der Gesamt-Immissionsbelastung, die Höhe des Bewuchses und der Bebauung in der Umgebung sowie meteorologische Daten in die Rechnung ein. Überschreitet die rechnerisch bestimmte Schornsteinhöhe 200 m, sollen weiter gehende Maßnahmen zur Emissionsbegrenzung eingeleitet werden.

8.10.2 Der Betriebsbeauftragte

Die Pflicht zur Bestellung eines Betriebsbeauftragten für Immissionsschutz ergibt sich unmittelbar aus § 53 des BImSchG für die im Anhang 1 der 5. BImSchV aufgeführten Anlagen (für Kraftwerke z. B. bei festen und flüssigen Brennstoffen ab 150 MW, bei gasförmigen Brennstoffen ab 250 MW). Die Pflicht zur Bestellung eines Störfallbeauftragten ist dagegen an den Betrieb von Anlagen geknüpft, für die nach § 1 Abs. 1 der Störfallverordnung besondere Sicherheitspflichten gelten.

Der Immissionsschutz- und Störfallbeauftragte muss entsprechende Fachkunde und Zuverlässigkeit nach den §§ 7 bis 10 und dem Anhang 2 der 5. BImSchV nachweisen. Ihm obliegen folgende Aufgaben:

Aufgaben des Immissionsschutzbeauftragten nach § 54 des BImSchG

- Hinwirkung auf die Entwicklung und Einführung umweltfreundlicher Verfahren (einschließlich Abfallvermeidung und Wärmenutzung) und die Herstellung umweltfreundlicher Erzeugnisse (einschließlich Wiedergewinnung und Wiederverwendung)
- Initiativfunktion bei der Einführung von neuartigen Verfahren und Erzeugnissen unter dem Gesichtspunkt der Umweltfreundlichkeit
- Innerbetriebliche Überwachung der Betriebsanlage auf Einhaltung der gesetzlichen und behördlichen Umweltschutz- und Sicherheitsanforderungen (soweit nicht im Befugnis des Störfallbeauftragten) und Unterbreitung von Vorschlägen zur Beseitigung von Mängeln

Tafel 8.9: Gesetzliche Grundlagen für Betriebsbeauftragte

Beauftragter für	Grundlage	Betroffene Anlagen	Aufgabenbereich
Immissionsschutz	§§ 53 ff., BImSchG, §§ 1 ff., 5. BImSchV	Anhang I 5. BImSchV	– Einsatz umweltfreundlicher Verfahren (Abwärme, Abfall, Lärm) – Überwachung der Emissionen und Immissionen
Störfall	§§ 58 a ff., BImSchG §§ 1 ff., 5. BImSchV	Betriebsbereiche gemäß § 1 der 12. BImSchV	– Handhabung und Lagerung von Gefahrstoffen – Brandschutz, Sicherheit der Anlage
Gewässerschutz	§§ 21 a ff., WHG	Abwassereinleitung > 750 m³/d	– Abwasserabgabengesetz – Entnahme von Wasser – Einleitung von Abwasser – VAwS[1]
Abfall	§§ 11 a ff., Krw-/AbfG §§ 54ff.,Krw-/AbfG	Abfälle > 2t büb[2] > 2000t üb[3] oder pro Jahr	– Bestimmungsverordnung für Anlagen mit Abfallbeauftragtem – Abfallvermeidung, ordnungsgemäße Entsorgung
Gefahrgut	§§ 1 ff., GefahrgutbeauftragtenV	Transport gefährlicher Güter	– Transportwege – Kennzeichnung der Fahrzeuge mit Warntafeln – Ausbildung der Fahrer
Strahlenschutz	§§ 29 ff., StrahlenschutzV, §§ 13 ff., RöntgenV	Handhabung radioaktiver Stoffe, Röntgenapparate	– Abschirmung radioaktiver Strahlen bzw. Röntgenstrahlen – Schutz vor Strahlungsschäden
Arbeitssicherheit	§ 5 ArbeitssicherheitsG	alle	– Beratung im Arbeits- und Gesundheitsschutz – Handhabung und Lagerung von Gefahrstoffen, Unfallverhütung

[1] Anlagenverordnung wassergefährdende Stoffe
[2] besonders überwachungsbedürftig
[3] überwachungsbedürftig

– Aufklärung von Betriebsangehörigen über die von der Anlage verursachten schädlichen Umwelteinwirkungen und Maßnahmen zu deren Verhinderung entsprechend den gesetzlichen Anforderungen
– Jährliche Berichterstattung dem Betreiber gegenüber über getroffene und beabsichtigte Maßnahmen

Aufgaben des Störfallbeauftragten nach § 58 b des BImSchG

– Hinwirkung auf die Verbesserung der Anlagensicherheit
– Unverzügliche Mitteilung an den Betreiber über Störungen, die zu einer potenziellen Gefahr führen können, und über Mängel zum vorbeugenden und abwehrenden Brandschutz
– Innerbetriebliche Überwachung der Betriebsanlage auf Einhaltung der gesetzlichen und behördlichen Sicherheitsanforderungen und Unterbreitung von Vorschlägen zur Beseitigung von Mängeln

– Jährliche Berichterstattung dem Betreiber gegenüber und Aufzeichnung der getroffenen und beabsichtigten Maßnahmen

Die *Bestellungspflicht* obliegt dem Anlagenbetreiber. Er kann beide Beauftragungen auf dieselbe Person erstrecken oder sie auch an nicht betriebsangehörige Personen übertragen. In kleineren Betrieben kann zusätzlich die Verantwortung über Gewässerschutz, Abfall (siehe Abschn. 8.12), Strahlenschutz und Gefahrgut an einen Umweltbeauftragten übertragen werden. Der Anlagenbetreiber muss dabei folgende weitere Pflichten nach § 55 BImSchG beachten:
– Die Qualifikation des Beauftragten ist nach § 7 der 5. BImSchV zu prüfen.
– Der Beauftragte ist schriftlich mit Urkunde zu bestellen.
– Der Betriebsrat ist über die Bestellung zu unterrichten.
– Die Aufgaben und Befugnisse des Beauftragten sind genau festzulegen.
– Der Beauftragte muss in seiner Tätigkeit unterstützt und dessen Anregungen angehört werden.
– Der Beauftragte darf wegen der Erfüllung der ihm übertragenen Aufgaben nicht benachteiligt oder gekündigt werden.

Einen Überblick über die Grundlagen der Bestellungspflicht, die betroffenen Anlagen und das Aufgabengebiet der Betriebsbeauftragten gibt Tafel 8.10.

Die Verantwortung für den Umweltschutz liegt aber nicht, wie oft angenommen, bei dem jeweiligen Beauftragten, sondern immer beim Anlagenbetreiber, also dem

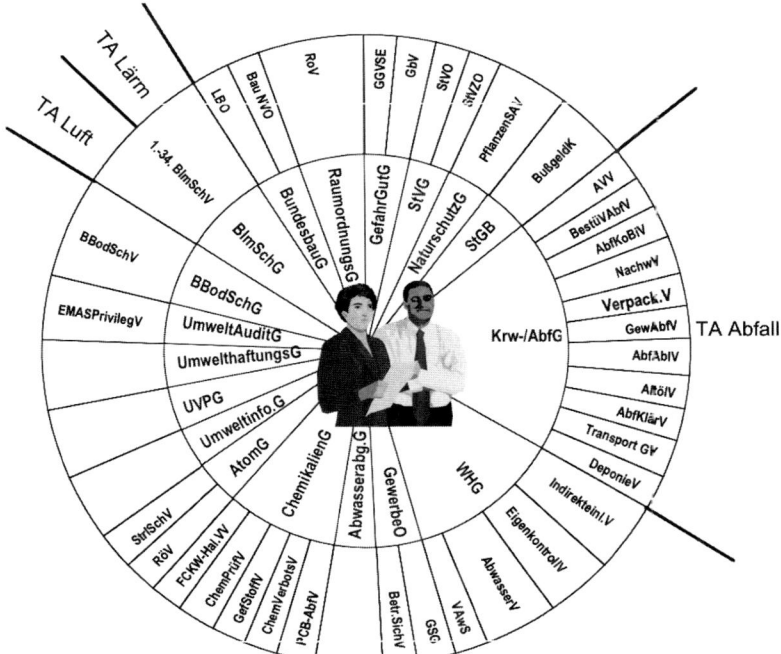

Bild 8.16: Der Betriebsverantwortliche im Netz der Gesetze und Verordnungen

Vorstand, dem jeweils zuständigen Kraftwerksleiter oder Betriebsdirektor. Es sei denn, dem Betriebsbeauftragten wurden Entscheidungsbefugnisse übertragen. Der Beauftragte hat jedoch dem Betriebsverantwortlichen gegenüber nach § 57 BImSchG ein unmittelbares Vortragsrecht.

Angesichts der Flut von Gesetzen und Verordnungen, die hier oft von einer einzelnen Person beachtet werden müssen (Bild 8.16), in denen zudem einzelne Begriffe unterschiedlich definiert sind, scheint die Schaffung eines einheitlichen Umweltgesetzbuches dringend geboten.

8.10.3 Die Emissionserklärung (11. BImSchV)

Nach § 27 und § 48 des BImSchG sind Betreiber von genehmigungsbedürftigen Anlagen verpflichtet, alle vier Jahre eine Emissionserklärung bei der zuständigen Behörde abzugeben. Diese muss Angaben enthalten über Art, Menge, räumliche und zeitliche Verteilung der Luftverunreinigungen, die von der Anlage in einem bestimmten Zeitraum ausgegangen sind. Die Verordnung wurde mit dem Ziel erlassen, die Voraussetzungen für die Erstellung eines Emissionskatasters zu schaffen, in dem besonders belastete Gebiete erkannt und dementsprechende Vorsorgemaßnahmen getroffen werden können.

Ausgenommen von dieser Pflicht sind nur Betreiber von Anlagen, von denen nur in geringem Umfang Luftverunreinigungen ausgehen können. In § 1 der 11. BImSchV sind die Anlagenarten mit Bezug auf die 4. BImSchV genannt, deren Betreiber von der Erklärungspflicht befreit sind.

Die Betreiber von genehmigungsbedürftigen Kessel- und Motorenanlagen haben eine Emissionserklärung abzugeben, deren Inhalt in Anhang 1 der 11. BImSchV festgelegt ist. Die Emissionserklärung ist bis zum 30. April des dem Erklärungszeitraum folgenden Jahres bei der zuständigen Behörde abzugeben.

Eine vereinfachte Emissionserklärung gemäß Anhang 2 der 11. BImSchV können nur Betreiber von mit Heizöl EL oder Gasen der öffentlichen Versorgung befeuerten Kesselanlagen abgeben, deren Feuerungswärmeleistung 50 MW nicht übersteigt.

Für die Ermittlung der Emissionen im Erklärungszeitraum können herangezogen werden:
1. fortlaufend aufgezeichnete Messungen,
2. Einzelmessungen,
3. Messergebnisse von gleichartigen Anlagen, sofern die Leistung beziehungsweise Kapazität und die Betriebsbedingungen vergleichbar sind,
4. begründete Rechnungen unter Verwendung von Emissionsfaktoren, Energie- und Massenbilanzen oder Analysenergebnissen.

Die 11. BImSchV befindet sich derzeit in Überarbeitung. Die Europäische Kommission hat mit der Entscheidung 2000/479/EG den Aufbau eines europäischen Schadstoffemissionsregisters (EPER) beschlossen. Damit ist für Deutschland eine neue internationale Berichtspflicht hinzugekommen, die mit den bisherigen Berichtsanforderungen der 11. BImSchV nicht erfüllt werden kann. EPER definiert Betriebseinrichtungen, Luftschadstoffe und Schwellenwerte für die geforderten standortbezogene Emissionsangaben, die in der bisherigen 11. BImSchV nicht oder nur teilweise berücksichtigt sind.

8.10.4 Arbeitsplatzbedingungen

Zum Schutz des Menschen vor arbeitsbedingten und sonstigen Gesundheitsgefahren (und der Umwelt vor stoffbedingten Schädigungen) sind in der Gefahrstoffverordnung (GefStoffV) besondere Regelungen für die Kennzeichnung und Verpackung gefährlicher Stoffe und Zubereitungen beim In-Verkehr-Bringen sowie für den Umgang mit Gefahrstoffen einschließlich ihrer Aufbewahrung, Lagerung und Vernichtung getroffen. Mit allgemeinen Umgangsvorschriften für Gefahrstoffe befasst sich der 5. Abschnitt der GefStoffV in den § § 16 bis 34. Zusätzliche Vorschriften für den Umgang mit krebserzeugenden und Erbgut verändernden Gefahrstoffen sind im 6. Abschnitt (§ § 35 bis 40) festgelegt.

> **Gefahrstoffe** sind Stoffe oder Zubereitungen nach § 3 a des Chemikaliengesetzes sowie Stoffe und Zubereitungen, die sonstige chronisch schädigende Eigenschaften besitzen oder die explosiv sind, bzw. Stoffe, Zubereitungen und Erzeugnisse, bei deren Umgang oder Verwendung gefährliche Stoffe entstehen oder freigesetzt werden.

Dem Arbeitgeber sind im 5. Abschnitt der GefStoffV unter anderem folgende Pflichten zum Schutz der Arbeitnehmer auferlegt:

> - **Ermittlungspflicht**
>   Handelt es sich bei Stoffen, Zubereitungen oder Erzeugnissen im Hinblick auf den vorgesehenen Umgang um Gefahrstoffe und können andere Stoffe oder Zubereitungen für den vorgesehenen Umgang mit einem geringeren Gesundheitsrisiko verwendet werden?
> - **Dokumentationspflicht**
>   Es ist ein Verzeichnis anzulegen und zu führen, das alle ermittelten Gefahrstoffe enthält.
> - **Allgemeine Schutzpflicht**
>   Danach sind die erforderlichen Maßnahmen zum Schutz des Lebens, der Gesundheit und der Umwelt gemäß den allgemeinen und besonderen Vorschriften der GefStoffV, den Arbeitsschutz- und Unfallverhütungsvorschriften unter Berücksichtigung allgemein anerkannter Regeln und Erkenntnisse der Sicherheitstechnik, Arbeitsmedizin usw. zu treffen.
> - **Überwachungspflicht**
>   Die Einhaltung von MAK- und TRK-Werten in der Luft am Arbeitsplatz und die Einhaltung von BAT-Werten sind nachzuweisen. Bis zu diesem Nachweis gilt die Auslöseschwelle als überschritten und zusätzliche Maßnahmen sind zum Schutz der Gesundheit erforderlich.
>   * MAK – Maximale Arbeitsplatz-Konzentrationen, TRK – Technische Richtkonzentrationen, BAT – Biologische Arbeitsstoff-Toleranzwerte

Ferner wird die Rangfolge von Schutzmaßnahmen festgelegt. Die höchste Priorität hat die Gestaltung der Arbeitsverfahren der Art, dass gefährliche Stoffe nicht freigesetzt werden und dass Hautkontakt vermieden wird. Danach folgen Maßnahmen zur Absaugung und gefahrlosen Ableitung bzw. Beseitigung der Stoffe am Entstehungsort bzw. durch die Raumlüftung. Als letzte Maßnahme gilt die Bereitstellung persönlicher Schutzausrüstung, die vom Arbeitnehmer zu tragen ist.

Um seinen Schutzpflichten nach GefStoffV nachzukommen, ist unter anderem die Erstellung einer Arbeitsbereichsanalyse erforderlich. Die Vorgehensweise ist in

Tafel 8.10: Grenzwerte für Gefahrstoffe
(Auszug aus den technischen Regeln für Gefahrstoffe TRGS 900, Stand: 9.2003)

Stoff	Formel	Grenzwert ml/m³ (ppm)	Grenzwert mg/m³	Stoff	Formel	Grenzwert ml/m³ (ppm)	Grenzwert mg/m³
Aceton	H_3C-CO-CH_3	500	1200	Holzstaub			2^E
Ameisensäure	HCOOH	5	9,5	Hydrazin	$NH_2 \cdot NH_2$	0,1	0,13
Ammoniak	NH_3	50	35	Jod	J_2	0,1	1,1
Antimon	Sb		0,5^E	Kieselglas			0,3^A
Antimontrioxid	Sb_2O_3		0,1^E	Kieselgur, ungebrannt			4^E
Asbest		Expositionsverbot!		Kohlendioxid	CO_2	5000	9100
Benzol	C_6H_6	1	3,25	Kohlenmonoxid	CO	30	35
Benzo(a)pyren	$C_{20}H_{12}$		0,002	Kupfer	Cu		1^E
Blei	Pb		0,1^E	Kupfer-Rauch	Cu		0,1^A
Butan	C_4H_{10}	1000	2400	Mangan	Mn		0,5^E
Butanol	C_4H_9OH	100	300	Methanol	CH_3OH	200	270
Calciumoxid	CaO		5^E	Monochlordifluormethan (R22)	$ClCHF_2$		3600
Calciumsulfat	$CaSO_4$		6^A				
Carbonylchlorid	$COCl_2$	0,02	0,082	Morpholin		10	36
Chlor	Cl_2	0,5	1,5	Natriumhydroxid	NaOH		2^E
Chlordioxid	ClO_2	0,1	0,28	Nickel	Ni		0,5^E
Chloroform	$CHCl_3$	10	50	Ozon	O_3	0,1	0,2
Chlorwasserstoff	HCl		8	Phosphorwasserstoff	PH_3	0,1	0,14
Chrom(VI)-Verbindungen			0,1^E				
- im übrigen			0,05^E	Propan	C_3H_5	1000	1800
Cyclohexylamin		10	41	Quarz	SiO_2		0,15^A
Dichlordifluormethan (R12)	CF_2Cl_2	1000	5000	Quecksilber	Hg		0,1
Dichlorfluormethan	(R21) $CHFCl_2$	10	43	Quecksilberverbindungen, organisch			0,01^E
Dichlormethan	CH_2Cl_2	100	350	Salpetersäure	HNO_3	2	5,2
Dieselmotor-Emissionen			0,1^A	Schwefeldioxid[2]	SO_2		1,3
2-Diethylaminoethanol			24	Schwefelsäure[3]	H_2SO_4		0,1^E
1,4- Dihydroxybenzol			2^E	Schwefelwasserstoff	H_2S	10	15
Essigsäure	CH_3-COOH	10	25	Staub			
Ethanol	H_3C-CH_2OH	500	960	alveolengängig (A)			3^A
Faserstäube, anorganische[4]				einatembar (E)			10^E
- bestimmte Anwendungsbereiche und Fasern		500.000 Fasern/m³		Stickstoffdioxid	NO_2	5	9
				Stickstoffmonoxid	NO	25	30
				Styrol	$C_6H_5CHCH_2$	20	85
- im übrigen		250.000 Fasern/m³		Terpentinöl		100	560
				Toluol	$C_6H_5CH_3$	50	190
Fluor	F_2	0,1	0,16	Trichlorethylen	CCl_2CHCl	50	270
Fluorwasserstoff	HF	3	2,5	Vanadiumpentoxid	V_2O_5		0,05^A
Formaldehyd	HCHO	0,5	0,62	Wasserstoffperoxid	H_2O_2	1	1,4
n-Hexan	C_6H_{14}	50	180				

^{A} alveolengängige Fraktion des einatembaren Staubes (früher als Feinstaub bezeichnet)
^{E} einatembarer Staub (früher als Grobstaub bezeichnet)
1) Beim Lichtbogenhandschweißen mit umhüllten Stabelektroden
2) Ausnahmen:
  - Zellstoffindustrie 5 mg/m³ bis 3.2006, dann 2,5 mg/m³
  - chemisch, pharmazeutische Industrie 2,5 mg/m³
3) Ausnahmen:
  - Batterieherstellung, Metallgewinnung,... bis 3.2006 0,5^E mg/m³
  - Schwefelsäureherstellung, Einsatz für chemische Synthese, Viskoseherstellung, Galvanik 0,2^E mg/m³
4) Krebserzeugend Kategorie 1, 2 und 3 (außer Asbest)

den »**Technischen Regeln für Gefahrstoffe (TRGS) 402**« festgelegt. Hierfür kann sich der Arbeitgeber außerbetrieblicher Messinstitute bedienen. Die Grenzwerte für Gefahrstoffe in der Luft am Arbeitsplatz werden in der TRGS 900 nach neuen toxikologischen und arbeitsmedizinischen Erkenntnissen veröffentlicht. Einige ausgewählte Grenzwerte aus der TRGS 900 (Stand 9/2003) sind in Tafel 8.10 dargestellt.

Weitere wesentliche Hinweise und Festlegungen, unter anderem zu Auslöseschwellen krebserzeugender Stoffe, zum Umgang mit Einzelstoffen, zu Ersatzstoffen für krebserzeugende Stoffe und zu technischen Schutzmaßnahmen sind in weiteren Einzelregeln der TRGS enthalten.

Gefahrstoffe, mit denen im Bereich des Kesselbetriebs umgegangen wird oder die unter Umständen in der Luft am Arbeitsplatz auftreten, können unter anderem sein:
– Stoffe in Regenerier- und Beizmitteln, wie Salzsäure, Flusssäure, Schwefelsäure, Natronlauge und Ammoniak;
– Stoffe zur Konditionierung von Anlagen wie Hydrazin, Amine und Ähnliche;
– Stoffe, die z. B. aus Werkstoffen, Baustoffen oder Verbrennungsabfällen freigesetzt werden können, wie z. B. Stäube;
– Gase, die aus undichten oder für Tätigkeiten geöffneten Stellen in der Rauchgasführung austreten, soweit dies nicht durch Unterdruck verhindert wird;
– Stoffe, die in Werkstätten sowie bei der Reparatur und Wartung eingesetzt werden oder entstehen;
– Stoffe, die durch den innerbetrieblichen Verkehr oder den Anlieferverkehr freigesetzt werden, wie z. B. Dieselmotoremissionen;
– biologische Arbeitsstoffe, wie sie insbesondere in Anlagen zur Verwertung von Reststoffen und Abfällen auftreten.

Den Schutz vor Gefahren durch biologische Arbeitsstoffe regeln die Biostoff-Verordnung und die **Technischen Regeln für Biologische Arbeitsstoffe TRBA**, die seit einigen Jahren aufgebaut werden. Neben toxischen Gasen und Stäuben kann auch **Lärm** und **elektromagnetische Strahlung** zu Gesundheitsschäden führen. Für die Beurteilung der elektromagnetischen Strahlung am Arbeitsplatz ist die berufsgenossenschaftliche Vorschrift BGV B 11 maßgeblich.

Für die Beurteilung von Lärm am Arbeitsplatz sind die Unfallverhütungsvorschrift »**Lärm**« – **(BGV B3)** sowie die **Arbeitsstättenverordnung (ArbStättV)** in Verbindung mit den Richtlinien VDI 2058 Blatt 2 und Blatt 3 maßgeblich. Die Arbeitsstättenverordnung (ArbStättV) legt in § 15 »Schutz gegen Lärm« Folgendes fest:

---

(1) in Arbeitsräumen ist der Schallpegel so niedrig zu halten, wie es nach der Art des Betriebes möglich ist. Der Beurteilungspegel am Arbeitsplatz in Arbeitsräumen darf auch unter Berücksichtigung der von außen einwirkenden Geräusche höchstens betragen:
1. bei überwiegend geistigen Tätigkeiten 55 dB(A),
2. bei einfachen oder überwiegend mechanisierten Bürotätigkeiten und vergleichbaren Tätigkeiten 70 dB(A),
3. bei allen sonstigen Tätigkeiten 85 dB(A). Soweit dieser Beurteilungspegel nach der betrieblich möglichen Lärmminderung zumutbarerweise nicht einzuhalten ist, darf er um bis zu 5 dB(A) überschritten werden.

Bild 8.17: Gebotsschilder für Lärmschutzmittel in Lärmbereichen nach DIN 4819 (weißes Symbol bzw. weiße Schrift auf blauem Grund)

Sowohl Kesselhäuser als auch Heizzentralen sind Arbeitsräume im Sinne der Arbeitsstättenverordnung – ArbStättV. Aus dieser Verordnung ergibt sich somit die Forderung, dass auch in geschlossenen Messwarten ein Lärmpegel von höchstens 70 dB(A), in Kesselhäusern, Heizzentralen und zugehörigen Maschinenräumen von höchstens 85 dB(A) einzuhalten ist. Nur nach Ausschöpfung aller technischen Mittel zur Verminderung des Lärms ist ein Schalldruckpegel über 85 dB(A) zulässig.

Die UVV-Lärm hat die Verhinderung der Lärmgefährdung am Arbeitsplatz zum Ziel. Hiernach sind lärmgefährdete Bereiche zu kennzeichnen, und bei einem längeren Aufenthalt in diesen Bereichen sind besondere Verhaltensmaßregeln festgelegt.

Lärmbereiche im Sinne der UVV-Lärm sind Bereiche, in denen der ortsbezogene Beurteilungspegel 85 dB(A) oder der Höchstwert des nicht bewerteten Schalldruckpegels 140 dB(A) erreicht oder überschreitet. In diesem Fall ist die Kennzeichnung als Lärmbereich durch die im Bild 8.17 gezeigten Schilder erforderlich.

Gemäß der UVV-Lärm müssen ab einem Lärmpegel von 85 dB(A) persönliche **Schallschutzmittel** bereitgestellt werden. Bei Erreichen oder Überschreiten von 90 dB(A) ist die Benutzung solcher Hilfsmittel verbindlich vorgeschrieben und ihre Nichtverwendung kann als Ordnungswidrigkeit bestraft werden. Dabei wird zwischen einem kurzzeitigen Aufenthalt (zur Reparatur, Beaufsichtigung oder Kontrolle usw.) und einem dauernden Aufenthalt nicht unterschieden.

Persönliche Schallschutzmittel können lediglich eine Immissionsminderung am Gehör bewirken. Sie sind deshalb so auszuwählen, dass eine möglichst optimale Wirkung gegeben ist. Dabei können folgende Schallschutzmittel angewendet werden:
1. beliebig formbare Pfropfen aus Watte oder plastischen Massen,
2. fertig geformte Stöpsel aus hochelastischem Kunststoff,
3. individuell angepasste Gehörgangsstöpsel,
4. Kapseln in Verbindung mit Bügeln oder Sicherheitshelmen,
5. Schallschutzhelm.

Für die jeweiligen Anwendungsformen und Fabrikate sollte ein Prüfzeugnis mit der Angabe der erreichbaren Dämmwirkung vorhanden sein. Durch das Tragen von Schallschutzmitteln darf jedoch die Sicherheit nicht beeinträchtigt werden, d. h., die uneingeschränkte Wahrnehmbarkeit von Betriebssignalen oder dergleichen muss gewährleistet sein, ggf. durch zusätzliche optische Signale. Von der EU erlassene neue Lärm-Arbeitsschutzrichtlinien werden nach der Umsetzung in das deutsche Richtlinienwerk das Anforderungsniveau um 3 bis 5 dB(A) verschärfen.

8.10.5 Der Schutz des Bodens

Eine der Grundpflichten des BImSchG für den Betreiber einer genehmigungsbedürftigen Anlage ist es, sowohl während des Betriebs als auch nach der Betriebseinstellung, schädliche Umwelteinwirkungen zu vermeiden.

Neben gesetzlichen Regelungen zum Schutz der beiden Umweltmedien Luft (BImSchG) und Wassers (WHG) wurde mit dem Bundes-Bodenschutzgesetz (BBodSchG) vom 17.3.1998 erstmals eine Regelung in Kraft gesetzt, die auch das dritte Umweltmedium Boden umfassend schützt. Sie wurde zusammen mit der Bodenschutz- und Altlastenverordnung (BBodSchV) im Juli 1999 veröffentlicht.

Zweck des BBodSchG ist es, nachhaltig die Leistungsfähigkeit seiner natürlichen Funktionen als Lebensgrundlage und Lebensraum für Menschen, Tiere, Pflanzen und Bodenorganismen sowie für Nutzungen aller Art zu sichern oder wiederherzustellen (§ 1 BBodSchG). Um diese Ziele zu erreichen, legt das Gesetz Pflichten zur Vorsorge gegen das Entstehen von schädlichen Bodenveränderungen und zu deren Sanierung, sowie der von Altlasten und hierdurch verursachter Gewässerverunreinigungen fest.

Die nähere Durchführung regelt die BBodSchV. Sie legt das Vorgehen fest für:
- die Untersuchung und Bewertung von altlastverdächtigen Flächen,
- die Abwehr von schädlichen Bodenveränderungen,
- Sanierungmaßnahmen, -untersuchungen und -planungen bei Altlasten,
- Vorsorgeanforderungen gegen das Entstehen schädlicher Bodenveränderungen,
- die Festsetzung zulässiger Zusatzbelastungen,
- Anforderungen an den Umgang mit Bodenmaterial.

Die Pflicht zur Sanierung von Altlasten (§ 2 Abs. 5 BBodSchG) trifft den Verursacher der Altlast sowie dessen Gesamtrechtsnachfolger, ferner unter anderem den Grundstückseigentümer und -besitzer (§ 4 Abs. 3 BBodSchG). Bei der Festlegung der Sanierungsziele ist die planungsrechtlich zulässige Nutzung des Grundstücks und das sich daraus ergebende Schutzbedürfnis zu berücksichtigen.

8.11 Technische Maßnahmen zur Emissionsminderung

Die technischen Möglichkeiten der Emissionsminderung werden in zwei Hauptgruppen eingeteilt. Dabei werden Maßnahmen an Aggregaten, z. B. im Bereich der Kesselbauart, der Verbrennungstechnik und des Brennstoffeinsatzes, als »Primärmaßnahmen«, Maßnahmen der Abgasreinigung (z. B. Entstaubungs-, Entschwefelungs- und Entstickungsanlagen) bzw. der Schalldämmung oder -dämpfung als »Sekundärmaßnahmen« bezeichnet. Nicht wenige dieser Maßnahmen führen als »Nebenefekt« auch zu einer wirtschaftlicheren Betriebsweise der Anlagen (Wirkungsgrad).

Der Katalog der Primär- und der Sekundärmaßnahmen reicht von einfachen Veränderungen bis zu sehr aufwendigen technischen Einrichtungen. Für das Erreichen einer optimalen Emissionsminderung ist in der Regel die Kombination von Primär- mit Sekundärmaßnahmen erforderlich.

8.11.1 Primärmaßnahmen für Staub und Gase

8.11.1.1 Staub

Entscheidend für die Staubemissionen sind die Eigenschaften des Brennstoffs und der Feuerung. Typische Staubgehalte im ungereinigten Abgas (Rohgas) einiger Feuerungsarten sind in Tafel 8.11 wiedergegeben.

Die Flugasche aus der Verbrennung fester Brennstoffe ist ein Gemisch von Staubteilchen mit Durchmessern zwischen 0,1 µm und 100 µm. Dabei überwiegen meist mineralische Bestandteile gegenüber Unverbranntem.

Flugstaub aus Feuerungen für schweres Heizöl besteht aus einem Gemisch aus Metalloxiden (»Asche«), Koks und Ruß. Während die Metalloxide Bestandteile des Öls sind, bilden sich Koks und Ruß erst bei der Verbrennung, wobei insbesondere der Asphaltengehalt der Öle eine Rolle spielt. Aufgrund der gestiegenen Asphaltengehalte in den schweren Heizölen gewinnt die Brennerkonstruktion zunehmend an Bedeutung. Der durch den Aschegehalt des Öls bestimmte Rohgasstaubgehalt (0,01 % Asche im Öl ergibt einen Staubgehalt von rund 8 mg/m^3) kann durch verbrennungstechnische Maßnahmen nicht beeinflusst werden. Zusätzlich fallen auch bei guter Verbrennung etwa 20 mg/m^3 Ruß und Flugkoks an.

Durch Wasserzusatz bei der Verfeuerung von Heizöl S lässt sich die Feststoffemission bis auf die Grundbelastung aus dem Aschegehalt reduzieren. Das im Heizöl feinstverteilte Wasser verdampft in der heißen Verdampfungszone unmittelbar nach Austritt aus dem Zerstäuber. Durch den expandierenden Wasserdampf werden die zerstäubten Heizöltröpfchen zerlegt, sodass das Heizöl aufgrund der größeren Oberfläche schneller verdampfen kann. Das Ergebnis ist eine verbesserte Oxidation und damit ein geringerer Kohlenstoffgehalt (= Feststoffgehalt) im Abgas der Feuerung.

Tafel 8.11: Staubgehalt im Rohgas für typische Brennstoffe und Feuerungen

Brennstoff Feuerung	Staubgehalt g/m^3	Bemerkung
Kohle		
Staubfeuerung	2 bis 35	
Wanderrost	bis 100	
Wirbelschicht	um 0,185	
Sattelrost	bis 5	beim Rußblasen
Abfallverbrennung		
Hausmüll	1 bis 8	
Sondermüll	4 bis 15	
Klärschlamm	7 bis 25	
Holzfeuerung	1 bis 10	
Heizöl S	0,08 bis 0,3 < 0,05 > 0,001	optimierte Verhältnisse Nickelanteil
Heizöl EL	< 0,01	
Erdgas	< 0,0005	
Gichtgas	< 0,01	nach Entstaubung

Eine weitere Möglichkeit, die Staub-, Ruß- und CO-Emissionen bei der Verfeuerung von Heizöl S zu reduzieren, besteht in der Zudosierung von den Verbrennungsvorgang fördernder, öllöslicher Additive (Handelsname: Satamine). Dies ist vor allem für kleine und mittlere Dampferzeuger interessant. Die Additive bewirken zum einen eine verstärkte Ionisation von Molekülen und Partikeln in der Flamme, was die Bildung von Kondensationskeimen für Partikel herabsetzt und eine kleinere, schneller abbrennende Partikelgröße zur Folge hat. Anderseits wird eine hohe Anzahl von OH-Radikalen gebildet, die Rußpartikel und gasförmige Kohlenwasserstoffe oxidieren. Dadurch ist eine Minderung der Schadstoffemissionen erreichbar von: 70 bis 90 % bei Staub, 20 % bei NO_x, 50 % bei SO_3 und bis zu 60 % bei CO.

8.11.1.2 Schwefeloxide (3. BImSchV)

Alle fossilen Brennstoffe enthalten organische oder anorganische Schwefelverbindungen, die bei der Verbrennung hauptsächlich zu Schwefeldioxid (SO_2) umgesetzt werden. Durch Reaktion von SO_2 mit Sauerstoff bildet sich Schwefeltrioxid (SO_3). Der Anteil des SO_3 an den Schwefeloxidemissionen kann in Ausnahmefällen bis zu 5 % betragen, in der Regel ist er jedoch erheblich kleiner. Während bei Öl- und Gasfeuerungen praktisch der gesamte mit den Brennstoffen eingebrachte Schwefel emittiert wird, findet bei festen Brennstoffen eine teilweise Einbindung in die Asche statt. Bei Steinkohle sind Einbindegrade von 5 % die Regel. Bei Braunkohle wird aufgrund der relativ hohen Anteile an basischen Verbindungen in der Asche ein Einbindegrad von 20 bis 60 % erreicht. Übliche Rohgaskonzentrationen von SO_2 sind in Tafel 8.12 angegeben.

Bei Kohlefeuerungen sind folgende technischen Maßnahmen einzeln oder in Kombination anwendbar:
– Einsatz schwefelarmer Kohle,

Tafel 8.12: Schwefelgehalte und SO_2-Emissionen verschiedener Brennstoffe

Brennstoff	Schwefelgehalt	Einbindegrad %	SO_2-Emission mg/m³	O_2-Bezug %
Steinkohle	0,6 bis 1,2 %	5	1000–2500	6 bzw. 7
Koks	0,7 bis 1,0 %	5	1000–1500	6 bzw. 7
Braunkohlenbriketts, rh.	0,25 bis 0,45 %	50	350–650	6 bzw. 7
Abfall Hausmüll Sondermüll Klärschlamm	 0,1 bis 0,6 % n. b. 1,6 bis 2,0 %	 30 bis 70 n. b. n. b.	 40–1700 300–1000 1000–2000	11
Holz, naturbelassen	in der Holzrinde bis 0,15 %		0–200	11
Heizöl S	0,8 bis 2,8 %	0	1400–5000	3
Heizöl EL	50 mg/kg	0	< 10	3
Erdgas	< 150 mg/m³	0	< 35	3
Kokereigas	< 2000 mg/m³	0	< 800	10

- Einsatz kalkhaltiger Briketts,
- Einsatz von Kohle-Kalkstein-Mischungen (Trockenadditiv-Verfahren bei Braunkohlestaubfeuerungen; Zugabe von Kalkstein bei Wirbelschichtfeuerungen),
- Zumischung der Rückstände aus einem Trockensorptionsverfahren,
- Eindüsung von basischen Sorbentien in den Feuerraum bei Steinkohlefeuerungen (Direktentschwefelung).

Die 3. BImSchV begrenzt den Schwefelgehalt im leichten Heizöl und im Dieselkraftstoff auf max. 50 mg/kg. Damit reichen Primärmaßnahmen aus, um die Grenzwerte der 13. BImSchV und der TA Luft einzuhalten. Auch bei schwerem Heizöl lässt sich dies, bei Verwendung einer schwefelarmen Qualität (max. 1 % S), ohne Sekundärmaßnahmen erreichen.

Direktentschwefelung bei Steinkohlefeuerungen

Die Entwicklung NO_X-armer Feuerungskonzepte eröffnet auch bei Steinkohlefeuerungen die Möglichkeit zum Einsatz von Additivverfahren, da durch feuerungstechnische Maßnahmen zur NO_X-Minderung die Flammentemperatur um mehrere hundert Grad, etwa auf das bei Braunkohlefeuerungen übliche Temperaturniveau, abgesenkt werden kann.

Die Zugabe der basischen Additive (meist Calciumverbindungen) erfolgt über Sekundär- oder Tertiärluftdüsen direkt in die Feuerung. Die Einbindung von SO_2 und Halogenwasserstoff (HCl und HF) findet bei Temperaturen zwischen 750 und 1250 °C statt. Entschwefelungsgrade zwischen 50 und 65 % konnten mit Calciumhydroxid als Additiv bei einem Molverhältnis von Ca/S = 2 erreicht werden. Mit einem nachgeschalteten Verdampfungskühler lässt sich der Entschwefelungsgrad auf 70 bis 80 % steigern.

Das Direktentschwefelungsverfahren dürfte allein nicht immer ausreichen. Hybridsysteme, d. h. die Kombination verschiedener Systeme, sind speziell bei Steinkohlekraftwerken interessant, die häufig im Teillastbetrieb gefahren werden. In derartigen Fällen kann die Entschwefelung in einer Nasswäsche vorgenommen werden. Diese wird nur auf den der Teillast entsprechenden Abgasteilstrom ausgelegt. Bei Betrieb mit Volllast wird das Direktentschwefelungsverfahren zugeschaltet. Insgesamt können sich dadurch geringere Entschwefelungskosten ergeben als beim ständigen Vorhalten einer Abgasentschwefelungsanlage für die gesamte Abgasmenge.

8.11.1.3 Stickstoffoxide

Die Stickstoffoxidemission bei Feuerungen besteht in der Regel zu über 95 % aus Stickstoffmonoxid (NO), der Rest aus Stickstoffdioxid (NO_2). International hat sich eingebürgert, Stickstoffoxide summarisch bezogen auf die Molmasse des Stickstoffdioxids in mg NO_2/m^3 anzugeben. N_2O (Lachgas) hat als »Treibhausgas« mit hohem Wirkpotential in letzter Zeit an Bedeutung gewonnen, wird jedoch nur an wenigen Anlagentypen in wirklich relevanten Mengen emittiert (Wirbelschichtfeuerungen, insbesondere mit Klärschlamm).

Die Stickstoffoxide werden in der Feuerung aufgrund komplexer Reaktionsmechanismen gebildet. Entsprechend vielfältig sind die technischen Einflussmöglichkeiten zu ihrer Minderung. Drei Bildungsmechanismen werden unterschieden (Bild 8.18):

Vorschriften und Maßnahmen zum Schutze der Umwelt

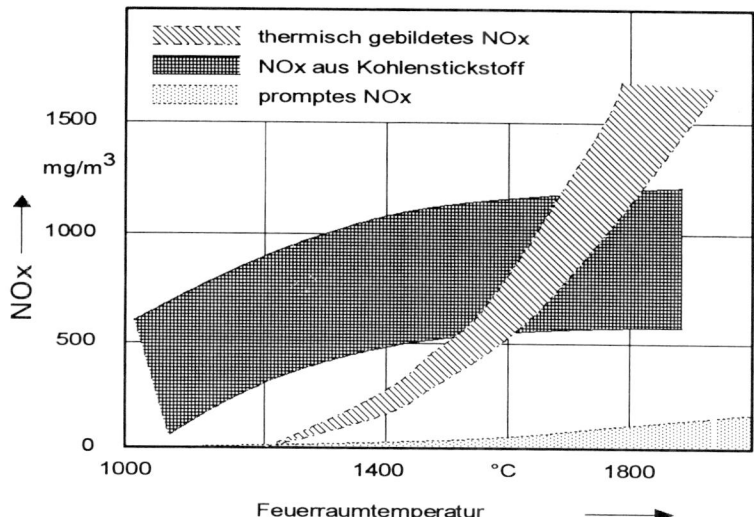

Bild 8.18: Quellen der NO_X-Emission als Funktion der Feuerraumtemperatur bei Kohlefeuerungen

»**Promptes NO**«, auch primäres NO genannt, entsteht in der brennstoffreichen Atmosphäre der Flammenfront durch die Reaktion von Kohlenwasserstoffradikalen mit Stickstoff, deren weitere Reaktionsketten dann zu Stickstoffoxiden führen. Der Anteil des prompten NO ist vergleichsweise gering.

»**Thermisches NO**« bildet sich nach der Reaktion

$$N_2 + O \longrightarrow NO + N$$
$$N + O_2 \longrightarrow NO + O$$

indem sich der molekulare Stickstoff (N_2) der Verbrennungsluft mit atomarem Sauerstoff (O) verbindet. Da der in der Verbrennungsluft vorhandene molekulare Sauerstoff (O_2) erst bei Temperaturen oberhalb von 1300 bis 1600 °C merklich in atomaren Sauerstoff übergeht (thermische Dissoziation), setzt diese Art der NO-Bildung erst bei relativ hohen Temperaturen ein (deshalb »Thermisches NO«).

Bei der Bildung von »**Brennstoff-NO**« wird angenommen, dass der im Brennstoff vorhandene chemisch gebundene Stickstoff (nicht der molekulare Stickstoff,

Tafel 8.13: Entstehungsquellen von thermischem NO_X und Brennstoff NO_X

Brennstoff	thermisches NO_X	Brennstoff-NO_X aus	
		flüchtigem Anteil	festem Anteil
	%	%	%
Erdgas	100	–	–
Heizöl EL	90	10	–
Heizöl S	60–40	40–60	–
Kohle (Trockenfeuerung)	10–30	50–70	20–30
Kohle (Schmelzfeuerung)	40–60	30–40	10–20

wie er z. B. im Erdgas vorliegt) während der Pyrolyse (d. h. im Bereich relativ niedriger Temperaturen) in einfache Amine und Cyanide zerfällt und diese sekundären Stickstoffverbindungen anschließend mit Sauerstoffträgern zu NO reagieren.

Auch flüssige Brennstoffe können organisch gebundenen Stickstoff enthalten. Dies gilt insbesondere für Rückstandsöle aus der Erdölraffination, weniger für Erdöldestillate. Neben »Thermischem NO« kann also auch bei Ölfeuerungen während der Verbrennung »Brennstoff-NO« gebildet werden, wenn auch in geringerem Maße als bei Kohle.

Gasförmige Brennstoffe, insbesondere Erdgas, enthalten in der Regel keinen organisch gebundenen Stickstoff. Nur bei der Verbrennung bestimmter stickstoffhaltiger Chemie- und Kohlegase kann zusätzlich zum »Thermischen NO« auch »Brennstoff-NO« entstehen (Tafel 8.13).

Je nach Brennstoff, Bauart und Betriebszustand der Feuerungen variieren die NO_X-Emissionen. Hohe Feuerraumtemperaturen, bedingt durch thermisch hoch belastete Feuerräume, sowie hohe Luftvorwärmung führen ebenso zu hohen NO_X-Emissionen wie der Einsatz stark stickstoffhaltiger Brennstoffe (mit organisch gebundenem Stickstoff). Bei Volllast sind die NO_X-Emissionen in der Regel am höchsten, bei Teillast ergeben sich meistens niedrigere Werte. Bei Rostfeuerungen können die höchsten NO_X-Werte dagegen auch bei Teillast auftreten. In Tafel 8.14 sind typische NO_X-Emissionen bei Abfallverbrennungs- und Feuerungsanlagen zusammengestellt.

Aus dem Bildungsmechanismus für Stickstoffoxide ergeben sich die Möglichkeiten zur Reduzierung der NO_X-Bildung, wie sie in Tafel 8.15 zusammengestellt sind.

Grundsätzlich ist die Beschränkung auf stickstoffarme Brennstoffe bereits eine wichtige, wenn auch meist nicht anwendbare Primärmaßnahme. Im Handel sind Heizöl-EL-Sorten, deren Stickstoffgehalt sich zwischen 40 und 400 mg Stickstoff pro kg Öl bewegt. Bei vollständiger Umwandlung des Brennstoffstickstoffs führt dies zu anteiligen Stickstoffoxidemissionen zwischen 10 und 110 mg NO_2/m^3 (bezogen auf trockenes Abgas im Normzustand und 3 % O_2). Als Primärmaßnahmen zur NO_X-Bildungsunterdrückung sind deshalb vor allem die feuerungstechnischen bzw. thermodynamischen Maßnahmen zu bezeichnen, die vom Beginn der Flam-

Tafel 8.14: NO_X-Emissionen aus Industriefeuerungen

Brennstoff	NO_X-Emissionen ohne Minderungsmaßnahmen mg/m³	NO_X-Emissionen mit Primärmaßnahmen mg/m³
Erdgas	150 bis 500	40 bis 100
Heizöl EL	150 bis 400	90 bis 150
Heizöl S	450 bis 800	300 bis 650
Holz	100 bis 600	100 bis 300
Steinkohle (Schmelzfeuerung)	800 bis 1800	400 bis 1000
Steinkohle (Trockenfeuerung)	500 bis 700	200 bis 500
Steinkohle (Wirbelschichtfeuerung)	350 bis 700	200 bis 400
Braunkohle	400 bis 650	200 bis 400
Hausmüll	280 bis 450	250 bis 350
Sondermüll	200 bis 400	200 bis 350
Klärschlamm	150 bis 250	100 bis 200

Tafel 8.15: Möglichkeiten und Maßnahmen zur primären NO_X-Minderung (Bildungsunterdrückung)

Möglichkeiten	Technische Maßnahmen	Minderung* %
a) Reduzierende Verbrennungszonen durch partiellen O_2-Mangel im Flammenkern oder am Flammenanfang	– Rauchgasrückführung – unterstöchiometrische Primärluft und Oberluft; Einsatz von Stufenmischbrennern – Brennstoffstufung – asymmetrische Verbrennungszonen mit unter- und überstöchiometrischen Luftanteilen – Luftstufung – Zugabe reduzierender Gase	10–80 10–40 50–80 10–35 30–45 30–50
b) Flammenkühlung, Vermeidung von Zonen hoher Temperatur, Verkürzung der Verweilzeit im Bereich hoher Temperaturen	– alle Maßnahmen der sekundären und tertiären Luftdosierung, Erhöhung des Lambda-Wertes – Dampf-/Wassereindüsung, Brennstoffbefeuchtung – Einbauten zur Flammenkühlung, z. B. Kühlstäbe – Minderung oder Vermeidung der Luftvorwärmung	–30 5–20 –30 10–30
c) Verbesserung der Verbrennung, Verkürzung der Abgasverweilzeit im Verbrennungsbereich	– Verbesserung der Vermischung von Brennstoff und Verbrennungsluft in Verbindung mit Verweilzeitverkürzung – Verringerung der Tröpfchengröße bei Ölbrennern	10–30 10–30
d) Verringerung der Heizflächenbelastung, Vergleichmäßigung der Verbrennung	für Neuanlagen: – Vergrößerung von Brennraum und Heizflächen – Benneranordnung (Tangentialfeuerung) – zirkulierende Wirbelschichtfeuerung	30–50
e) Additivbeimischung zum Brennstoff	– Mehrstufenbrenner mit Kalksteinbeimischung – Trockenadditivverfahren	50–60 60–75
f) Verminderung des Stickstoffanteils im Verbrennungsvorgang	– stickstoffarme Brennstoffe – Sauerstoffbrenner	40–50 50–70

* In Einzelfällen auch höher.

menzone bis zum Ende des Feuerraums wirksam werden.

Die verschiedenen technischen Maßnahmen zur Umsetzung der Primärmaßnahmen lassen sich in der Regel nicht voneinander trennen, da nach der Erzeugung von reduzierenden Zonen im Flammenbereich über dem Rost oder im Flammenkern von Brennern (durch unterstöchiometrische Luftdosierung) stets der Brennstoffausbrand durch ausreichend bemessene Sekundär- und/oder Tertiärluftdosierung am Flammenende (Kühleffekt) gesichert werden muss.

Die Effektivität der einzelnen Minderungsmaßnahmen ist stark vom Brennstoff abhängig. So lässt sich mit der Rauchgasrückführung (Rezirkulation) bei erdgasgefeuerten Anlagen eine Reduzierung des NO_X bis zu 80 % erreichen, währenddessen diese Maßnahme bei mit schwerem Heizöl befeuerten Kesseln nur zu einer Verringerung der NO_X-Emissionen von maximal 20 % führt.

Die Schaffung reduzierender Zonen im Flammenbereich dient vor allem der Unterdrückung des Brennstoff-NO. Die Maßnahmen zur Flammenkühlung, Verbrennungsvergleichmäßigung, Absenkung des Temperaturniveaus und der Verweilzeit im Feuerraum mindern vor allem die Bildung von thermischem NO. Den Aufbau und die komplizierte strömungstechnische Auslegung eines NO_X-armen Brenners zeigt Bild 4.46.

Da die feuerungstechnischen Primärmaßnahmen grundsätzlich die Thermodynamik des Verbrennungsprozesses nicht fördern und die Ausbrandqualität der Aschen verschlechtern, ist ihre Nutzung nur bis zu dem Punkt möglich, an dem eine deutliche Verschlechterung des thermodynamischen Wirkungsgrades sowie Nachteile für den Kesselbetrieb einsetzen wie:
- schlechter Ausbrand,
- Ruß- und CO-Bildung,
- Heizflächenverschmutzung, Verschlackung,
- Feuerraumkorrosion,
- Brennerstörungen, Flammeninstabilitäten.

Durch Einzelmaßnahmen sind, abhängig vom Brennstoff, kaum mehr als 50 %, bei Nutzung aller in Tafel 8.15 genannten Primärmaßnahmen selten mehr als 80 % Minderung erreichbar. Nur bei Kesselneubauten wird durch Nutzung aller Möglichkeiten eine Unterdrückung der NO_X-Bildung bis zu 90 % möglich.

8.11.1.4 Kohlenmonoxid und organische Stoffe

Kohlenmonoxid und organische Stoffe entstehen als Produkte einer unvollständigen Verbrennung in allen Feuerungsanlagen für kohlenstoffhaltige Brennstoffe. Die Höhe der Emissionen wird von der Brennstoffart, der Feuerführung und der technischen Ausrüstung der Feuerungsanlage bestimmt. Kohle- und Holzfeuerungen haben im Mittel ein höheres Emissionsniveau als Ölfeuerungen und diese wiederum ein höheres als Gasfeuerungen. Dementsprechend wurden in der TA Luft unterschiedliche CO-Emissionsgrenzwerte für feste, flüssige und gasförmige Brennstoffe festgelegt.

Kohlenmonoxid wird bei Feuerungsanlagen als Leitsubstanz zur Beurteilung des Abgasausbrandes herangezogen, da eine signifikante Korrelation mit anderen unverbrannten Abgasbestandteilen, z. B. organischen Stoffen und Ruß, gegeben ist. In experimentellen Untersuchungen konnte bei gestörter und unvollständiger Verbrennung ein deutlicher Anstieg der Konzentration von polyzyklischen aromati-

Tafel 8.16: Typische Konzentration an CO und organischen Stoffen angegeben als Gesamt-C im Abgas von Feuerungen

Feuerung/ Brennstoff	CO-Konzentration mg/m^3	Gesamt-C mg/m^3
Rostfeuerung		
Steinkohle	< 250	< 200
Braunkohle	70 bis 85 (optimal)	–
Abfall	< 30	< 10
Holz	100 bis 13 000	5–50
Stationäre Wirbelschicht	120 bis 200	–
Zirkulierende Wirbelschicht		
Steinkohle	60 bis 200	–
Braunkohle	20 bis 70	–
Öl	< 25	< 10
Erdgas	< 25	< 1*

* ohne Methan-Schlupf

schen Kohlenwasserstoffen (PAH) im Abgas von Feuerungsanlagen festgestellt werden. Tafel 8.16 zeigt typische Konzentrationen an CO und organischen Stoffen, angegeben als Gesamt-C im Abgas von Feuerungen.

Unter besonderen Betriebsbedingungen wie Lastwechsel oder im unteren Teillastbereich (Schlummerbetrieb) können höhere Konzentrationen auftreten. Bei stationären Wirbelschichtfeuerungen wird versucht, den Austrag von unverbranntem Kohlenstoff und damit von CO zu vermindern.

Durch feuerungstechnische Maßnahmen können sowohl die CO-Emissionen als auch die Emissionen an organischen Stoffen minimiert werden. Diese decken sich mit den aus wärmewirtschaftlichen Gründen und zur Vermeidung von Kesselkorrosion angewandten Maßnahmen, um einen möglichst guten Abgasausbrand zu erzielen. Neben konstruktiven Parametern ist hier insbesondere der Luftüberschuss von Bedeutung.

Der Anteil der CO-Emission aus Feuerungsanlagen, die in den Geltungsbereich des BImSchG fallen, an der gesamten CO-Emission in der Bundesrepublik Deutschland ist verschwindend gering. Die Emission organischer Stoffe (z. B. PAH) aus Feuerungsanlagen ist bei ordnungsgemäßer Verbrennung ebenfalls gering.

Im Gegensatz zu kohlebefeuerten Zimmeröfen wurden z. B. in industriellen Rostfeuerungen bei Verbrennungsversuchen mit pechgebundenen Briketts vergleichsweise niedrige PAH-Emissionen festgestellt. Bei Holzfeuerungen wurden in Abhängigkeit von der Ausbrandqualität PAH-Emissionen in der Größenordnung von 0,008 bis 0,35 mg/m^3 gemessen.

Bei Vorhandensein von organisch oder anorganisch gebundenem Chlor in Verbindung mit geringen Schwefelgehalten im Brennstoff können bei ungünstigen Verbrennungsbedingungen (z. B. kurze Verweilzeiten) prinzipiell polychlorierte Dibenzo-Dioxine und -Furane (PCDD, PCDF) gebildet oder durch den Brennstoff eingetragen werden. Als dritter wesentlicher Bildungsweg ist die so genannte »DeNovo-Synthese« von Bedeutung. Hierbei werden aus Chlor und organischen Verbindungen, katalysiert durch Metallverbindungen im Flugstaub, Dioxine und Furane im Temperaturbereich zwischen 250 und 400 °C neu gebildet. Aus experimentellen Untersuchungen ist bekannt, dass Dioxine sowohl bei der Verbrennung von behandeltem als auch naturbelassenem Holz entstehen können. Auch bei der Verbrennung von Ersatzbrennstoffen, wie z. B. Altöl oder Deponiegase, können prinzipiell Dioxine entstehen. Die Dioxinbildung bei der Verfeuerung von Kohle (z. B. in Industriefeuerungen) oder von Kohlenwasserstoffen (z. B. in Gasfeuerungen) ist umstritten. Die Dioxinbildung kann bei Feuerungsanlagen durch verbrennungstechnische Maßnahmen, wie z. B. die Zugabe von Additiven, die Aktivkohle oder Herdofenkoks enthalten, unterdrückt bzw. so weit minimiert werden, dass relevante Emissionen nicht mehr auftreten.

8.11.1.5 Kohlendioxid und andere klimarelevante Gase

Kohlendioxid entsteht bei jeder Verbrennung organischer Stoffe in beträchtlichen Mengen. Mit einem Anteil von ca. 80 % an den anthropogenen Emissionen von klimawirksamen Treibhausgasen kommt diesem Stoff eine besondere Bedeutung in den internationalen und nationalen Maßnahmen zur Bekämpfung des Treibhauseffektes zu.

So haben sich 1997 insgesamt 38 Industriestaaten mit dem Protokoll von Kyoto verpflichtet ihre Treibhausgasemissionen zusammen um 5,2 % zu reduzieren. Diese Reduktion gemessen an dem Basisjahr 1990 ist als Mittelwert der ersten fünfjährigen Verpflichtungsperiode (2008 – 2012) zu erreichen. Nachdem seitens der USA eine Ratifizierung abgelehnt wird, hängt derzeit[2] die Entscheidung über das In-Kraft-Treten und damit über die völkerrechtliche Verbindlichkeit des Kyoto-Protokolls allein von der Ratifizierung durch die Russische Föderation ab. In diesem Fall sollen dann in den weiteren jährlichen Konferenzen der Klimarahmenkonvention (UNFCCC: United Nation Framework Convention on Climate Change) ambitioniertere Reduktionsziele für zukünftige Verpflichtungsperioden verhandelt werden. Dabei soll einem Kritikpunkt der USA nachgekommen und nach Möglichkeit auch Emissionsbegrenzungen für einige oder alle Entwicklungsländer festgelegt werden, die sich heute schon zum Teil unter den Staaten mit den höchsten Gesamtemissionen befinden (z.B. China, Indien).

Unabhängig von der Umsetzung des Kyoto-Protokolls hat die Europäische Union beschlossen seiner eingegangen Verpflichtung einer Reduktion von 8 % nachzukommen. Deutschland hat aufgrund entsprechender innereuropäischer Regelungen seine Treibhausgasemissionen um 21% zu verringern. Dabei ist allerdings zu berücksichtigen, dass ein erheblicher Anteil hiervon bereits durch den Zusammenbruch und Umbau der Industrie in den neuen Bundesländern erreicht wurde.

Als ein wesentlicher Bestandteil der europäischen Klimaschutzpolitik wurde am 13. Oktober 2003 die Richtlinie 2003/87/EG zur Einführung eines Systems für den Handel mit Treibhausgasemissionszertifikaten in der Gemeinschaft und zur Änderung der Richtlinie 96/61/EG des Rates (IVU-Richtlinie) erlassen (Quelle: Amtsblatt der Europäischen Union, 25.10.2003). Diese Richtlinie, die in allen Mitgliedsstaaten in nationales Recht umgesetzt werden muss, verpflichtet die betroffenen Anlagenbetreiber im Rahmen einer Ergänzung ihres Genehmigungsbescheides zur Teilnahme an einem Emissionshandel, der ab 2005 zunächst bis 2007 nur auf das Treibhausgas Kohlendioxid begrenzt ist. Das System kann aber für die weiteren Handelsperioden, die ab 2008 – 2012 parallel zu den fünfjährigen Verpflichtungsperioden der Klimarahmenkonvention laufen sollen, auch auf die übrigen Treibhausgase des Kyoto-Protokolls erweitert werden.

Die vom Emissionshandel in der ersten Handelsperiode betroffenen Anlagen sind in der Anlage 1 der EU-Richtlinie gelistet (Tafel 8.17). Insgesamt wird die Zahl der in der EU betroffenen Anlagen auf ca. 18.000 geschätzt, in Deutschland auf 2400. Diese Anlagen der Industrie und Energiewirtschaft müssen ihre CO_2 - Ausstoß bis 2007 von derzeit 505 auf 503 Mio t verringern; bis 2012 soll die emittierte Menge um weitere 8 Mio t reduziert werden.

Die Bundesregierung hat zur Umsetzung der Richtlinie das Treibhausgas-Emissionshandelsgesetz sowie einen Entwurf für eine neue »Verordnung über die Emission von Treibhausgasen« - 34. BImSchV erlassen. In diesen werden die rechtlichen Grundlagen zur Teilnahmeverpflichtung, das Genehmigungsverfahren, die Zuweisung von Emissionsrechten (Allokation) und die Überwachungs- und Berichtspflichten festgelegt.

---

[2] Stand Febr. 2004

Über den Nationalen Allokations-Plan (NAP), der von allen EU-Mitgliedsstaaten in einem gegenseitigen Anerkennungsverfahren abzusegnen ist, wird bestimmt,
- welche Beiträge die einzelnen Emittentengruppen Verkehr, Haushalt und Gewerbe sowie die Industrie jeweils zur Erreichung des nationalen Reduktionszieles beisteuern können, womit die Gesamtmenge der Emissionsrechte für die verpflichteten Unternehmen festgelegt ist;
- welchen Beitrag einzelne Industriesektoren aufgrund der technischen und ökonomischen Rahmenbedingungen liefern können;
- wie die Berechnung der Zuteilungsmenge der Emissionsrechte an die einzelnen Anlagen erfolgen soll.

In Deutschland soll die Erstallokation für bestehende Anlagen auf den historischen Emissionen der Basisjahre 2000 bis 2002 erfolgen. Dabei sollen auch im Vorfeld bereits durchgeführte Emissionsreduktionsmaßnahmen (»Early Actions«) oder der Einsatz der Kraft-Wärme-Kopplung berücksichtigt werden (siehe hierzu auch das Kraft-Wärme-Kopplungsgesetz vom 19.03.2002).

Tafel 8.17: Anlagenkatalog zur Teilnahmeverpflichtung am Emissionshandel (Quelle: Amtsblatt der Europäischen Union, 25.10.2003)

ANHANG I

KATEGORIEN VON TÄTIGKEITEN GEMÄSS ARTIKEL 2 ABSATZ 1, ARTIKEL 3, ARTIKEL 4, ARTIKEL 14 ABSATZ 1, ARTIKEL 28 UND ARTIKEL 30

1. Anlagen oder Anlagenteile, die für Zwecke der Forschung, Entwicklung und Prüfung neuer Produkte und Verfahren genutzt werden, fallen nicht unter diese Richtlinie.
2. Die nachstehend angegebenen Grenzwerte beziehen sich im Allgemeinen auf Produktionskapazitäten oder -leistungen. Führt ein Betreiber mehrere Tätigkeiten unter der gleichen Bezeichnung in einer Anlage oder an einem Standort durch, werden die Kapazitäten dieser Tätigkeiten addiert.

Tätigkeiten	Treibhausgase
Energieumwandlung und -umformung	
Feuerungsanlagen mit einer Feuerungswärmeleistung über 20 MW (ausgenommen Anlagen für die Verbrennung von gefährlichen oder Siedlungsabfällen)	Kohlendioxid
Mineralölraffinerien	Kohlendioxid
Kokereien	Kohlendioxid
Eisenmetallerzeugung und -verarbeitung	
Röst- und Sinteranlagen für Metallerz (einschließlich Sulfiderz)	Kohlendioxid
Anlagen für die Herstellung von Roheisen oder Stahl (Primär- oder Sekundärschmelzbetrieb), einschließlich Stranggießen, mit einer Kapazität über 2,5 Tonnen pro Stunde	Kohlendioxid
Mineralverarbeitende Industrie	
Anlagen zur Herstellung von Zementklinker in Drehrohröfen mit einer Produktionskapazität über 500 Tonnen pro Tag oder von Kalk in Drehrohröfen mit einer Produktionskapazität über 50 Tonnen pro Tag oder in anderen Öfen mit einer Produktionskapazität über 50 Tonnen pro Tag	Kohlendioxid
Anlagen zur Herstellung von Glas einschließlich Glasfasern mit einer Schmelzkapazität über 20 Tonnen pro Tag	Kohlendioxid
Anlagen zur Herstellung von keramischen Erzeugnissen durch Brennen (insbesondere Dachziegel, Ziegelsteine, feuerfeste Steine, Fliesen, Steinzeug oder Porzellan) mit einer Produktionskapazität über 75 Tonnen pro Tag und/oder einer Ofenkapazität über 4 m³ und einer Besatzdichte über 300 kg/m³	Kohlendioxid
Sonstige Industriezweige	
Industrieanlagen zur Herstellung von	
a) Zellstoff aus Holz und anderen Faserstoffen	Kohlendioxid
b) Papier und Pappe mit einer Produktionskapazität über 20 Tonnen pro Tag	Kohlendioxid

Ab dem Jahr 2005 haben die verpflichteten Anlagenbetreiber unter Einhaltung der dann im Genehmigungsbescheid festgeschriebenen Ermittlungsmethode ihre CO_2-Emissionen zu überwachen und jährliche Emissionserklärung zu erstellen. Diese Erklärungen sind von unabhängigen Sachverständigen oder Sachverständigenorganisationen zu prüfen und bei der zuständigen Behörde einzureichen. Die Menge der Vorjahresemissionen wird dann vom Konto der Emissionsrechte des Anlagenbetreibers gelöscht. Emissionsrechte können bei Bedarf vom Markt zugekauft oder bei entsprechender Möglichkeit verkauft werden. Eine Unterdeckung auf dem Emissionsrechtekonto bewirkt in der ersten Handelsperiode eine Zahlungspflicht von 40 Euro je Tonne danach von 100 Euro je Tonne. Dabei wird der Anlagenbetreiber nicht von der Pflicht entbunden die fehlenden Emissionsberechtigungen nachzuliefern.

Die Ermittlungsmethoden werden über eine technische Richtlinie vorgegeben, welche von der EU-Kommission erlassen wurde. Diese sieht in Abhängigkeit von der Gesamtemissionen einen unterschiedlichen Überwachungsaufwand vor, der z.B. bei stationären Verbrennungsanlagen im einfachsten Fall von
- der Erfassung der Brennstoffmenge z.B. über Brennstoffrechnungen und Verrechnung über vorgegebene Emissionsfaktoren

bis hin zur
- kontinuierlichen Erfassung der Brennstoffzufuhr und analytischen Bestimmung der brennstoffspezifischen Heizwerte, Oxidationsfaktoren und Kohlenstoffanteile

reichen kann. Alternativ zu Berechnungsverfahren können bei Nachweis einer erhöhten Qualität auch kontinuierliche Messverfahren im Schornstein zur Anwendung gebracht werden. Hierzu sind Anforderungen hinsichtlich der Qualitätssicherung und Eignung der Messgeräte zu beachten, welche mit den bisher in Deutschland geltenden Vorschriften für die Schadstoffüberwachung im Wesentlichen übereinstimmen. Aufgrund der hohen Bestimmungsgenauigkeit der Berechnungsmethodik ist der Einsatz kontinuierlicher Messanlagen nur in großen Mischoder Kohlefeuerungsanlagen zu erwarten, in denen die Brennstoffzufuhr bisher nicht in ausreichender Genauigkeit überwacht wird.

8.11.1.6 Halogenverbindungen

Chlor- und Fluorgehalte fester Brennstoffe

Die in der Steinkohle enthaltenen Chlor- und Fluorverbindungen werden, soweit nicht in der Schlacke und Fugasche engebunden, bei der Verbrennung als Chlorwasserstoff bzw. Fluorwasserstoff freigesetzt. Deutsche Steinkohle weist z.B. folgende Werte auf (bezogen auf einen Heizwert von 29,2 MJ/kg):
- Vollwertkohle: bis 0,2 % Cl und bis 0,01 % F
- Ballastkohle: bis 0,6 % Cl, im Mittel 0,4 % Cl
  bis 0,06 % F, im Mittel 0,045 % F

Daraus ergeben sich Rohgaskonzentrationen von bis zu 500 mg/m³ Chlorwasserstoff und ca. 55 mg/m³ Fluorwasserstoff (bezogen auf 6 % O_2 im Abgas). Messungen im Rohgas von Steinkohlekraftwerken ergaben jedoch Werte weit unter diesen Maximalkonzentrationen aufgrund der Einbindung der Halogene in Schlacke und Flugstaub. Bei der Verfeuerung von rheinischer Braunkohle wurden im Abgas maximal 5,3 mg/m³ Fluorwasserstoff bzw. 5 mg/m³ Chlorwasserstoff gemessen. Höhere Konzentrationen von Chlor- und Fluorverbindungen können bei der Verbrennung von Hausmüll oder anderen Abfällen entstehen. Hier werden Rohgaswerte bis 2000 mg/m³ Chlorwasserstoff und 20 mg/m³ Fluorwasserstoff erreicht, bei Sondermüllverbrennungen bis 8000 mg/m³ HCl und 400 mg/m³ HF. Bei Feuerungsanlagen für Holz und Holzabfälle liegen die Brennstoffgehalte von Chlor zwischen 0,7 % Cl bis 1,4 % Cl und für Fluor von 0,9 % F bis 1,8 % F. Dies führt zu Rohgaskonzentrationen von 800 mg/m³ Chlorwasserstoff und 1000 mg/m³ Fluorwasserstoff.

Halogengehalte flüssiger Brennstoffe

Das zur Verarbeitung gelangende Rohöl enthält im Allgemeinen zwischen 10 und 60 mg/kg Salze, hauptsächlich Natrium-, Calcium- und Magnesiumchlorid. Diese Salze sind keine natürlichen Ölbestandteile, sondern sie werden über Bohrlochwasser und die Tankschiffreinigung mit Seewasser eingeschleppt. Zum Schutz der Rohölverarbeitungsanlagen, insbesondere vor Korrosion, werden die Rohöle vor der Destillation entsalzt. Nach einer zweistufigen elektrischen Entsalzung ist das Rohöl nahezu salzfrei. Dadurch wird auch der Asche- und Metallgehalt des Rohöls gesenkt.

Im Hinblick auf die Anforderungen der TA Luft ist bei anderen flüssigen brennbaren Stoffen als Heizölen nach DIN 51603 in erster Linie an verunreinigte (Alt-)Öle oder Ersatzbrennstoffe zu denken, die z. B. halogenierte Verbindungen wie PCB (polychlorierte Biphenyle) und PCP (Pentachlorphenol) enthalten.

Halogengehalt gasförmiger Brennstoffe

Halogenverbindungen spielen nur bei speziellen Gasen, z. B. Deponiegasen, bei denen Gehalte bis zu 100 mg/m³ vorkommen, oder bei Abfallgasen der Chemie eine Rolle. In Erdgas sind sie nur in sehr geringen Konzentrationen zu finden.

8.11.2 Sekundärmaßnahmen für Staub und Gase

8.11.2.1 Abgasentstaubung

Staubabscheider sind seit langem bekannt. Ihre Entwicklung begann im 19. Jahrhundert und hat bis heute einen sehr hohen Stand erreicht. Die Staubabscheider kann man grundsätzlich in vier Systemgruppen einteilen; Tafel 8.18 stellt eine vereinfachte Übersicht dar.

Zu den *Massenkraftabscheidern* gehören alle Apparate, bei denen eine Entstaubung lediglich mithilfe von Massenkräften (Schwer-, Trägheits- und Zentrifugalkräfte) durchgeführt wird. Die in verschiedenen Ausführungen gebauten Apparate werden dementsprechend als Schwer-, Trägheits- und Fliehkraftabscheider bezeichnet. Der abgeschiedene Staub fällt trocken an.

Bei den *filternden Abscheidern* verwendet man poröse Systeme wie vor allem Gewebefiltermedien, Sintermetalle, Keramiken oder Schüttschichten zur Staubabscheidung. Der abgeschiedene Staub ist, wie auch bei Massenkraftabscheidern, trocken.

Bei *elektrischen Abscheidern* werden im Gas dispergierte Feststoffpartikeln unter Einfluss eines elektrischen Feldes niedergeschlagen. Je nach dem Prinzip

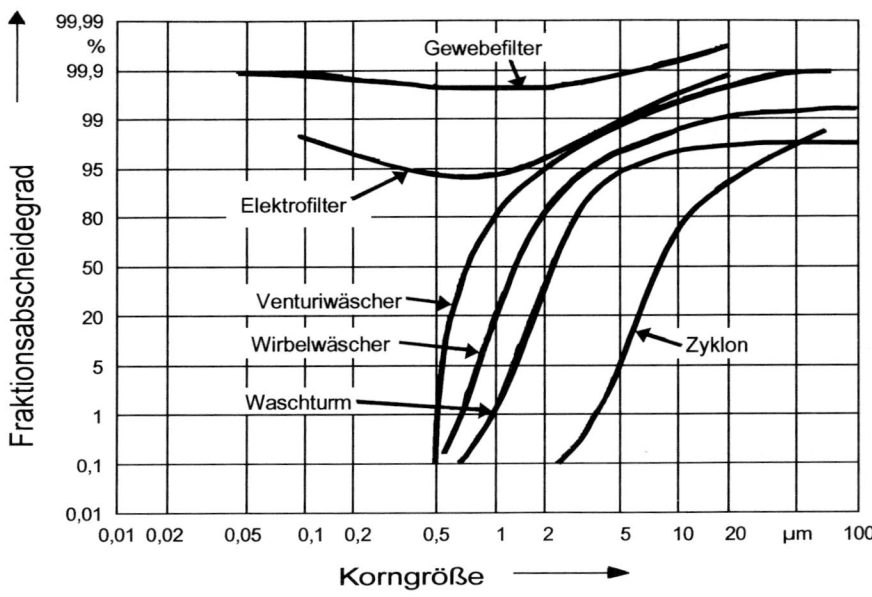

Bild 8.19: Fraktionsabscheidegrade für verschiedene Staubabscheider

Tafel 8.18: Einteilung der Staubabscheider

	ABSCHEIDESYSTEME			
	Massenkraftabscheider	Filternde Abscheider	Elektrische Abscheider	Nass arbeitende Abscheider
Staubabtrennung	Massenkräfte (Schwerkraft, Trägheitskraft, Zentrifugalkraft)	Filtern durch poröse Schichten und sonstige Materialien	elektrische Kräfte	Bindung der Stäube an eine Waschflüssigkeit
Grundsätzliche Bauarten	Trägkeitskraftabscheider, Fliehkraftabscheider (Zyklon)	Gewebefilter (Schlauch oder Taschen), Schüttschichtenabscheider, Kerzenfilter (Keramik, Sintermetall)	Trockenelektrofilter, Nasselektrofilter, Platten- und Röhrenelektrofilter	Wäscher, Sprühwäscher, Wirbelwäscher, Venturiwäscher, Rotationswäscher
Trennwirkung	mäßig bis mittel	mittel bis sehr hoch	mittel bis hoch	mäßig bis hoch
Zustand des abgeschiedenen Staubes	trocken	trocken	trocken oder nass	nass

der Abreinigung von den Niederschlagselektroden kann der abgeschiedene Staub trocken oder nass sein. Man spricht daher von Trockenelektrofiltern oder von Nasselektrofiltern.

Bei *nass arbeitenden Abscheidern* der verschiedensten Bauarten werden die Feststoffpartikeln an eine Waschflüssigkeit gebunden und mit ihr zusammen aus der Gasströmung entfernt. Eine Unterteilung dieser Systemgruppe in Wäscher, Wirbelwäscher, Venturiwäscher und Rotationswäscher ist möglich.

Die Abscheidewirkung von filternden, elektrischen und nass arbeitenden Abscheidern kann abhängig vom Gas- und Staubzustand, von der Art des Apparates und von seiner Dimensionierung sehr hohe Werte erreichen. Massenkraftabscheider erzielen dagegen nur eine mäßige bis mittlere Trennwirkung. Die Wirksamkeit eines Abscheiders beurteilt man mit dem Abscheidegrad. Der *Gesamtabscheidegrad* ist dabei über das Verhältnis zwischen abgeschiedener Feststoffmasse und der mit dem Rohgas zugeführten Feststoffmasse gegeben. Dagegen bezieht sich der *Fraktionsabscheidegrad* auf das Verhältnis der abgeschiedenen Masse einer bestimmten Teilchengrößenfraktion zu der mit dem Rohgas zugeführten Masse dieser Fraktion. Entscheidend ist dabei eine wirkungsvolle Abscheidung der Feinstaubfraktion. Bild 8.19 zeigt, dass hierzu filternde Abscheider oder elektrische Abscheider erforderlich sind.

Massenkraftabscheider

Bedeutung haben Massenkraftabscheider (Zyklonentstauber) noch an kleinen und mittleren Dampfkessel- und Heizungsanlagen mit festen Brennstoffen, vor allem bei Rostfeuerungen.

Die in der TA Luft und in der Großfeuerungsanlagenverordnung festgelegten Grenzwerte der Staubemission sind jedoch mit Zyklonentstaubern nicht zu erreichen. Der robuste, hochverfügbare und preiswerte Zyklonabscheider wird deshalb nur noch für kleinere Anlagen bis zu einer Feuerungswärmeleistung von 2,5 MW zur Rauchgasendreinigung eingesetzt. Bei Feuerungswärmeleistungen > 2,5 MW wird in der Regel ein anderes Abscheidesystem nachzuschalten sein.

Den Schnitt durch einen Einzelzyklon zeigt Bild 8.20. Seine wesentlichen Elemente sind ein Zylinder, an den sich nach unten ein Kegel anschließt. In den zylindrischen Teil ragt das Tauchrohr hinein. Die staubbeladenen Abgase (Rohgas) treten bei dieser Ausführung axial von oben in den Zyklon ein (1); sie werden durch schraubenartige Leitschaufeln, so genannte Drallapparate (2), in eine Drallströmung umgelenkt. In dieser Strömung wirken auf die Staubteilchen Fliehkräfte, die dem Hundert- bis Tausendfachen ihres Eigengewichtes entsprechen. Diese Fliehkräfte bewirken, dass die Staubteilchen aus der Gasströmung zum Zyklonmantel (3) hin wandern. Sie werden dann an diesem entlang schraubenartig nach unten in den Staubtrichter (5) geführt. Die Rauchgasströmung wird am Ende des zylindrischen Teils des Zyklons umgelenkt und verlässt den Zyklon durch das zentrische Tauchrohr (4) nach oben als »Reingas« (6).

Je größer bzw. schwerer ein Staubpartikel ist, umso größer ist seine Sinkgeschwindigkeit und umso leichter lässt es sich mit einem Zentrifugalentstauber abscheiden. Daraus ergibt sich, dass das aus dem Zyklon strömende »Reingas« nur noch wenige »große« (schwere) Partikeln, aber noch relativ viele der »kleinen« (leichten) Teilchen enthält.

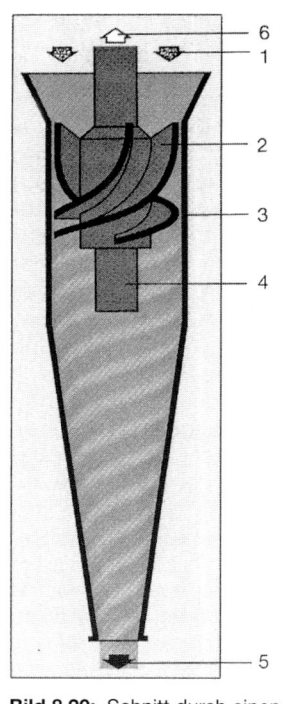
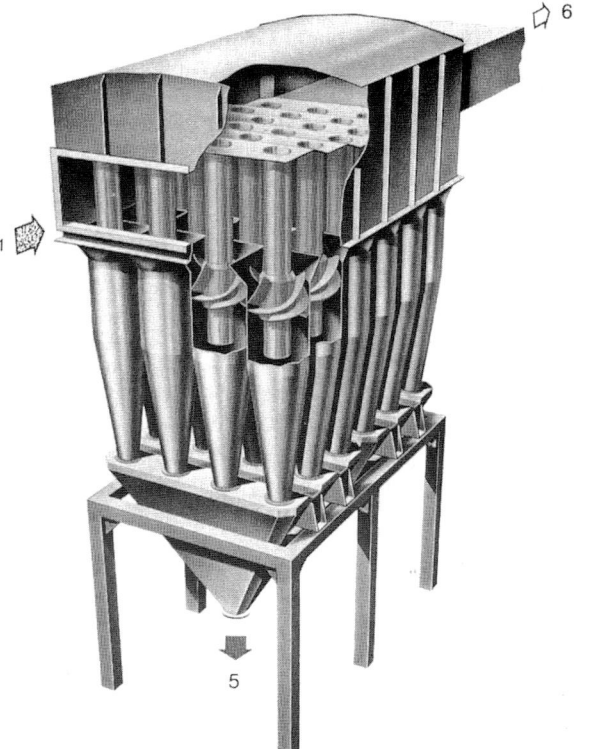

Bild 8.21: Schnittmodell eines Vierzellenentstaubers (Babcock)

Bild 8.20: Schnitt durch einen Einzelzyklon (Babcock)
1 Rohgaseintritt
2 Drallapparat mit Leitschaufeln
3 Zyklonmantel
4 Tauchrohr
5 Staubaustrag
6 Reingasaustritt

Wegen der unterschiedlichen Staubeigenschaften muss ein Entstauber hinter einer Holzfeuerung anders dimensioniert werden als hinter einer Feuerung für Stein- oder Braunkohle. Durch kleinere Zyklondurchmesser lassen sich höhere Fliehkräfte auf die Staubteilchen und damit ein besserer Abscheidegrad erreichen. Um möglichst gute Abscheidegrade zu erreichen, muss die durch jeden Zyklon strömende Abgasmenge auf die Hauptabmessungen des Zyklons abgestimmt sein. Da ein Zyklon nur einen bestimmten Volumenstrom für eine optimale Entstaubung durchsetzen kann, werden oft mehrere Zyklone parallel geschaltet. Solche Mehrfachzyklone werden unter Bezeichnungen wie »Polyzyklon«, »Multizyklon« usw. auf dem Markt angeboten (Bild 8.21).

Die größten Probleme treten bei der Abscheidung kleiner und kleinster Staubpartikeln (< 0,5 μm) auf. Ihre Sinkgeschwindigkeit ist so niedrig, dass sie aus dem

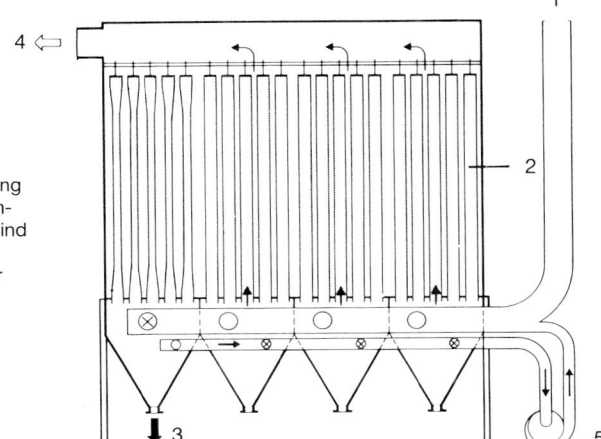

Bild 8.22: Schema eines Gewebefilters (Lurgi): Anordnung der Filterschläuche in vier Kammern. Jeweils drei Kammern sind in Arbeitsposition, die Filterschläuche der vierten Kammer (links) werden im Gegenstrom abgereinigt.
1 Rohgaseintritt
2 Filterschläuche
3 Staubaustrag
4 Reingasaustritt
5 Gebläse für Spülkreislauf
⊗ (Öffnung geschlossen)

Rohgas nicht ausgeschleudert werden und im Reingasstrom verbleiben. Zyklonentstauber zeigen deshalb immer die gleiche Charakteristik der Entstaubung. Grobkörniger Staub von 20 µm und darüber kann bis zu 98 % abgeschieden werden, während der Abscheidegrad für Feinstaub wesentlich darunter liegt.

Der Vorteil der Zyklonentstauber liegt in niedrigen Anschaffungskosten und der Verwendbarkeit bei höheren Temperaturen. Der Wartungsaufwand, der Verschleiß und der Energieaufwand sind relativ gering. Die Energie zur Entstaubung des Rohgases im Zyklon bringt ein Saugzuggebläse auf. Dieses überwindet die Widerstände der Strömung und erzeugt die erforderliche Geschwindigkeit der Drallströ-

Bild 8.23: Innenansicht eines Schlauchfilterhauses (Thyssen Engineering)

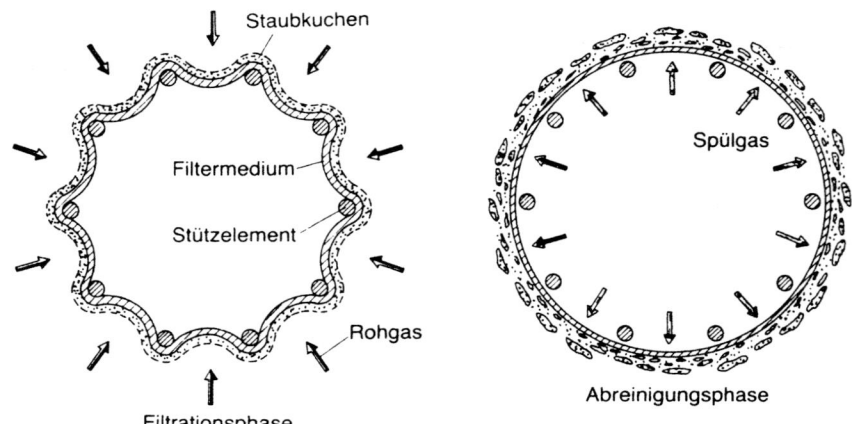

Bild 8.24: Filtrations- und Abreinigungsphase eines außen beaufschlagten Filterschlauches (W. Fritz, H. Kern)

mung. Eine ausführliche Beschreibung der Eigenschaften und Bauformen von Massenkraftabscheidern gibt die Richtlinie VDI 3676.

Filternde Abscheider

Die Entwicklung der Staubabscheidetechnik ist bei Feuerungsanlagen im Anwendungsbereich der TA Luft und der 17. BImSchV durch den überwiegenden Einsatz filternder Abscheider (Gewebefilter, Faserfilter) gekennzeichnet. Bild 8.22 zeigt das Schema eines Gewebefilters, Bild 8.23 die Innenansicht eines Schlauchfilterhauses und Bild 8.24 die Filtrations- und Abreinigungsphase eines außen beaufschlagten Filterschlauches.

Bei kleineren und mittelgroßen Feuerungsanlagen dominieren Gewebefiltersysteme mit Druckstoßabreinigung (Pulse-Jet-Verfahren). Einsatzbeispiele bis zu einer Feuerungswärmeleistung von 600 MW sind bekannt. Im Vergleich zu Rückspülfiltern ermöglicht die intensive Druckstoßabreinigung in Kombination mit dem Einsatz engporiger schwerer Filtermedien (z. B. Nadelfilze) höhere spezifische Filterflächenbelastungen. Damit ergibt sich eine kompakte und in der Regel bei kleineren bis mittelgroßen Anlagen auch kostengünstigere Bauweise.

Wichtig für einen hohen Wirkungsgrad ist eine Optimierung der Abreinigungszyklen. Innerhalb weniger hundert Millisekunden wird der Filterschlauch beim Pulse-Jet-Verfahren vom Stützkorb abgehoben und schlägt aufgrund des im Reingasraum anstehenden Unterdrucks wieder auf den Stützkorb zurück. Am Filterschlauch anhaftende Staubpartikeln werden dadurch in das Filtermedium hineingepresst, wandern auf die Reingasseite des Filterelements und erzeugen nach der Abreinigung einen Emissionspeak. Die Höhe der Emission steht dabei in direkter Relation zur Abreinigungsintensität. Bei zu hoher Abreinigungsintensität geht die für die Oberflächenfiltration notwendige Filterhilfsschicht verloren, sodass das Filtermedium bei Anfiltrieren des Staubs feinste Partikel passieren lässt, bevor sich eine neue Filterhilfsschicht gebildet hat.

Sowohl im Hinblick auf den Staubemissionsgrenzwert als auch auf die Investitions- und Betriebskosten kommt auch der Auswahl des Filtermediums besondere Bedeutung zu. Bei den für Feuerungsanlagen typischen Abgastemperaturen von 150 bis 200 °C stehen zahlreiche Filtermaterialien zur Verfügung, die jedoch Unterschiede in der Beständigkeit gegen chemische und mechanische Belastungen aufweisen (Tafel 8.19).

In der Praxis haben sich bei allen Feuerungssystemen und Brennstoffen Filze, Vliese oder Gewebe aus Polytetrafluorethylen (PTFE, Handelsname z. B. Teflon) bewährt. PTFE-Gewebe sind nach Herstellerangaben im Dauerbetrieb bis zu 250 °C und kurzzeitig bis zu 280 °C temperaturbeständig und verfügen auch über eine hohe Beständigkeit gegen Säuren, oxidierende Bestandteile und organische Lösungsmittel.

Erfahrungen mit einem PTFE-Nadelfilz liegen aus einer Steinkohle-Wanderrostfeuerung mit einer thermischen Leistung von ca. 4 MW vor. Neben PTFE werden Materialien eingesetzt, die zum Teil wesentlich billiger sind. Nach den bisher bekannt gewordenen Betriebsergebnissen erfordert ihr Einsatz jedoch eine besonders sorgfältige Abstimmung auf die spezifischen Betriebsverhältnisse. Insbesondere bei Rostfeuerungen für Steinkohle sind beim Einsatz von Glasfasergeweben oder Glasfaserfilzen in mehreren Fällen Filterschäden aufgetreten.

Für den Hochtemperatureinsatz bis 500 °C und höher, bei hohen Drücken (bis 10 MPa) oder als Nassreinigung mit Waschdüsen können auch Filterkerzen aus versinterten Edelstahl-, Sonderlegierungs- oder Keramikfasern hergestellt werden. Vereinzelt werden solche Filter auch an Abfallverbrennungsanlagen zur Rohgasentstaubung eingesetzt.

Tafel 8.19: Eigenschaften von Filtergeweben

Gewebe	Nylon (Polyamid)	Olefin (Polypropylen)	Dracon (Polyester)	Orlon (Acryl, Copolymer)	Dralon (Acryl, Homopolymer)	Nomex Aramid	Glas	Teflon (PTFE)
max. Dauertemperatur	90 °C	90 °C	130 °C	110 °C	125 °C	180 °C	260 °C	260 °C
max. kurzzeitige Betriebstemperatur	120 °C	105 °C	145 °C	120 °C	140 °C	230 °C	290 °C	280 °C
Beständigkeit gegen:								
Alkalien	gut	sehr gut	gut	mäßig	mäßig	gut	mäßig	sehr gut
mineralische Säuren	schlecht	sehr gut	gut	gut	gut	mäßig	sehr gut	sehr gut
organische Säuren	mäßig	sehr gut	gut	gut	sehr gut	sehr gut	sehr gut	sehr gut
oxidierende Bestandteile	mäßig	gut	gut	gut	gut	schlecht	sehr gut	sehr gut
organische Lösungsmittel	sehr gut	gut	sehr gut	sehr gut	sehr gut	sehr gut	sehr gut	sehr gut
trockene Wärme	gut	gut	gut	gut	gut	sehr gut	sehr gut	sehr gut
feuchte Wärme	gut	mäßig	mäßig	gut	sehr gut	sehr gut	sehr gut	sehr gut

Die Filterflächenbelastung von 2 m³/(m² min) ist bei neueren Filtern üblich. Vereinzelt werden auch Werte bis zu 5 m³/(m² min) erreicht. Der Druckverlust liegt im Bereich zwischen 2 und 15 hPa, der Reingasstaubgehalt unter 5 mg/m³. Eine ausführliche Beschreibung der Eigenschaften und Bauformen filternder Abscheider gibt die Richtlinie VDI 3677.

In den letzten Jahren wurde zunehmend die adsorbierende Wirkung des mit Kalk und Aktivkoks versetzten, auf den Filterschläuchen abgeschiedenen Staubes auf Schadstoffkomponenten ausgenutzt. Filternde Abscheider haben in der Entstaubungstechnik aufgrund ihrer Vorteile (hoher Abscheidegrad auch für Feinstaub, Unempfindlichkeit gegenüber Schwankungen in der Gaszufuhr, der Staubbeladung und der Staubfeinheit) eine dominierende Rolle bei Abfallverbrennungsanlagen und in Verbindung mit dem im Abschnitt 8.11.2.2 behandelten Flugstromverfahren eingenommen.

Elektrische Abscheider

Die Entstaubung der Rauchgase von Großfeuerungsanlagen war, solange die Entwicklung großer Gewebefilter noch nicht abgeschlossen war, wegen großer Rauchgas-Volumenströme und hoher Anforderungen hinsichtlich des Reinheitsgrades der Rauchgase nur mit Elektrofiltern möglich. Diese erreichten, ähnlich wie Gewebefilter, Entstaubungsgrade von 99,5 % und mehr (Bild 8.19, Bild 8.25).

Wie bereits im Abschnitt 8.5.2 dargelegt, darf im Abgas von Feuerungsanlagen für feste Brennstoffe, die in den Geltungsbereich der Großfeuerungsanlagenverordnung fallen, die Massenkonzentration staubförmiger Emissionen 10 bzw. 20 mg/m³ nicht überschreiten. In der TA Luft gelten je nach Feuerungswärmeleistung

Bild 8.25: Außenansicht eines Elektrofilters (Babcock)

Vorschriften und Maßnahmen zum Schutze der Umwelt

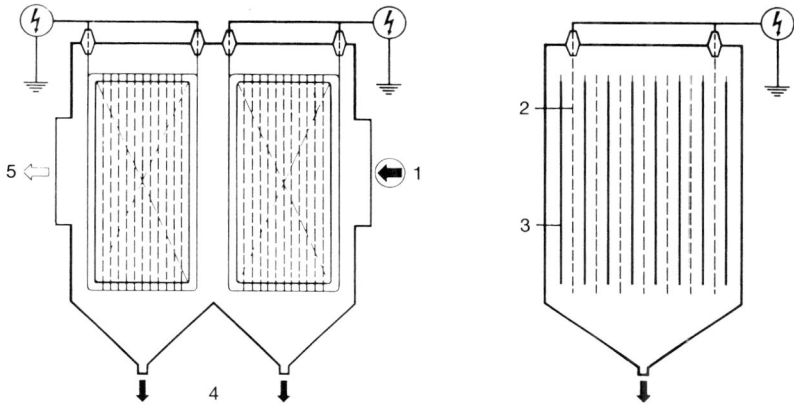

Bild 8.26: Schema eines Plattenelektrofilters (Lurgi)
1 Rohgaseintritt 4 Staubaustrag
2 Sprühdraht 5 Reingasaustritt
3 Niederschlagselektrode

Bild 8.27: Blick in die Gassen eines Elektrofilters (Rothemühle); Sprühsystem mit gewichtsbelasteten Drähten

Grenzwerte zwischen 20 und 100 mg/m³. Bei Brennstoffen oder Verfahren mit hohem Feuchtigkeitsgehalt in den Abgasen ist das elektrische Entstaubungsverfahren dem Gewebefilter vorzuziehen. Das Elektrofilter bewältigt Staubgehalte von mehr als 50 g/m³ im ungereinigten Rauchgas und erreicht Emissionswerte von 20 mg/m³ und darunter.

Die Arbeitsweise eines Elektrofilters soll am Beispiel eines Plattenfilters (Bild 8.26) beschrieben werden:

In einem kastenförmigen Gehäuse bilden glatte oder profilierte Blechplatten, die geerdet sind (Niederschlagselektroden), senkrechte Gassen von 220 bis 400 mm Abstand. In der Mittelebene zwischen diesen Gassen sind band- oder drahtförmige, so genannte Sprühelektroden, mit einem seitlichen Abstand von 100 bis 250 mm eingebaut (Bild 8.27). An diese Sprühelektroden wird eine negative Gleichspannung von 30 kV bis 50 kV angelegt, sodass ein elektrisches Feld entsteht. Der positive Pol des Hochspannungserzeugers wird geerdet.

Die physikalische Wirkungsweise der elektrischen Staubabscheidung zeigt Bild 8.28. Ionen (elektrisch geladene Moleküle) mit positiver Ladung wandern im elektrischen Feld zur Kathode (hier die Sprühelektrode) und bewirken dort den Austritt von Elektronen. Frei gewordene Elektronen (mit negativer Ladung) wandern im elektrischen Spannungsfeld zur Anode und treffen dabei auf Staubteilchen und Gasmoleküle. Durch die Anlagerung der Elektronen an die Feststoffteilchen werden diese negativ elektrisch aufgeladen und in Richtung Niederschlagsplatte bewegt. Es entsteht also ein mit Staubteilchen beladener Gasstrom sowie ein Stromfluss zwischen Sprüh- und Niederschlagselektrode.

Unmittelbar vor der Niederschlagsplatte weicht der Gasstrom seitlich aus. Die mitgeführten Feststoffteilchen wandern durch ihre Trägheit und die elektrischen

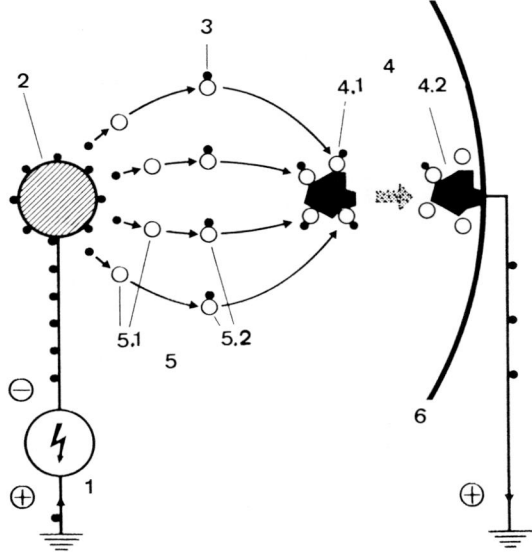

Bild 8.28: Physikalische Wirkungsweise der elektrischen Staubabscheidung (Lurgi)
1 Hochspannungsquelle
2 Sprühdraht
3 Elektron
4 Staubteilchen
4.1 geladen
4.2 abgeschieden
5 Gasmoleküle
5.1 neutrale
5.2 ionisierte
6 Niederschlagselektrode

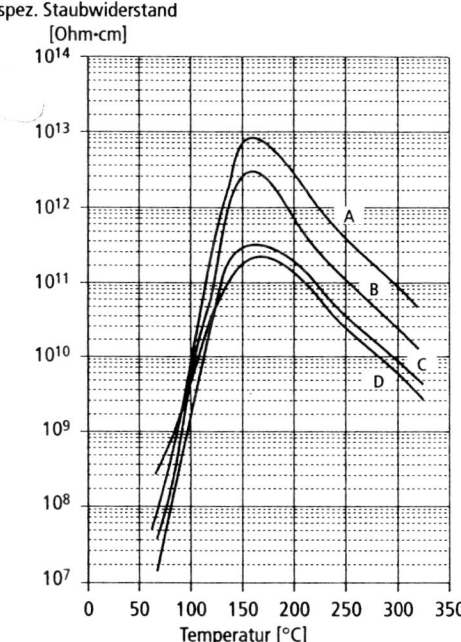

Bild 8.29: Flugaschenwiderstände für einige Kohlen: Kanada (A), Australien (B), Polen (C), Russland (D) (aus: Them. Abfallverbrennung, S. 466, Bild 9.46, hierin aus: Walther & Cie. AG: Elektrofilter, Firmenschrift 1994)

Kräfte in Plattenrichtung weiter und werden dort von den elektrischen Kräften festgehalten, sodass sich eine Staubschicht aufbaut.

Sowohl die Niederschlagselektroden als auch die Sprühdrähte sind meist mit Klopfgestängen verbunden, die in einstellbaren Zeitabständen von Hämmern angeschlagen werden. Durch die Erschütterung fällt der größte Teil der angelagerten Staubschicht von den Elektroden in den darunter liegenden Staubbunker ab. Dieser sollte eine Neigung von mindestens 50° zur Horizontalen aufweisen, um einen störungsfreien Staubaustrag zu gewährleisten. Kondensatbildung und Verkleben des Staubes können durch Beheizung der Bunkerspitzen verhindert werden. Ein kleiner Teil wird allerdings von der Gasströmung wieder erfasst. Um diesen Effekt gering zu halten, muss eine Staubschicht mit guter Verfestigung erzeugt werden, damit sich beim Abklopfen große Fladen ablösen, die möglichst vollständig in den Staubbunker fallen.

Der Abscheidegrad ist stark abhängig vom spezifischen elektrischen Widerstand des Staubes. Günstige Werte liegen zwischen $1 \cdot 10^6$ Ohm cm bis $1 \cdot 10^9$ Ohm cm. Ist der Staubwiderstand wesentlich größer, so wird die Entladung der Staubpartikeln auf den Niederschlagselektroden verzögert. Bei hoher Spannung und kleinem Stromfluss kann dies zu Durchschlägen innerhalb der Staubschicht bzw. zu Rücksprühen oder Spannungsüberschlägen zwischen den Elektroden führen. Partikeln mit zu geringem Widerstand geben hingegen ihre Ladung an der Niederschlagselektrode sehr schnell ab oder werden gar umgeladen. Dies kann ebenfalls zum unerwünschten Rücksprühen von Partikeln führen.

Besondere Schwierigkeiten ergeben sich häufig bei der Abscheidung von Flugkoks. Dessen spezifischer elektrischer Widerstand ist verhältnismäßig klein. Er haftet deshalb schlecht an den Niederschlagselektroden; als Vorabscheider empfiehlt sich hier zusätzlich ein Zyklon. Der spezifische elektrische Widerstand kann durch Temperaturänderungen (Bild 8.29) oder durch Eindüsung von Zusatzstoffen (z. B. SO_3, NH_3, Dampf) beeinflusst und in einen für das Betriebsverhalten günstigen Bereich verschoben werden. Allgemein gilt, dass, bezogen auf den Entstaubungsgrad, die Abscheidung umso leichter ist, je höher der Staubgehalt des Gases ist. Ungünstig ist dagegen ein hoher Anteil an Feinstaub.

Neben den trocken arbeitenden Elektrofiltern werden auch Nasselektrofilter bei der Abscheidung flüssiger Säurenebel eingesetzt, die sich durch Kondensation in vorgeschalteten Waschanlagen bilden. Nasselektrofilter arbeiten in der Regel mit weitgehend wasserdampfgesättigten Gasen. Im Gegensatz zu Trockenelektrofiltern benötigen Nasselektrofilter keine Klopfvorrichtung zur Abreinigung der abgeschiedenen Feststoffe. Allerdings fallen zusätzlich Abwässer und Schlämme an, die nachbehandelt und entsorgt werden müssen.

Elektrofilter verursachen hohe Investitionskosten. Das gilt sowohl für die baulichen Maßnahmen als auch für die Filtertechnik selbst. Der erforderliche Energieaufwand liegt jedoch nur zwischen 0,1 und 0,3 kWh je 1000 m³ Rauchgas. Eine ausführliche Beschreibung der Eigenschaften und Bauformen von Elektrofiltern gibt die Richtlinie VDI 3678.

Nass arbeitende Abscheider

So genannte Rauchgaswäscher, die ausschließlich zur Abgasentstaubung eingesetzt werden, spielen bei Feuerungsanlagen eine untergeordnete Rolle. In der Regel haben jedoch Rauchgasreinigungsanlagen (z. B. Rauchgasentschwefelungs-

Strömungs-prinzip	Gegenstrom		Querstrom		Gleichstrom	
Funktions-prinzip	Das Gas strömt im Gegenstrom durch eine mit Flüssigkeit berieselte Füllkörperkolonne	Das Gas perlt in Form von Blasen durch die Flüssigkeit	Die Flüssigkeit wird in einem Gasraum fein zerstäubt	Das Gas strömt im Querstrom durch eine mit Flüssigkeit berieselte Füllkörperschicht	Das Gas wird durch die Flüssigkeit angesaugt und mit dieser vermischt	Die Flüssigkeit wird in der Venturikehle dispergiert
Benennung	Füllkörperwäscher	Gasblasenwäscher Bodenkolonnen	Sprühturmwäscher Düsenwäscher	Rotationswäscher	Füllkörperquerstromwäscher	Strahlwäscher	Venturiwäscher
Schema 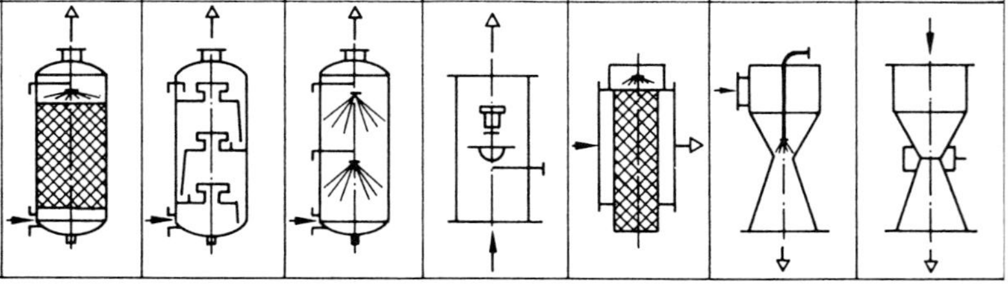						

Bild 8.30: Wäscher-(Absorber-)Bauformen

anlagen), die nach dem Wäscher-Prinzip arbeiten, zusätzlich einen beträchtlichen Entstaubungseffekt. Derartige Anlagen können in Kombinationen mit einer Vorentstaubung, z. B. mit Zyklonen, Staub-Reingaskonzentrationen von 1 bis 3 mg/m³ erreichen. Näher beschrieben sind Nassabscheider für partikelförmige Stoffe in der Richtlinie VDI 3679 Blatt 1.

8.11.2.2 Abgasentschwefelung

Ausgehend von den vielfältigen Betriebserfahrungen mit der Abgasentschwefelung bei Großfeuerungsanlagen sind auch an Feuerungen kleiner als 50 MW Feuerungswärmeleistung angepasste Abgasentschwefelungsverfahren zur Betriebsreife entwickelt worden. Die Mehrzahl sind Wäscher mit basischen Sorbentien wie Kalkmilch oder Natronlauge, die als Füllkörper-, Turbo-, Venturi- oder Strahlwäscher ausgeführt sind (Bild 8.30, siehe hierzu auch VDI 3689, Blatt 2 und 3). Darüber hinaus werden Chemisorptions- (VDI 3928), Sprühadsorptions-, Oxidations- sowie Regenerativverfahren angeboten. Nach Herstellerangaben werden Entschwefelungsgrade zwischen 80 und 90 % erreicht. Sprühabsorptions- und Chemisorptionsverfahren werden in der Regel in Verbindung mit einem filternden Entstauber eingesetzt.

Heute sind alle fossilbefeuerten Kohlekraftwerken mit Abgasentschwefelungsanlagen ausgerüstet. Ölbefeuerte Kraftwerke wurden meist auf schwefelarme Brennstoffe umgestellt. Knapp 90 % der Anlagenkapazität arbeiten nach einem Kalk-/Kalksteinwaschverfahren mit Gips als Entschwefelungsprodukt. Ca. 8 % sind Trockensorptions- oder Sprühabsorptionsanlagen, bei denen ein Gemisch aus Kalziumsulfat, -sulfit und anderen Stoffen als Endprodukt anfällt. Der Rest verteilt sich auf Regenerativverfahren wie das Wellmann-Lord- und das BF/UHDE-Verfahren, mit den marktgängigen Endprodukten Schwefel oder Schwefelsäure.

Kalkwaschverfahren zur Abgasentschwefelung

Die Nassverfahren auf Kalkbasis haben bei Kohlefeuerungen den höchsten Marktanteil. Bild 8.31 zeigt das Fließschema einer sehr großen Entschwefelungseinheit für einen Kraftwerksblock mit einer Leistung von 740 MW.

Das Abgas gelangt hier nach dem Luftvorwärmer und dem Elektrofilter über die heiße Seite des Regenerativwärmetauschers in den Absorber[1] und wird im Gegenstrom mit Kalkmilch durchmischt. Durch die Verdampfung der wässrigen Phase wird das Abgas auf die Sättigungstemperatur abgekühlt, die bei Steinkohlefeuerungen in Abhängigkeit von der Absorbereintrittstemperatur zwischen 40 und 60 °C liegt. Das SO_2 reagiert in der absorbierten Phase im Wesentlichen zu Calciumsulfit ($CaSO_3$). Am Kopf des Absorbers befindet sich ein Tropfenabscheider. Am Fuß wird das Sulfit unter Luftzufuhr zu Calciumsulfat oxidiert. Die zur kalten Seite des Wärmetauschers führende Abgasrohrleitung ist als Mischventuristrecke ausgebildet. Hier wird das entschwefelte Abgas mit heißem Rohgas gemischt, um die im Abgas enthaltenen Flüssigkeitstropfen zu verdampfen. Nach Wiederaufheizung im Wär-

---

[1] *Begriffserläuterung:* Unter *Absorption* versteht man die feste, in der Regel chemische Bindung eines Stoffes an einen anderen (Beispiel: SO_2 wird durch chem. Reaktion mit CaO zu $CaSO_3$ in der Kalkmilch absorbiert). Im Gegensatz dazu beschreibt die *Adsorption* nur eine leichtere, physikalische Bindung durch Oberflächenkräfte (Beispiel: SO_2 wird an Aktivkohle adsorbiert). Beide Stoffe bleiben dabei chemisch unverändert. Die Bindung kann z. B. durch Temperaturerhöhung leicht rückgängig gemacht werden.

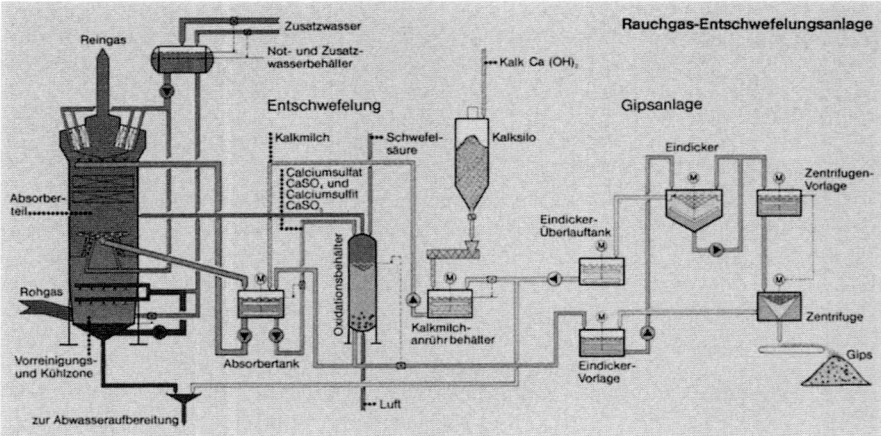

Bild 8.31: Schema einer REA mit externer Oxidationsstufe (Scholven)

metauscher tritt das Reingas über den Schornstein in die Atmosphäre aus.

Die Waschflüssigkeit wird im Kreislauf geführt. Nur ein Teilstrom wird ausgeschleust und in einen Eindicker geleitet. Der Gipsschlamm des Eindickers lässt sich in Zentrifugen auf eine Restfeuchte von weniger als 10 % entwässern.

Die im Waschkreislauf verbrauchte Kalkmenge wird über eine pH-Wert-Regelung durch Zufuhr frischer Waschflüssigkeit ersetzt. Der Kalkverbrauch moderner Anlagen liegt etwa beim stöchiometrischen Bedarf, d. h. bei etwa 0,88 t Branntkalk (CaO) pro t SO_2 oder 1,56 t Kalkstein ($CaCO_3$) pro t SO_2. Das stöchiometrische Verhältnis Ca/SO_2 liegt bei 1,03.

Wichtig für den Abscheidegrad sind zudem
– der pH-Wert der Waschflüssigkeit (um pH 6),
– der Waschflüssigkeitsverbrauch.
So werden beispielsweise mit einem Waschflüssigkeitseinsatz von 8 l/m³ Rauchgas Entschwefelungsgrade von 90 % erreicht. Für einen Entschwefelungsgrad von 95 % werden allerdings bereits 14 l/m³ und für 97 % etwa 20 l/m³ benötigt.

Zur Abgasentschwefelung werden in der Regel einfache Sprühwäscher mit und ohne Einbauten verwendet, die zum größten Teil nach dem für die Absorption günstigeren Gegenstromprinzip betrieben werden (Bild 8.32 und 8.33).

Die wesentlichen Gründe, die zur Vorherrschaft der Kalkwaschverfahren geführt haben sind:
– einfache Verfahrenskonzeption, z. B. Absorption in einfachen Sprühwäschern,
– Entschwefelungsgrade von über 95 % bei hoher Verfügbarkeit und Flexibilität der Anlagen,
– das Absorptionsmittel Branntkalk oder Kalkstein steht kostengünstig in großen Mengen zu Verfügung,
– als Endprodukt fällt Gips an, der aufgrund seiner Qualität vielseitig verwertbar ist und zu keinen Problemen bei der Ablagerung auf Deponien führt.

Um marktfähigen Gips hoher Reinheit zu erhalten, empfiehlt es sich, einen leistungsfähigen Partikelabscheider und eine zweite stark saure Waschstufe zur Ent-

Vorschriften und Maßnahmen zum Schutze der Umwelt 603

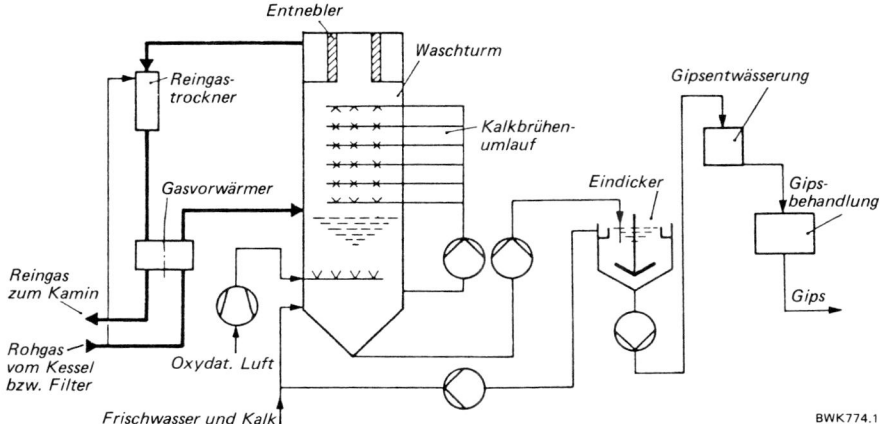

Bild 8.32: Prinzip einer nassen Rauchgasentschwefelung (REA), Vollstrom-Entschwefelung mit Wiederaufheizung und integrierte Oxidation (BWK)

fernung der Halogenide der REA vorzuschalten. Nachteilig erweist sich bei diesem Verfahren allerdings der Abwasseranfall aus der Kalkwäsche und der Gipsdehydrierung.

Wesentliche Verbesserungen dieses Konzepts bestanden in den letzten Jahren vor allem im Einsatz eines Regenerativwärmetauschers und in der Anordnung des Gebläses auf der Reingasseite der Entschwefelungsanlage. Damit konnten Energieeinsparungen von mehr als 20 % erreicht werden.

Bild 8.33: Rauchgasentschwefelung durch Rauchgaswäsche im VEBA-Kraftwerk Wilhelmshaven (VGB)

Sprühabsorptionsverfahren zur Abgasentschwefelung

Die Sprühabsorption (oft auch Quasitrockenabsorptionsverfahren genannt) ist ein Sonderfall der Sprühtrocknung. Das Sprühabsorptionsverfahren spielt in Deutschland im Kraftwerksbereich noch eine untergeordnete Rolle, hat aber in anderen Ländern eine größere Bedeutung. Seine Vorteile liegen in seinem um ein Drittel niedrigeren Platzbedarf und günstigeren Investitionskosten gegenüber dem Nassverfahren. Es kommt daher vor allem bei der Nachrüstung von Altanlagen zum Einsatz.

Im Reaktor wird über ein Zerstäubungssystem eine Waschsuspension in den Abgasstrom eingedüst (Bild 8.34). Dabei verdampft der Wasseranteil vollständig, d. h. die Wassermenge wird so dosiert, dass das Abgas nicht bis auf die Sättigungstemperatur abgekühlt wird. Während und nach der Verdampfung reagiert das Sorbens – meist Kalk – mit den Schwefeloxiden und Halogenverbindungen. Die festen, trockenen Reaktionsprodukte werden anschließend in einem Elektro- oder einem Gewebefilter abgeschieden. Zur besseren Ausnutzung des Sorptionsmittels wird ein Teil des abgeschiedenen Produkts wieder in den Vorratsbehälter für die Waschflüssigkeit zurückgeführt.

Als Zwischenprodukt fällt ein feinkörniges Feststoffgemisch an, dessen Zusammensetzung unter anderem von der Art des Brennstoffs, dem Entschwefelungsgrad und dem Kalküberschuss abhängt. Bei der Verfeuerung von Steinkohle mit Schwefelgehalten von 1 bis 1,5 % und einer Vorabscheidung des Flugstaubs hat das Zwischenprodukt etwa folgende Zusammensetzung:

15 bis 70 % $CaSO_3 \cdot 1/2\, H_2O$
10 bis 25 % $CaCO_3$
0 bis 25 % $Ca(OH)_2$
2 bis 30 % $CaSO_4 \cdot 2\, H_2O$
1 bis 15 % $CaCl_2 \cdot n\, H_2O$
1 bis 4 % Feuchte
Rest CaF und Flugasche

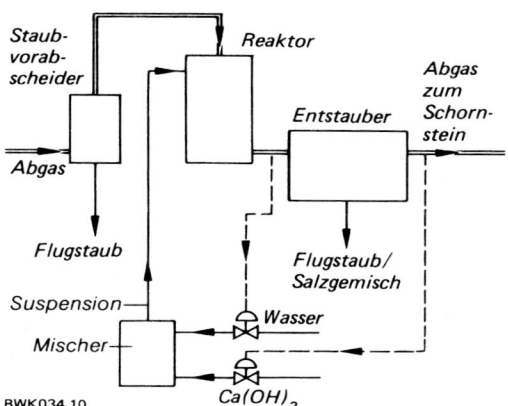

Bild 8.34: Vereinfachtes Verfahrensschema der Sprühabsorption zur Abgasentschwefelung

Die jeweilige Zusammensetzung variiert unter anderem stark mit dem SO_2-Abscheidegrad.

Probleme bei der Verwertung der Abfälle bereitet die große Bandbreite der chemischen Zusammensetzung, der störende Calciumchlorid- und Schwermetallgehalt und die mangelnde Attraktivität des Hauptbestandteils Calciumsulfit. In der Regel ist daher eine Weiterverarbeitung erforderlich. Durch Oxidation bei 800 °C lässt sich ein Produkt mit 60 bis 80 % technischem Anhydrit ($CaSO_4$) gewinnen, das sich als Erstarrungsregler für Zement eignet.

Der Entschwefelungsgrad des Sprühabsorptionsverfahrens steigt mit zunehmendem Dosierverhältnis von Suspensions- zur Abgasmenge. Üblicherweise wird das Verfahren mit einem überstöchiometrischen Verhältnis von 1,3 betrieben, bezogen auf das absorbierte Schwefeloxid. Dabei werden Abscheidegrade zwischen 60 und 95 % erreicht.

Trockensorptionsverfahren zur Abgasentschwefelung

Beim Trockensorptionsverfahren wird in einem Reaktor trockenes Feinkalkhydrat ($Ca[OH]_2$) überstöchiometrisch eingeblasen. Das Gemisch aus Reststaub, Reaktionsprodukten und nicht abreagiertem Kalk wird in einem anschließenden Staubfilter abgeschieden. Bei Schlauchfiltern erfolgt im Gewebe eine Nachreaktion. Ein Teil des verbrauchten Reaktionsprodukts wird aus dem Gewebefilter abgezogen und dem frischen Feinkalkhydrat wieder beigemischt, um die Effektivität des Verfahrens zu steigern. Die Entschwefelungsgrade liegen je nach Grad des stöchiometrischen Überschusses zwischen 50 % (Ca/S = 1,6) und 90 % (Ca/S = 3).

Gegenüber den nassen und quasitrockenen Verfahren bietet die Trockensorption folgende Vorteile:
– geringe Investitionskosten (ca. 8–15 % des Nassverfahrens),
– Abwasserfreiheit,
– keine Korrosionsschutzmaßnahmen,
– keine Anbackungen,
– einfache Verfahrenstechnik.

Vor allem bei Abfallverbrennungsanlagen findet sie Einsatz, da gleichzeitig gute Abscheidegrade für HCl und HF realisiert werden können. Wird das Kalkhydrat überdies mit ca. 3 bis 5 % Aktivkohle oder Braunkohlenkoks vermischt, können die Emissionsgrenzwerte der 17. BImSchV zusätzlich für Dioxine, Furane und Quecksilber erreicht werden.

Jedoch weisen die Endprodukte einen hohen Anteil an leicht wasserlöslichen $CaCl_2$, und unterschiedliche Anteile an Calciumhydroxid auf. Eine Verwertung der Reststoffe aus dem Trockensorptionsverfahren ist derzeit daher nicht möglich. Es verbleibt nur die Ablagerung in einer hierfür zugelassenen Deponie.

Regenerativverfahren zur Abgasentschwefelung

Bei Regenerativverfahren wird das beladene Sorptionsmittel aufgearbeitet und das zurückgewonnene Sorbens wieder zur SO_2-Abscheidung eingesetzt. Die trockenen Abgasentschwefelungsverfahren, die der Feuerungsanlage nachgeschaltet sind, gehören zu dieser Verfahrensgruppe. Sie lassen sich in Adsorptions- und Reaktionsverfahren einteilen.

Das am weitesten verbreitete Regenerativverfahren mit einem Marktanteil von

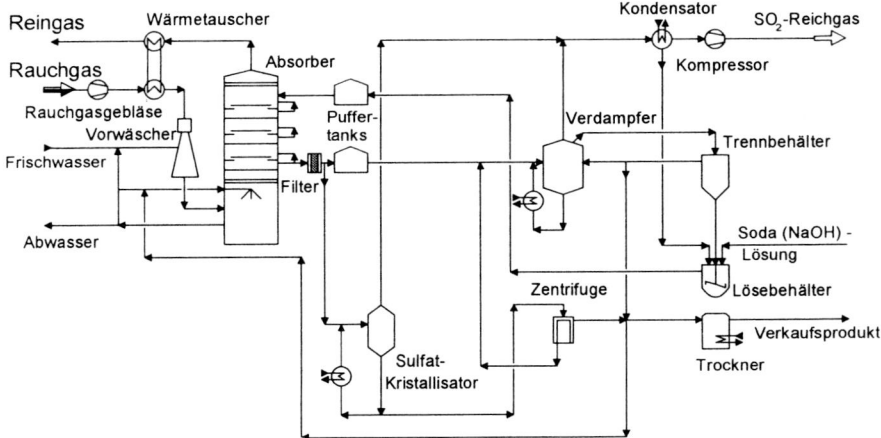

Bild 8.35: Wellmann-Lord-Verfahren zur Rauchgasentschwefelung

etwa 2 % ist das Wellmann-Lord-Verfahren (Bild 8.35). Bei diesem **Reaktionsverfahren** wird das Schwefeldioxid durch eine Natriumsulfitlösung aus dem staubfreien und vorgereinigten Rauchgas ausgewaschen, wobei Natriumhydrogensulfit entsteht. Die beladene Waschlösung wird eingedampft, wobei Natriumsulfit auskristallisiert und ein wasserdampfgesättigtes SO_2-Reichgas anfällt. Das Natriumsulfit wird anschließend wieder in Lösung gebracht und zur SO_2-Absorption verwendet.

Das Wellmann-Lord-Verfahren bietet den Vorteil, elementaren Schwefel und Schwefelsäure als hochwertige Chemierohstoffe zu liefern, doch ist es technisch aufwendig, verhältnismäßig teuer und benötigt eine große Energiemenge für das Eindampfen in der Regenerationsstufe.

Bei den regenerativen **Adsorptionsverfahren** ist die Aktivkohleadsorption am häufigsten vertreten. Das so genannte BF/UHDE-Verfahren verwendet Aktivkoks in einem Wanderbett zur Adsorption von SO_2. Dabei können hohe Abscheidegrade erreicht werden. Zusätzlich kann bei Zugabe von NH_3 auch NO_X abgeschieden werden. Bei der Desorption des SO_2 aus dem ausgeschleusten, beladenen Koks entsteht ein Reichgas, das wiederum zu Schwefelsäure oder Schwefel aufgearbeitet werden kann (Bild 8.36).

Auch wenn das Aktivkoksverfahren an Kraftwerken bisher schwach vertreten ist, so gehören Aktiv- oder Braunkohleadsorber in Form von Flugstrom-, Festbettoder Wanderbettverfahren inzwischen zur Standardausrüstung an Abfallverbrennungsanlagen. Es wird hier zur gleichzeitigen Abscheidung von SO_2, NO_X, Quecksilber und organischen Stoffen wie Dioxinen und Furanen eingesetzt.

Alle weiteren Regenerativverfahren wie das Walther-Verfahren oder das Magnesiumoxidverfahren werden bisher nur an einzelnen Anlagen eingesetzt und sind aus diesem Grunde hier nicht näher behandelt.

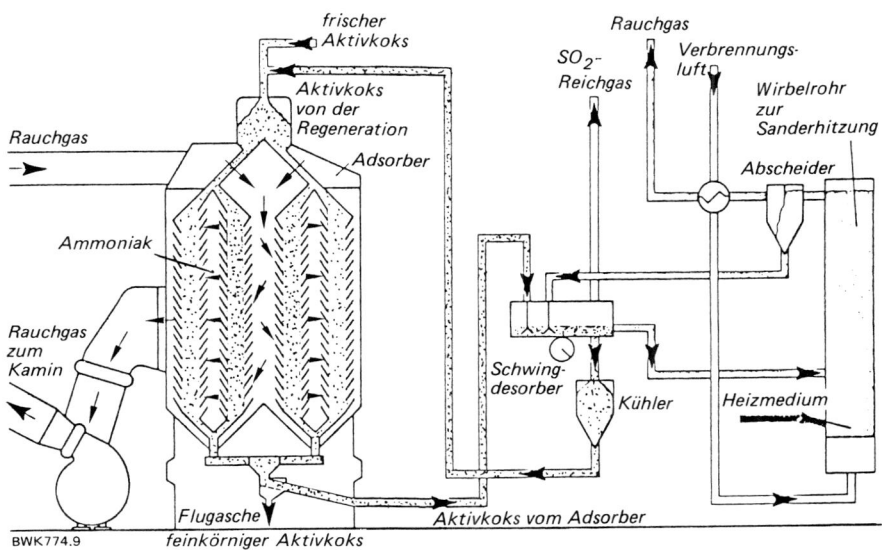

Bild 8.36: Das BF/UHDE-Verfahren zur Rauchgasreinigung – SO_2/NO_X-Abscheidung an Aktivkoks

8.11.2.3 Abgasentstickung

Die Anstrengungen zur Verminderung der NO_X-Emission aus Kraftwerken stehen keineswegs hinter den Entschwefelungsmaßnahmen zurück. Die Nachrüstung mit Primärmaßnahmen war 1988 bereits überwiegend abgeschlossen. Dabei hat sich herausgestellt, dass bei mit Öl, Gas und Braunkohle befeuerten Kraftwerken, die aufgrund ihrer Bauweise und des Brennstoffes schon an sich niedrigere NO_X-Emissionen aufweisen, die Grenzwerte bis auf wenige Ausnahmen ohne Sekundärmaßnahmen eingehalten werden können.

Bei Steinkohlekraftwerken, insbesondere bei solchen mit Schmelzfeuerung, ist hingegen auf jeden Fall eine zusätzliche Entstickungsanlage erforderlich. Das Verfahren der selektiven katalytischen Reduktion (SCR-Verfahren) mit Ammoniak als Reduktionsmittel wird hierbei ausschließlich bei Neuanlagen angewandt. Die Reaktoren sind entweder direkt am Kesselausgang (High Dust System) oder nach einem Entstauber (Low Dust System) bzw. nach der Abgasentschwefelungsanlage (Tail Gas System) angeordnet.

Das selektive nicht katalytische Reduktionsverfahren (SNCR) mit seiner begrenzten Abscheideleistung von 60 bis 80 % kommt dagegen vor allem für die Nachrüstung von Altanlagen infrage, deren Emissionen nur geringfügig über der Emissionsbegrenzung für NO_X liegen. Hier zeichnet es sich durch einen geringen Investitionsaufwand aus.

Eine Zusammenstellung der erprobten Sekundärmaßnahmen zur NO_X-Minderung zeigt Tafel 8.20. Weiter verbreitet sind nur die Reduktionsverfahren SCR und SNCR. Eine unbedeutende Rolle spielen die Oxidations- und Absorptionsverfahren, die in der Regel für die simultane Abscheidung von SO_2 und NO_X ausgelegt sind.

Tafel 8.20: Sekundärverfahren zur NO_X-Minderung

Trockene Verfahren		Nassverfahren
Reduktionsverfahren	Oxidationsverfahren	Absorptions-, Oxidations- und/oder Reduktionsverfahren
SCR Selektive katalytische Reduktion an – metallischen Katalysatoren – Molekularsieben – Akivkohle oder -koks	Trockensorption nach – Elektronenstrahlaktivierung – Oxidationskatalysator	– NH_3-Wäsche (nach O_3-Oxidation) – Fe-EDTA-Kalk-Gips-Wäsche – H_2O_2-Wäsche – Nitrosylschwefelsäure-Verfahren
SNCR Selektive nicht katalytische Reduktion durch Eindüsung von Ammoniak oder Harnstoff in den Feuerraum		

Stickstoffoxidminderung durch trockene Abgasreinigungsverfahren

Trockenverfahren zur NO_X-Abscheidung beruhen in der Regel auf der Reduktion des NO_X zu Stickstoff und Wasser durch Zugabe reduzierender Stoffe zum Abgas.

Die meisten Verfahren verwenden Ammoniak (NH_3) als Reduktionsmittel. Dadurch wird die NO_X-Emission gezielt gemindert (»selektive Reduktion«). Die selektive Reduktionsreaktion ist stark temperaturabhängig. Optimale Umsatzraten werden im Temperaturbereich von 900 bis 1000 °C erzielt. Diese relativ hohen Reaktionstemperaturen können durch den Einsatz von Katalysatoren auf 250 bis 380 °C abgesenkt werden. Bei den selektiven Verfahren wird deshalb unterschieden nach
– selektiver katalytischer Reduktion (SCR) und
– selektiver nicht katalytischer Reduktion (SNCR).
Nicht selektive Verfahren, bei denen neben NO_X auch andere Abgasbestandteile reduziert werden, wie z. B. SO_2 zu H_2S, benutzen Wasserstoff, Kohlenmonoxid, Methan oder ähnliche Kohlenwasserstoffe als Reduktionsmittel. Auch hier werden zur Beschleunigung der Reaktion oberflächenaktive bzw. katalytisch wirksame Materialien eingesetzt. Derartige Verfahren haben bisher jedoch keine praktische Bedeutung erlangt.

Selektive katalytische Reduktion (SCR)

Die zunächst in Japan entwickelte SCR-Technologie wurde Mitte der 1980er-Jahre von Deutschland übernommen und an die hiesigen Verhältnisse angepasst.

Das SCR-Verfahren hat inzwischen aufgrund seiner vorteilhaften Eigenschaften einen Marktanteil von über 90 % erreicht. Diese sind vor allem:
– hohe Effizienz und Verfügbarkeit,
– geringe Betriebsmittel- und Wartungskosten,
– unschädliche Endprodukte: Stickstoff und Wasser,
– einfache Verfahrenstechnik und Konstruktion.
Beim SCR-Verfahren wird dem Rauchgas mit Luft vermischtes NH_3 in etwa stöchiometrischer Menge zum abzuscheidenden NO_X zudosiert. Das NH_3-haltige Rauchgas wird anschließend über einen in mehreren Ebenen angeordneten Kata-

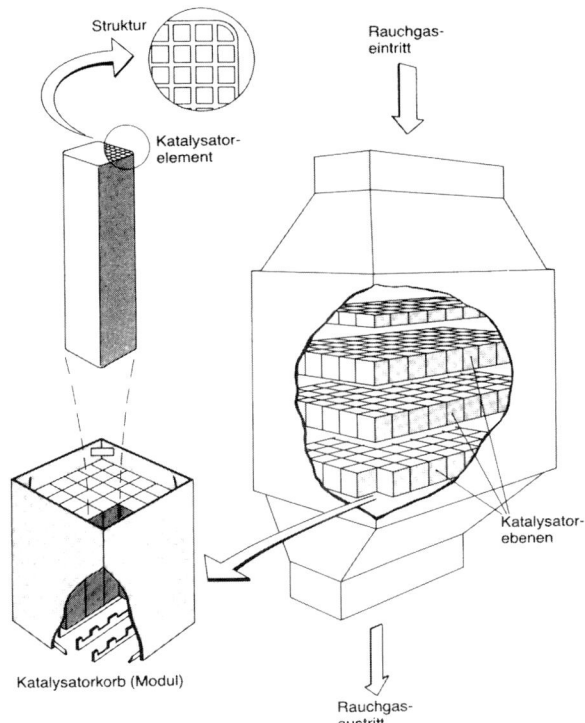

Bild 8.37: Aufbau eines Wabenkatalysators (aus Fa. Steinmüller, Gummersbach, Firmenschrift, Sekundärmaßnahmen zur Minderung der NO_x-Emissionen)

lysator geleitet. Der Katalysator besteht im Allgemeinen aus Titandioxid als Hauptkomponente sowie Oxiden von Vanadium, Wolfram und ggf. anderen Metallen. Günstige Betriebstemperaturen liegen im Bereich zwischen 250 und 380 °C. Neuere Entwicklungen arbeiten jedoch bereits bei 165 bis 220 °C mit ausreichender Abscheideleistung, sind jedoch sehr empfindlich gegen SO_2-Verunreinigungen.

Der Katalysator ist als Festbett in einem Reaktorgehäuse eingebaut, das senkrecht von oben nach unten durchströmt wird. Waben- oder plattenförmige Katalysatorelemente aus keramikartigem Vollmaterial oder beschichteten Metallträgern werden zu Moduleinheiten zusammengefasst (Bild 8.37).

Grundsätzlich kann man zwei verschiedene Modifikationen bei der SCR-Technik bezüglich der Position des Reaktors innerhalb der Rauchgasreinigungsanlage unterscheiden, die etwa gleich häufig vertreten sind:

Rohgasschaltung (High Dust, Bild 8.38):

Bei dieser Anordnung folgt der Reaktor direkt nach dem Kessel, noch vor dem Heißgasentstauber. Der Katalysator befindet sich bei dieser Anordnung bereits im günstigen Temperaturbereich von 250 bis 380 °C. Eine aufwendige Wiederaufhei-

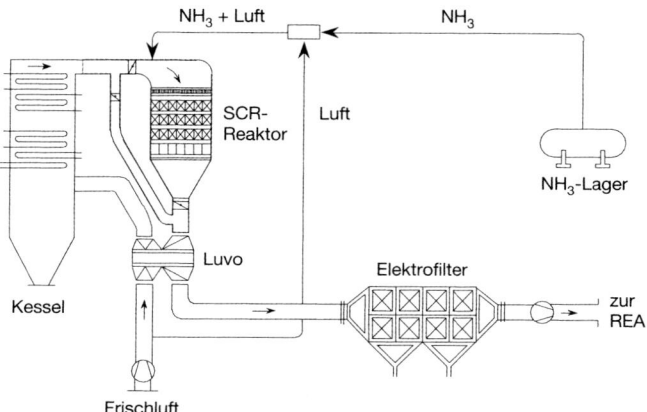

Bild 8.38: Entstickung nach dem SCR-Verfahren in Rohgasschaltung (selektive katalytische Reduktion)

zung ist also nicht erforderlich. Allerdings ist er der vollen Staub- und Schadstoffbeladung des Rauchgases ausgesetzt. Die Katalysatorstandzeit wird dadurch verringert. Die Optimierung zielt darauf ab, im katalytischen Reaktor bei geringem NH_3-Schlupf möglichst hohe Umsatzraten zu erreichen. Bei einer Überdosierung von NH_3 aufgrund einer ungleichmäßigen NH_3-Verteilung, einer Rauchgasschieflage, einer Verschmutzung oder Deaktivierung des Katalysators kann das überschüssige NH_3 in den nachgeschalteten kälteren Anlagenteilen mit Schwefeldioxid reagieren. Es bilden sich dann Ammoniumsulfatablagerungen, die zu Verstopfungen führen können.

Durch eine tägliche Überwachung des NH_3-Gehalts der Flugasche lassen sich derartige Mängel schnell erkennen. In einer funktionstüchtigen, optimierten SCR-Anlage sollte der NH_3-Gehalt in der Flugasche kleiner als 50 mg/kg sein. Ab Konzentrationen von etwa 60 bis 80 mg/kg treten Geruchsbelästigungen bei einer Weiterverarbeitung der Flugasche mit Wasser und Zement auf. Der Einbindegrad von NH_3 im Flugstaub beträgt ca. 70 %, bei Vollwertkohle entspricht die oben genannte Menge daher einem NH_3-Schlupf von ca. 0,7-1 mg/m³, bei Ballastkohle von ca. 2-3 mg/m³.

Ein weiteres Problem bei den High-Dust-Anlagen entsteht dadurch, dass das direkt nach dem Kessel noch reichlich vorhandene SO_2 im Katalysator zu SO_3 aufoxidiert wird. Dadurch kann der Schwefelsäuretaupunkt um bis zu 50 °C erhöht werden, was zu einer verstärkten Korrosion in den nachgeschalteten Anlagenteilen führt. Abhilfe kann die Zumischung von ca. 0,25 % CaO zur Rohkohle schaffen. Dies bewirkt einerseits eine Bindung des SO_3, andererseits wird auch das Katalysatorgift Arsen durch die Umwandlung zu Calciumarsenid unschädlich gemacht.

Reingasschaltung (Low Dust bzw. Tail Gas, Bild 8.39):

Bei dieser Anordnung liegt der Reaktor hinter dem Entstauber und der Entschwefelungsanlage. Staub und Schadstoffbelastung sind gering, allerdings müssen die Abgase mit beträchtlichem Energieaufwand von einer Temperatur unterhalb 100 °C

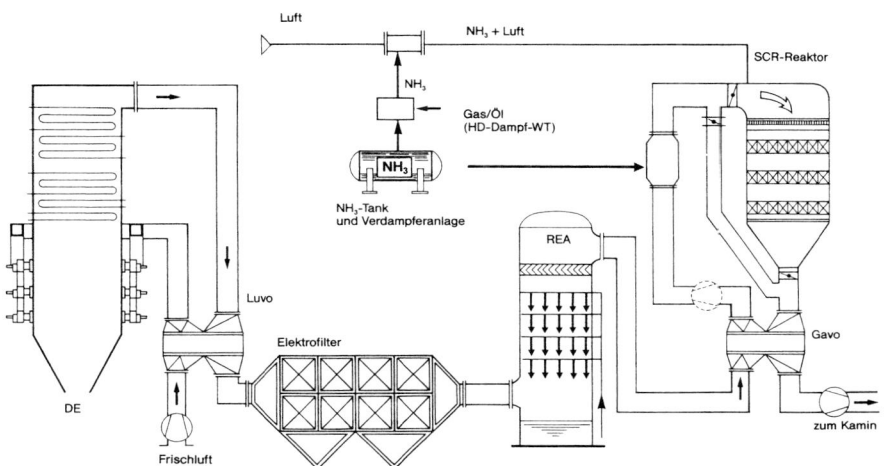

Bild 8.39: Entstickung nach dem SCR-Verfahren in Reingasschaltung (Steinmüller, Gummersbach, Firmenschrift, Sekundärmaßnahmen zur Minderung der NO_x-Emissionen)

nach REA auf das im Katalysator benötigte Temperaturniveau von 250 bis 380 °C gebracht werden. Dazu werden zum einen Regenerativwärmetauscher, zum anderen erdgas- oder ölbetriebene Flächenbrenner benutzt.

Durch eine Vergiftung der Katalysatorelemente durch Silicium kann es zu einer vorzeitigen Deaktivierung in der Reingasschaltung kommen. Die Bildung von Siliciumtetrafluorid findet unter anderem an mit Rohgas beaufschlagten Wärmetauscherblechen in einer vorgeschalteten REA statt. Rohgas aus Kohlefeuerungen enthält neben Flusssäure (HF) auch Schwefelsäure (H_2SO_4); Silicium ist in Flugstaub und Werkstoffen, wie z. B. Emaille, vorhanden. Durch die Reaktion von Siliciumoxid mit Fluss- und Schwefelsäure entsteht SiF_4, wobei die konzentrierte Schwefelsäure das entstehende Wasser bindet. SiF_4 bildet sich dabei sowohl auf der Rohgas- als auch auf der Reingasseite des regenerativen Wärmetauschers. Verantwortlich hierfür ist die Absorption von Flusssäure auf der Rohgasseite der Wärmetauscherbleche und die anschließende Desorption auf der Reingasseite. Abhilfe kann auch hier die Zugabe von Kalkhydrat zur Bindung der sauren Gase schaffen.

Die Vor- und Nachteile der beiden etwa gleich häufig am Markt vertretenen Konzepte sind im Einzelfall gegeneinander abzuwägen. Mit SCR-Anlagen lassen sich, je nach Katalysatormenge und NH_3-Stöchiometrie, NO_x-Reduktionsraten von 80 bis 90 % erreichen. Dabei wird mit einem Molverhältnis von NH_3/NO_x von ca. 0,8 bis 0,9 gearbeitet; die NH_3-Konzentration im Reingas liegt dann unter 4 mg/m³.

Hinter Kohlefeuerungen werden Katalysatorstandzeiten bis zu zwei Jahren garantiert. Aufgrund vorliegender Betriebsergebnisse werden allerdings in der Regel Standzeiten von mehr als fünf Jahren erreicht.

Der Prozess der SCR-Entstickung unterliegt einer stetigen Weiterentwicklung, die vor allem auf die Verringerung des Energieeinsatzes wie auch auf die simultan zu übernehmende Aufgabe der Dioxin- und Furanminderung ausgerichtet ist.

Selektive nicht katalytische Reduktion (SNCR)

Die selektive nicht katalytische Reduktion von NO_X mit NH_3 oder Harnstoff ist auf einen engen Temperaturbereich von 850 bis 1060 °C begrenzt. Das erfordert den Einbau der Reduktionsmitteldosierung direkt in den Feuerraum (Bild 8.40).

Lastwechsel, Brennstoffwechsel und andere betriebliche Änderungen, die Einfluss auf die Abgastemperatur haben, können den Umsatzgrad der Reaktion stark mindern. Dem kann prinzipiell durch die Zugabe von Wasserstoff oder die Installation von NH_3-Dosiereinrichtungen an mehreren Stellen im Dampferzeuger Rechnung getragen werden. Die Vorzüge des nicht katalytischen Reduktionsverfahrens liegen darin, dass
– als Reduktionsprodukte nur N_2 und H_2O auftreten,
– der Platzbedarf gering ist,
– kein teurer und empfindlicher Katalysator eingesetzt werden muss,
– eine Nachrüstung bei Altanlagen leicht durchführbar und
– die Betriebsführung einfach ist.
Dagegen stehen
– ein relativ hoher NH_3-Verbrauch (Molverhältnis NH_3/NO_X von 1,5 bis 2,5),
– relativ hohe NH_3-Konzentrationen in Reingas, Flugasche und Abwasser,
– eine erhöhte Gefahr von Ammoniumsulfat- bzw. -bisulfatablagerungen sowie
– ein relativ geringer Reduktionsgrad.
Das Verfahren wurde bisher kommerziell nur bei Öl- und bei Gasfeuerungen angewandt; es ist grundsätzlich aber auch bei Kohlefeuerungen anwendbar. Bei NH_3-Restemissionen von ca. 40 mg/m³ wurden NO_X-Minderungsraten von 20 bis 50 %

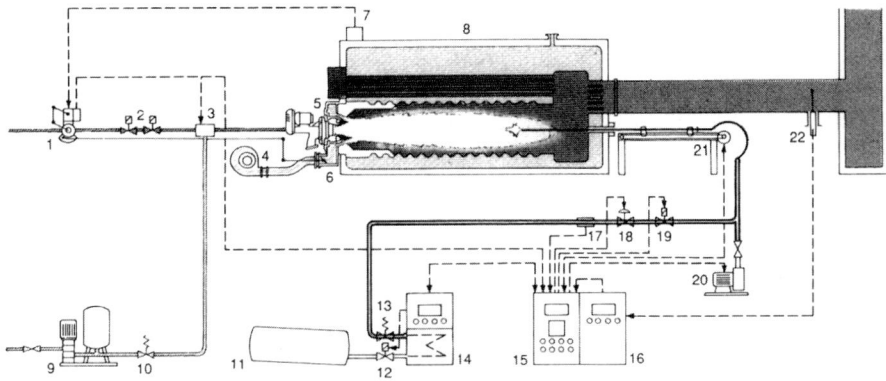

Bild 8.40: Verfahrens- und Anlagenschema der selektiven nicht katalytischen Reduktion (SNCR)
1 Verbundregler mit Stellmotor und Stellgeber
2 Ölventile
3 Wasser-/Heizöl-Mischeinrichtung
4 Verbrennungsluftgebläse
5 Saacke – Brenner
6 Verbrennungsluftregelklappe
7 Kesselregelung
8 Kessel
9 Wasserfördereinrichtung
10 Wasserdruckregler
11 NH_3-Lagerbehälter
12 NH_3-Ventil
13 NH_3-Druckregler
14 NH_3-Verdampferschrank
15 NH_3-Regeleinrichtung
16 NO-Analysesystem
17 NH_3-Mengenmessung
18 NH_3-Regelventil
19 NH_3-Ventil
20 Luftgebläse
21 verfahrbare NH_3-Düsenlanze
22 NO-Messsonde

erzielt. Mit einem NH_3-Schlupf von mehr als 40 mg/m³ sind auch bis zu 80 % Minderung zu erreichen. In diesem Fall wird das überschüssige NH_3 aus dem Flugstaub bzw. aus dem Abwasser eines nachgeschalteten Wäschers zurückgewonnen und dem Entstickungsprozess wieder zugefügt. Bei Abfallverbrennungen hat das SNCR-Verfahren den positiven Nebeneffekt, dass die DeNovo-Synthese (siehe Abschn. 8.11.1.4) von Dioxinen und Furanen durch das Ammoniak erheblich eingeschränkt wird.

Stickstoffoxidminderung durch nasse Abgasreinigungsverfahren

Wie bei der Abgasentschwefelung ist auch für die nasse Stickstoffoxidabscheidung aus Abgasen eine Vielzahl technischer Verfahren entwickelt worden, die allerdings bisher kaum Verbreitung gefunden haben. Dabei handelt es sich überwiegend um SO_2-/NO_X-Simultanabscheideverfahren. Die einzelnen Verfahren unterscheiden sich durch das Absorptionsprinzip sowie durch den sich daran anschließenden Reaktionsmechanismus. Während die Absorption von Stickstoffdioxid durch Waschflüssigkeiten ähnlich wie bei Schwefeldioxid ohne besondere Probleme möglich ist, lässt sich Stickstoffmonoxid, das im Abgas zu mehr als 95 % vorliegt, nur schwierig in Lösung bringen. Bei den **Oxidations-/Absorptionsverfahren** wird deshalb in einem ersten Reaktionsschritt das im Abgas vorhandene NO zu NO_2 oxidiert. Dies geschieht entweder in der Gasphase durch Zugabe von Ozon (O_3) bzw. von Chlordioxid (ClO_2) oder in der flüssigen Phase durch Zusatz oxidierender Substanzen wie Kaliumpermanganat oder alkalischer Chlorit- bzw. Hypochlorit-Lösungen zur Waschflüssigkeit. In der Waschflüssigkeit wird das gelöste NO_2 dann zu Salpetersäure bzw. zu Alkalinitrit oder -nitrat umgesetzt.

Beim **Oxidations-/Reduktionsverfahren** wird in einem ersten Verfahrensschritt das im Abgas vorhandene NO in der Gasphase (mit O_3 oder ClO_2) vor dem Eintritt in den Absorber zu NO_2 oxidiert. Bei der anschließenden Gaswäsche wird als Absorptionsmittel Natronlauge, Ammoniak, Calciumhydroxid oder Calciumcarbonat eingesetzt. Durch die gleichzeitige SO_2-Abscheidung bilden sich in der Waschflüssigkeit Sulfite, die das gelöste NO_2 zu Stickstoff reduzieren und dabei selbst zu Sulfaten aufoxidiert werden. Um eine hohe NO_X-Abscheidung zu erzielen, muss im Rohgas bedeutend mehr SO_2 als NO_X vorhanden sein. Lediglich bei einem mit verdünnter Schwefelsäure arbeitenden Verfahren ist der NO_X-Abscheidegrad vom SO_2-Gehalt unabhängig.

Bei den **Absorptions-/Reduktionsverfahren** wird die Absorption des NO dadurch herbeigeführt, dass der Absorptionslösung z. B. ein Komplexsalz zugegeben wird. Das NO wird absorbiert und kann mit den aus der gleichzeitig ablaufenden SO_2-Absorption gebildeten Sulfitionen zu Stickstoff und Imidosulfonat reagieren. Das Imidosulfonat wird in einer Aufbereitungsstufe je nach Waschflüssigkeit zu Ammoniumsulfat, Natriumsulfat, SO_2 oder Stickstoff umgesetzt.

Der Vorteil der Nassverfahren liegt in der möglichen simultanen Abscheidung von NO_X und SO_2. Es werden mittlere, selten hohe Abscheidegrade erreicht; derartige Verfahren sind deshalb besonders in Kombination mit feuerungstechnischen Maßnahmen zur NO_X-Minderung interessant. Als Nachteile sind die relativ aufwendige Aufbereitung der Waschflüssigkeit, Abwasserprobleme und mögliche Einschränkungen bei der Verwertung der Endprodukte zu sehen.

8.11.2.4 Abscheidung von HCl, HF, Hg und organischen Verbindungen

Nassverfahren

An Abfallverbrennungsanlagen werden in der Regel dreistufige Wäscher eingesetzt, bestehend aus einer Quensch, eventuell mit Venturi zur Abgaskonditionierung und Staubabscheidung. Daran schließt sich eine mit Wasser betriebene saure Stufe an, in der die Abscheidung der leicht in Wasser löslichen Gase Chlor- und Fluorwasserstoff erfolgt, wobei Abscheidegrade über 90 % erreicht werden.

Ebenfalls im Nasswäscher abgeschieden werden die Quecksilber-Verbindungen $HgCl_2$, Hg_2Cl_2 und HgO, während metallisches Quecksilber (Hg^0) im Wasser weder absorbiert wird noch aufgrund seines hohen Dampfdrucks kondensiert. Die Verteilung der Hg-Verbindungen und damit die Abscheideleistung im Wäscher hängt von der Verbrennungstemperatur und dem Chlorionengehalt im Rauchgas ab, wobei ab etwa 950 °C Feuerraumtemperatur mehr als 95 % als $HgCl_2$ im Rohgas vorliegen. Die Restkonzentration von $HgCl_2$ nach einem sauren Wäscher liegt bei 10 bis 20 µg/m³. Störend für eine effektive Abscheidung wirkt sich die Reduktion von Hg-Verbindungen wie $HgCl_2$ zu Hg^0 aus.

Sprühabsorptions-, Trockensorptionsverfahren

Mit dem im Abschnitt 8.11.2.2 beschriebenen Sprühabsorptionsverfahren lassen sich zusammen mit einem wirksamen Entstauber auch hohe Abscheidegrade für HCl (97–98 %), HF (> 95 %) und Schwermetalle (97–99 %) erzielen. Mischt man dem Calciumhydroxid zusätzlich ca. 3–4 % Aktivkohle oder Herdofenkoks bei, können auch Hg (> 80 %), Dioxine und Furane (> 99 %) wirkungsvoll abgeschieden werden. Als Nebeneffekt werden im geringen Maße auch Stickoxide und CO_2 gebunden. Nachteilig bei diesem Verfahren sind vor allem die hohen Entsorgungskosten der nicht verwertbaren Rückstände. Allerdings wird dies an manchen Anlagen umgangen, indem die Rückstände direkt wieder der Feuerung zugeführt werden. Dies ist allerdings nur in Verbindung mit einem vorgeschalteten Wäscher möglich, der als Senke für Schwermetalle und insbesondere für Quecksilber dient.

Das Sprühabsorptionsverfahren lässt sich auch als Trockenverfahren betreiben mit den Adsorptionsmitteln Kalkhydrat, Natriumbicarbonat, Stein- oder Braunkohleaktivkoks, Zeolithen oder einem Gemisch aus Kalkhydrat und Herdofenkoks (Sorbalit®). Die Zudosierung der Adsorptionsmittel erfolgt im Flugstromverfahren entweder direkt in den Rauchgaskanal oder in einen Wirbelschicht-Reaktor. Die Abscheidung der Feststoffe und die Adsorption der Schadstoffe erfolgt dann im Filterkuchen eines nachgeschalteten Gewebefilters.

Daneben werden auch Festbett- oder Wanderbettreaktoren mit Aktivkohle oder Herdofenkoks zur Endreinigung oder als Polizeifilter an Kraftwerken und Abfallverbrennungsanlagen zur Schwermetall- und Dioxinabscheidung mit hohem Wirkungsgrad eingesetzt.

Katalytische Verfahren

Dioxine und Furane können auch in speziell entwickelten Katalysatoren (Oxidationskatalysatoren) bei Temperaturen oberhalb 250 °C ohne Zusatzmittel oxidativ zerstört werden. Diese Technik empfiehlt sich vor allem in Kombination mit einer SCR-DENOX-Anlage. Die Reduktiongrade liegen zwischen 96,8 und 99,6 %.

8.11.3 Lärmminderungsmaßnahmen

Zur Verminderung von Geräuschemissionen und der Schallausbreitung gibt es drei Möglichkeiten, und zwar
- Maßnahmen unmittelbar an der Schallquelle,
- Maßnahmen zur Schalldämmung,
- Maßnahmen zur Schalldämpfung.

Beim Betrieb von Kesselanlagen sind Maßnahmen an den Schallquellen selbst zur Minderung der Schallerzeugung aus technischen Gründen begrenzt. Im Wesentlichen sind dies konstruktive Verbesserungen, die auf eine größere Laufruhe von Antriebsmotoren, Pumpen, Getrieben, Gebläsen und dergleichen abzielen. Die größeren Möglichkeiten sind durch Schalldämmung und Schalldämpfung gegeben, wobei diese Maßnahmen häufig zu kombinieren sind.

Unter **Schalldämmung** versteht man die Behinderung der Schallausbreitung durch Hindernisse, z. B. Wände, Kapselungen oder Ähnliches. Schalldämmungsmaßnahmen richten sich vorwiegend gegen die Ausbreitung des Luftschalles, z. B. aus Gebäuden. Ihre Wirksamkeit wird vom Flächengewicht der Außenwände bestimmt. Bei gleichem Flächengewicht ist der Einfluss der Baustoffe wie Beton, Ziegel, Glas oder dergleichen nur unwesentlich. Eine zweischalige Bauweise ist gegenüber homogenen Wänden nur dann vorteilhaft, wenn eine Erhöhung des Flächengewichts nicht ausreichend möglich ist und für die Schallschwingungen keine Übertragungsmöglichkeit zwischen den Wandteilen über feste Verbindungen besteht. Zweischalige Konstruktionen sind jedoch wegen der Resonanzfähigkeit problematisch und müssen daher exakt auf die Aufgabenstellung abgestimmt werden.

Die Dämmung von Körperschall ist meist sehr schwierig. Schallenergie wird in vielen Baustoffen, wie Stahl und Beton, verlustarm über große Entfernungen transportiert und erst dann in Luftschall umgesetzt. Deshalb muss verhindert werden, dass die Schallschwingung von der Geräuschquelle auf den Körperschallleiter übertritt. Elastische Verbindungen und die schwingungsisolierte Aufstellung von Aggregaten sind mögliche Maßnahmen.

Unter **Schalldämpfung** versteht man die teilweise Umwandlung der Schallenergie durch Absorption in andere Energieformen, meist in Wärme. Geeignete Absorptionsmaterialien dafür sind aus Steinwolle oder Glasfaser gefertigte Matten oder so genannte Schallschluckplatten.

Schallschluckende Auskleidungen an Wänden und Decken von Maschinenhallen sind gut geeignet, reflektionsbedingte Pegelüberhöhungen zu vermeiden. Ein in Massivbauweise ausgeführtes Kesselhaus mit geeigneter Verglasung dient somit nicht nur dem Witterungs- und Wärmeschutz der Anlage, sondern auch der Lärmminderung, also der Verringerung der Geräuschimmission in der Umgebung.

Für besondere schallintensive Aggregate sind schalldämpfende Ummantelungen oder schalldämmende Hauben zu empfehlen. Bei wartungsintensiven Motor- oder Generatoraggregaten sind Schalldämmhauben nur dann geeignet, wenn eine leichte Zugänglichkeit für Wartungs- und Reparaturarbeiten gewährleistet ist, sei es durch Abnehmbarkeit der Kapseln oder durch begehbare Hauben. Eine Stahlblechkapsel mit 2 mm Wanddicke kann den Schallpegel um bis zu 20 dB verringern, größere Wanddicken bringen nicht wesentlich mehr. Eine zusätzliche Pegel-

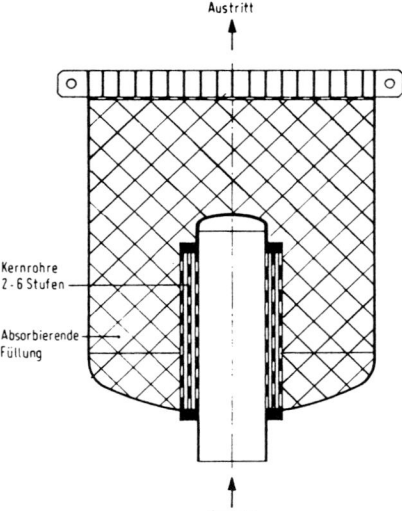

Bild 8.41: Schnitt durch einen Schalldämpfer

minderung erreicht man, wenn eine solche schalldämmende Haube auf der Innenseite mit absorbierendem Material zur Schalldämpfung ausgekleidet wird.

Besonderes Augenmerk ist bei Feuerungsanlagen der Geräuschemission aus den Ansaug- und Ausblasstutzen der Frischluft- und Rauchgasgebläse zu widmen. Hier bringen Schalldämpfer erhebliche Verbesserungen.

Eine sehr seltene, aber sehr unangenehme Schallemission entsteht beim Abblasen von Sicherheitsventilen. Für große Kesselanlagen sind für Sicherheitsventile Schalldämpfer zwingend erforderlich, bei kleineren und mittleren Anlagen sollte darauf geachtet werden, dass sie ggf. noch nachträglich eingebaut werden können (Bild 8.41). Hierfür werden Drosselschalldämpfer eingesetzt, bei denen der Querschnitt des mediumführenden Rohrs oder Auslasses mit porösem, durchlässigem Material ausgefüllt ist. Beim Durchströmen wird Schall in Wärme umgewandelt und die Strömungsgeschwindigkeit vermindert, was sich insbesondere beim Austritt von Gasen und Dämpfen schallmindernd auswirkt.

Zur Verminderung der von Gas- und Ölbrennern ausgehenden Geräusche werden die Brenner häufig mit Schalldämmhauben abgedeckt. Die Schalldämmung ist aber mit einer gewissen Drosselung der Verbrennungsluftzufuhr verbunden. Diese Drosselung kann eine Veränderung der Verbrennungsgüte bewirken. Um dennoch optimale Verbrennungsergebnisse zu erreichen, ist die Einstellung des Brenners zu prüfen, wenn eine solche Abdeckhaube angebracht oder für längere Zeit abgenommen wird.

Schallminderungsmaßnahmen sind nicht nur unter dem Gesichtspunkt der Geräuschimmission für die Umgebung der Anlage zu sehen, sondern auch aus der Sicht des Arbeitsschutzes. Hier gilt die Verordnung über Arbeitsstätten (Arbeitsstättenverordnung – ArbStättV). Sowohl Kesselhäuser als auch Heizzentralen sind als Arbeitsräume im Sinne dieser Verordnung anzusehen.

8.12 Entsorgung von Abfallstoffen

Beim Betrieb von Feuerungsanlagen fallen erhebliche Mengen an Abfällen an. Dabei handelt es sich vor allem um unbrennbare Anteile des Brennstoffs, die als Schlacke und Flugstaub die Feuerung verlassen sowie um Rückstände aus der Abgasreinigung. Ferner fallen bei Betrieb, Wartung und Instandhaltung verschiedene Abfälle in Form gebrauchter Betriebsmittel (z.B. gebrauchte Schmiermittel, Altöl, Metallschrott, Elektro- und Elektronikschrott etc.) an. Auch bei der Wasseraufbereitung und der Abwasserbehandlung können spezifische Abfälle anfallen. Die Entsorgung der in Feuerungsanlagen anfallender Abfälle ist nicht immer unproblematisch.

Das Bundes-Immissionsschutzgesetz (§ 5 Abs. 1 Nr. 3) verlangt daher:

> »Genehmigungsbedürftige Anlagen sind so zu errichten und zu betreiben, dass **Abfälle** vermieden werden, es sei denn, sie werden ordnungsgemäß und schadlos verwertet, oder, soweit Vermeidung und Verwertung technisch nicht möglich oder unzumutbar sind, ohne Beeinträchtigung des Wohls der Allgemeinheit beseitigt.«

Als Abfälle gelten dabei alle Stoffe, die beim Betrieb einer Anlage unerwünscht entstehen. Dabei kann es sich sowohl um feste als auch flüssige Stoffe handeln.

Die Entsorgung von Abfällen ist primär im Kreislaufwirtschafts- und Abfallgesetz (KrW-/AbfG) und zugehörigen untergesetzlichen Regelungen (z.B. Nachweisverordnung, Altölverordnung, Altholzverordnung, Gewerbeabfallverordnung u.a.) geregelt. Daneben sind auch Länderabfallgesetze und Abfallsatzungen der entsorgungspflichtigen Gebietskörperschaften sowie darin festgeschriebene Andienungspflichten für Abfälle zur Beseitigung zu beachten.

Abfälle sind gegebenenfalls als gefährliche und wassergefährdende Stoffe einzustufen. Neben dem Kreislaufwirtschafts- und Abfallgesetz und den sonstigen abfallrechtlichen Bestimmungen spielen deshalb bei der Handhabung der Abfälle (z.B. bei Lagerung, Umschlag und Transport) auch eine Reihe anderer gesetzlicher Bestimmungen eine besondere Rolle. In Zusammenhang mit dem Umschlag und der Lagerung wassergefährdender Abfälle gelten das Wasserhaushaltsgesetz (WHG), die Länderwassergesetze und zugehörige Verordnungen (z.B. Anlagenverordnung VAwS). Beim Umschlag gefährlicher Abfälle sind zudem einschlägige verkehrsrechtliche Bestimmungen für Gefahrgut zu beachten.

Das 1996 in Kraft getretene KrW-/AbfG regelt die Anforderungen an die Vermeidung, Verwertung und Beseitigung von Abfällen. § 1 des KrW-/AbfG erläutert seine Zielsetzung:

> »Zweck des Gesetzes ist die Förderung der Kreislaufwirtschaft zur Schonung der natürlichen Ressourcen und die Sicherung der umweltverträglichen Beseitigung von Abfällen.«

In § 4 des KrW-/AbfG wird grundsätzlich festgelegt, dass Abfälle in erster Linie **vermieden** werden sollen, insbesondere durch die Verminderung ihrer Menge und Schädlichkeit. Erst in zweiter Linie ist eine **stoffliche** oder **energetische Verwertung** anzustreben, soweit diese technisch möglich und wirtschaftlich zumutbar ist. Die Verwertung hat aber immer Vorrang vor der Beseitigung, solange die Verwertung im Hinblick auf die zu erwartenden Emissionen, die Schonung der natürlichen

Ressourcen sowie die einzusetzende oder zu gewinnende Energie die umweltverträglichere Lösung darstellt und keine Anreicherung von Schadstoffen in Erzeugnissen, Abfällen zur Verwertung oder daraus gewonnener Erzeugnisse erfolgt (§ 5). Soweit keine andersartige Festlegung in einer Rechtsvorschrift erfolgt, ist auch eine energetische Verwertung nur zulässig, wenn:
1. der Heizwert des einzelnen Abfalls, ohne Vermischung mit anderen Stoffen, mindestens 11 000 kJ/kg beträgt;
2. ein Feuerungswirkungsgrad von mindestens 75 % erzielt wird;
3. entstehende Wärme selbst genutzt oder an Dritte abgegeben wird;
4. die im Rahmen der Verwertung anfallenden weiteren Abfälle möglichst ohne weitere Behandlung abgelagert werden können.

Das KrW-/AfG unterscheidet somit zwischen Abfällen zur Verwertung und Abfällen zur Beseitigung. Dabei wird im Anhang des Gesetzes näher konkretisiert, welche Abfallgruppen (Anhang I) es gibt und welche Beseitigungsverfahren (Anhang II A) und Verwertungsverfahren (Anhang II B) anerkannt sind.

Mit der Abfallverzeichnis-Verordnung (AVV) wird das neue Europäische Abfallverzeichnis eingeführt. Die als gefährlich gekennzeichneten Abfälle werden als besonders überwachungsbedürftig im Sinne von §41 KrW-/AbfG eingestuft. Gleichzeitig werden die gefahrstoffrechtlichen Kriterien für die Gefährlichkeit von Abfällen in der Verordnung aufgeführt. Die nicht besonders überwachungsbedürftigen Abfälle zur Beseitigung sind auf Grund von §41 Abs. 2 KrW-AbfG überwachungsbedürftig. Mit der an das Europäische Abfallverzeichnis angepassten »Bestimmungsverordnung überwachungsbedürftiger Abfälle zur Verwertung (BestüVAbfV)« werden die überwachungsbedürftigen Abfälle zur Verwertung festgelegt. Abfälle, die von dieser Verordnung nicht erfasst werden, unterliegen keiner besonderen Nachweispflicht.

Der Gesetzgeber verfolgt mit dem KrW-/AbfG das Ziel, die Industrie in die Verantwortung zur Lösung der Abfallproblematik einzubeziehen. Neben einer Produktverantwortung auch im Hinblick auf die Entsorgung oder Rücknahme des Produkts werden Unternehmen (und entsorgungspflichtige Körperschaften) dazu verpflichtet, ihre Planungen für Maßnahmen zur Vermeidung, Verwertung und zur Beseitigung von Abfällen in Form von **Abfallwirtschaftskonzepten** (§ 19) für die nächsten fünf Jahre darzulegen sowie jährlich so genannte **Abfallbilanzen** (§ 20) zu erstellen. Dies betrifft Anlagenbetreiber, bei denen jährlich mehr als 2 t besonders überwachungsbedürftige Abfälle oder mehr als 2000 t überwachungsbedürftige Abfälle anfallen.

Gemäß § 54 KrW-/AbfG sind von Betreibern von genehmigungsbedürftigen Anlagen nach BImSchG ein oder mehrere **Betriebsbeauftragte für Abfall (Abfallbeauftragte)** zu bestellen, sofern dies von der Art und Größe der Anlage und den anfallenden Abfällen erforderlich ist. Die betroffenen Anlagen werden noch in einer eigenen Rechtsverordnung näher bestimmt. Vorerst gilt noch die Verordnung über Betriebsbeauftragte für Abfall vom 26. Oktober 1977.

Der Dampfkesselbetreiber sollte demnach möglichst schon bei der Planung der Anlage den Einsatz abfallarmer Verfahren für die Rauchgasreinigung erwägen oder dennoch anfallende Abfälle weitestgehend verwerten. Bild 8.42 zeigt, wie unterschiedlich die Reststoffmengen für eine nasse und eine quasitrockene/trockene Abgasreinigung einer Abfallverbrennung sind. Eine Hilfestellung bei der Wahl des

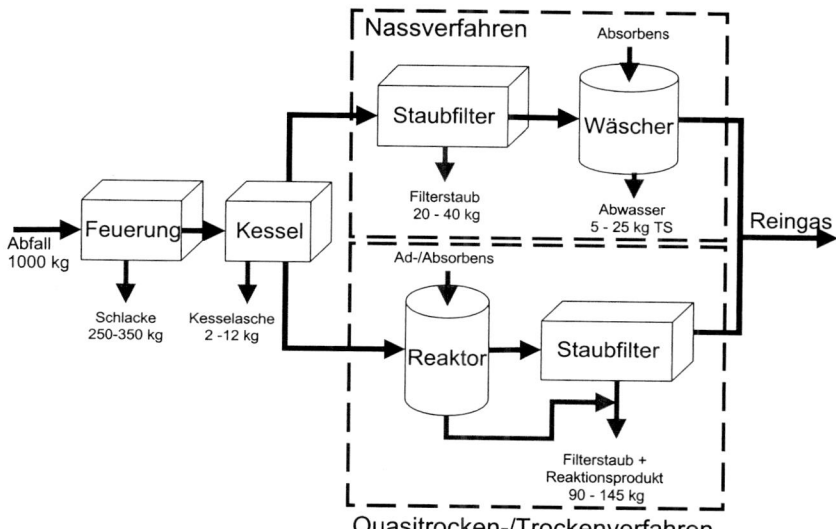

Bild 8.42: Stoffströme und spezifische Mengen der Rückstände für zwei verschiedene Abgasreinigungsverfahren einer Hausmüllverbrennung

richtigen Verfahrens bietet die Musterverwaltungsvorschrift des LAI-Arbeitskreises zur Vermeidung und Verwertung von Reststoffen (neu: Abfällen) nach § 5 Abs. 1 Nr. 3 BImSchG bei Kraftwerken, Heizkraftwerken, Heizwerken und Feuerungsanlagen für Normalbrennstoffe.

Vorrangig ist die Vermeidung von Abfällen. Prinzipiell lässt sich eine **Vermeidung** bzw. Verringerung bei der Energieerzeugung nur durch eine Optimierung der Verfahrenstechnik erreichen. Daraus resultiert eine Steigerung des Wirkungsgrades und eine Reduzierung des Brennstoffverbrauchs. Nur bei der Wahl der Emissionsminderungstechnik hat der Anlagenbetreiber in bestimmten Grenzen die Möglichkeit, die Zusammensetzung und Menge der Abfälle zu beeinflussen. Wie bereits im Abschnitt 8.11 geschildert, können z. B. für die Abgasentschwefelung Verfahren gewählt werden, die marktfähige Stoffe wie Gips oder Schwefelsäure als Sekundärrohstoffe liefern.

Soweit die technischen Möglichkeiten zur Vermeidung ausgeschöpft sind, ist eine sinnvolle **Verwertung** der Abfälle bzw. Sekundärrohstoffe anzustreben. Hierzu enthält die Musterverwaltungsvorschrift des LAI eine Auflistung der technisch möglichen Maßnahmen und der Anforderungen für eine dementsprechende Verwertung.

Für Steinkohle-Flugaschen sind z. B. insgesamt 20 Verwertungsmöglichkeiten aufgeführt, die sich vom Einsatz als Zusatzstoff in der Zementindustrie bis hin zum Abdichtungsmittel im Deponiebau erstrecken.

Abfälle, die nicht zu vermeiden oder zu verwerten sind, müssen ordnungsgemäß beseitigt werden. Nach dem Abfallverbringungsgesetz von 1994 hat die Beseitigung von Abfällen im Inland Vorrang vor der Beseitigung im Ausland. Die gilt –

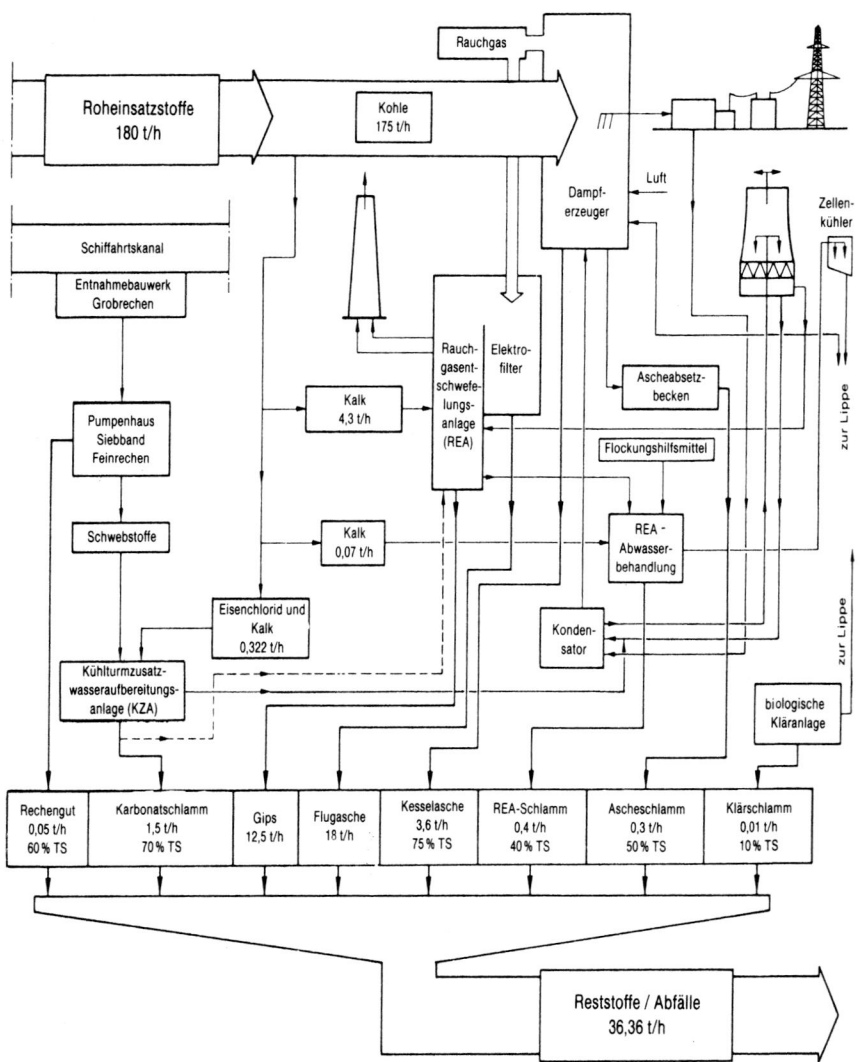

Bild 8.43: Feststoffbilanz eines Kohlekraftwerks

unter besonderer Berücksichtigung sonstiger Genehmigungs- und Nachweispflichten - nicht für Abfälle zur Verwertung.

An der Feststoffbilanz eines Kohlekraftwerkes (Bild 8.43) zeigt sich die große Bedeutung der Abfälle. Ihre Masse kann, je nach Aschegehalt der verfeuerten Kohle, bis 30 % und mehr der eingesetzten Rohstoffe (Kohle, Kalk und Chemikalien) ausmachen.

Asche und Staubrückstände aus Stein- und Braunkohlefeuerungen bringen bei der Beseitigung in der Regel keine Probleme, solange vor der Entstaubung keine Entschwefelungs- oder Entstickungsmaßnahmen angewandt wurden. Sie enthalten dann meist keine bedeutenden Mengen wasser- und umweltgefährdender Stoffe. Werden Asche und Schlacke aus Feuerungen trocken abgezogen, sollte man sie nur nach einer Befeuchtung ablagern, damit feinkörnige Teile nicht vom Wind wieder aufgewirbelt werden können.

Bei mittleren und größeren Feuerungsanlagen ist grundsätzlich ein nasser Staubabzug anzustreben, wenn keine pneumatische Staubförderung in geschlossene Silofahrzeuge erfolgt. Die Befeuchtung der Rückstände muss dann in der Austragsschnecke vorgenommen werden, mit der die Staubförderung vom Staubbunkerauslauf zum Container vorgenommen wird.

Nicht alle Verbrennungsrückstände aus Dampfkesselfeuerungen sind zu entsorgende »Abfälle«. Flüssig abgezogene Schlacke aus Schmelzkammerkesseln wird z. B. granuliert als Zuschlag bei der Herstellung von Baustoffen verwendet. Mehr als 95 % des in Trockenfeuerungen von Steinkohlekraftwerken anfallenden Granulats werden so verwertet. Ein wertvoller Rohstoff ist auch der von den Elektrofiltern hinter Kohlestaubfeuerungen abgeschiedene Feinstaub, der wegen seiner gleichmäßigen Körnung bei der Betonherstellung als Füllstoff sehr gefragt ist. Etwa 80 % der aus Steinkohlekraftwerken stammenden Flugasche gehen in die Verwertung.

Problematischer ist die Beseitigung der Rückstände einiger Verfahren der Rauchgasentschwefelung und -entstickung. Dies gilt vor allem für Verfahren, die sich gut zur Nachrüstung von Altanlagen eignen, z. B. die Halbtrocken-(Sprüh-) und Trocken-Additiv-Verfahren. Der aus dem Filter einer so ausgerüsteten Anlage abgezogene Flugstaub muss, falls eine Weiterverwertung nicht möglich ist, wegen der für die Entschwefelung notwendigen Additivzugabe und den angebundenen Sulfit-, Sulfat- und Kalkrückständen auf eine gesicherte Deponie.

Ein gutes Beispiel für eine erfolgreiche weitgehende Verwertung stellen die großen Mengen von einigen Millionen Tonnen Entschwefelungsprodukte aus der Rauchgaswäsche dar. Während der Gips aus Braunkohlekraftwerken heute noch zum größten Teil als Gemisch mit Asche im Tagebau abgelagert wird, wird der Gips aus Steinkohlekraftwerken vollständig kommerziell verwertet.

9. Instandhaltung, Störungen, Schäden

Entscheidend für den wirtschaftlichen Betrieb einer Kesselanlage ist ihre hohe Verfügbarkeit.

Dies erfordert gewissenhafte und fachlich qualifizierte Instandhaltung, die heute nach DIN 31051 allgemein die Tätigkeiten
– Wartung,
– Inspektion und
– Instandsetzung
umfasst.

Für Kesselanlagen sind dazu derzeit die besonderen Anforderungen der TRD 601 »Betrieb der Dampfkesselanlagen« Blatt 1 und Blatt 2 zu integrieren.

Das neue Geräte- und Produktsicherheitsgesetz (GPSG) hat gravierende Änderungen für die wiederkehrenden Prüfungen an Dampfkesselanlagen zur Folge. So sind in der Betriebssicherheitsverordnung u. a. die Tätigkeit der »zugelassenen Überwachungsstellen« und die Prüffristen neu geregelt, wodurch schließlich die Dampfkesselverordnung abgelöst wurde. Einzelheiten hierzu gehen aus Abschnitt 10.4 hervor.

Im Folgenden wird an diversen Stellen noch auf das während der Übergangszeit (bis 31.12.2007) gültige Regelwerk der TRD zurückgegriffen.

Kommt es zu Störungen, wird vom Bedienungspersonal schnelles, zielgerichtetes und besonnenes Handeln erwartet, um die Anlage wieder in den normalen oder in einen anderen sicheren Zustand zu überführen.

Tritt ein Schaden trotz aller vorbeugenden und vorausschauenden Maßnahmen auf, so gilt es im Rahmen der Möglichkeiten weiteres Unheil von Personen und Sachgütern abzuwenden, z. B. durch rasches Absenken des Drucks, Absperren von Energiezuleitungen, z. B. des Hauptgasventils oder Abstellen von Ölpumpen.

9.1 Wartung

9.1.1 Wartung bei Dampfkesseln der Kategorie IV (Hochdruckdampfkessel)

Die gesetzliche Verpflichtung zur sachgemäßen Beaufsichtigung bzw. Wartung einer Dampfkesselanlage ergibt sich aus § 6 der Dampfkesselverordnung.

Die TRD 601 Blatt 2 gibt dem Wartungspersonal Anweisungen für ordnungsgemäße Pflege und Überwachung. Die TRD 601 Blatt 2 soll als dauerhafter Aushang in jedem Kesselaufstellungsraum angebracht sein, denn sie nennt die Mindestanforderungen des Gesetzgebers.

Tafel 9.1: Checkliste für eine Dampfkesselanlage (Dampf- und Heißwassererzeuger)

Legende:
S – Sichtprüfung
F – Funktionsprüfung
Z – Zusätzliche Funktionsprüfung bei Anlagen mit eingeschränkter bzw. ohne ständige Aufsicht (TRD 602 und 604)
K – Prüfung bzw. Wartung durch den Kundendienst (z. B. Lieferfirma) oder Sachkundigen des Betreibers
Y – Zusätzliche Prüfung bzw. Wartung durch den Kundendienst (z. B. Lieferfirma) oder Sachkundigen des Betreibers bei Anlagen mit eingeschränkter oder ohne ständige Beaufsichtigung

Abschn. der TRD 601 Bl. 2	Bedienungs-, Wartungs- und Prüfungsarbeiten pro:		Schicht	Tag	Woche	Monat	6 Monate	12 Monate	Art der Prüfung (Beispiele)
3.2.1	Sicherheits-ventile	Dampferzeuger	S		F				Anlüften
		Heißwassererzg.	S		F*				
3.2.2	Wasserstands-Anzeigevorrichtung		S	F					Durchblasen nur bei Kesseln mit p ≤ 32 bar
3.2.3	Fernwasserstände		S	F				K	Vergleich der Anzeige mit direkt anzeigendem Wasserstand
3.2.4	Füllprobiereinrichtung		S	F					Gangbarkeit und Durchgang
3.2.5	Wasserstandsregler		S		F		Y	K	Durchblasen und Gangbarkeit
3.2.6	Wasserstandsbegrenzer		S		F		Y	K	Durchblasen oder Absenken auf Schaltpunkt
3.2.7	Strömungsbegrenzer		S	Z	F		Y	K	Durchflussverminderung
3.2.9 / 3.2.12	Temperatur- bzw. Druckregler		S		F		Y	K	Vergleichsmessung durchführen
3.2.10 / 3.2.13	Temperatur- bzw. Druckbegrenzer		S	Z	F		Y	K	Veränderung des Sollwertes/Prüftasten
3.2.8 / 3.2.11	Temperatur- bzw. Druckanzeiger (Manometer)		S					K	Kontrolle mit Präzisionsthermometer/Nullpunktkontrolle
3.2.14	Entleerungs- und Absalz-einrichtungen		S	F				K	durch Betätigung
3.2.15	Kesselarmaturen und Leitungen		S		F			K	durch Betätigung
3.3.2	Speise- und Umwälzeinrichtungen		S		F		Y	K	durch wechselweisen Betrieb
3.3.3	Speise- und Kessel-wasseruntersuchung	Dampferzeuger	S	F			Y	K	durch analytische Überwachung
		Heißwassererzg.	S				Y	K	gemäß TRD 611
3.3.4	Geräte zur Überwachung des Kesselwassers auf Fremdstoffeinbruch			F			Y	K	Betätigung der Prüftaste
3.4.1	Rauchgasklappen-Endschalter		S		F		Y	K	Schließen und Wiederöffnen der Klappe

* Beim Abblasen von Heißwasserventilen ist besondere Vorsicht geboten, wenn das System zu Schwingungen angeregt werden kann.

Instandhaltung, Störungen, Schäden

Nr	Bezeichnung	S	Z	F	Y	K	Bemerkung
3.4.2	Brennerregelung (Stellglieder für Luft und Brennstoff)	S		F	Y	K	Gangbarkeit
3.4.3	Verbrennungsluftgebläse, Zünd- u./oder Kühlluftgebläse	S			Y	K	Laufruhe, Kraftübertragung (z. B. Keilriemen)
3.4.4	Luftdruckmengenanzeige und Luftdruckwächter	S		F	Y	K	Unterbrechung der Impulsleitung
3.4.5	Brennstoff-Absperreinrichtungen			F			Gangbarkeit
3.4.6	Brennstoffbehälter und -leitungen, Armaturen	S		F		K	Gangbarkeit, Dichtheit
3.4.7	Brennstoffdruckanzeiger	S		F		K	
3.4.8	Sicherheitsabsperreinrichtung vor dem Brenner	S	Z	F	Y	K	Gangbarkeit, Dichtheit
3.4.9	Dichtheitskontrolleinrichtung bzw. Zwischenentlüftung	S	Z		Y	K	
3.4.10	Brennerendlagenschalter	S		F	Y	K	Ausschwenken des Brenners, Ziehen der Brennerlanze
3.4.11	Gefahrenschalter	S		F		K	Betätigung
3.4.12	Zündung	S		F	Y	K	Funktionskontrolle
3.4.13	Durchlüftung			F	Y	K	Mindestzeit
3.4.14	Flammenüberwachung	S		F	Y	K	durch Abdunkeln des Fühlers
3.4.15	Beurteilung der Verbrennung	S			Y	K	optisches Bild
3.4.16	Beurteilung der Feuerräume und der Rauchgaszüge			S		K	innere Besichtigung
	Kohlenstaubfeuerungen						
3.5.1	Mühlenbedampfungseinrichtung	S		F		K	Gängigkeit der Armaturen und Endlagenschalter
3.5.2	Kohlenzuteiler	S				K	Funktionskontrolle, Geräusch
3.5.6	Löscheinrichtungen	S				K	optisch (K evtl. alle 2 Jahre)
3.5.7	Druckentlastungseinrichtung	S		F		K	
	Holzfeuerungen						
3.6.1	Luftgebläse für die Brennstoffförderung und Zündeinrichtung	S		F		K	Funktionsprüfung
3.6.2	Rückschlagklappen bei Einblasefeuerungen	S		F		K	optisch, Betätigung
	Kohlefeuerungen						
3.7.1	Feuerführung			S		K	optisch, Rußbild – Färbung der Rauchgase am Schornsteinaustritt
3.7.2	Mechanische Beschickungseinrichtungen			S		K	Verschleiß

In den Vorschriften wird der Abschluss von Wartungsverträgen gefordert, wenn kein Fachpersonal eingesetzt werden kann. Der Anhang 1 zur TRD 601 Blatt 1 enthält das Muster einer Checkliste für Bedienungs-, Wartungs- und Prüfarbeiten an Dampf- und Heißwassererzeugern der Kategorie IV. Auch für Dampf- und Heißwassererzeuger der Kategorie I bis III können diese Checklisten als guter Anhalt dienen.

Die in Tafel 9.1 aufgeführten Prüffristen und Prüfungsarten sind auf einen »normalen« Dreizugkessel mit automatischer Ölfeuerung abgestimmt. Für andere Kesselbauarten ist eine entsprechende Modifizierung erforderlich.
Aus Gewährleistungsgründen müssen die Wartungsanweisungen des Herstellers beachtet werden.

9.1.2 Wartungsverträge

Eine betriebsfremde zusätzliche Wartung wird bei Hochdruckdampf- und -heißwasseranlagen gemäß TRD 602 Blatt 1 und Blatt 2 sowie TRD 604 Blatt 1 und Blatt 2 – d. h. bei Anlagen mit eingeschränkter und ohne ständige Beaufsichtigung – vorgeschrieben (Abschn. 6).

Zusätzliche Anforderungen werden gestellt, wenn die Kesselanlage nicht nur 24 Stunden, sondern 72 Stunden lang ohne ständige Beaufsichtigung betrieben werden soll.

In den Regeln heißt es, dass

darüber hinaus regelmäßig mindestens halbjährlich und zusätzlich bei Störungen ein dafür Sachkundiger, z. B. vom Pflegedienst der Lieferfirma, heranzuziehen ist.

DIN 4755 Teil 1 (Ölfeuerungen in Heizungsanlagen) und DIN 4756 (Gasfeuerungen in Heizungsanlagen) empfehlen:

Der Betreiber soll die Öl-(Gas-)Feuerungsanlage aus Gründen der Betriebsbereitschaft, Funktionssicherheit und Wirtschaftlichkeit einmal im Jahr durch einen Beauftragten der Erstellerfirma oder einen anderen Fachkundigen überprüfen lassen.

Diese DIN-Normen gelten auch für Warmwasser-, Niederdruckdampf- und Heißwasserheizungsanlagen (Dampfkessel der Kategorie I bis III und der Kategorie IV), wenn ein Brenner als Baueinheit auf einen Feuerraum wirkt.

Die Anlagen sind so zu warten und instand zu halten, dass die Emissionsgrenzen nach der 1., 4., 13. bzw. 17. Bundes-Immissionsschutz-Verordnung jederzeit eingehalten werden können.

Beispiele für Emissionsgrenzen nach TA-Luft vom 27.2.1986:

Brennstoff	gasförmig	Heizöl EL	Heizöl S
Feuerungswärmeleistung	10–50 MW	< 5 MW 5–50 MW	5–50 MW
Rußzahl/Staub	–	≤ 3 < 1	80 mg/m³
			50 mg/m³ (bei S > 1 %)[1]
Kohlenmonoxid	0,1 g/m³	– 0,17 g/m³	0,17 g/m³
Stickstoffoxid (NO$_2$)	0,2 g/m³	– 0,25 g/m³	0,45 g/m³ [2]

[1] Bei Neuanlagen ab 10 MW 0,5 % Schwefelgehalt
[2] Bei Neuanlagen 0,3 g/m³.

Auch nach der Heizungsanlagen-Verordnung wird für Anlagen ab 4 kW empfohlen, dass jeder Betreiber eines öl- oder gasgefeuerten Kessels mit einer Fachfirma einen Wartungsvertrag abschließt, es sei denn, eigenes qualifiziertes Fachpersonal kann die Wartungs-, Reinigungs- und Einstellarbeiten sowie die Verbrennungsmessungen selbst durchführen.

Instandhaltung, Störungen, Schäden

9.1.3 Ausrüstung

9.1.3.1 Anzeigeeinrichtungen

Der Kesselwärter soll sich bei Schichtübernahme oder bei Betriebsbeginn immer davon überzeugen, dass die Wasserstandseinrichtungen korrekt anzeigen. Beim regelmäßigen Ausblasen ist eine besondere Reihenfolge zu beachten.

a) Beim Ausblasen normaler Wasserstandsgläser gilt die Reihenfolge:

Handlung:	Wirkung und Beobachtung:
1. Ausblasvorrichtung auf:	Wasser und Dampf strömen durch beide Verbindungsrohre und aus der Ausblasemündung, im Glas zeigt sich sprudelndes Wasser-Dampf-Gemisch.
2. Dampfseitige Absperrvorrichtung zu:	Das wasserseitige Verbindungsrohr wird durchspült, das Wasserstandsglas füllt sich völlig mit Wasser, an der Ausblasemündung entströmt dumpf rauschend sich entspannendes Wasser-Dampf-Gemisch.
3. Dampfseitige Absperrvorrichtung wieder auf:	Zustand wie bei 1.
4. Wasserseitige Absperrvorrichtung zu:	Das dampfseitige Verbindungsrohr wird durchspült. Die Wasserstandsvorrichtung entleert sich völlig, am Wasserstandsglas sind ablaufende Kondensatstreifen zu sehen, an der Ausblasemündung entströmt zischend Dampf.
5. Wasserseitige Absperrvorrichtung wieder auf:	Zustand wie bei 1.
6. Ausblasevorrichtung zu:	Der Wasserstand pendelt sich ein.

b) Für Wasserstandsgläser mit Selbstschlusskugeln wird folgender abgeänderter Ausblasevorgang empfohlen:

Handlung:	Wirkung und Beobachtung:
1. Dampfseitiges Absperrventil zu:	Das Wasserstandsglas füllt sich völlig mit Wasser.
2. Dampfseitiges Absperrventil $1/4$ Umdrehung auf:	Der Wasserstand pendelt sich ein.
3. Wasserseitiges Absperrventil zu:	Das Wasserstandsglas füllt sich langsam mit kondensierendem Wasser.
4. Wasserseitiges Absperrventil $1/4$ Umdrehung auf:	Der Wasserstand pendelt sich ein.

Jetzt sind in beiden Absperrvorrichtungen die Kugeln so fixiert, dass sie die Ventilbohrungen nicht verschließen können.

5. Ausblasevorrichtung auf:	Beide Verbindungsrohre werden durchspült, Wasser und Dampf strömen aus der Ausblasemündung, im Glas zeigt sich sprudelndes Wasser-Dampf-Gemisch.
6. Dampfseitiges Absperrventil zu:	Das wasserseitige Verbindungsrohr wird durchspült, das Wasserstandsglas füllt sich völlig mit Wasser, an der Ausblasemündung entströmt dumpf rauschend sich entspannendes Wasser-Dampf-Gemisch.
7. Dampfseitiges Absperrventil $1/4$ Umdrehung auf:	Zustand wie bei 5.

8. Wasserseitiges Absperrventil zu:	Das dampfseitige Verbindungsrohr wird durchströmt. Die Wasserstandsvorrichtung entleert sich völlig, am Wasserstandsglas sind ablaufende Kondensatstreifen zu sehen, an der Ausblasemündung enströmt zischend Dampf.
9. Wasserseitiges Absperrventil $1/4$ Umdrehung auf:	Zustand wie bei 5.
10. Ausblaseventil zu:	Der Wasserstand pendelt sich ein.
11. Dampfseitiges Absperrventil ganz auf:	Der Wasserstand verändert sich nicht; die Selbstschlusskugeln sind freigegeben und funktionsfähig.
12. Wasserseitiges Absperrventil ganz auf:	Wie bei 11.

Wird beim Ausblasen die Verstopfung eines Verbindungsrohres oder des Glases festgestellt, so können Wasserstandsgläser, die bisher durchstoßbar eingerichtet waren, unter Beachtung größter Vorsicht (Handschuhe, abgewinkelter Draht, Schutzschirm, jeweils Ventil in der anderen Verbindungsleitung schließen!) zum Kesselinneren durchstoßen werden. Bei Glas und Glimmer sind Beschädigungen durch Verkratzen zu vermeiden. Lässt sich die Verstopfung nicht beseitigen, ist der Kessel schnellstens außer Betrieb zu nehmen und der Schaden zu beheben, da – abgesehen von den in der TRD vorgesehenen Ausnahmen – stets zwei Wasserstandsanzeiger funktionsfähig sein müssen.

Ersatzgläser sind vor dem Einbau nicht auf betonierten oder stählernen Laufbühnen abzulegen, da die Gläser durch einseitige Abkühlung bei Inbetriebnahme springen. Sie sind auf einem Holzbrett oder Putzlappen abzulegen. Nach der Montage der Gläser ist die vorgeschriebene Schutzeinrichtung wieder anzubringen.

Die Glasplatten von Reflexions- oder Transparent-Wasserstandsanzeigern sind sorgfältig abzudichten, bei Leckagen sind sofort die Spannschrauben nachzuziehen, da sonst der Dichtungsrand ausgewaschen wird.

Bei höheren Betriebsdrücken (ab 40 bar) und -temperaturen sind Glasplatten durch Auswaschung infolge zu hoher Kesselwasseralkalität gefährdet (Abschn. 5). Bei der Auswechslung beschädigter Glasplatten ist darauf zu achten, dass nur laugenbeständige und für den Druckbereich zugelassene Gläser zum Einsatz kommen (Kennzeichnung der Gläser beachten: Entweder DIN-Kennzeichen oder Codenummer des Herstellers – in diesem Fall sind Typenblätter des Glasherstellers einzusehen).

> Achtung! Bei falsch mit der Riffelung nach außen eingesetzter Glasplatte ist kein Wasserstand zu erkennen!

Wasserstandsanzeiger mit Glimmerscheiben sollten nur mit geringfügig geöffnetem Absperrventil »gespült« werden, da durch die hohen Druck- und Temperaturwechsel die Glimmerscheibe zerstört werden kann. Allerdings soll der Zweck – Freispülen der Verbindungsleitungen – erfüllt werden. Bei verschmutzten Wasserstandsgläsern sind die Absperrventile zum Kessel zu schließen und die obere und untere Verschlussschraube des Gehäuses zu entfernen. Damit ist der senkrechte Weg durch das Schauglas frei und kann mit einer Rundbürste gereinigt werden. Bei festhaftenden Belägen ist das Glas auszubauen und mit Reinigungsflüssigkeit zu waschen (je nach Belag Sodalösung, Essig usw.).

Bei Wasserstandsgläsern mit Schnellschlusseinrichtung (Kugelschnellschluss) müssen nach dem Durchblasen wieder beide Verbindungen geöffnet sein. Die Durchblasestellung dieser Ventile ist bei Öffnung um $1/4$ Umdrehung gegeben. Wenn das Ventil – bei geöffneter Entwässerung – voll oder – bei geschlossener Entwässerung – zu schnell geöffnet wird, schließt die Kugel automatisch den Durchgang. Sie kann erst wieder vom Sitz entfernt werden, wenn das Ventil in »Geschlossen«-Stellung gedreht und nach Schließen der Entwässerung langsam geöffnet wird (Druckausgleich zwischen Kessel und Schauglas).

Bei durch Bruch bedingtem Glaswechsel ist jedoch Vorsicht geboten, weil hierzu die Ventile geschlossen werden müssen und hierbei kurzzeitig die Kugeln von der Schließstellung abgedrückt werden, so dass Dampf und Wasser austreten. Es empfiehlt sich, bei Anzeigevorrichtungen mit Doppelabsperrung dann das zweite Ventil zu schließen.

Zur Reinigung der Verbindungsrohre von Fernwasserständen können diese – nach vorherigem Absperren des Anzeigegefäßes – durchgeblasen werden. Auch das Anzeigegefäß kann für sich durch Spülen mit Wasser gereinigt werden, beim Wiederauffüllen ist jedoch die vorgeschriebene Anzeigeflüssigkeit zu verwenden, da sich sonst wegen abweichender Wichte Fehlanzeigen ergeben. Bei der Wiederinbetriebnahme ist auch darauf zu achten, dass z. B. bei Vakuum in einem Schenkel nicht Anzeigeflüssigkeit in die Dampftrommel gesaugt wird.

Bei Verwendung von zwei Fernwasserstandsanzeigern ist es zulässig, bei Betrieb ohne Aufsicht sogar vorgeschrieben, die unmittelbar anzeigende Wasserstandsvorrichtung (Wasserstandglas) während des Betriebes abzusperren. Es ist jedoch die Anzeige der Fernwasserstandsanzeiger möglichst täglich mit der unmittelbaren Anzeige zu vergleichen und vorhandene Wasserstandsregler und -begrenzer auf ihre Wirksamkeit zu prüfen. Fehlanzeigen und Funktionsstörungen können zu Wassermangel führen und schwer wiegende Sach- und Personenschäden zur Folge haben.

9.1.3.2 Absperr- und Entleerungseinrichtungen

Armaturen zum Absperren und Entleeren müssen in Schließstellung das Austreten des abzusperrenden Mediums sicher verhindern – sie müssen dicht schließen. Undichtheiten sind unter anderem dadurch feststellbar, dass im abgesperrten nachgeschalteten Rohrleitungsteil die Mediumtemperatur kaum absinkt bzw. diese ständig fühlbar über der Umgebungstemperatur liegt. Leckagen an der Stopfbuchse sind sichtbar.

Häufig wird die Wirkung geringer Leckagen unterschätzt, denn auch hier strömt das Medium annähernd mit Schallgeschwindigkeit aus. Dies führt zu Auswaschungen in Riefenform und zum Nacharbeiten von Dichtflächen, sofern nicht das Bauteil erneuert werden muss.

Die normale Überholung von Ventilen ist – nach Freigabe durch die Betriebsleitung, Freischaltung und Druckentlastung des Leitungsabschnittes – meist ohne großen Aufwand möglich. Der Ventilkegel oder -teller wird auf seinem Sitz mit Schleifpaste eingeschliffen. Das genügt bei geringen Verletzungen der Dichtfläche. Bei größeren Druckstellen oder »Durchblaseriefen« ist ein Überdrehen bzw. Überfräsen und Nachschleifen erforderlich. Die Spindeldurchführungen werden durch Stopfbuchsen abgedichtet; das Dichtmaterial hängt von Medium, Betriebsdruck

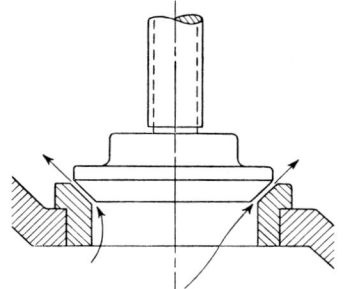
Bild 9.1: Sitz eines normalen Kegelventils

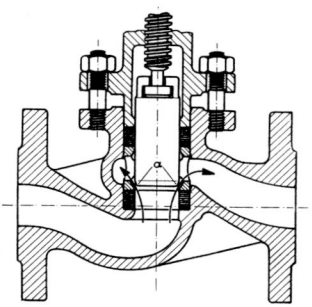
Bild 9.2: Klinger-Ventil

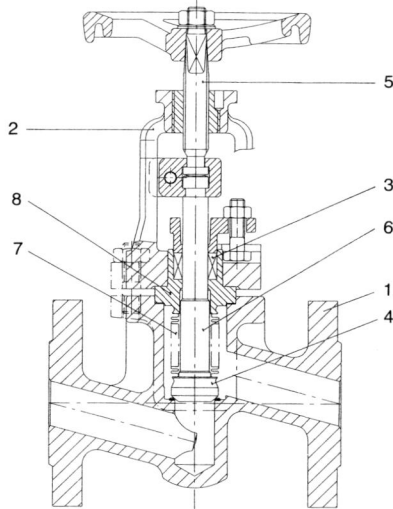

Bild 9.3: Faltenbalgventil Nori 40
1 Gehäuse
2 Bügel
3 Stopfbuchse
4 Kegel
5 Spindel oben (drehend)
6 Spindel unten (nicht drehend)
7 Faltenbalg
8 Stopfbuchsteil

und Temperatur ab. Die Packungsringe sind einzeln mit versetzter Stoßfuge einzulegen. Sie sollen den Raum zwischen Spindel und Stopfbuchsengehäuse gut ausfüllen. Die Stöße sollen gerade geschnitten werden. Die Stopfbuchsenbrille ist auf beiden Seiten gleichmäßig anzuziehen, wobei die Ventilspindel noch leicht zu betätigen sein muss.

Nach Inbetriebnahme ist die Stopfbuchse kurzzeitig auf Dichtheit zu prüfen und leicht nachzuziehen. Gegebenenfalls ist noch ein Packungsring nachzulegen. Zu starkes Anziehen bei vollem Betriebsdruck ist nicht ungefährlich. Ventile und Schieber sollen nicht bis zum Anschlag geöffnet werden, da sie festfressen und dann nur schwer geschlossen werden können. Deshalb ist nach vollständigem Öffnen stets etwa $1/4$ Umdrehung wieder zu schließen.

Gegenüber den normalen Kegelventilen (Bild 9.1), bei denen schon geringe Verschmutzungen, Zunderteilchen etc. auf der Dichtfläche zu Undichtheiten führen, weist das Ventil nach Bild 9.2 keine dichtenden Sitzflächen auf. Abgedichtet wird zwischen dem zylindrischen Teil des Kolbens und den elastischen Dichtungsringen. Ein Nachdichten erreicht man durch Anziehen der Gehäusedeckelmuttern.

Bei hohen Dichtheitsanforderungen empfiehlt sich der Einsatz von Faltenbalgventilen (Bild 9.3).

Diese Ventile sind praktisch wartungsfrei, da die Funktion der Stopfbuchse durch den Faltenbalg übernommen wird. Es ist nur noch eine Notabdichtung vorhanden, die bei eventuellem Bruch des Faltenbalges die Spindel abdichtet.

Die Wartungsarbeiten an diesem Ventil würden sich auf das Einschleifen des Ventilsitzes beschränken.

Bei defektem Faltenbalg wäre lediglich die untere Spindel mit Balg und Stopfbuchsteil auszutauschen.

Schieber wartet man wie normale Sitzventile durch Abdichtung der Stopfbüchsen. Nach Freigabe, Freischaltung und Druckentlastung des Rohrleitungsteiles darf die Armatur nur in der »Offen«-Stellung überholt werden, da bestimmte Schieberbauarten in Schließstellung sonst noch im Gehäuseoberteil mit Druck, z. B. durch heißes Kondensat, beaufschlagt sein können.

Um keine gefährlichen Überdrücke im Gehäuse, z. B. durch Fremdbeheizung eingeschlossener Flüssigkeiten, entstehen zu lassen, werden die Gehäuse oft mit eigenen Ventilen ausgestattet, in denen eine Berstsicherung oder ein federbelastetes Sicherheitsventil mit Dichtfolie unzulässigen Druck zur Atmosphäre entspannt. Durch eine Bohrung, die das Schieberoberteil mit dem Eintrittstutzen verbindet, kann ebenfalls für Druckausgleich gesorgt werden.

Ein Nacharbeiten von keilförmigen Dichtflächen ist durch Einschleifen nicht möglich. Sie sind nur durch Spezialfräser zu überholen oder es sind – wie bei vielen Modellen möglich – die keilförmigen Dichtflächen auszuwechseln. Beim Nacharbeiten ist es wichtig, den Keilwinkel zu erhalten.

Absperrhähne in Kegelform für niedrige Drücke und geringe Nennweiten neigen zum Festklemmen, da sich bei geringsten Verkrustungen der Dichtflächen das Hahnküken nicht mehr bewegen lässt. Man löst die Feststellmutter um $1/2$ bis 1 Gewindegang und treibt das Küken mit leichtem Hammerschlag so weit aus dem Gehäuse, dass es wieder bewegt werden kann. Durch schleifende Drehbewegungen kann man versuchen, die Verkrustungen zu entfernen. Meistens muss der Hahn mit feinstem Schleifmittel nachbehandelt und das Küken mit Fett oder Molybdändisulfit neu eingesetzt werden.

Hähne mit zylindrischen Küken in elastischen Dichtungen sind einfacher zu behandeln. Beim Festklemmen wird nur die Spannmutter gelöst und nach der Hahnbetätigung wieder angezogen. Kann trotz Nachziehens der Spannmutter eine Leckage nicht beseitigt werden, ist eine neue elastische Dichtung einzubauen.

Bei höheren Betriebsdrücken (> 15 bar) werden außer der Entleerungseinrichtung besondere Ventile (z. B. zum Absalzen) eingesetzt. Bei Funktionsstörungen können bei geschlossener Absperrung gegen den Kessel das eingebaute Sieb, das Regulier- und das Probenahmeventil ausgebaut und überholt werden. Zum Entfernen von Schlamm auf der Kesselsohle kommen »Abschlammautomaten« zum Einsatz. Da diese durch mitgerissene Schmutzteile und ggf. durch Auswaschungen undicht werden können, haben sie meist ein Reserve-Schließventil, das eine gefahrlose Demontage und Überholung erlaubt, ohne dass der Kessel des-

Tafel 9.2: Betriebsstörungen bei Kolbenpumpen, Ursachen und Abhilfemaßnahmen

Störung	Ursache	Abhilfe
1. Nachlassende Förderleistung bei gleichmäßigem Pumpenlauf	Undichtheiten an Saugleitungen, Stopfbuchsen, Plungerkolben oder der Kolbenstange, an Kolbenringen oder an Saug- und Druckventilen	Sachgemäßes Nachziehen von Flanschen und Stopfbuchsen, die übrigen Störungsursachen sind im Allgemeinen vom Pumpenhersteller zu beheben
2. Nachlassende Förderleistung bei gleichmäßigem Pumpenlauf, aber stark ansteigendem Druck am Pumpenmanometer – druckseitig	Verengung der Druckleitung durch Kesselsteinablagerungen in der Speiseleitung oder Festklemmen des Rückschlagventils in der Speiseleitung bzw. sonstige Querschnittsverengungen durch nicht voll geöffnete Armaturen	Sachgemäße chemische Beseitigung des Kesselsteins; Rückschlagventil reinigen und überprüfen, ggf. sind Teile zu erneuern. Querschnittsverengungen durch Armaturen sollten nur dann vom eigenen Betriebspersonal beseitigt werden, wenn keine schwierigen Eingriffe in die Armatur erforderlich sind (z. B. Schäden an Druckreglern)
3. Unregelmäßiger Pumpenlauf	Speisewasser ist zu heiß, es kommt zu saugseitigen Verdampfungen. Verschmutzung der Saugleitung und nicht voll öffnendes Saugventil. Bei saugseitigen Verdampfungen läuft die Pumpe plötzlich leer und »schlägt durch«, d. h. der Förderstrom reißt ab.	Regelung der Speisewassertemperatur instand setzen lassen bzw. von Hand bewerkstelligen (Verhältnis Speisewassermenge, Kondensatmenge und zusätzliche Beheizung beachten); Verschmutzungen beseitigen (siehe Nr. 2)

halb drucklos gemacht bzw. entleert werden müsste. Das Abschlammen von Hand sollte mehrfach wiederholt und jeweils nach einigen Sekunden unterbrochen werden. In den Pausen kann sich der Schlamm wieder in Ventilnähe sammeln.

9.1.3.3 Speise- und Umwälzeinrichtungen

Betriebsanweisungen sind in der TRD 601 Blatt 2, insbesondere im Abschn. 3, enthalten. Betriebsstörungen und Ursachen bei Kolbenpumpen nennt Tafel 9.2. Einige Störmöglichkeiten im Betrieb von Kreiselpumpen, deren Ursachen und Abhilfemaßnahmen gehen aus Tafel 9.3 hervor.

Stets muss über ein Rückschlagventil in den Kessel eingespeist werden, damit nach dem Abschalten der Kesseldruck nicht auf die Pumpe einwirkt. Rückschlagventile in Form eines Blockflansches können wegen ihrer geringen Baulänge leicht ausgewechselt werden. Das Überholen ist genauso wie bei normalen Absperrventilen möglich. Undichte Rückschlagventile erkennt man an der Erwärmung der Speiseleitung, wenn z. B. bei Kreiselpumpen das Kesselwasser über die Speiseleitung bei abgeschalteter Pumpe zurückgedrückt wird.

Für den Reparaturfall ist ein Ventil zwischen Kessel und Rückschlagorgan vorgeschrieben, das nicht als Regelventil zu benutzen ist. Es muss so eingebaut sein,

Instandhaltung, Störungen, Schäden 633

Tafel 9.3: Betriebsstörungen bei Kreiselpumpen, Ursachen und Abhilfemaßnahmen

Störung	Ursache	Abhilfe
1. Pumpe fördert nach dem Anlaufen nicht	1.1 Luft in der Saugleitung oder in der Pumpe	Pumpe auffüllen und jede Stufe entlüften
	1.2 Undichtes Rückschlagventil in der Saugleitung oder Leckagen an der Saugleitung selbst, wodurch sich saugseitig ein Luft- bzw. Dampfpolster gebildet hat.	Rückschlagventil einschleifen; Leitung ausbessern oder erneuern
	1.3 Zu hohe Speisewassertemperatur für gegebene Saug- bzw. Zulaufhöhe	Bei zu großer Absenkung des Wasserspiegels im Speisewasserbehälter Wasser zulaufen lassen. Bei zu hoher Temperatur des Speisewassers kaltes Wasser nachlaufen lassen. Zu dauernder Abhilfe ggf. Saughöhe verkleinern oder Zulaufhöhe vergrößern
2. Förderhöhe sinkt (Manometeranzeige an der Druckseite der Pumpe wird kleiner)	2.1 Teilweise Verstopfung der Saugleitung oder in den Überströmschlitzen der einzelnen Stufen	Reinigen
	2.2 Zu geringe Drehzahl – Ursache kann auf der Antriebsseite liegen (z. B. E-Motor läuft nur auf zwei Phasen), bei Dampfturbinen in nicht ausreichender Dampfzufuhr oder mechanischer Art begründet sein	Sofort abschalten und die Ursache feststellen und beseitigen
	2.3 Abnutzung der Innenteile	Überholung durch den Pumpenhersteller

dass der Kegel – falls er sich z. B. durch die Pumpenstöße lösen sollte – nicht durch die Wasserströmung den Durchgang zum Kessel verschließen kann, d. h., der Druck der Speisevorrichtung muss unterhalb des Kegels anstehen. Das Klappern von Rückschlagventilen muss wegen möglicher Schäden vermieden werden (Bild 9.4). Ursache ist häufig eine Überbemessung des Ventils. Das Klappern eines richtig dimensionierten Rückschlagventils meldet eine nachlassende Leistung der Speisewasserpumpe.

Wird das Speisewasser im Verhältnis zur Sattdampftemperatur des Kessels relativ »kalt« eingespeist, so sollte über eine Speiserinne oder Ähnliches oberhalb des Betriebswasserstandes in den Dampfraum eingespeist werden. Dadurch werden Dampf- bzw. Kondensationsschläge vermieden, weil sich das Speisewasser fein verteilt auf dem Weg durch den Dampfraum erwärmt. Nur bei Speisewasservorwärmung bis etwa auf Sattdampftemperatur ist die Einspeisung in den Wasserraum zu vertreten.

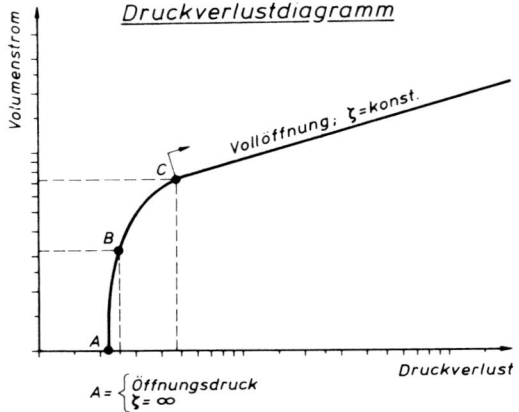

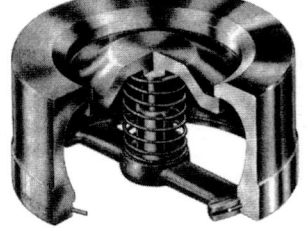

Bild 9.4: Volumenstrom und Öffnungsgrad eines federbelasteten Rückschlagventils abhängig vom Volumenstrom (links) und Schnittdarstellung (oben, GESTRA)

9.1.3.4 Wartung von Regel- und Sicherheitseinrichtungen

a) Außen liegender Wasserstandsbegrenzer mit Schwimmer (werden bei Neuanlagen nicht mehr verwendet)

1. Die Funktionsprüfung durch Ablassen des Wassers im Schwimmergehäuse erfolgt über die Gehäuseentwässerung oder es wird – wenn betrieblich möglich – der Wasserstand über die Abschlammleitung abgesenkt. Das Kesselwasser darf nicht unter NW absinken.
2. Die wasser- und dampfseitigen Verbindungsleitungen müssen regelmäßig durchgeblasen werden. Die richtige Reihenfolge ist wichtig, um Schwimmerschäden zu vermeiden (als Orientierungshilfe siehe 9.1.3.1 a). Ventile sollten nicht schlagartig, sondern langsam geöffnet und geschlossen werden.
3. Verschleißteile sind bei Kontrollen besonders zu beobachten. Alterungsanfällige Führungen und Dichtungen müssen in angemessenen Zeiträumen erneuert werden. So hatte z. B. eine verhärtete Ledermanschette zum Versagen eines Wasserstandsreglers mit erheblichen Folgeschäden geführt.

b) Innen liegender Wasserstandsbegrenzer mit Schwimmer (bei Neuanlagen nur noch Elektroden-Wasserstandsbegrenzer)

1. Die Funktion prüft man durch Absenken des Wasserstandes mithilfe des Abschlammventils (nicht unter NW) oder – je nach Geräteaufbau – durch Absenken des Schwimmers durch Aufsetzen eines Fremdmagneten auf das Geberführungsrohr bzw. durch Lösen der Feststellschraube und Anheben des Gerätekopfes, wodurch ein Absenken des Schwimmers simuliert wird.
2. Bei inneren Besichtigungen des Kessels oder bei Geräteüberholung ist auf Schlammablagerungen im Führungsrohr des Schwimmers zu achten.

c) Elektroden-Wasserstandsbegrenzer

Diese Geräte sind auch als »selbst überwachende« Begrenzer bei Anlagen nach TRD 604 (Betrieb ohne ständige Beaufsichtigung) geeignet und wartungsfrei (Abschn. 6). Die Funktion ist nach Herstellervorschrift zu prüfen. Wegen der Geräteunterschiede muss der Kesselwärter auf die richtige Bedienungsanleitung achten.

Gerätefehler haben in acht von zehn Fällen ihre Ursache in der Elektronik. Die Eingrenzung und Beseitigung ist mit den Betriebsanweisungen des Herstellers möglich. Es empfiehlt sich, Elektroniksteckkarten und Tauchelektroden als Ersatzteil zu lagern, da diese mit gewissen Fachkenntnissen selbst ausgewechselt werden können. Weitergehende Reparaturen sind vom Hersteller ausführen zu lassen.

d) Wasserstandsregler

Hierfür gilt das unter b) 1. und 2. Gesagte, sofern es sich um prinzipiell baugleiche Geräte handelt. Weiterhin gibt es Bauarten, die auf mechanischem, hydraulischem oder elektrischem Weg eine kontinuierliche Mengenregelung bewirken. Der Aufbau dieser Geräte ist sehr unterschiedlich, sodass stets die Betriebs- und die Wartungsvorschriften des Herstellers heranzuziehen sind.

e) Wasserstandsregler oder -begrenzer mit optischer Anzeige des Wasserstandes

Diese Geräte eignen sich auch als vorgeschriebener zweiter Wasserstandsanzeiger. Bei innen liegenden Reglern oder Begrenzern wird der Wasserstand entweder kontinuierlich oder über zwei Lampen – grün = richtig, rot = zu niedrig – angezeigt; bei außen liegenden ist die Anzeige über Grün-Rot-Lampen oder auch durch ein am Schwimmergehäuse angebrachtes Wasserstandsglas möglich. Die Behandlung erfolgt entsprechend a) 1. bis 3. bzw. b) 1. und 2.

f) Druckregler und -begrenzer

Bei diesen weitgehend wartungsfreien Geräten genügt eine Kontrolle in größeren Zeitabständen auf Korrosion (bei hoher Raumfeuchte oder Ammoniakdosierung des Speisewassers) oder Verschmutzung (bei höheren Staubgehalten der Umgebungsluft). Die Verbindungsleitung zum Kessel muss stets frei sein. Da diese Geräte temperaturempfindlich sind, ordnet man sie häufig auf einer kalt gehaltenen »Sammelflasche« an. Die Verbindungsleitung vom Kessel soll durchblasbar sein und die Sammelflasche sollte einen Verschlussstopfen haben, damit sie bei Kesselstillständen auf Schlammablagerungen untersucht werden kann.

g) Temperaturregler und -begrenzer

Der »Fühler« ist meistens in einer Tauchhülse angeordnet, von der guter Wärmeübergang zum »Fühler« gewährleistet sein muss. Unter Beachtung der Wartungshinweise des Herstellers kann es ggf. zweckmäßig sein, die Tauchhülse mit Öl aufzufüllen. Die Geräte sind wartungsfrei. Da auch Fühler ohne Tauchhülse eingebaut werden, sollten im Zweifelsfall Geräte nur im drucklosen Zustand demontiert werden.

h) Sicherheitsventile

Sicherheitsventile müssen regelmäßig auf ihre Funktion überprüft werden (TRD 601 Blatt 1 Punkt 6), z. B. durch Anlüften etwas unterhalb des Ansprechdrucks oder durch Druckerhöhung bis zum Ansprechdruck. Zur Behebung leichter Undichtheiten ist der Kegel des Sicherheitsventils auf seinem Sitz zu drehen (meistens über einen Sechskant an der Ventilspindel).

In Heißwasseranlagen dürfen sie wegen möglicher Wasser- und Dampfschläge nur bei weit abgesenkter Vorlauftemperatur gelüftet werden. Da die Speiseeinrichtungen nicht die volle Leistung aufweisen müssen (TRD 402), ist zu beachten, dass der Kessel im Extremfall ausdampfen könnte, wenn das Sicherheitsventil nicht mehr ordnungsgemäß schließt. Wo Sicherheitsventile an Heißwasserräumen angeordnet sind, z. B. bei Anlagen mit Druckdiktierpumpen, ist besondere Vorsicht geboten, zumal kein Pufferraum zur Schwingungsdämpfung zur Verfügung steht und die Ableitung von heißem Wasser oft nicht unproblematisch ist. Die Gehäuseentwässerungen müssen stets offen sein, um Korrosionen durch angestautes Kondensat zu vermeiden, insbesondere wenn noch andere Armaturen in die Abblaseleitung münden.

Sind Reparaturen bzw. Überholungsarbeiten bei Undichtheiten (Dampfverlust = Energieverlust) erforderlich, so ist der zuständige Sachverständige der Technischen Überwachungs-Organisation bzw. der zugelassenen Überwachungsstelle einzuschalten, wenn die Plombe, mit der die Einstellung des Sicherheitsventils fixiert ist, gebrochen werden muss. Bei gewichtsbelasteten Ventilen kann eine Reparatur ohne Benachrichtigung des Sachverständigen vorgenommen werden, wenn die in der Abnahmebescheinigung fixierten Einstellmaße nicht verändert werden. Es ist nicht zulässig, undichte Sicherheitsventile durch Zusatzbelastung abzudichten. Reparaturen und Überholungsarbeiten der Ventildichtflächen können analog Abschn. 9.1.3.2 vorgenommen werden.

9.1.3.5 Messeinrichtungen

a) Druckmessung

Manometer und deren Verbindungsleitung zum Kessel sind durch Ausblasen auf freien Durchgang zu prüfen (Bild 9.5).
Je nach Stellung des Hahnkükens werden damit folgende Aufgaben erfüllt (DIN 16263):

1. Entlüften, Nullprobenstellung: Die Zuleitung ist geschlossen, das Betriebsmanometer wird zur Atmosphäre druckentlastet, der Zeiger muss bei richtiger Anzeige auf null zurückgehen.
2. Betrieb: Die Zuleitung ist offen, es besteht eine freie Verbindung vom Druckgeber zum Betriebsmanometer, der Prüfanschluss ist abgesperrt.

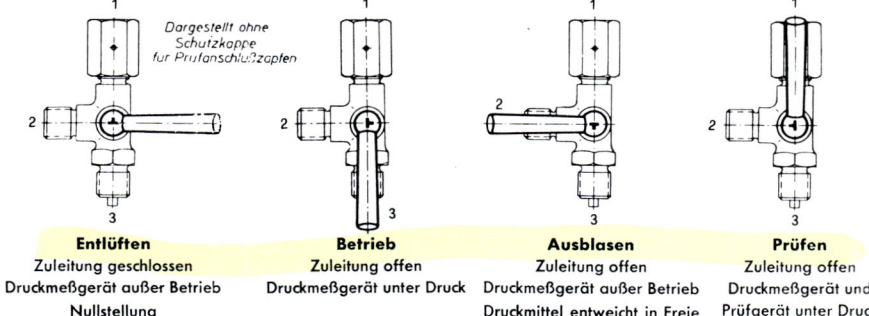

Bild 9.5: Manometer-Dreiwegehahn, Griffstellungen und Funktionen. 1 = Anschluss für Betriebsmanometer, 2 = Anschluss für Prüfmanometer, 3 = Manometerleitung vom Kessel

3. Ausblasen: Die Zuleitung ist zum Ausblasen von Kondensat, Schlamm und Korrosionsprodukten aus der Manometerleitung offen, das Betriebsmanometer ist außer Betrieb.
4. Prüfen bei angeschlossenem Prüfmanometer: Die Zuleitung und die Verbindung zum Prüfmanometer sind offen; es muss ausreichende Übereinstimmung zwischen Betriebs- und Prüfmanometer gegeben sein.

Beim Ansprechdruck des Sicherheitsventils soll das Manometer den durch Strichmarke gekennzeichneten höchstzulässigen Betriebsüberdruck anzeigen. Bei Abweichungen ist die Anzeige mit einem geeichten Kontrollmanometer zu überprüfen.

Manometerleitungen an Dampfräumen brauchen eine Wasservorlage, damit das Manometer nicht direkt vom Dampf beaufschlagt wird. Nach dem Durchblasen der Leitung soll das Manometer eine Weile abgesperrt bleiben, bis sich wieder eine Wasservorlage gebildet hat. Kann sich Ammoniak (NH_3) bilden, z. B. beim Zusatz von Hydrazin zur Sauerstoffbindung, ist diese Wasservorlage bei Manometern mit kupferhaltigen Werkstoffen für druckführende Teile sehr wichtig. Ammoniak kann zum Bersten des Bourdon-Rohres im Manometer führen.

b) Temperaturmessung

Für den Messbereich von 275 bis 875 K kommen Quecksilberfadenthermometer zum Einsatz. Ihre Tauchhülsen sind in längeren Zeitabständen zu säubern. Anschließend ist die Tauchhülse z. B. mit Öl für guten Wärmeübergang aufzufüllen. Die Anzeigegenauigkeit ist jährlich mit einem geeichten Thermometer zu prüfen. Thermoelemente und Widerstandsthermometer (Anzeigebereich 330 bis 1050 K bzw. 275 bis 825 K) haben den Vorteil der elektrischen Übertragung und einer vom Einbauort unabhängigen Anzeige.

Schutzrohre für Geberinstrumente sind auf Verschleiß zu prüfen. Auf richtige Anzeige wird durch Abklemmen des Geberinstrumentes vom Anzeigegerät (273-K- bzw. 293-K-Probe) geprüft. Anschließend ist eine Probe mit siedendem Wasser unter Beachtung der Verschiebung des Siedepunktes bei unterschiedlichem Luftdruck empfehlenswert.

Siedetemperatur von Wasser in Abhängigkeit vom atmosphärischen Luftdruck

Luftdruck mbar	800	900	1000	1100	1200
Siedetemp. °C	93,5	96,7	99,6	102,3	104,8

Strahlungspyrometer (Messbereich von 873 bis 3775 K) messen die Feuerraumtemperatur. Ihre Quarzabschlussscheibe zum Feuerraum bzw. die erste Gerätelinse muss frei von Staub sein, da sonst die Messergebnisse verfälscht würden.

c) Mengenmessung

Bei Durchflussmessungen mithilfe von Düsen oder Blenden von Dampf-, Wasser- und Gasmengen dient als Messwertgeber der Differenzdruck vor und hinter der Düse oder Drosselblende. Für die Anzeigeinstrumente sind die Wartungshinweise der Hersteller zu beachten. Die Verbindungsleitungen von der Düse oder Blende zum Anzeigeinstrument sind regelmäßig auszublasen. Durch Verbinden beider Messleitungen ist gelegentlich der Nullpunkt des Gerätes zu kontrollieren. Neuerdings werden vermehrt Staudrucksonden verwendet, die trotz ihrer Anzeigegenauigkeit von < 1 % deutlich geringeren Druckabfall aufweisen.

Flügelradmesser zur Mengenmessung von Heizöl und Speisewasser sind praktisch wartungsfrei; bei mechanischen Störungen sollte der Gerätehersteller eingeschaltet werden.

d) Rauchgasprüfgeräte

Auch hier gelten die Wartungsvorschriften der Hersteller, deren neue Geräte wenig Pflege bedürfen. Wichtig sind Sauberkeit der Rauchgas-Entnahmeöffnung und die Dichtheit der Verbindungsleitungen, damit nicht Falschluft angesaugt wird. Je nach Einsatzort empfiehlt sich die Kontrolle der Beheizung. Beim Messgaskühler muss das Kondensat regelmäßig abgelassen werden.

Bei der Abgaspumpe in Abschnitt 8.9.2 zur Bestimmung der Rußzahl bei Abgasen von Heizöl darf durch Undichtheiten keine Falschluft angesaugt werden, da ein verringertes Abgasvolumen Falschmessungen ergäbe. Wenn nach längerem Lagern die Rückschlagventile versagen (kein Schließen über die Dauer des Rückhubes), wird nur ein Bruchteil des abzusaugenden Abgases gefördert. Man verfährt deshalb vor Benutzung der Abgaspumpe wie folgt:
1. In die Pumpe ist ein Filterpapier einzulegen;
2. es ist Luft anzusaugen und beim Rückhub der Ansaugeschlauch unter Wasser ausmünden zu lassen. Ergibt sich in diesem Falle eine nennenswerte Blasenbildung, dann ist
3. die Pumpe mehrfach mit Wasser, in dem ein Spülmittel gelöst wurde, zu beaufschlagen;
4. danach ist die Pumpe zu trocknen, nach Bedienungsanweisung einzufetten und erneut nach Nr. 2 zu überprüfen.

9.1.3.6 Elektrische Einrichtungen

Wartungs- und Überholungsarbeiten an elektrischen Einrichtungen (Motoren, Schaltgeräte usw.) dürfen gem. UVV nur durch Fachpersonal durchgeführt werden. Der Kesselwärter muss darauf achten, dass z. B. Kabeleinführungen sachgemäß abgedichtet sind sowie die Isolierung offen verlegter Leitungen in gutem Zustand und nicht rissig und brüchig ist.

Endlagenschalter sollen gangbar sein; der Betätigungsstift ist mit Graphitöl bzw. Molybdändisulfid einzustreichen. Defekte Glühbirnen in Schaltschränken (Lampenkontrolltaste) sind auszuwechseln.

Beleuchtungen im Kesselhaus sind je nach Verschmutzungsanfall regelmäßig zu reinigen, damit alle Überwachungseinrichtungen ausreichend erkennbar sind.

9.1.3.7 Sonstige Einrichtungen

a) Speisewasserbehälter und Entgaser
   Bei Stillständen reichert sich das Speisewasser mit Sauerstoff und Kohlensäure an. Beim Anfahren der Kesselanlage ist deshalb zuerst der Inhalt des Speisewasserbehälters auf Siedetemperatur aufzuheizen und dann erst nachzuspeisen.
   Um Stillstandskorrosionen zu vermeiden, kann dem Speisewasser für kurze Stillstände vor dem Abstellen eine im Vergleich zum Dauerbetrieb auf das 2- bis 3-fach erhöhte Sauerstoffbindemittelmenge zugesetzt werden. Bei langen Stillständen ist eine Trockenkonservierung zu empfehlen (siehe auch Abschn. 5).
b) Speisewasservorwärmer als Nachschaltheizfläche in Wasserrohrkesseln sind regelmäßig durch Rußbläser von rauchgasseitigen Belägen zu befreien.
c) Bei Heißdampfkühlern als Einspritzkühler darf nur vollentsalztes Wasser oder einwandfreies Kondensat als Einspritzwasser dienen. Die Wandungen sind anfällig gegen Thermoschockrisse und bei Revisionen besonders auf Risse zu untersuchen.
d) Schalldämpfer sind rissgefährdet, da die Einbauten zu Schwingungen angeregt werden können. Turnusmäßige Kontrollen sind nötig.
e) Bei Luftvorwärmern für Ölfeuerungen kann es zu Taupunktunterschreitungen kommen (bei Schwerölen bereits unterhalb 420 K), und zwar dort, wo die kalte Luft den Bereich mit stark abgekühlten Rauchgasen berührt. Hier ist auf Korrosionen zu achten.

9.1.4 Feuerung und elektrische Beheizung

Die Grundlagen sind im Abschnitt 4 behandelt.

9.1.4.1 Feste Brennstoffe

a) Rostfeuerungen

1. Die gesamte Rostfläche muss in gleichmäßiger Dicke mit Brennstoff bedeckt sein. Bei Anhäufungen von Kohle verbrennt die Kohle unter Umständen mit Luftmangel, eine dünne Schicht ist »luftdurchlässiger«, es tritt ein schnellerer Abbrand mit anschließendem Luftüberschuss ein.
2. Bei gasreicher Kohle darf die Schicht nicht zu dick sein, da es sonst zur Qualmbildung kommt. Es muss dann Zweitluft zugeführt werden, bzw. wenn dies nicht möglich ist, kann auch Oberluft durch die Schaulöcher der Feuertüren eingeführt werden.
3. Großstückiger Brennstoff kann in dickerer Schicht aufgegeben werden, da er »luftdurchlässiger« als kleinstückiger Brennstoff ist. Gasreicher Brennstoff verlangt geringere Schichtdicke, denn für Ausgasung und nachfolgende Zündung ist nur eine relativ geringe Wärmemenge erforderlich.
4. Sachgemäße Brennstoffaufgabe bewirkt ein lebhaftes, klares Feuer, hohe Feuerraumtemperatur mit günstigem Wärmeübergang, hohe CO_2-Werte und geringen Schornsteinverlust. Bei hoher Feuerraumtemperatur (auch örtlich) steigt allerdings auch die NO_x-Bildung an; gleichmäßige Verteilung ist also wichtig.

b) Staubfeuerungen

Die wärmewirtschaftlich günstigste Verfeuerung fester Brennstoffe wird durch die Verbrennung kleinster Teilchen in der Schwebe erreicht (z. B. Kohlen- und Holzstaubfeuerungen – TRD 413 und 414).

Für den Betrieb sind genügende »Mahlfeinheit« und bei Schmelzfeuerungen der richtige Fließ- und Schmelzpunkt von Bedeutung. Je feiner das Korn, desto schneller die Zündung – eine Siebanalyse etwa alle 2 Tage lässt den Ausmahlungsgrad und den Mühlenzustand beurteilen. Schlechter Ausmahlungsgrad erfordert Mühlenüberholung.

c) Schmelzfeuerungen

Schmelzpunkt und Fließpunkt sollen möglichst dicht zusammenliegen: z. B. Schmelzpunkt ~ 1670 K, Fließpunkt ~ 1720 K bei Feuerraumtemperatur von 1920 bis 1970 K. Höhere Schmelzpunkttemperatur verursacht schlechteres Fließen, niedrigere Schmelzpunkttemperatur verursacht Anbackungen an Heizflächen, wenn schmelzflüssige Ascheteile in den nachfolgenden Zug mitgerissen werden. Bei hohem Fließpunkt genügt ein geringer Temperaturabfall der Rauchgase, um die Asche wieder erstarren zu lassen. Die trockene Flugasche kann durch Rußbläser entfernt werden. Aus der Erfahrung eines Kesselzerknalls mit verheerenden Folgen sollte die Flugstaubrückführung in den Feuerraum so gestaltet und betrieben werden, dass gleichmäßige Verteilung und Verbrennung der brennbaren Anteile gegeben ist.

Weitere Folgerungen aus diesem Ereignis sind der Vereinbarung 1990/2 (Dampfkessel) »Zusätzliche Maßnahmen für Wasserrohrkessel mit Schmelzfeuerung« zwischen dem Fachverband Dampfkessel, Behälter- und Rohrleitungsbau (FDBR) e. V., der VGB, Technische Vereinigung der Großkraftwerksbetreiber e. V. und dem Verband der Technischen Überwachungsvereine (VdTÜV) e. V. zu entnehmen.

Bei Stillständen sollte kontrolliert werden, ob am Brennkammerboden in den Ecken Flugstaub abgelagert ist (Vorsicht beim Entfernen!). Die Asche kann unter der erkalteten Oberfläche noch glühend sein, beim Aufstochern ist Explosionsgefahr gegeben! Das Austreten von Kohlestaub in die Umgebung muss verhindert werden, denn bei aufgewirbeltem Staub (auch bei Holzstaub) besteht Explosionsgefahr.

9.1.4.2 Flüssige Brennstoffe

Vom Kesselwärter sind folgende Wartungs- und Kontrollarbeiten regelmäßig vorzunehmen (siehe TRD 411):

1. Prüfung der Sicherheitskette, d. h. Kontrolle der Funktion aller Regel- und Begrenzungsorgane (Fotozelle, Wasserstandsbegrenzer usw.).
2. Kontrolle des Flammenbildes (z. B. wirkt eine zu lange Flamme schädigend, wenn sie die Kesselwandung berührt). Ausgewaschene Düsen oder nachlassende Pumpendrücke ändern das Flammenbild. Brennerdüsen lassen sich unschwer auswechseln. Der Pumpendruck ist zu prüfen und nach Vorschrift des Herstellers zu regulieren.
3. Bei schlechter Zündung: Nachstellen der Zündelektroden. Der Abstand zur Düse und zur Stauscheibe muss immer größer sein als der Abstand beider Elektroden.
4. Schmierölkreisläufe und Ölkühlung großer Gebläsemotoren in Ordnung halten.
5. Fotozelle regelmäßig reinigen.
6. Regelmäßig Filter in der Brennstoffsaugleitung reinigen.
7. Bei Schweröl in Abhängigkeit von der Viskosität auf richtige Vorwärmtemperatur achten.
8. Gestängeverbindungen für Verbundregler und Luft-/Rauchgasklappen auf Funktion und sichere Verbindung prüfen.

9.1.4.3 Gasförmige Brennstoffe

Im Wartungs- und Bedienungsaufwand sowie in der Regelfähigkeit haben Gasfeuerungen (siehe TRD 412) ähnliche Vorteile wie Ölfeuerungen, wobei die Gasbevorratung meist entfällt. Ausgenommen sind Schwergasfeuerungen, bei denen z. B. ein Propan-Butan-Gemisch in Vorratsbehältern gelagert wird und über eine Luftmisch- oder Vergasungsanlage der Feuerung gasförmig zugeführt wird. Diese Behälter unterliegen Sicherheitsbestimmungen (z. B. explosionsgeschützte Einrichtungen innerhalb einer Schutzzone) und sind nach der Druckgeräterichtlinie und der Berufsgenossenschaftlichen Vorschriften, Regeln und Informationen Gase (BGV B6) prüfpflichtig.

Vom Kesselwärter sind analoge Arbeiten durchzuführen, wie sie für Ölbrenner unter Punkt 1 bis 6 des Abschn. 9.1.4.2 beschrieben sind, wobei das Flammenbild nach Punkt 2 meistens durch Veränderungen des Gasdruckes beeinflusst wird. Der Gasdruck darf nur unter sorgfältiger Beachtung der vom Brennerhersteller angegebenen Grenzwerte nachreguliert werden. Die Gefahr von Verpuffungen bei instabiler Flamme ist bei Gasfeuerungen groß. Dies gilt besonders bei Kesseln mit mehreren Brennern, die wegen NO_x-Reduzierung mit geringem Luftüberschuss arbeiten oder bei denen Rauchgas rückgeführt wird.

Auf die Dichtheit der Gasleitungen und Armaturen ist besonders zu achten, da Leckagen nicht sichtbar sind und Gas mit Luft ein zündfähiges Gemisch bilden kann. Es empfiehlt sich, die Leitungen turnusmäßig mit einem Schaumbildner auf Undichtheiten zu überprüfen.

9.1.4.4 Elektrische Beheizung

Die elektrische Beheizung beschränkt sich fast nur auf kleine Anlagen, wie z. B. Sterilisatoren oder Wäschereigeräte. Die elektrischen Heizstäbe sind wartungsfrei. Sollte aufgrund einer Überhitzung ein Heizstab durchbrennen, ist er leicht auszuwechseln. Arbeiten an elektrischen Anlagen sind spannungsfrei durchzuführen, es ist deshalb der Trennschalter zu betätigen. Zusätzlich sollte man die Hauptsicherung herausnehmen und den Sicherungskasten während der Reparaturen mit einem Hinweisschild versehen.

9.1.5 Sonstige Teile der Feuerung

9.1.5.1 Heizöllagerung und Heizölvorwärmung

Heizöl kann unterirdisch, oberirdisch im Freien oder in einem besonderen Raum gelagert werden. Immer ist dafür zu sorgen, dass kein Heizöl ins Erdreich gelangt, d. h., man wählt doppelwandige Behälter mit Leckanzeige oder stellt die Behälter in einer Auffangwanne auf. Die Kesselwartung hat turnusmäßig die Funktion der Leckanzeige bzw. die Unversehrtheit des Auffangraumes zu kontrollieren. In Brennstofflagerräumen dürfen nur zur Anlage gehörende Gegenstände abgestellt werden. Bei Behältern im Freien ist etwaiges Regenwasser aus der Auffangwanne zu entfernen.

Schweres Heizöl ist kontinuierlich zu entnehmen und z. B. nicht ein Tank als ständiger »Reservebehälter« stehen zu lassen, da sich sonst Wasser, Verunreinigungen und schwer siedende Anteile vermehrt absetzen. Der Zusatz von Additiven, die Verunreinigungen des Heizöls in der Schwebe halten, hat sich bei sinnvoller Anwendung bewährt. Es werden dadurch bei ständiger Entnahme die Ausfällungen und ggf. Wasser dem Ölbrenner zugeführt und ohne Störungen verarbeitet.

Es ist ausreichend vorzuwärmen, da schon bei Temperaturen über dem Gefrierpunkt (280 bis 290 K) Paraffin ausgeschieden wird, was zu Verstopfungen der Leitungen führt. Bei Heizöl S und Lagerung im Freien ist eine Begleitheizung der Rohrleitungen erforderlich; sie ist regelmäßig auf Wirksamkeit zu prüfen.

9.1.5.2 Kohle-, Späne- und Staublagerung

Die Lagerung der Kohle im Freien ist am billigsten; Umweltschutzvorschriften verlangen jedoch heute in der Nähe von Wohngebieten auch für Kohle Silolagerung und eingehauste Umschlageinrichtungen. Im Freien sollen große Stapel nicht kegelförmig aufgeschüttet werden, sondern Schüttung neben Schüttung gesetzt und schichtweise erhöht werden, um dichte Lagerung zu erreichen (verminderter Sauerstoffzutritt, geringere Brandgefahr). Die Schütthöhe richtet sich nach der Kohlenart. Briketts und Anthrazitkohlen können höher gestapelt bzw. geschüttet werden. Alle anderen Sorten schütte man nicht höher als 4 m. Kohlen verschiedener Körnung lagere man getrennt.

Kohlenlager sind regelmäßig zu beobachten. Geruch und Gasschwaden sind Anzeichen von Selbstentzündung. Steigt die Temperatur im Kohlenhaufen über 335 K, so muss umgeschaufelt werden.

Kohle und Kohlebriketts in Bunkern (Silos) können bis 12 m hoch gestapelt bzw. geschüttet werden; vorteilhaft sind Vorkehrungen zur Druckentlastung, z. B. Zwischenroste. Leicht entzünden sich Braunkohlenbriketts. Eine brennende Silozelle muss sofort entleert, die Kohle in dünner Schicht ausgebreitet und mit Wasser abgelöscht werden. Silos sind zum Abführen der Kohlengase gut zu entlüften. Auslauf- und Zulauföffnung müssen zur Vermeidung einer Schornsteinwirkung verschließbar sein. Große schräge Bodenflächen sind nicht so günstig wie mehrere kleine Auslauftrichter. Vorteile der Silolagerung sind: geringe Bedienungskosten, gute Lagerung und ständige Durchmischung der Kohlen, geringer Platzbedarf, stets Entnahme der ältesten Vorräte.

In Lagern von Kohlenstaub, Holzspänen und Holzschleifstaub besteht bei Durchmischung mit Luft Explosionsgefahr. Die Vorratsbehälter müssen deshalb staubdicht verschlossen sein. Funken bildende Einrichtungen sind fern zu halten. Beim Befüllen des Kohlenstaubbunkers aus einem Silofahrzeug ist besonders darauf zu achten, dass die Lieferung frei von Glimmnestern ist. Die Elektroinstallation muss in Ex-Ausführung erfolgen. Bei Arbeiten an Kohlenstaubanlagen sind die Bestimmungen der Berufsgenossenschaftlichen Vorschriften, Regeln und Informationen BGV C15 – Kohlenstaubanlagen – zu beachten.

9.1.5.3 Saugzuggebläse

Bei Betrieb mit Saugzuggebläse ist auf die Dichtheit der Kesselanlage zu achten, da durch den Unterdruck leicht »Falschluft« bei undichtem Mauerwerk an Schiebern oder an Verbindungsstellen der Rauchgaskanäle angesaugt wird. Sie verfälscht alle Rauchgasmesswerte am Kesselende, ruft Temperaturabfall und ggf. Taupunktunterschreitungen hervor. Die Wartung, z. B. Lagerschmierung, Temperatur- und Schwingungsüberwachung, muss nach den Herstellerhinweisen erfolgen.

9.1.5.4 Entaschung und Staubabscheider

Um Schlacke, Asche und Flugasche zu entfernen, rüstet man Hochleistungskessel mit selbsttätigen Entaschern und Staubabscheidern aus (Abschn. 2 und 4). Wichtig ist, dass deren Kanäle unter Kesselflur geräumig angeordnet und gut begehbar sind.

Zur Restentstaubung der Abgase bei Müll- und Kohlefeuerungen verwendet man überwiegend trockene Staubabscheider, d. h. Elektrofilter oder filternde Abscheider mit Schläuchen aus hitzebeständigen Geweben. Bei Elektrofiltern wird das Staubgemisch an der Niederschlagelektrode von Zeit zu Zeit durch Abklopfen entfernt und durch einen Trichter abgezogen. Die Kesselwartung hat auf einwandfreies Arbeiten des Klopfmechanismus zu achten. Zur Abreinigung der schlauchförmigen Gewebefilterelemente wird abschnittsweise ein Druckluftstoß aufgegeben. Zu achten ist auch hier auf den ungestörten Abzug des abgeschiedenen Materials aus den Trichtern.

9.1.5.5 Schornstein

Aufgabe der Kesselwartung ist es, turnusmäßig den ordnungsgemäßen Zustand des Schornsteins zu kontrollieren. Es ist auf Auswaschungen der Krone, Risse, Versottungen bei Taupunktunterschreitungen, aber auch auf zu starke Verschmutzung und damit Gefahr des Ausstoßes von sauren Belägen während des Anfahrens zu achten. Bei Schornsteinen aus Stahlblech ist die Überprüfung der Wanddicke zum Aufrechterhalten der Standsicherheit wichtig.

9.1.6 Wasseraufbereitung (siehe Abschn. 5.3)

9.1.6.1 Allgemeines

Tafel 9.4 beschreibt Verunreinigungen im Speise- und Kesselwasser, deren Folgen im Kesselbetrieb und Abhilfemaßnahmen. Die Spalte »Folgen im Kesselbetrieb« zeigt, wie notwendig die sorgfältige Aufbereitung des Speisewassers ist (Abschn. 5). Zur Beurteilung der Beschaffenheit sind nicht nur die Härtebildner, sondern alle Beimengungen maßgebend. Die Chemikalien zur Wasseraufbereitung, vor allem konzentrierte Lösungen und Gase, können zum Teil dem menschlichen Organismus schwer schaden. Jede direkte Berührung mit der Körperoberfläche oder das Einatmen von Gasen ist zu vermeiden.

Instandhaltung, Störungen, Schäden

Tafel 9.4: Verunreinigungen im Speise- oder Kesselwasser, Folgen und Abhilfen

Verunreinigung	Folgen im Kesselbetrieb	Abhilfemaßnahmen
Grobe mechanische Verunreinigung, Sand, Schweißperlen, Zunder	Beschädigung an Pumpen. Schlammablagerung in Ventilen, Rohrleitung und im Kessel (Umlaufstörungen)	Spülung neuer Kessel. Schmutzfänger, mechanische Filter
Mineralöle	bilden an Kesselwand braunen, Wärme stauenden Belag. Rohrreißer! Verkleben der Wasserstände. Flammrohreinbeulung	Abdampfentöler und mech. Entölung. Restentölung durch Filterung über Aktivkohle
Tierische und pflanzliche Öle und Fette	können im Kessel zu Säurekorrosionen führen und begünstigen im alkalischen Wasser das Schäumen. Verkleben von Wasserständen/Elektroden	
An Hydrogencarbonat gebundene Calcium- und Magnesiumverbindungen (Carbonathärte)	bilden Schlamm, der festbrennt, bzw. Kesselstein	Enthärtung des Kesselspeisewassers in besonderen Enthärtungsanlagen vor Eintritt in den Kessel. Bei kleinen Kesseln und niedrigen Drücken behelfsmäßig auch durch Chemikalienzugabe (viel Schlamm im Kessel!) Nachbehandlung des Kesselspeisewassers und dort Chemikalienüberschuss. Einhalten bestimmter Alkali- und Phosphatgehalte im Kesselwasser
Andere Calcium- und Magnesiumverbindungen a) Chloride und Nitrate	bilden durch Spaltung im Kessel Säuren, die flächenförmige Anfressungen hervorrufen, vor allem bei Alkalimangel	
b) Sulfate	bilden feste Kesselsteinkrusten, die durch Wärmestau zu Rohrausbeulungen und durch Dampfzersetzung unter Kesselstein zu kraterförmigen Anfressungen führen (siehe Abschn. 5.2.3.2)	
c) Kieselsäure	Kieselsäurekonzentrationen über dem Grenzwert führen zur Turbinenverkieselung	
Zucker aus Verdampferkondensat in Zuckerfabriken	Zersetzung bildet Säuren, die Kesselwerkstoff angreifen und zu Schäumen des Kesselwassers führen. Bildung Wärme stauender schwarzer Beläge an hochbeheizten Kesselflächen, die zu Rohrreißern und Einbeulungen von Flammrohren führen	Zusatz von Ätznatron und/oder Trinatriumphosphat zum Kesselwasser. Starkes Abschlammen und Aufspeisen mit einwandfreiem Wasser. Dabei Kessel vom Netz trennen oder Belastung auf höchstens 50% der normalen Leistung verringern
Sauerstoff	bewirkt tiefe kraterförmige Anfressungen in salzhaltigem Wasser. Gefahr bei Stillständen	Entgasung thermisch oder chemisch durch Zusatz von Natriumsulfit bzw. Hydrazin – Kesselkonservierung
Freie und aus Hydrogencarbonat frei werdende Kohlensäure	bewirkt flächenförmige Abtragungen und Korrosionen im Dampf- bzw. Kondensatnetz	Entcarbonisierung des Zusatzwassers durch Kalk- oder Ionenaustauscher – Thermische Entgasung

Schäumen und Spucken bei zu hoher Alkalität, zu hohem Salzgehalt, org. Stoffen u. a.	Schwankende Überhitzertemperaturen, Salzablagerungen im Überhitzer und Durchbrennen. Ausblühungen an Flanschen und Ventilen, Salz auf Turbinenschaufeln	Einhalten der höchstzulässigen Alkalität und des Salzgehaltes im Kesselwasser durch gute Speisewasseraufbereitung und ausreichende Absalzung. Entsprechende Wasseraufbereitung
Heißwasserkorrosion infolge unzureichender Kühlung der Heizflächen und bei Störungen des Wasserumlaufes in Siederohren	Korrosionen an Heizflächen unter verstärkter Bildung von Eisenoxiden. Ablagerung von Korrosionsprodukten an Stellen geringer Strömungsgeschwindigkeit und hoher Heizflächenbelastung. Wasserstoffversprödung des Werkstoffes	Vermeidung von Ablagerungen durch entsprechende Wasseraufbereitung, konstruktive Änderung am Kessel oder an der Feuerung
Stillstandskorrosion infolge Sauerstoffeinwirkung	Korrosionen besonders in Höhe des Wasserstandes (Rostpusteln)	Auffüllen des Kessels bis Sicherheitsventil mit entgastem, hochalkalischem Wasser, Konservierung

In den Tafeln 9.5 und 9.6 sind die gebräuchlichsten festen, flüssigen und gasförmigen Chemikalien aufgeführt, zusammen mit allgemeinen Hinweisen für das Verhalten bei Unfällen. Bei allen Schäden besonders der Augen, Atmungsorgane und Schleimhäute ist so rasch wie möglich ein Arzt zurate zu ziehen und ihm die Angaben auf den Gebinden mitzuteilen.

Tafel 9.5: Feste und flüssige Chemikalien

Alkalien, alkalische Salze und Dämpfe
z. B. Ätznatron (Natriumhydroxid), Kalkhydrat, Trinatriumphosphat, Natronlauge, Kalkmilch, Kalkwasser, Bleichlauge, Ammoniaklösung (siehe auch Gase)

Säuren, saure Salze und Dämpfe
z. B. Salzsäure (Chlorwasserstoffsäure), Schwefelsäure, Flusssäure (Fluorwasserstoffsäure), Phosphorsäuren, Eisenchlorid, Aluminiumsulfat

Hydrazinhydrat
z. B. Hydrazin 15, Levoxin 151® Hydrazin, Levoxin®, Liozan

Kohlenwasserstoffe und -dämpfe
z. B. Benzin, Naphta, Heizöl, Teeröl, org. Lösungsmittel, Tri, Tetra, Per, Verdünnungsmittel, Schmiermittel

Allgemeine Hinweise:
Den Betroffenen unter eigenen Schutzmaßnahmen aus der Gefahrenzone bergen. Bei Einwirkung von Säuren, Laugen und Kohlenwasserstoffen sofort unter die Brause bzw. mit reichlich Wasser spülen. Gegebenenfalls zuerst die Augen mindestens 20 Minuten spülen! Transport in stabiler Seitenlage.
Angaben über weitere Stoffe sind der Sammlung Kühn-Birett »Merkblätter Gefährliche Arbeitsstoffe« zu entnehmen (siehe Schrifttum).

Instandhaltung, Störungen, Schäden 645

Tafel 9.6: Gasförmige Chemikalien

Ammoniak (farbloses Gas)

Chlorgas, Chlordioxid (gelbgrüne Gase)

Kohlendioxid (farbloses Gas, entsteht u. a. beim chemischen Ablösen von Kesselstein und bei der Verbrennung von Kohle, Öl und Gas)

Allgemeine Hinweise:
Den Betroffenen unter eigenen Schutzmaßnahmen (Atemschutzgerät bzw. Pressluftatmer und ggf. Anseilen) aus der Gefahrenzone bergen. Frischluftzufuhr. Transport in stabiler Seitenlage.
Angaben über weitere Stoffe sind der Sammlung Kühn-Birett »Merkblätter Gefährliche Arbeitsstoffe« zu entnehmen (siehe Schrifttum).

9.1.6.2 Enthärtungs- und Entgasungsanlagen

Für eine rechtzeitige Regeneration der Ionenaustauscher ist zu sorgen. Automatische Wasserkontrollgeräte zeigen den Erschöpfungszustand des Ionenaustauschers an, geben Alarm bzw. unterbrechen den Zufluss zum Speisewasserbehälter.

Die Temperatur im Entgaser bzw. Speisewasserbehälter soll immer über der Siedetemperatur liegen, da erst dann Sauerstoff und Kohlensäure vollständig ausgetrieben werden. Gegebenenfalls ist Dampf direkt in den Speisewasserbehälter zu geben. Aus dem Entgaser muss genügend Schwadendampf austreten, um die ausgekochten Gase zu entfernen.

9.1.6.3 Anlagen zur Entkieselung und Entölung

Bei Dampfdrücken über 20 bar ist Kieselsäure dampfflüchtig und kann die Turbinen verkieseln, wenn die Richtwerte für Speise- und Kesselwasser nicht eingehalten werden (Abschn. 5.4). Kieselsäure lässt sich nicht durch einfache Enthärtung entfernen. Im Kraftwerk wird heute in Vollentsalzungsanlagen entsalzt und entkieselt.

Wo die Gefahr von Öleinbrüchen in das Kondensat besteht, soll die Kondensatqualität dauernd überwacht werden. Bei konstanter Verölung des Dampfes soll bereits der Abdampf an den Maschinen auf Restölgehalte von 20 g/m^3 entölt werden. Zur weiteren Entölung dienen Absetzbehälter und Aktivkohlefilter. Ölhaltiger Dampf darf nicht zur Entgasung verwendet werden. Aktivkohlefilter zur Entölung dürfen niemals rückgespült werden (siehe Abschn. 5.3.4.2).

9.1.6.4 Dosier- und Untersuchungsgeräte

Zur Restenthärtung, -entgasung und Konditionierung werden dem Speisewasser vor dem Kessel vielfach noch Chemikalien zugesetzt. Dosierpumpen sind nach den Vorschriften des Herstellers zu pflegen. Im Gegensatz zu Membranpumpen dürfen Kolbenpumpen nicht trocken laufen, d. h., es muss immer genügend Chemikalienlösung zur Verfügung stehen. Die Chemikalien-Vorratsgefäße und Schmutzfangfilter sind regelmäßig zu reinigen. Zum Füllen der Dosiergefäße nimmt man Wasser, das mindestens frei von Erdalkalien (Härte) ist.

Die Geräte zur Wasseruntersuchung sind nach der Benutzung zu reinigen und unter Verschluss aufzubewahren. Verunreinigte Geräte ergeben Falschmessungen. Die Chemikalien sind von Zeit zu Zeit zu erneuern; manche haben nur eine Gebrauchsdauer von 4 bis 6 Monaten. Chemikalien sind kühl zu lagern.

9.1.6.5 Speise- und Kesselwasser

Im Speise- und Kesselwasser sowie im Füll-, Ergänzungs- und Umlaufwasser von Heizungsanlagen sind immer die entsprechenden Richtwerte einzuhalten (Abschn. 5.4).

9.1.6.6 Einrichtungen zum Absalzen und zum Abschlammen

Um die Richtwerte einzuhalten, muss kontinuierlich eine gewisse Menge Kesselwasser abgelassen werden, z. B. aus der Obertrommel von Wasserrohrkesseln und in Höhe des NW bei Großwasserraumkesseln.

Kesselschlamm ist durch kurzzeitiges Betätigen (1–3 s) des »Abschlammautomaten« zu entfernen, am günstigsten im Schwachlastbereich oder während der Betriebspausen, weil dann die geringste Turbulenz im Wasserraum herrscht.

9.1.6.7 Konservierung

Kurzer Stillstand (1–2 Tage)

Wasserseite:
Etwa eine Stunde vor dem Abstellen ist dem Speisewasser bis zum Abstellen eine Sauerstoffbindemittelmenge vom Zwei- bis Dreifachen der normalen Dosiermenge zuzusetzen.

Rauchgasseite:
Die Beläge in ölgefeuerten Kesseln bestehen – einwandfreie Verbrennung vorausgesetzt – hauptsächlich aus Alkalisulfaten und Vanadin-Verbindungen. Sie sind an Überhitzerheizflächen fest geschmolzen und nur am Kesselende staubförmig. Im wässrigen Auszug reagieren die hygroskopischen Beläge stark sauer; pH-Werte von 2–3 sind auch ohne Taupunktunterschreitungen nicht ungewöhnlich. Rußige Ablagerungen reagieren auch stark sauer. Sie enthalten adsorptiv angelagerte Schwefelsäure, die bei Stillstandszeiten durch Feuchtigkeitsaufnahme aus der Luft verdünnt wird und somit korrosiv wirkt.

Bei ölgefeuerten Kesseln hat sich bei kurzzeitigen Stillständen das Warmhalten bewährt. Temperaturen von 315 bis 325 K sind ausreichend, um die Beläge trocken zu halten. Damit ist ein Korrosionsangriff praktisch ausgeschlossen. Bei wasserseitiger Wärmezufuhr ist die Luftzufuhr zu unterbinden. Der Rauchgasschieber sollte geschlossen werden und möglichst dicht sein.

Längerer Stillstand

Wasserseite:
Nasskonservierung (siehe Abschn. 5.5)
Der Kessel ist erst zu entleeren und dann einschließlich Überhitzer, Heißdampfkühler und Nachschaltheizflächen mit einwandfreiem Speisewasser zu füllen, dem je m³ Wasser 1 bis 3 l Levoxin (Handelsware – 15% N_2H_4) zugesetzt wird. Darüber hinaus muss der pH-Wert mit Ammoniak oder NaOH auf > 10 pH angehoben werden. Die Chemikalien sind im Kessel gut zu verteilen. Einmal täglich ist durch Beheizung oder durch Pumpen die Konservierungslösung umzuwälzen. Der Kesselkörper ist nach vollständigem Abkühlen dicht zu verschließen (Vorsicht: Vakuumbildung vermeiden). Der Levoxingehalt muss während der Konservierungszeit auf > 100 mg/kg gehalten werden. Bei Levoxinzusatz sind die UVV zu beachten. In der Lebensmittelindustrie ist die Anwendung von Levoxin verboten. Hier muss z. B. Natriumsulfit verwendet werden. Vor der Inbetriebnahme ist die Konservierungslösung abzulassen. Eine weitere Variante ist die Durchflusskonservierung mit Speise- oder Kesselwasser.

Trockenkonservierung (siehe Abschn. 5.5)
Sie wird bei längerem Stillstand empfohlen, wenn eine kurzfristige Inbetriebnahme nicht abzusehen oder wegen Frostgefahr eine Nasskonservierung nicht möglich ist.

Das Kesselwasser wird noch vor dem Erkalten abgelassen, damit Restwasser durch die Eigenwärme des Kessels verdunstet. Wenn notwendig, muss durch ein leichtes Feuer oder von außen durch Einblasen von Heißluft mittels Ventilatoren getrocknet werden. Alle Anschlussleitungen sind sicherheitshalber blindzuflanschen. Im Kessel bringt man zur Trocknung z. B. Silicagel in Leinensäckchen an. Nach der Absättigung mit Wasser verfärbt sich das Silicagel von blau nach rot. Durch Trocknen bei 385 K ist es wieder verwendungsfähig. Der Kessel ist während des Trockenhaltens dicht zu verschließen.

Ist der Kessel nicht von Restwasser zu befreien (hängende Überhitzer), so entfällt die Resttrocknung durch Chemikalien. Dann kann mit Stickstoff oder Ammoniakgas oder auch getrockneter Luft konserviert werden. Bei der Konservierung mit Gasen ist die UVV dringend zu beachten (keine Atemluft im Kessel – bei Ammoniak sind Gemische mit Luft zündfähig!).

Rauchgasseite:
Grobe Verunreinigungen und Ablagerungen sind durch Fegen oder Saugen zu entfernen. Danach ist mit Wasser zu reinigen, da die Beläge weitgehend wasserlöslich sind. Es empfiehlt sich, das Waschwasser leicht alkalisch (pH-Wert 8–9, bei Ammoniak auch bis pH 10) zu halten, was neutralisierend wirkt. Saure Waschwasser sind vor dem Einleiten in das Kanalnetz oder den Vorfluter zu neutralisieren, giftige Stoffe sind zu entfernen wobei kommunale Einleitungsbedingungen zu beachten sind. Nach dem Waschvorgang soll der Kessel sofort vollkommen ausgetrocknet werden. Bei Kesseln mit Mauerwerk muss wegen der Rissbildungsgefahr langsam getrocknet werden. Nach der Trocknung sollten die Heizflächen mit einem dünnen Graphit- oder Firnisfilm konserviert werden. Zu empfehlen ist die Trockenhaltung durch Silicagel (siehe unter »Trockenkonservierung«) oder außen angeordnete Trockner mit Luftumwälzung.

9.1.7 Anfahren der Kesselanlage nach Stillständen

Die größten Belastungen für eine Kesselanlage treten nicht während des Normalbetriebes auf, sondern beim An- und Abfahren, bei Lastsprüngen, bei plötzlichem Temperatur- und Druckabfall und sonstigen außerordentlichen Zuständen. Temperaturänderungen, z. B. beim Anfahren durch die ungleichmäßige Erwärmung der einzelnen Kesselteile, bewirken oft hohe Zusatzbeanspruchungen im Material; sie können somit nicht nur nach einer entsprechenden Lastwechselzahl zu Anbrüchen, Rissen und Aufreißen führen, sondern schädigen ständig auch die Schutzschicht. Korrosionen mit hoher Fortschrittsgeschwindigkeit sind die Folge.

Schnelle oder gar plötzliche Temperatur- oder Druckänderungen sind also zu vermeiden (siehe auch unter Abschn. 6.4 und 6.5 Probleme und Erfahrungen mit BoB).

9.1.7.1 Warmstart
Der Kessel soll aus dem warmen Zustand (> 373 K, es ist also noch Druck vorhanden) angefahren werden: Die Feuerleistung sollte dabei aus der Zündstellung heraus nur langsam gesteigert werden. Dampfleitungen müssen ausreichend lang entwässert werden. Wenn nicht unbedingt notwendig, sollte kein Wasser in die Heißdampfeinspritzkühler gegeben werden.

Bei Heißwasseranlagen muss die Druckhaltung selbstverständlich in Betrieb sein. Das Zuschalten von großen Wärmeverbrauchern darf nur langsam erfolgen. Große Sprünge in der Umwälzpumpenleistung sollten vermieden werden.

Bei den meisten Kesselbauarten ist es günstig, vor dem Warmstart abzuschlämmen.

9.1.7.2 Kaltstart

Der Kaltstart (es ist kein Druck vorhanden, das Wasser ist »kalt«) beansprucht die Kesselwandungen und auch die nachgeschalteten Einrichtungen stärker als der Warmstart. Auf der Wasserseite besteht zusätzlich eine erhöhte Korrosionsgefahr durch den noch vorhandenen Sauerstoff. Die Feuerseite, die gesamten Rauchgaszüge und auch der Kamin sind durch die zwangsweise Unterschreitung des Taupunktes während der Anfahrphase vor allem bei der Verfeuerung schwefelhaltiger Brennstoffe durch Korrosionen gefährdet.

Dem kalten Wasser wird eine erhöhte Menge Sauerstoffbindemittel zugegeben; wegen der Ausdehnung des Wassers beim Anheizen wird nur bis NW aufgespeist. Entlüftungsventile und Entwässerungen bei Dampfleitungen sind geöffnet und werden erst wieder geschlossen, wenn ausreichend Druck im Kessel vorhanden ist. Die Wärmeverbraucher werden erst nach Erreichen des vollen Druckes zugeschaltet; zuerst der Speisewasserbehälter bzw. der Entgaser.

Wasserrohrkessel mit Überhitzer werden bei geschlossenem Dampfschieber mit geöffnetem Anfahrventil angeheizt. Der dort austretende Dampf wird über einen Schalldämpfer in die Atmosphäre oder in ein Kondensationssystem gefahren. Erst nach gleichmäßiger Durchwärmung des Kessels und der Überhitzer wird das Anfahrventil geschlossen. Die vom Hersteller anzugebende zulässige Laststeigerung des Kessels oder der Turbinenanlage ist zu beachten.

Angefahren wird bei allen Kesselbauarten mit der Zündstellung, also einer Feuerleistung von 20–40 %. Erst nach etwa einer halben Stunde sollte die Leistung gesteigert werden.

Gerade bei Heißwasserkesselanlagen muss für ein zwar langsames, aber zügiges Erwärmen des Wassers gesorgt werden. Der Unterschied zwischen Vor- und Rücklauftemperatur sollte nicht groß sein (Beimischung öffnen), die Verbraucher werden möglichst nacheinander und erst bei Erreichen der Soll-Vorlauftemperatur zugeschaltet.

9.1.7.3 Abstellen

Bei öl- und gasgefeuerten Kesseln sollten der Rauchgasschieber und die Luftzufuhr nach dem Ausschalten der Feuerung geschlossen werden. Das Dampfventil wird geschlossen bzw. die Umwälzpumpe abgeschaltet, um schnelles Abkühlen zu verhindern. Nur im Gefahrenfall erfolgt Druckentspannung.

Bei Rostfeuerungen ist zur Entsorgung der Rauchgaszüge und für die Verbrennung restlichen Brennstoffes das Weiterlaufen des Saugzuggebläses oder ausreichend natürlicher Zug erforderlich.

9.2 Inspektion

9.2.1 Allgemeines

Der Begriff Inspektion ist in DIN 31051 definiert mit »Maßnahmen zur Feststellung und Beurteilung des Istzustandes von technischen Mitteln eines Systems«. In der Kesseltechnik schreibt die Betriebssicherheitsverordnung im § 15 »wiederkehrende Prüfungen« Fristen von max. 3 Jahren für die innere und von 1 Jahr für die äußere Prüfung vor.

Um ungeplante Stillstände durch Schäden, Ablagerungen oder Erosionen an bestehenden Kesselteilen zu vermeiden, wird in jüngerer Zeit bei Großanlagen auch die **zustandsorientierte Instandhaltung** angewandt. Dies kann durch verstärkten Messaufwand erreicht werden; für viele Bauteile, besonders auf der Rauchgasseite, sind jedoch auch hierfür Befahrungen nicht zu umgehen.

9.2.2 Befahren von Kesselanlagen

Müssen Kessel zur rauchgas- oder wasserseitigen Reinigung befahren werden, sollen sie abgekühlt (max. 50 °C) und gut durchlüftet sein, um Sauerstoffmangel zu verhindern. Darauf ist besonders nach chemischen Reinigungen zu achten, die eine anschließende Neutralisation erfordern. Die notwendigen Sicherungsmaßnahmen vor und beim Befahren sowie die Vorschriften über die Benutzung der Geräte (Handleuchten, Schweißgeräte, Elektrowerkzeuge) sind der TRD 601 Blatt 2 Punkt 6 zu entnehmen.

Die Rauchgasreinigungsanlagen (RRA) großer und mittlerer Kessel weisen Behälter und Kanäle erheblicher Abmessungen mit teilweise gesundheitsgefährdenden Reststoffen auf.

Besondere Vorkehrungen beim Befahren sind auch nötig, wenn in Betrieb befindliche Anlagenteile nur durch Klappen von dem zu begehenden Teil getrennt sind.

Auf die vom Zentralverband der gewerblichen Berufsgenossenschaften herausgegebenen »Richtlinien für Arbeiten in Behältern und engen Räumen« BGR 117 auf die TRD 460 »Rauchgasreinigungsanlagen« und auf die »Sicherheitsregeln für RRA« der BG Feinmechanik und Elektrotechnik wird hingewiesen.

Das Besichtigen von Feuerräumen und Rauchgaszügen im ungereinigten Zustand gibt wertvolle Hinweise auf betriebliche Beanspruchungen, z. B. durch Beläge, größere Schlackenanbackungen, Staubablagerungen oder auch auf Erosionen an Stellen hoher Rauchgasgeschwindigkeit. In der Regel ist für die innere Prüfung jedoch das Reinigen der Heizflächen erforderlich.

Bei Großanlagen muss dazu der Feuerraum eingerüstet werden.

Hier besteht die besondere Gefahr, dass beim Erkalten der Kesselwände größere Schlackebrocken abstürzen.

9.2.3 Rauchgasseitige Reinigung

Im Betrieb: Wo der Selbstreinigungseffekt nicht ausreicht, werden Ablagerungen mit Dampf- oder Wasser-Rußbläsern abgeblasen. Nachschaltheizflächen können auch mit Kugelregenanlagen gereinigt werden (Abschn. 4).

Auch Reinigungen mithilfe von niederfrequentem Schall oder durch dosierte Explosionsdrücke sind im Einsatz bzw. im Versuchsstadium.

Bei Stillständen: Festsitzende Beläge werden durch Klopfen oder auf andere mechanische Art entfernt. Rauchrohre reinigt man mit passenden Drahtbürsten (Abwaschen der Beläge siehe Abschn. 9.1.6.7).

Achtung: Beim Ausräumen von Ascheansammlungen am Brennkammerboden kam es schon zu tödlichen Unfällen, als noch glühendes Material unter dicken Schichten erkalteter Asche mit Luft in Berührung kam und aufflammte.

9.2.4 Wasserseitige Reinigung

Bei ordnungsgemäßer Speisewasserbehandlung ist eine innere Reinigung mit chemischen Mitteln meist nicht oder nur in größeren Zeitabständen erforderlich. Die Reinigung beschränkt sich meist auf das Auswaschen von Sammlern und Trommeln, um Schlammablagerungen zu entfernen. Bei stärkeren Steinansätzen oder Belägen wird chemisch gereinigt.

Es dürfen nur zugelassene Kesselsteinlösemittel benutzt werden. Das sind Säuren mit einem Hemmstoff, der den Metallangriff verringert, aber nicht ganz aufhebt. Unverdünnte Kesselsteinlösemittel führen zu beträchtlichen Korrosionen, wenn nicht mit dem Verdünnungswasser sorgfältig gemischt wird. Bei allen Kesselsteinlösern auf Säurebasis ist nach dem Reinigen und Spülen eine Neutralisation, z. B. mit Ätznatron, Trinatriumphosphat oder Soda, erforderlich. Alle Stutzen, Abläufe und Entlüftungen sind so lange zu spülen, bis alkalisches Wasser austritt. Beim Aussäuern ist das Kesselhaus reichlich zu lüften, da bei der Steinlösung CO_2 frei wird. Offenes Licht und nicht ex-geschützte Leuchten sind verboten, da sich Wasserstoffgas entwickeln kann. Es empfiehlt sich, durch eine Fachfirma chemisch reinigen zu lassen. Die Anwendungsvorschrift des Kesselsteinlösemittels ist genau einzuhalten, da Konzentrations- und Temperaturabweichungen und Veränderungen der Einwirkungszeit die Kesselwand schädigen. Auf die TRD 601 Blatt 2 Punkte 6.2.4.1 bis 6.2.4.6 wird hingewiesen.

9.3 Instandsetzungen

Bei allen technischen Geräten und Apparaten stellt sich mit der Zeit Verschleiß und ein gewisser Alterungsvorgang ein. Selbst wartungsfreie elektronische Bauteile halten nicht ewig, sondern werden aufgrund von Alterungserscheinungen irgendwann versagen und müssen dann ausgetauscht werden.

Für die Verfügbarkeit einer Anlage ist es wichtig, **vor** Eintritt des Versagensfalles durch Verschleiß oder Alterung die betroffenen Anlagenteile auszutauschen oder instand zu setzen. Hierzu kann unter anderem auch der Kesselwärter einen wesentlichen Beitrag liefern, indem er lernt, über die normale Wartung während des Betriebes hinausgehende Reparaturarbeiten vorzunehmen oder anzuregen. Nachfolgend einige Hinweise.

9.3.1 Vom Kesselwärter auszuführende Überholungen und Reparaturen

9.3.1.1 Armaturen

In stärkerem Maße unterliegen die Armaturen vielfältigen Abnutzungen. Ein Hauptdampfventil wird durch den zuströmenden Dampf ausgewaschen (Ventilsitz und Kegel), die Stopfbuchse wird undicht, weil die Packungsringe altern und hart werden; durch die Leckagen bilden sich an Ventilgehäuse, Stopfbuchsbrille usw. Verkrustungen und Korrosionen.

Als oberster Grundsatz gilt, dass sich der Kesselwärter vor Überholungs- und Reparaturarbeiten davon überzeugt, ob das Bauteil frei von Überdruck oder Vakuum ist. Armaturenüberholungen sind ohne spezielle Fachkenntnisse wie folgt möglich:

1. Einschleifen von Ventilsitzen

Für diese Arbeit löst man den Ventilkegel von der Ventilspindel und spannt ihn in eine Spannvorrichtung (notfalls genügt es, wenn man ihn fest auf einen Holzstab treibt). Man streicht etwas »Schleifpaste« auf die Dichtfläche und presst den Kegel mit leichtem Druck auf den Ventilsitz. Durch Hinundherdrehen wird dabei die Einschleifwirkung erzielt. Schleifpasten gibt es in verschiedener Körnung, je nach »Riefentiefe« beginnt man mit grobem Korn und gibt zum Schluss den »Feinschliff« mit feinkörniger Schleifpaste.

2. Neuverpacken einer Stopfbuchse

Die Packungen müssen für die Temperaturen und das Medium geeignet sein. Versieht man die Stopfbuchse eines Heißdampfventils mit Packungsringen für Kaltwasser, so würde sie bei Inbetriebnahme schon nach wenigen Minuten voll durchblasen. Das Gleiche gilt auch für Dichtringe an Mann- und Handlochdeckeln.

Packungen und Dichtungen jeweils dem Verwendungszweck entsprechend wählen bzw. bestellen.

3. Salzverkrustungen

Sie sind gründlich zu entfernen, da sie zu Korrosionen führen. Bei undichten Mann- und Handlöchern führen Leckagen schon in kurzer Zeit zu Beschädigungen der Dichtflächen, sodass Nacharbeiten oder die Erneuerung des Deckels und das Einschweißen eines neuen Ringes erforderlich werden kann. Nach dem Entfernen der Salzkrusten sind die Teile mit Graphitöl oder Schutzanstrich zu behandeln.

9.3.1.2 Schrauben, Mannlochverschlüsse

Bei Auswechslung sind Schrauben gleicher Qualität und Festigkeit zu verwenden, bei warmgehenden Verbindungen sollten sie immer mit Graphitöl oder Molybdändisulfit eingesetzt werden, damit sie sich nach längerer Zeit wieder lösen lassen. Schrauben sind nicht zu stark anzuziehen; daher dürfen keine aufgesteckten Verlängerungen für den Schlüssel verwendet werden. Am besten ist ein Momentschlüssel, besonders bei Dehnschrauben, da von Hand die Schraubenkraft nicht genau zu dosieren ist.

Während des Betriebes soll man Schrauben möglichst nicht nachziehen, da schon schwere Unfälle bei Versuchen, Leckagen zu beseitigen, aufgetreten sind. Ist eine Flanschverbindung unter Temperatur nach der Überholung undicht geworden, sind die Schrauben vorsichtig nur so weit nachzuziehen, bis die Leckage beseitigt ist. Beim Nachziehen »heißer« Schrauben besteht die Gefahr, dass sie im kalten Zustand aufgrund der Schrumpfung zu stark belastet werden, was zum Bruch führen kann.

Bei Mannloch- und Handlochverschlüssen setzt sich der Dichtring nach Neueinbau unter Druck- und Temperatureinfluss, sodass sich ggf. Verschlussbügel und Mutter lockern. Hier ist »mit Gefühl« nachzuziehen, sodass die Verbindung gerade wieder fest wird.

Über schwere Schäden durch Dichtungsversagen wird im Abschn. 9.5.4 berichtet. Seit 1998 ist beim Einbau neuer Dichtungen darauf zu achten, dass sie mit einem Bauteilkennzeichen nach dem VdTÜV-Merkblatt »Dichtung 100« 03.98 versehen sind.

9.3.1.3 Wasserstände, Schaltwippen, Regelgeräte

Die Reparatur bzw. Auswechslung von Wasserstandsgläsern ist unter Beachtung der Einbauanweisungen des Herstellers ohne Schwierigkeiten vom Kesselwärter durchzuführen. Die Einspannvorrichtungen der Glasplatten sind immer gleichmäßig und über Kreuz anzuziehen.

Das Auswechseln absperrbarer außen liegender Geräte ist problemlos. Auf das gleiche Baumusterkennzeichen ist zu achten, sonst muss der zuständige Sachverständige vor dem Einbau eingeschaltet werden. Nach Auswechseln der Geräte sind die Schaltpunkte zu kontrollieren bzw. einzujustieren.

Innen liegende Begrenzer (Schwimmer oder Elektroden) können nur im drucklosen Zustand ausgebaut werden. **Achtung:** Beim Auswechseln der Geräte sollten nur noch Elektroden-Wasserstandsbegrenzer »besonderer Bauart« eingesetzt werden. Die Elektrodenlänge ist dem Kesseltyp anzupassen. Bei Einbau neuer Wasserstandsbegrenzer ist der Sachverständige zu benachrichtigen, damit der Schaltpunkt kontrolliert wird.

Defekte Schaltwippen können ausgewechselt werden, nachdem die Anlage stromlos geschaltet wurde. Bei Wasserstandsreglern mit mehreren Schaltkontakten ist sorgfältig auf die Kennzeichnung der Anschlussdrähte zu achten (ggf. mit beschriftetem Klebestreifen versehen).

Bei Anlagen mit vorgeschriebenen Druck- bzw. Temperaturbegrenzern (z. B. bei Betrieb ohne ständige Beaufsichtigung – TRD 604) ist nach Auswechslung der Sachverständige zu benachrichtigen, weil der Schaltpunkt kontrolliert werden muss.

9.3.2 Reparaturen durch den Fachmann

9.3.2.1 Wasserstandsregler und -begrenzer (Neueinbau)

Der nachträgliche Einbau erfordert einen Fachmann. Der günstigste Einbauort, jeweils passend für Gerät und Kesseltyp, ist festzulegen. Bei innen liegenden Geräten ist der Einbau des

Schutzrohres und bei außen liegenden Geräten die Einschweißung der Verbindungsleitungen erforderlich. Der sachgemäße Einbau ist durch die Technische Überwachungs Organisation bzw. die Zugelassene Überwachungsstelle zu überprüfen.

9.3.2.2 Schweißarbeiten

Schweißarbeiten, auch Einschweißen von Stutzen, darf nur ein geprüfter Kesselschweißer (TRD 201) durchführen. Die Schweißungen und die Qualität der verwendeten Werkstoffe sind dem Sachverständigen in Übereinstimmung mit der geprüften Zeichnung durch Kennzeichnung – z. B. Stempelung – nachzuweisen. Die Dichtheit der Schweißnähte wird durch eine Wasserdruckprüfung festgestellt.

9.3.2.3 Elektrische Einrichtungen

Der nachträgliche Einbau von Regel- und Begrenzungseinrichtungen bedingt einen Eingriff in die elektrische Sicherheitskette. Hierbei sind zu beachten:
 Arbeiten an elektrischen Einrichtungen in Kesselhäusern sind nur von zugelassenen Elektroinstallateuren unter Beachtung der VDE-Vorschriften (insbesondere DIN VDE 0100 für feuchte Räume) durchführen zu lassen. Weiter sind eventuelle Änderungen der E-Schaltpläne bei Dampfkesseln erlaubnispflichtig, da der Stromlaufplan Bestandteil des Erlaubnisbescheides ist. Es ist vorher ein Stromlaufplan für die Änderung der E-Anlage dem zuständigen Sachverständigen zur Prüfung einzureichen.

9.3.3 Reparaturen durch den Hersteller bzw. durch einschlägige Fachfirmen

9.3.3.1 Schweißer- und Verfahrensprüfung

Alle Firmen, die Schweißarbeiten an Dampfkesseln vornehmen, gleichgültig ob im Herstellerwerk oder auf der Baustelle bzw. bei Reparaturen, müssen ihre »Eignung« nachweisen. Diese Richtlinien sind unter anderem in der TRD 201 festgelegt. Hier heißt es, dass Werke, die Schweißarbeiten an Dampfkesseln (auch Ausbesserungsschweißungen) durchführen wollen, dem Sachverständigen nachweisen müssen, ob sie folgende Bedingungen erfüllen:
1. Sie müssen über sachkundiges Schweißaufsichtspersonal und über Einrichtungen verfügen, um Schweißarbeite einwandfrei ausführen zu können. Der Nachweis ist durch eine Verfahrensprüfung zu erbringen.[1]
2. Die Werke dürfen nur geprüfte Schweißer einsetzen.[2]

9.3.3.2 Reparaturen von Konstruktionsteilen

Bei überwachungsbedürftigen Anlagen ist vorher der zuständige Sachverständige einzuschalten, damit Art und Umfang der Reparatur genau festgelegt werden kann. Reparatur von Konstruktionsteilen bedeutet, dass es sich hier um wesentliche Bauelemente handelt, z. B. Erneuerung eines eingebeulten Flammrohres, Einsetzen eines Mantelflickens in einem Bereich mit starken Korrosionen oder Erneuern eines rissigen Überhitzersammlers ggf. mit anschließendem Glühen der »Baustellennähte«. Diese Arbeiten erfordern entsprechende Erfahrungen und Einrichtungen, um auch unter erschwerten Baustellenbedingungen eine Reparatur durchführen zu können.

---

[1] Siehe die »Richtlinien für die Verfahrensprüfung«. Diese Richtlinien finden sich im Anhang zur TRD 201 (Anlage 1). Sie treffen Festlegungen über die erforderlichen Werkseinrichtungen, über Probeschweißungen, Zahl und Art der Probestücke und über die Anforderungen an die Proben.
[2] Siehe die »Richtlinien für die Prüfung und Überwachung von Kesselschweißern«. Diese Richtlinien befinden sich in der Anlage 2 zur TRD 201 und legen fest, wer Kesselschweißer ausbilden und wer Schweißer prüfen darf. Die Prüfung selbst erfolgt nach DIN EN 287 Teil 1 »Prüfung von Schweißern, Schmelzschweißen«.

9.4 Störungen

Die Wahrung der Sicherheit einer Kesselanlage und die Vermeidung von Schäden ist im Störfall die wichtigste Aufgabe des Bedienungspersonals. Rechtzeitiges Abstellen der Anlage, bevor ernsthafte Schädigungen eintreten, verursacht immer den geringsten Betriebsausfall. In den Tafeln 9.7 bis 9.13 werden Betriebsstörungen, deren Ursachen und ihre Beseitigung aufgeführt.

Die Angaben sind allgemeine Anhaltspunkte; für anlagenspezifische Probleme sind ggf. weitergehende Erläuterungen des Herstellers heranzuziehen. Wenn die Anlage z. B. für die gleichzeitige Verfeuerung verschiedener Brennstoffarten gebaut ist oder bei einer Wirbelschichtfeuerung das große Wärmepotenzial des heißen Sandes zu berücksichtigen ist, erfordert dies die Auflistung der denkbaren Störungen und der zugehörigen Abhilfen.

Tafel 9.7: Wasserseitige Störungen, Ursachen und Beseitigung

Störungen bzw. beobachtete Unregelmäßigkeiten	Ursache	Abhilfe
Wasserstand fällt trotz laufender Speisepumpe	1. Pumpenförderleistung nicht ausreichend	1.1. Zweite Speiseeinrichtung in Betrieb nehmen. Erste Pumpe überholen.
		1.2. Wenn nur eine Pumpe vorhanden, mit reduzierter Dampfentnahme fahren und bei Stillstand umgehend Pumpe überholen oder auswechseln
		In beiden Fällen ist eine ständige Beaufsichtigung erforderlich.
	2. Undichtes Abschlammventil	2.1. Abschlammautomat mit Reserveventilverschluss schließen
		2.2 Reduzierte Dampfentnahme bis zur Überholungsmöglichkeit. Eine ständige Beaufsichtigung ist notwendig.
Feuerung schaltet über Wasserstandsbegrenzer ab	1. Speisepumpe hat durch Überstromauslöser abgeschaltet	Pumpe wieder in Betrieb nehmen. Bei Wiederholung Ursache ermitteln
	2. Speisepumpe läuft nicht, da Regler nicht umschaltet	2.1 Schlamm im Schwimmergehäuse ausblasen
Störungen bzw. beobachtete Unregelmäßigkeiten	Ursache	Abhilfe
		2.2 Schaltwippen kontrollieren
und gleichzeitig starke Schwankungen des Wasserstandes im Schauglas	3. Kessel schäumt	Die Ursache (Öl, Fett, Salz) ist vor Wiederinbetriebnahme auf alle Fälle zu beseitigen. Absalzen nach Abschn. 9.1.6.6 ist notwendig
Im Wasserstandsglas steht über dem Wasserstand eine Öl- oder	Fetteinbruch (Überhitzungsgefahr für Heizflächen gegeben)	1. Kondensat bis zur Abdichtung der Einbruchstelle von Öl bzw.

Fettsäule		Fett nicht mehr einspeisen
		2. Kessel umgehend außer Betrieb nehmen und reinigen
Dampfaustritt am Schornstein ohne Geräuscherscheinungen am Kessel	Kesselschaden kleineren Ausmaßes mit Dampf- bzw. Heißwasseraustritt in den Feuerraum	So schnell wie möglich die Feuerung abstellen und Instandsetzungsarbeiten einleiten
Bei Heißwasseranlagen: a) Wasserschläge im Netz	1. Netztemperatur zu hoch (nahe Sattdampfpunkt)	1. Temperatur absenken. Sicherheitseinrichtungen gegen Temperaturüberschreitung (nach TRD 402) sofort überprüfen lassen
	2. oder Netzdruck zu niedrig, daher Verdampfung z. B. auf der Saugseite der Pumpe	2. Netzdruck erhöhen, sofern nicht eine Außerbetriebnahme notwendig ist (z. B. bei nicht zu beseitigenden Undichtheiten größerer Art). Sicherheitseinrichtung gegen Druckunterschreitung (bei Fremddruckanlagen nach TRD 402 vorgeschrieben) sofort überprüfen lassen
b) Knackende und knisternde Geräusche in der Heißwasseranlage	1. Betriebstemperatur zu hoch (nahe Sattdampfpunkt)	1. Temperatur absenken (siehe vorstehende Nummer 1)
	2. oder Betriebsdruck zu niedrig, daher Verdampfung z. B. auf der Saugseite der Pumpe	2. Betriebsdruck erhöhen (siehe vorstehende Nummer 2)
c) Knallende Geräusche beim Zuschalten des Kessels auf das Netz	1. Vorlauftemperatur zu hoch	1. Bessere Temperaturangleichungen, im Übrigen siehe vorstehende Ausführungen
	2. Rücklaufbeimischung arbeitet nicht richtig	2. Rücklaufbeimischung von Fachfirma überprüfen lassen
		Bei Schäden immer den Betriebsleiter, den zuständigen Sachverständigen und die Gewerbeaufsichtsbehörde verständigen

Tafel 9.8: Störungen an Ölfeuerungen, Ursachen und Beseitigung

Störungen bzw. beobachtete Unregelmäßigkeiten	Ursache	Abhilfe
1. Beim Einschalten des Hauptschalters liegt Steuerspannung nicht an bzw. Relais fällt wieder ab	1. Not-Ausschalter am Fluchtweg nicht entriegelt	Entriegeln
	2. Steuersicherung defekt	Sicherung austauschen
	3. Steuerspannung steht nicht an	Vorgeschaltetes Relais auswechseln lassen
2. Automatikprogramm läuft nicht an (trotz vorhandener Steuerspannung)	Stromkreissicherheitskette unterbrochen durch:	
	1. Endschalter Abgasklappe	Klappe öffnen bzw. Schalterfunktion sicherstellen
	2. Wasserstandsbegrenzer	2.1 Mechanische Funktion sicherstellen
		2.2 Ggf. Schaltwippen auswechseln, Regler überprüfen lassen
	3. Endschalter der Absperrventile für Wasserstandsbegrenzer	Ventile öffnen bzw. Schalterfunktion sicherstellen
	4. Druckbegrenzer, Temperaturbegrenzer, Druckabfallsicherung	Funktion sicherstellen, Regler überprüfen lassen
3. Keine Zündung	1. Zündelektroden kurzgeschlossen	Einstellung nach Herstellerangabe
	2. Zündelektroden zu weit auseinander	Einstellung nach Herstellerangabe
	3. Elektroden verschmutzt und feucht	Reinigen
	4. Isolierkörper gerissen	Austauschen
	5. Zündtrafo defekt	Austauschen
	6. Zündkabel verschmort	Austauschen, Ursache suchen und beseitigen
	7. Fotowiderstand defekt	Austauschen
	8. Feuerungsautomat defekt	Austauschen darauf achten, dass ein Gerät mit passender DIN-Registernummer eingebaut wird
	9. Öltemperatur zu niedrig (nur bei Heizöl S)	Ausreichende Öltemperatur sicherstellen

Störungen bzw. beobachtete Unregelmäßigkeiten	Ursache	Abhilfe
4. Brennermotor läuft nicht	1. Kondensator defekt	Austauschen
	2. Lager festgelaufen	Gut ölen, von Hand durchdrehen; ein- bis zweimal im Jahr mit harz- u. säurefreiem Öl schmieren, bei schwererem Schaden Austausch veranlassen
	3. Motor defekt	Austauschen lassen
5. Brennermotor läuft an, nach der Vorbelüftung erfolgt Störabschaltung durch Luftmangel	1. Gebläserad oder Lufteintrittsöffnung verschmutzt	Reinigen (bei jedem Wartungsdienst erforderlich)
	2. Luftregelklappe verstellt	Nach Herstellerangabe einstellen
	3. Druckwächter defekt	Austauschen lassen
	4. Messleitung vom Druckwächter verschmutzt	Reinigen
	5. Druckwächterkontakt falsch eingestellt	Mit U-Rohr nach Herstellerangabe einstellen
6. Pumpe fördert kein Öl bzw. macht starke Geräusche	1. Filter verschmutzt	Reinigen
	2. Filter undicht	Austauschen und Schmutz aus den nachfolgenden Anlagenteilen entfernen
	3. Absperrventil geschlossen	Öffnen
	4. Saugleitung nicht entlüftet	Über den Manometeranschluss der Pumpe oder – falls vorhanden – mit der Entlüftungseinrichtung entlüften
	5. Saugventil undicht	Reinigen oder austauschen lassen
	6. Saugleitung undicht	Verschraubung anziehen oder Dichtung wechseln
	7. Getriebe beschädigt	Austauschen lassen
7. Schlechte Verbrennung und/oder ungleichmäßige Zerstäubung	1. Zerstäubungsdruck zu niedrig	Pumpendruck nach Herstellerangaben nachregulieren
	2. Düse ausgewaschen	Austauschen, dabei darauf achten, dass eine Düse mit gleichen Daten eingebaut wird
	3. Bohrung teilweise verstopft	Düse ausbauen und reinigen (zweckmäßig mit Druckluft)
	4. Stauscheibe locker oder verschoben	Nach Herstellerangabe einstellen und sicher befestigen

Störungen bzw. beobachtete Unregelmäßigkeiten	Ursache	Abhilfe
	5. Luftmangel	Luftwege reinigen, Einstellung von Klappen und dergleichen überprüfen und ggf. berichtigen
	6. Öltemperatur zu hoch (bei Heizöl S)	Temperaturkontrolle der Vorwärmung (siehe TRD 411) überprüfen lassen
8. Flamme erlischt nach der Zündung	1. Flammenwächter verschmutzt	Reinigen
	2. Flamme zu schwach	Brennstoffmenge nachregulieren
	3. Kabelbruch Flammenwächter	Kabel erneuern
	4. Öltemperatur zu niedrig (nur bei Heizöl S)	Ausreichende Öltemperatur sicherstellen
9. Koksansatz am Brenner	1. Falsche Einstellung der Brennerdaten	Einstellmaße korrigieren (siehe auch vorausgegangene Ausführungen)
	2. Zu lange Zeitabstände für regelmäßige Wartung	Brenner neu einregulieren. Veranlassen, dass Wartungsintervalle verkürzt werden
	3. Heizraum nicht ausreichend belüftet	Ausreichende Zuluft sicherstellen, dabei überprüfen, ob die Genehmigungs- und Erlaubnisbedingungen der Bau- und der Gewerbeaufsicht noch erfüllt sind
10. Magnetventil öffnet nicht	1. Spule defekt	Austauschen lassen
	2. Steuergerät defekt	Austauschen lassen, siehe dabei Nummer 3 Punkt 8
11. Magnetventil schließt nicht	Schmutzpartikel in den Dichtflächen	Ventil öffnen und reinigen lassen
12. Schlechte Verbrennung bei Schweröl	Öltemperatur zu hoch oder zu niedrig	Temperatur entspr. der geforderten Viskosität einregulieren und Temperaturkontrolle der Vorwärmung (s. TRD 411) überprüfen lassen

Tafel 9.9: Störungen an Gasfeuerungen, Ursachen und Beseitigung

Störungen bzw. beobachtete Unregelmäßigkeiten	Ursache	Beseitigung
Hier gelten die Punkte 1–5 und 11 der Tafel 9.8 analog. Darüber hinaus gilt Folgendes:		
1. Brennermotor läuft an, Zündung ist in Ordnung, nach kurzer Zeit Störabschaltung durch Gasmangel	1. Hauptabsperrung nicht richtig geöffnet	Öffnen
	2. verschmutztes Filter	Filter reinigen
	3. Gasmangelsicherung zu hoch eingestellt, sodass Druckabfall beim Öffnen des Magnetventils zur Abschaltung führt	Nach Herstellerangabe nachregulieren
	4. Gasdruckregler arbeitet nicht	Überholen, wenn Regler zur Kesselanlage gehört, sonst GVU benachrichtigen
2. Brenner läuft an, zündet nicht und bleibt je nach Fabrikat auf Dauerlüftung oder es folgt Störabschaltung	Dichtheitskontrolle der Magnetventile vor Brenner verläuft negativ	1. Undichtheiten an den Magnetventilen beseitigen lassen
		2. Elekrische Funktion der Magnetventile sicherstellen lassen
		3. Druckfühler erneuern lassen
3. Brennermotor läuft an, Zündung ist hörbar, normale Flammenbildung, dann Störabschaltung der Ionisationsflammenüberwachung	1. Zündung beeinflusst Ionisationsstrom zu stark	Auf Zündtrafo-Primärseite Phase und Mp wechseln – Funkenstrecke verkleinern
	2. Ionisationsstrom schwankend, zu niedrig	Lage der Fühlerelektrode verändern, eventuell hohen Übergangswiderstand in Ionisationsleitung und Klemmen beseitigen (Klemmen anziehen)
	3. Gas-Luft-Gemisch nicht in Ordnung	Nach Herstellerangabe neu einregulieren
	4. Ionisation ist ohne den verstärkenden Einfluss des Zündstromes zu gering (Störabschaltung erst nach Ausschaltung der Zündung)	Auf Zündtrafo-Primärseite Phase und Mp wechseln, eventuell Gas-Luft-Gemischeinstellung ändern
4. Störabschaltung nach Flammenbildung bei UV-Flammenüberwachung	1. UV-Zelle verschmutzt	Reinigen
	2. Belichtung zu schwach	Verbrennungseinstellung nachregulieren
	3. UV-Zelle defekt	Austauschen, dabei darauf achten, dass wieder ein geeignetes Gerät mit DIN-/DVGW-Registernummer verwendet wird

Instandhaltung, Störungen, Schäden

Tafel 9.10: Störungen an Kohlefeuerungen, Ursachen und Beseitigung

Störungen bzw. beobachtete Unregelmäßigkeiten	Ursache	Abhilfe
1. Qualmendes Feuer	1. Feuerraumtemperatur zu niedrig	Brennstoffaufgabe verringern
	2. Luftmangel	2.1 Gebläseleistung erhöhen
		2.2 Schichtdicke erniedrigen
2. Kessel kommt nicht auf Leistung (Luftüberschuss zu hoch)	1. Schichtdicke zu niedrig	Aufgabe erhöhen
	2. Körnung zu groß	Brennstoff durch Mischen verbessern
3. Schlackenester auf dem Rost	ungleichmäßige Schichtdicke	Rost reinigen und bei etwas größerem Luftüberschuss und damit niedrigerer Feuerraumtemperatur für gleichmäßige Schichtdicke sorgen
4. Zündung reißt ab	1. Rostvorschub zu groß	Verlangsamen
	2. Wechsel auf gasreiche Kohle	Kohle mischen
	3. Kohle zu nass	Trocknung durch höhere Feuerraumtemperatur beschleunigen. Luftüberschuss verringern
5. Unverbrannte Kohle im Aschefall	1. Rostvorschub zu groß	Verlangsamen
	2. Körnung zu klein	Brennstoff wechseln
	3. ungenügende Luftzufuhr bzw. schlechte Luftverteilung	Luftzuteilung dem Abbrand anpassen
6. Feuerung brennt in Aufgabe zurück	1. Rostvorschub zu langsam	Erhöhen
	2. Brennstoffschicht zu niedrig	Erhöhen
	3. Feuerraum-Unterdruck zu gering	rauchgasseitiger Widerstand zu hoch
		Saugzuggebläseleistung zu gering

Tafel 9.11: Störungen an Kohlenstaubfeuerungen, Ursachen und Beseitigung

Störungen bzw. beobachtete Unregelmäßigkeiten	Ursache	Abhilfe
a) bei trockener Entaschung		
1. Schlackeverflüssigung an den Feuerraumwänden	1. zu hohe Feuerraumtemperatur	1.1 Luftüberschuss erhöhen
		1.2 Leistung verringern
	2. Kohle mit zu tiefem Ascheschmelzpunkt	Kohle verschneiden
2. Verkleben von Nachschaltheizflächen	1. Kohle mit zu tiefem Ascheschmelzpunkt	Kohle verschneiden
	2. Ausmahlung zu grob (Ausbrennverzögerung)	Ausmahlung verfeinern
3. Starker Flugascheanteil	Ausmahlung zu fein	Ausmahlung vergröbern
4. Schlechte Zündung	1. Ausmahlung zu grob	1.1 Ausmahlung verfeinern
		1.2 Mühle überholen
	2. schlechte Trocknung	Sichtertemperatur erhöhen
	3. Feuerraumtemperatur zu niedrig	3.1 Kesselbelastung erhöhen
		3.2 Luftüberschuss reduzieren
		3.3 Stützfeuer in Betrieb nehmen
5. Mühlenausfall	Kohledurchsatz wird durch abgenutztes Mahlwerk nicht mehr verkraftet	Mahlwerk überholen bzw. auswechseln
b) Schmelzfeuerung		
6. Zäher Schlackenfluss	Feuerraumtemperatur zu niedrig	1. Kesselbelastung erhöhen
		2. Luftüberschuss verringern
		3. Bei Stillstand Stampfmasse der Schmelzkammer überprüfen
7. Sprühender Schlackenstrahl	O_2-Mangel (reduzierende Atmosphäre, Sauerstoff wird aus Eisenoxid herausgeholt)	Luftüberschuss erhöhen

Tafel 9.12: Störungen an Holz-Einblasefeuerungen, Ursachen und Beseitigung

Störungen bzw. beobachtete Unregelmäßigkeiten	Ursache	Abhilfe
Für einen Zündbrenner gelten zusätzlich alle Punkte der Tafel 9.8 bzw. 9.9 (Öl- bzw. Gasbrenner)		
1. Späneeinblasung lässt sich nicht in Betrieb nehmen bzw. geht nicht selbsttätig in Betrieb	1. Zünd- bzw. Stützbrenner nicht in Betrieb	In Betrieb nehmen oder für ausreichendes Grundfeuer von Hand sorgen
	2. Austragevorrichtung am Brennstofflagerraum verstopft oder blockiert	Frei machen
	3. Fördergebläse steht	In Betrieb nehmen
	4. Verbrennungsluftgebläse steht	In Betrieb nehmen
	5. Saugzuggebläse steht	In Betrieb nehmen
	6. Absperreinrichtung im Rauchgasweg zu	Öffnen
	7. Gefahrenschalter aus	Einschalten
2. Brennstoffförderung fällt im Betrieb aus	1. Austragevorrichtung am Brennstofflagerraum verstopft oder blockiert	Frei machen
	2. Stützbrenner ausgefallen	In Betrieb nehmen
	3. Fördergebläse ausgefallen	In Betrieb nehmen
	4. Verbrennungsluftgebläse ausgefallen	In Betrieb nehmen
	5. Saugzug ausgefallen	In Betrieb nehmen

Tafel 9.13: Störungen an Müllfeuerungen, Ursachen und Beseitigung

Störungen bzw. beobachtete Unregelmäßigkeiten	Ursache	Abhilfe
1. Müll verbrennt auf dem Rost ungleich	stark unterschiedlicher Heizwert (Brenngeschwindigkeit)	Müll im Bunker besser mischen
2. Müll brennt in Aufgabeschacht zurück	leicht brennbarer Müll. Feuerraum-Unterdruck zu gering, rauchgasseitiger Widerstand zu hoch, Anbackungen an Heizfläche, Saugzuggebläseleistung zu gering	1. Rost- bzw. Walzengeschwindigkeit erhöhen 2. Saugzuggebläseleistung erhöhen 3. Heizflächen reinigen
3. CO-Gehalt steigt, O_2-Gehalt sinkt, Feuerraumtemperatur steigt	Müll mit gutem Brennverhalten und hohem Heizwert	1. Verbrennungsluftmenge erhöhen 2. Feuerungsleistung verringern
4. CO-Gehalt steigt, O_2-Gehalt steigt, Feuerraumtemperatur fällt	Müll mit schlechtem Brennverhalten und niedrigem Heizwert	1. Hubzahl der Aufgabevorrichtung drosseln 2. Eventuell Stützbrenner einschalten
5. Temperatur fällt unter 1123 K	1. schlechte Müllqualität	Zünden des Stützbrenners erforderlich
	2. unterschiedliche Rostbedeckung	2.1 Zünden des Stützbrenners erforderlich 2.2 Aufgabevorrichtung überprüfen
6. Temperatur steigt über 1335 K	Schlackeverflüssigung möglich, damit Verstopfungen an Rost und Walzen	Feuerungsleistung unverzüglich zurücknehmen

9.5 Schäden

9.5.1 Allgemeines

Schäden an Dampfkesseln und Rohrleitungen entstehen im Laufe der Betriebszeit durch konstruktive, werkstoff- oder fertigungstechnische bzw. betrieblich bedingte Ursachen. Wegen der möglichen Personengefährdung und der wirtschaftlichen Folgen muss im Rahmen der Verhältnismäßigkeit der Mittel alles getan werden, um Schäden zu verhindern. Nachstehend werden Einflussmöglichkeiten für Schadensursachen aufgeführt, wobei man davon ausgehen muss, dass häufig eine Verknüpfung oder Überlagerung verschiedener Einflüsse auftritt.

Werkstoffe:
Hier können die Ausgangsprodukte fehlerhaft sein oder es fehlt die Eignung für den Verwendungszweck, was wegen der bestehenden Qualitätsvorgaben relativ selten der Fall ist.
Bei Heißdampfbauteilen, die nach zeitabhängigen Festigkeitskennwerten ausgelegt sind, ist deren verbleibende »Lebensdauer« zu beachten.

Beanspruchung:
Die Wanddicken werden nach den Beanspruchungen durch Druck und Temperatur mithilfe der Regeln der Technik errechnet und festgelegt. Es können aber anlagebedingte Zusatzbeanspruchungen auftreten, die bei der Auslegung nicht erkannt werden konnten und später zum Schaden führen (z. B. durch zu schnelles An- und Abfahren).

Formgebung, Fertigung:
Bisweilen liegt die Schadensursache in der Formgebung des Bauteils. Bei der Gestaltung sind scharfkantige, schroffe Übergänge und rechnerisch nicht erfassbare Dehnungsbehinderungen sowie nicht spannungsgerecht gestaltete bzw. fehlerhafte Schweißverbindungen sehr nachteilig.

Betriebseinflüsse:
Sie führen am häufigsten zu Schäden. Hierunter sind der mit den Temperatur- und Drucklastwechseln einhergehende Werkstoffverschleiß, die Schäden durch Kühlungsmangel, z. B. bei Ausfall von Überwachungsgeräten, sowie die Folgen von Korrosion oder Erosion einzuordnen.
Auch Dehnungsbehinderungen von benachbarten, aber mit unterschiedlichen Temperaturen beanspruchten Bauteilen oder Überhitzungen von Rohren infolge Ablagerungen auf der Wasserseite führen häufig zu Ausfällen.
Selbst mechanische Ursachen, wie z. B. das Aushängen von Verbundreglergestängen, sind in der Schadensstatistik aufgeführt.
In einer Statistik der VdTÜV für die Jahre 1997–1998 wurden nennenswerte Schäden an Flammrohr-Rauchrohr- und an Wasserrohrkesseln hinsichtlich Trennungen, Verformungen und Abtragungen von Werkstoffen zusammengefasst. Von 142 Schäden waren
79 % Trennungen (Risse, Brüche),
 9 % Verformungen und
12 % Werkstoffabtragungen (Korrosion, Erosion)
zuzuordnen.
Aus früheren Erhebungen mit den Unterscheidungskriterien, Herstellungsfehler oder wartungs-/betriebsbedingter Schäden war ein hoher Anteil von 62 % auf mangelhafte Bedienung oder Wartung zurückzuführen.
Im Rest verbergen sich Konstruktions-, Herstellungs-, Werkstoff-, Planungs- und Auslegungsfehler.

Die Gruppe Bedienung und Wartung beinhaltet Probleme, wie sie beim An- und Abfahren, bei der Feuerführung, bei betriebsbedingten Überbeanspruchungen, Fehlschaltungen an Wasseraufbereitungsanlage u. a. entstehen können.
Demnach kann gerade der Kesselwärter durch gewissenhafte Beachtung der Betriebsvorschriften, durch überlegtes und verantwortungsbewusstes Handeln bei Störfällen entscheidend zur Vermeidung von Schäden beitragen. Nachstehend einige Hinweise, bei deren Beachtung die schädigenden Betriebseinflüsse verringert werden können.

1. An- und Abfahren der Anlage nach den gem. Betriebsanleitung zulässigen Temperaturänderungsgeschwindigkeiten.
Anhaltswerte für Anheizzeiten:

1.1. Für Dreizugkessel 60 bis 70 min bis zur Dampfbildung (373 °K) und dann mit einer Drucksteigerung von etwa 0,5 bar je Minute.

1.2. Bei Wasserrohrkesseln sind Temperatursteigerungen von etwa 6 K/min und Drucksteigerungen von etwa 1,5 bar/min Grenzwerte.

1.3. Schnelldampferzeuger (z. B. Zwangdurchlaufkessel) können mit voller Feuerungsleistung angefahren werden und erreichen oft innerhalb weniger Minuten den Betriebsdruck. Schonend ist das Anfahren mit Teillast.

2. Druck und Temperatur sollen stets in den zulässigen Grenzen gehalten werden.

3. Kühlungsmangel und Wärmestau durch Ablagerungen sind zu verhindern.

4. Alle Regler, Begrenzer und Anzeiger sind regelmäßig zu kontrollieren.

5. Korrosionen sind durch geeignete Wasseraufbereitungsmaßnahmen, bei Stillstand durch geeignete Konservierungen, zu verhindern.

Aus Bild 9.6 ist eine durch dehnungsinduzierte Risskorrosion aufgerissene Eckschweißnaht am Scheibenboden eines Flammrohr-Rauchrohrkessels zu ersehen. Infolge unsachgemäßer Reparatur eines Ankerrohres konnte sich der Boden verformen und ein Riss die Naht nach einer Anzahl Lastwechsel fast völlig durchdringen.
Schäden an Eckankern und an den Mantel-Boden-Verbindungen der Großwasserraumkessel konnten in den letzten Jahren durch erweiterte Prüfprogramme und Sanierungen verringert werden. So sieht die zwischen dem Fachverband Dampfkessel, Behälter- und Rohrleitungsbau (FDBR) e. V., der VGB, Technische Vereinigung der Großkraftwerksbetreiber e. V. und dem Verband der Technischen Überwachungsvereine (VdTÜV) e. V. ausgearbeitete Vereinbarung 1987/2 (Dampfkessel) »Richtlinie für ergänzende Prüfungen im Rahmen der wiederkehrenden inneren Prüfungen an Flammrohr-Rauchrohr-Kesseln oder ähnlichen Bauarten« für Großwasserraumkessel bei wiederkehrenden Prüfungen wahlweise eine Wasserdruckprüfung mit dem maximal möglichen Prüfüberdruck oder eine Ultraschallprüfung der gefährdeten Schweißnahtbereiche vor.
Zwischenzeitlich wurde auch in die TRD 503 »Prüfung vor Inbetriebnahme – Bauprüfung und Wasserdruckprüfung« und TRD 507 »Wiederkehrende Prüfung – Wasserdruckprüfung« für Großwasserraumkessel die Forderung nach einer Wasserdruckprüfung mit dem erhöhten Prüfüberdruck übernommen. Damit wird erreicht,

Instandhaltung, Störungen, Schäden

Bild 9.6: Aufgerissene Eckschweißnaht am Scheibenboden eines Flammrohr-Rauchrohr-Kessels. Infolge unsachgemäßer Reparatur eines Ankerrohres konnte sich der Boden verformen und ein Riss die Naht nach einer Anzahl Lastwechsel fast völlig durchdringen.

dass die festigkeitsmäßige Beanspruchung im kalten Zustand bei Prüfüberdruck höher ist, als die spätere Beanspruchung im warmen Betriebszustand.

Falls ein Schaden eintritt, ist unverzüglich die Betriebsleitung zu informieren (TRD 601 Blatt 2 Nr. 1.2). Die Betriebsleitung unterrichtet das zuständige Gewerbeaufsichtsamt. Das Gewerbeaufsichtsamt veranlasst die Untersuchung durch Sachverständige und schaltet bei Personenschäden zusätzlich die Kriminalpolizei und die Berufsgenossenschaft ein. Nach Feststellung der Schadensursache sind die ggf. erforderlichen Reparaturmaßnahmen mit dem Sachverständigen der Technischen Überwachungs-Organisation (TÜO), bzw. mit der »zugelassenen Überwachungsstelle« abzustimmen. Eine Übersicht über anlagentypische Kesselschäden gibt Tafel 9.14.

9.5.2 Schäden trotz geprüfter Ausrüstung

Bei der verbreiteten Ausrüstung der Anlagen mit elektronischen Bauteilen sowie durch redundante oder diversitäre Anordnung von sicherheitstechnisch wichtigen Betriebsmitteln kann heute weitestgehend zuverlässig der Ist-Stand einer Kesselanlage in der Warte oder am Schaltpult beurteilt werden.

Beim Betrieb ohne Beaufsichtigung führen »Geräte besonderer Bauart:«, teilweise zweifach angeordnet, zum Abschalten der Energiezufuhr, wenn Grenzwerte erreicht werden.

Wenn trotzdem Schäden zu verzeichnen sind, so liegt dies meist an solchen Abweichungen vom zulässigen Zustand, die mit den installierten Geräten nicht erfassbar sind.

Zunehmende Erosion oder Korrosion an Druckteilen, fortschreitende Risstiefe an einer Schweißverbindung, Ablagerung von Kohlenstaub in heißen Kanälen oder eine von der Flammenüberwachungseinrichtung nicht erkennbare Ansammlung brennfähiger Gase im Feuerraum, sind einige dieser Schadensursachen.

Auch hier wird offenbar, dass mit **zustandsorientierter Instandhaltung** oder bei betrieblichen Vorgängen durch erhöhte **Problemerkennbarkeit**, sei es durch Warngeräte oder durch aufmerksames Bedienungspersonal, mancher Schaden vermeidbar ist.

9.5.3 Wassermangel

Wassermangel bzw. mangelnde Wasser- oder Dampfdurchströmung beheizter Wandungen führt zu Übertemperaturen der nicht mehr genügend gekühlten Bauteile. Dadurch sinkt die Festigkeit des Werkstoffes und es kann zu Rohraufweitungen oder Flammrohreinbeulungen kommen. Dieser Vorgang geht so weit, dass die Bauteile an diesen Stellen aufreißen. Je größer der Riss, je höher der Dampfdruck und je größer der Wasserinhalt ist, umso schneller und heftiger dampft der Kessel aus. Im Extremfall erfolgt dies explosionsartig, mit verheerenden Wirkungen für die Umgebung. Über Ursachen wasserseitiger Störungen und deren Beseitigung gibt Tafel 9.7 Hinweise.

> Bei erkanntem Wassermangel muss der Kesselwärter ruhig und besonnen handeln.
> 1. Auf keinen Fall Wasser nachspeisen! (Dabei besteht die Gefahr der Rissbildung durch Abschrecken glühender Wandungsteile.)
> 2. Feuer aus, Kesseldruck langsam, z. B. über Anfahrventil, absenken.
> 3. In drucklosem Zustand Kesselwandungen auf Schäden überprüfen.
> 4. TÜO einschalten.

Bild 9.7 zeigt einen völlig aufgerissenen Dreizugkessel, dessen Flammrohr durch Wassermangel auf der ganzen Länge einbeulte. Risse, ausgehend von den Böden, führten zum Längsriss des Mantels. Durch die plötzliche Verdampfung des Heißwassers wurde auch das Kesselhaus völlig zerstört.

9.5.4 Flammrohrschäden trotz ausreichendem Wasserstand

In letzter Zeit ereigneten sich schwere Flammrohreinbeulungen, die von der Seite oder vom unteren Bereich des Flammrohres ausgingen. Die jüngsten Forschungen zeigen, dass bei Verwendung von speziellen Wasserkonditionierungsmitteln (Film bildende Amine) in Verbindung mit betrieblichen Einflüssen die Ableitung der Feuerungswärme auf der Wasserseite des Flammrohres behindert ist. In weniger als einer Minute erwärmt sich der Werkstoff dabei weit über das zulässige Maß. Bei Temperaturen über etwa 875 K reicht die Warmfestigkeit nicht mehr aus; das Flammrohr wird bei normalem Betriebsdruck eingebeult. Siehe hierzu auch Abschn. 5.3.6.5 und Bild 9.8.

Instandhaltung, Störungen, Schäden 667

Bild 9.7: Völlig aufgerissener Dreizug-Kessel, verursacht durch Wassermangel

Bild 9.8: Flammrohreinbeulung trotz ausreichendem Wasserstand und bei normalem Betriebsdruck

Tafel 9.14: Übersicht über anlagentypische Kesselschäden

Schadensbeschreibung	Schadensursache	Beseitigung der Schadensursache
1. Flammrohr-Rauchrohr-Kessel (z. B. in Dreizugbauweise)		
1.1 Flammrohreinbeulung (unter Umständen mit Aufreißen verbunden)	1. Wassermangel durch Versagen der Ausrüstung bzw. Kesselwartung	Wasserstandsregler und -begrenzer überholen und regelmäßig auf Funktion prüfen. Belehrung der Kesselwartung
	2. Kühlungsmangel durch Beläge	2.1 einwandfreie Wasseraufbereitung
		2.2 Vermeiden von Öl, Fett- und Härteeinbruch
	3. Kühlungsmangel durch Filmverdampfung, behinderte Wärmeableitung infolge veränderter Siedezustände, z. B. durch Film bildende Amine, siehe 9.5.4 und Bild 9.8	3.1 Verbesserung des Wasserumlaufes (nicht gegen geschlossene Schieber anfahren)
		3.2 Nur mit Teillast anfahren
		3.3 Kontrolle des Flammenbildes
		3.4 Überprüfung der Kesselwasserkonditionierung
1.2 Rissbildung im Flammrohr im vorderen Bereich	ungleichmäßige Verbrennung, Schrägbrennen, zu schnelles Anfahren	Gute Feuerführung bzw. Brennereinregulierung, Anfahren mit mittlerer Brennerstufe
1.3 Risse im Scheitel des Kesselmantels zwischen Boden und Mantel bei Kesseln mit nicht gekrempten ebenen Böden	Spannungsrisskorrosion begünstigt durch ungünstige Konstruktion und häufiges und zu schnelles Anfahren aus dem kalten Zustand, ungünstige Schweißnahtausbildung, Einbrandkerben	Spannungsabbau sowie Verbesserung der Schweißnaht nur in Abstimmung mit der TÜO. Langsames Anfahren aus dem kalten Zustand
1.4 Risse an den Einschweißungen des Flammrohres in den vorderen Böden in die Wendekammer sowie Risse an den Ecknähten der Wendekammer oder den Ankerrohreinschweißungen Wendekammer/hinterer Boden	Spannungsrisskorrosion begünstigt durch örtliche Spannungsspitzen, zu schnelles Anfahren aus dem kalten Zustand; bei Heißwasserkesseln zu große Spreizung zwischen Vorlauf- und Rücklauftemperatur; bei kleineren Kesseln zu häufiges Ein- und Ausschalten des Brenners (z. B bei Schwachlast).	Spannungsabbau nur in Abstimmung mit der TÜO. Langsames Anfahren, Spreizung vermindern, Lastregelung optimieren und Schwachlast vermeiden (wenn vorhanden, kleineren Kessel einschalten)
1.5 Anrisse im Eckankerbereich	örtliche Spannungsspitzen durch zu starre Ausführung der Eckanker	Änderung der Anker auf spannungsgerechte Form (nur in Abstimmung mit der TÜO)
1.6 Risse an den Enden von aufgesetzten Versteifungen an ebenen Wandungen (Spinnen oder Rippen)	örtliche Spannungsspitzen durch starre Ausführung	Spannungsabbau durch Vermeidung schroffer Übergänge (nur in Abstimmung mit der TÜO)

Instandhaltung, Störungen, Schäden

Schadensbeschreibung	Schadensursache	Beseitigung der Schadensursache
1.7 Rissbildung in dem Rohrboden der hinteren Wendekammer im Bereich der Rauchrohreintritte zum 2. Zug	1. thermische Überlastung hauptsächlich bei nicht leuchtender Gasflamme oder zu hoher Wärmebelastung 2. nicht ausreichende Schweißnahtgüte	1.1 Abschleifen der eventuell vorhandenen Rohrüberstände 1.2 Schutz der Rohreintritte mit Keramikhülsen 1.3 Abdecken des Rohrbodens durch Stampfmasse 1.4 Einschweißen einer Rohrplatte mit geringerer Wanddicke (besserer Wärmedurchgang) 1.5 Einschweißen der Rauchrohre mit Tulpennaht
1.8 Wasserseitige Korrosionen, hauptsächlich Rauchrohrbereich	zu hoher O_2- bzw. CO_2-Gehalt des Wassers	chemische oder thermische Entgasung des Speisewassers, bei Stillstand: Konservierung
1.9 Korrosionen	Stillstand	Konservierung vor langem Stillstand

2. Wasserrohrkessel – Strahlungskessel

Schadensbeschreibung	Schadensursache	Beseitigung der Schadensursache
2.1 Querrisse an Vierkant-Rostkühlbalken	1. Rissbildung durch thermische Überbeanspruchung 2. Entkohlung des Werkstoffes durch reduzierende Atmosphäre	Ausführung als runder Sammler mit geringeren Wanddicken bessere Feuerführung, Vermeiden von CO im Rauchgas
2.2 Erosionen an Verdampferrohren von Berührungsheizflächen, vorwiegend im Bereich der Umlenkungen	hohe Gehalte an Staub und Flugasche, bei Braunkohlen- oder Müllfeuerungen sowie besonders bei Wirbelschichtfeuerungen	1. Einbau von Prallblechen in die Umlenkungen, um gleichmäßigere Verteilung der Feststoffe zu erreichen 2. Schutz der hauptsächlich beanspruchten Teile durch Anbringung von Rohrhalbschalen o. Ä.
2.3 Überhitzerrohrschlangen hängen durch, sind verzundert oder aufgeweitet	Überhitzung durch 1. zu geringe Durchströmung 2. Ablagerungen auf der Dampfseite von Neutralsalzen aus Kesselwasser	1. Feuerleistung beim Trockenanfahren beachten 2. Herabsetzen der Kesselwasserdichte durch regelmäßiges Absalzen, stoßweise Dampfentnahme vermeiden
2.4 Rauchgasseitige Korrosion der Überhitzerrohre	Hochtemperaturkorrosion unter Schlackebelag	stark abhängig von der Zusammensetzung des Brennstoffes (auch bei Öl), Wandtemperatur reduzieren
2.5 Rauchgasseitige Korrosion der Feuerraumrohre bei kohle- und müllbefeuerten Kesseln	Korrosion durch reduzierende Atmosphäre, Chlorkorrosion aus dem Plastikanteil des Mülls	ausreichende Luftzugabe an den Schadenstellen, Rohre bestampfen, korrosionsbeständige Auftragsschweißung

Schadensbeschreibung	Schadensursache	Beseitigung der Schadensursache
2.6 Rauchgasseitige Korrosionen, insbesondere am Kesselende	Verfeuerung von schwefelhaltigen Brennstoffen, Unterschreiten des Säuretaupunktes	Erhöhen der Heizflächentemperaturen, Einblasen von Dolomit
2.7 Innenkorrosionen, Aufweitungen und ggf. Rohrreißer an Verdampferrohren	1. Überhöhte Rohrwandtemperatur durch Filmverdampfung aufgrund sehr hoher Wärmebelastung (Wasserumlaufstörungen)	1.1 Erhöhung der durchströmenden Wassermenge 1.2 Reduzierung der Feuerungsleistung 1.3 Vermeidung kurzzeitig überhöhter Dampfentnahme
	2. Wärmestau durch wasserseitige Beläge	Verbesserung der Speisewasserqualität
	3. Bei La-Mont-Kesseln Kühlungsmangel durch verstopfte Düsen	3.1 Kessel reinigen, ggf. beizen 3.2 Speisewasserqualität verbessern
2.8 Wasserseitige Risse an den Bohrlochkanten der Trommeln	Spannungsrisskorrosion begünstigt durch die hier vorliegenden Spannungsspitzen und durch zu schnelles An- und Abfahren	Abrunden der Bohrlochkanten (nur in Abstimmung mit der TÜO), An- und Abfahrgeschwindigkeit vermindern
2.9 Von außen ausgehende Risse an Heißdampfbauteilen meist neben, selten in der Schweißnaht	Zeitstandschäden begünstigt durch konstruktionsbedingte Spannungsspitzen, ungünstige Schweißnahtausführung, zu schnelles An- und Abfahren, schadhafte Aufhängungen	Beseitigung der Ursache mit TÜO abstimmen, An- und Abfahrgeschwindigkeit vermindern
2.10 Risse auf der Innenseite von Heißdampfbauteilen (besonders in der ZÜ)	Zeitstandschäden hervorgerufen durch die spannungserhöhende Wirkung von Wasserbeaufschlagung nach Einspritzungen (beim Heißstart oder bei Lastwechseln). Auch an Einmündungen von Anfahrleitungen, Messleitungen und dergleichen (hier vor allem Thermoschockrisse)	Abhilfemaßnahmen mit Hersteller und TÜO abstimmen. Einspritzdüsen erneuern, Einspritzregelung verbessern, nicht durchströmte Leitungen während des Betriebes warm halten, schroffe Temperaturänderungen vermeiden

9.5.5 Verpuffungen

Verpuffungen im Feuerraum führen besonders bei Wasserrohrkesseln oft zu größeren Schäden bis zur Zerstörung der gesamten Kesselanlage. Verpuffungen entstehen, wenn sich unverbrannte Gase ansammeln, mit Luft ein explosionsfähiges Gemisch bilden und dann eine Zündquelle vorfinden. Als Beispiel sei ein Schaden an einem Flammrohr-Rauchrohr-Kessel angeführt:

Ein Druckzerstäuber verfeuert Heizöl EL, das dem Brenner über eine Ringleitung mit 0,5 bar Vordruck zugeführt wird. Bei einer Regelabschaltung klemmte sich eine Schweißperle aus der Brennstoffleitung unter dem Ventilkegel des Magnetventils fest, sodass durch den Vordruck aus der Ringleitung ständig Heizöl in das heiße Flammrohr gedrückt wurde. Das Öl verdampfte teilweise bzw. stand in den Wellentälern im vorderen Drittel des Flammrohres. Der Wiederanlauf des Brenners führte bei der Zündung zur Verpuffung. Der Fuchs und die Ausmauerung der hinteren Wendekammer wurden zerstört. Der Kesseldruckkörper blieb unbeschädigt. Der Kesselwärter wurde durch die herausgerissene Explosionsklappe verletzt.

Zur Beseitigung der Ursache wurde ein zusätzliches Magnetventil und ein Brennstoff-Feinfilter in die Ölleitung eingebaut (TRD 411 schreibt heute grundsätzlich zwei Sicherheitsabsperreinrichtungen vor). Wesentlich schlimmere Auswirkungen hätte dieser Vorfall haben können, wenn der Kesselkörper beschädigt worden und somit auch die dort gespeicherte Wärmeenergie frei geworden wäre.

Verpuffungen sind bei Wasserrohrkesseln mit den großflächigen Rohrwänden folgenschwerer, da bereits geringe Überdrücke zum Ausbeulen der Wände und zum Aufreißen von Rohren führen können. Der Kesselwärter hat bei der Feuerführung und besonders beim Anfahren der Anlagen darauf zu achten, dass keine Verpuffungsgefahr besteht.

Wichtig ist:
Feuerzüge vor Brennstoffeinleitung gut durchlüften, Schwelfeuer mit CO-Bildung vermeiden, indem die Verbrennungsluftzufuhr entsprechend gesteigert wird.

Kohlestaub-, Holzstaub-, Öl- und Gaszufuhr sind bei **Ausbleiben der Zündung sofort zu unterbrechen und es ist erneut ausreichend vorzulüften.** Keinesfalls mehr als 3 Zündversuche hintereinander einleiten, da sonst akute Verpuffungsgefahr gegeben ist.

9.5.6 Konstruktionsfehler

Auf Schaden auslösende Konstruktionsfehler hat der Kesselwärter kaum Einfluss. Beispiele von Konstruktionsfehlern nennt Tafel 9.14. Wenn z. B. bei Flammrohr-Rauchrohr-Kesseln noch Eckanker in starrer Ausführung vorhanden sein sollten oder die Rauchrohre des 2. Zuges in der hinteren Wendekammer mit Überstand eingeschweißt sind, sollte der Kesselhersteller eingeschaltet werden. Das Gleiche gilt, wenn z. B. eine Sammlerentwässerungsleitung aufgrund von Dehnungsbehinderung einreißt und mit spannungsfreier Leitungsführung neu verlegt werden muss.

9.5.7 Fertigungsfehler

Für Fertigungsfehler gilt sinngemäß das Gleiche wie unter Abschn. 9.5.6. Schaden auslösende Momente sind hier Fehler, die bei Verarbeitung der Werkstoffe in das Bauteil gebracht werden. Aber auch Werkstoffverwechslungen, Einbrandkerben einer Schweißnaht werden später Ausgangspunkt von Rissen. Unterlassene Vorwärmung höherlegierter Werkstoffe vor dem Schweißen mit dadurch bedingten Aufhärtungen durch zu schnelle Wärmeabfuhr aus der Schweißwärme führt zur Rissanfälligkeit. Fertigungsfehler können sowohl im Herstellerwerk als auch bei Reparaturen am Aufstellungsort auftreten. Nach Abschn. 9.5.1 haben sie einen relativ geringen Anteil an der Gesamtsumme der Schäden.

9.5.8 Armaturen und Ausrüstung

Ein Punkt, der eigentlich nur für kleinere und ältere Anlagen gilt, ist die ungenügende bzw. mangelhafte Ausrüstung mit Reglern und Begrenzern. Hier werden noch kombinierte Geräte für Wasserstandsregelung und -begrenzung angetroffen, die teilweise auch noch mit Quecksilberwippenschalter ausgerüstet sind. Einmal liegt die Störanfälligkeit in der Quecksilberwippe, zum anderen führt ein Wartungsmangel (z. B. Schlammablagerung im Schwimmergehäuse) zwangsläufig zum Wassermangel, da weder die Speisepumpe zugeschaltet noch die Feuerung abgeschaltet wird. Die Absperrarmaturen für Begrenzer sollen selbstöffnend sein bzw. die Feuerung abschalten, wenn sie geschlossen sind. Hier ist auf eine rechtzeitige Wartung zu achten, damit die Ventile **leichtgängig** bleiben. Verkrustungen an den Spindeln sind durch Nachdichten zu vermeiden.

Grundsätzlich gilt für Armaturen, dass sie am Abschluss und nach außen dicht sein sollen. Undichte Armaturen sollen stets umgehend instand gesetzt bzw. überholt werden (Abschn. 9.1.3.2).

9.5.9 Sonstige Kesselteile

Der Übergang auf asbestfreie Dichtungen führte bei Kopf- und Mannlochverschlüssen zum Einsatz von ungeeigneten Dichtungswerkstoffen. Durch geringe Formsteifigkeit bei nicht gekammerten Verschlüssen kam es zum Herausdrücken der Dichtungen nach kurzer Betriebszeit. Mehrere Unfälle, unter anderem einer mit Todesfolge, waren zu verzeichnen.

Seit März 1998 ist nun das VdTÜV-Merkblatt »Dichtung 100« 03.98 »Anforderungen an ovale Hand-, Kopf- und Mannloch-Verschlusssysteme von Dampfkesselanlagen« in Kraft.

Das Blatt enthält Anforderungen an die metallischen Verschlussteile und an die Dichtungen und gibt die Prüfbedingungen für die Eignungs- und Alterungsprüfungen unter simulierten Betriebszuständen vor.

Prüfstände sind beim TÜV SÜD in München und beim RW TÜV e. V. in Essen eingerichtet.

Die geprüften Dichtungen werden vom Hersteller mit einem Bauteilkennzeichen »TÜV · D · XX-XXX · X« versehen.

Ausmauerungen in den Feuerräumen sind bei Stillständen auf ihren einwandfreien Zustand zu kontrollieren. Durch schadhaftes Mauerwerk treten unzulässige Überhitzungen der abgemauerten Kesselteile auf, die zu ernsthaften Schäden führen können.

Rußbläser sind auf richtige Einstellung zu prüfen, um Rohrschäden vorzubeugen. Die ungekühlten Halterungen und Führungen im Rauchgasstrom sind besonders großem Verschleiß ausgesetzt und deshalb turnusmäßig auf Schäden zu untersuchen sowie ggf. rechtzeitig zu überholen.

Schadensanfällig sind auch Heißdampfkühler – insbesondere die Einspritzkühler – weil hier durch das Zusammentreffen von hochüberhitztem Dampf und Kühlwasser leicht Thermoschockrisse auftreten. Es ist darauf zu achten, dass das Einspritzwasser durch die Einspritzdüsen im vorgeschriebenen Winkel eingespritzt wird; es muss vermieden werden, dass Einspritzwasser auf die drucktragende Kühlerwand trifft. Die Schutzhemden müssen regelmäßig auf Unversehrtheit untersucht werden.

9.5.10 Sonstige Teile der Kesselanlage

Hier sind besonders die Hochdruck-Heißdampfleitungen (t > 725 K) durch Zeitstandschäden gefährdet. Bei höheren Temperaturen beginnen die Stähle unter Betriebsbeanspruchung zu kriechen. Schon bei bleibenden Dehnungen über 1 % ist unter ungünstigen Bedingungen, z. B. in der Wärmeeinflusszone von Schweißnähten, Rissbildung bis zum Aufreißen möglich (siehe auch Tafel 9.14, Abschn. 3.9 und 3.10).

Diese Schäden rechtzeitig und vor allem mit finanziell vertretbaren Mitteln zu erkennen, erfordert spezielles Fachwissen.

Es ist nicht verantwortbar, Heißdampfleitungen, auch wenn sie nicht überwachungspflichtig sind, ohne gezielte regelmäßige Überprüfungen zu betreiben.

Der Kesselwärter sollte in regelmäßigen Abständen, z. B. monatlich, die Stellung und Lage der Hänger, die Führungen und dergleichen sowohl während des Betriebes als auch im kalten Zustand auf Unregelmäßigkeiten überprüfen.

Kesselgerüst und Kesselhaus sind frei von Kohlen- oder Holzstaubablagerungen zu halten, da bei Staubwirbeln Verpuffungsgefahr besteht oder Glimmnester entstehen können. Die Kesselanlage ist auch äußerlich ständig sauber sowie die Flucht- und Rettungswege frei zu halten.

Rußablagerungen in Nachschaltheizflächen oder Rauchgaskanälen bedeuten eine Gefahr:

Sie können zu Glimmnestern werden, die beim Anfahren der Kesselanlage Verpuffungen auslösen oder Brände nach dem Abstellen, z. B. in Luftvorwärmern, verursachen (siehe Bild 9.9).

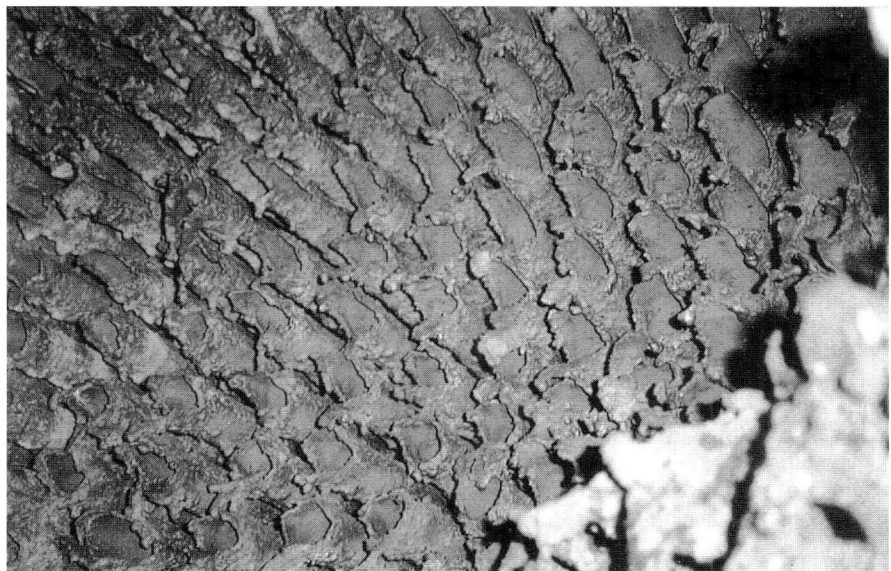

Bild 9.9: Abgeschmolzene Rohre (57 × 5,6 mm) eines Luftvorwärmers infolge Brandes kohlenstoffhaltiger Ablagerungen aus dem Rauchgas

Für die Kesselwartung gilt bei allen auftretenden Störungen und Schäden als erstes Gebot: **Ruhe bewahren**, sicher und zielstrebig die erforderlichen Maßnahmen ergreifen.

Es ist also für den Kesselwärter nötig, dass er sich auf etwa auftretende Störfälle einstellt und sich die möglichen Gegenmaßnahmen einprägt.

Der Kesselwärter muss die Anlage so genau kennen, dass z. B. das Schließen von Notabsperrungen zielgerichtet erfolgt, ohne dass erst eine Suchaktion ausgelöst werden muss. Klare und auffällige Bezeichnungen für Ventile und sonstige Bedienungseinrichtungen erleichtern dies.

Auch die Betriebsleitungen sind nach den Arbeitsstätten-Richtlinien und den berufsgenossenschaftlichen Vorschriften zu vorbeugenden Schutz- und Rettungsmaßnahmen für die Erhaltung von Leben und Gesundheit der Beschäftigten verpflichtet.

Ein Beispiel für das hierzu beim Kraftwerksbetreiber HEW realisierte »Notfallschutzkonzept« ist der Literatur zu entnehmen (siehe Abschn. 12).

9.6 Ausblick

Abschließend ist zu bemerken: Eine den betrieblichen Erfordernissen angepasste sorgfältige Instandhaltung verhindert in vielen Fällen Störungen oder gar Schäden.

Instandhaltung, am Zustand der Anlage orientiert, führt damit zu höherer Verfügbarkeit der Energieversorgung und zu geringeren Produktionsausfällen.

Eine geplante Reparatur erfordert im Gegensatz zum Schaden auf jeden Fall den geringeren materiellen und zeitlichen Aufwand.

Der Kesselwärter sollte seinen verantwortungsvollen Dienst stets so wahrnehmen, dass er »seine Anlage« sicher, umweltbewusst und unter optimalen wirtschaftlichen Gesichtspunkten betreibt.

Moderne Geräte zur Erfassung sicherheits- und umweltrelevanter Daten und bei Großkesseln auch die heutigen leittechnischen Darstellungen des Anlagenzustandes für den kostengünstigsten Einsatz sind dazu hilfreich.

In Verbindung mit den von der Betriebsleitung vorzugebenden organisatorischen Voraussetzungen wird damit Qualitätssicherung im besten Sinne vollzogen.

10. Vorschriften und Bestimmungen

10.1 Allgemeines

Zur Errichtung und zum Betrieb der vornehmlich im Kapitel 4 beschriebenen überwachungsbedürftigen Anlagen sind eine Reihe von Vorschriften und andere Regeln der Technik erlassen worden, die dem Hersteller, dem Betreiber einschließlich dem von ihm beauftragten Bedienungs- und Wartungspersonal und der zugelassenen Überwachungsorganisation Hilfestellung geben und die ihnen bekannt sein müssen.

Die Anlagen befinden sich im privaten oder im gewerblichen Bereich. Im privaten Bereich kommt im Wesentlichen nur das Baurecht zum Tragen, in dem vor allem DIN-Normen baurechtlich eingeführt sind. Da das Baurecht Ländersache ist, bestehen gelegentlich Unterschiede, die für die Planer und die Errichter solcher Anlagen zu Erschwernissen und Unannehmlichkeiten führen können.

Für die gewerbetreibende Industrie und Wirtschaft liegen die Verhältnisse insofern anders, als für diese Bereiche das Gesetz über technische Arbeitsmittel (Gerätesicherheitsgesetz) entsprechende Vorschriften enthält. Bis zum 31.12.1992 waren annähernd 125 Jahre lang die Vorschriften für überwachungsbedürftige Anlagen in der Gewerbeordnung (GewO) enthalten.

Der Grund für eine Änderung ist darin zu suchen, dass die Voraussetzungen dafür geschaffen werden mussten, alle Harmonisierungsrichtlinien nach Artikel 95 (früher 100 a) des EG-Vertrages für Beschaffenheitsanforderungen an technische Arbeitsmittel und ihnen gleichgestellte technische Erzeugnisse umsetzen zu können.

10.2 Europäische Normen für Dampfkessel

Die Verträge zur Europäischen Union (EU) haben dazu geführt, die deutsche Rechtssituation für überwachungsbedürftige Anlagen zu überdenken. Die Europäische Kommission hat sich in einem Weißbuch im Juni 1985 dahingehend geäußert, dass unterschiedliche nationale Regelungen für Waren den gemeinsamen Markt behindern und deshalb abgebaut werden müssen, da sie Handelshemmnisse bei der Bildung des europäischen Binnenmarktes darstellen. Mit Wirkung vom Juli 1987 wurden dann die Römischen Verträge insofern geändert und ergänzt, als bis zum 31.12.1992 der Binnenmarkt schrittweise so zu verwirklichen ist, dass es keine Behinderung des freien Verkehrs von Waren, Dienstleistungen und Kapital mehr gibt.

Der Ministerrat der EU hatte bereits am 7. 5. 1985 eine Entschließung über eine »Neue Konzeption« bei der technischen Harmonisierung und der Normung herausgegeben, wonach sich Rechtsvorschriften auf grundlegende Sicherheitsanforderungen beschränken und die zuständigen Normengremien technische Spezifikationen nach dem jeweiligen Stand der Technik erstellen sollten, was ja für Deutschland nichts Neues ist.

Durch die »Neue Konzeption« erhielt das »Europäische Komitee für Normung (CEN = Comité Européen de Normalisation)« schlagartig eine große Bedeutung. Im CEN können alle Staaten Europas ihre Interessen vertreten.

Diese Ausgangssituation veranlasste das für den Arbeitsschutz und damit u. a. für Druckanlagen in Deutschland zuständige Bundesministerium für Arbeit und Sozialordnung, eine Vereinbarung mit dem DIN über die Zusammenarbeit mit den Technischen Ausschüssen nach § 24 der Gewerbeordnung bzw. nach § 11 Absatz 2 des Gerätesicherheitsgesetzes durch eine Bekanntmachung zu ergänzen. Demnach war seit 26.9.1990 ein neuer übergreifender »Normenausschuss Überwachungsbedürftige Anlagen« (NÜA), jetzt »Normenausschuss Rohrleitungen und Dampfkesselanlagen« (NARD) tätig, der Ergebnisse der Arbeitsausschüsse und der nationalen »Spiegelgremien« für die CEN-Arbeiten koordiniert. Auf diese Weise sollen im Einklang mit den EU-Verträgen die deutschen Technischen Regeln für u. a. auch Druckanlagen in die Normung überführt werden. Die Normungsarbeit wird in einer Untergliederung, in den »Technischen Komitees (TC)« geleistet. Die Wertigkeit von Rechtsakten und die Entstehung von EG-Richtlinien in EU-Rat und – Kommission gehen aus Tafel 10.1 hervor.

Tafel 10.1: Rechtsakte und Entstehung von EG-Richtlinien in Rat und Kommission der EU

Rechtsakte

Verordnung:
Allgemein verbindlicher Rechtsakt, der in allen Mitgliedstaaten anzuwenden ist.

Richtlinie:
Richtet sich an die Mitglieder und ist – von Ausnahmen abgesehen – für die Behörden und Bürger eines Mitgliedstaates erst dann verbindlich, nachdem sie in nationale Rechtsvorschriften umgesetzt wurde.

Entscheidung:
Für diejenigen, an die sie gerichtet ist, in allen ihren Teilen verbindlich.

Entstehung von EG-Richtlinien

1. Das Anhörungsverfahren
Das europäische Parlament kann Stellung nehmen. Die Entscheidungskompetenz liegt aber beim Ministerrat.

2. Das Kooperationsverfahren
Für bestimmte Rechtsgebiete hat das Parlament ein Mitwirkungsrecht. Änderungsvorschläge kann der Ministerrat nur einstimmig ablehnen.

3. Das Kodezisionsverfahren
Dieses Verfahren findet Anwendung bei der Rechtsangleichung zur Herstellung und zum Funktionieren des Binnenmarktes und für den Verbraucherschutz.

Für Dampfkesselanlagen ist das CEN/TC 269 »Großwasserraum- und Wasserrohrkessel« vom CEN-Lenkungsausschuss damit beauftragt, die Regeln für Konstruktion, Berechnung, Herstellung, Werkstoffe, Ausrüstung und Prüfung dieser Kessel zu normen. Ein Überblick über die Kesselnormen wird im Abschnitt 10.6 gegeben.

Jede angenommene europäische Norm muss von den Mitgliedsstaaten innerhalb von 6 Monaten in das nationale Normenwerk übernommen, entgegenstehende nationale Normen müssen zurückgezogen werden.

10.3 Druckgeräterichtlinie

Die Europäische Kommission selbst erarbeitet die erforderlichen Richtlinien als Grundlage des technischen EU-Rechts. So sind bereits Richtlinien, die für Druckanlagen von Bedeutung sind, veröffentlicht worden. Die EU-Richtlinie zur Angleichung der Rechtsvorschriften für einfache Druckbehälter wurde von der Bundesregierung mit der 6. Verordnung zum GSG vom 25. 6. 1992 (BGBl. I, 1992, Nr. 29, S. 1171-1173) bereits in deutsches Recht umgesetzt.

Die Druckgeräterichtlinie 97/23/EG für alle anderen Geräte mit einem Überdruck größer 0,5 bar wurde am 29. Mai 1997 angenommen und im EG-Amtsblatt Nr. L 181 am 9. Juli 1997 veröffentlicht. Sie legt die Beschaffenheitsanforderungen für nahezu alle Druckgeräte, die nach derzeit geltendem Recht überwachungsbedürftige Anlagen sind, fest.

Nachfolgend wird die Druckgeräterichtlinie auszugsweise, stark gekürzt und hauptsächlich mit den für Dampfkesselanlagen interessierenden Abschnitten wiedergegeben.

Richtlinie 97/23/EG des Europäischen Parlaments und des Rates vom 29. Mai 1997 zur Angleichung der Rechtsvorschriften der Mitgliedstaaten über Druckgeräte (Abl. EG Nr. L 181 S. 1 vom 9. Juli 1997)

Das Europäische Parlament und der Rat der Europäischen Union haben unter folgenden beispielhaften Erwägungsgründen die Richtlinie beschlossen:
(1) Der Binnenmarkt ist ein Raum ohne innere Grenzen, in dem der freie Waren-, Personen-, Dienstleistungs- und Kapitalverkehr gewährleistet ist.
(3) Die Harmonisierung der nationalen Rechtsvorschriften stellt das einzige Mittel dar, diese Hemmnisse für den freien Handel zu beseitigen. Dies kann von den einzelnen Mitgliedstaaten nicht befriedigend gelöst werden. In dieser Richtlinie werden nur Anforderungen festgelegt, die für den freien Verkehr von Geräten, die in ihren Anwendungsbereich fallen, unerlässlich sind.
(4) Geräte, die einem Druck von höchstens 0,5 bar ausgesetzt sind, weisen kein bedeutendes Druckrisiko auf. Ihr freier Verkehr in der Gemeinschaft sollte daher nicht behindert werden. Folglich gilt diese Richtlinie für Geräte mit einem maximal zulässigen Druck (PS) von mehr als 0,5 bar.
(5) Diese Richtlinie gilt auch für Baugruppen, die aus mehreren Druckgeräten bestehen und eine zusammenhängende funktionelle Einheit bilden. Diese Baugruppen können von einfachen Baugruppen wie einem Schnellkochtopf bis zu komplexen Baugruppen wie einem Wasserrohrkessel reichen. Ist eine solche Baugruppe vom Hersteller dafür bestimmt, als Baugruppe – und nicht in Form der nicht zusammengebauten Bauteile – auf den Markt gebracht und in Betrieb genommen zu werden, muss sie dieser Richtlinie entsprechen. Diese Richtlinie gilt dagegen nicht für den Zusammenbau von Druckgeräten, der auf dem Gelände des Anwenders, beispielsweise in Industrieanlagen, unter seiner Verantwortung erfolgt.
(14) Die Erfüllung der grundlegenden Sicherheitsanforderungen ist für die Gewährleistung der Sicherheit von Druckgeräten wesentlich. Diese Anforderungen sind in allgemeine und spezifische Anforderungen unterteilt, denen ein Druckgerät genügen muss. Insbesondere mit Hilfe der spezifischen Anforderungen sollen besondere Druckgeräterarten berücksichtigt werden. Bestimmte Arten von Druckgeräten der Kategorien III und IV müssen einer Abnahme unterzogen werden, die eine Schlussprüfung und Druckprüfung umfasst.

(18) Bei der Herstellung von Druckgeräten müssen Werkstoffe verwendet werden, die als sicher gelten. Bestehen hierfür keine harmonisierten Normen, so ist es zweckmäßig, die Merkmale von Werkstoffen festzulegen, die für eine wiederholte Verwendung bestimmt sind. Dies erfolgt in Form europäischer Werkstoffzulassungen, die von einer der speziell hierfür benannten Stellen erteilt werden. Bei Werkstoffen, die einer solchen Zulassung entsprechen, ist davon auszugehen, dass sie die grundlegenden Anforderungen dieser Richtlinie erfüllen.
(19) Angesichts der Art der Risiken, die bei der Benutzung von Druckgeräten auftreten, müssen Verfahren für die Bewertung der Übereinstimmung mit den grundlegenden Anforderungen der Richtlinie festgelegt werden. Diese Verfahren sind unter Berücksichtigung des Druckgeräten innewohnenden Gefahrenpotenzials auszuarbeiten. Für jede Druckgerätekategorie muss ein angemessenes Verfahren bereitstehen bzw. muss zwischen gleichermaßen strengen Verfahren gewählt werden können. Die festgelegten Verfahren entsprechen dem Beschluss 93/465/EWG des Rates vom 22. Juli 1993 über die in den technischen Harmonisierungsrichtlinien zu verwendenden Module für die verschiedenen Phasen der Konformitätsbewertungsverfahren und die Regeln für die Anbringung und Verwendung der CE-Konformitätskennzeichnung[1]. Die einzelnen Ergänzungen zu diesen Verfahren sind durch die Art der für Druckgeräte erforderlichen Prüfungen gerechtfertigt.
(20) Es sollte den Mitgliedstaaten erlaubt sein, Betreiberprüfstellen für die Durchführung bestimmter Aufgaben der Konformitätsbewertung im Rahmen dieser Richtlinie zuzulassen. Hierfür sind in der Richtlinie die Bedingungen für die Zulassung von Betreiberprüfstellen durch die Mitgliedstaaten festgelegt.
(21) Nach Maßgabe dieser Richtlinie können bestimmte Konformitätsbewertungsverfahren verlangen, dass jedes einzelne Druckgeräte durch eine benannte Stelle oder eine Betreiberprüfstelle als Teil der Abnahme des Druckgeräts zu prüfen ist. In anderen Fällen sollte vorgeschrieben werden, dass die Abnahme von einer benannten Stelle durch unangemeldete Besuche überwacht werden kann.
(23) Mitgliedstaaten sollten gemäß Artikel 100 a des Vertrages vorläufige Maßnahmen treffen können, um das Inverkehrbringen, die Inbetriebnahme und die Benutzung von Druckgeräten zu beschränken oder zu verbieten, wenn von diesen in besonderer Weise Personen und gegebenenfalls Haustiere oder Güter gefährdet werden, sofern diese Maßnahmen einem gemeinschaftlichen Kontrollverfahren unterzogen werden.

Artikel 1
Geltungsbereich und Begriffsbestimmungen

Diese Richtlinie gilt für die Auslegung, Fertigung und Konformitätsbewertung von Druckgeräten und Baugruppen mit einem maximal zulässigen Druck (PS) von über 0,5 bar.
Nicht in den Anwendungsbereich dieser Richtlinie fallen z. B.:
Fernleitungen für die Durchleitung von Fluiden oder Stoffen zu oder von einer (Offshore- oder Onshore-)Anlage;
Geräte gemäß der Richtlinie 87/404/EWG über einfache Druckbehälter;
Geräte, die nach Artikel 9 dieser Richtlinie höchstens unter die Kategorie I fallen würden und die von einer der folgenden Richtlinien erfasst werden:
– Richtlinie 89/392/EWG des Rates vom 14. Juni 1989 zur Angleichung der Rechtsvorschriften der Mitgliedstaaten über Maschinen[2];
– Richtlinie 94/396/EWG des Rates vom 29. Juni 1990 zur Angleichung der Rechtsvorschriften der Mitgliedstaaten für Gasverbrauchseinrichtungen[3].

---

[1] ABl. Nr. L 220 vom 30.8.1993, S. 23
[2] ABl. Nr. L 183 vom 29.6.1989, S. 9. Richtlinie zuletzt geändert durch die Beitrittsakte von 1994.
[3] ABl. Nr. 196 vom 26.7.1990, S. 15. Richtlinie zuletzt geändert durch die Richtlinie 93/68/EWG (ABl. Nr. L 220 vom 30.8.1993, S. 1)

– Richtlinie 94/9/EG des Europäischen Parlaments und des Rates vom 23. März 1994 zur Angleichung der Rechtsvorschriften der Mitgliedstaaten für Geräte und Schutzsysteme zur bestimmungsgemäßen Verwendung in explosionsgefährdeten Bereichen[4]

Geräte, die speziell zur Verwendung in kerntechnischen Anlagen entwickelt wurden und deren Ausfall zu einer Freisetzung von Radioaktivität führen kann;
Schiffe, Raketen, Luftfahrzeuge oder bewegliche Offshore-Anlagen sowie Geräte, die speziell für den Einbau in diese oder zu deren Antrieb bestimmt sind;
Auspuff- und Ansaugschalldämpfer.

Artikel 2
Marktüberwachung

Die Mitgliedstaaten treffen die erforderlichen Maßnahmen, damit Druckgeräte und Baugruppen im Sinne des Artikels 1 nur dann in Verkehr gebracht und in Betrieb genommen werden dürfen, wenn sie die Sicherheit und die Gesundheit von Personen und gegebenenfalls von Haustieren oder Gütern bei angemessener Installierung und Wartung und bestimmungsgemäßer Verwendung nicht gefährden.

Artikel 3
Technische Anforderungen

Die unter den Nummern 1.1, 1.2, 1.3 und 1.4 angeführten Druckgeräte müssen die in Anhang I genannten grundlegenden Anforderungen erfüllen.

1.1 Behälter, mit Ausnahme der unter Nummer 1.2 genannten Behälter, für
a) Gase, verflüssigte Gase, unter Druck gelöste Gase, Dämpfe und diejenigen Flüssigkeiten, deren Dampfdruck bei der zulässigen maximalen Temperatur um mehr als 0,5 bar über dem normalen Atmosphärendruck (1 013 mbar) liegt, innerhalb bestimmter Grenzwerte: (Anhang II, Diagramm 1 und 2)
b) Flüssigkeiten, deren Dampfdruck bei der zulässigen maximalen Temperatur um höchstens 0,5 bar über dem normalen Atmosphärendruck (1 013 mbar) liegt, innerhalb bestimmter Grenzwerte (Anhang II, Diagramm 3 und 4);

1.2 befeuerte oder anderweitig beheizte überhitzungsgefährdete Druckgeräte zur Erzeugung von Dampf oder Heißwasser mit einer Temperatur von mehr als 110 °C und einem Volumen von mehr als 2 Liter sowie alle Schnellkochtöpfe (Anhang II, Diagramm 5);

1.3 Rohrleitungen für
a) Gase, verflüssigte Gase, unter Druck gelöste Gase, Dämpfe und diejenigen Flüssigkeiten, deren Dampfdruck bei der zulässigen maximalen Temperatur um mehr als 0,5 bar über dem normalen Atmosphärendruck (1 013 mbar) liegt, innerhalb bestimmter Grenzwerte (Anhang II, Diagramm 6 und 7);
b) Flüssigkeiten, deren Dampfdruck bei der zulässigen maximalen Temperatur um höchstens 0,5 bar über dem normalen Atmosphärendruck (1 013 mbar) liegt, innerhalb bestimmter Grenzwerte (Anhang II, Diagramm 8 und 9);

1.4 Ausrüstungsteile mit Sicherheitsfunktion und druckhaltende Ausrüstungsteile.

(2) Baugruppen, die mindestens ein Druckgerät enthalten, müssen die in Anhang I genannten grundlegenden Anforderungen erfüllen:

2.1 Baugruppen für die Erzeugung von Dampf oder Heißwasser mit einer Temperatur von über 110 °C, die mindestens ein befeuertes oder anderweitig beheiztes überhitzungsgefährdetes Druckgerät aufweisen;

---
[4] ABl. Nr. L 100 vom 19.4.1994, S. 1.

2.2 von Nummer 2.1 nicht erfasste Baugruppen, wenn sie vom Hersteller dafür bestimmt sind, als Baugruppen in Verkehr gebracht und in Betrieb genommen zu werden;

2.3 in Abweichung vom Eingangssatz dieses Absatzes müssen Baugruppen für die Erzeugung von Warmwasser mit einer Temperatur von nicht höher als 110 °C, die von Hand mit festen Brennstoffen beschickt werden und deren PS · V größer als 50 bar · Liter ist, bestimmte grundlegende Anforderungen erfüllen.

(3) Druckgeräte und/oder Baugruppen, die höchstens die Grenzwerte nach den Nummern 1.1 bis 1.3 sowie Absatz 2 erreichen, müssen in Übereinstimmung mit der in einem Mitgliedstaat geltenden guten Ingenieurpraxis ausgelegt und hergestellt werden.

Artikel 4
Freier Warenverkehr

Die Mitgliedstaaten dürfen das Inverkehrbringen und die Inbetriebnahme von Druckgeräten oder Baugruppen im Sinne des Artikels 1 unter den vom Hersteller festgelegten Bedingungen nicht wegen druckbedingter Risiken verbieten, beschränken oder behindern, wenn diese den Anforderungen dieser Richtlinie entsprechen und mit der CE-Kennzeichnung versehen sind und somit ersichtlich ist, dass sie einer Konformitätsbewertung nach Artikel 10 unterzogen wurden.

Artikel 5
Konformitätsvermutung

Die Mitgliedstaaten gehen davon aus, dass Druckgeräte und Baugruppen, die mit der CE-Kennzeichnung gemäß Artikel 15 und der Konformitätserklärung gemäß Anhang VII versehen sind, sämtliche Bestimmungen dieser Richtlinie erfüllen, einschließlich der in Artikel 10 vorgesehenen Konformitätsbewertung.

Artikel 6
Ausschuss für Normen und technische Vorschriften

Ist ein Mitgliedstaat oder die Kommission der Auffassung, dass die national umzusetzenden harmonisierten Normen den grundlegenden Anforderungen nach Artikel 3 nicht vollständig entsprechen, so befasst der betreffende Mitgliedstaat oder die Kommission den mit Artikel 5 der Richtlinie 83/189/EWG eingesetzten ständigen Ausschuss unter Darlegung der Gründe. Der Ausschuss nimmt umgehend Stellung.
Unter Berücksichtigung der Stellungnahme des Ausschusses teilt die Kommission den Mitgliedstaaten mit, ob die genannten Normen aus den Veröffentlichungen der Mitgliedstaaten zu streichen sind.

Artikel 7
Ausschuss »Druckgeräte«

Die Kommission wird von einem ständigen Ausschuss unterstützt, der sich aus Vertretern der Mitgliedstaaten zusammensetzt und in dem ein Vertreter der Kommission den Vorsitz führt.

Artikel 8
Schutzklausel

Stellt ein Mitgliedstaat fest, dass Druckgeräte oder Baugruppen im Sinne des Artikels 1, die mit der CE-Kennzeichnung versehen sind und die bestimmungsgemäß verwendet werden, die Sicherheit von Personen und gegebenenfalls von Haustieren oder Gütern zu gefährden drohen, so trifft er alle zweckdienlichen Maßnahmen, um diese Geräte aus dem Verkehr zu ziehen, das Inverkehrbringen oder die Inbetriebnahme zu verbieten oder den freien Verkehr hierfür einzuschränken.

Sind den Anforderungen nicht entsprechende Druckgeräte oder Baugruppen mit der CE-Kennzeichnung versehen, so ergreift der zuständige Mitgliedstaat die geeigneten Maßnahmen gegenüber demjenigen, der die Kennzeichnung angebracht hat, und unterrichtet hiervon die Kommission und die übrigen Mitgliedstaaten.

Artikel 9
Einstufung von Druckgeräten

Die in Artikel 3 Absatz 1 genannten Druckgeräte werden entsprechend Anhang II nach zunehmendem Gefahrenpotential in Kategorien eingestuft.
Für diese Einstufung werden die Fluide in zwei Gruppen eingeteilt.
Zu Gruppe 1 zählen Fluide, die wie folgt eingestuft werden:
– explosionsgefährlich,
– hochentzündlich,
– leicht entzündlich,
– entzündlich (wenn die maximal zulässige Temperatur über dem Flammpunkt liegt),
– sehr giftig
– brandfördernd.
Zu Gruppe 2 zählen alle unter Gruppe 2.1 nicht genannten Fluide.

Artikel 10
Konformitätsbewertung

Der Hersteller von Druckgeräten muss jedes Gerät vor dem Inverkehrbringen nach Maßgabe dieses Artikels einem der in Anhang III beschriebenen Konformitätsbewertungsverfahren unterziehen.
Die im Hinblick auf die Anbringung der CE-Kennzeichnung auf einem Druckgerät anzuwendenden Konformitätsbewertungsverfahren richten sich nach der Kategorie, in die das Gerät gemäß Artikel 9 eingestuft ist.

Auf die verschiedenen Kategorien sind die folgenden Konformitätsbewertungsverfahren anzuwenden:

– Kategorie I	– Kategorie III	– Kategorie IV
Modul A	Module B1 + D	Module B + D
– Kategorie II	Module B1 + F	Module B + F
Modul A1	Module B + E	Modul G
Modul D1	Module B + C1	Modul H1
Modul E1	Modul H	

Baugruppen im Sinne des Artikel 3 sind einer Gesamtbewertung der Konformität zu unterziehen.

Artikel 11
Europäische Werkstoffzulassung

Die europäische Werkstoffzulassung wird auf Antrag eines Herstellers oder mehrerer Hersteller von Werkstoffen oder Druckgeräten von einer benannten Stelle des Artikels 12 erteilt, die speziell dafür bestimmt wurde.
Die benannte Stelle erteilt die europäische Werkstoffzulassung und berücksichtigt hierbei gegebenenfalls die Stellungnahme des Ausschusses und die vorgebrachten Bemerkungen.

Artikel 12
Benannte Stellen

Die Mitgliedstaaten teilen der Kommission und den anderen Mitgliedstaaten mit, welche Stellen sie für die Durchführung der Verfahren nach Artikel 10 und Artikel 11 benannt haben, wel-

che spezifischen Aufgaben diesen Stellen übertragen wurden und welche Kennnummern ihnen zuvor von der Kommission zugeteilt wurden.
Die Kommission veröffentlicht im Amtsblatt der Europäischen Gemeinschaften eine Liste der benannten Stellen unter Angabe ihrer Kennnummer und der ihnen übertragenen Aufgaben. Sie sorgt für die Aktualisierung dieser Liste.
Bei der Auswahl dieser Stellen wenden die Mitgliedstaaten die Kriterien gemäß Anhang IV an.
Bei Stellen, die den Voraussetzungen der einschlägigen harmonisierten Normen genügen, wird davon ausgegangen, dass sie die entsprechenden Kriterien nach Anhang IV erfüllen.

Artikel 13
Anerkannte unabhängige Prüfstellen

Die Mitgliedstaaten teilen der Kommission und den anderen Mitgliedstaaten die unabhängigen Prüfstellen mit, die zur Durchführung der Aufgaben gemäß Anhang I Abschnitte 3.1.2 und 3.1.3 anerkannt sind.
Die Kommission veröffentlicht im Amtsblatt der Europäischen Gemeinschaften eine Liste der anerkannten Prüfstellen unter Angabe der Aufgaben, für deren Durchführung sie anerkannt wurden. Sie sorgt für die Aktualisierung dieser Liste.

Artikel 14
Betreiberprüfstellen

Abweichend von den Bestimmungen über die Aufgaben der benannten Stellen können die Mitgliedstaaten zulassen, dass in ihrem Hoheitsgebiet Druckgeräte und Baugruppen von einer Betreiberprüfstelle bewertet und von den Betreibern in Betrieb genommen werden.

Die Druckgeräte und Baugruppen, deren Konformität von einer Betreiberprüfstelle bewertet wurde, dürfen nicht die CE-Kennzeichnung tragen.

Artikel 15
CE-Kennzeichnung

Die CE-Kennzeichnung besteht aus den Buchstaben »CE« mit dem in Anhang VI als Muster angegebenen Schriftbild.
Der CE-Kennzeichnung folgt die Kennnummer der benannten Stelle, die in der Phase der Produktionsüberwachung eingeschaltet wird.
Es ist nicht erforderlich, die CE-Kennzeichnung auf jedem einzelnen der Druckgeräte anzubringen, aus denen sich eine Baugruppe zusammensetzt. Die einzelnen Druckgeräte, die bei ihrem Einbau in die Baugruppe bereits die CE-Kennzeichnung tragen, behalten diese Kennzeichnung.

Artikel 20
Umsetzung und Übergangsbestimmungen

Die Mitgliedstaaten erlassen und veröffentlichen vor dem 29. Mai 1999 die erforderlichen Rechts- und Verwaltungsvorschriften, um dieser Richtlinie nachzukommen. Sie setzen die Kommission unverzüglich davon in Kenntnis.
Die Mitgliedstaaten wenden diese Vorschriften ab 29. November 1999 an.
Die Mitgliedstaaten teilen der Kommission den Wortlaut der innerstaatlichen Vorschriften mit, die sie auf dem unter diese Richtlinie fallenden Gebiet erlassen.
Die Mitgliedstaaten gestatten das Inverkehrbringen von Druckgeräten und Baugruppen, die den in ihrem Hoheitsgebiet zum Zeitpunkt des Beginns der Anwendung dieser Richtlinie geltenden Vorschriften entsprechen, bis zum 29. Mai 2002, sowie die Inbetriebnahme dieser Druckgeräte und Baugruppen über dieses Datum hinaus.

ANHANG I
GRUNDLEGENDE SICHERHEITSANFORDERUNGEN
VORBEMERKUNGEN

Die in dieser Richtlinie aufgeführten grundlegenden Anforderungen sind bindend. Die Verpflichtungen im Zusammenhang mit den grundlegenden Anforderungen gelten nur, wenn für das betreffende Druckgerät bei Verwendung unter den vom Hersteller nach vernünftigem Ermessen vorhersehbaren Bedingungen die entsprechende Gefahr besteht.

Der Hersteller ist verpflichtet, eine Gefahrenanalyse vorzunehmen, um die mit seinem Gerät verbundenen druckbedingten Gefahren zu ermitteln; er muss das Gerät dann unter Berücksichtigung seiner Analyse auslegen und bauen.

ALLGEMEINES

Druckgeräte müssen so ausgelegt, hergestellt, überprüft und gegebenenfalls ausgerüstet und installiert sein, dass ihre Sicherheit gewährleistet ist, wenn sie im Einklang mit den Vorschriften des Herstellers oder unter nach vernünftigem Ermessen vorhersehbaren Bedingungen in Betrieb genommen werden.

– Bei der Wahl der angemessensten Lösungen hat der Hersteller folgende Grundsätze, und zwar in der angegebenen Reihenfolge, zu beachten:
– Beseitigung oder Verminderung der Gefahren, soweit dies nach vernünftigem Ermessen möglich ist;
– Anwendung von geeigneten Schutzmaßnahmen gegen nicht zu beseitigende Gefahren;
– gegebenenfalls Unterrichtung der Benutzer über die Restgefahren und Hinweise auf geeignete besondere Maßnahmen zur Verringerung der Gefahren bei der Installation und/oder der Benutzung.

ENTWURF

Auslegung auf die erforderliche Belastbarkeit
Druckgeräte sind auf Belastungen auszulegen, die der beabsichtigten Verwendung und anderen nach vernünftigem Ermessen vorhersehbaren Betriebsbedingungen angemessen sind.
Die Auslegung auf die erforderliche Belastbarkeit erfolgt auf der Grundlage folgender Verfahren:
– in der Regel eine Berechnungsmethode oder gegebenenfalls ergänzt durch eine experimentelle Auslegungsmethode;
– eine experimentelle Auslegungsmethode ohne Berechnung in bestimmten Anwendungsgrenzen.

Vorkehrungen für die Sicherheit in Handhabung und Betrieb
Die Bedienungseinrichtungen der Druckgeräte müssen so beschaffen sein, dass ihre Bedienung keine nach vernünftigem Ermessen vorhersehbare Gefährdung mit sich bringt.
Insbesondere müssen Druckgeräte mit abnehmbarer Verschlussvorrichtung mit einer selbsttätigen oder von Hand bedienbaren Einrichtung ausgerüstet sein, durch die das Bedienungspersonal ohne weiteres sicherstellen kann, dass sich die Vorrichtung gefahrlos öffnen lässt. Lässt sich die Vorrichtung schnell betätigen, so muss das Druckgerät außerdem mit einer Sperre ausgerüstet sein, die ein Öffnen verhindert, solange der Druck oder die Temperatur des Fluids eine Gefahr darstellt.

Vorkehrungen für die Inspektion
Druckgeräte sind so zu entwerfen, dass alle erforderlichen Sicherheitsinspektionen durchgeführt werden können.
Andere Mittel zur Gewährleistung eines sicheren Zustands der Druckgeräte können eingesetzt werden,

– wenn diese zu klein für einen Einstieg sind;
– wenn sich das Öffnen des Druckgerätes nachteilig auf das Innere des Gerätes auswirken würde;
– wenn der Inhaltsstoff den Werkstoff, aus dem das Druckgerät hergestellt ist, erwiesenermaßen nicht angreift und auch kein anderer interner Schädigungsprozess nach vernünftigem Ermessen vorhersehbar ist.

Entleerungs- und Entlüftungsmöglichkeiten
Es müssen, falls erforderlich, geeignete Vorrichtungen zur Entleerung und Entlüftung der Druckgeräte vorgesehen werden.

Korrosion und andere chemische Einflüsse
Erforderlichenfalls sind entsprechende Wanddickenzuschläge oder angemessene Schutzvorkehrungen gegen Korrosion oder andere chemische Einflüsse vorzusehen, wobei die beabsichtigte und nach vernünftigem Ermessen vorhersehbare Verwendung gebührend zu berücksichtigen ist.

Schutz vor Überschreiten der zulässigen Grenzen des Druckgerätes
In den Fällen, in denen unter nach vernünftigem Ermessen vorhersehbaren Bedingungen die zulässigen Grenzen überschritten werden könnten, ist das Druckgerät mit geeigneten Schutzvorrichtungen auszustatten bzw. für eine entsprechende Ausstattung vorzubereiten, sofern das Gerät nicht als Teil einer Baugruppe durch andere Schutzvorrichtungen geschützt wird. Die geeignete Schutzvorrichtung bzw. die Kombination geeigneter Schutzvorrichtungen ist in Abhängigkeit von dem jeweiligen Gerät bzw. der jeweiligen Baugruppe und den jeweiligen Betriebsbedingungen zu bestimmen.
Zu den geeigneten Schutzvorrichtungen und Kombinationen von Schutzvorrichtungen zählen:
a) Ausrüstungsteile mit Sicherheitsfunktion
b) gegebenenfalls geeignete Überwachungseinrichtungen wie Anzeige- und/oder Warnvorrichtungen, die es ermöglichen, dass entweder automatische oder von Hand gemessene Maßnahmen ergriffen werden, um für die Einhaltung der zulässigen Grenzen des Druckgerätes zu sorgen.

FERTIGUNG

Fertigungsverfahren
Der Hersteller muss die sachkundige Ausführung der in der Entwurfsphase festgelegten Maßnahmen gewährleisten, indem er geeignete Techniken und entsprechende Verfahren anwendet; dies gilt insbesondere im Hinblick auf die folgenden Punkte:
– Vorbereitung der Bauteile
– Dauerhafte Werkstoffverbindungen
– Zerstörungsfreie Prüfungen
– Wärmebehandlung

Abnahme
Schlussprüfung
Druckgeräte müssen einer Schlussprüfung unterzogen werden, bei der durch Sichtprüfung und Kontrolle der zugehörigen Unterlagen zu überprüfen ist, ob die Anforderungen dieser Richtlinie erfüllt sind.

Druckprüfung
Die Abnahmeprüfung der Druckgeräte muss eine Druckfestigkeitsprüfung einschließen, die normalerweise in Form eines hydrostatischen Druckversuchs durchgeführt wird.

Prüfung der Sicherheitseinrichtungen
Bei Baugruppen umfasst die Abnahme auch eine Prüfung der Ausrüstungsteile mit Sicherheitsfunktion, bei der überprüft wird, dass die Anforderungen gegen Überschreiten der zulässigen Grenzen des Druckgerätes erfüllt sind.

Betriebsanleitung
Beim Inverkehrbringen ist den Druckgeräten, sofern erforderlich, eine Betriebsanleitung für den Benutzer beizufügen, die alle der Sicherheit dienlichen Informationen zu den Aspekten der Montage, Inbetriebnahme, Benutzung, Wartung einschließlich Inspektion enthält.

WERKSTOFFE

Die zur Herstellung von Druckgeräten verwendeten Werkstoffe müssen, falls sie nicht ersetzt werden sollen, für die gesamte vorgesehene Lebensdauer geeignet sein.
Für Werkstoffe drucktragender Teile gelten ausgewählte Bestimmungen, z. B.
– ausreichend hohe Duktilität und Zähigkeit unter Betriebs- und Prüfbedingungen,
– chemische Beständigkeit,
– Alterungsunempfindlichkeit,
– gegen Sprödbruchversagen,
– Eignung für die vorgesehenen geeigneten Verarbeitungsverfahren,
– keine nachteiligen Wirkungen bei Verbindung unterschiedlicher Werkstoffe.

SPEZIFISCHE ANFORDERUNGEN FÜR BEFEUERTE ODER ANDERWEITIG BEHEIZTE
ÜBERHITZUNGSGEFÄHRDETE DRUCKGERÄTE

Diese Druckgeräte sind Teil von
– Dampf- und Heißwassererzeugern gemäß Artikel 3 Nummer 1.2, wie z. B. befeuerte Dampf- und Heißwasserkessel, Überhitzer und Zwischenüberhitzer, Abhitzekessel, Abfallverbrennungskessel, elektrisch beheizte Kessel oder Elektrodenkessel und Dampfdrucktöpfe, zusammen mit ihren Ausrüstungsteilen und gegebenenfalls ihren Systemen zur Speisewasserbehandlung und zur Brennstoffzufuhr;
– Prozessheizgeräten für andere Medien als Dampf und Heißwasser gemäß Artikel 3 Nummer 1.1, wie z. B. Erhitzer für chemische und ähnliche Prozesse sowie Druckgeräte für die Nahrungsmittelindustrie.
Diese Druckgeräte sind so zu berechnen, auszulegen und zu bauen, dass das Risiko eines signifikanten Versagens druckhaltender Teile aufgrund von Überhitzung vermieden oder minimiert wird.
Besondere quantitative Anforderungen werden für die vorgenannten Druckgeräte erhoben und ergänzen die grundlegenden Anforderungen hinsichtlich:
– zulässiger Belastungen
– Verbindungskoeffizienten zur Druckbegrenzung
– hydrostatischem Prüfdruck
– Werkstoffeigenschaften

ANHANG II

KONFORMITÄTSBEWERTUNGSDIAGRAMME

Die römischen Ziffern in den Diagrammen entsprechen folgenden Modulkategorien:
I   = Modul A
II = Module A1, D1, E1
III = Module B1 + D, B1 + F, B + E, B + C1, H
IV = Module B + D, B + F, G, H1

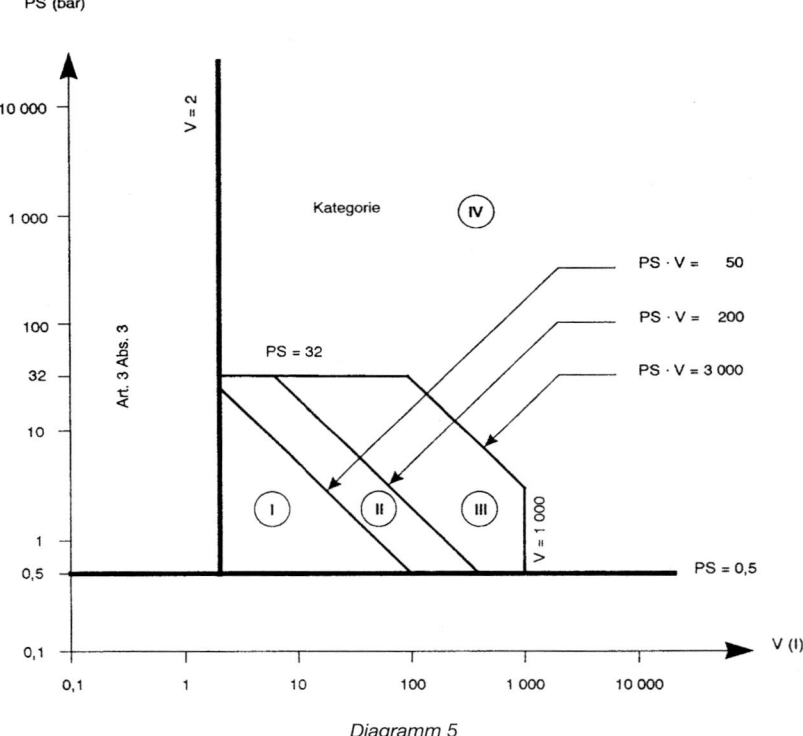

Diagramm 5

Druckgeräte gemäß Artikel 3 Nummer 1.2

Als Ausnahme hiervon unterliegen Schnellkochtöpfe einer Entwurfskontrolle nach mindestens einem der Module der Kategorie III entsprechenden Prüfverfahren.

Legende:
PS = maximal zulässiger Druck, für den das Druckgerät ausgelegt ist (bar Überdruck)
V = inneres Volumen des Druckraumes (Liter)

ANHANG III

KONFORMITÄTSBEWERTUNGSVERFAHREN

Die Verpflichtungen, die sich aufgrund der Bestimmungen dieses Anhangs für Druckgeräte ergeben, gelten auch für Baugruppen.

Modul A (Interne Fertigungskontrolle)
Dieses Modul beschreibt das Verfahren, bei dem der Hersteller oder sein in der Gemeinschaft ansässiger Bevollmächtigter, sicherstellt und erklärt, dass die Druckgeräte die für die sie geltenden Anforderungen dieser Richtlinie erfüllen. Der Hersteller oder sein in der Gemeinschaft ansässiger Bevollmächtigter bringt an jedem Druckgerät die CE-Kennzeichnung an und stellt eine schriftliche Konformitätserklärung aus.

Der Hersteller erstellt technische Unterlagen; er oder sein in der Gemeinschaft ansässiger Bevollmächtigter halten sie zehn Jahre lang nach Herstellung des letzten Druckgerätes zur Einsichtnahme durch die nationalen Behörden bereit.

Der Hersteller trifft alle erforderlichen Maßnahmen, damit das Fertigungsverfahren die Übereinstimmung der gefertigten Druckgeräte mit den technischen Unterlagen und mit den für sie geltenden Anforderungen dieser Richtlinie gewährleistet.

Modul B (EG-Baumusterprüfung)
Dieses Modul beschreibt den Teil des Verfahrens, bei dem eine benannte Stelle prüft und bestätigt, dass ein für die betreffende Produktion repräsentatives Muster den für dieses Muster geltenden Vorschriften dieser Richtlinie entspricht.

Der Antrag auf EG-Baumusterprüfung ist vom Hersteller oder seinem in der Gemeinschaft ansässigen Bevollmächtigten bei einer einzigen benannten Stelle seiner Wahl einzureichen.

Der Antrag muss Folgendes enthalten:
– Name und Anschrift des Herstellers und, wenn der Antrag vom in der Gemeinschaft ansässigen Bevollmächtigten eingereicht wird, auch dessen Name und Anschrift;
– eine schriftliche Erklärung, dass derselbe Antrag bei keiner anderen benannten Stelle eingereicht worden ist;
– die technischen Unterlagen gemäß Nummer 3 der Beschreibung von Modul B.

Der Antragsteller stellt der benannten Stelle ein für die betreffende Produktion repräsentatives Muster, im Folgenden als »Baumuster« bezeichnet, zur Verfügung. Die benannte Stelle kann weitere Muster verlangen, wenn sie diese für die Durchführung des Prüfungsprogramms benötigt.

Ein Baumuster kann für mehrere Versionen eines Druckgeräts verwendet werden, sofern die Unterschiede zwischen den verschiedenen Versionen das Sicherheitsniveau nicht beeinträchtigen.

Die technischen Unterlagen müssen eine Bewertung der Übereinstimmung des Druckgeräts mit den für es geltenden Anforderungen der Richtlinie ermöglichen.

Die benannte Stelle prüft die technischen Unterlagen, überprüft, ob das Baumuster in Übereinstimmung mit den technischen Unterlagen hergestellt wurde, und stellt fest, welche Bauteile nach den einschlägigen Bestimmungen der in Artikel 5 genannten Normen und welche nicht nach diesen Normen entworfen wurden.

Entspricht das Baumuster den einschlägigen Bestimmungen der Richtlinie, so stellt die benannte Stelle dem Antragsteller eine EG-Baumusterprüfbescheinigung aus.

Modul B1 (EG-Entwurfsprüfung)
Dieses Modul beschreibt den Teil des Verfahrens, bei dem eine benannte Stelle prüft und bestätigt, dass der Entwurf eines Druckgeräts den für dieses Gerät geltenden Vorschriften dieser Richtlinie entspricht.

Die experimentelle Auslegungsmethode kann im Rahmen dieses Moduls nicht verwendet werden.

Die benannte Stelle prüft die technischen Unterlagen und stellt fest, welche Bauteile nach den einschlägigen Bestimmungen der in Artikel 5 genannten Normen und welche nicht nach diesen Normen entworfen wurden.

Modul C1 (Konformität mit der Bauart)

Dieses Modul beschreibt den Teil des Verfahrens, bei dem der Hersteller oder sein in der Gemeinschaft ansässiger Bevollmächtigter sicherstellt und erklärt, dass das Druckgerät der in der EG-Baumusterprüfbescheinigung beschriebenen Bauart entspricht und die für dieses Gerät geltenden Anforderungen dieser Richtlinie erfüllt. Der Hersteller oder sein in der Gemeinschaft ansässiger Bevollmächtigter bringt an jedem Druckgerät eine CE-Kennzeichnung an und stellt eine Konformitätserklärung aus.

Die Abnahme unterliegt einer Überwachung in Form unangemeldeter Besuche durch die vom Hersteller ausgewählte benannte Stelle.

Modul D (Qualitätssicherung Produktion)

Dieses Modul beschreibt das Verfahren, bei dem der Hersteller sicherstellt und erklärt, dass die betreffenden Druckgeräte der in der EG-Baumusterprüfbescheinigung oder in der EG-Entwurfsprüfbescheinigung beschriebenen Bauart entsprechen und die für sie geltenden Anforderungen dieser Richtlinie erfüllen. Der Hersteller oder sein in der Gemeinschaft ansässiger Bevollmächtigter bringt an jedem Druckgerät die CE-Kennzeichnung an und stellt eine schriftliche Konformitätserklärung aus. Der CE-Kennzeichnung wird die Kennnummer der benannten Stelle hinzugefügt.

Der Hersteller unterhält ein zugelassenes Qualitätssicherungssystem für die Herstellung, Endabnahme und andere Prüfungen und unterliegt der Überwachung unter Verantwortung der benannten Stelle.

Der Hersteller beantragt bei einer benannten Stelle seiner Wahl die Bewertung seines Qualitätssicherungssystems.

Das Qualitätssicherungssystem muss die Übereinstimmung der Druckgeräte mit der in der EG-Baumusterprüfbescheinigung oder EG-Entwurfsprüfbescheinigung beschriebenen Bauart und mit den für sie geltenden Anforderungen der Richtlinie gewährleisten.

Die Überwachung soll gewährleisten, dass der Hersteller die Verpflichtungen aus dem zugelassenen Qualitätssicherungssystem vorschriftsmäßig erfüllt.

Die benannte Stelle führt regelmäßig Nachprüfungen (Audits) durch, um sicherzustellen, dass der Hersteller das Qualitätssicherungssystem aufrechterhält und anwendet, und übergibt ihm einen Bericht über die Nachprüfung. Die Häufigkeit der Nachprüfungen ist so zu wählen, dass alle drei Jahre eine vollständige Neubewertung vorgenommen wird. Darüber hinaus kann die benannte Stelle dem Hersteller unangemeldet Besuche abstatten.

Modul E (Qualitätssicherung Produkt)

Dieses Modul beschreibt das Verfahren, bei dem der Hersteller sicherstellt und erklärt, dass die Druckgeräte der in der EG-Baumusterprüfbescheinigung beschriebenen Bauart entsprechen und die für sie geltenden Anforderungen der Richtlinie erfüllen. Der Hersteller oder sein in der Gemeinschaft ansässiger Bevollmächtigter bringt an jedem Produkt eine CE-Kennzeichnung an und stellt eine schriftliche Konformitätserklärung aus. Der CE-Kennzeichnung wird die Kennnummer der benannten Stelle hinzugefügt, die für die Überwachung gemäß Nummer 4 der Beschreibung Modul E zuständig ist.

Der Hersteller unterhält ein zugelassenes Qualitätssicherungssystem für die Endabnahme des Druckgeräts und andere Prüfungen und unterliegt der Überwachung unter der Verantwortung der benannten Stelle.

Der Hersteller beantragt bei einer benannten Stelle seiner Wahl die Bewertung seines Qualitätssicherungssystems.

Die benannte Stelle führt regelmäßig Nachprüfungen (Audits) durch, um sicherzustellen, dass der Hersteller das Qualitätssicherungssystem aufrechterhält und anwendet, und übergibt ihm

Vorschriften und Bestimmungen 689

einen Bericht über die Nachprüfung. Die Häufigkeit der Nachprüfungen ist so zu wählen, dass alle drei Jahre eine vollständige Neubewertung vorgenommen wird. Darüber hinaus kann die benannte Stelle dem Hersteller unangemeldete Besuche abstatten.

Modul F (Prüfung der Produkte)
Dieses Modul beschreibt das Verfahren, bei dem der Hersteller oder sein in der Gemeinschaft ansässiger Bevollmächtigter sicherstellt und erklärt, dass die Druckgeräte, die den Bestimmungen von Nummer 3 der Beschreibung von Modul F unterliegen, die für sie geltenden Anforderungen dieser Richtlinie erfüllen und der in folgenden Unterlagen beschriebenen Bauart entsprechen:
– EG-Baumusterprüfbescheinigung oder
– EG-Entwurfsprüfbescheinigung.
Die benannte Stelle nimmt die entsprechenden Untersuchungen und Prüfungen durch Kontrolle und Erprobung jedes einzelnen Druckgeräts vor, um die Übereinstimmung des Geräts mit den entsprechenden Anforderungen dieser Richtlinie zu überprüfen.

Modul G (EG-Einzelprüfung)
Dieses Modul beschreibt das Verfahren, bei dem der Hersteller sicherstellt und erklärt, dass das betreffende Druckgerät, für das die Konformitätsbescheinigung ausgestellt wurde, die einschlägigen Anforderungen der Richtlinie erfüllt. Der Hersteller bringt am Druckgerät die CE-Kennzeichnung an und stellt eine Konformitätserklärung aus.
Der Hersteller beantragt bei einer benannten Stelle seiner Wahl die Einzelprüfung.
Die technischen Unterlagen müssen eine Bewertung der Übereinstimmung des Druckgeräts mit den für es geltenden Anforderungen der Richtlinie ermöglichen. Sie müssen Entwurf, Fertigung und Funktionsweise des Druckgeräts abdecken.
Die benannte Stelle prüft den Entwurf und die Konstruktion jedes Druckgeräts und führt bei der Fertigung die entsprechenden Prüfungen gemäß einschlägigen Norm(en) bzw. gleichwertige Untersuchungen und Prüfungen durch, um seine Übereinstimmung mit den entsprechenden Anforderungen der Richtlinie zu bescheinigen.

Modul H (Umfassende Qualitätssicherung)
Dieses Modul beschreibt das Verfahren, bei dem der Hersteller, der die Verpflichtungen nach Nummer 2 der Beschreibung von Modul H erfüllt, sicherstellt und erklärt, dass die betreffenden Druckgeräte die für sie geltenden Anforderungen dieser Richtlinie erfüllen. Der Hersteller oder sein in der Gemeinschaft ansässiger Bevollmächtigter bringt an jedem Druckgerät die CE-Kennzeichnung an und stellt eine schriftliche Konformitätserklärung aus. Der CE-Kennzeichnung wird die Kennnummer der benannten Stelle hinzugefügt, die für die Überwachung nach Nummer 4 der Beschreibung von Modul H zuständig ist.
Der Hersteller unterhält ein zugelassenes Qualitätssicherungssystem für Entwurf, Herstellung Endabnahme und andere Prüfungen und unterliegt der Überwachung unter Verantwortung der benannten Stelle.
Der Hersteller beantragt bei einer benannten Stelle seiner Wahl die Bewertung seines Qualitätssicherungssystems.
Das Qualitätssicherungssystem muss die Übereinstimmung der Druckgeräte mit den für sie geltenden Anforderungen der Richtlinie gewährleisten.
Die benannte Stelle bewertet das Qualitätssicherungssystem.
Die benannte Stelle führt regelmäßig Nachprüfungen (Audits) durch, um sicherzustellen, dass der Hersteller das Qualitätssicherungssystem aufrechterhält und anwendet, und übergibt ihm einen Bericht über die Nachprüfung. Die Häufigkeit der Nachprüfungen ist so zu wählen, dass alle drei Jahre eine vollständige Neubewertung vorgenommen wird.
Darüber hinaus kann die benannte Stelle dem Hersteller unangemeldete Besuche abstatten. Die Notwendigkeit derartiger zusätzlicher Besuche und deren Häufigkeit wird anhand eines von der benannten Stelle verwendeten Kontrollbesuchsystems ermittelt.

ANHANG IV

MINDESTKRITERIEN FÜR DIE BESTIMMUNG DER BENANNTEN STELLEN GEMÄSS ARTIKEL 12 UND DER ANERKANNTEN UNABHÄNGIGEN PRÜFSTELLEN GEMÄSS ARTIKEL 13

Die Stelle, ihr Leiter und das mit der Durchführung der Bewertung und Prüfungen beauftragte Personal dürfen weder mit dem Urheber des Entwurfs, dem Hersteller, dem Lieferanten, dem Aufsteller oder dem Betreiber der Druckgeräte oder Baugruppen, die diese Stelle prüft, identisch noch Beauftragte einer dieser Personen sein. Sie dürfen weder unmittelbar noch als Beauftragte an der Planung, am Bau, am Vertrieb oder an der Instandhaltung dieser Druckgeräte oder Baugruppen beteiligt sein. Dies schließt nicht aus, dass zwischen dem Hersteller der Druckgeräte oder Baugruppen und der Stelle technische Informationen ausgetauscht werden können.

ANHANG V

KRITERIEN FÜR DIE ZULASSUNG VON BETREIBERPRÜFSTELLEN GEMÄSS ARTIKEL 14

Die Betreiberprüfstellen müssen organisatorisch abgrenzbar sein und innerhalb der Gruppe, zu der sie gehören, über Berichtsverfahren verfügen, die ihre Unparteilichkeit sicherstellen und belegen. Die Betreiberprüfstellen dürfen nicht für den Entwurf, die Fertigung, die Lieferung, das Aufstellen den Betrieb oder die Wartung des Druckgeräts oder der Baugruppe verantwortlich sein und sie dürfen keinen Tätigkeiten nachgehen, die mit der Unabhängigkeit ihrer Beurteilung und ihrer Zuverlässigkeit im Rahmen ihrer Überprüfungsarbeiten in Konflikt kommen könnten.

ANHANG VI

Die CE-Kennzeichnung besteht aus den Buchstaben »CE« mit nachstehendem Schriftbild:

CE-Kennzeichnung

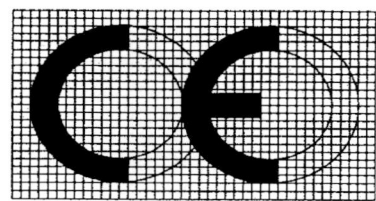

Bei Verkleinerung oder Vergrößerung der CE-Kennzeichnung müssen die sich aus dem oben abgebildeten Raster ergebenden Proportionen eingehalten werden.
Die verschiedenen Bestandteile der CE-Kennzeichnung müssen etwa gleich hoch sein; die Mindesthöhe beträgt 5 mm.

ANHANG VII

KONFORMITÄTSERKLÄRUNG

Die EG-Konformitätserklärung muss folgende Angaben erhalten wie z. B.:
- Name und Anschrift des Herstellers oder seines in der Gemeinschaft ansässigen Bevollmächtigten,
- Beschreibung des Druckgerätes oder der Baugruppe,
- angewandte Konformitätsbewertungsverfahren.

Die Umsetzung der europäischen Druckgeräterichtlinie 97/23/EG in deutsches Recht erfolgt durch die 14. Verordnung zum Gerätesicherheitsgesetz (14. GSGV). Erstmalig durfte ein Druckgerät am 29. November 1999 entsprechend dieser Richtlinie mit einem CE-Kennzeichen in den Verkehr gebracht werden. Es ist davon auszugehen, dass Konformität mit den wesentlichen Anforderungen der Druckgeräterichtlinie besteht, wenn die harmonisierten Normen Anwendung fanden (Konformitätsvermutung). Die Anwendung der harmonisierten Normen ist aber nicht zwingend.

In der Zeit vom 29. November 1999 bis zum 29. Mai 2002 bestand für den Hersteller die Wahlmöglichkeit, noch die nationalen Vorschriften oder schon die Druckgeräterichtlinie anzuwenden. Seit dem 30. Mai 2002 ist die Druckgeräterichtlinie verbindlich.

In den Fachkreisen herrscht die Meinung vor, dass gerade mit dem in sich geschlossenen AD-Regelwerk bzw. den TRD Regeln der Anhang I der Druckgeräterichtlinie erfüllt werden kann.

Der Hersteller darf auch andere technische Spezifikationen, z. B. nationale Normen, Verbändevereinbarungen oder Firmenspezifikationen, bei der Herstellung eines Druckgerätes benutzen, solange er damit die wesentlichen Anforderungen nach Anhang I der Druckgeräterichtlinie erfüllt.

Aufgrund zahlloser Fragen zur Druckgeräterichtlinie (97/23/EG) erfolgt bei der Europäischen Kommission eine Sammlung. Die Fragen kommen von verschiedenen europäischen Organisationen. Eine Reihe von technischen Fragen konnten zügig im Forum der benannten Stellen beantwortet werden. In Kommissionsarbeitsgruppen, an denen auch Vertreter der Mitgliedstaaten beteiligt sind, werden die Dokumente beschleunigt diskutiert und verabschiedet und können nun als Leitlinie eine Hilfestellung bei der Anwendung der Richtlinien für Druckgeräte sein. Es muss jedoch darauf hingewiesen werden, dass die Leitlinien keine rechtliche Bindung haben und lediglich freiwillig angewendet werden können.

Leitlinien existieren beispielsweise zu den Themen Rohrleitungen, Anforderungen an druckhaltende Ausrüstungsteile, Zusammenbau unter Verantwortung des Anwenders, Mindestumfang »Baugruppe Kessel«, Werkstoffanforderung (zu beziehen bei TÜV Verlag GmbH, Am Grauen Stein, 5105 Köln).

Durch die Realisierung des EG-Binnenmarktes wird die technische Regelsetzung auf dem Gebiet des Dampfkesselwesens stark beeinflusst (s. Abschn. 10.2 mit 10.6).

Ob das bestehende deutsche Qualitätsniveau bei den Harmonisierungsbestrebungen gehalten werden kann, muss die Zukunft lehren.

Die bisherigen erstmaligen Prüfungen (z. B. Vorprüfung, Bauprüfung und Druckprüfung nach § 15 Abs. 2 Nr. 1 und 2 DampfkV oder § 9 Abs. 3 Satz 1 DruckbehV) werden bereits von der Druckgeräterichtlinie erfasst und sind Bestandteil des Konformitätsbewertungsverfahrens. Die Inbetriebnahme darf nicht behindert werden, eine nochmalige Prüfung der Beschaffenheit auf der Grundlage nationaler Vorschriften ist nicht zulässig.

10.4 Änderung des Gesetzes über technische Arbeitsmittel (Gerätesicherheitsgesetz GSG) und Ablösung durch das Gesetz über technische Arbeitsmittel und Verbraucherprodukte (Geräte- und Produktsicherheitsgesetz – GPSG)

In das Gesetz vom 23.10.1992 (BGBl. I S. 1793) sind die in den §§ 24 bis 24d der Gewerbeordnung enthaltenen Vorschriften für überwachungsbedürftige Anlagen unverändert übernommen worden.

Das GSG war gültig für das Inverkehrbringen und Ausstellen technischer Arbeitsmittel, wenn das gewerbsmäßig oder selbstständig im Rahmen einer wirtschaftlichen Unternehmung erfolgte, sowie für die Prüfung und Überwachung der überwachungsbedürftigen Anlagen, beispielsweise durch Sachverständige, die in technischen Überwachungsorganisationen zusammengefasst sind (Bild 10.1).

Dieses personenbezogene technische Prüfwesen entspricht jedoch heute aus politischer Sicht nicht den durch EG-Recht vorgegebenen »Strukturen eines organisationsbezogenen Prüfwesens mit einer Vielzahl von zugelassenen Überwachungsstellen«, deren Akkreditierung Länderaufgabe ist. Durch Staatsvertrag haben die deutschen Bundesländer die ihnen zugewiesene Akkreditierungsaufgabe der Zentralstelle der Länder für Sicherheitstechnik in München übertragen.

Der Bundesrat hat sich in seiner Entschließung vom 6. Juni 1997 für eine Neuordnung des Rechts der überwachungsbedürftigen Anlagen ausgesprochen, weil auch aufgrund der Umsetzung von EG-Richtlinien, wie z. B. die Richtlinien 89/655/EWG »Benutzung von Arbeitsmitteln«, 98/24/EG »Chemische Arbeitsstoffe«, 97/23/EG »Druckgeräterichtlinie«, in deutsches Recht bestehende Vorschriften geändert und angepasst werden müssen. Hierbei sollte ein neues Konzept flexibler Grundvorschriften entstehen nach u. a. folgenden Grundsätzen:

1. Einheitliches Schutzkonzept für alle Gefährdungen, die von Arbeitsmitteln (einschließlich Anlagen) ausgehen. Das Schutzkonzept wird im Rahmen der neuen Betriebssicherheitsverordnung umgesetzt werden.

Bild 10.1: Innere Untersuchung eines Dampfkessels (TÜV Industrie Service GmbH, TÜV SÜD Gruppe)

2. Einbeziehung der Betriebsvorschriften nach § 11 GSG für die in § 2a genannten Überwachungsbedürftigen Anlagen sowie der einschlägigen berufsgenossenschaftlichen Bestimmungen (Unfallverhütungsvorschriften) in die Betriebssicherheitsverordnung.
3. Stärkung der Eigenverantwortung der Arbeitgeber und Betreiber.
4. Liberalisierung des Sachverständigenwesens mit umfassender Neugestaltung. Umfang und Zeitpunkt der Prüfungen sollen unter Beibehaltung des bisherigen Sicherheitsniveaus nach dem Ergebnis der betrieblichen Gefährdungsbeur-teilung unter Aufgabe bisheriger starrer Prüfverpflichtungen erfolgen.
5. Einbezug von Arbeitsschutzmanagementsystemen zur Steigerung der Eigeni-ni-tiative der Betriebe mit möglichem Entfall einer weiteren Prüfung, ob die Bestimmungen zum Arbeitsschutz und zur Betriebssicherheit eingehalten sind.
6. Zusammenfassung des Sachverstandes der bisherigen nach den Verordnungen gebildeten 8 technischen Hauptausschüsse für überwachungsbedürftige Anlagen und der berufsgenossenschaftlichen Fachausschüsse.

Mit Gesetz zur Änderung des GSG und des Chemikaliengesetzes vom 31. Dezember 2000 (BGBl. I, S. 2048-2054) wurde das GSG entsprechend verändert. Das Gesetz zur Neuordnung der Sicherheit von technischen Arbeitsmitteln und Verbraucherprodukten vom 6. Januar 2004 (BGBl. I Nr. 1 vom 9. Januar 2004, S. 2) löste das GSG i. d. F. vom 11. Mai 2001 und das Produktsicherheitsgesetz vom 22. April 1997 durch das Gesetz über technische Arbeitsmittel und Verbraucherprodukte – GPSG ab, wobei wichtige Abschnitte des GSG unverändert übernommen wurden. Gründe für den Erlass des GPSG sind die Umsetzung von Richtlinien und Beschlüssen des europäischen Parlaments und des Rates und die Stärkung des Verbraucherschutzes.

Gegenüber dem GSG wurde daher der Anwendungsbereich von den technischen Arbeitsmitteln auf Verbraucherprodukte erweitert. Verbraucherprodukte sind Gebrauchsgegenstände und sonstige Produkte, die für Verbraucher bestimmt sind oder unter vernünftigerweise vorhersehbaren Bedingungen von Verbrauchern benutzt werden können, selbst wenn sie nicht für diese Bedingungen bestimmt sind.

Das GPSG gilt nicht für das Inverkehrbringen und Ausstellen gebrauchter Produkte, wenn sie z. B. vor ihrer erneuten Verwendung instand gesetzt werden müssen, sofern der Empfänger davon unterrichtet wird, oder wenn sie als Antiquität überlassen werden.

Technische Arbeitsmittel im Sinne dieses Gesetzes sind verwendungsfertige Arbeitseinrichtungen, die bestimmungsgemäß ausschließlich bei der Arbeit verwendet werden, deren Zubehörteile sowie Schutzausrüstungen, die nicht Teil einer Arbeitseinrichtung sind, und Teile von technischen Arbeitsmitteln, wenn sie in einer Rechtsverordnung nach § 3 Abs. 1 oder 2 des GPSG erfasst sind. Verwendungsfertig sind Arbeitseinrichtungen und Gebrauchsgegenstände z. B. dann, wenn sie bestimmungsgemäß verwendet werden können, ohne dass weitere Teile eingefügt zu werden brauchen. Neu ist u. a. auch der Begriff der vorhersehbaren Fehlanwendung eines Produktes. Es handelt sich um eine beim Inverkehrbringen nicht vorgesehene Verwendung, sie kann sich aber aus dem vernünftigerweise vorsehbaren Verhalten des Verwenders ergeben und muss vom Hersteller eines Produktes berücksichtigt werden.

Überwachungsbedürftige Anlagen sind im Sinne des GPSG:
1. Dampfkesselanlagen mit Ausnahme von Dampfkesselanlagen auf Seeschiffen
2. Druckbehälteranlagen außer Dampfkesseln
3. Anlagen zur Abfüllung von verdichteten, verflüssigten oder unter Druck gelösten Gasen
4. Leitungen unter innerem Überdruck für brennbare, ätzende oder giftige Gase, Dämpfe oder Flüssigkeiten
5. Aufzugsanlagen
6. Anlagen in explosionsgefährdeten Bereichen
7. Getränkeschankanlagen und Anlagen zur Herstellung kohlensaurer Getränke,
8. Acetylenanlagen und Calciumcarbidlager
9. Anlagen zur Lagerung, Abfüllung und Beförderung von brennbaren Flüssigkeiten.

Zu den Anlagen gehören Mess-, Steuer- und Regeleinrichtungen, die dem sicheren Betrieb der Anlage dienen. Zu den in Nummern 2, 3 und 4 bezeichneten überwachungsbedürftigen Anlagen gehören nicht die Energieanlagen im Sinne des § 2 Abs. 2 des Energiewirtschafts-gesetzes. Überwachungsbedürftige Anlagen stehen den Produkten im Sinne der Begriffsbestimmung des Gesetzes gleich, soweit sie nicht schon als technisches Arbeitsmittel oder Verbraucherprodukt erfasst werden.
Für die überwachungsbedürftigen Anlagen sind gesetzliche Vorschriften erlassen. Diese beruhen z. B. für Dampfkessel und Druckbehälter auf einem in sich geschlossenen Sicherheitskonzept, bestehend aus
– technischen Anforderungen an die Herstellung mit
– Prüfungen im Herstellerwerk
– betrieblichen Anforderungen und
– Prüfungen während der Nutzungszeit der Anlagen.

Die Harmonisierung der Beschaffenheitsanforderungen an technische Arbeitsmittel macht es erforderlich, dass die betrieblichen Anforderungen für Dampfkessel und Druckbehälter in den neuen Regeln der Betriebssicherheitsverordnung, abgestimmt auf die Druckgeräterichtlinie und die berufsgenossenschaftlichen Richtlinien gefährdungsorientiert neu gefasst werden.
Künftig betreibt der Betriebssicherheitsausschuss die Fortentwicklung des Technischen Regelwerkes für den Betrieb. Die für den Betrieb geltenden TRD für den beaufsichtigungsfreien Kesselbetrieb von Dampferzeugern, Heißwassererzeugern, Rostfeuerungen, Schnelldampferzeugern wurden unter Berücksichtigung der neuen Anforderungen aus der Druckgeräterichtlinie und der DIN EN-Normen in neuen Verbändevereinbarungen zusammengefasst.
Im Vergleich sind die in den deutschen Betriebsvorschriften festgelegten Fristen für wiederkehrende Prüfungen europaweit die längsten.
Da bei Anwendung der Druckgeräterichtlinie die in Verkehr gebrachten Geräte sehr unterschiedliche Qualitäten aufweisen können, ist zu erwarten, dass der sichere Betrieb dieser Druckgeräte während den von den bisherigen Verordnungen vorgegebenen Fristen nicht zwangsläufig gewährleistet werden kann. Im Hinblick darauf dürften die in § 17 Abs. 1 DampfkV, § 10 Abs. 4 bzw. § 30 b Abs. 2 DruckbehV und § 12 Abs. 1 AcetV festgelegten Fristen für wiederkehrende Prüfungen im

Einzelfall nicht mehr angemessen sein. Um beim Betrieb der Anlagen das bisherige Sicherheitsniveau aufrecht erhalten zu können, muss daher jeweils im Einzelfall geprüft werden, ob die in der neuen Betriebssicherheitsverordnung angegebenen längsten Fristen für die wiederkehrenden Prüfungen bei der konkreten Anlage gerechtfertigt sind.

In diesem Zusammenhang erhält die neue Betriebssicherheitsverordnung für die überwachungsbedürftigen Neu- und Altanlagen in § 15 und § 27 spezielle Bestimmungen.

Wenn überwachungsbedürftige Dampfkessel über den 29. Mai 2002 hinaus nach den nationalen Vorschriften eines europäischen Mitgliedstaates und unter Berücksichtigung des Anhanges I der DGR gefertigt und mit CE-Kennzeichnung nach Deutschland geliefert werden, könnten die gültigen ausländischen, kürzeren Prüffristen zum Tragen kommen.

Für die innere Untersuchung von Dampfkesseln betragen sie z. B. in

Frankreich	1,5	Jahre
Belgien	1	Jahr
Italien	2	Jahre
Niederlande	2	Jahre
Großbritannien	1,17	Jahre
Schweden	1	Jahr
Luxemburg	1,5	Jahre

Im Hinblick auf die große Bedeutung der geänderten Rechtslage für den Anlagenbetreiber sind die Betriebe über die neue Situation und die sich daraus ergebenden Konsequenzen für die Beschaffung und die Prüfung von Druckgeräten und Baugruppen, z. B. durch die benannten Stellen und die Gewerbeaufsichtsämter, zu beraten.

10.5 Dampfkesselbestimmungen

Mit Artikel 8 der Verordnung zur Rechtsvereinfachung im Bereich der Sicherheit und des Gesundheitsschutzes bei der Bereitstellung von Arbeitsmitteln und deren Benutzung bei der Arbeit, der Sicherheit beim Betrieb überwachungsbedürftiger Anlagen und der Organisation des betrieblichen Arbeitsschutzes vom 7. September 2002 (Artikelverordnung) traten u. a. die Dampfkesselverordnung und die Druckbehälterverordnung zum 1. Januar 2003 außer Kraft.

Die Beschaffenheit der Dampfkessel wird in den neuen EU-Normen geregelt. Die frühere Notifizierung in Brüssel von geänderten TRD nach den EU-Informationsrichtlinien 83/189 EWG[1] und 88/182 EWG wurde zugunsten der Neuentwicklung und Gültigkeit der neuen EU-Kesselnormen im harmonisierten europäischen Markt aufgegeben.

---
[1] 83/189/EWG: Richtlinie des Rates vom 28.3.1983 über ein Informationsverfahren auf dem Gebiet der Normen und technischen Vorschriften (ABl. EG 1983, Nr. L 109, geändert durch 94/1 O/EWG vom 23.3.1994, ABl. EG 1994, Nr. L 100).
88/182/EWG: Richtlinie des Rates vom 22.3.1988 zur Änderung der Richtlinie 83/189/EWG (ABl. EG 1988, Nr. L 81).
Weiterhin ist in diesem Zusammenhang zu beachten:
90/657/EWG: Richtlinie des Rates vom 4.12.1990 über die Übergangsmaßnahmen, die in Deutschland im Zusammenhang mit der Harmonisierung der technischen Vorschriften anwendbar sind (ABl. EG 1990, Nr. L 353).

Auf die Wiedergabe dieser TRD, die sich mit der Herstellung befassen, wird hier verzichtet. Für den Betrieb von Dampfkesselanlagen gelten derzeit folgende Vorschriften und TRD (TRD Entwürfe, deren Titel von den angegebenen TRD nicht abweicht, wurden nicht aufgenommen; sie werden jedoch von den Fachverlagen[2] angeboten). Die für den Betrieb und für die Prüfung wichtigen technischen Regeln werden neu strukturiert und für die überwachungsbedürftigen Anlagen zusammengefasst.

Blatt	Bezeichnung
GPSG	Gesetz über technische Arbeitsmittel und Verbraucherprodukte (Geräte- und Produktsicherheitsgesetz - GPSG)
GSG	Gesetz über technische Arbeitsmittel (Gerätesicherheitsgesetz) und Allgemeine Verwaltungsvorschrift zum Gesetz über technische Arbeitsmittel,
	Richtlinie 97/23/EG des Europäischen Parlaments und des Rates vom 29. Mai 1997 zur Angleichung der Rechtsvorschriften der Mitgliedstaaten über Druckgeräte
BetrSichV	Verordnung über Sicherheit und Gesundheitsschutz bei der Bereitstellung von Arbeitsmitteln und deren Benutzung bei der Arbeit, über Sicherheit beim Betrieb überwachungsbedürftiger Anlagen und über die Organisation des betrieblichen Arbeitsschutzes (Betriebssicherheitsverordnung – BetrSichV)
	Allgemeines
TRD 001	Aufbau und Anwendung der TRD
Beilage zu TRD 001	DDA-Information zu TRD 001
TRD 001 Anl. 1	Zusammenstellung wichtiger Normen, Merkblätter u. dgl.
Beilage zu TRD 001 Anl. 1	DDA-Information zur TRD 001 Anl. 1
TRD 001 Anl. 2	Übersicht über das TRD-Regelwerk
TRD 411	Ölfeuerungen an Dampfkesseln, Nr. 10 Zulässige Anforderungen und Betriebsvorschriften, Betriebsanweisung, Nr. 12 (7) Regelmäßige Prüfungen
TRD 412	Gasfeuerungen an Dampfkesselanlagen, Nr. 10 Zusätzliche Anforderungen, Nr. 10 (4) Regelmäßige Prüfungen
TRD 451	Anlagen zur Lagerung von druckverflüssigtem Ammoniak für Dampfkesselanlagen, Druckbehälter – Nr. 8 Wiederkehrende Prüfungen
TRD 451 Anl. 1	Anlagen zur drucklosen Lagerung von Ammoniak-Wassergemischen für Dampfkesselanlagen, Lagerbehälter – Nr. 9 Wiederkehrende Prüfungen
TRD 451 Anl. 2	Anlagen zur Lagerung von Ammoniak-Wassergemischen in Druckbehältern für Dampfkesselanlagen, Lagerbehälter – Anlage 1 Nr. 9 Wiederkehrende Prüfungen
TRD 452	Anlagen zur Lagerung von druckverflüssigtem Ammoniak für Dampfkesselanlagen, Aufstellung, Ausrüstung, Betrieb – Nr. 8.2 Wiederkehrende Prüfungen

---

[2] Zu beziehen bei der Carl Heymanns Verlag KG, Luxemburger Str. 449, 50939 Köln, oder bei der Beuth Verlag GmbH, Burggrafenstr. 6, 10787 Berlin.

TRD 452 Anl. 1	Anlagen zur drucklosen Lagerung von Ammoniak-Wassergemischen für Dampfkesselanlagen, Aufstellung, Ausrüstung, Betrieb – Nr. 9.3 Wiederkehrende Prüfungen
TRD 452 Anl. 2	Anlagen zur Lagerung von Ammoniak-Wassergemischen in Druckbehältern für Dampfkesselanlagen, Aufstellung, Ausrüstung, Betrieb – Nr. 9.3 Wiederkehrende Prüfungen
TRD 460	Anlagen zur Verminderung von luftverunreinigenden Stoffen in Rauchgasen von Dampfkesselanlagen – Rauchgasreinigungsanlagen – Nr. 10.4 Wiederkehrende Äußere Prüfungen und Nr. 10.5 Wiederkehrende Prüfungen bei Stillstand der Anlage

Prüfung

TRD 505	Wiederkehrende Prüfung – äußere Prüfung
TRD 506	Wiederkehrende Prüfung – innere Prüfung
TRD 507	Wiederkehrende Prüfung – Wasserdruckprüfung
TRD 508	Zusätzliche Prüfungen an Bauteilen, berechnet mit zeitabhängigen Festigkeitskennwerten
TRD 508 Anl. 1	Zusätzliche Prüfungen an Bauteilen, Verfahren zur Berechnung von Bauteilen mit zeitabhängigen Festigkeitskennwerten
TRD 511	Prüfung von Dampfkesselanlagen mit Dampfkesseln der Gruppen I, II oder III, Nr. 5 Wiederkehrende äußere Prüfung

Betrieb

TRD 601 Blatt 1	Betrieb der Dampfkesselanlagen Teil I – Allgemeine Anweisung für den Betreiber von Dampfkesselanlagen für Dampfkessel der Gruppe IV
Beilage zu TRD 601 Blatt 1	Reinhaltung der Luft – Bekämpfung von Lärm und Schutz der Gewässer (Bundes- und Ländervorschriften)
TRD 601 Blatt 2	Betrieb der Dampfkesselanlagen Teil II – Allgemeine Anweisung für die Wartung von Dampfkesselanlagen – Betriebsvorschriften für Dampfkessel der Gruppe IV
TRD 601 Blatt 3	Erprobung der Dampfkesselanlagen
TRD 602 Blatt 1	Eingeschränkte Beaufsichtigung von Dampfkesselanlagen mit Dampferzeugern der Gruppe IV, Nr. 3 Betrieb
TRD 602 Blatt 2	Eingeschränkte Beaufsichtigung von Dampfkesselanlagen mit Heißwassererzeugern der Gruppe IV, Nr. 3 Betrieb
TRD 602 Blatt 1 + 2 Anlage 1	Zusätzliche Anforderungen zu TRD 602 für Dampfkessel der Gruppe IV mit Rostfeuerungen für Kohle
TRD 603 Blatt 1	Zeitweiliger Betrieb einer Dampfkesselanlage mit einem Dampferzeuger der Gruppe IV mit herabgesetztem Betriebsdruck ohne Beaufsichtigung, Nr. 4 Überwachung der Regel- und Begrenzungseinrichtungen
TRD 603 Blatt 2	Zeitweiliger Betrieb einer Dampfkesselanlage mit einem Heißwassererzeuger der Gruppe IV mit herabgesetzter Vorlauftem-

TRD 604 Blatt 1	peratur ohne Beaufsichtigung, Nr. 4 Überwachung der Regel- und Begrenzungseinrichtungen Betrieb von Dampfkesselanlagen mit Dampferzeugern der Gruppe IV ohne ständige Beaufsichtigung, Nr. 4 Betrieb sowie Nr. 5.3 Betrieb und Nr. 5.6 Zusätzliche jährliche äußere Prüfung
TRD 604 Blatt 1 Anlage 1	Zusätzliche Anforderungen zu TRD 604 Blatt 1 an Dampfkesselanlagen mit Dampferzeugern der Gruppe IV mit Rostfeuerungen für Kohle, Nr. 11 Zusätzliche jährliche äußere Prüfung
TRD 604 Blatt 2	Betrieb von Dampfkesselanlagen mit Heißwassererzeugern der Gruppe IV ohne ständige Beaufsichtigung, Nr. 4 Betrieb sowie Nr. 5.3 Betrieb
TRD 604 Blatt 2 Anlage 1	Zusätzliche Anforderungen zu TRD 604 Blatt 2 an Dampfkesselanlagen mit Heißwassererzeugern der Gruppe IV mit Rostfeuerungen für Kohle, Nr. 10 Zusätzliche jährliche äußere Prüfung
TRD 611	Speisewasser und Kesselwasser von Dampferzeugern der Gruppe IV, Nr. 5 Überwachung der Wasserqualität
TRD 612	Wasser für Heißwassererzeuger der Gruppen II bis IV, Nr. 4 Überwachung
	Dampfkessel der Gruppe II
TRD 701	Dampfkesselanlagen mit Dampferzeugern der Gruppe II, Nr. 11.2 Wiederkehrende Prüfung
TRD 702	Dampfkesselanlagen mit Heißwassererzeugern der Gruppe II, Nr. 11.2 Wiederkehrende Prüfung
TRD 702 Anl. 1	Zusätzliche Anforderungen zu TRD 702 an Dampfkesselanlagen mit Heißwassererzeugern der Gruppe II mit automatischen oder teilautomatischen Feuerungen für Kohle, Nr. 9 Kontrollgang
TRD 702 Anl. 2	Dampfkesselanlagen mit Heißwassererzeugern der Gruppe II; Zusätzliche Anforderungen, Nr. 2.4 Betriebshinweise

Betriebssicherheitsverordnung (BetrSichV)

Die Betriebssicherheitsverordnung wurde als Artikel 1 der Verordnung zur Rechtsvereinfachung im Bereich der Sicherheit und des Gesundheitsschutzes bei der Bereitstellung von Arbeitsmitteln und deren Benutzung bei der Arbeit, der Sicherheit beim Betrieb überwachungsbedürftiger Anlagen und der Organisation des betrieblichen Arbeitsschutzes (Artikelverordnung) vom 27. September 2002 (BGBL.I S. 3777) veröffentlicht. Die Artikel 2 bis 8 enthalten die Aerosolpackungsverordnung (13. GSGV), die Druckgeräteverordnung (14. GSGV), die Rohrleitungsverordnung, Änderungen der Überschriften der 11. und 12. GSGV, die Änderung der Gefahrstoffverordnung und der Arbeitsstättenverordnung sowie die Aufhebung von bisherigen Rechtsvorschriften für überwachungsbedürftige Anlagen.

Die BetrSichV konkretisiert Anforderungen, die durch die Ermächtigungsgrundlagen der Bundesregierung – Arbeitsschutzgesetz (ArbSchG) und Gerätesicherheitsgesetz (GSG) – gestellt werden und dient der Umsetzung z. B. der europäischen Richtlinien 95/63/EG (Mindestvorschriften für die Sicherheit und den Gesundheitsschutz bei der Benutzung von Arbeitsmitteln

Vorschriften und Bestimmungen 699

durch Arbeitnehmer), 1999/92/EG (Mindestvorschriften für Arbeitnehmer, die durch explosionsfähige Atmosphäre gefährdet werden), 75/324/EWG (Aerosolpackungen), 97/23/EG (Druckgeräterichtlinie) sowie weiterer Richtlinien.
Nachfolgend werden auszugsweise nur die wichtigsten Abschnitte der BetrSichV wiedergegeben, die Anforderungen für Dampfkesselanlagen und Druckbehälteranlagen beinhalten und für den Betreiber dieser Anlagen sowie für die zugelassene Überwachungsstelle bzw. die befähigte Person von Bedeutung sind.

Abschnitt 1
Allgemeine Vorschriften

§ 1
Anwendungsbereich

(1) Diese Verordnung gilt für die Bereitstellung von Arbeitsmitteln durch Arbeitgeber sowie für die Benutzung von Arbeitsmitteln durch Beschäftigte bei der Arbeit.

(2) Diese Verordnung gilt auch für überwachungsbedürftige Anlagen im Sinne des § 2 Abs. 2a des Gerätesicherheitsgesetzes soweit es sich handelt um
1. a) Dampfkesselanlagen,
   b) Druckbehälteranlagen außer Dampfkesseln,
   c) Füllanlagen,
   d) Leitungen unter innerem Überdruck für entzündliche, leichtentzündliche, hochentzündliche, ätzende oder giftige Gase, Dämpfe oder Flüssigkeiten, die
   aa) Druckgeräte im Sinne des Artikels 1 der Richtlinie 97/23/EG des Europäischen Parlaments und des Rates vom 29. Mai 1997 zur Angleichung der Rechtsvorschriften der Mitgliedstaaten über Druckgeräte (ABl. EG Nr. L 181 S. 1) mit Ausnahme der Druckgeräte im Sinne des Artikels 3 Abs. 3 dieser Richtlinie,
   bb) innerbetrieblich eingesetzte ortsbewegliche Druckgeräte im Sinne des Artikels 1 Abs. 3 Nr. 3.19 der Richtlinie 97/23/EG oder
   cc) einfache Druckbehälter im Sinne des Artikels 1 der Richtlinie 87/404/EWG des Rates vom 25. Juni 1987 zur Angleichung der Rechtsvorschriften der Mitgliedstaaten für einfache Druckbehälter (ABl. EG Nr. L 220 S. 48), geändert durch Richtlinie 90/488/EWG des Rates vom 17. September 1990 (ABl. EG Nr. L 270 S. 25) und Richtlinie 93/68/EWG des Rates vom 22. Juli 1993 (ABl. EG Nr. L 220 S. 1), mit Ausnahme von einfachen Druckbehältern mit einem Druckinhaltsprodukt von nicht mehr als 50 bar · Liter sind oder beinhalten,
2. Aufzugsanlagen, die
   a) Aufzüge im Sinne des Artikels 1 der Richtlinie 95/16/EG des Europäischen Parlaments und des Rates vom 29. Juni 1995 zur Angleichung der Rechtsvorschriften der Mitgliedstaaten über Aufzüge (ABl. EG Nr. L 213 S. 1),
   b) Maschinen im Sinne des Anhangs IV Buchstabe A Nr. 16 der Richtlinie 98/37/EG des Europäischen Parlaments und des Rates vom 22. Juni 1998 zur Angleichung der Rechts- und Verwaltungsvorschriften der Mitgliedstaaten für Maschinen (ABl. EG Nr. L 207 S. 1),
   c) Personen-Umlaufaufzüge,
   d) Bauaufzüge mit Personenbeförderung oder
   e) Mühlen-Bremsfahrstühle sind,
3. Anlagen in explosionsgefährdeten Bereichen, die Geräte, Schutzsysteme oder Sicherheits-, Kontroll- oder Regelvorrichtungen im Sinne des Artikels 1 der Richtlinie 94/9/EG des Europäischen Parlaments und des Rates vom 23. März 1994 zur Angleichung der Rechtsvorschriften der Mitgliedstaaten für Geräte und Schutzsysteme zur bestimmungsgemäßen Verwendung in explosionsgefährdeten Bereichen (ABl. EG Nr. L 100 S. 1) sind oder beinhalten, und

4. a) Lageranlagen mit einem Gesamtrauminhalt von mehr als 10 000 Litern,
b) Füllstellen mit einer Umschlagkapazität von mehr als 1 000 Litern je Stunde,
c) Tankstellen und Flugfeldbetankungsanlagen sowie
d) Entleerstellen mit einer Umschlagkapazität von mehr als 1 000 Litern je Stunde, soweit entzündliche, leichtentzündliche oder hochentzündliche Flüssigkeiten gelagert oder umgeschlagen werden.

Diese Verordnung gilt ferner für Einrichtungen, die für den sicheren Betrieb der in Satz 1 genannten Anlagen erforderlich sind. Die Vorschriften des Abschnitts 2 finden auf die in den Sätzen 1 und 2 genannten Anlagen und Einrichtungen nur Anwendung, soweit diese von einem Arbeitgeber bereitgestellt und von Beschäftigten bei der Arbeit benutzt werden.

§ 2
Begriffsbestimmungen

(1) Arbeitsmittel im Sinne dieser Verordnung sind Werkzeuge, Geräte, Maschinen oder Anlagen. Anlagen im Sinne von Satz 1 setzen sich aus mehreren Funktionseinheiten zusammen, die zueinander in Wechselwirkung stehen und deren sicherer Betrieb wesentlich von diesen Wechselwirkungen bestimmt wird; hierzu gehören insbesondere überwachungsbedürftige Anlagen im Sinne des § 2 Abs. 2a des Gerätesicherheitsgesetzes.

(2) Bereitstellung im Sinne dieser Verordnung umfasst alle Maßnahmen, die der Arbeitgeber zu treffen hat, damit den Beschäftigten nur der Verordnung entsprechende Arbeitsmittel zur Verfügung gestellt werden können. Bereitstellung im Sinne von Satz 1 umfasst auch Montagearbeiten wie den Zusammenbau eines Arbeitsmittels einschließlich der für die sichere Benutzung erforderlichen Installationsarbeiten.

(3) Benutzung im Sinne dieser Verordnung umfasst alle ein Arbeitsmittel betreffenden Maßnahmen wie Erprobung, Ingangsetzen, Stillsetzen, Gebrauch, Instandsetzung und Wartung, Prüfung, Sicherheitsmaßnahmen bei Betriebsstörung, Um- und Abbau und Transport.

(4) Betrieb überwachungsbedürftiger Anlagen im Sinne des § 1 Abs. 2 Satz 1 umfasst die Prüfung durch zugelassene Überwachungsstellen oder befähigte Personen und die Benutzung nach Absatz 3 ohne Erprobung vor erstmaliger Inbetriebnahme, Abbau und Transport.

(5) Änderung einer überwachungsbedürftigen Anlage im Sinne dieser Verordnung ist jede Maßnahme, bei der die Sicherheit der Anlage beeinflusst wird. Als Änderung gilt auch jede Instandsetzung, welche die Sicherheit der Anlage beeinflusst.

(6) Wesentliche Veränderung einer überwachungsbedürftigen Anlage im Sinne dieser Verordnung ist jede Änderung, welche die überwachungsbedürftige Anlage soweit verändert, dass sie in den Sicherheitsmerkmalen einer neuen Anlage entspricht.

(7) Befähigte Person im Sinne dieser Verordnung ist eine Person, die durch ihre Berufsausbildung, ihre Berufserfahrung und ihre zeitnahe berufliche Tätigkeit über die erforderlichen Fachkenntnisse zur Prüfung der Arbeitsmittel verfügt.

(8) Explosionsfähige Atmosphäre im Sinne dieser Verordnung ist ein Gemisch aus Luft und brennbaren Gasen, Dämpfen, Nebeln oder Stäuben unter atmosphärischen Bedingungen, in dem sich der Verbrennungsvorgang nach erfolgter Entzündung auf das gesamte unverbrannte Gemisch überträgt.

(9) Gefährliche explosionsfähige Atmosphäre ist eine explosionsfähige Atmosphäre, die in einer solchen Menge (gefahrdrohende Menge) auftritt, dass besondere Schutzmaßnahmen für die Aufrechterhaltung des Schutzes von Sicherheit und Gesundheit der Arbeitnehmer oder Anderer erforderlich sind.

(10) Explosionsgefährdeter Bereich im Sinne dieser Verordnung ist ein Bereich, in dem gefährliche explosionsfähige Atmosphäre auftreten kann. Ein Bereich, in dem explosionsfähige At-

mosphäre nicht in einer solchen Menge zu erwarten ist, dass besondere Schutzmaßnahmen erforderlich werden, gilt nicht als explosionsgefährdeter Bereich.

(11) Lageranlagen im Sinne dieser Verordnung sind Räume oder Bereiche, ausgenommen Tankstellen, in Gebäuden oder im Freien, die dazu bestimmt sind, dass in ihnen entzündliche, leichtentzündliche oder hochentzündliche Flüssigkeiten in ortsfesten oder ortsbeweglichen Behältern gelagert werden.

Abschnitt 2
Gemeinsame Vorschriften für Arbeitsmittel

§ 3
Gefährdungsbeurteilung

(1) Der Arbeitgeber hat bei der Gefährdungsbeurteilung nach § 5 des Arbeitsschutzgesetzes unter Berücksichtigung der Anhänge 1 bis 5, des § 16 der Gefahrstoffverordnung und der allgemeinen Grundsätze des § 4 des Arbeitsschutzgesetzes die notwendigen Maßnahmen für die sichere Bereitstellung und Benutzung der Arbeitsmittel zu ermitteln. Dabei hat er insbesondere die Gefährdungen zu berücksichtigen, die mit der Benutzung des Arbeitsmittels selbst verbunden sind und die am Arbeitsplatz durch Wechselwirkungen der Arbeitsmittel untereinander oder mit Arbeitsstoffen oder der Arbeitsumgebung hervorgerufen werden.

§ 4
Anforderungen an die Bereitstellung
und Benutzung der Arbeitsmittel

(1) Der Arbeitgeber hat die nach den allgemeinen Grundsätzen des § 4 des Arbeitsschutzgesetzes erforderlichen Maßnahmen zu treffen, damit den Beschäftigten nur Arbeitsmittel bereitgestellt werden, die für die am Arbeitsplatz gegebenen Bedingungen geeignet sind und bei deren bestimmungsgemäßer Benutzung Sicherheit und Gesundheitsschutz gewährleistet sind. Ist es nicht möglich, demgemäß Sicherheit und Gesundheitsschutz der Beschäftigten in vollem Umfang zu gewährleisten, hat der Arbeitgeber geeignete Maßnahmen zu treffen, um eine Gefährdung so gering wie möglich zu halten. Die Sätze 1 und 2 gelten entsprechend für die Montage von Arbeitsmitteln, deren Sicherheit vom Zusammenbau abhängt.

(2) Bei den Maßnahmen nach Absatz 1 sind die vom Ausschuss für Betriebssicherheit ermittelten und vom Bundesministerium für Arbeit und Sozialordnung im Bundesarbeitsblatt veröffentlichten Regeln und Erkenntnisse zu berücksichtigen. Die Maßnahmen müssen dem Ergebnis der Gefährdungsbeurteilung nach § 3 und dem Stand der Technik entsprechen.

§ 7
Anforderungen an die Beschaffenheit der Arbeitsmittel

(1) Der Arbeitgeber darf den Beschäftigten erstmalig nur Arbeitsmittel bereitstellen, die
1. solchen Rechtsvorschriften entsprechen, durch die Gemeinschaftsrichtlinien in deutsches Recht umgesetzt werden, oder,
2. wenn solche Rechtsvorschriften keine Anwendung finden, den sonstigen Rechtsvorschriften entsprechen, mindestens jedoch den Vorschriften des Anhangs 1.

(2) Arbeitsmittel, die den Beschäftigten vor dem 3. Oktober 2002 erstmalig bereitgestellt worden sind, müssen
1. den im Zeitpunkt der erstmaligen Bereitstellung geltenden Rechtsvorschriften entsprechen, durch die Gemeinschaftsrichtlinien in deutsches Recht umgesetzt worden sind, oder,
2. wenn solche Rechtsvorschriften keine Anwendung finden, den im Zeitpunkt der erstmaligen Bereitstellung geltenden sonstigen Rechtsvorschriften entsprechen, mindestens jedoch den Anforderungen des Anhangs 1 Nr. 1 und 2.

§ 10
Prüfung der Arbeitsmittel

(1) Der Arbeitgeber hat sicherzustellen, dass die Arbeitsmittel, deren Sicherheit von den Montagebedingungen abhängt, nach der Montage und vor der ersten Inbetriebnahme sowie nach jeder Montage auf einer neuen Baustelle oder an einem neuen Standort geprüft werden. Die Prüfung hat den Zweck, sich von der ordnungsgemäßen Montage und der sicheren Funktion dieser Arbeitsmittel zu überzeugen. Die Prüfung darf nur von hierzu befähigten Personen durchgeführt werden.

Abschnitt 3
Besondere Vorschriften für überwachungsbedürftige Anlagen

§ 12
Betrieb

(1) Überwachungsbedürftige Anlagen müssen nach dem Stand der Technik montiert, installiert und betrieben werden. Bei der Einhaltung des Standes der Technik sind die vom Ausschuss für Betriebssicherheit ermittelten und vom Bundesministerium für Arbeit und Sozialordnung im Bundesarbeitsblatt veröffentlichten Regeln und Erkenntnisse zu berücksichtigen.

(2) Überwachungsbedürftige Anlagen dürfen erstmalig und nach wesentlichen Veränderungen nur in Betrieb genommen werden,
1. wenn sie den Anforderungen der Verordnungen nach § 4 Abs. 1 des Gerätesicherheitsgesetzes entsprechen, durch die die in § 1 Abs. 2 Satz 1 genannten Richtlinien in deutsches Recht umgesetzt werden, oder
2. wenn solche Rechtsvorschriften keine Anwendung finden, sie den sonstigen Rechtsvorschriften, mindestens dem Stand der Technik entsprechen.

Überwachungsbedürftige Anlagen dürfen nach einer Änderung nur wieder in Betrieb genommen werden, wenn sie hinsichtlich der von der Änderung betroffenen Anlagenteile dem Stand der Technik entsprechen.

(3) Wer eine überwachungsbedürftige Anlage betreibt, hat diese in ordnungsgemäßem Zustand zu erhalten, zu überwachen, notwendige Instandsetzungs- oder Wartungsarbeiten unverzüglich vorzunehmen und die den Umständen nach erforderlichen Sicherheitsmaßnahmen zu treffen

§ 13
Erlaubnisvorbehalt

(1) Montage, Installation, Betrieb, wesentliche Veränderungen und Änderungen der Bauart oder der Betriebsweise, welche die Sicherheit der Anlage beeinflussen, von
1. Dampfkesselanlagen im Sinne des § 1 Abs. 2 Satz 1 Nr. 1 Buchstabe a, die befeuerte oder anderweitig beheizte überhitzungsgefährdete Druckgeräte zur Erzeugung von Dampf oder Heißwasser mit einer Temperatur von mehr als 110 °C beinhalten, die gemäß Artikel 9 in Verbindung mit Anhang II Diagramm 5 der Richtlinie 97/23/EG in die Kategorie IV einzustufen sind, bedürfen der Erlaubnis der zuständigen Behörde.

(2) Die Erlaubnis ist schriftlich zu beantragen. Dem Antrag auf Erlaubnis sind alle für die Beurteilung der Anlage notwendigen Unterlagen beizufügen. Mit dem Antrag ist die gutachterliche Äußerung einer zugelassenen Überwachungsstelle einzureichen, aus der hervorgeht, dass Aufstellung, Bauart und Betriebsweise der Anlage den Anforderungen dieser Verordnung entsprechen.

(4) Über den Antrag ist innerhalb einer Frist von drei Monaten nach Eingang bei der zuständigen Behörde zu entscheiden. Die Frist kann in begründeten Fällen verlängert werden. Die Erlaubnis gilt als erteilt, wenn die zuständige Behörde nicht innerhalb der in den Sätzen 1 und 2 genannten Frist die Montage und Installation der Anlage untersagt.

(5) Die Erlaubnis kann beschränkt, befristet, unter Bedingungen erteilt sowie mit Auflagen ver-

bunden werden. Die nachträgliche Aufnahme, Änderung oder Ergänzung von Auflagen ist zulässig.

§ 14
Prüfung vor Inbetriebnahme

(1) Eine überwachungsbedürftige Anlage darf erstmalig und nach einer wesentlichen Veränderung nur in Betrieb genommen werden, wenn die Anlage unter Berücksichtigung der vorgesehenen Betriebsweise durch eine zugelassene Überwachungsstelle auf ihren ordnungsgemäßen Zustand hinsichtlich der Montage, der Installation, den Aufstellungsbedingungen und der sicheren Funktion geprüft worden ist.

(2) Nach einer Änderung darf eine überwachungsbedürftige Anlage im Sinne des § 1 Abs. 2 Satz 1 Nr. 1 bis 3 und 4 Buchstabe a bis c nur wieder in Betrieb genommen werden, wenn die Anlage hinsichtlich ihres Betriebs auf ihren ordnungsgemäßen Zustand durch eine zugelassene Überwachungsstelle geprüft worden ist, soweit der Betrieb oder die Bauart der Anlage durch die Änderung beeinflusst wird.

(3) Bei den Prüfungen überwachungsbedürftiger Anlagen nach den Absätzen 1 und 2 können Druckgeräte im Sinne der Richtlinie 97/23/EG, die nach Anhang II der Richtlinie nach

1. Diagramm 5 in die Kategorie I oder II, einzustufen sind, und
2. Druckbehälter im Sinne der Richtlinie 87/404/EWG, sofern das Produkt aus PS · V nicht mehr als 200 bar · Liter beträgt, durch eine befähigte Person geprüft werden.

§ 15
Wiederkehrende Prüfungen

(1) Eine überwachungsbedürftige Anlage und ihre Anlagenteile sind in bestimmten Fristen wiederkehrend auf ihren ordnungsgemäßen Zustand hinsichtlich des Betriebs durch eine zugelassene Überwachungsstelle zu prüfen. Der Betreiber hat die Prüffristen der Gesamtanlage und der Anlagenteile auf der Grundlage einer sicherheitstechnischen Bewertung zu ermitteln. Eine sicherheitstechnische Bewertung ist nicht erforderlich, soweit sie im Rahmen einer Gefährdungsbeurteilung im Sinne von § 3 dieser Verordnung oder § 3 der Allgemeinen Bundesbergverordnung bereits erfolgt ist. § 14 Abs. 3 Satz 1 und 2 finden entsprechende Anwendung.

(2) Prüfungen nach Absatz 1 Satz 1 bestehen aus einer technischen Prüfung, die an der Anlage selbst unter Anwendung der Prüfregeln vorgenommen wird und einer Ordnungsprüfung. Bei Anlagenteilen von Dampfkesselanlagen, Druckbehälteranlagen außer Dampfkesseln, Anlagen zur Abfüllung von verdichteten, verflüssigten oder unter Druck gelösten Gasen, Leitungen unter innerem Überdruck für entzündliche, leichtentzündliche, hochentzündliche, ätzende oder giftige Gase, Dämpfe oder Flüssigkeiten sind Prüfungen, die aus äußeren Prüfungen, inneren Prüfungen und Festigkeitsprüfungen bestehen, durchzuführen.

(3) Bei der Festlegung der Prüffristen nach Absatz 1 dürfen die in den Absätzen 5 bis 9 und 12 bis 16 für die Anlagenteile genannten Höchstfristen nicht überschritten werden. Der Betreiber hat die Prüffristen der Anlagenteile und der Gesamtanlage der zuständigen Behörde innerhalb von sechs Monaten nach Inbetriebnahme der Anlage unter Beifügung anlagenspezifischer Daten mitzuteilen. Satz 2 findet keine Anwendung auf überwachungsbedürftige Anlagen, die ausschließlich in § 14 Abs. 3 Satz 1 genannte Anlagenteile enthalten.

(4) Soweit die Prüfungen nach Absatz 1 von zugelassenen Überwachungsstellen vorzunehmen sind, unterliegt die Ermittlung der Prüffristen durch den Betreiber einer Überprüfung durch eine zugelassene Überwachungsstelle. Ist eine vom Betreiber ermittelte Prüffrist länger als die von einer zugelassenen Überwachungsstelle ermittelte Prüffrist, darf die überwachungsbedürftige Anlage bis zum Ablauf der von der zugelassenen Überwachungsstelle ermittelten Prüffrist betrieben werden; die zugelassene Überwachungsstelle unterrichtet die zu-

ständige Behörde über die unterschiedlichen Prüffristen. Die zuständige Behörde legt die Prüffrist fest. Für ihre Entscheidung kann die Behörde ein Gutachten einer im Einvernehmen mit dem Betreiber auszuwählenden anderen zugelassenen Überwachungsstelle heranziehen, dessen Kosten der Betreiber zu tragen hat.

(5) Prüfungen nach Absatz 2 müssen spätestens innerhalb des in der Tabelle genannten Zeitraums unter Beachtung der für das einzelne Druckgerät maßgeblichen Einstufung gemäß Spalte 1 durchgeführt werden:
Nachstehend sind auszugsweise nur Druckgeräte der Fluidgruppe 2 der Druckgeräterichtlinie angegeben:

Einstufung des Druckgeräts gemäß Artikel 9 in Verbindung mit Anhang II der Richtlinie 97/23/EG nach	Äußere Prüfung	Innere Prüfung	Festigkeitsprüfung
2. Diagramm 2 in die a) Kategorie III, sofern der maximal zulässige Druck PS mehr als ein bar beträgt, oder b) Kategorie IV	2 Jahre nur für feuer-, abgas-, oder elektrisch beheizte Druckgeräte	5 Jahre	10 Jahre
4. Diagramm 4 in die a) Kategorie I, sofern bei einem maximal zulässigen Druck PS von mehr als 1 000 bar das Produkt aus PS und maßgeblichem Volumen V mehr als 10 000 bar · Liter beträgt, oder b) Kategorie II			
5. Diagramm 5 in die a) Kategorie III, sofern das Produkt aus maximal zulässigem Druck PS und maßgeblichem Volumen V mehr als 1 000 bar · Liter beträgt, oder b) Kategorie IV	1 Jahr	3 Jahre	9 Jahre

§ 16
Angeordnete außerordentliche Prüfung
(1) Die zuständige Behörde kann im Einzelfall eine außerordentliche Prüfung für überwachungsbedürftige Anlagen anordnen, wenn hierfür ein besonderer Anlass besteht, insbesondere wenn ein Schadensfall eingetreten ist.

§ 17
Prüfung besonderer Druckgeräte
Für die in Anhang 5 genannten überwachungsbedürftigen Anlagen, die Druckgeräte sind oder beinhalten, sind die nach den §§ 14 bis 16 vorgesehenen Prüfungen mit den sich aus den Vorschriften des Anhangs 5 ergebenden Maßgaben durchzuführen.

§ 18
Unfall- und Schadensanzeige
(1) Der Betreiber hat der zuständigen Behörde unverzüglich
1. jeden Unfall, bei dem ein Mensch getötet oder verletzt worden ist, und
2. jeden Schadensfall, bei dem Bauteile oder sicherheitstechnische Einrichtungen versagt haben oder beschädigt worden sind, anzuzeigen.

§ 21
Zugelassene Überwachungsstellen
(1) Zugelassene Überwachungsstellen für die nach diesem Abschnitt vorgeschriebenen oder angeordneten Prüfungen sind Stellen nach § 14 Abs. 1 und 2 des Gerätesicherheitsgesetzes.

Abschnitt 4
Gemeinsame Vorschriften, Schlussvorschriften
§ 24
Ausschuss für Betriebssicherheit
(1) Zur Beratung in allen Fragen des Arbeitsschutzes für die Bereitstellung und Benutzung von Arbeitsmitteln und für den Betrieb überwachungsbedürftiger Anlagen wird beim Bundesministerium für Arbeit und Sozialordnung der Ausschuss für Betriebssicherheit gebildet, in dem sachverständige Mitglieder der öffentlichen und privaten Arbeitgeber, der Länderbehörden, der Gewerkschaften, der Träger der gesetzlichen Unfallversicherung, der Wissenschaft und der zugelassenen Stellen angemessen vertreten sein sollen. Die Gesamtzahl der Mitglieder soll 21 Personen nicht überschreiten. Die Mitgliedschaft im Ausschuss für Betriebssicherheit ist ehrenamtlich.

(2) Der Ausschuss für Betriebssicherheit richtet Unterausschüsse ein.

§ 27
Übergangsvorschriften
(1) Für Arbeitsmittel und Arbeitsabläufe in explosionsgefährdeten Bereichen, die vor dem 3. Oktober 2002 erstmalig bereitgestellt oder eingeführt worden sind, hat der Arbeitgeber seine Pflichten nach § 6 Abs. 1 spätestens bis zum 31. Dezember 2005 zu erfüllen.

(2) Der Weiterbetrieb einer überwachungsbedürftigen Anlage, die vor dem 1. Januar 2003 befugt betrieben wurde, ist zulässig. Eine nach dem bis zu diesem Zeitpunkt geltenden Recht erteilte Erlaubnis gilt als Erlaubnis im Sinne dieser Verordnung.

(3) Für überwachungsbedürftige Anlagen, die vor dem 1. Januar 2003 bereits erstmalig in Betrieb genommen waren, bleiben hinsichtlich der an sie zu stellenden Beschaffenheitsanforderungen die bisher geltenden Vorschriften maßgebend. Die zuständige Behörde kann verlangen, dass diese Anlagen entsprechend den Vorschriften der Verordnung geändert werden, soweit nach der Art des Betriebs vermeidbare Gefahren für Leben oder Gesundheit der Beschäftigten oder Dritter zu befürchten sind. Die in der Verordnung enthaltenen Betriebsvorschriften müssen spätestens bis zum 31. Dezember 2007 angewendet werden. Hierzu hat der Betreiber seine Verpflichtungen nach § 15 Abs. 1 und 2 innerhalb der genannten Frist zu erfüllen.

(6) Die von einem auf Grund einer Rechtsverordnung nach § 11 des Gerätesicherheitsgesetzes eingesetzten Ausschuss ermittelten technischen Regeln gelten bezüglich ihrer betrieblichen Anforderungen bis zur Überarbeitung durch den Ausschuss für Betriebssicherheit und ihrer Bekanntgabe durch das Bundesministerium für Arbeit und Sozialordnung fort.

Die Betriebssicherheitsverordnung hat 5 Anhänge mit folgenden Titeln:

Anhang 1	**Mindestvorschriften für Arbeitsmittel gemäß § 7 Abs. 1 Nr. 2**
Anhang 2	**Mindestvorschriften zur Verbesserung der Sicherheit und des Gesundheitsschutzes der Beschäftigten bei der Benutzung von Arbeitsmitteln**
Anhang 3	**Zoneneinteilung explosionsgefährdeter Bereiche**
Anhang 4	**Mindestvorschriften zur Verbesserung der Sicherheit und des Gesundheitsschutzes der Beschäftigten, die durch gefährliche explosionsfähige Atmosphäre gefährdet werden können**
Anhang 5	**Prüfung besonderer Druckgeräte nach § 17**

10.6 Europäische Normen für Dampfkessel

Nachstehende Übersicht zeigt die Normen für Wasserrohrkessel und Anlagenkomponenten sowie für Großwasserraumkessel, die beschlussreif für die formelle Endabstimmung sind bzw. bereits als DIN-EN-Normen vorliegen. Es ist gelungen, einen Teil der TRD-Regelungen zur Beschaffenheit einzubringen. Zum Teil mussten allerdings Kompromisse akzeptiert werden, die auf andere Sicherheitsphilosophien der europäischen Mitgliedsländer zurückzuführen sind oder der Besitzstandswahrung dienen.

Der Vergleich von Grenzwerten und Bedingungen nach TRD und Verbändevereinbarungen mit den Normentwürfen zeigt aber auch, dass sogar bisher bei uns verbotene Konstruktionen wie Stegträger zur Versteifung ebener Kesselböden von Großwasserraumkesseln künftig erlaubt sein sollen, geringere Dehnabstände zwischen Kesselmantel und Flammrohr zulässig sind, größere als die bisher aus gutem Grund begrenzten maximalen Flammrohrwärmeleistungen unter Einsatz weniger gutmütiger Flammrohrwerkstoffe als bisher verwendet werden dürfen. In Wasserrohrkesseln können bei uns nicht oder nicht mehr verwendete Rohrbogen mit sehr großen Ovalitäten und Wellenbildungen zugelassen werden, es dürfen Einsteckschweißverbindungen verwendet werden, Rohreinwalzungen an Kesseltrommeln mit und ohne Dichtnaht sind nach Norm vorgesehen, die den Prüfdruck bei der Wasserdruckprüfung einschränken können. Die künftig zulässige Konformitätsbewertung von Sicherheitseinrichtungen nach Modul H bzw. H1 ist auf die Überwachung des QS-Systems des Herstellers ausgerichtet und hat mit der Bauteilprüfung der Geräte nach bisheriger Verfahrensweise nicht mehr viel zu tun.

Solche Konstruktionen zeigen, dass die bisher auf Basis der DampfkV festgelegten und im europäischen Vergleich längsten Prüffristen nicht mehr ohne weiteres beibehalten werden können. Insbesondere für kleinere und mittlere Unternehmen dürften sich damit aus den entstehenden Gesamtkosten Konsequenzen für die Bestellspezifikation technischer Komponenten und das Prüfmodul nach Anhang III der Druckgeräterichtlinie ergeben.

Teil	Wasserrohrkessel und Anlagenkomponenten DIN EN 12952	DIN EN
1	Allgemeines	12952-1
2	Werkstoffe für drucktragende Kesselteile und Zubehör	12952-2
3	Konstruktion und Berechnung für drucktragende Teile	12952-3
4	Betriebsbegleitende Berechnungen der Lebensdauererwartung	12952-4
5	Verarbeitung und Bauausführung für drucktragende Kesselteile	12952-5
6	Prüfung während der Fertigung, Dokumentation und Kennzeichnung für drucktragende Kesselteile	12952-6
7	Anforderungen an die Ausrüstung für den Kessel	12952-7
8	Anforderungen an Feuerungsanlagen für flüssige und gasförmige Brennstoffe für den Kessel	12952-8
9	Anforderungen an Staubfeuerungsanlagen für den Kessel	12952-9
10	Anforderungen an Sicherheitseinrichtungen gegen Drucküberschreitung	12952-10
11	Anforderungen an Begrenzungseinrichtungen sowie Sicherheitsstromkreise für den Kessel und Zubehör	12952-11

12	Anforderungen an Speise- und Kesselwasserqualität	12952-12
13	Anforderungen an Rauchgasreinigungsanlagen	12952-13
14	Anforderungen an Rauchgas-DENOX-Anlagen	12952-14
15	Abnahmeversuche	12952-15
16	Anforderungen an Rost- und Wirbelschichtfeuerungsanlagen für feste Brennstoffe für den Kessel	12952-16

Teil	Großraumwasserkessel DIN EN 12953	DIN EN
1	Allgemeines	12953-1
2	Werkstoffe für drucktragende Kesselteile und Zubehör	12953-2
3	Konstruktion und Berechnung für drucktragende Teile	12953-3
4	Verarbeitung und Bauausführung für drucktragende Kesselteile	12953-4
5	Prüfung während der Fertigung, Dokumentation und Kennzeichnung für drucktragende Kesselteile	12953-5
6	Anforderungen an die Ausrüstung für den Kessel	12953-6
7	Anforderungen an Feuerungssysteme für flüssige und gasförmige Brennstoffe für den Kessel	12953-7
8	Anforderungen an Sicherheitseinrichtungen gegen Drucküberschreitung	12953-8
9	Anforderungen an Begrenzungseinrichtungen sowie Sicherheitsstromkreise für den Kessel und Zubehör	12953-9
10	Anforderungen an Speise- und Kesselwasserqualität	12953-10
11	Abnahmeversuche	12953-11
12	Anforderung an Feuerungssysteme für feste Brennstoffe für den Kessel	12953-12
13	Besondere Anforderungen an Dampfsterilisationskessel aus Edelstahl	12953-13

10.7 Bundes-Immissionsschutzgesetz

Die besonderen Aufgaben, die auf Kesselbetreiber und Sachverständige der TÜO durch das Bundes-Immissionsschutzgesetz (BImSchG) zukommen, sind im Abschnitt 8 dargestellt.

Bezüglich der Lagerung flüssiger Brennstoffe sind das Wasserhaushaltsgesetz, die Technischen Regeln für brennbare Flüssigkeiten und die Verordnung über Anlagen zum Umgang mit wassergefährdenden Stoffen und Fachbetriebe (VAwS), sowie die technischen Regeln wassergefährdender Stoffe (TRWS) von Bedeutung.

10.8 Regeln für Warmwasserheizungsanlagen

Für Heizungsanlagen – hier insbesondere für Warmwasserheizungsanlagen – entstanden in der Vergangenheit mehrere Bestimmungen des Bundes und der Länder mit der Hauptzielrichtung der Energieeinsparung. Mit festen, flüssigen, gasförmigen Brennstoffen oder elektrischer Beheizung betriebene Anlagen können dem Geräte- und Produktsicherheitsgesetz und z. B. der Betriebssicherheitsverordnung als Arbeitsmittel unterliegen.

Mit festen Brennstoffen von Hand beheizte Warmwassererzeuger mit einer Temperatur nicht höher als 110 °C sowie Druckliterprodukt > 50 bar · Liter müssen künftig zum Teil die grundlegenden Anforderungen des Anhanges I der Druckgeräterichtlinie erfüllen. Ansonsten werden Heizkessel mit Temperaturen $\leq$ 110 °C von der vorgenannten Richtlinie als beheizte Baugruppen erfasst, die in Übereinstimmung mit der guten Ingenieurpraxis eines Mitgliedstaates ausgelegt und hergestellt werden.

Bei den Bestimmungen des Bundes und der Länder handelt es sich u. a. um folgende:

– Gesetz zur Einsparung von Energie in Gebäuden (Energieeinsparungsgesetz EnEG) vom 22. 7. 76, BGBl. I, 1976, S. 1873, geändert durch das Erste Gesetz zur Änderung des Energieeinsparungsgesetzes vom 20 .6. 80, BGBl. I, 1980, S.701.
– Verordnung über die Errichtung und den Betrieb von Feuerungs- und Brennstoffversorgungsanlagen; Feuerungsverordnung (FeuV0) z. B. in NW (GV NW, 1975, Nr. 84, S. 676/85, geändert am 17.2.84). In anderen Bundesländern sind ähnliche Verordnungen in Kraft.
– Durchführung von Bauaufgaben des Bundes; Maßnahmen zur Energieeinsparung in Gebäuden des Bundes, Umrüstungsprogramm (EnERBRdschr 1981). MinBlFin, 1981, Nr. 8, S. 395/96.
– Verordnung über Sicherheit und Gesundheitsschutz bei der Bereitstellung von Arbeitsmitteln und deren Benutzung bei der Arbeit, über Sicherheit beim Betrieb überwachungsbedürftiger Anlagen und über die Organisation des betrieblichen Arbeitsschutzes (Betriebssicherheitsverordnung – BetrSichV) vom 27. 09. 2002, BGBl. I S. 3777.
– Verordnung über einen energiesparenden Wärmeschutz bei Gebäuden (Wärmeschutzverordnung – WärmeschutzV) vom 16. 8. 94, BGBl. I, 1994, S. 2121.
– Gesetz zur Förderung der Modernisierung von Wohnungen und von Maßnahmen zur Einsparung von Heizenergie (Modernisierungs- und Energieeinsparunggesetz – ModEnG), BGBl. I, 1978, S. 993; zuletzt geändert durch BBauÄndG vom 8. 12. 86.
– Erste Verordnung zur Durchführung des Bundes-Immissionsschutzgesetzes (Verordnung über Kleinfeuerungsanlagen – 1. BImSchV) vom 14. 3. 97 BGBl. I, S. 490.
– Verordnung über energiesparende Anforderungen an heizungstechnische Anlagen und Brauchwasseranlagen (Heizungsanlagen-Verordnung – HeizAnlV) vom 4.5.98, BGBl. I, S. 851.
– Verordnung über die verbrauchsabhängige Abrechnung der Heiz- und Warmwasserkosten (Verordnung über Heizkostenabrechnung – HeizkostenV) vom 20. 1. 89, BGBl. I, 1989, S. 115.

Die von der Europäischen Gemeinschaft[1] in diesem Zusammenhang herausgegebenen Richtlinien sind im Abschnitt 10.11 aufgeführt.

Bei Heizkesseln soll ein festgelegtes Qualitätsniveau nicht unterschritten werden. Zu diesem Zweck werden die europäisch harmonisierten Normen DIN EN 303 sowie DIN EN 304 für Heizkessel bis 100 °C Vorlauftemperatur angewendet. So-

---

[1] Nach Inkrafttreten des Maastrichter Vertrages am 1. November 1993 geändert in »Europäische Union (EU)«.

weit solche Heizkessel unter Einhaltung europäischer Richtlinien in Verkehr gebracht werden, tragen sie eine CE-Kennzeichnung. Die Kessel können auch mit einem Zeichen des produktbezogenen Umweltschutzes versehen sein – dem Blauen Engel. Das RAL Deutsches Institut für Gütesicherung und Kennzeichnung e. V., St. Augustin, vergibt dieses Zeichen z. B. für Brenner-Kessel-Kombinationen (Units) für den Einsatz von Heizöl EL (Ölzerstäubungsbrenner, RAL-ZU 46). Weitere freiwillige Qualitätszeichen sind das DIN-geprüft Zeichen und z. B. das Oktagon des TÜV Süd für Holzkessel.

Bild 10.2: Verschiedene Prüfzeichen

In vielen Bundesländern bestehen darüber hinaus baurechtliche Bestimmungen, nach denen solche Anlagen bestimmten Mindestanforderungen genügen müssen. Im übrigen sind die Bauaufsichtsbehörden bemüht, unter der Federführung des Instituts für Bautechnik (IfBt) in Berlin für alle Bundesländer eine einheitliche Regelung zu finden.

Ein Auszug der anzuwendenden Normen ist in Abschnitt 10.11 enthalten.

10.9 Druckbehälterbestimmungen

Für das Herstellen und Inverkehrbringen Druckbehälteranlagen gilt die Druckgeräterichtlinie bzw. die Druckgeräteverordnung.
Als allgemein anerkannte Regel der Technik für Druckbehälter gelten die AD-Merkblätter (die Abkürzung AD bedeutet »Arbeitsgemeinschaft Druckbehälter«, die in den Technischen Regeln für Druckbehälter (TRB) in Bezug genommen werden, und die TRB selbst, sowie die TRR (Technische Regeln Rohrleitungen). Die AD-Merkblätter wurden als AD 2000 Regelwerk an die Druckgeräterichtlinie angepasst.

Die Beschaffenheit der Druckbehälter, die keine einfachen Druckbehälter[2] sind, werden in neuen EU-Normen für Druckbehälter (siehe Abschnitt 10.10) geregelt. Auf die Wiedergabe von Vorschriften und Regeln über die Herstellung nach AD 2000, TRB, TRR wird wegen der fortgeschrittenen Harmonisierung hier verzichtet. Für den Betrieb von Druckbehältern gilt die Betriebssicherheitsverordnung (siehe Abschnitt 10.5) sowie derzeit für die in Betrieb befindlichen Anlagen folgende Bestimmungen[3]. Diese wurden aber weder wortgleich noch vollständig in die BetrSichV übernommen.

TRB-Nr.	ZH 1-Nr.	Titel
001	608.1	Allgemeines – Aufbau und Anwendung der TRB
002	621.22	Allgemeines – Erläuterungen zu Begriffen der Druckbehälterverordnung

---

[2] Einfache Druckbehälter sind unter anderem für Luft und Stickstoff bestimmt, ohne Flammeneinwirkung, zylindrische Ausführung, Betriebsdruck $\leq$ 30 bar, $P \cdot V \leq$ 10 000, Temperatur bei Stahl $\leq$ 300 °C $\geq$ –50 °C.
[3] Zu beziehen bei der Carl Heymanns Verlag KG, Luxemburger Str. 449, 50939 Köln, oder bei der Beuth Verlag GmbH, Burggrafenstr. 6, 10787 Berlin.

502	621.1	Sachkundiger nach § 32 DruckbehV
514	621.8	Prüfungen durch Sachverständige – Wiederkehrende Prüfungen
532	621.14	Prüfungen durch Sachkundige – Wiederkehrende Prüfungen
700	621.12	Betrieb von Druckbehältern
801	621.23	Besondere Druckbehälter nach Anhang 11 zu § 12 DruckbehV
801 Nr. 1	622.1	–; Außen liegende Heiz- oder Kühleinrichtungen
801 Nr. 2	622.2	–; Innen liegende Heiz- oder Kühlrohre
801 Nr. 3	622.3	–; Druckwasserbehälter
801 Nr. 4	622.4	–; Druckbehälter mit Gaspolster in Druckflüssigkeitsanlagen
801 Nr. 5	622.5	–; Druckbehälter elektrischer Sachaltgeräte und -anlagen
801 Nr. 9	622.9	–; Lufterhitzer und damit verbundene Druckbehälter, die mit Druckluft aus Verdichtern mit ölgeschmierten Druckräumen beschickt werden
801 Nr. 10	622.10	–; Druckspritzbehälter
801 Nr. 11	622.11	–; Offene dampfmantelbeheizte Kochgefäße für Konserven, Zucker- oder Fleischwaren
801 Nr. 12	622.12	–; Druckbehälter zum Sterilisieren oder Dämpfen von Lebensmitteln oder Getränken
801 Nr. 13	622.13	Lagerbehälter für Getränke
801 Nr. 14	622.14	Druckbehälter in Kälteanlagen und Wärmepumpenanlagen
801 Nr. 15	622.15	Druckbehälter, die Schwellbeanspruchungen ausgesetzt sind
801 Nr. 17	622.17	–; Druckbehälter mit Schnellverschlüssen
801 Nr. 18	622.18	–; Druckbehälter für Feuerlöschgeräte und Löschmittelbehälter
801 Nr. 19	622.19	–; Druckbehälter mit Auskleidung oder Ausmauerung
801 Nr. 20	622.20	–; Druckbehälter mit Einbauten
801 Nr. 21	622.21	–; Druckkissen
801 Nr. 23	622.23	–; Fahrzeugbehälter für flüssige, körnige oder staubförmige Güter
801 Nr. 24	622.24	–; Plattenwärmetauscher
801 Nr. 25	622.25	–; Druckbehälter für nicht korrodierend wirkende Gase oder Gasgemische
801 Nr. 25	622.25A	–; Flüssiggaslagerbehälteranlagen
801 Nr. 26	622.26	–; Druckbehälter für Gase oder Gasgemische mit Betriebstemperaturen unter – 10 °C
801 Nr. 27	622.27	–; Druckbehälter für Gase oder Gasgemische in flüssigem Zustand
801 Nr. 28	622.28	–; Brennkammern, Gaserhitzer und Wärmeübertrager von Gasturbinenanlagen
801 Nr. 29	622.29	–; Rotierende dampfbeheizte Zylinder
801 Nr. 30	622.30	–; Steinhärtekessel
801 Nr. 31	622.31	–; Vulkanisierpressen und -formen
801 Nr. 32	622.32	–; Druckbehälter aus Glas
801 Nr. 33	622.33	–; Druckbehälter aus glasfaserverstärkten Kunststoffen
801 Nr. 34	622.34	–; Druckbehälter, die durch Spannungsrisskorrosion gefährdet sind
801 Nr. 35	622.35	–; Staubfilter in Gasleitungen
801 Nr. 36	622.36	–; Druckbehälter in Prüfständen für Raketentriebwerke
801 Nr. 37	622.37	–; Druckbehälter in Wärmeübertragungsanlagen
801 Nr. 39	622.39	–; Druckbehälter von Isostatpressen

Vorschriften und Bestimmungen

801 Nr. 40	622.40	–; Mit Wasser oder Wasserdampf gespeiste Wärmespeicher und Dampfumformer
801 Nr. 41	622.41	Dampfspeicherbehälter in feuerlosen Lokomotiven
801 Nr. 42	622.42	Druckbehälter kerntechnischer Anlagen
801 Nr. 43	622.43	Heizplatten in Wellpappenerzeugungsanlagen
801 Nr. 44	622.44	Wassererwärmungsanlagen für Trink- oder Brauchwasser
801 Nr. 45	622.45	Gehäuse von Ausrüstungsteilen
801 Nr. 46	622.46	Pneumatische Weinpressen
852	621.21	Füllanlagen zum Abfüllen von Druckgasen aus Druckgasbehältern in Druckgasbehälter – Betreiben

Für befeuerte Druckbehälter ist selbstverständlich auch das Bundes-Immissionsschutzgesetz maßgebend, wenn die dort genannten Grenzen überschritten sind.

Wärmeträger-(WT-)Anlagen sind als Druckbehälter im Sinne der Druckgeräterichtlinie einzureihen. Die Regeln der Technik für WT-Anlagen können dann als erfüllt angesehen werden, wenn neben den allgemeinen und besonderen Festlegungen der Druckgeräterichtlinie auch die DIN 4754 »Wärmeübertragungsanlagen mit organischen Wärmeträgern; sicherheitstechnische Anforderungen, Prüfung« eingehalten ist.

10.10 Europäische Normen für Druckgeräte (Druckbehälter), unbefeuerte Druckbehälter, Rohrleitungen, Sicherheitseinrichtungen

Begriffe und Definition im Druckgerätebereich (Druckbehälter, Rohrleitungen) wurden vom CEN/TC 54 »Unbefeuerte Druckbehälter« in einer sogenannten horizontalen Norm DIN EN 764 zusammengefasst. Über die unbefeuerten Druckbehälter liegt zur Ausfüllung der grundlegenden Sicherheitanforderungen des Anhanges I der Druckgeräterichtlinie die Norm DIN EN 13445, über die metallisch industriellen Rohrleitungen die Norm DIN EN 13480 und über die Sicherheitseinrichtungen gegen unzulässigen Überdruck der Normentwurf prEN 1268 vor. Die genannten Normen und Entwürfe sind nachstehend aufgeführt:

Nummer	Ausgabe	Titel
Druckgeräte		
DIN EN 764-1	Entwurf 12.01	Teil 1: Terminologie; Druck, Temperatur, Volumen, Nennweite
DIN EN 764-2		Teil 2: Größen, Symbole und Einheiten
DIN EN 764-3		Teil 3: Definition der beteiligten Parteien
DIN EN 764-4		Teil 4: Erstellung von technischen Lieferbedingungen für metallische Werkstoffe
DIN EN 764-5		Teil 5: Prüfbescheinigungen für metallische Werkstoffe und Übereinstimmung mit der Werkstoffspezifikation
DIN EN 764-6	Entwurf	Teil 6: Betriebsanleitung
DIN EN 764-7		Teil 7: Sicherheitseinrichtungen für unbefeuerte Druckgeräte

Unbefeuerte Druckbehälter

DIN EN 13445-1	Teil 1: Allgemeines
DIN EN 13445-2	Teil 2: Werkstoffe
DIN EN 13445-3	Teil 3: Konstruktion
DIN EN 13445-4	Teil 4: Herstellung
DIN EN 13445-5	Teil 5: Inspektion und Prüfung
DIN EN 13445-6	Teil 6: Anforderungen an die Konstruktion und Herstellung von Druckbehältern und Druckbehälterteilen aus Gusseisen mit Kugelgraphit

Metallisch industrielle Rohrleitungen

DIN EN 13480-1	Teil 1: Allgemeines
DIN EN 13480-2	Teil 2: Werkstoffe
DIN EN 13480-3	Teil 3: Konstruktion und Berechnung
DIN EN 13480-4	Teil 4: Fertigung und Verlegung
DIN EN 13480-5	Teil 5: Prüfung

Sicherheitseinrichtungen gegen unzulässigen Überdruck

DIN EN 1268-1	Entwurf 03.95	Teil 1: Sicherheitsventile
DIN EN 1268-5	Entwurf 08.96	Teil 5: Gesteuerte Sicherheitsventile
DIN EN 1268-7	Entwurf 06.95	Teil 7: Allgemeine Daten

10.11 Wichtige Vorschriften und Normen für Heizungsanlagen und für Wassererwärmer

Für alle Anlagen, bei denen Dampf oder Heißwasser auf mittelbarem (indirektem) Weg, also über Gegenstromapparate und dgl. erzeugt wird und für Brauchwassererwärmungsanlagen, sind die entsprechenden Heizungsnormen maßgebend. Für die Druckbehälter in Heizungsanlagen sind die Bestimmungen der Betriebssicherheitsverordnung bzw. die Druckgeräterichtlinie einzuhalten.

An dieser Stelle ist auf den Entwurf der DIN EN 14394 »Heizkessel mit Gebläsebrenner, Begriffe, allgemeine Anforderungen, Prüfung und Kennzeichnung« hinzuweisen.

Der Entwurf erstreckt sich auf den Bereich zwischen 100 °C bis 110 °C, es besteht aber Interesse, den Geltungsbereich bis 120 °C zu strecken, womit es zu einer Überschneidung mit der Druckgeräterichtlinie käme.

DIN 4751 T1-3 wurden ersetzt durch DIN EN 12828 (06.03.).

Die DIN 4752 Heißwasserheizungsanlagen mit Vorlauftemperaturen von mehr als 110 °C wurde ersetzt durch DIN EN 12953-Teil 6.

Für mittelbar, aber auch für unmittelbar beheizte Anlagen sind auszugsweise folgende Normen von Bedeutung:

DIN	Bezeichnung
1341	Wärmeübertragung; Begriffe, Kenngrößen
1345	Thermodynamik; Grundbegriffe

1988 Teile 1–8	Technische Regeln für Trinkwasser-Installationen (TRWI)
3368 Teile 2, 4, 5	Gasgeräte-, Umlauf-Wasserheizer, Kombi-Wasserheizer
3377	Gasverbrauchseinrichtungen; Vorrats-Wasserheizer
3440	Temperaturregel- und -begrenzungseinrichtungen für Wärmeerzeugungsanlagen; Sicherheitstechnische Anforderungen und Prüfung
4701 Teil 1	Regeln für die Berechnung des Wärmebedarfs von Gebäuden; Grundlagen der Berechnung
4701 Teil 2	Regeln für die Berechnung des Wärmebedarfs von Gebäuden; Tabellen, Bilder, Algorithmen
4701 Teil 3	Regeln für die Berechnung des Wärmebedarfs von Gebäuden; Auslegung der Raumheizeinrichtungen
4702 Teil 1	Heizkessel; Begriffe, Anforderungen, Prüfung, Kennzeichnung
4702 Teil 2	Heizkessel; Regeln für die heiztechnische Prüfung
4702 Teil 3	Heizkessel; Gas-Spezialkessel mit Brenner ohne Gebläse
4702 Teil 4	Heizkessel; Heizkessel für Holz, Stroh und ähnliche Brennstoffe; Begriffe, Anforderungen, Prüfungen
4702 Teil 6	Heizkessel; Brennwertkessel für gasförmige Brennstoffe
4702 Teil 8	Heizkessel; Ermittlung des Norm-Nutzungsgrades und des Norm-Emissionsfaktors
4703 Teil 1	Raumheizkörper; Maße, Norm-Wärmeleistungen
4703 Teil 3	Raumheizkörper; Begriffe, Grenzabmaße, Umrechnungen, Einbauhinweise
4705 Teile 1–3, 10	Feuerungstechnische Berechnung von Schornsteinabmessungen
V 4707	Grundsatzforderungen an Feuerstätten zur Beheizung und Wassererwärmung
4708 Teil 1	Zentrale Wassererwärmungsanlagen; Begriffe und Berechnungsgrundlagen
4708 Teil 2	Zentrale Wassererwärmungsanlagen; Regeln zur Ermittlung des Wärmebedarfs zur Erwärmung von Trinkwasser in Wohnbauten
4708 Teil 3	Zentrale Wassererwärmungsanlagen; Regeln zur Leistungsprüfung von Wassererwärmern für Wohngebäude
4736 Teile 1 und 2	Ölversorgungsanlagen für Ölbrenner
4747 Teil 1	Fernwärmeanlagen; Sicherheitstechnische Ausführung von Hausstationen zum Anschluss an Heizwasser-Fernwärmenetze
4750	Standrohre für Dampfabfuhr bei Drucküberschreitung aus Dampfkessel- und Heizungsanlagen mit zulässigem Betriebsüberdruck bis 0,5 bar, Anforderungen
4751 Teil 1	Wasserheizungsanlagen; Offene und geschlossene physikalisch abgesicherte Wärmeerzeugungsanlagen mit Vorlauftemperaturen bis 120 °C; Sicherheitstechnische Ausrüstung (ersetzt durch DIN EN 12828)
4751 Teil 2	Wasserheizungsanlagen; Geschlossene, thermostatisch abgesicherte Wärmeerzeugungsanlagen mit Vorlauftemperaturen bis 120 °C; Sicherheitstechnische Ausrüstung (ersetzt durch DIN EN 12828)

4751 Teil 3	Wasserheizungsanlagen; Geschlossene thermostatisch abgesicherte Wärmeerzeugungsanlagen bis 50 kW Nennwärmeleistung mit Zwangumlauf-Wärmeerzeugern und Vorlauftemperaturen bis 95 °C; Sicherheitstechnische Ausrüstung (ersetzt durch DIN EN 12828)
4753 Teile 1–11	Wassererwärmer und Wassererwärmungsanlagen für Trink- und Betriebswasser
4754	Wärmeübertragungsanlagen mit organischen Wärmeträgern; Sicherheitstechnische Anforderungen, Prüfung
4755 Teil 1	Ölfeuerungsanlagen; Ölfeuerungen in Heizungsanlagen; Sicherheitstechnische Anforderungen
4755 Teil 2	Ölfeuerungsanlagen, Heizöl-Versorgung, Heizöl-Versorgungsanlagen, Sicherheitstechnische Anforderungen, Prüfung
4756	Gasfeuerungsanlagen; Gasfeuerungen in Heizungsanlagen. Sicherheitstechnische Anforderungen
4757 Teile 1–4	Sonnenheizungsanlagen
V 4759 Teil 1	Wärmeerzeugungsanlagen für mehrere Energiearten; Eine Feststofffeuerung und eine Öl- oder Gasfeuerung und nur ein Schornstein; Sicherheitstechnische Anforderungen und Prüfungen
4759 Teil 2	Wärmeerzeugungsanlagen für mehrere Energiearten; Einbindung von Wärmepumpen mit elektrisch angetriebenen Verdichtern in bivalent betriebenen Heizungsanlagen
4787 Teil 1	Ölzerstäubungsbrenner; Begriffe, sicherheitstechnische Anforderungen, Prüfung, Kennzeichnung
4788 Teil 1	Gasbrenner; Gasbrenner ohne Gebläse
EN 676	Automatische Brenner mit Gebläse für gasförmige Brennstoffe (Ersatz für 4788 Teil 2)
4800	Doppelwandige Wassererwärmer aus Stahl mit zwei festen Böden, für stehende und liegende Verwendung
4801	Einwandige Wassererwärmer mit abschraubbarem Deckel, aus Stahl
4802	Einwandige Wassererwärmer mit Halsstutzen, aus Stahl
4803	Doppelwandige Wassererwärmer mit abschraubbarem Deckel, aus Stahl
4804	Doppelwandige Wassererwärmer mit Halsstutzen, aus Stahl
4805 Teil 1	Anschlüsse für Heizeinsätze für Wassererwärmer in zentralen Heizungsanlagen; Elektrische Heizeinsätze
4805 Teil 2	Anschlüsse für Heizeinsätze für Wassererwärmer in zentralen Heizungsanlagen; Rohrheizeinsätze
4807 Teil 1	Ausdehnungsgefäße; Begriffe, gesetzliche Bestimmungen, Prüfung und Kennzeichnung
4807 Teil 2	Ausdehnungsgefäße; Offene und geschlossene Ausdehnungsgefäße für wärmetechnische Anlagen; Auslegung, Anforderungen und Prüfung
4807 Teil 3	Ausdehnungsgefäße; Membranen aus elastomeren Werkstoffen; Anforderungen und Prüfung
4809 Teil 1	Kompensatoren aus elastomeren Verbundwerkstoffen (Gummikompensatoren) für Wasser-Heizungsanlagen, für eine maximale Betriebstemperatur von 100 °C und einen zulässigen Betriebsüberdruck

4809 Teil 2	von 10 bar; Anforderungen und Prüfung Kompensatoren aus elastomeren Verbundwerkstoffen (Gummikompensatoren) für Wasser-Heizungsanlagen; Bau- und Anschlussmaße
18160 Teile 1, 2, 5 und 6	Hausschornsteine
18380	VOB Teil C; Heizanlagen und zentrale Wassererwärmungsanlagen
V 19250	Leittechnik; Grundlegende Sicherheitsbetrachtungen für MSR-Schutzeinrichtungen
EN 12098 Teil 1	Mess-, Steuer- und Regeleinrichtungen für Heizungen; Witterungsgeführte Regeleinrichtungen für Warmwasserheizungen (Ersatz für DIN 32729 Teil 1)
32730	Stellgeräte für Wasser und Wasserdampf mit Sicherheitsfunktion in heiztechnischen Anlagen; Sicherheitstechnische Anforderungen und Prüfung
44532 Teil 1, 2, 100	Elektro-Wassererwärmer, Warmwasserspeicher bis 1000 Liter
EN 50193	Geschlossene Elektro-Durchflusswassererwärmer; Prüfverfahren zur Bestimmung der Gebrauchseigenschaften (Ersatz für DIN 44851 Teil 1 bis 4)
EN 26	Gasbeheizte Durchlauf-Wasserheizer für den sanitären Gebrauch mit atmosphärischen Bremsern
EN 230	Ölzerstäubungsbrenner in Monoblockausführung; Einrichtungen für die Sicherheit, die Überwachung und die Regelung sowie Sicherheitszeiten
EN 247	Wärmeaustauscher; Terminologie
EN 267	Ölbrenner mit Gebläse; Begriffe, Anforderungen, Prüfung, Kennzeichnung
EN 293	Öldruckzerstäuberdüsen; Mindestanforderungen, Prüfungen
EN 297	Heizkessel für gasförmige Brennstoffe; Heizkessel der Typen B_{11}, und B_{11BS} mit atmosphärischen Brennern mit einer Nennwärmebelastung kleiner oder gleich 70 kW
EN 298	Feuerungsautomaten für Gasbrenner und Gasgeräte mit und ohne Gebläse
EN 299	Öldruckzerstäuberdüsen; Prüfung der Sprühcharakteristik und des Winkels
EN 303 Teil 1	Heizkessel, Heizkessel mit Gebläsebrenner; Begriffe, Allgemeine Anforderungen, Prüfung und Kennzeichnung
EN 303 Teil 2	–; Spezielle Anforderungen an Heizkessel mit Ölzerstäubungsbrennern
EN 303 Teil 3	Zentralheizkessel für gasförmige Brennstoffe; Zusammenbau aus Kessel und Gebläsebrenner
EN 303 Teil 4	Heizkessel mit Gebläsebrenner; Spezielle Anforderungen an Heizkessel mit Ölgebläsebrenner mit einer Leistung bis 70 kW und einem maximalen Betriebsüberdruck von 3 bar; Begriffe, besondere Anforderungen, Prüfung und Kennzeichnung
EN 303 Teil 5	Heizkessel für feste Brennstoffe, hand- und automatisch beschickte Feuerungen, Nenn-Wärmeleistung bis 300 kW; Begriffe, Anforderungen, Prüfungen und Kennzeichnung

EN 304	Heizkessel, Prüfregeln für Heizkessel mit Ölzerstäubungsbrennern
EN 625	Heizkessel für gasförmige Brennstoffe; Spezielle Anforderungen an die trinkwasserseitige Funktion von Kombi-Kesseln mit einer Nennwärmebelastung kleiner als oder gleich 70 kW
DIN EN 12828	Heizungssysteme in Gebäuden, Planung von Warmwasser – Heizungsanlagen

Richtlinien der Europäischen Gemeinschaft[1] für Heizungs- und Wassererwärmungsanlagen

78/170/EWG	Richtlinie des Rates vom 13.2.1978 betreffend die Leistung von Wärmeerzeugern zur Raumheizung und Warmwasserbereitung in neuen oder bestehenden nicht industriellen Gebäuden sowie die Isolierung des Verteilungsnetzes für Wärme und Warmwasser in nichtindustriellen Neubauten. ABl. EG, 1978, Nr. L 52, S. 32 f.
82/885/EWG	Richtlinie des Rates vom 10.12.1982 zur Änderung der Richtlinie 78/170/EWG. ABl. EG, 1982, Nr. L 378, S. 19–23.
92/42/EWG	Richtlinie des Rates vom 21.5.1992 über die Wirkungsgrade von mit flüssigen oder gasförmigen Brennstoffen beschickten neuen Warmwasserheizkesseln. ABl. EG, 1992, Nr. L 167, S. 17–28, zuletzt geändert durch 93/68/EWG vom 22.7.1993.
92/42/EWG	Verzeichnis 1996; Liste der gemeldeten Stellen im Rahmen der Richtlinie 92/42/EWG; Warmwasserheizkessel (Stand 15. April 1996) ABl. EG, 1996, Nr. C 172, S. 144 f.
90/396/EWG	Richtlinie des Rates vom 29.6.1990 zur Angleichung der Rechtsvorschriften der Mitgliedstaaten für Gasverbrauchseinrichtungen ABl. EG, 1990, Nr. L 196, S. 15–29, zuletzt geändert durch 93/68/EWG vom 22. Juli 1993.

10.12 Verdingungsordnung für Bauleistungen

Eine besondere Beachtung verdient auch die »Verdingungsordnung für Bauleistungen«, abgekürzt mit »VOB« bezeichnet. Die VOB dient sehr häufig als Grundlage für die Ausgestaltung von Bauverträgen zwischen Auftraggebern und Auftragnehmern. Vor allem die öffentliche Hand richtet sich bei der Vergabe von Bauaufträgen fast vollständig nach den Festlegungen der VOB.
Die VOB gliedert sich in drei Abschnitte, nämlich in

Teil A: Allgemeine Bestimmungen für die Vergabe von Bauleistungen, DIN 1960
Teil B: Allgemeine Vertragsbedingungen für die Ausführung von Bauleistungen, DIN 1961 und
Teil C: Allgemeine technische Vertragsbedingungen für Bauleistungen (hier sind zahlreiche Einzelnormen von den Erdarbeiten bis zu den Wärmedämmungsarbeiten enthalten).

Die maßgebliche Norm des Teils C der VOB für Heizanlagen und zentrale Wassererwärmungsanlagen trägt die Bezeichnung DIN 18380. Es empfiehlt sich, bei der Errichtung solcher Anlagen die Festlegungen dieser Norm voll einzuhalten.

10.13 Richtlinien über Ausbildungslehrgänge für Kesselwärter

Die Ausbildung von Kesselwärtern für Dampfkesselanlagen (Niederdruck- und Hochdruckanlagen) richtet sich nach Ausbildungsrichtlinien, die vom Bundesminister für Arbeit und Sozialordnung erlassen worden sind. Die Richtlinien einschließlich ihrer Anlage 1 sind nachstehend im Wortlaut voll wiedergegeben:

Dampfkesselwesen – Ausbildungslehrgänge für Kesselwärter
Bek. des BMA vom 24. Januar 1984 – 111 b 5-35422-5
Nachstehend gebe ich eine Neufassung der »Richtlinien für die Ausbildung von Kesselwärtern« bekannt, denen die Leitenden Gewerbeaufsichtsbeamten der Länder zugestimmt haben.
Durch diese Neufassung werden die mit Bek. vom 7. November 1967 (ArbSch. 11/1967 S. 262) veröffentlichten Richtlinien ersetzt.

Richtlinien für die Ausbildung von Kesselwärter, Ausgabe März 1985
Vorbemerkung
Kesselwärter müssen die für den Betrieb von Dampfkesselanlagen erforderliche Sachkunde besitzen und die Bedienungsvorschriften sowie die für den Betrieb maßgeblichen Technischen Regeln für Dampfkessel (TRD) kennen. Kesselwärter müssen das 18. Lebensjahr vollendet haben. Zur Vermittlung von Sachkunde und Fachkenntnissen werden Ausbildungslehrgänge abgehalten. Kesselwärter, die an einem Ausbildungslehrgang mit Erfolg teilgenommen haben, erhalten ein Zeugnis.

§ 1 Ausbildungslehrgänge
(1) Ausbildungslehrgänge für Kesselwärter werden nur bei Bedarf abgehalten.
(2) Ausbildungslehrgänge sind entsprechend den Erfordernissen Abendlehrgänge, Tageslehrgänge oder Wochenendlehrgänge.
(3) Träger der Ausbildungslehrgänge für Kesselwärter sind die technischen Überwachungsorgaausschuss. Der Schulausschuss ist an diese Richtlinien gebunden; er darf in begründeten Ausnahmefällen von ihnen abweichen.

§ 2 Zweck der Ausbildungslehrgänge
(1) Die Kesselwärter sollen so ausgebildet werden, dass sie in der Lage sind, die ihnen anvertrauten Dampfkesselanlagen zur Gewährleistung eines unfallsicheren, wirtschaftlichen und umweltfreundlichen Betriebes sachgemäß zu bedienen und pfleglich zu warten. Hierzu werden ihnen praktische und theoretische Kenntnisse vermittelt, damit sie alle wesentlichen Vorgänge im Dampfkesselbetrieb verstehen und die Auswirkungen ihrer Handlung übersehen können.
(2) Es werden zwei Ausbildungsgruppen unterschieden:
1. Kesselwärter für Dampfkessel der Gruppe IV (Hochdruckanlagen; Dampf- und Heißwassererzeuger)
2. Kesselwärter für Dampfkessel der Gruppe II (Niederdruckanlagen; Dampf- und erzeuger)
Die Kesselwärter für Dampfkessel der Gruppe IV sollen auch in den Grundkenntnissen für eine sachgemäße Wartung von Dampfkesseln der Gruppe II unterrichtet werden.
(3) Kesselwärter für Dampfkessel der Gruppe IV und Gruppe II können gemeinsam unterrichtet werden, da sie weitgehend gleichartige Kenntnisse haben müssen. Für Kesselwärter, die nur an Dampfkesseln der Gruppe II beschäftigt werden sollen, darf der Unterricht auf den Gebieten, die nur Dampfkessel der Gruppe IV betreffen, eingeschränkt werden.
(4) Dem Unterricht wird der als Anlage 1 beigefügte Ausbildungsplan zugrunde gelegt.

§ 3 Bildung von Schulausschüssen
(1) Die technische Überwachungsorganisation bildet für die Ausbildungslehrgänge einen Schulausschuss. Sie übernimmt die Geschäftsführung für den Schulausschuss.
(2) Der Schulausschuss setzt sich aus folgenden Mitgliedern zusammen:
1. ein Vertreter der technischen Überwachungsorganisation,
2. ein von der Gewerbeaufsichtsverwaltung benannter Beamter,
3. ein Vertreter der Betriebsleitung eines Dampfkesselbetreibers der Industrie,
4. ein sachkundiger Vertreter der Gewerkschaften,
5. die Lehrkräfte für den Unterricht,
6. ein sachkundiger Vertreter einer Fachschule.
Der Schulausschuss wählt aus den Mitgliedern zu 1. und 2. seinen Vorsitzenden. Die unter Nr. 1 bis 5 genannten Personen müssen, die unter 6 genannte Person soll Mitglied des Schulausschusses sein. Der Schulausschuss kann die Aufnahme weiterer Mitglieder beschließen, sofern dies zur Erfüllung seiner Aufgaben erforderlich ist.
(3) Die Tätigkeit im Schulausschuss ist ehrenamtlich, Auslagen werden den Ausschussmitgliedern ersetzt, wenn sie nicht von den Stellen, die sie vertreten, getragen werden.

§ 4 Aufgaben des Schulausschusses
(1) Der Vorsitzende beruft den Schulausschuss nach den jeweiligen Erfordernissen ein. Er bestellt und verpflichtet als Lehrkräfte fachlich und persönlich geeignete Personen (Sachverständige der Technischen Überwachungsorganisation, Gewerbeaufsichtsbeamte, Fachlehrer usw.).
(2) Ein Mitglied des Schulausschusses oder die Geschäftsführung ermittelt auf Veranlassung des Schulausschusses, zu welchen Zeiten und in welchem Umfang eine Beteiligung an Lehrgängen im Zuständigkeitsbereich des Schulausschusses zu erwarten ist. Über die Ermittlungen wird dem Schulausschuss berichtet. Außerdem werden ihm nach dem Ergebnis der Ermittlungen Vorschläge für die Durchführung von Ausbildungslehrgängen gemacht.
(3) Beschließt der Schulausschuss die Durchführung von Lehrgängen, hat die Geschäftsführung das Erforderliche zu veranlassen, insbesondere
1. Ort und Zeit des Lehrganges festzusetzen,
2. für Unterrichtsräume, ausreichende Lehrmittel und Versuchsanlagen für die praktischen Übungen zu sorgen,
3. die Lehrkräfte zu benachrichtigen,
4. über die entstandenen Kosten für die Lehrgänge beim Schulausschuss abzurechnen,
5. für die Bildung des Prüfungsausschusses zu sorgen und
6. nach Abschluss eines jeden Lehrganges die Abrechnung zu prüfen.
(4) Der Träger des Ausbildungslehrganges unterrichtet die zuständige oberste Landesbehörde oder die von ihr bestimmte Behörde auf deren Verlangen über den Zeitpunkt des Lehrgangsbeginns sowie über den Zeitpunkt der Abschlussprüfung.
(5) Der Träger des Ausbildungslehrganges legt der zuständigen Stelle nach Abs. 4 auf deren Verlangen einen kurzen Bericht über die abgehaltenen Lehrgänge vor. Der Bericht enthält insbesondere folgende Angaben: Anzahl der Lehrgänge und der Unterrichtsstunden, Teilnehmerzahl, Prüfungsergebnis, ggf. besondere Erfahrungen.

§ 5 Voraussetzungen für die Teilnahme an Ausbildungslehrgängen
(1) Als Lehrgangsteilnehmer wird nur zugelassen, wer die im Satz 2 der Vorbemerkung genannten Kriterien erfüllt und hinreichende praktische Erfahrungen in der Bedienung von Dampfkesselanlagen hat. Hinreichende praktische Erfahrung kann in der Regel angenommen werden, wenn der Antragsteller
a) den Nachweis einer mindestens einjährigen Tätigkeit als Kesselwärter erbringt oder
b) den Beruf eines Maschinenschlossers, Heizungsmonteurs, Messgeräteelektrikers oder einen ähnlichen Beruf ausübt, darüber ein Zeugnis vorlegt und außerdem mindestens drei Monate als Kesselwärter tätig war, oder

c) mindestens ein Jahr bei der Bedienung oder Betreuung einer Dampfkesselanlage als Hilfskraft tätig war.

Im Fall c) darf der Antragsteller nur zugelassen werden, wenn dem Vorsitzenden oder seinem Beauftragten nach Lage der besonderen Verhältnisse ein Ausbildungserfolg gesichert erscheint. Die praktische Befähigung dieser Lehrgangsteilnehmer ist bei den praktischen Übungen besonders zu beachten.

(2) Beantragt ein Kesselwärter für Dampfkessel der Gruppe II die Zulassung zu einem Ausbildungslehrgang, um ein Zeugnis als Kesselwärter für Dampfkessel der Gruppe IV zu erlangen, so wird ihm in der Regel seine frühere Tätigkeit bis zu einem halben Jahr auf die nach Abs. 1 erforderliche praktische Tätigkeit an Dampfkesseln der Gruppe IV angerechnet. Beträgt die praktische Tätigkeit des Kesselwärters für Dampfkessel der Gruppe II an Dampfkesseln der Gruppe IV weniger als 1/2 Jahr, so kann er gleichwohl als Lehrgangsteinehmer zugelassen werden. Jedoch wird der in § 10 Abs. 3 genannte Vermerk in sein Abschlusszeugnis eingetragen. Ausnahmen von den Sätzen 1 und 2 sind in besonders begründeten Fällen zulässig.

(3) Als Hörer können an den Ausbildungslehrgängen Personen zugelassen werden, die als Werkmeister, Maschinenmeister, Betriebsleiter, industrielle Betriebsführer, Ingenieure usw. tätig sind. Die Hörer erhalten kein Abschlusszeugnis, es sei denn, sie erfüllen die in Abs. 1 und 2 genannten Voraussetzungen für Lehrgangsteilnehmer und unterziehen sich der Abschlussprüfung.

(4) Über Anträge auf Teilnahme als »Lehrgangsteilnehmer« oder als »Hörer« an den Ausbildungslehrgängen entscheidet der Vorsitzende des Schulausschusses oder ein von ihm Beauftragter, der dem Schulausschuss angehören muss.

§ 6 Zahl der Teilnehmer

Am theoretischen Unterricht nehmen höchstens 40 Lehrgangsteilnehmer teil. Die praktischen Übungen an Kesselanlagen werden in Gruppen von etwa 10 Teilnehmern durchgeführt.

§ 7 Dauer des Lehrganges

Die Dauer eines Tageslehrganges beträgt 120 bis 125 Stunden, von denen 30 Stunden für die praktischen Übungen verwendet werden. Die Dauer eines Abend- und Wochenendlehrganges darf bis zu 20 Stunden länger sein.

§ 8 Abschluss des Lehrganges

(1) Nach Beendigung des Lehrganges findet eine Abschlussprüfung der Lehrgangsteilnehmer statt, die sich auf die gesamte Ausbildung erstreckt.

(2) Die praktische Prüfung kann auf Beschluss des Prüfungsausschusses (§ 9 Abs. 1) durch die Beurteilung des Lehrgangsteilnehmers im praktischen Unterricht (Übungen) während des Lehrganges ersetzt werden.

(3) Die theoretische Prüfung wird mündlich oder schriftlich durchgeführt. Schriftliche Fragen sind so gefasst, dass ihre stichwortartige Beantwortung möglich ist. Ausdrucksweise und Rechtschreibung bleiben für die Beurteilung, ob die theoretische Prüfung bestanden ist, außer Betracht. Sind aufgrund der schriftlichen Prüfung die theoretischen Kenntnisse eines Lehrgangsteilnehmers nicht einwandfrei zu beurteilen, wird dieser zusätzlich mündlich geprüft.

(4) Der Lehrgangsteilnehmer hat die Abschlussprüfung bestanden, wenn er dabei ausreichende Kenntnisse nachgewiesen hat.

(5) Lehrgangsteilnehmer, bei denen in der Abschlussprüfung in wesentlichen Punkten – vor allem auf dem Gebiet der sicherheitstechnisch richtigen Betriebsführung – mangelhafte Kenntnisse festgestellt werden, erhalten kein Abschlusszeugnis. Sie haben Gelegenheit, an einem späteren Lehrgang noch einmal teilzunehmen. Ein Anspruch auf Rückzahlung der Teilnehmergebühr besteht nicht, ebenso nicht auf Gebührenermäßigung bei Teilnahme an einem späteren Lehrgang.

§ 9 Prüfungsausschuss

(1) Ein vom Schulausschuss eingesetzter Prüfungsausschuss nimmt die Abschlussprüfung vor. Dem Prüfungsausschuss müssen die Lehrkräfte angehören. Der Schulausschuss be-

stimmt die übrigen Mitglieder des Prüfungsausschusses aus seiner Mitte.
Den Vorsitz im Prüfungsausschuss führt ein Mitglied, das die zu prüfenden Lehrgangsteilnehmer nicht ausgebildet hat. Die Tätigkeit im Prüfungsausschuss ist ehrenamtlich.
(2) Der Zeitpunkt der Abschlussprüfung wird den Mitgliedern des Prüfungsausschusses rechtzeitig mitgeteilt.
(3) Der Prüfungsausschuss setzt das Prüfergebnis fest.

§ 10 Zeugnis

Für die Zeugnisse wird der als Anlage 2 beigefügte Vordruck verwendet. Das Zeugnis wird vom Vorsitzenden des Prüfungsausschusses und von einem Vertreter der Lehrkräfte unterschrieben sowie mit dem Siegel »Kesselwärterlehrgang TÜ ...« versehen.
(2) Kesselwärter für Dampfkesselanlagen mit Dampfkesseln der Gruppe IV erhalten das Zeugnis ohne jede Einschränkung, wenn sie im Lehrgang auf dem Gebiet der Dampfkessel der Gruppe II nicht nur theoretisch, sondern auch praktisch unterwiesen worden sind. Fehlt ihnen die praktische Ausbildung, wird im Zeugnis einschränkend vermerkt: »Ist für Dampfkesselanlagen mit Dampfkesseln der Gruppe IV ausgebildet.«
(3) Haben Kesselwärter für Dampfkessel der Gruppe II im Lehrgang an der praktischen Unterweisung für Dampfkesselanlagen der Gruppe IV mit Erfolg teilgenommen, die jedoch noch keine hinreichende praktische Erfahrung auf dem Gebiet der Dampfkessel der Gruppe IV besitzen, wird im Zeugnis vermerkt: »Hat bisher nur Dampfkesselanlagen mit Dampfkesseln der Gruppe II bedient.«
(4) Kesselwärter für Dampfkesselanlagen mit Dampfkesseln der Gruppe II, die im Lehrgang nur an Anlagen dieser Art ausgebildet worden sind, erhalten im Zeugnis den Vermerk: Ist als Kesselwärter für Dampfkesselanlagen der Gruppe II ausgebildet.«
(5) In besonderen Fällen darf das Zeugnis abweichend von den Absätzen 3 und 4 mit anderen, diesen Fällen angepassten Vermerken versehen werden.

§ 11 Kosten

Die Kosten für die Lehrgänge einschließlich aller Nebenausgaben, wie sie für Unterrichtsräume, Beschaffung von Lehrmitteln, für Versicherung, insbesondere auch für Haftpflichtversicherung der Lehrkräfte, Verwaltung, Telefon, Porto usw. entstehen, werden durch das von den Teilnehmern vor Beginn des Lehrgangs zu zahlende Entgelt, das nach dem Kostendeckungsprinzip festgelegt wird, aufgebracht.

Anlage 1 (Zu § 2)

Ausbildungsplan für den Unterricht in Kesselwärterlehrgängen

Ziel des Unterrichts in Kesselwärterlehrgängen ist, die Lehrgangsteilnehmer mit den Maßnahmen vertraut zu machen, die einen geordneten Dampfkesselbetrieb sicherstellen und durch die Schäden und Unfälle sowie Belastungen der Umwelt möglichst verhütet oder in ihrer Auswirkung eingeschränkt werden. Die Ausbildung soll dafür die Gewähr bieten, dass die Anlage nach sicherheitstechnischen, wirtschaftlichen und umweltfreundlichen Gesichtspunkten betrieben wird.
Dazu werden den Lehrgangsteilnehmern die theoretischen und praktischen Grundlagen vermittelt, die sie in die Lage setzen, auch Kesselanlagen ohne ständige oder mit eingeschränkter Beaufsichtigung nach nicht allzu langer Einarbeitungszeit zu warten und sicher zu bedienen.
Begründete Abweichungen vom Ausbildungsplan sind zulässig. Der Gesamtrahmen der Ausbildung soll jedoch durch derartige Abweichungen nicht wesentlich verändert werden.

1. Schulmäßiger Unterricht

Vorschriften und Bestimmungen 721

1. 1 Maße und Maßeinheiten
Länge, Fläche, Raum, Masse, Dichte, Massenstrom, Zeit, Kraft.

1.2 Physikalische und technische Grundbegriffe
Kraft, Arbeit, Energie, Leistung, mechanische Spannung, Druck (Druckausbreitung, hydrostatischer Druck, Luftdruck, Zusammenhang zwischen Druck und Strömungsgeschwindigkeit), Normzustand, Arten und Eigenschaften von Körpern, kommunizierende Gefäße, Auftrieb, Hebelgesetz, elektrische Grundlagen (Stromstärke, Spannung, Widerstand, Arbeit, Leistung), Werkstoffe (Festigkeit und Elastizität von Eisenwerkstoffen), Viskosität.

1.3 Wärmelehre
Wärmemenge und Temperatur, Temperaturmessgeräte, Verhalten der Körper und Stoffe bei Erwärmung, Erzeugung von Wärme, Ausbreitung der Wärme, Wasserdampf, Verwendung von Wärme, Wärmedurchgang, Wärmeleitung, Wärmestrahlung, Konvektion, Wärmestrom.

1.4 Brennstoffkunde
Feste, flüssige und gasförmige Brennstoffe, brennbare und unbrennbare Bestandteile, Heizwert, Brennstofflagerung, Schüttmasse, Aufbereitung, Eignung der Brennstoffe.

1.5 Verbrennungslehre
Vollkommene und unvollkommene Verbrennung, theoretischer Sauerstoff- und Luftbedarf, Luftüberschuss, Verbrennung in einer Feuerung, Rauch- und Rußentstehung, Asche und Schlacke, örtlicher Luftmangel, Schichthöhe, Unterwind, Messgeräte zur Oberwachung der Verbrennung, Taupunkt.

1.6 Feuerungen und Rauchgaszüge
Feuerungen für feste Brennstoffe, die verschiedenen Arten von Rosten, die Staubfeuerung, Wirbelschichtfeuerung, Aschen- und Schlackenabzug-,
Feuerungen für flüssige Brennstoffe, Brennerbauarten, Brennstoffvorwärmung, sicherheitstechnische Gesichtspunkte und Einrichtungen;
Feuerungen für gasförmige Brennstoffe, Reduzierstationen, sicherheitstechnische Gesichtspunkte und Einrichtungen;
elektrische Beheizung;
Brennstoff-Förderung und Leitungen;
Feuerraum und Rauchgaszüge; Zugerzeugung; Kamin und Kaminauswurf.

1.7 Kesselbauarten
Groß- und Kleinwasserraumkessel und deren Bauarten; Heizfläche, Wasserraum, Dampfraum, Dampfkessel mit Naturumlauf, mit Zwangumlauf, Zwangdurchlauf; Sonderbauarten, rauchgasdicht verschweißte Rohrwände, Mauerwerk und Isolierung.

1.8 Zusätzliche Einrichtungen
Überhitzer, Kühler, Speisewasservorwärmer, Vorverdampfer, Luftvorwärmer, Wärmespeicher, Dampfumformer.

1.9 Rauchgasentstaubung, Rückstandbeseitigung, Entschwefelung und NO_2 Abscheidung

1.10 Kesselausrüstung einschließlich Sicherheitseinrichtungen
Fabrikschild, Wasserstand, Speisevorrichtung, Speisewasserregelung, Speiseleitung und Ventile, Ablassvorrichtungen, Manometer, Sicherheitsventile, Dampfabsperrvorrichtungen, Verschlüsse und Dichtungen, Überwachungs-, Regel- und Begrenzungseinrichtungen, Mengenmessgeräte, Rauchgasprüf- und Messgeräte, Speisewasserprüfeinrichtungen.

1.11 Rohrleitungen und Zubehör
Ausdehnung, Absperreinrichtungen, Wasserabscheider, Kondenstöpfe, Wärmedämmung.
1.12 Dampfkesselüberwachung und Vorbereitung des Dampfkessels zu den vorgeschriebenen Untersuchungen

Beachtung der einschlägigen TRD und der Unfallverhütungsvorschriften.

1.13 Dampfkesselschäden und Reparaturen
Kesselschäden und deren Ursachen, Verhalten bei Kesselschäden, Ausbesserungsarbeiten.

1.14 Dampfkesselbetrieb
Inbetriebnahme, Abstellen, Konservieren, mechanische und chemische Reinigung, Handhabung elektrischer Geräte in engen Räumen.

1.15 Wärmebilanz und Wirkungsgrad

1.16 Speisewasser- und Kesselwasser
Eigenschaften und Vorkommen des Wassers, Inhaltsstoffe des Wassers, Wasseraufbereitung, Richtlinien für die Speise- und Kesselwasserbeschaffenheit, Kesselkonservierung, chemische Reinigung von Dampfkesselanlagen, Unfallverhütungsvorschriften, Betrieb von Dampf- und Heißwassererzeugern nach TRD 604 Blatt 1 und 2.

1.17 Heizungsanlagen
Heißwasseranlagen, Warmwasseranlagen, wichtige Schaltungsarten (physikalische und thermostatische Absicherung, Druckhalteeinrichtungen und dgl.), Ausdehnungsgefäße, besondere Kesselbauarten, Wärmetauscher, Kaskaden, sicherheitstechnische Besonderheiten.

1.18 Bedeutsame Vorschriften
Dampfkesselvorschriften, Druckbehältervorschriften, Vorschriften für den Immissionsschutz, sonstige einschlägige Bestimmungen.

1.19 Wiederholung des Unterrichtsstoffes
Beschränkung auf die wichtigsten Teile des Lehrstoffes.

2. Praktische Unterweisung (Übungen)

Die praktische Unterweisung hat den Zweck, die Kesselwärter mit der Bedienung der Dampfkesselanlagen und der wesentlichsten Feuerungsarten vertraut zu machen.
Im Einzelnen erstreckt sich die praktische Unterweisung auf folgende Gebiete:

2.1 Bedienung des Kessels

2.1.1 Die Sicherheitsvorrichtungen
Vorrichtungen zum Erkennen des Wasserstandes, Einrichtungen gegen Überschreiten des höchstzulässigen Betriebsüberdruckes, Vorrichtungen zur Erkennung des Dampüberdruckes, Absperr- und Ablassvorrichtungen, Speisevorrichtungen, Temperaturmesseinrichtungen, Regel- und Begrenzungseinrichtungen.

2.1.2 Zusätzliche Einrichtungen
Überhitzer, Heißdampfkühler, Vorwärmer, Rauchgasentstaubung, Kesselentschlammung und -entsalzung, Entschwefelung, Bekohlungs- und Rückstandsbeseitigungsanlagen.

2.1.3 Speisewasser und Kesselwasser
Einfache Verfahren der Betriebswasseranalyse

2.1.4 Ablesen von Messgeräten, Beurteilung der Messwerte

2.2 Bedienung der Feuerung

2.2.1 Brennstofflagerung, -förderung, -aufbereitung und Beschickungseinrichtungen für Normal- und Notbetrieb.
2.2.2 Verfeuern von festen Brennstoffen
Möglichst Übungen im Anheizen, Saugzug- und Verbrennungslufteinstellung, Beurteilung des

Vorschriften und Bestimmungen

Feuers anhand des Brennstoffbettes und des Flammenbildes, Reinigen der Roste.
Unterweisung in der Behandlung der verschiedenen Brennstoffarten und -formen bei der Verbrennung.
Verhütung von unvollkommener Verbrennung und von Verpuffungen, Instandhaltung des Feuerraumes.

2.2.3 Verfeuern von flüssigen Brennstoffen
In- und Außerbetriebnahme von Ölfeuerungen, Überprüfung des Flammenwächters, Überprüfung der Sicherheitszeit und der Spülzeit, Überprüfen von Verriegelungen und Verblockungen.

2.2.4 Verfeuern von gasförmigen Brennstoffen
Lehrstoff wie bei Ölfeuerungen, dazu Belehrung über Gasansammlung im Stillstand, Gas- und Luftmangelsicherung, Dichtheitskontrolleinrichtungen, Besonderheiten bei Schwergasfeuerungen.

2.2.5 Feuer- und Rauchgaszüge Reinigung, Instandhaltung, Behandlung von Anlagen zur Luftreinhaltung.

2.3 Bedienung der Heizungsanlagen
Erläuterung der Besonderheiten der besichtigten Anlagen.

10.14 Sonstige Vorschriften, Bestimmungen und Regeln

Es gibt noch zahlreiche weitere Vorschriften, Bestimmungen und Regeln, die je nach Art der Anlage, im Einzelfall zu beachten sind (z. B. VDE-, DVGW-, VDI-, VdTÜV-, FDBR- und VGB-Bestimmungen bzw. -Richtlinien oder Merkblätter, Bauregelliste). Sofern sie in den jeweiligen Regeln der Technik nicht genannt sind, kann daraus nicht geschlossen werden, ihre Anwendung sei nicht erforderlich. Sachverstand und entsprechendes Detailwissen werden vom Fachmann vorausgesetzt. Im Übrigen ist grundsätzlich davon auszugehen, dass die Unfallverhütungsvorschriften der Berufsgenossenschaft (BGV) eingehalten werden.[1] Nachfolgend werden auszugsweise solche Vorschriften angeführt, die für Kesselanlagen von besonderer Bedeutung sein können.

Bestell-nummer	Titel	Bestell-nummer	Titel
BGV A1	Allgemeine Vorschriften	BGV D2	Arbeiten an Gasleitungen
BGV C14	Wärmekraftwerke und Heizwerke	BGV B6	Gase
BGV C15	Kohlenstaubanlagen	BGV B7	Sauerstoff
BGV A2	Elektrische Anlagen und Betriebsmittel	BGV D3	Wärmeübertragungsanlagen mit organischen Wärmeträgern
VBG 5	Kraftbetriebene Arbeitsmittel	BGV A4	Arbeitsmedizinische Vorsorge
BGV D8	Winden, Hub- und Zuggeräte	BGV C8	Gesundheitsdienst
BGV D6	Krane	BGV A5	Erste Hilfe
VBG 10	Stetigförderer	BGV C12	Silos

---

[1] Die Unfallverhütungsvorschriften und die Durchführungsanweisungen sind zu beziehen bei der Berufsgenossenschaft bzw. beim Carl Heymanns Verlag, Luxemburger Straße 449, 50939 Köln, Telefon (02 21) 4 10 10-40, Fax (02 21) 4 60 10-92.

VBG 14	Hebebühnen	**BGV B3**	Lärm
BGV D1	Schweißen, Schneiden und verwandte Verfahren	**BGV A6**	Fachkräfte für Arbeitssicherheit
		BGV A7	Betriebsärzte
VBG 16	Verdichter	**BGV A8**	Sicherheits- und Gesundheits-schutzkennzeichnung am Arbeitsplatz
BGV D34	Verwendung von Flüssiggas		
BGV C16	Kernkraftwerke		
BGV D16	Heiz-, Flämm- und Schmelzgeräte für Bau- und Montagearbeiten	**BGV 27**	Müllbeseitigung

Gewisse Bauprodukte bedürfen für ihre Verwendung eines Übereinstimmungsnachweises bzw. eines bauaufsichtlichen Prüfzeugnisses nach den Bauordnungen der Länder. Die auf ein Bauprodukt anzuwendende technische Regel und die geforderte Nachweisart sind in der Bauregelliste zusammengefasst.

Bestimmte druckbeaufschlagte Behälter und Rohre müssen z. B. zusätzlich zur CE-Kennzeichnung eine allgemeine bauaufsichtliche Zulassung und damit ein Ü-Zeichen besitzen. Es handelt sich dabei natürlich nur um solche Druckgeräte, die für ortsfest verwendete Anlagen zum Lagern, Abfüllen und Umschlagen von wassergefährdenden Stoffen eingesetzt werden und die mit einem Überdruck über 0,5 bar betrieben werden. Diese Regelung gilt ausdrücklich nicht für Prozessanlagen (HBV-Anlagen).

Seit dem Inkrafttreten der neuen Landesbauordnung und dem Außerkrafttreten der bisherigen Prüfzeichenverordnungen, sind nunmehr in vielen Bundesländern, so in Bayern, Mecklenburg-Vorpommern, Hessen Brandenburg, Sachsen, Baden-Württemberg, Niedersachsen und Nordrhein-Westfalen, jeweils eine Verordnung zur Feststellung der wasserrechtlichen Eignung von Bauprodukten und Bauarten durch Nachweis nach der Bauordnung veröffentlicht worden. Danach sind für serienmäßige Bauprodukte für ortsfest verwendete Anlagen zum Lagern, Abfüllen und Umschlagen von wassergefährdenden Stoffen, wie Behälter und Rohre, mit der Einhaltung bauaufsichtlicher Anforderungen nach Verwendbarkeits- und Übereinstimmungsnachweis grundsätzlich die wasserrechtlichen Anforderungen abgedeckt. Ausgenommen sind Bauprodukte, die einfach und herkömmlich sind, d. h. Serien- und Normprodukte.

11. Grafische Symbole für Rohrleitungs-, Wärmekraft- und Heizungsanlagen

(nach DIN 2429 Teile 1 und 2, DIN 2481, DIN EN 12953-6(08.2002))[1]

Derartige Symbole sollen die Möglichkeit geben, die oben erwähnten Anlagen mit einfachen Zeichen klar und verständlich darzustellen. Die Zusammenstellung erhebt keinen Anspruch auf Vollständigkeit; es war notwendig, sich auf wichtige Zeichen zu beschränken.

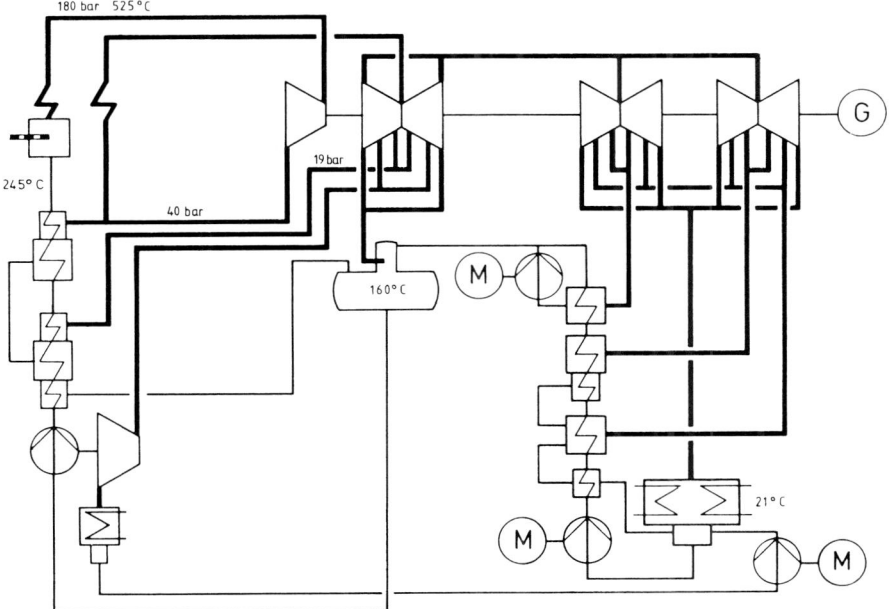

Bild 11.1: Vereinfachter Schaltplan des Dampf-Wasser-Kreislaufs eines Blockkraftwerks

---

[1] DIN 2429 Grafische Symbole für technische Zeichnungen; Rohrleitungen.
DIN 2481 Wärmekraftanlagen; Grafische Symbole.
DIN EN 12953-6, Ausgabe 2002-08 Großwasserraumkessel – Teil 6: Anforderungen an die Ausrüstung für den Kessel; Deutsche Fassung EN 12953-6:2002

Grafische Symbole

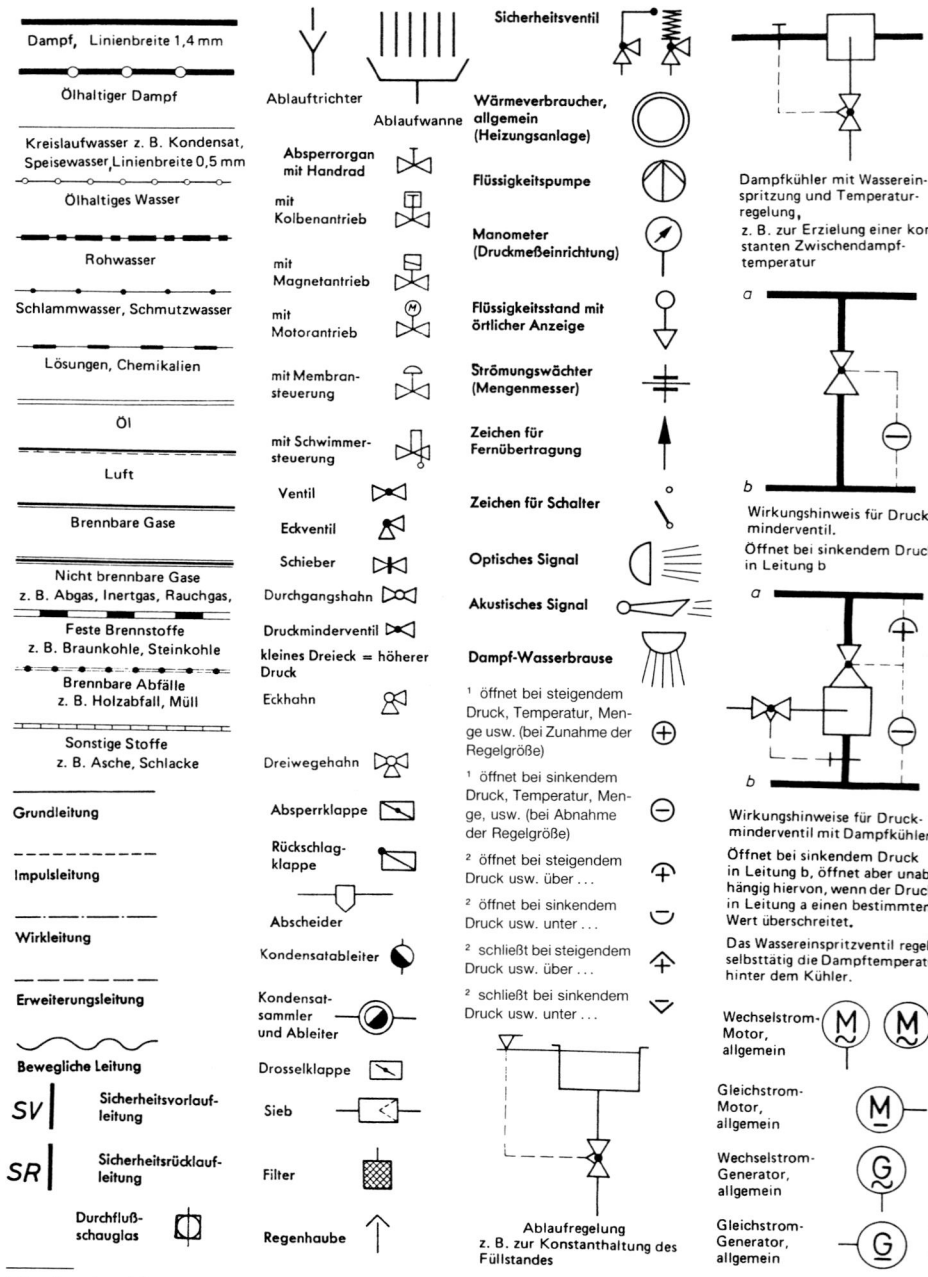

[1] Hauptimpuls. – [2] Grenzimpuls

Grafische Symbole

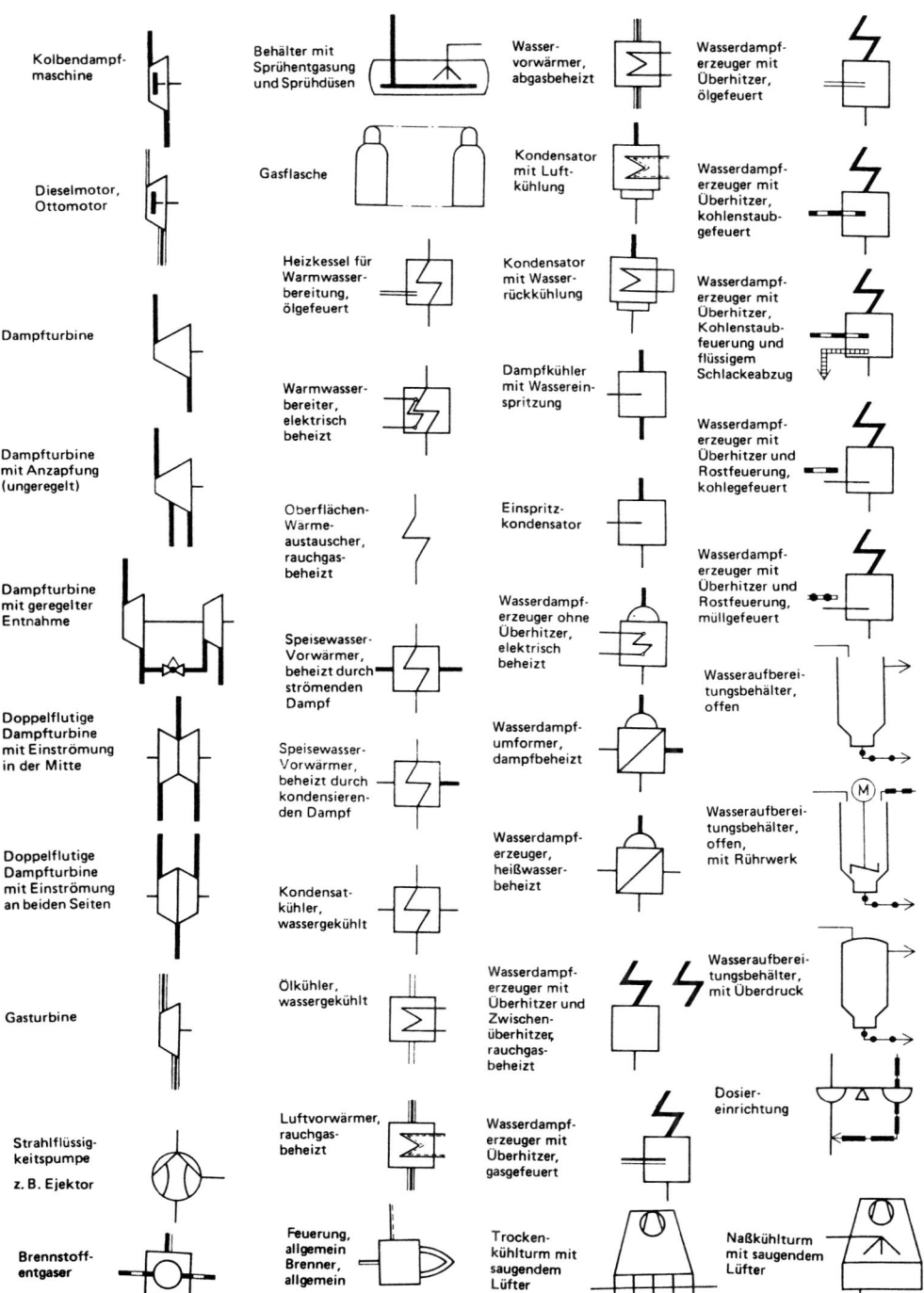

12. Schrifttum

Die nachstehenden Schrifttumsangaben sind nach den Kapiteln des Buches geordnet. Soweit möglich und zweckmäßig, erfolgte noch eine weitere Untergliederung nach Sachgebieten und/oder Objekten.
Das Schrifttum soll dem noch weitergehend interessierten Leser zur Vertiefung des Wissens und zum noch besseren Erkennen der Zusammenhänge dienen.
Die umfangreiche Thematik verlangte aber auch hier, wie im Buch, Selbstbeschränkungen; dem Rotstift fielen beispielsweise fast alle die Angaben zum Opfer, die die Entwicklungsgeschichte aufzeigen. Die Angaben können deshalb nur als grober Querschnitt durch das jeweilige Sachgebiet angesehen werden. Genauere Angaben sind über Informations-Datenbänke zu erhalten, z. B. vom Informationszentrum für technische Regeln (DITR) im DIN, Berlin, oder vom Fachinformationszentrum Energie, Physik und Mathematik (FIZ 4), Karlsruhe.

Zum Kapitel 1 Allgemeine Grundlagen

Allgemeines
- Lobscheid, H.: Babcock-Handbuch Dampf. 4. Aufl., Oberhausen 1965
- Gesetz über Einheiten im Messwesen vom 22.02.1985. BGBl. I S. 408; zuletzt geändert am 25.11.2003
- Ausführungsverordnung zum Gesetz über Einheiten im Messwesen vom 22.3.1985. BGBl. I S. 836; zuletzt geändert am 05.04.2000
- DIN 5496 Temperaturstrahlung. Mai 1991
- ISO 1000 Spezifikation für SI-Einheiten. November 1998
- Schuster, F.: Verbrennungslehre. Oldenbourg-Verlag, München 1970
- Haeder, W.: Der Abschied von kcal und at. Carl Marhold Verlagsbuchhandlung, Berlin-Charlottenburg 1972
- Schumacher, A.; Waldmann, H.: Wärme- und Strömungstechnik im Dampferzeugerbau, Grundlagen und Berechnungsverfahren. Vulkan-Verlag, Essen 1972
- Jaworski, B. M.; Detlaf, A. A.: Physik griffbereit, Definitionen – Gesetze – Theorien. Vieweg + Sohn, Braunschweig 1972
- Schäff, K.; Boddenberg, G. u. a.: Liste von neuen Meßeinheiten und deren Anwendung für den Kraftwerksbereich. VGB-Kraftwerkstechnik 53 (1973), H. 8, S. 545–558
- Winter, F. W.: Die Auswirkungen des Einheitengesetzes auf die Kraftwerkstechnik. Vortragsveröffentlichungen des Hauses der Technik, H. 343 »Technik moderner Wärmekraftwerke«, Vulkan-Verlag, Essen 1974
- Handbuch für Heizungs- und Klimatechnik. VDI-Verlag, Düsseldorf 1975
- Richtlinie des Rates vom 20. Dezember 1979 zur Angleichung der Rechtsvorschriften der Mitgliedsstaaten für die Einheiten im Meßwesen (80/181/EWG) mit Änderungen vom 18.12.1984 und 27.11.1989
- Liste der empfohlenen Maßeinheiten für den Kraftwerksbereich, 27. Tab. VGB-Kraftwerkstechnik, 61. Jg. (1981), H. 6, S. 513–530
- Netz, H.; Paul, A.: Formeln der Technik. Carl Hanser Verlag, München/Wien 1983
- Bekanntmachung der Neufassung des Gesetzes über Einheiten im Meßwesen vom 22.2.1985
- Mende, D.; Simon, G.: Physik, Gleichungen und Tabellen, 9. Aufl. VEB Fachbuchverlag, Leipzig 1986
- Weichert, Lothar: Temperaturmessung in der Technik. expert verlag, Sindelfingen 1988
- Recknagel; Sprenger; Hönmann: Taschenbuch für Heizung + Klimatechnik. Oldenbourg Verlag, München/Wien 1990/91
- Formelzeichen, Formelsatz. Mathematische Zeichen und Begriffe. 2. Aufl., DIN-Taschenbuch 202. Beuth Verlag, Berlin 1994
- DIN 1338 Formelschreibweise und Formelsatz. August 1996
- Einheiten und Begriffe für physikalische Größen. 8. Aufl., DIN-Taschenbuch 22, Beuth Verlag, Berlin 1999

Wärmeübertragung
- VDI-Wasserdampftafeln. 7. Aufl. Hrsg. vom VDI Düsseldorf, Beuth Verlag, Berlin/Köln 1968
- Nuber, K.: Brennstoff und Dampf in Deiner Hand. 12. Aufl., Verlag Betriebs-Ökonom, Verden an der Aller 1975
- Hendricke, R. C.; Mc Clintock, R. B. u. a.: Revidierte internationale Darstellung der Viskosität von Wasser und Dampf sowie eine neue Darstellung der Oberflächenspannung des Wassers. TASME – Journal of Engineering for Power (1977), Oktober, S. 664/678
- Scheffler, K.; Rosner, N.; Staub, J.; Grigull, U.: Der neue internationale Standard der dynamischen Viskosität von Wasser und Wasserdampf. BWK 30 (1978), Nr. 2, S. 73–78
- Schwindt, H.: Neuere Näherungsformeln für die Zustandsgrößen des Wasserdampfes in Abhängigkeit von Enthalpie und Entropie. BWK 30 (1978), Nr. 1, S. 30–32
- Marinov, M. I.; Kabanov, L. P.: Untersuchung der Wärmeübertragung im Bereich des ungünstigen Wärmeübergangs bei niedrigen Drücken und mäßigen Massegeschwindigkeiten der Strömung. Thermal Engineering (1978), H. 7, S. 68–70
- Schuster, F.: Zahlentafeln mittlerer spezifischer Wärmekapazitäten von Gasen. Wärme 84 (1978), Nr. 4, S. 89–90
- Sirota, A. M.; Latunin, V. I.: Experimentaluntersuchung der Wärmeleitungsmaxima des Wassers im kritischen Bereich. Thermal Engineering (1979), H. 2, S. 17–22
- Migaj, V. K.: Berechnung der Wärmeübertragung im Kreuzstrom bei versetzten Rohrbündeln. Thermal Engineering (1979), H. 2, S. 29–32
- Vorobiov, V. A.; Remizov O. V.: Wärmeübertragung zum Dampf/Wasser-Gemisch im Bereich des verschlechterten Wärmeüberganges. Thermal Engineering (1979), H. 2, S. 23–24
- Scheffler, K.; Rosner, N.; Staub, J.; Grigull, U.: Die Wärmeleitfähigkeit von Wasser und Wasserdampf. BWK 31 (1979), Nr. 8, S. 326–330
- DIN 2481, Wärmekraftanlagen – graphische Symbole. Beuth Verlag, Berlin/Köln, Juni 1979
- Haeder, W.: Die Temperatur wird gesetzlich auch heute noch in Grad Celsius (°C) gemessen. DIN-Mitt. 59 (1980), Nr. 3, S. 161–163
- Zustandsgrößen von Wasser und Wasserdampf in SI-Einheiten (0–800 °C/0–1000 bar). Springer-Verlag, Berlin/Heidelberg/New York und Verlag R. Oldenbourg, München 1982
- DIN 1341 Wärmeübertragung – Begriffe, Kenngrößen. Beuth Verlag, Berlin, Oktober 1986
- Brandt, F.: Wärmeübertragung in Dampferzeugern und Wärmeaustauschern. Hrsg. vom Fachverband Dampfkessel-, Behälter- und Rohrleitungsbau e. V., Vulkan-Verlag, Essen 1987
- Wärmetechnische Arbeitsmappe VDI-Ges. Energietechnik (Hrsg.). 13. Aufl., Beuth Verlag, Berlin/Köln 1988
- Verein Deutscher Ingenieure: VDI-Wärmeatlas. VDI-Verlag, Düsseldorf 1991
- Netz, H.: Handbuch Wärme. Resch-Verlag, Gräfelfing 1991

Brennstoffe
- DIN 51730 Prüfung fester Brennstoffe – Bestimmung des Asche-Schmelzverhaltens. April 1998
- DIN 51603-1 Heizöle, Teil 1 Heizöl EL – Mindestanforderungen, März 1998
- Gumz, W.: Kurzes Handbuch der Brennstoff- und Feuerungstechnik. Springer-Verlag, Berlin/Göttingen/Heidelberg 1962
- Buch, A.: Die Strategie. Energie, Jg. 32 (1980), Nr. 11
- Schwarzenbach, A.: Zur Druckmessung in neuen internationalen Einheiten. Klima–Kälte–Heizung (1981), Nr. 3
- Netz, H.: Verbrennung und Gasgewinnung bei Festbrennstoffen. Resch-Verlag, Gräfelfing 1982
- Bohn, T.; Bitterlich, W.: Grundlagen der Energie- und Kraftwerkstechnik. Verlag TÜV Rheinland, Köln 1982
- Zelkowski, J.: Reaktionsfähigkeit von Kohle – eine normalerweise nicht kontrollierbare Kohleeigenschaft. VGB-Kraftwerkstechnik 64 (1984), H. 6, S. 550–559
- F. Brandt: Verbrennung und Verbrennungsrechnung. Hrsg. vom Fachverband Dampfkessel-, Behälter- und Rohrleitungsbau e. V., Vulkan-Verlag, Essen 1985
- Fehler, D.: Vollautomatische kontinuierliche Taupunktmessung in Verbrennungsgasen. Automatisierungstechnische Praxis atp 28 (1986), Nr. 2, S. 372
- Kotzerke, C.: Anwendung der Brennwerttechnik bei Krafterzeugungsanlagen für Abwärmenutzung. BWK 39 (1987), Nr. 6, S. 292–295
- Ruhrkohlen-Handbuch. Verlag Glück auf, Essen 1987
- Der Kesselnutzungsgrad im praktischen Heizbetrieb. Viessmann aktuell 20 (1988), Nr. 2 (Juni), S. 14–16

- Derichs, W.; Menden, W.; Ebel, P. K.: Messungen zur Bestimmung des Säuretaupunktes und der SO$_3$-Konzentration im Rauchgas von Kraftwerkkesseln. VGB-Kraftwerkstechnik 71 (1991), H. 10, S. 966

Zum Kapitel 2 Kesselbauarten und Kesselanlagen im Nieder-, Mittel- und Hochtemperaturbereich

Allgemeines
- Huppmann, H.; Zeller, G.: Der Kesselwärter. Verlag R. Oldenbourg, München und Berlin 1939
- Kesselbetrieb. Hrsg. von der VGB. Vulkan-Verlag, Essen 1953
- Weber, F.: Der deutsche Dampfkesselbau in der ersten Hälfte des 20. Jahrhunderts mit besonderer Berücksichtigung der Hochdruck-Wasserrohrkessel für Landanlagen. Technikgeschichte Bd. 32 (1955), H. 3, S. 244–282
- Weber, F.: Zur Geschichte der Deutschen Dampfkesselbestimmungen. VDI-Information Nr. 8. Düsseldorf: VDI-Verlag 1963 – hierzu auch TU 4 (1963) H. 11, S. 402
- Ledinegg, M.: Dampferzeugung, Dampfkessel, Feuerungen. 9. Aufl., Springer-Verlag, Wien und New York 1966
- Arnold, G.: Bilder aus der Geschichte der Kraftmaschinen. Heinz Moos-Verlag, München 1968
- Verordnung über die Errichtung und den Betrieb von Dampfkesselanlagen (Dampfkesselverordnung-DampfkV) vom 8.9.65. BGBl. I, S. 1300, in der Fassung der 1. Verordnung zur Änderung der Dampfkesselverordnung vom 30.7.68, BGBl. I, S. 884
- Mayr, F.: Gedanken zur neuen Dampfkesselverordnung. BWK 20 (1968) H. 5, S. 226–230
- Götz, M.: Sicherheit und Sicherheitsbeiwert bei Dampfkesseln und Druckbehältern. TU 9 (1968) H. 11, S. 383–391
- Schumacher, A.; Waldmann, H.: Wärme- und Strömungstechnik im Dampferzeugerbau. Grundlagen und Berechnungsverfahren. Vulkan-Verlag, Essen 1972
- Greinert, W.: Ein Dokument zur Geschichte des Dampfkessels. TU 14 (1973), Nr. 12, S. 341–344
- Frewer, H.: Grenzleistungsprobleme bei Wärmekraftwerken mit fossilen Brennstoffen. VDI-Berichte Nr. 236 (1975), S. 55–65
- Güte- und Prüfbestimmungen für Stahlheizkessel RAL-RG 610. Hrsg. vom RAL, Ausschuss für Lieferbedingungen und Gütesicherung. Beuth Verlag, Frankfurt 1977, 6. Ausg.
- Dolezal, R.: Vorgänge beim Anfahren eines Dampferzeugers. Vulkan-Verlag, Dr. H. Classen, Essen 1977
- Steyrer, H.: Stand und Betriebserfahrungen mit der Automatisierung des Betriebes von kleinen und mittleren Dampferzeugern. 7. Works Manager Conference of Allianz, 1968. Handbuch der Schadenverhütung. Hrsg. von Allianz Versicherungs-Aktiengesellschaft, Berlin/München und Münchener Rückversicherungs-Gesellschaft, München 1978
- Kuhlmann, A.: Sicherheit in konventionellen Kraftwerken. BWK 32 (1980) Nr. 6, S. 241–247
- Nitsch, D.; Schmilz, H.: Verfügbarkeit von Wärmekraftwerken. VGB-Kraftwerkstechnik 60 (1980) Nr. 7, S. 571–574
- Breitkopf, E.: Verbesserung der Zuverlässigkeit von Dampfkesseln durch Auswertung von Inspektionsergebnissen. Techn. Überwachung 22 (1981) Nr. 10, S. 394–397
- Jensch, K.: Betriebserfahrungen bei Blockheizkraftwerken, FfE-Schriftenreihe, Bd. 14, S. 95–105, Springer-Verlag, Berlin–Heidelberg–New York 1981
- Kraftwerksbau und Dampfkesseltechnik. Haus der Technik, Vortragsveranstaltungen, Vulkan-Verlag, Essen 1981, H. 441
- Peter, F.; König, H.-H.; Schüller, K. H.: Stand und Entwicklung der Technik thermischer Kraftwerke. BWK 33 (1981), Nr. 5, S. 207–215
- Rajakovics, G. E.: Neue Konzepte für Kraftwerke mit hohem Wirkungsgrad. ÖZE 34 (1981), Nr. 4/5, S. 128–134
- Schmitz, H.: Vom Ofen zur Wärmepumpe. Heizung, Lüftung, Haustechnik 32 (1981), Nr. 3
- Albrecht, W.; von der Kammer, G.: Kohlegefeuerte Dampferzeuger mit hohen Drücken und Temperaturen. VDI-Bericht Nr. 454 (1982), S. 103–112
- Wittchow, E.: Trommelkessel oder Durchlaufkessel: Einfluss des Verdampfersystems auf Auslegung und Betriebsverhalten der Anlage, VGB 62 (1982) Nr. 5, S. 346–356
- Göricke, P.; Kalischer, P.: Energiebedarf unterschiedlicher Wärmeversorgungssysteme. Energie-Verlag GmbH, Heidelberg 1982

- Bohn, Th.; Bitterlich, W.: Handbuch ENERGIE. Technischer Verlag Resch, München 1982
- Wittchow, E.: Dampferzeuger und Feuerungen. Brennstoff–Wärme–Kraft 35 (1983), Nr. 4, S. 178–181
- Martin, H.: Konstruktionsprinzipien moderner Dampfkessel. Technische Überwachung 24 (1983), Nr. 4, S. 133–137
- Vogt, W.: Betriebssicherheit und Zuverlässigkeit von Dampfkesselanlagen. TU 24 (1983), Nr. 9, S. 333–336
- Blumenberg, J.; Bürgermeister, T.: Blockheizkraftwerke. Brennstoff–Wärme–Kraft, Bd. 35 (1983), Nr. 1/2, S. 16–19
- Fachveranstaltung Kesselbetriebstechnik 1983. Hrsg. vom TÜV Bayern e. V., München 1984
- Brandt, F.: Wärmeübertragung in Dampferzeugern und Wärmeaustauschern. Hrsg. vom Fachverband Dampfkessel-, Behälter- und Rohrleitungsbau e. V., Vulkan-Verlag, Essen 1984
- Fachveranstaltung Neuerungen auf dem Gebiet der Heizungs- und Dampfkesselanlagen. Hrsg. vom TÜV Bayern e.V., München 1984
- Andreini, P.; Pierini, F.: La conduzione dei generatori di vapore. 3. Aufl., Editore Ulrico Hoepli, Milano 1984
- Jahrbuch der Dampferzeugungstechnik. Bde. 1 und 2. Hrsg. unter Mitwirkung der VGB Essen und des Fachverbandes Dampfkessel-, Behälter- und Rohrleitungsbau e.V. (FDBR) Düsseldorf, Vulkan-Verlag, Essen 1985/86, 5. Ausg.
- Beiträge zur Kesselbetriebstechnik '85/87. Hrsg. von der Akademie TÜV Bayern, München 1986 bzw. 1988
- Brückner, H.; Rukes, B.: Auslegung des Dampfkreislaufes für Kombiprozesse. Technische Mitteilungen 83 (1990), H. 1, S. 47–53
- Riedle, K.; Rukes, B.; Wittchow, E.: Die Erhöhung des Kraftwerkswirkungsgrades in Vergangenheit und Zukunft. Tagungsbericht zur VGB-Konferenz »Kraftwerkstechnik 2000« (1990), S. 65–75
- Lovis, M.; Rukes, B.; Wittchow, E.: Kraftwerkskonzepte mit Gasturbinen. Energie 43 (1991), H. 9, S. 26–32
- Bald, A.; Wittchow, E.: Kombinierte Kraftwerke schonen Umwelt und Ressourcen. Energiewirtschaftliche Tagesfragen 42 (1992), H. 4
- Lenhard, H.; Keppel, W.: Zeitgemäße, umweltfreundliche Kraftwerkstechnik mit Gasturbinen. VGB-Kraftwerkstechnik 72 (1992), H. 3, S. 204–210
- Bauer, G.; Märker, W.; Lovis, M.: Das Verbundkraftwerk – eine neue Variante des kombinierten Kraftwerkes. VGB-Kraftwerkstechnik 73 (1993), H. 2
- Rennert, K.-D.; Cossmann, R.: Stand der Dampferzeugertechnik für stein- und braunkohlengefeuerte Anlagen. BWK 45 (1993), Nr. 7/8, S. 325–331
- Heiermann, G. und andere: Dampferzeuger für fortgeschrittene Dampfparameter. VGB-Kraftwerkstechnik 73 (1993), H. 8, S. 678–689
- Martin, P.: Gedanken zur Strom-Wärme-Kopplung. VGB-Kraftwerkstechnik 75 (1995), H. 12, S. 1026–1036
- Gnirß, G.: Druckgeräterichtlinien – Konsequenzen für Hersteller und Betreiber. VGB-Kraftwerkstechnik 80 (2000), H.4, S. 61–66

Festigkeits- und wärmetechnische Berechnungen
- Eßlinger, M.: Statische Berechnung von Kesselböden. Springer-Verlag, Berlin 1952
- Hobler, T.; Koziol, K.: Die Untersuchungen der turbulenten Rohrströmung in abwechselnd eingedrückten Rohren. Chemia Stosowana 3 (1959), 169 (in polnischer Sprache)
- Sterr, G.: Die Berechnung der Kreisringplatte im Druckbehälter- und Dampfkesselbau. TU (1962), H. 7, S. 253–257
- Hiltscher, R.; Florin, G.: Die Spannungen an schiefen symmetrischen Rohrstutzen in kugelförmigen Druckkesseln. Konstruktion 15 (1963), S. 444–449
- Pich, R.: Die Berechnung der elastischen, instationären Wärmespannungen in Platten, Holzzylindern und Hohlkugeln mit quasistationären Temperaturfeldern. Walther-Mitteilungen 15 (1964)
- Christ, A.: Wärmeschock-Beanspruchungen in zylindrischen Gefäßen. Schweiz. Bauzeitung, Jg. 84, H. 46 (1966), S. 809–813
- Schwaigerer, S.: Festigkeitsberechnung von Bauelementen des Dampfkessel-, Behälter- und Rohrleitungsbaues. 2., neubearb. Aufl., Springer-Verlag, Berlin–Heidelberg–New York 1970
- Pessiridis, S.: Berechnung der Temperaturspannungen in der Wand von Heißwasserspeichern. Wärme 79 (1973), H. 1, S. 9–17

- Brockel, D.; Speitkamp, L.; Bung, W.: Ein Modell zur Berechnung des Erschöpfungsgrades von kriech- und wechselbeanspruchten Dampferzeugerbauteilen. Technische Überwachung 24 (1983), Nr. 4, S. 138–142
- Lehne, F.: Erstellung eines Programms zur Überwachung hochbeanspruchter Dampferzeugerbauteile. Diplomarbeit, TU Braunschweig (1995)
- Leithner, R.; Steege, F.; Pich, R.; Erlmann, K.; Nguyen, C. T.: Vergleich verschiedener Verfahren zur Bestimmung der Temperaturdifferenz in dickwandigen Bauteilen für die Lebensdauerberechnung. VGB-Kraftwerkstechnik 70 (1990), H. 6, S. 446–457
- Pich, R.: Wärmespannungen in druckführenden Bauteilen und deren messtechnische Überwachung. VGB-Kraftwerkstechnik 59 (1979), H. 6, S. 510–519
- Dietmann, H.: Angenäherte Bestimmung von Stützziffern für die Festigkeitsberechnung. Konstruktion 32 (1980), S. 179–184
- Pich, R.: Näherungsgleichungen zur Abschätzung der instationären Wärmespannungen in krümmungsbehinderten Platten, Hohlzylindem und Hohlkugeln bei linear veränderter Leittemperatur. VGB-Kraftwerkstechnik 63 (1983), H. 10, S. 915–924; EVT-Bericht 75/84
- Said, M. N. A.; Trupp, A. C.: Predictions of turbulent flow and heat transfer in internally finned tubes. AIChE Symposium Series Heat Transfer, Seattle 1983, 225 Vol. 79
- Roetzel, W.; Roth, J. E.: Wärmeübertragung und Druckverlust in glatten und gebeulten Rohren. Wärme- und Stoffübertragung 20 (1986)
- Migaj, V. K.: Wärmeübergang bei turbulenter Rohrströmung. Teploenergetika (1987), H. 8 (in russischer Sprache)
- Migaj, V. K.: Einführung von Einbauten für die Verbesserung des Wärmeübergangs durch Strahlung in Rohren. Teploenergetika (1988), H. 6 (in russischer Sprache)
- Speitkamp, L.: Bestimmung von Temperaturdifferenzen in dicken Druckbehälterwänden aus der zeitlichen Folge von Temperaturmesswerten an der isolierten Wandaußenseite. VGB-Kraftwerkstechnik 68 (1988), H. 2, S.182–186
- Steege, F.: Vergleich verschiedener Methoden zur Bestimmung der Wandtemperaturdifferenz. Diplomarbeit, TU Braunschweig (1988)
- TGL 32903/15: Behälter und Apparate. Festigkeitsberechnung von Ausschnittsverstärkungen. Ausg. 4/1989
- Migaj, V. K.: Verminderung des Strömungswiderstands in Sickenrohren. Teploenergetika (1990), H. 12 (in russischer Sprache)
- Husemann, R. U.: Mechanische, thermische und korrosive Beanspruchungen von Kesselrohren in steinkohlegefeuerten Dampfkesseln. Jahrbuch der Dampferzeugungstechnik, 6. Ausg. 1989/90
- Buxmann, J.: Untersuchungen an einem Wärmetauscher aus gesickten Kunststoffrohren. Chemie-Ing.-Technik (1990), H. 1
- Weiß, E.: Tragfähigkeitsnachweis bei Einwirkung lokaler Lasten auf Behälterwandungen. Chemie-Ing.-Technik 65 (1993), S. 829–834
- Pronobis, M.: Vergleich der Methoden zur Verstärkung des Wärmeübergangs auf der Innenseite des Rohres. VGB-Kraftwerkstechnik 74 (1994), H. 2, S. 124–127
- Weiß, E.; Rudolph, J.: Beitrag zur Festigkeit von Druckbehälterstutzen. Konstruktion 46 (1994), S. 313–321
- Weiß, E.; Rudolph, J.; Lietzmann, A.: Komplexe Festigkeitsanalyse von Komponenten des Druckbehälter- und Dampfkesselbaus am Beispiel der Kugelschale-Stutzen-Verbindung. VGB-Kraftwerkstechnik 75 (1995), H. 9, S. 824–828
- Weiß, E.; Lietzmann, A.; Rudolph, J.: Ausschnittsgrößen in Druckbehältern ohne Auswirkung auf deren Tragfähigkeit. Konstruktion 7/8 (1995)
- Müller, C.: Elastisch-plastische Beanspruchungsbewertung unter besonderer Berücksichtigung von Problemen der niederzyklischen Ermüdung. Studienarbeit, Universität Dortmund, Fachbereich Chemietechnik/Chemieapparatebau (1995)
- Taler, J.; Lehne, F.: Bestimmung von Wärmespannungen in dickwandigen Bauteilen mittels einer Temperaturmessstelle. BWK 48 (1996), Nr. 3, S. 57–60
- Gerlach, H.-D.: Werkstoffe und zulässige Spannungen für Druckbehälter. DIN-Mitt. 78 (1999), Nr. 8, S. 539–543
- Rieke, M.: Berechnung von Rohrleitungen. DIN-Mitt. 78 (1999), Nr. 8, S. 545–555

Flammrohr-Rauchrohr-Kessel
- Siebel, E.; Schwaigerer, S.: Die Berechnung gewellter Flammrohre. Archiv für Wärmewirtschaft und Dampfkesselwesen 24 (1943), H. 12, S. 237–241
- Recht, H.: Tendenzen beim Bau kleiner und mittlerer Dampferzeuger. TU 9 (1968), H. 2, S. 41–45
- Coenders, F.: Vergleichende Betrachtung über Dreizugkessel und Kompaktkessel. Betriebsökonom 1968, H. 7, S. 153–155
- Student, R.: Dreizugkessel. BWK 21 (1969), H. 6, S. 331–334
- Henjes, G.: Dreizugkessel. Die Gestaltung der ebenen Wandungen. TU (1971), H. 4, S. 113–122
- Estendiller, H.: Dreizugkessel für Wärme und Kraft. Techn. Mitt. 1971, H. 6, S. 201–204
- Fritsch, H.: Der Dreizugkessel und sein Brenner. Wärmetechnik 3 (1983), H. 3, S. 72–85
- N. N.: Schäden an Flammrohr-Rauchrohrkesseln. TÜ 29 (1988), Nr. 3
- Parlaska, W.: Neuzeitliche Gestaltungskriterien und Betriebserfahrungen von Großwasserraumkesseln. VGB-Kraftwerkstechnik 75 (1995), H. 4, S. 386–390
- Hardt, L.: Konstruktionsprinzipien von Zweiflammrohr-Dreizugkesseln: Auf die Details kommt es an. Betrieb & Energie, 2/1999, S. XXII/X

Gusskessel
- Handbuch für Heizungs- und Klimatechnik. Hrsg. von Buderus'sche Eisenwerke, Wetzlar 1975
- Schmilz, H.: Entwicklungsstand und Anwendungsbereich bei Gusskesseln. Sanitär- u. Heizungstechnik 44 (1979), H. 1, S. 14–16

Wasserrohrkessel, allgemein
- Vöttinger: Strömung in Dampfkesselanlagen. VGB-Mitt. 1939, H. 73, S. 151–169
- Ledinegg: Die Verbrennungstemperatur in Schmelzkammerfeuerungen. Wärme 66 (1943), H. 20
- Geissler: Graphisch-rechnerische Ermittlung des Wasserumlaufes in Wasserrohrkesseln. ZVDI 88 (1944), H. 11/12, S. 145 ff.
- Heinrich: Erfahrungen mit dem Bau und Betrieb von Schmelzkammerkesseln. VGB-Mitt. 1948, H. 1, S. 1–17
- Schaff: Rost-, Staub- oder Schmelzkammerkessel für ballastreiche Brennstoffe. Glückauf 1948, H. 45/46, S. 757–772
- Heinrich: Erfahrungen mit Schmelzkammerfeuerungen. ZVDI 1949, H. 23, S. 619
- Die Zyklonfeuerung – neue Errungenschaft bei der Kohleverbrennung. Power Generation 1950, April-Heft, S. 64
- Cleve: Die Vorausberechnung des Wasserumlaufes in Wasserrohrkesseln. BWK 2 (1950), H. 8, S. 215–221
- Cleve; Levy; Hirsch: Modellversuch über den Wasserumlauf in Steil- und Schrägrohrkesseln. Forschungsheft 322 des VDI-Verlages, Düsseldorf
- Geissler: Die Strömungsverhältnisse in Dampfkesselanlagen mit Naturumlauf. Energie 2 (1950), H. 8, S. 123–127, sowie H. 10, S. 175–179 und Energie 3 (1951), H. 2, S. 19–25
- Zinzen: Der Wasserumlauf in Röhrenkesseln. BWK 3 (1951), H. 7, S. 223–226
- Engler: Entwicklung der Schmelzfeuerung. BWK 3 (1951), H. 1, S. 3–8
- Lendt: Die neuere Entwicklung der Steinkohlenstaubfeuerungen. VGB-Mitt. 1952, H. 20, S. 173 und H. 21, S. 277
- Engler, O.: Auswirkung der Konstruktion auf das Anfahren von Hochdruckkesseln. VGB-Mitt. 1953, H. 24, S. 481–488
- Siebel, E.: Die Beanspruchung der Kesselbauteile im Betrieb. VGB-Mitt. 1953, H. 26, S. 578–583
- Holzhauer, C.: Zur Frage der Sicherheit von Bauteilen für hohe Dampftemperaturen. BWK 6 (1954), S. 219–223
- Profos, P.: Dynamik der Druck- und Feuerregelung von Dampferzeugern, Energie 7 (1955), S. 408 ff.
- Peters, H.: Die Beurteilung der Sicherheit von Bauteilen für hohe Dampftemperaturen. BWK 9 (1957), H. 2, S. 71–81
- Loewenstein, R.: Der Einfluß des fallenden Kesseldruckes auf den Naturumlauf. Energie 8 (1956), H. 5, S. 160–168
- Quack, R.: Die selbsttätige Regelung von Dampferzeugungsanlagen. VGB Mitt. 1959, H. 2, S. 1 ff.
- Eberhardt, H.; Fröhlich, P.: Spitzenlastkessel in den USA. Energie 1968, H. 6, S. 177–179
- März, J.: Spitzendampferzeuger in Verbrennungskraftwerken. Energie und Technik 1968, H. 9
- VGB-Richtlinien für die Herstellung und Bauüberwachung von Hochleistungsdampfkesseln. Essen, VGB-Dampftechnik, Ausg. 1968

- Rudolph, F.: Dampferzeuger für Spitzenlast. Energie 1969, H. 1, S. 18–27
- Trenkler, H.: Spitzenlast-Dampferzeuger. VGB-Mitt. 1969, H. 6, S. 393–410
- Coenders, F.: Wasserrohrkessel für feste Brennstoffe. Haus der Technik, Vortragsveröffentlichung 379, Vulkan-Verlag, Essen 1977
- Matten, J.; Oppenberg, R.: Öl- und/oder gasgefeuerte Wasserrohrkessel. Haus der Technik, Vortragsveröffentlichung 379. Vulkan-Verlag, Essen 1977
- Oude-Hengel, H. H.: Ein mathematisches Modell zur Beschreibung des instationären Druckverhaltens vor Großkesselanlagen bei Lastabwurf zur Optimierung der Druckabsicherung. Dissertation an der RWTh Aachen, 1977
- Schneider, A.: Betriebserfahrungen und zukünftige Aussichten von Hochtemperatur-Dampferzeugem und Kraftanlagen. VGB-Kraftwerkstechnik 58 (1978), H. 3, S. 182–193
- Olds, F. C.: Trends auf dem Gebiet der Kraftwerkskessel. Power Engineering (Februar 1978), S. 42–52
- Wittchow, E.: Trommelkessel oder Durchlaufkessel: Einfluss des Verdampfersystems auf die Auslegung und das Betriebsverhalten der Anlage. VGB-Kraftwerkstechnik 62 (1982), H. 5, S. 346–356
- Dibelius, G.; Michelfelder, S.; Pitt, R.; Reinartz, A.; Renz, U.; Steven, H.: Planungskonzept und Auslegung des aufgeladenen Wirbelschicht-Dampferzeugers für das Heizkraftwerk der RWTH Aachen. VGB-Kraftwerkstechnik 63 (1983), H. 10, S. 874–887
- Aurich, G.; Stadie, L.: Erhöhung des Wirkungsgrades von Kohlekraftwerken durch Übergang auf höchste Dampfzustände. Forschungsbericht BMIFT-FB-T 83-033 (1983)
- Leithner, R.: Vergleich zwischen Zwangdurchlaufdampferzeuger, Zwangdurchlaufdampferzeuger mit Vollastumwälzung u. Naturumlaufdampferzeuger. VGB-Kraftwerkstechnik 63 (1983), H. 7, S. 553–556 E
- Dittmer, H. J.; Schneider, A.; Unseld, H.: Eine Blockanlage zur industriellen Versorgung mit überkritischer und Hochtemperatur-Auslegung. VGB-Kraftwerkstechnik 64 (1984), H. 1, S. 27–35
- Jesper, H.; Kaes, H.: Werkstoffprobleme beim Bau und Betrieb von fossilbefeuerten Dampferzeugern und Rohrleitungen. VGB-Kraftwerkstechnik 64 (1984), H. 8, S. 688–698
- Brinkmann, C.; Haneke, R.: Auswirkungen des Spitzenlastbetriebes auf die Konstruktion von Dampferzeugern. BWK 38 (1986), H. 11, S. 489–493
- Adrian, F.; Quittek, C.; Wittchow, E.: Fossil beheizte Dampfkraftwerke. Bd. 6 der Handbuchreihe Energie. Hrsg. von Thomas Bohn, Technischer Verlag Resch, Gräfelfing, Verlag TÜV Rheinland, Köln 1986
- Langner, H.; Hell, E.: Untersuchungen an Abscheidevorrichtungen in Dampftrommeln. VGB-Kraftwerkstechnik 66 (1986), H. 11, S. 1036–1041
- Schuhmacher, A.: Neuzeitliche Dampferzeugerkonzepte für Industrie und Großkraftwerke. VGB-Kraftwerkstechnik 67 (1987), H. 11, S. 1047–1056
- Lezuo A.; Riedle K.; Wittchow, E.: Entwicklungstendenzen steinkohlebefeuerter Kraftwerke. BWK 41 (1989), Nr. 1/2, S. 13–22
- Kjaer, S.: Kohlenstaubbefeuerte Kraftwerksblöcke mit fortgeschrittenem Wasser-/Dampfprozess. VGB-Kraftwerkstechnik 70 (1990), H. 3
- Strauß, K.; Thelen, F.: Neue Dampferzeuger mit NO_X-armer Steinkohlenstaubfeuerung. VGB-Kraftwerkstechnik 71 (1991), H. 2, S. 104–109
- Kurpjuhn, H.-A.; Reiche, A.: Zulässige Druck- und Temperaturänderungsgeschwindigkeiten für Dampferzeuger- und Rohrleitungsbauteile und deren graphische Darstellung im Echtzeitbetrieb. VGB-Kraftwerkstechnik 71 (1991), H. 6, S. 544–546
- N. N.: Run auf Rekorde. Bei Kohlekraftwerken stehen wieder Wirkungsgrade im Vordergrund. Energie Spektrum (1992), H. 10, S. 22–30
- Kotschenreuter, H.; Häuser, U.; Weinrich, P.-H.: Zukünftige wirtschaftliche Kohleverstromung. VGB-Kraftwerkstechnik 73 (1993), H. 1
- Linzer, W.; Ponweiser, K.; Szmolyan, P.; Weinmüller, E. B.: Dynamisches Verhalten von Naturumlauf-Dampferzeugern. BWK 45 (1993), H. 7/8, S. 341–343
- Rukes, B.: Kraftwerkskonzepte für fossile Brennstoffe. VDI-Berichte Nr. 1029 (1993), S. 3–40
- Schilling, H.-D.: Zukünftige Orientierungen in der Kraftwerkstechnik. Wege und Wertungen. VGB-Kraftwerkstechnik 73 (1993), H. 8, S. 658–670
- Franke, J.; Kohler, W.; Wittchow, E.: Verdampferkonzepte für Benson®-Dampferzeuger. VGB-Kraftwerkstechnik 73 (1993), H. 4, S. 352–361
- Kjaer, S.; Koetzier, H.; van Liere, J.; Rasmussen, I.: Neue Konzepte für kohlebefeuerte Kraftwerke – Vergleich von Wirkungsgrad, Wirtschaftlichkeit, Umwelt- und Betriebsaspekten. VGB-

Kraftwerkstechnik 74 (1994), H. 7, S. 561–568
- Weinzierl, K.: Kohlekraftwerke der Zukunft. VGB-Kraftwerkstechnik 74 (1994), H. 2, S.109–114
- Rukes, B.; Vollmer, W.; Wittchow, E.: Kraftwerke mit hohen Dampfzuständen, abgestimmte Auslegung von Dampfturbine und Dampferzeuger. VGB-Kraftwerkstechnik 74 (1994), H. 5
- Küster, D.: Standzeitverlängerung von Schmelzkammerauskleidungen. VGB-Kraftwerkstechnik 75 (1995), H. 10, S. 868–872
- Hauenschild, R.; Jury, W.: Kombi-Kraftwerke mit höchsten Wirkungsgraden und niedrigsten Emissionen unter Einsatz der Gasturbine GT 26. VGB-Kraftwerkstechnik 75 (1995), H. 6, S. 487–493.
- Martin, P.: Gedanken zur Strom-Wärme-Kopplung. VGB-Kraftwerkstechnik 75 (1995), H. 12, S. 1026–1030

Eckrohrkessel
- Vorkauf, H.: Der Eckrohrkessel ZVDI 93 (1951), H. 14, S. 395–397
- Münichsdorfer K.; Hoppe H.: Der Eckrohrkessel. Zeitschrift des TÜV München 1953, Nr. 3, S. 45–51
- Woiff, W.: Eckrohrkessel größerer Leistung. Energie 6 (1954), H. 11
- Wäterling, K.: Der Eckrohr-Heißwasserkessel. HLH 6 (1955), H. 5, S. 170–175
- Vorkauf, H.: Der Wasserumlauf in Eckrohrkesseln. Energie 9 (1957), H. 3, S. 88–92
- Oestreich, H.: Heißwassererzeugung durch Eckrohrkessel. HLH 11 (1960), H. 8, S. 207–212
- Oestreich, H.: Ölgefeuerte Eckrohrkessel. Energie 12 (1960), H. 11
- Svensson, G.: Neue Wege im Eckrohrkesselbau. Energie 12 (1960), H. 12, S. 546–549
- Woiff, W.: Neuere Eckrohrkessel für flüssige und feste Brennstoffe. BWK 15 (1963), H. 6, S. 307–312
- Oestreich, H.: Industriekessel, insbesondere Eckrohrkessel, zur Wärme- und Krafterzeugung. Techn. Mitt 1971, H. 6, S. 205–212
- Paczkowski, K. von: Der Eckrohrkessel, ein Wasserrohrkessel mit Naturumlauf, Öl- und Gasfeuerung 25 (1980), Nr. 6, S. 362–366
- Woiff, W.: Eckrohr-Heißwasserkessel für feste Brennstoffe, Öl- und Gasfeuerung 25 (1980), Nr. 9, S. 524–530
- Schatz, U.: Empfehlungen zum Bau optimaler Eckrohr-Müllkessel. BWK 38 (1986), H. 3, S. 81–84
- von Paczkowski, K.: Der Eckrohrkessel: Ein universeller Dampferzeuger. Energie 40 (1988), Nr. 3, S. 39–43

Schnelldampferzeuger
- Mayr, F.: Schnelldampferzeuger. TU (Zeitschr. des TÜV München) 11 (1959), H. 7/8, S. 205–217 und S. 258–267
- Heßler, R.: Schnelldampferzeuger. Energie, Jg. 19, 1967, Nr. 9, S. 280–288
- Heerwagen, R.: Bau und Betrieb von Schnelldampferzeugern. Betriebsökonom 1968, H. 9, S. 202–207, und H. 10, S. 242–246
- Puell, K.: Einsatzmöglichkeiten von Schnelldampferzeugern. Mitt. TÜV Bayern 52/1969, S. 1492
- Kraus, W.: Schnelldampferzeuger, Einfluß der TRD, der Betriebsbewährung und der Wirtschaftlichkeit auf die Konstruktion. Techn. Mitt. 1971, H. 6, S. 218–227

Zweidruckkessel
- Kaißling: Betriebserfahrungen mit der Schmidt-Kessel-Höchstdruckanlage der I. G. Bitterfeld. VGB-Mitt. 1937, H. 68, S. 149–158
- Quack, W.: Betriebserfahrungen mit dem Schmidt-Kessel. Braunkohle, Wärme und Energie 2 (1950), H. 1/2, S. 21–23
- Quack, W.: Der Schmidt-Kessel. Betriebsökonom 3 (1950), H. 3, S. 77–80

Zwangumlaufkessel
- Vorkauf, H.: Heutiger Stand des La-Mont-Kesselbaues. ZVDI 84 (1940), S. 725–732
- Peters, H.: Der La-Mont-Heißwasserheizungskessel. Heizung und Lüftung 14 (1940), H. 7, S. 73–78
- McKay, W.: Entwicklung des La-Mont-Heißwasserkessels in Großbritannien. Energie 9 (1951), H. 9
- Vorkauf, H.: Zwanzig Jahre La-Mont-Kesselbau. BWK 3 (1951), S. 105–112
- Oestreich, H.: Entwicklung und Verbreitung des Zwangumlaufkessels. BWK 8 (1956), H. 11, S. 534–536

- Woiff, W.: La-Mont-Heißdampfkühler. Energie 9 (1957), H. 2, S. 53–57
- Vorkauf, H.: Der Zwangumlauf im Wasserrohrkesselbau. Mitt. VGB (95), April 1965

Zwangdurchlaufkessel
- Gleichmann: Das Benson-Verfahren zur Erzeugung höchstgespannten Dampfes. ZVDI 1928
- Gleichmann: Die Entwicklung des Zwanglaufröhren- bzw. Benson-Kessels in Vergangenheit und Zukunft. ZVDI 1933
- Kirchner: Betriebserfahrungen mit Sulzer-Durchlaufkesseln. VGB-Mitteilungen 1940, H. 77, S. 54–61
- Die Stabilität der Wasserverteilung in Zwanglauf-Heizflächen von Dampferzeugern. Technische Rundschau Sulzer 1947, H. 1, S. 1–8
- Jähne: Betriebserfahrungen mit dem Sulzer-Einrohrkessel. VGB-Mitt. 1949, H. 4, S. 39–44
- Stange: Neue Betriebserfahrungen mit Benson-Kesseln. VGB-Mitt. 1950, H. 7, S. 17–25
- Stegmann, M.: Die Entwicklung des Benson-Zwangdurchlaufkessels. VGB-Mitt. 1952, H. 20, S. 161
- Michel, R.: Der Benson-Kessel als Dampferzeuger für höchste Drücke und Leistungen. Energie 1956, H. 6, S. 193
- Schubert, J.: Der Benson-Kessel. VGB-Mitt. 1956, H. 45, S. 460
- Westhoff, G.: Heißdampftemperaturregelung bei Zwangdurchlauf-Dampferzeugern. BWK 8 (1956), H. 8, S. 387–391
- Ledinegg, M.: Das Verhalten von Zwangdurchlaufkesseln bei Laständerungen. BWK 12 (1960), S. 197 ff.
- Dolezal, R.: Durchlaufkessel. Vulkan-Verlag, Essen 1962
- Powell, E. M.; Hanzaiek, F. J.: World wide trends in supercritical steam generation. Combustion 38 (1967), H. 7, S. 12–20
- Zweier, G.: Der 912-t/h-Ölkessel im Kraftwerk Pleinting. VGB-Mitt. 48 (1968), H. 3, S. 174–183
- Fröhlich, P.: Der Zwangdurchlaufkessel, Entwicklung und gegenwärtiger Stand. Energie 1971, H. 3, S. A 74
- Dolezal, R.: Dynamik einiger Strukturänderungen beim Anfahren eines Durchlaufkessels. VGB-Kraftwerkstechnik 4 (1972), S. 318 ff.
- Mayinger, F.; Reinecke, H.-H.; Schramm, R.; Steinmetz, P.: Ein Rechenprogramm zur nichtlinearen Simulation der Dynamik von Benson-Dampferzeugern. BWK 30 (1978), H. 8, S. 329–333
- Borsi, L.; Hofmeister, W.; Falgenhauer, G; Reichel, H.: Untersuchung über Dynamik und Regelverhalten von Benson-Dampferzeugern. VGB 58 (1978), H. 4, S. 240–246
- Ecabert, R.; Miszak, P.: Zwangdurchlauf-Dampfkessel mit vertikaler oder schraubenförmiger Berohrung. Technische Rundschau Sulzer (1980), Nr. 3, S. 93–98
- Thelen, F.: Strömungsstabilität in Verdampfern von Zwangdurchlauf-Dampferzeugern. VGB-Kraftwerkstechnik 61 (1981), H. 5, S. 357–367
- Witchow, E.: Trommelkessel oder Durchlaufkessel: Einfluß des Verdampfersystems auf die Auslegung und das Betriebsverhalten der Anlage. VGB-Kraftwerkstechnik 62 (1982), H. 5, S. 346–356
- Leithner, R.: Vergleich zwischen Zwangdurchlaufdampferzeuger, Zwangdurchlaufdampferzeuger mit Vollastumwälzung und Naturumlaufdampferzeuger. VGB-Kraftwerkstechnik 63 (1983), H. 7, S. 553–568
- Juzi, H.; Salem, A.; Stocker, W.: Zwangdurchlaufkessel für Gleitdruckbetrieb mit vertikaler Brennkammerberohrung. VGB-Kraftwerkstechnik 64 (1984), H. 4, S. 292–302
- Klug, M.: Störfallsimulation bei Zwangsdurchlauf-Dampferzeugern. (Kurzfassung) BWK 36 (1984), Nr. 5, S. 226–227. Fortschrittsberichte der VDI-Zeitschriften, Reihe 6 (1984), Nr. 142 (Originalarbeit)
- Leithner, R.: Überkritische Dampferzeuger: Auslegungskriterien und Betriebserfahrungen. BWK 36 (1984), Nr. 3, S. 71–82
- Läubli, F.; Leithner, R.; Trautmann, G.: Probleme bei der Speisewasserregelung von Zwangdurchlaufdampferzeugern und deren Lösung. VGB-Kraftwerkstechnik 64 (1984), H. 4, S. 279–291
- Schlessing, J.; Strasser, P.; Petersen, V.: Betriebserfahrungen mit dem überkritischen 475-MW-Zwangdurchlauf-Dampferzeuger mit doppelter Zwischenüberhitzung der Großkraftwerk Mannheim AG. EVT-Register 45 (1986)
- Kefer, V.; Köhler, W.; Wittchow, E.: Wärmeübergang und Druckverlust in Dampferzeugerrohren: Forschung und Anwendung. VGB-Kraftwerkstechnik 70 (1990), H. 10, S. 827–832
- Kawanura, T.; Toyoda, T.; Kurikava, I.; Haneda, H.: Planung und Betrieb überkritischer Dampf-

erzeuger mit 311 bar im Kraftwerk Kawagoe. VGB-Kraftwerkstechnik 71 (1991), H. 7, S. 637-643
- Kral, R.: Brennkammerwicklung mit innenberippten Rohren für niedrigste Teillasten. Benson-Tagung, Erlangen, Dezember 1992
- Franke, J.; Köhler, W.; Wittchow, E.: Verdampferkonzepte für Benson-Dampferzeuger – heutiger Stand und neue Entwicklungen. VGB-Kraftwerkstechnik 73 (1993), H. 4, S. 352–361
- Kral, R.; Schröder, S.; Zipfel, Th.: Versuche mit einem senkrecht berohrten Benson®-Verdampfer in einem 160-t/h-Dampferzeuger. VGB-Kraftwerkstechnik 73 (1993), H. 9, S. 793–797
- Franke, J.; Cossmann, R.; Huschauer, H.: Benson-Dampferzeuger mit senkrecht berohrter Brennkammer. VGB-Kraftwerkstechnik 75 (1995), H. 4, S. 353–359
- Franke, J.; Kral, R.; Wittchow, E.: Dampferzeuger für die nächste Kraftwerksgeneration, VGB-Kraftwerkstechnik 79 (1999), H. 9, S. 40–45

Velox-Kessel
- Noack: Heutiger Stand des Velox-Kessels. ZVDI 1941, H. 51/52, S. 967 ff.
- Silberring, L.: Der aufgeladene Dampferzeuger. Technische Rundschau Sulzer 47 (1965), H. 3, S. 133–138
- Ecabert, R. J.: Dampferzeuger für kombinierte Dampf-Gas-Anlagen. Technische Rundschau Sulzer (1967), S. 17–24
- Trenkler, H.: Spitzenlast-Dampferzeuger. VGB-Mitt. 49 (1969), H. 6, S. 393–410
- Adrian, F.: Hochaufgeladene Dampferzeuger. Energie und Technik 22 (1970), H. 8, S. 270–273
- Bunthoff, H.; Meier, H.-J.: Erfahrungen mit druckaufgeladenen Systemen. VDI-Berichte Nr. 606 (1986)
- Renz, U.; Dibelius, G.: Betriebserfahrungen mit der druckaufgeladenen Wirbelschicht-Dampferzeugeranlage der RWTH Aachen. VGB-Kraftwerkstechnik 67 (1987), H. 6, S. 574–580

Kernenergie-Dampferzeuger
- Sparhuber, R.: Kernkraftwerke. Haus der Technik, Vortragsveröffentlichungen Nr. 343 (1974), S. 12–22
- Bugl, J.: Kernkraftwerke – Aufbau und Wirkungsweise. Schweißen und Schneiden 30 (1978), H. 11, S. 446–450
- Belting, T.: Technische Verbesserungen am Leichtwasserreaktor und ihre Auswirkungen. Verlag TÜV Rheinland, Köln 1982
- Rylander, L.: Skandinavische Erfahrungen beim Betrieb von Siedewasserreaktoren. VGB-Kraftwerkstechnik 64 (1984), H. 4, S. 267–275
- Autorenkollektiv: Kernkraftwerke. Resch-Verlag, Gräfelfing 1986
- Plattner, B.: Das Kernkraftwerk. Siemens AG (4. 87), Best.-Nr. A 19100-F-A 110, München, April 1987
- Kernreaktoren. Hrsg. von Zech, H.-J., INFORUM Verlags- u. Verwaltungsges., Bonn 1988
- Birkhofer, A.: Neuere Entwicklung in der Reaktorsicherheit – ein Überblick. VGB-Kraftwerkstechnik 70 (1990), H. 11, S. 895–900
- Unger, H.: Kernenergieerzeugung. BWK 43 (1991), Nr. 4, S. 169–173
- Bilger, H.; Hartel, W.; Ringeis, W.: Neue Leichtwasserreaktorkonzepte mit passiven Sicherheitseigenschaften. VGB-Kraftwerkstechnik 74 (1994), H. 2, S. 103–108
- Petersen, K.; Mirschinka, V.: Stand und Perspektive der Entsorgung der deutschen Kernkraftwerke. VGB-Kraftwerkstechnik 80 (2000), H. 3, S. 26–30

Sonnenenergie
- Edye, E.: Solarenergie – Grundlagen und Aussichten für eine technische Nutzung. Chemie-Ing.-Technik 47 (1975), H. 21, S. 873–879
- Gnugesser, E.; Mukherjee, S. K.; Riebold, G.: Anwendung der Sonnenenergie im Hochtemperaturbereich. BWK 28 (1976), H. 12, S. 470–474
- Richter, W.: Die Heat-Pipe – ein neuartiges Wärme-Übertragungselement. Sanitär- und Heizungstechnik (1976). H. 10. S. 632–635
- Gnugesser, E.; Mukherjee, S. K. und Riebold, G.: Anwendung der Sonnenenergie im Niedertemperaturbereich. HLH 28 (1977), H. 1, S. 14–20
- Krinninger, H.: Ankoppelung von solartechnischen Einrichtungen an vorhandene Heizsysteme. Heizen mit Sonne – Tagungsbericht der DGS, München 1977

- Wenzel, H.: Sicherheitstechnische Vorschriften bei Sonnenheizungen. 1. Kongreß der Ingenieure der Versorgungstechnik, Tagungsbericht, München 1977
- Bos, P. B.: Die Sonnenenergie vom Standpunkt der Elektrizitätsgesellschaften. 1977 Electro Conference, New York, April 1977, S. 40
- Hopman, H.: Entwicklungsarbeiten für solarthermische Kraftwerke. 1. Deutsches Sonnenforum, Congress Centrum Hamburg (1977), S. 297–313
- Gehrke: Ein Kleinsonnenkraftwerk mit Freonturbine. 1. Deutsches Sonnenforum, Congress Centrum Hamburg (1977), S. 315–323
- Simon, M.: Die Zukunft solarthermischer Kleinkraftwerke. Sonnenenergie, Anwendungen – Systeme – Erfahrungen, Tagungsbericht der ARGE Solarenergie e. V. (ÄSE), Essen 1977
- Kruse, L.-P.: Korrosion in Solaranlagen. Sanitär- und Heizungstechnik 44 (1979), H. 1, S. 37–39
- Dalhoff, W. u. a.: Hochleistungssonnenkollektoren für Flachdächer. IKZ 32 (1977), H. 20, S. 120–124, H. 21, S. 31–36, und H. 22, S. 44–46
- Bammert, K.; Poesentrup, H.: Dampf- und Gasturbinen für kleine Solarkraftwerke. Atomenergie 4 (1978), S. 153–158
- N. N.: Das erste Sonnen-Großkraftwerk mit Natriumkreislauf. Elektrotechnik (CH) 30, 4 (1979), S. 69–70
- Ferber, R. R.; Mariott, A. T.; Truscello, V.: Das IPL-Projekt zur Entwicklung kleiner Sonnenwärmekraftwerke. Proc. of the 13th Intersoc. Energy Conversion Engng. Conf., San Diego, Calif. August 1978, S. 1522–1527
- Mayr, F.: Gedanken zur Normung der Sonnenheizungsanlagen, DIN-Mitt. 58 (1979), Nr. 12, S. 765–68, und Klima, Kälte, Heizung 7 (1979), H. 10, S. 417–420
- BSE: Gebrauchstauglichkeit von Sonnenheizungsanlagen, Essen, April 1980
- Khälifa, N.; Jung, D.; Sizmann, R.: Zeolithe als Langzeitspeicher solarer Energie zur Wärmeversorgung im Niedertemperaturbereich, Tagungsbericht des 3. Int. Sonnenforums Hamburg 6 (1980), DGS Sonnenenergie-Verlags GmbH, München
- Stein, H. J.; Meliß, M.: Die Bedeutung der Sonnenenergie für die zukünftige Energieversorgung der Bundesrepublik Deutschland. DIN-Mitt. 8 (1980), S. 434–440
- Mayr, F.; Wenzel, H.: Sicherheitstechnik bei Sonnenheizungsanlagen in der Bundesrepublik Deutschland. TU 22 (1981), Nr. 10, S. 381–385
- Stein, H. J.: Solare Meßtechnik. Jahresbericht 1980–81 der Kernforschungsanlage Jülich GmbH (1981)
- Stoy, B.: Weltweiter Aufbruch zur Nutzung der Sonnenenergie. Elektrotechnische Zeitschrift (1981), Bd. 102, H. 2
- Netz, H.: Solarkraftanlagen. Eine Zeitschriftenauslese. Wärme, Bd. 86 (1980), H. 5, S. 75–108
- Koch, G.; Wenzel, H.: Sonnenheizungs- und Wärmepumpenanlagen – Sicherheitstechnische Gesichtspunkte. Zeitschrift Technik am Bau. H. 4 (1983). Hrsg. vom Organ des Bundesverbandes Heizung-Klima-Sanitär e. V., Bonn. Bertelsmann-Fachzeitschriften GmbH, Gütersloh
- Thermische Nutzung der Sonnenenergie. Statusbericht Sonnenenergie 1983, Bd. 1: Niedertemperaturanwendungen, und Bd. 2: Hochtemperaturanwendung. Hrsg. vom Bundesministerium für Forschung und Technologie

Abhitzekessel
- Flötgen, B.: Abhitzekessel senken Energiekosten. Betriebstechnik PPI, Dezember 1976
- Pickhardt, K. F.: Abhitzekessel hinter Gasturbinen. VIK-Mitteilungen (1978) Nr. 3, S. 66–76
- Frei, D.: Zur Auslegung von Abhitzekesseln Techn. Rundschau Sulzer, Nr. 1/1980
- Guericke, B.: An- und Abfahrprobleme bei Abhitzesystemen insbesondere hinter Gasturbinen. BWK 32 (1980) Nr. 11, S. 502–512
- Brummel, H.-G.; Franke, J.; Wittchow, E.: Besonderheiten der wärmetechnischen Berechnung von Abhitzedampferzeugern. VGB-Kraftwerkstechnik 72 (1992), H. 1, S. 28–32
- Dolezal, R.: Einige Merkmale eines GuD-Durchlaufabhitzekessels sowie dessen Verhalten als Heißdampfspeicher. BWK 45 (1993). Nr. 7/8, S. M7–40
- Buschmann, M.; Bischler, R.; Kowatsch, H.; Killinger, E.: Moderne Abhitzekessel in GuD-Anlagen. VGB-Kraftwerkstechnik 74 (1994), H.12, S.1037–1040
- Croonenbrock, H.; Klaka, H.; Knizia, M.: Abhitzedampferzeuger für Gasturbinen moderner Kraftwerksprozesse. VGB-Kraftwerkstechnik 76 (1996), H.2, S. 97–101

Stahlheizkessel und sonstige Heizungskessel
- Berner, U.: Entwicklungstendenzen auf dem Heizkesselsektor. Wärme-, Klima- und Sanitärtechnik 26 (1974), H. 3, S. 32–39
- Böhm, G.: Niedertemperatur-Heizkessel. TAB 1982, H. 3, S. 207–208
- Ferling, P.: Moderne Heizkessel und Schornsteine. Fachzeitschrift Sanitär, Heizung, Klima (1982), H. 5, S. 26–37
- Mayr, F.: Das Siechtum des Qualitätskessels. Sanitär- und Heizungstechnik 1988, H. 9, S. 547
- Viessmann, H.: Heizungskessel und Computer. Brennstoffspiegel (1989), Nr. 10, S. 28–30
- Schmilz, H.: Neuzeitliche Wärmeerzeuger für energiesparende Zentralheizungssysteme. DIN-Mitt. 71 (1992), Nr. 9, S. 513–520
- Böhm, G.: Die wirtschaftliche Gaszentralheizung, verlag moderne industrie AG, Landsberg/Lech 1994

Überhitzer
- Schiemann, G.: Messungen der Rohrwandtemperatur von Überhitzern. BWK 4 (1952), S. 37–44
- ten Brink, J.: Anfahren von Dampfkesseln unter besonderer Berücksichtigung der Überhitzer. VGB-Mitt. 1953, H. 24, S. 463–468
- Engler, O.: Auswirkung der Konstruktion auf das Anfahren von Hochdruckkesseln. VGB-Mitt. 1953, H. 24, S. 481–488
- Burkhardt, R.: Die Verfahren zur Regelung der Heißdampftemperatur bei Dampferzeugern. BWK 7 (1955), S. 317–321
- Hansch, W.; Blunck, D.; Hebel, F.: Zerstörung eines Zwischenüberhitzers. TU 10 (1969), S. 398–399
- Borsi, L.: Lineares Modell eines Dampfüberhitzers. Wärme, 80 (1974), S. 62 ff.
- Reznik, V. I.; Sleifer, B. M.; Zarajskij, S. I.: Einige Fragen zur Regelung des zwischenüberhitzten Dampfes. Archiv für Energiewirtschaft. 31 (1977), H. 8, S. 667–676
- Eydam, H.: Betriebsbewährung und Aussichten der doppelten Zwischenüberhitzung. VGB 58 (1978), Nr. 12, S. 884–889
- Loksin, V. A.; Reznik, N.I.; Lisovoj, V. G.; Litvak, D. B.: Ergebnisse der Untersuchung der thermischen Ungleichförmigkeit von Konvektionsüberhitzern für Hochleistungskessel. Archiv für Energiewirtschaft 33 (1979), H. 3, S. 205–213
- Tugov, A. I.; Moseev, G. I.: Bewertung der Temperaturen eines Trommelkesselüberhitzers beim beschleunigten Anfahren. Thermal Engineering (Teploenergetika) (1979), H. 4, S. 208–211
- Effertz, P. H.; Wiume, D.: Mechanismen und Schadenformen der Hochtemperaturkorrosion an Überhitzerrohren steinkohlegefeuerter Großkessel. VGB-Kraftwerkstechnik 59 (1979), H. 7, S. 595–608
- Herzog, R.; Läubli, F.: »Beobachter-Regelung« für Überhitzerschaltungen mit weniger Einspritzstellen. VGB-Kraftwerkstechnik 67 (1987), H. 7, S. 670–678
- Melbak, T.: Robuste adaptive Regelung der Überhitzertemperatur im Kraftwerk. VGB-Kraftwerkstechnik 71 (1991), H. 6, S. 558–561

Speisewasservorwärmer
- Effertz, P.-H.; Forchhammer, P.; Heinz, A.: Korrosion und Erosion in Speisewasservorwärmern – Ursachen und Verhütung. Der Maschinenschaden 51 (1978), Nr. 4, S. 154–161
- Schack, K.: Fragen der Optimierung bei der rekuperativen Abwärmerückgewinnung. Gaswärme international 27 (1978), Nr. 4, S. 190–195
- Über den Einbau von Kontaktekonomisern. Thermal Engineering (1979), H. 1, S. 29–30
- Kummer, H. J.: Fortschrittliche Konzeption von HD-Speisewasservorwärmern für konventionelle Kraftwerke. VGB-Kraftwerkstechnik 64 (1984), H. 8, S. 739–746
- Miller, C. W.: Heutiger Stand der Auslegung und Fertigung von Vorwärmern. VGB-Kraftwerkstechnik 64 (1984), H. 11, S. 982–989
- Mitterecker, E.; Kallenberg, H.: Speisewasservorwärmanlagen großer Dampfkraftwerke. Brennstoff-Wärme-Kraft 37 (1985), Nr. 10, S. 388–396
- Welch, R.: Auslegungskriterien und Konstruktionsvorgaben für HD-Vorwärmeranlagen und Speisewasserbehälter. VGB-Kraftwerkstechnik 67 (1987), H. 7, S. 692–698
- Köhler, S.: Erosionskorrosion an HD-Vorwärmern – Mechanismus und Abhilfemaßnahmen. VGB-Kraftwerkstechnik 67 (1987), H. 1, S. 64–66

Luftvorwärmer
- Kaissling: Schäden an Luftvorwärmern. VGB-Mitt. 1939, H. 74/75, S. 326–328
- Kordes: Betriebserfahrungen mit Ljungström-Luftvorwärmern. VGB-Mitt. 1940, H. 79/80, S. 192 ff.
- Mudersbach: Der Einfluß der Luftvorwärmung auf Auslegung und Betrieb von Dampferzeugern. BWK 3 (1951), H. 8, S. 258–264
- Kochert, H.: Luvo-Brand an einem Abhitzekessel. TU 9 (1968), Nr. 11, S. 391–393
- Geissler, Th.: Leistungsstand und Entwicklungstendenzen im Bau von Lufterhitzern. Technische Mitteilungen 1970, H. 5, S. 198–204
- McMillan, D. B.: Lösung der Korrosionsprobleme in Luftvorwärmern durch die Behandlung am kalten Ende. Combustion, Dezember 1978, S. 29–31
- Pollmann, S.: Tieftemperaturkorrosion an Luftvorwärmern durch chloridhaltige Kohlenaschen. VGB 58 (1978), Nr. 12, S. 921–926
- Veser, K.: Regenerativ-Luftvorwärmer an ölgefeuerten Kesseln. VGB 59 (1979), Nr. 1, S. 53–58
- von der Kammer, G.: Korrosionsminderung bei regenerativen Drehluftvorwärmern. BWK 32 (1980), Nr. 10, S. 463–467
- Kokajy, V. N.; Loksin, W. A.: Untersuchung der Strömungsbedingungen in einem mehrflutigen Lufterhitzer für die Energietechnik. Thermal Engineering (Teploenergetika) (1981), H. 1, S. 59–60
- Veser, K.: Ausführungsmöglichkeiten von Regenerativ-Luftvorwärmern für die getrennte Aufheizung von Primär- und Sekundärluft. VGB-Kraftwerkstechnik 61 (1981), H. 7, S. 579–586
- Frauenfeld, M.: Ljungström-Gasvorwärmer zur Wiederaufheizung naßentschwefelter Reingase. VGB-Kraftwerkstechnik 63 (1983), H. 3, S. 229–231
- Kritzler, G.; Kraft, E.: Beitrag zum Entwicklungsstand großer Regenerativ-Luftvorwärmer mit feststehender Heizfläche. VGB-Kraftwerkstechnik 65 (1985), Nr. 7, S. 677–683
- Meirer, M.; Bursik, A.; Müller, K.: Untersuchung und Optimierung der Betriebsbedingungen von regenerativen Wärmetauschern in Rauchgasentschwefelungsanlagen. VGB-Kraftwerkstechnik 74 (1994), H. 8, S. 657–661
- Kissmann, R.: Der Wärmetauscher im Wandel des Einsatzgebietes. Erfahrungen mit Plattenwärmetauschern. VGB-Kraftwerkstechnik 75 (1995), H. 4, S. 366–369.
- Eggert, H.: Der vollverschweißte Plattenwärmetauscher als Heizungs- und Niederdruckvorwärmer im Kraftwerk. VGB-Kraftwerkstechnik 75 (1995), H. 5, S. 433–435
- VDI 3921 Blatt 1, Wärmetechnische Abnahmeversuche an regenerativen Luft- und Abgasvorwärmern. Einfache Luftvorwärmer
- Brasseur, O.; Daschmann, H.: Der rekuperative Plattenwärmetauscher. VGB-Kraftwerkstechnik 76 (1996), H. 10, S. 814–817

Anlagen zur Dampferzeugung
- Geissler, Th.: Wärme- und Krafterzeugung in öffentlichen und industriellen Heizkraftwerken. Energie 1958, H. 4 und 11, sowie 1959, H. 3
- Schröder, K.: Große Dampfkraftwerke. Bd. 1, Springer-Verlag, Berlin–Göttingen–Heidelberg 1959
- Schröder, K.: Das Dampfkraftwerk in der Endphase seiner Entwicklung. Elektrizitätswirtschaft 63 (1964), H. 21, S. 721–739
- Mandel, H.: Große Blockeinheiten im Rahmen der deutschen Energieversorgung. VGB-Mitt. 1964, H. 91, S. 247–257
- Kriese, S.: Spitzen- und Starklast-Kraftwerksblöcke. Energie und Technik 18, 1966, S. 24–28
- Knizia, K.; Musil, L.: Die Gesamtplanung von Dampfkraftwerken. Bd. 1: Die Thermodynamik des Dampfkraftprozesses. Springer-Verlag, Berlin 1966
- Knizia, K.: Der Einfluß der Einsatzweise von Kraftwerksblöcken auf die Auslegung der Dampferzeuger. VGB-Mitt. 1967, S. 297–306
- Uebing, D.; Oude-Hengel, H.-H.: Zuverlässigkeit, eine Forderung moderner Dampferzeugungstechnik. VGB-Kraftwerkstechnik 5 (1972), S. 375–384
- Kuhlmann, A.; Oude-Hengel, H.-H.: Zuverlässigkeitssteigerung und Betriebsoptimierung – eine Notwendigkeit in der Kraftwerkstechnik. BWK 27 (1975), H. 5, S. 215–219
- Klefenz, G.; Seidel, R.: Regelverhalten eines im gesteuerten Gleitdruck betriebenen Kraftwerksblockes. VGB-Kraftwerkstechnik 56 (1976), S. 83 ff.
- Adrian, F.: Entwicklungsrichtungen im konventionellen Dampferzeugerbau. Haus der Technik, Vortragsveröffentlichungen 379. Vulkan-Verlag, Essen 1977

- Löffler, H.: Wirtschaftlichkeit der Eigenstromerzeugung. Haus der Technik, Vortragsveröffentlichungen 379. Vulkan-Verlag, Essen 1977
- Weichsel, M.; Heitmann, W.: Abwärmenutzung in industriellen Prozessen. Haus der Technik, Vortragsveröffentlichungen 379. Vulkan-Verlag, Essen 1977
- Woiff, J.: Technische Regelwerke für thermische Kraftwerke in internationaler Sicht. VGB-Kraftwerkstechnik 68 (1978), H. 11, S. 776–786
- Hein, K.: Blockheizkraftwerke. Öl- und Gasfeuerung 24 (1978), Nr. 5, S. 322–324
- Nick, M.: Überhitzter Dampf aus dem BHKW. Energie 632 (1980), Nr. 3, S. 101–106
- Oude-Hengel, H. H.: Druckverhalten von Großkesselanlagen bei Lastabwurf. TÜV Rheinland, 1977
- Effenberger, H.: Probleme der Betriebszuverlässigkeit konventioneller Kraftwerksblöcke. Energietechnik 30 (1980), S. 458–460
- Effenberger, H.: Forderungen an manövrierfähige Dampferzeuger. Energietechnik (1980), H. 11, S. 401–405
- Effertz, P.-H.; Resch, G.; Göstenkors, Th. und andere: Kombifahrweise von Kraftwerken. Der Maschinenschaden 53 (1980), Nr. 6, S. 217–241
- Fröhlich, P.; Leithner, R.: Moderne Dampferzeuger mit hoher Manövrierfähigkeit. Energietechnik (1980), 30. Jg., H. 11, S. 405–408
- Gericke, B.: An- und Abfahrprobleme bei Abhitzesystemen insbesondere hinter Gasturbinen. Brennstoff-Wärme-Kraft 32 (1980), Nr. 11, S. 502–511
- van Lier, J. J. C.; van Paasen, C. A. A.: Überblick über die Forschungsarbeit »Einspritzkühlung« an der Technischen Universität Delft. VGB-Kraftwerkstechnik 60 (1980), Nr. 12, S. 958–969
- Schoch, W.; Baumüller, F.; Roesner, H.: 40 Jahre Kraft-Wärme-Kopplung im Großkraftwerk Mannheim. Fernwärme International 9 (1980), H. 4, S. 239–248
- Bennett, S. B.; Bannister, R. L; Silvestri, G. J.; Parkes, J. B.: Heutige Praxis bei der Planung und beim Betrieb von fossilbefeuerten Kraftwerken in den USA. VGB-Kraftwerkstechnik (1981), H. 3, S. 196–204
- Gericke, B.: Die Kraft-Wärme-Kopplung in der Industrie, Teil II: Dampferzeugersysteme. BWK 33 (1981), Nr. 6, S. 28–87
- Janitschek, F.: Kraftwerkstechnik heute – und morgen? VGB-Kraftwerkstechnik 61 (1981), H. 8, S. 625–631
- Nitsch, D.; Schmilz, H.: Verfügbarkeit von Wärmekraftwerken – Vorabauswertung für das Jahr 1980. VGB-Kraftwerkstechnik 61 (1981), H. 6, S. 467–471
- Suttar, K.-H.: Kopplung der Kraft- und Wärmewirtschaft in Industriebetrieben – Technische Möglichkeiten und wirtschaftliche Bedingungen. Gas Wärme international (1981), Bd. 30, H. 6, S. 313–317
- Zendt, I.: Erhöhung der Wirtschaftlichkeit von Schiffsbetriebsanlagen durch Einsatz moderner Abgas- und Hilfskessel. Schiff & Hafen/Kommandobrücke, 33. Jg. (1981), H. 4, S. 58
- Bohn, T.; Bitterlich, W.: Grundlagen der Energie- und Kraftwerkstechnik. Bd. 1 Handbuchreihe Energie (1982). Technischer Verlag Resch KG, Gräfelfing
- Albrecht, W.; von der Kammer, G.: Kohlegefeuerte Dampferzeuger mit hohen Drücken und Temperaturen. VDI-Berichte Nr. 454 (1982), S. 103–112
- Bald, A.; Wittchow, E.; Charlier, J.: Steinkohlebefeuerte Kraftwerke – Heutiger Stand und zukünftige Möglichkeiten der Auslegung. VGB-Kraftwerkstechnik 63 (1983), H. 1, S. 7–18
- Schoch, W.: 100 Jahre Kraftwerkstechnik. VGB-Kraftwerkstechnik 63 (1983), H. 7, S. 614–637
- Breucker, H.; Stadie, L.: Steinkohlebefeuerte Dampferzeuger für Kraftwerke mit hohen Dampfzuständen. VGB-Kraftwerkstechnik 63 (1983), H. 1, S. 29–37
- Alexander, E.; Bald, A.: Fernwärme aus Kraftwerken. Siemens Energietechnik 5 (1983), S. 4–15
- Mayr, F.: Auslegung und Konstruktion der kohlebefeuerten Dampferzeugeranlage. VGB-Kraftwerkstechnik 64 (1984), Nr. 6, S. 497–502
- Thielen, H.: Entstehung von Druckstößen in Kraftwerksrohrleitungen. VGB-Kraftwerkstechnik 64 (1984), H. 9, S. 801–808
- Lüdemann, J.; Mühlhäuser, H.: Gleit- und Festdruckbetrieb in konventionellen Dampfkraftwerken mit Zwischenüberhitzung. VGB-Kraftwerkstechnik 64 (1984), H. 7, S. 604–617
- Franke, J.; Wittchow, E.; Lausterer, G. K.: Das Dampferzeuger-Dynamikmodell der KWU und sein Einsatz in Planung und Betrieb von fossilbeheizten Kraftwerken. VGB-Kraftwerkstechnik 64 (1984), H. 7, S. 598–604
- Nitsch, D.; Schmilz, H.: Verfügbarkeit von Wärmekraftwerken 1970–1984. VGB Technisch-wissenschaftliche Berichte »Wärmekraftwerke«, VGB-TW 103 und 103 a

- Bohn, Th. und andere: Konzeption und Aufbau von Dampfkraftwerken. Technischer Verlag Resch, Verlag TÜV Rheinland, Köln 1985
- Wittchow, E.: Stand und Entwicklung von Dampferzeugern und Feuerungsanlagen. Technische Mitteilungen 78 (1985), H. 10, S. 479–489
- Wiehn, H.; Martin, H.; Schuster, H.: Trends und Lösungen im internationalen Dampferzeugerbau. VGB-Kraftwerkstechnik 65 (1985), H. 12, S. 1126–1132
- Hirschfelder, G.: Zukunftsweisende Techniken im Kraftwerksbau. VGB-Kraftwerkstechnik 66 (1986), H. 1, S. 1–6
- Frewer, H.: Strukturwandel in der Technik fossilbeheizter Kraftwerke in der Bundesrepublik Deutschland. VGB-Kraftwerkstechnik 66 (1986), H. 4, S. 303–326
- Quack, R.; Wächter, J.: Technik der Wärmekraftwerke – Beiträge zur Kraftwerksforschung. VCH Verlagsges. m.b.H., Weinheim 1987
- Lezuo, A.; Riedle, K.; Wittchow, E.: Entwicklungstendenzen steinkohlebefeuerter Kraftwerke. BWK 41 (1989), Nrn. 1–2, S. 13–22
- Fritz, P.; Haug, W.: Dampferzeuger und Feuerungen. BWK 41 (1989), Nr. 4, S. 180–184
- Keller, W. K. F.: Der GuD-Prozeß. BWK 41 (1989), Nr. 9, S. 413–423
- Heiermann, G.; von Oldenburg, J.: Entwicklungen im Kraftwerksbau. TÜV 31 (1990), H. 10, S. 413–421
- Dolezal, R.; Görner, K.: Dampferzeuger und Feuerungen. BWK 43 (1991), Nr. 4, S. 208–213
- Lovis, M.; Rukes, B.; Wittchow, E.: Kraftwerkskonzepte mit Gasturbinen. Energie 43 (1991), H. 9, S. 26–32
- Bald, A.; Wittchow, E.: Kombinierte Kraftwerke schonen Umwelt und Ressourcen. Energiewirtschaftliche Tagesfragen 42 (1992), H. 4
- Böhm, H.: Fossilbefeuerte Kraftwerke. VGB Krafwerkstechnik 74 (1994), H. 3, S.173–186

Anlagen zur Heißwassererzeugung
- Joukowski, N.: Waterhammer. Übersetzt von O. Simin. Proc. AWWA 24 (1904), S. 341–424
- Schulze, A.: Fernwasserheizungen mit Temperaturen über 100 °C. Gesundheitsingenieur 31 (1908), H. 47, S. 752
- Alliévi, Dubs und Balaillard: Allgemeine Theorie über die veränderliche Bewegung des Wassers in Leitungen. Berlin 1909
- Alliévi, L.: Théorie du coup de bélier. Paris 1921
- Schmidt, O.: Hochdruckdampf oder Heißwasser? Gesundheitsingenieur 55 (1932), H. 18, S. 205–208
- Schnyder, D..: Über Druckstöße in Rohrleitungen. Wasserkraft und Wasserwirtschaft (1932), S. 49
- Allmenröder, E.: Heißwasserheizung und Wärmespeicherung. Gesundheitsingenieur 59 (1936), H. 7, S. 85–86
- Bormann, K.: Rohrschäden an Heißwasserheizungen. Zeitschrift des Bay. Revisions-Vereins 51 (1937), H. 2, S. 9–11
- Schaltbilder der Heißwasserheizung. Heizung und Lüftung 12 (1938), H. 3, S. 44
- Bormann, K.: Die Schutzrechte auf dem Gebiete der Heißwasserheizungen. Heizung und Lüftung 13 (1939), H. 1, S. 1–6
- Spillhagen, W.: Heißwasser als Wärmeträger von Heizungsanlagen. Gesundheitsingenieur 62 (1939), H. 29, S. 403–410
- Benjamin, M. W.; Miller, J. G.: The Flow of a Flashing Mixture of Water and Steam through Pipes. Transactions of the ASME (1942), S. 657–669
- Letique, H.: Kreiselpumpen im Heißwasserbetrieb. Zeitschrift des TÜV München 1954, H. 2, S. 27–38
- Parmakian, J.: Waterhammer analysis. Prentice-Hall, New York 1955
- Mayr, F.: Sicherheitstechnische Probleme bei Heißwasserkessel-Anlagen. TU (Zeitschrift des TÜV München) 10 (1958), H. 11, S. 409–418
- Bachl, H.: Energiebilanz und Rentabilität von Heizkraftwerken. Springer-Verlag, Berlin 1961
- Domm, G.; Handwerker, Th.; Deuchler, W.: Schlagfestigkeit von Ventilen aus Grauguß, Sphärroguß und Stahlguß. KSB Technische Berichte, H. 3, 1961
- Bormann, K.: Wasserschläge in Heißwasserheizungen. TU 3 (1962), H. 4, S. 142–143
- Mayr, F.: Sicherheitstechnische Ausrüstung von Heißwasserheizungen. Wärmetechnik (1962), H. 5, S. 103–107
- Metzner, O.: Grundsätzliche Überlegungen beim Bau von Heizzentralen. HLH 14 (1963), H. 6, S. 181–185

- Geiringer, P. L.: High Temperature Water Heating. John Wiley & Sons Inc., New York 1963
- Goepfert, J.: Wärmespeicher in Fernheizwerken. Energie 16 (1964), H. 1, S. 17–20
- Thermodynamics and field test point up the inherent safety of high-temperature water Systems. Power 108 (1964), H. 7, S. 58–59
- Beck, K.: Fernwärmeversorgung als technisch-wirtschaftliche Aufgabe der Gemeinden. Sigillum-Verlag, 2. Aufl., Köln 1964
- Mayr, F.: Deutsche und ausländische Sicherheitsbestimmungen für Druckanlagen, insbesondere Heizungsanlagen. TÜ 6 (1965), H. 7, S. 244–249
- Requadt, G.: Die Fernheizung in der Bundesrepublik – Entwicklung und technische Konzeption. Aus der Welt der Technik (1966), S. 25–27
- Goepfert, J.: Die Druckhaltung geschlossener Heißwasserfernheizungsanlagen. HLH 17 (1966), H. 3, S. 73–75
- Kromm, K.: Heißwasser in Fernwärmenetzen, Besonderheiten der Planung. Energie 18 (1966), H. 7, S. 301–306
- Festner, H.: Herdheizungsanlagen in geschlossenen Heizsystemen für feste Brennstoffe. HLH 18 (1967), H. 4, S. 140–142
- Mayr, F.: Thermostatische Absicherung von Heißwasserkesseln. Sanitär- und Heizungstechnik 32 (1967), H. 11, S. 825–827
- Mayr, F.: Von der Anwendung des Heißwassers. Mitt. f. d. Mitgl. d. TÜV Bayern (1967), H. 36, S. 967–971
- Stoklossa, K.-H.: Betriebliche und sicherheitstechnische Erfordernisse bei geschlossenem Heizsystem. VDI-Berichte Nr. 117, 1967
- Goepfert, J.; Reimer, H.: Heißwasser-Fernheizung als Nachtstromspeicherheizung. Energie 20 (1968), H. 6, S. 180–184
- Woiff, W.: Sicherheit von Heißwasserkesseln. Energie 21 (1969), H. 2, S. 43–49
- Ulrich, E. A.: Korrosion und Steinbildung in Heißwasserheizungen. HTR (1969), H. 6, S. 186–190
- Mayr, F.: Betrachtungen über die Gefahren beim Betrieb geschlossener Heizungsanlagen. Mitt. TÜV Bayern, 47/1969, S. 1328
- Linder, F.: Probleme bei der Planung und dem Bau einer großen Wärmeversorgungsleitung. Energie 21 (1969), H. 11, S. 403–408
- Mölter, F. J.: Der Stand der Fernheizung in der Bundesrepublik Deutschland. BWK 22 (1970), H. 1, S. 13–16
- Weber, A. P.: Zur Berechnung des Kaskadenumformers. Gesundheitsingenieur 91 (1970), H. 9, S. 246– 251
- Linzer, V.: Das Ausströmen von Siedewasser und Dampf aus Behältern. BWK 22 (1970), H. 10, S. 470–476
- Mayr, F.: Niederdruck-Dampf- und Heißwassererzeuger aus der Sicht des deutschen Normenwerks. TÜ 11 (1970), Nr. 10, S. 332–337
- Dokter, E.: Überblick über Heißwasserheizung und Anwendung in der Fernheizung sowie Wärmespeicherung. Öl- und Gasfeuerung 3 (1971), S. 286–294
- Baath, H. L.: Wasser oder Öl für die Wärmeübertragung? Betriebstechnik 13 (1972), Nr. 7, Beilage PPI, S. 11–15
- Technische Richtlinien für den Bau von Fernwärmenetzen. Verlags- und Wirtschaftsges. der Elektrizitätswerke mbH, Frankfurt 1973
- Pessiridis, C.: Zur Betriebssicherheit einer Heißwasseranlage. TÜ 14 (1973), Nr. 5, S. 138–143
- Geschlossene Wasserheizungsanlagen. Hrsg. von F. Mayr, Kramer-Verlag, Düsseldorf 1974
- Burkhardt, W.: Druckhaltung und Volumenausgleich in Heißwasser-Fernheizungsanlagen. HLH 25 (1974), H. 10, S. 317–325
- Mayr, F.: Stand und Entwicklungstendenzen der Sicherheitstechnik bei Heizungsanlagen aus der Sicht der Technischen Überwachung. Bericht über den XX. Kongress für Heizung, Lüftung, Klimatechnik. L. A. Klepzig-Verlag, Düsseldorf 1974, S. 199–204
- Jansen, J.; Courage, G.: Systemgerechte Berechnung von Druckstoßvorgängen in Rohrleitungen. 3R international 16 (1977), H. 2, S. 88–93
- Losev, F. L.; Mekler, V. Sh.; Livshits, I. M.: Flashioe of water in pipes of heating networks. Teploenergetika 25 (1978), H. 12, S. 22–25
- VdTÜV-Forschungsbericht Nr. 132, »Druckänderungsvorgänge in Heißwassererzeugungsanlagen

und -leitungssystemen«, Hrsg. vom VdTÜV, Verlag TÜV Rheinland, Essen 1982
- Hein, K.; Lotz, R.: Blockheizkraftwerke – ja oder nein? FWI 13 (1984), H. 6, S. 322–329
- Alberti, G.; Tischner, H.: Über den Einsatz von Armaturen aus Gußeisen mit Kugelgraphit in schlaggefährdeten Anlagen. KSB Technische Berichte 18, Frankenthal 1984
- Stumpf, H.; Windorfer, E.: Fernwärme in der Bundesrepublik Deutschland. CF Müller-Verlag, Karlsruhe 1985
- Grams, J.: Der Einfluß von Armaturen auf die Druckstöße in Rohrleitungen. VGB-Kraftwerkstechnik 67 (1987), H. 9, S. 865–872

Anlagen zur Warmwassererzeugung
- Wierz, M.: Über die Kräfte durch Rohrabkühlung in Warmwasserheizungen. Gesundheitsingenieur 13 (1925)
- Sicherheitsvorrichtungen für Warmwasserkessel nebst Erläuterungen. Hrsg. vom Verband der Centralheizungs-Industrie e.V., 4. Aufl., Berlin 1930
- Weber, A. P.: Der Umtriebsdruck in Schwerkraft-Warmwasserheizungen. Gesundheitsingenieur 1949, H. 11 und 12
- Weber, A. P.: Die Berechnung des wirksamen Druckes in Wasserheizungen und Warmwasserversorgungen. Sanitäre Technik 1960, H. 9, S. 434–437
- Fischer, L. J.: Druckverteilung in Schwerkraftheizungen. HLH 11 (1960), H. 11, S. 300–303
- Maisik, W.: Membran-Druckausdehnungsbehälter in geschlossenen Heizungsanlagen. TU 8 (1967), H. 4, S. 113–116
- Mayr, F.: Sicherheitstechnische Ausrüstung von Heizungsanlagen mit Vorlauftemperaturen bis 110 °C. Sanitär- u. Heizungstechnik 1968, Nr. 11, S. 684
- Geschlossene Niederdruckheißwasser- und Warmwasser-Heizungsanlagen. H. 11 der Schriftenreihe des TÜV Bayern, München 1974
- Burckhardt, W.: Druckverteilung in Heizwasserkreisläufen. HLH 25 (1974), H. 2, S. 47–50, und H. 3, S. 85–90
- Mayr, F.: Erläuterungen zur DIN 4807 »Membranen aus Elastomeren in Druckausdehnungsgefäßen«, Entwurf Mai 1975. gwf-Gas/Erdgas 116 (1975), H. 12, S. 485–490
- Krupp-Heizungs-Handbuch. Krupp-Kesselfabrik Berlin. Komm.-Verlag A. W. Gentner, 4. Aufl., Stuttgart 1975
- Buderus-Handbuch für Heizungs- und Klimatechnik. Hrsg. von Buderus, Wetzlar. VDI-Verlag, 32. Ausg., Düsseldorf 1975
- Koch, G.: Geschlossene Heizungsanlagen, die drucklos arbeiten und deshalb wie offene Anlagen behandelt werden können. TAB 1977, H. 4, S. 391–393
- Koch, G.; Memmert, E.: Kompensatoren aus elastomeren Verbundwerkstoffen und Gummi-Metall-Rohrverbindungen für den Einsatz in Heizungsanlagen – DIN 4809, Teil 1 und Teil 2. TAB (1980), H. 10, S. 905–907
- Hahne, J.: Hohe Wirtschaftlichkeit mit der stetig geregelten Gas-Etagenheizung. Flüssiggas (1981), Nr. 6, S. 14–16
- Kapmeyer, E.: Energiesparen in bestehenden Heizungsanlagen, CCI (1981), Nr. 12, S. 4
- Viessmann-Heizungshandbuch. W. Gentner Verlag, Stuttgart 1987
- Buderus Handbuch für Heizungstechnik. Beuth Verlag, Berlin 1994
- Böhm, G.: Die wirtschaftliche Gaszentralheizung. verlag moderne industrie, Landsberg 1994

Wassererwärmer
- Heidepriem: Zerknall eines Warmwasserbereiters. Zeitschrift des Bayer. Revisionsvereins 27 (1923), H. 10, S. 73–79
- Braukmann, H.: Druckspeicher – eine Gefahrenquelle? Sanitäre Technik 1954, H. 9, S. 292–295
- Knoblauch, H.-J.: Elektro-Warmwasserbereitung – Gerätewahl und Wirtschaftlichkeit. Sanitäre Technik 1955, H. 10, S. 361–365, und H. 11, S. 400–403
- Dörrscheidt, W.: Richtlinien für Warmwasserbereiter. HLH 7 (1956), H. 6, S. 96–98
- Kleber, F.; Herman, B.: Wirtschaftliche Verbindung von Heizung und Warmwasserbereitung durch Stahlheizkessel mit Ölfeuerung. Gesundheitsingenieur 77 (1957), H. 5/6, S. 65–69
- Hollander: Ein neuer Weg der Warmwasserbereitung in fernbeheizten Anlagen. HLH 17 (1966), H. 3, S. 103–105
- Bück, H.: Brauchwasserbereitung durch Fernwärme. HLH 20 (1969) H. 7, S. 263–267

- Bück, H.: Warmwasserverbrauch in Wohnungen und Einfamilienhäusern. Energie 23 (1971), H. 12
- Dittrich; Linneberger; Wegener: Zentrale Brauchwasser-Versorgungsanlagen. HLH 1972, H. 2 u. 3
- Mayr, F.: Erläuterungen zum Entwurf Oktober 1974 der DIN 4753 »Brauchwasser-Erwärmungsanlagen«. Fernwärme international 4 (1975), H. 4, S. 123–129
- Birnbreier, H.; Schöffel, H.: Nutzung der Sonnenenergie zur Warmwasserbereitung und Raumheizung. BBC-Nachrichten 8/9 (1975), S. 503–509
- Dittrich, A.: Dezentrale und zentrale Brauchwassererwärmungsanlagen in Einfamilienhäusern. HLH 27 (1976), Nr. 6
- Dittrich, A.: Heizkessel und kombinierte Brauchwassererwärmung. IKZ 1976, H. 9
- Handbuch der Warmwasser-Versorgung. Krupp-Kesselfabrik. Berlin, Februar 1977
- Dittrich, A.: Brauchwassererwärmung im Hochbau. HLH 28 (1977), H. 3
- Hadenfeldt, A.: Brauchwassererwärmung durch Strom – Energiewirtschaftliche Betrachtungen. HLH 28 (1977), H. 3
- Kohnke, H.-J.: Systembeschreibungen und Installationshinweise für die Brauchwassererwärmung mit Strom. HLH 28 (1977), H. 3
- Dittrich, A.: Wirtschaftlichkeit der Sommer-Brauchwassererwärmung mit Solarenergie. HLH 28 (1977), H. 4
- Bück, H.: Brauchwassererwärmungsanlagen im Wohnungsbau unter besonderer Berücksichtigung der Fernwärme. HLH 28 (1977), H. 4
- Kittel, Gh.: Optimale Brauchwassererwärmung. HLH 28 (1977), H. 4
- Kohl, A.: Anforderungen und Entwicklungstendenzen bei Wassererwärmern für Trink- und Betriebswasser. Sanitär- und Heizungstechnik 44 (1979), H. 1, S. 19–22 u. 26
- Schmitter, W.: Wassererwärmer in der Fernwärmeversorgung. TAB (1982), H. 2, S. 107–108

Anlagen für andere Wärmeträger als Wasser
- Götz, M.: Das Verhalten von Diphyl bei hohen Temperaturen. TU 10 (1958), H. 11, S. 402–408
- Geiringer, P. L.: Handbook of Heat Transfer Media. Reinhold Publishing Corporation, New York 1962
- Mielke, G.: Wärmeübertragungsöle und ihre Verwendung in Heizanlagen. Wärme, Bd. 69 (1963), H. 2, S. 67–71
- Heerwagen, R.: Heißöl-Wärmeträgeranlagen mit gas- und ölgefeuerten Durchlauf-Erhitzern. Öl- und Gasfeuerung 8 (1963), H. 11, S. 1026–1035
- Deicker, G.: Die Hochtemperaturheizung mit flüssigen und dampfförmigen Wärmeträgern. Chemiker-Zeitung/Chem. Apparatur, 88. Jg. (1964), H. 24, S. 965–968
- Richtlinien für Anlagen, in denen organische Flüssigkeiten oder deren Dämpfe erhitzt und als Wärmeträger verwendet werden. Richtlinien Nr. 14 der BG der chem. Industrie, Verlag Chemie, Weinheim, Ausg. 1965
- Kirchhoff, J.: Einsatzmöglichkeiten, -grenzen und -probleme von HT-Anlagen. Chemieanlagen + Verfahren (1967), H. 2, S. 30–33
- Kallabis, H.: Die Hochtemperatur-Heizung mit hochsiedenden organischen Flüssigkeiten als Wärmeträger unter besonderer Berücksichtigung der überdrucklosen Systeme. Wärme-, Lüftungs- und Gesundheitstechnik, 20. Jg. (1968), H. 10, S. 233–240
- Koch, G.: Wärmeübertragungsanlagen. Bericht über den 11. Kongreß für Arbeitsschutz und Arbeitsmedizin. Karl F. Haug Verlag, Heidelberg 1969
- Boehm, P.: Betriebserfahrungen an Anlagen mit organischen Wärmeträgern. VDI-Bericht Nr. 136. Düsseldorf: VDI-Verlag, 1969
- Koch, G.: Sicherheitstechnische Fragen bei wärmetechnischen Anlagen mit organischen Wärmeträgern. VDI-Bericht Nr. 136. VDI-Verlag, Düsseldorf 1969
- Mayr, F.: DIN 4754 Wärmeübertragungsanlagen mit anderen flüssigen Wärmeträgern als Wasser. DIN-Mitt. 48 (1969), H. 10, S. 388
- VDI-Bericht Nr. 153, Wärmeübertragungsanlagen. VDI-Verlag, Düsseldorf 1970
- Matzkuhn, G.: Über die Verwendung organischer Flüssigkeiten auf Mineralölbasis in Wärmeübertragungsanlagen. Amts- und Mitteilungsblatt der Bundesanstalt für Materialprüfung (BAM) 1 (1970), H. 2, S. 9–16
- Teuscher, G.; Seibold, J.; Wille, H.: Erfahrungen, besondere Probleme und Forderungen beim Betrieb von Heißöl-Wärmeträgeranlagen. Betriebstechnik 1970, Beil. PPI, H. 2

- Kneifel, G.: Konstruktionsprobleme bei Wärmeerzeugern für Wärmeträgeranlagen mit organischen Wärmeträgern. TU (1970), H. 9, S. 308–310
- Wrobel, J.: Großbrand durch schadhafte Heißöl-Wärmeübertragungsanlage. TU 11 (1970), H. 9, S. 311–312
- Beß, H.; Mehl, G.: Wärmeübertragungsanlagen mit Mineralölen als Wärmeträger. Sicher ist sicher 21 (1970), H. 6, S. 145–148
- Heerwagen, R.: Sicherheitstechnische Anforderungen an Heißöl-Wärmeträgeranlagen. Sicher ist sicher 21 (1970), H. 6, S. 148–151
- Bender, W.; Rüter, P: Gesichtspunkte zur Auswahl organischer Wärmeträger. Chemiker-Zeitung 95 (1971), S. 586–593
- Heerwagen, R.: Bau und Betrieb von Wärmeübertragungsanlagen. Öl- und Gasfeuerung 3 (1971), S. 294– 312
- Eick, H.: Wärmeträgerölanlagen und ihre Anwendung. Öl- und Gasfeuerung 11 (1971), S. 1066–1070
- Bauer, L.: Hochtemperaturheizanlagen für Betriebstemperaturen bis 400 °C. Technische Rundschau Sulzer 1972, H. 1
- Müller, M.: Wärmeübertragungsöle und ihre Eigenschaften. Sanitär- und Heizungstechnik 37 (1972), H. 3, S. 122–126
- Rüb, F.: Bauarten und Einsatzgebiete von Wärmeübertragungsanlagen. Betriebsökonom (1972), H. 4, S. 62–66
- Kneifel, G.: Hinweise für den Bau von Wärmeträgeranlagen. Betriebstechnik, Beil. PPI, 1972, H. 4
- Informationen des TÜV Rheinland: Wärmeübertragungsanlagen mit anderen flüssigen Wärmeträgern als Wasser – Gedanken zu sicherheitstechnischen Problemen, Folge 1/72, TÜV Rheinland, Köln
- Seifert, W. F.; Jackson, L. L.: Organic fluids for high-temperatur heat-transfer Systems. Chem. Engineering, Oktober 1972, S. 96–104
- Engemann, D.: Beispiele für die Anwendung moderner Dampf- oder Thermalöl-Anlagen in der Industrie. gas wärme international 22 (1972), H. 9, S. 344–347
- Teuscher, G.: Schadensfälle an Thermalölanlagen. Betriebstechnik 1973, Beil. PPI, H. 2
- Stadier, E.: Prüfung von Wärmeübertragungsanlagen. Betriebstechnik 1973, Beil. PPI, H. 2
- Hedden, H.; Behrens, H. J.: Wärmeübertragungsanlagen mit organischen Wärmeträgern. Verfahrenstechnik 7 (1973), H. 10, S. 297–303
- VDI-Bericht Nr. 216, Wärmeübertragungsanlagen mit organischen Wärmeträgern. Vorträge der VDI-Tagung Ulm 1974. VDI-Verlag, Düsseldorf 1974
- Wilink, L.: Neue Tendenzen und bewährte Praktiken – VDI-Tagung Ulm. Betriebstechnik (1974) H. 6, S. 53–56
- Bender, W.; Elgeti, K.: Die Berechnung der Lebensdauer organischer Wärmeträger in technischen Anlagen. Chemie-Ing.-Technik 46 (1974), H. 5, S. 213
- Wagner, W.: Erhitzer in Wärmeübertragungsanlagen – Grundsätzliche Gestaltungsrichtlinien. Wärme Bd. 80 (1974), H. 3, S. 36–41
- Nitsche, M.: Planung industrieller Wärmeübertragungsanlagen mit flüssigen organischen Wärmeträgern. Erdöl und Kohle 27 (1974), H. 7, S. 366–372
- Nitsche, M.: Entscheidungskriterien für die Auswahl eines flüssigen organischen Wärmeträgers. Verfahrenstechnik 8 (1974)
- Wagner, W.: DIN 4754 setzt neue Maßstäbe. Betriebstechnik 1975, H. 1, S. 38–39
- Teuscher G.: Wärmeübertragungsanlagen – Neuester Stand der Vorschriften – Prüfung von Altanlagen. Betriebstechnik, Beil. PPI, 1975, H. 1
- Mayr. F.: Diskussion über Wärmeträgertechnik angeregt. Betriebstechnik 1975, H. 4, S. 18
- Sauermann, D.: Das physikalische und chemische Verhalten von Wärmeträgersubstanzen bei hohen Temperaturen. Seminarbericht der Fachhochschule München (1975)
- Teuscher, G.: Prüfung von Wärmeübertragungsanlagen. Betriebstechnik 1975, Beil. PPI, H. 3
- Mayr, F.: Sicherheitstechnische Normen und Regeln für den Betrieb von Wärmeübertragungsanlagen mit organischen Wärmeträgern. TU 17 (1976), H. 2, S. 50–54
- VDI-Bericht Nr. 274, Wärmeübertragungsanlagen. Vorträge der VDI-Tagung München 1976. VDI-Verlag, Düsseldorf 1976
- Fiets, U.: Prüfung und Umrüstung von Wärmeübertragungsanlagen. Betriebstechnik 1977, Beil. PPI, H. 1

- Wagner, W.: Beachtungsmerkmale und noch offene Fragen bei organischen Wärmeträgermedien. Wärme 83 (1977), H. 6, S. 89–92
- Steiner, G. A.: Zur Betriebssicherheit von Wärmeträgeranlagen. Wärme 83 (1977), H. 6, S. 97–99
- Elektroerhitzer für Wärmeträgeröl. Wärme 83 (1977), H. 6, S. 99–100
- Kunschner, R.: WT-Normen enger gefasst. Betriebstechnik 1980, H. 2, S. 48–49
- Behrend, R. W.: Wärmeübertragungsanlagen, Gestaltung, Betrieb, Wartung. Hrsg. von der Mobil Oil AG. Hamburg 1984
- Wagner, W.: Wärmeträgertechnik mit organischen Medien. Verlag Dr. Ingo Resch, Gräfelfing 1994

Kesselmauerwerk
- Feuerfestbau, Stoffe – Konstruktion – Ausführung, Vulkan-Verlag, Essen 1994

Zum Kapitel 3 Ausrüstung

Allgemeines
- Flieger, K.: Regelungstechnik, Grundlagen und Geräte. Hartmann & Braun AG, Frankfurt (L 3412)
- Fachkunde für den Dampfkraftwerksbetrieb. Dampferzeugung 1 und Dampferzeugung 2. VGB, Essen 1971
- Klefenz, G.: Die Regelung von Dampfkraftwerken. Theoretische und experimentelle Methoden der Regelungstechnik, Bd. 4. Bibliogr. Inst., Mannheim 1973
- Dingler, H.; Hofmeister, W.; Sodeik, G.: Regelung von Dampferzeugung und Sammelschienendruck. RTP – Regelungstechnische Praxis 20 (1978); H. 12, S. 348–354
- Borsi, L.; Kallina, G.: Entkoppelungsregelung – Entwicklung und Erprobung eines neuen Regelkonzepts für Kraftwerksblöcke. VGB 58 (1978), Nr. 8, S. 561–565
- Unbehauen, H.: Aufgaben der Leittechnik im Wärmekraftwerk, BWK 30 (1978), Nr. 6, S. 243–245
- Gery, H. G.; Morse, R. H.: Die bei der Wahl von Regelantrieben zu beachtenden Faktoren. Combustion (November 1978), S. 17–20
- Stadie, L.; Nitschmann, E.; Müller, K.; Brinkmann, R.: Langzeitüberwachung von Dampferzeugerbauteilen mit dem Prozeßrechner im Kraftwerk Moorburg. BWK 30 (1978), Nr. 10, S. 389–393
- Roling, E.: Meßtechnik Einführung … Anwendung … Hartmann & Braun AG, Frankfurt (L 3350)
- Pich, R.: Wärmespannungen in druckführenden Bauteilen und deren meßtechnische Überwachung. VGB 59 (1979), Nr. 6, S. 510–519
- Focke, G.: Dynamische Probleme beim geregelten Dampferzeugerbetrieb unter gleitenden Bedingungen. Energietechnik 29 (1979), Nr. 5, S. 173–179
- Piwinger, F.: TRD 604: Kessel muß man regeln. Energie 31 (1979), H. 3, S. 83–86
- Schrowang, H.: Grundlagen der Meßtechnik, Verfahren der Messung physikalischer Größen in haustechnischen Anlagen. IKZ (1981), H. 18, 8. Teil der Fortsetzungsreihe
- Piwinger, F.: Elektronik hilft Energie sparen. Betriebstechnik, Sonderdruck aus H. 2/82
- Weyand, M.: Entwicklung der Armaturentechnik. 3 R international (1986), Nr. 12
- Grams, J.: Der Einfluß von Armaturen auf die Druckstöße in Rohrleitungen. VGB-Kraftwerkstechnik 67 (1987), H. 9, S. 865–872
- Bartonicek, J.; Schöckle, F.: Dichtungskennwerte und die Dichtheit einer Flanschverbindung. VGB Kraftwerkstechnik 73 (1993), H. 1
- Schröder, H. Chr.: Prinzipielle Überlegungen zur Bewertung und Überprüfung von älteren Kraftwerksanlagen. VGB-Kraftwerkstechnik (1998), Nr. 9
- Michels, B.; Weidmann, B.; Brinkmann, K.; Deeskow, P.; Schulze, E.: Erste Betriebserfahrungen mit der On-line-Diagnose in einem 350-MW-Kraftwerk. VGB-Kraftwerkstechnik (1999), Nr. 11
- Janßen, M.: Leckageuntersuchungen an Flachdichtungen und Mannlochverschlüssen. TÜ 41 (2000), Nr. 5
- Siemens: Gut behütet aus der Ferne. Siemens Power Journal (2000), Nr. 1

Wasserstandsanzeige, -regelung, -begrenzung
- VdTÜV-Merkblatt Wasserstand 100, Anforderungen an Zweipunkt-Wasserstandregler und Wasserstandbegrenzer für Landdampfkessel. Maximilian-Verlag, Herford 1979
- VdTÜV-Merkblatt Wasserstand 100/1, Anforderungen an Stetigregler für den Wasserstand von Landdampfkesseln, Ausg. November 1972. Maximilian-Verlag, Herford 1972
- Klabuhn, W.: Elektroniksystem zur Wasserstandsanzeige in Kesseltrommeln. BWK 40 (1988), Nr. 9

- Kastner, W.; Fischer, C.; Krätzer, W.: Verbesserte Speisewasserregelung durch kompaktes Meßsystem zur Massenstrom- und Dampfgehaltbestimmung. BWK 45 (1993), Nr. 12
- Behnken, W.: Kesselüberwachung mit CANopen – System. TÜ Bd. 42 (2001) Nr. 11/12
- Greiner, D. J.: Sekundäre Sicherheits – Füllstandsmessung an Dampftrommeln. TÜ Bd. 44 (2003) Nr. 5
- Puls – Reflex – Füllstandsmessgeräte. TÜ Bd. 44 (2003) Nr. 11/12
- Stüber, E.: Möglichkeiten zur Anpassung von Sicherheitsventilen an besondere Anlagenbedingungen. Praxishandbuch Industriearmaturen 2003

Druckanzeige, -regelung, -begrenzung, Sicherheitseinrichtungen gegen Drucküberschreitung
- Heidermann, T.; Kuchta, H.: Absicherung der Abblasleitung eines Sicherheitsventils durch die Deflagrationsendsicherung. TÜ Bd. 44 (2003) Nr. 11/12
- VdTÜV-Merkblatt Druck 100, Bau- und Prüfbestimmungen für Druckwächter, Druckbegrenzer und Sicherheitsdruckbegrenzer für Kälteanlagen, Ausg. November 1972. Maximilian-Verlag, Herford 1972
- VdTÜV-Merkblatt Sicherheitsventil 100, Richtlinien für die Bauteilprüfung von Sicherheitseinrichtungen gegen Drucküberschreitung, Ausg. September 1974. Maximilian-Verlag, Herford 1974
- VdTÜV-Merkblatt Sicherheitsventil 100/2, Bemessungsvorschlag für Sicherheitsventile für Gase in flüssigem Zustand, Ausg. Januar 1973. Maximilian-Verlag, Herford 1973
- VdTÜV-Merkblatt Sicherheitsventil 100/3, Hinweise für die Prüfung von Sicherheitseinrichtungen gegen Drucküberschreitung am Einbauort, Ausg. Juli 1974. Maximilian-Verlag, Herford 1974
- VdTÜV-Merkblatt Sicherheitsventil 100/4, Kunststoffe und Elastomere in Sicherheitsventilen – Elastomere –, Ausg. Januar 1978. Maximilian-Verlag, Herford 1978
- VdTÜV-Merkblatt Berstsicherung 100, Richtlinien für die Bauteilprüfung von Berstsicherungen, Ausg. September 1969. Maximilian-Verlag, Herford 1969
- Krost, H.; Kückelhaus, K.; Sulliga, J.: Kombinierte Anfahr-HD-Reduzier- und Sicherheitseinrichtungen für Groß-Blockanlagen. Mitt. d. VGB 50 (1970), Nr. 1
- Lodemann, H.: Konstruktive Gestaltung von Überdruck-Sicherheits- und Dampfdruckreduziereinrichtungen. Techn. Mitt. Fa. Zikesch, Wesel 1974, Nr. 2
- Schöddert, G.; Keysselitz, J.: Erfahrungen mit HD-Sicherheitsumleitstationen bei großen Dampferzeugern. VGB-Kraftwerkstechnik 57 (1977), Nr. 8
- Häfele, C. H.: Absperrarmaturen und Sicherheitsarmaturen für Dämpfe und heiße Gase, TÜV-Handbuch 1 »Rohrleitungen in Kraftwerken«. Verlag TÜV Rheinland, Köln 1978
- Arens-Fischer, F.; Bung, W.: Gesteuerte Sicherheitsventile – Funktionsweise und Prüfungen. TÜ 23 (1982), H. 10
- Brödemann, K.: Bauteilprüfungen von Sicherheitsventilen. TÜ 23 (1982), H. 10
- Mai, E.; Arens-Fischer, F.: Untersuchungen über die Zuverlässigkeit von gesteuerten Sicherheitsventilen. VGB Kraftwerkstechnik 62 (1982), H. 11
- Holfelder, M. A.: Erfahrungen mit Umleitstationen – Neue Konstruktionen. VGB-Kraftwerkstechnik 63 (1983), H. 3
- Wenzel, H.: Auswahl und Bemessung von Sicherheitsventilen in Heizungsanlagen. Vortragsveranstaltung des Technischen Überwachungsverein Bayern e.V. Verlag TÜV Bayern e.V., München 1983
- Schmitt, M.: Schwingungsdämpfer für Sicherheitsventile. VGB-Kraftwerkstechnik 64 (1984), S. 746–752G
- Föllmer, B.: Gefährdung der sicheren Funktion von bauteilgeprüften Sicherheitsventilen unter ungünstigen Einbaubedingungen. Technische Mitteilungen, 78. Jg. (1985), H. 6/7
- Richter, H.; Föllmer, B.: Öffnungs- und Schließverhalten von Sicherheitsventilen mit Eigen- und Fremdmediumsteuerung. Technische Mitteilungen, 79. Jg. (1986), H. 12
- Anselmann, H. H.: Abblaseverhalten von Sicherheitsventilen. TÜ 27 (1986), Nr. 10
- Muschelknautz, S.; Mayinger, F.: Druckentlastungsvorrichtungen für Chemieanlagen. 3 R international (1986), Nr. 11
- Weyand, M.; Knoblauch, H.; Mattern, U.: Funktionsstörungen an Sicherheits- und Steuerventilen. VGB Kraftwerkstechnik 67 (1987), Nr. 6
- Friedel, L.; Kißner, H. M.: Fluidynamische Auslegung einer Berstscheibe – Sicherheitsventil – Baueinheit bei Einphasen- und Zweiphasenströmung. 3 R international (1988), Nr. 3
- Friedel, L.; Kißner, H. M.: Strömungswiderstand von Berstscheiben bei Einphasen- und Zweiphasenströmung. TÜ 29 (1988), Nr. 5

- Lissy, Ch.: Die Absicherung von Versorgungsnetzen in der chemischen Industrie. TÜ 29 (1988), Nr. 5
- Schmitt, M.: Verbesserte Methoden zur Prüfung und Optimierung von Feder-Sicherheitsventilen. TÜ 29 (1988), Nr. 10
- Hartfiel, J.; Schmitt, M.: Elektro-Hydraulische Sicherheitseinrichtung gegen Drucküberschreitung. 3 R international (1988), Nr. 3
- Wellensiek, G.: Ein Sicherheitsventil für dampfförmige, flüssige und zweiphasige Medien. Referat am 9.12.1987 im Haus der Technik in Essen. Veröffentlicht in »Technische Mitteilungen«, Vulkan-Verlag, Essen, März/April 1988
- Goßlau, W.; Weyl, R.: Strömungsdruckverluste und Reaktionskräfte in Rohrleitungen bei Notentspannung durch Sicherheitsventile und Berstscheiben. TÜ 30 (1989), Nr. 5/6.
- Messner, J.; Eyb, G.: Entwicklungsstand und Tendenzen der Technischen Druckmessung. Messen – Steuern – Regeln, Nr. 10 (1989), S. M 17–M 25
- ISO 4126. Die internationale Norm über Sicherheitsventile. DIN-Fachbericht 25. Berlin 1990
- Mattel, K.; Muser, W.; Schmitt, M.; Stolte, J.: Dämpfungseinrichtungen für wasserbeaufschlagte Sicherheitsventile. VGB-Kraftwerkstechnik 71 (1991), H. 2
- Schmitt, M.: Schwingungsdämpfer für Sicherheitsventile. 3 R international (1991), Nr. 3
- Stremme, J.: Einfluß von Gegendruck auf das Funktions- und Leistungsverhalten von Sicherheitsventilen. VGB Kraftwerkstechnik 71 (1991), H. 5
- Wellensiek, G.: Absicherung von Druckbehältern gegen Drucküberschreitung. Bestimmung von Massenstromdichten bei zweiphasigen Strömungen. TÜ 33 (1992), H. 12, S. 426–428
- Föllmer, B.: Die sichere Funktion bauteilgeprüfter Sicherheitsventile mit dem Einfluß der Zuführungsleitung. 3 R international 31 (1992), H. 7
- Stolte, J.: Einbau und Prüfung von federbelasteten Sicherheitsventilen. VGB Kraftwerkstechnik 73 (1993), H. 1, S. 54–59
- Goßlau, W.; Weyl, R.: Möglichkeit und Grenzen von unmittelbar wirkenden Schutzeinrichtungen. TÜ 35 (1994), Nr. 5
- Marktübersicht Sicherheitsventile. TÜ 35 (1994), Nr. 5
- Michel, Th.: Sicherheitsventile im eingebauten Zustand prüfen und einstellen. TÜ 35 (1994), Nr. 5
- Hübner, F.-W.: Funktionsprüfungen an fremdgesteuerten Sicherheitsventilen während des Kesselbetriebes. VGB Kraftwerkstechnik 75 (1995), Nr. 7
- Perko, H.-D.; Stolte, J.: Sicherheitseinrichtungen für verschiedene Aufgaben in Kraftwerken. VGB Kraftwerkstechnik 75 (1995), Nr. 7
- Pache, W.; Trobitz, M.: Überprüfung von federbelasteten Sicherheitsventilen in deutschen Kernkraftwerken. VGB Kraftwerkstechnik 75 (1995), Nr. 8
- Roček, J.: Unregelmäßigkeiten bei der Einstellung direktbelasteter Sicherheitsventile. TÜ 36 (1995), Nr. 1/2
- Föllmer, B.; Schnettler, A.: Moderner Großprüfstand zur Erfassung der Leistungs- und Funktionsdaten von Sicherheitsventilen und anderen Armaturen. 3 R international (1985), H. 12
- Bung, W.: Gesteuerte Sicherheitsventile: Möglichkeiten zur Verbesserung der Prüffreundlichkeit. TÜ (1988), Nr. 5
- Föllmer, B.; Schnettler, A.: Diagnosesysteme mit PC-Unterstützung zur Prüfung federbelasteter und gesteuerter Sicherheitsventile im Betrieb. VGB-Kraftwerkstechnik 74 (1994), H. 7
- Bung, W.; Föllmer, B.: Gesteuerte Sicherheitsventile in Kraftwerken gemäß deutschem Regelwerk – Bauarten, Anforderungen, Betriebserfahrungen, Stand der Übernahme in das europäische Regelwerk. VGB-Kraftwerkstechnik 75 (1995), Nr. 9
- Schnettler, A.: Anforderungen an Federsicherheitsventile. TÜ 37 (1996), Nr. 5
- Frommann, O.; Friedel, L.: Schwingungsanregung von Vollhubsicherheitsventilen beim Öffnen aufgrund von Druckwellen in Gasströmungen. TÜ 37 (1996), Nr. 11/12
- Cremers, J.; Friedel, L.; Lenzing, T.: Untere und obere Durchsatzgrenze durch Vollhubsicherheitsventile bei Zweiphasenströmung. TÜ 38 (1997), Nr. 11/12
- Föllmer, B.: Vorteile »Gesteuerter Sicherheitsventile« in Prozeßdampf- und Kraftwerksanlagen. Vortrag auf dem 2. Forum Industriearmaturen am 23.10.1997 in Essen
- Bräuer, J.; Bung, W.; Kempkes, B.: Elektronische Drucküberwachung für gesteuerte Sicherheitsventile und Sicherheitsabsperrventile. VGB-Kraftwerkstechnik 77 (1997), H. 3
- Konstante Druckentlastung. Energie Spektrum (1998), Nr. 6
- Lenzing, T.; Friedel, L.; Cremers, J.; Schecker, J.: Vorhersage des maximalen Massendurchsatzes von Vollhubsicherheitsventilen bei Zweiphasenströmung. TÜ 39 (1998), Nr. 6
- Cremers, J.; Friedel, L.: Schwingungsverhalten von Vollhubsicherheitsventilen mit Zu- und Abbla-

seleitung bei kompressibler Gasströmung. TÜ 40 (1999), Nr. 7/8
- Lenzing, T.; Friedel, L.: Modelle für den über Vollhubsicherheitsventile abführbaren Massenstrom bei Einphasen- und Zweiphasenströmung (Teil 1). TÜ 41 (2000), Nr. 5
- Lenzing, T.; Friedel, L.: Modelle für den über Vollhubsicherheitsventile abführbaren Massenstrom bei Einphasen- und Zweiphasenströmung (Teil 2). TÜ 41 (2000), Nr. 6
- Lenzing, T.; Friedel, L.: Modelle für den über Vollhubsicherheitsventile abführbaren Massenstrom bei Einphasen- und Zweiphasenströmung (Teil 3). TÜ 41 (2000), Nr. 7/8
- Bullack, H.-J.: Technische Berechnung von Sicherheitseinrichtungen mit Sicherheitsventilen und Berstscheiben. TÜ Bd. 42 (2001) Nr. 11/12
- Wieczorek, M.; Friedel, L.: Massendurchsatzkapazität von Vollhubsicherheitsventilen bei hochviskoser Flüssigkeitsströmung und Zweiphasenströmung. Teil 1. TÜ Bd. 44 (2003) Nr. 11/12

Speise- und Umwälzpumpen
- Matthias, H. B.: Kesselumwälzpumpen für Kraftwerke – derzeitiger Entwicklungsstand, Hinweise für Planung, Betriebserfahrungen. VGB Kraftwrekstechnik 56 (1976), H. 2, S. 440–446
- Matthias, H. B.: Die Entwicklung der Kesselumwälzpumpen für fossile Kraftwerke mit großen Blockleistungen. KSB Technische Berichte 17 (1977), S. 13–27
- Dernedde, R.; Diedrich, H.: Pumpen für die Kraftwerkstechnik. BWK 31 (1979), Nr. 4, S. 173–177
- Franke, H. J.: Kesselumwälzpumpen. VGB Kraftwerkstechnik 62 (1982), H. 8, S. 676–680
- Florjancic, D.; Eichhorn, G.; Frei, A.: 50 Jahre Entwicklung von Sulzer Kesselspeisepumpen. VGB-Kraftwerkstechnik 62 (1982), H. 10
- Sturmath, H.: Überlagerungsbetriebe DURUVAR zum Antrieb von Kesselspeisepumpen. VGB Kraftwerkstechnik 62 (1982), H. 11
- Dechow, R.; Franke, H. I.: Pumpen für die Kraftwerkstechnik. Vortragsveröffentlichung 441 – Kraftwerkstechnik und Dampfkesseltechnik, Haus der Technik
- Kunz, U.: Anpassung des Förderstromes an die Heizlast durch regelbare Pumpen. Sonderdruck aus der Fachzeitschrift Elektrowärme im Technischen Ausbau (1983), hrsg. vom Wilo-Werk, Dortmund
- Arens-Fischer, F.: Sicherheitstechnische Anforderungen an die Auslegung und Bemessung von Kesselspeisepumpen für Dampferzeuger. VGB Kraftwerkstechnik 64 (1984), H. 8, S. 732–735
- Pumpen für die chemische Industrie. Kurzbericht. 3 R international (1988), Nr. 7
- Florjancic, D.; Simon, A.: Verfügbarkeit und zweckmäßige Nachrüstmaßnahmen bei Speisepumpen. VGB-Kraftwerkstechnik 69 (1989), H. 2
- Schreyer, H.: Installation von Kreiselpumpen. 3 R international (1989), Nr. 5
- Liebe, R.: Biegeschwingungen und Stabilitätsgrenzen von Kreiselpumpenläufen. VGB Kraftwerkstechnik 69 (1989), H. 6
- Schubert, F.: Das Teillastverhalten von Kreiselpumpen. VGB Kraftwerkstechnik 71 (1991), H. 8, S. 741–745
- Ganter, M.; Landwehr, S.: Zustandsüberwachung von Kesselspeisepumpen. TÜ 32 (1991), Nr. 9, S. 295–298
- Florjancic, D.; Bolleter, U.; Simon, A.; Gülich, J.; McCloskey, T.: Fortschritte der Speisepumpentechnik im Rahmen eines EPRI-Entwicklungsauftrages. VGB Kraftwerkstechnik 71 (1991), H. 5
- Mayer, H.: Hermetische Energiesparpumpe mit Saugwellenrad. BWK 43 (1991), Nr. 10
- Lottermoser, H.: Pumpen auf dem Prüffeld. VGB Kraftwerkstechnik 72 (1992), H. 5
- Krieger, P.: Spezielle Profilierung an Laufrädern von Kreiselpumpen zur Senkung von NPSH. VGB-Kraftwerkstechnik 72 (1992), H. 5
- Behnken, W.: Pumpe aus! Mindestmengenregelung für Kessel-Speisepumpen. Betrieb und Energie (1993), H. 2
- Föller, W.: Mindestmengenventile zum Schutz von Speisepumpen in Kraftwerken. VGB Kraftwerkstechnik 75 (1995), H. 7
- Schill, J.: Standard contra »taylormade«? Energie Spektrum (1996), Nr. 4
- KSB AG: Magnetkupplungspumpen mit universellen Einsatzmöglichkeiten. CHEManager (1996), Nr. 12
- Buuck, M.: Abnahmemessungen an Speisewasserpumpen im Prüffeld und vor Ort. VGB-Kraftwerkstechnik 76 (1996), H. 12
- Möllmann, H.-W.: Selbstregelnde Kreiselpumpen. VGB-Kraftwerkstechnik 77 (1997), H. 5
- Prangenberg, M.; Seryczynski, J.: Pumpenüberwachung – kostengünstig und flexibel durch integrierte Mikroelektronik. Pumpen + Kompressoren, H. 2 (Mai 1997)

- Schmalfuß, H.-G.: Elektronik in der Pumpentechnik – ein technologischer Quantensprung. Pumpen + Kompressoren, H. 2 (Mai 1997)
- Timcke, J. H.: Zur Bestimmung von Förderhöhe und Wirkungsgrad einer horizontalen, einstufigen Spiralgehäusepumpe. Pumpen + Kompressoren, H. 2 (Mai 1997)
- Laux, C. H.; Burchhardt, U.; Kirstein, U.: Ersatz der Speisepumpen bei der Ertüchtigung der 500-MW-Blöcke im Kraftwerk Jänschwalde. Pumpen + Kompressoren, H. 2 (Mai 1997)
- Moderne Technik für gigantische Kraftwerksblöcke. Energie Spektrum (1998), Nr. 6
- Weniger Wartung. Energie Spektrum (2000), Nr. 5
- Mewes, F.: Sprachstandard erlaubt effektiveren Pumpeneinsatz. Energie Spektrum 5/2001
- Maier, E.: Das Drehmoment hat´s in sich! BWK Bd. 53 (2001) Nr. 7/8

Absperr- und Entleerungseinrichtungen, Rückströmsicherungen
- Meyer, W. F.: Hochdruckarmaturen in der Kraftwerkstechnik. BWK 35 (1983), H. 4
- Stichler, V.: Faltenbälge in Armaturen. 3 R international (1988), Nr. 3
- Horrighs, H.: Vorteile von Faltenbalgventilen gegenüber Ventilen mit Stopfbüchse. 3 R international (1988), Nr. 3
- Roth, P.: Elektro-hydraulische Antriebe für Regelarmaturen. 3 R international (1988), Nr. 3
- Hopf, K. D.; Osterloh, G.; Kosyna, G.; Wulff, D.: Beitrag zur Verbesserung der Auslegungssicherheit beim Einsatz von freischwingenden Rückschlagklappen. 3 R international (1988), Nr. 3
- Stichler, V.: Erfahrungswerte mit Armaturen. 3 R international (1989), Nr. 4/5
- Hatting, P.: Armaturen mit Fluorkunststoff-Auskleidung für Chemie und Verfahrenstechnik. 3 R international (1989), Nr. 7
- Neuer Kugelhahn für anspruchsvolle Regelaufgaben. Kurzberichte. 3 R international (1990), Nr. 4
- Osterloh, G.; Kraus, P.: Auslegung und Dimensionierung von Armaturenkörpern gemäß DIN 3840. 3 R international (1991), Nr. 3
- Benzel, F.; Bohn, D.; Dibelius, G.; Saß, J.: Lärmminderung bei Armaturen. TÜ 32 (1991), H. 5
- Bartonicek, J.; Kemeny, P.; Pfeiffer, G.; Schöckle, F.: Dichtheit und Betriebssicherheit von Stopfbuchsenpackungen. TÜ 35 (1994), Nr. 5/6
- Hacker, H.; Traeger, K.: Konstruktions- und Abdichtungsanforderungen für Armaturen im Hochtemperaturbereich. VGB Kraftwerkstechnik 74 (1994), Nr. 10
- Knott, H.; Wagner, A.: Die Auswahl geeigneter Absperrorgane für Hochdruckabsperrschieber. VGB Kraftwerkstechnik 75 (1995), H. 9
- Neues aus der Industrie: Packung speziell für Regelarmaturen und Ventile. VGB Kraftwerkstechnik 75 (1995), H. 11
- Konrad, H.; Klimpke, R.; Zilling, H.: Panzerungen, insbesondere für Armaturen. VGB-Kraftwerkstechnik 74 (1994), H. 11
- Kurzhöfer, U.; Stolte, J.; Weyand, M.: Hochdruckschieber für sicherheitstechnische Aufgaben. VGB-Kraftwerkstechnik 77 (1997), H. 2
- Wrobel, J.: Kugelhähne für Druckbehälter und Rohrleitungen. TÜ 38 (1997), Nr. 6
- Hoyer, N.; Dudlik, A.; Schlüter, S.: Druckstöße und Kavitationsschläge infolge schnellschließender Armaturen. TÜ 40 (1999), Nr. 7/8

Temperaturanzeige, -regelung, -begrenzung
- VdTÜV-Merkblatt Dampfkessel 451-75/2, Prüfung von Temperaturregel- und Begrenzungseinrichtungen für Wärmeerzeugungsanlagen nach DIN 3440, Ausg. August 1975. Maximilian-Verlag, Herford 1975
- DIN 3440, Temperatur-, Regel- und Begrenzungseinrichtungen für Wärmeerzeugungsanlagen. Ausg. April 1976. Beuth Verlag, Berlin/Köln.
- VdTÜV-Merkblatt Temperatur 100, Typgeprüfte Temperaturregler- und Begrenzungseinrichtungen nach DIN 3440, Ausg. 1978. Maximilian-Verlag, Herford 1978
- Schrowang, H.: Grundlagen der Meßtechnik. JZK 36 (1981), H. 18, S. 116, 118 f.
- Renze, H.: Regelung der Dampftemperatur an einem Dampferzeuger. BWK 40 (1988), Nr. 1/2, S. 25–29
- Sindelar, R.: Zustandsregelung für Frischdampftemperatur? VGB Kraftwerkstechnik 75 (1995), H. 7
- Kauer, G.: Heißdampfkühlung durch Wassereinspritzung in wärmetechnischen Anlagen. VGB-Kraftwerkstechnik (1998), H. 9

Strömungsanzeige, -regelung, -begrenzung
– VdTÜV-Merkblatt Strömung 100, Anforderungen an Strömungssicherungen für Dampfkessel, Ausg. Juni 1970. Maximilian-Verlag, Herford 1970

Ausrüstung bei besonderen Bauarten, Feuerungen und Betriebsweisen, Hilfseinrichtungen
– Lehrhefte für die Kraftwerker: H. 7 Feuerungen, Dampferzeuger; H. 8 Kraftwerkseinrichtungen; H. 10 Rohrleitungen, Armaturen; H. 12 Meß- und Regelungstechnik; H. 13 Aufbau und Betrieb von Dampfkraftwerksanlagen. VGB-Dampftechnik, Essen 1978
– Wellers, E.: Sicherheits-Schnellschluß-Kombination entsprechend der neuen SR-ÖL. IF. Die Industriefeuerung (1978), H. 12, S. 54 f.
– Biniaris, S.: Entwicklung der kontinuierlichen Staubemissionsmessungen. VGB Kraftwerkstechnik 71 (1991), H. 5

Mengen- und Volumenmessung
– Kalkhof, H. G.: Zur Theorie der mittelbaren Volumenzähler. Techn. Mitt. 65, Bopp & Reuther, Mannheim 1965
– Eckert, H.: Wasserzähler für Sonderaufgaben. Techn. Mitt. 65, Bopp & Reuther, Mannheim 1965
– Mutschler, A.: Wasserzähler mit elektronischem Impulsgeber für Durchflußmessung und für Aufgaben der Steuerungs-, Dosier-, Regel- und Fernmeßtechnik. Techn. Mitt. Interkama, Bopp & Reuther, Mannheim 1965
– Werner, H.: Der Turbinenzähler, seine Konstruktion, seine Meßeigenschaften und sein Einsatz als mittelbarer Massenzähler. Techn. Mitt. Interkama, Bopp & Reuther, Mannheim 1965
– Lipowski, K.: Der Dralldurchflußmesser, ein Strömungsmeßgerät ohne bewegliche Teile für Flüssigkeiten und Gase. Fischer & Porter, Göttingen 1972
– Appel, E.: Ein Durchflußmesser nach dem Prinzip der Karmanschen Wirbelstraße. Arch. f. techn. Messen 473 (1975), Nr. 6
– Hoene, E.: Durchflußmesser für die Energiewirtschaft. messen + prüfen/automatik, Dezember 1981
– Kästel, W.: Industrielle Durchflußmessung von Flüssigkeiten. QZ-Report 26 (1931), H. 7, S. 215–217
– de Vries, H.: Fortschritte in der Durchflußmeßtechnik. TÜ 24 (1983), H. 9
– Lomas, D.: Auswahlkriterien für Durchflußmeßgeräte. Brown Boveri Technik 2–86
– Stichler, V.: Schaugläser. 3 R international (1989), Nr. 7
– Fuhlrott, H.; Stevens, U.: Meßwertaufnehmer für magnetisch-induktive Durchflußmesser aus AL_2O_3. TÜ 30 (1989), Nr. 9
– Radke, M.; Siekmann, H. E.: Laser-Doppler-Velozimetrie als berührungsloses Strömungsmeßverfahren in der Energietechnik. Messen – Steuern – Regeln (1989), Nr. 10
– Bonfig, K. W.; Kuipers, U.: Neuere Entwicklungen der Durchflußmeßtechnik. Messen – Steuern – Regeln (1989), Nr. 10, S. M 2–M 8
– Kötzle, G.: Berührungslose Füllstandsmessung bei Schüttgütern. Verfahrenstechnik 29 (1995), Nr. 10
– Scholz, W.: Durchflußmessung mit intelligenten Meßumformern. Verfahrenstechnik 29 (1995), Nr. 10
– Unger, J.: Druckverlust und Durchfluß durch Blenden nach DIN 1952. BWK 47 (1995), Nr. 5
– Nagler, Th.; Schenck, K.: Durchflußmessungen an Turbinenlagern. Eine Maßnahme zur Verhütung von Schäden. VGB-Kraftwerkstechnik (1999), H. 7
– Vogt, H.-P.: Druckverlustfreie Dampf-Durchflussmessung führt zu Kosteneinsparungen in der Energiewirtschaft. VGB-Kraftwerkstechnik (2000), H. 5

Betriebstechnische Ausrüstung, Einrichtungen zur Erhöhung der Wirtschaftlichkeit
– Taubert, E.: Ausnutzung der Kondensatwärme. Kleiner Wegweiser Nr. 2 und 3. Gustav F. Gerdts KG, Bremen 1976
– Auswahl und Einbau von Kondensatableitern, Gestaltung von Dampf- und Kondensatnetzen. Spirax Sarco, Konstanz 1981
– Traeger, K.: Empfehlungen zur Betriebssicherheit und Geräuscharmut von Dampfumformventilen. BWK 40 (1988), Nr. 1/2, S. 20–23
– Biniaris, St.; Menzel, K.; Hildebrandt, J.: Genauigkeit von Betriebsmeßeinrichtungen für den Rauchgasvolumenstrom. VGB Kraftwerkstechnik 75 (1995), H. 7

- Bartels, F.; Weber, H.-G.: Bergemann-Wasserlanzenbläser für Kohlekessel. VGB Kraftwerkstechnik 75 (1995), H. 11
- Cordemann, A.; Damaske, O.; Schlaak, M.: Messung von Öl auf Wasser/Öl in Wasser. VGB-Kraftwerkstechnik 74 (1994), H. 4
- Lucas, A.; Vatterodt, U.: Dampfleckagen zuverlässig und frühzeitig erkennen. TÜ 37 (1996), Nr. 11/12
- Schmoranzer, H.: Elektrische Einrichtungen in Wärmeübertragungsanlagen nach DIN 4754. TÜ 37 (1996), Nr. 11/12
- BTG: Hochleistungs-Dampfumformventile. VGB-Kraftwerkstechnik 76 (1996), H. 7
- Richter, R.: Hochverschleißfeste Stellventile. VGB-Kraftwerkstechnik 77 (1997), H. 6
- Clayton Deutschland GmbH: Schnell zur vollen Dampfleistung. Energie Spektrum (2000), Nr. 5
- Mortensen, J. H.; Mølbak, T.; Andersen, P.; Pedersen, T. S.: Optimierung der Kesselregelung zur Verbesserung der Lastfolge von Kraftwerksblöcken. VGB-Kraftwerkstechnik (2000), H. 5
- Industriearmaturen Einkaufsberater 2004. Industriearmaturen Heft 1/2004
- Schneider, R.: Hinweise zur Auswahl von elektrischen Stellantrieben. Industriearmaturen Heft 1/2004
- DREHMO GmbH, Wenden: Intelligente elektrische Stellantriebe für Kraftwerke, Wasserwirtschaft, Gas- und Ölindustrie. Industriearmaturen Heft 1/2004

Zum Kapitel 4 Feuerungen

Allgemeines
- Verbrennung und Feuerungen. Bericht Nr. 95 zur VDI-Tagung. VDI-Verlag, Düsseldorf 1965
- Ledinegg, M: Dampferzeuger, Dampfkessel, Feuerungen. Springer-Verlag 1966, 2. Aufl.
- Nuber, F. u. Nuber, K.: Wärmetechnische Berechnungen der Feuerungs- und Dampfkesselanlagen, Oldenbourg-Verlag 1967, 15. Aufl.
- Verbrennung und Feuerungen. Bericht Nr. 146 zur VDI-Tagung in Karlsruhe. VDI-Verlag, Düsseldorf 1970
- Bieber, H. K.: Betriebliche Bewährung von Wasserrußbläsern. VGB-Mitteilungen 50 (1970), H. 2
- Limann, O.: Elektronik ohne Ballast. Franzis-Verlag, München 1970
- Weichsel, M. u. Heitmann, W.: Abwärmenutzung in industriellen Prozessen. Technische Mitteilungen, H. 5/77. Vulkan-Verlag, Essen 1977
- Euringer, M.: Speicherprogammierbare, sicherheitsgerichtete Simatic-Steuerungssysteme für den Einsatz bei Feuerungsanlagen. VGB-Kraftwerkstechnik 59 (1979), H. 7
- Elektrische Ausrüstung von Feuerungsanlagen (DIN VDE 0116). Oktober 1989
- Bargstedt, W.: Sauberhalten von Kesselheizflächen durch Schallreinigung. VGB-Kraftwerkstechnik 59 (1979), H. 8
- Sicherheitsregeln für Schornsteinfegerarbeiten (ZH 1/602). C. Heymanns Verlag, Köln 1986
- Gericke, B.: Abhitzedampf-Erzeugersysteme: Bauelemente in verfahrenstechnischen Prozessen. Brennstoff – Wärme – Kraft 35 (1983), H. 11/12.
- Kremer, H.: Minderung der Emission von Stickstoff- und Schwefeloxiden aus Industriefeuerungen durch verbrennungstechnische Maßnahmen. IF – Die Industriefeuerung (1983), H. 25
- Netz H. Prof. Dr.-Ing.: Omnical Handbuch, Resch-Verlag, Gräfelfing/München 1983, 2. Aufl.,
- Stiefel, W.: Kesselkonstruktion u. Schadstoffbildung. Technische Rundschau Sulzer (1984), H. 4.
- Bottenbruch, H.: Kraftwerkschornsteine – Betriebserfahrungen, Inspektionen und Wartung. VGB-Kraftwerkstechnik 65 (1985), H. 8.
- Grundsätze der Feuerungskunde, Klassiker der Technik. Jean Claude Eugène Péclet. VDI Verlag, Düsseldorf 1986
- Leikert, K.; Rennert, K. D.: Aktueller Stand primärseitiger Maßnahmen zur Minderung der NO_x-Emission an konventionellen Feuerungen. VGB-Kraftwerkstechnik 66 (1986), H. 7
- Felgenhauer, F.: Lösungen und Trends in der Dampfkessel- und Feuerungstechnik. TÜ 27 (1986), Nr. 10
- Baumüller, F. u. a.: Primärmaßnahmen zur NO_x-Minderung in erdgas-, öl- und steinkohlebefeuerten Dampferzeugern im Großkraftwerk Mannheim. VOB Kraftwerkstechnik 67 (1987), H. 5
- Die Mischung macht's – Dosierte chemische, rauchgasseitige Reinigung von Kesselanlagen und nachgeschalteten Aggregaten. Energie 39 (1987), Nr. 6

- Günther, R.: 50 Jahre Wissenschaft und Technik der Verbrennung. BWK 39 (1987), Nr. 9
- Schreiber, R.: Müllverwertung, Emissionen auf ein Minimum reduziert, MVA Bonn – Erfahrungen mit einer Anlage, die nach neuesten Erkenntnissen moderner Umwelttechnik gebaut wurde. Energie, 46. Jg., Nr. 112, Januar/Februar 1994
- Effenberger, H.: Dampferzeuger und Feuerungen. BWK Band 46 (1994), Nr. 4
- Lorson, H.; Schingnitz, M.: Konservierungsverfahren zur thermischen Verwertung von Rest- und Abfallstoffen. BWK, Bd. 46 (1994), Nr. 5
- Specht, E.; Jeschar, R.: Verbrennung und Feuerungen, 16. Deutscher Flammentag. BWK, Bd. 46 (1994), Nr. 5
- Albert, F.; Schirmer, U.: Betrieb von Hausmüllverbrennungsanlagen mit Restmüll. VGB-Kraftwerkstechnik 74 (1994), Heft 5
- Breckner, K.: Anfahrschaltung zum Vorbelüften eines Dampferzeugers mit drehzahlgeregeltem Frischlüfter. BWK, Bd. 46 (1994), Nr. 6
- Haltiner, E. W.: Brennwert-Heiztechnik, Aktiv-Pellets im Einsatz. Energie, 46. Jg., Nr. 6, Juni 1994
- Lippke, F.; Leithner, R.: Numerische Simulation der Absorberdynamik von Parabolrinnen-Solarkraftwerken mit direkter Dampferzeugung. BWK, Bd. 46 (1994), Nr. 9
- Kopp, M.; Kahlke, J.; Schulteß, W.: Mitverbrennung von Klärschlämmen. Energie, 46. Jg., Nr. 11, November 1994
- Mirau, A.: Neue Wirbelschichtfeuer angefacht, in Schweizer Klärwerken gehen moderne Verbrennungslinien in Betrieb. Energie, 46. Jg., Nr. 12, Dezember 1994
- Menke, D.: Erfahrungen mit neuartigen Meß- und Detektionsgeräten in der Müllverwertung Borsigstraße. VGB-Kraftwerkstechnik 75 (1995), H. 3
- Klein, K.; Stahlberg, R.: Thermoselect-Vergasung von Abfällen unter Atmosphäre zur Energie- und Rohstoffgewinnung. VGB-Kraftwerkstechnik 75 (1995), H. 6
- Tauber, C.; Klemm, J.; Schönrok, M.: Mitverbrennung kommunaler Klärschlämme in Steinkohlekraftwerken. Energiewirtschaftliche Tagesfragen, 45. Jg (1995), Nr. 11
- Kowalczyk, U.; Schirmer, U.; Truppat, R.: Differenzierung zwischen dem gesamten organischen Kohlenstoff (TOC) und dem abbaubaren organischen Kohlenstoff (AOC) in Rostaschen von Verbrennungsanlagen für Hausmüll und hausmüllähnliche Abfälle. VGB-Kraftwerkstechnik 75 (1995), H. 11
- Effenberger, H.: Dampferzeuger und Feuerungen. BWK Band 48 (1996), Nr. 4
- Bopp, P.; Heinzel, V.; Kungl, H.; Schmid, S.; Simon, M.: Solare Vorwärmung zur Brennstoffeinsparung in fossil befeuerten Kraftwerken. BWK, Bd. 48 (1996), Nr. 6
- Heinzel, V.: Prozeßdampferzeugung in direktverdampfenden Solarkollektoren und zugehörige Kreisläufe. BWK, Bd. 48 (1996), Nr. 9/10
- Lux, K.-P.; Müllverbrennungsroste: Neue Techniken und Anwendungen. BWK Band 50 (1998), Nr. 1 und 2
- Kail, C.; Rukes, B.; Haberberger, G.: Interne Zusatzfeuerung – Maßnahme zur Reduzierung der CO_2-Emisssionen von Dampfkraftwerken. BWK Band 55 (2003) Nr. 6
- Hauk, R.; Kannacher, P.; Benesch, W.A.: Feuerungen und Dampferzeuger in Industriekraftwerken. VGB PowerTech 11/2003.

Feuerungen für feste Brennstoffe
- Keysselitz, G.: Steinkohlemühlen für große Dampferzeuger. VGB-Kraftwerkstechnik 47 (1967), H. 11
- Hamel, W.: Müllverbrennung und Feuerungsanlagen für Abfallstoffe. Energie und Technik 21 (1969), H. 6, S. 201–206
- Albrecht, E.: Schlammverbrennung im Wirbelschichtofen. Chemie-Ing.-Technik 41 (1969), H. 10
- Reidik, H.: Neuere Planungskonzepte für Kohlenfeuerungen. VGB-Kraftwerkstechnik 55 (1975), H. 7
- Hennecke, H.; Beelmann, R.: Feuerungseinrichtungen großer Dampferzeuger für feste Brennstoffe. Babcock-Mitteilung Nr. 57, VGB-Kraftwerkstechnik, Essen 1976
- Schüler, U.: Mahltrocknung mit Federrollenmühlen unter besonderer Berücksichtigung von Schüsselmühlen. EVT-Bericht 35/76. EVT-Energie- und Verfahrenstechnik GmbH, Stuttgart 1976
- Hennecke, H.; Thelen, F.: Verfeuerung ballasthaltiger Steinkohlen in zechennahen Großkraftwerken. Technische Mitteilungen 69/76, H. 5. Vulkan-Verlag, Essen 1976
- Reh, L.: Einsatzmöglichkeiten der Wirbelschichtfeuerung als Kraftwerksfeuerung. VGB-Kraftwerkstechnik 56 (1976), H. 8

- Reidick, H.: Aufbereitung, Vermahlung und Verbrennung von Steinkohle in Großdampferzeugern. Energie 29 (1977), H. 7
- Münzner, H.: Einfluß von Betriebsparametern auf die Schadstoffemissionen einer Wirbelschichtfeuerung im Labormaßstab. VDI-Bericht Nr. 286. VDI-Verlag, Düsseldorf 1977
- Kaltenbrunner, H.: Feuerungen für feste Brennstoffe in Industrie-Dampferzeugern. Sonderdruck aus Technische Mitteilungen H. 5/77, S. 238–244, Vulkan-Verlag, Essen 1977
- Loesel, G.; Schmücker, H.: Temperaturverhalten der Flugasche am Brennkammeraustritt und der Einfluß auf die Brennkammerauslegung. VGB 57 (1977), Nr. 12
- Michelfelder, S.; Jacobs, J.: 20 Jahre Kohlenstaubfeuerungs-Forschung der IFRF/DVV und aktuelle Versuchsergebnisse von Kohlenstaubflammen. VGB 58 (1978), Nr. 12
- Ganapathy, V.: Ein Nomogramm zur Schätzung des Ascheschmelzpunktes. Power Engineering, März 1978
- Thelen, F.: Einfluß der Feuerraumgestaltung auf das Betriebsverhalten trockengefeuerter Dampferzeuger. VGB-Kraftwerkstechnik 58 (1978), Nr. 12
- Merz, J.; Schuerholz, G.: Die konstruktive Lösung für den Einbau von Mittelwänden in Feuerräume. VGB 58 (1978), Nr. 9
- Schmole, Chr.: Erfahrungen mit Braunkohle im Kraftwerk Schwandorf. VGB 58 (1978), Nr. 3
- McLachlan, D.: Die Kohlenfeuerungsanlage im 600-MW-Block Enstedvaerket. VGB 58 (1978), Nr. 1
- Kirkwood, J. B.; Kregg, D. H.: Umstellung der gas- und ölgefeuerten Kraftanlagen auf Kohle. Power Engineering, Juli 1978
- Benkwitz, H.: Flammenüberwachung bei Kohlenstaub- und Mischfeuerungen. IF – Die Industriefeuerung (1978), H. 13
- Jacobs, J.: Fortschritte in der Feuerungstechnik. VGB 58 (1978), Nr. 11
- Werther, J.; Holighaus, R.: Wirbelschicht-Technologie; Neuentwicklung für Kraftwerkstechnik und Umweltschutz. Chemie-Ing.-Technik 50 (1978), Nr. 9, S. 662–669
- Meyer, W.: Ein Kombi-Block auf Steinkohlenbasis mit Wirbelschichtfeuerung. BWK, Bd. 30 (1978), Nr. 11, S. 430–432
- Schilling, H.-D.: Die Wirbelschichtfeuerung – Einsatzmöglichkeiten für die Strom- und Wärmeerzeugung. BWK, Bd. 30 (1978) Nr. 11, S. 425–430
- Voinov, A. F.; Rachmanov, V. B.: Untersuchung der Wärmeübertragung in der Wirbelschicht bei der Verfeuerung flüssiger Brennstoffe. Archiv für Energiewirtschaft 32 (1978), H. 9, S. 692–699
- Wied, E.: Dampferzeuger mit Wirbelschichtfeuerung unter atmosphärischen und Überdruckbedingungen. Sonderdruck aus der Niederschrift über VGB-Fachtagung Dampfkessel und -betrieb. VGB, Essen 1978
- Wirbelschichtfeuerung. Bericht Nr. 322 zur VDI-Tagung in Düsseldorf. VDI-Verlag, Düsseldorf; 1978
- Hadrill, H. F. J.: Betriebserfahrungen im kohlegefeuerten 2000-MW-Kraftwerk Ratcliffe der CEGB, besonders hinsichtlich der trocken entaschten Feuerungen. VGB 59 (1979), Nr. 4
- Reeh, D.: Die Explosionsgefährlichkeit von Kohlenstäuben. VGB 59 (1979), Nr. 4
- Hennecke, H.; Stellbrink, B.; Thelen, F.: Große steinkohlengefeuerte Dampferzeuger mit trockener Entaschung für ein breites Brennstoffband – Betriebserfahrungen, Weiterentwicklungen – VGB 59 (1979), Nr. 2
- Adrian, F.: Vergleich von Strahl- und Wirbelbrennern für große steinkohlegefeuerte Dampferzeuger. VGB-Kraftwerkstechnik, 59. Jg. (1979), H. 7
- Reidick, H.: Verbrennung ballastreicher Braunkohlen in Dampferzeugern. BWK, Bd. 31 (1979), H. 10
- Poersch, W.; Wied, E.; Zabeschek, O.: Verbrennung und Rauchgasentschwefelung in der Wirbelschicht beim Einsatz unterschiedlicher Kohlensorten. BWK, Bd. 31 (1979), Nr. 1
- Hansen, W.: Energieumsatz im Fließbett. Öl- und Gasfeuerung 24 (1979), H. 4, S. 250 ff.
- Die Zukunft liegt im Wirbelbett. Wärme 85 (1979) Nr. 2
- Schilling, H.-D.; Schreckenberg, H.: Entwicklung eines Kombi-Prozesses auf der Basis der Wirbelschichtfeuerung. VGB-Kraftwerkstechnik, 59 (1979), H. 8
- Brandes, H.: Umweltfreundliche Dampferzeuger mit Wirbelschichtfeuerung. Babcock-Mitteilung Nr. 100, Resch-Verlag, Gräfelfing 1979
- Lehmann, H.: Betriebsüberwachung und Revisionen von Kohlenmühlen. VGB-Kraftwerkstechnik 60 (1980), H. 5

- Reidick, H.: Untersuchungen an Flammenüberwachungen für Kohlenstaubfeuerungen. VGB-Kraftwerkstechnik 60 (1980), H. 7, S. 536–541
- Bitterlich, E.: Die Wirbelschicht-Technologie als Prozeß zur umweltfreundlichen Energie-Erzeugung. VGB-Kraftwerkstechnik 60 (1980), H. 5
- Herberholz, P.: Verfahrenswertung moderner Wirbelschicht-Systeme im Hinblick auf ihren Einsatz bei der Dampferzeugung für Prozeßwärme, Heizwärme und Strom. Niederschrift zur Enkon 1980
- Steven, H.: Die Wirbelschichtfeuerung: Technik, Entwicklung, Wirtschaftlichkeit. Niederschrift zur Enkon 1980
- Raschka, A.: Wirbelschichtfeuerungen für Kohle. Niederschrift zur Enkon 1980
- Wirbelschicht-Energie-Erzeugungssysteme. Energie 32 (1980), Nr. 6/7, S. 272–276
- Bitterlich, E.: Die Wirbelschicht-Technologie als Prozeß zur umweltfreundlichen Energieerzeugung. VGB-Kraftwerkstechnik 60 (1980), H. 5, S. 366–376
- Möller, K. P.; Oest, W.; Ströbele, W.: Wirbelschichtfeuerung in Heizkraftwerken: Zwei Fallstudien. Elektrizitätswirtschaft 79 (1980), H. 18, S. 642
- Albrecht, E.: Abfallverbrennung in der Wirbelschicht – Techn. Information zur Hannover-Messe. Thyssen AG, Duisburg 1980
- Possel, K.: Die Zerkleinerung von Abfällen vor der Müllverbrennung. VGB-Kraftwerkstechnik 60 (1980), H. 11
- Vetter, H.; Leithner, R.: Betriebserfahrungen mit den Dampferzeugern für Braunkohlefeuerung Neurath D + E (Block-Nennleistung: 600 MW). Sonderdruck aus Jahrbuch der Dampferzeugertechnik, Vulkan-Verlag, Essen 1980, 4. Ausg. 80/81
- Karcz, H.; Zembrzuski, M.: Einfluß einiger Kohlebestandteile auf die Verbrennung des Kohlenstaubes in Dampferzeugern. Energietechnik 30 (1980), H. 6, S. 222–224
- Broß, T.: Erfahrungen mit Wanderrost- und Schüttelrostfeuerungen für Steinkohle. VGB-Kraftwerkstechnik 61 (1981), H. 10
- Reidick, H.: Zündfeuerungen mit Kohlenstaub als Brennstoff. EVT-Register 40/1981. EVT-Energie- und Verfahrenstechnik, Stuttgart 1981
- Strauß, U.: Entwicklungen auf dem Gebiet der Kohlenstaubfeuerungen. VGB-Kraftwerkstechnik 61 (1981), H. 12
- Wanz, W.: Ergebnisse beim Betrieb einer neuartigen Kohlenstaubfeuerung. BWK 33 (1981), Nr. 11
- Reimer, H.: Rohmüllaufbereitung für die Verbrennung – umwelttechnische und wirtschaftliche Bedeutung. VGB-Kraftwerkstechnik 61 (1981), H. 6
- Kirsch, H.; Rehme, H. J.; Reichel, H. H.; Schwarz, G.: Zum Verhalten der anorganischen Substanzen bei der Verbrennung von Steinkohlen in Wirbelschichtfeuerungen. VGB-Kraftwerkstechnik 61 (1981), H. 6
- Lorenz, K. H.: Beiträge zur Planung von Bekohlungsanlagen für Großkraftwerke mit Steinkohlenfeuerung. VGB-Kraftwerkstechnik 61 (1981), H. 5
- Brundiek, H.: Aufbau, Funktion und neue Betriebserfahrungen mit Walzen-Kohlenmühlen. VGB-Kraftwerkstechnik 61 (1981), H. 4
- Lauer, H.: Schlammverbrennung in Wirbelschichtöfen. VGB-Kraftwerkstechnik 61 (1981), H. 10
- Schuster, H.; Stebel, H.: Großtechnische Erprobung einer Feuerung mit geringer NO_x-Emission für steinkohlengefeuerte Dampferzeuger mit flüssigem Ascheabzug. BWK 33 (1981), Nr. 11
- Lorenz, H.: Heizen mit Holz. TAB 1982, H. 2
- Eikert, K.: Stand und Entwicklungslinien der Kohlenstaubfeuerung. BWK 34 (1982), Nr. 3
- Weeks, R. J.; Kirtley, W. F.: Zur Optimierung des sicheren und rationellen Betriebes von kohlenstaubbefeuerten Anlagen. VGB-Kraftwerkstechnik 62 (1982), H. 2
- Braun, B. O.: Probleme und deren Lösung bei der Umrüstung öl-/gasbefeuerter Dampferzeuger auf Kohle. VGB-Kraftwerkstechnik 62 (1982), H. 2
- Kautz, K.: Zur Bedeutung des Mazeralbestandes im Rahmen der Eigenschaften von Steinkohlen weltweiter Herkunft und dessen Einflüsse auf die Feuerraumauslegung großer Trockenfeuerungen. VGB-Kraftwerkstechnik 62 (1982), H. 3
- Hennecke, F.: Fördertechnik für Kohle und Asche in Kraftwerken. Sonderdruck aus Fachkunde für den Dampfkraftwerksbetrieb-Dampferzeugung 1. Babcock, Oberhausen, 2. Aufl.
- Beißwenger, H. u. a.: Die Verbrennung ballastreicher, meist schwefelhaltiger Brennstoffe in der zirkulierenden Wirbelschicht. Aufbereitungs-Technik 21 (1980), H. 12
- Highley, J.: Aufbau u. Regelung von Wirbelbettfeuerungen. Archiv für Energiewirtschaft (1981), H. 5

- Mindermann, K.-H.: Die neue Flammenwächter-Generation zum selektiven Überwachen und Bewerten von Flammen aus festen, flüssigen und gasförmigen Brennstoffen. Gaswärme international, Bd. 31 (1982), H. 2/3
- Buchholz, E. u. Tomelli, S.: Optimierung der Verbrennung in einem Müllkessel. VGB-Kraftwerkstechnik 62 (1982), H. 9
- Kautz, K. u. a.: Zum Zusammenhang zwischen Kohleeigenschaften u. dem Auftreten von Verschlackungen, Verschmutzungen. Korrosionen in Wanderrostkesseln. VGB-Kraftwerkstechnik 63 (1983), H. 8
- Steven, H.: Entwicklung u. Ausführung fortgeschrittener Wirbelschicht-Dampferzeugertechnik. Brennstoff – Wärme – Kraft 35 (1983), H. 11
- Lotz, H. u. a..: Erste Betriebserfahrungen mit der Steinkohlenschmelzfeuerung des 300-MW-Blockes E 4 der Elektromark. VGB-Kraftwerkstechnik 63 (1983), H. 12
- Wróblowska, V.: Einige Probleme der Kohlenstaubbrennerauslegung. VGB-Kraftwerkstechnik 63 (1983), H. 12
- Dibelius, G. u. a.: Planungskonzept und Auslegung des aufgeladenen Wirbelschicht-Dampferzeugers für das Heizkraftwerk der RWTH Aachen. VOB Kraftwerkstechnik 63 (1983), H. 10
- Leikert, K.: Überlegungen zur Verfeuerung niederflüchtiger Kohlen und Ausführungsbeispiele in Schmelz- und Trockenfeuerungen. VGB-Kraftwerkstechnik 63 (1983), H. 9
- Haller, K.-H.: Große kohlenstaubbefeuerte Dampferzeuger. VGB-Kraftwerkstechnik 63 (1983), H. 1
- Urban, U. u. a.: Die Entwicklung eines kombinierten Gas-/Dampfturbinen-Prozesses mit druckbetriebener Wirbelschichtfeuerung. VGB-Kraftwerkstechnik 63 (1983), H. 5
- Reidick, H.: Feuerungen für Dampferzeuger. Haus der Technik, Vortragsveröffentlichungen, H 441, Vulkan-Verlag, Essen 1983
- Voß, W.: Betriebserfahrungen mit Wirbelschichtfeuerungen. Haus d. Technik, Vortragsveröffentlichungen, H 466, Vulkan-Verlag, Essen 1983
- Wiedmann, U.: Neue Wege der Staubfeuerung für Industrieprozesse. Energie 35 (1983), H. 3
- Zirkulierende Wirbelschichtfeuerung – Anwendung im Kraftwerksbereich. Hrsg. von Lurgi, Frankfurt, Heft C 1469/6. 83
- Wirbelschichtfeuerung. Kolloquiumbericht. Hrsg. vom TÜV Rheinland e. V., Köln 1983
- Schilling, H. D.: Wirbelschicht in der Feuerungstechnik. Chemie-Ing.-Techn., 55. Jg. (1983), Nr. 3. S. 185/194
- Brinke, R.: Feuerungstechnik, Probleme bei Feststoff- und kombinierten Feuerungen. Hrsg. vom TÜV Bayern e. V., München 1983
- Broedenfeldt, B.: Wirbelschichtfeuerung aus sicherheitstechnischer Sicht. Technische Überwachung 25 (1984), H. 11
- Mayr, F.: Das Modellkraftwerk Völklingen – Auslegung und Betrieb der kohlebefeuerten Dampferzeugeranlage. VGB-Kraftwerkstechnik 65 (1984), H. 6
- Huschauer, H. u. a.: Das Modellkraftwerk Völklingen – Auslegung und Konstruktion der atmosphärisch betriebenen Wirbelschichtfeuerung. VGB-Kraftwerkstechnik 64 (1984), H. 6
- Zelkowski, J.: Reaktionsfähigkeit von Kohle. VGB-Kraftwerkstechnik 64 (1984), H. 6
- Ruhrkohlen-Handbuch. Verlag Glückauf GmbH, Essen 1984, 6. Aufl.
- Kern, J. u. a.: Aschereicher Anthrazit als vollwertiger Brennstoff in trockenentaschten Großdampferzeugern. VGB-Kraftwerkstechnik 64 (1984), H. 5
- Grabler, G. et al.: Pneumatische Kohleeintragsysteme für Wirbelschichtfeuerungen. Brennstoff – Wärme – Kraft 36 (1984), H. 5
- Gabriysch, G.: Bewertungskriterien für den Einsatz von Rost- oder Staubfeuerungen in kohlefeuerten Industrie- und Heizkraftwerken. VGB-Kraftwerkstechnik 64 (1984), H. 5, S. 442–448
- Zelkowski, J.: Reaktionsfähigkeit von Kohle – eine normalerweise nicht kontrollierte Kohleeigenschaft. VGB-Kraftwerkstechnik 64 (1984), H. 6
- Beckmann, F.: Qualitätsveränderung bei der Lagerung von Steinkohlen. VGB-Kraftwerkstechnik 65 (1985), H. 1
- Berggren, H. u. a.: Druckwirbelschichtfeuerung (DWSF). VGB-Kraftwerkstechnik 65 (1985), H. 1
- Wein, W.: Strömungstechnische Grundlagen der atmosphärischen Wirbelschichtfeuerungen und ihre Auswirkungen auf Schwefeleinbindung und Stickoxidunterdrückung. VGB-Kraftwerkstechnik 65 (1985), H. 2
- Küster, D. u. a.: Verbesserungen an Schmelzkammerfeuerungen. VGB-Kraftwerkstechnik 65 (1985), H. 5

- Dobrozemsky, J.: Wirbelschichtfeuerung für minderwertige und schwefelreiche Brennstoffe. VGB-Kraftwerkstechnik 65 (1985), H. 7
- Schetter, G.; Martin, I.: Gemeinsame Verbrennung von Müll und Schlamm auf dem Rückschubrost. VGB-Kraftwerkstechnik 65 (1985), H. 11
- Schroth, G.: Umweltfreundliche Rostfeuerungen – Betriebserfahrungen, Meßergebnisse, Entwicklungsmöglichkeiten. Energie 37 (1985), H. 7
- Hössle, H.: Entschwefelung mit Trockenadditiven in Rostfeuerungen. Energie 37 (1985), H. 7
- Rolf, A.; Brüggemann, K.: Versuche zur Reduzierung der Schwefeldioxidemission durch Kalkeinblasen an einer Wanderrostfeuerung. VOB Kraftwerkstechnik 65 (1985), H. 9
- Christmann, A.; Horch, K.: Emissionsminderung bei MVA durch Primärmaßnahmen. Niederschrift über VGB-Fachtagung »Müllverbrennung 1985« in München und Essen, VGB-Verlag, Essen 1985
- Reidick, H.; Rizk, A.: Zirkulierende Wirbelschichtfeuerung. Jahrbuch der Dampferzeugungstechnik (1985/86), Vulkan-Verlag, Essen
- Kantner, A.: Stand der Technik von Kohlenbunkern für günstiges Auslaufverhalten und Betriebserfahrungen. VGB-Kraftwerkstechnik 66 (1986), H. 2
- Schatz, U.: Empfehlungen zum Bau optimaler Eckrohr-Müllkessel. BWK, Bd. 38 (1986), Nr. 3
- Frewer, H.: Strukturwandel in der Technik fossilbeheizter Kraftwerke in der Bundesrepublik Deutschland. VGB-Kraftwerkstechnik 66 (1986), H. 4
- Glaser, W.: Zerstäubungsverhalten von Kohle-/Wasser-Suspensionen. BWK, Bd. 38 (1986), Nr. 5
- Ostendorf, F. I.: Ignifluid-Feuerung: Kombination aus Rost und Wirbelschicht. BWK 38 (1986), Nr. 5
- Vogt, M.: Dampferzeuger mit integrierter Wirbelschichtfeuerung in einem Industriekraftwerk. VGB-Kraftwerkstechnik 66 (1986), H. 5
- Schulz, W.: Bildung von Stickstoffoxiden in Kohlenstaubfeuerungen und deren Unterdrückung, VGB-Kraftwerkstechnik 66 (1986), H. 6
- Voigt, K.: Braunkohlenzündsystem – Entwicklung und Betriebserfahrungen, VGB-Kraftwerkstechnik 66 (1986), H. 6
- Wirbelschichtfeuerung. VDI-Bericht. VDI-Verlag Düsseldorf. 1986 Ehrgeiziger Wirbel. Energie 38 (1986), Nr. 7
- Ingesson, L: Auf 2 Etagen brennt's besser. Energie 38 (1986), Nr. 7
- Von der Kammer, G.; Lipken, H.: Heizkraftblock mit zirkulierender atmosphärischer Wirbelschichtfeuerung für Wuppertal-Elberfeld. BWK, Bd. 38 (1986), Nr. 7/8
- Mouritzen, J.: Erfahrungen mit einer Flammenüberwachung nach dem Kreuzkorrelationsprinzip an kohlebefeuerten Kraftwerkskesseln. VGB-Kraftwerkstechnik 66 (1986), H. 7
- Angleys, M.; Schroth, G.: Entwicklungen auf dem Gebiet der Rostfeuerungen. VGB-Kraftwerkstechnik 66 (1986), H. 8
- Zelkowski, J.: NO.-Bildung bei der Kohleverbrennung und NO_x-Emission aus Schmelzfeuerungen. VGB-Kraftwerkstechnik 66 (1986), H. 8
- Plass, L. u. a.: Anlagenkonzeption und Betriebserfahrungen von Kraftwerken mit zirkulierender Wirbelschichtfeuerung (ZWS). VGB-Kraftwerkstechnik 66 (1986), H. 9
- Bieber, K.-H.: Erfolgreiche Primärmaßnahmen zur NO_x-Reduzierung an einer Steinkohlen-Schmelzfeuerung. VGB-Kraftwerkstechnik 66 (1986), H. 9
- Strauß, K.: Betriebliche Konsequenzen bei primärseitiger NO_x-Minderung in Kohlenstaubfeuerungen. VGB-Kraftwerkstechnik 66 (1986), H. 9
- Küster; D., Kaulitz, J.: Beeinflussung der NO_x-Bildung in Schmelzfeuerungen durch Feuerungseinstellungen. VGB-Kraftwerkstechnik 66 (1986), H. 11
- Starke, W.; Janich, H. J.: Dichtschließende Absperreinrichtungen für Rauchgase von Kohlefeuerungen – Weiterentwicklungen, Betriebserfahrungen. VGB-Kraftwerkstechnik 66 (1986), H. 12
- Bertram, J.: Obersicht über Erfahrungen und Stand feuerungstechnischer NO_x-Minderungsmaßnahmen bei Steinkohlenstaubfeuerungen mit flüssigem Ascheabzug. VGB-Kraftwerkstechnik 66 (1986), H. 12
- Roller, W.; Merz, J.: Dampferzeugerkonzept mit Tangentialfeuerung. VGB-Kraftwerkstechnik 67 (1987), H. 3
- Rüsenberg, D. u. a.: Feuerungsseitige Maßnahmen zur Minderung der NO_x-Emission. VGB-Kraftwerkstechnik 67 (1987), H. 3
- Schönfelder, L.: Betriebserfahrungen mit einem modernen Wanderrostkessel bei der Verfeuerung von Braunkohlenbriketts und Steinkohle. VGB-Kraftwerkstechnik 67 (1987), H. 3
- Wein, W.; Felwor, P.: Einfluß der Wirbelschichtfeuerungssysteme auf die Kraftwerkstechnik. VGB-

Kraftwerkstechnik 67 (1987), H. 1
- Euchenhofer, G.: Dampferzeugerkonzept mit Frontfeuerung einschließlich der NO_X-mindernden Primärmaßnahmen an der Feuerung – Erfahrungen aus Inbetriebnahme und erster Betriebszeit. VGB-Kraftwerkstechnik 67 (1987), H. 4
- Christmann, A.; Horch, K.: Emissionsminderung bei Müllverbrennungsanlagen durch Primärmaßnahmen. VGB-Kraftwerkstechnik 67 (1987), H. 4
- Matten, J.; Wigand, P.: Dampf machen – Die neue Rostkessel-Generation in der Zuckerindustrie. Energie 39 (1987), Nr. 4
- Daradimos, G. u. a.: Heizkraftwerk 1 mit ZAWSF der Stadtwerke Duisburg AG; Auslegung, Konstruktion und sicherheitstechnische Anforderungen der ZAWSF. VGB-Kraftwerkstechnik 67 (1987), H. 5
- Heitmüller, W. u. a..: Steinkohle-Feinvermahlung für den Einsatz bei NO_X-armen Feuerungen. VGB-Kraftwerkstechnik 67 (1987), H. 5
- Arens-Fischer, F.; Bung, W.: Schutzmaßnahmen bei Kohlenstaubmahlanlagen gegen Verpuffung. VGB-Kraftwerkstechnik 67 (1987), H. 6
- Schmidt, D.: O_2-Messung an einer atmosphärischen Wirbelschichtfeuerung. BWK, Bd. 39 (1987), H. 3
- Reinecke, A.: Verpuffungen in kohlegefeuerten Dampferzeugern. TÜ 28 (1987), Nr. 6
- Hinweise auf besondere Unfallgefahren in Brennkammern von Steinkohlen-Schmelzfeuerungen. Rundschreiben Nr. 4/87. VGB-Verlag, Essen 1987
- Brooks, W. J. D. u. a.: Minderung von NO_X-Emissionen aus Dampferzeugern mit Tangentialfeuerungen. VGB-Kraftwerkstechnik 67 (1987), H. 7
- Bunthoff, D.; Meier, H. J.: Umweltfreundliches Kraftwerk mit Druckwirbelschichtfeuerung. VGB-Kraftwerkstechnik 67 (1987), H. 8
- Löffler, J.: ZWS – Rindenvergasung in Pöls. Energie 39 (1987), Nr. 8
- Krabbe, H.-J.: Die Bestimmung von Chlor, Fluor und Stickstoff in festen Brennstoffen. VGB-Kraftwerkstechnik 67 (1987), H. 8
- Brücher, K. u. a.: Ein Heizkraftwerk mit Anthrazitkohlenstaubfeuerung kleiner Leistung. Vortragsveröffentlichung VGB-Kongreß »Kraftwerke 1987«. VGB-Verlag, Essen 1987
- Heinrich, F.: Versuche zur Müllverbrennung in der Wirbelschicht. Vortragsveröffentlichung VGB-Fachtagung »Müllverbrennung 1987«. VGB-Verlag, Essen 1987
- Harz, K.; Schlumberger, H.: Planung, Errichtung und Inbetriebsetzung eines Industriekraftwerkes mit zirkulierender Wirbelschichtfeuerung. VGB-Kraftwerkstechnik 67 (1987), H. 11
- Haltiner, W.: Das Herz der Müllverbrennung – Der Verbrennungsrost. Energie 39 (1987), Nr. 12
- Wiese, D.; Gericke, B.: An- und Abfahrproblematik bei Dampferzeugern mit Wirbelschichtfeuerung. VGB-Kraftwerkstechnik 67 (1987), H. 12
- Pfäffle, H.: Braunkohlenstaubverpuffung – Ursache, Verlauf und Folgerungen im Kraftwerk Lausward. VGB-Kraftwerkstechnik 67 (1987), H. 12
- Heitmüller, W. u. a.: Rohrkugelmühlen für eine Steinkohlenstaubfeuerung mit direkter Einblasung. VGB-Kraftwerkstechnik 67 (1987), H. 12
- Schumacher, A.: Technische Umsetzung der TA Luft '86 bei Kohlefeuerungen. BWK, Bd. 39 (1987), Nr. 9
- Hafke, C.; Plass, L.; Bierbach, H.: Kraftwerke auf Basis zirkulierender Wirbelschichtfeuerung. Chemie-Ing.-Techn. 60 (1988), S. 686–690
- Strehler, A.: Stroh- und Holzfeuerung zur Wärmegewinnung. BWK 41 (1989), Nr. 3, S. 113–119
- Leithner, K.: Einfluß unterschiedlicher Wirbelschichtfeuerungssysteme auf Auslegung, Konstruktion und Betriebsweise der Dampferzeuger. VGB-Kraftwerkstechnik 69 (1989), H. 7, S. 675–701
- Horch, K. u. a.: Zukunftsorientiertes Feuerungskonzept zur Abfallverwertung. Müll und Abfall (1990), H. 5
- Wollmann, H.-J.: Gefahren durch den Restkohlegehalt in heißen Flugaschen. VGB-Kraftwerkstechnik 70 (1990), H. 6
- Scholl, E.-W.: Brenn- und Explosionsverhalten von Kohlenstaub. VGB-Kraftwerkstechnik 70 (1990), H. 7
- Schüler, U.: Stand der Mahltechnik in Kraftwerken. VGB-Kraftwerkstechnik 70 (1990), H. 7
- Christmann, A.: Müllverbrennungs-Rostsysteme, Feuerraumgestaltung, Kesselform und Arten. Firmenschrift Babcock
- Reimann, D. O.: Rostfeuerungen zur Abfallverbrennung, EF-Verlag für Energie und Umwelttechnik, Berlin 1991

- Martin, H.: Zukünftige Entwicklung von Wirbelschichtanlagen. VGB-Kraftwerkstechnik 71 (1991), H. 4, S.347–354
- Michelfelder, S.; Croonenbrock, R.; Pitt, R. U.: Einsatz der Wirbelschichttechnik in Kombi-Kraftwerken. VGB-Kraftwerkstechnik 71 (1991), H. 5, S. 482–489
- Clapp, R. M.; King, J. L.; Macphail, J.: Entwicklung und Anwendung eines modernen NO_X-armen Kohlenstaubbrenners. VGB-Kraftwerkstechnik 71 (1991), H. 8, S. 765–771
- Schmitt-Tegge, J.: Stellenwert der Müllverbrennung. VGB-Kraftwerkstechnik 71 (1991), H. 8, S. 772–775
- Martin, H.: Zukünftige Entwicklung von Wirbelschichtanlagen. VGB-Kraftwerkstechnik 71 (1991), H. 4
- Dolezal, R. u. Göner, K.: Dampferzeuger u. Feuerungen. BWK, Bd. 43 (1991), H. 4
- Weiss, H.-I. u. a.: Trocknung von Braunkohle in der Dampf-Wirbelschicht. VGB-Kraftwerkstechnik 71 (1991), H. 7
- Faßhauer, W. u. a.: Akustische Technologien in der Energietechnik, insbesondere Dampfkesselreinigung durch Schall. BWK, Bd. 43 (1991), H. 5
- Petzel, H.-K.: Betriebsbewährung u. Perspektiven der Wirbelschichtfeuerung. VGB-Kraftwerkstechnik 72 (1992), H. 1, S. 16–22
- Grauer, N. u. a.: Einsatz akustischer Temperaturmeßsysteme an einem braunkohlebefeuerten Kraftwerkskessel. VGB-Kraftwerkstechnik 72 (1992), H. 1
- Bobic, M.: Zirkulierende Wirbelschichtfeuerung mit Holz und Klärschlamm als Brennstoff. BWK 43 (1991), H. 7/8
- Wirtin, K.-E. u. a.: Feststoffkonzentration und -geschwindigkeiten in wandnahen Bereichen zirkulierender Wirbelschichten, VGB-Kraftwerkstechnik 71 (1991), H. 10
- Horch, K. u. a.: Zukunftsorientiertes Feuerungskonzept zur Abfallverwertung. Müll und Abfall 5 (1990)
- Rolf, A.: NO_X-arme Rostfeuerung mittels Primärmaßnahmen. VGB-Kraftwerkstechnik 71 (1991), H. 5
- Renatus, H.-J.: Die Entwicklung der Großarmaturen in Rauchgasreinigungsanlagen. VGB-Kraftwerkstechnik 71 (1991), H. 5
- Arens-Fischer, F.: Explosionsschutzmaßnahmen für Kohlenstaubfeuerungen in Kraftwerken. VGB-Kraftwerkstechnik 72 (1992), H. 6
- Jarmuzewski, H. G. u. a.: Betriebserfahrungen von Dampferzeugern mit Circofluid-Wirbelschichtfeuerungen. VGB-Kraftwerkstechnik 71 (1991), H. 6
- Dolezal, R.; Schnell, U.: Dampferzeuger und Feuerungen. BWK, Bd. 44 (1992), H. 4
- Schemenau, W.: Druckwirbelschichtfeuerung – fortschrittliche Kohleverstromung mit Betriebserfahrung. BWK, Bd. 45 (1993), H. 1/2
- Breckner, K.: Dampferzeugerregelung – Betrachtungen zum Luft-/Brennstoff-Verhältnisfaktor. BWK, Bd. 45 (1993), H. 1/2
- Derichs, W.; Menzel, K.; Hoß, F.; Reinartz, E.: Schallpyrometrisch ermittelte Feuerraumtemperaturen in einem braunkohlebefeuerten Kraftwerkskessel. BWK Band 46 (1994), Nr. 6
- Padinger, R.: Optimierte Holzverbrennung. BWK, Bd. 46 (1994), Nr. 7/8
- Keller, R.: Primärseitige NO_X-Minderung mittels Luftstufung bei der Holzverbrennung. BWK, Bd. 46 (1994), Nr. 11/12
- Abt, K. O.; Hansmann, G.: Der Beitrag der Kraftwerksfeuerungen zur Lösung von Entsorgungsproblemen, ein Technik- oder Akzeptanzproblem? VGB-Kraftwerkstechnik 75 (1995), H. 2
- Kather, A.; Kessel, W.; Brüggemann, H.: Entwicklung und Betriebserfahrungen mit Schmelzfeuerungen. VGB-Kraftwerkstechnik 75 (1995), H. 8
- Benesch, W.; Schnadt, K: Auswirkungen von Brennstoffwechseln, Einsatz von Kohlen verschiedener Herkunft in Großfeuerungen. VGB-Kraftwerkstechnik 75 (1995), H. 8
- Simon, E.; Lasthaus, D.; Schuster, H.: Verminderung der NO_X-Emissionen bei der Verbrennung problematischer Steinkohlen. VGB-Kraftwerkstechnik 75 (1995), H. 8
- Petzel, H.-K.: Die Wirbelschichtfeuerung auf dem Weg zur betriebsbewährten Großfeuerung. VGB-Kraftwerkstechnik 75 (1995), H. 4, S. 380–385
- Käß, M.; Kaulitz, J.: Messung und Überwachung der Luft-/Kohlenstoffverteilung. VGB-Kraftwerkstechnik 75 (1995), H. 11
- Trost, M.; Schirmer, U.: Optimale Auslegung von Feuerfest-Auskleidungen in Wirbelschichtsystemen. VGB-Kraftwerkstechnik 76 (1996), H. 3
- Walter, M.; Kremer, H.; Schäfers, W.; Limper, K.: Bestimmung und Auswertung der Temperaturverteilung von Verbrennungsgut auf dem Verbrennungsrost von Müllverbrennungsanlagen. VGB-

Kraftwerkstechnik 76 (1996), H. 1
- Kneissl, P. J.: Moderne Müllverbrennungsanlagen in Österreich. VGB-Kraftwerkstechnik 76 (1996), H. 3
- Meyer, B.; Willmes, O.; Röper, B.: Mechanismen der chlorinduzierten Korrosion von Wirbelschicht-Heizflächen. VGB-Kraftwerkstechnik 75 (1995), H. 12
- Mattes, Th.: 25 Jahre Müllverbrennungsanlage Bremen – Anpassung an die Entwicklung. VGB-Kraftwerkstechnik 75 (1995), Heft 12
- Zwahr, H.: 100 Jahre thermische Müllverwertung in Deutschland. VGB-Kraftwerkstechnik 76 (1996), Heft 2
- Krüger, J.: Reduktion der Schadstoffemission einer Müllverbrennungsanlage durch Einsatz von Dampf im Überschallbereich in der Feuerung. VGB-Kraftwerkstechnik 76 (1996), Heft 2
- Merklein, T.: Better Combustion Control reduces Pollutants ans Saves Fuel. Siemens Power Journal 4/97
- Nussbaumer, T.: Primärmaßnahmen zur Stickoxidminderung bei Holzfeuerungen, BWK, Bd. 49 (1997), Nr. 2/3
- Mulch, St.; Elstner, I.; Grimm, D.; Kinne H.: Korrosionsvorgänge an feuerfesten Werkstoffen in kommunalen Müllverbrennungsanlagen. VGB-Kraftwerkstechnik (1998), H. 3
- Albert, F. W.: Fuzzy Logic und ihre Anwendung in Müllheizkraftwerken – Erfolge mit einer Regelung auf der Basis »fuzzy control«. VGB-Kraftwerkstechnik (1998), H. 12
- Barth, E.; Heinz, H.: Primärmaßnahmen zur Reduzierung von Korrosionen und Verschmutzung durch geregelte Zugabe von rauchgasadditiven bei der AVA GmbH in Augsburg. VGB-Kraftwerkstechnik (1998), H. 11
- Seifert, H.; Merz, A.: Optimierung des Abfallverbrennungsprozesses an der Rostfeuerungsanlage TAMARA – Ergebnisse des VGB-Forschungsprojekte 173 und 194. VGB-Kraftwerkstechnik (2000), H. 8
- Köwer, J.; Wissensbasierte Verbrennungsführung – Neues Verbrennungsdiagnosesystem sorgt für mehr Wirtschaftlichkeit und Flexibilität. BWK, Bd. 52 (2000), Nr. 1/2
- Puls, R.; Garthaus, H.; Bodmer, Th.; Hufmann, Th.; Eiden, M.: Verbesserung der Wirtschaftlichkeit des Kraftwerksbetriebs durch Umrüstung von Mühlensichtern. VGB PowerTech 10/2002.
- Lücke, K.; Hartge, E.-U.; Werther, J.; Åmand, L.-E.; Leckner, B.: Neue Luftstufungstechniken für die Mitverbrennung in Wirbelschichtfeuerungen. VGB PowerTech 10/2002.
- Paßmann, N.; Reinartz, E.; Tigges, K.D.: Feuerungsumbau und erste Betriebserfahrungen mit Rundstrahlbrennern im Braunkohlekraftwerk Neurath. VGB PowerTech 11/2002.
- Schirmer, U.; Spiegel, W.; Müller, W.: Phosphinbildung in Rostfeuerungen. VGB PowerTech 4/2003.
- Ansey, J.-W.: Elektrolytisch beschichtete Rohre und Komponenten in Müllverbrennungs- und Kraftwerksanlagen zum Schutz gegen Korrosion. VGB PowerTech 6/2003.
- Mory, A.; Tauschnitz, J.: Biomasse-Mitverbrennung in Wärmekraftwerken. VGB PowerTech 7/2003.
- Waltl, J.; Pfeffer, S.; Köttl, J.: Mitverbrennung biogener Brennstoffe in den Kohlekraftwerken der Energie AG Oberösterreich. VGB PowerTech 9/2003.
- Riedel, H.: Müllverbrennungsschlacken: umwelt- und verwertungsrelevante Eigenschaften. VGB PowerTech 3/2004.
- Reich, J.; Neukirchen, B.: Müllverbrennung auf dem Weg zum Kraftwerk. VGB PowerTech 5/2004.
- Wiese, A.; von Hermann, E.C.; Drosch, M.; Ortmanns, W.: Nutzung von Biomasse zur Energiebereitstellung in Deutschland. VGB PowerTech 6/2004.

Feuerungen für flüssige und gasförmige Brennstoffe
- Mayr, F.: Gasfeuerung und Sicherheit. Nr. 1 der Schriftenreihe der Vereinigung von Verbänden der deutschen Zentralheizungswirtschaft (VdZ). Hagen 1965
- Ölfeuerungen. Niederschrift über VGB-Fachtagung in Augsburg, Köln, Kiel. VGB-Verlag, Essen 1968
- Laständerungsversuche GKW Herne Kesselanlage Block 111. Babcock-Mitteilung Nr. 29/1968. Oberhausen: Deutsche Babcock 1968
- Anforderungen an Steuerstromkreise in Öl- und Gasfeuerungsanlagen von Dampfkesseln. Tagungsheft zum TÜV-Seminar in München. VdTÜV, Essen 1968
- Saacke KG: Handbuch 1974/75. 2. Aufl. Bremen; Saacke KG 1974 Feuerung und Sicherheit. München: TÜV Bayern e. V. 1974

- Prüfungen von Öl- und Gasbrennern. Tagungsheft zum VdTÜV-Seminar 1974 in Hannover. VdTÜV, Essen 1975
- Danfoss-Schulungshandbuch. Offenbach: Danfoss Handelsges. mbH, 1975
- Niepenberg, H. P.; Ermlich, K.; Oppenberg, R.: Öl-Gasfeuerungen für Dampferzeuger. Die Industriefeuerung 1976, H. 8, Sonderdruck Babcock-Mitteilung Nr. 71. Vulkan-Verlag, Essen 1976
- Öl- und Gasfeuerungen 1977. Niederschrift über VGB-Fachtagung in München und Hamburg. VGB-Verlag, Essen 1977
- Scholand, E.: Überlegungen zur Sicherheitstechnik öl- und/oder gasgefeuerter Dampferzeugungsanlagen aufgrund praktischer Erfahrungen. Haus der Technik, Vortragsveröffentlichungen 379. Vulkan-Verlag, Essen 1977
- Brinke, R.: Schwachstellenanalyse und Sicherheitsmaßnahmen bei Auslegung und Betrieb der Öl-/Gasfeuerung von Dampfkesselanlagen. Haus d. Technik, Vortragsveröffentlichungen 379. Vulkan-Verlag, Essen 1977
- Sperling, E.: Die rauchgasseitige Reinigung von ölgefeuerten Dampferzeugern im HEW-Kraftwerk Harburg. Niederschrift über VGB-Fachtagung »Öl- u. Gasfeuerungen« in Hamburg und München. VGB-Verlag, Essen 1977
- Holling, H. P.: Einfluß der Konzentration von Wasser-/Heizöl S-Emulsion auf den Gesamtfeststoffauswurf von Ölfeuerungen. Niederschrift über VGB-Fachtagung »Öl- u. Gasfeuerungen« in Hamburg und München. VGB-Verlag, Essen 1977
- Benkwitz, H.: Grenzen und Möglichkeiten der optischen Flammenüberwachung. IF – Die Industriefeuerung (1977), H. 10
- Wiese, D.; Dressen, K.: Heizflächenverschmutzung und Feststoffauswurf ölgefeuerter Dampfkessel. Niederschrift über VGB-Fachtagung »Öl- u. Gasfeuerungen« in Hamburg und München. VGB-Verlag, Essen 1977
- Pischke, J.: Ölbrenner-Prüfstandversuche mit hochasphaltigem Schweröl. IF – Die Industriefeuerung (1978), H. 11
- Brinke, R.: Austauschbarkeit von Gasen bei Brennern mit Gebläse. IF – Die Industriefeuerung (1978), H. 12
- Heerwagen, R.: Maßnahmen gegen Verpuffungsgefahren bei Ölfeuerungen. TÜ 20 (1978), Nr. 4
- Brinke, R.; Schrameyer, A.: Gefahr bei Ölzerstäubung. IF – Die Industriefeuerung (1978), H. 11
- Grossmann, G.; Leppich, H.; Naumann, R. D.: Modelluntersuchungen des Strömungsverlaufes in einem Dampferzeuger mit vorgeschalteter Öl- und Gasfeuerung. IF – Die Industriefeuerung (1978), H. 11
- Brinke, R.: Brennerkonstruktion und Emission von Schadstoffen am Beispiel eines Schwerölbrenners. IF – Die Industriefeuerung (1978), H. 12
- Brinke, R., u. Schrameyer, A.: Umschaltvorgänge an Ölbrennern. Gaswärme international 28 (1979), H. 12
- Berner, W.; V. Eum, R.: Eigensicheres Flammenüberwachungs-System Detactogyr. IF – Die Industriefeuerung (1978), H. 13
- Bräuning, H.: Sicherheitssteuerung für nicht ständig beaufsichtigte Kesselanlagen. IF – Die Industriefeuerung (1978), H. 11
- Benkwitz, H.: Die neuzeitliche Überwachung von Industrie-Gasfeuerungen. IF – Die Industriefeuerung (1978), H. 11
- Feuerung – Verbrennung – Sicherheit. Niederschrift zu einer Vortragsreihe des TÜV Bayern. Verlag des TÜV Bayern, München 1979
- Lindemann, F. und Rick, F.: Berechnung des Verlaufs der Temperatur in Gasflammen. Gaswärme international, 28 (1979), H. 12 i
- Koester, K.: Mit Gas – ohne Probleme. Betriebserfahrungen mit den erdgasbefeuerten Kombiblöcken des Gersteinwerkes der VEW. Energie 30 (1979), Nr. 7
- Beedgen, O.: Stand der Öl- und Gasfeuerungstechnik. Öl + Gasfeuerung 1980, H. 4/5
- Marx, E.: Gasgebläsebrenner für kleine Leistungen. Öl + Gasfeuerung 1980, H. 4
- Marx, E.: Verbrennung von Abfallölen. Öl + Gasfeuerung (1980), H. 12
- Feuerungstechnik-Handbuch 1980. Hrsg. vom Bundesverband Ölfeuerungen und Gasfeuerungen e.V., Verlag G. Kopf, Stuttgart 1980, 15. Ausg.
- Brinke, R. u. a.: Verbrennung mit Schweröl/Wasser-Emulsionen. IF – Die Industriefeuerung (1981), H. 19
- Bernhardsson, G.: Praktische Erfahrungen mit dem im geschlossenen Kreislauf arbeitenden O_2-Regelsystem und der Wasser-Öl-Emulsion. IF – Die Industriefeuerung (1981), H. 19 i

- Lappoehn, K.; Jansen, H. J.: Verminderung des Feststoffauswurfes bei Ölfeuerungsanlagen. VGB-Kraftwerkstechnik 61 (1981), H. 12
- Richtlinien für die Verwendung von Flüssiggas (ZH 1/455), C. Heymanns Verlag, Köln 1978
- Technische Regeln Flüssiggas (TRF 1996), Deutscher Verband Flüssiggas e.V./DVFG, Kronberg 1996
- Eickhoff, H. et al.: Die Aufbereitung von Heizöl bei Brennerleistungen unter 15 kW – Beispiel eines regelbaren Kleinbrenners. BWK, Bd. 34 (1982), H. 8/9
- Beodgen, O.: Kleinst-Ölbrenner für Wärmeerzeuger. Technik am Bau (1983), H. 3
- Möhring, U.: Erdgasentspannungsturbinen zur Energierückgewinnung für erdgasbefeuerte Großkraftwerke. VGB-Kraftwerkstechnik 63 (1983), H. 5
- Diwok, H.-J.: Stand der Flammenüberwachung an Dampfkesselanlagen. TÜ 24 (1983), Nr. 4, S. 143–146
- Breu, P.: Betriebserfahrungen mit Brennstoffmisch- und Emulgieranlagen. Brauwelt 123 (1983), H. 3
- Baumbach, G. et al.: Untersuchungen zur Wirksamkeit von Additiven für schweres Heizöl. Brennstoff – Wärme – Kraft 35 (1983), H. 3
- Chughtai, M. Y. u. a.: Schadstoffeinbindung durch Additiveinblasung um die Flamme. BWK, Bd. 35 (1983), H. 3
- Guse, W.: Brand- u. Explosionsgefahren bei der Handhabung von Flüssiggas. TÜ 24 (1983), H. 6
- Wärmerückgewinnung durch katalytische Nachverbrennung von Abgasen. Chemie-Technik 13 (1984), Nr. 5
- Büttner, W.: Versuche mit Mg-haltigen Additiven und Schallreinigern bei ölbefeuerten Kesseln. VGB-Kraftwerkstechnik 64 (1984), H. 11
- Niepenberg, H. F.: Entwicklung der Brennertechnik für flüssige und gasförmige Brennstoffe mit Beginn der siebziger bis in die neunziger Jahre. Babcock-Mitteilung Nr. 165. Vulkan-Verlag, Essen 1985
- Oppenberg, R.: Primärseitige NO_X-Minderung an Öl- und Gasfeuerungsanlagen mit ASR-Brennern und andere Maßnahmen; Erfahrungen und Betriebsergebnisse. Babcock-Mitteilung Nr. 165. Vulkan-Verlag, Essen 1985
- Müller, H.-J.: Feststoff- und sauerstoffarmes Rauchgas aus nahstöchiometrischen Schweröl-Luftflammen (Blauflammen). BWK 38 (1986), Nr. 7/8
- Rosenberg, H. D.: Schweröl und die neue TA-Luft. Brauwelt, Nürnberg, Verlag Hans Carl (1986), H. 3
- Schedler, K.; Seeger, W.: Sicherheitstechnische Ausrüstung einer Biogasanlage. TÜ 27 (1986), Nr. 10
- Kanzler, W. u. a.: Katalytische Reinigung von Abgasen. Staub-Reinhaltung der Luft 46 (1986), Nr. 11
- Kanzler, W. u. a.: Die sauberste Art, Abfallprobleme zu lösen. Chemische Industrie (1986), H. 12
- Kanzler, W. u. a.: Reduktion von Stickoxiden in Prozeßabgasen. Chemie-Technik 16 (1987), Nr. 6
- Kanzler, W. u. a.: Theoretische u. experimentelle Untersuchungen bei katalytischen Nachverbrennungsanlagen. Chemie-Ing.-Technik 59 (1987), Nr. 7
- Janssen, H. J. u. a.: Feuerungstechnische NO_X-Maßnahmen – Neuer NO_X-armer Industriebrenner für Öl- und Gasfeuerungen. VGB-Kraftwerkstechnik 67 (1987), H. 9
- Fabinski, W.; Eckmann, F.: Optimierung der Feuerung eines Industriekessels für öl- und gasförmige Brennstoffe durch zyklische CO-Einzelbrennereinstellung. VGB-Kraftwerkstechnik 67 (1987), H. 2
- Mitterleitner, J.: Energie aus Gülle – Biogasanlage im Betrieb. Energie 39 (1987), Nr. 10
- Cossmann, R.; Martin, H.: Feuerungstechnische Verfahren zur NO_X-Minderung bei erdgasbefeuerten Dampferzeugern. Gas Wärme international 37 (1988), H. 1
- Oppenberg, R.: Verbrennung von Erdgas und Heizöl in Dampferzeugern – Primärmaßnahmen zur NO_X-Minderung in Altanlagen. Gas Wärme international 37 (1988), H. 1
- Thermische oder katalytische Abluftreinigung. Chemie – Umwelt – Technik, 1988/89
- Schopf, N.; Peters, W.; König, B.; Smit, W.; Burmester, K.; Sundermann, R.: NO_X-arme Öl- und Gasfeuerungen für Industrie- und Heizkraftwerke. VGB-Kraftwerkstechnik 74 (1994), H. 12
- Maier, H.; Müh, H.; Schröder, G.: Orimulsion – ein nicht alltäglicher Brennstoff auf dem Prüfstand. VGB-Kraftwerkstechnik 75 (1995), H. 6, S. 534–539
- Schleßing, J.; Meissner, K.: Die Realisierung gegenläufiger Forderungen zur Sicherheit und Umweltverträglichkeit bei Kraftwerksfeuerungen. VGB-Kraftwerkstechnik 75 (1995), H. 11
- Baßow, C.; Cossmann, R.; Schreier, W.: Primärmaßnahmen zur NO_X-Reduzierung an gasbefeuer-

Schrifttum 765

ten Dampferzeugern. VGB-Kraftwerkstechnik 75 (1995), H. 11
- Born, M.; Seifert, P.: Chlorkorrosion an Dampferzeugern – Thermodynamische Berechnungen erklären Beobachtungen aus der Praxis. VGB-Kraftwerkstechnik 76 (1996), H. 10
- Röckl, A.; Hein, D.: Wärmeübertragung und Schadstoffbildung bei Variation betrieblicher und konstruktiver Brennerparameter. VGB-Kraftwerkstechnik, 79. Jg. (1999), H. 7
- Pflipsen, K.; Hafke, J.; Reichel, H.; Sauer, S.; Sticher, W.: Primärmaßnahmen zur NO_x-armen Verbrennung von flüssigen und gasförmigen Brennstoffen. VGB PowerTech 8/2002.
- Niepenberg, H. P.: Industrie-Ölfeuerungen. Verlag Betriebs-Ökonom, Verden 1964

Zum Kapitel 5 Wasser und Dampf

Bücher
- Hömig, H. E.: Physikochemische Grundlagen der Speisewasserchemie. 1963, Vulkanverlag, Essen.
- Permutit Taschenbuch. 1968, Hager und Elsässer-Permutit, Stuttgart.
- Steinmüller Taschenbuch Wasserchemie. 1974, Vulkanverlag, Essen.
- Degremont Handbuch Wasseraufbereitung/Abwasserreinigung. 1974, Bauverlag GmbH, Wiesbaden/Berlin.
- Hömig, H. E.: Metall und Wasser, 1978, Vulkanverlag, Essen.
- Held, H.-D.: Kühlwasser. 4. Aufl. 1994, Vulkanverlag, Essen
- Drew Chemical Corp., Grundlagen der industriellen Wasserbehandlung, 1984, Verlag Mueller & Panick, 34246 Vellmar.
- VKW-Handbuch Wasser. 7. Auflage 1988, Vulkanverlag, Essen.
- WABAG Handbuch Wasser. 8. Auflage 1996, Vulkanverlag Essen.
- Heitmann, H.-G.: Praxis der Kraftwerks-Chemie, 2. Auflage, Vulkan-Verlag Essen.

Richtlinien und Merkblätter
- VdTÜV-Richtlinien zur Probenahme von Wasser und Dampf im Kraftwerk (Entw.). Techn. Überw. Bd. 2 (1961), Nr. 11, S. 435/439.
- VdTÜV-Richtlinien für die Speise- und Kesselwasserbeschaffenheit bei Dampferzeugern bis 64 bar Betriebsüberdruck. Techn. Überw. 13 (1972), Nr. 4.
- VGB-Richtlinien für das Speise- und Kesselwasser von Wasserrohrkesseln ab 64 bar Betriebsüberdruck. Techn. Überw. 13 (1972), Nr. 4.
- VdTÜV-Richtlinien für die Untersuchung von Kesselsteingegenmitteln. Ausg. Sept. 1973. Techn. Überw. Bd. 14, (1973), Nr. 11, S. 330/332.
- VdTÜV-Richtlinien für die Speise- und Kesselwasserbeschaffenheit bei Schnelldampferzeugern. Techn. Überw. 14 (1973), Nr. 11, S. 326/27.
- VGB-Richtlinien für Kesselspeisewasser, Kesselwasser und Dampf von Wasserrohrkessein der Druckstufen ab 64 bar. VGB-Kraftwerkstechnik 60 (1980), Nr. 10, S. 793/800.
- VdTÜV-Richtlinien für Kesselspeisewasser, Kesselwasser und Dampf von Dampferzeugern bis 68 bar zulässigen Betriebsüberdruck. Ausgabe April 1983, VdTÜV-Merkblatt Technische Chemie 1453, TÜV-Verlag, Postfach 90 30 60, 51123 Köln.
- VGB-Richtlinie für Kesselspeisewasser, Kesselwasser und Dampf von Dampferzeugern über 68 bar zulässigen Betriebsüberdruck, Ausgabe 1988; VGB R 450 L; VGB-Kraftwerkstechnik GmbH, Klinkestr. 27/31, 45136 Essen.
- VdTÜV-Richtlinien für die Kreislaufwasser in Heißwasser- und Warmwasserheizungsanlagen (Industrie- und Fernwärmenetze), Ausgabe Februar 1989, VdTÜV-Merkblatt Technische Chemie 1466/AGFW- Merkblatt 5/15, TÜV-Verlag, Postfach 90 30 60, 51123 Köln.
- VdTÜV-/AGFW: Anforderungen an das Kreislaufwasser von Industrie- und Fernwärmeheizanlagen sowie Hinweise für deren Betrieb. VdTÜV-Merkblatt 1466 / AGFW-Arbeitsblatt FW 510, Ausgabe 03.2004. TÜV-Verlag, Postfach 90 30 60, 51123 Köln.
- VGB-Kühlwasserrichtlinie, VGB R 455 P (1990, neu 2000), VGB-Kraftwerkstechnik GmbH, Klinkestr. 27/31, 45136 Essen.
- Qualitätsanforderungen an Fernheizwasser, VGB-M 410 N, 2. Ausgabe 1992. VGB-Kraftwerkstechnik GmbH, Verlag technisch-wissenschaftliche Schriften, Klinkestr. 27-31, 45136 Essen.
- VGB-Richtlinie Rohre für Kondensatoren und andere Wärmeaustauscher (Teil A Kupferlegierungen) VGB R 106 L (1988). VGB-Kraftwerkstechnik GmbH, Klinkestr. 27/31, 45136 Essen.

- VGB-Richtlinie Rohre für Kondensatoren und andere Wärmeaustauscher (Teil B, Nichtrostende Stähle) VGB-R 113 L (1989), VGB-Kraftwerkstechnik GmbH, Klinkestr. 27/31, 45136 Essen.
- VGB-Richtlinie Rohre für Kondensatoren und andere Wärmeaustauscher (Teil C-, Titan). VGB R 114 L (1990), VGB-Kraftwerkstechnik GmbH, Klinkestr. 27/31, 45136 Essen.
- VDI-Richtlinie 2035. Verhütung von Schäden durch Korrosion und Steinbildung in Warmwasserheizungsanlagen, Düsseldorf: VDI-Verlag 1979.
- VDI-Richtlinie 2035. Blatt 1: Vermeidung von Schäden in Warmwasserheizanlagen, Steinbildung in Wassererwärmungs- und Warmwasserheizanlagen, 1996. Beuth Verlag 10772 Berlin.
- VDI-Richtlinie 2035. Blatt 2: Vermeidung von Schäden in Warmwasserheizanlagen, Wasserseitige Korrosion, 1998. Beuth Verlag 10772 Berlin.
- VDI-Richtlinie 3822. Blatt 3: Schadensanalyse, Schäden durch Korrosion in wässrigen Medien, 1990 Beuth Verlag 10772 Berlin.
- Trinkwasserverordnung (TVO) vom 5.12.90, BGBl. I (1990) S. 2612, 1991 I S. 227 mit letzter Änderung vom 1.4.1998, BGBl. I (1998), Nr. 21, S. 699.

Allgemeines
- Bursik, A.; Jensen, J.P.: Ein Blick hinter die Richtlinien für die Chemie im Wasser-Dampf-Kreislauf. VGB Kraftwerkstechnik, 80 (2000), H. 1, S. 83-87.
- Seipp, H.-G., Bursik A.: Die Integration neuerer Anlagenkonzepte in die VGB-Speisewasserrichtlinie VGB-450 L. VGB Kraftwerkstechnik, 80 (2000), H. 6, S. 82-85.
- Büskens, H.: Dampfreinheit. Techn. Mitt., Essen 64, (1971), H. 6, S. 256/260.
- Siemens-KWU: Dampfqualität: Richtwerte für Frisch- und Hilfsdampfkondensat. HMN & GuD-Turbinen. PowerPlant Chemistry (1999) H. 6, S. 58-60.
- Oehler, K. E.: Neue Einheiten für die Wasserhärte im SI-System. Vom Wasser Bd. 40 (1973), S. 207 ff.
- Freier, R. K.; Herms, R.; Kallenbach, R.: Erfahrungen mit Beschichtungen in wasserberührten Anlagen. VGB-Kraftwerkstechnik 56 (1976), H. 2, S. 106/110.
- Bursik, A.; Resch, G.: Kraftwerkschemie - heutiger Stand und Entwicklung in den 80er Jahren. VGB- Kraftwerkstechnik 61 (1981), H. 4, S. 285/293.
- Höhenberger, L.: Neue Verordnungen, Regeln und Richtlinien für Kesselspeisewasser und Abwasser. Sonderheft der Vortragsveranstaltung »Kesselbetriebstechnik 1983« TÜV Bayern e.V. München.
- Höhenberger, L.: Neue Verordnungen, Regeln und Richtlinien für Kesselspeisewasser und Abwasser. Sonderheft der Vortragsveranstaltung »Kesselbetriebstechnik 1985« Verlag TÜV-Bayern e.V. München.
- Bohnsack, G.; Greiner, G.: Konsequenzen aus dem § 7a WHG für den Betrieb von Umlaufkühlsystemen aus der Sicht der Kraftwerkschemie. VGB Kraftwerkstechnik 65 (1985), H. 1, S. 74/78.
- Höhenberger, L.: Neue Verordnungen, Regeln und Richtlinien für Kesselspeisewasser und Abwasser. Sonderheft der Vortragsveranstaltung »Kesselbetriebstechnik 1987« Verlag TÜV Bayern e.V., München.
- Wilhelm, M.; Wodtke, J.; Hölscher, W.: Die Umsetzung der neuen Verordnung zum Umgang mit wassergefährdenden Stoffen (VAwS) im Kraftwerksbetrieb. VGB Kraftwerkstechnik 75 (1995), H. 8, S. 733/738.
- Seipp, H.-G.; Bursik, A.; Staudt, U.: Empfehlungen der VGB zur Kraftwerkschemie im internationalen Vergleich. VGB Kraftwerkstechnik 75 (1995), H. 4, S. 391/393.
- Jensen, J. P.; Bursik, A.: Ein Blick hinter die Richtlinien für die Chemie im Wasser-Dampf-Kreislauf (im Hinblick auf Dampfverunreinigungen). VGB-Kraftwerkstechnik 80 (2000), H. 1, S. 83/87.
- Rziha, M.; David, W.; Quick, L. et al.: Anpassung der Siemens/KWU-Richtlinie für Dampfqualität an die betrieblichen Randbedingungen moderner Kraftwerke (insbesondere GuD-Anlagen). VGB-Kraftwerkstechnik 80 (2000), H. 5, S. 109/113.
- Seipp, H.-G.; Bursik, A.: Die Integration neuer Anlagenkonzepte in die VGB-Speisewasser-Richtlinie VGB-R 450 L. VGB-Kraftwerkstechnik 80 (2000), H. 6, S. 82/85.
- VGB-Arbeitsgruppe: VGB-Richtlinien für Organica und gelöste Kohlensäure im Wasser-Dampf-Kreislauf von Kraftwerken. VGB-Kraftwerkstechnik 80 (2000), H. 9, S. 83/87.

Wasseraufbereitung und Ionenaustausch
- Arden, T. V.: Wasserreinigung durch Ionenaustausch. Essen: Vulkan-Verlag 1973.
- VGB-Merkblatt M 405 G (1990) Wasserentsalzung mit Ionenaustauschern. VGB-Kraftwerkstechnik GmbH, Klinkestr., 45136 Essen.

- VGB-Merkblatt M 407 G (1991) Grundlagen für die Planung, die Bestellung und den Gewährleistungsnachweis von Anlagen zur Wasserentsalzung mit Ionenaustauschern. VGB-Kraftwerkstechnik GmbH, Klinkestr., 45136 Essen.
- Kauczor, H.-W.: Der Einfluss der Wassertemperatur auf die Leistung von Ionenaustauscheranlagen. VGB- Sonderheft Speisewassertagung 1968, S. 66/70.
- Lange, F.: Entgaser im Dampfkraftwerk, Bau und Konstruktion. BWK 23 (1971), Nr. 5, S. 195/200.
- Das Lewatit-Schwebebettverfahren; Ein einfaches System zum Ionenaustausch im Gegenstrom. Druckschrift Bayer AG (1972), Best.-Nr. OC/1 20320.
- Bursik, A.: Kann die umgekehrte Osmose zu einem Bestandteil der Zusatzwasser-Aufbereitung werden? VGB-Kraftwerkstechnik 55 (1975), H. 11, S. 748/752.
- Marquardt, K.; Dengler, H.: Betrachtungen zur Frage der Anwendung von Ionenaustausch- oder Umkehrosmose-Verfahren in der Kesselspeisewasseraufbereitung. Techn. Mitteilungen 69 (1976), H. 3, S. 130/134.
- Kühne, G.; Martinola, F.: Ionenaustauscher - ihre Beständigkeit gegen chemische und physikalische Einwirkungen. VGB-Kraftwerkstechnik 57 (1977), H. 3, S. 173/184.
- Brands, H. J.: Wasseraufbereitungsanlagen für Industriekessel, Techn. Mitteilungen 70 (1977), H. 5, S. 277/282.
- Hein, E.; Bunzel, D.: Die Wirtschaftlichkeit des Kesselbetriebes in Abhängigkeit von der Speisewasseraufbereitung. Energie 29 (1977), H. 5, S. 153/158.
- Berger-Wittmar, C.; Sontheimer, H.: Untersuchungen zur Entkarbonisierung von Wässern mittels Ionenaustausch. Vom Wasser 49 (1977), S. 203/219.
- Kittel, H.; Schlizio, H.: Neuere Untersuchungsergebnisse aus Wasseraufbereitungsanlagen und Wasser- Dampfkreisläufen. VGB-Kraftwerkstechnik 57 (1977), H. 10, S. 684/696.
- Hochmüller, K.; Wandelt, E.: Entfernung organischer Substanzen bei der Aufbereitung von Flusswasser zu Kesselspeisewasser. VGB-Kraftwerkstechnik 58 (1978), H. 2, S. 126/140.
- Ray, N. J.; Jenkins, M. A.; Coates, A.: Die Aufbereitung von Flusswasser durch umgekehrte Osmose. VGB-Kraftwerkstechnik 58 (1978), H. 3, S. 213/220.
- Venderbosch, H. W.; Overman, L. J.; Snel, A.: Ionenschlupf von Mischbettaustauschern in Kondensataufbereitungsanlagen - Theorie und Versuchsergebnisse. VGB-Kraftwerkstechnik 58 (1978), H. 3, S. 228/ 232.
- Grünschläger, E.; Burgmann, F.: Betriebserfahrungen mit Doppelstrom-Mischbettfiltern. VGB-Kraftwerkstechnik 58 (1978), H. 3, S.232/233.
- Bursik, A.: Wasseraufbereitung in konventionellen Kraftwerken - Verfahrenstechnische Alternatven. Energie 30 (1978), H. 4, S. 126/129.
- Martinola, F.: Wasserstoffperoxid und Ionenaustauscher im Kraftwerksbetrieb. VGB-Kraftwerkstechnik 58 (1978), H. 6, S. 436/439.
- Bohnsack, G.: Neutralisation von Regenerierabwässern mit schwachsauren Kationenaustauschern. VGB-Kraftwerkstechnik 59 (1979), H. 1, S. 64/68.
- Bujak, W.; Dorra, M.; Held, H. D.: Erfahrungen mit Vollentsalzungsanlagen. VGB-Kraftwerkstechnik 59 (1979), H. 1, S. 58/63.
- v. Staden, J.: Betriebserfahrungen mit einer Schwebebettvollentsalzungsanlage. VGB-Kraftwerkstechnik 59 (1979), H. 1, S. 69/71.
- Brandel, A.: Das »Triobed-System« für Mischbettfilter. VGB-Kraftwerkstechnik 59 (1979), H. 3, S. 256/257.
- Haberer, K.: Neuere technologische Entwicklung in der Wasseraufbereitung. Das Gas- und Wasserfach 120 (1979), H. 3, S. 104/113.
- Moderne Techniken zur Aufbereitung von Frischwasser und Abwasser im Kraftwerk. 1980, Seminar der Fa. Hager + Elsässer GmbH. Stuttgart. - Vorträge.
- Brost, H. R.; Martinola, F.: Austauschvorgänge in Mischbettfiltern. VGB-Kraftwerkstechnik 60 (1980), H. 1, S. 53/62.
- Marquardt, K.: Praktische Erfahrungen mit Umkehrosmose-Anlagen. VGB-Kraftwerkstechnik 60 (1980), H. 3, S. 222/227.
- Mamet, A. P.; Melnikova, Z. S.; Sur, T. N.: Intensivierung der Wasserentsalzung durch Umkehrosmose. Archiv für Energiewirtschaft 34 (1980), H. 6, S. 457/463.
- Marquardt, K.: Umkehr der Osmose. Energie 32 (1980) Nr. 8, S. 329/333.
- Overman, L. J.; Venderbosch, H. W.: Verhalten von organischen Substanzen in Polyacrylat- und Polystyrol-Anionenaustauschern. VGB-Kraftwerkstechnik 61 (1981), H. 1, S. 62/63.

- Siegers, G.; Martinola, F.: Neue Verfahrenstechnik beim Ionenaustausch. VGB-Kraftwerkstechn. 61 (1981), H. 7, S. 586/87.
- Siegers, G.; Wutte, G.: Liftbett und Rinsebett, neuartige Ionenaustauschertechnologien. VGB-Kraftwerks technik 62 (1982), H. 1, S. 42/48.
- Boeckle, A.: Energieeinsparung durch zweckmäßige Aufbereitungsverfahren. TAB 5/82, S. 369-373.
- Angelis, B.: Neue Ionenaustauschtechniken. Sonderheft der Vortragsveranstaltung »Kesselbetriebstechnik 1983« Verlag TÜV Bayern e.V., München.
- Marquardt, K.: Erfahrungen mit neuen Techniken für die Kühl- und Zusatzwasser-Aufbereitung. Sonderheft der Vortragsveranstaltung »Kesselbetriebstechnik 1983« Verlag TÜV Bayern e.V., München.
- Bursik, A.; Reitz, H.; Spindler, K.: Zusatzwasser-Aufbereitungsanlage, mit integrierter Umkehrosmose - erste Betriebserfahrungen. VGB-Kraftwerkstechnik 63 (1983) H. 6, S. 525/531.
- Übersicht: Ionenaustauschverfahren wlb - Wasser - Luft - Betrieb (1983) H. 12, S. 19/19.
- Boeckle, A.: Wasseraufbereitung mit Umkehrosmose. TAB 7+8/85, S. 489-492.
- Hallström, B.; Schlizio, H.: Effektivitätssteigerung bei der Behandlung von Anionenaustauschern mit alkalischer Kochsalzlösung durch Nachbehandlung mit Salzsäure. VGB-Kraftwerkstechnik 65 (1985), H. 8, S. 745-748.
- Brunner R.: Elektrodialyse-Anlagen zur Aufbereitung von Speisewasser, Verfahrens- und Anlagentechnik. Sonderheft der Vortragsveranstaltung »Kesselbetriebstechnik 1989« Verlag TÜV Bayern e.V., München
- Wandelt, E.; Wagner, Th.: Einsatz der Umkehrosmose zur Entsalzung von Rheinwasser. VGB Kraftwerkstechnik 72 (1992), H. 5, S. 433/438.
- Thiemann, H.; Weiler, H.: Ein Jahr Betrieb mit der größten Flusswasser-Umkehrosmoseanlage in Deutschland. VGB-Kraftwerkstechnik 76 (1996), H. 12, S. 1017/1022.
- Manth, Th; Frenzel, J.; Kremser, U.: Einsatz der Ultrafiltration und Umkehrosmose bei der Produktion von demineralisiertem Wasser. VGB-Kraftwerkstechnik 79 (1999), H. 1, S. 76/83.
- Reinigung, Entkeimung und Konservierung von Umkehrosmose-Anlagen. PowerPlant Chemistry (2000) H. 5, S. 315-318.
- Zeijseink, A. G.; Heijboer, R.: Organische Verunreinigungen im Wasser-Dampf- Kreislauf - Herkunft, Folgen, Maßnahmen. VGB-Kraftwerkstechnik 80 (2000), H. 3, S. 76/79.
- Thomsen, K.; Daucik, K.: Charakerisierung von Ionenaustauscherharzen in Bezug auf die Freisetzung von organischen Leachables. VGB-Kraftwerkstechnik 80 (2000), H. 4, S. 83/88.
- Trümper, V.; Berger, I.; Hampel, G. et al.: Anforderungen an Ionenaustauscher in Kraftwerken aus der Sicht des Betreibers. VGB-Kraftwerkstechnik 80 (2000), H. 7, S. 77/80.
- Wasel-Nielen, J.: Kluge, H.: Kesselspeisewasser-Erzeugung aus Flusswasser durch Ionenaustausch und Umkehrosmose - 10 Jahre Betriebserfahrung. VGB-Kraftwerkstechnik 80 (2000), H. 7, S. 81/85.
- Huber, St. A.: Herkunft, Bedeutung und Verhalten natürlicher organischer Wasserinhaltsstoffe bei der Herstellung von Kesselspeisewasser aus Oberflächenwasser. VGB-Kraftwerkstechnik 80 (2000), H. 12, S. 96/101.
- Wasel-Nielen, J.; Baresel, M.: Kühlwasserbehandlung mit Ozon in der Hoechst AG im Vergleich zu anderen mikrobioziden Verfahren. VGB-Kraftwerkstechnik 77 (1997), H. 2, S. 131/134.
- Schmittecker, B.M.; Henke, K.-P.; Bergmann, R.: Kühlwasserbehandlung mit Ozon - Betriebserfahrungen aus dem Großkraftwerk. VGB-Kraftwerkstechnik 79 (1999), H. 4, S. 82/87.
- Fahlke, J.: Umkehrosmose und Wiederverwertung von Abwasser – zwei wichtige Beiträge der Kraftwerkschemie zur Schonung der Wasserressourcen. PowerPlant Chemistry (1999) H. 1, S. 73-77.

Kondensatreinigung
- VGB-Merkblatt M 412 L (1989), Aufgaben und Methoden der Kondensatreinigung. VGB-Kraftwerkstechnik GmbH, Klinkestr., 45136 Essen.
- Heitmann, H. G.: Kondensataufbereitungsverfahren, Entwicklungen und Anwendungen. BWK 22 (1970), Nr. 5, S. 224/229.
- Marnet, A. P.: Grundlegende Entwicklungsrichtungen von Ausrüstungen für die Reinigung des Turbinenkondensats. Archiv f. Energiewirtsch. 31 (1977), H. 4, S. 301/308.
- Burgmann, F.; Grünschläger, E.; Resch, G.: Versuche zur Kapazität von Kationenaustauschern in der Arnmonium-Form. VGB-Kraftwerkstechnik 58 (1878), H. 2, S. 141/145.
- Sielhorst, W.: Verlängerung der Laufzeit von Kondensatreinigungsanlagen. VGB-Kraftwerkstechnik 58 (1978), H. 2, S. 145/146.
- Utilities look to condensate polishing to protect boilers and turbines. Power 122 (1978), H. 11, S. 18/20.
- Schiffers, A.: Ein Beitrag zum Einsatz von Doppelstromfiltern für die Kondensatreinigung. VGB-Kraftwerkstechnik 60 (1980), H. 7, S. 552/555.
- Emmett, J. R.; Grainger, P. M.: Ion Exchange Mechanism in Condensate Polishing. Combustion 52 (1980), Nr. 2, S. 12/18.
- Sadler, M. A., Bates, J. C., Mills, G. R.: Anwendung einer »Triobett«-Kondensatreinigungsanlage im Kraftwerk Fawly einschließlich des Betriebes in Ammoniumform. VGB-Kraftwerkstechnik 61 (1981), H. 3, S. 221/33.
- Oschmann, W.; Schiffers, A.; Trümper, V.: Neue Aspekte zur Kondensatreinigung. VGB-Kraftwerksechnik 62 (1982), H. 1., S. 49/53.
- Wieland, G.: Regeneration der Mischbettfilter und neue Entwicklungen bei Kondensataufbereitungsanlagen. Energie 34 (1982), Nr.1, 2, S. 12/14.
- Sielhorst, W.: Betriebserfahrungen mit Kerzenfiltern in Kondensatreinigungsanlagen. VGB-Kraftwerkstechnik 63 (1983) H. 1, S. 85/87.
- Kittel, H.; Schlizio, H.: Optimierung der Drainage-Konstruktion in Mischbettfiltern von Kondensatreinigungsanlagen. VGB-Kraftwerkstechnik 64 (1984) H. 1, S. 59-61.
- Bursik, A.; Spindler, K.; Blöchl, H.: Kondensatreinigung in Monobett- und Gegenstromtechnik. VGB-Kraftwerkstechnik 64 (1984) H. 1, S. 55-58.
- Daucik, K.: Leachables from Condensate Polisher Resins and their Significance for the Purity of the Water and Steam Cycle. Fourth International Conference on Cycle Chemistry in Fossil Plants, 1994, Sept. 7-9, in Atlanta, Georgia/USA.
- Kerr, S.: TRIPOL-Kondensatreinigung im Kraftwerk Stanwell: Sechs Jahre Betriebserfahrung. PowerPlant Chemistry (2000) H. 7, S. 442-444.
- Dardel, F., Hoffman, B.: New Ion Exchange Resins for Condensate Polishing (Neue Ionenaustauscher zur Kondensatreinigung) Englisch. PowerPlant Chemistry (2001) H. 9, S. 527-530.

Konditionierung von Wasser-Dampf-Systemen
- Held, H.-D.: Verhalten und Bewertung dampfflüchtiger Alkalisierungsmittel. Techn. Überw. 10 (1969), H. 8, S. 284/268
- Effertz, P. H.-, Resch, G.: Kombinierte Konditionierung von Wasser-Dampfkreisläufen mit Wasserstoffperoxid und Ammoniak. VGB-Kraftwerkstechnik 57 (1977), H. 1, S. 70/71.
- Donath, G.; Effertz, P. H.; Messer J.; Schott, M.: Ermittlung der Verteilungskoeffizienten flüchtiger Alkalisierungsmittel zwischen Dampf und Wasser und deren Bedeutung für das Korrosionsverhalten der Werkstoffe im Wasser-Dampf-Kreislauf von Kraftwerken. Vom Wasser 49 (1977), S. 221/243.
- Bosholm, J.: Alkalische oder neutrale Fahrweise von Dampferzeugern - eine Literaturstudie. Energietechnik 27 (1977), H. 9, S. 353/357.
- Effertz, P.-H.-, Fichte, N.; Szenker, B.; Resch, G.; Burgmann, F.; Grünschläger, E.; Beetz, E.: Kombinierte Konditionierung von Wasser-Dampfkreisläufen in Blockanlagen mit Durchlaufkesseln durch Sauerstoff und Ammoniak. Der Maschinenschaden 51(1978), H. 3, S. 97/109.
- Effertz, P. H.; Fichte, N.; Szenker, B.; Resch, G.; Burgrnann, F.; Grünschläger, E.; Beetz, E.: Kombinierte Konditionierung von Wasser-Dampfkreisläufen in Blockanlagen mit Durchlaufkesseln durch Sauerstoff und Ammoniak. VGB-Kraftwerkstechnik 58 (1978), H. 8, S. 585/596.
- Bohnsack, G.: Hydrazin als Inhibitor der Korrosion von Stahl in reinem Wasser. Vom Wasser, Band 53 (1979), S. 147/161.

- Gittel, O.; Stenger, K. H.. Kombinierte Speisewasserkonditionierung. Energie 32 (1980), H. 1, S. 5/7.
- Effertz, P.-H.: Die kombinierte Ammoniak/Sauerstoff-Konditionierung des Wasserdampfkreislaufs von Blockanlagen mit Durchlaufdampferzeugern (Kombifahrweise KF). Der Maschinenschaden 53 (1980), H. 6, S. 217 ff.
- Resch, G.: Physikalisch-Chemische Grundlagen der Kombifahrweise. Der Maschinenschaden 53 (1980), H. 6, S. 218/223.
- Göstenkors, Th.: Betriebserfahrungen mit der Kombifahrweise im VEW-Kraftwerk Gersteinwerk. Der Maschinenschaden 53 (1980), H. 6, S. 224/227.
- Riel, W.: Betriebserfahrungen mit der Kombifahrweise im GFA-Kraftwerk Franken 1. Der Maschinenschaden 53 (1980), H. 6, S. 233/235.
- Schiffers, A., Jentzsch, W.; Flunkert, F.; Pieper, B.: Betriebserfahrungen mit der Kombifahrweise in den RWE-Kraftwerken Niederaußem und Neurath. Der Maschinenschaden 53 (1980), H. 6, S. 236/241.
- Aggernaes, E.: Betriebserfahrungen mit der Konditionierung von Oxidationsmitteln im Kyndbyaerket/ Dänemark. Der Maschinenschaden 53 (1980), H. 6, S. 242/244.
- Effertz, P.-H.: Ergebnis und Ausblick für die Kornbifahrweise. Der Maschinenschaden 53 (1980), H. 6, S. 245/246.
- Beetz, E.: Borris, B.: Neuere Aspekte zur Beschaffenheit von Wasser für Fernwärmesysteme. VGB-Kraftwerkstechnik 61 (1981), H. 3, S. 236/239.
- Deimer, K.-H.; Höhenberger, L.: Korrosionsschutzmittel in Wasser-Dampf-Kreisläufen. Techn. Überw. 22 (1981), Nr. 11, S. 445 ff.
- Bursik, A.: Vergleichende Untersuchungen zur Konditionierung von Kesselspeisewasser. VGB-Kraftwerkstechnik 62 (1982), H. 1, S. 36-42.
- Steinhoff, D.: Zur Toxikologie des Hydrazins. VGB-Kraftwerkstechnik 62 (1982), H. 2, S.135-139.
- Scharbacher, W.: Vorschriften über Hydrazin als Arbeitsstoff. VGB-Kraftwerkstechnik 62 (1982), H. 2, S. 139/144 .
- Buss, E.; Probst, W. und Freedman, A. J.: Neue Konditionierungsverfahren zum Korrosionsschutz in Umlaufkühlsystemen bei Einsatz kalkentcarbonisierten Zusatzwassers. VGB-Kraftwerkstechnik 62 (1982), H. 2, S. 123/26.
- Braunstein, L.; Hochmüller, K. und Wied, W.: Entfernung von Hydrazin aus Dampf und Kondensat. Vom Wasser 59 (Band 1982), S. 365/79.
- Hydrazinumfüll- und Dosieranlagen. Sichere Chemiearbeit, 8/1985, S. 90-91, Zeitschrift der BG-Chemie, Heidelberg.
- Höhenberger, L.: Die Konditionierung von Heizungs- und Dampfsystemen. SHT (1987), H. 2, S. 87-91.
- Höhenberger, L.: Alternativen zum Einsatz von Hydrazin in Dampf- und Heißwasseranlagen. Sonderheft der Vortragsveranstaltung »Kesselbetriebstechnik 1987« Verlag TÜV Bayern e.V., München (Sonderdruck erhältlich).
- Bursik, A.; Kittel, H.: Derzeitiger Stand der chemischen Konditionierung von Wasser-Dampfkreisläufen in Anlagen mit Zwangdurchlaufkesseln. VGB-Kraftwerkstechnik 71 (1991), H. 9, S. 886/889.
- Bursik, A.; Kittel, H.: Praxis der chemischen Konditionierung von Wasser-Dampfkreisläufen in Anlagen mit Zwangdurchlaufkesseln. VGB-Kraftwerkstechnik 72 (1992). H. 2, S. 166/175.
- Bursik, A.; Staudt, U.: Derzeitiger Stand der chemischen Konditionierung von Wasser-Dampfkreisläufen in Anlagen mit Umlaufkesseln. VGB-Kraftwerkstechnik 75 (1995), H. 5, S. 461/464.
- Bursik, A.: Einsatz von organischen Konditionierungsmitteln und Sauerstoffbindemitteln in Kraftwerken. VGB-Kraftwerkstechnik 75 (1995), H. 2, S. 145/151. (137 Literaturstellen!)
- Bursik, A.; Seipp, H.-G.: Ökonomische Bedeutung der Kraftwerkschemie. VGB-Kraftwerkstechnik 76 (1996), H. 4, S. 340/344.
- Pieper, B.: Einfluss und Auswirkungen der Kombifahrweise auf den Kraftwerksbetrieb. VGB-Kraftwerkstechnik 76 (1996), H. 5, S. 414/419.
- Seipp, H.-G.; Klöckl, W.; Bursik, A. et al.: Beschaffenheit von Speisewasser und Dampf für Betriebszustände außerhalb des Dauerbetriebes. VGB-Kraftwerkstechnik 76 (1996), H. 8, S. 649/655.
- Maier, H.; Pflug, H.; Seipp, H.-G.: Kraftwerkschemie heute - Notwendig oder überflüssig ? VGB-Kraftwerkstechnik 77 (1997), H. 4, S. 326/328.

- Martynova, O.I.; Vainman, A.B.: Einige Probleme der Sauerstofffahrweise in Anlagen mit Zwangdurchlaufkesseln. VGB-Kraftwerkstechnik 77 (1997), H. 8, S. 659/663.
- Bohnsack, G.: Korrosionsinhibierung durch das im Helamin enthaltene „filmbildende" Amin. VGB-Kraftwerkstechnik 77 (1997), H. 10, S. 841/847.
- Waltl, J.; Ferchhumer, G.: Spezifische Erfahrungen mit der flüchtigen Alkalisierung am Beispiel einer GuD-Anlage und einer Hausmüll-Verbrennungsanlage. VGB-Kraftwerkstechnik 77 (1997), H. 11, S. 947/952.
- Liebig, E.; Svoboda R.: Chemie im Wasser-Dampfkreislauf von kombinierten Gas-/Dampfkraftwerken (Kombi-Kraftwerke). VGB-Kraftwerkstechnik 78 (1998), H. 12, S. 78/83.
- Rziha, M., Wulff, R.: Chemische Fahrweise von Kombianlagen (GuD) - Die Siemens Erfahrung. Englisch, PowerPlant Chemistry (1999) H. 1, S. 3-8
- Dooley, B.: Keislaufchemie in fossilen Anlagen und der Dampf. PowerPlant Chemistry (1999) H. 6, S. 33-40.
- Rziha, M.; David, W.; Quick, L. et al.: Anpassung der Siemens/KWU-Richtlinie für Dampfqualität an die betrieblichen Randbedingungen moderner Kraftwerke (insbesondere GuD-Anlagen). VGB-Kraftwerkstechnik 80 (2000), H. 5, S. 109/113.
- Siu-Kuen Hui, Yuen, C.-P.: Die Gleichgewichts-Phosphatfahrweise in Kombi(GuD)anlagen. PowerPlant Chemistry (2000) H. 6, S. 373-378.
- Dooley, B., Hubbard, D. E.: Die neuesten Entwicklungen in der Chemie des Wasser-Dampf-Kreislaufes. PowerPlant Chemistry (2000) H. 7, S. 428-434.
- Roofthooft, M.; Eyckmans, M.; et al.: Konditionierung von Wasser-Dampf-Kreisläufen mit einer Mischung von Polyaminen und Polyacrylaten. VGB-Kraftwerkstechnik 80 (2000), H. 12, S. 102/104.
- Zeijseink, A., Heijboer, R.: Organische Verbindungen im Wasser-Dampf-Kreislauf. VGB Kraftwerkstechnik, 80 (2000), H. 3, S. 76-79.
- Hopp, G.: Betriebserfahrungen der Bewag AG zur Chemie der Wasser-Dampf-Kreisläufe. VGB PowerTech, 81 (2001), H. 11, S. 68-75.
- Dooley, B., McNaughton W. P.: Richtige Konditionierung zur Vermeidung der Korrosion durch saure Phosphate und Wasserstoffschäden bei der Phosphatfahrweise. PowerPlant Chemistry (PPChem) 2001, H. 3, S. 163-170. Original in Englisch S. 127-134.
- Wasel-Nielen, J.: Rückkühlwasser-Behandlung mit Ozon. PowerPlant Chemistry (2001) H. 2, S. 105-109.
- Steinbrecht, D.: Sind Amine eine Alternative zu herkömmlichen Konditionierunsmitteln für Wasser-Dampf-Kreisläufe? VGB PowerTech, 83, (2003), H. 9, S. 120-123.
- Stodola, J.: Fünfzehn Jahre der Gleichgewichs-Phosphatfahrweise (Richtige Anwendung von Phosphaten in Trommelkesseln). PowerPlant Chemistry (2003) H. 2, S. 117-126.
- Bursik, A.: AVT Guidelines for Drum Boilers and the pH at Temperature. Englisch. PowerPlant Chemistry (2003) H. 4, S. 225-232.
- Dooley, B., Shields, K.: Cycle Chemistry for Conventional Fossil Plants and Combined Cycle HRSG. PowerPlant Chemistry (2004) H. 3, S. 153-164.

Belagbildung und Korrosion
- Lexikon der Korrosion. 1970, Bd. 1 u. 2, Mannesmann AG, Düsseldorf.
- Rahmel/Schwenk: Korrosion und Korrosionsschutz von Stählen (1977), Verlag Chemie, Weinheim.
- Pracht, P.: Zusammenhänge zwischen den Grenzwerten der spezifischen Wärmebelastung und den Wassereigenschaften dampferzeugender Rohre öl- und staubgefeuerter Kesselanlagen. Energie (1958), H. 10, S. 461/466.
- Splittgerber, E.; Börsig, F.: Schäden an Kondensatoren und Oberflächenkühlern. Der Maschinenschaden 37 (1964), H. 11/12, S. 213/226.
- Hömig, H. E.: Entstehung und Eigenschaften von Magnetitschichten in Dampfkesseln. Techn. Überw. 5 (1964), H. 11, S. 389-393.
- Huijbregts, W. M. M.; Jelgersma, J. H. N.; Snel, A.: Der Einfluss von Wärmetransport, Ablagerungen und Kondensatorleckagen auf die Korrosion in Dampferzeugern. VGB-Sonderheft - Chemie im Kraftwerk 1974, S. 8/21.
- Effertz, P.-H.; Fichte, W.; Forchhammer, P.: Kühlwasserseitige Korrosion an Kondensatoren und Kühlern in Kraftwerken. VGB-Kraftwerkstechnik 54 (1974), H. 2, S. 82/93.
- Hochmüller, K; Maihöfer, A.; Braunstein, L.: Probleme in Dampferzeugern durch nichtionogene Inhaltsstoffe des Speisewassers. VGB-Kraftwerkstechnik 54 (1974), H. 3, S. 160/174.

- Kittel, H.; Schlizio, H.: Die Wasserstoffmessung als Hilfsmittel zur Deutung von Vorgängen im Wasser- Dampf-Kreisläuf. VGB-Kraftwerkstechnik 56 (1976), H. 1, S. 25/29.
- Pollmann, S.; Reichmann, E.: Möglichkeiten zur Vermeidung von Schäden an Industriekesseln. Techn. Mitteilungen 70 (1977), H. 5, S. 294/300.
- Resch, G.; Zinke, K.: Zusammenhang zwischen Wasserqualität, Konstruktion und Korrosion in wasserberührten Anlagen. VGB-Kraftwerkstechnik 57 (1977), H. 6, S. 424/430.
- Effertz, P.-H.; Forchhammer, P.; Heinz, A.: Korrosion und Erosion in Speisewasservorwärmern - Ursachen und Verhütung. Der Maschinenschaden 51 (1978), H. 4, S. 154/161.
- Cudnovskaja, I. I.; Stern, Z. J.: Einfluss der wasserchemischen Zustände auf die thermophysikalischen Eigenschaften innerer Werkstoffveränderungen. Thermal Engineering (1978), H. 6, S. 39/42.
- Gabrielli, F.; Henri, F. R.: Verhütung der Korrosion und Ablagerungsschwierigkeiten in Hochdruckkesseln. Power (1978) Juli, S. 85/92.
- Mann, G. M. W.: Geschichtlicher Überblick und Ursachen der wasserseitigen Korrosion von Kraftwerkskesseln unter Last. Combustion (1978) August, S. 28/37.
- Schade, P.; Bürgel, W.: Korrosionsschäden an waagerecht verlegten Rohren von Großdampferzeugern. Energietechnik 28 (1978), H. 9, S. 350/352.
- Seipp, H. G.: Das Korrosionsverhalten von Kupfer in wassergekühlten Generatorwicklungen. VGB-Kraftwerkstechnik 59 (1979), H. 3, S. 245/248.
- Buseck, S.; Bursik, A.: Zum Einfluss des pH-Wertes auf die Abgaberaten von Kupferlegierungen in salzfreiem Wasser in Gegenwart von Sauerstoff. VGB-Kraftwerkstechnik 59 (1979), H. 9, S. 720/724.
- Resch, G.; Zinke, K.: Untersuchungen über den Einfluss des pH-Wertes auf die Korrosion von Messing. VGB-Kraftwerkstechnik 60 (1980), H. 1, S. 62/64.
- Garnsey, R.: The Chemistry of Steam-Generator Corrosion. Combustion 52 (1980), Nr. 2, S. 36/44.
- Hickling, J.: Dehnungsinduzierte Risskorrosion - Spannungsrisskorrosion oder Schwingungsrisskorrosion? Der Maschinenschaden 55 (1982), H. 2, S. 95-105.
- Heitmann, H. G.; Kastner, W.: Erosionskorrosion in Wasser-Dampfkreisläufen - Ursachen und Gegenmaßnahmen, VGB-Kraftwerkstechnik 62 (1982), H. 3, S. 211/219.
- Effertz, P. H., Forchhammer, P.; Hickling. J.: Spannungsrisskorrosionsschäden an Bauteilen in Kraft- werken - Mechanismen und Beispiele. VGB-Kraftwerkstechnik 62 (1982), H. 5, S. 390/408.
- Kunze, E.; Nowak, J.: Erosionskorrosionsschäden in Dampfkesselanlagen. Werkstoffe und Korrosion 33 (1982), H. 5, S. 262/273.
- Gelewski, A.: Korrosionsprobleme in Dampf- und Kondensatanlagen. IKZ (1982), H. 6, S. 59/65.
- Hildebrandt, E.: Kampf gegen die Korrosion - ein aktiver Beitrag zu hoher Verfügbarkeit und Wirtschaftlichkeit von Kraftwerken. Energietechnik 32 (1982), H. 6, S. 227/231.
- Siemann, M. E.; Ziscenko. N. D.; Midler, D. S.: Verzunderung von korrosionsbeständigem Stahl im Heißdampf. Archiv für Energiewirtschaft 37 (1983) H. 1, S. 16/24.
- Kußmaul, K.; Narab-Motlagh, M.: Verhalten der Magnetitschutzschicht unter Kesselbedingungen. VGB- Kraftwerkstechnik 63 (1983) H. 2, 152/162.
- Epperlein, H.: Schadensbeispiele an Dampfkesseln mit schwerwiegenden Konsequenzen. Sonderheft zur Vortragsveranstaltung »Kesselbetriebstechnik 1983« Verlag TÜV Bayern e.V., München.
- Rolfs, U.; Kaesche, H.: Korrosionsmechanismen und Deckschichtbildung von unlegierten Stahlrohren in strömenden Kesselspeisewasser bis 180 °C. Der Maschinenschaden 57 (1984), H. 1, S. 11/21.
- Risch, K.: Maßnahmen gegen die chloridbedingte Spannungsrisskorrosion austenitischer Stähle. Werkstoffe u. Korrosion 36 (1985) S. 55/63.
- Ludwig, H.: Wasserchemische und korrosionschemische Grundlagen - Möglichkeiten der Kreislaufführung und Wiederverwendung von Wasser. 3R international 24 (1985), H. 3, S. 112/121.
- Frank, R.: Rohrreißer im Verdampferbereich durch Überschreiten der Warmfestigkeit infolge innerer Belagsbildung. Der Maschinenschaden 58 (1985) H., 4, S. 160/164.
- Effertz, P.-H.: Spröde Rohrreißer in den Verdampferrohren von Naturumlaufkesseln nach ungewöhnlichintensiver Heißwasseroxidation. VGB-Kraftwerkstechnik 70 (1990), H. 1, S. 53/59.
- Reichel, H.-H.: Korrosionserscheinungen in Industrie- und Heizkraftwerken. VGB-Kraftwerkstechnik 77 (1997), H. 11, S. 921/926.
- Reichel, H.-H.: Verdampferschäden durch Ablagerungen in Verbindung mit Feuerungsänderungen. VGB-Kraftwerkstechnik 79 (1999), H. 10, S. 92/96.

- Adamsky, F.-J.; Kempkes, B.; Ernst, J.: Dehnungsinduzierte Risskorrosion in Rohrsystemen von konventionellen Kraftwerksanlagen. VGB-Kraftwerkstechnik 80 (2000), H. 10, S. 128/138.
- Wierig, H. J.: Zum Verhalten von Beton gegenüber physikalischen, chemischen und biologischen Angriffen. VGB-Kraftwerkstechnik 63 (1983) H. 8, S. 721/728
- Kaesche, H: Ursachen und Erscheinungsform der Korrosion in Installationssystemen. Werkst. u. Korr. 26 (1975) H. 3, S. 175 ff.
- Friehe, W.; Schwenk, W.: Vorgänge bei der Schutzschichtbildung in verzinkten Stahlrohren. Werkst. u. Korr. 26 (1975), H. 5, S. 342/349.
- Lucey, V. F.: Lochkorrosion von Kupfer in Trinkwasser. Werkst. u. Korr. 26 (1975), H. 3, S. 185 ff.
- Werkstoffzerstörung und Schutzschichtbildung in Wasserversorgungs- und Heizungsanlagen. 1976, Verlag TÜV-Bayern e.V., München.
- Kruse, C.-L.; Kuron, D.: Wasserseitige Korrosionsprobleme in Anlagen der Heiz- und Klimatechnik. Klima - Kälte - Heizung 4 (1979) Teil 6, S. 785/790.
- Nissing, W.; Friehe, W.; Schwenk, W.: Einfluss der Sauerstoff-Konzentration, des pH-Wertes und der Strömungsgeschwindigkeit auf die Korrosion unverzinkter und verzinkter Stahlrohre. Sanitär und Heizungstechnik (1983), H. 11, S. 912-913.
- Bellows, J.: Chemische Prozesse in Dampfturbinen. PowerPlant Chemistry (1999) H. 1, S. 68-72.
- Petrova, T. I.: Die Auswirkung der Qualität von vollentsalztem Wasser auf die Korrosion von Kohlenstoffstahl. PowerPlant Chemistry (1999) H. 2, S. 48-50.
- Bursik, A., Jensen, J. P.: Bemerkungen zum Verhalten von Kohlendioxid in Wasser-Dampf-Kreisläufen. PowerPlant Chemistry (1999) H. 3, S. 58-61.
- Adamsky, F.-J., Kempkes, B., Ernst, J.: Dehnungsinduzierte Risskorrosion in Rohrsystemen von konventionellen Kraftwerksanlagen. VGB Kraftwerkstechnik, 80 (2000), H. 10, S. 128-138.
- Reichel, H.-H., Weiher, R. et al: Schaden an einem Überhitzer einer GuD-Anlage durch unzureichende Phasentrennung in der Trommel. VGB PowerTech, 81 (2001), H. 12, S. 80-85.
- Savelkoul, J. Jansen, P. et al: Überwachung der Korrosion des ersten Kondensates in Industriellen Dampfsystemen. PowerPlant Chemistry (2001) H. 6, S. 366-374.
- Bursik. A.: Kesselrohrschäden an Trommelkesseln in der Industrie - Teil 1: Speisewasserkonditionierung und Korrosionsschäden unterhalb von Belägen. PowerPlant Chemistry (2001) H. 8, S. 487-493.
- Jonas, O. et al: Wirkungsgrad und Korrosion von Dampfturbinen: Auswirkung von Oberflächenbeschaffenheit, Belägen und Nässe. PowerPlant Chemistry (2001) H. 10, S. 620-626.
- Wloch, R., Hild, W.: Ein neues und verbessertes Verfahren zur Vermeidung von Korrosion auf Kupfer und Kupferlegierungen in Kühlwassersystemen. PowerPlant Chemistry (2002) H. 5, S. 309-312.
- Dooley, B.: The Relationship between Cycle Chemistry and Performance of Fossil Plants. Englisch: PowerPlant Chemistry (2002) H. 6, S. 320-327. Deutsch: Beziehung zwischen der Kreislaufchemie und der Leistung fossiler Kraftwerke. PowerPlant Chemistry (2002) H. 10, S. 627- 635.
- Seipp, H.-G.: Schäden durch unzureichende Einspritzwasserqualität. PowerPlant Chemistry (2003) H. 5, S. 313-320.

Wasserseitige Reinigung von Kesselanlagen
- VGB-Richtlinie R 513: Innere Reinigung von Wasserrohr-Dampferzeugeranlagen, 01/2000.
- VdTÜV-Richtlinien für die Untersuchung von Kesselsteinlösemitteln und Kesselbeizmitteln, Ausg. Sept. 1973. Techn. Überw. 14 (1973), Nr. 11, S. 332/333.
- Jutemar, J.; Schlizio, H.: Beizen von Kraftwerksanlagen. VGB-Kraftwerkstechnik 54 (1974), H.1, S.1/10.
- Bursik, A.: Bemerkungen zur chemischen Reinigung von Dampferzeugern. Energie 26 (1974), H. 1, S. 23/27.
- Bursik, A.: Betrachtungen zur chemischen Reinigung v. Dampferzeugern. Energie 26 (1974), H. 5, S.169/172.
- Bursik, A.: Betrachtungen über die Beizung von Dampferzeugern mit Flusssäure. VGB-Kraftwerkstechnik 54 (1974), H. 7, S. 482/488.
- Bursik, A.: Beizung und chemische Reinigung von Dampferzeugern. Energie 26 (1974), H. 11, S. 413/414.
- Energie-Report: Beizen: Erfahrung ist wichtig. Energie 29 (1977), H. 1, S.14/18
  Beizen: Unternehmen und Leistungen. Energie 30 (1978), H. 1, S. 28/29.

- Brown, J.; Kingerley, D. G., Longster, M. J.: Chemical Removal of Corrosion Product from Mild Steel Boilers: Cleaning Criteria and Estimation of Cumulative Metal Losses. British Corrosion J. 13 (1978), Nr. 2, S. 93/96.
- Engle, J. P.: The Behavior of the Ferric Ion During Chem. Cleaning. Corrosion 34 (1978), Nr. 9, S. 301/303.
- Bieller, L. J.; Borchardt, H. P.: Die Verwendung von Flusssäure bei der chemisch-technischen Reinigung von Anlagen. VGB-Kraftwerkstechnik 58 (1978), H. 12, S. 927/930.
- Schlizio, H.: Entkupferung und Passivierung von Dampferzeugungsanlagen. VGB-Kraftwerkstechnik 59 (1979), H. 3, S. 249/250.
- Kahlert, W.; Resch, G.: Zur Frage der periodischen Reinigung von Dampfkesseln. VGB-Kraftwerkstechnik 61 (1981), H. 6, S. 500-502.
- Reimann-Dubbers, V.: Entfernung von Ablagerungen und Korrosionsprodukten aus Rohrleitungen und Anlageteilen, 3R international, 24 (1985) H. 3, S. 133-144.
- Höhenberger, L.: Chemische Reinigung von Industriedampfkessein, Durchführung und Gefahren. Sonderheft der Vortragsveranstaltung »Kesselbetriebstechnik 1985« Verlag TÜV Bayern e.V., München.
- Møller, H.; Larsen, O. H.; et al.: Chemische Reinigung ultra-überkritischer Kessel mit austenitischen Überhitzern. VGB-Kraftwerkstechnik 80 (2000), H. 2, S. 80/85.
- Kelm, W., Kranz, H.-D., Vrehl, D.: Innenreinigung (Auskochen) von Naturumlaufkesseln mit Helamin. PowerPlant Chemistry (2000) H. 10, S. 632-635.
- Kuhnle, G.; Käß, M.; Mohr, G.; Strohhäcker, J.: Untersuchungen während der chemischen Reinigung und Inbetriebnahme des Wasser-Dampf-Kreislaufes im Heizkraftwerk 2, Altbach/Deizisau. VGB-Kraftwerkstechnik 80 (2000), H. 10, S. 122/127.
- Kniewasser, W., Weiher, R.: Reinigung von HD-Ringleitungen und Dampferzeugern in Anlehnung an die neue VGB-Richtlinie „Innere Reinigung von Wasserrohr-Dampferzeugeranlagen" VGB PowerTech, 82 (2002), H. 1, S. 57-62.
- Bursik, L.: Inhibierte Flusssäure - eine effektive Beizlösung. PowerPlant Chemistry (2003) H. 3, S. 184-188.

Kesselkonservierung (wasserseitig)
- VdTÜV-Merkblatt Techn. Chemie 1465. Okt. 1978. Die wasserseitige Konservierung von Dampfkesselanlagen. Verlag TÜV Rheinland, Postfach 10 17 50, 51123 Köln.
- VGB-Richtlinie R 116 H: Konservierung von Kraftwerksanlagen. (1981) VGB-Kraftwerkstechnik GmbH, Klinkestr. 27/31, 45136 Essen.
- Bursik, A.; Richter, R.: Möglichkeiten der Stillstandskonservierung von Kraftwerksblöcken. VGB-Kraftwerkstechnik 57 (1977), H. 4, S. 255/259.
- Wigand, P.: Konservierung von Dampfkesselanlagen, Techn. Mitteilungen 70 (1977), H. 5, S. 272/277.
- Bursik, A.; Held, H.-D., Hermann, B.; Köhle, H.; Richter, R.: Methoden der wasserseitigen Konservierung von Dampferzeugern, Energie 31 (1979) Nr. 1, S. 20/27.
- Braunton, P. N.; Flatley, T.; Middleton et al.: Neuere Ergebnisse des CEGB mit der Stillstandskonservierung von Kraftwerksanlagen durch Steuerung der chemischen Umwelteinflüsse. VGB-Kraftwerkstechnik 60 (1980), H. 1, S. 47/52.
- Bursik, A.; Aggernaes, E.; Herrmann, et al.: Chemische Gesichtspunkte beim intermittierenden Kraftwerksbetrieb - Hinweise für Planung und Betrieb, VGB-Kraftwerkstechnik 60 (1980), H. 6, S. 486/493.
- Bursik, A.; Richter, R.: Hinweise für die Stillstandskonservierung von Dampferzeugern, VGB-Kraftwerkstechnik 60 (1980), H. 9, S. 714/718.
- Schmidt, S.: Stillstandskorrosion an Dampferzeugern und deren Vermeidung. Energietechnik 30 (1980), H. 12, S. 475/477.
- Bieber, K. H.; Resch, G.: Vorstellung und Erläuterung der neuen VGB-Richtlinien - Konservierung von Kraftwerksanlagen -. VGB-Kraftwerkstechnik 61 (1981), H. 7, S. 587/931.
- Mamet, A. P. und Taratuta, V. A.: Maßnahmen zur Konservierung von Kraftanlagen. Archiv für Energiewirtschaft 36 (1982), H. 5, S. 382/386.
- Bienert, J.: Kesselkonservierung mit Octadecylamin. Energietechnik 33 (1983), H. 1, S. 32/34.
- Höhenberger, L.: Die wasserseitige Konservierung von Dampfkesselanlagen. Sonderheft der Vortragsveranstaltung »Kesselbetriebstechnik 1983« Verlag TÜV-Bayern e.V., München.

- Hahn, K.-F., Seipp, H.-G.: Stillstandskonservierungsmaßnahmen für Turbogruppen und Wasser-Dampf- Kreisläufe großer EVU-Anlagen. PowerPlant Chemistry (2001) H. 10, S. 627-634.
- Reimschüssel, R., Bellroth, A. et al: Konservierung eines 750 t/h Kombi-Blocks unter dem Aspekt des liberalisierten Strommarktes. VGB PowerTech, 83, (2003), H. 10, S. 81-84.

Wasserüberwachung und Analytik
- Deutsche Einheitsverfahren zur Wasser-, Abwasser- und Schlammuntersuchung. 1979 Verlag Chemie GmbH, Weinheim/Bergstraße. Letzte Ergänzung 1999.
- VGB-Analysenverfahren für den Kraftwerksbetrieb. 1962, Vulkanverlag, Essen.
- Zimmermann, M.: Photometrische Metall- und Wasseranalysen. 1968, Wissenschaftliche Verlagsgesellschaft mbH, Stuttgart.
- Bosholm, J.; Salinger, C. M.: Optimierung der chemischen Überwachung von Wasser-Dampf-Kreisläufen. Energietechnik 28 (1978), H. 9, S. 325/328.
- Klein, E.; Heil, G.: Kolorimetrische Schnelltestverfahren in der Wasseranalytik. Gas- und Wasserfach, Ausgabe Wasser/Abwasser 120 (1979), H. 9, S. 434/440.
- Hochmüller, K.; Simoneth, H.: Zur Situation bei der Angabe von Ergebnissen im Bereich der Wasserchemie und -Technologie Teil 1: Das Val wurde nicht ersatzlos gestrichen. Wasser Abwasser Forschung 13 (1980), Nr. 5, S. 153/158.
- Hochmüller, K.; Simoneth, H.: Zur Situation bei der Angabe von Ergebnissen im Bereich der Wasserchemie und -Technologie Teil 2: Gesetzliche Einheiten, Größen, Terminologie. Wasser Abwasser Forschung 13 (1980), Nr. 6, S. 227/232.
- Anwendung der UV-Spektroskopie zum Nachweis organischer Substanzen in Wasser unter den Bedingungen der Wasseraufbereitung und des Kesselbetriebes in Dampferzeugungsanlagen. VGB-Kraft- werkstechnik 61 (1981), H. 10, S. 856/867.
- Resch, G. und Grünschläger, E.: Die Ionenchromatografie - ein analytisches Verfahren zur Untersuchung von Wasser und Abwasser. VGB-Kraftwerkstechnik 62 (1982), H. 2, S. 127/132.
- Nix, N.: Überwachung von Umkehrosmose-Anlagen mit der automatischen Messung des Verblockungs- Index. VGB-Kraftwerkstechnik 62 (1982), H. 2, 133/135.
- Resch, G.: Gedanken zum Mindestumfang der chemischen und physiko-chemischen Überwachung von Wasser-Dampf-Kreisläufen in Kondensationskraftwerken mit Durchlaufkesseln. Der Maschinenschaden 55 (1982) H. 6, S. 257-261.
- Braunstein, L.; Hochmüller, K.; Spengler, K.: Die Bestimmung kolloidaler Kieselsäure im Wasser unter Einsatz eines hydrothermalen Druckaufschlussverfahrens. VGB-Kraftwerkstechnik 62 (1982), H. 9, S. 789/791.
- Bursik, A.: Fischtest mit Regenerierabwässern von Wasseraufbereitungsanlagen. VGB-Kraftwerkstechnik 63 (1983) H. 1, S. 87/90.
- Weiß, J.: Einführung in die Ionenchromatographie. Grundlagen, Instrumentation und Anwendungsmöglichkeiten, Teil 1. Chemie für Labor und Betrieb 34 (1983) H. 7, S. 293/297.
- Weiß, J.: Einführung in die Ionenchromatographie. Grundlagen, Instrumentation und Anwendungsmöglichkeiten, Teil 2. Chemie für Labor und Betrieb 34 (1983) H. 8, 342/345.
- Scheuermann, H. und Hartkampf, H.: Stabilisierung von Wasserproben für die Bestimmung von Schwermetallspuren. Analyt. Chemie 315 (1983), S. 430/433.
- Resch, G.: Anionen in Wässern von Energieerzeugungsanlagen, Bedeutung und Analyse (Übersichtsbericht), Zeitschr. Anal. Chem. 1985, S. 463-469.
- Mandl, J.: Messstellen und Analytik zur Betriebsüberwachung von Wasser-Dampf-Kreisläufen. Sonderheft der Vortragsveranstaltung »Kesseibetriebstechnik 1985«, Verlag TÜV-Bayern e.V., München.
- Schombera, H.: Erfahrungen aus wasserchemischen Untersuchungen von Wasser-Dampf-Kreisläufen. Sonderheft der Vortragsveranstaltung »Kesselbetriebstechnik 1987« Verlag TÜV Bayern e.V. München.
- Pieper, B.: Minimierung von Verunreinigungen und Schäden im Wasser- und Dampfkreislauf und dessen Überwachung, VGB Kraftwerkstechnik 72 (1992), H. 6, S. 540/546.
- Pflug, H. D.; Lutat, A.; Schönfelder, T.: Automatische analytische Überwachung von Wasser-Dampf- Kreisläufen. VGB-Kraftwerkstechnik 78 (1998), H. 3, S. 100/107.
- Smitshuysen, Th.; Weber, Th.; Inselmann, S.: Die Verwendung radioaktiver Natriumhydroxid-Isotope zur Feststellung von Zirkulationsproblemen in Wasser/Dampfsystemen. VGB-Kraftwerkstechnik 78 (1998), H. 7, S. 89/94.

- Bursik, L.; Quigley, D. F.; Bursik, A.: Probenahme im Wasser-Dampf-Kreislauf - neue Verfahren und vollautomatische Probenahmesysteme. VGB-Kraftwerkstechnik 78 (1998), H. 12, S. 73/77.
- Seipp, H.-G.; Fahlke, J.; Fichte, W.; et al.: Erhöhte Anforderungen an on-line ermittelte chemische Messwerte von Wasser-Dampf-Kreisläufen. VGB-Kraftwerkstechnik 78 (1998), H. 11, S. 115/121.
- Fichte, W.; Strohhäcker, J.; David, P.: Kontinuierliche Wasserstoffmessungen in Wasser-Dampf-Kreisläufen von Dampferzeugeranlagen. VGB-Kraftwerkstechnik 79 (1999), H. 1, S. 25/29.
- Zeijseink, A.G.L.; van den Bergen, J.B.J.: Eine Methode zur Kosten-Nutzen-Analyse der Kraftwerkschemie. VGB-Kraftwerkstechnik 70 (2000), H. 9, S. 77/ 80.

Zum Kapitel 6 Beaufsichtigung

- Betriebsvorschriften für die Kesselwärter von Landdampfkesseln. Erlaß des PrMiHG vom 22.2.1932 – 111 c 9117/31 Rü, MBIHG 1932, S. 37
- Betriebsvorschriften für die Kesselwärter von Landdampfkesseln. Bedingungen bei einem Verzicht auf die ständige Beaufsichtigung automatisch geregelter Kessel. Rundschreiben des BMA an die Arbeitsminister und Senatoren für Arbeit der Länder vom 16.8.1956, 111 c /8397/56 (Ergebnis der 16. DDA-Sitzung)
- Betriebsvorschriften für die Kesselwärter von Landdampfkesseln. Bedingungen und Auflagen bei einem Verzicht auf die ständige Beaufsichtigung automatisch geregelter Kessel. Erlaß des BMA vom 20.7.1959 – 111c 6/9851/59. Arbeitsschutz (1959), S. 168–169
- Betriebsvorschriften für die Kesselwärter von Landdampfkesseln. Bedingungen und Auflagen bei einem Verzicht auf die unmittelbare Beaufsichtigung automatisch geregelter Kessel. Schreiben des BMA vom 28.7.1961 – 111 b 5/8187/61. Arbeitsschutz 8 (1961), S. 190–191
- Götz, M.: Ausbildungslehrgänge für Kesselwärter. TÜ 4 (1963), Nr. 7, S. 243–251
- Betriebsvorschriften für die Kesselwärter von Landdampfkesseln. Bedingungen und Auflagen bei einem Verzicht auf die ständig unmittelbare Beaufsichtigung selbsttätig geregelter Dampferzeuger. Schreiben des BMA vom 18.6.1964 – 111 b 5 – 5070/64. Arbeitsschutz 7 (1964), S. 178–179
- Greinert, W.: Beaufsichtigung selbsttätig geregelter Dampfkessel. Arbeitsschutz 7 (1964), S. 198–201
- Peukert, F.: Funktionsgruppenautomatik und Meß- und Regeleinrichtung im Kraftwerk Ingolstadt. VGB-Mitteilungen (1967), H. 111, S. 371
- Hoffmann, W. E.: Die Beaufsichtigung der Dampfkessel. TÜ 8 (1967), Nr. 7, S. 231–234
- Ranke, K.: Die Programme der automatischen Steuerung und Betriebserfahrungen mit der gesamten Steuerungsanlage. VGB-Mitt. (1967), H. 11
- Handschuh, H.; Jung, M.: Erfahrungen mit automatischen Steuerungen in Wärmekraftwerken. Elektrizitätswirtschaft 68 (1969), H. 24, S. 785
- Teilps, B.: Dampfkessel-Betrieb mit Fernüberwachung. TÜ 11 (1970), Nr. 8, S. 272–273
- Stier, M.: Die Gefahren für den Kesselwärter und ihre Verhütung. Die Berufsgenossenschaft/ Betriebssicherheit (1970), Oktober, S. 371–374
- Stoll, A.: Informationstechnik in der Kraftwerkswarte. VGB-Mitt. 51 (1971), H. 5, S. 358
- Hofmann, W.: Zuverlässigkeit und Wartung von Meß- und Regelanlagen. VGB-Mitt. 51 (1971), H. 5, S. 374
- Dettmers, G.; Gabor, S.: Die ständige Beaufsichtigung im automatisierten Dampfkesselbetrieb. TÜ 12 (1971), Nr. 10, S. 300–303
- Hoffmann, W. E.; Knapp, O.: Rostgefeuerte Hochdruck-Dampfkessel ohne ständige Beaufsichtigung. TÜ 12 (1971), Nr. 1, S. 1–5
- Hoffmann, W. E.: Einleitung zum Seminar »Dampfkesselbetrieb ohne Kesselwärter«. Tagungsheft der VdTÜV, Essen 1972
- Greinert, W.: Die Vorschriften der Dampfkesselverordnung über den Betrieb. Tagungsheft der VdTÜV, Essen 1972
- Krause, S.: Die ständige Beaufsichtigung von Hochdruckdampfkesselanlagen nach TRD 601 Blatt 1 und 2; Eingeschränkte Beaufsichtigung von Hochdruckdampfkesselanlagen nach TRD 602 Blatt 1 und 2 und nach TRD 603. Tagungsheft der VdTÜV, Essen 1972
- Arp, H.: Mensch-Maschine-Kommunikation in Kraftwerksanlagen. VGB-Kraftwerkstechnik 53 (1973), H. 1, S. 50
- Neitzel, W.: Digitale Sicherheitstechnik. etc-b Fachzeitschrift für Anwendung und Betrieb 26 (1974), H. 23, S. 598

- Geschlossene Niederdruckheißwasser- und Warmwasser-Heizungsanlagen. Schriftenreihe des TÜV Bayern e. V., H. 11, München 1974
- Mayr, F.: Einführung zur Fachveranstaltung »Beaufsichtigung von Dampfkesselanlagen«. Schriftenreihe des TÜV Bayern e. V., H. 19, München 1975
- Metzner, G.: Anforderungen an die Ausrüstung von Dampfkesselanlagen bei Betrieb mit eingeschränkter Beaufsichtigung und bei Betrieb ohne ständige Beaufsichtigung. Schriftenreihe des TÜV Bayern e. V., H. 19, München 1975
- Auer, R.: Gesichtspunkte bei der Fernüberwachung größerer Anlagen von Warten aus. Schriftenreihe des TÜV Bayern e. V., H. 19, München 1975
- Puell, K.: Betrieb von Heißwasseranlagen mit eingeschränkter Beaufsichtigung und ohne ständige Beaufsichtigung. Kritische Beurteilung im Hinblick auf die verschiedenen Schaltungsmöglichkeiten. Schriftenreihe des TÜV Bayern e. V., H. 19, München 1975
- Ossadnik: Erfahrungen aus dem Betrieb von Anlagen ohne Beaufsichtigung. Schriftenreihe des TÜV Bayern e. V., H. 19, München 1975
- Mayr, F.: Neues von der R BoB Heißwasser. Betriebstechnik (1975), H. 7/8, S. 17–18
- Metzner, G.: BoB in neuer Form. Betriebstechnik (1976), H. 7/8, S. 22–24
- Bräuning, H.: Sicherheitssteuerungen für nicht ständig beaufsichtigte Kesselanlagen. Ind.-Anz. 98 (1976), H. 4, S. 64–67
- Kopp, K.: Automatisierung des Dampfkesselbetriebs in Industrieanlagen. Haus der Technik, Vortragsveröffentlichung 379. Vulkan-Verlag, Essen 1977
- Mayr, F.: Beaufsichtigung von Dampfanlagen mit Flammrohr-Rauchrohr-Kesseln. Der Maschinenschaden 50 (1977), H. 5, S. 161–165
- Der Prozeßrechner im Wärmekraftwerk. Siemens-Sonderdruck, Bestell-Nr. A 130/1106
- Hähle, E.; Handschuh, H.: Das Blockleitgerät – ein Führungsgerät für den automatischen Kraftwerksbetrieb. Siemens-Sonderdruck, Bestell-Nr. 017 KWU
- Korchner, W. J.: Warum die Schaltwarten und Schalttafeln in fossil gefeuerten Kraftanlagen schrumpfen. Power (1978), Oktober, S. 42–46
- Koch, G.: Beaufsichtigung eingeschränkt? Energie 31 (1979), H. 7, S. 223–225
- Arens-Fischer, F.: Kohlefeuerung ohne Beaufsichtigung. Betriebstechnik (1980), H. 5
- Drucks, G.; Moritz, F.; Schiefer, J.: Zuverlässigkeit nicht ständig beaufsichtigter Dampfkesselanlagen mittlerer Leistung. TÜ 21 (1980), Nr. 6, S. 247–251
- Teichmann, W.: Bemerkungen zur Erhöhung des Automatisierungsgrades an Kraftwerksanlagen. Energietechnik 30 (1980), H. 1, S. 24–27
- Greulich, H. S.: Betrieb von Hochdruckdampferzeugern mit Rostfeuerungen ohne Beaufsichtigung. TÜ 22 (1981), Nr. 10, S. 387–390
- Greulich, H. S.: Retour zum Rost – Betrieb von Hochdruckdampferzeugern mit Rostfeuerungen ohne Beaufsichtigung. Energie 33 (1981), H. 6, S. 188–189
- Supancic, K. H.; Thiel, J.: Leittechnische Konzepte für Dampfkraftwerke unter Berücksichtigung moderner elektronischer Systeme. Techn. Mitt. 74 (1981), Nr. 7, S. 377–383
- Eiden, H.: Automation des Dampfkesselbetriebes. Verlag TÜV Rheinland, Köln 1982
- Handschin, E.; Voß, J.: Auswirkungen der Mikroelektronik auf die Realisierung der Kraftwerksleittechnik – Grundlagen, Begriffe, Strukturen –, RW-TÜV-Fachgespräch, 7. Oktober 1982 in Essen. Rheinisch-Westfälischer TÜV, Essen, August 1983
- Hofmann, H.: Leittechnik mit speicherprogrammierten Systemen in Kraftwerken – Stand und Tendenzen, RW-TÜV-Fachgespräch, 7. Oktober 1982 in Essen. Rheinisch-Westfälischer TÜV, Essen, August 1983
- Teuscher, G.: Prüfungen bei Dampfkesselanlagen mit erleichterten Beaufsichtigungen. Vortragsveranstaltung »Neuerungen auf dem Gebiet der Heizungs- und Dampfkesselanlagen«, Verlag TÜV Bayern e. V. (Hrsg.), München 1983
- Wrobel, J.: Erleichterte Beaufsichtigung des automatisierten Dampfkesselbetriebes. TÜ 26 (1985), Nr. 4, S. 145–150
- Kreusing, H.; Tornier, W.; Wiedemann, U.: Neuer Stil für Staub. Energie 37 (1985), H. 6
- Eiden, H.: Der Weg zum beaufsichtigungsfreien, wartungsarmen Betrieb von Dampfkesselanlagen. TÜ 26 (1985), Nr. 10, S. 347–349
- Loos, J.: Sicherer Dampfkesselbetrieb. TÜ 26 (1985), Nr. 10, S. 350–355
- Schwarz, O.; Schlegel, G.: Ausbildung von Kraftwerkspersonal für fossilbefeuerte Kraftwerke an Simulatoren. VGB-Kraftwerkstechnik 65 (1985), H. 2, S. 104–109

- Wollmann, H. J.: Praktische Probleme der Kesselbetriebstechnik. Zweite Münchener Fachtagung der Akademie TÜV Bayern. Der Maschinenschaden 59 (1986), H. 2, S. 54–56
- Profos, F.: Automatische Betriebsdiagnose bei industriellen Dampferzeugeranlagen. Techn. Mitt. 79 (1986), H. 9, S. 422–425
- Akademie TÜV Bayern GmbH, München: Beiträge zur Kesselbetriebstechnik. Resch-Verlag, Gräfelfing 1986
- Bung, W.: Dampfkessel ohne Kesselwärter. Sicherheitstechnische Anforderungen an Rostfeuerungen für Dampf- und Heißwasserkessel ohne ständige Beaufsichtigung. Bergbau 38 (1987), H. 4, S. 167–169
- DIN VDE 0116, Elektrische Ausrüstung von Feuerungsanlagen. Oktober 1989
- Fichte, W.; Mohr, G.; Strohäcker, J.: Automatische Überwachung von Wasser-Dampf-Kreisläufen mit Interpretation besonderer Betriebsereignisse. VGB-Kraftwerkstechnik 70 (1990), H. 6, S. 498–501
- Schumacher, A.: Vorbereitung europäischer sicherheitstechnischer Regelungen für die Druckgeräte. TÜ 35 (1994), Nr. 3
- Hausmann, B.: Europäische Normentwürfe für Dampfkessel. TÜ 38 (1997), Nr. 11/12
- Franz, E.: Großwasserraumkessel im europäischen Wandel. TÜ 38 (1997), Nr. 6
- Videodokumentation verschiedener Betriebszustände von Dampfkesseln, Spirax Sarco GmbH, Konstanz. TÜ 38 (1997), Nr. 3

Zum Kapitel 7 Elektrische und Elektronische Steuerungen

- Defren, W.: Grenztaster, die der Sicherheit dienen. Die Berufsgenossenschaft (1978), H. Okt.
- Euringer, M.: Eine speicherprogrammierbare Steuerung für Überwachungs- und Sicherheitsfunktionen. RTP, R. Oldenbourg Verlag, München: 1981, H. 8
- The application of Microprocessors to bumer control. Communication 1161. British Gas Corporation. London 1981
- Hildebrand KG, HIMA Planar-System-Beschreibung. Paul Hildebrandt KG, Mannheim
- VDE 0116/10.89 Elektrische Ausrüstung von Feuerungsanlagen. Beuth Verlag GmbH, Berlin
- VDE 0160/11.81 Ausrüstung von Starkstromanlagen mit elektronischen Betriebsmitteln. Beuth Verlag GmbH, Berlin
- VDI/VDE 2180/04.86 Sicherung von Anlagen der Verfahrenstechnik mit Mitteln der Mess-, Steuerungs- und Regelungstechnik Blatt 1/2. VDI Verlag GmbH, Düsseldorf
- VDI/VDE 3541/10.85 Steuerungseinrichtungen mit vereinbarter gesicherter Funktion, Blatt 1/3. VDI-Verlag GmbH, Düsseldorf
- VdTÜV Merkblatt Druckbehälter 372/07.97 Leitlinie für die Prüfung sicherheitsrelevanter MSR-Einrichtungen in Anlagen. VdTÜV, Essen
- BMFT-Forschungsbericht TV 7637: Aspekte der Sicherheit und Zuverlässigkeit der Rad-/Schiene-Betriebstechnik. Bundesbahn-Zentralamt München, Techn. Bericht April 1981
- Hölscher, H.; Rader, J.: Mikrocomputer in der Sicherheitstechnik. TÜV-Arge Rechnersicherheit – TÜV Bayern e. V., TÜV Rheinland e. V. Verlag TÜV-Rheinland, Köln 1984
- DB, Bundesbahn-Zentralamt München: Grundsätze zur technischen Zulassung in der Signal- und Nachrichtentechnik. Deutsche Bundesbahn, Ausgabe MÜ 8004, München 1984
- EWICS (European Workshop on Industrial Computer Systems): Safety Related Computers. Verlag TÜV Rheinland, Köln 1985
- SES-Elektronics: Qualitäts- und Zuverlässigkeits-Sicherung (Fehleranalyse-Handbuch); SES-Elektronics, Nördlingen 1985
- Sauer, H.: Relais-Lexikon. Dr. Alfred Hüthig Verlag, Heidelberg 1985, 2. Aufl.
- Bystron, K.; Borgmeyer, I.: Grundlagen der technischen Elektronik. Carl Hanser Verlag, München 1987
- Sicherheitsregeln für Steuerungen an kraftbetriebenen Pressen der Metallbearbeitung. ZH 1/457, Zentralverband der gewerblichen Berufsgenossenschaften, Bonn
- Sichere Steuerungs- und Schutzsysteme SPS in Chemie- und Umwelttechnik. VDE-Verlag, ISBN 3-8007-2030-2
- DIN EN 125   Flammenüberwachungseinrichtungen für Gasgeräte; Thermoelektrische Zündsicherungen
- DIN EN 126   Mehrfachstellgeräte für Gasgeräte
- DIN EN 161   Automatische Absperrventile für Gasbrenner und Gasgeräte

– DIN EN 230	Ölzerstäubungsbrenner in Monoblockausrüstung; Einrichtungen für die Sicherheit, die Überwachung und die Regelung sowie Sicherheitszeiten
– DIN EN 264	Sicherheitsabsperreinrichtungen für Feuerungsanlagen mit flüssigen Brennstoffen; sicherheitstechnische Anforderung und Prüfung
– DIN EN 298	Feuerungsautomaten für Gasbrenner und Gasgeräte mit und ohne Gebläse
– DIN EN 746 T 1–8	Industrielle Thermoprozessanlagen; Sicherheitsanforderungen
– DIN EN V 1954	Fehlerverhalten von elektronischen Bauteilen, mit sicherheitstechnischen Anforderungen in Gasgeräten bei inneren und/oder äußeren Störungen
– DIN EN 50081-2	Elektromagnetische Verträglichkeit; Fachgrundnorm Störaussendung; Teil 2: Industriebereich
– DIN EN 50082-2	Elektromagnetische Verträglichkeit; Fachgrundnorm Störfestigkeit; Teil 2: Industriebereich
– pr EN 50156 T 1–3	Elektrische Ausrüstung von Feuerungsanlagen
– pr EN 50178	Bestimmungen für die Ausrüstung von Starkstromanlagen mit elektronischen Betriebsmitteln
– DIN EN 60204-1	Sicherheit von Maschinen; elektrische Ausrüstung von Maschinen; Teil 1: Allgemeine Anforderungen
– DIN EN 61131-2	Speicherprogrammierbare Steuerungen; Teil 2: Betriebsmittelanforderungen und Prüfungen
– DIN EN 61131-3	Speicherprogrammierbare Steuerungen; Teil 3: Programmiersprachen
– IEC 654 T 1–4	Leittechnische Einrichtungen für industrielle Prozesse
– IEC 1508 T 1–7	Functional Safety of Electrical/Electronical programable Electronic Systems
– DIN 3398 T 1	Druckwächter für Gas in Gasverbrauchseinrichtungen; sicherheitstechnische Anforderungen, Prüfung
– DIN 3440	Temperaturregel- und -begrenzungseinrichtungen für Wärmeerzeugungsanlagen; sicherheitstechnische Anforderungen, Prüfung
– DIN 3446	Elektrische Anzündeeinrichtungen für Gasbrenner
– DIN 4736 T 1	Ölversorgungsanlagen für Ölbrenner; Bauelemente, Ölförderaggregate, Steuer- und Sicherheitseinrichtungen, Ölversorgungsbehälter; sicherheitstechnische Anforderungen, Prüfung
– DIN 19226	Regelungstechniken und Steuerungstechnik, Begriffe und Benennungen
– DIN V 19250	Messen, Steuern, Regeln; grundlegende Sicherheitsbetrachtungen für MSR-Schutzeinrichtungen
– DIN 32727	Strömungssicherungen für Wärmeübertragungsanlagen
– DIN 32728	Flüssigkeitsstandsbegrenzer für Wärmeübertragungsanlagen mit organischen Flüssigkeiten
– DIN 32730	Stellgeräte für Wasser und Wasserdampf mit Sicherheitsfunktionen in heiztechnischen Anlagen; sicherheitstechnische Anforderungen und Prüfung
– DIN 66216	Angaben über Schnittstellen zwischen Prozessrechensystem und Prozess, Teil 4: »Analogeingabe«, Teil 5: »Analogausgabe«
– DIN IEC 68	Grundlegende Umweltprüfverfahren, Teile 2–17
– DIN IEC 770	Messumformer für Druck, Messumformer für Temperatur
– DIN VDE 0100	Bestimmungen für das Errichten von Starkstromanlagen mit Nennspannungen bis 1000 V
– DIN VDE 0101	Bestimmungen für das Errichten von Starkstromanlagen mit Nennspannungen über 1 kV
– DIN VDE 0110	Bestimmungen für die Bemessung der Luft- und Kriechstrecken elektrischer Betriebsmittel
– DIN VDE 0116	Elektrische Ausrüstung von Feuerungsanlagen
– DIN VDE 0160	Bestimmungen für die Ausrüstung von Starkstromanlagen mit elektronischen Betriebsmitteln
– DIN VDE 0435	Regeln für elektrische Relais in Starkstromanlagen
– DIN VDE 06131	Vorschriften für Temperaturregler und Temperaturbegrenzer
– DIN VDE 0660	Bestimmungen für Niederspannungsschaltgeräte
– DIN VDE 0800	Bestimmungen für Errichtung und Betrieb von Fernmeldeanlagen einschließlich Informationsverarbeitungsanlagen
– DIN V VDE 0801	Grundsätze für Rechner in Systemen mit Sicherheitsaufgaben

- DIN VDE 0804   Bestimmungen für Fernmeldegeräte einschließlich informationsverarbeitender Geräte
- 9O/396/EWG   Richtlinie des Rates vom 29. Juni 1990 zur Angleichung der Rechtsvorschriften der Mitgliedsstaaten für Gasverbrauchseinrichtungen und flüssige Brennstoffe
- 93/68/EWG   Richtlinie zur Änderung der Richtlinie u. a. 90/396

Zum Kapitel 8 Umweltschutz

Allgemeines
- Dreyhaupt, F. J.: Handbuch für Immissionsschutzbeauftragte, Teil I. und II. Verlag TÜV Rheinland, Köln
- Nöthlichs, M.: Arbeitsstätten, Loseblattausgabe, Verlag E. Schmidt, Berlin
- Schmatz, H.; Nöthlichs, M.; Weber, H. P.: Immissionsschutz. Loseblattausgabe, Verlag E. Schmidt, Berlin
- Stich, J.; Porger, K. W.: Immissionsschutzrecht des Bundes und der Länder. Loseblattausgabe, Verlag E. Schmidt, Berlin
- Ule, C. H.; Laubinger, W.: Bundes-Immissionsschutzgesetz, Kommentar, Rechtsvorschriften, Rechtsprechung. Loseblattausgabe, Luchterhand-Verlag, Neuwied
- Schmidt, H.: Schalltechnisches Taschenbuch. VDI-Verlag, Düsseldorf 1996
- Beckert, C.; Chotjewitz, I.: TA Lärm. Verlag E. Schmidt, Berlin
- Schoop, U.: Versuche zur Beeinflussung der Staubemission älterer Kesselanlagen durch Einsatz unterschiedlicher Kohlensorten. VBG 59 (1979), Nr. 6, S. 447–483
- VDI-Handbuch »Lärmminderung«. VDI-Richtlinien in 3 Ringmappen. Beuth Verlag, Berlin
- VDI-Handbuch »Reinhaltung der Luft«,
  Bd. 1:   Allgemeines – Maximale Immissionswerte, Wirkungskriterien, wirkungsbezogene Meß- und Erhebungsverfahren – Ausbreitung luftfremder Stoffe in der Atmosphäre.
  Bd. 2 u. 3: Beschränkung der Emission luftfremder Stoffe.
  Bd. 4 u. 5: Analyse und Meßverfahren.
  Bd. 6:   Verfahren zur Abgasreinigung – Staubminderungstechnik.
  VDI-Richtlinien, Beuth Verlag, Berlin
- Mayer-Schwinning, G.: Fortschritte bei der Abscheidung von Stäuben im Elektrofilter unter Berücksichtigung der Schadgas-Adsorption. Chem.-Ing.-Techn. 57 (1985), Nr. 6, S. 493–500
- Schumacher, A.: Technische Umsetzung der TA Luft 86 bei Feuerungs- und Abfallverbrennungsanlagen. BWK 38 (1986), Nr. 7/8, S. 351–357
- Schulteß, W.: Möglichkeiten zur NO_x-Minderung für kleine und mittlere Anlagen, Special NO_x-Minderung in Rauchgasen. VDI-Verlag, Oktober 1987, Düsseldorf
- Schumacher, A.: Neuzeitliche Dampferzeugerkonzepte für Industrie- und Großkraftwerke. VGB-Kraftwerkstechnik 67 (1987), Nr. 11, S. 1047–1056
- Schulteß, W.: Erste Erfolge, Nachrüstung von Kesseln mit Rauchgasentschwefelungsanlagen nach der TA Luft. Betrieb und Energie 41, 1988, S. 8–16
- Taubert, U.: Entsorgung in Steinkohlekraftwerken – Abwasser und Reststoffe. VGB-Kraftwerkstechnik 68 (1988), Nr. 2, S. 157–166
- Abshagen, J.; Liebenow, D.; Stahl, H.: Automatisierte Meßsysteme zur Erfassung von Luftschadstoffen, Aufgaben und Anforderungen. TÜ 29 (1988), Nr. 3
- Schilling, H.-D.: Umweltschutz in der Kraftwerkstechnik. VGB-Kraftwerkstechnik 69 (1989), H. 10, S. 1009–1017
- Götzen, W.: Schornsteine für Müllverbrennungsanlagen. VGB-Kraftwerkstechnik 71 (1991), S. 161–164.
- Jest, D.: Die neue TA Luft. Loseblattsammlung, WEKA Fachverlag, Kissing, 4 Bd.
- Birn, Jung: Abfallbeseitigungsrecht für die betriebliche Praxis. WEKA Fachverlag, Kissing, 4 Bd.
- Das neue Wasserrecht für die betriebliche Praxis. Loseblattsammlung, WEKA Fachverlag, Kissing, 4 Bd.
- Albrecht, W.: NO_x-Emissionen aus Kohlenstaubflammen. VGB-Kraftwerkstechnik 72 (1992), S. 614–621
- Baum, F.: Luftreinhaltung in der Praxis. Oldenbourg, München 1988
- Fritz, W.; Kern, H.: Reinigung von Abgasen. Vogel, Würzburg 1992

- Bank, M.: Basiswissen Umwelttechnik, Wasser, Luft, Abfall, Lärm, Umweltrecht. Vogel, Würzburg 1993
- Feldhaus, G.: Luftreinhaltegesetze in Europa. VGB-Kraftwerkstechnik 73 (1993), H. 10, S. 893–896
- Umweltbundesamt (Hrsg.): Was Sie schon immer über Luftreinhaltung wissen wollten. Kohlhammer, Stuttgart 1992.
- Forstner, U.: Umweltschutztechnik. Springer, Berlin 1993.
- Pruschek, R.; Oeljeklaus, G.; Boeddicker, D.; Brand, V.: Thermodynamische Analyse von Kombi-Prozessen mit integrierter Kohlevergasung und CO_2-Rückhaltung. VGB-Kraftwerkstechnik 73 (1993), S. 577
- Beising, R.: Die betriebliche Praxis eines Umweltschutzbeauftragten im Dickicht der Vorschriften. VGB-Kraftwerkstechnik 73 (1993), S. 1050
- Bohm, H.: Fossilbefeuerte Kraftwerke. VGB-Kraftwerkstechnik 74 (1994), S. 173.
- Hansmann, K.: Bundes-Immissionsschutzgesetz mit Erläuterungen. Nomos, Baden-Baden 1994
- Thome-Kozmiensky, K. J. (Hrsg.): Thermische Abfallbehandlung. EF-Verlag, Berlin 1994
- Dreyhaupt, F. J. (Hrsg.): VDI-Lexikon Umwelttechnik. VDI-Verlag, Düsseldorf 1994
- Schellberg, W. , Wetzel, R.: Entwicklungstendenzen in Kombikraftwerken mit integrierter Flugstromvergasung, Wirkungsgrade, Umweltdaten, Kosten. BWK 4 (1995), S. 354
- Ledjeff, K.; Heizel, A.: Überblick über die Brennstoffzellentechnologie. Gaswärme International 44 (1995), S. 175
- Buge, D.: Umweltrechtliche Anforderungen an Feuerungsanlagen. Gaswärme International 44 (1995), S. 182
- Eimermacher, T.: UBA-Jahresbericht Umweltschutz als Standortfaktor. Gaswärme International 44 (1995) S. 327
- Gebhardt, W.: Die Umsetzung der TA Luft im Rahmen der IVU-Richtlinie. WLB 5/2000, S. 21

Störfallverordnung
- Rheinbraun AG: Empfehlungen zum Umgang mit Braunkohlenkoks – Sicherheitsmaßnahmen, Förder- und Silotechnik. Firmenschrift der Abt. Anwendungstechnik, Köln 1991
- Hansmann, G.; Wefers, H.: Sicherheitstechnik bei Aktivkoksfiltern an Abfallverbrennungsanlagen – Hinweise und Anforderungen aus der Sicht der Störfall-Verordnung. VGB-Kraftwerkstechnik 72 (1992), S. 706
- Wagner, K.; Alfert, F.: Konsequenzen des Bundes-Immissionsschutzgesetzes und der novellierten Störfallverordnung für den Staubexplosionsschutz. Staub-Reinhaltung der Luft 52 (1992), S. 375

Emissionsmesstechnik
- Erken, A.: Übersicht und Erfahrungen hinsichtlich neuerer Entwicklungen bei der kontinuierlichen NH_3-Schlupfmessung hinter DENOX-Anlagen. VGB-Kraftwerkstechnik 68 (1988), S. 1286–1294
- Lodder, P.; Lefers, J.: Kontinuierliche On-line-NH_3-Analyse in Rauchgasen aus katalytischen DENOX-Anlagen. VGB-Kraftwerkstechnik 68 (1988), S. 1301–1305
- Bühne, K.-W.; Jockel W.: Das Planfilterkopfgerät – ein neuartiges Verfahren zur Messung geringer Staubgehalte. Staub-Reinhaltung der Luft 49 (1989), S. 93–98
- Jockel, W.: Emissionsmessung metallischer Abgasinhaltsstoffe. Staub-Reinhaltung der Luft 49 (1989), S. 359–364
- Berichte des Umweltbundesamtes 11/90 Luftreinhaltung – Leitfaden zur kontinuierlichen Emissionsüberwachung. Hrsg. vom Umweltbundesamt, Erich Schmidt Verlag, Berlin 1990
- Bock H.; Postel G.: FT-IR-on-line-Messung von Stickoxiden in Rauchgasen. VGB-Kraftwerkstechnik 70 (1990), S. 342–346
- Binans, S.: Entwicklung der kontinuierlichen Staubemissionsmessungen. VGB-Kraftwerkstechnik 71 (1991), S. 490–495
- Bühne, K.-W.; Jockel, W.: Neuartiges Konzept zur automatisierten Probenahme staubförmiger Stoffe bei Stichprobenmessungen. Staub-Reinhaltung der Luft 51 (1991), S. 433–438
- Bühne, K.-W.: Messen und Überwachen der Rußzahl 1 an industriellen Feuerungsanlagen. Staub-Reinhaltung der Luft 51 (1991), S. 313–317
- Denchs, W.; Menden, V.; Ebel, P.: Messungen zur Bestimmung des Säuretaupunkts und der SO_3-Konzentration im Rauchgas von Kraftwerkskesseln. VGB-Kraftwerkstechnik 71 (1991), S. 966–970
- Breton, H.: Emissionsmessung an Feuerungsanlagen mit einem Mehrkomponenten-Infrarot-Meßsystem. Staub-Reinhaltung der Luft 52 (1992), S. 195–200

- Gritsch, Th.: Meßeinrichtungen zur Bestimmung von Abgas-Volumenströmen. WLB Envitec Report (1992), S. 38
- Jockel, W.: Stand der Emissionsmeßtechnik im Abgas der Rückstandsverbrennung, Chem.-Ing.-Techn. 64 (1992), S. 223–230
- Ronig, H.-W.: Betriebserfahrungen mit Auswerteeinheiten beim Einbinden von REA- und DENOX-Anlagen. VGB-Kraftwerkstechnik 72 (1992), S. 215–221
- Binans, S.; Hildebrandt J.; Piolot, A.: Kontinuierliche Emissionsmessungen gasförmiger Stoffe – Erfahrungen in einem Braunkohlekraftwerk. Staub-Reinhaltung der Luft 53 (1993), S. 43–46
- Gritsch, Th.: Staubemissionsmessung in wasserdampfgesättigten Abgasen. VDI-Berichte 1059 (1993), S. 161–182
- Gritsch, Th.; Krämer, E.: Ein neuartiges Probenahmeverfahren für die Bestimmung niedriger Staubgehalte in wasserdampfgesättigten Abgasen. Staub-Reinhaltung der Luft 55 (1995), S. 329
- Binians, S.; Menzel K.; Hildebrandt, J.: Genauigkeit von Betriebsmeßeinrichtungen für den Rauchgasvolumenstrom. VGB-Kraftwerkstechnik 75 (1995), S. 621

Rest- und Abfallstoffe / Abwasser
- Rupp, J.-J.: Reststoffe und Abfall im Bundes-Immissionsschutzgesetz und Abfallgesetz. VGB-Kraftwerkstechnik 71 (1991), S. 1122–1124
- Schmitt-Tegge, J.: Stellenwert der Müllverbrennung, VGB-Kraftwerkstechnik 17 (1991), S. 772–775
- Stegemann, B.; Knoche R.: Emissionsminderung in der thermischen Abfallverwerfung – Verfahren und Möglichkeiten der Rauchgasreinigung und Rückstandsbehandlung, Teil 2. Staub-Reinhaltung der Luft 52 (1992), S. 225–229
- Haug, N.; Remus, R.: Reststoffvermeidung und -verwertung durch das immissionsschutzrechtliche Vermeidungs- und Verwertungsgebot. Staub-Reinhaltung der Luft 53 (1993), S. 93–99
- Krass, K.; Mesters, K.: Verwerfung von Müllverbrennungsasche im Straßenbau, VGB-Kraftwerkstechnik 73 (1993), S. 841
- Gaube, J.; Jahn, P.: Wertstoffgewinnung bei der Aufbereitung von Abwässern aus REA-Anlagen. VGB-Kraftwerkstechnik 74 (1994), S. 60
- Heinz, D.: Umwelt- und Gesundheitsverträglichkeit von Kraftwerksreststoffen. VGB-Kraftwerkstechnik 74 (1994), S. 711
- Harfan, J.; Peters, F.: Erstellung von Abfallwirtschaftskonzepten und Abfallbilanzen für Kraftwerke. VGB-Kraftwerkstechnik 74 (1994), S. 808
- Neumann, G.: Verwertung von Kraftwerksreststoffen in Österreich. VGB-Kraftwerkstechnik 745 (1994), S. 1000
- Schmidt, A.: Kreislauf- statt Abfallwirtschaft? Übersicht zu den Neuregelungen des Kreislaufwirtschafts- und Abfallgesetzes. UTA 6 (1994), S. 463
- Haug, N.: Substitution von Naturgips durch Gips aus Abgasentschwefelungsanlagen. Staub-Reinhaltung der Luft 54 (1994), S. 309
- Mörtel, H.; Menzler, N.: Verwertungsmöglichkeiten für Reststoffe aus Müllverbrennungsanlagen. EP 12 (1994), S. 45
- Dürkop, J.: Zur Umsetzung der künftigen EU-Richtlinie über die Verbrennung von Abfällen in deutsches Recht. Immissionsschutz 3 (2000)
- Bartholot, H.-D.; Neuhaus, W.; Stark, M.: Die Betreiberpflicht zur Vermeidung und Verwertung von Abfällen aus genehmigungsbedürftigen Anlagen nach dem Bundes-Immissionsschutzgesetz. Immissionsschutz 3 (1999)

Abfallverbrennungsanlagen – 17. BImSchV
- Fritz, P.; Lorey, H.; Stubenvoll, J.: Rauchgasreinigung und Entsorgung als integriertes Konzept bei Müllverbrennungsanlagen. VGB-Kraftwerkstechnik 71 (1991), S. 217–221
- Mosch, H.: Das TCR-Verfahren von ABB Fläkt für die Rauchgasreinigung bei der Haus- und Sondermüllverbrennung. Abfallwirtschaftsjournal 3 (1991), S. 655–660
- Surendorf, F.: Die Verordnung über Abfallverbrennungsanlagen – 17. BImSchV – Anlaß, Ziele und Auswirkungen. VGB-Kraftwerkstechnik 71 (1991), S. 669–670
- Grenier B.; Stelzner, E.: Abfallverbrennung als Dioxin-Quelle oder -Senke? Entsorga-Magazin 9 (1992), S. 59–66
- Mittelbach, G.; Fahlenkamp, H.; Hagenmaler, H.; Hartmann, E.: Dioxin- und Furanbilanzierung an Katalysatoren und Filterschichtreaktoren zur Abgasreinigung. VGB-Kraftwerkstechnik 72 (1992), S. 626–629

- Stegemann, B.; Knoche, R.: Emissionsminderung in der thermischen Abfallverwertung – Verfahren und Möglichkeiten der Rauchgasreinigung und Rückstandsbehandlung, Teil 1. Staub-Reinhaltung der Luft 52 (1992), S. 179–185
- Gottschalk, J.: Flugstromverfahren – ein Verfahren der Kohlenstoffadsorptionstechnik zur Minimierung der Restemissionen. Abfallwirtschaftsjournal 4 (1992), S. 997–1001, und 5 (1993), S. 78–82
- Hahn, J.: Müllverbrennung mit vollständiger Verwertung als unverzichtbarer Bestandteil einer geschlossenen Stoffwirtschaft. In: Thome-Kozmiensky, K. J.: Reaktoren zur thermischen Abfallbehandlung. EF-Verlag, Berlin 1993, S. 3
- Spahl, R.; Dom, I. H.; Hörn, H. G.; Hess, K.: Katalytische Dioxinzerstörung für Abfallverbrennungsanlagen. EP 5 (1993), S. 328
- Brunner, M.: Betriebserfahrungen zur Einhaltung der 17. BImSchV. VGB-Kraftwerkstechnik 73 (1993), S. 619
- Kreusing, H.; Theis, K. H.; Schulz, V.: Braunkohlenkoks zur Adsorption von Spurenstoffen aus Abfallverbrennungsabgasen. Abfallwirtschaftsjournal 6 (1994), S. 592
- Hauk, R.; Poller, J.: Vergasungsverfahren für Abfälle. VGB-Kraftwerkstechnik 74 (1994), S. 790
- Kolar, J.: Verwertungsmöglichkeiten für Reststoffe der Sprühabsorptionsverfahren. VGB-Kraftwerkstechnik 75 (1995), S. 167
- Mayer-Schwinning, G.; Herden, H.; Brauer, H. W.: Zeolithe zur Dioxin-/Furan- und Schwermetallabscheidung, Staub-Reinhaltung der Luft 55 (1995), S. 183
- Johnke, B.; Schombs, H.: Entwicklungstendenzen der thermischen Restabfallbehandlung. UTA 4 (1995), S. 304

Technische Maßnahmen zur Emissionsminderung

- Loffler, F.; Sievert, J.: Die periodische Regenerierung als kritische Phase beim Betrieb von Schlauchfiltern mit Druckstoßabreinigung. Staub-Reinhaltung der Luft 48 (1988), S. 273–279
- Petroll, J.; Schneider, B.; Födisch, H.: Die Nutzung elektrischer Kräfte bei der Staubabscheidung. Staub-Reinhaltung der Luft 50 (1990), S. 145–150
- Gutberiet, H.; Dickmann, H.-J.; Schallen, B.: Auswirkungen von SCR-DENOX-Anlagen auf nachgeschaltete Kraftwerkskomponenten. VGB-Kraftwerkstechnik 71 (1991)
- Haug, N.; Scharer, B.: Minderung von NO_x-Emissionen aus Kraftwerken – Betriebserfahrungen mit der SCR-Technik. Staub-Reinhaltung der Luft 51 (1991), S. 389–394
- Kassebohm, B.; Wolfering, G.: Katalytische Abgasentstickung im niedrigen Temperaturbereich, d. h. ohne Wiederaufheizung. VGB-Kraftwerkstechnik 71 (1991), S. 404–408
- Kildsig, F.; Morsing, P.: N_2O-Emissionen aus Kesselanlagen. VGB-Kraftwerkstechnik 71 (1991), S. 592
- Wiedmann, U.: NO_x-arme Feuerungssysteme für Kesselanlagen mittlerer Leistung. IF 52 (1991), S. 27–30
- Gutberiet, H.; Spiesberger, A.; Kastner, F.; Tembrink, J.: Zum Verhalten des Spurenelementes Quecksilber in Steinkohlefeuerungen mit Rauchgasreinigungsanlagen. VGB-Kraftwerkstechnik 72 (1992), S. 636–641
- Maier, H.; Bilger, H.; Mayer, G.: Betriebserfahrungen mit der SCR-Stickoxidminderungstechnik. VGB-Kraftwerkstechnik 72 (1992), S. 796–800
- Haase F.; Lucka, K.; Kohne, H.: NO_x-Emissionsminderung an ölbefeuerten Kleinbrennern. Wärmetechnik 3 (1993), S. 167–172
- Farwick, H.; Rummenhohl, V.: SCR-Katalysatoren. Fünf Jahre Betriebserfahrung mit SCR-Anlagen in allen Schaltungen und daraus entwickelte Konsequenzen und Maßnahmen. VGB-Kraftwerkstechnik 73 (1993), S. 437
- Braunstein, L.; Malhofer, A.; Wied, W.: Die Sulfatbildung bei der Rauchgasentschwefelung nach dem Wellman-Lord-Verfahren. VGB-Kraftwerkstechnik 73 (1993), S. 456
- Gutberiet, H.: Kraftwerkschemie in Rauchgasreinigungsanlagen. VGB-Kraftwerkstechnik 74 (1994), S. 54
- Methe, L.-P.: Kohlenstoffhaltige Adsorbentien (Sorbalit®) zum Einsatz in der Rauchgasreinigung von Verbrennungs- und Feuerungsanlagen. UTA 4 (1995), S. 357
- Kluyverde, J. P.; Gast, C. H.: Betriebserfahrungen mit Low-NO_x-Brennern in kohlenbefeuerten Kesseln in den Niederlanden. VGB-Kraftwerkstechnik 74 (1994), S. 603
- Cleve, U.: Reaktionsmechanismen bei der Eigenerwärmung von Aktivkohlen beim Einsatz in Rauchgasreinigungsanlagen. VGB-Kraftwerkstechnik 75 (1995), S. 43

- Richber, K.-H.: Metallische Gasfilter. Chemie Technik 24 (1995), S. 38
- Struschka, M.; Weissach, J.; Sprung, J.; Baumbach, G.: Stickstoffoxid-Emissionen kleiner, chargenweise beschickter Holzfeuerungen. BWK 47 (1995), S. 504
- Labuschewski, J.; Glinka, U.: Einfluß unterschiedlicher Sorbentien auf die Abscheideleistung eines Quasitrockenverfahrens hinter Müllverbrennnungsanlagen. VGB-Kraftwerkstechnik 76 (1996), S. 833
- Schütz, M.: Stand der Rauchgasentschwefelungstechnik. VGB-Kraftwerkstechnik 77 (1997), S. 943
- Menig, H.; Krill, H.; Jüstel, K.: Abgasreinigung durch Adsorption – Die Richtlinie VDI 3674 als Spiegel einer Technik für den Umweltschutz. Gef.-Reinhaltung der Luft 56 (1996), S. 81
- Marutzky, R.; Strecker, M.: Moderne Feuerungstechnik. Energetische Verwertung von Gebrauchtholz. Umwelt 29 (1999), S. 56
- Maier, H.; Benz, J.; Triebel, W.; Buck, P.: SCR-Technologie – Betriebsverhalten, Wechselstrategie, Regneration. VGB-Kraftwerkstechnik 8 (1999), S. 66
- Mesek, K.-P.; Riemann, K.-A.: Möglichkeit der Abscheidung von Quecksilber nach einer thermischen Abfallbehandlung. WLB 6 (1997), S. 66

Lärm
- Umweltbundesamt (Hrsg.): Was Sie schon immer über Lärmschutz wissen wollten. Kohlhammer, Stuttgart 1996
- Inner, V.: Aktive und passive Lärmminderung im Umweltschutz, Entsorgungspraxis 7 (1989), S. 87–91
- Interdisziplinärer Arbeitskreis für Lärmwirkungsfragen beim Umweltbundesamt, Berlin: Belästigung durch Lärm, psychische und körperliche Reaktionen. Z. für Lärmbekämpfung 37 (1990)
- Strauch, H.: Methoden zur Aufstellung von Lärmminderungsplänen. LIS-Berichte, Nr. 9
- Tegeder, K.: Die neue TA Lärm, erste Erfahrungen, Zweifelsfragen, Kommentare. Umwelt (1999), Bd. 29, S. 35

Sonstiges
- Bolle, H.-J.: Stand der Erkenntnisse zum Treibhauseffekt. VGB-Kraftwerkstechnik 70 (1990), S. 373–376
- Grefen, K.: Harmonisierung technischer Regeln im EG-Binnenmarkt – Beitrag der Kommission Reinhaltung der Luft im VDI und DIN. Staub-Reinhaltung der Luft 51 (1991), S. 199–205
- Feldhaus, G.: Luftreinhaltegesetzgebung in Europa. VGB-Kraftwerkstechnik 73 (1993), S. 893
- Rubel H.: Europäische Rechtssetzung zum Umweltschutz – Auswirkung auf die betriebliche Praxis. Staub-Reinhaltung der Luft 55 (1995), S. 119
- Kraft- Wärme- Kopplungsgesetz; Gesetz für die Erhaltung, die Modernisierung und den Ausbau der Kraft- Wärme- Kopplung vom 19.03.2002 (BGBL. I, S. 1992).
- Umweltinformationsgesetz vom 23.08.2001 (BGBL. I, S. 2218).

VDI-Richtlinien »Reinhaltung der Luft«
Die folgende Auflistung zeigt nur einen Auszug der wichtigsten Richtlinien. Eine komplette Übersicht mit Recherchemöglichkeiten ist im Internet unter www2.beuth.de verfügbar.
(E steht für Entwurf)

– VDI 2066 Bl. 1	Messen von Partikeln, Staubmessungen in strömenden Gasen, Gravimetrische Bestimmung der Staubbeladung – Übersicht
– VDI 2066 Bl. 2	–, –, –, Filterkopfgeräte (4 m^3/h, 12 m^3/h)
– VDI 2066 Bl. 3	–, –, –, Filterkopfgerät (40 m^3/h)
– VDI 2066 Bl. 4	–, –, Bestimmung der Staubbeladung durch kontinuierliches Messen der optischen Transmission
– VDI 2066 Bl. 5	–, –, Fraktionierende Staubmessung nach dem Impaktionsverfahren, Kaskadenimpaktor
– VDI 2066 Bl. 6	–, –, Bestimmung der Staubbeladung durch kontinuierliches Messen des Streulichtes mit dem Photometer KTN
– VDI 2066 Bl. 7	–, –, Gravimetrische Bestimmung geringer Staugehalte, Planfilterkopfgerät
– VDI 2066 Bl. 8	–, –, Messung der Rußzahl an Feuerungsanlagen für Heizöl EL
– VDI 2066 Bl. 10	–, –, Messen der Emissionen von PM 10 und PM 2,5 an geführten Quellen nach dem Impaktionsverfahren
– VDI 2090 Bl. 1	Messen von Immissionen – Bestimmung der Deposition von schwerflüchtigen organischen Substanzen – Bestimmung der PCDD/F-Deposition, Bergerhoff – Probenahme und GC/HRMS-Analyse

– VDI 2260 E	Technische Gewährleistungen für Abscheideanlagen, Abscheidungen von festen und flüssigen Luftverunreinigungen
– VDI 2262 Bl. 1	Luftbeschaffenheit am Arbeitsplatz, Minderung der Exposition durch luftfremde Stoffe, Allgemeine Anforderungen
– VDI 2262 Bl. 3	–, –, Lufttechnische Maßnahmen
– VDI 2263	Staubbrände und Staubexplosionen, Gefahren, Beurteilung, Schutzmaßnahmen
– VDI 2263 Bl. 1	–, –, –, –, Untersuchungsmethoden zur Ermittlung von sicherheitstechnischen Kenngrößen von Stäuben
– VDI 2263 Bl. 2	–, –, –, –, Inertisierung
– VDI 2263 Bl. 3	–, –, –, –, Explosionsdruckstoßfeste Behälter und Apparate, Berechnung, Bau und Prüfung
– VDI 2263 Bl. 4	–, –, –, –, Unterdrückung von Staubexplosionen
– VDI 2264 E	Betrieb und Instandhaltung von Abscheideanlagen, Abscheidung von festen und flüssigen Luftverunreinigungen
– VDI 2268 Bl. 1	Stoffbestimmung an Partikeln, Bestimmung der Elemente Ba, Be, Cd, Co, Cr, Cu, Ni, Pb, Sr, V, Zn in emittierten Stäuben mittels atomspektrometrischer Methoden
– VDI 2268 Bl. 2	–, Bestimmung der Elemente Arsen, Antimon und Selen in emittierten Stäuben mittels Atomabsorptionsspektrometrie nach Abtrennung über ihre flüchtigen Hydride
– VDI 2268 Bl. 3	–, Bestimmung des Thalliums in emittierten Stäuben mittels Atomabsorptionsspektrometrie
– VDI 2268 Bl. 4	–, Bestimmung der Elemente Arsen, Antimon und Selen in emittierten Stäuben mittels Graphitrohr-Atomabsorptionsspektrometrie
– VDI 2301	–, Verbrennen von Abfällen aus Krankenhäusern und sonstigen Einrichtungen des Gesundheitswesens
– VDI 2309 Bl. 1	Ermittlung von maximalen Immissionswerten, Grundlagen
– VDI 2310	Maximale Immissionswerte
– VDI 2310 Bl. 2	Maximale Immissionswerte zum Schutze der Vegetation, Maximale Immissionswerte für Schwefeldioxid
– VDI 2310 Bl. 3	–, Maximale Immissionswerte für Fluorwasserstoff
– VDI 2310 Bl. 4	–, Maximale Immissionswerte für Chlorwasserstoff
– VDI 2310 Bl. 5	–, Maximale Immissionswerte für Stickstoffdioxid
– VDI 2310 Bl. 6	–, Maximale Immissionskonzentrationen für Ozon
– VDI 2310 Bl. 11	Maximale Immissionswerte zum Schutze des Menschen, Maximale Immissionskonzentrationen für Schwefeldioxid
– VDI 2310 Bl. 12	–, Maximale Immissionskonzentrationen für Stickstoffdioxid
– VDI 2310 Bl. 15	–, Maximale Immissionskonzentrationen für Ozon (und photochemische Oxidantien)
– VDI 2310 Bl. 19	–, Maximale Immissionskonzentrationen für Schwebstaub
– VDI 2442	Abgasreinigung durch thermische Verbrennung
– VDI 2443	Abgasreinigung durch oxidierende Gaswäsche
– VDI 2445 Bl. 1	Emissionsminderung, Gasbefeuerte Dampf- und Heißwassererzeuger – Feuerungswärmeleistung mehr als 10 MW
– VDI 2448 Bl. 1	Planung von stichprobenartigen Emissionsmessungen an geführten Quellen
– VDI 2448 Bl. 2	Statistische Auswertung von stichprobenartigen Emissionsmessungen an geführten Quellen, Ermittlung der oberen Vertrauensgrenze
– VDI 2449 Bl. 1	Prüfkriterien von Messverfahren, Ermittlung von Verfahrenskenngrößen für die Messung gasförmiger Schadstoffe (Immission)
– VDI 2449 Bl. 2	Grundlagen zur Kennzeichnung vollständiger Messverfahren, Begriffsbestimmungen
– VDI 2450 Bl. 1	Messen von Emission, Transmission und Immission luftverunreinigender Stoffe – Begriffe, Definitionen, Erläuterungen
– VDI 2450 Bl. 2	–, Messplanung, Grundlagen
– VDI 2456	Messung gasförmiger Emissionen, Messen der Summe von Stickstoffmonoxid und Stickstoffdioxid- ionenchromatografisches Verfahren

– VDI 2457 Bl. 1	Messung gasförmiger Emissionen, Gaschromatographische Bestimmung organischer Verbindungen, Grundlagen
– VDI 2457 Bl. 5	Messen gasförmiger Emissionen – Chromatographische Bestimmung organischer Verbindungen – Probenahme mit Gassammelgefäßen
– VDI 2459 Bl.1	Messung gasförmiger Emissionen, Messen der Kohlenmonoxid-Konzentrationen mittels Flammenionisationsdetektor nach Reduktion zu Methan
– VDI 2459 Bl. 6	–, Verfahren der nichtdispersiven Infrarot-Absorption
– VDI 2459 Bl. 7	–, Messen der Kohlenmonoxidkonzentration, Jodpentoxidverfahren
– VDI 2462 Bl. 1	Messung gasförmiger Emissionen, Messen der Schwefeldioxid-Konzentration, Jod-Thiosulfat-Verfahren
– VDI 2462 Bl. 2	– Wasserstoffperoxid-Verfahren, Titrimetrische Bestimmung
– VDI 2462 Bl. 3	– Gravimetrische Bestimmung
– VDI 2462 Bl. 4	– Infrarot-Absorptionsgerät UNOR 6 und URAS 2
– VDI 2462 Bl. 8	– Messen der Schwefeldioxid-Konzentration, H_2O_2-Thorin-Methode
– VDI 2470 Bl. 1	Messung gasförmiger Emissionen, Messen gasförmiger Fluor-Verbindungen, Absorptionsverfahren
– VDI 3460	Emissionsminderung, Thermische Abfallbehandlung
– VDI 3476	Katalytische Verfahren der Abgasreinigung
– VDI 3481 Bl. 2	–, Bestimmung des durch Adsorption an Kieselgel erfassbaren organisch gebundenen Kohlenstoffs in Abgasen
– VDI 3481 Bl. 3	–, Messen von flüchtigen organischen Verbindungen, insbesondere von Lösemitteln mit dem Flammen-Ionisations-Detektor (FID)
– VDI 3481 Bl. 4	Messung gasförmiger Emissionen, Messen der Konzentrationen von Gesamt-C und Methan-C mit dem Flammen-Ionisations-Detektor (FID)
– VDI 3481 Bl. 6	–, Auswahl und Anwendung von C-Summenverfahren
– VDI 3499 Bl. 1	Messen von Emissionen, Messen von Reststoffen, Messen von polychlorierten Dibenzodioxinen und -furanen im Rein- und Rohgas von Feuerungsanlagen mit der Verdünnungsmethode, Bestimmung in Filterstaub, Kesselasche und in Schlacken
– VDI 3499 Bl. 2	Messen von Emissionen, Messen von polychlorierten Dibenzo-p-dioxinen (PCDD) und Dibenzofuranen (PCDF), Filter/Kühler-Methode
– VDI 3499 Bl. 3	–, –, Gekühltes Absaugrohr – Methode
– VDI 3674	Abgasreinigung durch Adsorption, Prozessgas und Abgasreinigung
– VDI 3676	Massenkraftabscheider
– VDI 3677 Bl. 1	Filternde Abscheider, Oberflächenfilter
– VDI 3678 Bl. 1	Elektrofilter, Prozessgas- und Abgasreinigung
– VDI 3679 Bl. 1	Nassabscheider für partikelförmige Stoffe
– VDI 3679 Bl. 2	Nassabscheider, Abgasreinigung durch Absorption (Wäscher)
– VDI 3781 Bl. 2	Ausbreitung luftfremder Stoffe in der Atmosphäre, Schornsteinhöhen unter Berücksichtigung unebener Geländeformen
– VDI 3781 Bl. 4	Bestimmung der Schornsteinmindestbauhöhe für kleinere Feuerungsanlagen
– VDI 3782 Bl. 3	Ausbreitung von Luftverunreinigungen in der Atmosphäre, Berechnung der Abgasfahnenüberhöhung
– VDI 3783 Bl. 1	–, Ausbreitung störfallbedingter Freisetzungen, Sicherheitsanalyse
– VDI 3783 Bl. 2	Umweltmeteorologie, Ausbreitung von störfallbedingten Freisetzungen schwerer Gase, Sicherheitsanalyse
– VDI 3783 Bl. 6	Regionale Ausbreitung von Luftverunreinigungen über komplexem Gelände, Modellierung des Windfeldes I
– VDI 3784 Bl. 1	Ausbreitung von Emissionen aus Naturzug-Nasskühltürmen, Beurteilung von Kühlturmauswirkungen
– VDI 3784 Bl. 2	–, Umweltmeteorologie, Ausbreitungsrechnung bei Ableitung von Rauchgasen über Kühltürme
– VDI 3786 Bl. 2	Meteorologische Messungen für Fragen der Luftreinhaltung, Wind
– VDI 3786 Bl. 3	–, Lufttemperatur
– VDI 3786 Bl. 4	–, Luftfeuchte
– VDI 3786 Bl. 16	–, Messen des Luftdrucks

– VDI 3800	Kostenermittlung für Anlagen und Maßnahmen zur Emissionsminderung
– VDI 3868 Bl. 1	Messen der Gesamtemission von Metallen, Halbmetallen und ihren Verbindungen, Manuelle Messung in strömenden, emittierten Gasen, Probenahmesystem für partikelgebundene und filtergängige Stoffe
– VDI 3868 Bl. 2	–, Messen von Quecksilber – Atomabsorptionsspektrometrie mit Kaltdampftechnik
– VDI 3873 Bl.1	Messen von Emissionen, Messen von polycyclischen aromatischen Kohlenwasserstoffen (PAH) an stationären industriellen Anlagen, Verdünnungsmethode (RWTÜV-Verfahren), Gaschromatographische Bestimmung
– VDI 3891	Emissionsminderung, Einäscherungsanlagen
– VDI 3926 Bl. 1	Prüfung von Filtermedien für Abreinigungsfilter
– VDI 3927 Bl. 1	Abgasreinigung, Abscheidung von Schwefeloxiden, Stickstoffoxiden und Halogeniden aus Abgasen (Rauchgasen) von Verbrennungsprozessen
– VDI 3928	Abgasreinigung durch Chemisorption
– VDI 3929	Erfassen luftfremder Stoffe
– VDI 3950 Bl. 1	Kalibrierung automatischer Emissionsmesseinrichtungen
– VDI 3950 Bl. 2	–, Berichterstattung
– VDI 4200	Durchführung von Emissionsmessungen an geführten Quellen
– VDI 4219	Qualitätssicherung, Ermittlung der Unsicherheiten von Emissionsmessungen, Geordnetes Schätzverfahren: Schrittweise Abschätzung der Beiträge zur Unsicherheit eines Messergebnisses

DIN/ISO-Normen »Luftreinhaltung«

– DIN EN 1911 Teil 1	Emissionen aus stationären Quellen, Manuelle Methode zur Bestimmung von HCl, Teil 1: Ansaugen des Probegases
– DIN EN 1911 Teil 2	–, –, Teil 2: Absorption der gasförmigen Verbindungen
– DIN EN 1911 Teil 3	–, –, Teil 3: Analyse der Absorptionslösungen und Berechnung der Ergebnisse
– DIN EN 1948 Teil 1	Emissionen aus stationären Quellen, Bestimmung der Massenkonzentration von PCDD/PCDF, Teil 1: Probenahme
– DIN EN 1948 Teil 2	–, –, Teil 2: Extraktion und Reinigung
– DIN EN 1948 Teil 3	–, –, Teil 3: Identifizierung und Quantifizierung
– DIN 4705 Teil 1	Berechnung von Schornsteinabmessungen, Begriffe – ausführliches Berechnungsverfahren
– DIN 4705 Teil 2	Berechnung von Schornsteinabmessungen, Näherungsverfahren für einfach belegte Schornsteine
– DIN 4705 Teil 3	Berechnung von Schornsteinabmessungen, Näherungsverfahren für einfach belegte Schornsteine
– DIN 4705 Teil 10	Berechnung von Schornsteinabmessungen, Näherungsverfahren für einfach belegte Schornsteine, Ausführungsart Iila für Abgastemperturen Te = 140 °C, 190 °C und 240 °C, Ausführungsart I, II, III und Iila für Abgastemperatur Te = 80 °C
– DIN ISO 7934	Emissionen aus stationären Quellen, Bestimmung der Massenkonzentration von Schwefeldioxid, Wasserstoffperoxid-/Bariumperchlorat-/Thorin-Verfahren
– ISO 10780	Emissionen aus stationären Quellen, Messung der Geschwindigkeit und des Volumenstroms in geführten Quellen
– ISO/ISO 11338 Teil 1	Emissionen aus stationären Quellen, Bestimmung der Massenkonzentration an polycyclischen aromatischen Kohlenwasserstoffen, Teil 1: Probenahme
– DIN ISO 11338 Teil 2	Emissionen aus stationären Quellen, Bestimmung der gas- und partikelförmigen polyzyklischen aromatischen Kohlenwasserstoffe aus stationären Quellen, Teil 2: Probenaufbereitung, Probenreinigung und Bestimmung
– ISO/ISO 12039	Emissionen aus stationären Quellen, Bestimmung von Kohlenmonoxid, Kohlendioxid und Sauerstoff, Automatische Verfahren
– DIN EN 12619	Emissionen aus stationären Quellen, Bestimmung der Massenkonzentration des gesamten gasförmigen organisch gebundenen Kohlenstoffs in ge-

– DIN EN 13211	ringen Konzentrationen in Abgasen, Kontinuierliches Verfahren unter Verwendung eines Flammenionisationsdetektors Luftqualität, Emissionen aus stationären Quellen, Bestimmung der Gesamtquecksilber-Konzentration
– DIN EN 13526	Emissionen aus stationären Quellen, Bestimmung der Massenkonzentration des gesamten gasförmigen organisch gebundenen Kohlenstoffs in hohen Konzentrationen in Abgasen, Kontinuierliches Verfahren unter Verwendung eines Flammenionisationsdetektors
– DIN EN 13649	Emissionen aus stationären Quellen, Bestimmung der Massenkonzentration von einzelnen gasförmigen organischen Verbindungen
– ISO 14164	Emissionen aus stationären Quellen, Bestimmung des Volumenstroms von Gasen in geführten Kanälen, Automatisiertes Verfahren
– DIN 33962	Messen gasförmiger Emissionen, Kontinuierlich arbeitende Messeinrichtungen für Einzelmessungen von Stickstoffmonoxid und Stickstoffdioxid
– DIN 51402 Teil 1	Prüfung der Abgase von Ölfeuerungen, Bestimmung der Rußzahl
– DIN 51402 Teil 2	Prüfung der Abgase von Ölfeuerungen, Fließmittelverfahren zum Nachweis von Ölderivaten
– DIN 51603 Teil 1	Flüssige Brennstoffe, Heizöle, Heizöl EL, Mindestanforderungen
– DIN 51603 Teil 2	–, –, Heizöl L, T und M, Anforderungen, Prüfung
– DIN 51603 Teil 3	–, –, Heizöl S, Mindestanforderungen
– DIN 51603 Teil 4	–, –, Heizöl ZT und C, Anforderungen, Prüfung
– DIN 51603 Teil 5	–, –, Heizöl SA, Mindestanforderungen
– DIN EN 14181	Emissionen aus stationären Quellen, Qualtiätssicherung für automatische Messeinrichtungen
– DIN EN 13284-1	Emissionen aus stationären Quellen, Ermittlung des Staubmassenkonzentration bei geringen Staubgehlten, Teil 1: Manuelles gravinetisches Verfahren
– DIN EN 14385	Emissionen aus stationären Quellen, Bestimmung des Gesamtemision von As, Cd, Cr, Co, Cu, Mn, Ni, Pb, Sb, Tl, und V
– DIN EN 14789	Emissionen aus stationären Quellen, Bestimmung der Volumenkonzentration von Sauerstoff - Referenzverfahren; Paramagnetismus
– DIN EN 14790	Emissionen aus stationären Quellen, Bestimmung von Wasserdampf in Leitungen
– DIN EN 14791	Emissionen aus stationären Quellen, Bestimmung der Massenkonzentration von Schwefeldioxid - Referenzverfahren.
– DIN EN 14791	Emissionen aus stationären Quellen, Bestimmung der Massenkonzentration von Stickstoffoxiden (NOx) - Referenzverfahren: Chemolumineszenz

VDI-Richtlinien »Lärmminderung«

– VDI 2057 Bl. 1	Einwirkung mechanischer Schwingungen auf den Menschen, Ganzkörperschwingungen
– VDI 2057 Bl. 2	–, Bewertung
– VDI 2057 Bl. 3	–, Beurteilung
– VDI 2057 Bl. 4.1	–, Messung und Beurteilung von Arbeitsplätzen in Gebäuden
– VDI 2058 Bl. 2	Beurteilung von Lärm hinsichtlich Gehörgefährdung
– VDI 2058 Bl. 3	Beurteilung von Lärm am Arbeitsplatz unter Berücksichtigung unterschiedlicher Tätigkeiten
– VDI 2560	Persönlicher Schallschutz
– VDI 2567	Schallschutz durch Schalldämpfer
– VDI 2571	Schallabstrahlung von Industriebauten
– VDI 2711	Schallschutz durch Kapselung
– VDI 2714	Schallausbreitung im Freien
– VDI 2715	Lärmminderung an Warm- und Heißwasser-Heizungsanlagen
– VDI 2720 Bl. 1	Schallschutz durch Abschirmung im Freien
– VDI 2720 Bl. 2	Schallschutz durch Abschirmung in Räumen
– VDI 2720 Bl. 3	Schallschutz durch Abschirmung im Nahfeld, teilweise Umschließung
– VDI 3723 Bl. 1	Anwendung statistischer Methoden bei der Kennzeichnung schwankender Geräuschimmissionen

–	VDI 3723 Bl. 2	Kennzeichnung von Geräuschimmissionen, Erläuterung von Begriffen zur Beurteilung von Arbeitslärm in der Nachbarschaft
–	VDI 3728	Schalldämmung beweglicher Raumabschlüsse, Türen, Tore und Mobilwände
–	VDI 3731 Bl. 2	Emissionskennwerte technischer Schallquellen, Ventilatoren
–	VDI 3732	Emissionskennwerte technischer Schallquellen, Fackeln
–	VDI 3733	Geräusche bei Rohrleitungen
–	VDI 3734 Bl. 1	Emissionskennwerte technischer Schallquellen, Rückkühlanlagen, Luftgekühlte Wärmeaustauscher (Luftkühler)
–	VDI 3734 Bl. 2	–, –, Kühltürme
–	VDI 3738	Emissionskennwerte technischer Schallquellen, Armaturen
–	VDI 3739	Emissionskennwerte technischer Schallquellen, Transformatoren
–	VDI 3753	Emissionskennwerte technischer Schallquellen, Stationäre Verbrennungsmotoren
–	VDI 3760	Berechnung und Messung der Schallausbreitung in Arbeitsräumen

DIN/ISO-Normen »Lärmminderung«

–	DIN 1320	Akustik, Grundbegriffe
–	DIN 1380	Lautstärkepegel, Begriffe, Messverfahren
–	ISO 4871	Akustik, Angabe und Nachprüfung von Geräuschemissionswerten von Maschinen und Geräten
–	DIN EN 12652	Tore, Lärmdämmung, Anforderungen und Prüfverfahren
–	DIN EN ISO 11690 Teil 1	Akustik, Richtlinien für die Gestaltung lärmarmer maschinenbestückter Arbeitsstätten, Teil 1: Allgemeine Grundlagen
–	DIN EN ISO 11690 Teil 2	–, –, Teil 2: Lärmminderungsmaßnahmen
–	DIN EN ISO 11690 Teil 3	–, –, Teil 3: Schallausbreitung und -vorausberechnung in Arbeitsräumen
–	DIN EN ISO 14163	Akustik, Leitlinien für den Schallschutz durch Schalldämpfer
–	DIN ISO 14257	Akustik, Messung und Modellbildung der Schallausbreitungskurven in Arbeitsräumen zum Zweck der Beurteilung ihrer akustischen Qualität
–	DIN ISO 15664	Akustik, Schallschutz, Projektplanung und -durchführung bei offenen Anlagen
–	DIN 45630 Teil 1	Grundlagen der Schallmessung, Physikalische und subjektive Größen von Schall
–	DIN 45630 Teil 2	Grundlagen der Schallmessung, Normalkurven gleicher Lautstärkepegel
–	DIN 45635 Teil 1	Geräuschmessung an Maschinen
–	DIN 45645 Teil 1	Ermittlung von Beurteilungspegeln aus Messungen, Geräuschimmissionen aus der Nachbarschaft
–	DIN 45645 Teil 2	Einheitliche Ermittlung des Beurteilungspegels für Geräuschimmissionen, Geräuschimmissionen am Arbeitsplatz
–	DIN EN 60651	Schallpegelmauer (DIN IEC 651)
–	DIN EN 60804	Integrierende mittelwertbildende Schallpegelmesser (= DIN IEC 804)
–	DIN EN ISO 11205	Akustik, Bestimmung von Emissions-Schalldruckpegeln am Arbeitsplatz und an anderen festgelegten Orten aus Schallintensitätsmessungen unter Einsatzbedingungen

VGB-Richtlinien und Merkblätter »Reinhaltung der Luft«

Richtlinien:

–	R 123 C	…, 1.8 Hinweise zu Messeinrichtungen in Rauchgasreinigungsanlagen, 1.9 Messanordnung und Messeinrichtungen von Prozessmessgeräten, …, Band I.2: 2.6 Abnahme-und Kontrolluntersuchungen an Rauchgasreinigungsanlagen Teil 1: Rauchgasentschwefelung, Teil 2: Rauchgasentstickung
–	R 202 H	Bau und Betrieb von Aufarbeitungsanlagen für REA-Produkte
–	R 301 H	Planung und Bestellung von Anlagen zur Minderung von Staubemissionen
–	R 303 H	Richtlinie für die Planung und Bestellung von Rauchgas-Entschwefelungsanlagen
–	R 304	Richtlinie für die Lärmminderung in Wärmekraftanlagen
–	R 305 H	Richtlinie für die Planung und Bestellung von Anlagen zur Minderung von Stickstoffoxidemissionen (DENOX-Anlagen)

- RV 800 Entsorgungshandbuch für Energieversorgungsunternehmen
- RS 002 Chemische Untersuchung im Rahmen der selektivkatalytischen Reduktion von Stickoxiden im Rauchgas

Merkblätter:
- M 202 H Maßnahmen zur Verhütung von Ruß-, Flugkoks und Rußflockenauswurf bei Ölfeuerungen
- M 204 H Nahstöchiometrischer Betrieb von Ölfeuerungen
- M 210 H Gewährleistungsforderungen bei der Rauchgasreinigung nach Müllverbrennungsanlagen
- M 302 H Einrichtungen und Maßnahmen zum Umweltschutz: Erfassung und Kostenermittlung im Kraftwerksbereich (konventionelle Kraftwerke)
- M 305 Umgang mit wassergefährdenden Stoffen im Kraftwerk
- M 306 Hinweise zum Abwasserabgabengesetz
- M 307 Bauart, Betrieb und Wartung von Entstaubungsanlagen
- M 408 G Abwasser und feste Rückstände aus Wasseraufbereitungsanlagen und wasser-/dampfberührten Systemen in Wärmekraftwerken
- M 642 U Schornsteine, Beurteilung der Bauarten, Hinweise zur Bauausführung und Inbetriebnahme
- M 701 Analyse von REA-Gips
- M 702 Analytik von REA-Abwasser
- M 703 Analytik von SpAV-Produkten

Bücher, technisch-wissenschaftliche Berichte und Tagungsberichte:
- B 401 VGB-Handbuch »Chemie im Kraftwerk« – »Analysenverfahren«
- TW 102 Kühlturm und Umwelt
- TW 202 Untersuchungen zum Einfluss von Brennstoffeigenschaften auf die Bildung von Stickstoffoxiden bei der Kohlestaubverbrennung
- TW 203 Untersuchungen zum Einfluss von Brennstoffausmahlung auf die Bildung von Stickstoffoxiden bei der Kohlestaubverbrennung
- TW 204 Untersuchungen der N_2O-Emissionen aus Wirbelschichtfeuerungen und deren Minderungspotenzial
- TW 205 Möglichkeiten der verstärkten Verwertung von Rückständen aus Kraftwerksfeuerungen
- TW 208 Abscheidung von partikel- und gasförmigen Verunreinigungen aus Kohlevergasungsgas mit Abreinigungsfiltern bei hohen Temperaturen
- TW 209 Vergleichbare Untersuchung der Umweltrelevanz verschiedener Verfahren zur Behandlung von Siedlungsabfällen
- TW 213 Modellgestützte Sicherheitsbetrachtungen zu Aktivkoksadsorbern für die Rauchgasendreinigung in thermischen Abfallbehandlungen
- TW 216 Primärmaßnahmen zur NO_X-Minderung an Staubfeuerungen für Stein- und Braunkohle
- TW 304 Luft- und Körperschalldämmung isolierter Blechwände
- TW 307 Untersuchung von Kraftwerksrauchgasen auf polychlorierte Dibenzodioxine und Dibenzofurane
- TW 308 Zur strömungstechnischen Optimierung von Schalldämpferkulissen, insbesondere für Nasskühltürme
- TW 310 Simulationsprogramm für Rauchgaswäscher unter besonderer Berücksichtigung des Stoffaustausches
- TW 311 Analyse der Schwermetallströme in Steinkohlefeuerungen
- TW 402 Entfernung von Ammoniak aus kraftwerksspezifischen Abwässern
- TW 645 Karbonatisierung von Beton mit Steinkohlenflugasche
- TW 667/771 Untersuchungen an Aschen aus Wirbelschichtfeuerungen
- TW 701 Herstellung von wärmedämmenden Leichtbausteinen aus Steinkohleaschen
- TW 702 Verwertungskonzept für Reststoffe aus Kohlekraftwerken in der Bundesrepublik Deutschland
- TW 703 Untersuchungen zur Anrechenbarkeit von Steinkohleasche in Beton
- TW 704 Untersuchungen zur Verwendung von Steinkohlenflugasche in Spannbeton mit sofortigem Verbund

- TW 705 Optimierung von Betonen mit Flugaschezusätzen im Hinblick auf die Verarbeitbarkeit des Frischbetons
- TW 706 Kreislauf- und Abfallwirtschaft in den deutschen Kohlekraftwerken, Bericht der Elektrizitätswirtschaft
- TB 128 Arbeitssicherheit und Gesundheitsschutz in Kraftwerken
- TB 706 Flugaschen in Beton 1998

VdTÜV-Merkblätter »Reinhaltung der Luft«
- Nr. 2001 Ermittlung partikelförmiger Emissionen mit laufend aufzeichnenden Messgeräten, Grundlagen – Einbau und Wartung – Kalibrierung
- Nr. 2002 Ermittlung der Staubbeladung in strömenden Gasen, Manuelle Verfahren – Filterkopfgerät
- Nr. 5501 Auditleitfaden für die standortspezifische Prüfung von Umweltmanagementsystemen (UMS) nach VO (EWG) 1836/93

EG-Richtlinien/Verordnung
- Richtlinie (89/369/EWG) des Rates vom 8.6.89 über die Verhütung der Luftverunreinigungen durch neue Verbrennungsanlagen für Siedlungsmüll ABl. EG Nr. L 163/32 vom 24.6.1989
- Richtlinie (89/429/EWG) des Rates vom 21.7.89 über die Verringerung der Luftverunreinigung durch bestehende Verbrennungsanlagen für Siedlungsmüll, ABl. EG Nr. L 203/60 vom 15.7.1990
- Verordnung Nr. 1836/93 des Rates vom 29.6.93 über die freiwillige Beteiligung gewerblicher Unternehmen an einem Gemeinschaftssystem für das Umweltmanagementsystem und die Umweltbetriebsprüfung, ABl. EG Nr. L 168
- Richtlinie (96/61/EG) des Rates vom 24.9.1996 über die integrierte Vermeidung und Verminderung der Umweltverschmutzung, ABl. EG Nr. L 257/26
- Richtlinie (76/464/EWG) des Rates betreffend die Verschmutzung infolge der Ableitung bestimmter gefährlicher Stoffe in die Gewässer der Gemeinschaft vom 4. Mai 1976 (ABl. EG vom 18.5.1976 Nr. L 129, S. 23, zuletzt geändert (ABl. EG vom 31.12.1991 Nr. L 377, S. 48)
- Richtlinie (2003/4/EG) des EP und des Rates über den Zugang der öffentlichkeit zu Umweltinformationen und zur Aufhebung der Richtlinie 90/313/EWG des Rates, ABL.EU Nr. L41 S. 26 vom 14.02.2003
- Richtlinie 2003/10/EG des Europäischen Parlaments und des Rates über Mindestvorschriften zum Schutz von Sicherheit und Gesundheit der Arbeitnehmer vor der Gefährdung durch physikalische Einwirkungen (Lärm) (17. Einzelrichtlinie im Sinne des Artikels 16 Absatz 1 der Richtlinie 89/391/EWG) vom 6. Februar 2003 (ABl. EU vom 15.02.2003 Nr. L 42 S. 38)
- Richtlinie 2002/49/EG des Europäischen Parlaments und des Rates über die Bewertung und Bekämpfung von Umgebungslärm vom 25. Juni 2002 (ABl. EG vom 18.07.2002 Nr. L 189 S. 12)
- Richtlinie 2001/81/EG des Europäischen Parlaments und des Rates über nationale Emissionshöchstmengen für bestimmte Luftschadstoffe vom 23. Oktober 2001 (ABl. EG vom 27.11.2001 Nr. L 309 S. 22)
- Richtlinie 2001/80/EG des Europäischen Parlaments und des Rates zur Begrenzung von Schadstoffemissionen von Großfeuerungsanlagen in die Luft vom 23. Oktober 2001 (ABl. EG vom 27.11.2001 Nr. L 309 S. 1) zuletzt geändert am 23. November 2002 durch Berichtigung der Richtlinie 2001/80/EG des Europäischen Parlaments und des Rates vom 23. Oktober 2001 zur Begrenzung von Schadstoffemissionen von Großfeuerungsanlagen in die Luft (ABl. EG vom 23.11.2002 Nr. L 319 S. 30)
- Richtlinie 2000/76/EG des Europäischen Parlaments und des Rates über die Verbrennung von Abfällen vom 4. Dezember 2000 (ABl. EG vom 28.12.2000 Nr. L 332 S. 91) zuletzt geändert am 31. Mai 2001 durch Berichtigung der Richtlinie 2000/76/EG des Europäischen Parlaments und des Rates vom 4. Dezember 2000 über die Verbrennung von Abfällen (ABl. EG vom 31.05.2001 Nr. L 145 S. 52)
- Richtlinie 2001/77/EG des Europäischen Parlaments und des Rates zur Förderung der Stromerzeugung aus erneuerbaren Energiequellen im Elektrizitätsbinnenmarkt vom 27. September 2001 (ABl. EG vom 27.10.2001 Nr. L 283 S. 33)
- Richtlinie 1999/32/EG des Rates über eine Verringerung des Schwefelgehalts bestimmter flüssiger Kraft- oder Brennstoffe und zur Änderung der Richtlinie 93/12/EWG vom 26. April 1999 (ABl. EG vom 11.05.1999 Nr. L 121 S. 13)
- Richtlinie 94/67/EG des Rates über die Verbrennung gefährlicher Abfälle vom 16. Dezember 1994 (ABl. EG vom 31.12.1994 Nr. L 365 S. 34)

Gesetze – Verordnungen – Verwaltungsvorschriften
Chemikaliengesetz/Arbeitsplatz
- Gesetz über die Durchführung von Maßnahmen des Arbeitsschutzes zur Verbesserung der Sicherheit und des Gesundheitsschutzes der Beschäftigten bei der Arbeit (ArbSchG) vom 7. August 1996 (BGBl. I Nr. 43 vom 20.8.1996 S. 1246), zuletzt geändert (BGBl. I Nr. 85 vom 28.12.1998 S. 3843).
- Arbeitsstättenverordnung – Durchführungsverordnung zur Gewerbeordnung vom 20.3.1975, zuletzt geändert (BGBl. I Nr. 63 vom 10.12.1996, S. 1841)
- Gesetz zum Schutz vor gefährlichen Stoffen (ChemG) in der Fassung vom 20.06.2002 (BGBl. I), S.2090 zuletzt geändert am 06.08.2002 (BGBl. I S. 3082)
- Allgemeine Verwaltungsvorschrift zur Durchführung der Bewertung nach § 12 Abs. 2 Satz 1 des Chemikaliengesetzes (ChemVwV-Bewertung) vom 11. September 1997 (GMBl. Nr. 28 vom 6.10.1997, S. 447).
- Verordnung über gefährliche Stoffe (Gefahrstoffverordnung – GefStoffV), in der Fassung vom 04.09.2003, BGBl. I, S. 1697
- Chemikalien-Altstoff Verordnung vom 22.11.90, BGBl. I S. 2544
- Chemikalien-Verbotsverordnung – ChemVerbotsV, Verordnung über Verbote und Beschränkungen des Inverkehrbringens gefährlicher Stoffe, Zubereitungen und Erzeugnisse nach dem Chemikaliengesetz in der Fassung vom 13.062003 (BGBl. I S. 864), zuletzt geändert (BGBl. I vom 04.09.2003, S. 1697)
- Hydrazin – Umgang mit wässrigen Lösungen, Ersatzstoffe, Ersatzverfahren, ZH 1/127, 06.95, BG Chemie, Merkblatt M 011
- Verordnung über Sicherheit und Gesundheitsschutz bei der Bereitstellung von Arbeitsmitteln und deren Benutzung bei der Arbeit über Sicherheit beim Betrieb überwachungsbedürftiger Anlagen und über die Organisation des betrieblichen Arbeitsschutzes. (Betriebssicherheitsverordnung - BetrSichV) vom 27.09.2002 (BGBL. S. 3777)

Technische Regeln Gefahrstoffe:
- TRGS 102 Technische Richtkonzentrationen (TRK) für gefährliche Stoffe
- TRGS 402 Ermittlung und Beurteilung der Konzentration gefährlicher Stoffe in der Luft in Arbeitsbereichen
- TRGS 403 Bewertung von Stoffgemischen in der Luft am Arbeitsplatz
- TRGS 555 Betriebsanweisungen und Unterweisung nach § 20
- TRGS 608 Ersatzstoffe, Ersatzverfahren und Verwendungsbeschränkungen für Hydrazin in Wasser- und Dampfsystemen
- TRGS 900 Grenzwerte in der Luft am Arbeitsplatz »Luftgrenzwerte«

Reinhaltung der Luft
BUND
- Gesetz zum Schutz vor schädlichen Umwelteinwirkungen durch Luftverunreinigungen, Geräusche, Erschütterungen und ähnliche Vorgänge (Bundes-Immissionsschutzgesetz – BImSchG) vom 26.09.2002 (BGBl. I, S. 3830), zuletzt geändert (BGBl. I Nr. 20 vom 10.5.2000, S. 632)
- Erste Verordnung zur Durchführung des Bundes-Immissionsschutzgesetzes (Verordnung über Feuerungsanlagen – 1. BImSchV) in der Fassung vom 14. März 1997 (BGBl. I Nr. 17 vom 20.3.1997, S. 490), zuletzt geändert (BGBl. I vom 14.08.2003, S. 1614,1631)
- Dritte Verordnung zur Durchführung des Bundes-Immissionsschutzgesetzes (Verordnung über Schwefelgehalt von leichtem Heizöl und Dieselkraftstoff – 3. BImSchV) vom 24.06.2002 (BGBl. I, S. 2243
- Vierte Verordnung zur Durchführung des Bundes-Immissionsschutzgesetzes (Verordnung über genehmigungsbedürftige Anlagen – 4. BImSchV) in der Fassung der Bekanntmachung vom 14. März 1997 (BGBl. I Nr. 17 vom 20.3.1997, S. 504) zuletzt geändert (BGBl. I vom 14.08.2003 S. 1614, 1631).
- Fünfte Verordnung zur Durchführung des Bundes-Immissionsschutzgesetzes (Verordnung über Immissionsschutz- und Störfallbeauftragte – 5. BImSchV) vom 30.7.1993 (BGBl. I, S. 1433), zuletzt geändert (BGBl. I vom 09.09.2001, S. 2331)).
- Neunte Verordnung zur Durchführung des Bundes-Immissionsschutzgesetzes (Grundsätze des Genehmigungsverfahrens – 9. BImSchV) – in der Fassung vom 29. Mai 1992 (BGBl. I, S. 1001), zuletzt geändert (BGBl. I vom 14.08.2003, S 1614, 1631).

- Elfte Verordnung zur Durchführung des Bundes-Immissionsschutzgesetzes (Emissionserkärungsverordnung – 11. BImSchV) – vom 12.12.1991 (BGBl. I, S. 1782), zuletzt geändert (BGBl. I Nr. 48 vom 29.10.1999, S. 2059).
- Zwölfte Verordnung zur Durchführung des Bundes-Immissionsschutzgesetzes (Störfall-Verordnung) – 12. BImSchV – Neufassung vom 26. April 2000 (BGBl. I Nr. 19 vom 2.5.2000 S. 603).
- Dreizehnte Verordnung zur Durchführung des Bundes-Immissionsschutzgesetzes (Verordnung über Großfeuerungs- und Gasturbinenanlagen – 13. BImSchV) vom 20.7.2004 (BGBL 2004 Teil I Nr. 37 vom 23.7.2004, S. 1717).
- Siebzehnte Verordnung zur Durchführung des Bundes-Immissionsschutzgesetzes (Verordnung über Verbrennungsanlagen für Abfälle und ähnliche brennbare Stoffe) – 17. BImSchV) vom 23.11.1990 (BGBl. I, S. 2545, 2832), zuletzt geändert am 14.08.2003 (BGBl. I S. 1633).
- Siebenundzwanzigste Verordnung zur Durchführung des Bundes-Immissionsschutzgesetzes (Verordnung über Anlagen zur Feuerbestattung – 27. BImSchV) vom 19. März 1997 (BGBl. I Nr. 18 vom 21.3.1997, S. 545), zuletzt geändert (BGBl. I Nr. 20 vom 10.5.2000, S. 632).
- Gesetz über die Umweltverträglichkeitsprüfung (UVPG) in der Fassung der Bekanntmachung vom 5. September 2001 (BGBl. I Nr. 48 vom 05.09.2001 S. 2350) zuletzt geändert am 18. Juni 2002 durch Artikel 2 des Siebten Gesetzes zur Änderung des Wasserhaushaltsgesetzes (BGBl. I Nr. 37 vom 24.06.2002 S. 1914)
- Allgemeine Verwaltungsvorschrift zur Ausführung des Gesetzes über die Umweltverträglichkeitsprüfung (UVPVwV) vom 18.9.1995 (GMBl. S. 671/694)
- Erste Allgemeine Verwaltungsvorschrift zum Bundes-Immissionsschutzgesetz (Technische Anleitung zur Reinhaltung der Luft – TA Luft) vom 24.07.2002 (GMBl. S. 511)
- Vierte Allgemeine Verwaltungsvorschrift des Bundesministers des Innern zum Bundes-Immissionsschutzgesetz (Ermittlung von Immissionen in Belastungsgebieten – 4. BImSchVwV) vom 8.4.1975 (GMBl. S. 358)
- Fünfte Allgemeine Verwaltungsvorschrift zum BImSchG, Emissionskataster in Untersuchungsgebieten, RdSchr. des BMU vom 24.4.1992, GMBl. Nr. 16
- Erste Allgemeine Verwaltungsvorschrift zur Dritten Verordnung zur Durchführung des Bundes-Immissionsschutzgesetzes (1. VwV zur 3. BImSchV) vom 23. Juni 1978 (BAnz. Nr. 117, S. 1).
- Vollzug des Bundes-Immissionsschutzgesetzes, Muster-Emissionsbericht der Länderausschusses für Immissionsschutz (LAI), Bekanntmachung des Bayerischen Staatsministeriums für Landesentwicklung und Umweltfragen vom 9.7.1991, AllMBl. Nr. 8210-733-35432, S. 483/492
- Bundeseinheitliche Praxis bei der Überwachung der Verbrennungsbedingungen an Abfallverbrennungsanlagen nach der Siebzehnten Verordnung zur Durchführung des Bundes-Immissionsschutzgesetzes (Verordnung über Verbrennungsanlagen für Abfälle und ähnlich brennbare Stoffe – 17. BImSchV), RdSchr. des BMU vom 1.9.1994 – IG 13 – 51 134/3, GMBl. Nr. 44, S. 1231–1235
- Verordnung über immissionschutz- und abfallrechtliche Überwachungserleichterungen für nach der Verordnung (EG) Nr. 761/2001 registrierte Standorte und Organisationen (EMAS - Privelegierungs - Verordnung - EMASPrivilegV) vom 24.06.2002 (BGBl. I, S. 2247)
- Bundeseinheitliche Praxis bei der Überwachung der Emissionen – RdSchr.d.BMU vom 08.06.1998 – IG13 – 51 134/3 – Richtlinien über:
  • die Eignungsprüfung, den Einbau, die Kalibrierung, die Wartung von Messeinrichtungen für kontinuierliche Emissionsmessungen und die kontinuierliche Erfassung von Bezugs- und Betriebsgrößen zur fortlaufenden Überwachung der Emissionen besondrer Stoffe,
  • die Auswertung von kontinuierlichen Emissionsmessungen
  • die Bewertung der Rußzahlmessungen bei Heizöl-EL-Feuerungen

Bekämpfung von Lärm
BUND
- Verordnung über Arbeitstätten (Arbeitstättenverordnung – ArbStättV) vom 20.3.1975 (BGBl. I, S. 729), geändert durch Verordnung vom 1.8.1993 (BGBl. I, S. 1057), insbesondere § 15 a. a. O., §§ 906 und 1004 des Bürgerlichen Gesetzbuches
- Sechste Allgemeine Verwaltungsvorschrift zum BImSchG, Technische Anleitung zum Schutz gegen Lärm – TA Lärm, RdSchr. des BMU vom 26.8.1998, GMBl. 1998, Nr. 26, S. 503
- 32. Verordnung zur Durchführung des Bundes – Immissionsschutzgesetzes (Geräte- und Maschinenlärmverordnung - 32. BImschV) vom 29.08.2002 (BGBl. I, S.3478)
- Richtlinie über Maßnahmen zum Schutz der Arbeitnehmer gegen den Lärm am Arbeitsplatz (Arbeitsplatzlärmschutzrichtlinie), Richtlinie des BMA

Bodenschutz
- Bundesbodenschutzgesetz (BBodSchG) vom 17.3.1998, veröffentlicht am 12.7.1999 (BGBl. I, S. 502)
- Bodenschutz- und Altlastenverordnung (BodSchV) zum BBodSchG vom 17.7.1999 (BGBl. I, S. 1554)

Schutz der Gewässer
- ARGEBAU-Richtlinien über Bau und Betrieb von Behälteranlagen zur Lagerung von Heizöl (Heizölbehälter-Richtlinien – HBR)
- Technische Regeln für brennbare Flüssigkeiten (TRbF) – BArbBl. (1980) H. 7/8, S. 69; (1981) H. 3, S. 55; H. 11, S. 68; H. 12, S. 55; (1982) H. 4, S. 93; H. 6, S. 35; H. 9, S. 78; (1983) H. 4, S. 41; H. 10, S. 88; (1984) H. 2, S. 105
- Verordnung über die Genehmigungspflicht für das Einleiten wassergefährdender Stoffe in Sammelkanalisationen und ihre Überwachung (VGS) vom 27.9.1985, BayGuVBl. S. 634
- Gesetz über Abgaben für das Einleiten von Abwasser in Gewässer (Abwasserabgabengesetz – AbwAG) in der Fassung vom 3. November 1994 (BGBl. I Nr. 80 vom 18.11.1994, S. 3370), zuletzt geändert (BGBl. I Nr. 57 vom 28.8.1998, S. 2455)
- Merkblatt M 251 des ATV 05.88, Einleitung von Kondensaten aus gas- und ölbetriebenen Feuerungsanlagen in öffentliche Abwasseranlagen und Kleinkläranlagen
- Allgemeine Rahmen-Verwaltungsvorschrift über Mindestanforderungen an das Einleiten von Abwasser in Gewässer in der Fassung vom 31. Juli 1996 (GMBl. Nr. 37, S. 729) mit den Anhängen: Anhang 31: Wasseraufbereitung, Kühlsysteme, Dampferzeuger (01.94)
Anhang 33: Wäsche von Abgasen aus der Verbrennung von Abfällen
Anhang 47: Wäsche von Rauchgasen aus Feuerungsanlagen (03.93)
- Verordnung über die Herkunftsbereiche von Abwasser (Abwasserherkunftsverordnung – AbwHerkV) vom 27.5.1991, BGBl. I, S.1197
- Gesetz zur Ordnung des Wasserhaushalts (Wasserhaushaltsgesetz – WHG) in der Fassung vom 12.11.96 (BGBl. I, S. 1695), zuletzt geändert (BGBl. I Nr. 20 vom 10.5.2000, S. 632)
- Arbeitsblatt A 115 der Abwassertechnischen Vereinigung über das Einleiten von nicht häuslichem Abwasser in eine öffentliche Abwasseranlage, 10.94
- Verordnung über Anforderungen an das Einleiten von Abwasser in Gewässer (Abwasserverordnung – AbwV) vom 16.12.2002 (BGBl. I, S. 4550)

Abfallentsorgung
- Gesetz über die Überwachung und Kontrolle der grenzüberschreitenden Verbringung von Abfällen (AbfVerbrG -Abfallverbringungsgesetz) vom 30. September 1994 (BGBl. I Nr. 68 vom 11.10.1994, S. 2771), zuletzt geändert am 06.08.2002 (BGBl. I S. 3082)
- Gesetz zur Vermeidung, Verwertung und Beseitigung von Abfällen (Kreislaufwirtschafts- und Abfallgesetz-KRW-/AbfG) vom 27.9.1994, BGBl. S. 2705 ff., zuletzt geändert am 27.08.2002 (BGBl. I, S. 3322)
- Verordnung über Betriebsbeauftragte für Abfall vom 26.10.1977 (BGBl. I, S. 1913)
- Altölverordnung (AltölV) vom 16.4.2002 (BGBl. I, S. 1368)
- Abfall- und Reststoff-Überwachungs-Verordnung (AbfRestÜberwV) vom 3.4.1990 (BGBl. I, S. 648).
- Klärschlammverordnung (AbfKlärV) vom 15.4.1992, BGBl. I, S. 912 zusätzlich geändert am 25.04.2002 (BGBl. I, S. 1488)
- Verordnung Nr. 259/93/EWG des Rates vom 01.2.93 zur Überwachung und Kontrolle der Verbringung von Abfällen in der, in die und aus der Europäischen Gemeinschaft, ABl. EG Nr. L 130, S. 1 zuletzt geändert am 28. 12.2001 (ABL.EG Orl 349 S. 1)
- Merkblatt der Länderarbeitsgemeinschaft Abfälle (LAGA) zur Entsorgung von Abfällen aus Verbrennungsanlagen für Siedlungsabfälle (Stand 1.3.1994)
- LAGA-Merkblatt: Anforderungen an die stoffliche Verwertung von mineralischen Reststoffen / Abfällen – Technische Regeln vom 06.11.1997
- Verordnung zur Bestimmung von überwachungsbedürftigen Abfallen zur Verwertung (Bestimmungsverordnung überwachungsbedürftige Abfälle zur Verwertung – BestÜVAbfV) vom 10.9.1996

- (BGBl. I, S. 1377) zuletzt geändert am 10.12.2001 (GGBl. I, S. 3379)
- Verordnung über Verwertungs- und Beseitigungsnachweise (Nachweisverordnung – NachwV) vom 17.06.2002 (BGBl. I, S. 2374)
- Verordnung zur Transportgenehmigung (Transportgenehmigungsverordnung – TgV) vom 10.9.1996 (BGBl. I, S. 1411)
- Verordnung über Entsorgungsfachbetriebe (Entsorgungsfachbetriebeverordnung – EfbV) vom 10.9.1996 (BGBl. I, S. 1421)
- Verordnung über Abfallwirtschaftskonzepte und Abfallbilanzen (Abfallwirtschaftskonzept- und -bilanzverordnung AbfKoBiV)vom 13.9.1996 (BGBl. I, S. 1447)
- Verordnung über das Europäische Abfallverzeichnis (AVV) vom 10. Dezember 2001 (BGBl. I Nr. 65 vom 12.12.2001 S. 3379) zuletzt geändert am 24. Juli 2002 durch Artikel 2 der Verordnung über den Versatz von Abfällen unter Tage und zur Änderung von Vorschriften zum Abfallverzeichnis (BGBl. I Nr. 52 vom 29.07.2002 S. 2833)
- Verordnung über Abfallwirtschaftskonzepte und Abfallbilanzen (AbfKoBiV) vom 13. September 1996 (BGBl. I Nr. 47 vom 20.09.1996 S. 1447; BGBl. I Nr. 81 vom 11.12.1997 S. 2862) zuletzt geändert am 24. Juni 2002 durch Artikel 4 der Verordnung zum Erlass und zur Änderung immissionsschutzrechtlicher und abfallrechtlicher Verordnungen (BGBl. I Nr. 41 vom 28.06.2002 S. 2247)
- Verordnung über die Entsorgung von gewerblichen Siedlungsabfällen und von bestimmten Bau- und Abbruchabfällen (GewAbfV) vom 19. Juni 2002 (BGBl. I Nr. 37 vom 24.06.2002 S. 1938)
- LAGA-Merkblatt: Anforderungen an die stoffliche Verwertung von mineralischen Reststoffen/Abfällen - Technische Regeln Mitteilung der Länderarbeitsgemeinschaft Abfall (LAGA) Nr. 20 Stand 6. November 1997

Zum Kapitel 9 Instandhaltung, Störungen, Schäden

Instandhaltung – Wartung Inspektion
- Heritage, K. J.: Auf dem Wege zu einer besseren Verfügbarkeit. Combustion (1978), S. 32–35
- Schwieger, B.: Streben nach einer guten Verfügbarkeit von kohlegefeuerten Kraftanlagen und Industriedampferzeugern. Power (1978), November, S. 40
- Long, R. L.; Cleveland, E. B.: Verbesserung der Betriebsbereitschaft der Kraftanlagen. Power Engineering (1978), Juli, S. 68–71
- Spalthoff, F.-J.: Ein integriertes Instandhaltungssystem für Kraftwerke – Einführung und Bewährung. VGB 58 (1978), Nr. 11, S. 802–809
- Barcikowski, G. F.; Blackburn, S. S.: Rechtzeitige Ortung von Fehlern in Strahlungs- und Konvektionsabschnitten zur Verbesserung der Verfügbarkeit. Power (1978), März, S. 40–46
- Nitsch, D.; Schmitz, H.: Verfügbarkeit von Wärmekraftwerken. VGB technisch-wissenschaftliche Berichte, H. 6
- Baumann, K.; Schulte, J.; Waltenberger, G.: Betriebserfahrungen mit Hochtemperaturanlagen im Hinblick auf die Lebensdauererwartung. VGB 58 (1978), Nr. 10, S. 760–764
- Walser, B.; Rosselet, A.: Bestimmung der Restlebensdauer betriebsbeanspruchter Heißdampfleitungen mit Zeitstandversuchen und Gefügeuntersuchungen. VGB 58 (1978), Nr. 5, S. 361–366
- Leathers, J. G.: Hohe Verfügbarkeit und hoher Wirkungsgrad überkritischer Anlagen. Power Engineering (1978), Juni, S. 70–73
- Wernitz, L.; Zabelt, K.; Kurzmann, W.: Beitrag zur Ermittlung der Ausfallwahrscheinlichkeit von langzeitbeanspruchten Bauteilen in Abhängigkeit von Werkstoffen. Energietechnik 29 (1979), Nr. 5, S. 185–189
- Hein, K.: Chemische und mineralogische Aspekte der Heizflächenverschmutzung in braunkohlegefeuerten Kesseln. VGB-Kraftwerkstechnik 59 (1979), H. 7, S. 576–580
- Hein, K.: Beeinflußbarkeit rauchgasseitiger Heizflächenverschmutzung in Braunkohlefeuerungen. VGB-Kraftwerkstechnik 59 (1979), H. 5, S. 433–439
- Zwölfte Verordnung zur Durchführung des Bundes-Immissionsschutzgesetzes (Störfall-Verordnung), 12. BImSchV vom 27. Juni 1980, BGBl. I, S. 772–835
- Vlačić, I.: Ablagerungsprobleme an einem kohlegefeuerten Kessel der Termcelaktrane Plomin, VGB-Kraftwerkstechnik 59 (1979), H. 6, S. 484–490

- Verordnung über gefährliche Arbeitsstoffe (Arbeitsstoffverordnung – ArbStoffV vom 29. Juli 1980), BGBl. I, S. 1071
- Bargstedt, W.: Sauberhaltung von Kesselheizflächen durch Schallreinigung, VGB-Kraftwerkstechnik 8 (1979), S. 648–652
- Effenberger, H.: Probleme der Betriebszuverlässigkeit konventioneller Kraftwerksblöcke. Energietechnik 30 (1980), H. 12, S. 458–460
- Neubauer, B.: Bewertung der Restlebensdauer zeitbeanspruchter Bauteile durch zerstörungsfreie Gefügeuntersuchungen. 3 R international 19 (1980), H. 11, S. 628–633
- Schöfelbauer, H.; Kakl, J.: Probleme bei braunkohlegefeuerten Dampferzeugern durch ungleichmäßige Temperaturverteilung in Endüberhitzern und Zwischenüberhitzern – Ursache und Abhilfe. VGB-Kraftwerkstechnik 60 (1980), H. 1, S. 28–35
- Kammer, G. von der: Korrosionsminderung bei regenerativen Drehluftvorwärmern. BWK 32 (1980), H. 10, S. 463–467
- Braunton, P. N.; Flatley, T. u. a.: Neue Erfahrungen des CEGB mit der Stillstandskonservierung von Kraftwerksanlagen durch Steuerung der chemischen Umgebungseinflüsse. VGB-Kraftwerkstechnik 60 (1980), H. 1, S. 47–52
- Aggernaes, E.: Betriebserfahrungen mit der Konditionierung von Oxydationsmitteln im Kyndbyvaerket/Dänemark. Der Maschinenschaden 53 (1980), H. 6, S. 242–244
- Schmidt, S.: Stillstandskorrosionen von Dampferzeugern und deren Vermeidung. Energietechnik 30 (1980), H. 12, S. 475–477
- Flarjancic, C.: Mindestzulaufhöhe von Speisepumpen. VGB-Kraftwerkstechnik 60 (1980), H. 12, S. 952–958
- Bursik, A.; Richter, R.: Hinweise für die Praxis der Stillstandskonservierung von Dampferzeugern. VGB-Kraftwerkstechnik 60 (1980), H. 9, S. 714–718
- Bursik, A.; Buseck, S.: Untersuchungen über das Verhalten von Ölaschebestandteilen bei rauchgasseitiger Reinigung von ölgefeuerten Dampfkesseln. VGB-Kraftwerkstechnik 60 (1980), H. 10, S. 780–787
- Deimer, K.; Höhenberger, L.: Korrosionsschutzmittel in Wasser-Dampf-Kreisläufen, TÜ 22 (1981), S. 445–448
- Küper, G.; Werker, E.: Elektroakustische Meßeinrichtung zur Früherkennung von Rohrschäden im beheizten Teil fossil befeuerter Dampferzeuger. VGB-Kraftwerkstechnik 61 (1981), H. 9, S. 719–724
- Fricke, K. H.: Verhinderung von Heizflächenverschmutzungen. Abhilfe statt Reinigung. Wärme 87 (1981), H. 4/5, Teil Energie und Betrieb, S. 51–54
- Kahlert W.; Resch, G.: Zur Frage der periodischen Reinigung von Dampfkesseln. VGB-Kraftwerkstechnik 61 (1981), H. 6, S. 500–502
- Paczkowski, K. von: Kessel und Feuerungen (Rußbläser). IF – Die Industriefeuerung 1982/24, S. 10–19
- Kautz, R.; Schneemann, K.; Zürn, E. D.: Fragen der Instandhaltung und Vorbeugung im Behälter- und Rohrleitungsbau von Chemie- und Energieanlagen. Schweißen und Schneiden 34 (1982), H. 7, S. 319–325
- Ahrens-Fischer, F.; Bung, W.: Gesteuerte Sicherheitsventile – Funktionsweise und Prüfungen. TÜ (1982), Nr. 10, S. 383–387
- Lappoehn, K.; Janssen, H. J.: Verminderung des Feststoffauswurfes bei Ölfeuerungsanlagen (Wasserbeimischung). Die Industriefeuerung (1982), Nr. 22, S. 12–13
- Thome-Konzniensky, K.-J.; Müller, H.: Rauchgasreinigung nach der Verbrennung von Abfällen, Müll und Abfall (1982), H. 7, S. 185–196
- Jürgens, D.: Erfahrungen mit der Langzeitüberwachung von Kesselbauteilen und Rohrleitungen. VGB-Kraftwerkstechnik (1982), H. 6, S. 473–480
- Bude, F.; Schettler, H.; Weidlich, H.-G.: Beurteilung der Verschlackung in Dampferzeugern und deren Beseitigung mit Hilfe von Wasserlanzen. Energietechnik (1983), H. 9, S. 322–329
- Chugthei, M. J.; Michelfelder, S.: Schadstoffeinbindung durch Additiveinblasung um die Flamme. BWK (1983), H. 3, S. 75–83
- Hein, K.: Derzeitiger Kenntnisstand über rauchgasseitige Verschmutzung. VGB-Kraftwerkstechnik (1983) H. 4, S. 350–356
- Reimer, H.: Abwasserlose Rauchgasreinigung in Abfallverbrennungsanlagen, Staub (1983), H. 1, S. 28–40

- Hein, K.: Derzeitiger Kenntnisstand über rauchgasseitige Verschmutzung, VGB-Kraftwerkstechnik (1983), H. 4, S. 350–356
- Ebert, W.; Faßhauer, W.; Ullmann, K.: Einsatz von Schallenergie zum Sauberhalten von Heizflächen in Kesselanlagen. Energietechnik (1984), H. 7, S. 259–261
- Schmitt, M.: Schwingungsdämpfer für Sicherheitsventile. VGB-Kraftwerkstechnik (1984), H. 8, S. 746–752
- Rohlfs, U.; Kaesche, H.: Korrosionsmechanismen und Deckschichtbildung von unlegierten Stahlrohren in strömendem Kesselspeisewasser bis 180 °C. Der Maschinenschaden (1984), H. 1, S. 11–21
- Straubert, K.; Bursik, A.: Untersuchungen zur Löslichkeit von Oxidschichten auf Stahl in Heißwasser. VGB-Kraftwerkstechnik (1984), H. 8, S. 758–765
- Horn, T.: Abgaskontrolle durch Sauerstoff- und Kohlendioxidmessung im Vergleich. Gaswärme International (1984), H. 4, S. 147–150
- Bernt, D.: Moneten durch Messen: Überwachung und Regelung von Feuerungen mit einem berührungslosen Emissions-Meßsystem. Energie (1984), H. 9, S. 59–60
- Hlawitschka, H.: Korrosionsschutz im Wasser-Dampf-Kreislauf großer Kraftwerksblöcke des Betriebes und bei Stillstand. Energietechnik (1984), H. 12, S. 468–472
- Schefe, G.: Arbeiten in Behältern und engen Räumen. Prüfmaßstäbe und Sicherheit der Prüfer. TÜ (1984), H. 7/8, S. 317–321
- Langner, A.; Pflugbeil, K.: Reinigung von Dampfkesseln, Heißwassererzeugern und Rohrleitungen, Resthärtebindung in Kesselspeisewässern und selektive Entkupferung durch organische Komplexbildner. Energietechnik (1984), H. 1, S. 397–399
- Schulz, W.; Kremer, H.: Bildung von Stickstoffoxiden bei der Kohlenstaubverbrennung. BWK (1985), H. 1, S. 29–35
- Langner, A.; Bienert, J.; Moldenhauer, D.: Korrosionsschutz von Dampf- und Heißwasserkesseln bei Stillständen. Energietechnik (1985), H. 1, S. 12–13
- Resch, H.: Stand der Wasserchemie in Kraftwerksanlagen. BWK (1985), H. 5, S. 197–203
- Müller, H.; Köhler, K.: Wasserkonditionierung für Fernheizsysteme. BWK 1985 (5), S. 210–212
- Reimann-Dubbers, V.: Entfernung von Ablagerungen und Korrosionsprodukten aus Rohrleitungen und Anlagenteilen. 3 R international (1985), H. 3, S. 133–144
- VDI-Richtlinie 4004 Blatt 4: Zuverlässigkeitskenngrößen, Verfügbarkeitskenngrößen, Juli 1986
- Männel, W.: Praxiskonzepte, EDV-gestützte Instandhaltung. Verlag TÜV Rheinland, Köln 1987
- Kautz, R.; Zürn E.: Zeitstandschäden und Restlebensdauer. DVS-Bericht. Sondertagung 1988, DVS-Verlag
- Klein, W.: Optimale Planung und Steuerung der Instandhaltung. Verlag TÜV Rheinland. Köln 1988
- Vereinbarung 1990/2 (Dampfkessel) zwischen FDBR e. V., VGB e. V. und VdTÜV e. V. über »Zusätzliche Maßnahmen für Wasserrohrkessel mit Schmelzfeuerung«
- Kather, A.: Zustandsanalyse von Dampferzeugern. BWK 42 (1990), Nr. 5, S. 278–283
- Faßhauer, W.; Költsch, P.; Riehl, I.; Weise, V.: Dampfkesselreinigung durch Schall. BWK 43 (1991), Nr. 5, S. 261–265
- Netz, H.: Handbuch Wärme. 3. Aufl., Resch-Verlag, Gräfelfing 1991
- Strnad, H.: Arbeitsschutz bei der Instandhaltung. TÜ 31 (1990), Nr. 11, S. 474–483
- Kühn-Birett: Merkblätter Gefährlicher Arbeitsstoffe, ecomed verlagsgesellschaft mbh, Landsberg/Lech
- Kautz, H. R.: Zustandsorientierte Instandhaltung. VGB Kraftwerkstechnik 71 (1991), 4.7., S. 653–657
- Thiesbrummel, I.; Borchers, M.: Instandhaltung mit Thermographie im Kraftwerksbereich. VGB Kraftwerkstechnik 72 (1992), H. 9, S. 785–789
- Mayer, H.: Betriebserfahrungen mit dem Diagnosesystem für die Gasturbine der Firma Carl Freudenberg. VGB Kraftwerkstechnik 72 (1992), H. 9, S. 867–870
- DIN 31051, Instandhaltung, Begriffe und Maßnahmen, Beuth Verlag, Berlin, Januar 1985
- »Instandhaltung im Umbruch«, Forum Instandhaltung 1990, Stahl und Eisen 110 (1990), Nr. 7, S. 61–63, Tagungsbericht einer Gemeinschaftsveranstaltung der Fachausschüsse von VDI, VDEW und REFA
- Allianz-Handbuch der Schadensverhütung. 3., neubearb. und erweiterte Aufl. (Hrsg. Allianz Versicherungs-AG), VDI Verlag, 1984

- Sturm, A.; Förster, R.: Maschinen und Anlagendiagnostik für die zustandsbezogene Instandhaltung. B. G. Teubner, Stuttgart 1990
- VGB-Bericht »Analyse der Nichtverfügbarkeit von Wärmekraftwerken 1988–1992«, 5. Ausg., 1993.
- VGB Technisch-wissenschaftliche Berichte »Wärmekraftwerke« (VGB-TW 103A), Jahresberichte seit 1988, 1. Ausg. 1990 bis 5. Ausg. 1993. VGB-Kraftwerkstechnik, Essen
- Sturm, A.: Zustandsorientierte Instandhaltung für Kraftwerke. Tagungsbericht VGB-Konferenz »Instandhaltung in Kraftwerken 1994« (VGB-TS 122)
- Sturm, A.: Zustandswissen für Betriebsführung und Instandhaltung. Bd. 10 der Fachbuchreihe »Kraftwerkstechnik«, 1. Ausg., 1996, VBG-Kraftwerkstechnik GmbH Verlag technisch wissenschaftlicher Schriften, Essen
- Wild, J.: Service-Strategien der Zukunft. VGB-Kraftwerkstechnik 78 (1998), H. 6
- Merklein, Th.: Optimale Feuerführung bei wechselnden Brennstoffen mittels Verbrennungsdiagnose. VGB-Kraftwerkstechnik 78 (1998), H. 8
- Schröder, H. Chr.: Prinzipielle Überlegungen zur Bewertung und Überprüfung von älteren Kraftwerksanlagen. VGB-Kraftwerkstechnik 78 (1998), H. 9
- Girod, W.: Gestaltungskriterien für eine innovative Instandhaltung im Kraftwerksbetrieb. VGB-Kraftwerkstechnik 78 (1998), H. 9
- Barth, E.; Heinz, H.: Primärmaßnahmen zur Reduzierung von Korrosionen und Verschmutzungen durch geregelte Zugabe von Rauchgasadditiven bei der AVA GmbH in Augsburg. VGB-Kraftwerkstechnik 78 (1998), H. 11
- Bunk, M.; Hornisch, H.-J.: Die integrierte Maschinendiagnose – Das Werkzeug zur zustandsorientierten Instandhaltung der Hauptkomponenten des Kraftwerkes. VGB-Kraftwerkstechnik 79 (1999), H. 2
- Sturm, A.: Wissen basierte Betriebsführung und Instandhaltung von Energieversorgungsanlagen. VGB-Kraftwerkstechnik 79 (1999), H. 6
- Adamietz, M.; Linnemann, C.; Schröder, J. J.: On-line-Prozeßgüteüberwachung eines 880-MW-Steinkohlekraftwerks. VGB-Kraftwerkstechnik 79 (1999), H. 8
- Schlessing, J.: Optimaler Betrieb und Einsatz der Heizflächenreinigung in Dampferzeugern. VGB-Kraftwerkstechnik 79 (1999), H. 8
- Hausmann, B.; Steinbrecht, D.; Weiher, R.: Geplante Prüfrichtlinie für Speisewasserkonditionierungsmittel am Beispiel filmbildender Amine. VGB-Kraftwerkstechnik 79 (1999), H. 9
- Waller, H.; Scherer, D.: Redundanz, Zuverlässigkeit, Verfügbarkeit – was ist wirtschaftlich vertretbar. VGB-Kraftwerkstechnik 79 (1999), H. 9
- Michels, B.; Weidmann, B.; Brinkmann, K. u. a.: Erste Betriebserfahrungen mit der On-line-Diagnose in einem 350-MW-Kraftwerk. VGB-Kraftwerkstechnik 79 (1999), H. 11
- Krämer, G.: Effektiv instandhalten? Modell zur Ermittlung einer zustandsbezogenen kostenorientierten Instandhaltungsstrategie. VGB-Kraftwerkstechnik 79 (1999), H. 12
- Taag, H.-J.: Zuverlässigkeitsorientierte Instandhaltung – Reliability-centred Maintenance (RCM). VGB-Kraftwerkstechnik 79 (1999), H. 12
- Eckel, M.; Metzner, B.: Qualitätssicherung, Bau- und Montageüberwachung und Perspektiven neuer Werkstoffe der Kraftwerkstechnik. VGB-Kraftwerkstechnik 80 (2000), H. 1
- Traupe, A.; Klug, S.: Arbeitsschutzmanagement. VGB-Kraftwerkstechnik 80 (2000), H. 7
- Uhlig, E.; Kempkes, B.; Opperman, W.; Adamsky, F.-J.: Wasserdruckprüfungen an Kesselanlagen. VGB PowerTech 1/2 of 2004

Instandsetzung

- Weise, H.-D.: Erfahrungen bei Instandsetzungsschweißungen an Dampfkesseln. Der Praktiker (1976), H. 7, S. 131–132
- Krüger, F. K.: Reparaturen von Kesseltrommeln, Anfahrflaschen, Sammlern, Einspritzkühlern usw. vor Ort während der Revision von Dampfkesselanlagen. VGB-Kraftwerkstechnik 58 (1978), Nr. 8, S. 596–604
- Fabritius, H.: Einfluß von Wärmebehandlung und Kaltverformung auf das Langzeitverhalten des Stahles 14MoV63 bei 550 °C. VGB-Kraftwerkstechnik 59 (1979), H. 10, S. 799–806
- Gerdes, W.: Wie steht es mit Schweißeigenspannungen bei Stumpfnähten, insbesondere Nahtkreuzungen? Der Praktiker 32 (1980), H. 1, S. 24–26

- VGB: Mitglieder-Rundschreiben Nr. 3/94: »Wichtige Hinweise zu vorbeugenden Brandschutzmaßnahmen während Revisionen und Instandhaltungen in Rauchgasentschwefelungsanlagen«. Mai 1994
- Kloos, K. H.; Granacher, J.; Monsees, M.: Methoden zur Entwicklung von Kriechgleichungen für warmfeste Stähle. Vortrag auf der 17. Vortragsveranstaltung der Arbeitsgemeinschaften für warmfeste Stähle und Hochtemperaturwerkstoffe am 25. November 1994 in Düsseldorf, Tagungsband. Hrsg. VDEh, S. 105–121.
- Husemann, R. U.: Werkstoffe und ihre Gebrauchseigenschaften für Überhitzer- und Zwischenüberhitzerrohre in Kraftwerken mit erhöhten Dampfparametern. VGB-Kraftwerkstechnik 79 (1999), H. 9

Störungen, Schäden
- Mayr, F.: Zerknall eines Dampfkessels in den USA. TÜ 6 (1964), S. 209
- Stoklossa, K.-H.: Systematische Untersuchung von Schäden an überwachungsbedürftigen Anlagen. TÜ 14 (1973), H. 3, S. 77–82 und H. 4, S. 113–117
- Rump, G.; Kunst, A.: Schäden an Konverterabhitzekesseln in Stahlwerken. TÜ 1973, S. 65–71
- Stoklossa, K.-H.: Die Entwicklung der Schäden an Dampfkesselanlagen in den Jahren 1971 bis 1974. TÜ 17 (1976), H. 4, S. 134–139
- Pollmann S.; Reichmann, E.: Möglichkeiten zur Vermeidung von Schäden an Industriekesseln, Haus der Technik, Vortragsveröffentlichungen 379. Vulkan-Verlag, Essen 1977
- Kolb, R.: Schäden an Trommeln – ein Problem der Auslegung und Betriebsweise. Energietechnik 27 (1977), Nr. 2, S. 67–70
- Eiden, H.: Schwachstellen bei Dampfkesselanlagen. Verlag TÜV-Rheinland, Köln 1978
- Lampert, D.: Tieftemperaturkorrosionen bei rauchgasbeheizten Speisewasservorwärmern. BWK 31 (1979), H. 5, S. 218–221
- Effertz, P. H.; Wime D.: Mechanismen und Schadensformen der Hochtemperaturkorrosionen an Überhitzerrohren schwerölgefeuerten Dampferzeuger. Der Maschinenschaden 52 (1979), H. 6, S. 201–210
- Raask, E.: Erosion durch Aschepartikel in kohlegefeuerten Kesselanlagen. VGB-Kraftwerkstechnik 1979, H. 6, S. 496–502
- Rump, G.: Schäden an Dampfkesseln – ihre Instandsetzung und Prüfung. TÜ 20 (1979), S. 457–460 und 21 (1980), S. 36–39
- Cutler, A. J.; Flatley, T.; Hay, K. A.: Die feuerungsseitige Korrosion in Kraftwerkskesseln. Combustion (1980), Dezember, S. 16–25
- Egyptien, H. H.; Fischermann E.: Arbeitsunfälle in Wärmekraftwerken. Elektrizitätswirtschaft, H. 5, März 1980
- Henjes, G.: Systematik der Maßnahmen zum Vermeiden von Schäden an Druckbehältern, Dampfkesseln und Rohrleitungen. Schweißen und Schneiden 31 (1980), H. 3, S. 108–112
- Schmitt-Thomas, K. G.; Kriner, Th.: Richtlinie VDI 3822, »Schadensanalyse« – ein Beitrag zur Systematisierung der Schadensuntersuchung. VDI-Z 122 (1980), Nr. 17, S. 213–218
- Brünig, W.; Hermann, H.; Stieghan, J.: Auswertung der Schäden an Dampfkesseln des Jahres 1979. TÜ 22 (1981), Nr. 10, S. 391–393
- Bäumel, A.: Wasserstoffinduzierte Risse in der Wärmeeinflußzone hochfester Feinkornbaustähle durch die Einwirkung von Kesselwasser. VGB-Kraftwerkstechnik 61 (1981), H. 2, S. 155–167
- Heitmann, H. G.; Kastner, W.: Erosionskorrosion in Wasser-Dampfkreisläufen. VGB Kraftwerkstechnik 1982, H. 3, S. 211–219
- Hickling, J.: Dehnungsinduzierte Rißkorrosionen: Spannungsrißkorrosionen oder Schwingungsrißkorrsion? Maschinenschaden 1982, H. 2, S. 95–105
- Effertz, P.-H.; Forchhammer, P.; Hickling, J.: Spannungsrißkorrosionsschäden an Bauteilen in Kraftwerken – Mechanismen und Beispiele. VGB-Kraftwerkstechnik (1982), H. 5, S. 390–408
- Hübner, F.-W.; Schumacher, J.: Schäden, Schadensursachen und Verhütungsmaßnahmen an älteren Kesseltrommeln. Brennstoff – Wärme – Kraft (1983), H. 7/8, S. 321–326
- Litzkendorf, M.; Wagner, I.; Walter, K.-F.: Schäden an zyklisch beanspruchten Komponenten von Dampfkesselanlagen. TÜ (1983), Nr. 9, S. 337–339
- Kussmaul, K.; Narab-Motbagh, M: Verhalten der Magnetschutzschicht unter Kesselbedingungen. VGB-Kraftwerkstechnik (1983), H. 2, S. 153–162

- Fuhlrott, H.; Kaiser, E.; Kunst, A.; Litzkendorf, M.: Ursachen und Bewertung von Rissen in Dampfspeichertrommeln. VGB-Kraftwerkstechnik (1984), H. 8, S. 709–715
- Broedenfeldt, B.: Schaden an einer Dampfleitung im Kraftwerk. TÜ (1984), H. 10, S. 403/406
- Kautz, H. R.; Zürn, H. E.-D.: Rohrleitungen im Zeitstandsbereich. VGB-Kraftwerkstechnik (1984), H. 9, S. 815–825
- Welter, H.; Pfau, B.: Verlagerung von Heißdampfrohrleitungen, Ursachen, Auswirkungen, Konsequenzen. VGB-Kraftwerkstechnik (1984), Nr. 10, S. 884–892
- Launhardt, M.: Bericht über Schäden an Armaturen und Sammlern in Zeitstandsbereich. VGB-Kraftwerkstechnik (1984), H. 8, S. 717–719
- Weißer, H.: Erfahrungen mit Kesselspeisepumpen-Analyse von Schadenfällen, Maschinenschaden 57 (1984), H. 3
- Allianz-Handbuch der Schadensverhütung. 3., neubearb. und erw. Aufl. (Hrsg. Allianz Versicherungs-AG), VDI-Verlag, 1984
- Felgenhauer, F.: Schäden durch Temperaturwechsel – Spannungsrisse. TÜ (1985), H. 9, S. 140–144
- Meyer, K. P.: Schäden an Dampfkesselanlagen durch Korrosion, Erosion, Explosion und Schwingungen TÜ 27 (1986), Nr. 10
- Effertz, P.-H.; Woitscheck, A.: Rauchgasseitige Hochtemperaturkorrosion und Versprödung von Überhitzerrohren aus X20CrMo V121, Maschinenschaden 60 (1987), H. 3
- Reinecke, A.: Schäden an Dampfkesselanlagen, TÜ 30 (1989), H. 2, S. 41–45
- Wagner, G. J.; Pohle, C.; Spähn, H.: Wasserstoffinduzierte Rißbildung an geschweißten Feinkorn- und Kesselbaustählen durch vollentsalztes Wasser bzw. Kesselspeisewasser. VGB Kraftwerkstechnik 69 (1989), H. 10, S. 1034–1043
- Germann, R.; Scheidel, P.; Gabe, H.; Katzer, H.: Schadenverhütung in Kesselanlagen. TÜ 31 (1990), Nr. 3, S. 114–124
- Schulze, H. D.; Arnswald, W.; Arens-Fischer, F.: Schäden an einer Mischverbindung 14 MoV 63, 10 CrMo 910. VGB Kraftwerkstechnik 71 (1991), H. 12, S. 1136–1140
- Brüning, W.: Schadenverhütung an Dampfkesselanlagen. TO 33 (1992), Nr. 3, S. 89–93
- Huijbregts, W. M. M.; Venderborch, P. H.; Kokmeijer, E.: Laboruntersuchungen nach Korrosionsermüdung im Zusammenhang mit Schäden in Speisewasserentgasern. VGB Kraftwerkstechnik 72 (1992), H. 10, S. 908–913
- Husemann, R. U.: Korrosionserscheinungen und deren Reduzierung an Verdampfern und Überhitzerbauteilen in kommunalen Müllverbrennungsanlagen. VGB Kraftwerkstechnik 72 (1992), H. 10, S. 918–927
- Gayh, U.; Artinger, G.: Notfallschutzkonzept für konventionelle Kraftwerke. VGB Kraftwerkstechnik 72 (1992), H. 10, S. 928–929
- Holste, P.; Kriener, A.; Lauffer, W.; Roßmaier, W.: Abriß eines Vorschweißbodens in einem Kraftwerk. TÜ (1993), H. 3, S. 105–112
- Mylonas, J.; Rimmelspacher, J.; Kremer, H.; Döring, F.: Explosionsschaden an einem Benson-Kessel der Isar-Amperwerke in Irsching. VGB-Kraftwerkstechnik 73 (1993), H. 7, S. 585–590
- Lemke, E.; Polthier, K.: Abwehr betrieblicher Störfälle. Brandschutz – Umweltschutz – Werkschutz. Erich Schmidt Verlag, Berlin/Bielefeld/München 1993
- Wellensiek, G.: Rohrbruchfolgen am Beispiel eines Dampferzeugers. TÜ 35 (1994), H. 3, S. 99–103
- Schobesberger, P.; Weiher, R.: Kesselexplosion in Girne/Zypern. VGB-Krattwerkstechnik 75 (1995), H. 10, S. 849–854
- Schimana, D.: Risiken von Industrie- und Heizkraftwerken während der Errichtungs- und Betriebsphase und deren Absicherung. VGB-Kraftwerkstechnik 78 (1998), H. 2
- Tallermo, H.; Klevtsov, I.: Hochtemperaturkorrosion der Stähle 12Ch1MF, 13CrMo44 und 10CrMo910 im SF-Kessel bei der Temperatur des Metalls bis zu 540 °C. VGB-Kraftwerkstechnik 78 (1998), H. 8
- Krüger, J.; Drexler, J.: Korrosionen an Membranwänden im Feuerraum durch thermisch-mechanische Beanspruchung der Feuerfestauskleidung in den Linien 1 bis 3 des MKW Schwandorf. VGB-Kraftwerkstechnik 78 (1998), H. 11
- Oehmigen, H.-G.; Lenk, P.; Schulze, A. u. a.: Das Verhalten der Schweißverbindung des Stahles X11CrMoWVNb 9-1-1 unter Zeitbeanspruchung. VGB-Kraftwerkstechnik 79 (1999), H. 2

- Jensen, J. P.; Smitshuysen, E. F.; Daucik, K.: Schutz der Stahloberflächen von Dampferzeugern – Theorie und Praxis. VGB-Kraftwerkstechnik 79 (1999), H. 7
- Gade, U.; Weiher, R.; Mengel, A.: Verpuffung an einem Hilfskessel im Kraftwerk Schwarze Pumpe. VGB-Kraftwerkstechnik 79 (1999), H. 11
- Filipczyk, D.; Füle, T.: Schaden an einem Dampferzeuger mit Wirbelschichtfeuerung. TÜ 40 (1999), Nr. 3, S. 11–17
- Reichel, H. H.: Verdampferschäden durch Ablagerungen in Verbindung mit Feuerungsänderungen. VGB-Kraftwerkstechnik 79 (1999), H. 10
- Roßmaier, W.: Schadensfall in einer Sondermüllverbrennungsanlage. TÜ Bd. 44 (2003) Nr. 3

Zum Kapitel 10 Vorschriften und Bestimmungen

Allgemeines
- Koch, W.: Arbeitsschutz: Ein Blick zurück ... Technische Arbeitsschutz im Wandel der Zeiten. Sicher ist sicher (1975), H. 11, S. 530–537
- Marburger, F.: Die Regeln der Technik im Recht. Carl Heymanns Verlag, Köln 1979
- Bauer, C. O.: Technische Normen und Produkthaftung. Handbuch Produkt- und Produzentenhaftung. 1. Aufl., Rudolf-Haufe-Verlag, Freiburg 1980, Gruppe 7, S. 41–64
- Budde, E.: Die Begriffe »Anerkannte Regeln der Technik«, »Stand der Technik« und »Stand von Wissenschaft und Technik« und ihre Bedeutung. DIN-Mitt. 59 (1980), Nr. 12, S. 738–739
- Hauser, H.; Kopp, L.; Spähn, H.: Ist der gegenwärtige Stand der Technischen Regeln für druckführende Bauteile unzulänglich? VGB-Kraftwerkstechnik 60 (1980), Nr. 3, S. 153–163
- Weber, W.: Technische Sicherheit in der deutschen Industriegesellschaft. Festschrift 100 Jahre VdTÜV. Hrsg. von der Vereinigung der Technischen Überwachungs-Vereine e. V., Essen 1984, S. 43–56
- Sicherheitstechnik. Ergänzbare Sammlung. Hrsg. von H. Schmatz und M. H. Nörthlichs. H. Schmidt-Verlag, Berlin 1995

Gesetz über technische Arbeitsmittel
- Zimmermann, N.: Sicherheitsnormen für technische Arbeitsmittel. Das neue Gerätesicherheitsgesetz und seine Durchführungsverordnung. DIN-Mitt. 60 (1981), Nr. 2, S. 102–107
- Gerätesicherheitsgesetz, Vorschriften, Verzeichnisse, Erlasse. Hrsg. von der Bundesanstalt für Arbeitsschutz, Dortmund. Wirtschaftsverlag NW, Verlag für neue Wissenschaften GmbH, Bremerhaven
- Gerätesicherheits-Prüfstellenverordnung (GSPrüfV), Vorschriften, Verzeichnisse, Erlasse. Hrsg. von der Bundesanstalt für Arbeitsschutz. Wirtschaftsverlag NW, Verlag für neue Wissenschaften GmbH, Bremerhaven
- Wahlster, M.: Gerätesicherheitsprüfungen – eine Aufgabe im Dienste der Wirtschaft und zum Nutzen des Verbrauchers. Vorträge der VdTÜV-Mitgl.-Versammlung 1987. Hrsg. von der VdTÜV, Essen, S. 37–50
- DIN 31001, Sicherheitsgerechtes Gestalten technischer Erzeugnisse
- LAS 040, Merkblatt Gerätesicherheitsgesetz. Hrsg. vom Bayer. Landesinstitut für Arbeitsschutz, München 1989
- LAS 041 Prüfstellenverzeichnis zum Gesetz über technische Arbeitsmittel. Hrsg. vom Bayer. Landesinstitut für Arbeitsschutz, München 1988
- Richtlinie 98/37 EG des Europäischen Parlaments und des Rates vom 22.6.1998 ...
- Lange, U.: Neuordnung der Anlagen- und Gerätesicherheit – Auswirkungen auf die Technische Überwachung. TO 33 (1992), Nr. 3, S. 83
- Gerätesicherheitsgesetz, europäisch ausgerichtet. Hatto Mattes, BABI 12/2000

Betriebssicherheitsverordnung
- Eberle, H.: Erläuterungen zur Betriebssicherheitsverordnung Abschnitt 3 „Besondere Vorschriften für überwachungsbedürftige Anlagen". Sicher ist Sicher – Arbeitsschutz aktuell 6/2004
- Mattes, H.: Betriebssicherheitsverordnung – BetrSichV, Einordnung der Anlagen- und Betriebssicherheit in das Rechtssystem. VGB Power Tech 8/2004

Gewerbeordnung

- Gewerbeordnung, Loseblattsammlung. C. H. Beck'sche Verlagsbuchhandlung, München
- Verordnung zur Ablösung der Verordnungen nach § 24 der Gewerbeordnung vom 27.2.1980. BGBl. I, 1980, Nr. 8 vom 1.3.1980
- Allgemeine Verwaltungsvorschrift zur Ablösung von allgemeinen Verwaltungsvorschriften zu Verordnungen nach § 24 der Gewerbeordnung vom 27.2.1980. Bundesanzeiger vom 1.3.1980
- Reuter, H.: Überwachungsbedürftige Anlagen. Deutscher Fachschriften-Verlag Braun GmbH & Co. KG, Wiesbaden 1980
- Stahl, G.: Die Bedeutung Technischer Regeln zu den Rechtsverordnungen nach § 24 GewO. TÜ 22 (1981), Nr. 11, S. 436–439
- Hoffmann, W. E.: Technische Ausschüsse nach § 24 GewO. Bundesarbeitsblatt 4 (1983), S. 34–36. Bundesminister für Arbeit und Sozialordnung. Verlag W. Kohlhammer, Stuttgart
- Einbringung von Technischen Regeln nach § 24 Gewerbeordnung über DIN in die Europäische Normung (CEN). Bekanntmachung des BMA vom 18.12.1989, BABl 2/1990, S. 133–134

Dampfkessel

- Greinert, W.; Müller, G.; Steffen, P.; Fähnrich, R.: Dampfkesselbestimmungen. Loseblattsammlung, Forkel Verlag, Heidelberg
- Eiden, H.: Neue Prüfrichtlinien für Dampfkesselanlagen vom BMA veröffentlicht. TÜ 21 (1980), Nr. 10, S. 413–415 und Nr. 11, S. 488–491
- Immesberger, B.; Reuter, M.: Harmonisierung technischer Vorschriften in der EG – Unterschiede des deutschen und französischen Regelwerkes am Beispiel der Dampfkessel. TÜ 21 (1980), Nr. 1, S. 32–33 und Nr. 2, S. 225–227
- Laska, L.; Schumacher, A.: Die neue Dampfkesselverordnung. BWK, Nr. 6, Juni 1980
- Noetzlin, G.: Staat und Wirtschaft bei der Technischen Regelsetzung – Das Beispiel: Der Deutsche Dampfkesselausschuß. VGB-Kraftwerkstechnik 60 (1980), Nr. 11; S. 837–842
- Breitkopf, E.: Ergebnisse von Prüfungen an Dampfkesselanlagen. Verlag TÜV Rheinland, Köln 1981
- Anordnung über die Nomenklatur überwachungspflichtiger Kesselanlagen vom 14.5.1981. Gesetzblatt der Deutschen Demokratischen Republik, Teil 1, Nr. 16, S. 226–227
- TRD Technische Regeln für Dampfkessel (mit Dampfkesselverordnung). Taschenbuch-Ausgabe. Hrsg. von der VdTÜV Essen. Carl Heymanns Verlag, Köln; Beuth Verlag, Berlin
- DIN 1942, Abnahmeversuche an Dampferzeugern (VDI-Dampferzeugerregeln)
- Michael, H.: Vergleich zwischen dem amerikanischen und dem deutschen Regelwerk für Dampfkessel. TO 32 (1991), Nr. 11, S. 375–379
- VGB-Tagungsbericht TB 128: Arbeitssicherheit und Gesundheitsschutz in Kraftwerken 1999
- Referatensammlung Dampfkessel – Rechtsvorschriften und Normen in der Europäischen Union. Deutsches Institut für Normung e. V., FDBR/DIN-Gemeinschaftstagung 4.11.1997, Duisburg
- Roßmaier, W.: Verbesserte Wasserdruckprüfungen bei Flammrohr-, Rauchrohr- und Wasserrohrkesseln. TÜ 38 (1997), Nr. 6

Warmwasserheizungen

- Zentralheizung, Warmwasser, Lüftung. Zur VOB DIN 1979. Bauwelt-Verlag, Berlin 1944
- Böttcher, P.: Es begann mit der DIN 4701. SHT (1979), H. 8, S. 701–704
- AMEV Heizanlagenbau 95, 1995-00-00, TD*TR, Planung und Bau von Heizanlagen in öffentlichen Gebäuden (Heizanlagenbau 95), Arbeitskreis Maschinen- und Elektrotechnik staatlicher und kommunaler Verwaltungen (AMEV) – Geschäftsstelle im Bundesministerium für Raumordnung, Bauwesen und Städtebau, Ref. B I 3
- Betriebsanweisung für Heizanlagen in Liegenschaften des Landes Nordrhein-Westfalen – Heizungsbetriebsanweisung NW – RdErl. des Ministers für Landes- und Stadtentwicklung vom 5.5.1981 – B 1013 – 27 – 5 – V1A4. MinBl. f. d. Land Nordrhein-Westfalen Nr. 51 vom 25.6.1981
- Kröschel, N.: 2. Heizungsanlagen-Verordnung: Was ist zu tun? Sanitär- und Heizungstechnik 47 (1982), Nr. 6, S. 403–407

Druckbehälter
- Schneider, J.: Die AD-Merkblätter der Reihe HP und die Standortfertigung von Druckbehältern. Schweißen + Schneiden (1980), H. 4, S. 129–133
- Göller, O.: Bemerkungen zur Außerkraftsetzung der UVV, Abschnitt 16 »Druckbehälter«, Sichere Chemiearbeit (1981), S. 29
- Bemessung von Druckbehältern nach neueren Technischen Regeln. Tagungsheft. Hrsg. von der Vereinigung der Technischen Überwachungs-Vereine e. V., Essen 1982
- Wieczorek, P.: Berechnung ebener Böden. Konstruktion 35 (1983), H. 2, S. 57–64
- Bietenbeck, F.: Prüfung von Rohrleitungen nach der Druckbehälterverordnung. TÜ 32 (1991), Nr. 5, S. 184–188
- AD-2000 Regelwerk. Taschenbuch-Ausgabe. Hrsg. von der VdTÜV Essen. Carl Heymanns Verlag, Köln; Beuth Verlag, Berlin
- Technische Regeln Druckbehälter. Hrsg. vom Hauptverband der gewerblichen Berufsgenossenschaften, St. Augustin 2. Carl Heymanns Verlag, Köln
- Fath, R. J.; Heisel, U.; Rutscher, R.; Schorpp, A.; Seibold, J.: Druckbehälter und Rohrleitungen. 2. Aufl., Export Verlag, Ehingen 1991
- VdTÜV-Seminar Druckgeräte-Richtlinie (DGRL) des VdTÜV, Bonn 17.11.1997

Normung
- Zemlin, H.: Überbetriebliche technische Normen – ihre Wesensmerkmale und ihre Bedeutung im rechtlichen Bereich. Carl Heymanns Verlag, Köln 1973
- Führer durch die Baunormung. Aufgestellt vom Normenausschuß Bauwesen in DIN. Beuth Verlag, Berlin/Köln
- Budde, E.: DIN-Normen und Recht. DIN-Mit. 59 (1980), Nr. 1, S. 12–14
- DIN-Taschenbuch 120, Brandschutzmaßnahmen, Normen, Richtlinien. Beuth Verlag, Berlin
- Heiz- und Raumlufttechnik. Normen, Gesetze und Verordnungen über energiesparende Maßnahmen an Heizungsanlagen. Beuth Verlag, Berlin 1983
- DIN-Taschenbücher des Normenausschusses Heiz- und Raumlufttechnik. Beuth Verlag, Berlin/Köln
  TAB 23: Heiztechnik 1 – Grundlagen. Normen, Gesetze und Verordnungen
  TAB 130: Heiztechnik 2 – Sicherheitstechnik
  TAB 164: Heiztechnik 3 – Energieeinsparung. Gesetze, Normen und Verordnungen
  TAB 214: Heiztechnik 4 – Feuerungstechnik
- Grasmuck, J.: Europäische Normung für den chemischen Apparatebau. DIN-Mitt. 69 (1990), Nr. 11, S. 585–589
- DIN-Katalog für technische Regeln, 3 Bde. Hrsg. vom DIN Deutsches Institut für Normung. Beuth Verlag, Berlin/Köln
- Vondung, P.: Bedeutung der Normung und des CE-Zeichens für zu vergebende Aufträge in der EU. DIN-Mitt. 74 (1995), Nr. 9, S. 580–584
- Hoffmann, B.: Umsetzung von Europäischen Richtlinien und Normen – Anwendungshemmnisse bei der Einführung Europäischer Normen. DIN-Mitt. 75 (1996), Nr. 2, S. 116–121

Verdingungsordnung für Bauleistungen
- Enge; Kaupner; Salzwedel; Wurr: Kommentar zur VOB. DIN 18379/18380, Lüftungstechnische Anlagen, Heizungs- und zentrale Brauchwassererwärmungsanlagen. Werner-Verlag, Düsseldorf 1977
- VOB, Verdingungsordnung für Bauleistungen. Beuth Verlag, Berlin

Sonstige Vorschriften, Bestimmungen und Regeln
- DVGW-Regelwerk Gas. Übersicht über das DVGW-Regelwerk, die DIN-Normen des DVGW-Regelwerkes Gas und die AfK-Empfehlungen (DVGW-VDE-Arbeitsgemeinschaft). Strobel & Co. Buchvertrieb, Arnsberg.
- Zachmann, K.: EG-Richtlinien: Entstehung, Verbindlichkeit, Umsetzung. TÜ 22 (1981), Nr. 2, S. 84–87

- TRAC, Technische Regeln für Acetylenanlagen und Calciumcarbidlager mit Acetylenverordnung. Taschenbuchausgabe. Hrsg. von der VdTÜV Essen. Carl Heymanns Verlag, Köln; Beuth Verlag, Berlin
- TRbF, Technische Regeln für brennbare Flüssigkeiten mit Verordnung über brennbare Flüssigkeiten (VbF). Taschenbuchausgabe. Hrsg. von der VdTÜV Essen. Carl Heymanns Verlag, Köln; Beuth Verlag, Berlin
- TRG, Technische Regeln, Druckgase. Taschenbuchausgabe. Hrsg. von der VdTÜV Essen. Beuth Verlag, Berlin/Köln
- Verordnung über die erweiterte Anwendung der Dampfkesselverordnung, der Druckbehälterverordnung und der Aufzugsverordnung vom 18.11.1982. Bayer. Gesetz- und Verordnungsblatt Nr. 31/1982, S. 1025

Zum Kapitel 11 Grafische Symbole

- DIN 2429 Teil 1 und Teil 2, Grafische Symbole für technische Zeichungen; Rohrleitungen
- DIN 2481 Wärmekraftanlagen; Graphische Symbole
- DIN 30600 Graphische Symbole; Registrierung, Bezeichnung
- DIN-Fachbericht 4 Teil 1, Graphische Symbole nach DIN 30600; Teil 1: Bildzeichen; Übersicht
- DIN 30602 Teil 1 und 2, Bildzeichenanwendung
- DIN 30603 Bidzeichen; Bildzeichen mit Pfeilen; Übersicht und Zuordnung
- DIN V 30604 Gestaltungssystematik für Bildzeichen der Meß- und Regeltechnik
- DIN V 32831 Graphische Symbole; Gestaltungsregeln für graphische Symbole in der technischen Produktdokumentation

13. Sachwortverzeichnis

Die Anordnung der Stichwörter ist alphabetisch. Die Umlaute ä, ö, ü, äu werden wie die nicht umgelauteten Vokale (Selbstlaute) a, o, u, au behandelt. Begriffe, die Zahlen oder Zeichen am Anfang stehen haben, sind am Schluss nach Z eingereiht.

A

Aachener Raum 27
Abbrand 263
Abdampfentölung 231
Abfall 617, 618, 619
– besonders überwachungsbedürftig 618
– Mitverbrennung von 550, 561
Abfallbeauftragte 618
Abfallbeseitigung 618
Abfallbilanzen 618
Abfallverbrennung 276ff.
Abfallverbrennungsanlagen 548, 561
Abfallverwertung 618
Abfallverzeichnis-Verordnung 618
Abfallwirtschaftskonzept 618
Abgasentschwefelung 601, 604, 605
Abgasentschwefelungsanlagen 601
Abgasentstaubung 589
Abgasentstickung 607
Abgasfeuchte 559
Abgaspumpe 638
Abgasreinigung 617
Abgasrückführung 291, 313ff.
Abgastemperatur 49, 60
Abgastrübung 558
Abgasverlust 59, 544, 558
Abgasverlustbegrenzung 544

Abhitze 349
Abhitzeanlagen 84
Abhitzekessel 239, 350
Ablagerungen 425
– wasserseitig 425
Ablaufsicherung 221
Ableitbedingungen 569
– für Abgase (TA Luft) 569
Ableiter 231, 282
Abnahme 684
– eines Druckgerätes 684
– einer Baugruppe 684
Abnahmeprüfung 522
– einer SPS 522
Abreißen der Flamme 331
Absalzung 422ff.
Absalzventil 197
Absaugpyrometer 277
Abscheideleistung 614
Abscheider 589, 591, 600
Abschlammautomat 631
Abschlammeinrichtungen 194
Abschlammen 432, 632
Abschlamm-Schnellschlussventil 197
Abschneideventil 308
Absinkdauer 173
Absorptionsverfahren 604, 613ff.
Absperreinrichtungen 190, 191, 629, 631
Abstellen 648
Abtragungen 663
Abwasser 371
– (WHG) 550

Abwasserabgabengesetz 553
AbwAG 553
Abwasserbehandlung 551
Abwasserverordnung 371, 551
AbwV 551
AD 2000
– Regelwerk 709
– Merkblätter 170
Additive 579ff.
Ados-Duplex 234
AGFW-Merkblatt Heißwasser 418ff.
Aktivkohle
– Erdalkalienabgabe 393
Aktivkohlefilter 393
Aktoren 479
Alarm- und Gefahrenabwehrplan 536ff.
Alkalien 355, 644
Alkalinität 443
Alkalisalze 365
Alkalische
– Fahrweise 402
– Salze 644
Alkalisierung 400ff.
Alkalisierungsmittel 400ff.
Alkalität 354, 443
Allgemeine Verwaltungsvorschrift
– zum Gesetz über technische Arbeitsmittel 696
– zur DampfkV 72
– zum BimSchG 529
Allmenröder 156
Allokation 586

Altholzverordnung 617
Altlasten 577
Altölverordnung 617
Aluminium
– Werkstoffe in Heizanlagen 422
Amine
– filmbildend 399, 402
Ammoniak 361, 400, 535, 607, 645
Ammoniumisoascorbat 397, 398
Amtsblatt der Europäischen Gemeinschaft 682
Analysekamera für Flammenüberwachung 248
Änderung
– einer überwachungsbedürftigen Anlage 700
Änderungsverfahren 524
Anerkannte unabhängige Prüfstellen 682
Anfahrdampf 141
Anfahren 469
– der Kesselanlage 647
– von Schwerölfeuerungen 311
Anforderungen
– die Ausrüstung von Dampfkesselanlagen 472ff.
– an Kesselanlage 495, 626
Anforderungsklassen 491, 496, 502
Anheizzeit 91
Anhydrit 605
Anionen 356, 359
Anionenaustauscher 376, 387
– schwach basisch 376
– stark basisch 376
Anlagen
– genehmigungsbedürftig 528, 572
– genehmigungsfrei 543
– zur Dampferzeugung 146
– zur Entkieselung 645

– zur Entölung 645
– zur Heißwassererzeugung 146
– zur Warmwassererzeugung 146
Anlagenleistung 530
Anlagenverordnungen 33
Anlüften 636
Anordnung von Kohlenstaubbrennern 289
Anschwemmfilter 372
Anthrazit 27
Antischaummittel 402
Antivalenzbaustein 513, 514
Anwenderprogramm 492
Anwendungsgrenzen
von Grauguss 191
Anzeige
– durch induktives Messsignal 180
– durch Übertragung des veränderten Auftriebs eines Tauchkörpers 180
Anzeigebereich 197
– der Manometer 197
Anzeigeeinrichtungen 627
– für Wasserstände 174
Anzeigeflüssigkeit 629
Anzeigegenauigkeit
– von Manometern 197
application program 492
Arbeit 6ff.
Arbeitseinrichtungen 693
Arbeitsmittel 699ff.
Arbeitsplatzbedingungen 573
Arbeitsprinzip 207
Arbeitsschutzmanagementsysteme 693
Arbeitsstätten-Richtlinien 674
Arbeitsstättenverordnung 575
Arbeitsstoffe
– krebserzeugend 431
Arbeitsstromprinzip 495, 496

Armaturen 190ff., 650, 672
Arten
– der Diversität 507
– der Wärmeübertragung 10
– von Fehlern 496
Artikelverordnung 695
Ascheabzug 111
Aschegehalt 578
– von Öl 578
Ascheschmelzverhalten 27
Ascorbinsäure 398
Asphaltengehalt 578
– von Öl 305, 324
Atome 345, 355
Atomgesetz 133
Atto 2
ATV-Arbeitsblatt A 115 371
Ätznatron 402
Audit 688
Aufbau und Anwendung der TRD 696
Aufbereitung des Speisewassers 374ff.
Auffangwanne 641
Aufhärtungen 671
Aufheizkurve 171
Aufheizvorrichtung 395
Aufkochentgasung 395
Aufnahmefähigkeit
– der Filtermasse 231
Aufteilung
– der Gesamtabblasmenge 204
Auftragsschweißungen 279
Ausblasen von Ölbrennern 311
Ausblasevorgang 627
Ausbreitungsmodell 539
Ausbreitungsrechnung 539
Ausdehnung durch Wärme 7
Ausfall 492
Ausfallausschluss 498, 510
Ausfallbetrachtung 497, 513
Ausfalleffektanalyse 492, 509

Sachwortverzeichnis 807

Ausfallkombinationen 492, 509
Ausfallmöglichkeiten 492
Ausführung von WT-Anlagen 170
Auslegung
– auf die erforderliche Belastbarkeit 683
Auslegungsfehler 663
Ausnutzung der Rauchgaswärme 49
Ausrüstung 223, 627, 672
Ausschuss
– für Betriebssicherheit 462, 705
– für Druckgeräte 680
– für äußere Abgasrückführung 313
– für Prüfung 648
– für Wasseraufbereitung 371
Austauscherharze 375
Auswaschung 628
Auswerterechner 560
Automatisierung 459, 475
– des Kesselbetriebes 459
Automatisierungssysteme 473
AVT-Verfahren 400
AVV 618
Axialgebläse 243
Axialschub 188, 189
Azetylen 325

B

Balkenschieber 193
Balkenwaage 8
Bar 1
Barometerstand 2
Bartonzelle 217
Basekapazität
– Bestimmung der 444
Basen 356, 359
Basenaustauscher 377

BAT – Biologische Arbeitsstoff-Toleranzwerte 573
Bauarten der Dampfkessel 65, 75
Baugruppe 239, 678
Baumuster 509
Baumusternummer 241
Baumusterprüfung 508, 509
– für Steuerungs- und Überwachungseinrichtungen 318
Baurecht 675
Bauteilkennzeichen 201, 672
Bauteilprüfnummer 339
Bauteilprüfung 212
Beaufsichtigung
– von Dampfkesselanlagen 459
Beauftragter Beschäftigter 462
Bedienungsanleitung 163
– für Feuerungen 241
Befähigte Person 700
Befahren von Kesselanlagen 648
Begleitbeheizung von Ölleitungen 303
Begrenzer 241, 337, 469
Begrenzung von Emissionen 543
Begrenzungsglieder 221
Behälterverschlüsse 215
Beheizung 239ff.
– durch Abhitze 349
– durch Sonnenenergie 351
– von Schweröl 302
Beimischpumpen 488
Bekohlungsanlage 266
Beladung von Ionenaustauschern 375
Beläge 425
Belagsbildung
– wasserseitig 425
Belastungsart von Sicherheitsventilen 204
Belastungsprinzip 206ff.

Belüftungselement 426
Benannte Stellen 70, 681
Bensonkessel 103, 123
Benzin 30
Benzin-Benzol-Gemisch 30
Benzol 30
Berechnungsregeln 75
Berstsicherung 158, 631
Bertholdt-Mahler-Kröker-»Bombe« 35
Berufsgenossenschaft
– Merkblätter 431
Berührungsüberhitzer 139
Bescheinigung 563
Beseitigungsverfahren 618
Besichtigungsmöglichkeiten 85, 214
Bestampfung 249, 279, 288
– von Kesselrohren 279
Bestiften 113, 279
Betätigungsebene 474
Betreiberprüfstellen 682
Betrieb 460
– von Dampfkesselanlagen 464, 702
– mit eingeschränkter Beaufsichtigung 466
– mit ständiger Beaufsichtigung 472
– ohne ständige Beaufsichtigung 220, 432ff., 460ff., 468, 481ff.
Betriebsanweisungen 632, 685
Betriebsart 492
Betriebsbeauftragte 556, 569
– für Abfall 618
– für Immissionsschutz 569
Betriebsbewährung 492
Betriebsbuch 470
Betriebseinwirkungen 502, 633
Betriebskubikmeter 329
Betriebsorganisation 537
Betriebssicherheitsverordnung (EetrSichV) 65, 460,

648, 696ff.
Betriebsstörungen 632ff.
– bei Kolbenpumpen 632
– bei Kreiselpumpen 633
Betriebsüberdruck 173
Betriebsvorschriften 459
Betriebswässer
– Definitionen 439
– Probenahme 440
– Untersuchung 442
Beurteilungspegel 541
Bewegungsenergie 6
Bezeichnungen
– wasserchemische 353
BF/UHDE-Verfahren 606
BGR 117 649
BGV
– B6 640
– C14 302
– C15 642
– D34 330
BHKW 152
Bildungsmechanismen 580
Bimetallfühler 221
Bimetallthermometer 200
BImSchG 526, 527, 528ff., 707
– 1. BImSchV 543, 708
– 3. BImSchV 545, 579ff.
– 4. BImSchV 530
– 9. BImSchV 532ff.
– 11. BImSchV 572
– 12. BImSchV 535
– 13. BImSchV 545, 560
– 17. BImschV 277, 279
– 17. BImSchV 548, 561
– 27. BImSchV 550
Biomasse 150, 272, 287
Blasmedien
– für Rußbläser 250
Blechschornsteine 51
Blinddeckel 214
Blockheizkraftwerke 152
Blockleitgeräte 474
BoB-Betrieb 91
– 24 Stunden, wasserchemische Anforderungen 432ff.
– 72 Stunden, wasserchemische Anforderungen 435ff.
BoB-Richtlinien 468
Boden 577
Bodenheizschlangen 302ff.
Bodenschutz 577
Bohrinseln 32
Boiler-Betrieb 167
Bolzenschweißung 111
Booth 68
Bormann 156
Brabbée 154
Branntkalk 602
Brauchwassererwärmung 163, 165
Brauchwassertemperatur 165
Braunkohle 28
Brennerbauarten 319ff., 714
Brennerdüsen 303, 327
Brennerkonstruktion 578
Brennerleistungsregelung 309
Brenngase 30ff.
Brennkammerbelastung 252
Brennstäbe 133
Brennstoffe 31, 42, 26ff., 327ff., 579, 582, 640
Brennstofffeuchte 52
Brennstoff 26ff., 261ff., 302, 639, 459
– Aufbereitung 302
– Luft-Verhältnis 258, 317, 471
– Mehrverbrauch 364
– NO 581
– Schichthöhe 266, 282
– Schnellschlussvorrichtung 325ff., 334
Brennstoffkunde 26
Brennstoffumschaltungen 470
Brennwert 31, 35
Brennwertkessel 98
Brennwertprinzip 98
Brennwerttechnik 63
Brown'sche Molekularbewegung 2
Bundes-Bodenschutzgesetz 577
Bundes-Immissionsschutzgesetz 526ff., 707
Bunker
– C-Öl 30
– für Kohle 266
– für Kohlenstaub 293
– für Müll 276
Bunte-Dreieck 45
Bürette 443
Buskoppler 477
„Bus"-Systeme 477
Butan 31, 32, 42
Bypass 259, 350
Bypassventil 304

C

Calciumcarbonat 362
Calciumhydrogencarbonat 362
Calciumphosphat 364
Calciumsulfat 362
Calciumsulfit 605
Calciumverbindungen 362
Caldos 235
Carbohydrazid 397, 398
Carbonathärte 643
Carbonatstein 363
CdS-Fotoelement 339
CE Sulzer combined circulation boilers 130
CE-Konformitätszeichen 241, 339, 682
Celluloseacetat-Module 385
Celsius 2
CEN = Comité Européen de Normalisation 73
CEN/TC 269 676
Central-European-Pipeline 29

Sachwortverzeichnis 809

Checkliste 624
– für eine Dampfkesselanlage 624
Chelate 364, 399, 430
Chemikalien
– Kenndaten 359ff.
Chemikaliengesetz 693
Chemische
– Entgasung 396
– Reinigung, Dampfkessel 429ff.
– Verbindungen, Kenndaten 359ff.
Chlor
– und Fluorgehalte fester Brennstoffe 588
– und Fluorwasserstoff 558, 614
Chlordioxid 645
Chlorgas 645
Chlorid 643
– Bestimmung 456
Chlorierte Kohlenwasserstoffe 359, 588
Chrom-Nickel-Stahl 428
CH-Verbindungen 36
CnHm-Verbrennung 31
CO 36, 558
CO_2 36
– Ausstoß 586
CO-bezogene O_2-Optimierung 317
CO-Emissionsgrenzwerte 584
Cursor-Steuerung 480

D

Dämmung
– von Körperschall 615
Dampf
– erzeuger 131,173
– für Lebensmittelbetriebe 400
– trocken gesättigt 20

– zur Luftbefeuchtung 400
Dampfabscheidung 110
– in der Obertrommel 110
Dampfausströmung 212
Dampfbacköfen 154
Dampfblasen 429
– in Pumpen 181ff.
Dampfdruckminderer 224
Dampfdruckzerstäuber 322ff.
Dampferzeuger 65
– aus Stahl, Wasserqualität 403ff.
– mit austenitischem Stahl, Wasserqualität 421
– mit Kupferwerkstoffen, Wasserqualität 420
Dampfkessel 72, 213, 531
– der Gruppe IV 463
– chemische Reinigung 429ff.
Dampfkesselanlage 147, 152, 459, 488ff.
Dampfkesselbestimmungen 695
Dampfkessel-Revisions-Vereine 71
Dampfkesselverordnung (DampfkV) 72, 460, 623
Dampflokomotiven 88
Dampfmaschine 67, 87
Dampfraum
– im Heißwassererzeuger 284
Dampfreinheit 415, 417
Dampf-Rußbläser 649
Dampfschläge 633, 636
Dampfstrom 212
Dampftrockner 230
Dampfturbinenantrieb 77
Dampfturbopumpe 185
Dampfumformventil 223, 227
Dampfwalze 88
DDA 148
– Information 461
DEHA 397, 398

Dehnungsbehinderungen 663
Deionat 388, 439
Deka 2
de Laval 69
DeNovo-Synthese 585, 613
Denox-Anlagen 113
Deposition 539
– des EG-Vertrages 675
Destillation 384
Deutsches Museum 67
Deutscher Dampfkessel-Ausschuß 148
Dezi 2
Diagnosecharakter 212
Dichte 7ff.
– der trockenen Luft 8
– des Wassers 354, 449
Dichtespindel 449
Dichteverhältnis 8
Dichtfläche 629
Dichtheit 335
Dichtheitskontrolleinrichtung 335
Dichtheitsprüfung 336
Dichtschnüre 214
Dichtungen 672
Dieselmotor 117, 349
Dieselöl 30
Diethylhydroxylamin (DEHA) 397, 398
Differenzdruckmanometer 199, 214
Differenzdruckmessung 179
DIN-Normen 10, 27, 33ff., 51, 73, 153, 155ff., 164, 167, 170, 176, 190ff., 204, 220ff., 241, 306, 310, 311, 325, 328, 330, 341, 346ff., 376, 492, 623, 626, 648, 712ff.
DIN EN 64, 73, 75, 138, 159, 163ff., 170, 181, 191, 203, 214, 220ff., 241, 311, 320, 325, 332, 334, 346ff., 407ff., 411ff.,

464, 652, 706ff., 711ff.
DIN V 491ff., 714
DIN VDE 164, 221, 242, 492ff., 497
DIN-Normen Wasser 457
Dioxinbildung 585
Dioxine 585
– und Furane 548, 614
– und Furane oxidativ zerstört 614
Dioxin-Messverfahren 568
Direkteinleiter 553
Direktentschwefelung 580
Dissoziation 355
Diversitäre
– Programme 492
– Redundanz 492, 506, 509
– Software 506
Diversität 507
Dolomit 374
Doppelabsperrung 629
Dosiergeräte 645
Dosierung 399
Drall
– bei Verbrennungsluft 313
– des Brennstoffs und der Verbrennungsluft 249
Drallbrenner 291
Dralldurchflussmesser 229
Drallregler 243, 244, 259
Drehkörpergerät 222
Drehluftvorwärmer 146
Drehzahlwächter 259, 319
Drehzerstäuber 317, 323
Dreiwegehahn 191, 636
Dreizugkessel 93
Drittluft 243
Drosselblende 637
Drosseldüsen 121
Drosselkegel 191
Drosselregelung 185, 217
Druck 1, 4, 20, 559
Druckbegrenzer 219, 482, 635
Druckabfall bei Kondensatableitung 25

Druckausdehnungsgefäß 79,162, 167, 284
Druckbehälterbestimmungen 709
Druckbehälterverordnung 695
Druckdiktierpumpen 636
Druckentgasung 394
Druckfestigkeitsprüfung 684
Druckfilter 372
Druckgasflaschen 32
Druckgeräte 201, 685, 711
Druckgeräterichtlinie 72, 173, 461, 677
Druckhaltepumpe 162, 181
Druckhöhe 2
Drucklastwechseln 663
Druckmessgerät 197
Druckmessung 636
Druckminderventile 223ff.
Druckregler 219, 224, 635
Druckverlauf 228
Druckverlust 212, 228
Druckverlustdiagramm 634
Druckwasserreaktor 134
Druckzerstäuber 671
Duplex-Mono 234ff.
Duplexpumpen 182
Durchblaseriefen 629
Durchflussmengenänderungen 310
Durchflussmessung 228
Durchflussrichtung 193
Durchlauf-Brauchwassererwärmung 165
Durchlaufkessel, Wasserqualität 400, 402, 404, 410
Durchsatz einer Öldüse 319ff.
Durchströmung 204
Dürr-Werke 69
Düsenboden 285, 348
Düsenbohrung 319, 322
Düsenentgaser 394
Düsenkennzeichnung 320
Düsenventile 326ff.

Duvoir 154
DVGW 35
– G 490, 491 328
– Arbeitsblätter 241, 328
– Registernummer 241, 339

E

Early Actions 587
E-Cell 386
Eckanker 90ff., 664
Eckardt Fernwasserstandsanzeige 177
Eckrohrkessel 118
Eckschweißnaht 664
Eckventile 193
Eco Management and Audit Scheme 554
EDI-Verfahren 386
EDTA 399, 442
EG-Amtsblatt 677
EG-Baumusterprüfung 687
EG-Einzelprüfung 689
EG-Entwurfsprüfung 687
EG-Konformitätserklärung 690
EG-Öko-Audit-System 554
EG-Richtlinie 90/396/EWG 332, 526
Eigendruckanlage 488
Eigendruckhaltung 285
Eigensicherheit 345
Eignungsprüfungen 241, 563, 564
Einbau von Messanlagen 563
Einblasefeuerungen 273
Einbrandkerben 671
Eindickungszahl 423
Einfachausfälle 497
Einfachfehler 492
Einheiten 1
Einleitbedingungen, Abwasser 371, 430

Sachwortverzeichnis

Einleitgenehmigung 550
Einrichtung
– von Anlagen 530
– von Betriebsanlagen 530
– gegen Drucküberschreitung 201
– zum Absalzen 646
– zum Abschlammen 646
Einschleifen von Ventilsitzen 650
Einspritzkühler 638, 672
Einspritzwasser 227, 366, 399, 410, 416
Einsteckvorwärmer 302ff.
Einstufung von Druckgeräten 681
Einzelprüfung 212
Eisengehalt, Wasser 374
Eisensalze 367
Elastomere 310
Elcoflux 235
elektr. Widerstandsthermometer 200
elektrische
– Abscheider 589
– Beheizung 348, 639, 640
– Betriebsmittel 500ff.
– Einrichtungen 638, 652
– Staubabscheidung 598
– Steuerungen 491
– Störbeeinflussung 519
– Thermoelemente 200, 348
– Widerstandsheizung 348
– Widerstandsthermometer 200
– Heizstäbe 640
Elektrochemische Entsalzung 386
Elektroden 216
Elektrodenheizung 78, 349
Elektrodialyse 386
Elektrokessel 78, 348ff.
elektromagnetische
– Strahlung 575
– Verträglichkeit 519
Elektroniksteckkarten 635

Elektronische
– Absalzregelung 195
– Betriebsmittel 492
– Elemente 491
– Steuerungen 491, 520
Elektropneumatische
– Steuerung 209
Elemente 527
– chemische 355
EMAS 533ff.
Emissionen 529, 539, 543, 556
Emissionserklärung 572, 588
Emissionsgrenzwerte 545, 556, 626
Emissionshandel 586
Emissionskataster 572
Emissionsmessungen 559, 564
Emissionsminderung 577ff.
Emissionsparameter 539
Emissionsquelle 539
Emissionsrechte 586, 588
Emulsion 358
Endlagenschalter 219, 242, 259, 304, 309, 638
Endoskop 104
energetische Verwertung 617
Energie 6ff.
Energieanlagen 694
Energieeinsparung 707ff.
Energiestrom 7
Energieumwandlung 55ff.
Energiewirtschaft 54ff.
Entaschung 642
Entbastes Wasser 439
Entcarbonisierung 379ff.
Enteisenung 374
Entgasung 223, 394ff., 638
Entgasungsanlagen 645
Enthalpie 5
– der Rauchgase 46
– (Wärmeinhalt-)Dampfdruckdiagramm 20
Enthalpiediagramm 22

Enthärtetes Wasser 439
Enthärtung 377ff.
Enthärtungsanlage 377, 645
Enthärtungsfilter 379
Entkarbonisiertes Wasser 439
Entkarbonisierung 379ff.
Entkarbonisierungsfilter 381
Entkieselung (Entsalzung) 387
Entlastungsprinzip 207
Entlastungsscheibe 189
Entleerungseinrichtungen 190, 194, 629
Entlüftung von Gasleitungen 337
Entlüftungsrohr (Heizöl) 34
Entmanganung 374
Entölung 231, 393
Entsalztes Wasser 439
Entsalzung 384ff.
Elektrodialyse 384ff.
Entsalzungsventile 194
Entsäuerung 373
Entschwefelungsgrad 605, 601
Entschwefelungskosten 580
Entsorgung von Abfall 617
Entspannungsdampf 23ff.
Entspannungseinrichtungen 204
Entspannungsverlust 23
Entstehungsquellen NOX 581
Entstickungsanlage 607
Entwässerung von Gasleitungen 337
Erdalkalien 353, 355, 362
– Bestimmung 442
– Überwachung 437
– Umrechnung 353, 362
Erdalkalisalze 362
Erdbeschleunigung 7
Erdgas 30ff., 42, 327ff., 535
Erdgasfeuerung 315
Erdgas-Untertagespeicher 32

Erdgasversorgung 32
Erdgasvorkommen 30
Erdöl 29
Ergänzungswasser 440
Erlaubnisvorbehalt 702
Erörterung 533
Erosion 251, 663
Erosionskorrosion 429
Erprobungsbetrieb 466, 700
Erstarrungspunkt 3
Erstluft 243, 313
Erwägungsgründe 677
Ethan 31
Ethen 31
EU-Rat und Kommission 676
EU-Recht 677
EU-Richtlinie 677
Europäisches Komitee für Normung 676
Europäische Normen 471, 675, 706, 711
Europäische Werkstoffzulassung 681
Europäisches Parlament 677
Europäisches Umweltrecht 526
Exa 2
Explosionsgefährdeter Bereich 700
Explosionsklappe 671, 214

F

Fabrikschild 173
Fahrenheitskala 2
Fahrweise
– neutrale 402
Fail-Safe 493, 504ff., 509
Failure 492
Fallbeschleunigung 3, 50
Fällenthärtung 377
Fällentkarbonisierung 373, 379ff.

Falschlufteinbruch 247, 254, 256, 267ff., 273, 276
Faltenbalgventil 193 630
Farbfilter 177
Faserfilter 594
FDBR 664
Federrollenmühle 298
Fegedampf 394
Fehler 493,
– systematische 495, 506
– ungefährliche 496
Fehlerausschluss 493
Fehlerbetrachtung 496, 513ff.
Fehlereffektanalyse 496, 509
Fehlererkennungszeit 506, 493
Fehlerkombinationsformel 512
Fehlermöglichkeiten 498
Fehlerphilosophie 496ff.
Fehlersicher 493
fehlersicheres UND-Gatter 505
Fehlersicherheit 503
Fehlersimulation 511, 513
Fehlschaltungen 664
Feinfilter 372
Feinkalkhydrat 605
Feinkohle 28
Feinregler für Gasdruck 328
Femto 2
Fernanzeige 178
Fernheizwasser 418ff.
Fernleitungen (Gas) 32
Fernübertragung 200
Fernwärmenetze, Wasserqualität 418ff.
Fernwasserstandsanzeige 177ff., 629
Fertigung 663
Fertigungsfehler 671
Fertigungsverfahren 684, 687
Festbettvergaser 150
Festigkeitsberechnung 76

Feststoffalkalität 400ff.
Fetteinbruch: siehe Öleinbruch
Fettkohle 27
Feuerbestattungsanlagen 550
Feuerbüchskessel 96
Feuerbüchs-Rauchrohr-Kessel 85ff.
Feuerfestauskleidung 170, 277ff.
Feuerraum 241, 248
Feuerraumbelastung 95, 252ff.
Feuerraumexplosion 302
Feuerraumtemperatur 46, 249, 325
Feuerraumtemperaturüberwachung 348
Feuerraumunterdruck 257, 259
Feuerungen 239ff., 459, 639
– für feste Brennstoffe 261ff.
– für flüssige Brennstoffe 302
– für gasförmige Brennstoffe 327ff.
Feuerungsanlagen 546
Feuerungsautomaten 337, 340ff.
Feuerungskontrolle 45
Feuerungsverluste 61
Feuerungsverordnung (FeuVO) 708
Feuerungswärmeleistung 530
Feuerungswirkungsgrad 245, 263, 283, 319
Field-Rohre 68
Filmbildner 399, 402
Filmverdampfung 91, 250
Filter
– für Gas 329, 333
– für Heizöl 303ff.
Filtergewebe 595

Filterkapazität 378
Filterkerze 373
Filtermasse 231
– alkalisch 374
Filtermaterialien 595
Filterpapier 638
Filterschlauch 594
Filtration 372
Flachanker 88
Flachbrenner 332
Flächenabtrag 427
Flächenkorrosion 427
Flachkollektor 138
Flachschieber 193
Flammenanalysator 281
Flammenfühler 337ff.
Flammenrückschlag 337
Flammenüberwachung 337ff.
Flammenüberwachungseinrichtung 666
Flammrohreinbeulung 667, 666
Flammrohrkessel 79, 91
Flammrohr-Rauchrohr-Kessel 89
Flammrohrschäden 666
Flattern 212
Fliehkraftabscheider 287
Fließbettkühler 285ff.
Fließdruck 245, 307, 331
Flockung 372
Flockungsmittel 372
Flossenrohre 108
Flugasche 578, 610
Flugaschenwiderstände 599
Flugbenzin 30
Flügelpumpe 182
Flügelradmesser 637
Fluide 681
Fluorwasserstoff 588
Flüssige Brennstoffe 29ff., 302ff.,640
Flüssiggas (TRF) 35, 32, 35, 325, 327ff., 334
Flüssigkeitsausdehnung

– temperaturabhängig 227
Flüssigkeitsfühler 221
Flüssigkeitstrennverschluss für Gas 334
Flüssigkeitswärme 6, 20
Flussstahl 67
Förderdruck 47
Förderhöhe 181
Förderluftgebläse 273
Formgebung 663
Fotoelement 339, 341
Fototransistor 342ff.
Fotowiderstand 339, 342
Fotozelle 341
Fraktionsabscheidegrade 590
Freiflussventil 185, 193
Freilastrechner 474
Freilaufrückschlagventil 185ff.
freiprogrammierbare Steuerung 493
Freispülen 628
Fremddruckhaltung 285, 487ff.
Fremdflammensignal 346
Fremdlicht 345
Fremdstoffe (Öl, Fett) 482
Fremdstoffeinbruch 432ff.
Fremdtests 493
Frischlüfter 248, 259
Frischluftgebläse 47
Fuchs 256
Fühler 635
Fühlerrohr 221
Füllstandsreglung 187
Füllwasser 440
Funktionsgruppensteuerung 473
Funktionsprüfung 563, 624
– mit Diagnosecharakter 211
Funktionssicherheit 518
– bei äußeren Beeinflussungen 518
Furane 585
Furan-Messverfahren 568

Fußbodenheizrohre, Kunststoff 422
Futterrohr (Schornstein) 51

G

Gallonen-Liter-Umrechnung 321
Galloway-Stutzen 82
Gas-/Luftmischung 331
Gasarmaturenrampe 333
Gasbrenner 327ff.
Gasbrennerbauarten 331
Gasdruckregelung 328
Gasdruckwächter 329, 333
Gase 30ff., 361, 369, 535, 585, 589
– schwerer als Luft 32
Gasfeuerungen 327ff.
Gasfilter 329, 333
Gasflammkohle 27
Gasfließdruck 333
Gaskohle 27
Gaskonstante, spezifische 49
Gasmoleküle 345
Gasrampe 333
Gasspeicher 32
Gasturbine 239, 349
Gasturbinenabgase 349
Gasturbinenanlage 531
Gasübergabestation 328
Gaszustand 5
Gebläse 258
Gebläsenachlauf 246
Gebläse-Schalldämpfer 243, 245
Gefährdungsbeurteilung 701
Gefährdungshaftung 553
Gefahrenpotential 678
Gefahrstoff 574, 575
– im Bereich des Kesselbetriebs 575
Grenzwerte 574

- krebserzeugend 431
Gefahrstoffverordnung 371, 431, 573
Gefällespeicher 23
Gefrierpunkt 2, 641
Gegenioneneffekt 376
Gegenlauf-Überschubrost (System W + E) 282
Gegenstromregeneration 376
Gehäuseentwässerung 636
Gelharze 376
Gelöste Stoffe 359
Gemischtbelegung von Schornsteinen 260
Gemischtfeuerungen 301
Genehmigungsbescheid 556
Genehmigungserfordernis 530
Genehmigungsfähigkeit 540
Genehmigungsverfahren 530, 532ff.
Genehmigungsvoraussetzungen 538
Generatorgas 31, 42
Geräte 635
- besonderer Bauart 217, 469, 482, 665
- einfacher Bauart 217
- selbst überwachend 635
Geräte- und Produktsicherheitsgesetz – GPSG 461, 499, 522, 623, 692, 696
Gerätesicherheitsgesetz (GSG) 72, 239, 522, 675, 692
Geräusche 575
Geräuschemissionen 615
Geräuschimmissionen 540
Geräuschübertragungen 542
Geruchsbelästigungen 610
Gesamtbelastung 538, 542
Gesamt-C 584
Gesamthärte Wasser 362
Gesamtkohlenstoff 558

Gesamtphosphat, Bestimmung 448
Gesamtstrahlungspyrometer 201
Gesamtwärmeinhalt des Dampfes 21
Gesetz
- der Erhaltung der Energie 58
- über technische Arbeitsmittel 675
- zur Einsparung von Energie in Gebäuden 708
- über Einheiten im Messwesen 1
Gestra-Reaktomat 197
Gesundheitsgefahren 573
Gewebefilter 594
Gewerbeabfallverordnung 617
Gewerbeaufsichtsamt 665
Gewerbemüll 276ff.
Gewerbeordnung (GewO) 72, 675
gewerblicher Bereich 675
Gewicht 7ff.
Gichtgas 31
Giga 2
Gips 362, 364, 602, 621
Glashalterventile 176
Glasplatten 628
Glasplatten, laugenbeständige 628
Glasröhrenkollektoren 138
Glaswechsel 629
Gleichstromregeneration 376
Gleitdrucksteuerung 211
Glimmer 177, 628
Glimmnester 673
Grad 2
Grafische Symbole 725
Gramm 8
Grauguss 191
- mit Lammelengraphit 98
Grenzwertgeber 34

Grießkohle 27
Grobreinigung von Wasser 371
Großfeuerungsanlagen 545, 560
Großraumwasserkessel 77, 707
Großwasserraumkessel
- Wasserqualität 405, 411ff.
Grundausrüstung von Kesselanlagen 173
Grundlastbetrieb 475
Grundwasser 357
GuD-Prozess 150, 460
Guss-Gliederkessel 98

H

h,p-Diagramm 20
H/Na-Teilentsalzung 381
Hackschnitzel 272ff.
Haftpflichtversicherung 553
Haftungsrecht 553
Hähne 191, 631
Halbkugelboden 75
Halbstundenmittelwerte 560
Halogene 355
Halogenverbindungen 588
Hamburger Normen 69
Hämmern 212
Handelshemmnisse 675
Handlochverschlüsse 214, 672
Hardgrove-Zahl 299
Hardware 480, 493
Hardwareausfälle 513
Hardware-Diversität 507
Hardwarefehler 495, 497, 518
Harmonisierung 95, 675, 677
Harnstoff 612
Härte des Wassers 353, 362

Sachwortverzeichnis

- Bestimmung 442
- Überwachung 437
- Umrechnung 362
Härteeinbruch 436
Härteüberwachung 437
Harze, Ionenaustauscher 375ff.
Harzfänger 377
Haus- und Gewerbemüll 276ff.
HCl 614
HD-Umleitstation 226
Heißdampf 20
Heißdampfkühler 638, 672
Heißdampfleitungen 673
Heißdampfoxidation 428
Heißdampftemperaturkurven 23
Heißstart einer Wirbelschichtfeuerung 287
Heißwasseranlagen 470, 488ff.
Heißwasseranlagen, Wasserqualität 406ff., 418ff.
Heißwassererzeuger 173
Heißwassererzeugungsanlagen 158, 154, 712
Heißwasserkorrosion 644
Heißwassernetz 181
Heißwasseroxidation 428
Heizfläche 60, 250, 258ff., 318
Heizflächenbelastung 77
Heizflächenreinigung 250
Heizflächenverschmutzung: siehe Verschmutzung der Heizflächen
Heizflächenwaschung 252
Heizkessel 708
Heizkraftwerk 531
Heizöl 30, 302ff.
Heizölbehälter 302, 33
Heizöllagerung 641
Heizöl-Mindestanforderungen 34
Heizölvorwärmung 303, 324, 641

Heizteer 30
Heizungsanlagen 156, 707, 626
Heizungsumlaufwasser 440
Heizungsumlaufwasser, Wasserqualität 422
Heizwerk 31, 35, 531
- für Abfall 618
- mit Kohle 264
- mit Müll 276
Heizwert 28, 30ff.
Hekto 2
Helmholtz 6
Hering 85
Herstellerschild 173
Herstellungsfehler 663
HF 614
Hg 614
Hide-out-Effekt 366
High Dust System 607
Hinterdruck am Gasdruckregler 328
Hochdruckdampfkessel 460, 623
Hochleistungszünder 333, 348
höchster Feuerzug 173
Holzfeuerungen 272ff., 625
Hubglocke 204
Huminsäuren 367, 370
hybrides Solarkraftwerk 351
Hydrazin 396
- Alkalisierung 400
- Bestimmung 452
- Dosieranlage 396
- Ersatzstoffe 396
- Merkblatt 567 (M 011) 396
- Umfüllanlage 396
- Verwendungsbeschränkungen 396
Hydrazinhydrat 644
Hydrochinon 397, 398
Hydrogencarbonat 379
- Bestimmung 444
- Zersetzung 365
Hydrometer 214

hydrostatische Wägung 179
Hydroxide 359
Hydroxylapatit 364

I J Z 539
I S Z 539
I T Z 539
IEC 1508 495
Igni-Fluid-Feuerung 287
Immissionen 529
Immissionsbelastung 538ff.
Immissionskenngrößen 540
Immissionsprognose 538
Immissionsrichtwerte 542
Impeller 313ff.
Impulshaltigkeit 541
Impulsleitungen
- für Gasdruckregler 331
- für Rauchgas 260
Inbetriebreinigung, Dampfkessel 430
Indikator-Puffertabletten 442
indirekte Beheizung 239ff.
Indirekteinleiter, Abwasser 371
Indirekteinleiterverordnung 551
Industriewärmenetze, Wasserqualität 418ff.
Inertharz 389
Infrarot-Analysatoren 237
Infrarot-Flammenüberwachung 339
Inhaltsstoffe Wasser 357
Inhibitoren 430
Inspektion 648
- von Druckgeräten 683
Instandsetzungen 650
integrierte Schaltkreise 477
Intervallregelung 187
Ionen 355
Ionenaustauscher 375ff.

Ionisation 339
Ionisations-Flammenüberwachung 333, 340, 345
Ionoflux 235
IRW 542

J

James Watt 67
Joule 6
Junkers-Kalorimeter 35

K

Kalibrierung kontinuierlicher Messverfahren 556
Kalibrierung 563
Kaliumpermanganat-Verbrauch 455
Kalk 362
Kalkentkarbonisierung 379ff.
Kalkhydrat 379, 445
Kalkmenge 602
Kalkmilch 379
Kalkstein 602
Kalkwaschverfahren zur Abgasentschwefelung 601
Kalkwasser 379
Kalkwassersättigung 445
Kalorimeter 35
Kaltstart 648
Kaltstart einer Wirbelschichtfeuerung 286
Kalzium: siehe Calcium
Kaminquerschnitt 256
Kanalbrenner 349
Kannlastbildung 475
Kapazität von Ionenaustauschern 376
Kapselfeder 197
Karbonat: siehe Carbonat
Karbonathärte 353, 362, 379
– Bestimmung 444
Karbonatstein 363
Katalysatoren 608, 610ff.
katalytische Nachverbrennung 351
Kategorie IV 623
Kategorien 681
Kationen 355, 359
Kationenaustauscher 375, 387
Kavitation bei Pumpen 181
Kcal 6
Kegelventil 630
Keilplattenschieber 193
Kelvin 3
Kennbuchstaben 203
Kenngrößen 538
Kennnummer der benannten Stellen 682
Kernenergie-Dampferzeuger 132
Kernkraftwerk 132
Kerzenfilter 372ff.
Kessel 120, 668ff.
Kesselaufstellungsraum 466
Kesselkonservierung 423ff.
Kesselmauerwerk 170
Kesselnormen 471, 706
Kesselreinigung, wasserseitig 429ff.
Kesselschäden 668, 669
Kesselspeisewasser 440
– Aufbereitung 374ff.
– Nachbehandlung 399
Kesselstein 363, 430
– Gegenmittel 364, 374, 399
– Lösemittel 364, 430, 649
Kesselteile 672
Kesselverschlüsse 215
Kesselwarte 466
Kesselwärter 462, 627, 650, 674
– Lehrgänge 720
Kesselwartung 674
Kesselwasser 440, 646

Kesselzerknall 71
Kieselgel 425
Kieselsäure 368, 643, 645
– Bestimmung 454
– Bestimmung, Probenahme 441
– Dampfflüchtigkeit 368
– kolloidal 368
Kieselsäurekonzentration 368
Kiesfilter 372
Kilo 2
Kilo Kalorie (Kcal) 6
Kilogrammprototyp 8
kinematische Viskosität 10
Kinetische Wärmetheorie 6
Klappen 191, 193
– im Abgasweg 254
Klapprost 265
Kläranlagen 551
Kleinfeuerungsanlagen 543, 558
Kleinlaststellung 220
Kleinwasserraumkessel 102
Klimarahmenkonvention 586
klimarelevante Gase 585
Klimaschutzpolitik 586
Klingelhöfer 155
Klinger-Ventil 630
Klinikmüllverbrennung 276ff.
Klopfvorrichtung 600
Klopfwerke in Müllkesseln 252
Klöpperboden 75
Kohäsionskräfte des Wassers 19
Kohle 27
Kohlebunker 33
Kohlefeuerungen 625
Kohlefilter 372
Kohlelagerung 266, 641
Kohlestaub 293ff.

Kohlendioxid 36, 369, 37, 585
Kohlenfeuerungen 261ff.
Kohlenlager 33
Kohlenmonoxid 558, 584
Kohlenoxid 31
Kohlensäure 369, 427, 643
– frei 373
– frei, Bestimmung 445
– gebunden 394
– gebunden, Bestimmung 444
Kohlensäure-Korrosion 370, 427
Kohlensäure-Rieseler 373, 379, 387
Kohlenstau im Bunker 266
Kohlenstaubbunkerung 293
Kohlenstaubfeuerungen 287ff., 459, 625
Kohlenstaub-Fördermedium 293
Kohlenstaub-Kleinleistungsfeuerungen 301
Kohlenstaublagerung 33
Kohlenstaubmühlen 292ff.
Kohlenstaub-Schmelzfeuerung 288
Kohlenstaub-Strahlbrenner 289
Kohlenstaub-Wirbelbrenner 289
Kohlenstoff 31, 36
Kohlenstoffdioxid 369
– frei 373
– gebunden 394
Kohlenverteiler 267
Kohlenwasserstoffe 644, 584ff.
Kohlezuteiler 294
Koks 28
Kolbendruckregler 225
Kolbenpumpe 182, 632
Kolloidale Lösung 358
Kolloide 373
Kolloidindex 385

Kombinierte Fahrweise 402
kommunizierende Röhren 174
Komplexbildner 399, 430
Kondensat 439
Kondensatableiter 23, 25, 231ff.
Kondensataufbereitung 392ff.
Kondensatenthärtung 392
Kondensatentölung 231, 393
Kondensatentsalzung 393
Kondensationsschlag 284, 633
Kondensatkontrollgeräte 231, 233
Kondensatreinigung 392ff.
Kondensatüberwachung 234ff.
Kondensieren 19
Konditionierung, Speisewasser 371, 399
Konditionierungsmittel 399
Konformität mit der Bauart 688
Konformitätsbewertung 681ff.
Konformitätserklärung 680, 686
Konformitätsnachweis 503, 504
Konformitätsvermutung 680
Konservierung 423, 646
Konstruktionsfehler 663, 671
Kontraktion 181
Konushähne 191
Konvektion 10, 12
Konvektionsüberhitzer 254
Konzentrat 386
Konzeptphase 522
Koordinaten-Anzeigegerät 475
Kopfloch-Verschluss 214, 672

Korngöße 590, 28
Körnung (Kohle) 28
Körper
– schwarze 13
– weiße 13
Körperschall 615
Körperschallübertragung 542
Korrektheitsnachweis 493ff., 498
Korrektivchemikalien 399
Korrelationstechnik 339
Korrosion 426ff., 610, 663
– und andere chemische Einflüsse 684
Korrosionsinhibitoren 430
Korrosionsprodukte 426
Korrosionsschaden 426
Krackverfahren 30
Kraft 1ff.
Krafteinheit 1
Kraft-Wärme-Kopplung 63, 152, 350, 587
Kraftwerk 531
Kreiselpumpe 183ff., 189, 633
Kreislaufwasser, Heißwasseranlagen 406, 418
Kreislaufwirtschafts- und Abfallgesetz 617
Kriechströme 218
kritischer Punkt 102
kritische Temperatur 4
kritischer Druck 4, 20
Krüger 155
KS 8,2, KS 4,3 443ff.
Kugelhähne 191
Kugelregenanlagen 251ff., 649
Kugelschnellschluss 629
Kugelschwimmer-Kondensatableiter 231
Kugelselbstschluss 176
Kühlluft 245, 295, 345
Kühlschirme aus beheizten Steigrohren 249
Kühlung der Roststäbe 262

Kühlverhältnis 262, 271
Küken 191
KWK-Anlage 350
Kyoto Protokoll 586

L

Lagerbehälter 33
Lagern von Heizöl 33, 302
Lagern von Kohlenstaub 293
Lagerraum 33
Lagerung der Brennstoffe 32, 24
Lambda-Überwachung 247
La-Mont-Anlagen 121, 128
Lärm 542, 575
Lärmminderungsmaßnahmen 615
Lärmpegel 576
Lärmschutzmittel 576
LASI Leitfaden zur Betr-SichV 466
Laufrad 183
Laugen 356ff.
Lebensdauer 663
Lebensdauerverbrauch 104
Lebensmittelbetriebe, Dampf für 400
Leckagen 629
Leckanzeige 641
Leckgasmengen 328
Leckverluste im Heißwassernetz 181
Legionellen 165
Leistung 7
Leistung der Speisepumpe 181ff.
Leistungsregelung bei Müllverbrennung 281
Leitbrenner 340
Leitfähigkeit 11 216, 354, 355
– Gase in Wasser 451
– Messung 449
– reines Wasser 357
– Temperaturabhängigkeit 357, 450
– therm. 11
– Überwachung 434
– Umrechnung 450
– wässrige Lösungen 451
Leitfähigkeitselektrode 196, 197
Leitfähigkeitsgrenzwerte für Kesselwasser 216
Leitlinien zu Auslegungsfrage der Druckgeräterichtlinie 691
Leitrad 183
Leitschaufel-Regeleinrichtungen 244
Leitung (Wärme) 11
Lenkwände 249
Levoxin 396
Liftbett-Verfahren 390
Lignit 28
Liter-Gallonen-Umrechnung 321
Lochkorrosion 370, 426
Lokomobilkessel 86
Lokomotivkessel 86, 88
Löslichkeit, Luft in Wasser 369
Lösungen 358
Low Dust System 607
Luftbedarf 39
Luftbefeuchtung 400
Luftdruckzerstäuber 323
Lufterhitzer 349
Luftkanonen 252
Luftmangel 243ff., 263
Luftmenge 38, 42ff.
Luftqualität 538
Luftschadstoffe 525
Luftstaueinrichtung 312ff.
Luftstufung 291, 301, 313
Luftüberschuss 40, 240, 243, 316, 330
Luftverhältnis 39
Luftverunreinigungen 529, 538
Luftvorwärmer 145ff., 244, 249, 253, 638,
Luvo 146
Luftwechsel 248

M

Magerkohle 27
Magnesiumverbindungen 362
Magnetabscheider 267, 295
Magnetit 425
Magnetsteuerventil 209
Magnos 236
Mahlbarkeit (Kohle) 28
Mahlfeinheit bei Kohlenstaub 296
Mahltrocknung bei Kohlenstaub 294, 295
MAK – Maximale Arbeitsplatz-Konzentrationen 573
Managementsystem 537
Mangansalze 367
Mannlochverschluss 214, 651, 672
Manometer 197, 636
manometrische Förderhöhe 181
– und Fördermenge 180
Marmorkies 374
Masse 7ff.
Massefänger 438
Maßeinheiten 3
Maßeinheiten, chemisch 353
Massenanziehung 7
Massenkraftabscheider 589
Maßnahmen
– zur Ausfallbeherrschung 507
– zur Fehlervermeidung 507
– zur primären NOX-Minderung 583

Masut 30
Mauerwerk 672
Maximaler CO_2-Gehalt 40
Mayer Robert 6
Mechanische
– Luftzuführung 47
– Wägung 179
– Wärmetheorie 6
Mega 2
Mehrfachausfällen 497
Mehrfachbelegung von Schornsteinen 260
Mehrzugbauweise 89
MEKO 397, 398
Meldelogiken 479
Membran 203
Membranauslöser 335
membranbetätigter Schalter 242
Membran-Druckausdehnungsgefäße 162
Membrandruckreglern 225
Membran-Messzelle 199
Membranpumpe 182
Membranverfahren 384ff.
Membranwände 108, 126
Mengenmessgeräte 227ff., 637
Messeinrichtungen 636
Messgeräte 564
Messing, Spannungsrisskorrosion 428
Messsignal 180
Messumformer 178
Messung
– der Rauchgasanteile 234
– kontinuierliche 559
Messverfahren 564, 565
Messwesen 1
Methan 26, 31
Methylethylketoxim (MEKO) 397ff.
Methylorange 443
Mikro 2
Mikroexplosion in Öl-Wasser-Emulsionen 305
Milli 2

Milligramm 8
Minderung der Schadstoffemissionen 579
Mindestbedingungen im Feuerraum 562
Mindesthöhe eines Schornsteines 52
Mindestleitfähigkeit 216
Mindestumwälzmenge 182
Mindestwassermenge 185
Mineralöle 29ff., 643
Mischbettfilter 388
Mischfolge-Regeneration 383
Mischleistung am Brenner 313, 316
Mitreißen von Kesselwasser 402
mittlere spezifische Wärmekapazität 5
mm Hg (Quecksilber) 2
Modernisierungs- und Energieeinsparungsgesetz 708
Module 384, 387
modulierende Regelung 310
Moleküle 355
Mollier 20
MSR-Schutzeinrichtungen 496, 502
Müllbunker 275ff.
Müllqualität 278
Müllverbrennung 276ff.
Müllverbrennungskessel, Biomasse-Anlagen 65
Multistep-Verfahren 390
m-Wert 443

N

Nachbehandlung Speisewasser 399
Nachentgasung 400
Nachenthärtung 399
Nachgemischbrenner 332

Nachkochtasse 394
Nachschaltheizflächen 139
Nachverbrennung 276ff., 350ff., 562
nahstöchiometrisch 305
Nachverbrennungsanlagen 350
Nachweisverordnung 617
nahstöchiometrische Verbrennung 305
Nano 2
NAP 587
Nassdampf 20
Nasselektrofilter 600
Nassentschlacker 268, 283
Nasskonservierung 424, 646
Nationaler Allokations-Plan 587
Natriumaustauscher 379
Natriumcarbonat 365
Natriumhydrogencarbonat 365
Natriumhydroxid 400
Natriumsulfid 396
Natriumsulfit 396
Natriumsulfit, Bestimmung 453
Natronlauge 400
Naturzug 243
Nebel 19
Nebenluft 52
Nenndruck (PN) 176, 191
Nennweite (DN) 191
Neutralaustauscher 379
neutrale Fahrweise 402
Neutralisation, Abwasser 383, 392, 430
Neutralisationsmasse 383
Newton 1
NH_3-Gehalt der Flugasche 610
NH_3-Schlupf 610
Nichtkarbonathärte 353, 362

Nickel-Auftragsschweißung 279
Niederdruckkessel 72, 460
Nitrate 643
NO_2 558, 580ff.
Nori-Ventil-Kombination 194
Normbedingungen 559
Normblende 227
Normdichte 8
Normdruck 4
Normen, Wasser 457
Normenausschuss 676
Normtemperatur 4
Normzustand 4
Notkamin 350
NOX-arme Brenner 312ff.
NOX-Emissionen 582
NOX-mindernde Verbrennung 293, 313, 323, 607
NPSH 182
Null-Förderung 184
Nullprobenstellung 636
Nusskohle 27
Nutzbare Volumenkapazität (NVK) 376
Nutzenergie 59

O

O_2 558
– Gehalt 234
– Optimierung 318
– Regelung 318
oberer Heizwert 35
Oberflächenverluste 59
Oberflächenwasser 357
Obertrommel 107
Öl in Wasser 359
Öl-/Luftzumischung 312
Ölabscheider 231
Ölauffangwannen 306
Ölbestimmung in Wasser, Probenahme 441
Öldruckzerstäuber 309, 313ff., 319ff.
Öldurchsatz einer Düse 319ff.
Öleinbruch 393, 434, 436
Ölfeuerungen 302ff.
Ölgas 31, 42
Öllagerbehälter 33, 302, 308
Ölmessgerät 393, 434
Ölrücklaufbrenner 310, 321, 327
Ölstand 34
Ölstandanzeiger 305
Ölüberwachung im Wasser 393, 434
Öl-Wasser-Emulsion 305
Ölzerstäubung 319ff.
Ölzwischenbehälter 308
On-load-Korrosion 428
operating mode 492
organisch gebundener Stickstoff 582
Organische Substanzen im Wasser, Bestimmung 455
Organische Verbindungen 370
organische Stoffe 584
organische Verbindungen 614
Orsat-Gerät 234
Ortho-Phosphat, Bestimmung 446
Osmose, umgekehrte 384
Ovalradzähler 230
Ovalschieber 193
Oxidations-/Absorptionsverfahren 613
Oxidations-/Reduktionsverfahren 613
Oxidationsmittel 374
Oxide 359ff.
Oxidierbarkeit 455
Oxygor 236
Oxymat 236
Oxytron 238

P

Packungsraum 193
Packungsring 630
PAH 585
Papinscher Topf 67
Parallelbetrieb 487
Parallelplattenschieber 193
paramagnetische Sauerstoffgeräte 236
Partikelmodell 539
Pascal 1
Pascalsekunde 10
PCDF 585
PC-Unterstützung 212
Pechkohle 28
Pellets 272, 274
Pendelrollen-Mühle 298
Pendelschurre 267
Pendelstauer 265, 267
Perkins 154
Permanentüberwachung der Elektrode 218
Permanganat-Index 455
Permeat 385, 439
Peta 2
Petroleum 30
Pflichten 528
Phenolphthalein 443
Phosphat 366, 399
Phosphat, Bestimmung 446
Photovoltaik 139
pH-Wert 356, 445
– Bestimmung 450
– Erhöhung 400
– Temperaturabhängigkeit 356
Picoflux 235
Piko 2
Planrost 261ff.
Plasmaspritzbeschichtung 279
Plattenfeder 197
Pneumatische Steuerung 209
Polizeifilter 392
Polyacrylate 399

Polyamid-Module 385
Polyphosphat, Bestimmung 448
polyzyklische aromatische Kohlenwasserstoffe 584
poröse Speicher-Gesteinszonen 26
Prallmühle 295, 299
Prallplatte 204
Pressung 262, 348
Price 154
Primärenergie 59
primäres NO 581
Primärmaßnahmen 577ff.
Probenahme, Betriebswässer 440
Probenahmekühler 440
Programmablauf 494
Programmanalyse 494
Promptes NO 581
Propan 31, 32, 42
Prozessführung 478
Prozessheizgeräte 685
Prozessleitsystem 479
Prüfbrenner für Gas 333, 337
Prüffristen 623, 695
Prüfmanometer 636
Prüfüberdruck 664
Prüfung
– wiederkehrend 648, 703
– angeordnete außerordentliche 704
– der Sicherheitseinrichtungen 685
– des Flammenwächters 340
– elektrischer Schutzmaßnahmen 520
– vor Inbetriebnahme 703
– vor Wiederinbetriebnahme 703
Prüfstellen 682
PS-Angabe 7
Pulsationen 331
Pulse-Jet-Verfahren 594
Pumpen 189

Pumpen zur Ölförderung 307
p-Wert 443
Pyrometer 200

Q

QS-System des Herstellers 688
qualitativer Immissionsbeitrag 539
Qualitätssicherung 674, 688ff.
Quasitrockenabsorptionsverfahren 604
Quecksilber 559
Quecksilberemissionen 550
Quecksilber-Fadenthermometer 199, 637
Quecksilber-Verbindungen 614
Quecksilberwippenschalter 672
Quellen der NOX-Emission 581

R

Radialgebläse 244
Radialstufenableiter 232
Raffineriegase 32
Raffinerien 30
Rahmen-Abwasser-VwV 371
RAL 73, 709
Rauchgasabführung 256, 259ff.
Rauchgas-Analysator 236
Rauchgas-Bypass 350
Rauchgasdichte 48
Rauchgase 43ff., 234ff., 254ff.

Rauchgasentschwefelung 603
Rauchgasprobe 235
Rauchgasprüfgeräte 234, 637
Rauchgasreinigungsanlagen 649
Rauchgasreinigungstechnik 104
Rauchgasrezirkulation 254, 261, 313
Rauchgasrückführung 583
rauchgasseitige Reinigung 649
Rauchgastemperatur 48
Rauchgasuntersuchung 234
Rauchgaswäscher 600
Rauchgaszüge 254ff.
Rauchröhrenkessel 84
REA 603
Reduktionsverfahren 607, 613
Redundanz 468, 506
Redundanzverlust 218
reduzierende (Mikro-)Atmosphäre 278, 292
Reduzierung der NOX-Bildung 582
Referenzmessverfahren 564
Regeleinrichtungen 310, 634
– für die Verbrennungsluft 244
Regelgeräte 651
Regelglieder 221
Regeln der Technik 499, 675ff.
Regelstromkreise 495
Regelung des Wanderrostes 270
Regelung der Beheizung 310
Regelung des Zuges 257
Regelventil 191, 223
Regenerate, Neutralisation 392
Regeneration, Ionenaustau-

scher 375
Regenerativprinzip 145
Regenerativverfahren zur Abgasentschwefelung 605
Regeneriermittel 375
Regeneriermittelbedarf
– Salz 378
– Säure 381
Regenwasser 357
Regler 219ff.
Regressionsrechnung 564
Reinhaltung des Feuerraums 250
Reinigung 429ff., 649
Reinigungsmöglichkeiten 85
Reinigungsöffnungen 214
Reinkohle 27
Reisezeiten 259
Rekuperativ-Prinzip 145
Reparaturen 650ff.
Restsauerstoffgehalt 560
Rezirkulation 301, 583
Rezirkulationsleitung 313ff.
Richtlinien
EG 679, 692
EWG 332, 678, 692
– über Ausbildungslehrgänge für Kesselwärter 717
– wasserchemische 403ff.
Rieselentgaser 394
Risikoanalyse 502, 522, 537
Risikografen 496, 502
Risikoparameter 494
Risse 671
Risskorrosion 664
Rohbraunkohle 28
Rohgas-Messungen 560
Rohkohle 27
Rohöl 29
Rohöldestillation 30
Rohr 113
Rohraufweitungen 666
Rohrboden 92
Rohrbrenner 332
Rohrfeder 197
Rohrleitungen 75

Rohrmühle 296
Rohrverbinder 225
Rohwasser 439
Römische Verträge 675
Rostband 264ff.
Rostdurchfall 59, 268, 280, 639
Rostfeuerungen 261ff., 639
Rostkühlbalken 269
Rostkühlrohre 271
Roststäbe 261ff.
Rostvorschub 267, 270
Rostwärmebelastung 264
Rotationspumpe 182
RRA 649
Rückbrand 266, 270, 275
Rückflussverhinderung 376
Rücklaufanhebepumpe 488
Rückschlagklappe 196
Rückschlagventil 196, 632ff.
Rückschubrost 281ff.
Rückspülen 378
Rückstände aus der Abgasreinigung 617
Rückströmsicherungen 190, 197
Ruhedruck 49
Ruheprinzip 207
Ruhestromprinzip 495, 496
Rundschieber 193
Russablagerungen 673
Russbildung 245, 247
Russblasen 250, 261
Russbläser 250, 649, 672
Russzahl 544, 558, 638
Ruths-Speicher 79

S

Sachverständige 692
salzarmes
– Speisewasser 400, 404
– Umwälzwasser 418
– Wasser 452

Salzbedarf, Regeneration 378
Salze 360, 361, 644
– Alkalien 365
– Erdalkalien 362
– Schwermetalle 367
salzfreies
– Speisewasser 400, 405, 416
– Wasser 388
Salzgehalt des Wassers, Bestimmung 449
salzhaltiges
– Speisewasser 400, 405
– Umwälzwasser 418
Salzverkrustungen 651
Sammelflasche 635
Sammelrauchgasvorwärmer 254
Sattdampf 20
Sattdampftemperatur 93
Sattdampfzustand 212
Sauerstoff 369, 558
– Bestimmung 440
– Entgasung 394ff.
– Gehalt 560
– Löslichkeit in Wasser 369
Sauerstoffbedarf 38ff., 42
Sauerstoffbindemittel 396, 400, 424
Sauerstoffeintritt, Heizung 422
Sauerstoffkorrosion 370, 426
Saugzuggebläse 642
Saugzugumgehung 257, 259
Saugzugventilatoren 52
saure Salze 644
Säurebedarf, Regeneration 381
Säurebildner 52
säurefeste Futtereinbauten 51
Säurekapazität, Bestimmung 443
Säurekorrosion 427

Sachwortverzeichnis

Säuren 356, 360, 644
Säuren, inhibiert 364, 430
Säuretaupunkt 49, 53
Schaden 623, 663, 665
Schäden durch Kavitation 184
Schadensersatzansprüche durch Umwelteinwirkungen 553
Schadensstatistik 459
Schädliche Umwelteinwirkungen 529
Schadstoffe im Abgas 261
Schadstoffemissionen 579
Schadstoffemissionsregister 572
Schallausbreitung 615
Schalldämmung 615
Schalldämpfer 616, 638
Schalldruckpegel 540
Schallpegel 575
Schallschluckplatten 615
Schallschutzmittel 576
Schallsender 250
Schaltplan eines Blockkraftwerks 725
Schaltwippen 651
Schamotte-Produkte 170
Schauglas 174
Schäumen 644
– des Kesselwassers 366, 370, 402, 423
Scheibenboden 75, 664
Schichtbettfilter 383
Schichthöhe beim Rost 262, 263, 270
Schichthöhenregler 265, 266
Schieber 191, 631
Schieber im Abgasweg 254, 257
Schieberplatte 193
Schiffskessel 77, 117
Schlackeabsturz 288
Schlackeausbrand 279
Schlackeausbringer 267
Schlackeneinbindung 289

Schlackeneinschmelzung 288
Schlackenerweichungstemperatur 250
schlagendes Wetter 26
Schlägermühle 295ff.
Schlagradmühle 297
Schlammablagerungen 364
Schlammmengenregelung 196
Schlauchverbindungen 310
Schlüsselventile 204
Schmelzfeuerung 111, 288ff., 639
Schmelzkammer 279, 288
Schmelzverhalten 27
Schmelzwärme 6
Schmidt-Hartmann-Kessel 120
Schmutzfänger 231
Schnelldampferzeuger 119
– Richtwerte 418
Schnellgang für Roste 267
Schnellkochtöpfe 74
Schnellschlussvorrichtung 191, 629
– für Gas 334ff.
– für Öl 325
Schornstein 47, 51, 569, 642
säurebeständig 51
Schornsteinfegearbeiten 261
Schornsteingestaltung 260
Schornsteinhöhe 52, 66, 569
Schornsteinverlust 59
Schottenüberhitzer 139
Schrägrohrkessel 69, 105
Schrägrost 261
Schrägsitzventile 193
Schrauben 651
Schraubenspindelpumpe 182, 307
Schrittschalter 227
Schuppenrost 265
Schurre 267

Schürroste 281ff.
Schüttdichte 9
Schüttelrost 271ff.
Schüttgewicht 7ff.
Schütthöhe von Rohbraunkohlestapeln 33
Schüttung (Kohle) 32, 641
Schutzhemd 672
Schutzklausel 680
Schutzschichten 425
Schutzverdampfer 278
Schwadenbildung (Kohlelager) 33
schwarzer Körper 13
Schwarzfall 286
Schwebebett-Verfahren 389
Schwebestoffe 358
Schwefel 31, 36
– Einbindegrade 579
Schwefelabscheidegrad 560
Schwefeldioxid 36 558, 579
Schwefelgehalt 4
– Mineral 34
– Brennstoffe 579
Schwefeloxide 579
Schwefelsäuretaupunkt 610
Schwefeltrioxid 36, 579
Schweißarbeiten 652
Schweißerprüfung 652
Schwelfeuer 671
Schwere (Gewicht) 7
Schwergase 32
Schwergasfeuerungen 327ff.
Schwerkraftmühle 295
Schwermetalle
– Bestimmung 456
– Bestimmung, Probenahme 442
– Salze 367
Schwerölvorwärmer 303ff., 393
Schwimmergehäuse 635
Schwimmerschalter 216
Schwimmstoffe 358
Schwingungsmessung in

strömenden Medien 229
Scopingverfahren 535
Screeningverfahren 534
SCR-Verfahren 607
Sekundärenergie 59
Sekundärmaßnahmen 577, 589
Sekundärrohstoffe 619
selbst überwachende Geräte 217
Selbstentzündbarkeit (Kohle) 32
Selbstschlusskugel 627
Selbsttests 494
Selbstüberwachung von Flammenwächtern 342
Sensoren 479
Seveso-Richtlinie 535
SI 1
SIC 171
Sicherheit 221, 494ff.
Sicherheit in Handhabung und Betrieb 683
Sicherheitsabblaseventile (SBV) 328ff.
Sicherheitsabschaltung 242
Sicherheitsabsperrventile (SAV) 328ff.
Sicherheitsanforderungen an Ölfeuerungen 303, 311
Sicherheitsbericht 536
Sicherheits-Datenblätter 431
Sicherheitseinrichtung 201 494, 497, 508, 634
Sicherheitsfunktion 207
Sicherheitsluftüberschuss 318
Sicherheitsmanagement 536
Sicherheitsmaßnahmen 507
Sicherheitsmembran im Regler 328, 330
Sicherheitsnachweis 508, 511, 491
– gegen Ausfälle und Störungen 516
– von Software 514, 517
Sicherheitsphilosophie 496
Sicherheitsrelais 504
Sicherheitsstromkreise 495
Sicherheitstechnische Anforderungen 500
Sicherheitstechnische Wertung 160
sicherheitstechnische Anforderungen 501
Sicherheitstemperaturbegrenzer 220
Sicherheitstemperaturwächter 220
Sicherheitsventil 201ff., 212, 631, 636
– Belastungsarten 204
– Einstellung 212
– mit Dichtfolie 631
– an Heizölanlagen 305
Sicherheitswärmeverbraucher 284
Sicherheitszeiten für Flammenwächter 346ff.
Sicherung gegen Überfüllung 34
Sichter für Kohlenstaubmühlen 295
Sichtprüfung 624
SIC-Rohrformplatten 171
Siebe bei Kohlenstaub 296
Siebfilter für Heizöl 306
Siedelinie für Wasser 20
Sieden 19ff.
Siedepunkt des Wassers 2
Siedetemperatur 19
Siedewasserreaktor 134
Siegert'scher Beiwert 60
Siegert'sche Formel 61
Silikat 368
– Bestimmung 454
Silikatstein 363, 368
Siliziumcarbidprodukten 171
Sinkgeschwindigkeit 592
Sinkstoffe 358
Sinterkohle 27
Sitzdurchmesser 204
SKE 35
SNCR 607
SO_2 579
SO_3 579
Soda 365
Sodaspaltung 365
Sofortimpuls-Verzögerung 331
Software 480, 492ff.
Software-Diversität 507
Softwarefehler 494ff., 497, 514, 518
Software-Test 494
Solaranlagen 351
Solarenergie 351
Solarkraftwerk 351
Solarstrom 139
Sollwertführung 475
Sollwertvorgabe 475
Sonderbauarten 131
Sonderbeheizungen 348
Sonderkessel 74
Sonnenenergie 239, 351
Sonnenkraftwerke 351
Spänelagerung 641
Spannschrauben 628
Spannung, temperaturabhängig 200
Spannungsabfall (Dampfdruck) 24
Spannungsrisskorrosion 366, 428
Sparbesalzung 378
Speicherdampf 23
speicherprogrammierbare Steuerung 493ff., 522
Speichervermögen 23ff.
Speiseeinrichtungen 180, 632
Speiserinne 633
Speisewasser 66, 440, 646
– Richtlinien 403ff.
– salzarm 405
– salzfrei 405, 416
– salzhaltig 405

Speisewasseraufbereitung 374ff.
Speisewasserbehälter 395, 638
Speisewasserkonditionierung 371, 399
Speisewassernachbehandlung 371, 399
Speisewasservorwärmer 141, 638
Spektralpyrometer 200
Sperrhülsen Sicherheitsventile 212
Sperrschicht in der Brennstoffzufuhr 275
Sperrstrecken 377
Sperrwasser 335
Spezifische
– Belastung von Ionenaustauschern 376
– Enthalpie 5
– Feuerraumbelastung 252
– Gaskonstante 49
– Rostbelastung 264
– Volumen 9
– Wärmekapazität 5
– Volumen 7ff.
Sprühelektroden 598
Sprühentgaser 394
Sprühwäscher 602
Sprühwinkel einer Öldüse 319ff.
SPS 522
Spucken von Dampferzeugern 402
Stabausdehnungsfühler 221
Stabausdehnungsthermometer 200
Stadtgas 31, 42
Stahlheizkessel 96
Stahlschornsteine 260
Stand der Technik 676
Stampfmasse, feuerfest 277, 279
Stapelhöhen (Kohlelager) 33
Staub 558, 578, 589, 593
Staubabscheider 589, 598, 642
Staubabzug 621
Staubexplosionen 295
Staubfeuerungen 287ff., 639
Staubgehalt 566, 578
– im Rohgas 578
– Messung 566
Staubkohle 28
Staublagerung 641
Staub-/Luftgemisch 535
Staubpartikel 592
Staubwiderstand 599
Staudruck 331
Staukörpergerät 222
Stehbolzen 90
Steinablagerungen 364
Steinkohle 27ff.
Steinkohlefeuerungen 580
Steinkohleneinheit (SKE) 35
Steinkohlenlagerstätten 27
Steinkohlenteeröl 30
Stellantrieb 227
Stetigregler 219, 220
Steuermembran im Regler 328
Steuerstränge 207
Steuerstromkreise 495, 495
Steuerung 491ff.
– von Enthärtungsanlagen 379
Stickstoff 582
– Löslichkeit in Wasser 369
Stickstoffoxide 558, 580
Stickstoffoxidminderung 608, 613
Stillstandskonservierung 423ff.
Stillstandskorrosion 426, 644ff.
stöchiometrische Verbrennung 243
Stopfbuchse 193, 629ff., 650
Störabschaltung 243, 337
Störbeeinflussbarkeit 508
Störfallbeauftragten 569
Störfälle 535
Störfall-Verordnung 535
Störungen 653ff.
Stoßrussbläser 251
Strahlung 11, 13ff.
Strahlungsaustausch 13
Strahlungspyrometer 637
Strahlungsüberhitzer 139, 248
Strangpumpen 488
Strategische Umweltprüfung 535
Strichmarke 637
Strömungsbegrenzer 222, 482
Strömungsbild einer Normblende 228
Stufendruck 184
Stufengehäuse 183
Stützbrenner 277, 291, 325, 346, 350
Sulfate 643
Sulfatstein 363
Sulzer-Prinzip 103, 123
Summe
– Erdalkalien 362
– Erdalkalien, Bestimmung 442
SUP-Richtlinie 535
Suspension 358
Swirler 315
System Morison 82
systematische
– Fehler 495, 506
– Hardwarefehler 495
– Softwarefehler 495, 518

T

TA Lärm 529, 540
TA Luft 539, 547, 558, 626
– Emmissionswerte 647
– Feuerungsanlagen 546
– Geltungsbereich 546

Tagebau 28
Tail Gas System 607
Tangentialfeuerungen 288
Tannine 398
Tauchelektroden 635
Tauchelektrodenheizung 349
Tauchhülse 635
Tauchkörpergeräte 482
Taupunkt 4
- der Rauchgase 52
- Unterschreitung 4, 244, 260, 642, 638
Technische Anleitung
- zur Reinhaltung der Luft 539, 547, 558, 626
- Arbeitsmittel 693
- Flüssiggas. Siehe TRF
- für Biologische Arbeitsstoffe TRBA 575
- für brennbare Flüssigkeiten: siehe TrBF
- für Dampfkessel: siehe TRD
- für Druckbehälter (TRB) 35
- Regeln für Gefahrstoffe 575
Technisches Anhydrit 605
Teilentgasung 395
Teilentsalzung 379
- H/Na-Anlage 381
Teilkammer-Kessel 68
Teilstrahlungspyrometer 200
Temperatur 2ff., 559
Temperaturabfall in der Rohrwand 11
temperaturabhängige
- Flüssigkeitsausdehnung 227
- Spannung 200
Temperaturbegrenzer 220, 635
Temperaturgradient im Feuerraum 562
Temperaturmessgeräte 199
Temperaturmessung 471, 562, 637
Temperaturregelventile 227
Temperaturregler 220, 635
Temperaturskala 3
Temperaturverlauf 18ff.
Temperaturwächter 220
Temperaturwechsel 663
Tera 2
Testomat 437
Theoretische Luft- und Rauchgasmenge
- flüssiger Brennstoffe 41
- fester Brennstoffe 41
Theoretische Verbrennungstemperatur 46
theoretischen Luftmenge 38, 42
theoretischer Luftbedarf 39
Theoretischer Sauerstoffbedarf 39, 42
Thermalöle 167
Thermisch gesteuerte
- Kondensat-Ableiter 232
- Ablaufsicherung 221
- Druckentgasung 394
- Entgasung 223
- Ionisation 339
- Leitfähigkeit 11
- Nachverbrennungs-Anlagen 350
Thermoelement 201, 637
Thermomagnetische Sauerstoffanalysatoren 236
Thermometer 199ff.
Thermoschock 227
Thermoschockrisse 638
Tiefbrunnenwasser 367
Titration 443
Titriplex 442
TNV-Anlagen 350
Tochterrichtlinien 526
Tonne 8
Torr 2
Trägheit 7
Transmitter 178
Technische Regeln
- TRB 709ff.
- TRbF 303, 311
- TRD 33, 142, 153, 159, 173ff., 180ff., 190ff., 197, 202ff., 211ff., 220, 222, 241, 274, 302, 311, 330ff., 340, 346ff., 370, 399, 404ff., 432ff., 463, 466ff., 472, 481, 483, 623ff., 632, 635, 639, 649, 652, 664, 671, 696ff.
- TRF 1996 330
- TRGS 575, 608
- TRK – Technische Richtkonzentrationen 573
Treibhausgase 585ff.
Trennungen 663
Trevithick 67
Triewald 154
Trimmklappen 243, 244
Trinatriumphosphat 400, 402
Triobett-Verfahren 389
Tripelpunkt 3
- des Wassers 3
trocken gesättigter Dampf 20
Trockenadditiv-Verfahren 580
Trockene Wendekammer 92
Trockenelektrofilter 600
Trockenkonservierung 424, 646
Trockenlauf 185ff.
Trockenlaufschutz 217
Trockenmittel 425
Trockensorptionsverfahren 580
- zur Abgasentschwefelung 605
Trübungsmessgerät 393
Turbinendampf, Anforderungen 417
Turbinenverkieselung 369
Turmkessel 108

Sachwortverzeichnis 827

U

Überbeanspruchung 664
Überdruck 306, 463
Überdruckfeuerungen 258
Überfüllsicherung 34, 217
Übergabestation 328
Übergangsbestimmungen 682
Übergangszeit 623
Überhitzer 20, 139, 204
Überhitzerversalzung 366
Überhitzung 364
überhitzungsgefährdete Druckgeräte 239, 679
Überhitzungswärme 6, 20
Überholungen 650
Übersäuerung, Entkarbonisierung 382
Überschreiten der zulässigen Grenzen des Druckgerätes 684
Überströmregler 223
Überströmventil 224
– für Heizöl 307, 310
– für Öldruckkonstanthaltung 304
Übertemperaturen 666
Überwachung von
– Emissionen 558
– Heißwasser 432ff.
– Kesselwasser 435ff.
– Speisewasser 432ff.
– TA Luft 558
– Warten aus 472
überwachungsbedürftige
– Abfälle 618
– Anlagen 460, 462, 675
Überwachungseinrichtungen, wasserchemisch 432ff.
Überwachungserleichterungen 556
Überwachungsmessung 558
Überwachungspflicht am Arbeitsplatz 573

Überwachungsstellen 464, 704ff., 623, 664ff.
Uhde-Brettschneider-Verschlusse 193
Ultraschallprüfung 664
ultraviolette Strahlung 339
Umgebungseinwirkungen 502
Umkehrosmose 384ff.
Umkochen, Sulfatstein 364
Umlaufkessel, Wasserqualität 400, 405, 413
Umlufttrockner 425
Umpumpleitungen 310
Umrechnung 3
– für Wärmeleitzahlen 6
– chemische Einheiten 353
– für Leistung, Energiestrom und Wärmestrom 7
– für spezifische Wärmekapazitäten 5
– für Wärmemengen, Energie und Arbeit 6
Umrechnungstabellen für Druck und Kraft 3
Umwälzeinrichtungen 180, 632
Umwälzpumpe 130
Umwälzwasser 440
Umwelt-Audit 554
Umweltbetriebsprüfung 554
Umwelteinwirkungen 525
Umwelterklärung 555
Umwelthaftungsgesetz 553
Umwelthandbuch 554
UmweltHG 553
Umweltmanagement 554
Umweltmanagementsystem 554
Umweltprüfung 554
– strategische 535
Umweltrecht 526
Umweltschutz 554
Umweltverträglichkeitsprüfung 534
Unfall- und Schadensanzeige 704

Unfallverhütung 431
Unfallverhütungsvorschrift 431, 575
– Kohlenstaubanlagen 33
– der Berufsgenossenschaft (BGV) 723
Ungelöste Stoffe 358
Unterdruck 2
– künstlicher Zug 256
– natürlicher Zug 256
– Schornstein 47
– an der Abgaseinführung 50
– im Feuerraum 257, 259
Unterdruckentgasung 396
Unterdruckmessung 2
Untergruppensteuerung 474
Unterschubfeuerung 274
Untersuchungen, wasserchemische 442ff.
Untersuchungsgeräte 645
Untertagebau 27
Unterwind 258
Unterwindgebläse 268
Unterwindpressung 281
Unterwindzonen 265, 268, 271
UO-Anlagen 384ff.
Upcore-Verfahren 391
user program 492
US-Gallonen-Liter-Umrechnung 321
UV-Diode 339, 341, 342
UVPG 534ff.
UVP-Gesetzes 534
UV-Strahlung 339
UVV 638

V

Vakuumentgasung 396
Verordnungen
– VAwS 33, 311, 371
– VbF 35

VBG 302, 330
VDE 0116 218
VDI/VDE 492ff.
VDI-Richtlinien 34, 170, 422
VdTÜV 664
– Merkblätter 413ff., 418ff., 423
– Richtlinien 413ff., 418ff.
Ventile 191ff.
Venturidüse 227ff.
Verband für Flüssiggas 35
Verbindungsrohr 174
– zum Wasserstandsglas 174
Verblockung,
– Ionenaustauscher 359, 392
– UO-Membranen 385
Verbrennung 36ff. 43, 234, 292, 312
– stöchiometrische 243
– von Schwefel 38
Verbrennungsanlagen 548
Verbrennungsbedingung 550, 561
Verbrennungsdreieck nach Bunte 45
Verbrennungsführung 561
Verbrennungsluft 37, 243ff., 245, 258, 270,
Verbrennungsluftregler 221
Verbrennungsmotoranlage 531
Verbrennungsrückstände 621
verbrennungstechnische Maßnahmen 578
Verbrennungstemperatur 46
Verbrennungszonen 268
Verbundregeneration 387
Verbundregler 316ff.
Verdampfer für Flüssiggas 330
Verdampfungswärme 6, 20
Verdampfungszahl 25
Verdingungsordnung für Bauleistungen 716

Verdrängerpumpe 182ff.
Verdunsten 19
Vereinigung der Großkraftwerksbetreiber VGB 71
Verfahrensprüfung 652
Verformungen 663
Verfügbarkeit 495, 650
Vergabe von Bauaufträgen 716
Vergiftung der Katalysatorelemente 611
Verkrustungen 631
Verlust durch Rostdurchfall 59
Verlust durch Rückstände 59
Verlust durch Unverbranntes 249
Verlustenergie 59
Vermeidung von Abfällen 619
Verminderung von Geräuschemissionen 615
Verockerung 367
Verordnung
– nach dem Gerätesicherheitsgesetz 699ff.
– über Anlagen zum Umgang mit wassergefährdenden Stoffen 311
– über die Errichtung und den Betrieb von Feuerungs- und Brennstoffversorgungsanlagen 708
– über die verbrauchsabhängige Abrechnung der Heiz- und Warmwasserkosten 708
– über einen energiesparenden Wärmeschutz bei Gebäuden 708
– über energiesparende Anforderungen an heizungstechnische Anlagen und Brauchwasseranlagen 708
– über Sicherheit und Ge-

sundheitsschutz bei der Bereitstellung von Arbeitsmitteln... (Betriebssicherheitsverordnung – BetrSichV) 708
– über das Inverkehrbringen von Druckgeräten (14. GSGV) 691
– zur Durchführung des Bundes-Immissionsschutzgesetzes 529, 708
Verpuffung 240, 245, 270, 288, 301, 311, 338, 671ff.
Verriegelung 242, 337
Verschlüsse 214
Versottung 642
Verträge zur Europäischen Union 675
Verträglichkeit 508
Verunreinigungen
– im Kesselwasser 643
– im Speisewasser 643
Verursacherprinzip 528
Verweildauer der Abgase im Feuerraum 277, 279
Verwertung 617ff.
Verzunderung 428
VGB 71, 664
VGB-Merkblatt 420, 423
VGB-Richtlinien 416ff.
VGS 371
Viskosität 9
– kinematisch 10
– dynamisch 9
Viskositätsregelung 305
Viskositätsschwankungen des Heizöls 303, 324
VM-Methode 447
vollentsalztes Wasser 369, 387ff., 439
vollständiger Test 495
Vollzugsbekanntmachungen 528
Vorbehandlung, Wasseraufbereitung 371
Vorbelastung 542
Vorbelastungsmessungen

538
Vorbelüftung 248, 337
Vordruck am dem Gasdruckregler 328
Vorfeuerung 95, 249, 289
Vorgemischbrenner 331
Vorlauftemperatur 160
Vor-Ort-Prüfung 524
Vorprüfung 523
Vorsatzzeichen für Einheiten 2
Vorschaltheizflächen 139
Vorschubroste 281
Vorsorgeprinzip 528
Vortrocknung
– von Kohlenstaub 295
– von Müll 276
Vorschriften 460ff.
Vorverdampfer 144
Vorwärmung 671
– von Heizöl 303ff.
Vorzündzeit 341

W

Waage 8
Wächter 241ff.
Wärmekapazität 5
Walzenkessel 78
Walzenmühle 295
Walzenroste 280ff.
Wanddicke 104
Wanderroste 264ff.
Wärmedurchgang 12, 14ff.
Wärmekapazität 5
Wärmeleitanalysatoren 235
Wärmeleitfähigkeit 5
Wärmeleitung 10ff.
Wärmeleitwiderstände 12
Wärmeleitzahl 5
Wärmemenge 6ff.
Wärmeschutzverordnung (WärmeschutzV) 708
Wärmestrahlung 13ff.
Wärmestrom 7, 16

Wärmeübergang 10
Wärmeübergangskoeffizient 12, 15
Wärmeübertragung 10
Wärmeverluste 59
Warmfestigkeit 666
Warmstart 647
– einer Wirbelschichtfeuerung 287
Warmwassererzeugungsanlagen 162, 707
Warmwasserheizung, Wasserqualität 422
Wartung 623
– von Regeleinrichtungen 634
– von Sicherheitseinrichtungen 634
Wartungsanleitungen 163
Wartungsanweisungen 626
Wartungsverträge 625, 626
Wäscher 600, 614
Waschmittelgesetz 362
Wasser 2
– Aufbereitung 370ff., 642
– chemische Begriffe 353
– chemische Eigenschaften 355ff.
– entbast 439
– entcarbonisiert 439
– enthärtet 439
– entsalzt 439
– Inhaltsstoffe 357ff.
– Ionenaustausch 375ff.
– Naturkreislauf 357ff.
– physikalische Eigenschaften 354
– rein 357
– salzfrei 439
– Untersuchung 439ff.
– vollentsalzt 439
– Vorbehandlung 371
Wasserabscheider 230
Wasserchemische
– Anforderungen TRD 604 432ff.
– Richtlinien 404ff.

Wasserdampf 19ff.
– im Abgas 52
Wasser-Dampf-Gemisch 627
Wasserdampftaupunkttemperatur 52
– von Abgasen 53
Wasserdruckprüfung 664
Wassereinspritzung 223
Wassergas 31, 42
wassergefährdende
– Flüssigkeit 33
– Stoffe 371
– Abfälle 617
Wassergefährdung (Heizöl) 33
Wassergehalt (Kohle) 27
Wasserhammer 212
Wasserhaushaltsgesetz (WHG) 33, 71, 306, 371, 550,
Wasserinhaltsstoffe 357ff.
– Kenndaten 359ff.
Wassermangel 666ff.
– bei elektrischer Beheizung 348
Wassermangelschäden 459
Wasserproben, Entnahme 440
Wasserrahmenrichtlinie 551
Wasserrohrkessel 102, 105
– mit natürlichem Wasserumlauf 105
– mit überlagertem Umlauf 130
– und Anlagenkomponenten DIN EN 12952 706
Wasserqualität 405ff.
Wasserschläge 636, 654
Wasserspiegel 174
Wasserstände 651
Wasserstands-Anzeigeeinrichtungen 173ff., 423, 627ff.
Wasserstandsbegrenzer 217ff., 629ff., 651
Wasserstandshöhenanzei-

ger 214
Wasserstandsmarke 173
Wasserstandsregler 215, 629, 635, 651
Wasserstein 363
Wasserstoff 31, 36
Wasserstoff-Austauscher 382
Wasserstoffversprödung 428
Wassertaupunkt (Rauchgas) 49
Wasseruntersuchung 435, 439ff.
– betriebsseitig 435
Wasservorlage 637
Wasserzusatz bei Verfeuerung 578
Weichwasser 439
Weißkalkhydrat 380
Wellmann-Lord-Verfahren 606
Wellrohre 82
Wendekammer 92
Werkstoffe 663
Werkstofffehler 663
Werkstoffverwechslungen 671
Widerstandsdruck im Schornstein 50
Widerstandsheizungen 78
Widerstandsthermometer 221, 637
Wiederzündversuch 341
Windows-Technik 479
Wirbeldurchflussmesser 230
Wirbelkammer 319
Wirbelschichtfeuerung 283ff., 348
Wirbel-Schmelzfeuerung 289
Wirbel-Stufenbrenner 291
Wirkungsgrad 59ff.
Wirkungsweise der Selbstschlusskugel 175
Wirkungsweise von Sicherheitsventilen 204
Wobbe-Index 7ff., 8
WT-Wärmeerzeuger 169
Wurfbeschickung 267, 269
Würzburger Normen 69

Z

Zähflüssigkeit 9
Zahnrad-Ölpumpe 309
Zahnradpumpe 182
Zeit-Diversität 507
Zeitstandschäden 673
Zenti 2
Zerstäuberdampf 322ff.
Zerstäuberdüse 315, 319, 320
Zerstäubung bei Ölfeuerungen 312ff.
Zerstäubungsluft 323ff.
Zerstäubungswinkel einer Öldüse 319ff.
ZH 504, 261
Zirkonium-Oxyd-Sonden 238
zirkulierende, atmosphärische Wirbelschichtfeuerung 284
Zonen der Verbrennung 268
Zuckereinbruch 370
Zugbedarf 257ff.
zugeführte Luftmenge 39
Zugelassene Überwachungsstellen (ZÜS) 464, 704, 665, 623
Zugregler für Unterdruckfeuerungen 260
Zugstärke 2, 255
Zugverlust 260
Zulassung 33
– allgemein bauaufsichtliche 33
Zulaufhöhe von Speisewasser 182
Zündbedingungen 242, 290, 337
Zündbrenner 245, 291, 312, 325ff., 333, 347ff.
Zündelektroden 315, 345
Zünden eines Wanderrostes 269
Zündflammenüberwachung 341, 348
Zündtemperatur 36ff., 286
Zündtemperaturüberwachung 348
Zündung der Gasbrenner 333
Zündung der Ölbrenner 325
Zündversuche 337ff.
Zusammensetzung und Heizwert
– flüssiger Brennstoffe 30
– von Steinkohlen und Braunkohlen 28
Zusammensetzung, Dichte und Heizwert 31
Zusammenstellung wichtiger Normen, Merkblätter u. dgl. 696
Zusatzschließkraft 205
Zustandsänderung der idealen Gase 4
Zustandsgleichung 48
Zustandsgrößen
– des Wasserdampfes 20
– von siedendem Wasser und gesättigtem Wasserdampf 21
Zuverlässigkeit 495
Zwangdurchlauf-Wasserrohrkessel 123ff.
Zwangumlauf-Dampferzeuger 182
Zwangumlauf-Wasserrohrkessel 121
Zweidruck-Kessel 120
Zweikammer-Schrägrohrkessel 69
Zweipunktregelung 216, 219
– am Ölbrenner 309

- bei elektrischer Beheizung 348
- bei Holzfeuerung 274

Zweitluft 243, 265, 269, 313
zyklisches Lebenszeichensignal 481
Zyklone 231
Zyklonentstauber 591
Zyklonfeuerung 289, 116
Zylinderhähne 191
Zylinderform 76
72-Stunden-Betrieb 197, 469ff.
λ-Überwachung 247

14. Bezugsquellen

A

Abfallverbrennungsanlagen: Hovalwerk AG S. 847,
   Intec Engineering GmbH S. 846

Abgas-Analysegeräte: Testo AG S. 840

Abhitzekessel: GekaKonus® GmbH S. 844, Hovalwerk AG S. 847,
   Intec Engineering GmbH S. 846, Keim GmbH Kesselbau S. 844,
   Standardkessel GmbH S. 841, Wehrle-Werk AG S. 845,
   Wulff Deutschland GmbH S. 851

Absalzregelung: GESTRA AG S. 848,
   Regeltechnik Kornwestheim GmbH S. 849

Abschlamm-Programmsteuerung: GESTRA AG S. 848

Abschlammventile: GESTRA AG S. 848,
   Regeltechnik Kornwestheim GmbH S. 849

Absperrventile: Regeltechnik Kornwestheim GmbH S. 849,
   Sempell Aktiengesellschaft S. 839

B

Biomassekessel: Standardkessel GmbH S. 841

Biomasse-Kraftwerke: Standardkessel GmbH S. 841

Brenner für Gas und Öl: Viessmann Werke S. 843

Brennkammern: Wehrle-Werk AG S. 845

Brennwertsysteme: Hovalwerk AG S. 847, Viessmann Werke S. 843

D

Dampferzeuger: GekaKonus® GmbH S. 844, Hovalwerk AG S. 847,
   Intec Engineering GmbH S. 846, Keim GmbH Kesselbau S. 844,
   LOOS Deutschland GmbH S. 839, Standardkessel GmbH S. 841,

Viessmann Werke S. 843, Wehrle-Werk AG S. 845,
WIMA Dampfgeneratoren GmbH S. 849, Wulff Deutschland GmbH S. 851

Dampfkessel: GekaKonus® GmbH S. 844, Hovalwerk AG S. 847,
Intec Engineering GmbH S. 846, Keim GmbH Kesselbau S. 844,
LOOS Deutschland GmbH S. 839, Standardkessel GmbH S. 841,
Viessmann Werke S. 843, Wehrle-Werk AG S. 845,
Wulff Deutschland GmbH S. 851

Differenz-Druckwächter: GESTRA AG S. 848

Dreizugkessel: GekaKonus® GmbH S. 844, Hovalwerk AG S. 847,
Intec Engineering GmbH S. 846, Keim GmbH Kesselbau S. 844,
LOOS Deutschland GmbH S. 839, Viessmann Werke S. 843

Druckbehälter-Literatur: Resch-Verlag S. 852-855

Druckmessgeräte: Regeltechnik Kornwestheim GmbH S. 849

Druckreduzierventile: DR. THIEDIG + CO S. 846

Druckregler: Regeltechnik Kornwestheim GmbH S. 849

Durchflussanzeiger, -messer: Regeltechnik Kornwestheim GmbH S. 849

E

Einzugkessel: Keim GmbH Kesselbau S. 844, Wulff Deutschland GmbH S. 851

Elektroerhitzer: GekaKonus® GmbH S. 844, Intec Engineering GmbH S. 846

Erhitzer: GekaKonus® GmbH S. 844, Intec Engineering GmbH S. 846,
Standardkessel GmbH S. 841

F

Fachliteratur / Fachzeitschriften: Resch-Verlag S. 852-855,
VGB-PowerTech Service GmbH S. 850, VWEW Energieverlag GmbH S. 842

Fernanzeiger: VAIHINGER GmbH S. 841

Feuerungsbau: Wulff Deutschland GmbH S. 851

Flammrohr-Rauchrohrkessel: Hovalwerk AG S. 847,
Keim GmbH Kesselbau S. 844, LOOS Deutschland GmbH S. 839

G

Großwasserraumkessel: Hovalwerk AG S. 847, Keim GmbH Kesselbau S. 844, LOOS Deutschland GmbH S. 839, Wulff Deutschland GmbH S. 851

H

Heißölanlagen: GekaKonus® GmbH S. 844, Intec Engineering GmbH S. 846

Heißwasserkessel: Hovalwerk AG S. 847, LOOS Deutschland GmbH S. 839, Standardkessel GmbH S. 841, Viessmann Werke S. 843, Wulff Deutschland GmbH S. 851

Heizkessel: Hovalwerk AG S. 847, Keim GmbH Kesselbau S. 844, LOOS Deutschland GmbH S. 839, Standardkessel GmbH S. 841

Heizzentralen im Container: Hovalwerk AG S. 847

Holzspänefeuerungen: Intec Engineering GmbH S. 846, Wulff Deutschland GmbH S. 851

K

Kesselwärter-Literatur: Resch-Verlag S. 852-855

Klappen: Sempell Aktiengesellschaft S. 839

Kondensatableiter: GESTRA AG S. 848

Kondensataufbereitung: GESTRA AG S. 848

Kondensatheber: GESTRA AG S. 848

Konverter-Kühlkamine: Wulff Deutschland GmbH S. 851

Kraftwerksarmaturen: GESTRA AG S. 848, Sempell Aktiengesellschaft S. 839

Kühlkamine: Wulff Deutschland GmbH S. 851

L

Laugenentspanner, -kühler: GESTRA AG S. 848

Leitfähigkeits-Grenzwertmelder: GESTRA AG S. 848

Leitfähigkeitsmessgeräte: GESTRA AG S. 848

M

Magnetstandanzeiger: VAIHINGER GmbH S. 841

Magnetventile: GESTRA AG S. 848

N

Nachschalt-Heizflächenblock: Wehrle-Werk AG S. 845

Niveauanzeiger, -wächter: Regeltechnik Kornwestheim GmbH S. 849, VAIHINGER GmbH S. 841

Niveaumessgeräte: GESTRA AG S. 848, Regeltechnik Kornwestheim GmbH S. 849, VAIHINGER GmbH S. 841

O

Ölumlauferhitzer: GekaKonus® GmbH S. 844, Intec Engineering GmbH S. 846

P

Probeentnahmeeinrichtungen: DR. THIEDIG + CO S. 846

Probenahmekühler: DR. THIEDIG + CO S. 846

Prozessgaskühler: Standardkessel GmbH S. 841

R

Rauchrohrkessel: Hovalwerk AG S. 847, Keim GmbH Kesselbau S. 844, LOOS Deutschland GmbH S. 839, Wulff Deutschland GmbH S. 851

Reinigungseinrichtungen: Wehrle-Werk AG S. 845

Regelventile: Regeltechnik Kornwestheim GmbH S. 849, Sempell Aktiengesellschaft S. 839

Restgasverbrennung: Standardkessel GmbH S. 841

Rohrleitungen: Keim GmbH Kesselbau S. 844

Rohrleitungen-Literatur: Resch-Verlag S. 852-855

Rostfeuerungen: Intec Engineering GmbH S. 846, Standardkessel GmbH S. 841, Wulff Deutschland GmbH S. 851

Rückschlagventile: GESTRA AG S. 848, Sempell Aktiengesellschaft S. 839

S

Sauerstoff-Messgeräte: DR. THIEDIG + CO S. 846

Schaugläser: GESTRA AG S. 848

Schnelldampferzeuger: Intec Engineering GmbH S. 846, Keim GmbH Kesselbau S. 844, LOOS Deutschland GmbH S. 839, Standardkessel GmbH S. 841

Schrägrostfeuerungen: Intec Engineering GmbH S. 846, Wulff Deutschland GmbH S. 851

Sekundärregelkreise: Intec Engineering GmbH S. 846

Sicherheitsventile: Sempell Aktiengesellschaft S. 839

Stellantriebe: Regeltechnik Kornwestheim GmbH S. 849

Stellventile: Regeltechnik Kornwestheim GmbH S. 849

W

Wärmetauscher: Hovalwerk AG S. 847, Intec Engineering GmbH S. 846, Keim GmbH Kesselbau S. 844, Standardkessel GmbH S. 841, Viessmann Werke S. 843

Wärmeträgeranlagen: GekaKonus® GmbH S. 844, Intec Engineering GmbH S. 846, Standardkessel GmbH S. 841

Wasserrohrkessel: Keim GmbH Kesselbau S. 844, Standardkessel GmbH S. 841, Wehrle-Werk AG S. 845, Wulff Deutschland GmbH S. 851

Wasserstandanzeiger: VAIHINGER GmbH S. 841

Wasserstandsbegrenzer: GESTRA AG S. 848, VAIHINGER GmbH S. 841

Wasserstandsregler: GESTRA AG S. 848, VAIHINGER GmbH S. 841

Z

Zweiflamm-Rohrkessel: Hovalwerk AG S. 847, Keim GmbH Kesselbau S. 844, LOOS Deutschland GmbH S. 839

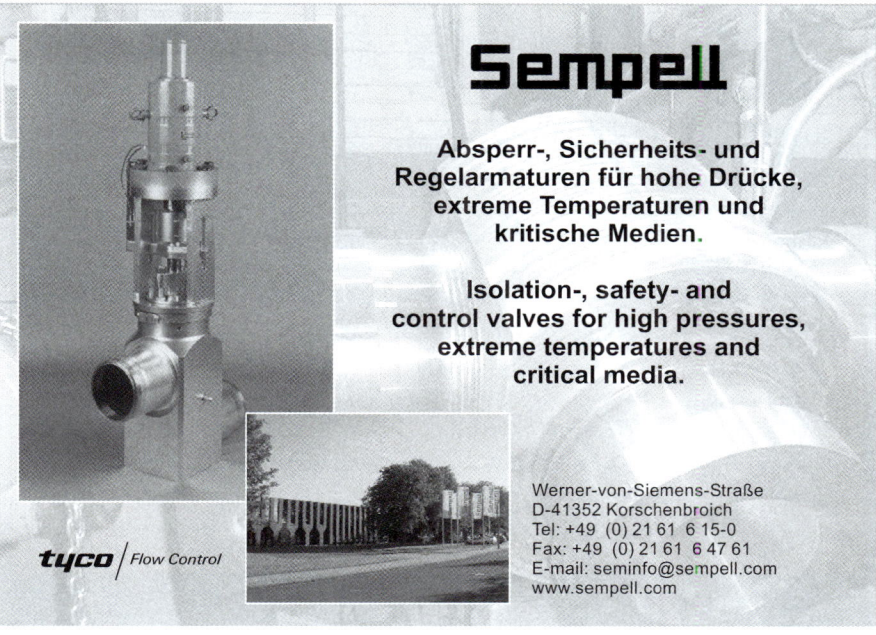

841

Für uns alles andere als ein Buch mit sieben Siegeln: intelligente Kesseltechnologien und Kesselservice für Primärbrennstoffe, Abhitze, Biomasse und Entsorgungsstoffe.

Mehr Infos unter: **www.standardkessel.com**

Standardkessel GmbH
Baldusstraße 13
47138 Duisburg
Phone: +49 (0) 203-452-111
Fax: +49 (0) 203-452-5111
info@standardkessel.com

Das Energiebündel

Es gibt keine Alternative. Vom Top-Manager bis zum Azubi, von der Strom- und Fernwärmeerzeugung bis zur Energieanwendung informieren die VWEW-Fachzeitschriften alle Zielgruppen über ihr Thema.

ew - das magazin für die energie wirtschaft
Management-Informationen zu den Themen Strom, Gas, Öl, Kohle, regenerative Energien, Wirtschaft, Technik, Politik, Verbände, Handel und Marketing. 24 x jährlich kompetent informiert - auch über Ihren Fachbereich hinaus. Jahresabonnement € 283,-

netzpraxis
Magazin für Energieversorgung mit den Themen Planung, Bau, Betrieb und Service. Monatlich aktuell, kompetent und praxisbezogen. Jahresabonnement € 52,-

STROMPRAXIS
Das Fachmagazin für Elektrohandwerk, -handel und -beratung informiert monatlich über sinnvolle Energieanwendung, Technik, Markt und Marketing. Jahresabonnement € 42,-

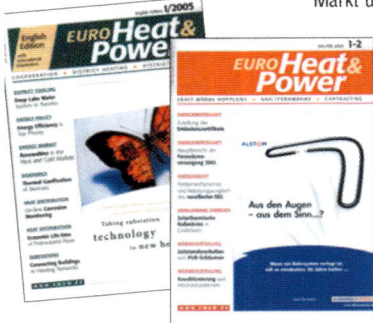

EuroHeat&Power
Die führende europäische Fachzeitschrift für Kraft-Wärme-Kopplung, Nah-/Fernwärme und Contracting. 1 x monatlich Top-Informationen aus der Branche. Jahresabonnement € 143,-

Englische Ausgabe der EuroHeat&Power
Vier Ausgaben im Jahr. Eine Ausgabe pro Quartal Jahresabonnementpreis € 65,-

Abonnementpreise 2005 inkl. Mehrwertsteuer, zuzüglich Versandkosten.

Bestellen Sie jetzt: Fax: 069/6304-451

☐ Ihr Abonnement   ☐ Ihr(e) Probeheft(e)   ☐ Ihre Mediainformationen
                            kostenlos und unverbindlich   mit Themen- und Terminplan

Gewünschte(n) Titel bitte ankreuzen!

☐ ew-das magazin für die energie wirtschaft   Name und Firma
☐ *EuroHeat&Power*
☐ *EuroHeat&Power*/Englische Ausgabe   Straße
☐ netzpraxis   PLZ/Ort
☐ STROMPRAXIS
                                  Datum/Unterschrift

VWEW Energieverlag GmbH · Rebstöcker Straße 59 · 60326 Frankfurt am Main · Tel.: 0 69/63 04 - 328 · www.vwew.de

Alles aus einer Hand.
Spitzentechnik von 1,5 bis 15.000 kW.

Brennwertwandgeräte für Öl und Gas, komplett in Edelstahl

Das Viessmann Vitotec Programm ist ein Komplettangebot mit innovativen Wärmeerzeugern von 1,5 bis 15.000 kW für Öl, Gas und feste Brennstoffe sowie zur Nutzung regenerativer Energien wie Wärmepumpen und Solarsysteme.

Für jeden Bedarf das Passende

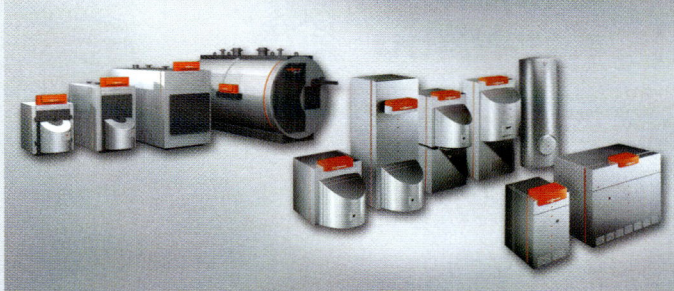

Über 30 Jahre Erfahrung mit regenerativen Energiesystemen

Neben Komponenten der Regelungs- und Kommunikationstechnik gehört auch die gesamte Systemperipherie dazu bis hin zu Heizkörpern und Fußbodenheizungen. So bietet Viessmann komplette, perfekt aufeinander abgestimmte Heizungssysteme aus einer Hand.

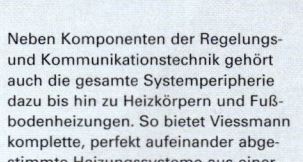

Viessmann Werke · 35107 Allendorf (Eder)
Tel. 06452-702555 · www.viessmann.com
1356/2

Planen Fertigen Ausführen

Bau, Umbau und Reparatur von
Heißwasser-, Dampf- und Abhitzekesseln, Schaltschränken

Behälterbau
Entgaser, Kondensatbehälter,
Entspanner, Dampfspeicher

Verfahrenstechnische Anlagen
in Stahl und Edelstahl

Keim Kesselbau

Besuchen Sie uns im Internet: www.KeimKesselbau.de

Keim GmbH • Kriegsbergstraße 15 • 71336 Waiblingen • Tel.: 07151/81021 • Fax: 07151/8611

ENGINEERING · DESIGN · BERATUNG · VERKAUF · SERVICE

GekaKonus®

MORE THAN ENERGY

Thermalöl-Erhitzer, Hochdruckdampferzeuger,
Abhitzekessel und Dampfgeneratoren –
GekaKonus®
Ihr professioneller Partner an Ihrer Seite.

GekaKonus® Geschäftsfelder

- **Thermalöl-Erhitzer**
- **Hochdruckdampferzeuger**
- **Dampfgenerator, thermalölbeheizt**
- **Abhitzekessel**
- **Projektmanagement und Engineering für Prozessheizanlagen**
- **Inbetriebnahme, Schulung, Wartung, Ersatzteillieferung und Service**

GekaKonus® GmbH
Junkersring 28 ··· D-76344 Eggenstein-Leop.
Tel. +49 (0) 7 21/ 9 43 74 -0 ··· Fax. +49 (0) 7 21/ 9 43 74 -44
info@gekakonus.net ··· www.gekakonus.net

INTEC –
der Name steht für innovative Technologie –
plant und liefert:

- Indirekt beheizte Dampfgeneratoren
- Dampfkessel z.B. für die Marineindustrie
- Hochdruckdampferzeuger
- Thermalölerhitzer
- Feststofffeuerungen

Abgerundet wird unser Produktprogramm durch unser Service-Konzept, wie Montagearbeit, Inbetriebnahme, Ersatzteilversorgung etc. Wir setzen auf Zuverlässigkeit, Qualität und eine individuelle Zusammenarbeit. Unser hochqualifiziertes und erfahrenes Team sorgt dafür, dass Sie Erfolg erzielen!

Sprechen Sie uns an!

INTEC Engineering GmbH
Im Zeiloch 15
D-76646 Bruchsal
Tel: +49 (0) 7251 9 32 43-0
Fax: +49 (0) 7251 9 32 43-99
E-Mail: info@intec-energy.de
www.intec-energy.de

Dr. Thiedig

Excellenz in Probenahme- und Analysentechnik
für die Sicherheit im Wasser-Dampf-Kreislauf

automatische Analysensysteme zur Prozessüberwachung von Dampferzeugern, Komplettlösungen für Probenahmeaufbereitung, Analysengeräte, chemische Dosierung und Messdatenüberwachung aus einer Hand

Dr. Thiedig – Kompetenz und Know-how
info@thiedig.com • www.thiedig.com

Spitze

– das umfassende Programm von Hoval!

Kessel:

Gas-Brennwert	Wand	3 – 65 kW
	Boden	6 – 2'000 kW
Öl-Brennwert		8 – 80 kW
Niedertemperatur		14 – 5'500 kW
Heißwasser		350 – 24'000 kW
Dampf		500 – 40'000 kg/h

Wassererwärmer 45°C   710 – 17'500 l/h

Solarsysteme

Hoval Hagenberger GmbH

85609 Aschheim-Dornach
Karl-Hammerschmidt-Str. 45
Tel. 089/92 20 97-0 · Fax 089/92 20 97-77
www.hoval.com

GESTRA gibt Sicherheit beim Kesselbetrieb
Ausrüstungen nach TRD 604-72h / EN 12952/..53

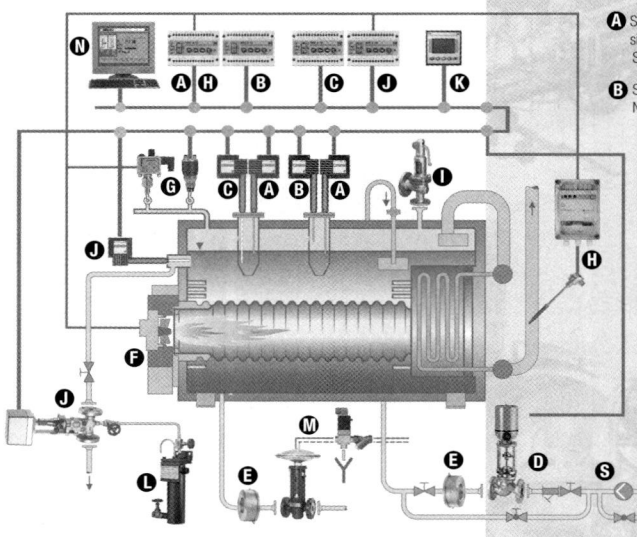

A Selbstüberwachende Wassermangelsicherung NRG 16-40/NRS 1-40.1 SPECTORbus

B Selbstüberwachende Überfüllsicherung NRG 16-41/NRS 1-41 SPECTORbus

C Kontinuierliche Wasserstandsregelung NRG 26-40/NRR2-40/URB

D Elektrisches Stellventil (BUS-fähig) Absperr- / Bypassventil und Schmutzfänger

E Rückschlagventil RK

F Brennersteuerung

G Druckbegrenzer/Druckregler

H Sicherheitstemperaturbegrenzer TRG 5-65/TRV 5-40/NRS 1-40.1

I Sicherheitsventil GSV

J Absalzregelung mit automatischer Temperaturkompensation LRG 16-40/LRR 1-40/URB/BAE 36

K Anzeige- und Bedieneinheit URB

L Probeentnahmekühler PK

M Automatische Abschlammsteuerung TA 5/MPA 46

N SPECTORcontrol Visualisierungs- und Automatisierungs-System zur Kesselautomatisierung und Steuerung, sowie Einbindung von Brennersteuerungen

O Kondensatableiter

P Öl- und Trübungsmelder

Q Leitfähigkeitsüberwachung LRG 12/LRT 1-6/URS 2

R Dreiwege-Umschaltventil

S Speisewasserüberwachung

Kondensatüberwachung auf Fremdstoffeinbruch

GESTRA AG
Münchener Str. 77 · 28215 Bremen
Telefon (04 21) 35 03-0 · Fax (04 21) 35 03-393
Email gestra.ag@flowserve.com · www.gestra.de

FLOWSERVE® GESTRA

Experience In Motion

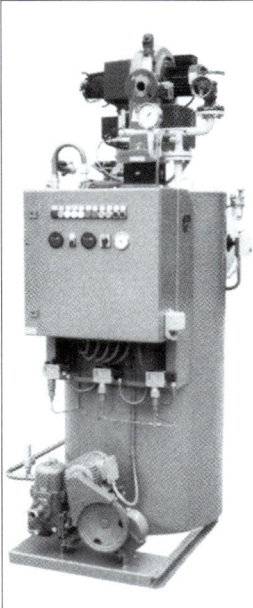

Dampf mit System

Dampferzeuger
el-, gas- und ölbeheizt

Das **Komplett-Programm** für die wirtschaftliche u. individuelle Lösung Ihres Dampf-Problemes.

KNOW-HOW aus über 40-jähriger Erfahrung.

Sprechen Sie über zukunftsorientierte Dampf-Erzeugung mit unseren Spezialisten

WIMA-Dampfgeneratoren GmbH
Breitendieler Str.3, 63897 Miltenberg am Main
Telefon 09371/97360 Telefax 09371/2778

WULFF
ENERGIESYSTEME
UMWELTSYSTEME

Kesselanlagen
Kraft-Wärme-Kopplung,
Abhitzekessel,
Wasserrohrkessel und
Rauchrohrkessel

Feuerungsanlagen
Rost- und Einblasfeuerung
dazugehörige Kessel für
Biomassen, Industrieabfälle
und Reifen

Rauchgasreinigungsanlagen
Rauchgasentschwefelung und
Rauchgasentstaubung,
Kalktrockenlöschung

Service
24-Stunden-Servicebereitschaft mit den
Schwerpunkten Montage-, Wartungs-,
Reparaturarbeiten und Störungsbeseitigungen
für Eigen- und Fremdprodukte sowie
Sonderfertigung nach Kundenwünschen

ENERGIESYSTEME
& SERVICE
Husum
Telefon 0 48 41 / 697 - 0

UMWELTSYSTEME
& SERVICE
Rosbach
Telefon 0 60 03 / 94 18 - 0

WULFF Deutschland GmbH
www.wulff-deutschland.de

Dipl.-Ing. Fritz Mayr

Fragen und Antworten zur Kesselbetriebstechnik
– das Übungsbuch zum Handbuch

832 Fragen mit 52 Abbildungen, Auflage 2002, Hardcover, ISBN 3-930039-14-1, EUR 24,- [D]

Nach wie vor gilt das Frage- und Antwortspiel als die beste Lernmethode. Der Mann im Betrieb, der mit Kesseln umzugehen hat, muss schon aus Sicherheitsgründen über ein verlässliches abrufbereites Wissen verfügen. Deshalb entwickelten Mitarbeiter des TÜV das Buch „Fragen und Antworten zur Kesselbetriebstechnik".

Es ist die sinnvolle Ergänzung zum „Handbuch der Kesselbetriebstechnik". Man erkennt sofort, dass die Autoren selbst Kesselwärterlehrgänge halten und als Sachverständige den Betriebsalltag kennen. Die von ihnen entwickelten 832 Fragen und Antworten sind aus der Praxis entnommen. Sie führen den Leser schnell an die zentralen Wissensbereiche.

Das Buch gliedert sich in elf Kapitel, die folgende Themen behandeln:
1. Allgemeine Grundlagen
2. Kesselbauarten und Kesselanlagen für den Nieder-, Mittel- und Hochtemperaturbereich
3. Sicherheitstechnische und zusätzliche Ausrüstung für den Kesselbetrieb
4. Beheizung von Dampfkesseln
5. Speise- und Kesselwasser
6. Umweltschutz
7. Wartung von Kesselanlagen
8. Störungen an Kesselanlagen
9. Kesselbetrieb
10. Schäden, Reparaturen
11. Gesetzliche und sonstige Bestimmungen

Die Antworten sind leicht verständlich formuliert und geeignet, auch Fragen die im laufenden Betrieb auftauchen können, schnell und zuverlässig zu beantworten. Die ideale Lern- und Merkhilfe für Lehrgangsteilnehmer an Kesselwärter-Lehrgängen, Ausbildungsleiter, Studenten und Mitarbeiter.

Verlag Dr. Ingo Resch GmbH
Maria-Eich-Straße 77
D-82166 Gräfelfing   **Bestellannahme: 0 81 05 - 27 19 32**

Dipl.-Ing. Rudolf Weinzierl

Befähigte Personen für Druckbehälter und Rohrleitungen
– rechtliche Grundlagen übersichtlich gemacht

232 Seiten, Auflage 2005, Broschur, ISBN 3-935197-37-3
EUR 29,- [D]

Die neue Betriebssicherheitsverordnung führte den Begriff „befähigte Person" in das deutsche technische Regelwerk ein. Eine befähigte Person soll in der Lage sein, die Sicherheit an technischen Anlagen, Geräten, Werkzeugen und Maschinen für den Benutzer zu gewährleisten.

Personen, die überwachungspflichtige Anlagen, insbesondere Druckbehälter und Rohrleitungen prüfen, müssen daher über die entsprechenden Kenntnisse und praktischen Erfahrungen verfügen. Sie müssen im Sinne der Betriebssicherheitsverordnung und der dazugehörigen technischen Regeln folgende Voraussetzungen vorweisen:

1. auf Grund ihrer Ausbildung, ihrer Kenntnisse und ihrer durch praktische Tätigkeit gewonnenen Erfahrungen die Gewähr dafür bieten, dass sie die Prüfung ordnungsgemäß durchführen,
2. die erforderliche persönliche Zuverlässigkeit besitzen,
3. hinsichtlich der Prüftätigkeit keinen Weisungen unterliegen,
4. falls erforderlich, über geeignete Prüfeinrichtungen verfügen und
5. durch erfolgreiche Teilnahme an einem anerkannten Lehrgang nachweisen, dass sie die in Punkt 1 genannten Voraussetzungen erfüllen.

Dieses Buch vermittelt die entsprechenden gesetzlichen Grundlagen für den Umgang mit Druckbehältern und Rohrleitungen und stellt auch die Verbindung zwischen den Gesetzen und technischen Regeln her. Es bietet daher für jeden, der sich für die Aufgabe der befähigten Person ausbilden lässt, sowie für die bereits tätigen Fachkräfte eine unverzichtbare Grundlage – um auch auf dem neuesten Stand der Technik und der Vorschriften zu sein.

Hauptinhalte:
1. Einleitung
2. Das Geräte- und Produktsicherheitsgesetz (GPSG)
3. Bestimmungen für die Herstellung von Druckbehältern und Rohrleitungen
4. Bestimmungen für den Betrieb von Druckbehältern und Rohrleitungen
5. Werkstoffe und Schweißen im Druckbehälter- und Rohrleitungsbau
6. Die „befähigte Person"
7. Fallbeispiele Druckbehälter
8. Fallbeispiel Rohrleitungen
Anhang 1 Diagramme nach DGRL
Anhang 2 Auszug Leitlinien für DGRL
Anhang 3 Leitlinien zur BetrSichV
Anhang 4 Auszug Druckbehälterverordnung
Anhang 5 Internetadressen zum Thema

Verlag Dr. Ingo Resch GmbH
Maria-Eich-Straße 77
D-82166 Gräfelfing   Bestellannahme: 0 81 05 - 27 19 32

**Dipl.-Ing. Walter Wagner und
Prof. Dr.-Ing. Heinrich Netz**

Betriebshandbuch Wärme

– Erläuterungen, Beschreibungen, Definitionen, Richtlinien, Formeln, Tabellen, Diagramme und Abbildungen für alle Bereiche der Wärmetechnik

503 Seiten mit 187 Bildern und 274 Tafeln,
Auflage 1996, Hardcover,
ISBN 3-930039-15-X, EUR 66,47 [D]

Dieses Handbuch wendet sich an alle, die im Büro, Betrieb oder Verkauf mit "Wärme" zu tun haben. Es liefert dem Konstrukteur einschlägige Berechnungsdaten, als auch den im Betrieb und Verkauf Tätigen einen schnellen Überblick des derzeitigen Entwicklungsstandes. Ein Vorteil liegt in der übersichtlichen und nicht zu umfangreichen Darstellung und hilft dem Benutzer bei der Betrachtung aller wärmetechnischen Abläufe. So erhält der Leser unentbehrliches Rüstzeug, um mit Wärmeenergie sparsam umgehen zu können. Dazu dienen ferner zahlreiche Tafeln, Schaubilder und Formeln.

Ein ausführlich gegliedertes Sachwortregister ermöglicht das leichte Auffinden der gewünschten Textstellen.

Hauptinhalte:

1. Allgemeine Grundlagen
2. Wärmeträger
3. Wärmeübertragung
4. Brennstoffe
5. Feuerungen
6. Wärmeerzeuger
7. Abwärmewirtschaft
8. Rohrleitungen
9. Messen, Steuern, Regeln
10. Werkstoffe
11. Vorschriften für Wärmeerzeuger, Umweltschutz

**Verlag Dr. Ingo Resch GmbH
Maria-Eich-Straße 77
D-82166 Gräfelfing**   **Bestellannahme: 0 81 05 - 27 19 32**

Dipl.-Ing. Heinz Lehmann

Handbuch Dampferzeugerpraxis
– Grundlagen und Betrieb

592 Seiten mit 540 Abbildungen und 100 Tabellen, Auflage 2001, Hardcover,
ISBN 3-935197-03-0, EUR 91,01 [D]

Das seit seiner ersten Auflage im Jahre 1988 bewährte und kontinuierlich aktualisierte Buch, bietet praxisnahe Betriebskunde zu den Themen Feuerungen und Dampferzeuger für die Weiterbildung von Kraftwerksmeistern, Kraftwerkern und Kesselfachpersonal.

Den Führungskräften dient es als Leitfaden für die kontinuierliche Unterweisung und betriebliche Ausbildung des Personals. Für den Betriebsingenieur ist es ein Nachschlagewerk, für den Studierenden eine wertvolle Hilfe als praxisnaher Wegweiser in die Dampftechnik. Seit 1989 ist es empfohlenes Übungsbuch für die Kraftwerksmeisterausbildung an der Kraftwerksschule der VGB (KWS) in Essen.

Der Autor war jahrzehntelang mit der Planung, dem Bau, der Inbetriebsetzung und der Leitung von Kraftwerken beschäftigt und über 11 Jahre Dozent für Dampfkessel- und Feuerungstechnik an der VGB-Kraftwerksschule in Essen. Ihm ist es gelungen, Kraftwerkstechnik „zum Anfassen" zu beschreiben.

Schon nach wenigen Seiten der Lektüre ist man mittendrin: In den Kraftwerken mit ihren vielen Besonderheiten. In jedem Satz ist der Praktiker zu spüren, der mich Checklisten und nachvollziehbaren Beispielen „erlebte" Dampferzeugerpraxis wiedergibt. In seiner Beschreibung fehlt nichts, was an Wissen für den reibungslosen Kraftwerksbetrieb wichtig ist.

Hauptinhalte:
1. Allgemeiner Überblick Dampferzeuger
2. Brennstoffe
3. Verbrennung fossiler Brennstoffe
4. Wirkungsgrad
5. Feuerungen von Dampferzeugern
6. Dampferzeuger
7. Nebeneinrichtungen
8. Lagern, Bunkern und Fördern von Kohle
9. Betrieb von Dampferzeugern
10. Verfügbarkeit, Schadensverhütung und Instandhaltung
11. Wasser im Dampferzeugerbetrieb
12. Konservierung von Kraftwerksanlagen
13. Rauchgasreinigung
14. Gesetze und Verordnungen für Kraftwerke

Verlag Dr. Ingo Resch GmbH
Maria-Eich-Straße 77
D-82166 Gräfelfing   **Bestellannahme: 0 81 05 - 27 19 32**